제2판

2022
도시정비법 해설(하권)

[법령 · 판례 · 실무]

안광순 저

진 원 사

제2판 머리말

도시정비법 해설을 출간한지 2년이 채 되지 않아 개정판을 출간하게 되었다.

도시정비법은 낙후된 도시를 재정비하여 주택공급을 원활하게 하는 주택정책이 반영되는 법령으로 주택정책의 변화에 따라 잦은 개정이 이루어진다.

그간 정부에서는 주택의 투기수요 억제에 초점을 맞추어 정책을 시행해 왔고 정비사업의 활성화가 투기수요를 자극하여 주택가격의 상승을 주도한다는 판단에서 정비사업에 관해 규제 일변도로 일관해 왔는데, 이는 유휴 부지가 부족한 도심지에서 주택의 공급을 저해함으로써 오히려 급격한 주택가격의 상승을 야기하는 결과로 이어졌다.

이에 정부는 2021. 4. 13. 개정법(2021. 7. 14. 시행)에서 공공정비사업을 도입하여 용적률을 상향하고 주택공급을 확대하는 정책을 시행하되 증가 된 용적률의 상당 부분을 공공임대주택으로 활용하도록 하여 주택공급의 확대와 공공성 강화라는 두 마리 토끼를 모두 잡고자 하는 사업모델을 도시정비법에 반영하였다. 공공정비사업이 시장에서 잘 안착할 것인지는 좀 더 두고 보아야 하겠지만, 도입 초기 과도한 임대주택 공급비율에 따른 비판도 매우 컸다.

그 밖에 코로나 확산으로 인한 집회 제한에 따라 총회 개최가 어렵게 되자 전자적 방법에 의한 의결권 행사방법을 도입하고 이를 직접 참석으로 간주하는 등 총회의결 방법을 개정하였고, 투기과열지구 지정 전 다물권자로부터 양수한 토지등소유자의 신뢰를 보호하기 위해 1주택을 공급하도록 하는 개정이 있었으며, 각종 인허가 중 신고사항에 관한 수리 기간을 규정하는 등 크고 작은 개정이 있었다.

개정판에서는 위와 같이 그간 있었던 개정조항과 더불어 첫 출간이 이후 있었던 중요 판례를 반영하였고, 아울러 첫 출간에서 일부 부족한 부분에 대한 주변 선후배 변호사들의 조언을 반영하였다.

앞서 말한 바와 같이 도시정비법은 정부의 주택정책이 반영되는 정책법령이라는 점에서 잦은 개정, 개정조항과 다른 조항 사이의 충돌에 따른 해석과 견해대립, 사업에 참여하는 다수 조합원의 이해관계로 인한 잦은 분쟁이 매우 복잡한 법리와 해석으로 이어지고 있다.

저자는 정비사업 현장의 최전선에서 실무활동을 하고 있는바 본서가 복잡하고 난해한 분쟁의 길잡이가 될 수 있도록 앞으로도 열린 마음으로 폭넓은 정보가 반영되도록 정진하고자 한다.

2022. 4.

저자 안 광 순

머 리 말

필자는 변호사 활동 15년간 재건축·재개발 현장을 다니며 필드에서 법률자문, 소송, 실무 등을 수행하고 조합과 함께 해왔다. 학문적 기초가 부족했던 초장기에 선배 변호사님과 판사님이 쓰신 책과 법령, 판례를 뒤지며 공부하였고, 현장에서 만난 정비업체, 시공사, 설계업체, 감정평가업체 등 다양한 협력업체들의 실무를 경험하면서, 법령이 실무에서 어떻게 구현되는지와 그 괴리로 인하여 발생하는 다양한 분쟁들을 경험하였다.

경험이 쌓이면서 자연스레 현장과 사건이 늘어갔고 많은 후배들과 함께 이 분야를 전문화하면서 후배 변호사들과 실무자들에게 경험을 함께 나눌 수 있는 기본서를 쓰고 싶다는 욕심이 생겼다. 물론 선배님들이 쓰신 책은 내게 충분한 자양분이었고 후배 변호사들에게도 훌륭한 기본서가 되었을 것이다. 다만 후배들에게서 실무적 경험이 부족한 채로 법령과 학문적 이론에만 치우치는 면을 보기도 하였고, 반대로 사업흐름과 특정 쟁점 등 실무의 단면만 보고 법령의 유기적 해석과 이론적 기초를 간과하는 모습도 보았기에, 법령과 판례, 이론과 실무가 함께 읽힐 수 있는 기본서를 쓰고 싶은 욕심이 생긴 것이다.

변호사 활동 10년 차인 2015년부터 시간이 될 때마다 조금씩 자료를 정리하고 글을 써 왔는데, 정부정책에 따른 잦은 법령의 개정으로 수정만을 반복하다가 2017. 2. 8.에 도시정비법이 전면 개정되면서 허탈한 마음에 한동안 집필을 멈추기도 했다. 전면 개정법이 시행된 2018. 2. 9. 이후에는 더 이상 미룰 수 없다는 마음에 약 2년여 동안 주말과 휴일을 반납하고서야 집필을 완성할 수 있었다.

도시정비법은 잦은 개정으로 인해 조문이 복잡할 뿐 아니라 행정법, 민사법, 형사법, 절차법 등이 복합되어 있어 쉽지 않은 영역임에도 실무에서는 절차법 정도로 쉽게 생각하는 경우가 많다. 그리고 다수 당사자가 참여하는 정비사업의 특성상 소송 등 분쟁이 많이 발생하고, 하나의 절차가 위법하여 무효로 되면 후속절차 등이 순차적으로 무효가 되어 많은 경제적 손실을 야기하기도 한다. 본서는 사업진행 절차와 조문순서에 따라 실무상 쟁점사항, 분쟁사례와 판례 등을 배치하였고, 각 조문들의 관계를 설명하여 법령과 실무의 전체적 내용을 유기적으로 파악할 수 있도록 노력하였다. 부족한 점이 많을 것이나 본서가 분쟁의 예방과 합리적 해결에 조금이나마 도움이 되기를 필자는 희망한다.

그리고 2년 동안 남편과 아빠 없이 지낸 아내 이세원, 딸 안솔민, 아들 안상민에게 고맙고 미안한 마음을 전하며, 본서의 출판으로 조금이나마 이해를 구하고자 한다.

2020. 8.

저자 안 광 순

차 례(하권)

제3장 정비사업의 시행 / 1

제 5 장 공공재개발사업 및 공공재건축사업 / 493

제 6 장 정비사업전문관리업 / 519

제 7 장 감독 등 / 549

제8장 보 칙 / 577

제9장 벌 칙 / 629

제3장 정비사업의 시행

제3절 사업시행계획 등

[1] 사업시행계획 개관

Ⅰ. 사업시행계획의 의의

(1) 사업시행계획이란 정비계획에 따라 정비사업의 시행자가 정비사업 시행을 위해 수립하는 일체의 사업계획을 포괄하는 계획이며, 정비계획을 구체화한 정비계획의 하위계획에 해당한다.

(2) 사업시행계획은 토지이용계획, 정비기반시설 등의 설치계획, 이주대책, 임대주택 및 소형주택의 건설계획, 건축물의 높이 및 용적률 등에 관한 건축계획, 정비사업비 등을 포괄하는 계획이다. 사업시행계획의 인가는 단지 건축물의 높이 및 용적률, 설계 등에 관한 건축계획에 한하여 관할청이 심의하여 허가하는 건축법상 건축허가와 구별되며 이를 포함한 포괄적 계획에 대한 처분이다.[1]

(3) 사업시행계획이 인가되면 사업시행자는 토지의 수용 또는 사용, 철거 · 착공, 인 · 허가 의제, 이주대책 등 인가에 따르는 후속절차를 집행할 수 있을 뿐 아니라 이를 집행하기 위한 처분권이 발생하여 이해관계인을 구체적이고 직접적으로 구속하게 된다.[2] 다만, 법 제81조 제2항은 "사업시행자는 제74조 제1항에 따른 관리처분계획인가를 받은 후 기존의 건축물을 철거하여야 한다."고 규정하고 있는바, 이는 권리배분계획인 관리처분계획인가가 있기 전에 건축물이 철거되면 처음으로 되돌릴 수 없게 되므로,

---

1) 법 제57조(인 · 허가등의 의제 등)

① 사업시행자가 사업시행계획인가를 받은 때(시장 · 군수등이 직접 정비사업을 시행하는 경우에는 사업시행계획서를 작성한 때를 말한다. 이하 이 조에서 같다)에는 다음 각 호의 인가 · 허가 · 승인 · 신고 · 등록 · 협의 · 동의 · 심사 · 지정 또는 해제(이하 "인 · 허가등"이라 한다)가 있은 것으로 보며, 제50조제7항에 따른 사업시행계획인가의 고시가 있은 때에는 다음 각 호의 관계 법률에 따른 인 · 허가등의 고시 · 공고 등이 있은 것으로 본다.

3. 「건축법」 제11조에 따른 건축허가, 같은 법 제20조에 따른 가설건축물의 건축허가 또는 축조신고 및 같은 법 제29조에 따른 건축협의

2) 부장판사 이우재 저 「도시 및 주거환경정비법」.

다수의 이해관계인의 권리배분계획인 관리처분계획을 수립한 후 사업을 진행하도록 하는 것이다.

Ⅱ. 사업시행계획의 법적 성격 및 쟁송방법

사업시행계획은 사업시행계획안에 대한 조합원총회의 의결을 거쳐 관할청의 인가에 의해 확정되는바, 이하에서는 ① 사업시행계획안에 대한 조합원총회의 결의, ② 이에 대한 관할 행정청의 인가, ③ 인가처분으로 확정된 사업시행계획이 각각 어떤 법적 성격을 가지는지와 사업시행계획을 다투는 법적 쟁송방법을 살펴보고자 한다. 아울러 사업시행계획에 대한 쟁송에서 발생하는 법적 쟁점 또한 살펴보고자 한다.

1. 사업시행계획안에 대한 총회결의의 법적 성격 및 쟁송방법

(1) 대법원은 「구 도시정비법에 따른 주택재건축정비사업조합은 관할 행정청의 감독 아래 주택재건축사업을 시행하는 공법인으로서 행정주체의 지위를 가진다 할 것인데, 재건축정비사업조합이 이러한 행정주체의 지위에서 수립한 사업시행계획은 인가·고시를 통해 확정되면 이해관계인에 대한 구속적 행정계획으로서 독립된 행정처분에 해당하고, 이와 같은 사업시행계획안에 대한 조합 총회결의는 그 행정처분에 이르는 절차적 요건 중 하나에 불과하다.」고 판시하였는바,[3] 사업시행계획안에 대한 총회결의의 법적 성격은 사업시행계획이라는 독립된 행정처분의 요건으로서 조합의 공법상 행위라고 보고 있다. 즉, 총회결의는 독립된 행정처분은 아니지만 공법상 행위에 해당한다는 것이다.

(2) 이에 따라 대법원은 "인가처분이 있기 전"의 사업시행계획안에 대한 조합원총회의 효력을 다투는 쟁송방법에 관하여, 「행정주체인 재건축조합을 상대로 '사업시행계획안'에 대한 조합 총회결의의 효력 등을 다투는 소송은 행정처분에 이르는 절차적 요건의 존부나 효력 유무에 관한 소송으로서 그 소송결과에 따라 행정처분의 위법 여부에 직접 영향을 미치는 공법상 법률관계에 관한 것이므로, 이는 행정소송법상의 당사자소송에

3) 대법원 2009. 11. 2.자 2009마596 결정 등.

해당하고, 재건축조합을 상대로 '사업시행계획안'에 대한 조합 총회결의의 효력 등을 다투는 소송 또한 행정소송법상의 당사자소송에 해당한다.」고 판시하여[4] 쟁송방법으로서 행정소송법상 당사자소송에 의하도록 하였다.

(3) 다만 대법원은 사업시행계획이 "인가"로 확정된 경우에는 「사업시행계획안에 대한 조합 총회결의는 그 행정처분에 이르는 절차적 요건 중 하나에 불과한 것으로서, 그 계획이 확정된 후에는 항고소송의 방법으로 계획의 취소 또는 무효 확인을 구할 수 있을 뿐, 절차적 요건에 불과한 총회결의 부분만을 대상으로 그 효력 유무를 다투는 확인의 소를 제기하는 것은 허용되지 아니한다.」고 판시하였는바,[5] 사업시행계획이 관할 행정청의 인가로 확정된 때에는 사업시행계획이라는 조합의 독립된 행정처분을 항고소송으로 다투어야 하고 그 요건에 불과한 조합의 총회결의 부분만을 공법상 당사자소송으로 다툴 수는 없다.

(4) 반면, 법 제25조 제1항 제2호에 따라 토지등소유자가 20인 미만으로서 조합을 설립하지 아니하고 토지등소유자가 직접 정비사업을 시행하는 경우에, 대법원은 「구 도시정비법 제8조 제3항, 제28조 제1항에 의하면, 토지 등 소유자들이 그 사업을 위한 조합을 따로 설립하지 아니하고 직접 도시환경정비사업을 시행하고자 하는 경우에는 사업시행계획서에 정관 등과 그 밖에 국토해양부령이 정하는 서류를 첨부하여 시장·군수에게 제출하고 사업시행인가를 받아야 하고, 이러한 절차를 거쳐 사업시행인가를 받은 토지 등 소유자들은 관할 행정청의 감독 아래 정비구역 안에서 구 도시정비법상의 도시환경정비사업을 시행하는 목적 범위 내에서 법령이 정하는 바에 따라 일정한 행정작용을 행하는 행정주체로서의 지위를 가진다. 그렇다면 토지 등 소유자들이 직접 시행하는 도시환경정비사업에서 토지 등 소유자에 대한 사업시행인가처분은 단순히 사업시행계획에 대한 보충행위로서의 성질을 가지는 것이 아니라 구 도시정비법상 정비사업을 시행할 수 있는 권한을 가지는 행정주체로서의 지위를 부여하는 일종의 설권적 처분의 성격을 가진다. 도시환경정비사업(현행법상 재개발사업)을 직접 시행하려는 토지등소유자들은 시장·군수로부터 사업시행인가를 받기 전에는 행정주체로서의 지위를 가지지 못한다. 따라서 그가 작성한 사업시행계획은 인가처분의 요건 중 하나에 불과하고

4) 대법원 2009. 10. 15. 선고 2008다93001 판결, 대법원 2010. 7. 29. 선고 2008다6328 판결, 대법원 2010. 2. 25. 선고 2007다73598 판결 등.
5) 대법원 2009. 11. 2.자 2009마596 결정 등.

항고소송의 대상이 되는 독립된 행정처분에 해당하지 아니한다고 할 것이다.」고 판시하였다.[6] 따라서 토지등소유자의 사업시행계획안에 대한 결의는 공법상 행위로 볼 수 없고 민사소송에 의해 결의의 취소 또는 무효를 구하는 것이 타당할 것이다. 그리고 이 경우 관할청의 사업시행계획 인가처분은 사업시행자의 지위를 부여하는 처분이 포함되는 것이므로[7] 조합설립인가처분과 마찬가지로 설권적 처분으로 보아야 하므로, 관할청의 사업시행인가처분이 있은 후에는 인가처분의 요건에 불과한 결의의 취소·무효를 구하는 소송은 부적법하고, 조합을 상대로 사업시행계획을 다투는 항고소송도 부적법하다고 보며, 인가청을 상대로 설권적 처분인 인가처분의 취소 또는 무효를 구하는 항고소송으로 다투어야 할 것이다. 대법원이 조합에 대한 사업시행계획인가처분을 보충적 행정행위로 보고 있는 점과 구별하여야 한다.

2. 사업시행계획인가의 법적 성질 및 쟁송방법

가. 인가의 처분성

(1) 사업시행계획의 인가는 시장·군수등이 사업시행자인 조합에 대하여 정비사업에 관한 사업내용(토지이용계획, 주택·부대복리시설의 규모·배치, 정비기반시설의 설치계획 등)을 최종적으로 확정하여 인가하는 행정처분이다. 조합원 총회에서 의결된 사업시행계획안은 관할 행정청의 인가에 의해 확정된다.

(2) 사업시행계획인가를 받음으로써 사업시행자(조합)는 정비사업을 시행할 수 있는

---

6) 대법원 2013. 6. 13. 선고 2011두19994 판결.

7) 대법원 2013. 6. 13. 선고 2011두19994 판결「구 도시 및 주거환경정비법(2012. 2. 1. 법률 제11293호로 개정되기 전의 것, 이하 '구 도시정비법'이라 한다) 제8조 제3항, 제28조 제1항에 의하면, 토지 등 소유자들이 그 사업을 위한 조합을 따로 설립하지 아니하고 직접 도시환경정비사업을 시행하고자 하는 경우에는 사업시행계획서에 정관 등과 그 밖에 국토해양부령이 정하는 서류를 첨부하여 시장·군수에게 제출하고 사업시행인가를 받아야 하고, 이러한 절차를 거쳐 사업시행인가를 받은 토지 등 소유자들은 관할 행정청의 감독 아래 정비구역 안에서 구 도시정비법상의 도시환경정비사업을 시행하는 목적 범위 내에서 법령이 정하는 바에 따라 일정한 행정작용을 행하는 행정주체로서의 지위를 가진다. 그렇다면 토지 등 소유자들이 직접 시행하는 도시환경정비사업에서 토지 등 소유자에 대한 사업시행인가처분은 단순히 사업시행계획에 대한 보충행위로서의 성질을 가지는 것이 아니라 구 도시정비법상 정비사업을 시행할 수 있는 권한을 가지는 행정주체로서의 지위를 부여하는 일종의 설권적 처분의 성격을 가진다고 할 것이다.」

지위 또는 권리를 부여받게 되고 토지보상법에 의한 사업인정 및 그 고시가 있는 것으로 볼 뿐만 아니라, 각종 법령상의 인 · 허가 등이 의제되고 사업시행을 위한 각종 임시조치 등의 대상이 되는 등 이해관계인에게 직접적이고 구체적인 법적 효과를 발생시키므로 그 처분성을 인정할 수 있다.

나. 보충행위설과 설권행위설 및 쟁송방법

(1) 견해의 대립

1) 사업시행인가의 법적 성질에 관하여, 〈보충적 행정행위설〉은 조합이 수립한 사업시행계획이라는 기본행위에 대하여 행정청이 이를 보충하여 효력을 완성하는 보충적 행위인 '강학상 인가'라고 하는 견해이며, 〈설권적 행정행위설〉은 조합이 수립한 사업시행계획의 내용에 대하여 행정청이 조합으로 하여금 정비사업을 시행할 수 있도록 권한을 부여하는 설권행위로서 '강학상 허가 내지 특허'로써의 성질을 가진다는 입장을 말한다.

2) 인가처분의 법적 성질에 따라 사업시행계획에 대한 하자를 다투는 쟁송방법이 달라지게 된다. 사업시행계획이 인가를 받아 확정되면, 〈보충행위설〉의 입장에서는 인가 자체에 고유한 하자가 있는 극히 예외적인 경우에 한하여 인가청을 상대방으로 하여 인가처분 취소 · 무효를 구하는 항고소송을 제기할 수 있고, 원칙적으로는 조합을 상대방으로 하여 인가처분으로 확정된 기본행위인 사업시행계획을 쟁송의 대상인 행정처분으로 하여 사업시행계획 취소 · 무효를 구하는 항고소송을 제기하여야 하며, 〈설권행위설〉의 입장에서는 조합이 수립한 사업시행계획의 적법성 등은 설권적 처분인 인가처분의 요건에 불과하므로, 인가청을 상대방으로 설권적 처분인 인가처분 취소 · 무효를 구하는 항고소송을 제기하여야 하고, 조합의 사업시행계획 수립행위 등은 인가처분의 요건에 불과할 뿐 독립된 행정처분에 해당하지 아니하므로 조합을 상대방으로 하여 사업시행계획 취소 · 무효를 구하는 항고소송을 제기할 수는 없다.

3) 다만 어느 견해에 의하더라도, 사업시행계획을 수립하는 조합의 총회결의는 행정처분에 이르는 절차적 요건 중 하나에 불과하므로, 사업시행계획이 인가된 후에는 총회결의의 무효를 구하는 공법상 당사자 소송이 허용되지 아니한다.

(2) 대법원의 입장

1) 대법원은 도시정비법상 재건축사업의 사업시행계획인가와 관련하여 「조합의 사업시행계획도 원칙적으로 재건축결의에서 결정된 내용에 따라 작성되어야 하지만, 조합이 사업시행계획을 재건축결의에서 결정된 내용과 달리 작성한 경우 이러한 하자는 기본행위인 사업시행계획 작성행위의 하자이고, 이에 대한 보충행위인 행정청의 인가처분이 그 근거 조항인 위 법 제28조의 적법요건을 갖추고 있는 이상은 그 인가처분 자체에 하자가 있는 것이라 할 수 없다.」고 판시하여 〈보충행위설〉을 취하고 있으며,[8] 재개발사업의 사업시행계획인가와 관련하여서도 다수의 판례에서 보충적 행정행위로 판시하고 있다.[9]

2) 또한 대법원은 「구 도시정비법에 기초하여 도시환경정비사업조합[10]이 수립한 사업시행계획은 그것이 인가ㆍ고시를 통해 확정되면 이해관계인에 대한 구속적 행정계획으로서 독립된 행정처분에 해당하므로(대법원 2009. 11. 2.자 2009마596 결정 참조), 사업시행계획을 인가하는 행정청의 행위는 도시환경정비사업조합의 사업시행계획에 대한 법률상의 효력을 완성시키는 보충행위에 해당한다(대법원 2008. 1. 10. 선고 2007두16691 판결 참조). 원심은 이 사건 사업계획의 변경은 조합설립 동의내용을 변경하는 것에 해당하므로 참가인 조합은 도정법 제16조 제1항에 따라 토지 등 소유자의 5분의 4 이상의 동의를 얻어 조합설립변경인가를 받아야 함에도 이러한 절차를 거치지 않았고, 피고 인가청이 위와 같은 하자를 간과한 채 이 사건 사업시행인가처분을 하였다는 주장을 받아들여, 이 사건 사업시행인가처분이 위법하다는 취지로 판단하였으나, 원심판결에 나타난 원고들의 주장들은 모두 도정법상 각종 동의요건의 불비를 문제 삼아 이 사건 사업시행인가처분의 기본행위인 사업시행계획의 하자를 다투는 것이어서, 그에 대한 인가처분의 취소를 구하는 사유가 되지 못한다 할 것이다. 원심법원으로서는 원고들의 주장에 대하여 참가인 조합을 새로운 피고로 하여 이 사건 사업시행계획 자체의 취소를 구하는 소송으로의 경정 여부에 대한 석명권을 적절하게 행사하여 적법한 소송형태를 갖추도록 하였어야 할 것이다.」라고 판시하였는바, 피고가 '인가청'이 아니라 '조합'이

---

8) 대법원 2008. 1. 10. 선고 2007두16691 판결.

9) 대법원 2010. 12. 9. 선고 2009두4913 판결, 대법원 2014. 2. 27. 선고 2011두25173 판결 등.

10) 구법상 도시환경정비사업은 현행법상 재개발사업으로 통합되었다.

되어야 하며 항고소송의 대상인 처분도 '인가처분'이 아니라 '사업시행계획' 그 자체임을 명확히 하였다.[11)]

(3) 토지등소유자가 직접 시행하는 재개발 사업시행계획인가의 법적 성격

1) 2017. 2. 8. 개정(2018. 2. 9. 시행) 전 구법 제8조 제3항은 '도시환경정비사업'을 조합을 설립하지 아니하고 토지등소유자가 직접 시행할 수 있도록 규정하였는데, 개정 후 현행법은 '도시환경정비사업'의 유형을 '재개발사업'과 통합하여 규율하면서 현행법 제25조 제1항 제2호에서 토지등소유자가 20인 미만인 경우에는 조합을 설립하지 아니하고 직접 시행할 수 있도록 하였다.

2) 그런데 대법원은 조합설립인가처분을 공법상 지위를 부여하는 설권적 처분으로 판시하면서[12)] 조합설립인가 이후 공법인인 조합이 수립한 사업시행계획에 대하여 위와 같이 인가처분을 보충적 행정행위로 판시하고 있는 것인바, 조합, 공공시행자, 지정개발자 등은 조합설립인가처분, 사업시행자 지정처분 등 설권적 처분을 얻은 후에 사업시행계획을 수립함에 반하며, 위와 같이 법 제25조 제1항 제2호에 따라 토지등소유자가 직접 정비사업을 시행하는 경우에는 사업시행자 지정절차가 별도로 존재하지 아니하고 법 제50조 제4항에 따라 사업시행계획을 인가하는 단계에서 비로소 토지등소유자가 직접 시행하는 사업시행계획을 인가할 것인지를 인가청이 판단하게 된다.

3) 이와 같은 이유로 토지등소유자가 직접 재개발사업을 시행하고자 사업시행계획인가를 신청할 때에 법 제50조 제6항은 "사업시행계획서에 대하여 토지등소유자의 4분의 3 이상 및 토지면적의 2분의 1 이상의 토지소유자의 동의를 받아야 한다."고 규정하여 재개발조합설립에 준하는 토지등소유자의 동의를 얻도록 하였는데, 이러한 사업시행계획에 대한 인가처분이 조합설립인가에 준하여 설권적 처분으로 볼 것인지, 다른 사업시행계획인가처분과 동일하게 보충적 행정행위로 볼 것인지 문제가 된다.

4) 이에 대하여 대법원은 「구 도시정비법 제8조 제3항, 제28조 제1항에 의하면, 토지등 소유자들이 그 사업을 위한 조합을 따로 설립하지 아니하고 직접 도시환경정비사업을 시행하고자 하는 경우에는 사업시행계획서에 정관 등과 그 밖에 국토해양부령이 정하는 서류를 첨부하여 시장 · 군수에게 제출하고 사업시행인가를 받아야 하고, 이러

11) 대법원 2010. 12. 9. 선고 2010두1248 판결.
12) 대법원 2014. 5. 22. 선고 2012도7190 전원합의체 판결.

한 절차를 거쳐 사업시행인가를 받은 토지 등 소유자들은 관할 행정청의 감독 아래 정비구역 안에서 구 도시정비법상의 도시환경정비사업을 시행하는 목적 범위 내에서 법령이 정하는 바에 따라 일정한 행정작용을 행하는 행정주체로서의 지위를 가진다. 그렇다면 토지등소유자들이 직접 시행하는 도시환경정비사업에서 토지등소유자에 대한 사업시행인가처분은 단순히 사업시행계획에 대한 보충행위로서의 성질을 가지는 것이 아니라 구 도시정비법상 정비사업을 시행할 수 있는 권한을 가지는 행정주체로서의 지위를 부여하는 일종의 설권적 처분의 성격을 가진다.」고 판시하면서, 나아가 「도시환경정비사업을 직접 시행하려는 토지 등 소유자들은 시장ㆍ군수로부터 사업시행인가를 받기 전에는 행정주체로서의 지위를 가지지 못한다. 따라서 그가 작성한 사업시행계획은 인가처분의 요건 중 하나에 불과하고 항고소송의 대상이 되는 독립된 행정처분에 해당하지 아니한다고 할 것이다.」라고 판시하였다.[13)]

5) 따라서 토지등소유자가 직접 재개발 정비사업을 시행하는 경우에 법 제50조 제6항에 따른 사업시행계획인가처분은 설권적 처분에 해당하며, "인가처분이 있은 후"에 사업시행계획의 하자를 다투고자 할 때에는 시행자인 토지등소유자의 단체를 상대방으로 하여 '사업시행계획'의 무효ㆍ취소를 구하는 항고소송을 제기하여서는 아니 되고, '인가청'을 상대방으로 하여 '인가처분'의 무효ㆍ취소를 구하는 항고소송을 제기하여야 한다.

6) 또한 인가처분이 있기 전에 시행자인 토지등소유자의 단체가 수립한 사업시행계획을 다투는 것은 공법상 당사자 소송이 아니라 민사소송에 따라 사업시행계획 결의에 대한 무효 확인 등의 소를 제기하여야 할 것이다.

다. 재량행위설과 기속행위설 및 인가처분의 부관

(1) 관할 행정청의 인가처분이 재량행위인지 기속행위인지에 관하여 견해가 대립되고 있으며, 이에 따라 관할 행정청이 인가처분을 하면서 재량으로 사업시행자에게 일정한 '조건이나 부담'(이하 '부관'이라 함)을 부과할 수 있는지에 관하여 견해가 대립하고 있다.

(2) 〈보충행위설〉(대법원의 입장)에 따르면 기본행위인 조합의 사업계획 수립행위가 법령상 적법한 요건을 갖춘 이상 행정청은 반드시 인가처분을 하여야 하는 기속행위로

13) 대법원 2013. 6. 13. 선고 2011두19994 판결, 대법원 2015. 6. 11. 선고 2013두15262 판결 등.

보고 인가처분의 효력을 제한하는 부관도 사업시행자에게 부과할 수 없다고 보는 것이 논리적으로 자연스럽고, 〈설권행위설〉에 따르면 조합의 인가신청에 대하여 공법적 권한을 부여하는 행정청이 그 재량에 의해 인가처분을 거부할 수도 있는 재량행위로 보고 인가처분의 효력을 제한하는 부관을 부과하는 것도 가능하다고 보는 것이 논리적으로 자연스럽다.

(3) 그러나 기속적 행정행위에도 일정한 범위의 재량권이 존재하고 재량적 행정행위에도 재량권의 한계가 존재한다는 것이 행정법상 통설적 견해이며, 이 때문에 양자의 구별은 재량권의 범위에 관한 문제이자 사법심사의 범위에 관한 문제일 뿐이라는 견해도 있는바,[14] 기속적 행정행위에도 행정청은 재량권을 일탈하지 아니하는 범위에서 부관을 부과할 수 있다고 할 것이고 사업시행계획 인가처분에도 부관을 부과할 수 있다는 것이 통설적 견해이다. 시행령 제46조 제6호는 사업시행계획의 경미한 변경사항으로 "사업시행계획인가의 조건으로 부과된 사항의 이행에 따라 변경하는 때"를 규정하고 있는바 부관을 부과할 수 있는 법적 근거로 볼 수 있다.

(4) 우리 대법원도 사업시행인가처분을 '보충적 행정행위'로 보면서도 '수익적 행정행위'라는 점과 '공익상 필요'에 근거하여 인가청이 법령에 근거하지 아니한 부관을 부과할 수 있다고 판시하였다.[15][16]

(5) 따라서 사업시행자가 법령상 절차와 요건을 갖추어 사업시행계획인가를 신청하였는데 행정청이 재량권을 일탈하여 거부처분을 한 경우에 사업시행자는 거부처분의

---

14) 박균성 저 「행정법론」 참조. 기속적 행정행위는 재량의 범위가 좁고 사법심사의 범위가 넓으며 재량적 행정행위는 재량의 범위가 넓어서 사법심사의 범위가 재량권 일탈·남용에 한정된다는 것이다.

15) 대법원 2007. 7. 12. 선고 2007두6663 판결 「주택재건축사업시행의 인가는 상대방에게 권리나 이익을 부여하는 효과를 가진 이른바 수익적 행정처분으로서 법령에 행정처분의 요건에 관하여 일의적으로 규정되어 있지 아니한 이상 행정청의 재량행위에 속하므로, 처분청으로서는 법령상의 제한에 근거한 것이 아니라 하더라도 공익상 필요 등에 의하여 필요한 범위 내에서 여러 조건(부담)을 부과할 수 있다.」

16) 대법원 2011. 2. 24. 선고 2010두22498 판결 「원심으로서는, 피고가 도시정비법 제65조 제2항에 따른 무상양도의 대상은 정비사업시행인가 이전에 도시관리계획으로 결정되어 설치된 기반시설을 의미한다고 주장하면서도 현황 노로에 불과한 이 사건 국유지를 용도가 폐지되는 정비기반시설에 포함시킨 사업시행계획을 인가한 이유가 무엇인지, 이 사건 국유지를 용도가 폐지되는 정비기반시설에 포함시킨 것과 이를 매수하도록 하는 부관이 서로 모순되는 것은 아닌지 여부 등에 관하여 추가로 심리하여 그에 따라 이 사건 부관의 유효 여부를 판단하여야 함을 덧붙여 둔다.」

취소를 구하는 공법상 항고소송으로 다툴 수 있고, 행정청이 재량권을 일탈하여 위법한 부관을 부과하여 인가처분을 한 경우에도 사업시행자는 공법상 항고소송으로 다툴 수 있다.

(6) 나아가 인가처분 중에서 위법한 부관만을 항고소송으로 다툴 수 있는지에 관하여 대법원은 「행정행위의 부관은 행정행위의 일반적인 효력이나 효과를 제한하기 위하여 의사표시의 주된 내용에 부가되는 종된 의사표시이지 그 자체로서 직접 법적 효과를 발생하는 독립된 처분이 아니므로 현행 행정쟁송제도 아래서는 부관 그 자체만을 독립된 쟁송의 대상으로 할 수 없는 것이 원칙이나 행정행위의 부관 중에서도 행정행위에 부수하여 그 행정행위의 상대방에게 일정한 의무를 부과하는 행정청의 의사표시인 부담의 경우에는 다른 부관과는 달리 행정행위의 불가분적인 요소가 아니고 그 존속이 본체인 행정행위의 존재를 전제로 하는 것일 뿐이므로 부담 그 자체로서 행정쟁송의 대상이 될 수 있다.」고 판시하였는바,[17] 사업시행자는 인가처분과 부관이 불가분적 관계에 있는 때에는 인가처분의 취소를 구하는 항고소송을 제기할 수 있고, 부관이 인가처분과 불가분적 관계에 있는 것이 아니라면 부관만을 행정소송의 대상으로 하여 취소 또는 무효소송을 제기할 수 있다.

(7) 한편 대법원은 사업시행계획의 인가조건으로 '정비구역 밖'에 정비기반시설을 설치하여 국가 또는 지방자치단체에 무상으로 귀속시키도록 부관을 부과한 사안에서, 「구 도시정비법 제65조 제2항에서 말하는 정비사업의 시행으로 용도가 폐지되어 사업시행자에게 무상으로 '양도'되는 정비기반시설은 '정비구역 안'에 있는 정비기반시설만을 의미하는 것으로 해석하여야 하고, 사업시행자가 정비사업의 시행으로 새로이 설치한 정비기반시설로서 국가 또는 지방자치단체에 무상으로 '귀속'되는 정비기반시설도 이와 마찬가지로 새겨야 하므로, 사업시행자가 정비사업의 시행으로 새로이 설치한 정비기반시설이지만 '정비구역 밖'에 위치한 것은 도시정비법 제65조 제2항에 의하여 당연히 국가나 지방자치단체에 무상으로 귀속된다고 할 수 없으나, 정비사업의 시행으로 '정비구역 밖'에 설치하는 정비기반시설이라 하더라도 사업시행 인가관청이 사업시행인가처분을 하면서 인가조건으로 시설을 설치하도록 하는 부담을 부과하고 사업시행자가 부담의 이행으로써 이를 설치한 때에는, 부관이 다른 법률의 규정에 위반되거나 부당결

---

17) 대법원 1992. 1. 21. 선고 91누1264 판결.

부금지의 원칙이나 비례의 원칙에 반하여 위법하다고 볼 특별한 사정이 없는 한, 인가조건의 내용에 따라 당해 정비기반시설은 무상으로 또는 정산을 거쳐 시설을 관리할 국가 또는 지방자치단체에 귀속될 수 있다.」고 하면서, 「이 사건 도로는 원고의 이 사건 주택재건축사업의 시행으로 교통량이 증가함에 따라 신설할 필요가 생겼을 뿐 아니라 인접한 아파트재건축조합 조합원들 못지않게 원고 조합원들의 이용상 편익도 크게 증진될 것으로 보이는 점, 이 사건 인가조건에서 이 사건 도로의 설치비용을 사후 정산해 주는 것으로 정하고 있어서 비록 원고가 그 설치를 위해 금전적 부담을 안게 되더라도 그 상당 부분은 보전될 것이 예정되어 있는 점 등을 종합하여 보면, 피고가 이 사건 인가조건으로 원고에게 이 사건 도로의 설치의무를 부과한 것이 부당결부금지의 원칙이나 비례의 원칙에 반한다고 할 수 없고, 더구나 이 사건 인가조건은 그 위법 여부를 다툴 수 있는 불복기간이 경과되어 불가쟁력이 발생한 데다 달리 그것이 당연무효라고 볼 만한 사유를 찾아 볼 수도 없다.」고 판시한바 있다.[18)]

(8) 또한 대법원은 구 주택건설촉진법상 사업계획의 부관이행과 사용검사의 관계에 대하여, 사업계획 승인처분에 대하여 부관을 붙일 수 있고 그 부관이 적법한 것이라면 사업주체가 사용검사일까지 그 부관을 이행하지 아니한 경우에는 승인된 사업계획의 내용에 적합하지 아니한 경우로서 사용검사를 받을 수 없다고 판시하였는바,[19)] 이는 현행 도시정비법에서도 그대로 적용될 수 있다.

---

18) 대법원 2014. 2. 21. 선고 2012다78818 판결.

19) 대법원 1993. 9. 28. 선고 93누9132 판결.

「주택건설촉진법 제33조의2 제1항, 시행령 제34조 제1항에 비추어 보면, 주택건설사업 완료 후 건축물에 대하여 준공검사를 받기 위하여는 승인받은 사업계획에 부합하는 사업을 시행하여야 하고, 만일 승인받은 사업계획에 대하여 변경승인을 얻어야 할 사정이 있을 경우에는 그러한 내용의 변경승인을 얻지 않은 한 그 사업으로 인한 건축물에 대한 준공검사신청은 받아들일 수 없다 할 것이므로 주택조합의 조합원들 중에 무자격자가 있다면 이를 정리하여 사업계획변경승인을 얻어야 하고, 그 승인을 얻지 못한 경우에는 그 사업으로 인한 건축물에 대한 준공검사신청 역시 받아들일 수 없다.」

대법원 1997. 3. 14. 선고 96누16698 판결.

「적법한 부관이 붙은 주택건설사업계획의 승인을 받은 원고가 사용검사일 전까지 그 부관에 따른 진입도로 등의 설치 및 기부채납의무를 이행하지 아니한 경우에는 승인된 사업계획의 내용에 부적합하여 주택건설촉진법 제33조의2 제1항에 의한 사용검사를 받을 수 없고, 또한 위 아파트 중 비상계단의 계단폭과 계단참의 너비가 법정기준에 미달하도록 시공된 채 시정되지 아니하고 있는 이상 그 점에서도 역시 승인된 사업계획의 내용에 부적합하여 사용검사를 받을 수 없는 것이니, 위와 같은 사유들을 들어 위 아파트에 대한 사용검사를 거부한 피고의 이 사건 처분은 적법하다 할 것이다.」

3. 사업시행계획의 법적 성격 및 쟁송방법

(1) 앞서 본 바와 같이 사업시행계획은 조합이 사업시행계획을 수립하여 총회의결을 거친 후 관할관청이 인가하면 확정되는바, 대법원은 행정청의 인가처분으로 확정된 사업시행계획은 조합이 행한 독립된 행정처분으로 보고 있다.

(2) 따라서 인가처분이 있은 후에 그 요건에 불과한 총회결의의 무효를 구하는 공법상 당사자소송은 부적법하고, 기본행위인 총회결의의 하자를 이유로 보충적 행정행위에 불과한 인가처분의 무효 또는 취소를 구하는 항고소송도 부적법하며, 조합을 상대방으로 하여 사업시행계획이라는 독립된 행정처분의 무효 또는 취소를 구하는 항고소송을 제기하여야 한다는 것이 대법원의 입장이다.[20)]

(3) 대법원은 구 주택건설촉진법상 재건축사업에서「조합원 전체에 이익이 되는 주택건설사업계획 승인처분을 조합원의 일부가 다툰다는 점에서 그 법률상 이익을 결한다고 할 것이므로, 조합원들에게는 위 승인처분의 취소를 구할 원고적격이 없다.」고 판시하여 수익적 행정행위임을 근거로 수익의 당사자인 조합의 조합원들의 원고적격을 부인한바 있으나, 현행 도시정비법 하에서 대법원은 조합원들이 사업시행계획을 항고소송으로 다툴 법률상 이익이 있을 수 있다고 보고 나아가「사업시행계획에 당연 무효인 하자가 있는 경우에는 재개발사업조합은 사업시행계획을 새로이 수립하여 관할관청에게서 인가를 받은 후 다시 분양신청을 받아 관리처분계획을 수립하여야 하므로, 분양신청기간 내에 분양신청을 하지 않거나 분양신청을 철회함으로 인해 구 도시정비법 제47조 및 조합 정관 규정에 의하여 조합원의 지위를 상실한 토지 등 소유자도 그때

---

20) 대법원 2009. 11. 2.자 2009마596 결정 등「구 도시 및 주거환경정비법(2007. 12. 21. 법률 제8785호로 개정되기 전의 것)에 따른 주택재건축정비사업조합은 관할 행정청의 감독 아래 위 법상 주택재건축사업을 시행하는 공법인으로서, 그 목적 범위 내에서 법령이 정하는 바에 따라 일정한 행정작용을 행하는 행정주체의 지위를 가진다 할 것인데, 재건축정비사업조합이 이러한 행정주체의 지위에서 위 법에 기초하여 수립한 사업시행계획은 인가 · 고시를 통해 확정되면 이해관계인에 대한 구속적 행정계획으로서 독립된 행정처분에 해당하고, 이와 같은 사업시행계획안에 대한 조합 총회결의는 그 행정처분에 이르는 절차적 요건 중 하나에 불과한 것으로서, 그 계획이 확정된 후에는 항고소송의 방법으로 계획의 취소 또는 무효확인을 구할 수 있을 뿐, 절차적 요건에 불과한 총회결의 부분만을 대상으로 그 효력 유무를 다투는 확인의 소를 제기하는 것은 허용되지 아니하고, 한편 이러한 항고소송의 대상이 되는 행정처분의 효력이나 집행 혹은 절차속행 등의 정지를 구하는 신청은 행정소송법상 집행정지신청의 방법으로서만 가능할 뿐 민사소송법상 가처분의 방법으로는 허용될 수 없다.」

분양신청을 함으로써 건축물 등을 분양받을 수 있으므로 사업시행계획의 무효 확인 또는 취소를 구할 법률상 이익이 있다.」고도 판시하여[21] 조합원 지위를 상실한 현금청산자들도 사업시행계획의 취소·무효를 구할 원고 적격이 있다고 보았다. 다만, 법률상 이익이 있는지 여부는 사안에 따라 구체적으로 판단하여야 할 것이다.

(4) 사업시행계획에 대한 취소소송은 사업시행계획을 확정하는 인가처분이 있음을 안 날로부터 90일 이내 또는 인가처분이 있은 날부터 1년 이내에 제기하여야 한다(제소기간).[22] 통상 고시 또는 공고에 의하여 행정처분을 하는 경우에는 그 처분의 상대방이 불특정 다수인이고, 그 처분의 효력이 불특정 다수인에게 일률적으로 적용되는 것이므로, 그 행정처분에 이해관계를 갖는 자는 고시 또는 공고가 효력을 발생하는 날에 그 행정처분이 있음을 알았다고 보아야 하고, 사업시행인가처분은 「행정 효율과 협업 촉진에 관한 규정」 제6조 제3항에 의하여 인가 및 고시가 있은 후 5일이 경과한 날부터 효력이 발생한다고 할 것이다.[23] 위와 같이 취소소송의 제소기간이 도과하면 사업시행계획의 중대·명백한 하자를 입증하여 무효 확인을 할 수 있을 뿐이다.

4. 변경 전 사업시행계획에 대한 소의 이익

(1) 대법원은 「인가받은 사업시행계획의 내용 중 경미한 사항을 변경하여 이를 신고한 경우는 물론, 그 밖의 사항을 변경하여 그 인가를 받은 경우에도 종전에 인가받은 사업시행계획 중 변경되지 아니한 부분은 여전히 존재하여 그 효력을 유지함이 원칙」이라고 판시한바,[24] 토지등소유자는 변경 전 사업시행계획의 취소 또는 무효를 항고소송으로 다툴 소의 이익이 있다.

(2) 다만 대법원은 「주택재개발정비사업조합이 당초 사업시행계획의 흠을 바로 잡기 위하여 당초 사업시행계획과 동일한 요건, 절차를 거쳐 새로운 사업시행계획을 수립하여 시장·군수로부터 인가받은 경우 또는 당초 사업시행계획의 주요 부분을 실질적으로 변경하는 내용으로 새로운 사업시행계획을 수립하여 시장·군수의 인가를 받음으

21) 대법원 2011. 12. 8. 선고 2008두18342 판결, 대법원 2014. 2. 27. 선고 2011두25173 판결, 대법원 2008. 1. 10. 선고 2007두16691 판결.
22) 행정소송법 제20조.
23) 대법원 2010. 12. 9. 선고 2009두4913 판결.
24) 대법원 2014. 2. 27. 선고 2011두25173 판결.

로써 새로운 사업시행계획이 당초 사업시행계획을 대체하였다고 평가할 수 있는 경우에는 변경 전 사업시행계획은 그 효력을 상실한다. 그리고 당초 사업시행계획의 주요 부분을 실질적으로 변경하는 내용의 새로운 사업시행계획을 수립하여 당초 사업시행계획을 대체하였는지 여부는, 사업시행계획 중 변경된 내용, 변경의 원인 및 그 정도, 당초 사업시행계획과 변경 사업시행계획 사이의 기간, 당초 사업시행계획의 유효를 전제로 이루어진 후속행위의 내용 및 그 진행 정도 등을 종합적으로 고려하여 판단하여야 할 것이다.」고 판시하였는바,[25] 예외적으로 변경 전 사업시행계획이 실질적으로 효력을 상실한 경우에는 토지등소유자는 변경 전 사업시행계획의 취소 또는 무효를 항고소송으로 다툴 소의 이익이 없게 된다.

(3) 그러나 대법원은 위와 같이 「당초 사업시행계획이 실질적으로 변경된 사업시행계획에 의해 효력을 상실하더라도 당초 사업시행계획의 유효를 전제로 분양공고 및 분양신청 절차, 분양신청을 하지 아니한 조합원에 대한 수용절차, 관리처분계획의 수립 및 그에 대한 인가 등 일련의 후속 행위가 이루어진 경우에는, 당초 사업시행계획의 취소 또는 무효로 일련의 후속 행위 역시 소급하여 효력을 상실하게 되므로 일률적으로 당초 사업시행계획의 무효 확인을 구할 소의 이익이 소멸된다고 볼 수는 없고 후속행위로 토지등소유자의 권리 · 의무에 영향을 미칠 정도의 공법상의 법률관계를 형성시키는 외관이 만들어졌는지 또는 존속되고 있는지 등을 개별적으로 따져 소의 이익을 인정할 수 있다.」고 판시하고 있는바,[26] 당초 사업시행계획 이후 변경된 사업시행계획 이전에 토지등소유자의 권리 · 의무에 영향을 미칠 정도의 공법상의 법률관계를 형성하는 후속행위가 있었다면 토지등소유자는 당초 사업시행계획의 취소 또는 무효를 항고소송으로 다툴 소의 이익이 있는 것이다.

5. 선행처분의 하자와 사업시행계획의 적법성

(1) 행정처분은 공정력[27]과 불가쟁력[28]의 효력이 있어서 행정처분에 하자가 있어도

25) 대법원 2014. 2. 27. 선고 2011두25173 판결.
26) 대법원 2013. 11. 28. 선고 2011두30199 판결 [관리처분계획취소].
27) 처분이 취소 또는 무효로 되기 전까지는 일응 적법한 것으로 추정하여 효력을 유지하는 것을 말한다.
28) 취소소송의 제소기간이 도과하여 취소를 구할 수 없게 되는 것을 말한다.

법원에 의해 취소되거나 그 하자가 중대·명백하여 당연 무효로 되는 경우가 아니라면 그 효력을 부인할 수 없고,[29] 두 개 이상의 행정처분이 연속적으로 행하여지고 선행처분과 후행처분이 서로 결합하여 1개의 법률효과를 완성하는 때에는, 선행처분에 하자가 있으면 그 하자는 후행처분에 승계되므로 선행처분에 불가쟁력이 생겨 그 효력을 다툴 수 없게 된 경우에도 선행처분의 하자를 이유로 후행처분의 효력을 다툴 수 있는 반면, 선행처분과 후행처분이 서로 독립하여 별개의 법률효과를 목적으로 하는 때에는, 선행처분에 불가쟁력이 생겨 그 효력을 다툴 수 없게 된 경우에는 선행처분의 하자가 중대하고 명백하여 당연 무효인 경우를 제외하고는 선행처분의 하자를 이유로 후행처분의 효력을 다툴 수 없는 것이 원칙이다.[30]

(2) 정비구역지정처분, 조합설립인가처분과 사업시행계획은 각각 서로 독립하여 별개의 법률효과를 목적으로 하는 행정처분이므로, 정비구역지정처분 또는 조합설립인가처분에 하자가 있어도 불가쟁력이 생겨 그 효력을 다툴 수 없게 된 경우에는 하자가 중대하고 명백하여 당연 무효인 경우를 제외하고는 정비구역지정처분 또는 조합설립인가처분의 하자를 이유로 사업시행계획의 취소를 구할 수는 없는 것이다.[31] 즉, 정비구역지정처분 또는 조합설립인가처분의 하자는 사업시행계획의 하자로 승계된다고 할 수 없다.

(3) 그러나 정비구역지정처분이나 조합설립인가처분이 법원에 의해 취소되거나 당연 무효로 된 경우에는, 정비구역지정처분이나 조합설립인가처분은 소급하여 그 효력을 상실하게 되고 조합은 행정주체인 사업시행자로서 공법인의 지위를 상실하게 되므로, 취소 또는 무효 판결 이전에 사업시행자임을 전제로 사업시행계획인가를 받았더라도 사업시행계획은 효력을 상실하게 되며, 다시 적법하게 정비구역지정처분을 받거나 조합설립(변경)인가를 받더라도 종전 사업시행계획의 하자가 치유되어 적법하게 되는

29) 대법원 1991. 4. 23. 선고 90누8756 판결.

30) 대법원 1994. 1. 25. 선고 93누8542 판결. 다만 「선행처분과 후행처분이 서로 독립하여 별개의 효과를 목적으로 하는 경우에도 선행처분의 불가쟁력이나 구속력이 그로 인하여 불이익을 입게 되는 자에게 수인한도를 넘는 가혹함을 가져오며, 그 결과가 당사자에게 예측 가능한 것이 아닌 경우에는 국민의 재판받을 권리를 보장하고 있는 헌법의 이념에 비추어 선행처분의 후행처분에 대한 구속력은 인정될 수 없다.」고 판시하여, 서로 독립된 처분인 경우에도 예외적으로 선행처분의 하자를 이유로 후행처분을 다툴 수 있다고 본다.

31) 서울고등법원 2012. 2. 2. 선고 2011누16133 판결.

것은 아니다.[32] 따라서 이 경우 새로이 사업시행계획을 수립하여야 한다.

Ⅲ. 사업시행계획 수립절차의 개관

(1) 사업시행자는 ① 설계도서 등 구체적인 건축계획을 작성하여 환경영향평가,[33] 교통영향평가,[34] 재해영향평가,[35] 문화재심의,[36] 교육환경 협의,[37] 건축심의[38] 등 관계법령에 의해 필요한 사전 심의를 거쳐 이를 보완하고 ② 법 제52조에 따라 건축계획, 이주대책, 세입자 대책, 정비사업비 등 사업시행에 필요한 포괄적 계획이 포함된 사업시행계획서를 작성하여 ③ 작성된 사업시행계획서를 법 제50조에 따라 총회의 의결을 거치거나 토지등소유자의 동의를 얻은 후, ④ 필요한 서류를 첨부하여 시장 · 군수 등에게 제출하여 인가를 신청하며, ⑤ 시장 · 군수등은 필요한 사항의 경우 관계 행정기관의 장과 협의한 후 ⑥ 인가를 하려는 경우 14일 이상 공람공고한 후에 인가를 한다.

(2) 이하에서는 이와 같은 절차적 순서에 따라 사업시행계획서의 작성(법 제51~55조, 제59조)과 사업시행계획의 인가(법 제50조, 제56~58조, 제60조)로 나누어 살펴보기로 한다.

---

32) 대법원 2012. 3. 29. 선고 2008다95885 판결, 대법원 2012. 12. 13. 선고 2011두21010 판결, 대법원 2016. 12. 15. 선고 2015두51309 판결, 대법원 2016. 12. 1. 선고 2016두34905 판결 등.

33) 환경영향평가법에 따라 사업시행으로 인하여 자연환경, 생활환경 및 사회 · 경제환경에 미치는 영향을 예측 · 분석하고 대책을 강구하는 절차를 말한다.

34) 도시교통정비촉진법에 따라 사업시행으로 인하여 발생할 교통장애 등 교통상의 각종 문제점 또는 그 효과를 예측 · 분석하고 그 대책을 강구하는 절차를 말한다.

35) 자연재해대책법에 따라 사업시행이 홍수 등 재해의 가능성과 재해의 정도 및 규모 등에 미치는 영향을 예측 · 분석하고 이에 대한 대책을 강구하는 절차를 말한다.

36) 문화재보호법에 따라 사업시행이 문화재보존에 영향을 미치는지 여부를 검토하고 그 대책을 강구하는 절차를 말한다.

37) 정비구역으로부터 200미터 이내에 교육시설이 설치되어 있는 경우에, 도시정비법 제52조 제1항 제11호는 사업시행계획에 교육환경 보호에 관한 계획을 포함하도록 하고 있고 동법 제57조 제57조 제5항은 시장 · 군수등이 인가 전에 교육감 또는 교육장과 협의하도록 규정하고 있는바, 이를 위한 사전 협의를 말한다.

38) 건축법에 따라 건축위원회가 도시경관을 확보하고 건축물의 구조와 안전을 확보하는 등 세부적인 건축계획을 심의하는 절차를 말한다.

[2] 사업시행계획의 작성(제51~55조, 제59조)

Ⅰ. 사업시행계획서의 작성(제52조)

도시정비법	도시정비법 시행령
제52조 (사업시행계획서의 작성) ① 사업시행자는 정비계획에 따라 다음 각 호의 사항을 포함하는 사업시행계획서를 작성하여야 한다. 〈개정 2018. 1. 16, 2021. 4. 13.〉 1. 토지이용계획(건축물배치계획을 포함한다) 2. 정비기반시설 및 공동이용시설의 설치계획 3. 임시거주시설을 포함한 주민이주대책 4. 세입자의 주거 및 이주 대책 5. 사업시행기간 동안 정비구역 내 가로등 설치, 폐쇄회로 텔레비전 설지 등 범죄예방대책 6. 제10조에 따른 임대주택의 건설계획(재건축사업의 경우는 제외한다) 7. 제54조제4항, 제101조의5 및 제101조의6에 따른 국민주택규모 주택의 건설계획(주거환경개선사업의 경우는 제외한다) 8. 공공지원민간임대주택 또는 임대관리 위탁주택의 건설계획(필요한 경우로 한정한다) 9. 건축물의 높이 및 용적률 등에 관한	제47조 (사업시행계획서의 작성) ① 법 제52조제1항제11호에 따른 교육시설의 교육환경 보호에 관한 계획에 포함될 사항에 관하여는 「교육환경 보호에 관한 법률 시행령」 제16조제1항을 준용한다. ② 법 제52조제1항제13호에서 "대통령령으로 정하는 바에 따라 시 · 도조례로 정하는 사항"이란 다음 각 호의 사항 중 시 · 도조례로 정하는 사항을 말한다. 1. 정비사업의 종류 · 명칭 및 시행기간 2. 정비구역의 위치 및 면적 3. 사업시행자의 성명 및 주소 4. 설계도서 5. 자금계획 6. 철거할 필요는 없으나 개 · 보수할 필요가 있다고 인정되는 건축물의 명세 및 개 · 보수계획 7. 정비사업의 시행에 지장이 있다고 인정되는 정비구역의 건축물 또는 공작물 등의 명세 8. 토지 또는 건축물 등에 관한 권리자 및 그 권리의 명세 9. 공동구의 설치에 관한 사항

건축계획 10. 정비사업의 시행과정에서 발생하는 폐기물의 처리계획 11. 교육시설의 교육환경 보호에 관한 계획(정비구역부터 200미터 이내에 교육시설이 설치되어 있는 경우로 한정한다) 12. 정비사업비 13. 그 밖에 사업시행을 위한 사항으로서 대통령령으로 정하는 바에 따라 시·도조례로 정하는 사항 ② 사업시행자가 제1항에 따른 사업시행계획서에 「공공주택 특별법」 제2조제1호에 따른 공공주택(이하 "공공주택"이라 한다) 건설계획을 포함하는 경우에는 공공주택의 구조·기능 및 설비에 관한 기준과 부대시설·복리시설의 범위, 설치기준 등에 필요한 사항은 같은 법 제37조에 따른다.	10. 정비사업의 시행으로 법 제97조제1항에 따라 용도가 폐지되는 정비기반시설의 조서·도면과 새로 설치할 정비기반시설의 조서·도면(토지주택공사등이 사업시행자인 경우만 해당한다) 11. 정비사업의 시행으로 법 제97조제2항에 따라 용도가 폐지되는 정비기반시설의 조서·도면 및 그 정비기반시설에 대한 둘 이상의 감정평가업자의 감정평가서와 새로 설치할 정비기반시설의 조서·도면 및 그 설치비용 계산서 12. 사업시행자에게 무상으로 양여되는 국·공유지의 조서 13. 「물의 재이용 촉진 및 지원에 관한 법률」에 따른 빗물처리계획 14. 기존주택의 철거계획서(석면을 함유한 건축자재가 사용된 경우에는 그 현황과 해당 자재의 철거 및 처리계획을 포함한다) 15. 정비사업 완료 후 상가세입자에 대한 우선 분양 등에 관한 사항 ③ 제2항제9호에 따른 공동구의 설치에 관한 사항은 「국토의 계획 및 이용에 관한 법률 시행령」 제36조 및 제37조를 준용한다.

1. 사업시행계획에 포함할 사항

(1) 사업시행자는 정비계획에 따라 ① 토지이용계획(건축물배치계획을 포함한다), ② 정비기반시설 및 공동이용시설의 설치계획, ③ 임시거주시설을 포함한 주민이주대책, ④ 세입자의 주거 및 이주 대책, ⑤ 사업시행기간 동안 정비구역 내 가로등 설치, 폐쇄회로 텔레비전 설치 등 범죄예방대책, ⑥ 제10조에 따른 임대주택의 건설계획(재건축사

업의 경우는 제외한다), ⑦ 법 제54조 제4항, 제101조의5 및 제101조의6에 따른 국민주택 규모 주택의 건설계획(주거환경개선사업의 경우는 제외한다), ⑧ 공공지원민간임대주택 또는 임대관리 위탁주택의 건설계획(필요한 경우로 한정한다), ⑨ 건축물의 높이 및 용적률 등에 관한 건축계획, ⑩ 정비사업의 시행과정에서 발생하는 폐기물의 처리계획, ⑪ 교육시설의 교육환경 보호에 관한 계획(정비구역부터 200미터 이내에 교육시설이 설치되어 있는 경우로 한정한다), ⑫ 정비사업비를 포함하는 사업시행계획서를 작성하여야 한다.[39)]

(2) 사업시행계획서에는 그밖에 시 · 도조례로 정한 사항으로서 ① 정비사업의 종류 · 명칭 및 시행기간, ② 정비구역의 위치 및 면적, ③ 사업시행자의 성명 및 주소, ④ 설계도서, ⑤ 자금계획, ⑥ 철거할 필요는 없으나 개 · 보수할 필요가 있다고 인정되는 건축물의 명세 및 개 · 보수계획, ⑦ 정비사업의 시행에 지장이 있다고 인정되는 정비구역의 건축물 또는 공작물 등의 명세, ⑧ 토지 또는 건축물 등에 관한 권리자 및 그 권리의 명세, ⑨ 공동구의 설치에 관한 사항, ⑩ 정비사업의 시행으로 법 제97조 제1항에 따라 용도가 폐지되는 정비기반시설의 조서 · 도면과 새로 설치할 정비기반시설의 조서 · 도면(토지주택공사등이 사업시행자인 경우만 해당한다), ⑪ 정비사업의 시행으로 법 제97조 제2항에 따라 용도가 폐지되는 정비기반시설의 조서 · 도면 및 그 정비기반시설에 대한 둘 이상의 감정평가업자의 감정평가서와 새로 설치할 정비기반시설의 조서 · 도면 및 그 설치비용 계산서, ⑫ 사업시행자에게 무상으로 양여되는 국 · 공유지의 조서, ⑬ 「물의 재이용 촉진 및 지원에 관한 법률」에 따른 빗물처리계획, ⑭ 기존주택의 철거계획서(석면을 함유한 건축자재가 사용된 경우에는 그 현황과 해당 자재의 철거 및 처리계획을 포함한다), ⑮ 정비사업 완료 후 상가세입자에 대한 우선 분양 등에 관한 사항을 포함하여야 한다.[40)]

2. 공공주택의 건설계획

사업시행자가 사업시행계획서에 「공공주택 특별법」 제2조 제1호에 따른 공공주택(이하 "공공주택"이라 한다) 건설계획을 포함하는 경우에는 공공주택의 구조 · 기능 및 설비에 관한 기준과 부대시설 · 복리시설의 범위, 설치기준 등에 필요한 사항은 「공공주택

39) 법 제52조 제1항 각호.
40) 법 제52조 제1항 제13호 및 시행령 제47조 제2항 각호.

특별법」 제37조에 따른다.[41)]

3. 교육환경 보호에 관한 계획

정비구역부터 200미터 이내에 교육시설이 설치되어 있는 경우에는 교육환경보호에 관한 계획을 수립하여야 하고, 교육환경 보호에 관한 계획에 포함될 사항에는 「교육환경 보호에 관한 법률 시행령」 제16조 제1항을 준용되므로,[42)] 사업시행자는 ① 시행하려는 사업 등의 개요, ② 교육환경 영향평가 대상별 조사자료 및 현황, ③ 교육환경 영향평가 결과, ④ 교육환경 보호를 위한 조치 계획을 포함한 교육환경평가서를 작성하여야 한다.

4. 공동구의 설치에 관한 사항

(1) "공동구"란 전기 · 가스 · 수도 등의 공급설비, 통신시설, 하수도시설 등 지하매설물을 공동 수용함으로써 미관의 개선, 도로구조의 보전 및 교통의 원활한 소통을 위하여 지하에 설치하는 시설물을 말한다.[43)]

(2) 공동구를 설치하는 경우에는 사업시행계획서에 이를 포함하여야 하고, 공동구의 설치에 관한 사항은 「국토의 계획 및 이용에 관한 법률 시행령」 제36조 및 제37조를 준용하므로[44)] 사업시행자는 공동구 점용예정자에게 설치계획을 미리 통지하여 의견을 청취한 후 공동구협의회의 심의를 거쳐 그 결과를 사업시행계획에 반영하여야 하며, 공동구의 설치공사를 완료한 때에는 지체 없이 공동구에 수용할 수 있는 시설과 시설의 점용공사 기간 등을 공동구 점용예정자에게 개별적으로 통지하여야 한다.

41) 법 제52조 제2항. 주거환경개선사업과 재개발사업은 법 제10조에 따라 정비계획의 내용에 반영된 임대주택을 건설하여야 하고, 재건축사업과 재개발사업은 법 제54조에 따라 완화된 용적률의 일정비율을 국민주택규모 주택으로 건설하여야 하며, 법 제101조의 5, 제101조의6에 따라 공공재개발사업과 공공재건축사업에서도 완화된 용적률의 일정비율을 국민주주택규모 주택으로 건설하여야 하며, 이러한 임대주택과 국민주택규모 주택은 「공공주택 특별법」에 따른 공공주택으로 활용되며 「공공주택 특별법」의 기준에 부합하도록 건설하여야 하므로, 이에 따라 사업시행계획을 작성하여야 한다.

42) 법 제52조 제1항 제11호 및 시행령 제47조 제1항.

43) 「국토의 계획 및 이용에 관한 법률」 제2조 제9호.

44) 시행령 제47조 제2항 제9호 및 제3항.

5. 무상 양여되는 국 · 공유지의 조서

(1) 법 제101조에 따르면 주거환경개선사업 및 대통령령으로 정하는 재개발사업[45]에 해당하는 구역에서 국가 또는 지방자치단체가 소유하는 토지는 사업시행계획인가의 고시가 있은 날부터 종전의 용도가 폐지된 것으로 보며, 「국유재산법」, 「공유재산 및 물품 관리법」 및 그 밖에 국 · 공유지의 관리 및 처분에 관하여 규정한 관계 법령에도 불구하고 해당 사업시행자에게 무상으로 양여된다. 다만, 「국유재산법」 제6조 제2항에 따른 행정재산[46] 또는 「공유재산 및 물품 관리법」 제5조 제2항에 따른 행정재산[47]과

---

45) 시행령 제80조 제2항에 따른 시행령 제79조 제2항.
법 제95조제1항제2호에서 "대통령령으로 정하는 지역"이란 정비구역 지정(변경지정을 포함한다) 당시 다음 각 호의 요건에 모두 해당하는 지역을 말한다.
1. 「공익사업을 위한 토지 등의 취득 및 보상에 관한 법률」 제4조에 따른 공익사업의 시행으로 다른 지역으로 이주하게 된 자가 집단으로 정착한 지역으로서 이주 당시 300세대 이상의 주택을 건설하여 정착한 지역
2. 정비구역 전체 건축물 중 준공 후 20년이 지난 건축물의 비율이 100분의 50 이상인 지역

46) 국유재산법 제6조(국유재산의 구분과 종류)
① 국유재산은 그 용도에 따라 행정재산과 일반재산으로 구분한다.
② 행정재산의 종류는 다음 각 호와 같다. 〈개정 2012.12.18〉
1. 공용재산 : 국가가 직접 사무용 · 사업용 또는 공무원의 주거용(직무 수행을 위하여 필요한 경우로서 대통령령으로 정하는 경우로 한정한다)으로 사용하거나 대통령령으로 정하는 기한까지 사용하기로 결정한 재산
2. 공공용재산 : 국가가 직접 공공용으로 사용하거나 대통령령으로 정하는 기한까지 사용하기로 결정한 재산
3. 기업용재산 : 정부기업이 직접 사무용 · 사업용 또는 그 기업에 종사하는 직원의 주거용(직무 수행을 위하여 필요한 경우로서 대통령령으로 정하는 경우로 한정한다)으로 사용하거나 대통령령으로 정하는 기한까지 사용하기로 결정한 재산
4. 보존용재산 : 법령이나 그 밖의 필요에 따라 국가가 보존하는 재산
③ "일반재산"이란 행정재산 외의 모든 국유재산을 말한다.

47) 공유재산 및 물품 관리법 제5조(공유재산의 구분과 종류)
① 공유재산은 그 용도에 따라 행정재산과 일반재산으로 구분한다.
② "행정재산"이란 다음 각 호의 재산을 말한다.
1. 공용재산 지방자치단체가 직접 사무용 · 사업용 또는 공무원의 거주용으로 사용하거나 사용하기로 결정한 재산과 사용을 목적으로 건설 중인 재산
2. 공공용재산 지방자치단체가 직접 공공용으로 사용하거나 사용하기로 결정한 재산과 사용을 목적으로 건설 중인 재산
3. 기업용재산 지방자치단체가 경영하는 기업용 또는 그 기업에 종사하는 직원의 거주용으로 사용하거나 사용하기로 결정한 재산과 사용을 목적으로 건설 중인 재산
4. 보존용재산 법령 · 조례 · 규칙에 따라 또는 필요에 의하여 지방자치단체가 보존하고 있거나 보존하기로 결정한 재산

국가 또는 지방자치단체가 양도계약을 체결하여 정비구역지정 고시일 현재 대금의 일부를 수령한 토지에 대하여는 그러하지 아니하다(국 · 공유지의 무상양여에 관한 요건과 절차 등 구체적인 내용은 법 제101조 부분을 참조하기로 한다).

(2) 시행령 제47조 제2항 제12호에 따라 사업시행자에게 무상으로 양여되는 국 · 공유지의 조서를 작성하여 사업시행계획에 포함하여야 한다.

(3) 무상양여와 구별하여 행정재산에 속하는 정비기반시설의 용도폐지 및 기부채납에 관한 조서 등도 시행령 제47조 제2항 제10, 11호에 따라 사업시행계획에 포함하는데, 이에 관해서는 법 제51조(기반시설의 기부채납 기준)에서 살펴보기로 한다.

6. 정비사업의 시행기간

가. 사업시행기간이 필요적 사항인지 여부

(1) 법 제52조 및 시행령 제47조 제2항 제1호는 사업시행계획서에 포함될 사항 중 시 · 도조례로 정하는 사항으로 정비사업의 시행기간을 규정하고 있는바, 사업시행기간은 법률상 사업시행자가 사업시행계획서에 반드시 포함하여야 할 사항은 아니고, 시 · 도조례에서 이를 규정하고 있는 경우에 사업시행계획서에 포함하여야 할 사항이 된다.[48)]

(2) 그런데 법 제50조 제9항 및 시행규칙 제10조 제3항 제1호 라목은 시장 · 군수등이 사업시행계획을 인가하는 경우에 정비사업의 시행기간을 공보에 고시하도록 규정하고 있고, 법 제65조 제3항은 수용 또는 사용에 대한 재결의 신청은 토지보상법에도 불구하고 사업시행계획인가(사업시행계획변경인가를 포함한다)를 할 때 정한 사업시행기간 이내에 하여야 한다고 규정하고 있는바, 사업시행계획인가의 내용에는 사업시행기간이 포함되어야 한다.

(3) 위와 같은 점을 종합할 때, 시 · 도조례에서 정비사업의 시행기간을 사업시행계획서에 포함하도록 규정하지 않아도 사업시행계획서에는 사업시행기간이 포함되어야 한다고 본다.

---

③ "일반재산"이란 행정재산 외의 모든 공유재산을 말한다.

48) 일부 조례에서는 사업시행기간을 사업시행계획서에 포함할 사항으로 규정하지 않고 있다.

나. 사업시행기간 도과와 토지보상법상 사업인정의 실효

(1) 강제 수용 또는 사용에 따른 재산권침해를 최소화하고자, 토지보상법 제20조 내지 제23조는 공익사업의 인정을 위한 사업인정고시의 방법과 절차를 규정하고, 사업인정고시가 된 날로부터 1년 이내에 재결신청을 하지 아니한 경우에는 사업인정고시가 된 날부터 1년이 되는 날의 다음 날에 사업인정은 그 효력을 상실한다고 규정하고 있다.

(2) 도시정비법 제65조 제2항은 토지보상법을 준용하는 경우 사업시행계획인가 고시를 토지보상법상 사업인정고시로 의제하여 별도로 토지보상법에 따른 사업인정고시를 받지 않도록 하면서도, 동조 제3항에는 토지보상법 제23조 제1항 재결신청기간(사업인정고시가 된 날로부터 1년)에 대한 특칙으로 "사업시행계획인가를 할 때 정한 사업시행기간 이내"에 재결신청을 하도록 규정하고 있다.

(3) 따라서 사업시행기간이 도과하면 인가받은 사업시행계획이 효력을 상실하는지는 별론으로 하더라도 의제된 토지보상법상 사업인정은 효력을 상실하는데, 대법원은 이를 「강학상 실효에 해당하여 그 법적 효과가 소급하여 무효로 되는 것은 아니고 장래를 향하여 효력을 상실하므로, 사업시행기간 내에 이루어진 토지의 매수·수용을 비롯한 사업시행의 법적 효과가 소급하여 효력을 상실하여 무효로 된다고 할 수 없다.」고 판시하였으며,[49] 「도시정비법에 따라 설립된 정비사업조합에 의하여 수립된 사업시행계획에서 정한 사업시행기간이 도과하였다 하더라도, 유효하게 수립된 사업시행계획 및 그에 기초하여 사업시행기간 내에 이루어진 토지의 매수·수용을 비롯한 사업시행의 법적 효과가 소급하여 그 효력을 상실하여 무효로 된다고 할 수 없다.」고 판시

49) 대법원 2001. 11. 13. 선고 2000두1706 판결 [학교시설사업시행계획변경승인무효확인] 「구 학교시설사업촉진법(1995. 1. 5. 법률 제4881호로 개정되기 전의 것) 제10조 제3항 후단은 재결신청은 토지수용법 제17조 및 제25조 제2항의 규정에 불구하고 시행계획을 승인함에 있어서 정한 학교시설사업의 시행기간 내에 하여야 한다고 규정하고 있는바, 사업시행자는 그 시행지에 포함된 토지에 대하여 시행계획의 승인이나 그 변경승인에서 정한 사업시행기간 내에 이를 매수하거나 수용재결의 신청을 하여야 하고, 그 시행기간 내에 그 중 일부 토지에 대한 취득이 이루어지지 아니하면 그 일부 토지에 대한 시행계획의 승인이나 그 변경승인은 장래에 향하여 그 효력을 상실한다 할 것이고, 이는 강학상의 이른바 '실효'에 해당하는 것이다.」 대법원 2016. 12. 1. 선고 2016두34905 판결 「도시 및 주거환경정비법에 따라 설립된 정비사업조합에 의하여 수립된 사업시행계획에서 정한 사업시행기간이 도과하였더라도, 유효하게 수립된 사업시행계획 및 그에 기초하여 사업시행기간 내에 이루어진 토지의 매수·수용을 비롯한 사업시행의 법적 효과가 소급하여 효력을 상실하여 무효로 된다고 할 수 없다.」

하였다.[50)]

(4) 이와 같이 사업인정고시의 실효는 적법한 기간 내에 수용재결을 신청하지 아니한 토지등소유자에게만 미치는 것이지 적법하게 수용재결이 신청된 토지등소유자에게까지 미치는 것은 아니라고 할 것이며, 사업시행기간 내에 수용재결을 신청한 이상 사업시행기간이 도과한 후 내려진 수용재결처분도 적법하다고 할 것이다.

다. 사업시행기간 도과와 사업시행계획의 실효 여부 등

(1) 사업시행계획의 실효 여부

1) 사업시행기간의 도과로 토지보상법상 사업인정이 실효되는 것과는 별론으로, 인가받은 사업시행계획은 도시정비법상 여러 가지 효력(분양신청, 관리처분계획수립 등 후속 권한을 부여하는 효력, 관계법령에 따른 인 · 허가의 의제 등)을 가지는데, 사업시행기간의 도과로 사업시행계획 자체가 모두 실효되고 장래를 향하여 모든 효력이 상실되는지 살펴볼 필요가 있다.

2) 이에 대해 ① 사업시행계획인가 고시에 시행기간이 명시된 이상 시행기간은 사업시행계획인가처분의 유효기간이 되는 것이므로, 시행기간이 도과하면 사업시행계획이 실효된다는 〈실효설〉, ② 시행기간을 사업시행계획인가처분의 유효기간이라고 볼 실효에 관한 법적 근거가 없고 사업시행계획의 필수적 · 본질적 요소도 아니므로, 시행기간이 도과하더라도 사업시행계획이 실효되지 않는다는 〈유효설〉, ③ 토지보상법상 사업인정이 실효된 범위에서 도시정비법상 사업시행계획도 실효되므로, 사업시행자가 사업시행기간 내에 분양신청절차를 이행하지 못한 때에는 사업시행계획 전부가 실효되고, 분양신청절차를 이행하였으나 일부 토지 등에 재결신청을 하지 못한 때에는 이에

---

50) 대법원 2016. 12. 1. 선고 2016두34905 판결.
동일취지 판례 : 대법원 2001. 11. 13. 선고 2000두1706 판결 [학교시설사업시행계획변경승인무효확인]「구 학교시설사업촉진법(1995. 1. 5. 법률 제4881호로 개정되기 전의 것) 제10조 제3항 후단은 재결신청은 토지수용법 제17조 및 제25조 제2항의 규정에 불구하고 시행계획을 승인함에 있어서 정한 학교시설사업의 시행기간 내에 하여야 한다고 규정하고 있는바, 사업시행자는 그 시행지에 포함된 토지에 대하여 시행계획의 승인이나 그 변경승인에서 정한 사업시행기간 내에 이를 매수하거나 수용재결의 신청을 하여야 하고, 그 시행기간 내에 그 중 일부 토지에 대한 취득이 이루어지지 아니하면 그 일부 토지에 대한 시행계획의 승인이나 그 변경승인은 장래에 향하여 그 효력을 상실한다 할 것이고, 이는 강학상의 이른바 '실효'에 해당하는 것이다.」

대한 사업시행계획 일부가 실효된다는 〈절충설〉이 대립한다.

3) 대법원은 아래와 같이 위 세 가지 견해에 따른 상반된 판시를 하고 있는바, 추후 대법원의 입장이 정리될 필요가 있을 것이다.

① 서울행정법원 2014. 7. 3. 선고 2013구합18018 판결 [사업시행인가처분 무효확인]은 「정비사업의 사업시행인가는 사업시행기간 경과로 실효되며, 그 후에 실효된 사업시행인가를 변경 인가하여 그 시행기간을 연장하였다고 하여 실효된 사업시행계획의 인가가 효력을 회복하여 소급적으로 유효하게 될 수는 없고, 다만 사업시행변경인가도 시행자에게 정비사업을 실시할 수 있는 권한을 설정하여 주는 처분인 점에서는 당초의 인가와 다를 바 없으므로 사업시행인가고시에 정해진 사업시행기간 경과 후에 이루어진 변경인가고시도 그것이 새로운 인가로서의 요건을 갖춘 경우에는 그에 따른 효과가 있다 할 것이다.」라고 판시하였고, 이는 서울고등법원 2015. 4. 16. 선고 2014누58558 판결과 대법원 2015. 8. 27. 선고 2015두41920 판결에서 확정되었는바,[51] 〈실효설〉의 입장을 취하고 있다.

② 서울고등법원 2016. 1. 19. 선고 2015누57118 판결 [사업시행계획무효확인]은 「사업시행기간이 사업시행자의 수용권 행사기간으로서 중요한 의미가 있기는 하나, 이는 사업시행자가 사업시행기간 내에 수용목적물에 대한 수용재결을 신청하지 아니할 경우에 사업시행계획이 장래에 향하여 그 효력을 상실한다는 것을 의미할 뿐이므로(대법원 2001. 11. 13. 선고 2000두1706 판결 참조) 사업시행기간이 사업시행계획 자체의 유효기간이라고 볼 근거가 될 수 없는 점, 조합은 사업시행계획 수립 시에 사업의 규모 등을 고려하여 임의로 사업시행기간을 정할 수 있고 사업진행 중에도 사업의 추진 정도에 따라 얼마든지 사업시행기간을 변경할 수 있다는 점에서 사업시행기간의 만료로 인하여 사업시행계획 자체가 실효된다고 보는 것은 무리한 해석인 점 등을 더하여 보면, 사업시행계획에서 정해진 사업시행기간은 향후 시행될 사업에 관한 일응의 예정기간을 의미하고, 사업시행계획 자체의 유효기간이라고 할 수는 없다.」고 판시하였고, 이는

51) 대법원 1991. 11. 26. 선고 90누9971 판결 [토지수용재결처분취소]은 구 도시계획법에 따른 도시계획사업과 관련하여서도 「도시계획사업의 시행자는 늦어도 고시된 도시계획사업의 실시계획인가에서 정한 사업시행기간 내에 사법상의 계약에 의하여 도시계획사업에 필요한 타인 소유의 토지를 양수하거나 수용재결의 신청을 하여야 하고, 그 사업시행기간 내에 이와 같은 취득절차가 선행되지 아니하면 그 도시계획사업의 '실시계획인가'는 실효된다.」고 판시하였다.

대법원 2016. 12. 1. 선고 2016두34905 판결로 확정되었고,[52] 대법원 2017. 6. 19. 선고 2015다70679 판결도 관리처분계획인가 후 건물인도를 구하는 사건에서 「사업시행기간이 사업시행계획의 효력기간을 정한 것이 아니므로 사업시행기간이 만료되었다는 것만으로 사업시행계획이 실효되었다고 볼 수 없고, 2차 분양신청과 제2차 관리처분계획이 무효라고 볼 수도 없다고 한 원심의 판단은 정당하다.」고 판시하였다. 〈유효설〉을 취하고 있는 것이다.

③ 대법원 2001. 11. 13. 선고 2000두1706 판결 [학교시설사업시행계획변경승인무효확인]은 「사업시행자는 그 시행지에 포함된 토지에 대하여 시행계획의 승인이나 그 변경승인에서 정한 사업시행기간 내에 이를 매수하거나 수용재결의 신청을 하여야 하고, 그 시행기간 내에 그 중 일부 토지에 대한 취득이 이루어지지 아니하면 그 '일부 토지에 대한 시행계획의 승인이나 그 변경승인'은 장래에 향하여 그 효력을 상실한다.」고 판시하였는바, 사업인정이 실효된 범위에서만 사업시행계획이 실효된다는 〈절충설〉을 취하고 있다.

4) 사견으로는 ① 도시정비법에서 사업시행기간을 사업시행계획의 유효기간으로 정하거나 사업시행기간이 도과하면 사업시행계획이 실효된다는 규정을 전혀 두고 있지 아니한 점, ② 법 제52조 제1항 제13호 및 시행령 제47조 제2항 제1호가 사업시행기간을 사업시행계획서에 포함할 것인지를 조례에 위임하고 있어서 사업시행기간을 사업시행계획의 본질적 요소로 볼 수 없는 점, ③ 법 제50조 제5항은 사업시행계획의 효력을 장래를 향하여 실효하게 하는 사업시행계획의 중지 · 폐지를 총회결의와 시장 · 군수등의 인가를 받아야 한다고 규정하고 있는데 사업시행기간의 도과만으로 사업시행계획을 실효시키는 것은 동조의 입법 취지에 반하는 점, ④ 토지보상법 제23조 제1항은 기간 내에 재결신청을 하지 아니한 경우에만 사업인정이 실효된다고 규정하고 있는데 재결신청이 있어도 사업시행기간 도과로 사업시행계획이 실효된다는 것은 이에 반하는 부당한 해석인 점, ⑤ 사업시행기간 내에 수용재결을 신청하여도 사업시행기간의 도과로 사업시행계획 자체가 실효되면 사업인정 고시 의제효력도 실효되어 신청만 적법하게

52) 서울고등법원 2014누58558 판결 및 그 상고심 대법원 2015두41920 판결(심리불속행 기각)도 「사업시행기간은 제1차 사업시행계획에서 정한 사업시행기간(2007. 9. 3.부터 48개월)의 경과로 종전 사업시행계획(제1차 내지 제5차 사업시행계획)의 인가처분은 실효되었다고 판단된다.」고 판시하였다.

되고 재결처분은 위법하게 되는 부당한 결과를 야기하는 점, ⑥ 재건축사업에는 토지보상법이 준용되지 않아 사업인정의 실효가 존재하지 아니하는 점 등을 종합할 때, 〈유효설〉이 타당하다고 본다.

(2) 사업시행계획변경인가(신고)의 적법성 여부

1) 사업시행기간 도과한 후 사업시행계획변경인가를 받은 경우에,[53] 〈실효설〉에 따르면 변경의 기초가 되는 사업시행계획이 실효되어 없으므로 변경인가는 부적법하여 무효 또는 취소되어야 하고, 다만 변경인가가 새로운 사업시행계획인가로 평가받을 수 있는 때에만 새로운 인가처분으로서 유효하다고 볼 수 있게 되고,[54] 〈유효설〉에 따르면 사업시행기간이 도과하여도 사업시행계획 그 자체가 실효되는 것은 아니므로 사업시행기간 도과 후 사업시행계획변경인가도 적법 · 유효하다고 보게 될 것이며, 〈절충설〉에 따르면 사업시행계획의 일부가 실효되어도 나머지 유효한 사업시행계획을 기초로 실효된 부분을 다시 포함한 변경인가를 받을 수도 있는 것이므로 변경인가는 적법 · 유효하다고 볼 것이다.

2) 대법원 1991. 11. 26. 선고 90누9971 판결은 〈실효설〉의 입장에서 변경인가는 부적법하고 새로운 인가로서의 요건을 갖춘 경우에 예외적으로 유효할 수 있다고 판시하였는데, 앞서 본 바와 같이 대법원은 그 입장이 일관되지 아니하고 사견으로는 〈유효설〉의 입장에서 변경인가는 적법하다고 본다.[55]

---

53) 사업시행기간 도과 이전에 사업시행기간을 변경하는 사업시행계획변경인가는 적법하다.

54) 대법원 1991. 11. 26. 선고 90누9971 판결 [토지수용재결처분취소] 「도시계획사업의 실시계획변경인가 또한 참가인에게 도시계획사업을 실시할 수 있는 권한을 설정하여 주는 처분인 점에서는 당초의 인가와 다를 바 없다고 보아야 할 것이므로 이 변경인가가 새로운 인가로서의 요건을 갖춘 경우에는 그에 따른 효과가 있다고 할 것이다. 도시계획사업의 실시계획인가 고시에 정해진 사업시행기간 경과 후 변경인가 고시를 하면서 사업시행기간을 제외한 나머지 사항 중 일부는 종전 고시 내용과 같이하고, 일부는 그 기재를 생략한 경우, 생략 사항은 종전의 것과 같다는 취지에서 생략한 것임을 알 수 있는 경우, 위와 같은 정도의 절차상의 하자는 변경인가에 의한 새로운 사업실시계획인가 자체가 무효라고 보아야 할 정도로 중대하고 명백한 것이라고 볼 수 없어 이는 취소사유에 지나지 아니한다.」

55) 다만 견해의 대립이 있고 대법원이 달리 판시한바 있으므로, 사업시행자는 사업시행계획인가에 준하는 사업시행계획변경인가를 받아 불필요한 법적 분쟁을 피해야 할 것이다.

(3) 분양신청 절차의 적법성 여부

1) 사업시행기간 도과 후 법 제72조에 따른 분양공고 및 분양신청의 절차를 진행한 경우에, 〈실효설〉에 따르면 사업시행계획이 실효되어 분양신청 절차는 위법하여 무효로 되고, 〈유효설〉에 따르면 사업시행계획이 유효하여 분양신청 절차는 유효하다고 볼 수 있으며,[56] 〈절충설〉에 따르면 수용재결을 신청하지 아니한 토지등소유자에 대하여 일부 무효로 되고 해당 토지등소유자에 대해서만 다시 분양신청의 기회를 부여하면 된다. 사견으로는 〈유효설〉의 입장에서 분양신청 절차는 유효하다고 보며, 사업시행기간을 연장하는 새로운 사업시행계획의 인가 또는 변경인가를 받더라도 다시 분양신청 절차를 진행할 필요가 없다고 본다.

2) 반면 분양신청의 절차를 거친 후 사업시행기간이 도과한 경우에는, 〈실효설〉과 〈절충설〉에 따르더라도 강학상 실효는 장래를 향하여 효력을 상실시킬 뿐이므로[57] 종전 사업시행기간 내에 적법한 분양신청절차가 있었던 이상 다시 분양신청절차를 거쳐야 할 필요는 없다고 본다. 다만, 분양신청절차는 관리처분계획 수립의 요건에 불과하여 관리처분계획 수립 전에는 법적 효력이 완성된 것이라고 볼 수 없으므로, 사업시행계획이 실효되면 종전 분양신청 절차도 실효된다는 견해도 있을 수 있다.

3) 대법원 2007. 3. 29. 선고 2004두6235 판결 [토지수용이의재결처분취소]은 폐지된 구 도시재개발법 사안에서 「원심은 서울특별시장이 1985. 10.경 이 사건 재개발사업시행인가 및 고시를 한 후 여러 차례 사업시행기간을 계속 연장하는 내용의 사업시행 변경인가 및 고시가 이루어졌는데, 그 중 법 시행 후의 2000. 3. 21.자 사업시행변경인가 등은 그 전에 인가된 사업시행기간이 경과함으로써 이미 그 사업시행인가가 실효된 후에 이루어진 것이지만 새로운 사업시행인가의 요건을 갖추었으므로 그 변경인가 등은 새로운 재개발사업시행인가 등으로서의 효력을 지닌다고 보았다. 원심이 인정한 바와 같이 법 시행 이후에 이루어진 2000. 3. 21.자 사업시행변경인가 고시가 새로운 사업시행인가 고시로서의 효력이 있는 것이라면, 사업시행자인 원고로서는 그와 같은

---

56) 다만, 법 제72조 제1항은 사업시행인가 고시일로부터 120일 이내에 분양신청 통지를 하여야 하는 등 분양신청 절차의 시기를 규정하고 있는바, 이를 위반하여 무효라고 볼 여지가 있다. 그러나, 통설과 판례[부산고등법원 2012누447, 461(병합) 판결]는 법 제72조의 시기를 도과하였다고 분양신청 절차를 진행할 수 없다고 해석할 수는 없고, 해당 시기는 훈시규정에 불과하다고 본다.

57) 대법원 2001. 11. 13. 선고 2000두1706 판결.

새로운 사업시행인가 고시 이후에 법 제33조 제1항이 규정한 분양신청기간의 통지 등 절차를 밟아야 할 것인바, 기록에 의하면 원고가 위 고시 이후에 이 사건 재개발사업구역 내 토지 등 소유자들에게 하였다는 통지는 그 내용이 수용 전 매수협의를 요청하는 것으로 보일 뿐 분양신청기간이나 그 기간 내에 분양신청 할 수 있음을 통지한 것으로는 도저히 볼 수 없는 것일 뿐만 아니라 분양신청기간의 공고도 하지 않았다는 것이므로, 원고는 법 제33조 제1항 소정의 분양신청기간의 통지 등 절차를 제대로 이행하지 아니한 상태에서 이 사건 각 부동산에 대한 수용재결신청을 한 것으로 볼 수밖에 없다.」고 판시하였다.

4) 위 대법원 판례는 폐지된 구 도시재개발법이 최초 사업시행인가와 사업시행계획 변경인가 사이에 개정된 사안으로서, 실효된 최초 사업시행인가 시 적용되는 구법은 분양신청공고 등 분양신청절차에 관한 규정이 없었고, 새로운 인가로 볼 수 있는 변경인가 시 적용되는 개정법은 분양신청공고 등 분양신청절차를 규정하고 있어 이에 따라 분양신청절차를 거쳐야 한다고 판시한 것이다. 따라서 해당 판례는 위 1), 2)의 경우와는 사안이 다른 것이고, 위 1), 2)의 경우에 재분양신청 절차가 필요하다는 입장의 판례로 해석할 수는 없다고 본다.[58]

(4) 관리처분계획의 적법성 문제

〈실효설〉에 따르면 사업시행기간 도과하여 수립한 관리처분계획은 사업시행계획 없이 수립된 것이므로 위법하여 무효 또는 취소되어야 하고, 〈유효설〉에 따르면 사업시행계획이 유효하여 관리처분계획도 적법 · 유효하며, 〈절충설〉에 따르넌 사업시행기간 내에 수용재결신청을 누락한 일부 토지등소유자에 대한 관리처분계획만 일부 무효 또는 일부 취소되어야 한다.

(5) 사업시행기간 도과 후의 재결신청이 이후 사업시행계획변경인가로 적법하게 되는지

1) 사업시행계획으로 정한 시행기간을 도과하여 사업인정고시가 실효된 후 제기한 수용재결의 신청은 위법하므로 토지수용위원회는 신청을 기각하여야 할 것인데, 사업

58) 다만, 견해대립이 있으므로 사업시행자는 불필요한 분쟁을 피하기 위해 재분양신청 절차를 진행할 필요가 있다.

시행자가 하자를 치유하고자 새로운 사업시행계획으로 평가할 수 있는 변경인가를 받은 경우에 변경인가에 앞서 제기된 수용재결 신청의 하자가 치유되어 적법하게 되는지 문제된다.

2) 대법원 1991. 11. 26. 선고 90누9971 판결 [토지수용재결처분취소]은 「도시계획사업의 시행자는 늦어도 고시된 도시계획사업의 실시계획인가에서 정한 사업시행기간 내에 사법상의 계약에 의하여 도시계획사업에 필요한 타인소유의 토지를 양수하거나 수용재결의 신청을 하여야 하고, 그 사업시행기간 내에 이와 같은 취득절차가 선행되지 아니하면 그 도시계획사업의 실시계획인가는 실효된다고 보아야 할 것이고, 그 후에 실효된 실시계획인가를 변경인가하여 그 시행기간을 연장하였다고 하여 실효된 실시계획의 인가가 효력을 회복하여 소급적으로 유효하게 될 수는 없다고 할 것이다.」고 판시하였다. 사업시행자는 변경인가를 받아 사업인정고시의 효력이 새로이 발생한 후 수용재결을 위한 감정평가 및 보상공고 등 사전절차를 다시 거쳐 수용재결을 신청하여야 할 것이다.

Ⅱ. 시행규정의 작성(제53조)

도시정비법

제53조 (시행규정의 작성)

시장 · 군수등, 토지주택공사등 또는 신탁업자가 단독으로 정비사업을 시행하는 경우 다음 각 호의 사항을 포함하는 시행규정을 작성하여야 한다.

1. 정비사업의 종류 및 명칭
2. 정비사업의 시행연도 및 시행방법
3. 비용부담 및 회계
4. 토지등소유자의 권리 · 의무
5. 정비기반시설 및 공동이용시설의 부담
6. 공고 · 공람 및 통지의 방법
7. 토지 및 건축물에 관한 권리의 평가방법
8. 관리처분계획 및 청산(분할징수 또는 납입에 관한 사항을 포함한다). 다만, 수용의 방법으로 시행하는 경우는 제외한다.
9. 시행규정의 변경

10. 사업시행계획서의 변경
11. 토지등소유자 전체회의(신탁업자가 사업시행자인 경우로 한정한다)
12. 그 밖에 시 · 도조례로 정하는 사항

1. 시행규정의 의의 및 작성의무

(1) 시장 · 군수등, 토지주택공사등 또는 신탁업자가 단독으로 정비사업을 시행하는 경우에는 사업시행계획서 외에도 법령이 정하는 사항을 포함하는 시행규정을 작성하여야 한다.[59] 시행규정은 법 제2조 제11호가 규정하고 있는 바와 같이 정관에 준하는 성격을 갖는 것이고, 토지등소유자가 정비사업 시행의 운영방법을 예측하고 이를 변경하는 경우에 의견을 개진할 수 있도록 하여 토지등소유자의 권리를 보호하는데 그 의의가 있다. 시행규정의 작성의무는 2015. 9. 1. 개정법에서 신설되었다.

(2) 시행규정의 작성의무가 있는 사업시행자는 시장 · 군수등(특별자치시장, 특별자치도지사, 시장, 군수, 자치구의 구청장을 말한다),[60] 토지주택공사등, 또는 신탁업자에 한정된다. 법 제53조는 위와 같은 자가 "단독으로" 정비사업을 시행하는 경우로 한정하여 시행규정의 작성의무를 규정하고 있는데, 이는 법 제25조[61]에 따라 조합 등이 위와 같은 자와 공동으로 시행하는 경우에는 정관 등에 따라 시행하면 되고 시행규정을 작성할 필요가

---

59) 법 제53조 본문.

60) 법 제2조 제11호 참조.

61) 법 제25조(재개발사업 · 재건축사업의 시행자)
① 재개발사업은 다음 각 호의 어느 하나에 해당하는 방법으로 시행할 수 있다.
1. 조합이 시행하거나 조합이 조합원의 과반수의 동의를 받아 시장 · 군수등, 토지주택공사등, 건설업자, 등록사업자 또는 대통령령으로 정하는 요건을 갖춘 자와 공동으로 시행하는 방법
2. 토지등소유자가 20인 미만인 경우에는 토지등소유자가 시행하거나 토지등소유자가 토지등소유자의 과반수의 동의를 받아 시장 · 군수등, 토지주택공사등, 건설업자, 등록사업자 또는 대통령령으로 정하는 요건을 갖춘 자와 공동으로 시행하는 방법
② 재건축사업은 조합이 시행하거나 조합이 조합원의 과반수의 동의를 받아 시장 · 군수등, 토지주택공사등, 건설업자 또는 등록사업자와 공동으로 시행할 수 있다.
시행령 제19조(재개발사업의 공동시행자 요건)
법 제25조제1항제1호 및 제2호에서 "대통령령으로 정하는 요건을 갖춘 자"란 각각 「자본시장과 금융투자업에 관한 법률」 제8조제7항에 따른 신탁업자(이하 "신탁업자"라 한다)와 「한국감정원법」에 따른 한국감정원(이하 "한국감정원"이라 한다)을 말한다.

없기 때문이다.[62] 이와 같은 취지에 비추어 보면, 법 제26조 제1항은 공공시행자 지정에 관하여 규정하면서 "토지주택공사등이 건설업자 또는 등록사업자와 공동으로 시행하는 경우를 포함한다."고 규정하고 있는데, 토지주택공사등이 건설업자 등과 공동으로 정비사업을 시행하는 경우에도 시행규정을 작성해야 한다고 해석하는 것이 토지등소유자의 권리보호를 위해 타당하다고 본다.

(3) 법 제27조는 신탁업자 외에도 일정한 요건을 갖춘 토지등소유자 또는 민관합동법인도 지정개발자로서 정비사업의 시행자가 될 수 있도록 규정하고 있는데, 법 제53조는 이러한 지정개발자에게 시행규정 작성의무를 부과하고 있지 않다. 입법론적으로는 이러한 지정개발자에게도 시행규정을 작성하도록 하여 토지등소유자의 권리를 보호하는 것이 타당하다고 보며, 법 제50조 제7항은 지정개발자가 사업시행계획인가를 신청하기 전에 토지등소유자의 동의를 받도록 규정하고 있는바 토지등소유자들은 사업시행계획에 대한 동의 시에 시행규정의 작성을 요구할 수 있다.

2. 시행규정에 포함할 사항

시행규정에는 ① 정비사업의 종류 및 명칭, ② 정비사업의 시행연도 및 시행방법, ③ 비용부담 및 회계, ④ 토지등소유자의 권리 · 의무, ⑤ 정비기반시설 및 공동이용시설의 부담, ⑥ 공고 · 공람 및 통지의 방법, ⑦ 토지 및 건축물에 관한 권리의 평가방법, ⑧ 수용 방식의 정비사업이 아닌 경우에는 관리처분계획 및 청산(분할징수 또는 납입에 관한 사항을 포함한다), ⑨ 시행규정의 변경, ⑩ 사업시행계획서의 변경, ⑪ 토지등소유자 전체회의(신탁업자가 사업시행자인 경우로 한정한다), ⑫ 그 밖에 시 · 도조례로 정하는 사항을 포함하여야 한다.[63]

---

62) 법 제25조 제1항 제2호는 재개발사업의 토지등소유자가 20인 미만인 경우에 토지등소유자가 시행하거나 공공시행자(시장 · 군수등 또는 토지주택공사등), 건설업자 등과 공동으로 시행할 수 있다고 규정하고 있는바, 이 경우에도 토지등소유자는 법 제2조 제11호 나목에 따라 자치적으로 정한 규약을 제정하므로 사업시행계획 수립 단계에서 시행규정을 제정할 필요가 없다.

63) 법 제53조 각호.

Ⅲ. 정비기반시설의 기부채납 기준(제51조)

도시정비법

제51조(기반시설의 기부채납 기준)
① 시장·군수등은 제50조제1항에 따라 사업시행계획을 인가하는 경우 사업시행자가 제출하는 사업시행계획에 해당 정비사업과 직접적으로 관련이 없거나 과도한 정비기반시설의 기부채납을 요구하여서는 아니 된다.
② 국토교통부장관은 정비기반시설의 기부채납과 관련하여 다음 각 호의 사항이 포함된 운영기준을 작성하여 고시할 수 있다.
1. 정비기반시설의 기부채납 부담의 원칙 및 수준
2. 정비기반시설의 설치기준 등
③ 시장·군수등은 제2항에 따른 운영기준의 범위에서 지역여건 또는 사업의 특성 등을 고려하여 따로 기준을 정할 수 있으며, 이 경우 사전에 국토교통부장관에게 보고하여야 한다.

1. 정비기반시설의 의의

(1) 사업시행계획에는 정비기반시설 및 공동이용시설의 설치계획이 포함되어야 한다.

(2) "정비기반시설"이란 도로·상하수도·구거(도랑)·공원·공용주차장·공동구(「국토의 계획 및 이용에 관한 법률」 제2조 제9호에 따른 공동구를 말한다. 이하 같다), 그 밖에 주민의 생활에 필요한 열·가스 등의 공급시설로서 대통령령으로 정하는 시설(녹지, 하천, 공공공지, 광장, 소방용수시설, 비상대피시설, 가스공급시설, 지역난방시설, 주거환경개선사업을 위하여 정비구역에 설치되는 공동이용시설로서 시장·군수 등이 관리하는 것으로 포함된 시설)을 말한다.[64]

(3) "공동이용시설"이란 주민이 공동으로 사용하는 놀이터·마을회관·공동작업장, 그 밖에 대통령령으로 정하는 시설(공동으로 사용하는 구판장·세탁장·화장실 및 수도, 탁아소·어린이집·경로당 등 노유자 시설, 이와 유사한 용도의 시설로서 시·도조례로 정하는 시설)을 말한다.[65] 정비기반시설과 구별되나 주거환경개선사업을 위하여 정비구역에 설치되는

64) 법 제2조 제4호 및 시행령 제3조.
65) 법 제2조 제5호 및 시행령 제4조.

공동이용시설로서 시장 · 군수 등이 관리하는 것으로 포함된 시설은 정비기반시설에 포함된다.

2. 정비기반시설의 기부채납 기준

(1) 사업시행자는 법 제96조에 따라 관할 지방자치단체의 장과의 협의를 거쳐 정비구역에 정비기반시설(주거환경개선사업의 경우에는 공동이용시설을 포함한다)을 설치하여야 하며, 새로이 설치하는 정비기반시설은 법 제97조에 따라 그 시설을 관리할 국가 또는 지방자치단체에 무상으로 귀속된다. 이를 정비기반시설의 기부채납이라고 한다.

(2) 2017. 2. 8. 개정법(2018. 2. 9. 시행)에서는 사업시행계획의 인가권자가 인가의 조건으로 과도한 정비기반시설의 설치와 기부채납을 요구함으로써 사업시행자의 부담을 증가시키는 것을 방지하고자 법 제51조에서 기부채납의 기준을 신설하였고, 부칙〈제14567호, 2017.2.8.〉 제11조에서 개정법의 시행 후 사업시행계획인가(변경인가를 포함한다)를 신청하는 경우부터 적용하도록 하였다.

(3) 사업시행계획 인가권자는 사업시행자가 제출하는 사업시행계획에 해당 정비사업과 직접적으로 관련이 없거나 과도한 정비기반시설의 기부채납을 요구하여서는 아니되고,[66] 국토교통부장관은 정비기반시설의 기부채납과 관련하여 정비기반시설의 기부채납 부담의 원칙 및 수준, 정비기반시설의 설치기준 등이 포함된 운영기준을 작성하여 고시할 수 있으며,[67] 시장 · 군수등은 국토교통부장관이 고시한 운영기준의 범위에서 지역여건 또는 사업의 특성 등을 고려하여 따로 기준을 정할 수 있으나 이 경우 사전에 국토교통부장관에게 보고하여야 한다.[68]

(4) 사업시행자는 국토교통부장관 고시 「주택건설사업 기반시설 기부채납 운영기준」[국토교통부고시 제2017-543호, 2017. 8. 8. 일부개정]에 따라 관할 지방자치단체의 장과 협의하여 정비기반시설의 설치 계획을 작성한다.[69]

---

66) 법 제51조 제1항.
67) 법 제51조 제2항.
68) 법 제51조 제3항.
69) 「주택건설사업 기반시설 기부채납 운영기준」 주요 내용
2-1-1. 이 절에서 주택건설사업의 기반시설 기부채납 부담수준을 정할 때는 주택건설사업자가 국가 및 지방자치단체 등으로부터 무상 양여(공공시설의 귀속 포함) 받은 국유지공유지의

3. 정비기반시설에 관한 조서 등의 작성

(1) 시장 · 군수등 또는 토지주택공사등이 아닌 자가 사업시행자인 경우에는 법 제97조 제2항에 따라 새로 설치한 정비기반시설의 설치비용에 상당하는 범위에서 용도가 폐지된 종래 정비기반시설이 사업시행자에게 무상으로 양도되는바, 사업시행자는 용도가 폐지되는 정비기반시설과 새로 설치할 정비기반시설의 조서 · 도면 및 '용도가 폐지되는 정비기반시설'에 대한 둘 이상의 감정평가업자의 감정평가서와 '새로 설치할 정비기반시설'의 설치비용 계산서를 사업시행계획서에 포함하여야 한다.70)

(2) 시장 · 군수등 또는 토지주택공사등이 사업시행자인 경우에는 법 제97조 제1항에 따라 용도가 폐지되는 종래의 정비기반시설은 전부 토지주택공사에게 무상 귀속되고, 새로 설치된 정비기반시설은 관리할 국가 또는 지방자치단체에 무상으로 귀속하는바, 토지주택공사등이 사업시행자인 경우에는 용도가 폐지되는 정비기반시설과 새로 설치할 정비기반시설의 조서 · 도면만 사업시행계획서에 포함하면 되고, 사업시행계획

부지면적을 차감하여 산정한다.

2-2-1. 주택건설사업의 사업계획을 수립할 경우 기반시설 기부채납 부담수준은 해당 사업부지 면적의 8% 범위 내로 한다.

2-2-2. 「녹색건축물 조성 지원법」 제16조에 따른 녹색건축 인증 및 같은 법 제17조에 따른 에너지효율등급을 받거나, 제17조에 따른 제로에너지건축물 인증을 받은 주택건설사업의 경우에는 2-2-1에 따른 기반시설 기부채납 부담수준에 대하여 다음과 같이 경감률을 적용한다.

(1) 건축물 에너지효율인증등급 및 녹색건축 인증등급에 따른 최대 경감률은 아래 표와 같다.

구 분	에너지효율인정 1등급	에너지효율인정 2등급
녹색건축 인증 최우수 등급	10%	7%
녹색건축 인증 우수 등급	7%	5%

(2) 제로에너지건축물 인증에 따른 최대경감률은 15%로 한다.

2-2-3. 2-2-1과 2-2-2에도 불구하고, 「건축법」 제4조에 따른 건축위원회(이하 '건축위원회'라 한다)가 부득이 필요하다고 인정하는 경우에는 승인권자가 건축위원회에 상정한 기반시설 기부채납 토지면적 비율의 50%를 초과하지 아니하는 범위 내에서 기반시설 기부채납 부담수준을 높일 수 있다.

2-2-4. 「국토의 계획 및 이용에 관한 법률 시행령」(이하 '국토계획법 시행령'이라 한다) 제30조 각 호에 따른 용도지역 내의 변경(예: 제2종일반주거지역→제3종일반주거지역으로 변경)하는 경우, 승인권자는 사업시행자와 협의하여 2-2-1, 2-2-2 및 2-2-3에 따른 기반시설 기부채납 최대 상한에 10%p를 주가할 수 있다.

2-2-5. 국토계획법 시행령 제30조 각 호에 따른 용도지역 간의 변경(예: 제2종일반주거지역→상업지역으로 변경)을 하는 경우, 승인권자는 변경된 용적률과 토지가치 등을 고려하여 별도의 부담기준을 정하여 운영할 수 있다.

70) 시행령 제47조 제2항 제11호.

의 인가권자인 시장 · 군수 등이 사업시행자인 경우에는 조서 · 도면도 첨부할 필요가 없다.[71]

Ⅳ. 용적률 완화 및 국민주택규모 주택 건설계획 등(제54조, 제55조)

도시정비법	도시정비법 시행령
제54조(재건축사업 등의 용적률 완화 및 국민주택규모 주택 건설비율) ① 사업시행자는 다음 각 호의 어느 하나에 해당하는 정비사업(「도시재정비 촉진을 위한 특별법」 제2조제1호에 따른 재정비촉진지구에서 시행되는 재개발사업 및 재건축사업은 제외한다. 이하 이 조에서 같다)을 시행하는 경우 정비계획(이 법에 따라 정비계획으로 의제되는 계획을 포함한다. 이하 이 조에서 같다)으로 정하여진 용적률에도 불구하고 지방도시계획위원회의 심의를 거쳐 「국토의 계획 및 이용에 관한 법률」 제78조 및 관계 법률에 따른 용적률의 상한(이하 이 조에서 "법적상한용적률"이라 한다)까지 건축할 수 있다. 1. 「수도권정비계획법」 제6조제1항제1호에 따른 과밀억제권역(이하 "과밀억제권역"이라 한다)에서 시행하는 재개발사업 및 재건축사업(「국토의 계획 및 이용에 관한 법률」 제78조에 따른 주거지역으로 한정한다. 이하 이 조에서 같다) 2. 제1호 외의 경우 시 · 도조례로 정하는 지역에서 시행하는 재개발사업 및 재건축사업 ② 제1항에 따라 사업시행자가 정비계획으로 정하여진 용적률을 초과하여 건	제48조(국민주택규모 주택의 공급방법 등) ① 사업시행자는 법 제54조제4항에 따라 건설한 국민주택규모 주택 중 법 제55조제1항에 따른 인수자에게 공급해야 하는 국민주택규모 주택을 공개추첨의 방법으로 선정하여야 하며, 그 선정결과를 지체 없이 같은 항에 따른 인수자에게 통보해야 한다. 〈개정 2021. 7. 13.〉 ② 사업시행자가 제1항에 따라 선정된 국민주택규모 주택을 공급하는 경우에는 시 · 도지사, 시장 · 군수 · 구청장 순으로 우선하여 인수할 수 있다. 다만, 시 · 도지사 및 시장 · 군수 · 구청장이 국민주택규모 주택을 인수할 수 없는 경우에는 시 · 도지사는 국토교통부장관에게 인수자 지정을 요청해야 한다. 〈개정 2021. 7. 13.〉 ③ 국토교통부장관은 제2항 단서에 따라 시 · 도지사로부터 인수자 지정 요청이 있는 경우에는 30일 이내에 인수자를 지정하여 시 · 도지사에게 통보해야 하며, 시 · 도지사는 지체 없이 이를 시장 · 군수 · 구청장에게 보내어 그 인수자와 국민주택규모 주택의 공급에 관하여 협의하도록 해야 한다. 〈개정 2021.

71) 시행령 제47조 제2항 제10호.

축하려는 경우에는 「국토의 계획 및 이용에 관한 법률」 제78조에 따라 특별시·광역시·특별자치시·특별자치도·시 또는 군의 조례로 정한 용적률 제한 및정비계획으로 정한 허용세대수의 제한을 받지 아니한다.

③ 제1항의 관계 법률에 따른 용적률의 상한은 다음 각 호의 어느 하나에 해당하여 건축행위가 제한되는 경우 건축이 가능한 용적률을 말한다.

1. 「국토의 계획 및 이용에 관한 법률」 제76조에 따른 건축물의 층수제한
2. 「건축법」 제60조에 따른 높이제한
3. 「건축법」 제61조에 따른 일조 등의 확보를 위한 건축물의 높이제한
4. 「공항시설법」 제34조에 따른 장애물 제한표면구역 내 건축물의 높이제한
5. 「군사기지 및 군사시설 보호법」 제10조에 따른 비행안전구역 내 건축물의 높이제한
6. 「문화재보호법」 제12조에 따른 건설공사 시 문화재 보호를 위한 건축제한
7. 그 밖에 시장·군수등이 건축 관계 법률의 건축제한으로 용적률의 완화가 불가능하다고 근거를 제시하고, 지방도시계획위원회 또는 「건축법」 제4조에 따라 시·도에 두는 건축위원회가 심의를 거쳐 용적률 완화가 불가능하다고 인정한 경우

④ 사업시행자는 법적상한용적률에서 정비계획으로 정하여진 용적률을 뺀 용적률(이하 "초과용적률"이라 한다)의 다음 각 호에 따른 비율에 해당하는 면적에 국민주택규모 주택을 건설하여야 한다. 다만, 제24조제4항, 제26조제1항제1호 7. 13.〉

④ 법 제55조제4항 본문에서 "대통령령으로 정하는 장기공공임대주택"이란 공공임대주택으로서 「공공주택 특별법」 제50조의2제1항에 따른 임대의무기간(이하 "임대의무기간"이라 한다)이 20년 이상인 것을 말한다.

⑤ 법 제55조제4항 단서에서 "토지등소유자의 부담 완화 등 대통령령으로 정하는 요건에 해당하는 경우"란 다음 각 호의 어느 하나에 해당하는 경우를 말한다.

1. 가목의 가액을 나목의 가액으로 나눈 값이 100분의 80 미만인 경우. 이 경우 가목 및 나목의 가액은 사업시행계획인가 고시일을 기준으로 하여 산정하되 구체적인 산정방법은 국토교통부장관이 정하여 고시한다.
   가. 정비사업 후 대지 및 건축물의 총 가액에서 총사업비를 제외한 가액
   나. 정비사업 전 토지 및 건축물의 총 가액
2. 시·도지사가 정비구역의 입지, 토지등소유자의 조합설립 동의율, 정비사업비의 증가규모, 사업기간 등을 고려하여 토지등소유자의 부담이 지나치게 높다고 인정하는 경우

⑥ 법 제55조제5항에서 "대통령령으로 정하는 가격"이란 다음 각 호의 구분에 따른 가격을 말한다.

1. 임대의무기간이 10년 이상인 경우: 감정평가액(시장·군수등이 지정하는 둘 이상의 감정평가업자가 평가한 금액을 산술평균한 금액을 말한다. 이하 제2호에서 같다)의 100분의 30에 해당하는 가격
2. 임대의무기간이 10년 미만인 경우:

및 제27조제1항제1호에 따른 정비사업을 시행하는 경우에는 그러하지 아니하다. 〈개정 2021. 4. 13.〉

1. 과밀억제권역에서 시행하는 재건축사업은 초과용적률의 100분의 30 이상 100분의 50 이하로서 시·도조례로 정하는 비율
2. 과밀억제권역에서 시행하는 재개발사업은 초과용적률의 100분의 50 이상 100분의 75 이하로서 시·도조례로 정하는 비율
3. 과밀억제권역 외의 지역에서 시행하는 재건축사업은 초과용적률의 100분의 50 이하로서 시·도조례로 정하는 비율
4. 과밀억제권역 외의 지역에서 시행하는 재개발사업은 초과용적률의 100분의 75 이하로서 시·도조례로 정하는 비율

[제목개정 2021. 4. 13.]

제55조 (국민주택규모 주택의 공급 및 인수) ① 사업시행자는 제54조제4항에 따라 건설한 국민주택규모 주택을 국토교통부장관, 시·도지사, 시장, 군수, 구청장 또는 토지주택공사등(이하 이 조에서 "인수자"라 한다)에 공급하여야 한다. 〈개정 2021. 4. 13.〉

② 제1항에 따른 국민주택규모 주택의 공급가격은 「공공주택 특별법」 제50조의4에 따라 국토교통부장관이 고시하는 공공건설임대주택의 표준건축비로 하며, 부속 토지는 인수자에게 기부채납한 것으로 본다. 〈개정 2021. 4. 13.〉

③ 사업시행자는 제54조제1항 및 제2항에 따라 정비계획상 용적률을 초과하여

감정평가액의 100분의 50에 해당하는 가격

[제목개정 2021. 7. 13.]

건축하려는 경우에는 사업시행계획인가를 신청하기 전에 미리 제1항 및 제2항에 따른 국민주택규모 주택에 관한 사항을 인수자와 협의하여 사업시행계획서에 반영하여야 한다. 〈개정 2021. 4. 13.〉 ④ 제1항 및 제2항에 따른 국민주택규모 주택의 인수를 위한 절차와 방법 등에 필요한 사항은 대통령령으로 정할 수 있으며, 인수된 국민주택규모 주택은 대통령령으로 정하는 장기공공임대주택으로 활용하여야 한다. 다만, 토지등소유자의 부담 완화 등 대통령령으로 정하는 요건에 해당하는 경우에는 인수된 국민주택규모 주택을 장기공공임대주택이 아닌 임대주택으로 활용할 수 있다. 〈개정 2021. 4. 13.〉 ⑤ 제2항에도 불구하고 제4항 단서에 따른 임대주택의 인수자는 임대의무기간에 따라 감정평가액의 100분의 50 이하의 범위에서 대통령령으로 정하는 가격으로 부속 토지를 인수하여야 한다. [제목개정 2021. 4. 13.]	

1. 용적률 완화 및 국민주택규모 주택 건설의 의의 등

(1) 도시재정비 촉진을 위한 특별법에 따른 재정비촉진지구에서 시행되는 재개발사업 및 재건축사업은 제외하고, 과밀억제권역 등 법령상 요건을 갖춘 지역에서 재건축·재개발사업을 시행하는 사업시행자는 정비계획(이 법에 따라 정비계획으로 의제되는 계획을 포함한다)으로 정하여진 용적률을 초과하여 「국토의 계획 및 이용에 관한 법률」 제78조 및 관계 법률에 따른 용적률의 상한(이하 "법적상한용적률"이라 한다)까지 건축할 수 있다.[72] 이는 과밀억제권역 등 일정한 요건을 갖춘 지역에서 원활한 주택공급이 이루어

72) 법 제54조 제1항.

지도록 하는데 입법 목적이 있다.

(2) 이 경우 사업시행자는 법적상한용적률에서 정비계획으로 정하여진 용적률을 뺀 용적률(이하 "초과용적률"이라 한다)의 일정비율을 국민주택규모 주택을 건설하여야 하며,[73] 사업시행자가 용적률 완화에 따른 국민주택규모 주택을 건설하고자 하는 경우에는 국민주택규모 주택 건설계획을 사업시행계획에 포함하여야 한다.[74] 이와 같이 건설된 소형주택은 법 제55조에 따라 시장 · 군수 등 공공인수자가 인수하여 「공공주택 특별법」에 따른 장기공공임대주택 또는 임대주택으로 활용된다. 이 점에서 본조의 국민주택규모 주택은 단지 규모만을 의미하는 것이 아니라 공공주택으로 활용되는 주택을 의미한다고 할 것이다. 2021. 4. 13. 개정(2021. 7. 14. 시행) 전에는 주거전용면적 60제곱미터 이하의 소형주택을 건설하도록 하였으나 국민주택규모 주택[75]을 건설하도록 개정하였다.

2. 용적률 완화의 요건[76]

가. 재건축사업 및 재개발사업

1) 정비계획으로 정한 용적률을 초과하여 법적 상한용적률까지 용적률을 완화할 수 있는 정비사업은 재건축사업 및 재개발사업에 한정되고 주거환경개선사업은 제외되며, 재건축사업 및 재개발사업이라 하더라도 재정비촉진지구에서 시행되는 사업은 제외된다.

2) 그런데 2021. 4. 13. 개정법 제54조 제4항 단서는 법 제24조 제4항에 따라 주거환경개선사업을 천재지변 등 불가피한 사유로 시장·군수 등 공공시행자가 시행할 때에

---

73) 법 제54조 제4항.

74) 법 제52조 제1항 제7호.

75) 주택법 제2조(정의) 이 법에서 사용하는 용어의 뜻은 다음과 같다. 〈개정 2017. 12. 26., 2018. 1. 16., 2018. 8. 14., 2020. 6. 9., 2020. 8. 18., 2021. 12. 21.〉

6. "국민주택규모"란 주거의 용도로만 쓰이는 면적(이하 "주거전용면적"이라 한다)이 1호(戶) 또는 1세대당 85제곱미터 이하인 주택(「수도권정비계획법」 제2조제1호에 따른 수도권을 제외한 도시지역이 아닌 읍 또는 면 지역은 1호 또는 1세대당 주거전용면적이 100제곱미터 이하인 주택을 말한다)을 말한다. 이 경우 주거전용면적의 산정방법은 국토교통부령으로 정한다.

76) 법 제54조 제1항.

법적상한 용적률에서 정비계획 용적률을 뺀 초과용적률에 대한 일정 비율의 국민주택규모 주택 건설의무를 면제한다고 규정하였는데, 동조 제1항에서 법적 상한용적률의 적용이 재건축사업과 재개발사업에 한해 적용된다고 규정한 것과의 관계에서 동조 제4항의 개정취지를 이해할 필요가 있다. 2021. 4. 13. 개정에서는 공공정비사업(공공재개발과 공공재건축)을 도입하였는데, 법 제2조 나목에서는 공공재개발사업의 정의를 주거환경개선사업의 시행자가 공공시행자인 경우를 포함하였다. 즉 주거환경개선사업을 공공재개발사업으로 시행할 수 있게 되었는바, 이러한 주거환경개선사업의 공공재개발사업도 재개발사업으로 보아 용적률 완화 및 국민주택규모 건설의무에 관한 규정에 포섭되도록 한 것이다.

나. 과밀억제권역 등 지역적 요건

법적상한용적률까지 완화할 수 있는 지역은 「수도권정비계획법」 제6조 제1항 제1호[77]에 따른 과밀억제권역(「국토의 계획 및 이용에 관한 법률」 제78조에 따른 주거지역으로 한정)이거나 시·도조례로 정하는 지역으로 한다.

다. 지방도시계획위원회의 심의

법 제54조에 따라 용적률의 완화를 받을 때에는 정비계획의 변경은 필요하지 아니하며 지방도시계획위원회의 심의를 거쳐야 한다.

3. 법적상한용적률

(1) 국토계획법 제78조 제1호 가목 및 시행령 제85조 제1항은 제1종 전용주거지역(50~100%), 제2종 전용주거지역(50~150%), 제1종 일반주거지역(100~200%), 제2종 일반주

77) 수도권정비계획법 제6조(권역의 구분과 지정)
① 수도권의 인구와 산업을 적정하게 배치하기 위하여 수도권을 다음과 같이 구분한다.
1. 과밀억제권역: 인구와 산업이 지나치게 집중되었거나 집중될 우려가 있어 이전하거나 정비할 필요가 있는 지역
2. 성장관리권역: 과밀억제권역으로부터 이전하는 인구와 산업을 계획적으로 유치하고 산업의 입지와 도시의 개발을 적정하게 관리할 필요가 있는 지역
3. 자연보전권역: 한강 수계의 수질과 녹지 등 자연환경을 보전할 필요가 있는 지역

거지역(100~250%), 제3종 일반주거지역(100~300%), 준주거지역(200~500%)으로 구별하고 해당 범위 내에서 특별시 · 광역시 · 특별자치시 · 특별자치도 · 시 또는 군의 조례로 용적율을 정하도록 규정하고 있는데, 법 제54조의 법적상한용적률은 조례로 정한 용적률의 제한을 받지 아니하며 정비계획으로 정한 허용세대수의 제한도 받지 않는다.[78)]

(2) 다만, 법적상한용적률이 언제나 국토계획법 제78조 및 시행령 제85조의 최고용적률을 의미하는 것은 아니고, ① 국토계획법 제76조에 따른 건축물의 층수제한, ② 건축법 제60조에 따른 높이제한, ③ 건축법 제61조에 따른 일조 등의 확보를 위한 건축물의 높이제한, ④ 공항시설법 제34조에 따른 장애물 제한표면구역 내 건축물의 높이제한, ⑤「군사기지 및 군사시설 보호법」 제10조에 따른 비행안전구역 내 건축물의 높이제한, ⑥ 문화재보호법 제12조에 따른 건설공사 시 문화재 보호를 위한 건축제한, ⑦ 그 밖에 시장 · 군수등이 건축 관계 법률의 건축제한으로 용적률의 완화가 불가능하다고 제시하고 지방도시계획위원회 또는 건축위원회가 심의를 거쳐 용적율 완화가 불가능하다고 인정한 경우에 해당하여 건축이 제한되는 경우에는 건축이 가능한 용적률을 말한다.[79)]

(3) 따라서 법적상한용적률은 국토계획법 제78조의 위임에 따라 조례로 정한 용적률의 제한을 받지 아니하고 법률에 따라 건축이 가능한 상한용적률을 말한다.

4. 국민주택규모 주택의 건설의무

(1) 사업시행자는 법적상한용적률에서 정비계획으로 정하여진 용적률을 뺀 용적률(초과용적률) 중 ① 과밀억제권역에서 시행하는 재건축사업은 초과용적률의 100분의 30 이상 100분의 50 이하, ② 과밀억제권역에서 시행하는 재개발사업은 초과용적률의 100분의 50 이상 100분의 75 이하, ③ 과밀억제권역 외의 지역에서 시행하는 재건축사업은 초과용적률의 100분의 50 이하, ④ 과밀억제권역 외의 지역에서 시행하는 재개발사업은 초과용적률의 100분의 75 이하의 각 범위 내에서 시 · 도조례로 정하는 비율에 해당하는 면적에 국민주택규모 주택을 건설하여야 한다.[80)]

---

78) 법 제54조 제2항.
79) 법 제54조 제3항.
80) 법 제54조 제4항 본문 및 각호.

(2) 다만, 법 제24조 제4항(주거환경개선사업의 공공재개발사업), 제26조 제1항 제1호 및 제27조 제1항 제1호에 의거 천재지변 등 긴급하게 정비사업을 시행할 필요가 있다고 인정되어 공공시행자 또는 지정개발자가 시행자가 되는 경우에는 국민주택규모 주택의 건설의무가 없다.[81] 이는 재난에 따른 피해 복구를 지원하고 사업성을 높여주기 위한 것이다. 아울러 주거환경개선사업의 공공재개발사업의 경우에는 특칙인 법 제101조의5가 적용되는데, 법 제101조의5 제2항 단서에서도 국민주택건설의무를 면제하도록 규정하고 있다.

(3) 본조에 따라 건설한 국민주택규모 주택은 시·도지사, 시장·군수·구청장, 토지주택공사 등에게 인수되어 「공공주택 특별법」에 따른 장기공공임대주택으로 활용되고,[82] 법 제52조 제2항은 사업시행계획서에 공공주택 건설계획이 포함된 경우에는 공공주택의 구조·기능 및 설비에 관한 기준과 부대시설·복리시설의 범위, 설치기준 등에 필요한 사항을 「공공주택 특별법」 제37조에 따르도록 하였는바, 구체적인 건설기준은 「공공주택 특별법 시행령」 제31조에 따라야 한다.[83] 본조에 따른 국민주택규모 주택의 건설계획은 법 제52조 제1항 제7호에 따라 사업시행계획서에 포함되어야 한다.

---

81) 법 제54조 제4항 단서.

82) 법 제55조 제4항 및 시행령 제48조 제4항.

83) 공공주택 특별법 시행령 제31조(공공주택의 건설기준 등)

① 법 제37조에 따른 공공주택의 구조·기능 및 설비에 관한 기준은 「주택건설기준 등에 관한 규정」 제2장 및 제3장을 준용하되, 구체적인 기준은 국토교통부장관이 다음 각 호의 사항을 고려하여 정한다.

1. 환경친화적이고 에너지 효율성을 높이는 단열기준 등을 마련할 것
2. 고령자, 장애인, 독신가구 등 입주자별 특성에 따라 주거의 편의를 높일 수 있는 구조 및 설비기준을 마련할 것

② 법 제37조에 따른 부대시설·복리시설의 범위 및 설치기준은 「주택건설기준 등에 관한 규정」 제4장 및 제5장을 준용하되, 구체적인 기준은 국토교통부장관이 정하여 고시한다. 이 경우 국토교통부장관은 주택지구의 공공시설 등과 연계하여 지역공동체를 활성화시킬 수 있도록 정하여야 한다.

③ 주택지구에서 공공주택단지 인근에 다음 각 호의 요건을 모두 충족한다고 사업계획 승인권자가 인정하는 시설이 설치되어 있거나 설치계획이 있는 경우에는 제2항에도 불구하고 「주택건설기준 등에 관한 규정」 제28조 및 제55소의2를 적용하지 아니힌다.

1. 「주택건설기준 등에 관한 규정」 제28조 및 제55조의2에 따른 부대시설·복리시설에 상응하거나 그 수준을 넘는 규모와 기능을 갖출 것
2. 접근의 용이성과 이용의 효율성 등을 고려할 때 단지 안에 설치하는 경우와 큰 차이가 없을 것

5. 국민주택규모 주택의 공급 및 인수

가. 국민주택규모 주택의 인수자

사업시행자는 법 제54조 제4항에 따라 건설한 소형주택을 국토교통부장관, 시 · 도지사, 시장, 군수, 구청장 또는 토지주택공사등(이하 이 조에서 "인수자"라 한다)에 공급하여야 한다.[84)]

나. 국민주택규모 주택의 공급방법 및 절차

(1) 사업시행자는 제54조 제1항 및 제2항에 따라 정비계획상 용적률을 초과하여 건축하려는 경우에는 사업시행계획인가를 신청하기 전에 미리 본조에 따른 국민주택규모 주택에 관한 사항을 인수자와 협의하여 사업시행계획서에 반영하여야 한다.[85)]

(2) 사업시행자가 본조에 따른 국민주택규모 주택을 공급하는 경우에는 시 · 도지사, 시장 · 군수 · 구청장 순으로 우선하여 인수할 수 있으며, 시 · 도지사 및 시장 · 군수 · 구청장이 본조에 따른 국민주택규모 주택을 인수할 수 없는 경우에는 시 · 도지사는 국토교통부장관에게 인수자 지정을 요청하여야 한다.[86)]

(3) 국토교통부장관은 시 · 도지사로부터 인수자 지정 요청이 있는 경우에는 30일 이내에 인수자를 지정하여 시 · 도지사에게 통보하여야 하며, 시 · 도지사는 지체 없이 이를 시장 · 군수 · 구청장에게 보내어 그 인수자와 본조에 따른 국민주택규모 주택의 공급에 관하여 협의하도록 하여야 한다.[87)]

(4) 사업시행자는 본조에 따라 건설한 국민주택규모 주택 중 인수자에게 공급하여야 하는 국민주택규모 주택을 공개추첨의 방법으로 선정하여야 하며, 그 선정 결과를 지체 없이 인수자에게 통보하여야 한다.[88)]

---

84) 법 제55조 제1항.
85) 법 제55조 제3항.
86) 시행령 제48조 제2항.
87) 시행령 제48조 제3항.
88) 시행령 제48조 제1항.

다. 국민주택규모 주택의 활용

(1) 인수자는 인수된 국민주택규모 주택을 공공임대주택으로서 「공공주택 특별법」 제50조의2 제1항에 따른 임대의무기간이 20년 이상인 장기공공임대주택으로 활용하여야 한다.[89)]

(2) 다만, 토지등소유자의 부담 완화 등 대통령령으로 정하는 요건에 해당하는 경우에는 인수된 국민주택규모 주택을 장기공공임대주택이 아닌 임대주택으로 활용할 수 있는데, 대통령령으로 정한 요건이란 ① [정비사업 후 대지 및 건축물의 총 가액에서 총사업비를 제외한 가액 ÷ 정비사업 전 토지 및 건축물의 총 가액 = 비례율]이 100분의 80 미만인 경우와 ② 시 · 도지사가 정비구역의 입지, 토지등소유자의 조합설립 동의율, 정비사업비의 증가규모, 사업기간 등을 고려하여 토지등소유자의 부담이 지나치게 높다고 인정하는 경우를 말한다.[90)]

(3) 비례율을 산정하기 위한 ① 정비사업 후 대지 및 건축물의 총 가액, ② 총사업비, ③ 정비사업 전 토지 및 건축물의 총 가액은 사업시행계획인가 고시일을 기준으로 하여 산정하며, 구체적인 산정방법은 국토교통부장관이 정하여 고시한 「소형주택의 활용기준 산정방법」에 따른다.[91)]

---

89) 법 제55조 제4항 본문 및 시행령 제48조 제4항.

90) 법 제55조 제4항 단서 및 시행령 제48조 제5항.

91) 「소형주택의 활용기준 산정방법」 ('국민주택규모 주택'으로 명칭이 변경되지 않음)

2\. 항목별 산정방법

2-1. 「도시 및 주거환경정비법 시행령」(이하 "시행령"이라 한다) 제48소 제5항 제1호 가목 중 "정비사업 후 대지 및 건축물의 총 가액"은 「도시 및 주거환경정비법」(이하 "법"이라 한다) 제50조 제7항에 따른 사업시행계획인가 고시일을 기준으로 하여 정비사업이 위치한 지역의 시세에 따라 산정하되 구체적인 산정방법은 다음 각 호 중 어느 하나에 따른다.

가. 해당 특별자치시장 · 특별자치도지사 · 시장 · 군수 또는 자치구의 구청장(이하 "시장 · 군수등"이라 한다)이 「한국감정원법」에 따른 한국감정원에 시세 조사를 의뢰하여 받은 자료를 토대로 시장 · 군수등이 정한다.

나. 시장 · 군수등이 지정한 2 이상의 감정평가업자(「감정평가 및 감정평가사에 관한 법률」에 따른 감정평가업자를 말한다)가 평가한 금액의 산술평균치를 기준으로 한다.

2-2. 시행령 제48조 제5항 제1호 가목 중 "총사업비"는 법 제52조 제1항 제12호에 따른 "정비사업비"를 적용한다. 다만, 사업시행계획이 변경된 경우에는 변경된 사업시행계획서의 "성비사업비"를 적용한다.

2-3. 시행령 제48조 제5항 제1호 나목의 "정비사업 전 토지 및 건축물의 총 가액"은 법 제74조 제1항 제5호에 따른 "분양대상자별 종전의 토지 또는 건축물의 사업시행계획인가의 고시가 있은 날을 기준으로 한 가격의 총 합"을 적용한다.

(4) 위와 같이 토지등소유자의 부담이 높다고 인정되는 경우에 국민주택규모 주택을 장기공공임대주택이 아닌 단기 임대주택으로 활용할 수 있도록 한 이유는, 인수자가 단기에 이를 분양하여 비용을 회수할 수 있도록 하는 대신에 인수가격을 높여서 사업시행자의 부담을 완화하고자 하는데 목적이 있다.

라. 국민주택규모 주택의 공급 및 인수 가격

(1) 장기공공임대주택으로 활용되는 국민주택규모 주택의 공급(인수)가격은 「공공주택 특별법」 제50조의4에 따라 국토교통부장관이 고시하는 공공건설임대주택의 표준건축비로 하며, 부속 토지는 인수자에게 기부채납한 것으로 본다.[92)]

(2) 다만, 법 제55조 제4항 단서 토지등소유자의 부담 완화 등 대통령령으로 정하는 요건에 해당하는 경우로서 국민주택규모 주택이 장기공공임대주택이 아닌 임대주택으로 활용되는 경우에, 임대주택의 인수자는 임대의무기간에 따라 감정평가액의 100분의 50 이하의 범위에서 대통령령으로 정하는 가격으로 부속 토지를 인수하여야 하는바, 시장·군수등이 지정하는 둘 이상의 감정평가업자가 평가한 금액을 산술평균한 감정평가액에 대비하여 임대의무기간이 10년 이상인 경우에는 30%에 해당하는 가격, 임대의무기간이 10년 미만인 경우에는 50%에 해당하는 가격으로 인수하여야 한다.[93)]

6. 공공정비사업의 용적률 완화와 국민주택규모 주택의 건설계획 등

(1) 2021. 4. 13. 개정법에서는 공공정비사업으로 공공재개발사업과 공공재건축사업을 신설하고, 공공재개발사업은 법 제101조의5에서 법적상한용적률의 120%까지 용적률을 완화할 수 있도록 하고, 공공재건축사업은 법 제101조의6에서 국토계획법 상 용도세분지역 중 종전 용도지역을 종 상향된 용도지역으로 간주함으로써 종전 용도지역의 법적상한용적률보다 상향된 법적상한용적률을 적용할 수 있도록 하였다. 이는 법 제54조에 대한 특칙에 해당하므로 공공정비사업에는 법제54조가 적용되지 않는다.

(2) 법 제101조의5와 제101조의6는 법 제54조에 대한 특칙으로서 완화된 용적률에 따라 증가된 용적률의 일정비율을 국민주택규모 주택으로 건설하여 인수자에게 공급하

92) 법 제55조 제2항.
93) 법 제55조 제5항 및 시행령 제48조 제6항.

도록 하는 별도의 규정을 두고 있으며, 국민주택규모 주택의 공급 및 인수방법에 관해서만 법 제55조를 준용하여 인수자는 인수한 주택을 공공임대주택으로 활용하거나 공공주택 특별법 제48조[94]에 따른 공공주택으로 분양할 수 있도록 하였다.

(3) 구체적인 내용은 제5장 "공공재개발사업 및 공공재건축사업"을 참조하기로 하고, 이와 같은 공공정비사업의 국민주택규모 주택의 건설계획도 법 제52조 제1항 제7호에 따라 사업시행계획서에 포함되어야 하며, 동조 제2항에 따라 공공주택의 구조 · 기능 및 설비에 관한 기준과 부대시설 · 복리시설의 범위, 설치기준 등에 필요한 사항은 공공주택 특별법 제37조 및 동법 시행령 제31조에 따라야 한다.

Ⅴ. 주민 및 세입자의 이주대책

1. 도시정비법상 이주대책의 종류

(1) 사업시행계획에는 주민 및 세입자에 대한 이주대책이 포함되어야 한다.[95]

(2) 도시정비법은 주민 및 세입자에 대한 이주대책에 관하여 ① 법 제61조에 따른 임시거주시설 · 임시상가의 설치 등 이에 상응하는 조치, ② 법 제65조에 의해 준용되는 토지보상법에 따른 이주대책과 손실보상, ③ 법 제79조 제6항에 따른 임대주택의 공급, ④ 법 제59조에 따른 순환정비방식의 정비사업에 있어서 순환용주택의 공급을 규정하고 있다. 다만, 법 제26조 제1항 제5호에 따라 순환정비방식의 정비사업은 공공시행자만이 사업시행자가 될 수 있다.

(3) 도시정비법상 이주대책 종류는 정비사업의 유형별로 적용을 달리하는바, 이하에서는 공공시행자에게만 적용되는 순환용주택의 공급을 제외하고[96] 사업 유형별로 조합 등의 이주대책에 관하여 살펴보고자 한다.

---

94) 공공주택특별법 제48조(공공주택의 공급)
① 공공주택의 입주자의 자격, 선정 방법 및 입주자 관리에 관한 사항은 국토교통부령으로 정한다. 이 경우 공공주택의 유형 등에 따라 달리 정할 수 있다. 〈개정 2016.12.2〉
② 공공주택사업자는 주거지원필요계층과 다자녀 가구에 공공주택을 우선 공급하여야 한다. 이 경우 주거지원필요계층 및 다자녀 가구의 요건, 우선 공급 비율 등 필요한 사항은 국토교통부령으로 정한다. 〈신설 2016.12.2, 2018.12.31〉

95) 법 제52조 제1항 제3호 및 제4호.

96) 법 제59조 부분을 참조하기로 한다.

2. 재건축사업의 이주대책

(1) 법 제61조 제1항 및 제5항 임시거주시설과 임시상가 설치 등 이에 상응하는 조치는 주거환경개선사업 및 재개발사업에만 적용되고, 법 제79조 제6항에 따른 임대주택의 공급도 시행령 제69조 제1항 및 [별표 3]에 따라 주거환경개선사업과 재개발사업에만 적용되는바, 재건축조합 등은 이와 같은 이주대책을 사업시행계획에 포함하여 수립할 의무가 없다.

(2) 재건축사업은 재개발사업과 달리 천재지변 등 긴급한 정비사업의 필요로 공공시행자 또는 지정개발자가 사업시행자로 지정된 경우[97]에 한하여 법 제63조에 따라 토지보상법상[98] 수용권한이 인정되고, 조합이 사업시행자이거나 그 밖의 사유로 공공시행자 또는 지정개발자가 사업시행자인 경우에는 토지보상법상 수용권한이 인정되지 아니한다.[99] 따라서 수용권한이 없는 조합 등이 재건축사업을 시행하는 경우에는 현금청산자와 세입자에 대한 토지보상법상 이주대책도 필요하지 않다.

(3) 결국 재건축조합의 주민이주대책은 분양대상 조합원에 한하여 자율적으로 정하면 되는바, 실무적으로 재건축조합은 금융기관을 알선하여 조합원들이 이주비를 대출받을 수 있도록 이주대책을 수립하고 있으며, 현금청산자와 세입자에 대하여는 별도의 이주대책을 수립하지 아니하고 청산금과 임대보증금 등을 지급받아 스스로 이주하도록 한다.

3. 주거환경개선사업 및 재개발사업의 이주대책

가. 법 제61조의 임시 이주대책

(1) 사업시행자는 주거환경개선사업 및 재개발사업의 시행으로 철거되는 주택의 소유자 또는 세입자에게 해당 정비구역 안과 밖에 위치한 임대주택 등의 시설에 임시로

97) 법 제26조 제1항 제1호 및 제27조 제1항 제1호.
98) 「공익사업을 위한 토지 등의 취득 및 보상에 관한 법률」을 말한다.
99) 대법원 2014. 7. 24. 선고 2012다62561, 62578 판결 「구 도시정비법 제38조, 제40조 제1항, 제49조 제6항의 문언과 취지를 종합하면, 도시정비법 제49조 제6항 단서는 도시정비법 제38조에 따라 사업시행자에게 '공익사업을 위한 토지 등의 취득 및 보상에 관한 법률'(이하 '토지보상법'이라 한다)상 정비구역 안의 토지 등을 수용 또는 사용할 권한이 부여된 정비사업에 제한적으로 적용되고, 그 권한이 부여되지 아니한 주택재건축사업에는 적용될 수 없다.

거주하게 하거나 주택자금의 융자를 알선하는 등 임시거주에 상응하는 조치를 하여야 한다.[100)]

(2) 이는 정비사업의 공사를 완료하여 입주할 수 있을 때까지의 임시조치를 의미하는 것인바, ① 주택의 소유자로서 분양신청을 한 조합원과 ② 법 제79조 제6항 및 시행령 제69조 제1항 [별표 3]에 따라 임대주택을 공급받은 현금청산자와 세입자 등 재입주자에 한하여 적용되는 것이다. 재입주자에 해당하지 않는 현금청산자와 세입자에게는 본조의 이주대책이 적용되지 않는다.

(3) 법 제61조의 임시 이주대책은 의무사항으로 규정되어 있어서 이를 수립하지 아니할 수 없으나,[101)] "주택자금의 융자를 알선하는 등 임시거주에 상응하는 조치"라고 추상적으로 규정하고 있어서 사업시행자는 동조에 의한 이주대책을 정하는데 재량권을 가지고 사업시행자가 설정한 기준은 그것이 객관적으로 합리적이 아니라거나 타당하지 않다고 볼 만한 다른 특별한 사정이 없는 한 존중되어야 할 것이다.[102)] 따라서 공공시행자가 아닌 조합 등이 정비사업이 시행되는 도심지에서 임시거주시설을 제공하기는 현실적으로 어려우므로, 국가 · 지방자치단체, 그 밖의 공공단체의 시설을 일시 사용할 수 있는 경우가 아니라면, 분양신청 조합원에게는 주택자금의 융자를 알선하고 현금청산자와 세입자에게는 토지보상법에 따른 주거이전비 등의 이주대책으로 갈음할 수 있다고 본다.

---

100) 법 제61조 제1항.

101) 대법원 2004. 10. 27. 선고 2003두858 판결 「재개발사업으로 인하여 주택이 철거되는 주민들을 위하여 재개발사업이 완료되어 입주하기까지 사이의 기간 동안 임시로 거처할 시설 등을 제공하도록 한 임시수용시설의 설치에 관한 규정인 구 도시재개발법(2002. 12. 30. 법률 제6852호로 폐지) 제27조 제1항은 재개발사업으로 인하여 생활근거를 상실하는 자에 대하여 시행하도록 규정하고 있는 이주대책과는 별개의 내용을 규정한 것이므로, 위 규정을 이유로 재개발사업의 경우 이주대책을 세우지 않아도 된다고 할 수는 없다.」

102) 대법원 2009. 3. 12. 선고 2008두12610 판결 [입주권확인]은 「토지보상법 시행령 제40조 제3항 제2호에서 말하는 '공익사업을 위한 관계 법령에 의한 고시 등이 있은 날'은 이주대책대상자와 아닌 자를 정하는 기준이라고 할 것이지만, 나아가 사업시행자가 이주대책대상자 중에서 이주대책을 수립 · 실시하여야 할 자와 이주정착금을 지급하여야 할 자를 정하는 기준이 되는 것은 아니므로, 사업시행자는 이주대책기준을 정하여 이주대책대상자 중에서 이주대책을 수립 · 실시하여야 할 자를 선정하여 그들에게 공급할 택지 또는 주택의 내용이나 수량을 정할 수 있고, 이를 정하는 데 재량을 가지므로, 이를 위해 사업시행자가 설정한 기준은 그것이 객관적으로 합리적이 아니라거나 타당하지 않다고 볼 만한 다른 특별한 사정이 없는 한 존중되어야 할 것이다.」라고 판시한바, 이러한 법리는 도시정비법 제61조에도 적용될 수 있다고 할 것이다.

(4) 상가 세입자를 위한 임시상가 설치는 임의적 사항이고 의무적 사항은 아니며, 실무상 토지보상법에 따른 영업손실보상금만을 지급하고 있다.

(5) 구체적인 내용은 법 제61조 부분을 참조하기로 하며, 사업시행계획서에는 임시 거주시설 · 임시상가의 설치 여부 등만 기재한다.

나. 토지보상법 상 이주대책 등

(1) 주택을 소유한 현금청산자[103)][104)] 중 일정한 거주요건을 갖춘 자는 토지보상법 제78조 제1항 "이주대책대상자"로서 사업시행자가 이주대책을 수립 · 실시하거나 이주정착금을 제공하여야 한다. 도심지에서 이루어지는 정비사업의 성격상 이주정착지를 공급하는 이주대책의 실시는 어렵고 실무적으로 이주정착금을 지급하는 것으로 이주대책을 실시한다.

(2) 토지보상법 제78조 제5항은 "주거용 건물의 거주자에 대하여는 주거 이전에 필요한 비용(주거이전비)과 가재도구 등 동산의 운반에 필요한 비용(이사비)을 산정하여 보상하여야 한다."고 규정하고 있는바, 사업시행자는 일정한 거주요건을 갖춘 주택을 소유한 현금청산자와 주거세입자에게 주거이전비와 이사비를 지급하여야 한다.

(3) 토지보상법 제77조 제1항은 "영업을 폐지하거나 휴업함에 따른 영업손실에 대하여는 영업이익과 시설의 이전비용 등을 고려하여 보상하여야 한다."고 규정하고 있는바, 사업시행자는 일정한 영업요건을 갖춘 현금청산자와 세입자에게 영업손실보상금과 시설이전비를 지급하여야 한다.

(4) 위와 같이 토지보상법에 따른 이주대책을 손실보상이라고 하는데 보상대상자의 요건 등 구체적인 내용은 법 제63조 및 제65조 부분을 참조하기로 하며, 사업시행계획서에는 토지보상법상 이주대책(손실보상)에 따른다는 취지를 기재한다.

---

103) 토지보상법 시행령 제40조 제5항 제3호는 세입자를 이주대책대상자에서 제외하고 있다.

104) 대법원 2011. 11. 24. 선고 2009다28394 판결, 대법원 2011. 11. 24. 선고 2010다80749 판결 등 「주거환경개선지구 내 주거용 건축물의 소유자로서 위 사업으로 인하여 건설되는 주택에 관한 분양계약을 체결한 자들은 구 토지보상법 제78조 제1항에 규정된 이주대책대상자 즉, 공익사업의 시행으로 인하여 주거용 건축물을 제공함에 따라 생활의 근거를 상실하게 되는 자에 해당하지 않는다고 봄이 타당하다.」

다. 임대주택의 공급

(1) 주거환경개선사업 및 재개발사업의 시행자는 법 제10조 제1항 및 시행령 제9조에 따라 일정비율의 임대주택을 건설하여야 하고, 시행자는 건설된 임대주택을 법 제79조 제6항 및 시행령 제69조와 [별표 3]에 따라 일정한 요건을 갖춘 세입자(1순위)와 현금청산자(2순위)에게 임대주택을 공급할 수 있다.

(2) 임대주택공급에 관한 구체적인 내용은 법 제79조(관리처분계획에 따른 처분 등)를 참조하기로 하고, 사업시행계획서에는 임대주택공급의 기준 등을 기재한다.

4. 순환정비방식의 정비사업 등(제59조)

도시정비법	도시정비법 시행령
제59조 (순환정비방식의 정비사업 등) ① 사업시행자는 정비구역의 안과 밖에 새로 건설한 주택 또는 이미 건설되어 있는 주택의 경우 그 정비사업의 시행으로 철거되는 주택의 소유자 또는 세입자(정비구역에서 실제 거주하는 자로 한정한다. 이하 이 항 및 제61조제1항에서 같다)를 임시로 거주하게 하는 등 그 정비구역을 순차적으로 정비하여 주택의 소유자 또는 세입자의 이주대책을 수립하여야 한다. ② 사업시행자는 제1항에 따른 방식으로 정비사업을 시행하는 경우에는 임시로 거주하는 주택(이하 "순환용주택"이라 한다)을 「주택법」 제54조에도 불구하고 제61조에 따른 임시거주시설로 사용하거나 임대할 수 있으며, 대통령령으로 정하는 방법과 절차에 따라 토지주택공사등이 보유한 공공임대주택을 순환용주택으로 우선 공급할 것을 요청할 수 있다. ③ 사업시행자는 순환용주택에 거주하	제51조 (순환용주택의 우선공급 요청 등) ① 사업시행자는 법 제59조제2항에 따라 법 제74조에 따른 관리처분계획의 인가를 신청한 후 다음 각 호의 서류를 첨부하여 토지주택공사등에 토지주택공사등이 보유한 공공임대주택을 법 제59조제2항에 따른 순환용주택(이하 "순환용주택"이라 한다)으로 우선 공급할 것을 요청할 수 있다. 1. 사업시행계획인가 고시문 사본 2. 관리처분계획의 인가 신청서 사본 3. 정비구역 내 이주대상 세대수 4. 법 제59조제1항에 따른 주택의 소유자 또는 세입자로서 순환용주택 이주 희망 대상자 5. 이주시기 및 사용기간 6. 그 밖에 토지주택공사등이 필요하다고 인정하는 사항 ② 토지주택공사등은 제1항에 따라 사업시행자로부터 공공임대주택의 공급 요청을 받은 경우에는 그 요청을 받은

는 자가 정비사업이 완료된 후에도 순환용주택에 계속 거주하기를 희망하는 때에는 대통령령으로 정하는 바에 따라 분양하거나 계속 임대할 수 있다. 이 경우 사업시행자가 소유하는 순환용주택은 제74조에 따라 인가받은 관리처분계획에 따라 토지등소유자에게 처분된 것으로 본다.

날부터 30일 이내에 사업시행자에게 다음 각 호의 내용을 통지하여야 한다.

1. 해당 정비구역 인근에서 공급 가능한 공공임대주택의 주택 수, 주택 규모 및 공급가능 시기
2. 임대보증금 등 공급계약에 관한 사항
3. 그 밖에 토지주택공사등이 필요하다고 인정하는 사항

③ 제2항제1호에 따른 공급 가능한 주택 수는 제1항에 따라 요청을 한 날 당시 공급 예정인 물량의 2분의 1 범위로 한다. 다만, 주변 지역에 전세가격 급등 등의 우려가 있어 순환용주택의 확대 공급이 필요한 경우 2분의 1을 초과할 수 있다.

④ 토지주택공사등은 세대주로서 해당 세대 월평균 소득이 전년도 도시근로자 월평균 소득의 70퍼센트 이하인 거주자(제1항에 따른 요청을 한 날 당시 해당 정비구역에 2년 이상 거주한 사람에 한정한다)에게 순환용주택을 공급하되, 다음 각 호의 순위에 따라 공급하여야 한다. 이 경우 같은 순위에서 경쟁이 있는 경우 월평균 소득이 낮은 사람에게 우선 공급한다.

1. 1순위 : 정비사업의 시행으로 철거되는 주택의 세입자(정비구역에서 실제 거주하는 자로 한정한다)로서 주택을 소유하지 아니한 사람
2. 2순위 : 정비사업의 시행으로 철거되는 주택의 소유자(정비구역에서 실제 거주하는 자로 한정한다)로서 그 주택 외에는 주택을 소유하지 아니한 사람

⑤ 제1항부터 제4항까지의 규정에서 정한 사항 외에 공급계약의 체결, 순환용주택의 반환 등 순환용주택의 공급에 필요한 세부사항은 토지주택공사등이 따

	로 정할 수 있다. 제52조(순환용주택의 분양 또는 임대) 법 제59조제3항에 따라 순환용주택에 거주하는 자가 순환용주택에 계속 거주하기를 희망하는 경우 토지주택공사등은 다음 각 호의 기준에 따라 분양을 하거나 계속하여 임대할 수 있다. 1. 순환용주택에 거주하는 자가 해당 주택을 분양받으려는 경우 토지주택공사등은 「공공주택 특별법」 제50조의2에서 정한 매각 요건 및 매각 절차 등에 따라 해당 거주자에게 순환용주택을 매각할 수 있다. 이 경우 「공공주택 특별법 시행령」 제54조제1항 각 호에 따른 임대주택의 구분은 순환용주택으로 공급할 당시의 유형에 따른다. 2. 순환용주택에 거주하는 자가 계속 거주하기를 희망하고 「공공주택 특별법」 제48조 및 제49조에 따른 임대주택 입주자격을 만족하는 경우 토지주택공사등은 그 자와 우선적으로 임대차계약을 체결할 수 있다.

가. 순환정비방식의 의의 및 시행자

(1) 법 제26조 제1항 제5호는 재개발과 재건축을 순환정비방식으로 시행할 필요가 있을 때에는 시장·군수가 직접 정비사업을 시행하거나 토지주택공사등을 사업시행자로 지정하여 정비사업을 시행하게 할 수 있도록 규정하고 있다. 따라서 공공시행자만이 순환정비방식의 시행자가 된다.

(2) 순환정비방식은 임시로 거주하는 주택(순환용 주택. 이하 '순환용 주택'이라 함)을 확보하고 정비사업을 순차적으로 시행하거나 정비구역을 수 개로 분할하여 순차적으로 시행함으로써 공사기간 중 이주민의 주거안정을 도모하고 정비사업의 추진을 원활하게 하고자 하는데 목적이 있다.[105]

나. 순환정비방식의 이주대책(순환용주택의 공급의무)

법 제59조 제1항은 "사업시행자는 정비구역의 안과 밖에 새로 건설한 주택 또는 이미 건설되어 있는 주택의 경우 그 정비사업의 시행으로 철거되는 주택의 소유자 또는 세입자(정비구역에서 실제 거주하는 자로 한정한다. 이하 이 항 및 제61조 제1항에서 같다)를 임시로 거주하게 하는 등 그 정비구역을 순차적으로 정비하여 주택의 소유자 또는 세입자의 이주대책을 수립하여야 한다."고 규정하고 있는바, 순환방식의 정비사업에서 사업시행자는 반드시 순환용주택을 공급하는 방법으로 이주대책을 수립하여야 하며, 순환용 주택을 공급하지 아니하고 법 제61조[106]와 같이 주택자금의 융자 알선 등으로 갈음할 수는 없으며, 상가에는 적용되지 않는다.

다. 순환용 주택의 공급방법

(1) 사업시행자는 순환정비방식으로 정비사업을 시행하는 경우에 직접 순환용 주택을 건설하여 법 제61조에 따른 임시거주시설로 사용하거나 임대할 수 있으며, 이 경우 주택법 제54조 주택의 공급방법, 공급순위 등에 관한 규정은 적용되지 아니한다.[107]

(2) 사업시행자는 순환용 주택을 건설하지 아니하고 토지주택공사등이 보유한 공공임대주택을 순환용주택으로 우선 공급할 것을 요청할 수 있다.[108]

라. 공공임대주택의 우선 공급절차

(1) 사업시행자는 법 제74조에 따른 관리처분계획의 인가를 신청한 후 ① 사업시행계획인가 고시문 사본, ② 관리처분계획의 인가 신청서 사본, ③ 정비구역 내 이주대상 세대수, ④ 주택의 소유자 또는 세입자로서 순환용주택 이주 희망 대상자, ⑤ 이주시기 및 사용기간, ⑥ 그밖에 토지주택공사등이 필요하다고 인정하는 사항을 첨부하여 토지

---

105) 2009. 5. 27. 개정이유.

106) 법 제61조(임시거주시설 · 임시상가의 설치 등)
① 사업시행자는 주거환경개선사업 및 재개발사업의 시행으로 철거되는 주택의 소유자 또는 세입자에게 해당 정비구역 안과 밖에 위치한 임대주택 등의 시설에 임시로 거주하게 하거나 주택자금의 융자를 알선하는 등 임시거주에 상응하는 조치를 하여야 한다.

107) 법 제59조 제2항 전단.

108) 법 제59조 제2항 후단.

주택공사등에 토지주택공사등이 보유한 공공임대주택을 순환용주택으로 우선 공급할 것을 요청할 수 있다.[109)]

(2) 토지주택공사등은 사업시행자로부터 공공임대주택의 공급 요청을 받은 경우에는 그 요청을 받은 날부터 30일 이내에 사업시행자에게 ① 해당 정비구역 인근에서 공급 가능한 공공임대주택의 주택 수, 주택 규모 및 공급가능 시기, ② 임대보증금 등 공급계약에 관한 사항, ③ 그 밖에 토지주택공사등이 필요하다고 인정하는 사항을 통지하여야 한다. '해당 정비구역 인근에서 공급 가능한 공공임대주택의 주택 수'는 요청을 한 날 당시 공급 예정인 물량의 2분의 1 범위로 하되, 주변 지역에 전세가격 급등 등의 우려가 있어 순환용주택의 확대 공급이 필요한 경우 2분의 1을 초과할 수 있다.[110)]

(3) 토지주택공사등은 세대주로서 해당 세대 월평균 소득이 전년도 도시근로자 월평균 소득의 70퍼센트 이하이고 사업시행자가 요청을 한 날 당시 해당 정비구역에 2년 이상 거주한 자에게 순환용 주택을 공급하되, ① 정비사업의 시행으로 철거되는 주택의 세입자로서 주택을 소유하지 아니한 사람(1순위), ② 정비사업의 시행으로 철거되는 주택의 소유자로서 그 주택 외에는 주택을 소유하지 아니한 사람(2순위)에게 순위에 따라 공급하여야 한다. 공급 대상자는 정비구역에서 실제 거주하는 자로 한정하며, 같은 순위에서 경쟁이 있는 경우 월평균 소득이 낮은 사람에게 우선 공급한다.[111)] 이러한 점에서 본조에 따른 공공시행자의 순환용주택 공급의무는 희망자 모두에게 공급하여야 하는 의무는 아니라고 할 것이다.

(4) 국토교통부는「도시 및 주거환경정비법상 순환용주택 운용지침」[국토해양부 주택정비과-2804(2010. 7. 1.)]을 제정하여 순환용주택의 공급 등에 관한 세부기준을 정하고 있으며, 이 외에 공급계약의 체결, 순환용주택의 반환 등 순환용주택의 공급에 필요한 세부사항은 토지주택공사등이 따로 정할 수 있다.[112)]

마. 정비사업 완료 후 순환용 주택의 분양 및 임대

(1) 사업시행자는 순환용주택에 거주하는 자가 정비사업이 완료된 후에도 순환용주

109) 시행령 제51조 제1항.
110) 시행령 제51조 제2, 3항.
111) 시행령 제51조 제4항.
112) 시행령 제51조 제5항.

택에 계속 거주하기를 희망하는 때에는 대통령령으로 정하는 바에 따라 분양하거나 계속 임대할 수 있고, 이 경우 사업시행자가 소유하는 순환용주택은 법 제74조에 따라 인가받은 관리처분계획에 따라 토지등소유자에게 처분된 것으로 본다.[113] 이는 관리처분계획 변경 등 불필요한 절차를 간소화하기 위한 것이다.

(2) 토지주택공사등이 소유한 공공임대주택으로 공급한 순환용 주택에 거주하는 자가 정비사업 완료 후에도 해당 주택을 분양받아 계속 거주하기를 희망하는 경우 토지주택공사등은 「공공주택 특별법」 제50조의2[114]에서 정한 매각 요건 및 매각 절차 등에 따라 해당 거주자에게 순환용주택을 매각할 수 있고, 이 경우 「공공주택 특별법 시행령」 제54조 제1항 각 호[115]에 따른 임대주택의 구분은 순환용주택으로 공급할 당시의 유형에 따른다.[116] 즉, 순환용주택으로 공급할 당시의 임대주택 유형에 따른 임대의무기간의 1/2이 지난 경우에만 매각할 수 있다.

(3) 토지주택공사등이 소유한 공공임대주택으로 공급한 순환용 주택에 거주하는 자가 정비사업 완료 후에도 해당 주택을 계속 거주하기를 희망하고 「공공주택 특별법」

---

113) 법 제59조 제3항.

114) 공공주택 특별법 제50조의2(공공임대주택의 매각제한)

① 공공주택사업자는 공공임대주택을 5년 이상의 범위에서 대통령령으로 정한 임대의무기간이 지나지 아니하면 매각할 수 없다.

② 제1항에도 불구하고 다음 각 호의 어느 하나에 해당하는 경우에는 임대의무기간이 지나기 전에도 공공임대주택을 매각할 수 있다.

1. 국토교통부령으로 정하는 바에 따라 다른 공공주택사업자에게 매각하는 경우. 이 경우 해당 공공임대주택을 매입한 공공주택사업자는 기존 공공주택사업자의 지위를 포괄적으로 승계한다.
2. 임대의무기간의 2분의 1이 지나 공공주택사업자가 임차인과 합의한 경우 등 대통령령으로 정하는 경우로서 임차인 등에게 분양전환하는 경우

115) 공공주택 특별법 시행령 제54조(공공임대주택의 임대의무기간)

① 법 제50조의2제1항에서 "대통령령으로 정한 임대의무기간"이란 그 공공임대주택의 임대개시일부터 다음 각 호의 기간을 말한다.

1. 영구임대주택 : 50년
2. 국민임대주택 : 30년
3. 행복주택 : 30년
4. 장기전세주택 : 20년
5. 제1호부터 제4호까지의 규정에 해당하지 아니하는 공공임대주택 중 임대 조건을 신고할 때 임대차 계약기간을 10년 이상으로 정하여 신고한 주택 : 10년
6. 제1호부터 제5호까지의 규정에 해당하지 아니하는 공공임대주택 : 5년

116) 시행령 제52조 제1호.

제48조 및 제49조에 따른 임대주택 입주자격을 만족하는 경우 토지주택공사등은 그 자와 우선적으로 임대차계약을 체결할 수 있다.[117]

117) 시행령 제52조 제2호.

[3] 사업시행계획의 인가(제50조, 제56~58조, 제60조)

Ⅰ. 사업시행계획의 인가(제50조, 제56조)

도시정비법	도시정비법 시행령
제50조 (사업시행계획인가) ① 사업시행자(제25조제1항 및 제2항에 따른 공동시행의 경우를 포함하되, 사업시행자가 시장·군수등인 경우는 제외한다)는 정비사업을 시행하려는 경우에는 제52조에 따른 사업시행계획서(이하 "사업시행계획서"라 한다)에 정관등과 그 밖에 국토교통부령으로 정하는 서류를 첨부하여 시장·군수등에게 제출하고 사업시행계획인가를 받아야 하고, 인가받은 사항을 변경하거나 정비사업을 중지 또는 폐지하려는 경우에도 또한 같다. 다만, 대통령령으로 정하는 경미한 사항을 변경하려는 때에는 시장·군수등에게 신고하여야 한다. ② 시장·군수등은 제1항 단서에 따른 신고를 받은 날부터 20일 이내에 신고수리 여부를 신고인에게 통지하여야 한다. 〈신설 2021. 3. 16.〉 ③ 시장·군수등이 제2항에서 정한 기간 내에 신고수리 여부 또는 민원 처리 관련 법령에 따른 처리기간의 연장을 신고인에게 통지하지 아니하면 그 기간(민원 처리 관련 법령에 따라 처리기간이 연장	제46조 (사업시행계획인가의 경미한 변경) 법 제50조제1항 단서에서 "대통령령으로 정하는 경미한 사항을 변경하려는 때"란 다음 각 호의 어느 하나에 해당하는 때를 말한다. 〈개정 2020. 6. 23.〉 1. 정비사업비를 10퍼센트의 범위에서 변경하거나 관리처분계획의 인가에 따라 변경하는 때. 다만, 「주택법」 제2조제5호에 따른 국민주택을 건설하는 사업인 경우에는 「주택도시기금법」에 따른 주택도시기금의 지원금액이 증가되지 아니하는 경우만 해당한다. 2. 건축물이 아닌 부대시설·복리시설의 설치규모를 확대하는 때(위치가 변경되는 경우는 제외한다) 3. 대지면적을 10퍼센트의 범위에서 변경하는 때 4. 세대수와 세대당 주거전용면적을 변경하지 않고 세대당 주거전용면적의 10퍼센트의 범위에서 세대 내부구조의 위치 또는 면적을 변경하는 때 5. 내장재료 또는 외장재료를 변경하는 때

또는 재연장된 경우에는 해당 처리기간을 말한다)이 끝난 날의 다음 날에 신고를 수리한 것으로 본다. 〈신설 2021. 3. 16.〉

④ 시장 · 군수등은 특별한 사유가 없으면 제1항에 따라 사업시행계획서의 제출이 있은 날부터 60일 이내에 인가 여부를 결정하여 사업시행자에게 통보하여야 한다. 〈개정 2021. 3. 16.〉

⑤ 사업시행자(시장 · 군수등 또는 토지주택공사등은 제외한다)는 사업시행계획인가를 신청하기 전에 미리 총회의 의결을 거쳐야 하며, 인가받은 사항을 변경하거나 정비사업을 중지 또는 폐지하려는 경우에도 또한 같다. 다만, 제1항 단서에 따른 경미한 사항의 변경은 총회의 의결을 필요로 하지 아니한다. 〈개정 2021. 3. 16.〉

⑥ 토지등소유자가 제25조제1항제2호에 따라 재개발사업을 시행하려는 경우에는 사업시행계획인가를 신청하기 전에 사업시행계획서에 대하여 토지등소유자의 4분의 3 이상 및 토지면적의 2분의 1 이상의 토지소유자의 동의를 받아야 한다. 다만, 인가받은 사항을 변경하려는 경우에는 규약으로 정하는 바에 따라 토지등소유자의 과반수의 동의를 받아야 하며, 제1항 단서에 따른 경미한 사항의 변경인 경우에는 토지등소유자의 동의를 필요로 하지 아니한다. 〈개정 2021. 3. 16.〉

⑦ 지정개발자가 정비사업을 시행하려는 경우에는 사업시행계획인가를 신청하기 전에 토지등소유자의 과반수의 동의 및 토지면적의 2분의 1 이상의 토지소유자의 동의를 받아야 한다. 다만, 제1항 단서에 따른 경미한 사항의 변경인

6. 사업시행계획인가의 조건으로 부과된 사항의 이행에 따라 변경하는 때
7. 건축물의 설계와 용도별 위치를 변경하지 아니하는 범위에서 건축물의 배치 및 주택단지 안의 도로선형을 변경하는 때
8. 「건축법 시행령」 제12조제3항 각 호의 어느 하나에 해당하는 사항을 변경하는 때
9. 사업시행자의 명칭 또는 사무소 소재지를 변경하는 때
10. 정비구역 또는 정비계획의 변경에 따라 사업시행계획서를 변경하는 때
11. 법 제35조제5항 본문에 따른 조합설립변경 인가에 따라 사업시행계획서를 변경하는 때
12. 그 밖에 시 · 도조례로 정하는 사항을 변경하는 때

제49조(관계 서류의 공람)

시장 · 군수등은 법 제56조제1항 본문에 따라 사업시행계획인가 또는 사업시행계획서 작성과 관계된 서류를 일반인에게 공람하게 하려는 때에는 그 요지와 공람장소를 해당 지방자치단체의 공보등에 공고하고, 토지등소유자에게 공고내용을 통지하여야 한다.

경우에는 토지등소유자의 동의를 필요로 하지 아니한다. 〈개정 2021. 3. 16.〉

⑧ 제26조제1항제1호 및 제27조제1항제1호에 따른 사업시행자는 제7항에도 불구하고 토지등소유자의 동의를 필요로 하지 아니한다. 〈개정 2021. 3. 16.〉

⑨ 시장·군수등은 제1항에 따른 사업시행계획인가(시장·군수등이 사업시행계획서를 작성한 경우를 포함한다)를 하거나 정비사업을 변경·중지 또는 폐지하는 경우에는 국토교통부령으로 정하는 방법 및 절차에 따라 그 내용을 해당 지방자치단체의 공보에 고시하여야 한다. 다만, 제1항 단서에 따른 경미한 사항을 변경하려는 경우에는 그러하지 아니하다. 〈개정 2021. 3. 16.〉

제56조(관계 서류의 공람과 의견청취)

① 시장·군수등은 사업시행계획인가를 하거나 사업시행계획서를 작성하려는 경우에는 대통령령으로 정하는 방법 및 절차에 따라 관계 서류의 사본을 14일 이상 일반인이 공람할 수 있게 하여야 한다. 다만, 제50조제1항 단서에 따른 경미한 사항을 변경하려는 경우에는 그러하지 아니하다.

② 토지등소유자 또는 조합원, 그 밖에 정비사업과 관련하여 이해관계를 가지는 자는 제1항의 공람기간 이내에 시장·군수등에게 서면으로 의견을 제출할 수 있다.

③ 시장·군수등은 제2항에 따라 제출된 의견을 심사하여 채택할 필요가 있다고 인정하는 때에는 이를 채택하고, 그러하지 아니한 경우에는 의견을 제출한 자에게 그 사유를 알려주어야 한다.

1. 사업시행계획의 인가와 신고

가. 인 가

사업시행자는 정비사업을 시행하려는 경우에는 법 제52조에 따른 사업시행계획서를 작성하여 시장 · 군수등에게 제출하고 사업시행계획인가를 받아야 하며, 대통령령으로 정하는 경미한 변경사항을 제외하고 인가받은 사항을 변경하거나 정비사업을 중지 또는 폐지하려는 경우에도 인가를 받아야 한다.[118)]

나. 신고(사업시행계획의 경미한 변경)

(1) 사업시행자는 인가받은 사업시행계획 중 대통령령으로 정하는 경미한 사항을 변경하려는 때에는 신고하여야 하고, 시행령 제46조에 따른 경미한 변경사항은 아래와 같다.

① 정비사업비를 10퍼센트의 범위에서 변경하거나 관리처분계획의 인가에 따라 변경하는 때. 다만, 「주택법」 제2조 제5호에 따른 국민주택을 건설하는 사업인 경우에는 「주택도시기금법」에 따른 주택도시기금의 지원금액이 증가되지 아니하는 경우만 해당한다.

② 건축물이 아닌 부대시설 · 복리시설의 설치규모를 확대하는 때(위치가 변경되는 경우는 제외한다)

③ 대지면적을 10퍼센트의 범위에서 변경하는 때에는 경미한 변경에 해당한다.

④ 세대수와 세대당 주거전용면적을 변경하지 아니하고 세대당 주거전용면적의 10퍼센트의 범위에서 세대 내부구조의 위치 또는 면적을 변경하는 때

⑤ 내장재료 또는 외장재료를 변경하는 때

⑥ 사업시행계획인가의 조건으로 부과된 사항의 이행에 따라 변경하는 때

⑦ 건축물의 설계와 용도별 위치를 변경하지 아니하는 범위에서 건축물의 배치 및 주택단지 안의 도로선형을 변경하는 때

⑧ 「건축법 시행령」 제12조 제3항 각 호의 어느 하나에 해당하는 사항을 변경

---

118) 법 제50조 제1항.

하는 때[119)]

⑨ 사업시행자의 명칭 또는 사무소 소재지를 변경하는 때에는 경미한 변경에 해당한다.

⑩ 정비구역 또는 정비계획의 변경에 따라 사업시행계획서를 변경하는 때

⑪ 법 제35조 제5항 본문에 따른 조합설립변경 인가에 따라 사업시행계획서를 변경하는 때

⑫ 그 밖에 시 · 도조례가 정하는 사항

(2) 사업시행계획의 경미한 변경사항은 위 시행령 규정에 한정된다고 할 수 없다. 대법원 2012. 5. 24. 선고 2009두22140 판결 [관리처분계획변경처분등취소]은 「관리처분계획의 수립 또는 변경을 위하여 조합 총회의 의결 및 행정청의 인가절차 등을 요구하는 취지는 관리처분계획의 수립 또는 변경에 자신의 권리의무와 법적 지위에 커다란 영향을 받게 되는 조합원 등의 의사가 충분히 반영되어야 할 필요가 있기 때문이고, 반면에 관리처분계획의 경미한 사항을 변경하는 경우에는 이러한 필요성이 그다지 크지 아니하기 때문에 행정청에 신고하는 것으로 족하도록 규정하고 있는 것이라고 할

---

119) 건축법 시행령 제12조(허가 · 신고사항의 변경 등)

③ 법 제16조제2항에서 "대통령령으로 정하는 사항"이란 다음 각 호의 어느 하나에 해당하는 사항을 말한다. 〈개정 2016. 1. 19.〉

1. 건축물의 동수나 층수를 변경하지 아니하면서 변경되는 부분의 바닥면적의 합계가 50제곱미터 이하인 경우로서 다음 각 목의 요건을 모두 갖춘 경우
   가. 변경되는 부분의 높이가 1미터 이하이거나 전체 높이의 10분의 1 이하일 것
   나. 허가를 받거나 신고를 하고 건축 중인 부분의 위치 변경범위가 1미터 이내일 것
   다. 법 제14조 제1항에 따라 신고를 하면 법 제11조에 따른 건축허가를 받은 것으로 보는 규모에서 건축허가를 받아야 하는 규모로의 변경이 아닐 것
2. 건축물의 동수나 층수를 변경하지 아니하면서 변경되는 부분이 연면적 합계의 10분의 1 이하인 경우(연면적이 5천 제곱미터 이상인 건축물은 각 층의 바닥면적이 50제곱미터 이하의 범위에서 변경되는 경우만 해당한다). 다만, 제4호 본문 및 제5호 본문에 따른 범위의 변경인 경우만 해당한다.
3. 대수선에 해당하는 경우
4. 건축물의 층수를 변경하지 아니하면서 변경되는 부분의 높이가 1미터 이하이거나 전체 높이의 10분의 1 이하인 경우. 다만, 변경되는 부분이 제1호 본문, 제2호 본문 및 제5호 본문에 따른 범위의 변경인 경우만 해당한다.
5. 허가를 받거나 신고를 하고 건축 중인 부분의 위치가 1미터 이내에서 변경되는 경우. 다만, 변경되는 부분이 제1호 본문, 제2호 본문 및 제4호 본문에 따른 범위의 변경인 경우만 해당한다.

것이다. 위와 같은 도시정비법 관련 규정의 내용, 형식 및 취지에 비추어 보면, 도시정비법 제48조 제1항 단서 소정의 '대통령령이 정하는 경미한 사항을 변경하고자 하는 때'란 도시정비법 시행령 제49조의 각호에 규정된 사항들에 한정되는 것이 아니라, 변경대상이 되는 관리처분계획의 내용을 구체적 · 개별적으로 살펴보아 조합총회의 의결을 거치지 아니하더라도 그 변경내용이 객관적으로 조합원 등 이해관계인의 의사에 충분히 부합하고 그 권리의무 내지 법적 지위를 침해하지 아니하거나, 분양대상자인지 여부에 대한 확정판결에 따라 관리처분계획의 내용을 변경하는 때와 같이 조합총회의 의결을 거친다고 하더라도 그 변경내용과 다르게 의결할 수 있는 여지가 없는 경우 등도 포함한다고 봄이 타당하다.」고 판시하였는바, 이러한 법리는 사업시행계획의 경미한 변경에도 적용될 수 있기 때문이다.

(3) 2021. 3. 16. 개정에 따라, 시장 · 군수등은 경미한 변경에 따른 신고를 받은 날부터 20일 이내에 신고수리 여부를 신고인에게 통지하여야 하며,[120] 위 기간 내에 신고수리 여부 또는 민원 처리 관련 법령에 따른 처리기간의 연장을 신고인에게 통지하지 아니하면 그 기간(민원 처리 관련 법령에 따라 처리기간이 연장 또는 재연장된 경우에는 해당 처리기간을 말한다)이 끝난 날의 다음 날에 신고를 수리한 것으로 본다.[121]

2. 사업시행계획서의 의결

토지등소유자가 참여하는 정비사업에서 사업시행계획의 수립 · 변경 · 중지 · 폐지는 인가신청에 앞서 토지등소유자들의 의결이 선행되어야 하는데, 법 제50조 제5항 내지 제8항은 사업시행자별로 의결방식과 정족수를 달리 규정하고 있다.

가. 사업시행자가 조합인 경우

(1) 인가사항에 대한 총회의결

1) 조합은 법 제50조 제5항에 따라 사업시행계획인가를 신청하기 전에 미리 총회의 의결을 거쳐야 하며, 총회의 의결방법 및 의결정족수 등에는 법 제45조가 적용된다.

---

120) 법 제50조 제2항.
121) 법 제50조 제3항.

2) 사업시행계획의 수립 · 변경(경미한 변경은 제외한다) · 중지 · 폐지는 조합원의 100분의 20 이상이 총회에 직접 출석하여야 하며,[122] 정비사업비가 100분의 10(생산자물가상승률분, 법 제73조에 따른 손실보상 금액은 제외한다) 이상 늘어나는 경우에는 "전체 조합원의 3분의 2 이상의 찬성"으로, 그 외의 경우에는 전체 조합원의 과반수의 찬성으로 의결하여야 한다.[123]

3) 최초 사업시행계획의 경우에 정비사업비가 10% 이상 증액하였는지 여부는 조합설립동의서상의 정비사업비 또는 조합설립 인가 후 적법하게 총회의결을 거쳐 증액된 정비사업비와 비교하여 판단하고,[124] 사업시행계획을 변경하는 경우에는 그 직전에 인가받은 사업시행계획의 정비사업비와 비교하여 판단하며, 관리처분계획(변경)인가 후 사업시행계획을 변경하는 경우에도 직전에 인가받은 관리처분계획의 정비사업비와 비교하여 판단하여야 한다.

4) 법 제46조 제4항 및 시행령 제43조 제7호는 경미한 변경사항을 제외한 사업시행계획의 수립 · 변경 · 중지 · 폐지 등 인가사항에 관하여 대의원회가 총회를 대행하여 의결할 수 없도록 규정하고 있는바 필수적 총회 의결사항에 해당한다.

---

122) 법 제45조 제7항 단서.

123) 법 제45조 제4항.

124) 대법원 2014. 6. 12. 선고 2012두28520 판결.
「구 도시 및 주거환경정비법(2008. 2. 29. 법률 제8852호로 개정되기 전의 것, 이하 '구 도시정비법'이라 한다)에 따른 정비사업이 조합의 설립, 사업시행계획, 관리처분계획 등의 단계를 거쳐 순차 진행되고, 각 단계에서 조합설립인가, 사업시행인가, 관리처분계획인가 등의 선행 행정처분이 이루어짐에 따라 다음 절차가 진행되는 정비사업의 특성과 사업시행계획의 단계에서 공사비 등 정비사업에 소요되는 비용(이하 '정비사업비'라 한다)에 관하여 동의를 얻도록 한 구 도시정비법 제17조, 제28조 제5항, 제6항, 제30조 제9호, 구 도시 및 주거환경정비법 시행령(2008. 7. 29. 대통령령 제20947호로 개정되기 전의 것) 제28조 제4항, 제41조 제2항 제5호의 취지를 종합하여 보면, 조합설립을 할 때에 건축물 철거 및 신축비용 개산액에 관하여 조합원들의 동의를 받았고, 다음 단계인 사업시행계획의 수립 및 이에 대한 인가를 받을 때 조합원들의 동의 절차를 거쳐 정비사업비가 잠정적으로 정해졌으므로, 관리처분계획을 수립할 때에 의결한 정비사업비가 조합원들의 이해관계에 중대한 영향을 미칠 정도로 실질적으로 변경된 경우에 해당하는지를 판단할 경우에는 조합설립에 관한 동의서 기재 건축물 철거 및 신축비용 개산액과 바로 비교할 것이 아니라, 먼저 사업시행계획 시에 조합원들의 동의를 거친 정비사업비가 조합설립에 관한 동의서 기재 건축물 철거 및 신축비용 개산액과 비교하여 조합원들의 이해관계에 중대한 영향을 미칠 정도로 실질적으로 변경된 경우에 해당하는지를 판단하고, 다음으로 관리처분계획안에서 의결한 정비사업비가 사업시행계획 시에 조합원들의 동의를 거친 정비사업비와 비교하여 조합원들의 이해관계에 중대한 영향을 미칠 정도로 실질적으로 변경된 경우에 해당하는지를 판단해야 한다.」

(2) 신고사항(경미한 변경)에 대한 의결방법

1) 법 제45조 제9호 및 제50조 제5항 단서는 사업시행계획의 경미한 변경사항에 대해 총회의 의결을 필요로 하지 아니한다고 규정하고 있는바, 정관 등이 정하는 바에 따라 대의원회에서 의결할 수 있다.

2) 그러나 대법원 2014. 5. 29. 선고 2011두33051 판결은 「구 도시정비법과 구 시행령이 변경인가사항과 신고사항을 구분하는 이유는 중요한 사항 변경은 인가절차를, 경미한 사항 변경은 신고절차를 거치도록 하는 등 변경 대상의 중요도에 따라 처분의 형식을 달리하고자 하는 데 있을 뿐이므로, 조합설립인가 또는 사업시행인가 내용의 경미한 사항의 변경이어서 신고절차를 거치면 족한 경우에도 법령이나 정관에서 조합 총회의 결의대상으로 규정한 때에는 신고에 앞서 그러한 조합 총회의 결의를 거쳐야 한다고 해석함이 타당하다. 그리고 조합 총회결의의 효력 여부는 특별한 사정이 없는 이상 결의 내용이 강행법규에 위반되는지 여부 등 실체적 요건과 법령 또는 정관의 해석상 해당 안건의 결의에 필요한 의결정족수를 갖추었는지 등 절차적 요건을 모두 충족하였는지에 따라 판단해야 한다.」고 판시하였는바, 사업시행계획의 경미한 변경도 경우에 따라서는 법령상 반드시 총회의 의결을 거쳐야 하는 경우가 있다.

3) 예컨대 법 제45조 제1항 제13호 및 시행령 제42조 제1항 제3, 4호는 '건설되는 건축물의 설계 개요의 변경'과 '정비사업비의 변경'을 총회의결사항으로 규정하고, 시행령 제43조 제11, 12호는 위와 같은 사항을 대의원회가 대행할 수 없는 사항으로 규정하고 있는바, 사업시행계획의 경미한 변경이 '설계개요의 변경' 또는 '정비사업비의 변경'에 해당하거나 이를 수반하는 때에는 반드시 총회의 의결을 거쳐야 한다. 따라서 '정비사업비를 10% 범위에서 변경하는 경우'는 시행령 제46조 제1호의 경미한 변경사항에 해당하지만 총회 의결을 거쳐야 하며, '정비계획의 변경이나 사업시행계획인가의 조건에 따라 설계개요가 변경되는 경우'[125]도 시행령 제46조 제6, 10호의 경미한 변경에 해당하지만 총회의 의결을 거쳐야 한다. 다만, 시행자 명칭 또는 소재지의 변경 등과

125) 다만, 시행령 제42조 제1항 제3호 '건설되는 건축물의 설계 개요의 변경'이라 함은 모든 설계변경을 의미하는 것은 아니고 조합원의 권리 · 의무에 중대한 영향을 미치는 것으로서 조합설립동의서의 필요적 기재사항에 해당하는 설계의 '개요'를 의한다고 할 것이고, 이에 해당하지 아니하고 단순히 시행령 제46조 각호에 해당할 뿐인 경우에는 총회의결사항이라고 할 수 없을 것이다.

같이 총회를 거치더라도 변경내용과 다르게 의결할 여지가 없는 경우에는 총회 의결을 거칠 필요가 없다고 할 것이다.[126)]

4) 사업시행계획의 경미한 변경을 총회에서 의결할 경우에는 법 제45조 제3항 및 제7항 전단을 적용하여 조합원 10% 이상이 직접 출석한 총회에서 정관에 다른 규정이 없으면 조합원 과반수의 출석과 출석 조합원의 과반수 찬성으로 의결한다. 다만, 정비사업비의 사용 및 변경이 포함된 때에는 법 제45조 제7항 후단 및 시행령 제42조 제2항 제4호에 따라 조합원 20% 이상이 직접 출석하여야 한다.

나. 재개발사업의 시행자가 법 제25조 제1항 제2호에 따른 토지등소유자인 경우

(1) 최초 사업시행계획인가를 위한 동의

1) 토지등소유자가 조합을 설립하지 아니하고 법 제25조 제1항 제2호[127)]에 따라 재개발사업[128)]을 시행하려는 경우에는 사업시행계획인가를 신청하기 전에 사업시행계획서에 대하여 토지등소유자의 4분의 3 이상 및 토지면적의 2분의 1 이상의 토지소유자의 동의를 받아야 한다.[129)]

2) 토지등소유자가 재개발사업을 시행하는 경우에 사업시행계획인가를 위한 토지등

---

126) 대법원 2012. 5. 24. 선고 2009두22140 판결 「변경대상이 되는 관리처분계획의 내용을 구체적·개별적으로 살펴보아 조합총회의 의결을 거치지 않더라도 변경내용이 객관적으로 조합원 등 이해관계인의 의사에 충분히 들어맞고 그 권리의무나 법적 지위를 침해하지 않거나, 분양대상자인지에 대한 확정판결에 따라 관리처분계획의 내용을 변경하는 때와 같이 조합총회의 의결을 거친다고 하더라도 변경내용과 다르게 의결할 수 있는 여지가 없는 경우 등도 포함한다고 보는 것이 타당하다.」고 판시하였는바, 이러한 법리는 사업시행계획의 경미한 변경에도 동일하게 적용될 수 있는 법리이다.

127) 법 제25조(재개발사업·재건축사업의 시행자)

① 재개발사업은 다음 각 호의 어느 하나에 해당하는 방법으로 시행할 수 있다.

2. 토지등소유자가 20인 미만인 경우에는 토지등소유자가 시행하거나 토지등소유자가 토지등소유자의 과반수의 동의를 받아 시장·군수등, 토지주택공사등, 건설업자, 등록사업자 또는 대통령령으로 정하는 요건을 갖춘 자와 공동으로 시행하는 방법

128) 2017. 2. 8. 개정(2018. 2. 9. 시행) 전 구법에서는 토지등소유자가 직접 시행할 수 있는 사업을 "도시환경정비사업"으로 규정하였으나, 개정 후 현행법은 "도시환경정비사업"을 "재개발사업"으로 통합하고, 토지등소유자가 직접 시행할 수 있는 경우를 "토지등소유자가 20인 미만인 경우"로 한정하였다.

129) 법 제50조 제6항.

소유자의 동의율을 강화한 이유는, 조합설립인가 등 사업시행자가 정해지는 단계에서는 토지등소유자의 동의율이 높은 수준으로 요구되고 있는데, 법 제25조 제1항 제2호에 따라 토지등소유자가 직접 사업을 시행하는 경우에는 사업시행자를 지정받는 절차와 요건이 별도로 존재하지 아니하기 때문이다. 따라서 법 제25조 제1항 제2호에 따라 토지등소유자가 정비사업을 시행하는 경우에는 사업시행인가를 받을 때에 비로소 사업시행자의 지위를 갖게 되는바, 사업시행계획인가 단계에서 조합설립 동의율에 준하는 높은 동의율을 요건으로 함으로써 토지등소유자의 이해관계가 반영될 수 있도록 한 것이다.[130)]

---

130) 2009. 2. 6. 개정 전 구법은 위와 같이 토지등소유자가 재개발사업을 직접 시행하는 경우에 별도로 토지등소유자의 동의요건을 규정하지 아니하고, 구법 제28조 제5항에서 "사업시행자는 정관 등이 정하는 바에 따라 토지등소유자의 동의를 얻어야 한다."고 규정하였는바, 이에 대하여 헌법재판소는 「도시정비법상 조합이 사업을 시행하는 경우에는 토지등소유자로부터 조합설립의 동의를 받는 등 관계 법령에서 정한 요건과 절차를 갖추어 관할 행정청으로부터 조합설립인가를 받음으로써 사업시행자의 지위를 얻게 되는 반면, 토지등소유자가 사업을 시행하는 경우에는 이 사건 동의요건조항에 의해 자치규약이 정하는 바에 따라 토지등소유자의 동의를 얻어 사업시행인가를 신청하는 단계에서 사업시행자가 구체적으로 드러나고 관할 행정청으로부터 사업시행인가를 받음으로써 사업시행자의 지위를 얻게 된다. 그런데 도시정비법상의 사업시행자는 정비구역 내에서 독점적·배타적인 사업시행권을 가지는 사업주체일 뿐 아니라 관할 행정청의 감독 아래 정비구역 안에서 정비사업을 시행하는 목적 범위 내에서 법령이 정하는 바에 따라 일정한 행정작용을 행하는 행정주체로서의 지위를 갖는바, 토지등소유자가 도시환경정비사업을 시행하는 경우 사업시행인가 신청 시 필요한 토지등소유자의 동의는 개발사업의 주체 및 정비구역 내 토지등소유자를 상대로 수용권을 행사하고 각종 행정처분을 발할 수 있는 행정주체로서의 지위를 가지는 사업시행자를 지정하는 문제로서 그 동의요건을 정하는 것은 토지등소유자의 재산권에 중대한 영향을 미치고, 이해관계인 사이의 충돌을 조정하는 중요한 역할을 담당한다. 그렇다면 사업시행인가 신청 시 요구되는 토지등소유자의 동의정족수를 정하는 것은 국민의 권리와 의무의 형성에 관한 기본적이고 본질적인 사항으로 법률유보 내지 의회유보의 원칙이 지켜져야 할 영역이고, 사업시행자를 지정한다는 면에서 같은 성격을 가지는 조합설립인가에 대해서는 조합설립인가 신청시 필요한 동의정족수에 관해 도시정비법에서 명문으로 규정(제16조 제1항)하고 있는 점을 보아도 토지등소유자가 사업시행인가를 신청하기 위해 얻어야 하는 동의정족수는 자치규약에 정할 것이 아니라 입법자가 스스로 결정하여야 할 사항이라 할 것이다. 입법자는 2009. 2. 6. 법률 제9444호에 의하여 도시정비법 제28조 제7항을 신설하여 도시환경정비사업을 토지등소유자가 시행하고자 하는 경우 사업시행인가 신청 전에 얻어야 하는 토지등소유자의 동의정족수를 법률에 명문으로 규정하였는바, 이는 이 사건 동의요건조항이 토지등소유자 사업시행방식에 대하여 동의정족수를 법률에 규정하지 않고 자치규약에 정하도록 한 데 대한 반성적 고려가 포함된 것이라고 보인다. 따라서 사업시행인가 신청에 필요한 동의정족수를 자치규약에 정하도록 한 이 사건 동의요건조항은 법률유보 내지 의회유보원칙에 위배된다.」라고 판시하였다. 이와 같이 헌법재판소 판결을 앞두고 도시정비법이 개정되어 토지등소유자가

3) 아울러 사업시행계획에 대한 토지등소유자의 동의는 법 제36조 제1항[131]의 법적 형식과 요건을 갖춘 서면에 의한 개별적 동의방법에 의하여야 하는바, 이 또한 토지등소유자의 조합설립 동의방법과 마찬가지로 법정동의서 방법에 따르도록 한 것이다.

4) 사업시행계획에 동의한 토지등소유자가 매매 등으로 인가신청 이전에 변동된 때에, 전 소유자의 동의가 사업시행계획에 대한 적법한 동의로 인정될 수 있는지 문제가 되는데, 시행령 제33조는 토지등소유자의 동의자 수 산정방법을 규정하면서 동조 제1항 제3호는 "추진위원회의 구성 또는 조합의 설립에 동의한 자로부터 토지 또는 건축물을 취득한 자는 추진위원회의 구성 또는 조합의 설립에 동의한 것으로 볼 것"이라는 규정을 두고 있을 뿐, 사업시행계획에 대한 토지등소유자의 동의에 관하여는 이와 같은 규정을 두고 있지 않다.

이와 관련하여 구 도시재개발법 사안에서 대법원은 「주무관청이 재개발조합에 의한 사업시행인가를 하고자 할 때에는 관할 시장 또는 군수로 하여금 재개발사업시행인가 신청서, 정관 및 사업시행계획서의 사본을 일반인에게 공람시켜야 하고, 재개발구역 안의 토지 등의 소유자와 기타 재개발사업에 관하여 이해관계를 가진 자는 공람기간 내에 관할 시장·군수에게 의견서를 제출할 수 있는 점, 사업시행에 동의한 자는 주무관청에 대하여 공람기간 중은 물론 그 인가처분시까지 자유로이 철회요청을 할 수 있는 점 등에 비추어 볼 때, 재개발조합설립 및 사업시행인가에 대하여 이미 동의한 소유자가 변동된 경우 같은 법 제17조, 제14조에서 정하는 인가에 필요한 동의요건이 충족되었는지 여부를 판단함에 있어서는 새로운 소유자가 이해관계인의 공람기간이나 인가처분 전에 주무관청에 대하여 새로이 부동의를 한다거나 종전 소유자의 동의를 철회하는 등 특별한 사정이 없는 한 종전 소유자의 동의를 묵시적으로 승인하여 동의한 것으로 추정함이 상당하다.」고 판시한 바 있는데,[132] 이러한 대법원 판례가 현행 도시정비법

직접 시행하는 경우에 사업시행계획 수립단계에서 조합설립에 준하는 토지등소유자의 동의요건을 신설하게 된 것이다.

131) 법 제36조(토지등소유자의 동의방법 등)

① 다음 각 호에 대한 동의(동의한 사항의 철회 또는 제26조제1항제8호 단서, 제31조제2항 단서 및 제47조제4항 단서에 따른 반대의 의사표시를 포함한다)는 서면동의서에 토지등소유자가 성명을 적고 지장(指章)을 날인하는 방법으로 하며, 주민등록증, 여권 등 신원을 확인할 수 있는 신분증명서의 사본을 첨부하여야 한다.

8. 제35조제2항부터 제5항까지의 규정에 따라 조합을 설립하는 경우

10. 제50조제4항에 따라 사업시행계획인가를 신청하는 경우

에서도 적용될 수 있다는 견해가 있다.[133]

반면 ① 사업시행계획에 대한 동의는 시행령 제33조에서 승계규정을 두고 있지 아니한 점, ② 공공시행자와 지정개발자의 지정에 대한 동의도 승계규정을 두고 있지 아니한 점, ③ 대법원은 토지등소유자의 동의자 수 산정방법에 관한 시행령 제33조 제2항이 동의의 철회를 인가 신청 전까지로 규정한 것을 근거로 토지등소유자의 동의요건 충족 여부는 인가신청 시를 기준으로 판단하여야 한다고 판시하였는데,[134] 인가신청 시를 기준으로 토지등소유자가 아닌 자의 동의를 적법한 동의로 보기 어려운 점, ④ 시행령 제33조 제1항 제3호는 추진위원회구성동의와 조합설립동의에 한해 특칙으로서 승계규정을 두고 있는 점 등을 종합할 때, 위 구 도시재개발법 당시의 대법원 판례는 현행 도시정비법 하에서 적용되기 어렵다는 견해도 있을 수 있다.

본조의 토지등소유자의 동의는 조합설립동의에 준하는 사업시행자 지정동의를 포함하고 있는 점에서 입법론적으로 승계규정을 두는 것이 타당하다고 할 것이나, 구 도시재개발법상 대법원 판례를 도시정비법에서 그대로 적용하거나 시행령 제33조 제1항 제3호를 임의로 확대 적용하는 것은 문제가 있다고 본다. 공공시행자와 지정개발자의 지정동의를 포함하여 입법론적 검토가 필요하다고 본다.

5) 시행령 제33조 제1항 제1호 다목은 “1인이 다수 필지의 토지 또는 다수의 건축물을 소유하고 있는 경우에는 필지나 건축물의 수에 관계없이 토지등소유자를 1인으로 산정할 것”이라는 원칙에도 불구하고, 단서에서 “재개발사업으로서 법 제25조 제1항 제2호에 따라 토지등소유자가 재개발사업을 시행하는 경우 토지등소유자가 정비구역 지정 후에 정비사업을 목적으로 취득한 토지 또는 건축물에 대해서는 정비구역 지정 당시의 토지 또는 건축물의 소유자를 토지등소유자의 수에 포함하여 산정하되, 이 경우 동의 여부는 이를 취득한 토지등소유자에 따른다.”고 규정하고 있다. 이는 매도인의 수만큼 토지등소유자로 산정하여 동의자 수를 높이는 것이 취득 목적에 부합하고 원활한 사업시행을 위해 필요하기 때문이다.

이와 관련하여 대법원은 「도시환경정비사업 시행을 위하여 또는 사업 시행과 관련하여 부동산에 관하여 담보신탁 또는 처분신탁 등이 이루어진 경우에, 구 도시정비법

132) 대법원 1998. 8. 21. 선고 97누9949 판결.
133) 송현진 · 유동규 공저 「재개발 · 재건축 이론과 실무」.
134) 대법원 2014. 4. 24. 선고 2012두21437 판결.

제28조 제7항[135]에서 정한 사업시행자로서 사업시행인가를 신청하는 토지등소유자 및 신청에 필요한 동의를 얻어야 하는 토지등소유자는 수탁자가 아니라 도시환경정비사업에 따른 이익과 비용이 최종적으로 귀속되는 위탁자로 해석하는 것이 타당하며, 토지등 소유자의 자격 및 동의자 수를 산정할 때에는 위탁자를 기준으로 하여야 한다.」고 판시하였는바,[136] 시행령 제33조 1항 제1호 다목 단서의 입법취지에 부합하는 타당한

135) 현행법 제50조 제6항.

136) 대법원 2015. 6. 11. 선고 2013두15262 판결.
「도시정비법 시행령 제28조 제1항이 토지 등 소유자가 정비구역 지정 후에 도시환경정비사업을 목적으로 취득한 토지 또는 건축물에 대하여 종전 소유자를 포함하여 동의자의 수를 산정하도록 정한 것은 도시환경정비사업을 시행하려는 토지 등 소유자가 사업시행인가 신청에 앞서 적극적으로 토지 또는 건축물을 매수할수록 동의 대상자 및 동의자인 토지 등 소유자의 수가 줄어들어 결과적으로 동의율이 낮아지는 불합리한 결과를 방지하려는 취지로 보이고, 결국 도시환경정비사업의 경우에 사업시행인가 신청 당시의 사법상 소유자와 동의를 얻어야 하는 토지 등 소유자가 일치하지는 아니한다.
또한 이와 같이 토지 등 소유자로 하여금 도시환경정비사업을 시행할 수 있도록 하고 토지 등 소유자의 동의를 얻도록 요구하는 것은 도시환경정비사업과 직접적인 이해관계가 있는 당사자를 주체로 하여 사업을 추진하고 또한 그러한 이해관계인의 의견을 반영하려는 취지이다. 따라서 토지 등 소유자가 도시환경정비사업 시행을 위하여 또는 그 사업 시행과 관련하여 직접적인 이해관계를 가지는 당사자로서 부동산을 신탁한 경우에 그 사업의 시행은 신탁의 목적에 부합하고, 오히려 부동산 신탁은 토지 등 소유자의 의사에 기하여 추진되는 도시환경정비사업 시행을 위한 수단으로서 기능하게 되므로, 위와 같은 신탁의 경우에 도시환경정비사업의 시행 및 토지 등 소유자의 동의 절차에서는 해당 부동산에 관한 소유권 등의 행사 및 그 사업 시행에 직접 이해관계를 가지는 종전 토지 등 소유자인 위탁자가 주체가 되어 그의 의견이 반영될 수 있도록 함이 타당하다.
한편 신탁법에 의한 신탁재산은 대내외적으로 소유권이 수탁자에게 완전히 귀속되며, 위탁자와의 내부관계에서 그 소유권이 위탁자에게 유보되어 있는 것은 아니다(대법원 2013. 1. 24. 선고 2010두27998 판결 등 참조). 그렇지만 구 신탁법(2011. 7. 25. 법률 제10924호로 전부 개정되기 전의 것)은 수탁자가 신탁재산을 수탁자의 고유재산과 구별하여 관리하도록 정하고(제30조), 수탁자는 누구의 명의로 하든지 신탁재산을 고유재산으로 하거나 이에 관하여 권리를 취득하지 못한다고 정하는 등(제31조) 신탁재산을 수탁자의 고유재산과 구분하여 권리·의무관계를 규정하고 있으므로, 비록 신탁재산이 수탁자의 소유에 속한다 하더라도 그에 관한 권리관계를 수탁자의 고유재산과 마찬가지로 취급할 수는 없다.
위와 같은 도시정비법에서 정한 토지 등 소유자의 법적 성격과 그 제도의 목적, 도시정비법 시행령 제28조 제1항 제1호 (다)목 단서의 의미와 그 입법 취지, 도시환경정비사업의 시행을 위한 부동산 신탁의 특수성 및 신탁재산에 관한 법률관계 등을 종합하여 보면, 도시환경정비사업에서 사업시행인가 처분의 요건인 사업시행자로서의 토지 등 소유자의 자격 및 사업시행계획에 대한 토지 등 소유자의 동의를 일반적인 사법(사법)관계와 동일하게 볼 수 없다. 따라서 도시환경정비사업 시행을 위하여 또는 그 사업 시행과 관련하여 부동산에 관하여 담보신탁 또는 처분신탁 등이 이루어진 경우에, 도시정비법 제28조 제7항에서 정한 사업시행자로서 사업시행인가를 신청하는 토지 등 소유자 및 그 신청에 필요한 동의를 얻어야 하는

판결이라고 본다.

(2) 사업시행계획 변경인가를 위한 동의

1) 사업시행계획을 인가받은 후 인가받은 사항을 변경할 경우에는, 시행령 제46조의 경미한 사항을 제외하고는 "규약으로 정하는 바에 따라 토지등소유자의 과반수의 동의"를 받아야 한다.[137] 사업시행계획 변경 시에 토지등소유자의 동의율을 완화한 것은 사업시행계획인가를 받음으로써 사업시행자의 지위가 확정되었기 때문이다.

2) 규약으로 정하는 바에 따르도록 하였으므로 동의 및 철회의 법정방식을 규정한 법 제36조 및 시행령 제33조가 적용되지 아니한다.[138] 따라서 서명 · 지장날인 및 신분증 사본의 첨부 등 법정형식을 갖추지 못하여도 토지등소유자가 진정한 의사로 동의서를 제출하였다면 그 동의서와 철회서는 유효하다. 다만, 토지등소유자의 동의자 수 산정방법에 관한 시행령 제33조 제1항과 철회의 시기에 관한 시행령 제33조 제2항 제1호(인 · 허가 신청 전까지)는 규약 등에 특별한 규정이 없으면 유추 적용된다고 보는 것이 타당하다.

3) 조합원총회에 적용되는 법 제45조도 적용되지 아니하므로, 정비사업비가 10% 이상 증액된 경우에도 규약에 다른 규정이 없으면 토지등소유자의 2/3 이상의 동의를 필요로 하지 아니한다.[139]

(3) 사업시행계획의 경미한 변경을 위한 동의방법

법 제50조 제6항 단서 후단은 사업시행계획의 경미한 변경은 토지등소유자의 동의를 필요로 하지 아니한다고 규정하고 있고, 그 외에 토지등소유자가 사업시행자인 경우에 토지등소유자의 의결사항 · 정족수 · 방법 등에 관한 별도의 규정은 없는바, 사업시행계획의 경미한 변경에 대한 의결은 규약이 정한 바에 따른다.

토지 등 소유자는 모두 수탁자가 아니라 도시환경정비사업에 따른 이익과 비용이 최종적으로 귀속되는 위탁자로 해석함이 타당하며, <u>토지 등 소유자의 자격 및 동의자 수를 산정할 때에는 위탁자를 기준으로 하여야 할 것이다.</u>」("구 시행령 제28조 제1항 제1호 (다)목 단서"는 "현행 시행령 제33조 제1항 제1호 (다)목 단서"와 같다).

137) 법 제50조 제6항 단서.

138) 법 제36조 제1항 제10호는 사업시행계획'인가'에 한해 법정동의방식을 적용하고 있다.

139) 법 제45조의 특별의결정족수를 유추 적용해야 한다는 견해도 있을 수 있다.

다. 지정개발자가 사업시행자인 경우

법 제27조 제1항은 지정개발자의 지정사유를 제1호 내지 제3호의 사유로 구별하고 있는바 이에 따라 살펴본다.

(1) 법 제27조 제1항 제1호 사유에 의한 지정개발자

1) 시장 · 군수등은 재개발사업 및 재건축사업이 천재지변, 「재난 및 안전관리 기본법」 제27조 또는 「시설물의 안전 및 유지관리에 관한 특별법」 제23조에 따른 사용제한 · 사용금지, 그 밖의 불가피한 사유로 긴급하게 정비사업을 시행할 필요가 있다고 인정하는 때에는 지정개발자를 사업시행자로 지정하여 정비사업을 시행하게 할 수 있다(법 제27조 제1항 제1호).[140]

2) 법 제27조 제1항 제1호 사유로 지정된 지정개발자는 법 제50조 제8항에 따라 토지등소유자의 동의가 필요하지 않다.[141] 이는 천재지변 등 재난으로 인하여 긴급하게 정비사업을 시행하여야 할 경우에 신속히 사업을 진행할 수 있도록 하기 위한 것이다.

(2) 법 제27조 제1항 제2호 사유에 의한 지정개발자

1) 시장 · 군수등은 재개발사업(재건축사업은 제외한다)이 정비구역의 지정 고시에 따라 결정된 정비계획에서 정한 정비사업시행 예정일[142]부터 2년 이내에 사업시행계획인가를 신청하지 아니하거나 사업시행계획인가를 신청한 내용이 위법 또는 부당하다고 인정하는 때에는 지정개발자를 지정하여 사업을 시행하게 할 수 있다(법 제27조 제1항 제2호).[143]

2) 법 제27조 제1항 제2호에 의한 지정개발자는 법 제50조 제7항에 따라 사업시행계획인가를 신청하기 전에 토지등소유자의 과반수의 동의 및 토지면적의 2분의 1 이상의

---

140) 지정개발자에는 ① 토지등소유자, ② 「사회기반시설에 대한 민간투자법」 제2조 제12호에 따른 민관합동법인 또는 ③ 신탁업자로서 대통령령으로 정하는 요건을 갖춘 자가 포함된다.

141) 법 제50조 제8항.

142) 도시정비법 제9조 제1항 제9호는 정비계획의 내용에 '정비사업시행 예정시기'를 포함하도록 규정하고 있는바 이를 말한다.

143) 이 경우 지정개발자에는 ① 토지등소유자, ② 「사회기반시설에 대한 민간투자법」 제2조 제12호에 따른 민관합동법인 또는 ③ 신탁업자로서 대통령령으로 정하는 요건을 갖춘 자가 포함된다.

토지소유자의 동의를 받아야 한다.

3) 법 제50조 제7항에 따른 토지등소유자 동의에는 동의 및 철회의 법정방식을 규정한 법 제36조 및 시행령 제33조가 적용되지 아니한다.[144] 따라서 서명 · 지장날인 및 신분증 사본의 첨부 등 법정형식을 갖추지 못하여도 토지등소유자가 진정한 의사로 동의서를 제출하였다면 그 동의서와 철회서는 유효하다. 다만, 토지등소유자의 동의자 수 산정방법에 관한 시행령 제33조 제1항과 철회의 시기에 관한 시행령 제33조 제2항 제1호(인 · 허가 신청 전까지)는 유추 적용된다고 보는 것이 타당하다.

4) 법 제50조 제7항 단서는 경미한 변경의 경우에는 토지등소유자의 동의를 필요로 하지 아니한다고만 규정하고 있는데, 경미한 변경이 아닌 사업시행계획의 변경도 토지등소유자의 과반수의 동의 및 토지면적의 2분의 1 이상의 토지소유자의 동의를 받아야 한다고 본다.

(3) 법 제27조 제1항 제3호 사유에 의한 지정개발자(신탁업자)

1) 시장 · 군수등은 법 제35조에 따른 재개발사업 및 재건축사업의 조합설립을 위한 동의요건 이상에 해당하는 자가 신탁업자를 사업시행자로 지정하는 것에 동의하는 때에는 지정개발자를 지정하여 사업을 시행하게 할 수 있다(법 제27조 제1항 제3호). 이는 토지등소유자들의 자발적 의사로 조합설립을 대신하여 신탁업자를 사업시행자로 지정할 수 있도록 하고자 하는 입법취지이며, 이 경우 지정개발자는 신탁업자에 한한다.

2) 법 제50조 제7항은 지정개발자는 사업시행계획인가신청 전에 토지등소유자의 과반수 동의 및 토지면적의 1/2 이상의 토지등소유자의 동의를 받도록 규정하고 있고, 법 제27조 제1항 제3호에 따라 지정된 신탁업자도 지정개발자에 해당하므로 법 제50조 제7항에 따른 토지등소유자의 동의를 받아야 한다.

3) 그런데 법 제48조 제1항 제7호는 법 제27조 제1항 제3호에 따라 지정된 신탁업자가 "법 제52조에 따른 사업시행계획서의 작성 및 변경(제50조 제1항 본문에 따른 정비사업의 중지 또는 폐지에 관한 사항을 포함하며, 같은 항 단서에 따른 경미한 변경은 제외한다)"에 관하여 "토지등소유자 전체회의"의 의결을 거쳐야 한다고 규정하고,[145] 동조 제3항은 법 제45

144) 법 제36조 제1항 제10호는 법 제50조 제6항에 한하여 법정동의방식을 적용하고 있다.

145) 법 제48조(토지등소유자 전체회의)

① 제27조 제1항 제3호에 따라 사업시행자로 지정된 신탁업자는 다음 각 호의 사항에 관하

조 제4항 및 제7항[146]을 준용하고 있으므로, "토지등소유자 전체회의"에서 사업시행계획서의 작성 및 변경 등에 관하여 의결할 때에는 전체 토지등소유자(재건축사업의 경우 신탁업자를 사업시행자로 지정하는 것에 동의한 자를 말한다. 이하 같다)의 20% 이상이 직접 출석하여야 하고, 원칙적으로 '전체 토지등소유자의 과반수 찬성'으로 의결하되, 정비사업비가 100분의 10(생산자물가상승률분, 제73조에 따른 손실보상 금액은 제외한다) 이상 늘어나는 경우에는 '전체 토지등소유자의 3분의 2 이상의 찬성'으로 의결하여야 한다.

4) 이와 같이 법 제27조 제1항 제3호의 신탁업자는 법 제50조 제7항의 토지등소유자의 동의 요건과 법 제48조 및 법 제45조에 따른 토지등소유자 전체 회의 요건을 이중적으로 적용받게 되고, 법 제50조 제7항은 토지면적을 기준으로 한 동의율까지 규정하여 법 제48조 및 법 제45조에 따른 토지등소유자 전체 회의의 동의율과 달리 정하고 있는바, 두 가지 절차와 요건을 모두 거쳐야 하는 것인지 견해가 대립할 수 있다. 생각건대 구법 사안에서 이와 유사한 사례에서 대법원은 각 절차를 별개의 절차로 보아 모두 거쳐야 하는 것으로 판시한바 있어[147] 신탁업자는 양 절차와 요건을 모두 거쳐야 할

여 해당 정비사업의 토지등소유자(재건축사업의 경우에는 신탁업자를 사업시행자로 지정하는 것에 동의한 토지등소유자를 말한다. 이하 이 조에서 같다) 전원으로 구성되는 회의(이하 "토지등소유자 전체회의"라 한다)의 의결을 거쳐야 한다.

7. 제52조에 따른 사업시행계획서의 작성 및 변경(제50조제1항 본문에 따른 정비사업의 중지 또는 폐지에 관한 사항을 포함하며, 같은 항 단서에 따른 경미한 변경은 제외한다)

③ 토지등소유자 전체회의의 소집 절차 · 시기 및 의결방법 등에 관하여는 제44조 제5항, 제45조 제3항 · 제4항 · 제7항 및 제9항을 준용한다. 이 경우 "총회"는 "토지등소유자 전체회의"로, "정관"은 "시행규정"으로, "조합원"은 "토지등소유자"로 본다.

146) 법 제45조(총회의 의결)

① 다음 각 호의 사항은 총회의 의결을 거쳐야 한다.

9. 제52조에 따른 사업시행계획서의 작성 및 변경(제50조제1항 본문에 따른 정비사업의 중지 또는 폐지에 관한 사항을 포함하며, 같은 항 단서에 따른 경미한 변경은 제외한다)

④ 제1항 제9호 및 제10호의 경우에는 조합원 과반수의 찬성으로 의결한다. 다만, 정비사업비가 100분의 10(생산자물가상승률분, 제73조에 따른 손실보상 금액은 제외한다) 이상 늘어나는 경우에는 조합원 3분의 2 이상의 찬성으로 의결하여야 한다.

147) 대법원 2010. 2. 25. 선고 2009다93299 판결「원심판결 이유에 의하면 원심은, 판시와 같은 도정법 및 도정법 시행령, 피고 운영규정에 비추어, 피고가 정비사업전문관리업자를 선정하여 그 선정된 정비사업전문관리업자와 사이에 선정계약을 체결하기 위하여는, 피고의 구성에 찬성한 토지 등 소유자 1/2 이상의 동의를 받되 그러한 동의는 인감도장을 사용한 서면동의의 방법에 의하여야 하고, 나아가 피고의 사업구역 내 토지 등 소유자로 구성된 주민총회의 결의까지 다시 거쳐야 하는 것이므로, 피고가 그 구성에 찬성한 토지 등 소유자의 과반수로부터 소외 회사의 정비사업전문관리업자의 선정 및 이 사건 선정계약의 체결에 동의하는 내용의 서면동의서를 징구하였다고 하더라도, 그러한 사정만으로 관련 법령 및 피고 운영규

필요가 있다고 본다. 다만 입법론적으로는 개선이 필요하다고 본다.[148]

라. 공공시행자가 사업시행자인 경우

(1) 법 제50조 제5항은 "시장 · 군수등 또는 토지주택공사등이 사업시행자인 경우를 제외"하고 총회의 의결을 거치도록 규정하고 있고, 법 제50조 제8항은 "제26조 제1항 제1호에 따른 사업시행자(시장 · 군수등 또는 토지주택공사등)는 토지등소유자의 동의를 필요로 하지 아니한다."고 규정하고 있을 뿐, 시장 · 군수등 또는 토지주택공사등이 사업시행자인 경우에 총회의 의결이나 토지등소유자의 동의를 요하는 규정을 두고 있지 않다.

(2) 따라서 시장 · 군수등 또는 토지주택공사가 시행자인 경우에는 법령상 토지등소유자의 총회의결이나 동의를 요하지 아니한다. 다만, 시장 · 군수등 또는 토지주택공사가 사업시행자인 경우에는 법 제53조에 따라 시행규정을 작성하여 사업시행계획인가를 받아야 하므로, 사업시행계획 변경 시에는 시행규정에서 정한 바에 따라 주민대표회의 또는 토지등소유자의 동의가 필요할 수 있다.

3. 사업시행계획인가의 신청

(1) 시장 · 군수 등은 인가권자로서 인가신청을 할 필요가 없고 그 외에 모든 사업시행자는 법 제52조에 따른 사업시행계획서(이하 "사업시행계획서"라 한다)에 정관등[149]과 그밖에 국토교통부령으로 정하는 서류를 첨부하여 시장 · 군수등에게 제출하고 사업시행계획인가를 받아야 하며, 인가받은 사항을 변경(경미한 변경은 제외)하거나 정비사업을

정에서 필요적 절차로 규정한 주민총회의 결의에 갈음할 수는 없어, 피고가 소외 회사와 사이에 체결한 이 사건 선정계약에 관하여는 주민총회의 결의가 부존재하는 것이고, 피고가 이를 다투고 있는 이상 그 확인을 구할 이익도 있다고 판단하였는바, 원심이 들고 있는 법령이나 피고 운영규정 등의 내용에 의하면 위 판단을 수긍할 수 있고, 거기에 확인의 이익이나 피고 운영규정 등의 해석에 관련된 법리를 오해하는 등의 위법이 없다.」. 이후 법개정으로 정비사업전문관리업자의 선정에 서면동의는 필요하지 않게 되었다.

148) 법 제50조 제7항의 '지정개발자'를 '법 제27조 제1항 제2호의 지정개발자'로 한정하고, 법 제27조 제1항 제3호의 신탁업자는 법 제50조 제3항의 적용을 받도록 하여 '총회의 의결'에 해당하는 '법 제48조의 토지등소유자 전체회의의 의결을 받도록 개정하는 방법을 고려할 수 있다.

149) 조합의 정관, 토지등소유자가 자치적으로 정한 규약, 시장 · 군수등, 토지주택공사등 또는 신탁업자가 작성한 시행규정을 말한다.

중지 또는 폐지하려는 경우에도 또한 같다.[150)]

(2) 사업시행자가 사업시행계획인가(변경 · 중지 또는 폐지인가를 포함한다)를 신청하려는 경우 신청서(전자문서로 된 신청서를 포함한다)는 시행규칙 별지 제8호 서식에 따른다.[151)]

(3) 인가 신청 시에 첨부하여야 할 국토교통부령으로 정하는 서류는 아래와 같다.[152)]

① 조합이 사업시행자인 경우에는 총회의결서 사본을 첨부하여야 하고, 법 제25조 제1항 제2호에 따라 토지등소유자가 재개발사업을 시행하는 경우 또는 법 제27조에 따라 지정개발자를 사업시행자로 지정한 경우에는 토지등소유자의 동의서 및 토지등소유자의 명부를 첨부하여야 한다.

② 법 제52조에 따라 사업시행자가 작성한 사업시행계획서를 첨부하여야 한다.

③ 법 제57조 제1항에 따라 사업시행계획인가의 고시가 있는 때에는 관계 법률에 따른 인 · 허가 등의 고시 · 공고 등이 의제되고, 이러한 의제처리를 위해 법 제57조 제3항은 사업시행계획인가를 신청하는 때에 관계 법률이 정하는 서류를 함께 제출하도록 규정하고 있는바, 사업시행계획인가 신청서에는 이를 첨부하여야 한다. 다만, 사업시행계획인가를 신청한 때에 ① 시공자가 선정되어 있지 아니하여 관계 서류를 제출할 수 없는 경우, ② 법 제57조 제6항에 따라 시장 · 군수등은 천재지변이나 그 밖의 불가피한 사유로 긴급히 정비사업을 시행할 필요가 있다고 인정하는 때에는 관계 행정기관의 장 및 교육감 또는 교육장과 협의를 마치기 전에 사업시행계획인가를 할 수 있는데 이에 따라 사업시행계획인가를 하는 경우에는 시장 · 군수등이 정하는 기한까지 제출할 수 있다.[153)]

④ 법 제63조에 따른 수용 또는 사용할 토지 또는 건축물의 명세 및 소유권 외의 권리의 명세서를 첨부하여야 한다. 다만 재건축사업의 경우에는 법 제26조 제1항 제1호 또는 제27조 제1항 제1호에 해당하는 경우에 법 제63조에 따른 수용 또는 사용 권한이 부여되므로 이러한 경우에 한한다.

---

150) 법 제50조 제1항.
151) 시행규칙 제10조 제1항.
152) 시행규칙 제10조 제2항 제1호.
153) 법 제57조 제3항 후단.

(4) 사업시행계획을 변경 · 중지 또는 폐지하는 경우에는 ① 법 제57조 제3항에 따라 관계 법률의 인 · 허가등 의제에 필요한 서류와 ② 변경 · 중지 또는 폐지의 사유 및 내용을 설명하는 서류를 첨부하여야 한다.[154)]

4. 관계 서류의 공람 및 의견청취

(1) 시장 · 군수등은 사업시행계획인가를 하거나 사업시행계획서를 작성하려는 경우[155)]에는 대통령령으로 정하는 방법 및 절차에 따라 관계 서류의 사본을 14일 이상 일반인이 공람할 수 있게 하여야 한다. 다만, 법 제50조 제1항 단서에 따른 경미한 사항을 변경하려는 경우에는 그러하지 아니하다.[156)]

(2) 시장 · 군수등은 사업시행계획인가 또는 사업시행계획서 작성과 관계된 서류를 일반인에게 공람하게 하려는 때에는 그 요지와 공람장소를 해당 지방자치단체의 공보등에 공고하고, 토지등소유자에게 공고내용을 통지하여야 한다.[157)]

(3) 토지등소유자 또는 조합원, 그 밖에 정비사업과 관련하여 이해관계를 가지는 자는 공람기간 14일 이내에 시장 · 군수등에게 서면으로 의견을 제출할 수 있고, 시장 · 군수등은 제출된 의견을 심사하여 채택할 필요가 있다고 인정하는 때에는 이를 채택하고, 그러하지 아니한 경우에는 의견을 제출한 자에게 그 사유를 알려주어야 한다.[158)]

5. 사업시행계획의 인가 및 고시

(1) 시장 · 군수등은 특별한 사유가 없으면 사업시행계획서의 제출이 있은 날(인가신청일)부터 60일 이내에 인가 여부를 결정하여 사업시행자에게 통보하여야 한다.[159)]

(2) 시장 · 군수등은 사업시행계획인가(시장 · 군수등이 사업시행계획서를 작성한 경우를 포함한다)를 하는 경우 ① 정비사업의 종류 및 명칭, ② 정비구역의 위치 및 면적, ③

---

154) 시행규칙 제10조 제2항 제2호.
155) 시장 · 군수등이 사업시행자가 되어 직접 사업시행계획서를 작성하는 경우에는 인가처분을 필요로 하지 아니하므로 작성 시에 공람하도록 한 것이다.
156) 법 제56조 제1항.
157) 시행령 제49조.
158) 법 제56조 제2, 3항.
159) 법 제50조 제4항.

사업시행자의 성명 및 주소(법인인 경우에는 법인의 명칭 및 주된 사무소의 소재지와 대표자의 성명 및 주소를 말한다. 이하 같다), ④ 정비사업의 시행기간, ⑤ 사업시행계획인가일, ⑥ 수용 또는 사용할 토지 또는 건축물의 명세 및 소유권 외의 권리의 명세(해당하는 사업을 시행하는 경우로 한정한다), ⑦ 건축물의 대지면적 · 건폐율 · 용적률 · 높이 · 용도 등 건축계획에 관한 사항, ⑧ 주택의 규모 등 주택건설계획, ⑨ 법 제97조에 따른 정비기반시설 및 토지 등의 귀속에 관한 사항을 지방자치단체의 공보에 고시하여야 한다.[160)]

(3) 정비사업을 변경 · 중지 또는 폐지하는 경우에는 ① 정비사업의 종류 및 명칭, ② 정비구역의 위치 및 면적, ③ 사업시행자의 성명 및 주소(법인인 경우에는 법인의 명칭 및 주된 사무소의 소재지와 대표자의 성명 및 주소를 말한다. 이하 같다), ④ 정비사업의 시행기간, ⑤ 사업시행계획인가일, ⑥ 변경 · 중지 또는 폐지의 사유 및 내용을 해당 지방자치단체의 공보에 고시하여야 한다.[161)]

(4) 다만, 법 제50조 제1항 단서에 따른 경미한 사항을 변경하려는 경우에는 고시를 하지 않는다.[162)]

6. 사업시행계획인가의 시기 조정[163)]

(1) 특별시장 · 광역시장 또는 도지사는 정비사업의 시행으로 정비구역 주변 지역에 주택이 현저하게 부족하거나 주택시장이 불안정하게 되는 등 특별시 · 광역시 또는 도의 조례로 정하는 사유가 발생하는 경우에는 「주거기본법」 제9조에 따른 시 · 도 주거정책심의위원회의 심의를 거쳐 사업시행계획인가의 시기를 조정하도록 해당 시장, 군수 또는 구청장에게 요청할 수 있다. 이 경우 요청을 받은 시장, 군수 또는 구청장은 특별한 사유가 없으면 그 요청에 따라야 하며, 사업시행계획인가의 조정 시기는 인가를 신청한 날부터 1년을 넘을 수 없다.

(2) 특별자치시장 및 특별자치도지사는 정비사업의 시행으로 정비구역 주변 지역에 주택이 현저하게 부족하거나 주택시장이 불안정하게 되는 등 특별자치시 및 특별자치도의 조례로 정하는 사유가 발생하는 경우에는 「주거기본법」 제9조에 따른 시 · 도 주

160) 법 제50조 제9항 및 시행규칙 제10조 제3항 제1호.
161) 법 제50조 제9항 및 시행규칙 제10조 제3항 제2호.
162) 법 제50조 제9항 단서.
163) 법 제75조 참조.

거정책심의위원회의 심의를 거쳐 사업시행계획인가의 시기를 조정할 수 있다. 이 경우 사업시행계획인가의 조정 시기는 인가를 신청한 날부터 1년을 넘을 수 없다.

(3) 사업시행계획인가의 시기 조정의 방법 및 절차 등에 필요한 사항은 특별시 · 광역시 · 특별자치시 · 도 또는 특별자치도의 조례로 정한다.

Ⅱ. 인 · 허가 등의 의제 등(제57조)

도시정비법

제57조(인 · 허가등의 의제 등)

① 사업시행자가 사업시행계획인가를 받은 때(시장 · 군수등이 직접 정비사업을 시행하는 경우에는 사업시행계획서를 작성한 때를 말한다. 이하 이 조에서 같다)에는 다음 각 호의 인가 · 허가 · 승인 · 신고 · 등록 · 협의 · 동의 · 심사 · 지정 또는 해제(이하 "인 · 허가등"이라 한다)가 있은 것으로 보며, 제50조제9항에 따른 사업시행계획인가의 고시가 있은 때에는 다음 각 호의 관계 법률에 따른 인 · 허가등의 고시 · 공고 등이 있은 것으로 본다. 〈개정 2020. 3. 31., 2020. 6. 9., 2021. 3. 16.〉

1. 「주택법」 제15조에 따른 사업계획의 승인
2. 「공공주택 특별법」 제35조에 따른 주택건설사업계획의 승인
3. 「건축법」 제11조에 따른 건축허가, 같은 법 제20조에 따른 가설건축물의 건축허가 또는 축조신고 및 같은 법 제29조에 따른 건축협의
4. 「도로법」 제36조에 따른 도로관리청이 아닌 자에 대한 도로공사 시행의 허가 및 같은 법 제61조에 따른 도로의 점용 허가
5. 「사방사업법」 제20조에 따른 사방지의 지정해제
6. 「농지법」 제34조에 따른 농지전용의 허가 · 협의 및 같은 법 제35조에 따른 농지전용신고
7. 「산지관리법」 제14조 · 제15조에 따른 산지전용허가 및 산지전용신고, 같은 법 제15조의2에 따른 산지일시사용허가 · 신고와 「산림자원의 조성 및 관리에 관한 법률」 제36조제1항 · 제4항에 따른 입목벌채등의 허가 · 신고 및 「산림보호법」 제9조제1항 및 같은 조 제2항제1호에 따른 산림보호구역에서의 행위의 허가. 다만, 「산림자원의 조성 및 관리에 관한 법률」에 따른 채종림 · 시험림과 「산림보호법」에 따른 산림유전자원보호구역의 경우는 제외한다.
8. 「하천법」 제30조에 따른 하천공사 시행의 허가 및 하천공사실시계획의 인가, 같은 법 제33조에 따른 하천의 점용허가 및 같은 법 제50조에 따른 하천수의 사용허가
9. 「수도법」 제17조에 따른 일반수도사업의 인가 및 같은 법 제52조 또는 제54조에

따른 전용상수도 또는 전용공업용수도 설치의 인가
10. 「하수도법」 제16조에 따른 공공하수도 사업의 허가 및 같은 법 제34조제2항에 따른 개인하수처리시설의 설치신고
11. 「공간정보의 구축 및 관리 등에 관한 법률」 제15조제4항에 따른 지도등의 간행 심사
12. 「유통산업발전법」 제8조에 따른 대규모점포등의 등록
13. 「국유재산법」 제30조에 따른 사용허가(재개발사업으로 한정한다)
14. 「공유재산 및 물품 관리법」 제20조에 따른 사용 · 수익허가(재개발사업으로 한정한다)
15. 「공간정보의 구축 및 관리 등에 관한 법률」 제86조제1항에 따른 사업의 착수 · 변경의 신고
16. 「국토의 계획 및 이용에 관한 법률」 제86조에 따른 도시 · 군계획시설 사업시행자의 지정 및 같은 법 제88조에 따른 실시계획의 인가
17. 「전기안전사업법」 제8조에 따른 자가용전기설비의 공사계획의 인가 및 신고
18. 「화재예방, 소방시설 설치 · 유지 및 안전관리에 관한 법률」 제7조제1항에 따른 건축허가등의 동의, 「위험물안전관리법」 제6조제1항에 따른 제조소등의 설치의 허가(제조소등은 공장건축물 또는 그 부속시설과 관계있는 것으로 한정한다)

② 사업시행자가 공장이 포함된 구역에 대하여 재개발사업의 사업시행계획인가를 받은 때에는 제1항에 따른 인 · 허가등 외에 다음 각 호의 인 · 허가등이 있은 것으로 보며, 제50조제9항에 따른 사업시행계획인가를 고시한 때에는 다음 각 호의 관계 법률에 따른 인 · 허가 등의 고시 · 공고 등이 있은 것으로 본다. 〈개정 2021. 3. 16.〉

1. 「산업집적활성화 및 공장설립에 관한 법률」 제13조에 따른 공장설립등의 승인 및 같은 법 제15조에 따른 공장설립등의 완료신고
2. 「폐기물관리법」 제29조제2항에 따른 폐기물처리시설의 설치승인 또는 설치신고(변경승인 또는 변경신고를 포함한다)
3. 「대기환경보전법」 제23조, 「물환경보전법」 제33조 및 「소음 · 진동관리법」 제8조에 따른 배출시설설치의 허가 및 신고
4. 「총포 · 도검 · 화약류 등의 안전관리에 관한 법률」 제25조제1항에 따른 화약류저장소 설치의 허가

③ 사업시행자는 정비사업에 대하여 제1항 및 제2항에 따른 인 · 허가등의 의제를 받으려는 경우에는 제50조제1항에 따른 사업시행계획인가를 신청하는 때에 해당 법률에서 정하는 관계 서류를 함께 제출하여야 한다. 다만, 사업시행계획인가를 신청한 때에 시공자가 선정되어 있지 아니하여 관계 서류를 제출할 수 없거나 제6항에 따라 사업시행계획인가를 하는 경우에는 시장 · 군수등이 정하는 기한까지 제출할 수 있다. 〈개정 2020. 6. 9.〉

④ 시장 · 군수등은 사업시행계획인가를 하거나 사업시행계획서를 작성하려는 경우 제1항 각 호 및 제2항 각 호에 따라 의제되는 인 · 허가등에 해당하는 사항이 있는 때에는 미리 관계 행정기관의 장과 협의하여야 하고, 협의를 요청받은 관계 행정기관의 장은 요청받은 날(제3항 단서의 경우에는 서류가 관계 행정기관의 장에게 도달된 날을 말한다)부터 30일 이내에 의견을 제출하여야 한다. 이 경우 관계 행정기관의 장이 30일 이내에 의견을 제출하지 아니하면 협의된 것으로 본다.
⑤ 시장 · 군수등은 사업시행계획인가(시장 · 군수등이 사업시행계획서를 작성한 경우를 포함한다)를 하려는 경우 정비구역부터 200미터 이내에 교육시설이 설치되어 있는 때에는 해당 지방자치단체의 교육감 또는 교육장과 협의하여야 하며, 인가받은 사항을 변경하는 경우에도 또한 같다.
⑥ 시장 · 군수등은 제4항 및 제5항에도 불구하고 천재지변이나 그 밖의 불가피한 사유로 긴급히 정비사업을 시행할 필요가 있다고 인정하는 때에는 관계 행정기관의 장 및 교육감 또는 교육장과 협의를 마치기 전에 제50조제1항에 따른 사업시행계획인가를 할 수 있다. 이 경우 협의를 마칠 때까지는 제1항 및 제2항에 따른 인 · 허가등을 받은 것으로 보지 아니한다.
⑦ 제1항이나 제2항에 따라 인 · 허가등을 받은 것으로 보는 경우에는 관계 법률 또는 시 · 도조례에 따라 해당 인 · 허가등의 대가로 부과되는 수수료와 해당 국 · 공유지의 사용 또는 점용에 따른 사용료 또는 점용료를 면제한다.

1. 공통 적용되는 의제사항

사업시행자가 사업시행계획인가를 받은 때(시장 · 군수등이 직접 정비사업을 시행하는 경우에는 사업시행계획서를 작성한 때를 말한다)에는 아래와 같은 인가 · 허가 · 승인 · 신고 · 등록 · 협의 · 동의 · 심사 · 지정 또는 해제(이하 "인 · 허가등"이라 한다)가 있은 것으로 보며, 사업시행계획인가의 고시가 있은 때에는 아래 관계 법률에 따른 인 · 허가등의 고시 · 공고 등이 있은 것으로 본다.[164]

(1) 「주택법」 제15조에 따른 사업계획의 승인
(2) 「공공주택 특별법」 제35조에 따른 주택건설사업계획의 승인
(3) 「건축법」 제11조에 따른 건축허가, 같은 법 제20조에 따른 가설건축물의 건축허가 또는 축조신고 및 같은 법 제29조에 따른 건축협의

164) 법 제57조 제1항.

(4) 「도로법」 제36조에 따른 도로관리청이 아닌 자에 대한 도로공사 시행의 허가 및 같은 법 제61조에 따른 도로의 점용 허가

(5) 「사방사업법」 제20조에 따른 사방지의 지정해제

(6) 「농지법」 제34조에 따른 농지전용의 허가 · 협의 및 같은 법 제35조에 따른 농지전용신고

(7) 「산지관리법」 제14조 · 제15조에 따른 산지전용허가 및 산지전용신고, 같은 법 제15조의2에 따른 산지일시사용허가 · 신고와 「산림자원의 조성 및 관리에 관한 법률」 제36조 제1항 · 제4항에 따른 입목벌채등의 허가 · 신고 및 「산림보호법」 제9조 제1항 및 같은 조 제2항 제1호에 따른 산림보호구역에서의 행위의 허가. 다만, 「산림자원의 조성 및 관리에 관한 법률」에 따른 채종림 · 시험림과 「산림보호법」에 따른 산림유전자원보호구역의 경우는 제외한다.

(8) 「하천법」 제30조에 따른 하천공사 시행의 허가 및 하천공사실시계획의 인가, 같은 법 제33조에 따른 하천의 점용허가 및 같은 법 제50조에 따른 하천수의 사용허가

(9) 「수도법」 제17조에 따른 일반수도사업의 인가 및 같은 법 제52조 또는 제54조에 따른 전용상수도 또는 전용공업용수도 설치의 인가

(10) 「하수도법」 제16조에 따른 공공하수도 사업의 허가 및 같은 법 제34조 제2항에 따른 개인하수처리시설의 설치신고

(11) 「공간정보의 구축 및 관리 등에 관한 법률」 제15조 제4항에 따른 지도등의 간행 심사

(12) 「유통산업발전법」 제8조에 따른 대규모점포등의 등록

(13) 「국유재산법」 제30조에 따른 사용허가(재개발사업으로 한정한다)

(14) 「공유재산 및 물품 관리법」 제20조에 따른 사용 · 수익허가(재개발사업으로 한정한다)

(15) 「공간정보의 구축 및 관리 등에 관한 법률」 제86조 제1항에 따른 사업의 착수 · 변경의 신고

(16) 「국토의 계획 및 이용에 관한 법률」 제86조에 따른 도시 · 군계획시설 사업시행자의 지정 및 같은 법 제88조에 따른 실시계획의 인가

(17) 「전기안전사업법」 제8조에 따른 자가용전기설비의 공사계획의 인가 및 신고

(18) 「화재예방, 소방시설 설치 · 유지 및 안전관리에 관한 법률」 제7조 제1항에 따른 건축허가등의 동의, 「위험물안전관리법」 제6조 제1항에 따른 제조소등의 설치의 허가(제조소등은 공장건축물 또는 그 부속시설과 관계있는 것으로 한정한다)

2. 공장이 포함된 재개발사업의 의제사항

사업시행자가 공장이 포함된 구역에 대하여 재개발사업의 사업시행계획인가를 받은 때에는 위 인 · 허가등 외에도 아래와 같은 인 · 허가등이 있은 것으로 보며, 사업시행계획인가를 고시한 때에는 아래 관계 법률에 따른 인 · 허가 등의 고시 · 공고 등이 있은 것으로 본다.[165)]

(1) 「산업집적활성화 및 공장설립에 관한 법률」 제13조에 따른 공장설립등의 승인 및 같은 법 제15조에 따른 공장설립등의 완료신고

(2) 「폐기물관리법」 제29조 제2항에 따른 폐기물처리시설의 설치승인 또는 설치신고(변경승인 또는 변경신고를 포함한다)

(3) 「대기환경보전법」 제23조, 「물환경보전법」 제33조 및 「소음 · 진동관리법」 제8조에 따른 배출시설설치의 허가 및 신고

(4) 「총포 · 도검 · 화약류 등의 안전관리에 관한 법률」 제25조 제1항에 따른 화약류 저장소 설치의 허가

3. 인가 신청 시 관계 서류의 제출

(1) 사업시행자는 위와 같은 인 · 허가등의 의제를 받으려는 경우에는 사업시행계획인가를 신청하는 때에 해당 법률이 정하는 관계 서류를 함께 제출하여야 한다.[166)] 이는 사업시행계획인가가 다른 법령에 의한 인 · 허가등으로 의제될 수 있는 법적 근거인 것이다. 따라서 사업시행자는 사업시행계획서를 작성할 때에 사전에 해당 법률이 정하는 관계 서류를 작성하고 이를 사업시행계획서에 반영하여야 하는 것이다.

---

165) 법 제57조 제2항.
166) 법 제57조 제3항 본문.

(2) 다만, 사업시행계획인가를 신청한 때에 시공자가 선정되어 있지 아니하여 관계 서류를 제출할 수 없거나, 시장 · 군수등이 천재지변이나 그 밖의 불가피한 사유로 긴급히 정비사업을 시행할 필요가 있다고 인정하여 관계 행정기관의 장 및 교육감 또는 교육장과 협의를 마치기 전에 사업시행계획인가를 하고자 하는 경우에는 인가신청 후 시장 · 군수등이 정하는 기한까지 제출할 수 있다.[167] 이 경우 사업시행자가 해당 법률이 정하는 관계 서류를 제출하고 시장 · 군수등이 행정기관의 장 및 교육감 또는 교육장과 협의를 마칠 때까지는 해당 법령에 의한 인 · 허가등을 받은 것으로 보지 아니한다.[168]

4. 관계행정기관의 장 및 교육감 또는 교육장과의 협의

(1) 시장 · 군수등은 사업시행계획인가를 하거나 사업시행계획서를 작성하려는 경우 의제되는 인 · 허가등에 해당하는 사항이 있는 때에는 미리 관계 행정기관의 장과 협의하여야 하고, 협의를 요청받은 관계 행정기관의 장은 요청받은 날(인가 후 서류를 제출하는 경우에는 서류가 관계 행정기관의 장에게 도달된 날을 말한다)부터 30일 이내에 의견을 제출하여야 한다. 이 경우 관계 행정기관의 장이 30일 이내에 의견을 제출하지 아니하면 협의된 것으로 본다.[169]

(2) 시장 · 군수등은 사업시행계획인가를 하거나 사업시행계획서를 작성하려는 경우 정비구역부터 200미터 이내에 교육시설이 설치되어 있는 때에는 해당 지방자치단체의 교육감 또는 교육장과 협의하여야 하며, 인가받은 사항을 변경하는 경우에도 또한 같다.[170]

(3) 시장 · 군수등은 천재지변이나 그 밖의 불가피한 사유로 긴급히 정비사업을 시행할 필요가 있다고 인정하는 때에는 관계 행정기관의 장 및 교육감 또는 교육장과 협의를 마치기 전에 사업시행계획인가를 할 수 있다. 이 경우 협의를 마칠 때까지는 앞서 본 관계 법률에 따른 인 · 허가등의 의제가 인정되지 않는다.[171]

---

167) 법 제57조 제3항 단서 및 제6항 전단.
168) 법 제57조 제6항 단서.
169) 법 제57조 제4항.
170) 법 제57조 제5항.
171) 법 제57조 제6항.

5. 수수료 및 사용(점용)료의 면제

가. 수수료와 사용(점용)료의 면제

(1) 인 · 허가등을 받은 것으로 보는 경우에는 관계 법률 또는 시 · 도조례에 따라 해당 인 · 허가등의 대가로 부과되는 수수료와 국 · 공유지의 사용 또는 점용에 따른 사용료 또는 점용료를 면제한다.[172)]

(2) 재개발사업은 법 제57조 제1항 제4호, 제13호, 제14호에 따라 도로의 점용 허가, 국 · 공유지의 점용 허가가 모두 의제되므로 이에 따른 사용료 또는 점용료가 모두 면제되고, 재건축사업은 도로의 점용 허가만 의제되므로 도로의 점용료만 면제된다.

(3) 2012. 2. 1. 개정법에서 "인 · 허가등을 받은 것으로 보는 경우에는 해당 국 · 공유지의 사용 또는 점용에 따른 사용료 또는 점용료를 면제한다."[173)]는 규정을 추가하였는바, 그 의미와 대부료와의 관계, 도시정비법의 개정 경위를 살펴보면 아래와 같다.

나. 사용(점용)료와 대부료 및 변상금의 의의 및 구별

(1) 국유재산법 제6조는 국유재산을 용도에 따라 행정재산과 일반재산으로 구분하고 있는데, 공용재산(국가가 직접 사무용 등으로 사용하는 재산), 공공용재산(국가가 직접 공공용으로 사용하는 재산), 기업용재산(정부기업이 직접 사무용 등으로 사용하는 재산), 보존재산(국가가 보존하는 재산)을 행정재산으로 하고, 그 외의 재산을 일반재산으로 한다.

(2) 행정재산은 이와 같이 특정한 용도로 사용되는 재산으로 그 보호가치가 크므로 국유재산법 제27조에 따라 처분이 제한되고, 동법 제30조 내지 제32조에 따라 타인이 행정재산을 사용하고자 하는 때에는 사용허가를 받아야 하며, 사용을 허가한 때에는 사용료를 징수하여야 한다. 동법 제33조 제3항 및 도로법 제66조는 행정재산인 도로의 사용료를 특별히 점용료로 규정하고 있다. 반면 일반재산은 국유재산법 제41조 내지 제43조에 따라 계약의 방법으로 대부 또는 처분할 수 있고, 동법 제47조에 따라 대부계약을 체결하고 대부료를 받을 수 있다. 지방자치단체의 공유재산에 적용되는 「공유재산 및 물품 관리법」(이하 '공유재산법'이라 한다) 제5조 등도 국유재산법과 동일한 체계로

---

172) 법 제57조 제7항.
173) 법 제57조 제7항.

행정재산과 일반재산을 구별하여 규정하고 있다. 국 · 공유지인 행정재산 또는 일반재산에 대하여 사용허가, 점용허가, 대부계약을 체결하지 아니하고 무단으로 점유한 때에는 변상금을 부과할 수 있다.[174)]

(3) 따라서 도시정비법 제57조 제7항에서 사용료 또는 점용료를 면제하는 국 · 공유지는 사용 · 수익허가를 받은 것으로 의제되는 행정재산에 대한 사용료 또는 점용료를 면제한다는 의미이고, 국공유지 중 일반재산은 포함되지 아니하며 일반재산의 대부료는 도시정비법 제57조 제7항의 규정으로는 면제되지 않는다. 다만, 도시정비법 제97조 제7항은 정비사업의 시행으로 용도가 폐지되는 국가 또는 지방자치단체 소유의 정비기반시설의 경우 정비사업의 시행기간 동안 해당 시설의 대부료는 면제된다고 규정하고 있는바, 행정재산인 정비기반시설이 정비사업의 시행으로 용도가 폐지되어 일반재산으로 된 경우 정비사업의 시행기간 동안 대부료가 면제될 수 있다.

(4) 위와 같은 내용을 종합하면, 재개발사업은 도로를 포함한 행정재산 모두 사용(점용) 허가가 의제되어 사용료가 면제되고 재건축사업은 도로 점용 허가만 의제되어 도로 외의 행정재산에 대해서는 사용료가 부과될 수 있으나(법 제57조), 용도 폐지된 종전 정비기반시설은 일반재산으로서 재건축과 재개발을 구별하지 아니하고 대부료가 면제된다(법 제97조). 사업시행자가 정비사업의 시행을 위해 국 · 공유지를 점유하는 것이 통상적이므로, 종전 정비기반시설에는 법 제97조의 대부료 면제가 적용될 것이라는 점에서 재건축사업과 재개발사업은 별다른 차이가 없고, 정비기반시설이 아닌 행정재산의 용도 폐지 전 사용료가 면제되는지에 한해 재건축사업과 재개발사업에 차이가 있을 뿐이다.

(5) 이하에서는 종전 대법원 판례에 따라 사용(점용)료, 대부료, 변상금의 구분 및 부과처분의 요건 등을 살펴보고, 이에 따른 도시정비법의 개정 경위를 보기로 한다.

---

174) "변상금"이란 사용허가나 대부계약 없이 국유재산을 사용 · 수익하거나 점유한 자(사용허가나 대부계약 기간이 끝난 후 다시 사용허가나 대부계약 없이 국유재산을 계속 사용 · 수익하거나 점유한 자를 포함한다. 이하 "무단점유자"라 한다)에게 그 재산에 대한 사용료나 대부료의 100분의 120에 상당하는 금액을 부과하는 것을 말한다. 국유재산법 제2조 제9호 및 제72조 제1항. 공유재산 및 물품 관리법에도 변상금 규정을 두고 있다.

다. 종전 대법원 판례와 도시정비법의 개정 경위

(1) 2012. 2. 1. 개정법에 따른 사용료 면제

1) 구 도시재개발법 제54조 제1항은 재개발사업에 관하여 필요한 사항은 국토계획법(제43조 제1항의 규정을 제외한다)을 적용한다고 규정하고 있었고, 국토계획법 제65조 제4항은 개발행위허가에 포함된 공공시설의 점용 및 사용에 관하여 승인 · 허가 등을 받은 것으로 보고 이 경우 점용료 또는 사용료는 면제된 것으로 본다고 규정하고 있다. 이에 따라 대법원 2000. 1. 18. 선고 97누19267 판결 [도로점용료부과처분취소]은 「구 도시재개발법상 재개발사업의 시행에 관하여 당해 공공시설 관리청의 의견을 들어 인가를 한 경우에는 새로이 설치되는 공공시설 부지의 제공과 용도가 폐지되는 기존 공공시설 상호간에 사업시행계획상 실질적인 대가관계가 있는지 여부를 불문하고 구 도시계획법 제83조 제4항(국토계획법 제64조 제4항)이 적용되어 기존 공공시설에 관한 시행자의 점용 및 사용에 관하여 관계 법령의 규정에 의한 점용 및 사용료가 면제된 것으로 보아야 하고, 도시계획사업의 원활한 시행을 위하여 시행자의 재정상 부담을 경감하고자 하는 점용료 등 면제간주 규정의 취지에 비추어 재개발사업시행자가 위와 같은 내용의 사업시행인가를 받은 후 기존 공공시설의 점용에 관하여 관리청의 점용료 부과시에는 이를 납부하겠다는 취지의 각서를 작성하였다고 하더라도 이는 점용료 부과처분을 적법하게 하는 근거가 되지 못한다.」고 판시하였다.

2) 반면 도시정비법은 구 도시재개발법과 달리 국토계획법을 일반적으로 준용하는 규정을 두고 있지 않을 뿐만 아니라, 2012. 2. 1. 개정 전 법 제32조 제6항은 "수수료 등"을 면제한다고 규정하고 있었을 뿐, "사용료 또는 점용료"를 면제한다는 규정을 두고 있지 않았다. 이에 따라 대법원 2011. 2. 24. 선고 2010두22252 판결 [사용료부과처분취소]은 재건축조합에게 사용허가가 의제되지 않는 공원부지[175]에 대하여 사용료를 부

175) 도로가 아닌 국 · 공유지이므로 구법과 현행법 제57조 제1항 제13, 14호에서도 재개발사업에 한해서만 사용 허가가 의제된다. 따라서 재건축조합인 해당 판례의 원고는 구법 제32조 제1항 제15호(현행법 제57조 제1항 제16호)에 따라 국토계획법상 사용허가를 준용하여야 한다고 주장하였는데, 대법원은 「구 도시정비법 제32조 제1항 제12호, 제13호는 사업시행자가 사업시행인가를 받은 때에는 주택재개발사업 및 도시환경정비사업에 한하여 국유재산법 제24조의 규정에 의한 사용 · 수익허가 및 지방재정법 제82조의 규정에 의한 사용 · 수익허가를 받은 것으로 본다고 규정하면서, 같은 조 제5항에서는 제1항의 규정에 의하여 다른 법률에 의한 인 · 허가 등이 있는 것으로 보는 경우에는 관계 법률 또는 시 · 도조례에 의하여 당해

과한 사안에서, 「개발행위로 인하여 용도가 폐지되는 공공시설의 점용 또는 사용에 따른 점용료 등에 관하여는 국토계획법 제65조 제4항이 적용된다고 볼 수 없고, 이를 구 도시정비법 제32조 제5항에서 면제되는 것으로 정한 '당해 인·허가 등의 대가로 부과되는 수수료 등'이라고 볼 수도 없다.」고 판시하여 도시정비법상 면제되는 '수수료 등'에는 사용료가 포함되지 않는다고 보았는바, 도로 점용허가의 의제와 재개발사업에서 국·공유지 사용허가의 의제가 있더라도 허가에 따른 사용료·점용료 부과는 적법한 것이 된다.

3) 나아가 대법원 2008. 11. 27. 선고 2007두24289 판결 [변상금부과처분취소]은 「사업시행인가를 받은 때에 국유지에 대해 국유재산법 제24조의 규정에 의한 사용·수익 허가를 받은 것이어서 같은 법 제51조에 따른 변상금 부과처분은 위법하다.」고 판시하였는바,[176] 국·공유지의 관리청은 사용허가가 의제되면 사용료를 부과하고, 사용허가가 의제되지 않으면 별도의 허가를 하고 사용료를 부과하거나 무단점유를 이유로 변상금을 부과할 수 있게 된다. 따라서 도로와 국·공유지의 사용허가 의제 범위를 재건축과 재개발을 다르게 규정한 취지는 아무런 의미가 없게 되고, 토지등소유자의

인·허가 등의 대가로 부과되는 수수료 등은 이를 면제한다고 규정하였는데, 주택재건축사업에 대하여는 국유재산법 제24조의 규정 및 지방재정법 제82조의 규정에 의한 각 사용·수익허가를 의제하지 않고 있었다. 한편 2005. 3. 18. 법률 제7392호로 개정되어 공포 당일 시행된 도시정비법에서는 제32조 제1항 제15호로 위 법에 따른 사업시행자가 사업시행인가를 받은 때에는 구 국토계획법 제56조의 개발행위의 허가를 받은 것으로 의제하는 조항이 추가되었으나, 개발행위로 인하여 용도가 폐지되는 공공시설의 귀속 및 당해 공공시설의 점용 또는 사용에 따른 점용료 또는 사용료는 면제된 것으로 보는 국토계획법 제65조를 준용한다는 규정을 두고 있지 아니하다. 따라서 주택재건축조합이 구 도시정비법에 따른 사업시행인가를 받은 경우에, 도시정비법 제32조 제1항 제15호에 따라 국토계획법 제56조가 규정하는 개발행위허가를 받은 것으로 의제되더라도, 개발행위로 인하여 용도가 폐지되는 공공시설의 점용 또는 사용에 따른 점용료 등에 관하여는 국토계획법 제65조 제4항이 적용된다고 볼 수 없다.」고 판시하였다.

176) 위 대법원 판결은 「행정청이 도시환경정비사업(현행 재개발사업) 시행자에게 '무상 양도되지 않는 구역 내 국유지를 착공신고 전까지 매입'하도록 한 부관을 붙여 사업시행인가를 하였으나 시행자가 국유지를 매수하지 않고 점용한 사안에서, 그 부관은 국유지에 관해 사업시행인가의 효력을 저지하는 조건이 아니라 작위의무를 부과하는 부담이므로, 사업시행인가를 받은 때에 국유지에 대해 국유재산법 제24조의 규정에 의한 사용·수익 허가를 받은 것이어서 같은 법 제51조에 따른 변상금 부과처분은 위법하다」고 판시하였는데, 이는 부관이 사업시행계획의 효력(사용 허가 의제)을 저지하지 않으므로 사용허가가 있는 것으로 보아야 하고, 무단 점유자에게 부과되는 변상금을 사용허가를 받은 자에게 적용하여 부과할 수는 없다는 취지이다.

과중한 부담이 문제되었다.

4) 이에 2012. 2. 1. 개정법은 「정비사업에 대하여 “다른 법률에 따른 인 · 허가 등을 받은 것으로 보는 경우” 관계 법령에 따라 부과되는 해당 국유지 · 공유지의 점용료 · 사용료를 면제하도록 함」이라는 개정이유를 밝히고 점용료와 사용료의 면제를 명시하고, 개정법 시행(2012. 8. 2.) 이후 최초로 사업시행인가를 신청하는 분부터 적용하도록 하였다. 이에 따라 재개발사업시행자는 사용(점용)허가가 의제되는 도로와 국 · 공유지의 사용(점용)료를 면제받게 되고, 재건축사업시행자는 점용허가가 의제되는 도로의 점용료만 면제받게 된다.

(2) 2017. 2. 8. 개정법에 따른 대부료 면제

1) 앞서 본 바와 같이, 구법이 적용될 경우에는 대법원 2011. 2. 24. 선고 2010두22252 판결 [사용료부과처분취소]에 따라 사용료 또는 변상금이 부과되어야 하고, 2012. 2. 1. 개정법에 따르면 사용(점용)허가를 의제받은 범위에서 사용료 또는 변상금이 면제되어야 하는데, 2012. 2. 1. 개정에도 불구하고 구법이 적용되는 사안에서 대법원은 위 대법원 2011. 2. 24. 선고 2010두22252 판결과 다른 관점의 판결을 내놓는다.[177]

2) 대법원 2015. 11. 12. 선고 2014두5903 판결 [도로점용료부과처분취소]은 「구 지방재정법 시행령 제87조는 도로 · 하천 · 제방 · 구거 등 공공용 재산이 사실상 공공용으로 사용되지 아니하게 된 때에는 지방자치단체의 장 등은 당해 재산의 일부 또는 전부에 대하여 그 용도를 변경 또는 폐지하여야 한다고 정하고 있고, 관계 법령의 규정들 및 이에 관한 관련 법리들을 종합하여 보면, 도로가 용도폐지로 일반재산이 된 경우에 용도폐지되기 이전에 의제된 점용허가의 효력은 소멸되고, 그때부터 관리청은 구 도로법 제43조를 근거로 점용료를 부과할 수 없다고 해석함이 타당하다. 사실관계에 비추어 보면 사업시행계획인가 고시일인 2005. 1. 5. 이 사건 도로부지가 용도폐지되어 일반재산이 되었음에도 불구하고, 원심이 이 사건 도로부지가 용도폐지된 이후에도 계속하여 구 도로법상 점용료 부과 대상이 된다는 전제하에 이 사건 점용료가 구 도시정비법 제32조 제5항에서 면제되는 것으로 정한 ‘당해 인 · 허가 등의 대가로 부과되는

177) 이는 변론주의 원칙에 따른 것이지 종전 대법원 판례를 전원합의체로 변경한 것은 아니다.

수수료 등'에 포함된 것으로 판단한 것은 잘못이다. 그러나 피고는 이 사건 사업시행인가에 의해 의제된 도로 점용의 허가를 근거로 하여 이 사건 사업시행인가의 고시가 있는 날인 2005. 1. 5.부터 종전의 용도가 폐지된 것으로 보는 이 사건 도로부지에 대하여 구 도로법에 따른 이 사건 점용료를 부과할 수는 없으므로 이 사건 점용료 부과처분은 그 법적 근거 없이 이루어진 것으로서 위법하다 할 것인바, 원심이 이 사건 점용료 부과처분의 취소를 명한 것은 결론적으로 정당하다.」고 판시한 것이다.[178)]

3) 위 대법원 2015. 11. 12. 선고 2014두5903 판결은 사업시행계획인가고시일에 행정재산의 용도가 폐지되어[179)] 사업시행자가 도로와 국·공유지를 사용 또는 점용을 개시할 때에는 이미 일반재산으로 전환되었다는 것인바, 관리청은 일반재산으로 전환된 행정재산에 대해 대부계약을 체결하여 대부료를 부과할 수 있고, 대부계약을 체결하지 아니하고 점유한 때에는 변상금을 부과할 수 있게 된다. 이는 2012. 2. 1. 개정으로 사용(점용)료 면제규정의 실효성을 부인하는 결론에 이른다.

4) 새로운 대법원 판례에 따른 사업시행자의 부담을 해소하고자 2017. 2. 8. 개정법 제97조 제7항 "정비사업의 시행으로 용도가 폐지되는 국가 또는 지방자치단체 소유의 정비기반시설의 경우 정비사업의 시행 기간 동안 해당 시설의 대부료는 면제된다."는 규정을 신설하였다. 대부료가 면제되는 범위는 사업시행자에게 무상 귀속되는 정비기반시설에 한정되지 아니하고 용도 폐지되는 정비기반시설이 모두 포함된다고 본다. 다만, 정비사업의 시행으로 용도가 폐지되는 정비기반시설 외의 행정재산과 일반재산은 법 제97조 제7항에 따른 대부료 면제 대상이 아니다.

---

178) 「그러나 피고는 이 사건 사업시행인가에 의해 의제된 도로 점용의 허가를 근거로 하여 이 사건 사업시행인가의 고시가 있는 날인 2005. 1. 5.부터 종전의 용도가 폐지된 것으로 보는 이 사건 도로부지에 대하여 구 도로법에 따른 이 사건 점용료를 부과할 수는 없으므로 이 사건 점용료 부과 처분은 그 법적 근거 없이 이루어진 것으로서 위법하다 할 것인바, 원심이 이 사건 점용료 부과처분의 취소를 명한 것은 결론적으로 정당하다.」고 판시하였다.

179) 법 제98조 제5항은 사업시행자에게 매각되는 국·공유지는 사업시행계획인가의 고시가 있은 날부터 종전의 용도가 폐지된 것으로 본다고 규정하고 있다.

Ⅲ. 사업시행계획인가의 특례(제58조)

도시정비법	도시정비법 시행령
제58조(사업시행계획인가의 특례) ① 사업시행자는 일부 건축물의 존치 또는 리모델링(「주택법」 제2조제25호 또는 「건축법」 제2조제1항제10호에 따른 리모델링을 말한다. 이하 같다)에 관한 내용이 포함된 사업시행계획서를 작성하여 사업시행계획인가를 신청할 수 있다. ② 시장·군수등은 존치 또는 리모델링하는 건축물 및 건축물이 있는 토지가 「주택법」 및 「건축법」에 따른 다음 각 호의 건축 관련 기준에 적합하지 아니하더라도 대통령령으로 정하는 기준에 따라 사업시행계획인가를 할 수 있다. 1. 「주택법」 제2조제12호에 따른 주택단지의 범위 2. 「주택법」 제35조제1항제3호 및 제4호에 따른 부대시설 및 복리시설의 설치기준 3. 「건축법」 제44조에 따른 대지와 도로의 관계 4. 「건축법」 제46조에 따른 건축선의 지정 5. 「건축법」 제61조에 따른 일조 등의 확보를 위한 건축물의 높이 제한 ③ 사업시행자가 제1항에 따라 사업시행계획서를 작성하려는 경우에는 존치 또는 리모델링하는 건축물 소유자의 동의(「집합건물의 소유 및 관리에 관한 법률」 제2조제2호에 따른 구분소유자가 있는 경우에는 구분소유자의 3분의 2 이상의 동의와 해당 건축물 연면적의 3분의 2 이상의 구분소유자의 동의로 한다)를 받아야 한다. 다	제50조(사업시행계획인가의 특례) 법 제58조제2항 각 호 외의 부분에서 "대통령령으로 정하는 기준"이란 다음 각 호의 기준을 말한다. 1. 「건축법」 제44조에 따른 대지와 도로의 관계는 존치 또는 리모델링되는 건축물의 출입에 지장이 없다고 인정되는 경우 적용하지 아니할 수 있다. 2. 「건축법」 제46조에 따른 건축선의 지정은 존치 또는 리모델링되는 건축물에 대해서는 적용하지 아니할 수 있다. 3. 「건축법」 제61조에 따른 일조 등의 확보를 위한 건축물의 높이 제한은 리모델링되는 건축물에 대해서는 적용하지 아니할 수 있다. 4. 「주택법」 제2조제12호에도 불구하고 존치 또는 리모델링(「주택법」 제2조제25호 또는 「건축법」 제2조제1항제10호에 따른 리모델링을 말한다. 이하 같다)되는 건축물도 하나의 주택단지에 있는 것으로 본다. 5. 「주택법」 제35조에 따른 부대시설·복리시설의 설치기준은 존치 또는 리모델링되는 건축물을 포함하여 적용할 수 있다.

만, 정비계획에서 존치 또는 리모델링하는 것으로 계획된 경우에는 그러하지 아니한다.	

1. 정비구역 내 존치·리모델링에 따른 특례

(1) 정비계획수립권자는 국토부 고시 「도시·주거환경 정비계획 수립지침」 4-6-1.에 따라 정비구역 내 일부 건축물의 존치 또는 리모델링을 정할 수 있고, 사업시행자는 정비계획에 따라 정비사업을 시행하여야 하므로 일부 건축물의 존치 또는 리모델링이 포함된 사업시행계획서를 작성하여 인가받을 수 있도록 법 제58조 특례 규정을 둔 것이다.[180)]

(2) 2017. 2. 8. 개정 전에는 위와 같이 정비계획에서만 존치·리모델링 건축물을 정할 수 있고 사업시행자가 정비계획과 달리 임의로 존치·리모델링 건축물을 정할 수는 없는 것으로 해석하는 것이 통설적 견해였는데, 개정 후 법 제57조 제3항 단서가 신설되어 "정비계획에서 존치 또는 리모델링하는 것으로 계획된 경우"에는 존치 또는 리모델링 건축물 소유자의 동의가 필요하지 아니한 것으로 규정하였는바, 사업시행자가 정비계획과 달리 임의로 존치 또는 리모델링을 계획하여 사업시행계획인가를 받을 수 있는 것으로 해석된다.

(3) 이러한 개정은 정비사업에서 상가 등 부대복리시설이나 종교시설, 아파트 일부 동의 소유자들이 정비사업에 동의하지 않고 존치 내지 리모델링을 원하는 경우에 정비사업의 신속한 추진을 도모하고자 한 것이다. 법 제67조 재건축사업의 범위에 관한 특례는 재건축사업에 한하여 적용되고 조합설립단계에서 조합설립인가를 위해 토지분할을 하는 제도로서, 정비사업의 신속한 추진을 도모하고자 하는 목적은 사업시행계획인가의 특례와 같지만 이와 구별된다.

180) 법 제58조 제1항.

2. 존치 · 리모델링을 포함한 사업시행계획인가

가. 존치 · 리모델링 건축물 소유자의 동의

(1) 사업시행자가 사업시행계획서를 작성하여 인가를 신청하려면 조합원 총회의결 등 토지등소유자의 동의가 필요한데, 정비구역 내 일부 건축물의 존치 또는 리모델링을 포함하여 사업시행계획서를 작성할 경우에는 총회의결 등 토지등소유자의 동의절차 외에 별도로 존치 또는 리모델링하는 건축물 소유자의 동의를 받아야 한다. 다만 정비계획에서 존치 또는 리모델링하는 것으로 계획된 경우에는 그러하지 아니하다.[181]

(2) 존치 또는 리모델링하는 건축물 소유자의 동의는 집합건물법 제2조 제2호에 따른 구분소유자가 있는 경우에는 구분소유자의 3분의 2 이상의 동의와 해당 건축물 연면적의 3분의 2 이상의 구분소유자의 동의로 하며, 종교시설 등 집합건물이 아닌 건축물의 경우에는 해당 건축물의 소유자 전원의 동의가 필요하다.

(3) 존치 또는 리모델링하는 건축물 소유자의 동의에는 법 제36조 제1항의 법정 동의서 방식이 적용되는바, 주민등록증, 여권 등 신원을 확인할 수 있는 신분증명서의 사본을 첨부하여야 하고(토지등소유자가 해외에 장기 체류하거나 법인인 경우 등 불가피한 사유가 있다고 시장 · 군수등이 인정하는 경우에는 토지등소유자의 인감도장을 찍은 서면동의서에 해당 인감증명서를 첨부하는 방법으로 할 수 있다), 동의자 수 산정 방법 및 절차 등에 관해서는 시행령 제33조에 따른다.

나. 인가신청

사업시행자는 일부 건축물의 존치 또는 리모델링(「주택법」 제2조 제25호 또는 「건축법」 제2조 제1항 제10호에 따른 리모델링을 말한다. 이하 같다)에 관한 내용이 포함된 사업시행계획서를 작성하여 사업시행계획인가를 신청할 수 있다.[182]

다. 인가처분 및 관계법령 적용기준 완화

시장 · 군수등은 존치 또는 리모델링하는 건축물 및 건축물이 있는 토지가 건축 관련

---

181) 법 제58조 제3항. 단서 규정은 2017. 2. 8. (시행 2018. 2. 9.) 개정법에서 도입되었으며 시행 후 최초로 사업시행계획인가를 신청하는 경우부터 적용한다.
182) 법 제58조 제1항.

기준에 적합하지 아니하더라도 아래와 같은 기준에 따라 사업시행계획인가를 할 수 있다.

(1) 주택법 제2조 제12호에 따른 주택단지의 범위에도 불구하고 존치 또는 리모델링되는 건축물도 하나의 주택단지에 있는 것으로 본다.[183]

(2) 주택법 제35조 제1항 제3, 4호는 주택단지의 부대·복리시설의 설치기준을 정하고 있는데, 존치 또는 리모델링되는 건축물을 포함하여 설치기준을 적용할 수 있다.[184]

(3) 건축법 제44조에 따르면 건축물의 대지는 원칙적으로 2미터 이상의 도로와 접해야 하는 등 일정한 요건을 갖추어야 하는데, 존치 또는 리모델링되는 건축물의 출입에 지장이 없다고 인정되는 경우에는 이를 적용하지 아니할 수 있다.[185]

(4) 건축법 제46조는 대지와 도로의 경계인 건축선의 법적 요건을 규정하고 있는데, 존치 또는 리모델링되는 건축물에 대해서는 적용하지 아니할 수 있다.[186]

(5) 건축법 제61조는 일조 등의 확보를 위한 건축물의 높이 제한을 규정하고 있는데, 이러한 건축물의 높이 제한은 리모델링되는 건축물에 대해서는 적용하지 아니할 수 있다.[187]

3. 정비구역 내 존치·리모델링에 따른 법적 문제점

(1) 앞서 본 바와 같이 정비구역 내 일부 건축물을 존치·리모델링하는 이유는 존치가 필요한 건축물을 보존하거나 사업에 반대하는 소유자들의 건축물을 존치하여 정비사업에 동의할 수 있도록 함으로써 정비사업이 신속하게 진행될 수 있도록 한 것이다.

(2) 그러나 존치건축물 등의 소유자들은 정비구역 내 토지등소유자에 해당하지만, 조합설립인가, 사업시행계획인가, 관리처분계획인가, 그 밖에 매도청구대상 및 정비사업비 부담 등까지 아무런 이해관계를 갖지 아니하므로, 각종 토지등소유자의 동의율 요건, 조합원 총회의 의결정족수 등에서 제외되어야 한다는 주장이 제기되고 있다. 실무상 타당한 주장이나, 법령상으로는 존치건축물 등의 소유자도 정비구역 내 토지등소

183) 법 제58조 제2항 제1호 및 시행령 제50조 제4호.
184) 법 제58조 제2항 제2호 및 시행령 제50조 제5호.
185) 법 제58조 제2항 제3호 및 시행령 제50조 제1호.
186) 법 제58조 제2항 제4호 및 시행령 제50조 제2호.
187) 법 제58조 제2항 제5호 및 시행령 제50조 제3호.

유자에 해당하고 조합원 자격이 있다는 점에서 현행법상 위와 같은 해석이 어려우며 입법론적 개선 요구가 강하다.

Ⅳ. 지정개발자의 정비사업비의 예치 등(제60조)

도시정비법

제60조 (지정개발자의 정비사업비의 예치 등)

① 시장·군수등은 재개발사업의 사업시행계획인가를 하는 경우 해당 정비사업의 사업시행자가 지정개발자(지정개발자가 토지등소유자인 경우로 한정한다)인 때에는 정비사업비의 100분의 20의 범위에서 시·도조례로 정하는 금액을 예치하게 할 수 있다.
② 제1항에 따른 예치금은 제89조제1항 및 제2항에 따른 청산금의 지급이 완료된 때에 반환한다.
③ 제1항 및 제2항에 따른 예치 및 반환 등에 필요한 사항은 시·도조례로 정한다.

1. 지정개발의 정비사업비 예치

(1) 시장·군수등은 재개발사업의 사업시행계획인가를 하는 경우 해당 정비사업의 시행자인 지정개발자가 토지등소유자인 경우[188]에는 정비사업비의 100분의 20의 범위에서 시·도조례로 정하는 금액을 예치하게 할 수 있다. 예치에 필요한 사항은 시·도조례로 정한다.[189]

(2) 이는 구 도시재개발법에서 제3개발자에 대한 사업시행계획인가 시에 사업의 부실을 방지하기 위해 사업비의 일부를 예치하도록 한 것[190]을 승계하여 토지등소유자가

---

188) 법 제27조(재개발사업·재건축사업의 지정개발자) ① 시장·군수등은 재개발사업 및 재건축사업이 다음 각 호의 어느 하나에 해당하는 때에는 토지등소유자, 「사회기반시설에 대한 민간투자법」 제2조제12호에 따른 민관합동법인 또는 신탁업자로서 대통령령으로 정하는 요건을 갖춘 자(이하 "지정개발자"라 한다)를 사업시행자로 지정하여 정비사업을 시행하게 할 수 있다. 〈개정 2018. 6. 12.〉
시행령 제21조(지정개발자의 요건) 법 제27조제1항 각 호 외의 부분에서 "대통령령으로 정하는 요건을 갖춘 자"란 다음 각 호의 어느 하나에 해당하는 자를 말한다.
1. 정비구역의 토지 중 정비구역 전체 면적 대비 50퍼센트 이상의 토지를 소유한 자로서 토지등소유자의 50퍼센트 이상의 추천을 받은 자

189) 법 제60조 제1항 및 제3항.

지정개발자인 경우에 정비사업비를 예치하도록 규정하게 된 것이다.

2. 예치금의 반환

예치금은 사업을 완료하여 사업의 부실 우려가 해소되는 시점인 "법 제89조 제1항 및 제2항에 따른 청산금의 지급이 완료된 때"에 반환한다. 예치금의 반환에 필요한 사항도 시·도조례로 정한다.[191]

190) 구 도시재개발법 제24조(제3개발자의 시행인가)
② 시장·군수 또는 구청장은 제1항의 규정에 의한 시행인가를 함에 있어서 사업의 부실을 방지하기 위하여 필요하다고 인정할 때에는 대통령령이 정하는 바에 의하여 사업비의 일부를 예치하게 하거나 기타 필요한 조치를 하게 할 수 있다.
191) 법 제60조 제2항 및 제3항.

제4절 정비사업 시행을 위한 조치 등

[1] 임시거주시설 등의 설치 등(제61 ~ 62조)

[2] 토지등소유권 확보방안(세63 ~ 65조)

[3] 특례 등 그 밖의 조치(제66 ~ 71조)

[1] 임시거주시설 등의 설치 등(제61~62조)

Ⅰ. 임시거주시설 · 임시상가의 설치 등(제61조)

도시정비법	도시정비법 시행령
제61조 (임시거주시설 · 임시상가의 설치 등) ① 사업시행자는 주거환경개선사업 및 재개발사업의 시행으로 철거되는 주택의 소유자 또는 세입자에게 해당 정비구역 안과 밖에 위치한 임대주택 등의 시설에 임시로 거주하게 하거나 주택자금의 융자를 알선하는 등 임시거주에 상응하는 조치를 하여야 한다. ② 사업시행자는 제1항에 따라 임시거주시설(이하 "임시거주시설"이라 한다)의 설치 등을 위하여 필요한 때에는 국가 · 지방자치단체, 그 밖의 공공단체 또는 개인의 시설이나 토지를 일시 사용할 수 있다. ③ 국가 또는 지방자치단체는 사업시행자로부터 임시거주시설에 필요한 건축물이나 토지의 사용신청을 받은 때에는 대통령령으로 정하는 사유가 없으면 이를 거절하지 못한다. 이 경우 사용료 또는 대부료는 면제한다. ④ 사업시행자는 정비사업의 공사를 완료한 때에는 완료한 날부터 30일 이내에 임시거주시설을 철거하고, 사용한 건축물이나 토지를 원상회복하여야 한다.	제53조 (임시거주시설의 설치 등) 법 제61조제3항 전단에서 "대통령령으로 정하는 사유"란 다음 각 호의 사유를 말한다. 1. 법 제61조제1항에 따른 임시거주시설(이하 "임시거주시설"이라 한다)의 설치를 위하여 필요한 건축물이나 토지에 대하여 제3자와 이미 매매계약을 체결한 경우 2. 사용신청 이전에 임시거주시설의 설치를 위하여 필요한 건축물이나 토지에 대한 사용계획이 확정된 경우 3. 제3자에게 이미 임시거주시설의 설치를 위하여 필요한 건축물이나 토지에 대한 사용허가를 한 경우

⑤ 재개발사업의 사업시행자는 사업시행으로 이주하는 상가세입자가 사용할 수 있도록 정비구역 또는 정비구역 인근에 임시상가를 설치할 수 있다.	

1. 법 제61조 임시 이주대책의 의의

(1) 법 제61조는 주거환경개선사업 및 재개발사업의 경우 주택의 소유자 또는 세입자에게 해당 정비구역 안과 밖에 위치한 임대주택 등의 시설에 임시로 거주하게 하거나 주택자금의 융자를 알선하는 등 임시거주에 상응하는 조치를 하여야 한다는[192] 의무규정을 두고 있다. 재건축사업에는 적용되지 않는다.

(2) 이는 정비사업의 공사를 완료하여 입주할 수 있을 때까지의 임시조치를 의미하는 것인바, ① 주택의 소유자로서 분양신청을 한 조합원과 ② 주택의 세입자나 현금청산자로서 임대주택을 공급받은 자로 한정되며, 재정착민이 아닌 현금청산자와 임대주택을 공급받지 못한 세입자는 제외된다.

(3) 법 제61조의 임시 이주대책은 의무사항으로 규정되어 있어서 이를 수립하지 아니할 수 없으나,[193] "주택자금의 융자를 알선하는 등 임시거주에 상응하는 조치"라고 추상적으로 규정하고 있어서 사업시행자는 동조에 의한 이주대책을 정하는데 재량권을 가지고 사업시행자가 설정한 기준은 그것이 객관적으로 합리적이 아니라거나 타당하지 않다고 볼 만한 다른 특별한 사정이 없는 한 존중되어야 할 것이다.[194]

192) 법 제61조 제1항.

193) 대법원 2004. 10. 27. 선고 2003두858 판결「재개발사업으로 인하여 주택이 철거되는 주민들을 위하여 재개발사업이 완료되어 입주하기까지 사이의 기간 동안 임시로 거처할 시설 등을 제공하도록 한 임시수용시설의 설치에 관한 규정인 구 도시재개발법(2002. 12. 30. 법률 제6852호로 폐지) 제27조 제1항은 재개발사업으로 인하여 생활근거를 상실하는 자에 대하여 시행하도록 규정하고 있는 이주대책과는 별개의 내용을 규정한 것이므로, 위 규정을 이유로 재개발사업의 경우 이주대책을 세우지 않아도 된다고 할 수는 없다.」

194) 대법원 2009. 3. 12. 선고 2008두12610 판결 [입주권확인]은「토지보상법 시행령 제40조 제3항 제2호에서 말하는 '공익사업을 위한 관계 법령에 의한 고시 등이 있은 날'은 이주대책대상자와 아닌 자를 정하는 기준이라고 할 것이지만, 나아가 사업시행자가 이주대책대상자 중에서 이주대책을 수립 · 실시하여야 할 자와 이주정착금을 지급하여야 할 자를 정하는 기준이 되는 것은 아니므로, 사업시행자는 이주대책기준을 정하여 이주대책대상자 중에서 이주

(4) 공공시행자가 아닌 조합이 사업시행자인 경우에 도심지에서 이루어지는 정비사업의 성격상 임시거주시설을 제공하기는 어려우므로, 실무적으로 분양신청 조합원에게는 "주택자금의 융자를 알선"에 해당하는 이주비 대출을 알선하고 조합의 사업비로 이사비를 지원해 주고 있으며, 임대주택을 공급받는 세입자에게 반환받은 임차보증금으로 임시 이주하도록 하되 토지보상법에 따른 주거이전비와 이주비 등을 지급하는 것으로 임시 이주대책을 수립하고 있다.

(5) 재개발사업의 사업시행자는 정비사업의 시행으로 이주하는 상가 세입자가 사용할 수 있도록 정비구역 또는 정비구역 인근에 임시상가를 설치할 수 있는데,[195] 이는 의무사항이 아니며 임의적 사항에 불과하다.

2. 국가 등의 시설이나 토지의 일시 사용

(1) 사업시행자는 임시거주시설의 설치 등을 위하여 필요한 때에는 국가·지방자치단체, 그 밖의 공공단체 또는 개인의 시설이나 토지를 일시 사용할 수 있다.[196]

(2) 국가 또는 지방자치단체는 사업시행자로부터 임시거주시설에 필요한 건축물이나 토지의 사용신청을 받은 때에는 대통령령으로 정하는 사유가 없으면 이를 거절하지 못한다. 이 경우 사용료 또는 대부료는 면제한다.[197]

(3) 국가 또는 지방자치단체는 ① 임시거주시설의 설치를 위하여 필요한 건축물이나 토지에 대하여 제3자와 이미 매매계약을 체결한 경우, ② 사용신청 이전에 임시거주시설의 설치를 위하여 필요한 건축물이나 토지에 대한 사용계획이 확정된 경우, ③ 제3자에게 이미 임시거주시설의 설치를 위하여 필요한 건축물이나 토지에 대한 사용허가를 한 경우에 한하여 사업시행자의 사용신청을 거절할 수 있다.[198]

대책을 수립·실시하여야 할 자를 선정하여 그들에게 공급할 택지 또는 주택의 내용이나 수량을 정할 수 있고, 이를 정하는 데 재량을 가지므로, 이를 위해 사업시행자가 설정한 기준은 그것이 객관적으로 합리적이 아니라거나 타당하지 않다고 볼 만한 다른 특별한 사정이 없는 한 존중되어야 할 것이다.」라고 판시한바, 이러한 법리는 도시정비법 제61조에도 적용될 수 있다고 할 것이다.

195) 법 제61조 제5항.
196) 법 제61조 제2항.
197) 법 제61조 제3항.
198) 시행령 제53조.

3. 임시거주시설의 철거 및 원상회복

사업시행자는 정비사업의 공사를 완료한 때에는 완료한 날부터 30일 이내에 임시거주시설을 철거하고, 사용한 건축물이나 토지를 원상회복하여야 한다.[199]

Ⅱ. 임시거주시설 · 임시상가의 설치 등에 따른 손실보상(제62조)

도시정비법

제62조 (임시거주시설 · 임시상가의 설치 등에 따른 손실보상)
① 사업시행자는 제61조에 따라 공공단체(지방자치단체는 제외한다) 또는 개인의 시설이나 토지를 일시 사용함으로써 손실을 입은 자가 있는 경우에는 손실을 보상하여야 하며, 손실을 보상하는 경우에는 손실을 입은 자와 협의하여야 한다.
② 사업시행자 또는 손실을 입은 자는 제1항에 따른 손실보상에 관한 협의가 성립되지 아니하거나 협의할 수 없는 경우에는 「공익사업을 위한 토지 등의 취득 및 보상에 관한 법률」 제49조에 따라 설치되는 관할 토지수용위원회에 재결을 신청할 수 있다.
③ 제1항 또는 제2항에 따른 손실보상은 이 법에 규정된 사항을 제외하고는 「공익사업을 위한 토지 등의 취득 및 보상에 관한 법률」을 준용한다.

(1) 사업시행자가 임시거주시설 설치를 위해 국가 또는 지방자치단체의 시설이나 토지를 사용하는 경우에는 사용료 또는 대부료가 면제되지만, 공공단체(지방자치단체는 제외한다) 또는 개인의 시설이나 토지를 일시 사용함으로써 손실을 입은 자가 있는 경우에는 손실을 보상하여야 하며, 손실을 보상하는 경우에는 손실을 입은 자와 협의하여야 한다.

(2) 사업시행자 또는 손실을 입은 자는 손실보상에 관한 협의가 성립되지 아니하거나 협의할 수 없는 경우에는 토지보상법 제49조에 따라 설치되는 관할 토지수용위원회에 재결을 신청할 수 있다. 손실보상은 이 법에 규정된 사항을 제외하고는 토지보상법을 준용한다.

199) 법 제61조 제4항.

[2] 토지등소유권 확보방안(제63~65조)

Ⅰ. 소유권 확보방안의 개관

1. 분양대상 토지등소유자의 신탁등기

(1) 신탁이란 위탁자가 특정 재산을 수탁자에게 이전하고 수탁자가 특정한 목적을 위하여 그 재산을 관리·처분하게 하고 수탁자는 대외적으로 신탁재산에 대하여 완전한 소유권을 취득하는 법률관계를 말한다.

(2) 도시정비법은 분양대상 토지등소유자가 사업시행자에게 신탁등기를 하여야 한다는 등의 규정을 두고 있지 아니하였고, 법 제79조는 사업시행자가 관리처분계획에 따라 처분하도록 규정함으로써 사업시행자의 처분권한을 인정하고 있는바, 정비사업에서 분양대상 토지등소유자들이 조합에 신탁등기를 할 필요성이 있는지에 관하여는 견해의 대립이 있다. 분양대상 토지등소유자들이 사업시행자에게 신탁등기를 하게 된 배경은 구 주택건설촉진법에 따른 재건축사업의 필요성에 따른 것으로, 구 주택건설촉진법은 재건축사업을 공익사업이 아닌 민간사업으로 규정하면서 관리처분계획이라는 공법적 처분을 규정하고 있지 아니하였는바, 재건축조합은 관리처분계획이 아닌 신탁등기의 방법으로 조합원들의 토지등소유권을 확보하여야 사업시행이 가능했기 때문이다. 그런데 도시정비법이 관리처분계획이라는 공법적 처분권을 인정함에도 불구하고, 등기명의가 토지등소유자 개개인에게 남아 있음으로 인하여 분양대상 토지등소유자가 이를 임의로 처분하거나 분양계약체결 등의 단계에서 분양계약체결을 거부하며 토지등소유권을 주장할 경우에는, 뒤늦게 사업시행에서 탈퇴한 토지등소유자의 소유권 확보와 종전 건축물의 철거 등 사업시행의 법적 안정성에 문제가 될 수 있는바 실무적으로 조합정관 등에서 분양대상 조합원 등의 신탁등기 의무를 규정하고 신탁등기를 통해 사업시행자가 토지소유권을 대외적으로 확보하는 것이 대체적인 경향이다.

(3) 사업시행자가 분양대상 토지등소유자로부터 신탁등기를 받는 시점은 대체적으로 이주를 개시하여 분양대상 토지등소유자가 이주비를 지급받고자 하는 시점이며, 토지등소유자는 이주비를 대여하는 금융기관 등의 채권확보를 위해 선순위 제한물권을 모두 말소하고 이주비대여금에 대한 근저당권을 설정한 후 사업시행자에게 신탁등기를 하게 된다.

(4) 재건축사업에서 토지등소유자가 사업시행자에게 신탁등기를 한 후 분양신청을 하지 아니하거나 분양계약체결을 거부하여 현금청산자가 된 경우에, 대법원 2010. 9. 9. 선고 2010다19204 판결은 「피고가 사업시행자인 원고에게 적법한 분양신청을 하지 아니하여 현금청산대상자가 됨으로써 이 사건 신탁이 종료하였다면, 그 신탁재산이었던 이 사건 토지 지분은 원고에게 귀속되는 것이므로, 원고가 이미 자신 명의로 신탁을 원인으로 한 소유권이전등기가 마쳐진 위 토지 지분에 관하여 구 신탁법 제31조 제1항 단서[200]의 규정에 따라 수탁자의 고유재산으로 하는 법원의 허가를 얻어 원고의 고유재산으로 된 취지의 등기와 신탁등기의 말소등기를 하는 방안을 고려함은 별론으로 하고, 피고가 원고로부터 위 신탁재산에 관하여 신탁재산의 귀속을 원인으로 한 신탁등기의 말소등기 및 소유권이전등기의 신청절차를 인수하고, 다시 원고에게 현금청산을 원인으로 하는 소유권이전등기절차를 이행할 의무는 인정되지 않는다고 할 것이어서, 원고의 이 사건 청구는 본안에서 기각되어야 할 것임이 분명하다.」고 판시하였는바, 이러한 경우에 현행 신탁법 제34조 제2항 제3호에 따라 비송사건으로 법원에 고유재산 귀속 허가신청을 하여야 한다.

2. 주거환경정비사업 및 재개발사업의 수용재결

(1) 주거환경정비사업 및 재개발사업의 시행자는 정비구역에서 정비사업을 시행하

---

200) 현행 신탁법 제34조(이익에 반하는 행위의 금지)

① 수탁자는 누구의 명의(명의)로도 다음 각 호의 행위를 하지 못한다.

1. 신탁재산을 고유재산으로 하거나 신탁재산에 관한 권리를 고유재산에 귀속시키는 행위

② 제1항에도 불구하고 수탁자는 다음 각 호의 어느 하나에 해당하는 경우 제1항 각 호의 행위를 할 수 있다. 다만, 제3호의 경우 수탁자는 법원에 허가를 신청함과 동시에 수익자에게 그 사실을 통지하여야 한다.

3. 법원의 허가를 받은 경우

기 위하여 「공익사업을 위한 토지 등의 취득 및 보상에 관한 법률」 제3조에 따른 토지·물건 또는 그 밖의 권리를 취득하거나 사용할 수 있다.

(2) 도시정비법은 주거환경정비사업 및 재개발사업에서 조합원 강제가입주의를 취하고 있어서 조합설립 또는 사업시행자 지정에 동의하지 아니한 토지등소유자도 강제적으로 사업에 참여하게 되고, 다만 법 제73조에 따라 분양신청을 하지 아니하거나 관리처분계획에 따라 분양대상자에서 제외된 자는 현금청산자로 분류되어 사업에서 탈퇴하게 되는바, 사업시행자는 사업에서 탈퇴한 토지등소유자에게 법 제63조에 따라 수용권을 행사하여 토지등소유권을 강제로 확보할 수 있게 된다.

(3) 재건축사업은 법 제26조 제1항 제1호 및 제27조 제1항 제1호에 따라 천재지변 등 불가피한 사유로 긴급하게 재건축을 시행할 필요가 있다고 인정되어 공공시행자 또는 지정개발자가 시행하는 경우에 한하여 예외적으로 수용권한이 인정된다.[201] 이 경우 사업시행자는 사업시행자 지정에 동의하지 아니한 토지등소유자와 분양신청을 하지 아니하거나 관리처분계획에 따라 분양대상자에서 제외된 자를 상대로 수용권을 행사하여 토지등소유권을 강제로 확보할 수 있다. 이러한 예외적인 경우를 제외하고 재건축사업에서는 수용권한이 인정되지 아니하며, 사법상 매매계약을 의제하는 매도청구권의 행사로 소유권을 확보하여야 한다.

3. 재건축사업의 매도청구

(1) 도시정비법은 재건축사업에서 조합원 임의가입제도(공공시행자와 지정개발자도 같다)를 채택하고 있는바 조합설립에 동의하지 아니한 토지등소유자는 조합원이 되지 아니하고 해당 토지는 조합이 관리처분계획으로도 처분권한을 취득한다고 할 수 없으며, 조합정관 등에 의한 신탁등기 의무도 적용될 수 없으므로, 사업시행자가 강제적으로 소유권을 확보할 방법이 필요하다.

(2) 나아가 조합설립에 동의하여 조합원이 된 토지등소유자도 분양신청을 하지 아니함으로써 조합원의 지위를 상실하고 현금청산자가 되는바, 이 경우에도 사업시행자가 강제적으로 소유권을 확보할 방법이 필요하다.

---

201) 법 제63조 괄호 부분.

(3) 앞서 본 바와 같이 법 제63조는 예외적인 경우를 제외하고 재건축 사업시행자의 수용권한을 인정하지 아니하는바, 법 제64조는 조합설립 또는 사업시행자의 지정에 동의하지 아니한 토지등소유자에 대한 매도청구권을, 법 제73조는 조합설립 또는 사업시행자의 지정에 동의하였지만 분양신청을 하지 아니하거나 관리처분계획에 따라 분양대상자에서 제외된 자에 대해서도 매도청구권을 규정하고 있다. 사업시행자는 이에 따라 매도청구권을 행사하여 소유권을 확보하게 된다.

Ⅱ. 주거환경개선사업 · 재개발사업의 수용재결 및 손실보상(제63, 65조)

도시정비법	도시정비법 시행령
제63조 (토지 등의 수용 또는 사용) 사업시행자는 정비구역에서 정비사업(재건축사업의 경우에는 제26조제1항제1호 및 제27조제1항제1호에 해당하는 사업으로 한정한다)을 시행하기 위하여 「공익사업을 위한 토지 등의 취득 및 보상에 관한 법률」 제3조에 따른 토지 · 물건 또는 그 밖의 권리를 취득하거나 사용할 수 있다. 제65조 (「공익사업을 위한 토지 등의 취득 및 보상에 관한 법률」의 준용) ① 정비구역에서 정비사업의 시행을 위한 토지 또는 건축물의 소유권과 그 밖의 권리에 대한 수용 또는 사용은 이 법에 규정된 사항을 제외하고는 「공익사업을 위한 토지 등의 취득 및 보상에 관한 법률」을 준용한다. 다만, 정비사업의 시행에 따른 손실보상의 기준 및 절차는 대통령령으로 정할 수 있다. ② 제1항에 따라 「공익사업을 위한 토지 등의 취득 및 보상에 관한 법률」을 준용하는 경우 사업시행계획인가 고시(시장 · 군수등이 직접 정비사업을 시행하는 경우에	제54조 (손실보상 등) ① 제13조제1항에 따른 공람공고일부터 계약체결일 또는 수용재결일까지 계속하여 거주하고 있지 아니한 건축물의 소유자는 「공익사업을 위한 토지 등의 취득 및 보상에 관한 법률 시행령」 제40조제5항제2호에 따라 이주대책대상자에서 제외한다. 다만, 같은 호 단서(같은 호 마목은 제외한다)에 해당하는 경우에는 그러하지 아니하다. 〈개정 2018. 4. 17.〉 ② 정비사업으로 인한 영업의 폐지 또는 휴업에 대하여 손실을 평가하는 경우 영업의 휴업기간은 4개월 이내로 한다. 다만, 다음 각 호의 어느 하나에 해당하는 경우에는 실제 휴업기간으로 하되, 그 휴업기간은 2년을 초과할 수 없다. 1. 해당 정비사업을 위한 영업의 금지 또는 제한으로 인하여 4개월 이상의 기간동안 영업을 할 수 없는 경우 2. 영업시설의 규모가 크거나 이전에 고도의 정밀성을 요구하는 등 해당 영업의 고유한 특수성으로 인하여 4개월

는 제50조제9항에 따른 사업시행계획서의 고시를 말한다. 이하 이 조에서 같다)가 있은 때에는 같은 법 제20조제1항 및 제22조제1항에 따른 사업인정 및 그 고시가 있은 것으로 본다. 〈개정 2021. 3. 16.〉 ③ 제1항에 따른 수용 또는 사용에 대한 재결의 신청은 「공익사업을 위한 토지 등의 취득 및 보상에 관한 법률」 제23조 및 같은 법 제28조제1항에도 불구하고 사업시행계획인가(사업시행계획변경인가를 포함한다)를 할 때 정한 사업시행기간 이내에 하여야 한다. ④ 대지 또는 건축물을 현물보상하는 경우에는 「공익사업을 위한 토지 등의 취득 및 보상에 관한 법률」 제42조에도 불구하고 제83조에 따른 준공인가 이후에도 할 수 있다.	이내에 다른 장소로 이전하는 것이 어렵다고 객관적으로 인정되는 경우 ③ 제2항에 따라 영업손실을 보상하는 경우 보상대상자의 인정시점은 제13조제1항에 따른 공람공고일로 본다. ④ 주거이전비를 보상하는 경우 보상대상자의 인정시점은 제13조제1항에 따른 공람공고일로 본다.

1. 수용 · 사용 및 손실보상의 의의 등

가. 의 의

(1) 헌법 제23조 제3항은 "공공필요에 의한 재산권의 수용 · 사용 또는 제한 및 그에 대한 보상은 법률로써 하되, 정당한 보상을 지급하여야 한다."고 규정하고 있고, 이에 따라 제정된 「공익사업을 위한 토지 등의 취득 및 보상에 관한 법률」은 공공필요에 의해 시행되는 공익사업의 시행자가 사업부지 내 토지 등의 소유권과 그 밖의 권리를 취득하는 방법으로써 수용 · 사용의 절차와 정당한 보상을 위한 손실보상에 관하여 규정하고 있다.

(2) 도시정비법은 정비사업을 공익사업으로 규율하여 정비사업의 시행자에게 토지보상법상 수용 · 사용권한을 인정하고, 그 절차와 방법 등에 관하여 도시정비법이 별도로 규정한 사항을 제외하고 토지보상법을 준용하도록 하였다.[202)]

202) 법 제65조 제1항.

나. 적용되는 정비사업의 범위

(1) 법 제63조는 토지보상법상 수용·사용권한이 인정되는 정비사업의 범위를 원칙적으로 주거환경정비사업과 재개발사업으로 한정하며, 법 제25조 제1항 제2호에 따라 토지등소유자가 20인 미만으로서 토지등소유자가 직접 재개발사업을 시행하는 경우에도 수용권한이 인정된다.[203]

(2) 재건축사업은 원칙적으로 수용권한이 인정되지 아니하나, 법 제26조 제1항 제1호 및 제27조 제1항 제1호에 따라 천재지변 등 불가피한 사정으로 긴급하게 재건축사업을 시행할 필요가 있어서 공공시행자 또는 지정개발자가 사업시행자로 지정 고시된 때에는 예외적으로 토지보상법상 수용·사용권한이 인정된다.[204]

(3) 이와 같이 재건축사업이 제외된 이유는, 도시정비법 제정 이전에 구 주택건설촉진법에 따라 민간사업으로 인정되었던 재건축사업을 도시정비법에서 공익사업으로 통합하여 규율하였지만, 재건축사업은 정비기반시설이 양호한 노후·불량한 주택단지를 정비하는 사업으로 정비기반시설의 확충이라는 공공의 필요성이 부족하여 토지보상법상 수용·사용권한을 인정할 경우 헌법 제23조 제3항의 공공필요의 원칙에 위반될 소지가 있기 때문이다. 이에 도시정비법은 재건축사업의 경우 사법상 매매계약을 강제하는 매도청구권으로 소유권을 확보하도록 한 것이다.

다. 법 제61조 및 제62조와의 구별

(1) 법 제61조 제2항 및 제62조 제2항은 주거환경개선사업 및 재개발사업의 시행자가 철거되는 주택의 소유자 또는 세입자에게 임시거주시설을 설치하여 제공하기 위해 해당 정비구역 안과 밖에 공공단체 또는 개인의 시설이나 토지를 일시 사용할 수 있고 이 경우 토지수용위원회에 사용재결을 신청할 수 있도록 규정하고 있는데, 법 제63조 및 제65조는 사업시행자가 사업시행을 위해 정비구역 내에 토지 등의 소유권의 확보하기 위한 것으로 법 제61조 제2항 및 제62조 제2항과 구별된다.

(2) 법 제63조 및 제65조는 ① 토지 등 소유권 확보를 위한 수용재결이 주된 방법이고, ② 정비구역 내에만 적용되며, ③ 토지보상법에 우선하는 손실보상의 기준 및 절

203) 헌법재판소 2011. 11. 24.자 2010헌가95, 96 결정.
204) 법 제63조.

차를 대통령령으로 따로 정할 수 있는 점에서 법 제61조 제2항 및 제62조 제2항과 구별된다.

(3) 대법원도 「구 도시정비법 제36조 제1항 제1문 등에서 정한 세입자에 대한 임시수용시설 제공 등은 주거환경개선사업 및 주택재개발사업의 사업시행자로 하여금 주거환경개선사업 및 주택재개발사업의 시행으로 철거되는 주택에 거주하던 세입자에게 거주할 임시수용시설을 제공하거나 주택자금 융자알선 등 임시수용시설 제공에 상응하는 조치를 취하도록 하여 사업시행기간 동안 세입자의 주거안정을 도모하기 위한 조치로 볼 수 있는 반면, 공익사업을 위한 토지 등의 취득 및 보상에 관한 법률(이하 '토지보상법'이라 한다) 제78조 제5항, 공익사업을 위한 토지 등의 취득 및 보상에 관한 법률 시행규칙(이하 '토지보상법 시행규칙'이라 한다) 제54조 제2항 본문의 각 규정에 의하여 공익사업 시행에 따라 이주하는 주거용 건축물의 세입자에게 지급하는 주거이전비는 당해 공익사업 시행지구 안에 거주하는 세입자들의 조기이주를 장려하여 사업추진을 원활하게 하려는 정책적인 목적과 주거이전으로 말미암아 특별한 어려움을 겪게 될 세입자들을 대상으로 하는 사회보장적인 차원에서 지급하는 돈의 성격을 갖는 것으로 볼 수 있는 점, 도시정비법 및 토지보상법 시행규칙 등의 관련 법령에서 임시수용시설 등 제공과 주거이전비 지급을 사업시행자의 의무사항으로 규정하면서 임시수용시설 등을 제공받는 자를 주거이전비 지급대상에서 명시적으로 배제하지 않은 점을 비롯한 위 각 규정의 문언, 내용 및 입법 취지 등을 종합해 보면, 도시정비법에 따라 사업시행자에게서 임시수용시설을 제공받는 세입자라 하더라도 토지보상법 및 토지보상법 시행규칙에 따른 주거이전비를 별도로 청구할 수 있다고 보는 것이 타당하다.」고 판시하여 양 제도가 서로 다른 제도임을 명확히 하였다.[205][206]

---

205) 대법원 2011. 7. 14. 선고 2011두3685 판결 [주거이전비등].

206) 대법원 2004. 10. 27. 선고 2003두858 판결도 구 도시재개발법이 적용되었던 사안에서 「재개발사업으로 인하여 주택이 철거되는 주민들을 위하여 재개발사업이 완료되어 입주하기까지 사이의 기간 동안 임시로 거처할 시설 등을 제공하도록 한 임시수용시실의 설치에 관한 규정인 구 도시재개발법(2002. 12. 30. 법률 제6852호로 폐지) 제27조 제1항은 재개발사업으로 인하여 생활근거를 상실하는 자에 대하여 시행하도록 규정하고 있는 이주대책과는 별개의 내용을 규정한 것이므로, 위 규정을 이유로 재개발사업의 경우 이주대책을 세우지 않아도 된다고 할 수는 없다.」판시하였다.

2. 수용 또는 사용재결

가. 수용·사용의 대상 및 대상자

(1) 토지보상법 제3조는 공익사업시행자가 취득(수용) 또는 사용할 수 있는 대상을 ① 토지 및 이에 관한 소유권 외의 권리, ② 토지와 함께 공익사업을 위하여 필요한 입목(입목), 건물, 그밖에 토지에 정착된 물건 및 이에 관한 소유권 외의 권리, ③ 광업권·어업권 또는 물의 사용에 관한 권리, ④ 토지에 속한 흙·돌·모래 또는 자갈에 관한 권리로 규정하고 있고, 정비사업에서는 주로 토지와 건물, 입목 등 그밖에 토지의 정착물에 대한 권리가 수용대상이 된다.

(2) 위와 같이 수용재결의 대상이 되는 것은 토지 등의 소유권에 국한되지 아니하고 소유권 외의 권리(전세권, 임차권 등)도 포함되나, 토지보상법 제45조는 "사업시행자는 수용의 개시일에 토지나 물건의 소유권을 취득하며, 그 토지나 물건에 관한 다른 권리는 이와 동시에 소멸한다."고 규정하고 있어 정비사업시행자가 수용재결을 통해 토지 등의 소유권을 취득하면 되는 것이지, 수용재결에 의해 권리가 소멸하는 전세권자, 임차권자 등에게 일일이 수용재결을 신청할 필요는 없기 때문에, 법 제63조의 수용재결은 토지등소유권 확보를 목적으로 현금청산자를 대상으로 행해지고 있다.

(3) 그런데, 토지보상법은 토지등소유자 외에 세입자에게도 주거이전비, 이사비, 영업손실보상금 등을 인정하고 있고, 대법원은 주거세입자에 대한 주거이전비와 이사비는 반드시 재결절차를 거쳐야 하는 것은 아니고 세입자가 사업시행자를 상대로 공법상 당사자소송에 의해 직접 청구할 수도 있다고 판시하고 있으나,[207] 영업손실보상에 관

---

207) 대법원 2008. 5. 29. 선고 2007다8129 판결 [주거이전비등] 「구 공익사업을 위한 토지 등의 취득 및 보상에 관한 법률(2007. 10. 17. 법률 제8665호로 개정되기 전의 것) 제78조 제5항, 제7항, 같은 법 시행규칙 제54조 제2항 본문, 제3항의 각 조문을 종합하여 보면, 세입자의 주거이전비 보상청구권은 그 요건을 충족하는 경우에 당연히 발생하는 것이므로, 주거이전비 보상청구소송은 행정소송법 제3조 제2호에 규정된 당사자소송에 의하여야 한다. 다만, 구 도시 및 주거환경정비법(2007. 12. 21. 법률 제8785호로 개정되기 전의 것) 제40조 제1항에 의하여 준용되는 구 공익사업을 위한 토지 등의 취득 및 보상에 관한 법률 제2조, 제50조, 제78조, 제85조 등의 각 조문을 종합하여 보면, 세입자의 주거이전비 보상에 관하여 재결이 이루어진 다음 세입자가 보상금의 증감 부분을 다투는 경우에는 같은 법 제85조 제2항에 규정된 행정소송에 따라, 보상금의 증감 이외의 부분을 다투는 경우에는 같은 조 제1항에 규정된 행정소송에 따라 권리구제를 받을 수 있다.」

하여는 반드시 재결절차를 거쳐야 한다고 판시하고 있다.[208] 이와 같이 판시한 이유는 영업권이 토지보상법 제3조의 수용대상에는 포함되지 아니하나 광업권 · 어업권과 유사한 성격을 갖고 있고, 거주자에 대한 손실보상이 세대원 수, 거주면적 등 일률적 기준에 의해 정해질 수 있는 것과 달리 영업손실보상금은 이주 이전에 실질적 조사와 감정평가에 따라 확정할 필요가 있기 때문이다. 따라서 사업시행자는 현금청산자에 대한 수용재결 외에 영업보상 대상자인 세입자에 대해서도 반드시 보상재결[209]을 신청하여 결정을 받아야 한다. 보상재결을 거쳐 영업손실보상금을 지급하지 아니할 때에는 법 제81조 제1항 단서[210]에 따라 사업시행자의 사용 · 수익권이 제한되어 명도소송과 철

---

208) 대법원 2011. 9. 29. 선고 2009두10963 판결 [영업권보상] 「구 공익사업을 위한 토지 등의 취득 및 보상에 관한 법률(2007. 10. 17. 법률 제8665호로 개정되기 전의 것, 이하 '구 토지보상법'이라 한다) 제77조 제1항, 제4항, 구 공익사업을 위한 토지 등의 취득 및 보상에 관한 법률 시행규칙(2007. 4. 12. 건설교통부령 제556호로 개정되기 전의 것) 제45조, 제46조, 제47조와 구 토지보상법 제26조, 제28조, 제30조, 제34조, 제50조, 제61조, 제83조 내지 제85조의 규정 내용 및 입법 취지 등을 종합하여 보면, 공익사업으로 인하여 영업을 폐지하거나 휴업하는 자가 사업시행자에게서 구 토지보상법 제77조 제1항에 따라 영업손실에 대한 보상을 받기 위해서는 구 토지보상법 제34조, 제50조 등에 규정된 재결절차를 거친 다음 재결에 대하여 불복이 있는 때에 비로소 구 토지보상법 제83조 내지 제85조에 따라 권리구제를 받을 수 있을 뿐, 이러한 재결절차를 거치지 않은 채 곧바로 사업시행자를 상대로 손실보상을 청구하는 것은 허용되지 않는다고 보는 것이 타당하다.」

대법원 2018. 7. 20. 선고 2015두4044 판결 [토지수용보상금등증액] 「구 공익사업을 위한 토지 등의 취득 및 보상에 관한 법률(2013. 3. 23. 법률 제11690호로 개정되기 전의 것, 이하 '토지보상법'이라 한다) 제26조, 제28조, 제30조, 제34조, 제50조, 제61조, 제83조 내지 제85조의 규정 내용과 입법 취지 등을 종합하면, 공익사업에 영업시설 일부가 편입됨으로 인하여 잔여 영업시설에 손실을 입은 자가 사업시행자로부터 구 공익사업을 위한 토지 등의 취득 및 보상에 관한 법률 시행규칙(2014. 10. 22. 국토교통부령 제131호로 개정되기 전의 것) 제47조 제3항에 따라 잔여 영업시설의 손실에 대한 보상을 받기 위해서는, 토지보상법 제34조, 제50조 등에 규정된 재결절차를 거친 다음 그 재결에 대하여 불복이 있는 때에 비로소 토지보상법 제83조 내지 제85조에 따라 권리구제를 받을 수 있을 뿐이다. 이러한 재결절차를 거치지 않은 채 곧바로 사업시행자를 상대로 손실보상을 청구하는 것은 허용되지 않는다.」

209) 현금청산자가 직접 영업보상 대상자에 해당한다면 수용재결에서 영업보상금을 함께 산정하여 재결을 하면 되고, 세입자가 영업보상 대상자라면 수용은 필요하지 아니하고 영업보상금만 지급하면 되기에 이를 보상재결이라고 한다.

210) 법 제81조(건축물 등의 사용 · 수익의 중지 및 철거 등)

① 종전의 토지 또는 건축물의 소유자 · 지상권자 · 전세권자 · 임차권자 등 권리자는 제78조 제4항에 따른 관리처분계획인가의 고시가 있은 때에는 제86조에 따른 이전고시가 있는 날까지 종전의 토지 또는 건축물을 사용하거나 수익할 수 없다. 다만, 다음 각 호의 어느 하나에 해당하는 경우에는 그러하지 아니하다. 〈개정 2017.8.9〉

2. 「공익사업을 위한 토지 등의 취득 및 보상에 관한 법률」에 따른 손실보상이 완료되지 아

거 등 사업진행에 지장을 초래하기 때문이다.

나. 사업인정고시

(1) 사업시행자는 토지 등을 수용하거나 사용하려면 대통령령으로 정하는 바에 따라 국토교통부장관의 사업인정을 받아야 하는데, 사업시행계획인가 고시(시장·군수등이 직접 정비사업을 시행하는 경우에는 제50조 제9항에 따른 사업시행계획서의 고시를 말한다. 이하 이 조에서 같다)가 있은 때에는 토지보상법 제20조 제1항 및 제22조 제1항에 따른 사업인정 및 그 고시가 있은 것으로 본다.[211)]

(2) 토지보상법 제23조 제1항은 사업시행자가 사업인정의 고시가 된 날부터 1년 이내에 재결신청을 하지 아니한 경우에는 사업인정고시가 된 날부터 1년이 되는 날의 다음 날에 사업인정은 그 효력을 상실(실효)한다고 하여 사업인정의 효력기간을 1년으로 정하고 있고, 동법 제28조 제1항은 위 기간 내에 재결을 신청할 수 있도록 규정하여 위 기간이 도과하면 재결신청권이 소멸하도록 규정하고 있는데, 도시정비법 제65조 제2항은 토지보상법을 준용하는 경우 사업시행계획인가 고시를 토지보상법상 사업인정고시로 의제하여 별도로 토지보상법에 따른 사업인정고시를 받지 않도록 하면서도, 동조 제3항은 정비사업의 특칙으로 수용 또는 사용에 대한 재결의 신청은 토지보상법 제23조 및 제28조 제1항에도 불구하고 사업시행계획인가(사업시행계획변경인가를 포함한다)를 할 때 정한 사업시행기간 이내에 하여야 한다고 규정하고 있다.

(3) 따라서 사업시행기간이 도과하면 인가받은 사업시행계획이 효력을 상실하는지는 별론으로 하더라도 의제된 토지보상법상 사업인정은 효력을 상실하는데, 대법원은 이를 「강학상 실효에 해당하여 그 법적 효과가 소급하여 무효로 되는 것은 아니고 장래를 향하여 효력을 상실하므로, 사업시행기간 내에 이루어진 토지의 매수·수용을 비롯한 사업시행의 법적 효과가 소급하여 효력을 상실하여 무효로 된다고 할 수 없다.」고 판시하였으며,[212)] 「도시정비법에 따라 설립된 정비사업조합에 의하여 수립된 사업시

니한 경우

211) 법 제65조 제2항.

212) 대법원 2001. 11. 13. 선고 2000두1706 판결 [학교시설사업시행계획변경승인무효확인] 「구 학교시설사업촉진법(1995. 1. 5. 법률 제4881호로 개정되기 전의 것) 제10조 제3항 후단은 재결신청은 토지수용법 제17조 및 제25조 제2항의 규정에 불구하고 시행계획을 승인함에 있어서 정한 학교시설사업의 시행기간 내에 하여야 한다고 규정하고 있는바, 사업시행자는 그 시행

행계획에서 정한 사업시행기간이 도과하였다 하더라도, 유효하게 수립된 사업시행계획 및 그에 기초하여 사업시행기간 내에 이루어진 토지의 매수 · 수용을 비롯한 사업시행의 법적 효과가 소급하여 그 효력을 상실하여 무효로 된다고 할 수 없다.」고 판시하였다.[213] 이와 같이 사업인정고시의 실효는 적법한 기간 내에 수용재결을 신청하지 아니한 토지등소유자에게만 미치는 것이지 적법하게 수용재결이 신청된 토지등소유자에게까지 미치는 것은 아니라고 할 것이며, 사업시행기간 내에 수용재결을 신청한 이상 사업시행기간이 도과한 후 내려진 수용재결처분도 적법하다.

(4) 사업시행기간 내에 수용재결을 신청하지 못한 경우에 사업시행기간을 연장하여 적법하게 수용재결을 신청하는 방법과 절차에 관하여 견해 대립이 있는바 요약하면 아래와 같다(각 견해의 논거 등 상세한 내용은 본서 법 제52조 부분에서 이미 서술하였으므로 이를 참조하기로 한다).

1) 사업시행기간 도과 후 사업시행기간의 연장 방법

도시정비법 제65조 제2항은 사업시행계획인가 고시를 토지보상법상 사업인정 고시로 의제하고 있는데, 토지보상법이 사업인정 고시의 실효를 규정하고 있을 뿐 도시정비법은 사업시행계획인가의 실효를 규정하고 있지 아니한 바, ① 사업시행기간의 도과로

지에 포함된 토지에 대하여 시행계획의 승인이나 그 변경승인에서 정한 사업시행기간 내에 이를 매수하거나 수용재결의 신청을 하여야 하고, 그 시행기간 내에 그 중 일부 토지에 대한 취득이 이루어지지 아니하면 그 일부 토지에 대한 시행계획의 승인이나 그 변경승인은 장래에 향하여 그 효력을 상실한다 할 것이고, 이는 강학상의 이른바 '실효'에 해당하는 것이다.」
대법원 2016. 12. 1. 선고 2016두34905 판결「도시 및 주거환경정비법에 따라 설립된 정비사업조합에 의하여 수립된 사업시행계획에서 정한 사업시행기간이 도과하였더라도, 유효하게 수립된 사업시행계획 및 그에 기초하여 사업시행기간 내에 이루어진 토지의 매수 · 수용을 비롯한 사업시행의 법적 효과가 소급하여 효력을 상실하여 무효로 된다고 할 수 없다.」

213) 대법원 2016. 12. 1. 선고 2016두34905 판결.
동일취지 판례 : 대법원 2001. 11. 13. 선고 2000두1706 판결 [학교시설사업시행계획변경승인무효확인]「구 학교시설사업촉진법(1995. 1. 5. 법률 제4881호로 개정되기 전의 것) 제10조 제3항 후단은 재결신청은 토지수용법 제17조 및 제25조 제2항의 규정에 불구하고 시행계획을 승인함에 있어서 정한 학교시설사업의 시행기간 내에 하여야 한다고 규정하고 있는바, 사업시행자는 그 시행지에 포함된 토지에 대하여 시행계획의 승인이나 그 변경승인에서 정한 사업시행기간 내에 이를 매수하거나 수용재결의 신청을 하여야 하고, 그 시행기간 내에 그 중 일부 토지에 대한 취득이 이루어지지 아니하면 그 일부 토지에 대한 시행계획의 승인이나 그 변경승인은 장래에 향하여 그 효력을 상실한다 할 것이고, 이는 강학상의 이른바 '실효'에 해당하는 것이다.」

사업시행계획인가 자체도 실효된다고 보는 〈실효설〉은 새로운 사업시행계획인가를 받거나 인가에 준하는 변경인가를 받아야 사업시행기간의 연장이 적법하고 사업시행기간만을 변경하는 변경인가는 기초되는 사업시행계획인가가 실효되어 부존재하므로 부적법하다고 보며,[214] ② 사업시행기간의 도과로 사업시행계획인가 자체가 실효되지는 않는다는 〈유효설〉[215]은 사업시행기간만을 변경하는 변경인가도 적법하다고 보며, ③ 사업시행기간 내에 재결신청을 하지 아니하여 사업인정 고시가 실효된 일부 토지등소유자에 대해서만 사업시행계획인가가 일부 실효된다는 〈절충설〉[216]도 실효된 부분을 포함한 사업시행계획인가에 대해 사업시행기간을 연장하는 변경인가를 받아 연장된 기간 내에 적법하게 수용재결을 신청할 수 있다고 본다. 사견으로는 〈유효설〉이 타당하다고 보며, 대법원 판례에는 위 세 가지 견해가 모두 존재하여 입장이 정리되지 못하고 있는데, 사업시행자는 불필요한 법적 분쟁을 피하기 위해 새로운 사업시행계획인가를 받거나 인가에 준하는 변경인가를 받아 사업시행기간을 연장할 필요가 있다.

2) 사업시행기간 연장 후 다시 법 제72조에 따른 분양신청 절차를 진행하여야 하는지

① 분양신청 절차를 진행한 후 사업시행기간이 도과하여 이를 연장한 경우에, 사업시행계획인가의 실효를 인정하더라도 강학상 실효는 장래에 향하여 효력을 상실시킬 뿐이므로 실효 여부와 무관하게 다시 분양신청 절차를 진행할 필요가 없다는 견해와 분양신청절차는 관리처분계획 수립의 요건에 불과하여 관리처분계획 수립 전에는 법적 효력이 완성된 것이라고 볼 수 없으므로, 사업시행계획이 실효되면 종전 분양신청 절차도 실효된다는 견해가 있을 수 있다.

② 사업시행기간 도과 후 분양신청의 절차를 진행한 경우에, 〈실효설〉에 따르면 사업시행계획이 실효되어 분양신청 절차는 위법하여 무효로 되고, 〈유효설〉에 따르면 사업시행계획이 유효하여 분양신청 절차는 유효하다고 볼 수 있으며,[217] 〈절충설〉에

---

214) 대법원 2015. 8. 27. 선고 2015두41920 판결(원심 : 서울고등법원 2015. 4. 16. 선고 2014누58558 판결, 서울행정법원 2014. 7. 3. 선고 2013구합18018 판결).

215) 대법원 2016. 12. 1. 선고 2016두34905 판결(원심 : 서울고등법원 2016. 1. 19. 선고 2015누57118 판결), 대법원 2017. 6. 19. 선고 2015다70679 판결.

216) 대법원 2001. 11. 13. 선고 2000두1706 판결.

217) 다만, 법 제72조 제1항은 사업시행인가 고시일로부터 120일 이내에 분양신청 통지를 하여야 하는 등 분양신청 절차의 시기를 규정하고 있는바, 이를 위반하여 무효라고 볼 여지가 있다. 그러나, 통설과 판례[부산고등법원 2012누447, 461(병합) 판결]는 법 제72조의 시기를 도과하

따르면 수용재결을 신청하지 아니한 토지등소유자에 대하여 일부 무효로 되고 해당 토지등소유자에 대해서만 다시 분양신청의 기회를 부여하면 된다.

③ 위 두 사안과 일치하는 사안은 아니지만, 대법원 2007. 3. 29. 선고 2004두6235 판결은 폐지된 구 도시재개발법이 개정된 사안에서, 사업시행기간을 연장하는 새로운 사업시행인가의 성격을 갖는 변경인가를 받은 때에는 개정법에 따라 분양신청 공고 등의 절차를 진행한 후 수용재결을 신청하여야 하고 이러한 절차 없이 신청한 재결신청은 부적법하다고 판시하였다.

④ 사견으로는 위 ①, ②의 경우 모두 다시 분양신청절차를 진행할 필요가 없다고 보며, 위 ③의 대법원 판례는 개정법의 적용에 관한 문제로서 ①, ②의 사안에 그대로 적용될 수는 없다고 본다. 다만, 사업시행자는 불필요한 논란으로 인한 분쟁을 피하기 위해 재분양신청 절차를 진행할 필요가 있다.

다. 토지·물건조서의 작성 및 보상계획의 공고

(1) 토지보상법 제15조에 따르면 사업시행자는, 공익사업의 개요, 토지조서 및 물건조서의 내용과 보상의 시기·방법 및 절차 등이 포함된 보상계획을 전국을 보급지역으로 하는 일간신문에 공고하고, 토지소유자 및 관계인에게 각각 통지하여야 하며, 특별자치도지사, 시장·군수 또는 구청장에게 열람을 의뢰하는 사업시행자를 제외하고는 특별자치도지사, 시장·군수 또는 구청장에게도 통지하여야 하며(다만, 토지소유자와 관계인이 20인 이하인 경우에는 공고를 생략할 수 있다), 사업시행자는 제1항에 따른 공고나 통지를 하였을 때에는 그 내용을 14일 이상 일반인이 열람할 수 있도록 하여야 한다(다만, 사업지역이 둘 이상의 시·군 또는 구에 걸쳐 있거나 사업시행자가 행정청이 아닌 경우에는 해당 특별자치도지사, 시장·군수 또는 구청장에게도 그 사본을 송부하여 열람을 의뢰하여야 한다).

(2) 그러나 대법원은 「도시정비법에서는, ① 사업시행자의 사업시행인가신청 시 첨부서류로 '수용 또는 사용할 토지 또는 건축물의 명세 및 소유권 외의 권리의 명세서'를 규정하고 있는 점(시행규칙 제10조 제2항 제1호 라목), ② 시장·군수가 사업시행인가처분에 따라 지방자치단체의 공보에 고시할 사항으로 '수용 또는 사용할 토지 또는 건축물의

였다고 분양신청 절차를 진행할 수 없다고 해석할 수는 없고, 해당 시기는 훈시규정에 불과하다고 본다.

명세 및 소유권외의 권리의 명세'를 규정하고 있는 점(시행규칙 제10조 제3항 제1호 바목). ③ 현금청산대상자와 사업시행자 사이의 청산금 협의에 앞서 법 제72조 및 시행령 제59조에 따라 분양신청 통지 · 공고 절차가 선행하게 되는데, 이를 통하여 토지등소유자에게 '분양신청기간 및 장소', '분양대상 대지 또는 건축물의 내역', '개략적인 부담금 내역', '분양신청자격', '분양신청방법', '분양을 신청하지 아니한 자에 대한 조치' 등의 사항을 토지등소유자에게 개별적으로 통지되거나 공고되는 점, ④ 따라서 토지등소유자에 대하여는 위와 같은 도시정비법 고유의 절차와 별도로 토지보상법상 토지조서 및 물건조서의 작성(토지보상법 제14조)이나 보상계획의 공고 · 통지 및 열람(토지보상법 제15조)의 절차를 새로이 거쳐야 할 필요나 이유가 없는 점에 비추어, 토지보상법상 토지 · 물건조서의 작성 및 보상계획 공고는 정비사업에 적용되지 아니한다.」고 판시하였다.[218)]

라. 수용재결신청 전 협의

(1) 협의기간

1) 토지보상법 제16조 및 시행령 제8조에 따르면 사업시행자는 보상협의요청서를 토지등소유자 및 관계인에게 통지하고 30일 이상 협의하도록 규정하고 있는데, 법 제73조는 관리처분계획인가 고시일 다음 날부터 90일 이내에 협의하도록 규정하고 있다.

2) 대법원은 「토지보상법상 손실보상의 협의는 사업시행자와 토지등소유자 사이의 사법상 계약의 실질을 갖는다(대법원 2014. 4. 24. 선고 2013다218620 판결 참조)는 점에서 도시정비법상 협의와 그 성격상 구별된다고 보기 어렵고 도시정비법의 특별한 규정이 토지보상법에 우선하므로 토지보상법상 협의에 관한 규정이 준용되지 않는다.」고 판시하였는바,[219)] 정비사업의 시행자는 관리처분인가 고시일 다음 날부터 90일 이내에 협의하면 되고, 협의기간이 30일 이상일 것을 요하지는 않는다고 본다. 다만 도시정비법 제73조는 현금청산자에게 적용되는 규정이므로 현금청산자가 아닌 영업손실보상자에 대해서는 토지보상법 제16조 및 시행령 제8조에 따라 보상협의요청서를 통지하고 30일 이상 협의하여야 한다고 본다.[220)]

---

218) 대법원 2015. 11. 27. 선고 2015두48877 판결 [부작위위법확인].
219) 대법원 2015. 11. 27. 선고 2015두48877 판결 [부작위위법확인].

(2) 협의 보상금의 기준(감정평가의 의뢰)

1) 2018. 2. 9. 개정 시행령 이전 구시행령 제48조는 "시장 · 군수가 추천하는 감정평가업자 2 이상이 평가한 금액을 산술평균하여 산정한 금액을 기준으로 협의할 수 있다."고 규정하였고, 구법 제48조 제5항은 시장 · 군수가 추천한 감정평가업자 2 이상이 평가한 종전 자산 평가금액의 산술평균금액으로 관리처분계획을 수립하도록 규정하고 있었는바, 사업시행자는 관리처분계획상 종전 자산 평가금액으로 현금청산자와 협의할 수 있었다.

2) 반면 2018. 2. 9. 개정 시행령 제60조 제1항은 "사업시행자가 법 제73조 제1항(손실보상에 관한 협의)에 따라 토지등소유자의 토지, 건축물 또는 그 밖의 권리에 대하여 현금으로 청산하는 경우 청산금액은 사업시행자와 토지등소유자가 협의하여 산정한다. 이 경우 재개발사업의 손실보상액의 산정을 위한 감정평가업자 선정에 관하여는 토지보상법 제68조 제1항에 따른다."고 개정하였는바, 사업시행자는 협의 전에 감정평가업자 3인(사업시행자, 시 · 도지사, 토지등소유자 각 1인 추천) 또는 2인(시 · 도지사와 토지소유자가 모두 감정평가업자를 추천하지 아니하거나 시 · 도지사 또는 토지소유자 어느 한쪽이 감정평가업자를 추천하지 아니하는 경우)을 선정하여 평가를 의뢰하고 산술평균한 금액으로 협의하여야 한다.[221] 사업시행자와 손실보상대상자의 감정평가업자 추천권을 보장하고 이해관계를 반영하기 위한 것이다.

3) 법 제73조 제3항에 따르면 사업시행자가 관리처분계획인가 고시일 다음 날부터 150일 이내에 수용재결을 신청하지 아니하면 지연이자를 지급해야 하므로, 개정 시행령 이후 사업시행자는 관리처분계획인가 전부터 토지보상법에 의한 감정평가 의뢰를 하여 지연이자를 지급하지 아니하도록 유의할 필요가 있다.

---

220) 토지수용위원회는 도시정비법보다 토지보상법을 우선 적용하려는 경향이 있어서, 실무적으로도 30일 이상의 협의를 거치고 협의경위서도 작성하고 있다.

221) 대법원 2015. 11. 27. 선고 2015두48877 판결 [부작위위법확인]은 「도시정비법은 협의의 기준이 되는 감정평가액의 산정에 관하여 별도의 규정을 두고 있으므로, 토지보상법상 감정평가업자를 통한 보상액의 산정(제68조)이나 이를 기초로 한 사업시행자와의 협의(제16조) 절차를 따로 거칠 필요도 없다.」고 판시하였는데, 법령의 개정으로 토지보상법상 감정평가업자를 통한 보상액의 산정이 필요하게 되었다.

(3) 협의의 성립

1) 사업시행자는 협의가 성립되었을 때에는 토지소유자 및 관계인과 계약을 체결하여야 하며,[222] 토지소유자 및 관계인의 동의를 받아 대통령령으로 정하는 바에 따라 관할 토지수용위원회에 협의 성립의 확인을 신청할 수 있다.[223] 공증인법에 따른 공증을 받아 협의 성립의 확인을 신청하였을 때에는 관할 토지수용위원회가 이를 수리함으로써 협의 성립이 확인된 것으로 본다.[224]

2) 협의 성립의 확인은 재결로 보며, 사업시행자, 토지소유자 및 관계인은 그 확인된 협의의 성립이나 내용을 다툴 수 없다.[225]

3) 대법원은 「토지보상법상 수용은 일정한 요건 하에 그 소유권을 사업시행자에게 귀속시키는 행정처분으로서 이로 인한 효과는 소유자가 누구인지와 무관하게 사업시행자가 그 소유권을 취득하게 하는 원시취득이다. 반면, 토지보상법상 '협의취득'의 성격은 사법상 매매계약이므로 그 이행으로 인한 사업시행자의 소유권 취득도 승계취득이다. 그런데 토지보상법 제29조 제3항에 따른 신청이 수리됨으로써 협의 성립의 확인이 있었던 것으로 간주되면, 토지보상법 제29조 제4항에 따라 그에 관한 재결이 있었던 것으로 재차 의제되고, 그에 따라 사업시행자는 사법상 매매의 효력만을 갖는 협의취득과는 달리 확인대상 토지를 수용재결의 경우와 동일하게 원시취득하는 효과를 누리게 된다.」고 판시하였는바,[226] 협의 성립의 확인에 따른 취득과 협의취득은 구별되는 것이다.

(4) 협의불성립과 경위서 작성

협의가 성립되지 아니한 경우에는 협의경위서에 협의의 일시 · 장소 및 방법, 대상 토지의 소재지 · 지번 · 지목 및 면적과 토지에 있는 물건의 종류 · 구조 및 수량, 토지소유자 및 관계인의 성명 또는 명칭 및 주소, 토지소유자 및 관계인의 구체적인 주장내용과 이에 대한 사업시행자의 의견, 그밖에 협의와 관련된 사항을 적어 토지소유자 및

---

222) 토지보상법 제17조.
223) 토지보상법 제29조 제1항.
224) 토지보상법 제29조 제3항.
225) 토지보상법 제29조 제4항.
226) 대법원 2018. 12. 13. 선고 2016두51719 판결 [협의성립확인신청수리처분취소].

관계인의 서명 또는 날인을 받아야 한다. 다만, 토지소유자 및 관계인이 정당한 사유 없이 서명 또는 날인을 거부하거나 토지소유자 및 관계인을 알 수 없거나 그 주소·거소, 그밖에 통지할 장소를 알 수 없는 등의 사유로 서명 또는 날인을 받을 수 없는 경우에는 서명 또는 날인을 받지 아니하되, 해당 협의경위서에 그 사유를 기재하여야 한다.[227)]

마. 수용재결신청의 청구(조속재결청구)

(1) 사업인정고시가 된 후 협의가 성립되지 아니하였을 때에는 토지등소유자와 관계인은 협의기간이 지난 후 서면(재결신청청구서)으로 사업시행자에게 재결을 신청할 것을 청구할 수 있다.[228)] 토지등소유자 및 관계인은 재결신청권이 없으므로 조속한 권리관계 확정을 원하는 토지등소유자 및 관계인의 권리를 보호하고 당사자 간에 공평을 기하기 위한 것이다.

(2) 조속재결청구는 협의기간이 지난 후에 할 수 있고, 정비사업의 경우 법 제73조는 관리처분계획인가가 고시된 다음날부터 90일 이내에 손실보상에 관한 협의를 하도록 규정하고 있으므로, 현금청산자는 위 기간이 도과한 후에 조속재결청구를 할 수 있다. 다만, 법 제73조는 현금청산자에게 적용되는 규정이므로 현금청산자가 아닌 영업손실보상자는 토지보상법 제15, 16조 및 시행령 제8조에 따라 정비사업의 시행자가 보상계획을 공고하고 보상협의요청서를 통지한 후 30일 이상의 협의기간을 거친 후 조속재결청구를 할 수 있다고 할 것이다.

(3) 사업시행자에게 제출하는 조속재결청구서에는 사업시행자의 성명 또는 명칭, 공익사업의 종류 및 명칭, 토지소유자 및 관계인의 성명 또는 명칭 및 주소, 대상 토지의 소재지·지번·지목 및 면적과 토지에 있는 물건의 종류·구조 및 수량, 협의가 성립되지 아니한 사유를 기재하여야 한다.[229)]

(4) 사업시행자는 조속재결청구를 받은 날부터 60일 이내에 관할 토지수용위원회에 재결을 신청하여야 하고, 60일을 넘겨서 재결을 신청하였을 때에는 그 지연된 기간에

227) 토지보상법 시행령 제8조 제5항.
228) 토지보상법 제30조 제1항 및 시행령 제14조 제1항.
229) 토지보상법 시행령 제14조 제1항.

대하여 「소송촉진 등에 관한 특례법」 제3조에 따른 법정이율을 적용하여 산정한 금액을 관할 토지수용위원회에서 재결한 보상금에 가산(加算)하여 지급하여야 한다.[230] 가산하여 지급하여야 하는 금액은 관할 토지수용위원회가 재결서에 적어야 하며, 사업시행자는 수용 또는 사용의 개시일까지 보상금과 함께 이를 지급하여야 한다.[231] 이러한 토지보상법과 별도로 도시정비법 제73조는 현금청산자에 대한 재결신청 지연 시 지연이자의 지급을 별도로 규정하고 있는바, 이에 관해서는 아래에서 살펴보고자 한다.

바. 수용재결의 신청

(1) 재결신청의 유효기간

1) 정비사업에서 수용 또는 사용에 대한 재결의 신청은 토지보상법 제23조 및 같은 법 제28조 제1항에도 불구하고 사업시행계획인가(사업시행계획변경인가를 포함한다)를 할 때 정한 사업시행기간 이내에 하여야 한다.[232]

2) 토지보상법 제23조 및 제28조는 사업인정고시일로부터 1년 이내에 재결을 신청하여야 하고 재결을 신청하지 아니한 경우에는 사업인정고시가 된 날부터 1년이 되는 날의 다음 날에 사업인정은 그 효력을 상실한다고 규정하고 1년이 도과하면 재결신청권도 상실되는데, 도시정비법은 토지보상법상 1년에 대한 특칙으로 사업시행계획인가에서 정한 사업시행기간을 사업인정고시의 실효기간으로 규정하여 사업시행기간이 도과하면 재결신청권이 상실되는 것으로 규정한 것이다.

3) 사업시행자는 사업인정이 실효됨으로 인하여 토지소유자나 관계인이 입은 손실을 보상하여야 하며, 손실의 보상은 사업시행자와 손실을 입은 자가 협의하여 결정하되 협의가 성립되지 아니하면 사업시행자나 손실을 입은 자는 토지수용위원회에 재결을 신청할 수 있다. 손실의 보상은 손실이 있음을 안 날부터 1년이 지났거나 손실이 발생한 날부터 3년이 지난 후에는 청구할 수 없다.[233]

---

230) 토지보상법 제30조 제2, 3항.
231) 토지보상법 시행령 제14조 제2항.
232) 법 제65조 제3항.
233) 토지보상법 제23조 제2, 3항 및 제9조 제5~7항.

(2) 현금청산자에 대한 수용재결의 신청기간과 지연이자

1) 정비사업시행자는 법 제73조의 현금청산자에 대하여 관리처분계획인가 고시일 다음 날부터 90일 이내에 협의를 하여야 하고 협의가 성립되지 아니하면 60일 이내에 수용재결을 신청하여야 하며, 이를 도과하여 수용재결을 신청한 경우에는 현금청산자에게 지연일수에 따른 이자를 지급하여야 한다.[234] 당해 기간을 도과하더라도 재결신청권이 소멸되는 것은 아니므로 재결신청 유효기간(사업인정고시 실효기간)과 구별된다.

2) 당해 기간을 도과하여 재결을 신청한 경우 6개월 이내의 지연일수에 따른 이자의 이율은 연 5%, 6개월 초과 12개월 이내의 지연일수에 따른 이자의 이율은 연 10%, 12개월 초과의 지연일수에 따른 이자의 이율은 15%로 한다.[235]

3) 앞서 본 바와 같이 토지보상법 제30조는 토지등소유자가 조속재결을 신청한 경우에 60일 이내에 사업시행자가 재결을 신청하지 아니한 경우에는 「소송촉진 등에 관한 특례법」 제3조에 따른 법정이율 12%가 가산되는바 양 규정의 해석이 문제된다. 현행 도시정비법 제73조 제3항이 일정기간을 도과하여 "수용재결 신청"을 하는 경우에 지연이자를 지급하도록 규정한 것과 달리 구 도시정비법 제47조는 일정기간을 도과하여 "현금청산금 지급"을 하는 경우에 지연이자를 지급하도록 규정하였는데, 구 도시정비법 제47조가 적용되는 사안에서 대법원 2020. 7. 29. 선고 2016다51170 판결은 「구 도시정비법 제47조에서 정한 바와 같이, 조합이 현금청산사유가 발생한 날부터 150일 이내에 지급하여야 하는 현금청산금은 토지 등 소유자의 종전자산 출자에 대한 반대급부이고, 150일은 그 "이행기간"에 해당한다.」고 판시하면서, 「구 도시정비법 제47조에서 정한 현금청산금의 지급 지체에 따른 지연배상금 청구권과 도시정비법 제40조 제1항에 의하여 재개발사업에 준용되는 공익사업을 위한 토지 등의 취득 및 보상에 관한 법률 제30조 제3항에서 정한 재결신청 지연가산금 청구권은 근거 규정과 요건, 효과를 달리하는 것으로서 각 요건이 충족되면 성립하는 "별개의 청구권"이다. 다만 재결신청 지연가산금에는 이미 '손해 전보'라는 요소가 포함되어 있어 같은 기간에 대하여 양자의 청구권을 동시에 행사할 수 있다고 본다면 이중배상의 문제가 발생하므로, 같은 기간에

---

234) 법 제73조 제3항. 동조는 2012. 2. 1. 개정법 제47조 제2항으로 신설되어 정관이 정하는 바에 따라 지연이자를 지급하도록 규정하였는데, 2017. 2. 8. 개정법 제73조 제3항은 대통령령으로 이율을 정하도록 개정하였다.

235) 시행령 제60조 제2항.

대하여 양자의 청구권이 동시에 성립하더라도 토지 등 소유자는 어느 하나만을 "선택적"으로 행사할 수 있을 뿐이고, 양자의 청구권을 동시에 행사할 수는 없다.」고 판시하였는바, 현행 도시정비법 제73조 제3항의 지연이자와 토지수용법 제30조 제3항의 지연이자도 위 대법원 판시와 같이 별개의 청구권으로서 선택적 관계에 있다는 견해가 있을 수 있다. 그러나 구 도시정비법 제47조 제3항은 청산금의 이행기간 지체에 따른 지연손해금이고 토지보상법 제30조 제3항은 재결신청 지체에 따른 지연손해금이라는 점에서 본질을 달리하므로 별개의 청구권이라고 본 위 대법원 판례는 구법 하에서 타당한 결론이지만, 현행 도시정비법 제73조 제3항은 재결신청 지연에 따른 지연손해금으로 개정하여 토지보상법 제30조 제3항의 재결신청 지연에 따른 지연손해금과 그 성격과 본질이 동일하게 되었고, 현행 도시정비법 제73조는 청산자의 토지보상법 제30조에 따른 조속재결 청구 여부와 무관하게 협의기간 만료일 다음 날로부터 60일 이내에 재결신청을 하지 아니하면 지연이자를 지급하도록 규정하고 있는데 토지보상법 제30조는 협의가 성립되지 아니한 때에 조속재결을 신청할 수 있고 조속재결 청구를 받은 날로부터 60일 이내에 재결신청을 아니한 경우에 지연이자를 지급하도록 규정하고 있는바, 협의기간에 있어서 토지보상법의 특칙에 해당하는 현행 도시정비법 제73조 제1항이 우선 적용되므로 양 규정은 체계와 내용 등에서 거의 유사한 규정이며 조속재결 청구 여부와 무관하게 현행 도시정비법 제73조 제3항에 따른 지연이자의 기산이 먼저 도래한다. 이러한 점에 비추어 법 제73조 제3항에 따른 지연이자는 토지보상법에 대한 특칙에 해당한다고 보아야 하고 정비사업의 현금청산자에 대해 토지보상법 제30조의 조속재결 청구 및 지연이자는 정비사업에서 적용될 여지가 없다고 본다.[236] 다만, 영업권자에

---

236) 구법 이 적용되는 사안에서 대법원 2014. 8. 26. 선고 2013두4293 판결 [손실보상금등청구]은 「분양신청을 한 토지 등 소유자가 분양계약을 체결하지 않거나 사업시행자에게 분양신청을 철회하는 등으로 분양계약의 체결의사가 없음을 명백히 표시하고 사업시행자가 이에 동의함으로써 추가로 현금청산대상자가 된 경우, 그러한 현금청산대상자에 대한 사업시행자의 청산금 지급의무는 '분양계약 체결기간의 종료일 다음 날' 발생하므로, 분양계약 체결기간에도 이르기 전에 사업시행자의 재결신청과 그에 따른 수용재결이 이루어진 경우에는 사업시행자의 재결신청 지연을 이유로 한 토지보상법 제30조 제3항이 정한 가산금은 발생할 여지가 없다(대법원 2013. 1. 24. 선고 2011두22778 판결 등 참조).」판시하였는데, 사안과 같이 분양신청을 하여 관리처분계획 상 분양대상인 조합원이 분양계약을 체결하지 아니하여 정관에 따라 현금청산자가 된 경우, 현행 도시정비법 제73조를 유추적용하여 분양계약 체결기간 만료일 다음 날로부터 90일 이내에 협의하고 그 다음날로부터 60일 이내에 재결신청을 하지 아니하면 동조 제3항에 따른 지연이자를 지급해야 한다고 볼 것인지, 도시정비법에 규정되지

대한 보상재결신청은 법 제73조 현금청산자에 대한 규정이 적용되지 아니하므로 토지보상법 제30조 제3항의 조속재결청구에 따른 지연이자가 적용된다.

(3) 재결신청의 방법

1) 사업시행자는 재결을 신청하는 경우에는 재결신청서에 ① 공익사업의 종류 및 명칭, ② 사업인정의 근거 및 고시일, ③ 수용하거나 사용할 토지의 소재지 · 지번 · 지목 및 면적(물건의 경우에는 물건의 소재지 · 지번 · 종류 · 구조 및 수량), ④ 수용하거나 사용할 토지에 물건이 있는 경우에는 물건의 소재지 · 지번 · 종류 · 구조 및 수량, ⑤ 토지를 사용하려는 경우에는 그 사용의 방법 및 기간, ⑥ 토지소유자 및 관계인의 성명 또는 명칭 및 주소, ⑦ 보상액 및 그 명세, ⑧ 수용 또는 사용의 개시예정일, ⑨ 청구인의 성명 또는 명칭 및 주소와 청구일(법 제30조 제2항에 따라 재결을 신청하는 경우로 한정한다), ⑩ 토지보상법 제21조 제1항 및 제2항에 따른 중앙토지수용위원회와의 협의 결과,[237][238] ⑪ 토지소유자 및 관계인과 협의가 성립된 토지나 물건의 내역 및 보상금 내역을 적어 관할 토지수용위원회에 제출하여야 한다.[239]

2) 재결신청서에는 ① 토지조서 또는 물건조서, ② 협의경위서, ③ 사업계획서, ④ 사업예정지 및 사업계획을 표시한 도면, ⑤ 법 제21조 제5항에 따른 중앙토지수용위원회의 의견서를 첨부하여야 한다.[240]

아니한 경우로서 토지보상법 제30조를 적용하여 조속재결 청구가 있고 청구를 받은 날로부터 60일 이내에 재결신청을 하지 아니하면 동조 제3항에 따른 지연이자를 지급해야 한다고 볼 것인지 견해대립이 있을 수 있는바, 도시정비법이 특칙을 두지 아니한 이상 도시정법 제65조에 따라 토지보상법을 적용해야 하므로 후설이 타당하다고 본다.

237) 토지보상법 제21조(협의 및 의견청취 등)
① 국토교통부장관은 사업인정을 하려면 관계 중앙행정기관의 장 및 특별시장 · 광역시장 · 도지사 · 특별자치도지사(이하 "시 · 도지사"라 한다) 및 제49조에 따른 중앙토지수용위원회와 협의하여야 하며, 대통령령으로 정하는 바에 따라 미리 사업인정에 이해관계가 있는 자의 의견을 들어야 한다. 〈개정 2013.3.23, 2015.12.29., 2018.12.31〉
② 별표에 규정된 법률에 따라 사업인정이 있는 것으로 의제되는 공익사업의 허가 · 인가 · 승인권자 등은 사업인정이 의제되는 지구지정 · 사업계획승인 등을 하려는 경우 제1항에 따라 제49조에 따른 중앙토지수용위원회와 협의하여야 하며, 대통령령으로 정하는 바에 따라 사업인정에 이해관계가 있는 자의 의견을 들어야 한다. 〈신설 2015.12.29, 2018.12.31〉

238) 정비사업의 경우에는 사업시행계획인가고시를 사업인정고시로 의제하므로, 관할청은 사업시행계획인가를 하기 전에 중앙토지수용위원회와 협의 및 의견청취 절차를 거친다.

239) 토지보상법 시행령 제12조 제1항.

240) 토지보상법 시행령 제12조 제2항.

사. 수용재결신청서의 공고 및 열람

(1) 관할 토지수용위원회는 재결신청서를 접수하였을 때에는 그 신청서 및 관계 서류의 사본을 토지등의 소재지를 관할하는 시장(행정시의 시장을 포함한다) · 군수 또는 구청장(자치구가 아닌 구의 구청장을 포함한다)에게 송부하여 공고 및 열람을 의뢰하여야 한다.[241]

(2) 시장 · 군수 또는 구청장은 송부된 서류를 받았을 때에는 지체 없이 재결신청 내용을 시 · 군 또는 구의 게시판에 공고하고, 공고한 날부터 14일 이상 그 서류를 일반인이 열람할 수 있도록 하여야 한다. 다만, 시장 · 군수 또는 구청장이 천재지변이나 그 밖의 긴급한 사정으로 공고 및 열람 의뢰를 받은 날부터 14일 이내에 공고하지 못하거나 일반인이 열람할 수 있도록 하지 못하는 경우 관할 토지수용위원회는 직접 재결신청 내용을 공고(중앙토지수용위원회는 관보에, 지방토지수용위원회는 공보에 게재하는 방법으로 한다)하고, 재결신청서와 관계 서류의 사본을 일반인이 14일 이상 열람할 수 있도록 할 수 있다.[242]

(3) 시장 · 군수 · 구청장 또는 관할 토지수용위원회는 공고를 한 경우에는 그 공고의 내용과 의견이 있으면 의견서를 제출할 수 있다는 뜻을 토지소유자 및 관계인에게 통지하여야 한다. 다만, 통지받을 자를 알 수 없거나 그 주소 · 거소 또는 그 밖에 통지할 장소를 알 수 없을 때에는 그러하지 아니하다.[243]

(4) 토지소유자 또는 관계인은 제2항에 따른 열람기간에 해당 시장 · 군수 · 구청장 또는 관할 토지수용위원회(제2항 단서에 해당하는 경우로 한정한다)에 의견서를 제출할 수 있고, 시장 · 군수 또는 구청장은 열람기간이 끝나면 제출된 의견서를 지체 없이 관할 토지수용위원회에 송부하여야 하며, 제출된 의견서가 없는 경우에는 그 사실을 통지하여야 한다.[244]

241) 토지보상법 시행령 제15조 제1항.
242) 토지보상법 시행령 제15조 제2항.
243) 토지보상법 시행령 제15조 제3항.
244) 토지보상법 시행령 제15조 제4, 5항.

아. 수용재결신청의 심리

(1) 토지수용위원회는 신청서의 공고 및 열람기간이 지났을 때에는 지체 없이 해당 신청에 대한 조사 및 심리를 하여야 하며, 심리를 할 때 필요하다고 인정하면 사업시행자, 토지소유자 및 관계인을 출석시켜 그 의견을 진술하게 할 수 있다.[245]

(2) 토지수용위원회는 심리에 필요하다고 인정할 때에는 ① 사업시행자, 토지소유자, 관계인 또는 참고인에게 토지수용위원회에 출석하여 진술하게 하거나 그 의견서 또는 자료의 제출을 요구할 수 있고, ② 감정평가업자나 그 밖의 감정인에게 감정평가를 의뢰하거나 토지수용위원회에 출석하여 진술하게 할 수 있고, ③ 토지수용위원회의 위원 또는 사무기구의 직원이나 지방토지수용위원회의 업무를 담당하는 직원으로 하여금 실지조사를 하게 할 수 있다.[246]

(3) 원칙적으로 서면심리에 의하나 예외적으로 심문기일을 잡아 사업시행자, 토지소유자 및 관계인을 출석하게 하는 경우에는 심리의 일시 및 장소를 통지하여 구두변론을 할 수 있다.

자. 수용재결 전 화해권고

토지수용위원회는 그 재결이 있기 전에는 그 위원 3명으로 구성되는 소위원회로 하여금 사업시행자, 토지소유자 및 관계인에게 화해를 권고하게 할 수 있다. 화해가 성립되었을 때에는 해당 토지수용위원회는 화해조서를 작성하여 화해에 참여한 위원, 사업시행자, 토지소유자 및 관계인이 서명 또는 날인을 하도록 하여야 한다. 화해조서에 서명 또는 날인이 된 경우에는 당사자 간에 화해조서와 동일한 내용의 합의가 성립된 것으로 본다.[247]

차. 수용재결

(1) 토지수용위원회는 심리를 시작한 날부터 14일 이내에 재결을 하여야 하며, 다만 특별한 사유가 있을 때에는 14일의 범위에서 한 차례만 연장할 수 있다.[248]

---

245) 토지보상법 제32조.
246) 토지보상법 제58조.
247) 토지보상법 제33조.

(2) 토지수용위원회의 재결은 서면으로 하며, 재결서에는 주문 및 그 이유와 재결일을 적고, 위원장 및 회의에 참석한 위원이 기명날인한 후 그 정본을 사업시행자, 토지소유자 및 관계인에게 송달하여야 한다.[249)]

(3) 재결서에는 ① 수용하거나 사용할 토지의 구역 및 사용방법, ② 손실보상, ③ 수용 또는 사용의 개시일과 기간 등 재결사항이 포함되어야 하고, 토지수용위원회는 사업시행자, 토지소유자 또는 관계인이 신청한 범위에서 재결하여야 한다. 다만, 손실보상의 경우에는 증액재결을 할 수 있다.[250)]

카. 보상금의 지급·공탁

(1) 사업시행자는 수용 또는 사용의 개시일(토지수용위원회가 재결로써 결정한 수용 또는 사용을 시작하는 날을 말한다)까지 관할 토지수용위원회가 재결한 보상금을 지급하여야 한다.[251)]

(2) 사업시행자는 ① 보상금을 받을 자가 그 수령을 거부하거나 보상금을 수령할 수 없을 때, ② 사업시행자의 과실 없이 보상금을 받을 자를 알 수 없을 때, ③ 관할 토지수용위원회가 재결한 보상금에 대하여 사업시행자가 불복할 때, ④ 압류나 가압류에 의하여 보상금의 지급이 금지되었을 때에는 수용 또는 사용의 개시일까지 수용하거나 사용하려는 토지등의 소재지의 공탁소에 보상금을 공탁할 수 있다.[252)]

(3) 사업인정고시가 된 후 권리의 변동이 있을 때에는 그 권리를 승계한 자가 보상금 또는 공탁금을 받는다.[253)]

(4) 사업시행자는 재결한 보상금에 불복한 때에는 보상금을 받을 자에게 자기가 산정한 보상금을 지급하고 그 금액과 토지수용위원회가 재결한 보상금과의 차액을 공탁하여야 한다. 이 경우 보상금을 받을 자는 그 불복의 절차가 종결될 때까지 공탁된 보상금을 수령할 수 없다.[254)]

---

248) 토지보상법 제35조.
249) 토지보상법 제34조.
250) 토지보상법 제50조.
251) 토지보상법 제40조 제1항.
252) 토지보상법 제40조 제2항.
253) 토지보상법 제40조 제3항.
254) 토지보상법 제40조 제4항.

(5) 토지등소유자가 재결에 따른 보상금을 이의를 유보하지 아니하고 지급받거나 공탁금을 수령한 경우에는 재결에 대해 이의신청 또는 행정소송으로 불복할 수 없다. 이의유보의 의사표시는 사업시행자 또는 공탁공무원에게 보상금을 수령하기 전에 하여야 하며, 이의 신청 또는 행정소송을 제기한 후 수령하였다는 점만으로 이의유보의 의사표시가 있었다고 볼 수 없다.[255)]

타. 수용재결의 실효

(1) 사업시행자가 재결서에 명시된 수용 또는 사용의 개시일까지 재결한 보상금을 지급하거나 공탁하지 아니하였을 때에는 해당 토지수용위원회의 재결은 효력을 상실한다. 사업시행자는 재결의 효력이 상실됨으로 인하여 토지소유자 또는 관계인이 입은 손실을 보상하여야 한다.[256)]

(2) 다만, 도시정비법 제65조 제4항은 "대지 또는 건축물을 현물보상하는 경우에는 토지보상법 제42조에도 불구하고 준공인가 이후에도 할 수 있다."고 규정하고 있는바, 현물보상으로 재결된 때에는 수용 개시일까지 보상금을 지급하지 아니하여도 재결의 효력이 상실되지 아니한다.

파. 권리의 취득과 집행부정지의 원칙

(1) 사업시행자는 수용의 개시일까지 재결한 보상금을 지급하거나 공탁함으로써 수용의 개시일에 토지나 물건의 소유권을 취득하며, 그 토지나 물건에 관한 다른 권리는

---

255) 대법원 1982. 11. 9. 선고 82누197 전원합의체 판결 [토지수용재결처분취소] 「기업자가 구 토지수용법 제61조 제2항 제1호에 의하여 토지수용위원회가 재결한 토지수용보상금을 공탁한 경우에 그 공탁은 기업자가 토지소유자에 대하여 부담하는 토지수용에 따른 보상금 지급의무의 이행을 위한 것으로서 민법상 변제공탁과 다를 바 없으므로 토지소유자가 아무런 이의를 유보함이 없이 공탁금을 수령하였다면 토지소유자는 토지수용위원회의 재결에 승복하여 그 공탁의 취지에 따라 보상금을 수령한 것이라고 봄이 상당하므로 이로써 기업자의 보상금 지급의무가 확정적으로 소멸하는 것이고, 토지소유자가 위 재결에 대하여 이의신청을 제기하거나 소송을 제기하고 있는 중이라고 할지라도 그 쟁송 중에 보상금 일부의 수령이라는 등 유보의 의사표시를 함이 없이 공탁금을 수령한 이상, 이는 종전의 수령거절 의사를 철회하고 재결에 승복하여 공탁한 취지대로 보상금 전액을 수령한 것이라고 볼 수밖에 없음은 마찬가지이며, 공탁금 수령당시 이의신청이나 소송이 계속 중이라는 사실만으로 공탁금 수령에 관한 이의유보의 의사표시가 있는 것과 같이 볼 수는 없다.」

256) 토지보상법 제42조.

이와 동시에 소멸한다.[257] 사업시행자는 등기와 무관하게 법률에 의해 소유권을 원시취득하게 되고 다른 권리는 소멸하게 되는 것이다. 다만, 토지수용위원회의 재결로 인정된 권리는 소멸되거나 그 행사가 정지되지 아니한다.[258]

(2) 재결처분에 대하여 토지보상법 제83조에 따른 이의의 신청이나 토지보상법 제85조에 따른 행정소송의 제기는 사업의 진행 및 토지의 수용 또는 사용을 정지시키지 아니한다(집행부정지의 원칙).[259] 설령 이의재결이나 행정소송에서 보상액이 늘어났다 하더라도, 사업시행자가 수용 개시일까지 토지수용위원회가 재결한 수용보상금을 지급하거나 공탁하면 수용 개시일에 토지나 물건의 소유권을 취득하는 것이지, 불복절차에서 보상액이 늘어났다는 사유만으로 사업시행자의 소유권 취득이 집행정지되는 것도 아니다.[260]

(3) 재건축사업의 매도청구가 법원의 최종 확정판결(1, 2, 3심)을 거쳐야 하는 것에 비하여, 수용권한이 인정되는 주거환경정비사업 및 재개발사업의 경우에는 조속히 소유권을 확보할 수 있다.

(4) 토지소유자 및 관계인과 그 밖에 토지소유자나 관계인에 포함되지 아니하는 자로서 수용하거나 사용할 토지나 그 토지에 있는 물건에 관한 권리를 가진 자는 수용 또는 사용의 개시일까지 그 토지나 물건을 사업시행자에게 인도하거나 이전하여야 한다.[261] 특별자치도지사, 시장 · 군수 또는 구청장은 ① 토지나 물건을 인도하거나 이전하여야 할 자가 고의나 과실 없이 그 의무를 이행할 수 없을 때, ② 사업시행자가 과실 없이 토지나 물건을 인도하거나 이전하여야 할 의무가 있는 자를 알 수 없을 때에 한하여 사업시행자의 청구에 의해 토지나 물건의 인도 또는 이전을 대행하여야 하므로[262] 이에 해당하지 아니하는 한 사업시행자가 법원의 판결을 받아 집행하여야 한다. 손실보상금이 지급 또는 공탁되었음에도 수용개시일 이후에 종전 소유자 등이 계속 점유한 때에는 점용이익은 부당이득으로 사업시행자에게 반환하여야 하며,[263] 1년 이하의 징

---

257) 토지보상법 제45조 제1항.
258) 토지보상법 제45조 제3항.
259) 토지보상법 제88조.
260) 대법원 2017. 3. 30. 선고 2014두43387 판결.
261) 토지보상법 제43조.
262) 토지보상법 제44조.
263) 대법원 2002. 10. 11. 선고 2002다35461 판결.

역 또는 1천만원 이하의 벌금에 해당하는 형사처벌을 받을 수 있다.[264]

(5) 수용된 토지 등에 설정된 담보물권은 그 목적물의 수용으로 인하여 채무자가 받을 보상금에 대하여 행사할 수 있다. 다만, 그 보상금이 채무자에게 지급되기 전에 압류하여야 한다.[265]

하. 수용재결의 경정과 유탈

재결에 계산상 또는 기재상의 잘못이나 그 밖에 이와 비슷한 잘못이 있는 것이 명백할 때에는 토지수용위원회는 직권으로 또는 당사자의 신청에 의하여 경정재결(경정재결)을 할 수 있다.[266] 토지수용위원회가 신청의 일부에 대한 재결을 빠뜨린 경우에 그 빠뜨린 부분의 신청은 계속하여 그 토지수용위원회에 계속된다.[267]

거. 이의재결

(1) 중앙토지수용위원회의 제34조에 따른 재결에 이의가 있는 자는 중앙토지수용위원회에 이의를 신청할 수 있고, 지방토지수용위원회의 제34조에 따른 재결에 이의가 있는 자는 해당 지방토지수용위원회를 거쳐 중앙토지수용위원회에 이의를 신청할 수 있다.[268] 이의의 신청은 재결서의 정본을 받은 날부터 30일 이내에 하여야 한다.[269]

(2) 중앙토지수용위원회는 이의신청을 받은 경우 재결이 위법하거나 부당하다고 인정할 때에는 그 재결의 전부 또는 일부를 취소하거나 보상액을 변경할 수 있으며, 보상금이 늘어난 경우 사업시행자는 재결의 취소 또는 변경의 재결서 정본을 받은 날부터 30일 이내에 보상금을 받을 자에게 그 늘어난 보상금을 지급하여야 한다. 다만 ① 보상금을 받을 자가 그 수령을 거부하거나 보상금을 수령할 수 없을 때, ② 사업시행자의 과실 없이 보상금을 받을 자를 알 수 없을 때, ③ 압류나 가압류에 의하여 보상금의

264) 토지보상법 제95조의2 제2호.
265) 토지보상법 제47조.
266) 토지보상법 제36조.
267) 토지보상법 제37조.
268) 중앙토지수용위원회는 ① 국가 또는 시 · 도가 사업시행자인 사업, ② 수용하거나 사용할 토지가 둘 이상의 시 · 도에 걸쳐 있는 사업의 수용재결을 관장하므로(토지보상법 제51조 제1항), 정비사업의 경우 통상 지방토지수용위원회의 재결에 대하여 중앙토지수용위원회에 이의를 신청하게 된다.
269) 토지보상법 제83조.

지급이 금지되었을 때에는 보상금을 공탁할 수 있다.[270)]

(3) 이의신청에 대한 재결서를 받은 날로부터 60일 이내에 행정소송이 제기되지 아니하거나 그 밖의 사유로 이의신청에 대한 재결이 확정된 때에는 「민사소송법」상의 확정판결이 있은 것으로 보며, 재결서 정본은 집행력 있는 판결의 정본과 동일한 효력을 가진다.[271)] 토지등소유자가 이의재결에 따른 보상금을 이의를 유보하지 아니하고 지급받거나 공탁금을 수령한 경우에도 이의재결에 대해 행정소송으로 불복할 수 없다.[272)]

너. 재결에 대한 행정소송

수용재결과 이의재결에 대한 행정소송은 항고소송(재결처분 무효 · 취소 소송)과 공법상 당사자소송(보상금 증감청구소송)으로 구별되는데, 이하에서는 이를 구분하여 살펴보기로 한다.

(1) 취소소송

1) 사업시행자, 토지소유자 또는 관계인은 ① 수용재결에 불복할 때에는 재결서를 받은 날부터 90일 이내에, ② 이의신청을 거쳤을 때에는 이의신청에 대한 재결서를 받은 날부터 60일 이내에 각각 행정소송(취소소송)을 제기할 수 있다.[273)]

2) 수용재결에 대한 이의재결을 거치지 아니하고 항고소송을 제기하는 경우 수용재결을 소송대상으로 하면 되지만, 이의재결을 거쳐 항고소송을 제기하는 경우에는 수용재결을 소송대상으로 하여야 하는지 이의재결을 소송대상으로 하여야 하는지 문제된다.

---

270) 토지보상법 제84조.

271) 토지보상법 제86조.

272) 대법원 2001. 11. 13. 선고 2000두1003 판결 [토지수용이의재결취소] 「토지소유자가 수용재결에서 정한 손실보상금을 수령할 당시 이의유보의 뜻을 표시하였다 하더라도, 이의재결에서 증액된 손실보상금을 수령하면서 이의유보의 뜻을 표시하지 않은 이상 특별한 사정이 없는 한 이는 이의재결의 결과에 승복하여 수령한 것으로 보아야 하고, 위 증액된 손실보상금을 수령할 당시 이의재결을 다투는 행정소송이 계속중이라는 사실만으로는 추가보상금의 수령에 관하여 이의유보의 의사표시가 있는 것과 같이 볼 수는 없다 할 것인바, 이러한 법리는 휴업보상을 인정한 수용재결에 대하여 폐업보상을 하여 줄 것을 요청하면서 이의를 신청하였으나 이의재결에서 이를 받아들이지 않으면서 증액하여 인정한 휴업보상금을 이의유보의 뜻을 표시하지 않고 수령한 경우에도 마찬가지로 적용된다.」

273) 토지보상법 제85조 제1항 전단.

3) 행정소송법 이론에서는 행정처분이 불복절차로써 행정심판의 재결을 거쳐 행정소송이 제기된 경우에, 행정소송의 대상은 원칙적으로 행정심판의 대상인 원 행정처분이 되어야 하고 예외적으로 행정심판의 재결에 고유한 위법이 있는 경우에 재결에 대한 항고소송이 가능하다는 견해(원처분주의)와 행정소송은 행정심판에 대한 불복절차이므로 행정심판의 재결만이 항고소송의 대상이라는 견해가 있는데, 우리 행정소송법 제19조는 "취소소송은 처분 등을 대상으로 한다. 다만, 재결취소소송의 경우에는 재결 자체에 고유한 위법이 있음을 이유로 하는 경우에 한한다."고 규정하여 원처분주의를 취하고 있다.

4) 그런데 수용재결은 수용처분이라는 행정처분의 성격을 갖는 원처분에 해당하고 이의재결은 수용재결이라는 행정처분에 대한 행정심판법상 재결의 성격을 갖는바, 대법원도 「상고이유 주장은 이 사건 토지의 수용재결은 위법하므로 이를 그대로 받아들인 이 사건 이의재결은 위법한데도, 이 사건 소 중 피고 중앙토지수용위원회에 대한 부분을 각하한 원심판결에 위법이 있다는 취지인데, 취소소송은 처분 등을 대상으로 하되, 다만 재결의 취소를 구하는 소송은 재결 자체에 고유한 위법이 있음을 이유로 하는 경우에 한하고(행정소송법 제19조), 여기에서 말하는 '재결 자체에 고유한 위법'이란 원처분에는 없고 재결에만 있는 재결청의 권한 또는 구성의 위법, 재결의 절차나 형식의 위법, 내용의 위법 등을 뜻한다(대법원 1997. 9. 12. 선고 96누14661 판결 참조). 원고가 주장하는 하자들은 원처분의 하자로서 이 사건 이의재결의 취소사유가 될 수 없음이 분명하므로, 이 부분 상고이유 주장은 나아가 살필 필요 없이 받아들일 수 없다.」고 판시하여 행정소송법 제19조의 원처분주의를 그대로 취하고 있다.[274)275)]

274) 대법원 2014. 11. 27. 선고 2013두20219 판결 [토지수용재결처분취소].

275) 현행 토지보상법은 이의재결을 거치지 아니하고 항고소송을 제기할 수 있는 임의적 전치주의를 취하고 있는데 반해, 구 토지수용법은 이의재결을 거쳐야만 항고소송을 제기할 수 있는 필요적 전치주의를 취하고 있었는바, 필요적 전치주의가 적용되던 구법 하에 대법원 2001. 5. 8. 선고 2001두1468 판결 [토지수용이의재결처분취소등]은 「토지수용법과 같이 재결전치주의를 정하면서 원처분인 수용재결에 대한 취소소송을 인정하지 아니하고 재결인 이의재결에 대한 취소소송만을 인정하고 있는 경우에는 재결을 거치지 아니하고 원처분인 수용재결 취소의 소를 제기할 수 없는 것이며 행정소송법 제18소는 적용되지 아니하고, 따라서 수용재결처분이 무효인 경우에는 재결 그 자체에 대한 무효확인을 소구할 수 있지만, 토지수용에 관한 취소소송은 중앙토지수용위원회의 이의재결에 대하여 불복이 있을 때에 제기할 수 있고 수용재결은 취소소송의 대상으로 삼을 수 없으며, 이의재결에 대한 행정소송에서는 이의재결 자체의 고유한 위법사유뿐 아니라 이의신청사유로 삼지 않은 수용재결의 하자도 주장

(2) 무효소송

1) 행정처분의 하자가 중대하고도 명백한 경우에 당해 행정처분은 당연 무효에 해당하므로, 사업시행자, 토지등소유자 또는 관계인은 토지수용위원회의 수용재결 또는 이의재결에 중대·명백한 하자가 있을 때에는 토지수용위원회를 상대로 항고소송의 일종인 무효소송을 제기할 수 있다. 무효소송은 수용재결서를 받은 날로부터 90일, 이의재결서를 받은 날로부터 60일을 도과하여도 제기할 수 있다.[276)]

2) 대법원은 「중앙토지수용위원회가 지방국토관리청장이 시행하는 공익사업을 위하여 갑 소유의 토지에 대하여 수용재결을 한 후, 갑과 사업시행자가 '공공용지의 취득협의서'를 작성하고 협의취득을 원인으로 소유권이전등기를 마쳤는데, 갑이 '사업시행자가 수용개시일까지 수용재결보상금 전액을 지급·공탁하지 않아 수용재결이 실효되었다'고 주장하며 수용재결의 무효확인을 구하는 소송을 제기한 사안에서, 갑이 수용재결의 무효확인 판결을 받더라도 토지의 소유권을 회복시키는 것이 불가능하고, 무효확인으로써 회복할 수 있는 다른 권리나 이익이 남아 있다고도 볼 수 없다.」며 확인의 이익이 없다고 판시하였다.[277)]

(3) 보상금 증액소송(공법상 당사자소송)

1) 토지보상법 제85조 제2항은 행정소송이 보상금의 증감에 관한 소송인 경우 처분청인 토지수용위원회를 소송당사자에서 제외하고 수용자와 피수용자를 양 당사자로 하여 공법상 당사자소송으로 진행하도록 하였는바, 소송을 제기하는 자가 토지소유자 또는 관계인일 때에는 사업시행자를, 사업시행자일 때에는 토지소유자 또는 관계인을 각각 피고로 한다.

2) 보상금의 증감에 관한 행정소송도 재결에 불복할 때에는 재결서를 받은 날부터

할 수 있다.」고 판시하여 재결주의를 취하고 있었다.

276) 대법원 1993. 1. 19. 선고 91누8050 전원합의체 판결 [토지수용재결처분취소] 「토지수용법 제73조 내지 제75조의2의 각 규정과 관련하여, 중앙 또는 지방토지수용위원회의 수용재결에 대하여 불복이 있는 자는 중앙토지수용위원회에 이의신청을 하고, 중앙토지수용위원회의 이의재결에도 불복이 있으면 수용재결이 아닌 이의재결을 대상으로 행정소송을 제기하도록 해석·적용한 것은 어디까지나 토지수용에 관한 재결이 위법 부당함을 이유로 그 취소를 소구하는 경우에 한하는 것이지, 수용재결 자체가 당연무효라 하여 그 무효확인을 구하는 경우에까지 그와 같이 해석할 수는 없다.」

277) 대법원 2017. 4. 13. 선고 2016두64241 판결 [수용재결무효확인].

90일 이내에, 이의신청을 거쳤을 때에는 이의신청에 대한 재결서를 받은 날부터 60일 이내에 각각 행정소송을 제기할 수 있고, 이를 도과하면 다툴 수 없게 된다.

3) 사업시행자가 이의재결 후 행정소송을 제기하는 때에는 그 전에 이의재결에 따라 늘어난 보상금을 공탁하여야 하며, 보상금을 받을 자는 공탁된 보상금을 소송이 종결될 때까지 수령할 수 없다.[278)]

3. 토지보상법상 손실보상

토지보상법은 공익사업의 시행으로 인하여 수용 또는 사용하는 토지 등에 대한 손실보상(수용물권에 대한 손실보상) 이외에 공익사업으로 인하여 거주를 이주하는 주민에 대한 이주정착금, 주거이전비, 이사비와 영업을 이전하거나 폐업하는 주민에 대한 영업손실보상금 등 다양한 손실보상제도를 규정하고 있다.

가. 수용물권에 대한 손실보상

(1) 손실보상 대상자

정비사업에서 수용물권에 대한 손실보상을 받는 자는, 정비구역 내 토지등소유자로서 법 제73조 제1항에 따라 ① 분양신청을 하지 아니한 자, ② 분양신청기간 종료 이전에 분양신청을 철회한 자, ③ 법 제72조 제6항 본문에 따라 분양신청을 할 수 없는 자(투기과열지구의 정비사업에서 관리처분계획에 따른 조합원분양 또는 일반분양의 대상자 및 그 세대에 속한 자는 분양대상자 선정일[279)]부터 5년 이내에는 투기과열지구에서 분양신청을 할 수 없다. 다만, 상속, 결혼, 이혼으로 조합원 자격을 취득한 경우에는 분양신청을 할 수 있다), ④ 인가된 관리처분계획에 따라 분양대상에서 제외된 자(법 제39조 제2항에 따라 투기과열지구에서 건축물 또는 토지를 양수한 자로서 조합원이 될 수 없는 자, 법 제76조 제1항 제3호에 따라 현금청산하는 과소 토지 등의 소유자 등을 말한다)가 대상이 된다.

(2) 2인 이상 감정평가법인등의 선정 등

1) 사업시행자는 토지등에 대한 보상액을 산정하려는 경우에는 사업시행자가 지정

278) 토지보상법 제85조 제1항 후단.

279) 조합원 분양분의 분양대상자는 최초 관리처분계획 인가일을 말한다.

한 감정평가법인등, 시 · 도지사가 추천한 감정평가법인등, 토지소유자가 추천한 감정평가법인등을 포함하여 3인의 감정평가법인등을 선정하여야 하며, 시 · 도지사와 토지소유자가 모두 감정평가법인등을 추천하지 아니하거나 시 · 도지사 또는 토지소유자 어느 한쪽이 감정평가법인등을 추천하지 아니하는 경우에는 2인의 감정평가법인등을 선정하여 토지 등의 평가를 의뢰하여야 한다.[280]

2) 감정평가법인등을 추천하려는 토지소유자는 보상 대상 토지면적의 2분의 1 이상에 해당하는 토지소유자와 보상 대상 토지의 토지소유자 총수의 과반수의 동의를 받은 사실을 증명하는 서류를 첨부하여 사업시행자에게 감정평가법인등을 추천하여야 하며 토지소유자는 감정평가법인등 1인에 대해서만 동의할 수 있다.[281] 이 경우 보상 대상 토지면적과 토지소유자 총수를 계산할 때 감정평가법인등 추천 의사표시를 하지 않은 국유지 또는 공유지는 보상 대상 토지면적과 토지소유자 총수에서 제외한다.[282]

3) 보상평가서를 검토한 결과 ① 평가가 관계법령에 위반되거나 부당하게 평가되어 당해 감정평가법인등에게 재평가를 요구할 수 없는 특별한 사유가 있는 경우, ② 대상물건의 평가액 중 최고평가액이 최저평가액의 110퍼센트를 초과하는 경우(대상물건이 지장물인 경우 최고평가액과 최저평가액의 비교는 소유자별로 지장물 전체 평가액의 합계액을 기준으로 한다), ③ 평가를 한 후 1년이 경과할 때까지 보상계약이 체결되지 아니한 경우에는, 사업시행자는 다른 2인 이상의 감정평가법인등에게 대상물건의 평가를 다시 의뢰하여야 한다.[283]

(3) 손실보상액 평가의 시점 및 기준

1) 보상액의 산정은 협의에 의한 경우에는 협의 성립 당시의 가격을, 재결에 의한 경우에는 수용 또는 사용의 재결 당시의 가격을 기준으로 하며, 보상액을 산정할 경우에 해당 공익사업으로 인하여 토지 등의 가격이 변동되었을 때에도 이러한 개발이익을 고려하지 아니하고,[284] 토지에 대하여는 「부동산 가격공시에 관한 법률」에 따른 공시지가를 기준으로 하여 보상한다.[285]

---

280) 토지보상법 제68조.
281) 토지보상법 시행령 제28조 제4항.
282) 토지보상법 시행령 제28조 제6항.
283) 토지보상법 시행규칙 제17조 제2항.
284) 토지보상법 제67조.

2) 이에 따르면 수용재결에 의하는 경우 보상액산정의 기준시점은 '수용재결일'이 되고 보상액의 평가에는 '개발이익이 배제'되는바, 동일한 현금청산자임에도 불구하고 재건축사업에서 법 제73조의 현금청산자에 대한 매도청구는 대법원이 매매대금산정의 기준시점을 '분양신청기간 만료일 다음 날'로 보고 '개발이익이 포함'된다고 판시[286]한 것과는 차이가 있다.

3) 취득할 토지에 건축물 · 입목 · 공작물 그 밖에 토지에 정착한 물건(이하 "건축물등"이라 한다)이 있는 경우에는 토지와 그 건축물 등을 각각 평가하여야 한다. 다만, 건축물 등이 토지와 함께 거래되는 사례나 관행이 있는 경우에는 그 건축물등과 토지를 일괄하여 평가하여야 하며, 이 경우 보상평가서에 그 내용을 기재하여야 한다.[287]

(4) 취득하는 토지의 보상

1) 협의나 재결에 의하여 취득하는 토지에 대하여는 「부동산 가격공시에 관한 법률」에 따른 공시지가[288]를 기준으로 하여 보상하되, 그 공시기준일부터 가격시점까지의 관계 법령에 따른 그 토지의 이용계획, 해당 공익사업으로 인한 지가의 영향을 받지 아니하는 지역의 대통령령으로 정하는 지가변동률,[289] 생산자물가상승률(「한국은행법」

285) 토지보상법 제70조 제1항.

286) 대법원 2010. 12. 23. 선고 2010다73215 판결 [소유권이전등기절차이행등]. 다만, 해당 판례는 2017. 2. 8. 개정(2018. 2. 9.) 전 사안으로써, 개정 후에도 이러한 판례의 입장을 유지할 것인지는 논란이 있을 수 있다. 이에 관해서는 본서 중 법 제73조 부분을 참조하기로 한다.

287) 토지보상법 시행규칙 제20조 제1항.

288) 「부동산 가격공시에 관한 법률」 제3조 표준공시지가를 의미하는 것이지, 동법 제10조 개별공시지가를 의미하는 것은 아니다(대법원 1994. 10. 14. 선고 94누2664 판결).

289) 토지보상법 시행령 제37조(지가변동률)
① 법 제70조제1항에서 "대통령령으로 정하는 지가변동률"이란 「부동산 거래신고 등에 관한 법률 시행령」 제17조에 따라 국토교통부장관이 조사 · 발표하는 지가변동률로서 평가대상 토지와 가치형성요인이 같거나 비슷하여 해당 평가대상 토지와 유사한 이용가치를 지닌다고 인정되는 표준지(이하 "비교표준지"라 한다)가 소재하는 시(행정시를 포함한다. 이하 이 조에서 같다) · 군 또는 구(자치구가 아닌 구를 포함한다. 이하 이 조에서 같다)의 용도지역별 지가변동률을 말한다. 다만, 비교표준지와 같은 용도지역의 지가변동률이 조사 · 발표되지 아니한 경우에는 비교표준지와 유사한 용도지역의 지가변동률, 비교표준지와 이용상황이 같은 토지의 지가변동률 또는 해당 시 · 군 또는 구의 평균지가변동률 중 어느 하나의 지가변동률을 말한다. 〈개정 2019. 6. 25.〉
② 제1항을 적용할 때 비교표준지가 소재하는 시 · 군 또는 구의 지가가 해당 공익사업으로 인하여 변동된 경우에는 해당 공익사업과 관계없는 인근 시 · 군 또는 구의 지가변동률을 적용한다. 다만, 비교표준지가 소재하는 시 · 군 또는 구의 지가변동률이 인근 시 · 군 또는 구

제86조에 따라 한국은행이 조사 · 발표하는 생산자물가지수에 따라 산정된 비율을 말한다)과 그 밖에 그 토지의 위치 · 형상 · 환경 · 이용상황 등을 고려하여 평가한 적정가격으로 보상하여야 한다.[290)]

2) 토지의 이용상황 등을 고려할 때에는 현실적인 이용상황과 일반적인 이용방법에 의한 객관적 상황을 고려하여 산정하되, 일시적인 이용상황과 토지소유자나 관계인이 갖는 주관적 가치 및 특별한 용도에 사용할 것을 전제로 한 경우 등은 고려하지 아니한다.[291)] 따라서 공부상 지목과 실제 현황이 다른 경우에는 공부상 지목보다는 실제 현황을 기준으로 하여 평가하여야 함이 원칙이며, 평가대상 토지에 형질변경이 행하여지는 경우 형질변경행위가 완료되어 현황의 변경이 이루어졌다고 보여지는 경우에는 비록 공부상 지목변경절차를 마치기 전이라고 하더라도 변경된 실제 현황을 기준으로 평가함이 상당하며,[292)] 현실적인 이용상황은 법령의 규정이나 토지소유자의 주관적 의도 등에 의하여 의제될 것이 아니라 관계 증거에 의하여 객관적으로 확정되어야 하는 것이다.[293)]

3) 다만, 「건축법」 등 관계법령에 의하여 허가를 받거나 신고를 하고 건축 또는 용도변경을 하여야 하는 건축물을 허가를 받지 아니하거나 신고를 하지 아니하고 건축 또는 용도변경한 건축물(이하 "무허가건축물등"이라 한다)의 부지 또는 「국토의 계획 및 이용에 관한 법률」 등 관계법령에 의하여 허가를 받거나 신고를 하고 형질변경을 하여야 하는 토지를 허가를 받지 아니하거나 신고를 하지 아니하고 형질변경한 토지(이하 "불법형질변

의 지가변동률보다 작은 경우에는 그러하지 아니하다.

③ 제2항 본문에 따른 비교표준지가 소재하는 시 · 군 또는 구의 지가가 해당 공익사업으로 인하여 변동된 경우는 도로, 철도 또는 하천 관련 사업을 제외한 사업으로서 다음 각 호의 요건을 모두 충족하는 경우로 한다. 〈개정 2013. 12. 24.〉

1. 해당 공익사업의 면적이 20만 제곱미터 이상일 것
2. 비교표준지가 소재하는 시 · 군 또는 구의 사업인정고시일부터 가격시점까지의 지가변동률이 3퍼센트 이상일 것. 다만, 해당 공익사업의 계획 또는 시행이 공고되거나 고시됨으로 인하여 비교표준지의 가격이 변동되었다고 인정되는 경우에는 그 계획 또는 시행이 공고되거나 고시된 날부터 가격시점까지의 지가변동률이 5퍼센트 이상인 경우로 한다.
3. 사업인정고시일부터 가격시점까지 비교표준지가 소재하는 시 · 군 또는 구의 지가변동률이 비교표준지가 소재하는 시 · 도의 지가변동률보다 30퍼센트 이상 높거나 낮을 것

290) 토지보상법 제70조 제1항.

291) 토지보상법 제70조 제2항.

292) 대법원 1994. 4. 12. 선고 93누6904 판결 [개발부담금부과처분취소].

293) 대법원 1998. 9. 18. 선고 97누13375 판결 [토지수용이의재결처분취소등].

경토지"라 한다)에 대하여는 '무허가건축물등이 건축 또는 용도변경될 당시' 또는 '토지가 형질변경될 당시'의 이용상황을 상정하여 평가한다.[294]

4) 공법상 제한을 받는 토지에 대하여는 제한받는 상태대로 평가한다. 다만, 그 공법상 제한이 당해 공익사업의 시행을 직접 목적으로 하여 가하여진 경우에는 제한이 없는 상태를 상정하여 평가한다. 당해 공익사업의 시행을 직접 목적으로 하여 용도지역 또는 용도지구 등이 변경된 토지에 대하여는 변경되기 전의 용도지역 또는 용도지구 등을 기준으로 평가한다.[295]

5) 도로부지에 대한 평가는 ① 「사도법」에 의한 사도[296]의 부지는 인근토지에 대한 평가액의 5분의 1 이내로, ② 사실상의 사도의 부지는 인근토지에 대한 평가액의 3분의 1 이내로, ③ 이외의 도로의 부지는 유사한 이용가치가 인정되는 하나 이상의 표준지의 공시지가를 기준으로 각 평가한다.[297]

(5) 건축물 등 물건에 대한 보상

1) 건축물 · 입목 · 공작물과 그 밖에 토지에 정착한 물건(이하 "건축물등"이라 한다)에 대하여는 이전에 필요한 비용(이하 "이전비"라 한다)으로 보상하되, 다만 이전하기 어렵거나 그 이전으로 인하여 종래의 목적대로 사용할 수 없게 된 경우, 이전비가 그 물건의 가격을 넘는 경우, 사업시행자가 공익사업에 직접 사용할 목적으로 취득하는 경우에는 해당 물건의 가격으로 보상하여야 한다.

2) 건축물은 이전이 어려워 가격보상을 원칙으로 하고 있는데, 건축물의 가격은 담장 및 우물 등의 부대시설을 포함하여 원가법으로 평가하고, 구조 · 이용상태 · 면적 · 내구연한 · 유용성 및 이전가능성 그 밖에 가격형성에 관련되는 제요인을 종합적으로

---

294) 토지보상법 시행규칙 제24조.

295) 토지보상법 시행규칙 제23조.

296) 사도법 제2조(정의) 이 법에서 "사도"란 다음 각 호의 도로가 아닌 것으로서 그 도로에 연결되는 길을 말한다. 다만, 제3호 및 제4호의 도로는 「도로법」 제50조에 따라 시도(市道) 또는 군도(郡道) 이상에 적용되는 도로 구조를 갖춘 도로에 한정한다. 〈개정 2014. 1. 14.〉

1. 「도로법」 제2조제1호에 따른 도로
2. 「도로법」의 준용을 받는 도로
3. 「농어촌도로 정비법」 제2조제1항에 따른 농어촌도로
4. 「농어촌정비법」에 따라 설치된 도로

297) 토지보상법 시행규칙 제26조.

고려하여 평가한다. 다만, 주거용 건축물에 있어서는 거래사례비교법에 의하여 평가한 금액(공익사업의 시행에 따라 이주대책을 수립·실시하거나 주택입주권 등을 당해 건축물의 소유자에게 주는 경우 또는 개발제한구역안에서 이전이 허용되는 경우에 있어서의 당해 사유로 인한 가격상승분은 제외하고 평가한 금액을 말한다)이 원가법에 의하여 평가한 금액보다 큰 경우와 집합건물법에 의한 구분소유권의 대상이 되는 건물의 가격은 거래사례비교법으로 평가한다.[298)]

3) 주거용 건축물로서 제33조에 따라 평가한 금액이 6백만원 미만인 경우 그 보상액은 6백만원으로 한다. 다만, 무허가건축물등에 대하여는 그러하지 아니하다.[299)]

(6) 동산의 이전비 보상

토지등의 취득 또는 사용에 따라 이전하여야 하는 동산(이사비의 보상대상인 동산을 제외한다)에 대하여는 이전에 소요되는 비용 및 그 이전에 따른 감손상당액을 보상하여야 한다.[300)]

나. 이주대책 및 이주정착금

(1) 의의 및 법적 성격

1) 사업시행자는 공익사업의 시행으로 인하여 주거용 건축물을 제공함에 따라 생활의 근거를 상실하게 되는 자(이하 "이주대책대상자"라 한다)를 위하여 대통령령으로 정하는 바에 따라 이주대책을 수립·실시하거나 이주정착금을 지급하여야 한다. 정비사업에서는 공공시행자가 사업시행자인 경우를 제외하고는 대부분 이주정착금의 지급으로 해결하고 있다.

2) 이주정착금은 수용재결에 따라 주거용 건축물을 제공함으로써 생활의 근거를 상실하게 되는 자에게 수용되는 주거용 건축물에 대한 손실보상 외에 새로운 생활근거를 마련하도록 추가로 지급하는 보상금으로서, 조기 이주를 장려하고 사업추진을 원활하게 하려는 정책적인 목적과 주거이전으로 특별한 어려움을 겪게 될 소유자에게 종전의 생활상태를 원상으로 회복시키면서 동시에 인간다운 생활을 보장하여 주기 위한 생활

298) 토지보상법 시행규칙 제33조 제1, 2항.
299) 토지보상법 시행규칙 제58조.
300) 토지보상법 시행규칙 제55조.

보상의 일환으로서 사회보장적 제도이다.[301)]

(2) 이주대책의 대상자

1) 대법원은 정비사업에 동의하여 분양신청을 함으로써 '정비사업에 참여한 토지등 소유자(분양대상 조합원)'는 사업시행자에 준하는 지위를 가지고 있고 생활의 근거를 상실하였다고 할 수 없어서 토지보상법에 따른 이주대책 대상자에서 제외된다고 판시하였는바,[302)] 분양대상 조합원은 토지보상법에 따른 이주대책의 대상에서 제외된다.[303)]

2) 위와 같은 판례와 토지보상법 제78조 제1항이 이주대책 대상자를 "주거용 건축물을 제공"함으로써 생활의 근거를 상실하게 되는 자로 규정하고 있는 점, 토지보상법 시행규칙 제40조 제5항 제3호에 따라 정비구역 내 타인의 건축물에 거주하는 세입자는 제외하고 있는 점[304)] 등을 종합할 때, 세입자는 이주대책 대상자에서 제외된다.

3) 결국 이주대책 대상자는 주거용 건축물을 소유한 현금청산자로 한정되는데, 토지보상법 시행령 제40조 제5항 제1호는 "허가를 받거나 신고를 하고 건축 또는 용도변경을 하여야 하는 건축물을 허가를 받지 아니하거나 신고를 하지 아니하고 건축 또는 용도변경을 한 건축물의 소유자"를 이주대책 대상자에서 제외하고 있는바,[305)] "법 제73

---

301) 대법원 1994. 5. 24. 선고 92다35783 전원합의체 판결.

302) 대법원 2011. 11. 24. 선고 2009다28394 판결「정비사업에서 정비사업에 동의하여 분양신청을 함으로써 정비사업에 참여한 '토지 등 소유자'는 자신의 토지 또는 건축물을 정비사업에 제공하는 대신 정비사업의 시행으로 완공되는 건축물을 분양받고 종전에 소유하고 있던 토지 또는 건축물의 가격과 분양받은 토지 또는 건축물의 가격 사이에 차이가 있는 경우 이를 청산할 의무가 있는 사람으로서 사업시행자에 준하는 지위를 가지고 있어서 이러한 토지 등 소유자에게는 토지보상법 제78조 제5항에 규정된 주거이전비 청구권이 발생하지 아니한다고 봄이 상당하다.」
대법원 2011. 11. 24. 선고 2010다80749 판결「주거환경개선지구 내 주거용 건축물의 소유자로서 위 사업으로 인하여 건설되는 주택에 관한 분양계약을 체결한 자들은 구 토지보상법 제78조 제1항에 규정된 이주대책대상자 즉, 공익사업의 시행으로 인하여 주거용 건축물을 제공함에 따라 생활의 근거를 상실하게 되는 자에 해당하지 않는다고 봄이 타당하다.」

303) 도시정비법 제61조에 따른 임시 이주대책(이주비 알선)의 대상이 될 뿐이다.

304) 토지보상법 시행규칙 제40조(이주대책의 수립·실시)
⑤ 다음 각 호의 어느 하나에 해당하는 자는 이주대책대상자에서 제외한다. 〈개정 2016. 1. 6., 2018. 4. 17.〉
3. 타인이 소유하고 있는 건축물에 거주하는 세입자. 다만, 해당 공익사업지구에 주거용 건축물을 소유한 자로서 타인이 소유하고 있는 건축물에 거주하는 세입자는 제외한다.

305) 토지보상법 시행규칙 제40조(이주대책의 수립·실시)
⑤ 다음 각 호의 어느 하나에 해당하는 자는 이주대책대상자에서 제외한다. 〈개정 2016. 1.

조의 현금청산자 중 적법한 주거용 건축물의 소유자"만이 이주대책 대상자에 포함될 수 있고, 무허가 건축물이나 용도와 다르게 주택으로 사용되는 건축물을 소유한 현금청산자는 이주대책 대상자에서 제외된다.[306)]

4) 나아가 토지보상법 시행령 제40조 제5항 제2호는 "공익사업을 위한 관계 법령에 따른 고시 등이 있은 날부터 계약체결일 또는 수용재결일까지 계속하여 거주하고 있지 아니한 건축물의 소유자"를 이주대책 대상자에서 제외하고 있는데,[307)] 도시정비법 시행령 제54조 제1항은 이에 대한 특칙으로 "정비계획 공람공고일부터 계약체결일[308)] 또는 수용재결일까지 계속하여 거주하고 있지 아니한 건축물의 소유자는 토지보상법 시행령 제40조 제5항 제2호에 따라 이주대책대상자에서 제외한다."고 규정하고 있는바, 이주대책 대상자는 정비계획 공람공고일부터 계약체결일 또는 수용재결일까지 계속하여 거주하여야 한다. 이와 관련하여 대법원은 적법하게 분양신청을 하고 이주한 자가 추후 분양계약 체결을 거부함으로써 현금청산자가 되어 수용재결이 이루어진 경우에는 협의에 의한 계약체결 또는 수용재결이 이루어지기 전에 이주한 것으로 볼 수

6., 2018. 4. 17.〉

1. 허가를 받거나 신고를 하고 건축 또는 용도변경을 하여야 하는 건축물을 허가를 받지 아니하거나 신고를 하지 아니하고 건축 또는 용도변경을 한 건축물의 소유자

306) 대법원 2011. 6. 10. 선고 2010두26216 판결 [이주대책대상자및이주대책보상등의거부처분취소], 대법원 2009. 2. 26. 선고 2007두13340 판결, 대법원 2010. 3. 25. 선고 2009두23709 판결 [이주및생활대책자선정제외통보처분취소]도 「토지보상법 제78조 제1항, 토지보상법 시행령 제40조 제3항 제1호 각 규정의 문언, 내용 및 입법 취지 등을 종합하여 보면, 주거용 용도가 아닌 다른 용도로 이미 허가를 받거나 신고를 한 건축물을 소유한 자라 하더라도 이주대책 기준일 당시를 기준으로 공부상 주거용 용도가 아닌 건축물을 허가를 받거나 신고를 하는 등 적법한 절차에 의하지 않고 임의로 주거용으로 용도를 변경하여 사용하는 자는 토지보상법 시행령 제40조 제3항(현행 제5항) 제1호의 '허가를 받거나 신고를 하고 건축하여야 하는 건축물을 허가를 받지 아니하거나 신고를 하지 아니하고 건축한 건축물의 소유자'에 포함되는 것으로 해석하는 것이 타당하다.」하여 공부상 주거용도가 아닌 건축물 소유자도 이주대책 대상자에서 제외된다고 판시하였다.

307) 토지보상법 시행규칙 제40조(이주대책의 수립 · 실시)

⑤ 다음 각 호의 어느 하나에 해당하는 자는 이주대책대상자에서 제외한다. 〈개정 2016. 1. 6., 2018. 4. 17.〉

2. 해당 건축물에 공익사업을 위한 관계 법령에 따른 고시 등이 있은 날부터 계약체결일 또는 수용재결일까지 계속하여 거주하고 있지 아니한 건축물의 소유자. 다만, 다음 각 목의 어느 하나에 해당하는 사유로 거주하고 있지 아니한 경우에는 그러하지 아니하다.

308) 대법원 2013. 1. 16. 선고 2012두34 판결은 현금청산에 관한 협의가 성립되어 사업시행자에게 주거용 건축물의 소유권을 이전하는 자에 대하여도 토지보상법에 따른 이주정착금을 지급해야 한다고 판시하였다.

있어서 이주정착금의 지급대상인 이주대책 대상자가 아니라고 판시하였다.[309)]

5) 다만 계속 거주의 요건에 대한 예외로서 토지보상법 시행령 제40조 제5항 제2호 단서 및 각목에서는 "해당 공익사업지구 내 타인이 소유하고 있는 건축물에 거주(마목)" 하는 경우와 "요양, 입영, 공무, 취학 등 부득이한 사유"가 있는 경우에는 그 기간 동안 계속 거주하는 것으로 보아 이주대책 대상자에 포함하도록 규정하고 있고, 제3호 단서는 "해당 공익사업지구에 주거용 건축물을 소유한 자로서 타인이 소유하고 있는 건축물에 거주하는 세입자"는 이주대책 대상자에 포함도록 규정하고 있는데,[310)] 도시정비법 시행령 제54조 제1항은 이에 대한 특칙으로 "토지보상법 시행령 제40조 제5항 제2호 단서(같은 호 마목은 제외한다)에 해당하는 경우"에 이주대책대상자에 포함하도록 규정하고 있는바, 요양, 입영, 공무, 취학 등으로 정비구역 밖에 거주하는 자는 이주대책 대상자에 포함되나, 현금청산자가 정비구역 내 타인 소유 건축물에 세입자로 거주하는 경우

---

309) 대법원 2016. 12. 15. 선고 2016두49754 판결 [손실보상금] 「원심판결 이유 및 원심이 적법하게 채택한 증거에 의하면, ① 2005. 10. 13. 이 사건 정비사업에 관한 정비계획 공람공고가 있었던 사실, ② 위 공람공고 당시 그 소유의 주거용 건축물에 거주하던 원고가 분양신청 기간 내에 분양신청을 하여 아파트를 분양받기로 하였고, 그에 따른 이주의무를 이행하기 위해 2008. 10. 20.경 이 사건 정비구역 밖으로 이주한 사실, ③ 그 후 원고가 피고와의 분양계약 체결을 거부함으로써 현금청산대상자가 되었고, 이 사건 정비구역 내에 있는 원고 소유 주거용 건축물에 관하여 2014. 10. 24. 수용재결이 이루어진 사실 등을 알 수 있으므로, 원고는 그 소유 건축물에 대한 협의 매도나 보상이 이루어지기 전에 이미 해당 건축물에서 이주한 것으로 볼 수 있다. 그럼에도 원심은 이와 달리 '부득이한 사유'가 원고에게 인정된다고 보아 원고의 이 사건 이주정착금 청구를 인용하였으니, 이러한 원심의 판단에는 도시정비법상 이주정착금의 지급대상자에 관한 법리를 오해하여 판결에 영향을 미친 잘못이 있다. 이 점을 지적하는 상고이유의 주장은 이유 있다.」

310) 토지보상법 시행규칙 제40조(이주대책의 수립 · 실시)

⑤ 다음 각 호의 어느 하나에 해당하는 자는 이주대책대상자에서 제외한다. 〈개정 2016. 1. 6., 2018. 4. 17.〉

2. 해당 건축물에 공익사업을 위한 관계 법령에 따른 고시 등이 있은 날부터 계약체결일 또는 수용재결일까지 계속하여 거주하고 있지 아니한 건축물의 소유자. 다만, 다음 각 목의 어느 하나에 해당하는 사유로 거주하고 있지 아니한 경우에는 그러하지 아니하다.

가. 질병으로 인한 요양

나. 징집으로 인한 입영

다. 공무

라. 취학

마. 해당 공익사업지구 내 타인이 소유하고 있는 건축물에의 거주

바. 그 밖에 가목부터 라목까지에 준하는 부득이한 사유

3. 타인이 소유하고 있는 건축물에 거주하는 세입자. 다만, 해당 공익사업지구에 주거용 건축물을 소유한 자로서 타인이 소유하고 있는 건축물에 거주하는 세입자는 제외한다.

(마목)에는 이주대책 대상자에 포함되지 않는다.

6) 위와 같은 점을 종합하면, 이주대책 대상자는 ① 정비구역 내에 적법한 주거용 건축물의 소유자일 것, ② 법 제73조에 따른 현금청산자일 것, ③ 소유하고 있는 주거용 건축물에서 직접 거주하고 있을 것, ④ 요양 등 부득이한 사유가 없는 한 정비계획 공람공고일부터 협의에 의한 계약체결일 또는 수용재결일까지 계속 거주하고 있을 것이라는 요건을 모두 갖추어야 한다.

(3) 이주대책에 갈음하는 이주정착금의 지급

1) 사업시행자는 ① 공익사업시행지구의 인근에 택지 조성에 적합한 토지가 없는 경우, ② 이주대책에 필요한 비용이 당해 공익사업의 본래의 목적을 위한 소요비용을 초과하는 등 이주대책의 수립·실시로 인하여 당해[311] 공익사업의 시행이 사실상 곤란하게 되는 경우에는 이주대책을 수립하지 아니할 수 있는데, 사업시행자는 이주대책을 수립·실시하지 아니하거나 이주대책대상자가 이주정착지가 아닌 다른 지역으로 이주하려는 경우 등에는 이주대책대상자에게 이주정착금을 지급하여야 한다.[312] 이에 따라 정비사업에서는 공공시행자가 사업시행자인 경우를 제외하고는 이주대책 대상자에 해당하는 현금청산자에게 이주정착금을 지급하는 것으로 이주대책을 갈음하고 있다.

2) 토지보상법 시행령 제40조 제2항 단서는 이주대책대상자에게 주택을 공급한 경우에 이주대책을 실시한 것으로 본다고 규정하고 있는바, 대법원은 「토지 등의 소유자가 스스로 재개발조합의 조합원으로서의 지위를 부정하여 주택 등을 공급받지 못하게 된 경우까지도 '이주대책 대상자에게 택지 또는 주택을 공급한 경우'에 해당한다고 볼 수는 없다.」며 이주정착금을 지급하여야 한다고 판시하였는바,[313] 정비사업시행자가 현금청산자에게 분양신청의 기회를 부여했다는 이유로 이주정착금의 지급을 거부할 수는 없다.

3) 이주정착금은 보상대상인 주거용 건축물에 대한 평가액의 30퍼센트에 해당하는 금액으로 하되, 그 금액이 6백만원 미만인 경우에는 6백만원으로 하고, 1천2백만원을 초과하는 경우에는 1천2백만원으로 한다.[314]

311) 토지보상법 시행령 제40조 제2항 본문 및 시행규칙 제53조 제1항.
312) 토지보상법 시행령 제41조.
313) 대법원 2004. 10. 27. 선고 2003두858 판결.

다. 주거이전비와 이사비

(1) 의의 및 법적 성격

1) 토지보상법 제78조 제1항은 앞서 본 바와 같이 주거용 건축물의 소유자로서 수용대상자(현금청산자)에 대한 이주대책과 이주정착금의 지급 외에도, 동조 제5항에서 "주거용 건물의 거주자에 대하여는 주거 이전에 필요한 비용과 가재도구 등 동산의 운반에 필요한 비용을 산정하여 보상하여야 한다."고 규정하여 현금청산자는 물론 세입자까지도 주거이전비와 이사비를 지급하도록 규정하고 있다.

2) 주거이전비와 이사비도 사회보장적 이주대책의 성격을 가지며, 제1항의 이주대책대상자 외에 세입자까지 보상대상자에 포함하고 있는 점에서 광의의 이주대책이라고 할 수 있다.

(2) 주거이전비의 보상대상자

1) 정비구역 내 주거용 건축물을 소유한 현금청산자에 대하여는 해당 건축물에 대한 보상을 하는 때에 주거이전비를 보상하여야 한다. 다만, 건축물의 소유자가 해당 건축물 또는 공익사업시행지구 내 타인의 건축물에 실제 거주하고 있지 아니하거나 해당 건축물이 무허가건축물등인 경우에는 그러하지 아니하다.[315] 대법원은 "무허가 건축물등"에는 다른 용도로 허가받은 건축물을 임의로 주거용으로 용도를 변경하여 사용한 경우도 포함된다고 판시하였다.[316]

---

314) 토지보상법 시행규칙 제53조 제2항.

315) 토지보상법 시행규칙 제54조 제1항.

316) 대법원 2013. 5. 23. 선고 2013두437 판결 [손실보상금] 「구 토지보상법률」(2011. 8. 4. 법률 제11017호로 개정되기 전의 것. 이하 '토지보상법'이라 한다) 제78조 제5항, 제9항은 주거용 건물의 거주자에 대하여는 주거이전에 필요한 비용과 가재도구 등 동산의 운반에 필요한 비용을 산정하여 보상하여야 하고, 그 보상에 대하여는 국토해양부령이 정하는 기준에 의하도록 규정하고 있다. 구 토지보상법 시행규칙」(2012. 1. 2. 국토해양부령 제427호로 개정되기 전의 것. 이하 '토지보상법 시행규칙'이라 한다) 제24조, 제54조 제1항은, 공익사업시행지구에 편입되는 주거용 건축물의 소유자에 대하여는 당해 건축물에 대한 보상을 하는 때에 주거이전비를 보상하여야 하나, 당해 건축물이 '「건축법」 등 관계 법령에 의하여 허가를 받거나 신고를 하고 건축을 하여야 하는 건축물을 허가를 받지 아니하거나 신고를 하지 아니하고 건축한 건축물'(이하 '무허가건축물등'이라 한다)인 경우에는 주거이전비를 보상하지 아니한다고 규정하고 있다. 위 각 규정의 문언, 내용 및 입법 취지 등을 종합하여 보면, 주거용 용도가 아닌 다른 용도로 이미 허가를 받거나 신고를 한 건축물은 그 소유자가 공익사업시행지구에 편입될 당시 허가를 받거나 신고를 하는 등의 적법한 절차에 의하지 아니하고 임의로

2) 분양신청을 한 조합원은 주거이전비 보상의 대상이 아니다.[317] 분양신청을 한 조합원이 정비구역 내 타인의 주거용 건축물에 거주하는 세입자일 경우에도 주거이전비 보상의 대상이 아니다.[318]

주거용으로 용도를 변경하여 사용하고 있는 경우에는 토지보상법 시행규칙 제54조 제1항 단서에서 주거이전비를 보상하지 아니한다고 규정한 '무허가건축물등'에 포함되는 것으로 해석함이 타당하다.」

317) 대법원 2011. 11. 24. 선고 2009다28394 판결 「정비사업에서 정비사업에 동의하여 분양신청을 함으로써 정비사업에 참여한 '토지 등 소유자'는 자신의 토지 또는 건축물을 정비사업에 제공하는 대신 정비사업의 시행으로 완공되는 건축물을 분양받고 종전에 소유하고 있던 토지 또는 건축물의 가격과 분양받은 토지 또는 건축물의 가격 사이에 차이가 있는 경우 이를 청산할 의무가 있는 사람으로서 사업시행자에 준하는 지위를 가지고 있어서 이러한 토지 등 소유자에게는 토지보상법 제78조 제5항에 규정된 주거이전비 청구권이 발생하지 아니한다고 봄이 상당하다.」

318) 대법원 2017. 10. 31. 선고 2017두40068 판결 [주거이전비등]
「구 도시정비법이 적용되는 주택재개발정비사업의 사업구역 내 주거용 건축물을 소유하는 주택재개발정비조합원이 사업구역 내의 타인의 주거용 건축물에 거주하는 세입자일 경우(이하 '소유자 겸 세입자'라 한다)에는 구 도시정비법 제40조 제1항, 구 토지보상법 시행규칙 제54조 제2항에 따른 '세입자로서의 주거이전비(4개월분)' 지급대상은 아니라고 봄이 타당하다. 이유는 다음과 같다.
① 구 토지보상법령의 규정에 의하여 공익사업 시행에 따라 이주하는 주거용 건축물의 세입자에게 지급하는 주거이전비는 공익사업 시행지구 안에 거주하는 세입자들의 조기 이주를 장려하고 사업추진을 원활하게 하려는 정책적인 목적과 주거이전으로 특별한 어려움을 겪게 될 세입자들에게 사회보장적인 차원에서 지급하는 금원이다. 그런데 주택재개발정비사업의 개발이익을 누리는 조합원은 그 자신이 사업의 이해관계인이므로 관련 법령이 정책적으로 조기 이주를 장려하고 있는 대상자에 해당한다고 보기 어렵다. 이러한 조합원이 소유 건축물이 아닌 정비사업구역 내 다른 건축물에 세입자로 거주하다 이전하더라도, 일반 세입자처럼 주거이전으로 특별한 어려움을 겪는다고 보기 어려우므로, 그에게 주거이전비를 지급하는 것은 사회보장급부로서의 성격에 부합하지 않는다.
② 주택재개발사업에서 조합원은 사업 성공으로 인한 개발이익을 누릴 수 있고 그가 가지는 이해관계가 실질적으로는 사업시행자와 유사할 뿐 아니라, 궁극적으로는 공익사업 시행으로 생활의 근거를 상실하게 되는 자와는 차이가 있다. 이러한 특수성은 '소유자 겸 세입자'인 조합원에 대하여 세입자 주거이전비를 인정할 것인지를 고려할 때에도 반영되어야 한다. 더욱이 구 도시정비법 제36조 제1항은 사업시행자가 주택재개발사업 시행으로 철거되는 주택의 소유자 또는 세입자에 대하여 정비구역 내·외에 소재한 임대주택 등의 시설에 임시로 거주하게 하거나 주택자금의 융자알선 등 임시수용에 상응하는 조치를 하여야 한다고 정하고 있고, 이러한 다양한 보상조치와 보호대책은 소유자 겸 세입자에 대해서도 적용될 수 있으므로 최소한의 보호에 공백이 있다고 보기 어렵다.
③ 조합원인 소유자 겸 세입자를 주택재개발정비사업조합의 세입자 주거이전비 지급대상이 된다고 본다면, 지급액은 결국 조합·조합원 모두의 부담으로 귀결될 것인데, 동일한 토지 등 소유자인 조합원임에도 우연히 정비구역 안의 주택에 세입자로 거주하였다는 이유만으로 다른 조합원들과 비교하여 이익을 누리고, 그 부담이 조합·조합원들의 부담으로 전가되는

3) 대법원은 「도시정비법상 주거용 건축물의 소유자에 대한 주거이전비의 보상은 주거용 건축물에 대하여 정비계획에 관한 공람공고일부터 해당 건축물에 대한 보상[319]을 하는 때까지 계속하여 소유 및 거주한 주거용 건축물의 소유자를 대상으로 한다고 해석된다.」고 하여 분양신청 후 이주한 조합원이 분양계약체결을 거부하여 현금청산자가 된 경우에 재결 시까지 계속 거주하지 못하여 주거이전비 보상대상자가 아니라고 판시하였다.[320]

4) 위와 같은 대법원 판시 내용[321]을 종합하면, 주거이전비를 보상받을 수 있는 현금청산자의 요건은 이주정착금의 지급대상인 이주대책대상자의 요건과 같다고 할 것이다. 다만, 주거용 건축물을 소유한 현금청산자가 정비구역 내 타인의 주거용 건축물에 세입자로 거주하는 경우에는 이주정착금의 지급대상인 이주대책대상자에서 제외되나, 세입자로서 아래와 같은 요건을 갖춘 경우에는 주거이전비 지급대상자가 될 수 있다고 본다.

5) 공익사업의 시행으로 인하여 이주하게 되는 주거용 건축물의 세입자로서 정비계획 공람공고일[322] 당시 해당 정비구역 내에서 3개월 이상 거주한 자에 대하여는 주거이

결과 역시 타당하다고 볼 수 없다.」

319) 대법원 2013. 1. 16. 선고 2012두34 판결 「구 도시 및 주거환경정비법상 주택재개발사업의 현금청산대상자로서 현금청산에 관한 협의가 성립되어 사업시행자에게 주거용 건축물의 소유권을 이전하는 자에 대하여도 구 공익사업을 위한 토지 등의 취득 및 보상에 관한 법률에 따른 이주정착금, 주거이전비 및 이사비를 지급해야 한다.」

320) 대법원 2016. 12. 15. 선고 2016두49754 판결 「구 도시정비법 제40조 제1항에 의해 정비사업 시행에 관하여 준용되는 토지보상법 제78조 제5항은 "주거용 건물의 거주자에 대하여는 주거 이전에 필요한 비용과 가재도구 등 동산의 운반에 필요한 비용을 산정하여 보상하여야 한다."라고 규정하고, 구 공익사업을 위한 토지 등의 취득 및 보상에 관한 법률 시행규칙(2016. 1. 6. 국토교통부령 제272호로 개정되기 전의 것, 이하 '토지보상법 시행규칙'이라 한다) 제54조 제1항은 "공익사업시행지구에 편입되는 주거용 건축물의 소유자에 대하여는 당해 건축물에 대한 보상을 하는 때에 가구원수에 따라 2월분의 주거이전비를 보상하여야 한다. 다만, 건축물의 소유자가 당해 건축물에 실제 거주하고 있지 아니하거나 당해 건축물이 무허가건축물등인 경우에는 그러하지 아니하다."라고 규정하고 있다. 여기서 위 각 규정을 준용하는 도시정비법상 주거용 건축물의 소유자에 대한 주거이전비의 보상은 주거용 건축물에 대하여 정비계획에 관한 공람공고일부터 해당 건축물에 대한 보상을 하는 때까지 계속하여 소유 및 거주한 주거용 건축물의 소유자를 대상으로 한다고 해석된다(대법원 2015. 2. 26. 선고 2012두19519 판결 등 참조).」

321) 토지보상법상 명문 규정이 없음에도 무단 용도변경한 소유자를 주거이전비 지급대상에서 제외한 점과 주거이전비 지급대상인 소유자에게 요구하는 거주요건이 모두 이주대책 대상자의 요건과 동일하다.

전비를 보상하여야 한다. 다만, 무허가건축물등에 입주한 세입자는 정비계획 공람공고일 당시 그 정비구역 내에서 1년 이상 거주한 세입자에 대하여 주거이전비를 보상하여야 한다.[323] 따라서 세입자는 이주정착금의 지급대상은 아니지만 주거이전비의 지급대상이 된다.

6) 위와 같이 토지보상법 시행규칙 제54조 제2항 및 도시정비법 시행령 제54조 제4항에 따르면, 세입자는 정비계획 공람공고일까지 일정기간(3개월 또는 1년) 이상 거주하여야 한다는 요건만을 규정하고 있을 뿐, 정비계획 공람공고일 이후의 거주요건에 관하여는 아무런 규정을 두고 있지 아니한데, 이에 관해 대법원은 「관련 법령의 문언 · 내용 · 취지 등에 비추어 보면 도시정비법상 주거용 건축물의 세입자에 대한 주거이전비의 보상은 정비계획에 관한 공람공고일 당시 해당 정비구역 안에서 3월 이상 거주한 자를 대상으로 하되, 그 보상 방법 및 금액 등의 보상내용은 원칙적으로 사업시행계획 인가고시일에 확정되는 것으로 봄이 타당하고, 이에 따라 그 보상내용이 확정된 세입자는 그 확정된 주거이전비를 청구할 수 있고 반드시 정비사업의 시행에 따른 관리처분계획 인가고시일까지 계속 거주하여야 할 필요는 없다(대법원 2012. 2. 23. 선고 2011두23603 판결 등 참조).」고 판시하였고,[324] 나아가 대법원은 「구 도시정비법상 주거용 건축물의 세입자에 대한 주거이전비 보상의 방법과 금액 등 보상 내용이 확정되는 기준일은 사업시행인가고시일이고 토지보상법 제15조에 따른 보상계획 공고 및 통지 절차가 아닌 구 도시정비법 제31조[325] 등에 규정된 사업시행계획 공고 및 통지 절차(공람 및 의견청취)를 거쳐도 충분하다.」고도 판시하였는바,[326] 주거이전비 보상대상인 세입자는 "정비계획 공람공고일 3개월 전(무허가건축물 세입자의 경우 1년 전)부터 사업시행계획 인가고시일까지" 계속 거주한 세입자로 한정된다.[327] 현금청산자의 경우 "정비계획 공람공고일

---

322) 도시정비법 시행령 제54조(손실보상 등)
④ 주거이전비를 보상하는 경우 보상대상자의 인정시점은 제13조제1항에 따른 공람공고일로 본다.

323) 토지보상법 시행규칙 제54조 제2항.

324) 대법원 2017. 10. 26. 선고 2015두46673 판결, 대법원 2006. 4. 27. 선고 2006두2435 판결, 대법원 2012. 9. 27. 선고 2011두32966 판결 등.

325) 현행법 제56조.

326) 대법원 2012. 9. 27. 선고 2010두13890 판결 [주거이전비등].

327) 세입자 주거이전비 보상요건으로써 거주기간에 대하여, 2009. 8. 13. 이전에는 토지보상법 시행규칙 제54조 제2항에 따라 '정비계획 공람공고일(사업시행인가 고시일이 아님)' 당시 3개월 이상 거주한 세입자가 주거이전비와 이주비의 지급대상자가 되었으나, 2009. 8. 13. 개정 도

부터 협의 또는 재결에 의해 해당 건축물에 대한 보상을 하는 때까지" 계속 거주하여야 하는 것과 차이가 있다.

7) 다만 사견으로는, 토지보상법 시행규칙 제54조 제2항이 "공익사업의 시행으로 인하여 이주하게 되는"이라고 규정하고 있으므로, 세입자의 경우에는 사업시행계획인가 고시일까지만 거주하면 주거이전비 청구권이 확정된다고 해석하는 것은 부당하다고 보며, 특히 사업시행계획인가 후 관리처분계획인가와 이주까지 상당한 기간이 소유되는 정비사업의 특성을 고려할 때 정비사업의 시행으로 인하여 이주한 것인지를 주거이전비의 요건으로 해석하는 것이 타당하다고 보며, 정비사업의 시행으로 인하여 이주하는 때에 주거이전비가 확정된다고 해석하는 것이 타당하다고 본다.

(3) 이사비의 보상대상자

1) 토지보상법 시행규칙 제55조 제2항은 "공익사업시행지구에 편입되는 주거용 건축물의 거주자가 해당 공익사업시행지구 밖으로 이사를 하는 경우에는 가재도구 등 동산의 운반에 필요한 이사비를 보상하여야 한다."고 규정하고 있는데, 이사비 보상대상자도 조합원을 제외[328]한 현금청산자와 세입자가 된다.

2) 그런데 토지보상법 시행규칙 제55조 제2항은 현금청산자와 세입자의 거주기간 등 보상대상자의 요건에 관하여 아무런 규정을 두고 있지 아니하고, 도시정비법 시행령 제54조 제4항은 주거이전비 보상대상자에 한하여 그 인정시점을 정비계획 공람공고일로 본다고 규정하고 있을 뿐 이사비 보상대상자에 대해서는 별도의 규정을 두고 있지 아니하다.

3) 이 때문에 이사비의 보상대상자 요건에 관하여 대법원 판례도 아래와 같이 일견

시정비법 시행규칙 제9조의2가 토지보상법에 특칙으로 신설되어 "「공익사업을 위한 토지 등의 취득 및 보상에 관한 법률 시행규칙」 제54조제2항에 따른 주거이전비의 보상은 영 제11조에 따른 공람공고일 현재 당해 정비구역에 거주하고 있는 세입자를 대상으로 한다."고 규정하였고, 2018. 2. 9. 개정된 도시정비법 시행령 제54조 제4항은 구 도시정비법 시행규칙 제9조의2 규정을 승계하여 "주거이전비를 보상하는 경우 보상대상자의 인정시점은 제13조제1항에 따른 공람공고일로 본다."고 규정하기에 이르렀는바, 개정된 현행법에 따르면 세입자도 정비계획 공람공고일에 3개월 이상 거주하고 있지 않아도 정비계획 공람공고일에 거주하고 있으면 주거이전비 보상의 대상이 된다는 견해가 있다.

328) 조합원은 토지보상법 상 손실보상이 아니라 도시정비법 제61조 임시이주대책에 따라 이주비와 이사비를 지급받는 것이다.

상충되는 판결을 내놓고 있다.

① 대법원 2010. 11. 11. 선고 2010두5332 판결 [주거이전비등]은 주거이전비 보상대상이 아닌 주거용 건축물의 세입자에 대해 「토지보상법 제78조 제5항, 같은 법 시행규칙 제55조 제2항의 각 규정 및 공익사업의 추진을 원활하게 함과 아울러 주거를 이전하게 되는 거주자들을 보호하려는 이사비(가재도구 등 동산의 운반에 필요한 비용을 말한다) 제도의 취지에 비추어 보면, 이사비의 보상대상자는 공익사업시행지구에 편입되는 주거용 건축물의 거주자로서 공익사업의 시행으로 인하여 이주하게 되는 자로 봄이 상당하고, 원고는 그 정비구역 안의 주거용 건축물에 전입하여 거주하다가 그 사업시행인가 고시일 후인 2006. 7. 26. 이 사건 주택재개발사업의 시행으로 인하여 이주하게 된 사실을 알 수 있으므로, 원고는 이사비 보상대상자에 해당한다.」고 판시하였고,[329] 대법원 2016. 12. 15. 선고 2016두49754 판결은 이주정착금과 주거이전비 보상대상이 아닌 현금청산자에 대해서도 「분양신청 후 이주한 원고가 분양계약체결을 거부함으로써 현금청산자가 된 경우에는 수용재결일까지 거주하지 아니하였으므로 이주정착금과 주거이전비 지급대상이 아니지만, 원고가 이 사건 주택재개발사업의 시행으로 인하여 이주하게 된 사실을 알 수 있어 원고는 이사비 보상대상자에 해당한다.」고 판시하였는바, 이러한 판례에 따르면 이사비의 보상대상자는 사업시행계획 인가고시일 이전부터 거주하고 사업시행계획인가 후 사업시행으로 인하여 이주하게 된 자에 한정된다고 보아야 한다.

② 반면, 대법원 2006. 4. 27. 선고 2006두2435 판결은 「세입자는 이후의 사업시행자의 주거이전비 산정통보일 또는 수용개시일까지 계속 거주할 것을 요함이 없이 위 사업인정고시일 등에 바로 규칙 제54조 제2항의 주거이전비와 규칙 제55조 제2항의 이사비 청구권을 취득한다고 볼 것이고, 주거이전비 산정통보일 이전에 화재로 인하여 거주하는 건물 부분 및 가재도구 등이 멸실되는 바람에 공익사업 시행지구 밖으로 이주하였다 하더라도 이로 인하여 피고가 이미 취득한 주거이전비 및 이사비 청구권이 소멸된 것은 아니다.」고 판시하였고, 대법원 2012. 4. 26. 선고 2010두7475 판결 [주거이전비등청구]은 「구 도시정비법 제40조 제1항에 의하여 준용되는 토지보상법 제78조 제5

329) 해당 판례는 「원고는 정비계획 공람공고일 당시 이 사건 정비구역 안에 3개월 이상 거주한 세입자에 해당하지 아니하여 주거이전비 보상대상자가 아니다.」라고 판시하였는바, 주거이전비의 보상대상자에 해당하지 아니하여 이사비의 보상대상자가 될 수 있다.

항 및 구 토지보상법 시행규칙 제54조 제2항, 제55조 제2항의 각 규정에 의하여 공익사업의 시행에 따라 이주하는 주거용 건축물의 세입자에게 지급해야 하는 주거이전비 및 이사비의 지급의무는 사업인정고시일 등 당시 또는 공익사업을 위한 관계 법령에 의한 고시 등이 있은 당시에 바로 발생한다.」고 판시하였는바, 이러한 판례에 따르면 이사비의 보상대상자는 사업시행계획인가 고시일까지만 거주하면 되고 사업시행으로 인하여 이주할 것을 요하지 않는다.

4) 위 판례들을 조화롭게 해석한다면, 주거이전비 보상요건을 갖추지 못한 세입자와 소유자는 사업시행계획인가 전부터 거주하여 사업시행으로 인하여 이주하면 이사비의 보상대상자에는 해당하고(위 ①의 판례), 주거이전비의 보상대상자에 해당하는 세입자는 사업시행계획인가 시에 주거이전비와 함께 이사비의 보상대상자가 되고 사업시행으로 인해 이주할 것을 요하지 아니하며(위 ②의 판례), 주거이전비의 보상대상자에 해당하는 현금청산자는 수용재결 시까지 거주하여야 하므로 당연히 사업시행으로 인해 이주한 자에 해당하여 이사비의 보상대상자가 된다고 해석할 수 있다. 다만 사견으로는 토지보상법 시행규칙 제54조 제2항이 "공익사업의 시행으로 인하여 이주"할 것을 주거이전비의 보상요건으로 규정하고 있으므로, 주거이전비의 보상대상자인 세입자도 정비사업의 시행으로 이주한 때에 한하여 이사비 보상대상자에 해당한다고 해석하는 것이 타당하다고 본다.

5) 대법원 판례에 따르면 주거이전비의 보상대상자는 당연히 이사비의 보상대상자가 되며, 주거이전비 보상대상자가 아니라도 '사업시행계획인가 전부터 거주'하다가 '정비사업의 시행으로 인해 이주'한 자는 이사비의 보상대상자가 된다.

(4) 주거이전비와 이사비의 산정기준

1) 주거이전비는 통계법 제3조 제3호에 따른 통계작성기관이 조사·발표하는 가계조사통계의 도시근로자가구의 가구원수별 월평균 명목 가계지출비(이하 이 항에서 "월평균 가계지출비"라 한다)를 기준으로,[330] 현금청산자에 대해서는 2개월분을, 세입자에게는 4개월분을 지급한다.[331] 통계작성기관은 가구원 수가 5인 이상인 경우에 '5인 이상 기

330) 토지보상법 시행규칙 제54조 제4항 전단.
331) 토지보상법 시행규칙 제54조 제1, 2항.

준의 도시근로자가구 월평균 가계지출비'로 포괄하여 발표하는바, 가구원수가 5인인 경우에는 5인 이상 기준의 월평균 가계지출비를 적용하고, 가구원수가 6인 이상인 경우에는 5인 이상 기준의 월평균 가계지출비에 5인을 초과하는 가구원수에 1인당 평균비용을 곱한 금액을 더한 금액으로 산정하여야 하며, 1인당 평균비용은 [(5인 이상 기준의 도시근로자가구 월평균 가계지출비－2인 기준의 도시근로자가구 월평균 가계지출비) ÷ 3]으로 산정한다.[332)]

2) 이사비의 산정은 토지보상법 시행규칙 별표 4에 따라 거주하던 주택연면적을 기준으로 아래와 같이 산정한다.

주택연면적기준	이 사 비			비 고
	노 임	차량운임	포 장 비	
1. 33제곱미터 미만	3명분	1대분	(노임 + 차량운임) × 0.15	1. 노임은 「통계법」 제3조제3호에 따른 통계작성기관이 같은 법 제18조에 따른 승인을 받아 작성·공표한 공사부문 보통인부의 노임을 기준으로 한다. 2. 차량운임은 한국교통연구원이 발표하는 최대적재량이 5톤인 화물자동차의 1일 8시간 운임을 기준으로 한다. 3. 한 주택에서 여러 세대가 거주하는 경우 주택연면적기준은 세대별 점유면적에 따라 각 세대별로 계산·적용한다.
2. 33제곱미터 이상 49.5제곱미터 미만	4명분	2대분	(노임 + 차량운임) × 0.15	
3. 49.5제곱미터 이상 66제곱미터 미만	5명분	2.5대분	(노임 + 차량운임) × 0.15	
4. 66제곱미터 이상 99제곱미터 미만	6명분	3대분	(노임 + 차량운임) × 0.15	
5. 99제곱미터 이상	8명분	4대분	(노임 + 차량운임) × 0.15	

(5) 주거이전비 · 이사비의 청구와 지연

대법원은 「구 도시정비법(2009. 2. 6. 법률 제9444호로 개정되기 전의 것) 제40조 제1항에 의하여 준용되는 토지보상법 제78조 제5항 및 구 토지보상법 시행규칙(2008. 4. 18. 국토해양부령 제7호로 개정되기 전의 것) 제54조 제2항, 제55조 제2항의 각 규정에 의하여 공익사업의 시행에 따라 이주하는 주거용 건축물의 세입자에게 지급해야 하는 주거이전비

332) 토지보상법 시행규칙 제54조 제4항 후단.

및 이사비의 지급의무는 사업인정고시일 등 당시 또는 공익사업을 위한 관계 법령에 의한 고시 등이 있은 당시에 바로 발생한다. 그러나 그 지급의무의 이행기에 관하여는 관계 법령에 특별한 규정이 없으므로, 위 주거이전비 및 이사비의 지급의무는 이행기의 정함이 없는 채무로서 채무자는 이행청구를 받은 다음날부터 이행지체 책임이 있다.」고 판시하였다.333) 이런 점에서 주거이전비와 이사비의 보상대상자는 재결절차가 선행되지 아니하여도 공법상 당사자소송으로 직접 법원에 주거이전비와 이사비를 청구할 수 있다.

(6) 주거이전비 · 이사비 지급에 관한 기타 쟁점

1) 대법원은 도시정비법 제61조에 의거 임시수용시설을 제공받은 세입자도 토지보상법상 주거이전비의 지급대상자에 해당하며 별도로 주거이전비를 지급하여야 한다고 판시하였다.334)

2) 나아가 위 대법원 판례는「사업시행자의 세입자에 대한 주거이전비 지급의무를 정하고 있는 토지보상법 시행규칙 제54조 제2항은 당사자 합의 또는 사업시행자 재량에 의하여 적용을 배제할 수 없는 강행규정이라고 보아야 하고, 주거이전비를 포기하는 취지의 포기각서를 제출하였다 하더라도, 위 포기각서의 내용은 강행규정인 토지보상법 시행규칙 제54조 제2항에 위배되어 무효라 할 것이다.」라고 판시하였다.

3) 대법원은 주거이전비와 이사비의 보상대상자 요건과 보상금액을 정하는 기준이 되는 법령도 특별한 사정이 없는 한 사업시행계획인가일의 법령을 적용하여야 한다고 판시하고 있다.335)

라. 영업손실보상금

(1) 의의 및 법적 성격

1) 영업을 폐지하거나 휴업함에 따른 영업손실에 대하여는 영업이익과 시설의 이전비용 등을 고려하여 보상하여야 한다.336)

---

333) 대법원 2012. 4. 26. 선고 2010두7475 판결 [주거이전비등청구].

334) 대법원 2011. 7. 14. 선고 2011두3685 판결 [주거이전비등].

335) 대법원 2012. 8. 30. 선고 2011두22792 판결, 대법원 2012. 8. 30. 선고 2011두7755 판결, 대법원 2012. 9. 27. 선고 2011두32966 판결 등.

2) 이는 앞서 본 주거용 건축물의 거주자에 대한 손실보상(이주정착금, 주거이전비, 이사비)과 동일한 취지에서 상업시설의 영업권자에 대한 손실을 보상하는 제도이고, 공익사업의 시행으로 영업을 휴업 또는 폐업하는 영업권자에게 헌법에 따른 정당한 보상을 하여 종전의 생활상태를 원상으로 회복시키면서 동시에 인간다운 생활을 보장하여 주기 위한 생활보상의 일환으로써 사회보장적 제도이다.

(2) 영업손실보상의 대상자

1) 영업손실보상의 대상자도 사업시행자에 준하는 지위를 갖는 분양신청을 한 조합원은 제외된다고 할 것이고,[337] 현금청산자 또는 임차인 중 직접 영업을 영위하는 자가 보상대상자가 된다.

2) 토지보상법 시행규칙 제45조는 영업손실의 보상대상인 영업을 ① 영업을 행함에 있어서 관계법령에 의한 허가등을 필요로 하는 경우에는 '사업인정고시일등' 전에 허가등을 받아 그 내용대로 행하고 있는 영업이어야 하며, ② '사업인정고시일등' 전부터 적법한 장소(무허가건축물등, 불법형질변경토지, 그 밖에 다른 법령에서 물건을 쌓아놓는 행위가 금지되는 장소가 아닌 곳을 말한다)에서 인적·물적시설을 갖추고 계속적으로 행하고 있는 영업으로 하되. ③ 무허가건축물등에서 임차인(현금청산자는 제외된다)이 영업하는 경우에는 그 임차인이 사업인정고시일등 1년 이전부터 「부가가치세법」 제8조에 따른 사업자등록을 하고 행하고 있는 영업은 보상대상인 영업에 포함된다고 규정하고 있다. 그러나 도시정비법 시행령 제54조 제3항은 "보상대상자의 인정시점은 정비계획 공람공고일로 본다."는 특칙을 두고 있는바, 토지보상법 시행규칙 제45조의 '사업인정고시일등'은 '정비계획 공람공고일'로 보아야 한다.

3) 대법원은 건축물의 적법성의 판단은 협의성립 또는 재결 당시를 기준으로 판단하

---

336) 토지보상법 제77조 제1항.

337) 대법원 2011. 11. 24. 선고 2009다28394 판결 「정비사업에서 정비사업에 동의하여 분양신청을 함으로써 정비사업에 참여한 '토지 등 소유자'는 자신의 토지 또는 건축물을 정비사업에 제공하는 대신 정비사업의 시행으로 완공되는 건축물을 분양받고 종전에 소유하고 있던 토지 또는 건축물의 가격과 분양받은 토지 또는 건축물의 가격 사이에 차이가 있는 경우 이를 청산할 의무가 있는 사람으로서 사업시행자에 준하는 지위를 가지고 있어서 이러한 토지 등 소유자에게는 토지보상법 제78조 제5항에 규정된 주거이전비 청구권이 발생하지 아니한다고 봄이 상당하다.」

여야 한다고 판시하였는바,[338] 협의성립 또는 재결 당시 적법한 장소라면 정비계획 공람공고일 당시 무허가건축물등이라고 하더라도 정비계획 공람공고일 전부터 영업을 하고 있었으면 보상대상자가 되고, 협의성립 또는 재결 당시 무허가건축물 등이라면 정비계획 공람공고일 1년 이전부터 영업을 하여야 보상대상자가 된다. 반면, '영업허가 등을 받은 적법한 영업'인지는 영업 개시의 시점을 정하는 기준이므로 '정비계획 공람공고일'을 기준으로 판단하여야 하며, 무허가건축물등에서 행해진 임차인의 영업도 '정비계획 공람공고일 1년 전'을 기준으로 사업자등록을 하고 행하고 있는 영업인지를 판단하여야 한다.

4) 토지보상법과 도시정비법은 위와 같이 영업 개시일만 규정하고 있으므로, 영업권자가 사업시행계획인가고시일(사업인정고시일)까지만 영업을 계속하고 있으면 되는지, 협의성립 또는 보상재결일까지 계속 영업을 하여야 하는지가 문제될 수 있다. 대법원은 주거이전비 · 이사비와는 달리 영업손실보상에 관하여는 반드시 재결절차를 거쳐야 한다고 판시하고 있고,[339] 영업손실보상금의 산정도 협의성립 또는 보상재결 당시를 기

---

338) 대법원 2010. 9. 9. 선고 2010두11641 판결 [영업손실보상거부처분취소] 「공익사업을 위한 토지 등의 취득 및 보상에 관한 법률 제67조 제1항은 공익사업의 시행으로 인한 손실보상액의 산정은 협의에 의한 경우에는 협의성립 당시의 가격을, 재결에 의한 경우에는 수용 또는 사용의 재결 당시의 가격을 기준으로 한다고 규정하므로, 위 법 제77조 제4항의 위임에 따라 영업손실의 보상대상인 영업을 정한 같은 법 시행규칙 제45조 제1호에서 말하는 '적법한 장소(무허가 건축물 등, 불법형질변경토지, 그 밖에 다른 법령에서 물건을 쌓아놓는 행위가 금지되는 장소가 아닌 곳을 말한다)에서 인적 · 물적시설을 갖추고 계속적으로 행하고 있는 영업'에 해당하는지 여부는 협의성립, 수용재결 또는 사용재결 당시를 기준으로 판단하여야 한다.」

339) 대법원 2011. 9. 29. 선고 2009두10963 판결 [영업권보상] 「공익사업으로 인하여 영업을 폐지하거나 휴업하는 자가 사업시행자에게서 구 토지보상법 제77조 제1항에 따라 영업손실에 대한 보상을 받기 위해서는 구 토지보상법 제34조, 제50조 등에 규정된 재결절차를 거친 다음 재결에 대하여 불복이 있는 때에 비로소 구 토지보상법 제83조 내지 제85조에 따라 권리구제를 받을 수 있을 뿐, 이러한 재결절차를 거치지 않은 채 곧바로 사업시행자를 상대로 손실보상을 청구하는 것은 허용되지 않는다고 보는 것이 타당하다.」
대법원 2018. 7. 20. 선고 2015두4044 판결 [토지수용보상금등증액] 「공익사업에 영업시설 일부가 편입됨으로 인하여 잔여 영업시설에 손실을 입은 자가 사업시행자로부터 구 공익사업을 위한 토지 등의 취득 및 보상에 관한 법률 시행규칙(2014. 10. 22. 국토교통부령 제131호로 개정되기 전의 것) 제47조 제3항에 따라 잔여 영업시설의 손실에 대한 보상을 받기 위해서는, 토지보상법 제34조, 제50조 등에 규정된 재결절차를 거친 다음 그 재결에 대하여 불복이 있는 때에 비로소 토지보상법 제83조 내지 제85조에 따라 권리구제를 받을 수 있을 뿐이다. 이러한 재결절차를 거치지 않은 채 곧바로 사업시행자를 상대로 손실보상을 청구하는 것은 허용되지 않는다.」

준으로 판단하여야 한다고 판시하였는바,[340] 협의성립 또는 보상재결이 있을 때까지 영업을 계속 유지하여야 영업손실보상의 대상이 된다고 본다.

5) 위와 같은 점을 종합하면, 영업손실보상의 대상자는 "적법한 장소 · 건축물에서 정비계획 공람공고일 전부터 협의성립 또는 재결일까지 영업허가등을 받은 적법한 영업자(현금청산자 및 임차인)"와 "협의성립 또는 재결일 당시에 무허가 건축물인 경우에는 정비계획 공람공고일 1년 전부터 협의성립 또는 재결일까지 「부가가치세법」 제8조에 따른 사업자등록을 하고 영업한 임차인"으로 한정되고, 사업시행자는 이러한 요건을 갖춘 자에 대해 보상재결을 받아 보상하여야 한다.

(3) 영업폐지에 따른 손실보상

1) 영업폐지로 인정되기 위해서는 ① 영업장소 또는 배후지(당해 영업의 고객이 소재하는 지역을 말한다. 이하 같다)의 특수성으로 인하여 당해 영업소가 소재하고 있는 시 · 군 · 구(자치구를 말한다. 이하 같다) 또는 인접하고 있는 시 · 군 · 구의 지역안의 다른 장소에 이전하여서는 당해 영업을 할 수 없는 경우, ② 당해 영업소가 소재하고 있는 시 · 군 · 구 또는 인접하고 있는 시 · 군 · 구의 지역안의 다른 장소에서는 당해 영업의 허가등을 받을 수 없는 경우, ③ 도축장 등 악취 등이 심하여 인근주민에게 혐오감을 주는 영업시설로서 해당 영업소가 소재하고 있는 시 · 군 · 구 또는 인접하고 있는 시 · 군 · 구의 지역안의 다른 장소로 이전하는 것이 현저히 곤란하다고 특별자치도지사 · 시장 · 군수 또는 구청장(자치구의 구청장을 말한다)이 객관적인 사실에 근거하여 인정하는 경우 중 어느 하나에 해당하여야 한다.[341]

2) 토지보상법 시행규칙 제46조 제1항은 "공익사업의 시행으로 인하여 영업을 폐지

---

340) 대법원 2010. 9. 9. 선고 2010두11641 판결 [영업손실보상거부처분취소] 「공익사업을 위한 토지 등의 취득 및 보상에 관한 법률(이하 '토지보상법'이라고 한다) 제67조 제1항은 공익사업의 시행으로 인한 손실보상액의 산정은 협의에 의한 경우에는 협의성립 당시의 가격을, 재결에 의한 경우에는 수용 또는 사용의 재결 당시의 가격을 기준으로 한다고 규정하므로, 토지보상법 제77조 제4항의 위임에 따라 영업손실의 보상대상인 영업을 정한 토지보상법 시행규칙 제45조 제1호에서 말하는 '적법한 장소(무허가 건축물 등, 불법형질변경토지, 그 밖에 다른 법령에서 물건을 쌓아놓는 행위가 금지되는 장소가 아닌 곳을 말한다)에서 인적 · 물적시설을 갖추고 계속적으로 행하고 있는 영업'에 해당하는지 여부는 협의성립, 수용재결 또는 사용재결 당시를 기준으로 판단하여야 한다(대법원 2001. 4. 27. 선고 2000다50237 판결 등 참조).」

341) 토지보상법 시행규칙 제46조 제2항.

하는 경우의 영업손실은 2년간의 영업이익(개인영업인 경우에는 소득을 말한다. 이하 같다)에 영업용 고정자산 · 원재료 · 제품 및 상품 등의 매각손실액을 더한 금액으로 평가한다." 고 규정하고 있다. 도시정비법 시행령 제54조 제2항은 이에 대한 특칙으로, 영업의 폐지 또는 휴업에 대한 손실을 평가하는 경우 휴업기간을 4개월 이내로 하되, 다만 ① 해당 정비사업을 위한 영업의 금지 또는 제한으로 인하여 4개월 이상의 기간 동안 영업을 할 수 없는 경우, ② 영업시설의 규모가 크거나 이전에 고도의 정밀성을 요구하는 등 해당 영업의 고유한 특수성으로 인하여 4개월 이내에 다른 장소로 이전하는 것이 어렵다고 객관적으로 인정되는 경우에는 실제 휴업기간으로 하고 그 휴업기간은 2년을 초과할 수 없다고 규정하고 있다. 이와 같은 규정을 종합할 때, 토지보상법에 따른 영업폐지의 요건을 갖추었다면 도시정비법에 따르더라도 2년간의 영업이익을 보상하여야 한다고 본다.

3) 영업이익은 해당 영업의 최근 3년간(특별한 사정으로 인하여 정상적인 영업이 이루어지지 아니한 연도를 제외한다)의 평균 영업이익을 기준으로 하여 이를 평가하되, 공익사업의 계획 또는 시행이 공고 또는 고시됨으로 인하여 영업이익이 감소된 경우에는 해당 공고 또는 고시일전 3년간의 평균 영업이익을 기준으로 평가한다. 이 경우 개인영업으로서 최근 3년간의 평균 영업이익이 "통계법 제3조 제3호에 따른 통계작성기관이 승인을 받아 작성 · 공표한 제조부문 보통인부의 연간 임금(임금단가×25일×12개월)"에 미달하는 경우에는 보통인부의 연간 노임을 최근 3년간의 평균 영업이익으로 본다.[342)]

4) 무허가건축물등에서 임차인이 영업하는 경우에는 그 임차인이 사업인정고시일등 1년 이전부터 「부가가치세법」 제8조에 따른 사업자등록을 하고 행하고 있는 경우, 임차인의 영업에 대한 보상액 중 영업용 고정자산 · 원재료 · 제품 및 상품 등의 매각손실액을 제외한 금액은 1천만원을 초과하지 못한다.[343)]

5) 사업시행자는 영업자가 영업의 폐지 후 2년 이내에 해당 영업소가 소재하고 있는 시 · 군 · 구 또는 인접하고 있는 시 · 군 · 구의 지역 안에서 동일한 영업을 하는 경우에는 영업의 폐지에 대한 보상금을 환수하고 제47조에 따른 영업의 휴업 등에 대한 손실을 보상하여야 한다.[344)]

342) 토지보상법 시행규칙 제46조 제3항.
343) 토지보상법 시행규칙 제46조 제5항.
344) 토지보상법 시행규칙 제46조 제4항.

(4) 영업휴업 등에 따른 손실보상

1) 공익사업의 시행으로 인하여 영업장소를 이전하여야 하는 경우의 영업손실은, ① 휴업기간에 해당하는 영업이익, ② 영업장소 이전 후 발생하는 영업이익감소액, ③ 휴업기간 중 영업용 자산에 대한 감가상각비 · 유지관리비와 휴업 기간 중에도 정상적으로 근무하여야 하는 최소인원에 대한 인건비 등 고정적 비용, ④. 영업시설 · 원재료 · 제품 및 상품의 이전에 소요되는 비용 및 그 이전에 따른 감손상당액, ⑤. 이전광고비 및 개업비 등 영업장소를 이전함으로 인하여 소요되는 부대비용을 합한 금액으로 평가한다.[345]

2) 휴업기간은 4개월 이내로 하되, ① 해당 정비사업을 위한 영업의 금지 또는 제한으로 인하여 4개월 이상의 기간 동안 영업을 할 수 없는 경우, ② 영업시설의 규모가 크거나 이전에 고도의 정밀성을 요구하는 등 해당 영업의 고유한 특수성으로 인하여 4개월 이내에 다른 장소로 이전하는 것이 어렵다고 객관적으로 인정되는 경우에는 실제 휴업기간으로 하고 이 경우에도 그 휴업기간은 2년을 초과할 수 없다.[346]

3) 영업이익은 해당 영업의 최근 3년간(특별한 사정으로 인하여 정상적인 영업이 이루어지지 아니한 연도를 제외한다)의 평균 영업이익을 기준으로 하여 이를 평가하되, 공익사업의 계획 또는 시행이 공고 또는 고시됨으로 인하여 영업이익이 감소된 경우에는 해당 공고 또는 고시일전 3년간의 평균 영업이익을 기준으로 평가한다. 이 경우 개인영업으로서 휴업기간에 해당하는 영업이익이 「통계법」 제3조 제3호에 따른 통계작성기관이 조사 · 발표하는 가계조사통계의 도시근로자가구 월평균 가계지출비를 기준으로 산정한 3인 가구의 휴업기간 동안의 가계지출비(휴업기간이 4개월을 초과하는 경우에는 4개월분의 가계지출비를 기준으로 한다)에 미달하는 경우에는 그 가계지출비를 휴업기간에 해당하는 영업이익으로 본다.[347]

4) 영업장소 이전 후 발생하는 영업이익 감소액은 제1항 각 호 외의 부분의 휴업기간에 해당하는 영업이익(제5항 후단에 따른 개인영업의 경우에는 가계지출비를 말한다)의 100분의 20으로 하되, 그 금액은 1천만원을 초과하지 못한다.[348]

---

345) 토지보상법 시행규칙 제47조 제1항.

346) 토지보상법 시행규칙 제47조 제2항 및 도시정비법 시행령 제54조 제2항.

347) 토지보상법 시행규칙 제47조 제5항. 전단은 영업폐지와 같은 기준이 적용되나, 후단은 영업폐지와 다른 기준이 적용된다.

5) 무허가건축물등에서 임차인이 영업하는 경우에는 그 임차인이 사업인정고시일등 1년 이전부터 「부가가치세법」 제8조에 따른 사업자등록을 하고 행하고 있는 경우, 임차인의 영업에 대한 보상액 중 영업시설 · 원재료 · 제품 및 상품의 이전에 소요되는 비용 및 그 이전에 따른 감손상당액을 제외한 금액은 1천만원을 초과하지 못한다.[349]

6) 토지보상법 시행규칙 제47조 제4항은 "영업을 휴업하지 아니하고 임시영업소를 설치하여 영업을 계속하는 경우의 영업손실은 임시영업소의 설치비용으로 평가한다. 이 경우 보상액은 제1항의 규정에 의한 평가액을 초과하지 못한다."고 규정하고 있는바, 정비사업의 시행자가 도시정비법 제61조에 따라 임시상가를 설치하여 제공한 때에는 토지보상법에 따른 영업손실보상금의 산정에서 고려하여야 한다고 본다. 다만, 대법원이 「도시정비법에 따라 사업시행자에게서 임시수용시설을 제공받는 세입자라 하더라도 토지보상법 및 토지보상법 시행규칙에 따른 주거이전비를 별도로 청구할 수 있다고 보는 것이 타당하다.」고 판시한 바와 같이,[350] 시설 등의 이전비, 이전에 따른 감손상당액, 이전 후 발생하는 영업이익감소액 등 사업시행자의 보상의무가 전부 면제되는 것은 아니라고 본다.

마. 손실보상과 부동산 인도의무의 관계

(1) 2009. 5. 27. 개정 전 구 도시정비법 제49조 제6항은 "관리처분계획의 인가고시가 있은 때에는 종전의 토지 또는 건축물의 소유자 · 지상권자 · 전세권자 · 임차권자 등 권리자는 제54조의 규정에 의한 이전의 고시가 있은 날까지 종전의 토지 또는 건축물에 대하여 이를 사용하거나 수익할 수 없다. 다만, 사업시행자의 동의를 얻은 경우에는 그러하지 아니하다."고 규정하고 있었는데, 2009. 5. 27. 개정 이후 현행법 제81조 제1항 제2호는 손실보상을 하지 아니하는 경우 소유자 · 지상권자 · 전세권자 · 임차권자 등 권리자가 계속 사용 · 수익할 수 있도록 하였다.

(2) 개정 전에 사업시행자는 구법을 근거로 토지보상법상 수용재결과 손실보상 없이도 현금청산자와 세입자를 상대로 부동산 인도를 법원에 청구하였고 하급심에서는 인

348) 토지보상법 시행규칙 제47조 제7항.
349) 토지보상법 시행규칙 제47조 제6항.
350) 대법원 2011. 7. 14. 선고 2011두3685 판결 [주거이전비등].

용판결을 하기도 하였는데, 대법원 2011. 11. 24. 선고 2009다28394 판결 [건물명도]은 「구 도시정비법(2009. 5. 27. 법률 제9729호로 개정되기 전의 것) 제49조 제6항 본문, 사전보상의 원칙을 규정한 구 토지보상법(2011. 8. 4. 법률 제11017호로 개정되기 전의 것) 제62조를 비롯한 관계 규정들을 종합하여 보면, 도시환경정비사업의 사업시행자가 공사에 착수하기 위하여 임차인으로부터 정비구역 내 토지 또는 건축물을 인도받기 위하여는 관리처분계획이 인가 · 고시된 것만으로는 부족하고 협의 또는 재결절차에 의하여 결정되는 영업손실보상금 등을 지급할 것이 요구된다고 보는 것이 국민의 재산권을 보장하는 헌법에 합치하는 해석이라고 할 것이다. 만일 사업시행자와 임차인 사이에 보상금에 관한 '협의'가 성립된다면 조합의 보상금 지급의무와 임차인의 부동산 인도의무는 '동시이행의 관계'에 있게 되고, '재결절차'에 의할 때에는 부동산 인도에 앞서 '영업손실보상금 등의 지급절차가 선행'되어야 할 것이다.」라고 판시하였다. 토지보상법상 손실보상청구권은 공법적 권리이나 부동산 인도를 청구하는 민사소송에서도 항변사유가 될 수 있다.[351][352]

(3) 나아가 대법원 2021. 8. 26. 선고 2019다235153 판결은 손실보상 미지급 항변에 관한 민사법원의 심리범위에 관하여 판시하였는데, 「관리처분계획의 인가·고시가 있은 후 사업시행자가 토지보상법에 따른 손실보상의 완료를 주장하며 현금청산대상자에 대하여 민사소송으로서 종전의 토지나 건축물에 관한 인도청구의 소를 제기하고, 그 소송에서 현금청산대상자가 재결절차에서 주거이전비 등을 보상받지 못하였음을 이유로 인도를 거절한다고 선이행 항변하는 사건을 심리하는 민사법원은, 위 항변의 당부를 판단하기 위한 전제로 현금청산대상자가 토지보상법 제78조, 같은 법 시행령 제40, 41조, 같은 법 시행규칙 제53 내지 5조 등이 정한 요건을 충족하여 주거이전비 등의 지급대상에 해당하는지 여부를 심리·판단하여야 하고, 주거이전비 등의 지급대상인 경우 주거이전비 등의 지급절차가 선행되었는지 등을 심리하여야 한다. 다만 위 주거이전비 보상청구권은 공법상의 권리로서 그 보상을 구하는 소송은 행정소송법상 당사자소송에 의하여야 하고, 소유자의 주거이전비 보상에 관하여 재결이 이루어진 다음 소유자가

351) 인천지방법원 2018. 9. 5. 선고 2018가단205062 판결 [건물명도(인도)].

352) 2009. 5. 27. 개정 전 구법이 적용되던 사안에서 다수의 하급심 판례는 손실보상의 청구는 공법상 청구권으로써 민사소송인 건물명도 청구소송의 항변사유가 될 수 없다고 배척한 사례가 다수 존재하였다.

다투는 경우에는 토지보상법 제85조에 규정된 행정소송을 제기하여야 한다(대법원 2019. 4. 23. 선고 2018두5326 판결 등 참조). 그러므로 위와 같이 사업시행자가 현금청산대상자를 상대로 종전의 토지나 건축물의 인도를 구하는 민사소송에서 법원이 직접 주거이전비 등의 지급을 명하거나 주거이전비 등의 보상에 관한 재결에 대한 다툼을 심리·판단할 수는 없다.」고 판시하였는바, 민사법원은 피고의 손실보상 청구권이 이유가 있다면 선이행 또는 동시이행의 판결을 하여서는 아니되고 원고(조합)의 인도청구를 기각하는 판결을 하여야 한다.

(4) 다만, 대법원 2021. 11. 11. 선고 2020다217083 판결은 「토지보상법에 따른 재결을 거쳐 보상금이 지급 또는 공탁됨으로써 손실보상이 완료되었는지 여부는 보상항목별로 판단하여야 한다. 피보상자별로 어떤 토지, 물건, 권리 또는 영업이 손실보상대상에 해당하는지, 나아가 그 보상금액이 얼마인지를 심리·판단하는 기초 단위를 보상항목이라고 한다(대법원 2018. 5. 15. 선고 2017두4121 판결 참조). 편입토지·물건 보상, 지장물 보상, 잔여 토지·건축물 손실보상 또는 수용청구의 경우에는 원칙적으로 개별 물건에 따라 하나의 보상항목이 되지만, 잔여 영업시설 손실보상을 포함하는 영업손실보상의 경우에는 '전체적으로 단일한 시설 일체로서의 영업' 자체가 보상항목이 되고, 세부 영업시설이나 공사비용, 휴업기간 등은 영업손실보상금 산정에서 고려하는 요소에 불과하다. 영업의 단일성·동일성이 인정되는 범위에서 보상금 산정의 세부요소를 추가로 주장하는 것은 하나의 보상항목 내에서 허용되는 공격방법일 뿐이므로, 별도로 재결절차를 밟을 필요가 없다(대법원 2018. 7. 20. 선고 2015두404 판결 참조). 토지보상법령상 손실보상대상에 해당하는데도 관할 토지수용위원회가 사실을 오인하거나 법리를 오해함으로써 손실보상대상에 해당하지 않는다고 잘못된 내용의 재결을 한 경우에는, 사업시행자를 상대로 토지보상법 제85조 제2항에 따른 보상금 증감의 소를 제기할 수 있을 뿐이다(대법원 2010. 8. 19. 선고 2008두82 판결 등 참조). 따라서 재결신청에 포함되어 심리·판단된 영업보상 항목에 관하여 수용재결에서 정한 손실보상금을 수용개시일까지 모두 지급하거나 공탁하였다면 이로써 토지보상법에 따른 영업보상 관련 손실보상은 완료되었다고 보아야 하므로, 사업시행자의 부동산 인도청구에 대하여 세입자 등은 영업손실보상금 일부 미지급을 이유로 이를 거절할 수는 없다 할 것이다(대법원 2021. 6. 30. 선고 2019다207813 판결 참조).」라고 판시하였는바, 앞서 본 주거이전비와 같이 보상항목이 누

락된 경우와 달리 보상항목 내에 세부요소에 대한 누락의 경우에는 인도청구를 거절할 항변사유가 될 수 없다.

(5) 또한 대법원 2020. 7. 29. 선고 2016다51170 판결에서는 「구 도시정비법 제49조 제6항은 관리처분계획 인가 · 고시 전에 현금청산사유가 발생한 경우, 즉 토지 등 소유자가 분양신청기간에 분양신청을 포기하여 현금청산대상자가 된 경우에 조합으로부터 적법한 보상을 받을 때까지 종전자산을 기존대로 사용 · 수익할 수 있다는 것일 뿐, 일단 조합원으로서의 종전자산 출자의무를 이행하였으나 그 후 분양계약 체결기간에 분양계약 체결을 거부하여 현금청산사유가 발생한 경우에도 토지 등 소유자가 조합을 상대로 기존에 적법하게 출자하여 인도한 종전자산의 반환을 다시 구할 수 있다는 의미로 해석할 수는 없다. 이 경우 재개발조합은 현금청산대상자에게 기존에 출자받은 종전자산을 다시 반환할 필요가 없고, 단지 현금청산대상자에게 협의 또는 수용절차를 거쳐 현금청산금을 지급할 의무만 부담한다. 따라서 재개발조합이 기존에 출자받은 종전자산을 재개발사업을 위하여 계속 점유하더라도 이를 권원 없는 점유라거나 불법점유라고 할 수 없다.」고 판시하였는바, 분양신청을 한 자는 추후 분양계약미체결 등에 따른 손실보상금 지급청구권을 항변사유로 하여 인도를 거절할 수는 없다.

Ⅲ. 재건축사업에서의 매도청구(제64조)

도시정비법

제64조 (재건축사업에서의 매도청구)

① 재건축사업의 사업시행자는 사업시행계획인가의 고시가 있은 날부터 30일 이내에 다음 각 호의 자에게 조합설립 또는 사업시행자의 지정에 관한 동의 여부를 회답할 것을 서면으로 촉구하여야 한다.

1. 제35조제3항부터 제5항까지에 따른 조합설립에 동의하지 아니한 자
2. 제26조제1항 및 제27조제1항에 따라 시장 · 군수등, 토지주택공사등 또는 신탁업자의 사업시행자 지정에 동의하지 아니한 자

② 제1항의 촉구를 받은 토지등소유자는 촉구를 받은 날부터 2개월 이내에 회답하여야 한다.

③ 제2항의 기간 내에 회답하지 아니한 경우 그 토지등소유자는 조합설립 또는 사업시

행자의 지정에 동의하지 아니하겠다는 뜻을 회답한 것으로 본다.
④ 제2항의 기간이 지나면 사업시행자는 그 기간이 만료된 때부터 2개월 이내에 조합설립 또는 사업시행자 지정에 동의하지 아니하겠다는 뜻을 회답한 토지등소유자와 건축물 또는 토지만 소유한 자에게 건축물 또는 토지의 소유권과 그 밖의 권리를 매도할 것을 청구할 수 있다.

1. 매도청구권의 의의 등

가. 의 의

(1) 매도청구권이란, 재건축사업을 시행함에 있어 '조합설립 또는 사업시행자의 지정에 동의하지 아니한 자' 및 '건축물과 그 부속토지 중 어느 하나만 소유하여 재건축에 참여할 수 없는 자'에 대하여, 사업시행자가 일정한 절차를 거쳐 토지 및 건축물의 소유권을 매도할 것을 청구하는 권리로서, 재건축사업에만 인정되는 제도이다.

(2) 법 제73조는 분양신청을 하지 아니한 자 등 재건축사업에서 탈퇴한 현금청산자에게도 매도청구소송을 제기하도록 규정하고 있는바, 이 또한 법적 성격은 사업시행자의 매도청구권에 해당한다. 이에 관한 구체적인 절차와 방법은 법 제73조에서 살펴보기로 하고 본 절에서는 법 제64조 매도청구에 관하여 살펴보기로 한다.

나. 법적 성격

매도청구권은 그 행사의 의사표시가 상대방에게 도달한 때에 상대방의 승낙을 기다리지 않고 곧바로 목적물에 관하여 시가에 의한 매매계약이 성립한 것으로 의제되는바, 매도청구권의 법적 성격은 일방의 의사표시로 법률관계를 형성하는 형성권이다.[353)]

353) 대법원 2016. 12. 29. 선고 2015다202162 판결 [소유권이전등기] 「도시정비법 제39조에 의하여 준용되는 집합건물법 제48조 제4항이 매도청구권의 행사기간을 규정한 취지는, 매도청구권이 형성권으로서 재건축 참가자 다수의 의사에 의하여 매매계약의 성립을 강제하는 것이어서 만일 행사기간을 제한하지 아니하면 매도청구의 상대방은 매도청구권자가 언제 매도청구를 할지 모르게 되어 그 법적 지위가 불안하게 될 뿐만 아니라, 매도청구권자가 매수대상의 시가가 가장 낮아지는 시기를 임의로 정하여 매도청구를 할 수 있게 되어 매도청구 상대방의 권익을 부당하게 침해할 우려가 있기 때문에, 매도청구권의 행사기간을 제한함으로써 매도청구 상대방의 정당한 법적 이익을 보호하고 아울러 재건축을 둘러싼 법률관계를 조속히 확정하기 위한 것이다.」

다. 위헌성의 문제

(1) 헌재 2017. 10. 26. 2016헌바301 결정에서는 아래와 같은 이유로 매도청구권이 위헌적 재산권 침해가 아니라고 하였다.

(2) 매도청구조항은 노후·불량주택을 재건축하여 도시환경을 개선하고 주거생활의 질을 높인다는 공공복리 및 공공필요를 실현하고, 주택재건축사업 과정에서 발생할 우려가 있는 투기를 방지하기 위한 것으로 목적의 정당성 및 수단의 적합성이 인정된다.

(3) 매도청구조항은 통상의 재개발절차에서의 수용제도보다는 조금 더 완화된 제도라고 볼 수 있고, 그 매도청구권 행사에 있어서도 여러 가지 제한을 가함으로써 상대방의 이익을 충분히 보장하고 있을 뿐 아니라, 같은 입법목적을 달성하면서 재산권을 덜 침해하는 다른 수단이 명백히 존재한다고 보이지도 아니하므로, 피해의 최소성을 갖추고 있다.

(4) 조합원 자격조항과 토지소유자 매도청구조항으로 침해받는 사익은 매도를 원하지 않음에도 일정 요건이 충족되는 때에는 사업시행자에 의한 매도청구권 행사로써 강제적으로 토지소유권이 이전되는 것인데, 이는 노후·불량한 주택을 재건축하여 주거환경 및 도시환경을 개선한다는 공익에 비하여 결코 크다고 할 수 없으므로, 법익의 균형성도 갖추었다.

라. 2017. 2. 8. 개정(시행 2018. 2. 9.)과 법령의 적용

(1) 2017. 2. 8. 개정(시행 2018. 2. 9.)으로 매도청구에 관한 규정이 개정되었고, 부칙 〈제14567호〉 제16조(매도청구에 관한 적용례)는 "제64조의 개정규정은 이 법 시행 후 최초로 조합설립인가를 신청하거나 사업시행자를 지정하는 경우부터 적용한다."고 규정하였다.

(2) 2018. 2. 9. 전 조합설립인가를 신청하거나 사업시행자로 지정 고시된 경우에는 구법 제39조에 따라 매도청구소송을 진행하여야 하고, 그 이후 조합설립인가를 신청하거나 사업시행자로 지정 고시된 경우에는 현행법 제64조에 따라 매도청구소송을 하여야 한다.

(3) 이하에서는 구체적인 개정 내용을 포함하여 매도청구권의 방법과 절차를 살펴보고자 한다.

2. 매도청구의 대상자

가. 조합설립 또는 사업시행자의 지정에 동의하지 아니한 토지등소유자

(1) 법 제64조 제1항 및 제4항은 매도청구의 대상자를 '법 제35조 제3항부터 제5항에 따른 조합설립에 동의하지 아니한 자', '법 제26조 제1항[354] 및 제27조 제1항[355]에 따라

---

354) 법 제26조(재개발사업·재건축사업의 공공시행자)

① 시장·군수등은 재개발사업 및 재건축사업이 다음 각 호의 어느 하나에 해당하는 때에는 제25조에도 불구하고 직접 정비사업을 시행하거나 토지주택공사등(토지주택공사등이 건설업자 또는 등록사업자와 공동으로 시행하는 경우를 포함한다)을 사업시행자로 지정하여 정비사업을 시행하게 할 수 있다. 〈개정 2018.6.12.〉

1. 천재지변, 「재난 및 안전관리 기본법」 제27조 또는 「시설물의 안전 및 유지관리에 관한 특별법」 제23조에 따른 사용제한·사용금지, 그 밖의 불가피한 사유로 긴급하게 정비사업을 시행할 필요가 있다고 인정하는 때
2. 제16조제2항 전단에 따라 고시된 정비계획에서 정한 정비사업시행 예정일부터 2년 이내에 사업시행계획인가를 신청하지 아니하거나 사업시행계획인가를 신청한 내용이 위법 또는 부당하다고 인정하는 때(재건축사업의 경우는 제외한다)
3. 추진위원회가 시장·군수등의 구성승인을 받은 날부터 3년 이내에 조합설립인가를 신청하지 아니하거나 조합이 조합설립인가를 받은 날부터 3년 이내에 사업시행계획인가를 신청하지 아니한 때
4. 지방자치단체의 장이 시행하는 「국토의 계획 및 이용에 관한 법률」 제2조제11호에 따른 도시·군계획사업과 병행하여 정비사업을 시행할 필요가 있다고 인정하는 때
5. 제59조제1항에 따른 순환정비방식으로 정비사업을 시행할 필요가 있다고 인정하는 때
6. 제113조에 따라 사업시행계획인가가 취소된 때
7. 해당 정비구역의 국·공유지 면적 또는 국·공유지와 토지주택공사등이 소유한 토지를 합한 면적이 전체 토지면적의 2분의 1 이상으로서 토지등소유자의 과반수가 시장·군수등 또는 토지주택공사등을 사업시행자로 지정하는 것에 동의하는 때
8. 해당 정비구역의 토지면적 2분의 1 이상의 토지소유자와 토지등소유자의 3분의 2 이상에 해당하는 자가 시장·군수등 또는 토지주택공사등을 사업시행자로 지정할 것을 요청하는 때. 이 경우 제14조제1항제2호에 따라 토지등소유자가 정비계획의 입안을 제안한 경우 입안제안에 동의한 토지등소유자는 토지주택공사등의 사업시행자 지정에 동의한 것으로 본다. 다만, 사업시행자의 지정 요청 전에 시장·군수등 및 제47조에 따른 주민대표회의에 사업시행자의 지정에 대한 반대의 의사표시를 한 토지등소유자의 경우에는 그러하지 아니하다.

355) 법 제27조(재개발사업·재건축사업의 지정개발자)

① 시장·군수등은 재개발사업 및 재건축사업이 다음 각 호의 어느 하나에 해당하는 때에는 토지등소유자, 「사회기반시설에 대한 민간투자법」 제2조제12호에 따른 민관합동법인 또는 신탁업자로서 대통령령으로 정하는 요건을 갖춘 자(이하 "지정개발자"라 한다)를 사업시행자로 지정하여 정비사업을 시행하게 할 수 있다. 〈개정 2018.6.12.〉

1. 천재지변, 「재난 및 안전관리 기본법」 제27조 또는 「시설물의 안전 및 유지관리에 관한 특별법」 제23조에 따른 사용제한·사용금지, 그 밖의 불가피한 사유로 긴급하게 정비사

시장 · 군수등, 토지주택공사등 또는 신탁업자의 사업시행자 지정에 동의하지 아니한 자'와 '건축물 또는 토지만 소유한 자'로 규정하고 있다. 모두 사업시행자 지정단계에서 재건축사업에 반대한 자를 의미한다.

(2) '법 제26조 제1항 및 제27조 제1항에 따라 시장 · 군수등, 토지주택공사등 또는 신탁업자의 사업시행자 지정에 동의하지 아니한 자'는 그 구체적인 내용을 살펴 볼 필요가 있다.

① 먼저 법 제26조 제1항 제1호 및 제27조 제1항 제1호에 따라 천재지변 등 불가피한 사유로 긴급하게 재건축사업을 시행할 필요가 있는 때에는 공공시행자 또는 지정개발자를 지정함에 있어서 토지등소유자의 동의절차가 필요하지 아니하고, 지정된 공공시행자 또는 지정개발자에게는 법 제63조의 수용권한이 인정되므로,[356] 이 경우에는 법 제64조의 매도청구가 적용될 여지가 없다.

② 법 제26조 제1항 제2호와 제27조 제1항 제2호는 재건축사업에 적용되지 아니하므로 이 경우에도 법 제64조의 매도청구가 적용될 여지가 없다.

③ 다음으로 법 제26조 제1항 제3~6호의 사유에 의한 공공시행자 또는 지정개발자의 지정에도 토지등소유자의 동의절차를 필요로 하지 아니하므로,[357] 이 경우에도 법 제64조의 매도청구가 적용될 여지가 없다고 보아야 한다. 이 경우 공공시행자 또는 지정개발자에게는 법 제63조의 수용권한도 인정되지 않는바, 공공시행자 또는 지정개발자는 토지등소유자들이 재건축에 참여하는 것으로 보아 사업을 진행한 후 법 제72조에 따라 분양신청을 진행하고 법 제73조에 따라 분양신청을 하지 아니한 자 등에 대하

업을 시행할 필요가 있다고 인정하는 때

2. 제16조제2항 전단에 따라 고시된 정비계획에서 정한 정비사업시행 예정일부터 2년 이내에 사업시행계획인가를 신청하지 아니하거나 사업시행계획인가를 신청한 내용이 위법 또는 부당하다고 인정하는 때(재건축사업의 경우는 제외한다)
3. <u>제35조에 따른 재개발사업 및 재건축사업의 조합설립을 위한 동의요건 이상에 해당하는 자가 신탁업자를 사업시행자로 지정하는 것에 동의하는 때</u>

356) 법 제63조(토지 등의 수용 또는 사용)
사업시행자는 정비구역에서 정비사업(<u>재건축사업의 경우에는 제26조제1항제1호 및 제27조제1항제1호에 해당하는 사업으로 한정한다</u>)을 시행하기 위하여 「공익사업을 위한 토지 등의 취득 및 보상에 관한 법률」 제3조에 따른 토지 · 물건 또는 그 밖의 권리를 취득하거나 사용할 수 있다.

357) 시행령 제21조는 토지등소유자의 추천 또는 신탁을 지정개발자의 요건으로 규정하고 있으나, 지정개발자의 요건과 지정동의는 법적 성격이 다른 것으로 보아야 한다.

여 매도청구권을 행사하여야 할 것이다.

④ 결국 법 제64조 제1항 제2호에 따른 매도청구는 ㉠ 법 제26조 제1항 제7~8호에 의한 공공시행자의 지정에 동의하지 아니한 자와 ㉡ 법 제27조 제1항 제3호 신탁업자의 지정에 동의하지 아니한 자에게 적용되는 것으로 보아야 한다. 법 제64조 제1항 제2호가 법 제27조의 지정개발자 중 토지등소유자와 민관합동법인을 제외하고 신탁업자만 규정한 것도 이러한 취지에 따른 것으로 해석된다.

나. 건축물 또는 토지만 소유한 자

(1) 법 제2조 제9호 나목은 재건축사업의 토지등소유자를 "정비구역에 위치한 건축물 및 그 부속토지의 소유자"로 한정하고, 법 제39조는 조합원 자격으로 재건축사업에 참여할 수 있는 자를 토지등소유자로 규정하고 있는바, 법 제64조 제4항은 토지등소유자에 해당하지 아니하여 조합원이 될 수 없는 "건축물 또는 토지만 소유한 자"를 매도청구 대상으로 규정하였다.

(2) 이와 관련하여 "주택단지 내에 건축물 또는 토지만 소유한 자"는 조합원이 될 수 없고 매도청구의 대상이 된다는 점에는 이견이 없으나, "주택단지가 아닌 지역의 건축물 또는 토지만 소유한 자"에 대해서는[358] 견해가 대립하는바, 주택단지가 아닌 지역의 주택의 형태가 재개발과 유사하여 재개발과 같이 토지 또는 건축물 중 어느 하나만 소유한 자도 토지등소유자에 포함되고 조합원이 될 수 있다는 견해도 있으나, 대법원은 토지등소유자에 포함되지 아니하여 조합원이 될 수 없고 매도청구의 대상이 된다고 판시하였다(구체적인 내용과 견해의 대립에 관하여는 법 제2조 제9호 토지등소유자 부분을 참조).[359]

(3) 시장 · 군수등, 토지주택공사등 또는 신탁업자가 사업시행자인 경우에도 법 제64조 제4항에 따라 "건축물 또는 토지만 소유한 자"는 매도청구대상자가 된다.

---

358) 법 제35조(조합설립인가 등)
④ 제3항에도 불구하고 주택단지가 아닌 지역이 정비구역에 포함된 때에는 주택단지가 아닌 지역의 토지 또는 건축물 소유자의 4분의 3 이상 및 토지면적의 3분의 2 이상의 토지소유자의 동의를 받아야 한다. 〈개정 2019.4.23〉

359) 대법원 2013. 11. 14. 선고 2011두5759 판결, 대법원 2012. 10. 25. 선고 2010두25107 판결, 대법원 2010. 5. 27. 선고 2009다95578 판결 등.

3. 조합설립동의 등의 최고 및 회답

가. 최고의 대상자

(1) 법 제64조 제1항은 최고의 대상자를 '법 제35조 제3항부터 제5항까지에 따른 조합설립에 동의하지 아니한 자' 또는 '시장 · 군수등, 토지주택공사등 또는 신탁업자의 사업시행자 지정에 동의하지 아니한 자'로 규정하고 있는데, 동조 제4항에 따라 동의여부와 상관없이 매도청구대상자가 되는 '건축물 또는 토지만 소유한 자'에게도 최고하고 회답기회를 부여하여야 하는지가 문제된다.

(2) 2017. 2. 8. 전면 개정(시행일 2018. 2. 9.) 전 구법 제39조는 매도청구에 관해 집합건물법을 준용하도록 규정하였는데,[360] 대법원은 「구 도시정비법에 의한 주택재건축사업을 시행함에 있어 주택단지 내에 토지만을 소유하고 있어 조합 설립 동의의 상대방이 되지 아니하는 경우에는 집합건물법 제48조 제1항에서 규정한 최고 절차에 대하여 법률상 이해관계를 갖지 아니하므로 이러한 자에 대한 매도청구에 있어서는 매도청구 전에 최고 절차를 거치지 않았더라도 그 매도청구가 위법하다거나 무효로 된다고 할 수 없다(대법원 2008. 2. 29. 선고 2006다56572 판결 참조). 주택단지가 아닌 지역이 정비구역에 포함된 재건축조합이 조합 설립 인가를 받기 위해서는 구 도시정비법 제16조 제3항에 따라 '주택단지가 아닌 지역' 안에 있는 토지 또는 건축물 소유자 등의 동의를 얻어야 하므로, 이러한 자는 '주택단지' 내에 토지만을 소유하고 있는 자와는 달리 집합건물법 제48조 제1항에서 규정한 최고 절차에 대하여도 법률상 이해관계를 갖는다고 봄이 상당하고, 따라서 재건축조합이 구 도시정비법에 따라 '주택단지가 아닌

---

360) 구법 제39조(매도청구)
사업시행자는 주택재건축사업 또는 가로주택정비사업을 시행할 때 다음 각 호의 어느 하나에 해당하는 자의 토지 또는 건축물에 대하여는 「집합건물의 소유 및 관리에 관한 법률」 제48조의 규정을 준용하여 매도청구를 할 수 있다. 이 경우 재건축결의는 조합 설립에 대한 동의(제3호의 경우에는 사업시행자 지정에 대한 동의를 말한다)로 보며, 구분소유권 및 대지사용권은 사업시행구역의 매도청구의 대상이 되는 토지 또는 건축물의 소유권과 그 밖의 권리로 본다. 〈개정 2009.2.6, 2012.2.1, 2015.9.1〉
1. 제16조제2항 및 제3항에 따른 조합 설립의 동의를 하지 아니한 자
2. 건축물 또는 토지만 소유한 자(주택재건축사업의 경우만 해당한다)
3. 제8조제4항에 따라 시장 · 군수, 주택공사등 또는 신탁업자의 사업시행자 지정에 동의를 하지 아니한 자

지역' 안에 있는 토지 또는 건축물만을 소유한 자에 대하여 매도청구를 함에 있어서는 특별한 사정이 없는 한 그 매도청구 전에 집합건물법 제48조 제1항에서 정한 최고 절차를 거쳐야 할 것이다.」라고 판시하였다.[361] 대법원 판례는 구법 제16조 제2항에서 '주택단지'의 경우에 구분소유권자(건축물 전유부분 및 부속대지 소유자)만 조합설립동의권자로 규정하고, 제3항에서는 '주택단지가 아닌 지역'의 경우에 토지 또는 건축물의 소유자를 조합설립동의권자로 규정함에 따라 동의권의 유무로 구분하여 판단한 것이다.

(3) 2017. 2. 8. 개정에서는 법 제35조 제3, 4항에서 조합설립동의권자를 구법과 동일하게 규정하고, 법 제64조에서 집합건물법의 준용을 삭제하고 직접 매도청구권 행사절차를 규정하였는데, 법 제64조 제1항 제1호는 "법 제35조 제3항부터 제5항까지에 따른 조합설립에 동의하지 아니한 자"를 최고의 대상으로 규정하였는바, 제4항에 따라 조합설립동의권이 있는 '주택단지가 아닌 지역에서 토지 또는 건축물만 소유한 자'는 최고의 대상자가 되고, 제3항에 따라 조합설립동의권이 없는 '주택단지 내 토지 또는 건축물만 소유한 자'는 최고의 대상이 아니라고 보아야 한다. 즉, 위 대법원 판례는 현행법에서도 그대로 적용된다고 할 것이다.

(4) 시장 · 군수등, 토지주택공사등 또는 신탁업자가 사업시행자인 경우에도 위 대법원 판례에 따라 동의권의 유무에 따라 최고가 필요한 대상자를 정해야 할 것이다.[362]

나. 최고의 시기

(1) 재건축사업의 사업시행자는 사업시행계획인가의 고시가 있은 날부터 30일 이내에 매도청구 대상자에게 조합설립 또는 사업시행자의 지정에 관한 동의 여부를 회답할 것을 서면으로 촉구하여야 한다.[363]

(2) 2017. 2. 8. 전면 개정(시행일 2018. 2. 9.) 전 구법 제39조는 집합건물법상 재건축결의는 조합설립동의 또는 사업시행자 지정에 대한 동의로 보고 매도청구에 관하여

361) 대법원 2010. 5. 27. 선고 2009다95516 판결 [소유권이전등기].

362) 법 제26조 제1항 제8호는 토지면적 1/2이상의 '토지소유자'의 지정을 받도록 규정하고 있어 토지만 소유한 자도 동의권자로서 최고의 대상이 되고, 법 제27조 제1항 제3호는 신탁업자의 지정동의에 관해 '법 제35조에 따른 조합설립을 위한 동의요건 이상'으로 규정하고 있어 조합에 관한 위 법리가 그대로 적용된다.

363) 법 제64조 제1항.

집합건물법 제48조를 준용하도록 규정하였는바, 사업시행자는 집합건물법 제48조에 따라 조합설립인가 또는 시행자 지정고시 후(이하 '조합설립인가 후'라고 한다) 지체 없이 매도청구 대상자에게 동의 여부를 최고하여야 했으나, 개정 후 현행법은 '사업시행계획인가의 고시가 있은 날부터 30일 이내'에 최고하도록 하였다. 개정으로 매도청구의 행사 시점이 조합설립인가 후에서 사업시행계획 인가 후로 늦춰졌고, 매도청구 대상자에 대한 최고의 시기도 불확정 기간에서 확정 기간으로 변경되었다.

(3) 구법 적용 당시 대법원은 「'지체 없이'의 의미는 재건축결의(조합설립인가)가 이루어진 직후는 아니더라도 적어도 재건축사업의 진행 정도에 비추어 적절한 시점에는 이루어져야 한다는 의미로 해석하여야 한다.」고 판시하고 이를 도과한 후 최고 등 매도청구권을 행사하는 것은 위법하다고 보았다.[364] 즉, 최고의 기간이 불확정 기간으로 규정되어 있지만 매도청구권 행사의 요건이 되는 기간은 매도청구 대상자의 불안한 법적 지위를 조속히 확정하여 보호하고자 하는데 목적이 있는 것으로 최고의 기한은 불변기한으로 이를 도과하면 매도청구권은 소멸된다는 것이다.[365] 최고기간을 불변기

364) 대법원 2015. 2. 12. 선고 2013다15623, 15630 판결 [부동산매도 · 부동산매도] 「도시정비법 제39조 제1호, 집합건물의 소유 및 관리에 관한 법률 제48조 제1항에 의하면, 주택재건축조합이 조합 설립에 동의하지 않은 사람에 대하여 매도청구권을 행사하기 위하여는 먼저 그에게 재건축에 참가할 것인지 여부를 회답할 것을 지체 없이 서면으로 촉구하여야 하고, 여기에서 '지체 없이'는 재건축결의가 이루어진 직후는 아니더라도 적어도 재건축사업의 진행 정도에 비추어 적절한 시점에는 이루어져야 한다는 의미이다(대법원 2009. 1. 15. 선고 2008다40991 판결 등 참조). 원심은 그 판시와 같은 사정들을 종합하여, 원고가 조합설립등기를 마친 2008. 11. 6.부터 2년이 지난 2010. 12. 9.과 2011. 1. 11.에 피고들에게 재건축사업 참가 여부를 묻는 이 사건 최고를 하였더라도 재건축사업의 진행 정도에 비추어 적절한 시점에 최고가 이루어진 것이어서, 원고가 지체 없이 최고를 하도록 한 규정을 위반한 것으로 볼 수 없다고 판단하였으나, 이러한 원심판결에는 매도청구권의 행사를 위한 최고의 시기에 관한 법리를 오해하여 판결에 영향을 미친 잘못이 있고, 이 점을 지적하는 피고들의 상고이유 주장에는 정당한 이유가 있다.」

365) 대법원 2008. 2. 29. 선고 2006다56572 판결 [소유권이전등기] 「집합건물법 제48조 제4항에서 매도청구권의 행사기간을 규정한 취지는, 매도청구권이 형성권으로서 재건축참가자 다수의 의사에 의하여 매매계약의 성립을 강제하는 것이므로, 만일 위와 같이 행사기간을 제한하지 아니하면 매도청구의 상대방은 매도청구권자가 언제 매도청구를 할지 모르게 되어 그 법적 지위가 불안전하게 될 뿐만 아니라 매도청구권자가 매수대상인 구분소유권 등의 시가가 가장 낮아지는 시기를 임의로 정하여 매도청구를 할 수 있게 되어 매도청구 상대방의 권익을 부당하게 침해할 우려가 있는 점에 비추어 매도청구 상대방의 정당한 법적 이익을 보호하고 아울러 재건축을 둘러싼 법률관계를 조속히 확정하기 위한 것이라고 봄이 상당하므로 매도청구권은 그 행사기간 내에 이를 행사하지 아니하면 그 효력을 상실한다고 할 것이다(대법원 2000. 6. 27. 선고 2000다11621 판결, 대법원 2002. 9. 24. 선고 2000다22812 판결 참조)」.

한으로 본 대법원의 판례는 현행법에서도 적용될 수 있는 것이므로, 사업시행자가 사업시행계획인가일로부터 30일 이내에 최고를 하지 아니하면 매도청구권을 상실한다.

(4) 사업시행계획인가일로부터 30일 이내에 최고서를 발송하면 되는 것이고 도달하여야 하는 것은 아니라고 해석하는 것이 타당하다. 사업시행자가 기간 내에 적법하게 최고서를 발송하였는데 최고서가 도달되지 않아 사업시행자가 수차례 최고서를 발송한 경우에는 기간을 도과하여 발송한 최고http://gotosearchresultpage.helpstart.co.kr/ad/cpc_open.php?app=205&domain=inews24.com&type=1&aid=8291&browser=chrome&guid=20210121/s1qWc무효로 볼 것은 아니고 전체적으로 적법한 최고가 있었다고 보고 기간을 도과한 최고서가 도달한 때에도 이로부터 회답기간이 개시된다고 보아야 할 것이다.

(5) 구법 적용 당시 대법원은 「매도청구권의 행사기간이 도과했다 하더라도 조합이 새로이 조합설립인가처분을 받는 것과 동일한 요건과 절차를 거쳐 조합설립변경인가처분을 받음으로써 그 조합설립변경인가처분이 새로운 조합설립인가처분의 요건을 갖춘 경우 조합은 그러한 조합설립변경인가처분에 터 잡아 새로이 매도청구권을 행사할 수 있다.」고 판시하였는데,[366] 이러한 법리는 현행법에도 적용될 수 있으므로 사업시행자가 새로운 사업시행계획인가로 평가될 수 있는 사업시행계획변경인가를 받아 다시 매도청구를 최고하고 매도청구소송을 제기할 수 있다고 보아야 한다.

다. 최고의 방법

(1) 최고는 반드시 서면으로 하여야 하며, 최고서에는 조합설립동의서의 필요적 기재사항과 회답기간, 회답기간이 도과하면 매도청구권을 행사하겠다는 취지를 기재한다.

(2) 매도청구권을 행사하기 위한 전제로서의 최고는 최고를 받은 구분소유자가 재건축결의의 구체적 사항을 검토하여 재건축에 참가할지 여부를 판단하도록 하기 위한 것이므로 최고서에는 조합설립동의의 필요적 기재사항이 구체적으로 적시되어 있어야 하나, 다만 그러한 사항들이 재건축사업의 추진과정에서 총회의 결의나 재건축에의 참

---

366) 대법원 2016. 12. 29. 선고 2015다202162 판결, 대법원 2012. 12. 26. 선고 2012다90047 판결, 대법원 2013. 2. 28. 선고 2012다34146 판결 등.

여 권유 또는 종용 등을 통하여 최고의 대상자들에게 널리 알려지고, 소송의 변론과정에서도 주장이나 입증 등을 통하여 그 내용이 알려짐에 따라 재건축 참가의 기회가 충분히 부여되었다면, 조합설립동의의 필요적 기재사항이 누락되었다고 하더라도 그 참가 최고는 적법하다고 할 것이다.[367]

(3) 회답기간은 최고가 도달한 날로부터 2개월이므로 사업시행자는 도달일과 회답기간을 확정할 수 있도록 통상 "도달증명부 내용증명"의 방법으로 최고하고 있다.

(4) 사업시행계획인가일로부터 30일 이내에 바로 매도청구소송을 제기하고 소장 부본에 최고서를 첨부한 경우에는, 조합이 최고서를 첨부한 소장 부본의 송달로써 상대방에게 매도청구권에 관한 최고를 한 것이고, 이는 상대방이 최고기간 내에 재건축사업에 불참가할 것을 정지조건으로, 회답기간 만료 다음날 매도청구권을 행사한 것과 동일한 효과가 발생하였다고 볼 수 있으므로, 결국 위 소장 부본 송달 이후 도래한 회답기간 경과일 다음날을 매매계약 성립일로 볼 수 있다.[368]

라. 회답기간 및 기간만료의 효력

(1) 조합설립 또는 사업시행자의 지정에 관한 동의 여부를 촉구 받은 토지등소유자는 촉구를 받은 날부터 2개월 이내에 회답하여야 하고, 회답기간 2개월 내에 회답하지 아니한 경우 그 토지등소유자는 조합설립 또는 사업시행자의 지정에 동의하지 아니하겠다는 뜻을 회답한 것으로 본다.[369] 회답기간은 최고서가 도달한 날을 기준으로 기산하고 사업시행자가 수차례 최고서를 발송한 경우에는 먼저 도달한 최고서를 기준으로 회답기간이 개시된다.[370]

(2) 토지등소유자는 분양신청 만료일 전까지 조합설립 등 동의서를 제출하고 재건축사업에 참여할 수 있는바, 회답기간 내에 동의하지 않았다고 하더라도 사업 참여의 기회를 완전히 상실하는 것은 아니고, 매도청구소송 진행 중이라도 조합설립에 동의하고 분양신청 만료일 전까지 분양신청을 할 수 있다.

---

367) 대법원 2006. 2. 23. 선고 2005다19552, 19569 판결, 대법원 1999. 8. 20. 선고 98다17572 판결, 대법원 2005. 6. 24. 선고 2003다55455 판결 등.

368) 대법원 2010. 7. 15. 선고 2009다63380 판결 [소유권이전등기등].

369) 법 제64조 제2, 3항.

370) 대법원 2000. 6. 27. 선고 2000다11621 판결, 대법원 2002. 9. 24. 선고 2000다22812 판결.

4. 매도청구권의 행사

가. 매도청구권의 행사방법

(1) 매도청구권은 일방의 의사표시에 의해 법률관계가 형성되는 형성권이므로, 매도청구의 의사표시가 상대방에게 도달하는 때에 행사의 효력이 발생하고 매매계약이 성립된다.

(2) 법 제64조 제4항의 해석상 매도청구의 의사표시가 상대방에게 도달하면 되고, 소송 뿐 아니라 소송 외에서 행사하는 것도 법리적으로 가능하다고 볼 여지가 있다. 그러나 대법원이 「매도청구권의 행사기간을 규정한 취지는, 매도청구권이 형성권으로서 재건축참가자 다수의 의사에 의하여 매매계약의 성립을 강제하는 것이므로, 만일 위와 같이 행사기간을 제한하지 아니하면 매도청구의 상대방은 매도청구권자가 언제 매도청구를 할지 모르게 되어 그 법적 지위가 불안전하게 될 뿐만 아니라 매도청구권자가 매수대상인 구분소유권 등의 시가가 가장 낮아지는 시기를 임의로 정하여 매도청구를 할 수 있게 되어 매도청구 상대방의 권익을 부당하게 침해할 우려가 있는 점에 비추어 매도청구 상대방의 정당한 법적 이익을 보호하고 아울러 재건축을 둘러싼 법률관계를 조속히 확정하기 위한 것이라고 봄이 상당하므로 매도청구권은 그 행사기간 내에 이를 행사하지 아니하면 그 효력을 상실한다고 할 것이다.」고 판시한 것에 비추어 보면,[371] 소송 외의 의사표시만으로 매도청구권을 행사하였다고 보는 것은 상대방의 권익을 부당하게 침해할 우려가 있어 부당하다고 할 것이고, 법원에 매도청구의 소를 제기한 때 적법하게 매도청구권을 행사한 것이라고 보는 것이 타당하다.

나. 매도청구권의 행사기간

(1) 행사기간

1) 법 제64조 제4항은 "사업시행자는 매도청구 대상자의 회답기간 2개월이 만료된 때부터 2개월 이내에 '조합설립 또는 사업시행자 지정에 동의하지 아니하겠다는 뜻을 회답한 토지등소유자'와 '건축물 또는 토지만 소유한 자'에게 건축물 또는 토지의 소유권과 그 밖의 권리를 매도할 것을 청구할 수 있다."고 규정하고 있다. 이를 매도청구권

371) 대법원 2008. 2. 29. 선고 2006다56572 판결 [소유권이전등기].

행사기간이라 한다.

2) 그런데, 앞서 본 바와 같이 법 제64조 제1, 2항은 "건축물 또는 토지만 소유한 자"를 최고 및 회답 대상자에서 제외하고 있는바, 회답기간이 없는 이들에 대한 매도청구권의 행사기간이 문제된다.

3) 이에 대해 앞서 본 바와 같이 2017. 2. 8. 개정(2018. 2. 9. 시행) 전 구법 적용 당시 대법원은 ① '주택단지 내 건축물 또는 토지만 소유한 자'의 경우에 조합설립동의권이 없어서 최고할 필요가 없고 조합설립등기를 마친 때로부터 집합건물법 제48조 제4항 소정의 2월 이내에 피고에 대하여 매도청구를 할 수 있다고 판시하였고,[372] ② '주택단지가 아닌 지역의 건축물 또는 토지만 소유한 자'의 경우에는 최고와 회답절차를 거쳐야 하고 회답기간 만료일로부터 2개월 이내에 매도청구권을 행사하도록 판시하였다.[373]

4) 위 대법원 판례의 취지는 현행법에서도 적용되나, 구법 제39조와 달리 법 제64조 제1항은 사업시행계획인가의 고시가 있은 날로부터 30일 이내에 최고하도록 규정하고 있으므로, 최고할 필요가 없는 '주택단지 내 건축물 또는 토지만 소유한 자'에 대해서는 '조합설립등기일'이 아닌 '사업시행계획인가 고시일'로부터 2개월 이내에 법원에 매도청구권을 행사하여야 한다.

5) 사업시행자가 수차례 최고를 한 때에는 최초 상대방에게 도달한 최고를 기준으로 회답기간과 매도청구권 행사기간을 산정하여야 한다.[374]

(2) 행사기간의 법적 성격 및 매도청구권의 상실

1) 매도청구권은 일방 당사자의 의사표시로 매매계약이 성립하는 형성권으로서 불안한 법적 지위에 있는 상대방을 보호하기 위해 행사기간을 둔 것이고, 행사기간 내에 행사하지 아니하면 사업시행자의 매도청구권은 상실된다.[375] 따라서 그 법적 성격은

---

372) 대법원 2008. 2. 29. 선고 2006다56572 판결 [소유권이전등기].

373) 대법원 2010. 5. 27. 선고 2009다95516 판결 [소유권이전등기].

374) 대법원 2000. 6. 27. 선고 2000다11621 판결, 대법원 2002. 9. 24. 선고 2000다22812 판결.

375) 대법원 2008. 2. 29. 선고 2006다56572 판결 등 「집합건물법 제48조 제4항에서 매도청구권의 행사기간을 규정한 취지는, 매도청구권이 형성권으로서 재건축참가자 다수의 의사에 의하여 매매계약의 성립을 강제하는 것이므로, 만일 위와 같이 행사기간을 제한하지 아니하면 매도청구의 상대방은 매도청구권자가 언제 매도청구를 할지 모르게 되어 그 법적 지위가 불안전

형성권의 행사를 제한하는 제척기간이고, 민법 제111조에 따라 의사표시는 상대방에서 도달한 때에 효력이 발생하므로(도달주의), 매도청구권 행사의 의사표시는 제척기간인 행사기간 내에 상대방에게 도달하여야 한다.[376)]

2) 그런데 앞서 본 바와 같이 매도청구권을 소송 외의 의사표시만으로 행사할 수 있다고 보는 것은 상대방의 권익을 부당하게 침해할 우려가 있어 부당하고, 법원에 매도청구의 소를 제기한 때 적법하게 매도청구권을 행사한 것이라고 보는 견해에서는, 행사기간의 법적 성격을 제소기간으로 볼 수 있으므로 행사기간 내에 법원에 소장이 접수된 이상 상대방에게 송달되지 아니하여도 적법한 매도청구권의 행사로 볼 수 있게 된다.

3) 대법원은 「이 사건 매도청구의 소는 제척기간이 도과되기 훨씬 전에 제기되어 폐문부재 등의 사유로 소장부본이 송달불능되었다가 재송달하는 과정을 거치는 바람에 소장부본송달일이 제척기간도과 후로 되었음을 알 수 있으나, 한편 매도청구권의 행사에 그 행사 가능시점(최고서에 대한 회답기간만료일의 익일)으로부터 2월의 제척기간을 둔 취지는 구분소유권 등의 시가가 가장 낮아지는 시기를 임의로 택하여 매도청구를 함으로써 재건축에 참가하지 아니한 구분소유권자의 권익이 부당하게 침해되는 것을 막고 그들의 법적지위가 장기간 불안정하게 되는 것을 피하는 등 그들의 정당한 법적이익을 보호하고 아울러 재건축을 둘러싼 법률관계를 조속히 확정하려는데 있는 점 및 제척기간이 도과되었다고 하여 매도청구권이 소멸하는 것이 아니라 다시 재건축결의 등 절차를 밟아 매도청구권의 행사를 다시 할 수 있는 것이므로 이미 재건축결의에 필요한 정족수를 훨씬 넘겨 놓은 이 사건에서 구태여 그러한 번거로운 절차를 다시 밟게 하여 시일을 지연시킬 필요가 없는 점 등에 비추어 볼 때, 제척기간 도과 전에 소를 제기하였음에도 위와 같은 사유로 우연히 소장부본의 송달만이 제척기간 도과 후로 되었다고 하여 매도청구권의 행사가 부적법하다고 할 수는 없을 것이므로 피고들의 위 상고이유

하게 될 뿐만 아니라 매도청구권자가 매수대상인 구분소유권 등의 시가가 가장 낮아지는 시기를 임의로 정하여 매도청구를 할 수 있게 되어 매도청구 상대방의 권익을 부당하게 침해할 우려가 있는 점에 비추어 매도청구 상대방의 정당한 법적 이익을 보호하고 아울러 재건축을 둘러싼 법률관계를 조속히 확정하기 위한 것이라고 봄이 상당하므로 매도청구권은 그 행사기간 내에 이를 행사하지 아니하면 그 효력을 상실한다고 할 것이다(대법원 2000. 6. 27. 선고 2000다11621 판결, 대법원 2002. 9. 24. 선고 2000다22812 판결 참조)」.

376) 대법원 2003. 5. 27. 선고 2002다14532, 14549(병합) 판결.

의 주장도 받아들일 수 없다.」고 판시하여, 매도청구권 행사기간을 제척기간으로 보면서도 행사기간 내에 소장이 법원에 접수되면 소장부본의 도달 여부에도 불구하고 적법하게 매도청구권을 행사한 것으로 보고 있다.[377]

4) 대법원은 구법이 적용되던 사안에서 「매도청구권의 행사기간이 도과했다 하더라도 조합이 새로이 조합설립인가처분을 받는 것과 동일한 요건과 절차를 거쳐 조합설립변경인가처분을 받음으로써 그 조합설립변경인가처분이 새로운 조합설립인가처분의 요건을 갖춘 경우 조합은 그러한 조합설립변경인가처분에 터 잡아 새로이 매도청구권을 행사할 수 있다.」고 판시하였는바,[378] 현행법에서는 새로운 사업시행계획인가로 평가될 수 있는 사업시행계획변경인가를 받고 다시 최고 등의 절차를 거쳐 매도청구권을 행사할 수 있다.

5) 참고로 법 제73조에 따른 현금청산자에 대한 매도청구권은 법 제64조와 행사기간이 다를 뿐만 아니라, 행사기간을 도과할 경우에 지연이자를 지급하도록 규정하고 있어서 행사기간 도과로 매도청구권이 상실되지 않는다는 점에서도 구별된다.

---

377) 대법원 2003. 5. 27. 선고 2002다14532, 14549(병합) 판결.
인천지방법원 부천지원 2005. 2. 4. 선고 2002가합785, 1320, 2004가합3184 판결 「집합건물법 제48조 제4항에 정한 매도청구권을 소송 제기의 방법으로 행사하는 경우, 매도청구권에 관한 분쟁은 대부분 대단지 아파트에서 발생하고 이 경우 매수청구권의 상대방은 적어도 수십 명에 이르는데, 그들에 대한 소장부본 송달시점을 기준으로 제척기간의 준수 여부를 판단한다면 재건축에 반대하는 구분소유자들이 의도적으로 그들에게 소장부본이 송달될 수 없는 상황을 연출함으로써 정당한 재건축사업의 추진을 방해할 수 있을 뿐만 아니라 나아가 이를 이용하여 재건축사업을 추진하는 측에게 시가보다 높은 가격에 구분소유권 등을 매수할 것을 사실상 강요할 수 있고, 그렇지 않다 하더라도 매도청구권을 행사하는 내용이 담긴 소장이 2개월의 기간 내에 법원에 접수되었음에도 불구하고 그 소장부본이 위 기간을 도과한 후에 송달되었다는 우연한 사정에 의하여 위 기간을 준수하지 못하였다고 보는 것은 사회·경제적으로 무용한 비용의 추가 지출을 가져오기 때문이고, 또한 위 매도청구권의 행사기간을 2월로 제한한 취지가 구분소유권 등의 시가가 가장 낮아지는 시기를 임의로 선택하여 매도청구를 함으로써 재건축에 참가하지 아니한 구분소유권자의 권익이 부당하게 침해되는 것을 막고 그들의 법적 지위가 장기간 불안정하게 되는 것을 피하는 등 그들의 정당한 법적 이익을 보호하고 아울러 재건축을 둘러싼 법률관계를 조속히 확정하는 데 있는 점을 감안하면, 재건축사업을 추진하는 측이 적어도 법원에 매도청구의 의사표시를 현출한 이상 소장 접수 시점을 기준으로 위 기간의 준수 여부를 판단하여도 재건축에 참가하지 아니하는 구분소유자들에게 부당한 결과를 가져오지도 않는다.」

378) 대법원 2016. 12. 29. 선고 2015다202162 판결, 대법원 2012. 12. 26. 선고 2012다90047 판결, 대법원 2013. 2. 28. 선고 2012다34146 판결 등.

5. 매매계약의 성립

가. 매매계약의 성립일

(1) 매도청구권은 형성권이고 매도청구권 행사의 의사표시가 상대방에게 도달하는 때에 매매계약이 성립된다. 통상 매도청구권은 소송으로 행사되고 있으며 소 제기 후 소장 부본이 상대방에게 도달한 때가 매매계약의 성립일로 된다.

(2) 다만, 매도청구권을 행사하여 그에 따른 소유권이전등기절차 이행을 구하는 소를 제기하면서 그 소장 부본에 재건축 참여 여부에 대한 회답 최고서를 첨부한 경우에는, 조합이 최고서를 첨부한 소장 부본의 송달로써 상대방에게 매도청구권에 관한 최고를 한 것이고, 이는 상대방이 최고기간 내에 재건축사업에 불참가할 것을 정지조건으로, 회답기간 만료 다음날 매도청구권을 행사한 것과 동일한 효과가 발생하였다고 볼 수 있으므로, 결국 위 소장 부본 송달 이후 도래한 회답기간 경과일 다음날을 매매계약 성립일로 보아야 한다.[379)]

나. 매매대금의 산정

(1) 매매대금의 산정은 법원이 선정한 감정평가업자가 매매계약 성립일을 기준으로 평가한 시가에 의하며, 노후되어 철거될 상태를 전제로 하거나 주택재건축사업이 시행되지 않은 현재의 현황을 전제로 한 거래가격이 아니라 그 토지나 건축물에 관하여 주택재건축사업이 시행된다는 것을 전제로 하여 토지나 건축물을 평가한 가격, 즉 재건축으로 인하여 발생할 것으로 예상되는 개발이익이 포함된 가격을 말한다.[380)]

(2) 시가란 매매계약 성립 당시의 실거래가격을 의미하고, 일반적으로 부동산 중개업소를 통하여 형성된 재건축아파트의 실거래가격은 개발이익이 반영되어 형성된 것이라는 점에서 특별한 사유가 없는 한 시가에는 개발이익이 포함된 것으로 볼 수 있다.[381)]

(3) 개발이익이 포함되어야 한다는 의미는 주택건설사업이 모두 완료되는 장래의

---

379) 대법원 2010. 7. 15. 선고 2009다63380 판결 [소유권이전등기등].

380) 대법원 2014. 5. 29. 선고 2011다46128, 2013다69057 판결 [매도·매도청구], 대법원 2009. 3. 26. 선고 2008다21549, 21556, 21563 판결 등.

381) 대법원 2006. 2. 23. 선고 2005다19552, 19569 판결 [구분소유권등매도청구등].

상황을 가정하여 그와 같은 미래의 특정 시점에서 실현될 개발이익(미실현 개발이익)을 현재 가치로 환산하여 매매대금에 포함시켜야 한다는 취지로는 볼 수 없고, 매도청구권 행사 당시까지 주택건설사업 시행으로 인하여 발생, 형성되는 개발이익(실현된 개발이익)이 반영된 시가로 산정하여야 한다는 뜻으로 보아야 한다.[382][383]

6. 매도청구권과 관련한 법률쟁점

가. 소재불명자에 대한 매도청구

(1) 법 제71조 제1항은 건축물 또는 토지의 소유자의 소재 확인이 현저히 곤란한 때에는 전국적으로 배포되는 둘 이상의 일간신문에 2회 이상 공고하고, 공고한 날부터 30일 이상이 지난 때에는 그 소유자의 해당 건축물 또는 토지의 감정평가액에 해당하는 금액을 법원에 공탁하고 정비사업을 시행할 수 있도록 규정하고 있다.

(2) 그러나 위 규정은 일부 소유자의 소재불명에도 불구하고 사업시행을 할 수 있다는 근거규정에 불과할 뿐, 이를 근거로 사업시행자가 소재불명자의 건축물 또는 토지를 임의로 처분할 수는 없다. 법 제79조 제8항은 "매도청구소송을 통하여 법원의 승소판결을 받은 후 입주예정자에게 피해가 없도록 손실보상금을 공탁하고 분양예정인 건축물을 담보한 경우에는 법원의 승소판결이 확정되기 전이라도 「주택법」 제54조에도 불구하고 입주자를 모집할 수 있으나, 제83조에 따른 준공인가 신청 전까지 해당 주택건설대지의 소유권을 확보하여야 한다."고 규정하고 있는바, 사업시행자는 소재불명자에게도 소송상 매도청구권을 행사하여 공시송달의 방법으로 판결을 받고 소유권을 확보하여야 한다.

나. 재단법인에 대한 매도청구소송

(1) 재단법인은 일정한 목적을 위하여 바쳐진 재산이라는 실체에 대하여 법인격을

382) 서울고등법원 2017. 2. 8. 선고 2016나2059110 판결 [소유권이전등기].

383) 국토부 고시 「감정평가 실무기준」[국토교통부고시 제2019-594호, 2019. 10. 23., 일부개정].
730 도시정비평가, 3. 4 매도청구에 따른 감정평가.
재건축사업구역 안의 토지등에 대한 도정법 제39조의 매도청구에 따른 감정평가는 법원에서 제시하는 날을 기준으로 한다. 다만, 기준시점에 현실화·구체화되지 아니한 개발이익이나 조합원의 비용부담을 전제로 한 개발이익은 배제하여 감정평가한다.

부여한 것인바, 재단법인이 정관에 기본재산으로 기재한 재산은 바로 재단법인의 실체인 동시에 그 목적을 수행하기 위한 가장 기본적인 수단이 된다. 따라서 그러한 기본재산을 처분한다는 것은 재단법인의 실체가 없어지는 것을 의미하므로 재단법인의 기본재산은 이를 함부로 처분할 수 없고, 이를 처분하기 위해서는 정관의 변경이 필요하며, 또한 정관의 변경은 주무관청의 허가를 얻어야 비로소 그 효력이 있게 된다.[384]

(2) 이는 사업시행자가 교회 등 재단법인에 대하여 매도청구 소송을 제기한 때에도 적용되는바, 사업시행자가 매도청구의 대상자인 재단법인에게 주무관청의 허가를 받도록 강제할 수 있는지, 강제할 수 있는 소송상 방법은 무엇인지가 문제된다.

(3) 이에 대해 대법원은 「집합건물법 제48조 제4항에 정한 매도청구권은 재건축사업의 원활한 진행을 위하여 같은 법이 재건축 불참자의 의사에 반하여 그 재산권을 박탈할 수 있도록 특별히 규정한 것으로서, 그 실질이 헌법 제23조 제3항의 공용수용과 같다고 볼 수 있는데, 재단법인의 기본재산에 대하여 집합건물법에 의하여 매도청구를 하는 경우에도 위 기본재산을 취득하기 위해서는 재단법인의 정관변경이 별도로 필요하다고 보면, 재단법인이 스스로 그 기본재산을 처분하는 내용으로 정관변경을 하지 않는 이상 매도청구를 한 사람이 재단법인의 기본재산을 취득할 수 없게 되어 매도청구 대상자의 의사에 반하여 그 재산권을 박탈하도록 한 매도청구권의 본질에 반하게 된다. 따라서 재단법인의 기본재산에 대하여 집합건물법상의 매도청구가 있는 경우에는 그 기본재산에 대한 매매계약의 성립뿐만 아니라 기본재산의 변경을 내용으로 하는 재단법인의 정관의 변경까지 강제된다. 그 결과 재단법인은 매도청구의 대상이 된 기본재산의 처분과 관련하여 상대방에 대하여 정관의 변경허가를 주무관청에 신청할 의무를 부담하게 되므로, 재단법인이 위 의무를 이행하지 않는 경우 상대방은 민법 제389조 제2항[385]에 의하여 그 허가신청의 의사표시에 갈음하는 재판을 청구할 수 있다(상대방이 정관변경 허가신청의 의사표시에 갈음하는 확정판결을 받아 그 판결정본이나 등본을 주무관청에

384) 민법 제45조 제3항, 제42조 제2항.

385) 민법 제389조(강제이행)

① 채무자가 임의로 채무를 이행하지 아니한 때에는 채권자는 그 강제이행을 법원에 청구할 수 있다. 그러나 채무의 성질이 강제이행을 하지 못할 것인 때에는 그러하지 아니하다.

② 전항의 채무가 법률행위를 목적으로 한 때에는 채무자의 의사표시에 갈음할 재판을 청구할 수 있고 채무자의 일신에 전속하지 아니한 작위를 목적으로 한 때에는 채무자의 비용으로 제삼자에게 이를 하게 할 것을 법원에 청구할 수 있다. 〈개정 2014. 12. 30.〉

제출한 경우, 민사집행법 제263조 제1항에 의하여 재단법인이 직접 주무관청에 정관변경 허가신청을 한 것으로 의제된다). 그럼에도 원심은, 원고가 피고 재단법인의 기본재산에 대하여 집합건물법 제48조 제4항에 따라 매도청구를 하였음을 이유로 주무관청에 기본재산 변경에 따른 정관변경허가신청절차의 이행을 구함에 대하여, 피고가 위 기본재산을 변경하는 정관변경을 할 것인지 여부는 피고의 의사에 맡겨져 있고, 기본재산 매도에 따른 정관변경이 있어야 주무관청에 이에 대한 허가를 구할 수 있다는 이유로 원고의 위 청구는 피고의 정관이 변경되는 것을 조건으로 하여야 된다고 판단하였는바, 원심판결에는 재단법인의 기본재산에 대하여 집합건물법에 따른 매도청구가 있는 경우에 있어서 재단법인의 정관변경허가 신청에 관한 법리오해의 위법이 있다.」고 판시하였다.[386][387]

다. 소유자 변동에 따른 매도청구소송

(1) 매도청구권 행사 중에 매도청구 대상 토지와 건축물의 소유권이 상속, 양도 등으로 제3자에게 이전되는 경우가 있다. 상속 등 포괄승계의 경우에는 최고, 매도청구권의 행사, 소송 등이 포괄승계인에게 그대로 승계되므로 문제될 것이 없고, 양도 등 특정승계의 경우에 승계 이전에 소유권이전금지 가처분등기를 하였다면 소유권이전등기에 우선하는 권리가 인정되어 종전 소유자를 상대로 계속 소송을 진행하고 판결에 따라 후순위 소유권이전등기를 말소하고 이전등기를 받으면 될 것이나, 소유권이전금지 가처분등기를 하기 전에 특정승계가 이루어진 경우에는 특정승계인을 상대로 소유권이전등기 판결을 받아야 하므로, 이미 진행 중인 소송의 피고를 변경하는 소송승계가 가능한지, 특정승계인에게 다시 최고하여야 하는지, 특정승계인에게도 매도청구권 행사기간을 준수하여야 하는지 등이 문제된다.

(2) 매도청구소송 중 소유권이 양도된 경우에 피고를 양수인으로 변경하는 소송승계가 가능한지에 관하여, 대법원은 「구 도시정비법 제39조, 집합건물법 제48조의 규정은 승계인에게 매도할 것을 청구할 수 있다고 정하고 있을 뿐이고 승계인이 매매계약상의 의무를 승계한다고 정한 것은 아니라서 사업시행자가 매도청구권을 행사한 이후에 비로소 토지 또는 건축물의 특정승계가 이루어진 경우 이미 성립한 매매계약상의 의무가

---

386) 대법원 2008. 7. 10. 선고 2008다12453 판결 [매도및명도].

387) 이러한 대법원 판결에 따르면 '정관변경절차를 이행하라.'는 청구취지는 부적법하고, '정관변경에 대한 승낙의 의사표시를 하라.'는 청구취지가 적법한 것이다.

그대로 승계인에게 승계된다고 볼 수는 없고, 구 도시정비법 제10조는 "사업시행자와 정비사업과 관련하여 권리를 갖는 자의 변동이 있은 때에는 종전의 사업시행자와 권리자의 권리·의무는 새로이 사업시행자와 권리자로 된 자가 이를 승계한다."라고 정하고 있는데, 여기에서 '정비사업과 관련하여 권리를 갖는 자'는 조합원 등을 가리키는 것이고, 사업시행자로부터 매도청구를 받은 토지 또는 건축물 소유자는 이에 포함되지 않으므로 매도청구권이 행사된 다음에 토지 또는 건물의 특정승계인이 이 조항에 따라 매매계약상의 권리·의무를 승계한다고 볼 수도 없다. 민사소송법 제82조 제1항은 '승계인의 소송인수'에 관하여 "소송이 법원에 계속되어 있는 동안에 제3자가 소송목적인 권리 또는 의무의 전부나 일부를 승계한 때에는 법원은 당사자의 신청에 따라 그 제3자로 하여금 소송을 인수하게 할 수 있다."라고 정하고 있는데, 토지 또는 건축물에 관한 특정승계를 한 것이 토지 또는 건축물에 관한 소유권이전등기의무를 승계하는 것은 아니므로, 사업시행자가 조합 설립에 동의하지 않은 토지 또는 건축물 소유자를 상대로 매도청구의 소를 제기하여 매도청구권을 행사한 이후에 제3자가 매도청구 대상인 토지 또는 건축물을 특정승계하였다고 하더라도, 특별한 사정이 없는 한 사업시행자는 민사소송법 제82조 제1항에 따라 제3자로 하여금 매도청구소송을 인수하도록 신청할 수 없다.」고 판시하여 특정승계인에 대한 소송인수참가를 인정하지 않고 있다.[388] 따라서 소송물이 특정승계된 때에 사업시행자는 승계인에게 새롭게 매도청구의 소를 제기하여야 한다. 반면 상속 등 포괄승계의 경우에는 소송승계가 가능하고, 특정승계 전에 소유권 처분금지 가처분등기를 한 때에는 소송승계절차를 밟을 필요 없이 양도인을 피고로 한 판결을 받은 후 집행에 따라 양수인 명의 소유권이전등기의 말소등기와 사업시행자 명의 소유권이전등기를 경료하면 된다.

(3) 매도청구대상자에게 조합설립동의 등을 최고한 후 양도된 경우에 양수인에게 다시 최고를 하여야 하는지에 관하여, 대법원은 「구 도시정비법 제39조, 집합건물법 제48조의 규정 내용과 취지에 따르면, 재건축 참가 여부를 촉구받은 사람이 재건축에 참가하지 않겠다는 뜻을 회답하거나 2개월 이내에 회답을 하지 않았는데 토지 또는 건축물의 특정승계가 이루어진 경우, 사업시행자는 승계인에게 다시 새로운 최고를 할 필요 없이 곧바로 승계인을 상대로 매도청구권을 행사할 수 있다고 보아야 한다.」 판시

388) 대법원 2019. 2. 28. 선고 2016다255613 판결 [소유권이전등기등].

하여 특정승계인에게 최고를 다시 할 필요가 없다고 보았다.[389] 이는 구법 제39조에 따라 준용되는 집합건물법 제48조[390]가 재건축에 참가하지 아니하겠다고 회답한 구분소유자의 승계인에게도 매도청구를 할 수 있다고 규정한 것에 따른 판결이므로, 집합건물법을 준용하지 아니하는 현행법 제64조에서도 그대로 적용할 수 있는지는 견해대립이 있을 수 있으나, 현행법이 승계인에 관한 별도의 규정을 두고 있지 아니하므로 집합건물법을 유추 적용하여 위 대법원 판례에 따라 별도의 최고가 필요하지 않다고 보는 것이 타당하다.

(4) 위와 같이 양수인에게 다시 최고할 필요가 없다면 양도인에 대한 최고를 기준으로 매도청구권의 행사기간을 산정할 수 있고, 이에 따른 행사기간 내에 양수인에게 매도청구권을 행사할 수 있을 것이다. 그런데 이렇게 산정한 행사기간이 이미 도과한 후 양도가 이루어진 경우와 같이 위 기간 내에 다시 양수인을 상대로 매도청구권을 행사하는 것이 불가능할 경우도 있는바, 사업시행자가 양도인에게 기간 내에 적법한 매도청구권을 행사하였음에도 불구하고 양수인에 대한 매도청구권은 상실된다고 보는 것은 부당한 결과를 야기하게 되므로, 양수인에 대한 행사기간을 위와 같이 산정하는 것이 타당한지 의문이 있다. 이러한 문제를 해결하고자 종전 실무에서는 법원이 인수참가를 허용하여 양도인에 대한 소제기(매도청구권 행사)를 인수참가인인 양수인이 승계하도록 하였던 것인데, 앞서 본 바와 같이 대법원은 인수참가를 허용할 수 없다고 판시하여 양수인에 대해 다시 매도청구의 소를 제기하도록 하면서도 양수인에 대한 매도청구

---

389) 대법원 2019. 2. 28. 선고 2016다255613 판결 [소유권이전등기등].

390) 집합건물의 소유 및 관리에 관한 법률 제48조(구분소유권 등의 매도청구 등)
① 재건축의 결의가 있으면 집회를 소집한 자는 지체 없이 그 결의에 찬성하지 아니한 <u>구분소유자(그의 승계인을 포함한다)</u>에 대하여 그 결의 내용에 따른 <u>재건축에 참가할 것인지 여부를 회답할 것을 서면으로 촉구하여야 한다.</u>
② 제1항의 촉구를 받은 구분소유자는 촉구를 받은 날부터 2개월 이내에 회답하여야 한다.
③ 제2항의 기간 내에 회답하지 아니한 경우 그 구분소유자는 재건축에 참가하지 아니하겠다는 뜻을 회답한 것으로 본다.
④ 제2항의 기간이 지나면 재건축 결의에 찬성한 각 구분소유자, 재건축 결의 내용에 따른 재건축에 참가할 뜻을 회답한 각 구분소유자(그의 승계인을 포함한다) 또는 이들 전원의 합의에 따라 구분소유권과 대지사용권을 매수하도록 지정된 자(이하 "매수지정자"라 한다)는 제2항의 기간 만료일부터 2개월 이내에 재건축에 참가하지 아니하겠다는 뜻을 회답한 <u>구분소유자(그의 승계인을 포함한다)</u>에게 구분소유권과 대지사용권을 시가로 <u>매도할 것을 청구할 수 있다.</u> 재건축 결의가 있은 후에 이 구분소유자로부터 대지사용권만을 취득한 자의 대지사용권에 대하여도 또한 같다.

권 행사기간의 산정방법에 관해서는 아무런 판시도 하지 않았다. 다만, 위 대법원 판결 이후에 선고된 서울고등법원 2019. 9. 25. 선고 2018나2061759 판결은 「원고는 이 사건 각 토지의 종전소유자인 엘림의료재단에 대하여 재건축사업 참가 여부를 묻는 최고 및 매도청구권을 행사한 바 있고, 피고는 그 후 이 사건 각 토지를 승계취득하였으므로, 원고는 피고에게 다시 새로운 최고를 할 필요 없이 곧바로 피고를 상대로 매도청구권을 행사할 수 있다. 그런데 원고는 2017. 3. 20.경 피고의 이 사건 토지에 대한 소유권 취득사실을 알았으므로 이때 비로소 피고를 상대로 매도청구권의 행사가 가능하였다고 볼 수 있고, 그로부터 불과 21일이 지난 2017. 4. 10. 이 사건 소제기를 통하여 피고를 상대로 적법하게 매도청구권을 행사한 것으로 인정할 수 있다. 그리고 이러한 판단이 매도청구권의 행사기간에 관한 집합건물법 제48조 제4항의 규정이나 앞서 본 대법원 2008. 2. 29. 선고 2006다56572 판결에서 판시하고 있는 매도청구권의 행사기간을 규정한 취지에 배치된다고 보기는 어렵다.」고 판시하였다. 위와 같은 점을 종합하면, 양수인에 대한 매도청구권 행사기간은 양도인에 대한 최고를 기준으로 산정할 것이 아니라 위 서울고등법원 판결과 같이 사업시행자가 양도사실을 안 날로부터 2개월로 보는 것이 타당하다고 본다.

라. 근저당권 등 제한물권이 있는 경우 매도청구와 동시이행의 문제

(1) 거래에 따른 매매계약은 물론 법 제64조 및 제73조 매도청구의 경우에도 매매대금의 지급과 토지등소유자가 부담하는 권리제한등기 없는 소유권이전의무는 동시이행의 관계에 있다.[391] 다만 매매계약에 의한 소유권이전등기 청구권은 채권적 권리에 불과하므로, 매수자는 매도자에 대하여 소유권이전등기를 청구할 수 있을 뿐, 계약관계에 있지 아니한 근저당권자 등에게 제한물권의 말소를 직접 청구할 아무런 권한이 없고, 이 또한 법 제64조 및 제73조 매도청구에 의해 매매계약이 성립된 경우에도 마찬가지이다. 따라서 매도청구 대상 부동산에 근저당권 등 제한물권이 있는 경우에 사업시행

391) 대법원 2008. 10. 9. 선고 2008다37780 판결 「구 도시 및 주거환경정비법(2012. 2. 1. 법률 제11293호로 개정되기 전의 것, 이하 '구 도시정비법'이라고 한다) 제47조가 정한 요건에 해당하여 토지·건축물 등(이하 '토지 등'이라고 한다)을 현금으로 청산하여야 하는 경우, 사업시행자인 재건축조합이 부담하는 청산금 지급의무와 토지등소유자가 부담하는 권리제한등기 없는 소유권이전의무는 동시이행의 관계에 있다.」

자는 제한물권자를 매도청구소송의 상대방으로 포함하여 제한물권의 말소를 청구할 수는 없고, 매도청구 대상자를 상대방으로 하여 ① 매매대금의 지급과 동시에 매도청구 대상자가 제한물권을 말소하고 소유권이전등기절차를 이행하라고 청구하거나, ② 근저당권 채권최고액(또는 확인된 피담보채무액),[392] 전세보증금 등 제한물권의 말소에 필요한 금액을 매매대금에서 공제한 금액을 지급함과 동시에 소유권이전등기절차를 이행하라는 청구를 하여야 한다.[393]

(2) 위 ①과 같이 판결을 받은 후 현금청산자가 사업시행자에게 소유권이전등기와 인도를 마쳤으나 근저당권을 말소하지 아니하고 청산금 지급을 청구한 사안에서, 과거 대법원 판례는 근저당권을 말소하기 전까지는 사업시행자가 이행지체에 빠지지 아니한다는 이유로 청산금 전체에 대한 지연손해금의 기산일은 근저당권을 말소한 때라고 판단하였다.[394] 그러나 대법원 2015. 11. 19. 선고 2012다114776 전원합의체 판결 [청산금]은 「토지 등 소유자가 재건축조합에 대하여 토지 등에 관한 소유권이전등기 및 인도를 마쳤으나 근저당권설정등기를 말소하지 아니한 경우, 재건축조합이 구 도시정비법 제47조에 따른 현금청산에서 근저당권설정등기말소와의 동시이행을 주장하여 지급을 거절할 수 있는 청산금의 범위는 동시이행의 항변권이 인정되는 근본 취지에 비추어 공평의 관념과 신의칙에 따라 정하여야 한다. 그런데 구 도시정비법 제47조의 규정 내용과 입법 취지 등을 종합하여 알 수 있는 현금청산관계에 관한 다음과 같은 사정들, 즉 ① 구 도시정비법 제47조는 재건축사업의 원활한 추진을 위하여 같은 조 각 호에 해당하는 토지 등 소유자에 대하여는 그 소유자의 의사와 무관하게 재건축조합과 사이에 토지 등을 현금으로 청산받아야만 하도록 규정하고 있는 점, ② 그 과정에서 토지 등 소유자는 재건축조합과 협의가 이루어지지 아니하는 이상 토지 등에 관하여 설정된 근저당권을 재건축조합에 인수시키는 내용으로 계약관계를 형성할 기회를 갖지 못한 채 근저당권설정등기의 말소의무를 부담하게 되는 점, ③ 토지 등에 관하여 소유권이전등기를 마치고 인도까지 받은 재건축조합은 그 토지 등을 이용하여 재건축사업을 추진

392) 대법원 1996. 5. 10. 선고 96다6554 판결 [부당이득금반환] 「매수인이 근저당권의 피담보채무액을 확인하여 이를 알고 있는 경우와 같은 특별한 사정이 있는 경우에는 지급을 거절할 수 있는 매매대금은 확인된 피담보채무액에 한정된다.」

393) 이 경우 사업시행자는 소유권이전등기를 받은 후 매매대금에서 공제된 피담보채무액을 직접 변제하고 소유권에 기하여 근저당권 등 제한물권자에게 말소등기를 청구하게 된다.

394) 대법원 2009. 9. 10. 선고 2009다32850, 32867 판결 [청산금].

하는 이익을 누릴 수 있고, 민법 제364조에 의하여 근저당권의 채권최고액의 범위 내에서 확정된 피담보채무를 변제하고 근저당권의 소멸을 청구할 수도 있는데, 근저당권설정등기가 말소되지 아니하였다는 이유로 구 도시정비법 제47조가 정한 청산기한 이후에도 근저당권의 채권최고액을 넘어 청산금 전부를 지급하지 아니할 수 있다고 보는 것은, 현금청산의 기한을 법정하고 있는 구 도시정비법 제47조의 취지에도 부합하지 아니하는 점, ④ 재건축조합은 사업수행을 위하여 필요한 경우에는 스스로 토지 등 소유자에게 청산금 중 권리제한등기를 말소하는 데 필요한 금액을 공제한 나머지 금액만을 지급하고 토지 등에 관한 소유권이전등기 및 인도를 구할 수 있는 점(대법원 2008. 10. 9. 선고 2008다37780 판결, 대법원 2014. 8. 20. 선고 2012다69159 판결 등 참조) 등을 고려하면, 구 도시정비법 제47조에 따른 현금청산에서 토지 등 소유자가 토지 등에 관한 소유권이전등기 및 인도를 마쳤으나 근저당권설정등기를 말소하지 아니한 경우, 재건축조합은 말소되지 아니한 근저당권의 채권최고액 또는 채권최고액의 범위 내에서 확정된 피담보채무액에 해당하는 청산금에 대하여만 동시이행의 항변권에 기초하여 지급을 거절할 수 있다고 보는 것이 공평의 관념과 신의칙에 부합한다.」고 판시하여 과거 대법원 판례를 변경하고 지급을 거절할 수 있는 청산금의 범위를 제한하였다. 이러한 대법원 전원합의체 판결은 현금청산자에 대한 법 제73조의 매도청구와 관련한 것이나 법 제64조의 매도청구에 따른 매매대금의 지급거절에도 동일하게 적용될 수 있다.

마. 주택단지 내 대지에 대한 시효취득

준공된 지 오래된 종전 아파트에는 주택공사 등 과거 사업시행자가 등기 과정에서 아파트 부지의 일부 필지 또는 대지지분의 소유권을 가지고 있는 경우가 있으며, 토지만 소유한 자는 재건축에 참여할 수 없어서 이러한 토지는 매도청구의 대상이 된다. 그런데 이러한 토지는 아파트의 부지로서 구분소유자들이 평온·공연하게 점유하여 점유시효취득으로 소유권이전등기를 받을 수 있는 경우가 있는바, 구분소유자들이 아닌 사업시행자인 조합 등도 점유취득시효에 의한 소유권이전등기를 청구할 권한이 있는 것인지 문제된다. 이에 관해 판례와 다수 견해는 사업시행자가 관리처분계획인가를 받은 후에는 법 제81조에 따라 배타적 사용·수익권 즉 점유권이 인정되므로, 관리처분계획인가 이후에는 점유취득시효에 의한 소유권이전등기를 청구할 권한이 있는 것으로

보고 있다.[395)]

바. 조합설립인가 또는 사업시행계획인가 무효의 항변

(1) 매도청구소송에서 매도청구 대상자는 사업시행자의 조합설립인가(또는 사업시행자 지정처분)가 위법하다거나 사업시행계획인가처분이 위법하여 무효이므로 매도청구가 부적법하다는 항변을 할 수 있다.

(2) 이에 대해 대법원은 「주택재건축사업에서의 사업시행자인 정비사업조합은 관할 행정청의 조합설립인가와 등기에 의해 설립되고, 조합 설립에 대한 토지 등 소유자의 동의(이하 '조합설립결의'라 한다)는 조합설립인가처분이라는 행정처분을 하는 데 필요한 절차적 요건 중 하나에 불과한 것이므로, 조합설립결의에 하자가 있다 하더라도 그로 인해 조합설립인가처분이 취소되거나 당연무효로 되지 않는 한 정비사업조합은 여전히 사업시행자로서의 지위를 갖는다. 따라서 재건축정비사업조합이 조합 설립에 동의하지 않은 자 등에 대해 매도청구권을 행사하여 그에 따른 소유권이전등기절차 이행 등을 구하는 소송을 제기한 경우 그 소송절차에서 조합 설립에 동의하지 않은 자 등이 조합설립결의에서 정한 비용분담에 관한 사항 등이 구체성을 결여하여 위법하다는 점을 근거로 매도청구권 행사의 적법성을 다툴 수 있기 위해서는, 그와 같은 사정으로 조합

---

395) 전주지방법원 군산지원 2016. 8. 12. 선고 2013가합10804 판결 「주택재건축조합이 행정주체의 지위에서 도시정비법 제48조에 따라 수립하는 관리처분계획은 정비사업의 시행 결과 조성되는 대지 또는 건축물의 권리귀속에 관한 사항과 조합원의 비용 분담에 관한 사항 등을 정하는 구속적 행정계획으로서 관할 행정청의 인가 고시를 통해 효력이 발생한다(대법원 2007다2428 전원합의체 판결 등 참조). 주택재건축조합은 관리처분계획의 인가를 받은 후 기존의 건축물을 철거하여야 하고, 관리처분계획이 고시 된 이후에는 기존의 권리자가 토지 및 건축물을 사용하거나 수익할 수 없으며, 재건축사업에 반대하는 권리자는 보상을 받는 등의 방식 이외에는 자신의 권리를 본래의 방식으로 향유할 수 없게 되므로, 결국 관리처분계획의 인가 고시가 되면 사업 목적에 따른 토지 이용만이 가능하게 되는 것이다. 이러한 점에서 이 사건 대지지분은 이 사건 아파트 전체를 위한 부지의 기능을 하는 것으로서 일부 특정인들이 배타적으로 사용 수익하여 온 부분이라고 할 수 없는 점을 더하여 보면, 이 사건 대지지분을 포함한 이 사건 정비구역 내의 이 사건 토지 지상에 아파트를 재건축하는 사업을 추진하고 있는 원고의 관리처분계획이 인가됨으로써, 원고가 이 사건 지분을 포함한 사업구역 내 토지 전체를 사실상 지배하여 이를 점유하게 되었다고 할 것이고, 원고의 위와 같은 점유 취득 경위 등에 비추어 볼 때, 이 사건 아파트 구분소유자들의 점유를 승계한 것으로 보는 것이 타당하다.」
서울고등법원 2014. 9. 3. 선고 2014나3575 판결 [소유권이전등기][미간행]도 관리처분계획인가를 받은 조합의 점유취득시효를 인정하였다.

설립결의가 효력이 없다는 것만으로는 부족하고 나아가 그로 인해 조합설립인가처분이 적법하게 취소되었거나 그 하자가 중대 · 명백하여 당연 무효임을 주장 · 입증하여야 한다.」고 판시하였다.[396)]

(3) 마찬가지로 사업시행계획인가의 하자를 이유로 매도청구권 행사의 적법성을 다툴 수 있기 위해서는 사업시행계획결의가 효력이 없다는 것만으로는 부족하고, 사업시행계획인가처분이 적법하게 취소되었거나 그 하자가 중대 · 명백하여 당연 무효임을 주장 · 입증하여야 한다.

사. 새로운 조합설립에 준하는 조합설립변경동의서를 제출하지 아니한 자

(1) 조합이 매도청구권을 행사할 때 상대방이 조합설립결의의 하자 등을 이유로 조합설립인가의 무효를 다투는 경우가 많고, 이러한 경우에 조합설립결의의 하자를 보완하여 새로운 조합설립에 준하는 조합설립변경인가를 받고자 토지등소유자로부터 조합설립변경 동의서를 받게 되는데, 최초 조합설립동의서를 제출한 토지등소유자가 조합설립변경 동의서를 제출하지 아니한 경우에 법 제64조의 매도청구 대상이 되는지 문제된다.

(2) 대법원은 「주택재건축사업에서의 사업시행자인 정비사업조합은 관할 행정청의 조합설립인가와 등기에 의해 설립되고, 조합 설립에 대한 토지 등 소유자의 동의(이하 '조합설립결의'라 한다)는 조합설립인가처분이라는 행정처분을 하는 데 필요한 절차적 요건중 하나에 불과한 것이므로, 조합설립결의에 하자가 있다 하더라도 그로 인해 조합설립인가처분이 취소되거나 당연 무효로 되지 않는 한 정비사업조합은 여전히 사업시행자로서의 지위를 갖게 되고(대법원 2009. 9. 24. 선고 2008다60568 판결 참조), 또한 도시정비법이 시행된 후에는 조합설립결의, 조합설립변경 결의, 사업시행계획이나 관리처분계획 등에 의하지 아니한 '재건축결의'가 있다고 하여 곧바로 조합원에게 권리변동의 효력을 미칠 수 없는 것이어서, 그와 같은 재건축결의는 사업시행계획 결의 등과 별도의 독자적인 의미를 가지지 아니한다(대법원 2009. 10. 15. 선고 2008다93001 판결 참조). 따라서 재건축정비사업조합이 조합설립 인가 전의 조합설립결의에 하자가 있다는 주장에 대비하여 당초 결의를 보완하는 취지의 새로운 재건축결의를 하는 과정에서 당초 조합 설립

396) 대법원 2010. 4. 8. 선고 2009다10881 판결 [소유권이전등기등].

에 동의하였던 토지 등 소유자들이 새로운 재건축결의에 동의하지 아니하였다고 하여 그 토지 등 소유자들이 새삼 '조합 설립의 동의를 하지 아니한 자'에 해당하게 되어 이들을 상대로 구 도시정비법 제39조가 정한 매도청구를 할 수 있다고 볼 것은 아니다.」라고 판시하여 법 제64조의 매도청구 대상자가 아니라고 보았다.[397)]

(3) 나아가 대법원은 위와 같은 토지등소유자에 대해 「조합원이 분양신청을 하지 아니하거나 철회하는 등 구 도시정비법 제47조와 조합 정관에서 정한 요건에 해당하여 현금청산 대상자가 된 경우에는 조합원 지위를 상실하게 되어(대법원 2010. 8. 19. 선고 2009다81203 판결 참조), 조합탈퇴자에 준하는 신분을 가지는 것이므로, 매도청구에 관한 도시정비법 제39조를 준용하여 재건축조합은 현금청산 대상자를 상대로 정비구역 내 부동산에 관한 소유권이전등기를 청구할 수 있다(대법원 2010. 12. 23. 선고 2010다73215 판결 참조).」고 판시하여 법 제73조에 따른 매도청구 대상자가 될 수 있다고 보았다.[398)]

아. 정관에 의한 제명 또는 탈퇴자에 대한 매도청구

대법원은 「조합원이 재건축조합에서 제명되거나 탈퇴하는 등 후발적인 사정으로 그 지위를 상실하는 경우에도 처음부터 분양신청을 하지 아니하거나 철회하는 경우와 마찬가지로 현금청산 대상자가 된다.」고 판시하였는바,[399)] 법 제64조에 의한 매도청구 대상자가 아니고 법 제73조에 의한 매도청구 대상자가 된다.

---

397) 대법원 2011. 1. 13. 선고 2010다57824 판결 [소유권이전등기등].
398) 대법원 2013. 9. 26. 선고 2011다16127 판결 [소유권이전등기].
399) 대법원 2013. 11. 28. 선고 2012다110477, 110484 판결 [소유권이전등기 · 소유권이전등기].

[3] 특례 등 그 밖의 조치(제66~71조)

Ⅰ. 용적률에 관한 특례(제66조)

도시정비법	도시정비법 시행령
제66조(용적률에 관한 특례) 사업시행자가 다음 각 호의 어느 하나에 해당하는 경우에는 「국토의 계획 및 이용에 관한 법률」 제78조제1항에도 불구하고 해당 정비구역에 적용되는 용적률의 100분의 125 이하의 범위에서 대통령령으로 정하는 바에 따라 특별시·광역시·특별자치시·특별자치도·시 또는 군의 조례로 용적률을 완화하여 정할 수 있다. 1. 제65조제1항 단서에 따라 대통령령으로 정하는 손실보상의 기준 이상으로 세입자에게 주거이전비를 지급하거나 영업의 폐지 또는 휴업에 따른 손실을 보상하는 경우 2. 제65조제1항 단서에 따른 손실보상에 더하여 임대주택을 추가로 건설하거나 임대상가를 건설하는 등 추가적인 세입자 손실보상 대책을 수립하여 시행하는 경우	제55조(용적률에 관한 특례) ① 사업시행자가 법 제66조에 따라 완화된 용적률을 적용받으려는 경우에는 사업시행계획인가 신청 전에 다음 각 호의 사항을 시장·군수등에게 제출하고 사전협의하여야 한다. 1. 정비구역 내 세입자 현황 2. 세입자에 대한 손실보상 계획 ② 제1항에 따른 협의를 요청받은 시장·군수등은 의견을 사업시행자에게 통보하여야 하며, 용적률을 완화받을 수 있다는 통보를 받은 사업시행자는 사업시행계획서를 작성할 때 제1항제2호에 따른 세입자에 대한 손실보상 계획을 포함하여야 한다.

1. 용적률 특례의 의의 등

(1) 앞서 본 바와 같이 법 제65조 제1항 단서 및 시행령 제54조는 토지보상법의 특칙으로서 손실보상의 기준을 정하고 있는데, 정비사업시행자가 법 제65조 제1항 단서의 손실보상 외에 추가적인 손실보상을 하거나 임대주택·임대상가를 건설하는 등 세입자 보호를 확대하면 국토계획법 제78조 제1항에도 불구하고 해당 정비구역에 적용되는 용적률을 완화받을 수 있다.

(2) 법 제66조의 용적률 특례는 법 제54조의 용적률 완화와는 아래와 같은 점에서 구별된다.

① 법 제66조의 용적률 완화는 재개발사업에서 사업시행자가 자발적으로 세입자의 보호를 강화하도록 유도하는데 목적이 있는 것이고, 법 제54조의 용적률 완화는 재건축사업과 재개발사업에서 임대주택으로 공급될 소형주택 건설을 확대하는데 목적이 있다.

② 법 제54조의 용적률 완화는 국토계획법 제78조과 관계 법률에 따른 법적 상한용적률까지 완화할 수 있는 것과 달리 법 제66조의 용적률 완화는 국토계획법 제78조 제1항의 법적 상한용적률에도 불구하고 이를 초과하여 적용할 수도 있는 점에서 차이가 있다.

③ 법 제54조의 용적률 완화는 정비계획의 변경 없이 사업시행계획 인가 단계에서 적용할 수 있음에 반하여, 법 제66조의 용적률 완화는 시행령 제13조 제4항 제9호에 따라 정비계획의 경미한 변경절차를 거쳐야 하는 점에서도 차이가 있다.

2. 용적률 특례의 적용요건 및 완화의 범위

(1) 사업시행자는 ① 법 제65조 제1항 단서, 시행령 제54조에서 정하는 손실보상의 기준 이상으로 세입자에게 주거이전비를 지급하거나 영업의 폐지 또는 휴업에 따른 손실을 보상하는 경우 또는 ② 법 제65조 제1항 단서, 시행령 제54조에서 정하는 손실보상에 더하여 임대주택을 추가로 건설하거나 임대상가를 건설하는 등 추가적인 세입자 손실보상 대책을 수립하여 시행하는 경우 중 어느 하나에 해당하는 때에 법 제66조에 따른 용적률 완화를 적용받을 수 있다.

(2) 용적률 완화의 범위는 해당 정비구역에 적용되는 용적률의 100분의 125 이하의 범위에서 특별시 · 광역시 · 특별자치시 · 특별자치도 · 시 또는 군의 조례로 정한다.

3. 용적률 특례의 적용절차

(1) 사업시행자가 법 제66조에 따라 완화된 용적률을 적용받으려는 경우에는 사업시행계획인가 신청 전에 ① 정비구역 내 세입자 현황, ② 세입자에 대한 손실보상 계획(또는 임대주택 · 임대상가의 건설 및 공급계획)을 시장 · 군수등에게 제출하고 사전협의하여야 한다.[400)]

(2) 협의를 요청받은 시장 · 군수등은 의견을 사업시행자에게 통보하여야 하며, 용적률을 완화받을 수 있다는 통보를 받은 사업시행자는 사업시행계획서를 작성할 때 사전 협의된 세입자에 대한 손실보상 계획을 포함하여야 한다.[401)]

(3) 시장 · 군수등은 사업시행자에게 용적률의 완화를 통보한 경우에는 정비계획을 변경하여야 하며, 경미한 변경절차에 따라 주민에 대한 서면통보, 주민설명회, 주민공람 및 지방의회의 의견청취 절차를 거치지 아니할 수 있다.[402)]

Ⅱ. 재건축사업의 범위에 관한 특례(제67조)

도시정비법	도시정비법 시행령
제67조 (재건축사업의 범위에 관한 특례) ① 사업시행자 또는 추진위원회는 다음 각 호의 어느 하나에 해당하는 경우에는 그 주택단지 안의 일부 토지에 대하여 「건축법」 제57조에도 불구하고 분할하려는 토지면적이 같은 조에서 정하고 있는 면적에 미달되더라도 토지분할을 청구할 수 있다.	제56조 (재건축사업의 범위에 관한 특례) 법 제67조제4항제3호에서 "대통령령으로 정하는 요건"이란 분할되어 나가는 토지가 「건축법」 제44조에 적합한 경우를 말한다.

400) 시행령 제55조 제1항.
401) 시행령 제55조 제2항.
402) 법 제15조 제3항 및 시행령 제13조 제4항 제9호.

1. 「주택법」 제15조제1항에 따라 사업계획승인을 받아 건설한 둘 이상의 건축물이 있는 주택단지에 재건축사업을 하는 경우
2. 제35조제3항에 따른 조합설립의 동의요건을 충족시키기 위하여 필요한 경우

② 사업시행자 또는 추진위원회는 제1항에 따라 토지분할 청구를 하는 때에는 토지분할의 대상이 되는 토지 및 그 위의 건축물과 관련된 토지등소유자와 협의하여야 한다.

③ 사업시행자 또는 추진위원회는 제2항에 따른 토지분할의 협의가 성립되지 아니한 경우에는 법원에 토지분할을 청구할 수 있다.

④ 시장·군수등은 제3항에 따라 토지분할이 청구된 경우에 분할되어 나가는 토지 및 그 위의 건축물이 다음 각 호의 요건을 충족하는 때에는 토지분할이 완료되지 아니하여 제1항에 따른 동의요건에 미달되더라도 「건축법」 제4조에 따라 특별자치시·특별자치도·시·군·구(자치구를 말한다)에 설치하는 건축위원회의 심의를 거쳐 조합설립인가와 사업시행계획인가를 할 수 있다.

1. 해당 토지 및 건축물과 관련된 토지등소유자의 수가 전체의 10분의 1 이하일 것
2. 분할되어 나가는 토지 위의 건축물이 분할선 상에 위치하지 아니할 것
3. 그 밖에 사업시행계획인가를 위하여 대통령령으로 정하는 요건에 해당할 것

1. 재건축사업 범위에 관한 특례의 의의 등

가. 의 의

2이상의 건축물(동)이 있는 주택단지 재건축사업을 진행하기 위해서는 법 제35조 제3항에 따라 동별 동의요건을 갖추어 조합설립인가를 받아야 하는데, 일부 동이 재건축사업에 반대하여 동별 동의요건을 갖추지 못할 경우에 조합설립이 불가능하게 되어 재건축사업이 표류할 수 있다. 이러한 문제점을 개선하고자 법 제67조에서는 사업시행자 또는 추진위원회가 법원에 토지분할을 청구하여 반대하는 동을 제외하고 공익사업인 재건축사업을 진행할 수 있도록 하는 특례규정을 두게 된 것이다.

나. 토지분할의 법적 성격

(1) 법 제67조 제1항은 "토지분할"을 청구할 수 있다고 규정하고 있는데, "토지분할"의 법적 성격이 "공유물분할"이라는 견해[403]와 "단지분할"이라는 견해[404]가 있다.

(2) 공유물분할이라는 견해는 본조가 명문상 토지를 분할하는 것으로 규정하고 있으므로, 주택단지 내 한 필지 또는 수 필지의 대지가 공유관계에 있는 것을 전제로 하여 소송을 통해 분할된 토지와 분할되어 나가는 토지로 필지를 분할하고 공유관계를 해소하는 공유물 분할소송이라고 해석한다.

(3) 단지분할이라는 견해는 법 제2조 제7호 라목이 본조에 의해 분할된 토지와 분할되어 나가는 토지를 각각의 주택단지로 본다고 하여 단지분할로 규정하고 있고, 본조 제1항 제1호는 주택법 제15조에 의하여 사업시행계획승인을 받은 주택단지를 대상으로 규정하고 있는데 주택법 제15조 및 동법 시행령 제27조에 따르면 주택단지에는 공동주택단지만 있는 것이 아니라 단독주택단지도 포함하는바, 단독주택단지의 재건축사업

403) 송현진 · 유동규 공저「재개발 · 재건축 이론과 실무」.
전주지방법원 2006. 12. 29. 선고 2006가합687 판결「피고들이 소유한 상가동의 각 부지는 이 사건 사업구역 내에 위치하고 있기는 하지만 피고들은 위 토지를 각각 단독 소유하고 있을 뿐 이 사건 아파트 각 동이 위치한 대지에 대하여는 전혀 공유지분이 없고, 이 사건 아파트 각 동이 위치한 대지는 피고들을 제외한 구분소유자들이 공동소유하고 있는바, 위와 같이 원고와 피고들 간에 어떠한 공동소유관계도 존재하지 아니하고 피고들이 각각 단독소유하고 있는 토지에 대하여 다시 피고들 소유로 각각 분할을 구하는 것은 도시정비법상 근거가 없다.」고 판시하여 공유물분할설의 입장에 있는 것으로 보인다.

404) 부장판사 이우재 저「도시 및 주거환경정비법」.

에서는 공유토지를 두 필지로 분할하는 것이 아니라 단독필지를 주택단지에서 분할시키는 필지별 분할이 필요하고 이러한 경우도 본조의 적용대상이므로 단지분할 소송이라고 해석한다. 따라서 단지분할이라는 견해는 토지분할소송에 공유물 분할이 수반될 수는 있지만 종국적으로는 분할되어 남는 토지를 하나의 주택단지로 하여 조합설립인가, 사업시행인가 등 정비사업을 시행할 수 있도록 하기 위한 것으로 공유물분할소송과는 구별되는 특수한 소송이라고 본다.

(4) 실무적으로는 하나의 주택단지임에도 아파트구분소유자와 공유관계가 없는 별도 필지 지상 건축물(상가, 유치원 등)이 존재하는 경우가 있는바, 공유관계가 없는 주택단지 내 별도 필지의 건축물에 본조가 적용되지 않는다고 하면 특수적 상황에 따라 재건축사업이 좌초될 수 있는 실무적 문제점을 고려할 때 단지분할 소송이라고 해석하는 것이 실익이 있으나, 명문상 토지분할을 청구할 수 있도록 규정하고 있으므로 공유물분할설이 타당하다고 본다.

다. 집합건물법 제47조 제1항 단서와의 관계

법 제67조는 집합건물법 제47조 제1항 단서에 대한 특칙으로서 우선 적용된다. 집합건물법 제47조 제1항 단서는 "재건축의 내용이 단지 내 다른 건물의 구분소유자에게 특별한 영향을 미칠 때에는 그 구분소유자의 승낙을 받아야 한다."고 규정하고 있는데, 법 제67조 제4항은 토지분할 소송이 제기되면 주택단지의 분할 전이라도 관할청이 조합설립인가와 사업시행인가를 할 수 있도록 규정하고 있는바, 집합건물법 제47조 제1항 단서에 따른 승낙을 받을 필요가 없다고 보아야 한다.

2. 토지분할 청구의 요건

가. 토지분할 완료 전 조합설립 등 인가요건과의 구별

(1) 법 제67조 제1항은 사업시행자 또는 추진위원회가 법원에 토지분할을 청구할 수 있는 요건을 규정하고 있고, 동조 제4항은 토지분할이 완료되지 아니하여도 관할청이 조합설립인가와 사업시행계획인가를 할 수 있는 경우를 규정하고 있는바, 양자는 서로 구별되는 개념이다.

(2) 즉, 법 제67조 제4항의 요건을 갖추지 못하여도 사업시행자 또는 추진위원회는 동조 제1항의 요건을 갖춘 경우에는 법원에 토지분할을 청구할 수 있으나, 법원에 의해 토지분할이 확정[405]되기 전에는 관할청으로부터 조합설립인가와 사업시행인가를 받을 수 없을 뿐이다.[406]

나. 토지분할 청구 요건의 개정입법상 문제점

(1) 2017. 2. 8. 개정(2018. 2. 9. 시행) 전 구법 제41조 제1항은 "「주택법」 제15조 제1항의 규정에 의하여 사업계획승인을 받아 건설한 2 이상의 건축물이 있는 주택단지에 주택재건축사업을 하는 경우, 제16조 제2항의 규정에 의한 조합 설립의 동의요건을 충족시키기 위하여 필요한 경우"에 토지분할을 청구할 수 있다고 규정하고 있었고, 이에 대해 "2이상의 건축물이 있는 주택단지"와 "조합설립 동의요건을 충족하기 위해 필요한 경우"는 모두 갖추어야 하는 요건으로 해석하는데 이견이 없었다.

(2) 그런데 2017. 2. 8. 개정(2018. 2. 9. 시행) 후 현행법에서는 위 두 가지 요건을 각호에 규정하고 본문에서는 "각호의 어느 하나에 해당하는 경우" 토지분할을 청구할 수 있다고 규정하여 그 해석상 논란이 있을 수 있다. 그러나 제2호 "법 제35조 제3항에 따른 조합설립 동의요건을 충족시키기 위하여 필요한 경우"는 토지분할 청구의 필수적 요소이지 선택적 요소가 아니라는 점[407]에서 개정과정의 입법적 오류라고 해석함이 타당하다.

(3) 아래에서는 토지분할 청구를 위한 두 가지 요건을 살펴보고자 하는데, 두 가지 요건을 모두 갖추어야 토지분할 청구가 가능하다고 해석해야 할 것이다.

---

405) 공유물분할 판결은 형성판결에 해당하며 판결이 확정되면 분할등기 전이라도 토지분할은 완료된 것이다.

406) 특례에 따라 토지분할을 하는 이유가 신속한 조합설립인가 등을 목적으로 하기 때문에, 실무적으로는 제4항의 요건이 모두 갖추어질 경우 토지분할 소송이 제기되고 있다.

407) 조합설립 동의요건을 충족하였음에도 조합이 임의로 일부 동을 토지분할로 사업구역에서 제외하는 것은 인정될 수 없다.

다. 토지분할청구의 요건

(1) 「주택법」 제15조 제1항의 규정에 의하여 사업계획승인을 받아 건설한 2 이상의 건축물이 있는 주택단지에 주택재건축사업을 하는 경우

1) 법 제67조는 하나의 주택단지 내에 일부 동을 제외하기 위하여 사업시행자 또는 추진위원회가 법원에 토지분할을 청구할 수 있도록 하였으므로, 법 제67조는 법 제2조 제7호의 주택단지 모두에 적용되는 것이 아니라 2 이상의 건축물이 있는 주택단지에 적용된다. 하나의 주택단지의 개념 및 범위에 관하여는 법 제2조 제7호 부분을 참조하기로 한다.

2) 앞서 살펴 본 바와 같이, 하나의 주택단지 내라면 다른 구분소유자들과 공유관계에 있지 아니한 별도 필지 위 건축물도 본조가 적용되어 분할을 청구할 수 있다는 견해가 있는데(단지분할설), 문리해석 상 공유물분할설이 타당하므로 이러한 별도 건축물의 분할청구는 가능하지 않고 이러한 경우 동의하지 아니하는 별도 필지를 정비구역에서 제외하는 정비계획변경을 통해 사업을 진행할 수밖에 없다고 본다. 주택단지가 아닌 지역은 당연히 본조가 적용되지 아니하므로 분할을 청구할 수 없고 정비계획변경을 통하여 제척하는 방법으로 재건축사업을 진행할 수밖에 없다.

(2) 법 제35조 제3항에 따른 조합설립의 동의요건을 충족시키기 위하여 필요한 경우

1) 법 제35조 제3항에 따른 조합설립 동의요건을 충족시키기 위하여 필요한 경우라 함은 ① 분할되어 나가는 토지 위 건축물이 동별 동의율에 미달되고 ② 해당 건축물을 제외한 나머지를 기준으로 전체 동의율과 동별 동의율을 모두 충족한 경우를 의미한다고 해석하여야 한다.

2) 전체 동의율 충족을 위해 동별 동의율을 갖추었음에도 비교적 동의율이 낮은 건축물에 대해 분할을 청구하는 경우에도 조합설립 동의요건을 충족시키기 위해 필요한 경우로 볼 수 있으나, 본조의 본래 입법취지에 부합하지 아니하고 편의에 따른 남용의 우려가 크므로 토지분할을 청구할 수 없다고 해석하는 것이 타당하다.

3) 법 제35조 제3항은 복리시설의 경우에는 주택단지의 복리시설(상가) 전체를 하나의 동으로 본다고 규정하고 있고, 이는 주택단지 내에 상가가 여러 건축물로 분산되어

존재하는 경우(이를 '분산상가'라 한다)에도 하나의 동으로 간주하여 동별 동의율을 산정하도록 한 것인데, 분산상가 중 반대가 많은 일부 분산상가 건축물만을 토지분할을 청구하고 나머지 상가를 기준으로 동별 동의요건을 갖춘 경우에는 토지분할의 적법한 요건을 갖추었다고 할 것이고, 반드시 상가 전체 건축물 모두를 대상으로 토지분할 청구해야 하는 것은 아니다.[408]

라. 새로운 조합설립동의서의 요부

(1) 본조 제1항의 토지분할 청구는 조합설립의 동의요건을 충족시키기 위하여 필요한 경우에 한정하여 인정되는 특례규정인바, 추진위원회는 주택단지 전체를 대상으로 한 조합설립동의서를 작성하여 조합설립을 추진하여야 하는 것이지 임의로 특정한 건축물을 제외하고 조합설립동의서를 작성하여 조합설립을 추진한 경우에는 본조의 토지분할 청구의 요건이 충족되었다고 볼 수 없다.

(2) 따라서 토지분할을 청구할 경우에는 추진위원회가 최초 작성하여 징구한 조합설립동의서의 설계개요, 정비사업비의 개산액 등이 토지분할에 따른 사업구역의 변경으로 함께 변경될 수밖에 없는바, 추진위원회가 토지분할을 전제로 한 새로운 조합설립동의서를 작성하여 다시 구분소유자들의 동의를 받아야 하는지가 문제된다.

(3) 이와 관련하여 대법원은 「'주택재건축사업의 범위에 관한 특례'를 정한 구 도시정비법 제41조는 주택단지 안의 일부 토지 및 그 위의 건축물과 관련된 토지 등 소유자의 반대 등으로 조합설립인가나 사업시행인가를 받지 못하여 다수의 토지 등 소유자들에게 피해가 발생하는 것을 방지하고 재건축사업을 원활하게 시행할 수 있도록 하기 위하여 마련된 특별규정이므로, 이러한 입법 취지나 법원에 토지분할을 청구한 상태에서 바로 조합설립인가가 가능하도록 한 점 등에 비추어 보면, 법 제41조에 따라 조합설립인가를 하는 경우에는 그 제3항에 의한 토지분할이 청구되고 분할되어 나갈 토지

---

408) 서울중앙지방법원 2014. 12. 5. 선고 2013가합509413 판결 [공유물분할] 「피고들은 복리시설은 한 개의 '동'에 해당하므로 주상가와 나머지 복리시설을 하나로 보아 복리시설 전체 소유자를 상대로 이 사건 토지분할의 소를 제기하여야 함에도 불구하고 임의로 주상가와 나머지 복리시설을 구분하여 주상가의 소유자만을 대상으로 이 사건 소를 제기하였으므로 도시정비법상 토지분할의 요건을 갖추지 못하였다고 주장하나, 앞서 살피 바와 같이 도시정비법 제41조에서 토지분할의 대상인 '토지의 일부'가 반드시 한 동으로서 복리시설 전체를 의미한다고 볼 수는 없으므로 피고들의 주장은 이유 없다.」

및 건축물과 관련된 토지 등 소유자의 수가 전체의 10분의 1 이하일 것 등 제4항이 정한 요건이 갖추어지면 되는 것이고, 특별한 사정이 없는 한 토지분할을 전제로 한 새로운 조합설립동의서나 특별결의, 정관변경 등이 요구되는 것은 아니다.」고 판시하였다.[409)]

마. 건축법 제57조에 대한 특례

(1) 건축법 제57조 제1항은 건축물이 있는 대지를 분할할 때에 일정 면적 이하로 분할하지 못하도록 규정하고 있는데,[410)] 본조 제1항의 토지분할은 이에 대한 특칙으로서 분할 면적의 제한을 받지 아니한다.

(2) 건축법 제57조 제2항 및 제44조는 건축물이 있는 대지를 분할할 때에 반드시 2미터 이상의 도로에 접하여야 하고 맹지로 분할할 수 없도록 제한하고 있는데,[411)] 본조 제1항의 토지분할은 이러한 제한을 받지 아니하므로 맹지분할도 가능하다. 다만, 본조 제4항 제3호 및 시행령 제56조는 건축법 제44조에 적합한 경우에 한하여 토지분할이 완료되기 전에 조합설립인가와 사업시행인가를 할 수 있도록 규정하고 있는바,

---

409) 대법원 2013. 12. 12. 선고 2011두12900 판결 [정비사업조합설립인가승인처분취소].

410) 건축법 제57조(대지의 분할 제한) ① 건축물이 있는 대지는 대통령령으로 정하는 범위에서 해당 지방자치단체의 조례로 정하는 면적에 못 미치게 분할할 수 없다.
건축법 시행령 제80조(건축물이 있는 대지의 분할제한) 법 제57조제1항에서 "대통령령으로 정하는 범위"란 다음 각 호의 어느 하나에 해당하는 규모 이상을 말한다.
1. 주거지역 : 60제곱미터
2. 상업지역 : 150제곱미터
3. 공업지역 : 150제곱미터
4. 녹지지역 : 200제곱미터
5. 제1호부터 제4호까지의 규정에 해당하지 아니하는 지역 : 60제곱미터

411) 건축법 제57조(대지의 분할 제한) ② 건축물이 있는 대지는 제44조, 제55조, 제56조, 제58조, 제60조 및 제61조에 따른 기준에 못 미치게 분할할 수 없다.
건축법 제44조(대지와 도로의 관계) ① 건축물의 대지는 2미터 이상이 도로(자동차만의 통행에 사용되는 도로는 제외한다)에 접하여야 한다. 다만, 다음 각 호의 어느 하나에 해당하면 그러하지 아니하다. 〈개정 2016.1.19.〉
1. 해당 건축물의 출입에 지장이 없다고 인정되는 경우
2. 건축물의 주변에 대통령령으로 정하는 공지가 있는 경우
3. 「농지법」 제2조제1호나목에 따른 농막을 건축하는 경우
② 건축물의 대지가 접하는 도로의 너비, 대지가 도로에 접하는 부분의 길이, 그 밖에 대지와 도로의 관계에 관하여 필요한 사항은 대통령령으로 정하는 바에 따른다.

건축법 제44조에 위반되는 토지분할을 법원에 청구할 경우에는 분할이 완료되기 전까지 조합설립인가와 사업시행인가를 받을 수 없다.

(3) 건축법 제57조 제2항 및 제55조, 제56조, 제58조는 건축물이 있는 대지를 분할할 때에 국토계획법에서 정한 건폐율, 용적률, 건축선 및 인접대지와의 이격거리, 건축물의 높이 제한을 준수하도록 제한하고 있는데, 본조 제1항의 토지분할은 이러한 제한을 받지 아니하고 분할을 청구할 수 있다.

3. 분할대상이 되는 토지등소유자와의 협의

(1) 사업시행자 또는 추진위원회는 토지분할 청구를 하는 때에는 토지분할의 대상이 되는 토지 및 그 위의 건축물과 관련된 토지등소유자와 협의하여야 한다.[412)]

(2) 협의의 내용에는 조합설립에 동의해 줄 것과 동의하지 않는다면 토지분할에 합의해 줄 것을 포함한다. 다만, 협의에 의한 토지분할은 권리자인 다수의 구분소유자가 모두 참여하여야 하는 문제가 있어서 매우 어려운 바, 실무적으로는 조합설립에 동의해 줄 것을 협의하고 조합설립에 동의하지 않을 의사가 명백한 경우에 판례는 협의가 이루어진 것으로 보고 있다.

(3) 나아가 법 제67조 제2항은 협의의 시기를 명확히 규정하지 아니한바 판례는 법원에 토지분할의 소가 제기된 이후에도 협의할 수 있다고 보고 판결 시까지 조합설립의 동의요건을 충족시키지 못하면 적법한 토지분할 청구가 있는 것으로 본다.

4. 토지분할 소송

가. 고유필수적 공동소송

(1) 토지분할소송을 공유물 분할소송으로 보는 견해는 공유관계의 변경 및 소유권 귀속을 정하는 형성판결로서 공유자 전원이 소송에 참가하여야 하는 고유필수적 공동소송으로 보는 것이 당연하고, 주택단지 분할로 보는 견해도 토지를 분할하는 공유물 분할청구를 포함한 단지분할의 경우이든 분필된 필지만을 주택단지에서 제외하는 단순

412) 법 제67조 제2항.

단지분할이든 모두 형성판결로서 주택단지 내 구분소유자 전원이 소송에 참가하여야 하는 고유필수적 공동소송으로 보고 있다.

(2) 다만 법 제67조 제3항은 사업시행자 또는 추진위원회가 토지분할의 협의가 성립되지 아니한 경우에 법원에 토지분할을 청구할 수 있다고 규정하여 공유자 또는 구분소유자가 아닌 사업시행자 등이 원고 적격을 갖도록 규정하고 있는바, 원고적격을 갖는 사업시행자 등이 제3자 소송담당을 할 수 있는 범위에 따라 피고적격이 달라질 수 있다. 아래에서는 토지분할 소송의 당사자에 관하여 살펴보고자 한다.

나. 토지분할 소송의 당사자

(1) 청구권자(원고적격)

1) 앞서 본 바와 같이 토지분할은 토지등소유자 전원이 참여하는 필수적 공동소송이나, 법 제67조 제3항은 토지분할의 청구권자를 "사업시행자 또는 추진위원회"로 규정하고 있는바, 이는 공유물분할 청구의 주체는 공유자라는 당연한 법리에 기초한 민법 제268조의 특칙으로서 사업시행자 또는 추진위원회를 제3자 소송담당자로 규정한 것이다.

2) 제3자 소송담당이란 실체법상 권리의무의 주체에 갈음하여 또는 함께 제3자가 당사자적격을 가지고 판결의 효력이 소송에 당사자로 참여하지 아니한 실체법상 권리의무의 주체에게도 미치는 것을 말한다. 따라서 본조가 토지등소유자들이 직접 토지분할소송의 원고가 되는 것을 금지하는 것은 아니라고 할 것이다.[413)]

3) 법 제67조 제3항에 따라 사업시행자 또는 추진위원회가 제3자 소송담당으로 원고적격을 갈음하게 되는 실체법상 권리의무의 주체, 즉 소송담당의 범위에 관하여는 견해가 대립할 수 있는바, ① 동조항은 구분소유자의 위임과 무관한 법정 소송담당을 규정한 것이고 법정 소송담당자인 사업시행자는 토지분할 소송으로 분할된 토지 전부에 대하여 재건축사업을 시행하는 것이므로, 분할된 토지 위 건축물의 구분소유자 전원에 대해 법정 소송담당으로 원고적격을 갖는다는 견해와 ② 비록 명시적 위임을 필요로 하지 아니하는 법정 소송담당일지라도 재건축사업에 반대하는 구분소유자들까지 자신

413) 부장판사 이우재 저 「도시 및 주거환경정비법」.

의 재산권과 관련한 원고적격의 권한을 사업시행자 등에게 부여했다고 보는 것은 부당하므로 사업시행자 등은 재건축사업을 시행할 분할된 토지 위 건축물의 구분소유자 중 조합설립에 동의한 자[414]에 대해서만 제3자 소송담당자로서 원고적격을 갖는다는 견해가 있다. 그리고 이에 따라 고유필수적 공동소송인 토지분할소송의 피고적격이 달라지게 되는데, 이에 관한 판례의 경향 등은 피고적격 부분에서 추가로 살펴보기로 하며, 사견으로는 전설이 법정 소송담당의 취지에 부합하고 법률관계를 간명히 할 수 있어서 타당하다고 본다.

4) 토지분할 소송은 조합설립 이전에 추진위원회에서 제기되지만, 법 제67조 제4항에 따라 토지분할이 완료되기 전에도 관할청은 조합설립인가를 할 수 있으므로, 추진위원회가 토지분할 청구소송을 제기하여 진행하던 중 조합설립이 인가되면 사업시행자인 조합이 승계 · 인수참가 또는 소송수계의 절차를 거쳐 소송을 진행하게 된다.[415] 이 때문에 법 제67조 제1항은 사업시행자를 청구권자로 규정한 것이다.

5) 법 제27조 제1항 제3호는 조합설립을 위한 동의요건 이상에 해당하는 자가 신탁업자를 시행자로 시정하는 것에 동의하는 때에는 시장 · 군수등이 신탁업자를 사업시행자로 지정고시할 수 있는데, 특정 건축물의 소유자들이 반대하여 신탁업자가 사업시행자 지정고시를 받지 못하고 있는 경우에도 법 제67조 제1항의 토지분할 청구가 가능한 것인지에 논란이 있을 수 있다. 법 제67조 제1항 제2호가 규정한 바와 같이 토지분할 청구는 조합설립을 위한 것에 한정되는 것이고 신탁업자를 사업시행자로 지정하기 위한 경우에는 적용될 수 없다는 견해와 신탁업자를 사업시행자로 지정하는 것이 조합설립과 동일한 요건을 갖추어야 하는 것이므로 적용될 수 있다는 견해가 있을 수 있다. 생각건대 정비사업의 활성화를 위해 도입한 신탁업자의 사업시행자 지정제도의 취지에 비추어 본조의 적용을 배제할 이유가 없으므로 후설이 타당하다고 본다.

6) 나아가 사업시행자 지정고시를 받지 못하여 아직 사업시행자의 지위에 있지 아니

---

414) 추진위원회설립에 동의한 자로서 법 제31조 제2항에 따라 조합설립에 동의한 것으로 간주되는 자를 포함한다.

415) 부장판사 이우재 저 「도시 및 주거환경정비법」: 승계 · 인수참가(민사소송법 제81조, 82조)와 소송수계(민사소송법 제237조) 중 어느 절차에 의하여야 하는 것인지에 관하여는 견해대립이 있는데, 조합이 설립된다고 하여 추진위원회의 권리능력이나 소송능력, 당사자적격이 상실되는 것은 아니므로 승계 · 인수참가 절차를 거치는 것이 타당하다고 본다. 설령 다른 절차에 따라 진행되더라도 이는 책문권의 문제에 불과하여 판결의 효력에는 영향이 없다.

한 신탁업자가 제3자 소송담당으로 토지분할을 청구할 수 있는지에 관하여 논란이 있을 수 있는데, 제3자 소송담당은 법령상 명확한 근거가 있어야 가능하고 이를 확대해석할 경우에는 구분소유자들의 권리가 법적 근거 없이 침해될 우려가 있는바 임의로 법 제67조 제3항을 확대하여 해석할 수는 없다고 본다. 따라서 이러한 경우에는 이미 승인받은 추진위원회나 구분소유자들이 직접 토지분할 청구의 소를 제기하고 신탁업자가 사업시행자 지정 · 고시를 받은 후 인수참가나 승계참가를 신청할 수 있다고 본다.

(2) 피고적격

1) 분할되어 나가는 토지 위 건축물의 토지등소유자들(조합설립에 동의한 토지등소유자를 포함한다)[416]은 재건축사업에 참여할 수 없는 자이므로, 고유필수적 공동소송의 소송요건에 따라 모두가 피고에 포함되어야 한다.

2) 그러나 정비사업을 시행할 "분할된 토지 위 구분소유자들 중 조합설립에 미동의한 자"에 대해서는, 원고인 사업시행자 등이 미동의자에 대한 소송담당을 할 수 있는지에 따라 피고에 포함하여야 하는지 견해가 대립하고 있다. ① 사업시행자가 미동의자에 대해서도 소송담당을 할 수 있다는 견해에서는 원고의 소송담당으로 판결의 효력이 미치게 되므로 미동의자를 피고에 포함할 필요가 없다는 견해로 귀결되고(피고는 '분할되어 나가는 토지 위 구분소유자'에 한정된다는 견해), ② 사업시행자가 미동의자에 대해 소송담당을 할 수 없다는 견해에서는 고유필수적 공동소송의 소송요건을 갖추기 위해 미동의자를 반드시 피고에 포함되어야 한다는 견해로 귀결된다(피고는 '분할되어 나가는 토지 위 구분소유자'와 '분할된 토지 위 구분소유자 중 조합설립에 동의하지 아니한 자'가 포함되어야 한다는 견해).

3) 통상적으로는 소송상 다툼을 없애기 위해 후설의 견해에 따라 소송이 진행되고 판결도 이에 따라 이루어지는데,[417] 서울고등법원 2015나2007976 판결은 분할된 토지 위 구분소유자로서 조합원에서 제명된 자를 피고에서 누락한 토지분할사건에서 「① 도시정비법 제41조[418]는 사업시행자 또는 추진위원회가 주택재건축사업을 하는 경우

---

416) 분할되어 나가는 토지 위 건축물의 토지등소유자 중 일부 조합설립에 동의한 자라도 토지분할소송이 제기되면 재건축사업에서 제외되므로 토지분할소송의 원고적격이 없고, 사업시행자 또는 추진위원회가 원고로 제3자 소송담당을 할 실체적 권리자에 포함되지 않는다는 점에 이견이 없다.

417) 서울고등법원 2012나9883 판결, 서울중앙지방법원 2013가합509413 판결 등 다수.

조합설립의 동의요건을 충족시키기 위하여 필요한 경우 법원에 주택단지 안의 일부 토지에 대하여 토지분할을 청구할 있고, 토지분할 대상이 되는 토지등소유자와 협의가 성립되지 아니한 경우에 법원에 토지분할을 청구할 수 있고, 이와 같이 토지분할이 청구된 경우 시장 · 군수는 법에 규정된 요건을 충족하는 경우 토지분할이 완료되지 않아 동의요건에 미달하더라도 조합설립인가와 사업시행인가를 할 수 있다고 규정하고 있는바, 위 규정은 주택재건축사업의 원활한 진행을 위하여 재건축사업에 반대하는 토지등소유자들의 일부 토지를 분할하는 청구를 하여 조합설립의 동의요건을 충족시킬 수 있도록 하는 특칙이고, ② 위 입법취지와 문언 해석상 이 사건 상가 구분소유자들만이 토지분할 청구 상대방이 된다고 볼 여지도 있고, ③ 아파트 소유자들 중 조합설립에 동의하지 않은 사람들도 피고가 되어야 한다고 보더라도, 도시정비법상 토지분할청구 이후 토지분할이 완료되지 않았더라도 조합설립인가와 사업시행인가를 받을 수 있도록 규정되어 있으므로 사업진행에 따라 분양신청을 하지 않은 현금청산자 또는 조합원에서 제명되는 사람 등 후발적으로 조합원 지위에서 벗어나는 사람들이 얼마든지 생길 수 있는데, 그 때마다 그들을 공동피고로 추가해야 한다면 위 규정의 입법취지에 반하고 토지분할 소송의 절차적 안정성을 해하는 결과를 가져오고, ④ 특히 민사소송법 제68조 제1항은 필수적 공동소송인의 추가는 제1심 변론종결시까지만 추가할 수 있다고 규정하고 있으므로, 항소심에서 위와 같은 조합원 제명 등의 사유가 발생하는 경우 그 대상자들이 필수적 공동소송인이라고 하여 피고로 추가하지 못한다고 하여 이 사건 소가 부적법하게 된다고 보는 것은 대다수 조합원들에 대하여 그 때까지 진행해 온 절차를 무용화하는 결과를 가져와 부당하고, ⑤ 새로 분할청구의 소를 제기한다 하더라도 이상과 같은 문제가 또다시 발생할 가능성이 커서 위 분할청구 특칙이 의미 없게 되므로, 이 사건 소가 부적법하다는 피고들의 주장은 받아들일 수 없다.」고 판시하였다.

4) 사견으로는 법 제67조에 따른 사업시행자 등의 소송담당은 법정 소송담당으로 조합설립동의 여부와 무관하게 정비사업을 시행할 분할된 토지 위 구분소유자들 전원을 원고로서 소송담당할 수 있다고 보아야 하고, 피고는 분할되어 나가는 토지 위 구분소유자들 전원으로 하는 것이 타당하다고 본다. 다만, 법정 소송담당이라 할지라도 구분소유자들의 소송권한이 소멸되는 것은 아니므로, 사업시행자 등이 법정 소송담당권

418) 현행법 제67조.

을 행사하지 아니하고 "분할된 토지 위 구분소유자들 중 조합설립에 미동의한 자"를 피고에 포함하여도 적법하다고 할 것이고, "분할된 토지 위 구분소유자들 중 조합설립에 미동의한 자"가 사업시행자 등의 법정 소송담당을 반대하며 민사소송법 제83조에 따라 피고로 공동소송참가하는 것도 적법하다고 본다.

5) 실무적으로는 '분할된 토지 위 구분소유자 중 조합설립에 미동의한 자'를 피고에 포함하여 지정하고, 소송 진행과정 중에 조합설립에 동의한 자에 대하여 소취하를 통해 피고에서 제외하고 있는데, 위와 같은 법리를 확립하여 토지분할소송의 법적 안정성과 신속성을 확보할 필요가 있다고 본다.

6) 소송진행 과정에서 피고의 소유권이 양도된 때에는 승계 · 인수참가의 절차에 따라 피고를 양수자로 변경하여야 하고, 필수적 공동소송이므로 피고의 누락이 있으면 1심 판결 이전에 당사자로 추가하여야 하며, 피고로 될 자의 일부 누락이 있는 판결은 무효가 된다.[419]

다. 분할의 기준 및 방법

(1) 본래 공유물 분할 소송은 형성의 법적 기준(분할기준)이 명시되지 아니한 형식적 형성의 소로서 분할의 기준과 방법은 법원의 자유재량에 상당 부분 일임되어 있는 것이다. 다만, 법원은 분할을 청구한 당사자의 의사, 법 제67조 토지분할의 요건과 목적(법 제67조 제4항 토지분할 완료 전 조합설립인가 등을 위한 요건을 포함한다), 지분가치의 평등성 유지 등을 고려하여 분할하여야 하며, 이러한 범위에서 법원의 재량권에는 한계가 있는 것이다.

(2) 공유물 분할방법으로는 현물분할과 대금분할이 있는데, 대금분할 방법은 민법 제269조 제2항에 따라 공유물을 경매하여 그 대금을 분할하는 것으로 법 제67조에 의한 토지분할의 경우에 적용될 수 없으므로 현물분할에 따른다. 현물분할에서는 지분에 따른 면적만이 아니라 토지의 위치, 형상 등 경제적 가치를 기준으로 분할하여야 하며, 법 제67조 제4항(토지분할 완료 전 조합설립인가 등을 위한 요건) 등 일정한 요건을 갖추기 위해 분할된 토지와 분할되어 나가는 토지 사이에 면적 등 경제적 가치에 변화가 불가피한 경우에는 이를 조정하기 위해 부분적 가격보상도 현물분할의 한 방법으로 허용된

419) 대법원 1968. 5. 21. 선고 68다414 판결.

다. 이 경우 재판과정에서 토지에 대한 시가감정 등이 필요한 경우가 있다.[420)]

라. 분할판결의 청구취지 및 주문

(1) 비록 본조의 분할소송이 형식적 형성의 소라서 법원이 당사자가 주장하는 분할내용에 구속되지 않는다고 할지라도, 단순히 "단지 또는 토지를 분할하여 달라."는 식으로 청구취지를 불특정하여 기재해서는 안 되고, 분할 선과 면적, 분할되는 지상건축물 등 표시하고 도면을 첨부하여 청구취지를 특정하며, 추후 재판에서 측량감정 등을 통하여 분할선과 면적 등을 도면으로 확정해야 한다.

(2) 토지등소유자들은 상호 간에 종전 대지지분비율로 분할 후 토지에 대한 권리를 갖게 되므로, 실무적으로 법원은 전체 토지등소유자별로 대지지분을 계산한 내역을 판결주문에 포함하지 아니하고, 분할된 경계와 도면을 표시한 후 분할되어 나가는 토지는 "분할되어 나가는 토지의 토지등소유자인 피고들의 공유"로, 분할된 토지는 "조합설립에 동의한 아파트 및 복리시설의 구분소유자들"[421)]과 "분할된 토지의 토지등소유자 중 조합설립에 동의하지 아니한 피고들의 공유"로 분할한다는 것만 판결주문에 표시하기도 하며,[422)] 원고가 "분할된 토지의 토지등소유자 중 조합설립에 동의하지 아니한 자"를 피고로 지정하지 아니하고 소송을 담당한 경우(원고에 포함된 경우)에는 분할된 토지는 "분할된 토지등소유자의 공유"로 분할한다고 판결주문에 표시하기도 한다.[423)]

마. 토지분할 판결의 효력

(1) 협의에 의한 토지분할(공유물 분할)은 당사자의 계약에 따른 것으로 분할등기를

---

420) 서울고등법원 2015나2007976 판결.

421) 사업시행자 또는 추진위원회가 제3자 소송담당을 한 것이지만 실체적 권리는 토지등소유자에게 있는 것이므로 사업시행자의 소유로 주문을 작성할 수는 없다.

422) 주문례 (1) : 서울시 ○○구 ○○동 000번지 대지 000,000㎡ 중 별지 1 도면 표시 A,B,C,D,E,A의 각 점을 차례로 연결한 선내 (가)부분 00,000㎡를 피고 1내지 30의 소유로, 위 선내 (가)부분 00,000㎡를 제외한 나머지 부분 000,000㎡를 별지 2 표 기재 '조합설립에 동의한 아파트 복리시설의 구분소유자들' 및 '피고 31 내지 69'의 공유로 분할한다.

423) 주문례 (2) : 서울시 ○○구 ○○동 000번지 대지 000,000㎡ 중 별지 1 도면 표시 A,B,C,D,E,A의 각 점을 차례로 연결한 선내 (가)부분 00,000㎡를 피고들의 소유로, 위 선내 (가)부분 00,000㎡를 제외한 나머지 부분 000,000㎡를 별지 2 표 기재 '아파트 구분소유자들'의 공유로 분할한다.

하여야 공유관계가 변동되나, 형성판결에 따른 분할은 등기와 무관하게 분할의 효력이 판결 확정 시 즉시 발생하여 권리가 변동되며, 소송 중 재판상 조정이 확정된 경우에는 협의에 의한 분할과 마찬가지로 등기를 마침으로써 권리가 변동된다는 것이 대법원 판례로 확립된 법리이다.[424)]

(2) 토지분할소송의 판결이 확정되면 법 제2조 제7호 라목에 따라 분할된 토지와 분할되어 나가는 토지는 두 개의 주택단지로 분할된다.

바. 분할판결의 집행등기

(1) 분할판결은 형성판결로서 판결의 확정과 동시에 등기 없이도 분할의 효력이 발생하므로, 판결에 따른 집행등기는 소유관계의 정리일 뿐 고유한 의미의 집행은 아니나, 확정판결에 따라 등기를 하려면 집행문이 필요하여 광의의 집행에 해당한다.

(2) 공유물분할의 판결은 원고에 대한 피고의 의무를 판결하는 것이 아니라 원고와 피고 사이에 분할의 내용을 정하는 것일 뿐이므로, 원피고가 등기권리자와 등기의무자로 구별되는 것이 아니라 각 공유자는 등기권리자인 동시에 등기의무자가 된다. 따라서 부동산등기법 제23조 제1항에 따라 등기권리자와 등기의무자가 공동으로 신청하여야 할 것이나, 동조 제4항은 판결에 의한 경우 등기권리자 또는 등기의무자가 단독으로 신청할 수 있도록 하였는바, 견해대립은 있으나 형성판결인 공유물분할 판결도 동조 제4항의 판결에 포함된다고 보아 판결의 당사자 일부가 전체 공유지분을 변경할 수 있다고 본다.[425)]

---

424) 대법원 2013. 11. 21. 선고 2011두1917 전원합의체 판결 [양도소득세부과처분취소].
[다수의견] 공유물분할의 소송절차 또는 조정절차에서 공유자 사이에 공유토지에 관한 현물분할의 협의가 성립하여 그 합의사항을 조서에 기재함으로써 조정이 성립하였다고 하더라도, 그와 같은 사정만으로 재판에 의한 공유물분할의 경우와 마찬가지로 그 즉시 공유관계가 소멸하고 각 공유자에게 그 협의에 따른 새로운 법률관계가 창설되는 것은 아니고, 공유자들이 협의한 바에 따라 토지의 분필절차를 마친 후 각 단독소유로 하기로 한 부분에 관하여 다른 공유자의 공유지분을 이전받아 등기를 마침으로써 비로소 그 부분에 대한 대세적 권리로서의 소유권을 취득하게 된다고 보아야 한다.
[대법관 민일영의 반대의견] 공유물분할의 소에서 공유부동산의 특정한 일부씩을 각각의 공유자에게 귀속시키는 것으로 현물분할하는 내용의 조정이 성립하였다면, 그 조정조서는 공유물분할판결과 동일한 효력을 가지는 것으로서 민법 제187조 소정의 '판결'에 해당하는 것이므로 조정이 성립한 때 물권변동의 효력이 발생한다고 보아야 한다.

425) 부장판사 이우재 저「도시 및 주거환경정비법」.

사. 분할 전 설정된 권리제한등기

(1) 특정 구분소유권에 저당권 등의 권리제한등기가 있는 경우에, 해당 권리제한등기는 해당 구분소유권의 대지지분에 권리가 미치고 대지지분은 주택단지 전체에 대한 공유지분으로 존재하였으므로, 토지분할로 두 필지로 분할된 후에도 권리제한등기자의 권리보호를 위해 해당 구분소유권의 권리제한등기는 분할된 두 필지 모두에 권리가 미쳐야 하는 것은 아닌가 하는 점이 실무상 문제된다.

(2) 집합건물의 대지가 아닌 통상의 공유토지 중 특정공유지분에 대한 권리제한등기는 공유물분할 후에도 분할된 토지 전부에 남게 되고, 권리제한등기가 된 특정공유지분의 지분권자에게 분할된 토지로 집중되는 것은 아니다.

(3) 그러나 집합건물의 구분소유권을 전제로 하는 주택단지의 토지분할에 있어서는 견해의 대립이 있는바, 통상의 공유물분할과 마찬가지로 집합건물의 대지권의 목적인 토지의 분할 시에도 기존의 토지에 설정된 근저당권 등 권리제한등기는 분할된 두 필지 토지에 면적비율로 이전한다는 견해[426]와 집합건물의 대지권의 목적인 토지의 분할 시에 근저당권 등 권리제한등기는 특별한 사정이 없는 한 권리제한등기의 목적이 되는 전유부분의 건축물의 대지로 분할된 토지에 한정되고 분할된 다른 토지에 권리가 미칠 수 없다는 견해[427]가 있다.

(4) 생각건대, ① 대지권의 목적인 토지의 경우에는 지상의 집합건물이 존속하는 한 오로지 대지권의 목적인 토지로서만 이용할 수 있을 뿐 대지권의 분리처분이 불가능한 점, ② 대지권은 전유부분의 종된 권리에 불과하므로 대지권의 목적인 토지에만 제한물권을 취득할 수 없고 오로지 전유부분에 대한 제한물권 등을 취득함으로써 대지권의 목적인 토지에 대해서도 제한물권 등을 취득하게 되는 점, ③ 등기의 형식도 전유부분이 멸실되기 전에는 대지권의 목적인 토지에 권리변동등기가 되지 아니하므로 토지에만 분할로 인한 분할등기와 신토지의 등기부의 편제문제가 생길 뿐 종전 토지에 등기되지 아니한 제한물권이 공유물분할 후의 토지에 등기될 수도 없는 점, ④ 대지권에 미치는 제한물권은 오로지 전유부분에 대한 제한물권을 통해서만 유지되고 행사할

426) 송현진 · 유동규 공저 「재개발 · 재건축 이론과 실무」, 변호사 맹신균 저 「도시 및 주거환경정비법 해설」.

427) 부장판사 이우재 저 「도시 및 주거환경정비법」.

수 있는 점 등을 종합할 때 후설이 타당하다고 본다.[428]

5. 분할완료 전 조합설립인가 및 사업시행계획인가

가. 분할완료 전 인가의 의의

(1) 시장・군수등은 법원에 토지분할이 청구된 경우에 "분할되어 나가는 토지 및 그 위의 건축물"[429]이 일정한 요건을 갖춘 때에는 토지분할이 완료되지 아니하여 분할 전 주택단지 전체 대한 조합설립 동의요건에 미달되더라도 분할 후 재건축사업을 시행할 주택단지에 대한 조합설립 동의요건을 갖추었다면 「건축법」 제4조에 따라 특별자치시・특별자치도・시・군・구(자치구를 말한다)에 설치하는 건축위원회의 심의를 거쳐 조합설립인가와 사업시행계획인가(이하 '조합설립인가 등'이라 한다)를 할 수 있다.[430]

(2) 일부 건축물이 동별 요건을 갖추지 못하여 사업이 지연되는 것을 방지하고자 하는데 입법목적이 있으며, 법 제67조 제4항 각호의 요건은 조합설립인가 등을 위한 요건이고, 법원에 토지분할을 청구하기 위한 동조 제1항 각호의 요건과는 구별되는 것이다. 조합설립인가 등을 위한 각호의 요건은 아래에서 살펴보기로 한다.

(3) 시장・군수등은 분할이 완료되기 전에 조합설립인가와 사업시행계획 인가를 할 수 있으나 관리처분계획인가를 할 수 없다. 분할이 완료되기 전에는 사업시행자가 사업을 시행할 토지에 대한 처분권한을 확보하지 못하기 때문이다.

나. 분할완료 전 인가의 요건

시장・군수등이 토지분할이 완료되기 전에 조합설립인가와 사업시행인가를 하기 위해서는 아래의 요건을 모두 갖추어야 한다.

(1) 분할되어 나가는 토지 및 건축물과 관련된 토지등소유자의 수가 전체의 10분의 1 이하일 것[431]

1) 재건축사업에서 제외되는 분할되어 나가는 토지 및 건축물의 토지등소유자의 수

---

428) 부장판사 이우재 저「도시 및 주거환경정비법」.
429) 재건축사업에서 제외는 토지와 건축물을 말한다.
430) 법 제67조 제4항 본문.

가 전체의 10분의 1 이하일 때 시장·군수등은 토지분할이 완료되기 전이라도 건축위원회의 심의를 거쳐 조합설립인가와 사업시행인가를 할 수 있는 것이다.

2) 이는 신속한 사업진행만을 목적으로 무분별하게 주택단지를 분할하는 것을 방지하고자 하는데 목적이 있으나, 실무적으로는 재건축에 반대하는 복리시설(상가)의 구분소유자가 전체 10분의 1을 초과하여 사업진행의 어려움을 겪는 사례가 발생하기도 한다.

(2) 분할되어 나가는 토지 위의 건축물이 분할선상에 위치하지 아니할 것[432)]

1) 재건축사업에서 제외되는 분할되어 나가는 토지 위 건축물이 분할선상에 위치하게 되면 재건축사업을 진행할 토지가 해당 건축물의 존재로 온전하게 확보될 수 없으므로, 재건축사업을 위한 토지의 온전한 확보를 위해 둔 요건이다.[433)] 토지 위 건축물이란 지상건축물만 의미하는 것이 아니라 지하 건축물을 포함한다.

2) 반면, 재건축사업을 진행하고자 분할된 토지 위 건축물은 재건축사업이 시행되면 철거되어야 할 것이므로, 분할된 토지 위 건축물이 분할선상에 위치하는 것은 아무런 문제가 되지 아니한다.

(3) 분할되어 나가는 토지가 건축법 제44조에 적합할 것(맹지가 아닐 것)[434)]

1) 건축법 제44조는 건축물의 대지는 2미터 이상이 도로에 접하여야 하고, 해당 건축물의 출입에 지장이 없다고 인정되거나 공중의 통행에 지장이 없는 공지가 있는 등 특별한 사정이 없는 한 건축물이 있는 대지는 맹지가 될 수 없도록 규정하고 있다.[435)]

---

431) 법 제67조 제4항 제1호.

432) 법 제67조 제4항 제2호.

433) 당해 요건을 토지분할 청구의 요건으로 규정하지 아니하고 분할완료 전 조합설립인가 등을 위한 요건으로 규정한 것은 입법론적으로 문제가 있다고 본다. 토지에 대한 공유물분할소송에 있어서 법원은 원칙적으로 지상건축이 분할선 상에 위치하지 않을 것을 분할기준 및 방법으로 삼고 있으며, 법 제67조 제1항에 따른 토지분할의 경우에도 재건축사업의 진행이 가능하기 위해서는 사업에서 제외된 건축물이 분할선 상에 위치하지 아니하여야 하므로, 이를 분할청구의 요건으로 하는 것이 입법론적으로 올바르다고 할 것이기 때문이다.

434) 시행령 제56조.

435) 건축법 제44조(대지와 도로의 관계)

① 건축물의 대지는 2미터 이상이 도로(자동차만의 통행에 사용되는 도로는 제외한다)에 접하여야 한다. 다만, 다음 각 호의 어느 하나에 해당하면 그러하지 아니하다. 〈개정 2016. 1. 19.〉

1. 해당 건축물의 출입에 지장이 없다고 인정되는 경우
2. 건축물의 주변에 대통령령으로 정하는 공지가 있는 경우

이에 위반되는 토지에는 건축허가를 할 수 없기 때문이다.

2) 건축법 제57조는 토지분할의 제한사유를 규정하면서 동법 제44조에 위반된 대지의 분할을 금지하고 있는데, 법 제67조 제1항은 건축법 제57조에 불구하고 토지분할을 청구할 수 있도록 규정하고 있으므로, 사업시행자 또는 추진위원회는 분할되어 나가는 토지를 맹지로 하여 법원에 토지분할을 청구할 수도 있고, 법원은 맹지로도 분할판결을 할 수 있다.[436)]

3) 반면, 법 제67조 제4항 제3호 및 시행령 제56조는 맹지분할이 되지 않도록 건축법 제44조를 준수할 것을 토지분할 완료 전 조합설립인가 등의 요건으로 규정하고 있는바, 추진위원회가 분할되어 나가는 토지를 맹지로 하여 법원에 토지분할을 청구한 경우에는 판결이 확정되기 전까지 시장 · 군수등이 조합설립인가 등을 할 수 없게 된다.

다. 사업시행계획인가 시 부대 · 복리시설 설치에 관한 문제점

(1) 실무적으로는 재건축사업에서 상가의 반대가 자주 발생하여 토지분할을 통해서 상가를 제외하고 사업을 진행하는 경우가 많은데, 상가를 제외한 재건축사업부지의 사업시행계획은 주택법 제35조 제1항 제3호 및 제4호에 따라 부대시설 및 복리시설의 설치기준에 적합하여야 하는바, 상가를 토지분할로 제외하고 사업을 진행할 경우에는 신축하는 상가와 사업에서 제외된 기존 상가의 중복으로 과다한 복리시설의 설치가 문제될 수 있다.

(2) 마찬가지로 일부 주택동을 토지분할로 사업부지에서 제외한 경우에도 재건축사업을 진행하는 사업부지만을 기준으로 부대시설 및 복리시설을 설치하게 되므로, 사업에서 제외된 일부 주택동은 부대 · 복리시설이 없게 되는 문제가 발생할 수 있다.

(3) 위와 같은 문제를 해소하기 위해 법 제58조 제2항 제2호 및 시행령 제50조 제5호는 정비구역 내 일부 존치 또는 리모델링이 포함된 사업시행계획서를 작성할 때에는 존치 또는 리모델링되는 건축물을 포함하여 주택법상 복리시설의 기준을 적용하도록

---

3. 「농지법」 제2조제1호나목에 따른 농막을 건축하는 경우

② 건축물의 대지가 접하는 도로의 너비, 대지가 도로에 접하는 부분의 길이, 그 밖에 대지와 도로의 관계에 관하여 필요한 사항은 대통령령으로 정하는 바에 따른다.

436) 다만, 법원은 맹지분할을 피할 수 있는 합리적 방법이 있을 때에는 원고의 청구에도 불구하고 재량으로 분할선을 변경하여 판결할 수도 있다.

사업시행계획인가의 특례규정을 두고 있는데, 법 제67조의 토지분할에 의해 사업시행계획인가를 받을 때에도 이를 준용하거나 유추 적용하여야 한다.

Ⅲ. 건축규제의 완화 등에 관한 특례(제68조)

도시정비법	도시정비법 시행령
제68조 (건축규제의 완화 등에 관한 특례) ① 주거환경개선사업에 따른 건축허가를 받은 때와 부동산등기(소유권 보존등기 또는 이전등기로 한정한다)를 하는 때에는 「주택도시기금법」 제8조의 국민주택채권의 매입에 관한 규정을 적용하지 아니한다. ② 주거환경개선구역에서 「국토의 계획 및 이용에 관한 법률」 제43조제2항에 따른 도시·군계획시설의 결정·구조 및 설치의 기준 등에 필요한 사항은 국토교통부령으로 정하는 바에 따른다. ③ 사업시행자는 주거환경개선구역에서 다음 각 호의 어느 하나에 해당하는 사항은 시·도조례로 정하는 바에 따라 기준을 따로 정할 수 있다. 1. 「건축법」 제44조에 따른 대지와 도로의 관계(소방활동에 지장이 없는 경우로 한정한다) 2. 「건축법」 제60조 및 제61조에 따른 건축물의 높이 제한(사업시행자가 공동주택을 건설·공급하는 경우로 한정한다) ④ 사업시행자는 공공재건축사업을 위한 정비구역 또는 제26조제1항제1호 및 제27조제1항제1호에 따른 재건축구역(재건축사업을 시행하는 정비구역을 말한다.	제57조 (건축규제의 완화 등에 관한 특례) 법 제68조제4항에서 "대통령령으로 정하는 범위"란 다음 각 호를 말한다. 〈개정 2021. 7. 13.〉 1. 「건축법」 제55조에 따른 건폐율 산정 시 주차장 부분의 면적은 건축면적에서 제외할 수 있다. 2. 「건축법」 제58조에 따른 대지 안의 공지 기준은 2분의 1 범위에서 완화할 수 있다. 3. 「건축법」 제60조에 따른 건축물의 높이 제한 기준은 2분의 1 범위에서 완화할 수 있다. 4. 「건축법」 제61조제2항제1호에 따른 건축물(7층 이하의 건축물에 한정한다)의 높이 제한 기준은 2분의 1 범위에서 완화할 수 있다. 5. 「주택법」 제35조제1항제3호 및 제4호에 따른 부대시설 및 복리시설의 설치기준은 다음 각 목의 범위에서 완화할 수 있다. 가. 「주택법」 제2조제14호가목에 따른 어린이놀이터를 설치하는 경우에는 「주택건설기준 등에 관한 규정」 제55조의2제7항제2호다목을 적용하지 아니할 수 있다. 나. 「주택법」 제2조제14호에 따른 복

이하 같다)에서 다음 각 호의 어느 하나에 해당하는 사항에 대하여 대통령령으로 정하는 범위에서 「건축법」 제72조제2항에 따른 지방건축위원회 또는 지방도시계획위원회의 심의를 거쳐 그 기준을 완화받을 수 있다. 〈개정 2021. 4. 13.〉 1. 「건축법」 제42조에 따른 대지의 조경기준 2. 「건축법」 제55조에 따른 건폐율의 산정기준 3. 「건축법」 제58조에 따른 대지 안의 공지 기준 4. 「건축법」 제60조 및 제61조에 따른 건축물의 높이 제한 5. 「주택법」 제35조제1항제3호 및 제4호에 따른 부대시설 및 복리시설의 설치기준 5의2. 「도시공원 및 녹지 등에 관한 법률」 제14조에 따른 도시공원 또는 녹지 확보기준 6. 제1호부터 제5호까지 및 제5호의2에서 규정한 사항 외에 공공재건축사업 또는 제26조제1항제1호 및 제27조제1항제1호에 따른 재건축사업의 원활한 시행을 위하여 대통령령으로 정하는 사항	리시설을 설치하는 경우에는 「주택법」 제35조제1항제4호에 따른 복리시설별 설치기준에도 불구하고 설치대상 복리시설(어린이놀이터는 제외한다)의 면적의 합계 범위에서 필요한 복리시설을 설치할 수 있다. 6. 「도시공원 및 녹지 등에 관한 법률」 제14조에 따른 도시공원 또는 녹지 확보기준은 정비구역의 면적이 10만 제곱미터 미만인 경우에는 그 기준을 완화하여 적용할 수 있다

1. 의의 및 연혁

(1) 구 도시재개발법은 주거환경개선사업의 활성화를 위해 광범위하게 건축기준의 완화를 규정하였는데, 제정 도시정비법은 주거환경개선사업의 건축기준 완화 규정을 대폭 삭제하고 제한적 특례사항으로 완화규정을 두었으며, 2016. 1. 27. 개정법 이후 일정한 요건에 따라 공공시행자 또는 지정개발자가 재건축사업을 시행하는 경우에도

건축법과 주택법의 적용을 완화하는 규정을 두게 되었다. 아울러 2021. 4. 13. 공공재건축사업이 도입되면서 공공재건축사업에도 건축규제 완화특례를 적용하게 되었다.

(2) 이는 정비사업의 활성화를 도모하여 주택공급을 원활하게 하면서도 지나친 건축규제의 완화로 사생활 침해, 일조권 침해 등 주거환경 및 도시환경을 저해하는 부정적 요소를 해소하고자 하는데 목적이 있다.

2. 주거환경개선사업의 건축규제 완화

가. 국민주택채권 매입의 면제

주거환경개선사업에 따른 건축허가를 받은 때와 부동산등기(소유권 보존등기 또는 이전등기로 한정한다)를 하는 때에는 「주택도시기금법」 제8조[437]의 국민주택채권의 매입에 관한 규정을 적용하지 아니한다.[438]

나. 도시 · 군계획시설의 기준완화

주거환경개선사업을 위한 정비구역에서의 도시 · 군계획시설(국토계획법 제2조 제7호에 따른 도시 · 군계획시설을 말한다)의 결정 · 구조 및 설치의 기준 등은 「도시 · 군계획시설의 결정 · 구조 및 설치기준에 관한 규칙」에 따르되, 특별시장 · 광역시장 · 특별자치시장 · 도지사 및 특별자치도지사(이하 "시 · 도지사"라 한다)는 지역여건을 고려할 때 위 기준을 적용하는 것이 곤란하다고 인정하는 경우에는 국토계획법 제113조 제1항에 따른 시 · 도 도시계획위원회의 심의를 거쳐 그 기준을 완화할 수 있다.[439]

---

437) 주택도시기금법 제8조(국민주택채권의 매입)
① 다음 각 호의 어느 하나에 해당하는 자 중 대통령령으로 정하는 자는 국민주택채권을 매입하여야 한다.
1. 국가 또는 지방자치단체로부터 면허 · 허가 · 인가를 받는 자
2. 국가 또는 지방자치단체에 등기 · 등록을 신청하는 자
3. 국가 · 지방자치단체 또는 「공공기관의 운영에 관한 법률」에 따른 공공기관 중 대통령령으로 정하는 공공기관과 건설공사의 도급계약을 체결하는 자
4. 「주택법」에 따라 건설 · 공급하는 주택을 공급받는 자
② 제1항에 따라 국민주택채권을 매입하는 자의 매입 금액 및 절차 등에 필요한 사항은 대통령령으로 정한다.

438) 법 제68조 제1항.

439) 법 제68조 제2항 및 시행규칙 제11조.

다. 대지와 도로의 관계 완화

주거환경개선구역에서 소방활동에 지장이 없는 경우에 한하여, 건축법 제44조에 따라 대지가 도로에 접하여야 하는 기준을 시·도조례로 완화하여 정할 수 있다.[440)]

라. 건축물 높이 제한의 완화

주거환경개선구역에서 사업시행자가 공동주택을 건설·공급하는 경우에는 건축법 제60조(가로구역별 건축물의 높이 제한) 및 제61조(일조 등의 확보를 위한 건축물의 높이 제한)에 따른 건축물의 높이 제한을 시·도조례로 완화하여 정할 수 있다.[441)]

3. 재건축사업의 건축규제 완화

가. 적용되는 재건축사업의 범위

공공재건축사업을 위한 정비구역 또는 법 제26조 제1항 제1호 및 제27조 제1항 제1호에 따라 천재지변 등 불가피한 사유로 긴급하게 정비사업을 시행할 필요가 있다고 인정되어 공공시행자 또는 지정개발자가 재건축사업을 시행하는 경우에는 건축법 제72조 제2항에 따른 지방건축위원회의 심의를 거쳐 건축법 및 주택법에 따른 일부 기준의 적용을 완화 받을 수 있다.[442)]

나. 대지의 조경기준 완화

건축법 제42조에 따른 대지의 조경기준을 완화할 수 있고, 완화의 범위는 지방건축위원회의 심의에 따른다.[443)]

다. 건폐율의 산정기준 완화

건축법 제55조에 따른 건폐율 산정 시 주차장 부분의 면적은 건축면적에서 제외하고 건폐율을 산정할 수 있다.[444)]

---

440) 법 제68조 제3항 제1호.
441) 법 제68조 제3항 제2호.
442) 법 제68조 제4항 본문.
443) 법 제68조 제4항 제1호.

라. 대지 안의 공지기준 완화

건축법 제58조에 따른 대지 안의 공지 기준은 1/2 범위에서 완화 할 수 있다.[445]

마. 건축물의 높이제한 완화

(1) 건축법 제60조(가로구역별 높이제한)에 따른 건축물의 높이 제한 기준은 1/2 범위에서 완화 할 수 있다.[446]

(2) 건축법 제61조(일조 등의 확보를 위한 건축물의 높이 제한) 제2항 제1호에 따라 인접대지경계선 등의 방향으로 채광을 위한 창문 등을 두는 경우에는 7층 이하의 건축물에 한정하여 높이 제한 기준을 1/2 범위에서 완화 할 수 있다.[447]

바. 부대·복리시설의 설치기준 완화

(1) 주택법 제2조 제14호 가목에 따른 어린이놀이터를 설치하는 경우, 「주택건설기준 등에 관한 규정」 제55조의2 제7항 제2호 다목은 실외에 설치하는 경우 인접대지경계선(도로·광장·시설녹지, 그 밖에 건축이 허용되지 아니하는 공지에 접한 경우에는 그 반대편의 경계선을 말한다)과 주택단지 안의 도로 및 주차장으로부터 3미터 이상의 거리를 두고 설치도록 규정하고 있는데, 이를 적용하지 아니할 수 있다.[448]

(2) 주택법 제2조 제14호에 따른 복리시설[449]을 설치하는 경우에는 주택법 제35조

---

444) 법 제68조 제4항 제2호 및 시행령 제57조 제1호.
445) 법 제68조 제4항 제3호 및 시행령 제57조 제2호.
446) 법 제68조 제4항 제4호 및 시행령 제57조 제3호.
447) 법 제68조 제4항 제4호 및 시행령 제57조 제4호.
448) 법 제68조 제4항 제5호 및 시행령 제57조 제5호 가목.
449) 주택법 제2조(정의)
이 법에서 사용하는 용어의 뜻은 다음과 같다. 〈개정 2017.12.26, 2018.1.16, 2018.8.14〉
14. "복리시설"이란 주택단지의 입주자 등의 생활복리를 위한 다음 각 목의 공동시설을 말한다.
가. 어린이놀이터, 근린생활시설, 유치원, 주민운동시설 및 경로당
나. 그 밖에 입주자 등의 생활복리를 위하여 대통령령으로 정하는 공동시설
주택법 시행령 제7조(복리시설의 범위)
법 제2조제14호나목에서 "대통령령으로 정하는 공동시설"이란 다음 각 호의 시설을 말한다. 〈개정 2019.7.2〉
1. 「건축법 시행령」 별표 1 제3호에 따른 제1종 근린생활시설
2. 「건축법 시행령」 별표 1 제4호에 따른 제2종 근린생활시설(총포판매소, 장의사, 다중생활

제1항 제4호에 따른 복리시설별 설치기준[450]에도 불구하고 설치대상 복리시설(어린이놀이터는 제외한다)의 면적의 합계 범위에서 필요한 복리시설을 설치할 수 있다.[451]

사. 「도시공원 및 녹지 등에 관한 법률」 제14조[452]에 따른 도시공원 또는 녹지 확보기준은 정비구역의 면적이 10만제곱미터 미만인 경우에는 그 기준을 완화하여 적용할 수 있다.[453]

시설, 단란주점 및 안마시술소는 제외한다)

3. 「건축법 시행령」 별표 1 제6호에 따른 종교시설
4. 「건축법 시행령」 별표 1 제7호에 따른 판매시설 중 소매시장 및 상점
5. 「건축법 시행령」 별표 1 제10호에 따른 교육연구시설
6. 「건축법 시행령」 별표 1 제11호에 따른 노유자시설
7. 「건축법 시행령」 별표 1 제12호에 따른 수련시설
8. 「건축법 시행령」 별표 1 제14호에 따른 업무시설 중 금융업소
9. 「산업집적활성화 및 공장설립에 관한 법률」 제2조제13호에 따른 지식산업센터
10. 「사회복지사업법」 제2조제5호에 따른 사회복지관
11. 공동작업장
12. 주민공동시설
13. 도시·군계획시설인 시장
14. 그 밖에 제1호부터 제13호까지의 시설과 비슷한 시설로서 국토교통부령으로 정하는 공동시설 또는 사업계획승인권자가 거주자의 생활복리 또는 편익을 위하여 필요하다고 인정하는 시설

450) 「주택건설기준 등에 관한 규정」에서 구체적으로 규정하고 있다.

451) 법 제68조제4항제5호 및 시행령 제57조제5호나목.

452) 도시공원 및 녹지 등에 관한 법률 제14조(도시공원 또는 녹지의 확보)

② 다음 각 호의 계획(이하 "개발계획"이라 한다)으로서 대통령령으로 정하는 규모 이상의 개발을 수반하는 개발계획을 수립하는 자는 국토교통부령으로 정하는 기준에 따라 도시공원 또는 녹지의 확보계획을 개발계획에 포함하여야 한다. 〈개정 2013. 3. 23., 2016. 1. 19., 2017. 2. 8.〉

3. 「도시 및 주거환경정비법」 제9조에 따른 정비계획

도시공원 및 녹지 등에 관한 법률 시행령 제12조(도시공원 또는 녹지의 확보계획을 포함해야 하는 개발계획) 법 제14조제2항 각 호 외의 부분에서 "대통령령으로 정하는 규모 이상의 개발"이란 다음 각 호의 구분에 따른 규모 이상의 개발을 말한다. 〈개정 2010. 6. 29., 2021. 3. 9.〉

4. 법 제14조제2항제3호에 의한 정비계획 : 5만제곱미터 이상의 주택재개발사업·주택재건축사업 및 도시환경정비사업. 다만, 제2호에 해당하는 경우에는 제2호의 기준을 적용한다.

453) 법 제68조제4항제5호의2 및 시행령 제57조제6호.

Ⅳ. 다른 법령의 적용 및 배제(제69조)

도시정비법	도시정비법 시행령
제69조(다른 법령의 적용 및 배제) ① 주거환경개선구역은 해당 정비구역의 지정·고시가 있은 날부터 「국토의 계획 및 이용에 관한 법률」 제36조제1항제1호가목 및 같은 조 제2항에 따라 주거지역을 세분하여 정하는 지역 중 대통령령으로 정하는 지역으로 결정·고시된 것으로 본다. 다만, 다음 각 호의 어느 하나에 해당하는 경우에는 그러하지 아니하다. 1. 해당 정비구역이 「개발제한구역의 지정 및 관리에 관한 특별조치법」 제3조제1항에 따라 결정된 개발제한구역인 경우 2. 시장·군수등이 주거환경개선사업을 위하여 필요하다고 인정하여 해당 정비구역의 일부분을 종전 용도지역으로 그대로 유지하거나 동일면적의 범위에서 위치를 변경하는 내용으로 정비계획을 수립한 경우 3. 시장·군수등이 제9조제1항제10호다목의 사항을 포함하는 정비계획을 수립한 경우 ② 정비사업과 관련된 환지에 관하여는 「도시개발법」 제28조부터 제49조까지의 규정을 준용한다. 이 경우 같은 법 제41조제2항 본문에 따른 "환지처분을 하는 때"는 "사업시행계획인가를 하는 때"로 본다. ③ 주거환경개선사업의 경우에는 「공익사업을 위한 토지 등의 취득 및 보상에	제58조(다른 법령의 적용) ① 법 제69조제1항 각 호 외의 부분 본문에서 "대통령령으로 정하는 지역"이란 다음 각 호의 구분에 따른 용도지역을 말한다. 〈개정 2018. 7. 16., 2021. 7. 13.〉 1. 주거환경개선사업이 법 제23조제1항제1호 또는 제3호의 방법으로 시행되는 경우: 「국토의 계획 및 이용에 관한 법률 시행령」 제30조제1호나목(2)에 따른 제2종일반주거지역 2. 주거환경개선사업이 법 제23조제1항제2호 또는 제4호의 방법으로 시행되는 경우: 「국토의 계획 및 이용에 관한 법률 시행령」 제30조제1호나목(3)에 따른 제3종일반주거지역. 다만, 공공지원민간임대주택 또는 「공공주택 특별법」 제2조제1호의2에 따른 공공건설임대주택을 200세대 이상 공급하려는 경우로서 해당 임대주택의 건설지역을 포함하여 정비계획에서 따로 정하는 구역은 「국토의 계획 및 이용에 관한 법률 시행령」 제30조제1호다목에 따른 준주거지역으로 한다. ② 공공재개발사업 시행자 또는 공공재건축사업 시행자는 법 제69조제4항에 따라 다음 각 호의 어느 하나에 해당하는 경우 「주택법 시행령」 제47조에 따른 감리자 지정 및 감리원 배치기준을 적용할 수 있다. 〈신설 2021. 7. 13.〉 1. 법 제26조제1항제1호에 따라 긴급하게 정비사업을 시행하는 경우

관한 법률」 제78조제4항을 적용하지 아니하며, 「주택법」을 적용할 때에는 이 법에 따른 사업시행자(토지주택공사등이 공동사업시행자인 경우에는 토지주택공사등을 말한다)는 「주택법」에 따른 사업주체로 본다. 〈개정 2019. 4. 23.〉 ④ 공공재개발사업 시행자 또는 공공재건축사업 시행자는 공공재개발사업 또는 공공재건축사업을 시행하는 경우 「건설기술 진흥법」 등 관계 법령에도 불구하고 대통령령으로 정하는 바에 따라 건설사업관리기술인의 배치기준을 별도로 정할 수 있다. 〈신설 2021. 4. 13.〉	2. 공사비가 1천억원 미만인 경우 3. 「건설기술 진흥법 시행령」 제60조에 따른 건설사업관리기술인 배치기준을 따르는 경우 사업성이 현저히 저하되어 사업을 추진하기 어려운 경우로서 국토교통부장관이 정하여 고시하는 사유에 해당된다고 시장·군수등이 인정하는 경우

1. 주거환경개선구역에 대한 주거지역 세분지정

가. 사업방법별 세분지정의 간주

(1) 주거환경개선사업이 법 제23조 제1항 제1호(사업시행자가 정비기반시설 등을 설치·확대하고 토지등소유자가 스스로 주택을 보전·정비하거나 개량하는 방법) 또는 제3호(사업시행자가 환지로 공급하는 방법)의 방법으로 시행되는 경우에, 주거환경개선구역은 국토계획법 시행령 제30조 제1호 나목(2)에 따른 제2종일반주거지역으로 결정·고시된 것으로 본다.[454]

(2) 주거환경개선사업이 법 제23조 제1항 제2호(사업시행자가 수용하여 주택을 건설한 후 공급하는 방법) 또는 제4호(사업시행자가 관리처분계획에 따라 주택을 건설하여 공급하는 방법)의 방법으로 시행되는 경우에, 주거환경개선구역은 국토계획법 시행령 제30조 제1호 나목(3)에 따른 제3종일반주거지역으로 결정·고시된 것으로 본다.[455]

(3) 다만, 주거환경개선사업을 법 제23조 제1항 제2호 또는 제4호의 방법으로 시행하면서, 공공지원민간임대주택 또는 「공공주택 특별법」 제2조 제1호의2에 따른 공공건

454) 법 제69조 제1항 본문 및 시행령 제58조 제1항 제1호.
455) 법 제69조 제1항 본문 및 시행령 제58조 제1항 제2호 본문.

설임대주택을 200세대 이상 공급하려는 경우로서, 해당 임대주택의 건설지역을 포함하여 정비계획에서 따로 정하는 구역은 국토계획법률 시행령 제30조 제1호 다목에 따른 준주거지역으로 한다.[456]

나. 세분지정 간주의 적용제외[457]

(1) 주거환경개선구역이 「개발제한구역의 지정 및 관리에 관한 특별조치법」 제3조 제1항에 따라 결정된 개발제한구역인 경우에는 주거지역 세분지정의 간주규정을 적용하지 아니한다.

(2) 시장 · 군수등이 주거환경개선사업을 위하여 필요하다고 인정하여 해당 정비구역의 일부분을 종전 용도지역으로 그대로 유지하거나 동일면적의 범위에서 위치를 변경하는 내용으로 정비계획을 수립한 경우에는 주거지역 세분지정의 간주규정을 적용하지 아니한다.

(3) 시장 · 군수등이 정비계획을 수립하면서 법 제9조 제1항 제10호 다목 "국토계획법 제36조 제1항 제1호 가목에 따른 주거지역을 세분 또는 변경하는 계획과 용적률에 관한 사항"을 포함한 경우에는 주거지역 세분지정의 간주규정을 적용하지 아니하고 정비계획에 따른다.

2. 주거환경개선사업의 이주대책에 관한 특례

(1) 공익사업의 시행자는 토지보상법 제78조 제1항에 따라 공익사업의 시행으로 인하여 주거용 건축물을 제공함에 따라 생활의 근거를 상실하게 되는 자(이하 "이주대책대상자"라 한다)의 이주대책을 수립 · 실시하여야 하고, 동조 제4항에 따라 이주대책의 내용에는 이주정착지(이주대책의 실시로 건설하는 주택단지를 포함한다)에 대한 도로, 급수시설, 배수시설, 그 밖의 공공시설 등 통상적인 수준의 생활기본시설이 포함되어야 한다.

(2) 그러나 주거환경개선사업의 시행자가 토지보상법에 따른 이주대책을 수립할 때에는 토지보상법 제78조 제4항의 적용이 배제되어 이주대책의 내용에 생활기본시설을 포함할 의무가 없다.[458]

456) 법 제69조 제1항 본문 및 시행령 제58조 제1항 제2호 단서.
457) 법 제69조 제1항 단서.

3. 주거환경개선사업의 주택법상 사업주체에 관한 특례

주거환경개선사업의 경우에 주택법을 적용할 때에는 이 법에 따른 사업시행자는 주택법에 따른 사업주체로 보며, 법 제24조 제2항 제2호에 따라 토지주택공사등이 건설업자 등과 공동사업시행자인 경우에는 토지주택공사등을 주택법에 따른 사업주체로 본다.[459] 토지주택공사등을 사업주체로 봄으로써 공공성을 강화하고자 신설하였다.[460]

4. 환지에 관한 도시개발법 준용

법 제23조 제1항 제3호 및 제2항에 따라 주거환경개선사업과 재개발사업은 환지방식으로 시행할 수 있고, 이 경우 환지에 관하여는 도시개발법 제28조부터 제49조까지의 규정을 준용하며, 도시개발법 제41조 제2항 본문에 따른 "환지처분을 하는 때"는 "사업시행계획인가를 하는 때"로 본다.[461]

가. 환지 계획의 작성

(1) 환지 방식으로 시행할 때에는 ① 환지 설계, ② 필지별로 된 환지 명세, ③ 필지별과 권리별로 된 청산 대상 토지 명세, ④ 제34조에 따른 체비지 또는 보류지의 명세, ⑤ 입체 환지[462]를 계획하는 경우에는 입체 환지용 건축물의 명세와 제32조의3에 따른 주택 등 건축물의 공급 방법ㆍ규모에 관한 사항, ⑥. 그 밖에 도시개발법 시행규칙으로 정하는 사항이 포함된 환지 계획을 작성하여야 한다.[463]

(2) 시행자는 환지 방식이 적용되는 도시개발구역에 있는 조성토지 등의 가격을 평가할 때에는 토지평가협의회의 심의를 거쳐 결정하되, 그에 앞서 대통령령으로 정하는 공인평가기관이 평가하게 하여야 한다.[464] 토지평가협의회의 구성 및 운영 등에 필요

458) 법 제69조 제3항 전단.
459) 법 제69조 제3항 후단.
460) 2019. 4. 23. 신설. 국회 의안정보 윤관석의원 대표발의 개정이유「건설업자등과 토지주택공사등이 공동으로 시행하는 주거환경개선사업의 경우 주택법에 규정된 "사업주체"는 토지주택공사등으로 봄(안 제69조제3항)」
461) 법 제69조 제2항.
462) 환지는 평면환지와 입체환지로 구별되는데, 평면환지는 토지에 대한 권리만을, 입체환지는 토지와 건축물에 대한 권리를 이전하는 환지를 말한다.
463) 도시개발법 제28조 제1항.

한 사항은 해당 규약 · 정관 또는 시행규정으로 정한다.[465]

(3) 환지 계획의 작성에 따른 환지 계획의 기준, 보류지(체비지 · 공공시설 용지)의 책정 기준 등에 관하여 필요한 사항은 도시개발법 시행규칙 제27조에 따른다.[466]

나. 환지 계획의 인가 등

(1) 행정청이 아닌 시행자가 환지 계획을 작성한 경우에는 특별자치도지사 · 시장 · 군수 또는 구청장의 인가를 받아야 하고, 대통령령으로 정하는 경미한 사항을 변경하는 경우를 제외하고 인가받은 내용을 변경하려는 경우에도 변경인가를 받아야 한다.[467]

(2) 행정청이 아닌 시행자가 환지 계획의 인가를 신청하려고 하거나 행정청인 시행자가 환지 계획을 정하려고 하는 경우에는 토지 소유자와 해당 토지에 대하여 임차권, 지상권, 그 밖에 사용하거나 수익할 권리를 가진 자에게 환지 계획의 기준 및 내용 등을 알리고 관계 서류의 사본을 일반인에게 공람시켜야 한다. 다만, 대통령령으로 정하는 경미한 사항을 변경하는 경우에는 그러하지 아니하다.[468]

다. 환지의 방법 및 기준

(1) 시행자는 토지 면적의 규모를 조정할 특별한 필요가 있으면 면적이 작은 토지는 과소 토지가 되지 아니하도록 면적을 늘려 환지를 정하거나 환지 대상에서 제외할 수 있고, 면적이 넓은 토지는 그 면적을 줄여서 환지를 정할 수 있다.[469]

(2) 시행자는 입체 환지로 건설된 주택 등 건축물을 인가된 환지 계획에 따라 환지신청자에게 공급하여야 하고, 이 경우 주택을 공급하는 경우에는 「주택법」 제54조에 따른 주택의 공급에 관한 기준을 적용하지 아니한다. 환지신청자인 토지등소유자에 대한 주택의 공급기준은 도시재개발법 제32조의3 등에 따른다.[470]

---

464) 도시개발법 제28조 제3항.
465) 도시개발법 제28조 제4항.
466) 도시개발법 제28조 제5항.
467) 도시개발법 제29조 제1, 2항.
468) 도시개발법 제29조 제3항.
469) 도시개발법 제31조 제1항.
470) 도시재개발법 제32조의3(입체 환지에 따른 주택 공급 등)
① 시행자는 입체 환지로 건설된 주택 등 건축물을 제29조에 따라 인가된 환지 계획에 따라 환지신청자에게 공급하여야 한다. 이 경우 주택을 공급하는 경우에는 「주택법」 제54조에 따

(3) 시행자는 도시개발사업에 필요한 경비에 충당하거나 규약·정관·시행규정 또는 실시계획으로 정하는 목적을 위하여 일정한 토지를 환지로 정하지 아니하고 보류지로 정할 수 있으며, 그 중 일부를 체비지로 정하여 도시개발사업에 필요한 경비에 충당할 수 있다.[471]

라. 환지 예정지의 지정

(1) 시행자는 사업의 시행을 위하여 필요하면 토지에 대하여 환지 예정지를 지정할 수 있고, 이 경우 종전의 토지에 대한 임차권자등이 있으면 해당 환지 예정지에 대하여 해당 권리의 목적인 토지 또는 그 부분을 아울러 지정하여야 한다.[472]

른 주택의 공급에 관한 기준을 적용하지 아니한다. 〈개정 2016. 1. 19.〉

② 입체 환지로 주택을 공급하는 경우 제1항에 따른 환지 계획의 내용은 다음 각 호의 기준에 따른다. 이 경우 주택의 수를 산정하기 위한 구체적인 기준은 대통령령으로 정한다.

1. 1세대 또는 1명이 하나 이상의 주택 또는 토지를 소유한 경우 1주택을 공급할 것
2. 같은 세대에 속하지 아니하는 2명 이상이 1주택 또는 1토지를 공유한 경우에는 1주택만 공급할 것

③ 시행자는 제2항에도 불구하고 다음 각 호의 어느 하나에 해당하는 토지 소유자에 대하여는 소유한 주택의 수만큼 공급할 수 있다.

1. 「수도권정비계획법」 제6조제1항제1호에 따른 과밀억제권역에 위치하지 아니하는 도시개발구역의 토지 소유자
2. 근로자(공무원인 근로자를 포함한다) 숙소나 기숙사의 용도로 주택을 소유하고 있는 토지 소유자
3. 제11조제1항제1호부터 제4호까지의 시행자

④ 입체 환지로 주택을 공급하는 경우 주택을 소유하지 아니한 토지 소유자에 대하여는 제32조의2에 따른 기준일 현재 다음 각 호의 어느 하나에 해당하는 경우에만 주택을 공급할 수 있다. 〈개정 2013. 3. 23.〉

1. 토지 면적이 국토교통부장관이 정하는 규모 이상인 경우
2. 종전 토지의 총 권리가액(주택 외의 건축물이 있는 경우 그 건축물의 총 권리가액을 포함한다)이 입체 환지로 공급하는 공동주택 중 가장 작은 규모의 공동주택 공급예정가격 이상인 경우

⑤ 시행자는 입체 환지의 대상이 되는 용지에 건설된 건축물 중 제1항 및 제2항에 따라 공급대상자에게 공급하고 남은 건축물의 공급에 대하여는 규약·정관 또는 시행규정으로 정하는 목적을 위하여 체비지(건축물을 포함한다)로 정하거나 토지 소유자 외의 자에게 분양할 수 있다.

⑥ 제1항에 따라 주택 등 건축물을 공급하는 경우 공급의 방법 및 절차 등과 제5항에 따른 분양의 공고와 신청 절차 등에 필요한 사항은 대통령령으로 정한다.

471) 도시개발법 제34조.

472) 도시개발법 제35조 제1항.

(2) 시행자가 환지 예정지를 지정하려면 관계 토지 소유자와 임차권자등에게 환지 예정지의 위치 · 면적과 환지 예정지 지정의 효력발생 시기를 알려야 한다.[473)]

(3) 환지 예정지가 지정되면 종전 토지의 소유자와 임차권자등은 환지 예정지 지정의 효력발생일부터 환지처분이 공고되는 날까지 환지 예정지나 해당 부분에 대하여 종전과 같은 내용의 권리를 행사할 수 있으며 종전의 토지는 사용하거나 수익할 수 없다.[474)]

(4) 환지 예정지의 지정이나 사용 또는 수익의 정지처분으로 이를 사용하거나 수익할 수 있는 자가 없게 된 토지 또는 해당 부분은 환지 예정지의 지정일이나 사용 또는 수익의 정지처분이 있은 날부터 환지처분을 공고한 날까지 시행자가 관리한다.[475)]

마. 환지처분

(1) 시행자는 환지 방식으로 사업에 관한 공사를 끝낸 경우에는 지체 없이 이를 공고하고 공사 관계 서류를 14일 이상 일반인에게 공람시켜야 하며,[476)] 준공검사를 받은 날로부터 60일 이내에 환시처분을 하여야 한다.[477)]

(2) 환지 계획에서 정하여진 환지는 그 환지처분이 공고된 날의 다음 날부터 종전의 토지로 보며, 환지 계획에서 환지를 정하지 아니한 종전의 토지에 있던 권리는 그 환지처분이 공고된 날이 끝나는 때에 소멸한다. 다만, 행정상 처분이나 재판상의 처분으로서 종전의 토지에 전속(專屬)하는 것에 관하여는 영향을 미치지 아니한다.[478)]

(3) 환지처분을 받은 자는 환지처분이 공고된 날의 다음 날에 환지 계획으로 정하는 바에 따라 건축물의 일부와 해당 건축물이 있는 토지의 공유지분을 취득하고, 이 경우 종전의 토지에 대한 저당권은 환지처분이 공고된 날의 다음 날부터 해당 건축물의 일부와 해당 건축물이 있는 토지의 공유지분에 존재하는 것으로 본다.[479)]

(4) 체비지는 시행자가, 보류지는 환지 계획에서 정한 자가 각각 환지처분이 공고된

473) 도시개발법 제35조 제2항.
474) 도시개발법 제36조 제1항.
475) 도시개발법 제39조 제1항.
476) 도시개발법 제40조 제1항 및 시행령 제64조.
477) 도시개발법 제40조 제4항 및 시행령 제65조.
478) 도시개발법 제42조 제1, 2항.
479) 도시개발법 제42조 제4항.

날의 다음 날에 해당 소유권을 취득한다. 다만, 도시개발법 제36조 제4항에 따라 체비지로 지정된 환지예정지를 사업비 충당을 위해 이미 처분한 경우에는 그 체비지를 매입한 자가 소유권 이전 등기를 마친 때에 소유권을 취득한다.[480]

바. 청 산 금

(1) 환지를 정하거나 그 대상에서 제외한 경우 그 과부족분(過不足分)은 종전의 토지(제32조에 따라 입체 환지 방식으로 사업을 시행하는 경우에는 환지 대상 건축물을 포함한다) 및 환지의 위치 · 지목 · 면적 · 토질 · 수리 · 이용 상황 · 환경, 그 밖의 사항을 종합적으로 고려하여 금전으로 청산하여야 한다.[481]

(2) 도시개발법 제41조 제2항은 청산금을 "환지처분을 하는 때"에 결정하도록 규정하고 있으나(다만, 환지 대상에서 제외한 토지등에 대하여는 청산금을 교부하는 때에 청산금을 결정할 수 있다), 이에 대한 특례로 도시정비법 제69조 제2항 후단은 "사업시행계획인가를 하는 때"에 청산금을 결정하도록 하였다. 다만, 도시재개발법 제42조 제6항은 "청산금은 환지처분이 공고된 날의 다음 날에 확정된다."고 규정하고 있고 이는 정비사업에 준용되므로, 사업시행계획인가 시 결정한 청산금은 환지처분 공고일까지 변경될 수 있다.

5. 공공정비사업의 건설사업관리기술인의 배치기준

공공재개발사업 시행자 또는 공공재건축사업 시행자는 「건설기술 진흥법」 등 관계 법령에도 불구하고 ①법 제26조제1항제1호에 따라 긴급하게 정비사업을 시행하는 경우, ② 공사비가 1천억원 미만인 경우, ③ 「건설기술 진흥법 시행령」 제60조에 따른 건설사업관리기술인 배치기준을 따르는 경우 사업성이 현저히 저하되어 사업을 추진하기 어려운 경우로서 국토교통부장관이 정하여 고시하는 사유에 해당된다고 시장 · 군수등이 인정하는 경우 중 어느 하나에 해당하는 경우 「주택법 시행령」 제47조에 따른 감리자 지정 및 감리원 배치기준을 적용할 수 있다.[482]

---

480) 도시개발법 제42조 제5항.
481) 도시개발법 제41조 제1항.
482) 법 제69조 제4항 및 시행령 제58조 제2항.

Ⅴ. 지상권 등 계약의 해지(제70조)

도시정비법

제70조(지상권 등 계약의 해지)

① 정비사업의 시행으로 지상권 · 전세권 또는 임차권의 설정 목적을 달성할 수 없는 때에는 그 권리자는 계약을 해지할 수 있다.

② 제1항에 따라 계약을 해지할 수 있는 자가 가지는 전세금 · 보증금, 그 밖의 계약상의 금전의 반환청구권은 사업시행자에게 행사할 수 있다.

③ 제2항에 따른 금전의 반환청구권의 행사로 해당 금전을 지급한 사업시행자는 해당 토지등소유자에게 구상할 수 있다.

④ 사업시행자는 제3항에 따른 구상이 되지 아니하는 때에는 해당 토지등소유자에게 귀속될 대지 또는 건축물을 압류할 수 있다. 이 경우 압류한 권리는 저당권과 동일한 효력을 가진다.

⑤ 제74조에 따라 관리처분계획의 인가를 받은 경우 지상권 · 전세권설정계약 또는 임대차계약의 계약기간은 「민법」 제280조 · 제281조 및 제312조제2항, 「주택임대차보호법」 제4조제1항, 「상가건물 임대차보호법」 제9조제1항을 적용하지 아니한다.

1. 입법취지

정비사업이 시행되면 사업부지 내의 건축물은 모두 철거되고 새로운 건축물을 신축하게 되는바, 본조는 사업부지 내에 종전 토지 및 건축물에 대한 지상권 · 전세권 · 임차권을 계약서, 민법, 임대차보호법 등에서 정한 존속기간 이전에 조속히 종료하도록 함으로써 사업추진을 원활하게 진행할 수 있도록 하고, 나아가 지상권자 · 전세권자 · 임차권자가 전세금, 보증금, 그 밖의 계약상의 금전의 반환청구권을 사업시행자에게 행사할 수 있도록 함으로써 이들의 권리를 보호하고자 하는데 입법목적이 있다.

2. 해지권의 의의 및 법적 성격

(1) 정비사업의 시행으로 지상권 · 전세권 또는 임차권의 설정 목적을 달성할 수 없는 때에는 그 권리자는 계약을 해지할 수 있다.[483)]

(2) 본조는 사정변경에 따른 해지권을 규정한 것이다. 대법원 판례가 사정변경에

의한 해지를 너무 엄격하게 인정해 온 이유로 정비사업의 경우에도 명문규정을 두지 아니하면 계약기간 만료 전 사정변경에 의한 계약해지권이 인정되지 아니하여 공공사업의 추진에 지장이 발생할 우려가 있기 때문에 입법으로 해결한 것으로 볼 수 있다.[484)][485)]

(3) 따라서 본조에 의한 해지는 사용수익계약의 설정 당시에 정비사업의 시행이 예정되어 있는가 여부 및 당사자들이 이러한 사정을 알고 있었는가 여부와 무관하게 적용되고, 본조에 의한 해지권을 행사하였을 때에는 존속기한 이전에 종료되는 것을 이유로 상대방에게 채무불이행에 의한 손해배상책임을 따로 구할 수는 없다.[486)]

3. 해지권자

(1) 본조는 "권리자"가 계약을 해지할 수 있다고 규정하고 있는바, 해지권자의 범위에 대하여 지상권자 · 전세권자 · 임차권자인 사용수익권자에게만 해지권이 부여된 것이라는 견해[487)]와 쌍무계약이므로 "권리자"에는 설정자도 포함되고 설정자도 본조에 의해 계약을 해지할 수 있다는 견해[488)]가 있는바, 후설이 타당하다고 본다.

(2) 설정자에게도 본조에 의한 계약해지권이 있다면, 강제가입주의를 취하고 있는 주거환경개선사업과 재개발사업은 물론 임의가입주의를 취하고 있는 재건축사업에서 조합설립에 동의하지 아니하여 조합원이 아닌 토지등소유자도 본조에 의한 해지권이 부여된다.[489)] 마찬가지로 설정자인 토지등소유자가 조합설립에 동의하지 아니하고 분양신청을 하지 아니하면서 이주를 거부하고 있는 경우에도 임차권자 등 사용수익권자는 설정자인 토지등소유자에게 본조에 의한 해지권을 행사할 수 있다.

---

483) 법 제70조 제1항.
484) 부장판사 이우재 저「도시 및 주거환경정비법」.
485) 도시정비법 제정 전에는 임대차계약서에 사업진행으로 이주하는 경우에는 임대차관계를 종료하기로 하는 특칙규정을 두는 관행이 있었고, 현재도 이러한 관행에 따라 임대차계약에 특칙을 두어 계약을 체결하는 경우가 많다.
486) 부장판사 이우재 저「도시 및 주거환경정비법」.
487) 송현진 · 유동규 공저「재개발 · 재건축 이론과 실무」.
488) 부장판사 이우재 저「도시 및 주거환경정비법」.
489) 부장판사 이우재 저「도시 및 주거환경정비법」 본조의 해지권은 재건축이 추진됨에 따라 지상권 등의 설정목적을 달성할 수 없을 때가 그 요건이기 때문이다.

4. 해지권 행사의 요건

(1) 본조의 해지권은 "지상권·전세권 또는 임차권의 설정 목적을 달성할 수 없는 때"에 행사할 수 있다.

(2) "지상권·전세권 또는 임차권의 설정 목적을 달성할 수 없는 때"란 설정자 또는 사용수익권자의 주관적 사정을 고려하여 판단할 것이 아니라 객관적 기준에 의해 판단하여야 할 것인데, 객관적 기준에 관하여 ① 사업시행자가 관리처분계획인가 이후 이주를 통고한 날 객관적 기준이 충족되어 즉시 해지할 수 있는 입장〈제1설〉,[490] ② 사업시행자가 관리처분계획인가 이후 이주를 통고한 날 객관적 기준이 충족되어 해지권을 행사할 수 있으나 행사한 해지권은 사업시행자가 통고한 자진이주기한의 만료일에 효력을 발생하여 만료일에 임대차 등이 종료된다는 입장〈제2설〉,[491] ③ 사업시행자가 통고한 자진이주기한의 만료일이 도과하여야 해지권을 행사할 수 있는 입장〈제3설〉 등으로 견해 대립이 있을 수 있다.

(3) 생각건대 법 제81조가 관리처분인가 이후에는 원칙적으로 사업시행자의 사용·수익권을 인정하고 있는 점, 사업시행자가 통고한 자진이주기한 내에 사용수익권자는 언제라도 계약을 해지하고 이주할 수 있어야 하는 점, 정비사업의 원활한 추진과 이주비금융비용 등의 절감을 위해서는 신속한 이주가 필요한 점 등을 고려할 때 제1설이 타당하다고 본다.

5. 존속기간에 대한 다른 법령의 배제

(1) 관리처분계획의 인가를 받은 경우 지상권·전세권설정계약 또는 임대차계약의 계약기간은 민법 제280조(존속기간을 약정한 지상권)·제281조(존속기간을 약정하지 아니한 지상권) 및 제312조 제2항(건물 전세권의 존속기간), 주택임대차보호법 제4조 제1항(임대차

490) 부장판사 이우재 저 「도시 및 주거환경정비법」는 즉시 해지할 수 있으나 해지의 효력발생시기는 합리적으로 해석할 필요가 있다는 입장이다.

491) 서울동부지방법원 2009. 5. 13. 선고 2008가합18565 판결 「원고가 피고에게 임대차의 해지를 요구하며 영업을 그만둔 날인 2008. 9. 30. 이 사건 임대차가 해지되어 종료되었다고 볼 수는 없고, 위 사업의 시행자가 자진이주시한으로 통보한 2008. 10. 31. 임대차가 종료되었다고 봄이 상당하다.」

기간), 상가건물 임대차보호법 제9조 제1항(임대차기간)을 적용하지 아니한다.[492)]

(2) 따라서 관리처분계획인가 이후에는 당사자의 약정과 위 법령 등에 따른 지상권 · 전세권 · 임대차의 계약기간의 효력은 본조의 해지권에 우선할 수 없고, 설정자와 사용수익권자는 본조에 의해 계약을 해지할 수 있다.

6. 사업시행자에 대한 전세금 등 반환청구권

(1) 계약을 해지할 수 있는 자가 가지는 전세금 · 보증금, 그 밖의 계약상의 금전의 반환청구권은 사업시행자에게 행사할 수 있다.[493)]

(2) 정비사업 구역 내의 임차권자 등에게 계약 해지권을 인정하는 외에 사업시행자에게 보증금반환청구권을 인정하는 취지는, 정비사업의 관리처분계획 인가 고시에 따라 그 의사에 반하여 임대차목적물의 사용 · 수익이 정지되는 임차권자 등의 정당한 권리를 두텁게 보호하는 한편, 계약상 임대차기간 등 권리존속기간의 예외로서 이러한 권리를 조기에 소멸시켜 원활한 정비사업의 추진을 도모하고자 함에 있다.[494)]

(3) 사업시행자에게 보증금 등의 반환을 청구할 수 있는 자의 범위와 관해서 대법원은 「① 구 도시정비법 제44조 제3항[495)]은 임차권자에게 보증금을 반환한 사업시행자의 토지등소유자에 대한 구상권의 법적 근거가 되는 규정이므로, 위 조항에 따라 사업시행자가 토지등소유자에게 구상권을 행사하려면 토지등소유자에게 임차권자에 대한 보증금반환채무가 있음을 전제로 하는 점, ② 구 도시정비법 제44조 제4항[496)] 또한 마찬가지로 토지등소유자의 임차권자에 대한 보증금반환채무 등을 전제로 한 규정이라고 볼 수 있는 점, ③ 토지등소유자에게 대항할 수 없는 무단 전차인 등의 경우까지 사업시행자를 상대로 보증금 등 반환을 구할 수 있다고 본다면, 다른 법률관계에서는 임대차계약상 그 임대인을 상대로 한 보증금반환채권을 갖는 데 불과한 무단 전차인 등이 '정비사업의 시행'이라는 우연한 사정에 기하여 임대인의 자력과 무관하게 보증금을 반환받게 되는 점, ④ 이러한 결과는 주택임대차보호법 등에 정한 임차권 보호의

---

492) 법 제70조 제5항.

493) 법 제70조 제2항.

494) 대법원 2014. 7. 24. 선고 2012다62561, 62578 판결 [건물인도 · 건물명도].

495) 현행법 제70조 제3항.

496) 현행법 제70조 제4항.

취지와 부합하지 아니할 뿐 아니라, 사업시행자로 하여금 임대인의 무자력 등으로 구상을 하지 못할 위험까지 부담하도록 하는 것이어서 정비사업의 원활한 진행이라는 이 사건 조항의 입법 취지에도 어긋나는 점 등에 비추어 보면, 이 사건 조항에 따라 임차권자가 사업시행자를 상대로 보증금 등의 반환을 구하려면, 임차권자가 토지등소유자에 대하여 보증금반환채권을 가지는 경우라야 한다.」로 판시하였다.[497)]

(4) 본조에 따른 사업시행자의 전세금 등 반환의무는 토지등소유자의 반환의무에 대한 보충적 의무, 즉 주채무자인 토지등소유자의 무자력이 입증되어야 인정되는 단순보증채무가 아니라, 토지등소유자의 무자력과 무관하게 인정되는 법정 연대보증채무라고 할 것이다.[498)]

(5) 보증금 등의 반환청구를 받은 사업시행자는 주채무자인 토지등소유자의 동시이행의 항변 기타의 항변을 원용할 수 있음은 당연한 것이므로, 사업시행자는 임차인 등의 보증금반환 청구에 대하여 목적물의 인도를 구하는 동시이행의 항변을 할 수 있고, 동시이행의 항변을 함에 있어서는 토지등소유자에게 인도할 것을 구하는 것 외에 사업시행자에게 인도를 구할 수도 있다고 할 것이다.[499)]

7. 사업시행자의 토지등소유자에 대한 구상권

(1) 계약해지로 인하여 전세금 등을 지급한 사업시행자는 설정자인 해당 토지등소유자에게 구상할 수 있다.[500)]

(2) 사업시행자가 구상할 수 있는 범위는 민법에 따라야 하는데, 민법 제441조(수탁보증인의 구상권)가 적용된다는 견해와 민법 제444조(부탁 없는 보증인의 구상권)가 적용된다는 견해[501)]가 있을 수 있다.

---

497) 대법원 2014. 7. 24. 선고 2012다62561, 62578 판결 [건물인도 · 건물명도].

498) 부장판사 이우재 저「도시 및 주거환경정비법」.

499) 법 제81조 제1항은 손실보상이 완료된 경우에 한하여 사업시행자가 사용수익권을 취득한다고 규정하고 있으나, 설정자인 소유자에 대한 손실보상은 소유권과 견련관계를 갖는 것이고, 사업시행자가 사용수익권자에게 전세금 등을 반환한 경우에는 사용수익권자의 설정사에 대한 권리를 대위행사 할 수 있고(민법 제481조), 향후 철거의 진행 등 사업진행이 예정되어 있는 점에서 사업시행자가 자신에게 직접 인도를 구할 수 있다고 보는 것이 타당하다.

500) 법 제70조 제3항.

501) 부장판사 이우재 저「도시 및 주거환경정비법」.

(3) 사견으로는 사업시행자는 도시정비법에 따라 보증금 반환의무를 법정 위탁받았다고 할 수 있고, 사업시행자가 법정 의무에 따라 지급한 보증금에 대한 구상범위를 부탁이 없는 보증인으로 보아 제한하는 것은 부당하므로,[502] 민법 제441조(수탁보증인의 구상권)가 적용되어야 한다고 본다.

(4) 따라서 사업시행자는 민법 제441조(수탁보증인의 구상권)에 따라, 과실 없이 변제 기타의 출재로 주채무를 소멸하게 한 때에는 출재한 금액 전체에 대해서 주채무자인 해당 토지등소유자에게 구상할 수 있고, 주채무자가 면책된 날 이후의 법정이자 및 피할 수 없는 비용 기타 손해배상까지 구상할 수 있다고 본다.[503] 다만, 사업시행자가 해당 전세권자 등으로부터 부동산을 인도받아 점유하게 된 때에는 주채무자에게 법정이자, 인도집행 비용 등을 구상할 수 없다고 할 것이다.

(5) 민법 제445조 제1항은 "보증인이 주채무자에게 통지하지 아니하고 변제 기타 자기의 출재로 주채무를 소멸하게 한 경우에 주채무자가 채권자에게 대항할 수 있는 사유가 있었을 때에는 이 사유로 보증인에게 대항할 수 있고 그 대항사유가 상계인 때에는 상계로 소멸할 채권은 보증인에게 이전된다."고 규정하고 있고, 제2항은 "증인이 변제 기타 자기의 출재로 면책되었음을 주채무자에게 통지하지 아니한 경우에 주채무자가 선의로 채권자에게 변제 기타 유상의 면책행위를 한 때에는 주채무자는 자기의 면책행위의 유효를 주장할 수 있다."고 규정하고 있는데, 도시정비법 제70조 제3항 "사업시행자는 해당 토지등소유자에게 구상할 수 있다."는 규정은 민법 제445조의 사전통지 및 사후 통지의무를 배제하는 특칙이라고 할 수 없다. 따라서 사업시행자는 민법 제445조의 통지의무를 준수하여 토지등소유자에 대한 구상권 행사에 문제가 발생하지

502) 민법 제444조 제2항은 "주채무자의 의사에 반하여 보증인이 된 자가 변제 기타 자기의 출재로 주채무를 소멸하게 한 때에는 주채무자는 현존이익의 한도에서 배상하여야 한다."고 규정하고 있는바, 이러한 제한 규정을 적용하는 것은 부당하다고 본다.

503) 민법 제441조(수탁보증인의 구상권)
① 주채무자의 부탁으로 보증인이 된 자가 과실없이 변제 기타의 출재로 주채무를 소멸하게 한 때에는 주채무자에 대하여 구상권이 있다.
② 제425조제2항의 규정은 전항의 경우에 준용한다.
민법 제425조(출재채무자의 구상권)
① 어느 연대채무자가 변제 기타 자기의 출재로 공동면책이 된 때에는 다른 연대채무자의 부담부분에 대하여 구상권을 행사할 수 있다.
② 전항의 구상권은 면책된 날 이후의 법정이자 및 피할 수 없는 비용 기타 손해배상을 포함한다.

아니하도록 하여야 한다.

8. 구상권 행사를 위한 압류

(1) 법 제70조 제4항은 "사업시행자는 제3항에 따른 구상이 되지 아니하는 때에는 해당 토지등소유자에게 귀속될 대지 또는 건축물을 압류할 수 있다. 이 경우 압류한 권리는 저당권과 동일한 효력을 가진다."고 규정하고 있는바, 당해 규정에 대해서는 입법론적 비판과 아래와 같은 해석상 견해의 대립이 있다.

① 본조는 사업시행자에게 직접적인 압류권을 부여한 규정으로, 국세징수법상 체납처분에 따른 압류와 같이 사업시행자는 법원을 통하지 아니하고 직접 압류처분을 할 수 있다는 견해가 있을 수 있다〈제1설〉. 그러나 본조가 국세징수법을 준용하지도 않고 국세징수법과 같이 직접 압류할 경우의 구체적인 절차규정도 두고 있지 않은 점에서 과도한 해석이고, 국세징수법상 압류는 국가가 담보물로써 국세에 충당하거나 직접 환가절차를 수행할 수 있는 권한을 부여하고 있는데, 본조는 사업시행자가 압류한 권리를 저당권과 동일한 효력을 가진다고 규정하여 직접 환가절차를 수행할 수 없는 점에서 달리 해석되어야 한다는 비판이 있다.

② 본조는 사업시행자가 주채무자인 해당 토지등소유자에 대해 법원의 구상금청구판결 등 집행권원을 부여받지 아니하고도 법원에 압류를 신청할 수 있는 권한을 부여한 것이라고 해석하는 견해가 있을 수 있다〈제2설〉. 이에 따르면 계약을 해지한 지상권자 등이 사업시행자에게 보증금반환청구소송을 제기하고 이에 따른 판결이 있는 경우, 해당 판결이 비록 주채무자인 해당 토지등소유자에게 기판력이나 집행력이 미치지 아니하더라도 사업시행자는 이를 첨부하여 집행권원 없이도 법원에 압류를 신청할 수 있게 된다.[504] 사견으로는 이러한 견해가 타당하다고 본다.

③ 본조는 국세징수법상 압류와 같이 사업시행자에게 직접 압류권을 부여한 것이지만, 환가를 비롯한 변제절차는 저당권과 동일하게 민사집행법에 따라 법원에 의해 절차를 진행하여야 한다는 견해가 있을 수 있다〈제3설〉.

(2) 위와 같은 해석상 문제로 인해 실무에는 당해 규정을 통하여 구상권을 실현하는

504) 부장판사 이우재 저 「도시 및 주거환경정비법」.

경우는 찾아보기 힘들고, 사업시행자는 주채무자인 해당 토지등소유자가 매도청구 또는 현금청산의 대상인 경우에는 매도청구소송의 매매대금 또는 청산금에서 구상채권의 상계를 주장하여 이를 공제하고, 주채무자인 해당 토지등소유자가 분양신청을 한 조합원인 경우에는 분담금에 구상채권액을 반영하는 등 방법으로 구상채권을 행사하고 있다.

Ⅵ. 소유자의 확인이 곤란한 건축물 등에 대한 처분(제71조)

도시정비법

제71조(소유자의 확인이 곤란한 건축물 등에 대한 처분)

① 사업시행자는 다음 각 호에서 정하는 날 현재 건축물 또는 토지의 소유자의 소재 확인이 현저히 곤란한 때에는 전국적으로 배포되는 둘 이상의 일간신문에 2회 이상 공고하고, 공고한 날부터 30일 이상이 지난 때에는 그 소유자의 해당 건축물 또는 토지의 감정평가액에 해당하는 금액을 법원에 공탁하고 정비사업을 시행할 수 있다.

1. 제25조에 따라 조합이 사업시행자가 되는 경우에는 제35조에 따른 조합설립인가일
2. 제25조제1항제2호에 따라 토지등소유자가 시행하는 재개발사업의 경우에는 제50조에 따른 사업시행계획인가일
3. 제26조제1항에 따라 시장·군수등, 토지주택공사등이 정비사업을 시행하는 경우에는 같은 조 제2항에 따른 고시일
4. 제27조제1항에 따라 지정개발자를 사업시행자로 지정하는 경우에는 같은 조 제2항에 따른 고시일

② 재건축사업을 시행하는 경우 조합설립인가일 현재 조합원 전체의 공동소유인 토지 또는 건축물은 조합 소유의 토지 또는 건축물로 본다.

③ 제2항에 따라 조합 소유로 보는 토지 또는 건축물의 처분에 관한 사항은 제74조제1항에 따른 관리처분계획에 명시하여야 한다.

④ 제1항에 따른 토지 또는 건축물의 감정평가는 제74조제4항제1호를 준용한다. 〈개정 2021. 3. 16.〉

1. 소유자의 확인이 곤란한 건축물 등에 대한 처분

가. 의의 및 입법취지

(1) 법 제71조 제1항 및 제4항은 건축물 또는 토지 소유자의 소재확인이 곤란한 경우

에도 일정한 절차에 따라 사업을 진행할 수 있도록 함으로써, 신속한 정비사업의 진행과 토지등소유자의 재산권을 보호하는데 목적이 있다.

(2) 그런데 정비사업은 정비구역 내 토지와 건축물의 소유권을 확보하여야 사업시행을 완료할 수 있고, 재건축의 경우에는 매도청구에 의해, 주거환경개선사업과 재개발사업은 수용절차에 의해 소유권을 확보하여야 하는바, 본조는 잠정적으로 사업시행을 할 수 있다는 것에 불과하고 사업시행자가 위 절차 없이 본조에 의해 소유권을 취득할 수 있는 것은 아니다. 이런 점에서 본조는 실효성이 없는 규정이라는 견해[505)]가 있는 반면, 매도청구 · 수용절차의 관계에서 나름 의미가 있다는 견해[506)]가 있다.

(3) 후설은 본조와 매도청구 · 수용절차의 관계를 아래와 같이 해석한다.

1) 매도청구와의 관계

재건축사업에서 법원에 매도청구 소송이 제기되면 법원은 변론주의에 따라 판결을 하게 되는데, 소재불명자의 경우에는 재판에 출석하여 변론을 할 수 없어서 매매대금지급의 항변을 할 수 없게 되고, 사업시행자가 매매대금과 소유권이전등기를 동시이행으로 청구하지 아니하고 단순 소유권이전등기를 청구한 경우에 법원으로써는 변론주의에 따라 피고의 무변론으로 인한 단순 소유권이전등기 판결을 할 수도 있다. 이러한 경우에 사업시행을 감독하는 관청에서는 본조에 의한 감정평가금액을 법원에 공탁하고 사업을 시행하도록 감독하여 소재확인이 곤란한 건축물 또는 토지 소유자의 재산권을 보호하는 조치를 취할 수 있다. 즉, 본조는 변론주의에 따른 법원 판결을 보충하여 정비사업 시행의 감독청으로 하여금 소재불명자의 재산권을 보호하도록 한 규정이라고 본다. 나아가 이러한 견해는 법 제64조가 매도청구에 있어서 매매대금의 지급을 요건사실로 구성하지 아니하여 항변사유에 불과하게 됨에 따라 본조를 별도로 규정한 것인데 입법론적으로 바람직하지 않다고 보며, 법 제64조에서 매매대금의 지급 또는 공탁을 매도청구의 요건사실로 구성하여 법원이 법적 요건인 매매대금을 판결에 반드시 반영하도록 하는 것이 바람직하다고 본다.[507)]

---

505) 송현진 · 유동규 공저 「재개발 · 재건축 이론과 실무」.
506) 부장판사 이우재 저 「도시 및 주거환경정비법」.
507) 부장판사 이우재 저 「도시 및 주거환경정비법」.

2) 수용절차와의 관계

재개발과 주거환경개선사업의 경우에는 토지보상법에 따른 수용절차를 진행하여야 하는바, 수용재결서에는 손실보상금과 수용개시일이 명시되어야 하고, 수용개시일까지 손실보상금을 공탁하지 아니하면 재결의 효력이 상실되므로, 매도청구소송의 변론주의 문제는 발생하지 아니한다. 따라서 소재불명자라고 하더라도 토지보상법에 따른 수용절차를 거치지 아니하고 본조를 직접 적용하여 공탁만 하면 되는 것으로 해석할 수는 없다. 다만, 본조에 따라서 토지보상법에 따른 협의 절차를 생략할 수 있는 것으로 해석하여야 하고, 본조는 이러한 점에 의미가 있다고 본다.

(4) 사견으로는, 후설 중 매매대금의 지급을 매도청구권 행사의 요건사실로 규정해야 한다는 취지에는 동의하나, 실무상 본조에 따른 공탁이나 감독청의 공탁지휘 등 본조가 문제되는 경우를 찾아 볼 수 없는 점에서 본조는 사실상 실효성이 없다고 본다. 나아가 토지보상법 시행령 제8조 제5항은 소유자를 확인할 수 없거나 주소 등을 알 수 없는 경우에 협의경위서를 작성하고 재결신청을 할 수 있도록 규정하고 있는바, 협의절차와 무관한 본조를 이에 대한 특칙으로 해석하는 것은 타당하지 않다고 본다.

나. 소재불명자의 요건

조합이 사업시행자인 경우에는 조합설립인가일, 토지등소유자가 재개발사업의 시행자인 경우에는 사업시행인가일, 공공시행자와 지정개발자가 사업시행자인 경우에는 시행자 지정고시일 현재 건축물 또는 토지 소유자의 소재 확인이 현저히 곤란한 때에는, 사업시행자는 전국적으로 배포되는 둘 이상의 일간신문에 2회 이상 공고하고, 공고한 날부터 30일 이상이 지난 때에는 그 소유자의 해당 건축물 또는 토지의 감정평가액에 해당하는 금액을 법원에 공탁하고 정비사업을 시행할 수 있다.[508] 따라서 위 기준일에 소재확인이 현저히 곤란하고, 공고절차를 거쳐 공고일로부터 30일 이상 소유자의 소재 확인이 되지 않아야 한다.

다. 감정평가 및 공탁

토지 또는 건축물의 감정평가는 제74조 제4항 제1호가 준용되므로, 재건축사업의

508) 법 제71조 제1항 각호.

경우에는 시장 · 군수등이 선정 · 계약한 1인 이상의 감정평가업자와 조합총회의 의결로 선정 · 계약한 1인 이상의 감정평가업자의 평가금액을 산술평균한 금액, 주거환경개선사업 또는 재개발사업은 시장 · 군수등이 선정 · 계약한 2인 이상의 감정평가업자의 평가금액을 산술평균한 금액을 공탁하여야 한다.

2. 재건축사업에서 조합원 전체 공동소유인 토지 또는 건축물의 처분

재건축사업을 시행하는 경우 조합설립인가일 현재 조합원 전체의 공동소유인 토지 또는 건축물은 조합 소유의 토지 또는 건축물로 보며, 처분에 관한 사항은 법 제74조 제1항에 따른 관리처분계획에 명시하여야 한다.[509] 이에 따라 민법 제264조 "공유자는 다른 공유자의 동의 없이 공유물을 처분하거나 변경하지 못한다."는 규정은 적용될 수 없고, 주택단지 내 공용부분의 처분에 관해 조합이 관리처분계획만으로 처분할 수 있게 된다.

509) 법 제71조 제2, 3항.

제5절 관리처분계획 등

[1] 관리처분계획 개관

[2] 분양신청(제72 ~ 73조)

[3] 관리처분계획의 수립(제74 ~ 78조)

[4] 관리처분계획의 효력 등(제79 ~ 82조)

[1] 관리처분계획 개관

Ⅰ. 관리처분계획의 의의

(1) 관리처분계획이란 정비사업시행구역 안에 있는 종전의 토지 또는 건축물에 대한 권리를 정비사업의 시행으로 새로이 조성되는 대지와 건축물에 대한 권리로 일정 기준에 따라 변환시켜 배분하는 일련의 계획을 말한다. 즉 사업완료 후 이전고시(분양처분)의 내용을 미리 정하는 계획이다.

(2) 관리처분계획은 관리계획과 처분계획으로 구별할 수 있는데, 관리계획은 손실보상, 계약, 수용 등에 의해 권리를 취득, 청산, 소멸시키거나 이행하는 일련의 계획을 말하고, 처분계획은 공공시설의 귀속에 관한 계획과 사업시행자에게 귀속된 대지 및 건축물을 분양신청의 현황을 기초로 조합원에게 분양하고 남는 보류지와 체비지를 일반에 분양하여 처분하는 계획을 말한다.

(3) 관리처분계획은 정비사업시행구역 안의 토지등소유자의 권리 · 의무에 직접적인 법률상 영향을 미치는 행위로서 사업시행자가 행한 행정처분에 해당하며, 강학상 그 성격을 공용환권으로 보고 있다.

(4) 관리처분계획은 이전고시를 통하여 그 계획을 최종적으로 완성하고, 청산금부과처분을 통하여 종전 및 종후 자산가액의 과부족분을 해결하게 된다.[510]

Ⅱ. 관리처분계획의 법적 성격 및 쟁송방법

분양신청의 현황을 기초로[511] 수립되는 관리처분계획은 관리처분계획안에 대한 조

510) 송현진 · 유동규 공저 「재개발 · 재건축 이론과 실무」.

511) 분양신청절차는 관리처분계획의 절차적 요건으로서 분양신청절차의 하자는 관리처분계획의 무효 또는 취소사유가 될 수 있다.

합원 총회의 의결을 거쳐 관할청의 인가에 의해 확정되는데, 이하에서는 ① 관리처분계획안에 대한 조합의 총회결의, ② 이에 대한 관할 행정청의 인가, ③ 인가처분으로 확정된 관리처분계획은 각기 어떤 법적 성격을 가지는지와 관리처분계획을 다투는 법적 쟁송방법은 어떠한지 살펴보고자 한다. 아울러 관리처분계획에 대한 쟁송에서 발생하는 법적 쟁점 또한 살펴보고자 한다.

1. 관리처분계획안에 대한 총회결의의 법적 성격 및 쟁송방법

(1) 대법원은 「도시정비법상 행정주체인 주택재건축정비사업조합을 상대로 관리처분계획안에 대한 조합 총회결의의 효력 등을 다투는 소송은 행정처분에 이르는 절차적 요건의 존부나 효력 유무에 관한 소송으로서 그 소송결과에 따라 행정처분의 위법 여부에 직접 영향을 미치는 공법상 법률관계에 관한 것이므로, 이는 행정소송법상의 당사자소송에 해당한다. 따라서 주택재건축정비사업조합을 상대로 관리처분계획안에 대한 총회결의의 무효확인을 구하는 소는 행정소송법상 당사자소송에 해당하므로 전속관할이 행정법원에 있다.」고 판시하였는바,[512] 총회결의의 법적 성격은 독립된 행정처분이 아닌 행정처분의 요건으로서 사업시행자의 공법상 행위이다.

(2) 나아가 대법원은 「주택재건축정비사업조합이 수립한 관리처분계획에 대하여 관할 행정청의 인가 · 고시까지 있게 되면 관리처분계획은 행정처분으로서 효력이 발생하게 되므로, 총회결의의 하자를 이유로 하여 행정처분의 효력을 다투는 항고소송의 방법으로 관리처분계획의 취소 또는 무효확인을 구하여야 하고, 그와 별도로 행정처분에 이르는 절차적 요건 중 하나에 불과한 총회결의 부분만을 따로 떼어내어 효력 유무를 다투는 확인의 소를 제기하는 것은 특별한 사정이 없는 한 허용되지 않는다. 관리처분계획안에 대한 총회결의의 무효확인을 구하는 소가 관할을 위반하여 민사소송으로 제기된 후에 관할 행정청의 인가 · 고시가 있었던 경우 따로 총회결의의 무효확인만을

512) 대법원 2009. 9. 17. 선고 2007다2428 전원합의체 판결 [총회결의무효확인] 「이와 달리 도시재개발법(2002. 12. 30. 법률 제6852호 도시 및 주거환경정비법 부칙 제2조로 폐지)상 재개발조합의 관리처분계획안에 대한 총회결의 무효확인소송을 민사소송으로 보고 또 관리처분계획에 대한 인가 · 고시가 있은 후에도 여전히 소로써 총회결의의 무효확인을 구할 수 있다는 취지로 판시한 대법원 2004. 7. 22. 선고 2004다13694 판결과 이와 같은 취지의 대법원 판결들은 이 판결의 견해에 배치되는 범위 내에서 이를 모두 변경하기로 한다.」

구할 수는 없게 되었으나, 이송 후 행정법원의 허가를 얻어 관리처분계획에 대한 취소 소송 등으로 변경될 수 있다.」고 판시하였는바,[513] 관리처분계획이 인가·고시로 확정되기 전까지만 총회결의에 대한 공법상 당사자 소송이 적법하며, 인가·고시로 확정된 이후에는 독립된 행정처분인 관리처분계획의 취소 또는 무효확인을 항고소송으로 다투어야 한다.

2. 관리처분계획인가의 법적 성질 및 쟁송방법

가. 인가의 처분성

앞서 본 바와 같이 조합원 총회에서 의결된 관리처분계획안은 관할행정청의 인가로 확정되고, 사업시행자는 관할행정청의 인가로 확정된 관리처분계획에 따라 정비구역 내 토지 또는 건축물을 관리하고 처분할 수 있는 공법적 권한을 부여받게 되고, 토지등 소유자와 이해관계인 등은 관리처분계획에 구속되어 직접적이고 구체적인 법적 효과를 받게 되는바, 관리처분계획을 확정하는 관할행정청의 인가도 행정처분에 해당한다.

나. 보충적 행정행위설과 설권적 행정행위설 및 쟁송방법

(1) 사업시행계획인가와 마찬가지로, 관리처분계획인가의 법적 성질에 관해서도 〈보충적 행정행위설〉과 〈설권적 행정행위설〉로 견해가 대립한다.

(2) 〈보충적 행정행위설〉에서는 인가처분을 사업시행자가 수립한 관리처분계획이라는 기본행위에 대해 인가청이 이를 보충하여 효력을 완성하는 보충적 행정행위로서 '강학상 인가'에 해당한다고 본다. 이에 따라 관리처분계획을 다투고자 하는 자는 항고소송에서 원칙적으로 사업시행자를 상대로 기본행위인 관리처분계획을 독립된 행정처분으로 하여 적법성을 다투어야 하고, 인가청을 상대로 보충적 행정행위인 인가처분의 적법성을 다투는 것은 소의 이익이 없어 부적법하며, 다만, 예외적으로 인가 자체에 고유한 하자 있는 경우에 한하여 인가청을 상대로 인가처분의 적법성을 다툴 수 있을 뿐이다.

(3) 〈설권적 행정행위설〉에서는, 사업시행자가 수립한 관리처분계획의 적법성 등은

---

513) 대법원 2009. 9. 17. 선고 2007다2428 전원합의체 판결 [총회결의무효확인].

인가처분의 요건에 불과하고, 인가처분은 사업시행자에게 관리처분계획에 따라 관리 및 처분을 할 수 있도록 권한을 부여하는 설권적 행정행위로 본다. 이에 따라 관리처분계획을 다투고자 하는 자는 항고소송에서 인가청을 상대방으로 하고 설권적 처분인 인가처분을 쟁송대상으로 하여 관리처분계획의 적법성을 다투어야 하고, 인가처분의 요건에 불과한 사업시행자의 관리처분계획 수립행위는 독립된 행정처분에 해당하지 아니하여 항고소송의 쟁송대상이 아니라고 본다.

(4) 대법원은 구 도시재개발법 사안에서 「도시재개발법 제34조에 의한 행정청의 인가는 주택개량재개발조합의 관리처분계획에 대한 법률상의 효력을 완성시키는 보충행위로서 그 기본되는 관리처분계획에 하자가 있을 때에는 그에 대한 인가가 있었다 하여도 기본행위인 관리처분계획이 유효한 것으로 될 수 없으며, 다만 그 기본행위가 적법・유효하고 보충행위인 인가처분 자체에만 하자가 있다면 그 인가처분의 무효나 취소를 주장할 수 있다고 할 것이지만, 인가처분에 하자가 없다면 기본행위에 하자가 있다 하더라도 따로 그 기본행위의 하자를 다투는 것은 별론으로 하고 기본행위의 무효를 내세워 바로 그에 대한 행정청의 인가처분의 취소 또는 무효확인을 소구할 법률상의 이익이 있다고 할 수 없다.」고 판시하였고,[514] 도시정비법 사안에서도 앞서 본 바와 같이 「도시정비법상 주택재건축정비사업조합이 수립한 관리처분계획에 대하여 관할 행정청의 인가・고시까지 있게 되면 관리처분계획은 행정처분으로서 효력이 발생하게 되므로, 총회결의의 하자를 이유로 하여 행정처분의 효력을 다투는 항고소송의 방법으로 관리처분계획의 취소 또는 무효확인을 구하여야 한다.」고 판시하여 관리처분계획을 인가와 구별되는 독립된 행정처분으로 보았는바,[515] 대법원은 〈보충적 행정행위설〉의 입장이다.

다. 재량행위설과 기속행위설 및 인가처분의 부관

(1) 사업시행자가 수립하여 인가받은 관리처분계획은 독립된 행정행위로서 계획적 행정행위(행정계획)에 해당하고, 행정계획은 전문적・기술적 판단을 기초로 하여 특정한 행정목표를 달성하기 위한 행정처분으로 행정주체는 구체적인 행정계획을 입안・결정

514) 대법원 2001. 12. 11. 선고 2001두7541 판결 [관리처분계획변경인가처분무효확인].
515) 대법원 2009. 9. 17. 선고 2007다2428 전원합의체 판결 [총회결의무효확인].

함에 있어서 비교적 광범위한 형성의 자유를 가진다. 따라서 사업시행자는 관리처분계획을 수립함에 있어서 법령에 따라 정해진 조합원의 지위나 권리 · 의무 등에는 기속되지만, 정비사업비와 조합원부담금 등 구체적인 내용에 관하여는 비교적 광범위한 형성의 자유를 가진다.

(2) 반면 관리처분계획을 확정하는 관할행정청의 인가처분이 재량행위인지 기속행위인지, 인가처분에 일정한 '조건이나 부담'(이하 '부관'이라 함)을 부과할 수 있는지에 관하여는 사업시행계획 인가처분의 성격과 마찬가지로 견해가 대립하고 있다.

(3) 〈보충행위설〉(대법원의 입장)에 따르면 기본행위인 조합의 관리처분계획 수립행위가 법령상 적법한 요건을 갖춘 이상 행정청은 반드시 인가처분을 하여야 하는 기속행위로 보고 인가처분의 효력을 제한하는 부관도 사업시행자에게 부과할 수 없다고 보는 것이 논리적으로 자연스럽고, 〈설권행위설〉에 따르면 조합의 인가신청에 대하여 공법적 권한을 부여하는 행정청이 그 재량에 의해 인가처분을 거부할 수도 있는 재량행위로 보고 인가처분의 효력을 제한하는 부관을 부과하는 것도 가능하다고 보는 것이 논리적으로 자연스럽다.

(4) 기속적 행정행위에도 일정한 범위의 재량권이 존재하고 재량적 행정행위에도 재량권의 한계가 존재한다는 것인 행정법상 통설적 견해이며, 이 때문에 양자의 구별은 재량권의 범위에 관한 문제이자 사법심사의 범위에 관한 문제일 뿐이라는 견해도 있는바,[516] 기속적 행정행위에도 행정청은 재량권을 일탈하지 아니하는 범위에서 부관을 부과할 수 있다고 할 것이므로, 사견으로는 사업시행계획의 인가처분과 마찬가지로 관리처분계획의 인가처분에도 부관을 부과할 수 있다고 본다.

(5) 그러나 대법원은 사업시행계획인가의 조건으로 "정비구역 밖"의 부지를 매입하여 정비기반시설을 설치한 후 기부채납하도록 한 사안에서 인가조건이 공익적 필요성 있어 부당결부금지의 원칙에 위반되지 않아 적법하다고 하면서도,[517] 이와 동일한 조

---

516) 박균성 저 「행정법론」 참조. 기속적 행정행위는 재량의 범위가 좁고 사법심사의 범위가 넓으며 재량적 행정행위는 재량의 범위가 넓어서 사법심사의 범위가 재량권 일탈 · 남용에 한정된다는 것이다.

517) 대법원 2014. 2. 21. 선고 2012다78818 판결 「구 도시정비법 제65조 제2항에서 말하는 정비사업의 시행으로 용도가 폐지되어 사업시행자에게 무상으로 '양도'되는 정비기반시설은 '정비구역 안'에 있는 정비기반시설만을 의미하는 것으로 해석하여야 하고, 사업시행자가 정비사업의 시행으로 새로이 설치한 정비기반시설로서 국가 또는 지방자치단체에 무상으로 '귀속'되

건을 사업시행계획인가와 관리처분계획인가에 함께 부과한 사안에서는, 「정비구역 밖에 위치하고 있는 이 사건 시유지 등을 매입하여 공원과 주차장 등을 조성한 후 이를 기부채납하는 내용의 이 사건 사업시행계획의 인가조건이 부당결부금지의 원칙 및 비례의 원칙 등에 위반되어 위법하다고 할 수는 있으나, 그 하자가 중대하고 명백하여 당연 무효라고 보기는 어렵다.」고 하여 사업시행계획인가에는 조건을 부과할 수 있다고 하면서도, 「관리처분계획에 대한 행정청의 인가는 관리처분계획의 법률상 효력을 완성시키는 보충행위로서의 성질을 갖는데 이에 관하여 도시정비법은 제49조 제2항과 제3항에서 사업시행자로부터 관리처분계획의 인가 신청이 있는 경우 30일 이내에 인가 여부를 결정하여 사업시행자에게 통보하고, 인가를 하는 경우 그 내용을 당해 지방자치단체의 공보에 고시하도록 규정하고 있을 뿐이다. 이러한 관리처분계획 및 그에 대한 인가처분의 의의와 성질, 그 근거가 되는 도시정비법과 그 시행령상의 위와 같은 규정들에 비추어 보면, 행정청이 관리처분계획에 대한 인가 여부를 결정할 때에는 그 관리처분계획에 도시정비법 제48조 및 그 시행령 제50조에 규정된 사항이 포함되어 있는지, 그 계획의 내용이 도시정비법 제48조 제2항의 기준에 부합하는지 여부 등을 심사 · 확인하여 그 인가 여부를 결정할 수 있을 뿐 기부채납과 같은 다른 조건을 붙일 수는 없다고 할 것이다.」고 판시하여 관리처분계획의 인가에는 부관을 부과할 수 없다고

는 정비기반시설도 이와 마찬가지로 새겨야 하므로, 사업시행자가 정비사업의 시행으로 새로이 설치한 정비기반시설이지만 '정비구역 밖'에 위치한 것은 도시정비법 제65조 제2항에 의하여 당연히 국가나 지방자치단체에 무상으로 귀속된다고 할 수 없으나, 정비사업의 시행으로 '정비구역 밖'에 설치하는 정비기반시설이라 하더라도 사업시행 인가관청이 사업시행인가처분을 하면서 인가조건으로 시설을 설치하도록 하는 부담을 부과하고 사업시행자가 부담의 이행으로써 이를 설치한 때에는, 부관이 다른 법률의 규정에 위반되거나 부당결부금지의 원칙이나 비례의 원칙에 반하여 위법하다고 볼 특별한 사정이 없는 한, 인가조건의 내용에 따라 당해 정비기반시설은 무상으로 또는 정산을 거쳐 시설을 관리할 국가 또는 지방자치단체에 귀속될 수 있다. 이 사건 도로는 원고의 이 사건 주택재건축사업의 시행으로 교통량이 증가함에 따라 신설할 필요가 생겼을 뿐 아니라 인접한 아파트재건축조합 조합원들 못지않게 원고 조합원들의 이용상 편익도 크게 증진될 것으로 보이는 점, 이 사건 인가조건에서 이 사건 도로의 설치비용을 사후 정산해 주는 것으로 정하고 있어서 비록 원고가 그 설치를 위해 금전적 부담을 안게 되더라도 그 상당 부분은 보전될 것이 예정되어 있는 점 등을 종합하여 보면, 피고가 이 사건 인가조건으로 원고에게 이 사건 도로의 설치의무를 부과한 것이 부당결부금지의 원칙이나 비례의 원칙에 반한다고 할 수 없고, 더구나 이 사건 인가조건은 그 위법 여부를 다툴 수 있는 불복기간이 경과되어 불가쟁력이 발생한 데다 달리 그것이 당연무효라고 볼 만한 사유를 찾아 볼 수도 없다.」

하였다.[518)]

(6) 사견으로는 위 대법원 판례는 법리의 일관성에서 문제가 있고, 기부채납 등 정비기반시설의 무상귀속에 관한 사항이 사업시행계획의 유효한 인가조건으로 되어 있음에도 관리처분계획에 반영되지 않을 경우 사업시행자는 관리처분계획에 위반하여 정비기반시설을 귀속시킬 수 없게 되는 문제가 있어 타당하지 않다고 본다. 다만, 대법원은 사업시행계획인가처분의 적법한 부관을 사업시행자가 이행하지 아니한 때에는 준공인가를 받을 수 없다고 판시하였는바,[519)] 관리처분계획인가의 조건이 무효라 할지라도 사업시행계획인가의 조건이 유효하다면 사업시행자는 인가조건을 이행하지 아니하고서는 준공인가를 받을 수는 없게 된다.

3. 관리처분계획의 법적 성격 및 쟁송방법

가. 사업시행자의 독립된 행정처분

(1) 앞서 본 바와 같이 관리처분계획은 조합이 관리처분계획을 수립하여 총회의결을 거친 후 관할관청이 인가하면 확정되는바, 대법원은 행정청의 인가처분으로 확정된 관리처분계획은 조합이 행한 독립된 행정처분으로 보고 있다.

(2) 따라서 인가처분이 있은 후에 그 요건에 불과한 총회결의의 무효를 구하는 공법상 당사자소송은 부적법하고, 기본행위인 총회결의의 하자를 이유로 보충적 행정행위

518) 대법원 2012. 8. 30. 선고 2010두24951 판결 [사업시행변경인가처분등일부무효확인].

519) 대법원 1993. 9. 28. 선고 93누9132 판결「주택건설촉진법 제33조의2 제1항, 시행령 제34조 제1항에 비추어 보면, 주택건설사업 완료 후 건축물에 대하여 준공검사를 받기 위하여는 승인받은 사업계획에 부합하는 사업을 시행하여야 하고, 만일 승인받은 사업계획에 대하여 변경승인을 얻어야 할 사정이 있을 경우에는 그러한 내용의 변경승인을 얻지 않은 한 그 사업으로 인한 건축물에 대한 준공검사신청은 받아들일 수 없다 할 것이므로 주택조합의 조합원들 중에 무자격자가 있다면 이를 정리하여 사업계획변경승인을 얻어야 하고, 그 승인을 얻지 못한 경우에는 그 사업으로 인한 건축물에 대한 준공검사신청 역시 받아들일 수 없다.」 대법원 1997. 3. 14. 선고 96누16698 판결「적법한 부관이 붙은 주택건설사업계획의 승인을 받은 원고가 사용검사일 전까지 그 부관에 따른 진입도로 등의 설치 및 기부채납의무를 이행하지 아니한 경우에는 승인된 사업계획의 내용에 부적합하여 주택건설촉진법 제33조의2 제1항에 의한 사용검사를 받을 수 없고, 또한 위 아파트 중 비상계단의 계단폭과 계단참의 너비가 법정기준에 미달하도록 시공된 채 시정되지 아니하고 있는 이상 그 점에서도 역시 승인된 사업계획의 내용에 부적합하여 사용검사를 받을 수 없는 것이니, 위와 같은 사유들을 들어 위 아파트에 대한 사용검사를 거부한 피고의 이 사건 처분은 적법하다 할 것이다.」

에 불과한 인가처분의 무효 또는 취소를 구하는 항고소송도 부적법하며, 조합을 상대방으로 하여 관리처분계획이라는 독립된 행정처분의 무효 또는 취소를 구하는 항고소송을 제기하여야 한다는 것이 대법원의 입장이다.[520)]

나. 대물적 행정처분

환지처분이 대인처분이 아니라 대물처분인 것과 같은 법리로 권리를 변환하는 이전고시(분양처분)도 대물처분에 해당하고,[521)] 관리처분계획은 사업완료 후 이전고시(분양처분)의 내용을 미리 정하는 계획이므로, 관리처분계획의 법적 성격은 대물처분이라고 할 것이다.

---

520) 대법원 2009. 9. 17. 선고 2007다2428 전원합의체 판결 [총회결의무효확인] 「도시정비법상 주택재건축정비사업조합이 수립한 관리처분계획에 대하여 관할 행정청의 인가 · 고시까지 있게 되면 관리처분계획은 행정처분으로서 효력이 발생하게 되므로, 총회결의의 하자를 이유로 하여 행정처분의 효력을 다투는 항고소송의 방법으로 관리처분계획의 취소 또는 무효확인을 구하여야 하고, 그와 별도로 행정처분에 이르는 절차적 요건 중 하나에 불과한 총회결의 부분만을 따로 떼어내어 효력 유무를 다투는 확인의 소를 제기하는 것은 특별한 사정이 없는 한 허용되지 않는다. 관리처분계획안에 대한 총회결의의 무효확인을 구하는 소가 관할을 위반하여 민사소송으로 제기된 후에 관할 행정청의 인가 · 고시가 있었던 경우 따로 총회결의의 무효확인만을 구할 수는 없게 되었으나, 이송 후 행정법원의 허가를 얻어 관리처분계획에 대한 취소소송 등으로 변경될 수 있다.」

521) 구 도시재개발법 사안에서 대법원 1995. 6. 30. 선고 95다10570 판결 [소유권이전등기등]은 「도시재개발법에 의한 재개발사업에 있어서의 분양처분은 재개발구역 안의 종전의 토지 또는 건축물에 대하여 재개발사업에 의하여 조성되거나 축조되는 대지 또는 건축 시설의 위치 및 범위 등을 정하고 그 가격의 차액에 상당하는 금액을 청산하거나, 대지 또는 건축 시설을 정하지 않고 금전으로 청산하는 공법상 처분으로서, 그 처분으로 종전의 토지 또는 건축물에 관한 소유권 등의 권리를 강제적으로 변환시키는 이른바 공용환권에 해당하나, 분양처분 그 자체로는 권리의 귀속에 관하여 아무런 득상 · 변동을 생기게 하는 것이 아니고, 한편 종전의 토지 또는 건축물에 대신하여 대지 또는 건축 시설이 정하여진 경우에는 분양처분의 고시가 있은 다음날에 종전의 토지 또는 건축물에 관하여 존재하던 권리관계는 분양받는 대지 또는 건축 시설에 그 동일성을 유지하면서 이행되는바, 이와 같은 경우의 분양처분은 대인적 처분이 아닌 대물적 처분이라 할 것이므로, 재개발사업 시행자가 소유자를 오인하여 종전의 토지 또는 건축물의 소유자가 아닌 다른 사람에게 분양처분을 한 경우 그러한 분양처분이 있었다고 하여 그 다른 사람이 권리를 취득하게 되는 것은 아니며, 종전의 토지 또는 건축물의 진정한 소유자가 분양된 대지 또는 건축시설의 소유권을 취득하고 이를 행사할 수 있다.」고 하여 분양처분이 대물처분이라는 점을 판시하였다.

다. 일부 취소의 문제

(1) 관리처분계획에서는 분양대상자인 조합원과 현금청산 대상자를 구별하고 조합원 분양권의 수를 정하며 종전 권리가액 평가 등에 따라 조합원 분담금 등을 정하게 되는바, 이로 인해 실무에서는 토지등소유자가 분양권 존부 또는 분양권의 수, 종전 권리가액 등에 관하여 불만을 갖고 자신에 대한 관리처분계획의 취소소송을 제기하는 경우가 많다.

(2) 위와 같이 관리처분계획은 다수의 토지등소유자의 권리에 관한 가분적 처분의 집합이고,[522] 관리처분계획 전체를 취소하기보다는 당해 조합원에 대한 관리처분계획 부분만 일부 취소할 필요성이 있고, 오히려 취소 등의 청구는 자신의 권리를 보호하는 데 필요한 범위에 그쳐야 할 뿐 자신의 이익과 무관한 법률관계의 취소를 구하는 것은 부적법하며, 취소의 범위를 제한하는 것이 전체적인 관리처분계획의 안정성을 제고할 수 있는바, 대법원도 관리처분계획의 일부 취소를 인정하고 있고,[523] 특정 조합원에 대한 종전 권리가액만을 취소할 수 있다고 판시한바 있다.[524]

(3) 다만, 대법원은 상가에 대한 관리처분계획이 위법한 사안에서 「이 사건 관리처분계획 중 상가 부분에 관하여는 구 도시정비법 제48조 제1항 소정의 내용들이 포함되어 있지 않아 제대로 관리처분계획이 수립되지 않았고, 이러한 하자는 중대하고 위 관리처분계획 내용 자체로 객관적으로 명백하며, 새로이 상가와 관련한 관리처분계획을 수립할 경우 아파트조합원들에 대한 권리가액비율 및 분담금액도 일부 변경되어야 할 것으

522) 관리처분계획을 독립된 행정처분으로 보지 아니하고 인가처분을 항고소송의 대상으로 한다면 그에 대한 일부취소가 가능한지 문제될 수 있으나, 관리처분계획 자체를 독립된 행정처분으로 보는 이상 이러한 문제는 없다.

523) 대법원 1995. 7. 14. 선고 93누9118 판결 [환지예정지지정변경처분취소] 「재개발사업이 완료되어 분양처분이 이루어지기 전에 있어서는 관리처분계획의 일부 변경 등이 가능한 것이므로 관리처분계획의 인가처분에 대하여는 분양처분의 경우와는 달리 그 일부의 취소 청구라도 허용된다.」

524) 대법원 2008. 2. 14. 선고 2006다33470, 33487 판결 「재개발조합의 청산금 징수액 산정에 관한 제1차 관리처분계획에 대한 취소판결이 확정된 경우, 그 기판력은 그 후 종전권리가액에 대한 비례율을 달리하여 새로 청산금 징수액을 산정한 제2차 관리처분계획의 효력에 대한 판단에는 미치지 않지만, 확정된 취소판결의 주문에서 제1차 관리처분계획 중 청산금 산정의 기준이 되는 특정 조합원의 종전권리가액 결정 부분을 별도로 취소하였다면 이 부분에 기판력이 생기므로, 그 후 소송에서 취소된 종전권리가액을 기초로 해당 조합원의 청산금 징수액을 산정하는 것은 기판력에 반한다.」

로 보여 위와 같은 하자는 이 사건관리처분계획 전체에 영향을 미친다 할 것이므로, 이 사건 관리처분계획은 그 전부가 무효라고 판단한 원심은 정당하다.」고 판시하여 관리처분계획 전부를 무효라고 판시하였다.[525)]

라. 권리 존부형 분쟁과 권리 귀속형 분쟁의 쟁송방법

(1) 개념 정의

관리처분계획에서 분양받을 권리 등의 귀속자를 A라고 확정하였는데 B가 자신이 권리자라고 주장하는 경우를 권리 귀속형 분쟁이라고 하고, A든 B든 분양받을 권리 등의 존재 자체가 부인되는 경우를 권리 존부형 분쟁이라고 한다.

(2) 권리 존부형 분쟁의 쟁송방법

1) 앞서 본 바와 같이 인가 전에 총회에서 수립된 관리처분계획은 공법상 당사자소송으로 총회결의의 무효를 다툴 수 있고, 인가를 받아 확정된 관리처분계획은 독립된 행정처분이므로 항고소송으로 관리처분계획의 취소 또는 무효를 다툴 수 있는바, 권리 존부형 분쟁에 있어서 권리가 부인된 토지등소유자는 총회결의의 일부 무효를 공법상 당사자소송으로 구하거나, 관리처분계획의 일부 취소 또는 무효를 항고소송으로 구하면 된다.

2) 대법원은 「재개발조합을 상대로 한 쟁송에 있어서 조합원 자격 인정 여부에 관하여 다툼이 있는 경우에는 공법상의 당사자소송에 의하여 그 조합원 자격의 확인을 구하여야 하고, 분양신청 후에 정하여진 관리처분계획의 내용에 관하여 다툼이 있는 경우에는 항고소송에 의하여 "관리처분계획 또는 그 내용인 분양거부처분" 등의 취소를 구할 수 있다.」고 판시하고,[526)] 또한 「재개발구역 안에 있는 토지의 전 소유자가 이미 분양신청을 하였고, 그 후 현 소유자가 전 소유자로부터 위 토지의 소유권을 취득하였다면, 전 소유자의 조합원으로서의 지위는 현 소유자에게 승계 · 이전되고, 전 소유자가 한 분양신청의 효력도 현 소유자에게 미치고, 재개발조합이 전 소유자에 대하여 아파트를 분양하지 아니하고 현금 청산을 하기로 하는 관리처분계획을 정하여 인가를 받은 것의

525) 대법원 2010. 12. 9. 선고 2010두4470 판결 [관리처분계획무효확인등].

526) 대법원 1996. 2. 15. 선고 94다31235 전원합의체 판결 [수분양권존재확인등], 대법원 1997. 11. 28. 선고 95다43594 판결 [명의변경이행] 등.

효력도 현 소유자에게 미친다 할 것이고, 전 소유자가 분양신청을 한 것과 별도로 현 소유자가 다시 분양신청을 하여야만 재개발사업에 의하여 조성되거나 축조되는 대지 또는 건축시설을 분양받을 수 있게 되는 것은 아니므로 현 소유자는 스스로 분양신청을 한 바 없다 하더라도 위 재개발조합이 전 소유자에 대하여 한 분양거부처분에 대하여 취소를 구할 수 있다.」고 판시하였다.[527)]

3) 위 대법원 판례에 따르면 분양거부처분의 취소를 구하는 항고소송도 가능하다고 할 것인데, 분양거부처분은 관리처분계획의 내용으로서 특정 소유자를 분양대상자에서 제외시킨 것을 의미하므로, 분양거부처분의 취소를 구하는 것은 관리처분계획의 일부 취소를 구하는 것과 실질이 같다고 할 것이다. 따라서 청구취지는 "관리처분계획 중 원고에 대한 분양거부처분을 취소한다." 또는 "관리처분계획 중 원고에 대한 분양거부처분은 무효임을 확인한다."로 기재한다.

4) 그런데 이러한 항고소송에서 취소판결이 있는 경우에도 판결의 효력은 해당 토지등소유자에 대한 관리처분계획이나 분양거부처분을 취소하는데 미칠 뿐이고, 해당 현금청산자가 당연히 분양대상 조합원으로 되는 것은 아니며, 다만 사업시행자는 판결에 따라 관리처분계획을 변경하여 해당 조합원에게 분양권을 부여할 의무를 부담하게 될 뿐이다. 따라서 사업시행자가 법원의 판결에도 불구하고 관리처분계획을 변경하지 아니하는 경우에는 위 판결의 강제집행으로는 분양권 확보의 목적을 달성할 수 없고, 공법상 당사자소송으로 부작위 위법 확인과 이행강제금 청구를 하거나, 사업시행자가 보류지와 체비지를 전부 일반분양하여 처분하는 것을 막기 위해 민사소송 또는 공법상 당사자 소송으로 일반분양 금지를 청구하는 등 후속적 소송을 진행할 필요가 있다는 점에서, 항고소송의 한계가 존재한다. 이러한 한계로 인해 보다 적극적인 쟁송방법으로 ① 수분양권(또는 수분양자 지위)의 확인을 구하는 공법상 당사자소송이나, ② 분양대상 조합원 지위의 확인을 구하는 공법상 당사자소송을 제기하는 경우가 있는데, 독립된 행정처분인 관리처분계획과의 관계에서 이러한 쟁송방법이 적법한 것인지를 살펴볼 필요가 있다.

5) "수분양권 확인을 구하는 공법상 당사자 소송"에 대해, 대법원은 「조합원의 자격이 인정된다 하더라도 분양신청을 하지 아니하거나 분양을 희망하지 아니할 때에는

527) 대법원 1999. 4. 13. 선고 98두19230 판결 [분양거부처분취소].

금전으로 청산하게 되므로, 대지 또는 건축시설에 대한 수분양권의 취득을 희망하는 토지 등의 소유자가 한 분양신청에 대하여 조합이 분양대상자가 아니라고 하여 관리처분계획에 의하여 이를 제외시키거나 원하는 내용의 분양대상자로 결정하지 아니한 경우, 토지 등의 소유자에게 원하는 내용의 구체적인 수분양권이 직접 발생한 것이라고는 볼 수 없어서 곧바로 조합을 상대로 하여 민사소송이나 공법상 당사자소송으로 수분양권의 확인을 구하는 것은 허용될 수 없다.」고 판시하였는바,[528] 관리처분계획의 확정 전 · 후를 불문하고 원칙적으로는 허용될 수 없다. 다만, 구체적인 수분양권이 발생한 때에는 가능하다고 할 것인데, 관리처분계획에서 분양대상자에 포함되고 동 · 호수 추첨 후 조합원 분양계약까지 체결한 후 토지등소유권이 양도된 경우에 법 제39조 제2항에 따른 투기과열지구의 조합원 지위 승계 금지원칙 및 예외사유의 해당 여부가 문제되어 수분양권이 존재하는지 아니면 법 제73조에 따라 현금청산을 하여야 하는지가 쟁점이 된다면, 양수인이 수분양권을 부인하는 사업시행자를 상대로 수분양권 확인을 구할 수 있다고 할 것이다. 이는 관리처분계획의 취소 또는 변경이 문제되지 아니하고 법령에 따른 수분양권의 존부만이 문제되기 때문이다.

6) 관리처분계획이 확정되기 전 "분양대상 조합원지위의 확인을 구하는 공법상 당사자 소송"의 적법성 여부를 살펴보면, 대법원은 다가구 주택의 공유자가 각자 조합원의 지위의 확인을 구하는 사안에서, 「원고들이 주택재개발정비사업조합인 피고 조합의 각자 단독 조합원 지위에 있는지 아니면 이 사건 각 건물 등의 다른 공유자와 함께 1인의 조합원 지위에 있는지에 따라 원고들의 조합원으로서의 권리 · 의무에 영향을 받게 되고 피고 조합이 원고들의 단독 조합원으로서의 지위를 부인하고 있으므로, 원고들로서는 그 권리 또는 법적 지위에 현존하는 위험 · 불안을 제거하기 위하여 피고 조합을 상대로 단독 조합원 지위에 있음의 확인을 구할 이익이 있다.」고 판시하였고,[529] 서울행정법원 판결도 「피고 조합은 원고들이 각자 단독으로 공동주택을 분양받을 조합원에 해당하는지 여부는 장래 관리처분계획의 수립시에 비로소 결정될 것이므로, 원고들은 관리처분계획의 수립 이전 단계에서 각자가 공동주택 분양대상 조합원의 지위에 있음의 확인을 구할 이익이 없다.」는 본안전 항변에 대해 「원고들로서는 그 권리 또는 법적

528) 대법원 1996. 2. 15. 선고 94다31235 전원합의체 판결 [수분양권존재확인등].
529) 대법원 2011. 3. 10. 선고 2010두4377 판결 [조합원지위확인].

지위에 현존하는 위험 · 불안을 제거하기 위하여 피고 조합을 상대로 단독조합원의 지위에 있음의 확인을 구할 이익이 있고, 피고 조합의 위 본안전 항변은 이유 없다.」고 판시하였는바,[530] 관리처분계획이 인가로 확정되기 전에는 공법상 당사자 소송으로 분양대상 조합원 지위의 확인을 구하는 것도 가능할 것이다.

7) 관리처분계획이 확정된 후 "분양대상 조합원지위의 확인을 구하는 공법상 당사자 소송"의 적법성과 관련하여, 무허가건물의 소유자[531]가 조합을 상대로 조합원지위확인을 구하는 사안에서, 원심은 「관리처분계획이 정해진 이후의 단계에서는 곧바로 피고 조합을 상대로 하여 민사소송이나 공법상 당사자소송으로 조합원자격확인을 구하는 것은 허용될 수 없고, 또한 원고 주장과 같이 원고가 피고 조합의 조합원으로 인정된다고 하더라도 이미 확정된 관리처분계획에 원고를 조합원으로 편입시킬 방법이 없는 이상 원고가 이 사건 소로써 구하고자 하는 목적은 실현불능이 되어 재판의 형성자체가 무의미하게 되므로, 이 사건 소는 소의 이익이 없어 부적법하다.」고 각하하였는데, 대법원은 「주택개량재개발조합인 피고가 그 조합원임을 주장하는 원고의 조합원자격을 부인하는 경우, 원고는 그의 권리 또는 법적 지위에 현존하는 위험 · 불안을 제거하는 방법으로 피고 조합을 상대로 조합원지위확인을 구할 소의 이익이 있다 할 것이다. 그리고 관리처분계획은 분양처분이 이루어지기 전까지는 변경될 수도 있을 뿐만 아니라, 그 계획이 확정되었다고 하여 위와 같은 소의 이익에 관한 법리가 달라지는 것은 아니라 할 것이다.」라며 원심을 파기하는 판결을 한 바 있다.[532] 그러나 사견으로는

---

530) 서울행정법원 2009. 5. 21. 선고 2009구합4678 판결 [조합원지위확인].

531) 대법원 1999. 7. 27. 선고 97누4975 판결 [주택개량재개발조합원지위확인] 「구 도시재개발법(1995. 12. 29. 법률 제5116호로 전문 개정되기 전의 것) 제2조 제4호, 제20조는 재개발조합이 시행하는 재개발구역 안의 토지 또는 건축물의 소유자와 지상권자는 당해 조합의 조합원이 된다고 규정하고 있는바, 무허가건축물은 원칙적으로 관계 법령에 의하여 철거되어야 할 것인데 그 소유자에게 조합원 자격을 부여하여 결과적으로 재개발사업의 시행으로 인한 이익을 향유하게 하는 것은 위법행위를 한 자가 이익을 받는 결과가 되어 허용될 수 없는 점, 재개발사업의 원활한 시행을 위하여는 재개발구역 내의 무분별한 무허가주택의 난립을 규제할 현실적 필요성이 적지 않은 점 등에 비추어 볼 때, 같은 법 제2조 제4호, 제20조에 의하여 소유자에게 조합원의 자격이 부여되는 건축물이라 함은 원칙적으로 적법한 건축물을 의미하고 무허가건축물은 이에 포함되지 않는다고 보아야 할 것이고, 다만 조합은 각자의 사정 내지는 필요에 따라 일정한 범위 내의 무허가건축물 소유자에게 조합원의 자격을 부여하도록 정관으로 정할 수 있다.」

532) 대법원 1999. 2. 5. 선고 97누14606 판결 [조합원지위확인].

원심판결이 타당하고 대법원 판결이 부당하다고 본다. 이와 다른 대법원 판례에서는 「재개발조합을 상대로 한 쟁송에 있어서 조합원 자격 인정 여부에 관하여 다툼이 있는 경우에는 공법상의 당사자소송에 의하여 그 조합원 자격의 확인을 구하여야 하고 분양신청 후에 정하여진 관리처분계획의 내용에 관하여 다툼이 있는 경우에는 항고소송에 의하여 관리처분계획 또는 그 내용인 분양거부처분 등의 취소를 구할 수 있는 것이다.」고 판시하였는데[533] 앞서 본 대법원 판례는 이와 배치된다고 보며, 관리처분계획이 확정된 후에는 관리처분계획이라는 행정처분을 다투어 변경하지 않는 한 조합원 지위의 확인만으로는 아무런 법률상 이익이 없기 때문이다. 다만, 관리처분계획의 취소 또는 변경과 무관하게 조합원 지위의 확인을 구할 법률상 이익이 있는 예외적인 경우에는 공법상 당사자 소송도 인정할 수 있는바, 앞서 본 바와 같이 법 제39조 제2항 투기과열지구 내 조합원 지위의 승계 여부가 문제되거나, 관리처분계획에 따른 분양대상인 종전토지등소유권에 관한 권리 존부형 분쟁이 발생하고 사업시행자가 진정한 소유자의 조합원 지위를 부인하고 있는 경우 등 특별한 사정이 있는 때에는 관리처분계획을 항고소송으로 다투지 아니하고 조합원 지위의 확인 구하는 공법상 당사자소송도 적법하다고 할 것이다.

(3) 권리 귀속형 분쟁의 쟁송방법

1) 권리 귀속형 분쟁이란, 관리처분계획이 종전 토지 등의 등기부상 명의자인 A를 분양받을 권리 등의 귀속자로 확정하였는데, B가 종전 토지 등의 진정한 소유자라며 관리처분계획상 권리자는 자신이라고 주장하여, 권리의 귀속주체에 관한 분쟁이 발생한 것을 말한다.

2) 이러한 권리 귀속형 분쟁은 본질적으로 종전 토지 등의 소유권에 관한 분쟁으로 A와 B가 진정한 소유자를 확정하는 민사소송으로 해결하는 것이 원칙이며, 사업시행자는 민사판결에 따라 관리처분계획상 분양대상 조합원의 명의를 정정하면 된다. 다만, 이러한 경우에 통상 분양신청(조합원 임의가입주의를 취하는 재건축사업에서 조합설립 동의를 포함한다)은 등기상 명의자인 A가 하고 진정 소유자인 B는 하지 아니하였을 것이므로, 이를 분양대상에서 제외하고 현금청산을 하여야 하는지 문제될 수 있는데, 진정 소유자

533) 대법원 1997. 11. 28. 선고 95다43594 판결 [명의변경이행].

B가 이를 추인하면서 자신을 조합원 및 분양받을 권리자로 취급해 줄 것을 주장한다면, 조합은 B의 분양대상 조합원 지위를 부정할 수는 없다고 할 것이고 관리처분계획상 명의를 정정하여야 할 것이다.[534)]

3) 그런데 사업시행자가 민사 판결에도 불구하고 관리처분계획상 명의변경을 하지 아니하는 경우, 민사판결의 진정 소유자가 항고소송으로 관리처분계획의 일부 취소 또는 분양거부처분 취소를 구할 소의 이익이 있는지가 문제된다. 이는 관리처분계획의 대물처분성에 기초하여 살펴보아야 하는바, 전술한 바와 같이 관리처분계획은 이전고시(분양처분)을 미리 계획하는 대물처분이고, 대법원은 「재개발사업에 있어서의 분양처분은 종전의 토지 또는 건축물에 관한 소유권 등의 권리를 강제적으로 변환시키는 이른바 공용환권에 해당하나, 분양처분 그 자체로는 권리의 귀속에 관하여 아무런 득상・변동을 생기게 하는 것이 아니고, 이와 같은 분양처분은 대인적 처분이 아닌 대물적 처분이라 할 것이므로, 재개발사업 시행자가 소유자를 오인하여 종전의 토지 또는 건축물의 소유자가 아닌 다른 사람에게 분양처분을 한 경우 그러한 분양처분이 있었다고 하여 그 다른 사람이 권리를 취득하게 되는 것은 아니며, 종전의 토지 또는 건축물의 진정한 소유자가 분양된 대지 또는 건축시설의 소유권을 취득하고 이를 행사할 수 있다.」고 판시하였는바,[535)][536)] 관리처분계획은 종전 토지 및 건축물에 대하여 효력을 미칠 뿐 A와 B 중 누가 진정한 권리자인지에 관하여 법률상 효력을 미치는 것은 아니므로, 권리귀속형 분쟁의 경우에는 관리처분계획을 항고소송으로 다툴 소의 이익이 없다(각하).

4) 이에 따라 진정한 권리자의 권리구제를 위한 다른 쟁송방법을 살펴볼 필요가 있는데, 위 대법원 판례는 분양처분(이전고시)[537)] 이후 신축건축물의 귀속에 관하여 「당초

534) 부장판사 이우재 저 「도시 및 주거환경정비법」.

535) 대법원 1995. 6. 30. 선고 95다10570 판결 [소유권이전등기등].

536) 위 대법원 판례는 「당초 갑 소유로서 재개발조합에 제공된 토지와 건물 중 건물은 갑이 동의함으로써 사전 철거된 후 토지만이 을에게 경락되었는데도, 재개발조합이 건물에 관한 권리도 을에게 이전된 것으로 오인하고 을에게만 아파트 1세대분을 분양하는 것으로 관리처분계획을 정하여 분양처분을 한 경우, 토지는 을이 재개발조합에 제공한 셈이어서 그 아파트 중 토지가 변환된 부분에 관하여는 을이 그 소유권을 가진다 할 것이지만, 건물은 당초부터 갑이 재개발조합에 제공한 것으로서 그 권리가 이전된 바가 없어 그 아파트 중 건물이 변환된 부분에 관하여는 갑이 그 소유권을 가진다고 보아야 하며, 다만 그 아파트 중토지가 변환된 부분과 건물이 변환된 부분의 비율 즉 갑과 을의 소유지분 비율은 달리 특별한 사정이 없는 한 토지와 건물의 각 가액의 비율에 따라야 한다.」고 판시한 사안인바, 사업시행자와 경락인은 건축물 철거 후 경매절차에 관하여 유의할 필요가 있다.

갑 소유로서 재개발조합에 제공된 토지와 건물 중 건물은 갑이 동의함으로써 사전 철거된 후 토지만이 을에게 경락되었는데도, 재개발조합이 건물에 관한 권리도 을에게 이전된 것으로 오인하고 을에게만 아파트 1세대분을 분양하는 것으로 관리처분계획을 정하여 분양처분을 한 경우, 토지는 을이 재개발조합에 제공한 셈이어서 그 아파트 중 토지가 변환된 부분에 관하여는 을이 그 소유권을 가진다 할 것이지만, 건물은 당초부터 갑이 재개발조합에 제공한 것으로서 그 권리가 이전된 바가 없어 그 아파트 중 건물이 변환된 부분에 관하여는 갑이 그 소유권을 가진다고 보아야 하며, 다만 그 아파트 중 토지가 변환된 부분과 건물이 변환된 부분의 비율 즉 갑과 을의 소유지분 비율은 달리 특별한 사정이 없는 한 토지와 건물의 각 가액의 비율에 따라야 한다. 따라서 원고 갑은 비율에 따른 소유권을 주장하여 피고 을 명의의 소유권이전등기 말소등기절차의 이행을 구할 수 있고, 피고 조합에 대하여는 진정 명의의 회복을 위해서라도 원고 갑 앞으로 소유권이전등기절차의 이행을 구할 수 있다.」고 판시하였다.[538] 반면, 이전고시 이전이라면 진정소유자는 참칭소유자를 상대로 민사상 소유권이전등기소송 또는 소유권확인소송(무허가건축물의 경우)을 제기할 수 있고, 법원의 소유권확인판결이나 소유권이전등기판결에도 불구하고 사업시행자가 B의 조합원 지위를 부인한다면 사업시행자를 상대로 조합원지위 확인의 공법상 당사자소송을 제기할 수 있다고 할 것이다.

마. 관리처분계획상 조합원이 아닌 자의 원고 적격

(1) 대법원은 「도시환경정비사업에 대한 사업시행계획에 당연 무효인 하자가 있는 경우에는 도시환경정비사업조합은 사업시행계획을 새로이 수립하여 관할관청에게서 인가를 받은 후 다시 분양신청을 받아 관리처분계획을 수립하여야 한다. 따라서 분양신청기간 내에 분양신청을 하지 않거나 분양신청을 철회함으로 인해 도시 및 주거환경정비법 제47조 및 조합 정관 규정에 의하여 조합원의 지위를 상실한 토지 등 소유자도 그때 분양신청을 함으로써 건축물 등을 분양받을 수 있으므로 관리처분계획의 무효확인 또는 취소를 구할 법률상 이익이 있다.」고 판시하였는바,[539] 관리처분계획 무효 또

537) 이전고시의 의의와 효력에 관하여는 법 제86조 부분을 참조하기로 한다.

538) 대법원 1995. 6. 30. 선고 95다10570 판결 [소유권이전등기등]. 사업시행자와 경락인은 건축물 철거 후 경매절차에 관하여 유의할 필요가 있다.

539) 대법원 2011. 12. 8. 선고 2008두18342 판결 [관리처분계획취소].

는 취소로 분양신청절차를 다시 진행해야 할 경우에는 조합원이 아닌 현금청산자도 관리처분계획 전체를 다툴 법률상 이익이 있는 자로서 원고적격이 있다.

(2) 사업시행자의 분양신청절차 위반 등으로 분양신청을 하지 못하거나 적법한 분양신청에도 불구하고 위법하게 현금청산자로 분류된 자도, 관리처분계획 일부 취소 또는 무효의 원고적격이 있다고 할 것이고, 나아가 대법원은 「재개발구역 안에 있는 토지의 전 소유자가 이미 분양신청을 하였고, 그 후 현 소유자가 전 소유자로부터 위 토지의 소유권을 취득하였다면, 전 소유자의 조합원으로서의 지위는 현 소유자에게 승계・이전되고, 전 소유자가 한 분양신청의 효력도 현 소유자에게 미치고, 재개발조합이 전 소유자에 대하여 아파트를 분양하지 아니하고 현금 청산을 하기로 하는 관리처분계획을 정하여 인가를 받은 것의 효력도 현 소유자에게 미친다 할 것이고, 전 소유자가 분양신청을 한 것과 별도로 현 소유자가 다시 분양신청을 하여야만 재개발사업에 의하여 조성되거나 축조되는 대지 또는 건축시설을 분양받을 수 있게 되는 것은 아니므로 현 소유자는 스스로 분양신청을 한 바 없다 하더라도 위 재개발조합이 전 소유자에 대하여 한 분양거부처분에 대하여 취소를 구할 수 있다.」고 판시하였는바,[540] 현금청산자의 양수인도 원고 적격이 인정될 수 있다.

바. 변경 전 관리처분계획에 대한 소의 이익

(1) 대법원은 관리처분계획이 변경된 경우에 변경 전 관리처분계획이 실효된 것인지, 변경 전 관리처분계획을 항고소송으로 다툴 소의 이익이 있는지 등에 관하여, 사업시행계획의 변경과는 다른 관점에서 바라보고 있다.

(2) 대법원은 사업시행계획 변경과 관련하여, 「인가받은 사업시행계획의 내용 중 경미한 사항을 변경하여 이를 신고한 경우는 물론, 그 밖의 사항을 변경하여 그 인가를 받은 경우에도 종전에 인가받은 사업시행계획 중 변경되지 아니한 부분은 여전히 존재하여 그 효력을 유지함이 원칙」이라고 판시하여 원칙적으로 변경 전 계획도 효력을 유지한다고 하고,[541] 다만 예외적으로 「당초 사업시행계획의 흠을 바로 잡기 위하여 당초 사업시행계획과 동일한 요건, 절차를 거쳐 새로운 사업시행계획을 수립하여 시

540) 대법원 1999. 4. 13. 선고 98두19230 판결 [분양거부처분취소].
541) 대법원 2014. 2. 27. 선고 2011두25173 판결.

장 · 군수로부터 인가받은 경우 또는 당초 사업시행계획의 주요 부분을 실질적으로 변경하는 내용으로 새로운 사업시행계획을 수립하여 시장 · 군수의 인가를 받음으로써 새로운 사업시행계획이 당초 사업시행계획을 대체하였다고 평가할 수 있는 경우에는 변경 전 사업시행계획은 그 효력을 상실한다.」고 판시하여 변경 전 계획의 실효를 인정하고 있으며,[542] 소의 이익에 관하여는 「당초 사업시행계획이 실질적으로 변경된 사업시행계획에 의해 효력을 상실하더라도 당초 사업시행계획의 유효를 전제로 일련의 후속 행위가 이루어진 경우에는, 당초 사업시행계획의 취소 또는 무효로 일련의 후속 행위 역시 소급하여 효력을 상실하게 되므로 일률적으로 당초 사업시행계획의 무효 확인을 구할 소의 이익이 소멸된다고 볼 수는 없고 후속행위로 토지등소유자의 권리 · 의무에 영향을 미칠 정도의 공법상의 법률관계를 형성시키는 외관이 만들어졌는지 또는 존속되고 있는지 등을 개별적으로 따져 소의 이익을 인정할 수 있다.」고 판시하여 사안에 따라 개별적으로 판단해야 한다고 본다.[543]

(3) 반면 대법원은 관리처분계획의 변경과 관련해서는, 「당초 관리처분계획의 경미한 사항을 변경하는 경우와는 달리 당초 관리처분계획의 주요 부분을 실질적으로 변경하는 내용으로 새로운 관리처분계획을 수립하여 시장 · 군수의 인가를 받은 경우에 당초 관리처분계획은 달리 특별한 사정이 없는 한 그 효력을 상실한다고 할 것이고, 당초 관리처분계획의 결의요건에 관한 하자가 있어 이를 보완하는 의미로 다시 조합총회의 결의를 거쳐 당초 관리처분계획에 대하여 시장 · 군수의 인가를 받은 경우에도 당초 관리처분계획은 달리 특별한 사정이 없는 한 그 효력을 상실한다고 할 것이며, 변경 전 관리처분계획은 이미 효력을 상실한 과거의 법률관계에 불과하여 더 이상 그 취소를

542) 대법원 2014. 2. 27. 선고 2011두25173 판결.

543) 대법원 2013. 11. 28. 선고 2011두30199 판결 [관리처분계획취소] 「사업시행계획의 경우 그 인가처분의 유효를 전제로 분양공고 및 분양신청 절차, 분양신청을 하지 아니한 조합원에 대한 수용절차, 관리처분계획의 수립 및 그에 대한 인가 등 후속 행위가 있었다면, 당초 사업시행계획이 무효로 확인되거나 취소될 경우 그것이 유효하게 존재하는 것을 전제로 이루어진 위와 같은 일련의 후속 행위 역시 소급하여 효력을 상실하게 되므로, 당초 사업시행계획을 실질적으로 변경하는 내용으로 새로운 사업시행계획이 수립되어 시장 · 군수로부터 인가를 받았다는 사정만으로 일률적으로 당초 사업시행계획의 무효확인을 구할 소의 이익이 소멸된다고 볼 수는 없고, 위와 같은 후속 행위로 토지 등 소유자의 권리 · 의무에 영향을 미칠 정도의 공법상의 법률관계를 형성시키는 외관이 만들어졌는지 또는 존속되고 있는지 등을 개별적으로 따져 보아야 할 것이다.」

구할 법률상 이익이 없다.」고 판시하였는바, 경미한 변경이 아닌 경우에는 변경 전 계획은 실효되고 일률적으로 소의 이익이 없다는 것이다.[544)]

(4) 대법원이 위와 같이 달리 보는 이유는, 사업시행계획은 분양신청절차와 관리처분계획 등 후속 절차를 예정하고 있어 최초 사업시행계획의 유·무효에 따라 후속절차의 적법성 여부가 달라지게 되고, 관리처분계획의 수립기준인 종전 자산의 평가시점도 원칙적으로 최초 사업시행계획 인가 고시일을 기준으로 하여야 하는 등(구체적인 내용은 추후 살펴보는 [2] 분양신청과 [3] 관리처분계획 수립 부분을 참조) 최초 사업시행계획의 적법성 여부가 토지등소유자의 권리·의무에 영향을 미치는 것과 달리, 관리처분계획은 토지등소유자의 권리·의무를 정하는 계획으로서 계획을 실행하는 이전고시 외에는 다른 후속절차를 예정하고 있지 않고, 관리처분계획이 변경된 경우에는 최종 관리처분계획에 따라 이전고시를 할 뿐이므로 최종 관리처분계획의 적법성만이 토지등소유자의 권리·의무에 영향을 미치기 때문이다. 대법원의 입장은 타당하다고 본다.

사. 선행처분의 하자와 관리처분계획의 적법성

(1) 행정처분은 공정력[545)]과 불가쟁력[546)]의 효력이 있어서 행정처분에 하자가 있어도 법원에 의해 취소되거나 그 하자가 중대·명백하여 당연 무효로 되는 경우가 아니라면 그 효력을 부인할 수 없고,[547)] 두 개 이상의 행정처분이 연속적으로 행하여지는 경우 선행처분과 후행처분이 서로 결합하여 1개의 법률효과를 완성하는 때에는 선행처분에 하자가 있으면 그 하자는 후행처분에 승계되므로 선행처분에 불가쟁력이 생겨 그 효력을 다툴 수 없게 된 경우에도 선행처분의 하자를 이유로 후행처분의 효력을 다툴 수 있는 반면 선행처분과 후행처분이 서로 독립하여 별개의 법률효과를 목적으로 하는 때에는 선행처분에 불가쟁력이 생겨 그 효력을 다툴 수 없게 된 경우에는 선행처분의 하자가 중대하고 명백하여 당연 무효인 경우를 제외하고는 선행처분의 하자를

544) 대법원 2011. 2. 10. 선고 2010두19799 판결, 대법원 2012. 3. 22. 선고 2011두6400 전원합의체 판결 [관리처분계획무효확인], 대법원 2012. 3. 29. 선고 2010두7765 판결 [조합결의무효확인], 대법원 2013. 12. 26. 선고 2012두6674 판결 [관리처분계획무효확인] 등.

545) 처분이 취소 또는 무효로 되기 전까지는 일응 적법한 것으로 추정하여 효력을 유지하는 것을 말한다.

546) 취소소송의 제소기간을 도과한 것을 말한다.

547) 대법원 1991. 4. 23. 선고 90누8756 판결.

이유로 후행처분의 효력을 다툴 수 없는 것이 원칙이다.[548)]

(2) 정비구역지정처분, 조합설립인가처분, 사업시행계획은 관리처분계획과는 독립된 행정처분이므로, 위 선행처분의 하자는 관리처분계획의 하자로 승계되지 않고 선행처분의 하자를 이유로 관리처분계획의 취소 또는 무효를 주장할 수 없으나, 위 선행처분이 법원에 의해 취소 또는 당연 무효로 된 경우에는 선행처분을 전제로 수립된 관리처분계획도 무효로 되므로, 사업시행자는 취소 또는 당연 무효로 된 선행처분부터 새롭게 절차를 밟아 관리처분계획도 새롭게 수립하여야 한다.

(3) 다만 분양신청절차는 관리처분계획에 선행되는 독립된 처분이 아니라 관리처분계획의 요건에 해당하는 것인바, 분양신청절차의 하자는 관리처분계획의 고유한 하자로서 관리처분계획의 취소 또는 당연 무효의 사유가 된다. 이에 따라 관리처분계획이 취소 또는 당연 무효로 된 때에는 다시 분양신청절차를 진행하여 관리처분계획을 수립하여야 하므로 현금청산자도 관리처분계획의 적법성을 다툴 수 있다.[549)]

아. 항고소송의 종기(이전고시)

(1) 대법원은 전원합의체 판결에서 「이전고시의 효력 발생으로 이미 대다수 조합원 등에 대하여 획일적 · 일률적으로 처리된 권리귀속 관계를 모두 무효화하고 다시 처음부터 관리처분계획을 수립하여 이전고시 절차를 거치도록 하는 것은 정비사업의 공익적 · 단체법적 성격에 배치되므로, 이전고시가 효력을 발생하게 된 이후에는 조합원 등이 관리처분계획의 취소 또는 무효확인을 구할 법률상 이익이 없다고 봄이 타당하다.」

---

548) 대법원 1994. 1. 25. 선고 93누8542 판결. 다만 「선행처분과 후행처분이 서로 독립하여 별개의 효과를 목적으로 하는 경우에도 선행처분의 불가쟁력이나 구속력이 그로 인하여 불이익을 입게 되는 자에게 수인한도를 넘는 가혹함을 가져오며, 그 결과가 당사자에게 예측가능한 것이 아닌 경우에는 국민의 재판받을 권리를 보장하고 있는 헌법의 이념에 비추어 선행처분의 후행처분에 대한 구속력은 인정될 수 없다.」고 판시하여, 서로 독립된 처분인 경우에도 예외적으로 선행처분의 하자를 이유로 후행처분을 다툴 수 있다고 본다.

549) 대법원 2011. 12. 8. 선고 2008두18342 판결 [관리처분계획취소] 「도시환경정비사업에 대한 사업시행계획에 당연무효인 하자가 있는 경우에는 도시환경정비사업조합은 사업시행계획을 새로이 수립하여 관할관청에게서 인가를 받은 후 다시 분양신청을 받아 관리처분계획을 수립하여야 한다. 따라서 분양신청기간 내에 분양신청을 하지 않거나 분양신청을 철회함으로 인해 도시 및 주거환경정비법 제47조 및 조합 정관 규정에 의하여 조합원의 지위를 상실한 토지 등 소유자도 그때 분양신청을 함으로써 건축물 등을 분양받을 수 있으므로 관리처분계획의 무효확인 또는 취소를 구할 법률상 이익이 있다.」

고 판시하였다.[550]

(2) 위 판결에서 [별개의견][551]은 「관리처분계획의 무효확인이나 취소를 구하는 소송이 적법하게 제기되어 계속 중인 상태에서 이전고시가 효력을 발생하였다고 하더라도, 이전고시에서 정하고 있는 대지 또는 건축물의 소유권 이전에 관한 사항 외에 관리처분계획에서 정하고 있는 다른 사항들에 관하여서는 물론이고, 이전고시에서 정하고 있는 사항에 관하여서도 여전히 관리처분계획의 취소 또는 무효확인을 구할 법률상 이익이 있다고 보는 것이 이전고시의 기본적인 성격 및 효력에 들어맞을 뿐 아니라, 행정처분의 적법성을 확보하고 이해관계인의 권리 · 이익을 보호하려는 행정소송의 목적 달성 및 소송경제 등의 측면에서도 타당하며, 항고소송에서 소의 이익을 확대하고 있는 종전의 대법원판례에도 들어맞는 합리적인 해석이다.」라고 하였다.

(3) 위 판결의 다수의견과 소송요건은 본안판결을 위한 요건으로 변론종결 시에 갖추어져야 하는 점에 따르면, 이전고시 이전에 소가 제기되었더라도 변론종결 전에 이전고시가 있게 되면 법원은 각하 판결을 하여야 한다.

Ⅲ. 관리처분계획 수립절차의 개관

(1) 관리처분계획을 수립하기 위해서는 선행절차로서 분양공고 및 분양신청절차를 진행하여야 한다.

(2) 사업시행자는 분양신청기간이 종료된 때의 분양신청의 현황을 기초로 관리처분계획안을 작성하여 총회 의결을 거치거나 토지등소유자의 동의를 얻어야 하며, 인가를 신청하기 전에 사업시행자가 직접 관계 서류의 사본을 30일 이상 토지등소유자에게 공람하여 의견을 청취하여 한다. 실무에서는 총회 의결 등을 거치지 아니한 임의로 작성된 관리처분계획안을 공람하는 것(사전 공람)이 적법한지에 관한 논란이 있으나, 토지등소유자의 의견을 반영하고자 하는 공람 및 의견청취 절차의 입법 취지에 비추어 사전 공람 후 총회의결을 거치는 것도 적법하다고 본다.

(3) 사업시행자는 필요한 서류를 첨부하여 시장 · 군수 등에게 제출하고 인가를 신청

---

550) 대법원 2012. 3. 22. 선고 2011두6400 전원합의체 판결.

551) 대법관 김능환, 대법관 이인복, 대법관 김용덕, 대법관 박보영의 별개의견.

하여야 하며, 시장 · 군수등은 일정한 요건에 해당하는 경우 관리처분 타당성 검증절차를 거쳐야 하고, 인가를 한 때에는 지방자치단체의 공보에 고시하여야 한다. 관리처분계획은 인가고시가 있는 때에 사업시행자가 행한 독립된 행정처분으로 확정된다.

(4) 사업시행자는 분양신청을 한 자에게 관리처분계획인가의 내용 등을 통지하여야 한다. 그 외 구체적 내용에 관해서는 이하에서 법령의 규정에 따라 살펴보기로 한다.

[2] 분양신청(제72~73조)

Ⅰ. 분양공고 및 분양신청(제72조)

도시정비법	도시정비법 시행령
제72조 (분양공고 및 분양신청) ① 사업시행자는 제50조제9항에 따른 사업시행계획인가의 고시가 있은 날(사업시행계획인가 이후 시공자를 선정한 경우에는 시공자와 계약을 체결한 날)부터 120일 이내에 다음 각 호의 사항을 토지등소유자에게 통지하고, 분양의 대상이 되는 대지 또는 건축물의 내역 등 대통령령으로 정하는 사항을 해당 지역에서 발간되는 일간신문에 공고하여야 한다. 다만, 토지등소유자 1인이 시행하는 재개발사업의 경우에는 그러하지 아니하다. 〈개정 2021. 3. 16.〉 1. 분양대상자별 종전의 토지 또는 건축물의 명세 및 사업시행계획인가의 고시가 있은 날을 기준으로 한 가격(사업시행계획인가 전에 제81조제3항에 따라 철거된 건축물은 시장·군수등에게 허가를 받은 날을 기준으로 한 가격) 2. 분양대상자별 분담금의 추산액 3. 분양신청기간 4. 그 밖에 대통령령으로 정하는 사항 ② 제1항제3호에 따른 분양신청기간은 통지한 날부터 30일 이상 60일 이내로	제59조 (분양신청의 절차 등) ① 법 제72조제1항 각 호 외의 부분 본문에서 "분양의 대상이 되는 대지 또는 건축물의 내역 등 대통령령으로 정하는 사항"이란 다음 각 호의 사항을 말한다. 1. 사업시행인가의 내용 2. 정비사업의 종류·명칭 및 정비구역의 위치·면적 3. 분양신청기간 및 장소 4. 분양대상 대지 또는 건축물의 내역 5. 분양신청자격 6. 분양신청방법 7. 토지등소유자외의 권리자의 권리신고방법 8. 분양을 신청하지 아니한 자에 대한 조치 9. 그 밖에 시·도조례로 정하는 사항 ② 법 제72조제1항제4호에서 "대통령령으로 정하는 사항"이란 다음 각 호의 사항을 말한다. 1. 제1항제1호부터 제6호까지 및 제8호의 사항 2. 분양신청서 3. 그 밖에 시·도조례로 정하는 사항

하여야 한다. 다만, 사업시행자는 제74조제1항에 따른 관리처분계획의 수립에 지장이 없다고 판단하는 경우에는 분양신청기간을 20일의 범위에서 한 차례만 연장할 수 있다.

③ 대지 또는 건축물에 대한 분양을 받으려는 토지등소유자는 제2항에 따른 분양신청기간에 대통령령으로 정하는 방법 및 절차에 따라 사업시행자에게 대지 또는 건축물에 대한 분양신청을 하여야 한다.

④ 사업시행자는 제2항에 따른 분양신청기간 종료 후 제50조제1항에 따른 사업시행계획인가의 변경(경미한 사항의 변경은 제외한다)으로 세대수 또는 주택규모가 달라지는 경우 제1항부터 제3항까지의 규정에 따라 분양공고 등의 절차를 다시 거칠 수 있다.

⑤ 사업시행자는 정관등으로 정하고 있거나 총회의 의결을 거친 경우 제4항에 따라 제73조제1항제1호 및 제2호에 해당하는 토지등소유자에게 분양신청을 다시 하게 할 수 있다

⑥ 제3항부터 제5항까지의 규정에도 불구하고 투기과열지구의 정비사업에서 제74조에 따른 관리처분계획에 따라 같은 조 제1항제2호 또는 제1항제4호가목의 분양대상자 및 그 세대에 속한 자는 분양대상자 선정일(조합원 분양분의 분양대상자는 최초 관리처분계획 인가일을 말한다)부터 5년 이내에는 투기과열지구에서 제3항부터 제5항까지의 규정에 따른 분양신청을 할 수 없다. 다만, 상속, 결혼, 이혼으로 조합원 자격을 취득한 경우에는 분양신청을 할 수 있다. 〈신설 2017.

③ 법 제72조제3항에 따라 분양신청을 하려는 자는 제2항제2호에 따른 분양신청서에 소유권의 내역을 분명하게 적고, 그 소유의 토지 및 건축물에 관한 등기부등본 또는 환지예정지증명원을 첨부하여 사업시행자에게 제출하여야 한다. 이 경우 우편의 방법으로 분양신청을 하는 때에는 제1항제3호에 따른 분양신청기간 내에 발송된 것임을 증명할 수 있는 우편으로 하여야 한다.

④ 재개발사업의 경우 토지등소유자가 정비사업에 제공되는 종전의 토지 또는 건축물에 따라 분양받을 수 있는 것 외에 공사비 등 사업시행에 필요한 비용의 일부를 부담하고 그 대지 및 건축물(주택을 제외한다)을 분양받으려는 때에는 제3항에 따른 분양신청을 하는 때에 그 의사를 분명히 하고, 법 제72조제1항제1호에 따른 가격의 10퍼센트에 상당하는 금액을 사업시행자에게 납입하여야 한다. 이 경우 그 금액은 납입하였으나 제62조제3호에 따라 정하여진 비용부담액을 정하여진 시기에 납입하지 아니한 자는 그 납입한 금액의 비율에 해당하는 만큼의 대지 및 건축물(주택을 제외한다)만 분양을 받을 수 있다.

⑤ 제3항에 따라 분양신청서를 받은 사업시행자는 「전자정부법」 제36조제1항에 따른 행정정보의 공동이용을 통하여 첨부서류를 확인할 수 있는 경우에는 그 확인으로 첨부서류를 갈음하여야 한다.

10. 24.〉 ⑦ 공공재개발사업 시행자는 제39조제2항제6호에 따라 건축물 또는 토지를 양수하려는 경우 무분별한 분양신청을 방지하기 위하여 제1항 또는 제4항에 따른 분양공고 시 양수대상이 되는 건축물 또는 토지의 조건을 함께 공고하여야 한다. 〈신설 2021. 4. 13.〉	

1. 분양신청절차의 의의

건축심의와 사업시행인가를 거쳐 신축 건축물의 설계가 확정되면 사업시행자는 신축 건축물과 대지의 처분을 위한 관리처분계획을 수립하여야 하는데, 정비사업의 시행자는 신축 건축물과 대지를 토지등소유자(조합원)에게 우선 분양하고 잔여분을 토지등소유자(조합원) 외의 자에게 주택법에 따라 일반분양하는바,[552] 본조는 사업시행자가 사업시행계획인가 후 관리처분계획을 수립하기 위한 전 단계로써 조합원분양절차를 규정한 것이다.[553]

2. 종전 · 종후 자산 감정평가의 선행여부

가. 언 혁

(1) 2017. 2. 8. 개정(2018. 2. 9. 시행) 전 구법 제46조 및 구시행령 제47조 제6호는 “개략적인 부담금 내역”만을 토지등소유자에게 통지하도록 하였는바, 사업시행자는 토지등소유자별 종전 자산 평가액이 구체적으로 얼마인지 통지하지 아니하고 가정적으로 종전 자산이 얼마일 경우에 신축 건축물의 평형별 부담이 얼마인지에 관한 예시적 부담금 내역만을 개략적 부담금 내역으로 통지하였다.

(2) 이에 따라 대법원도 「관련 규정의 문언 · 체제 등에 비추어, ① 구 도시정비법이 분양신청 통지 및 공고에 포함시킬 사항으로, ‘개략적인 부담금 내역’만을 정하고 있을

552) 법 제79조.
553) 본조는 일반분양절차를 규정한 것이 아니며, 일반분양절차는 주택법에 따른다.

뿐 종전 자산의 가격을 정하고 있지 아니한 점, ② 분양신청 통지 및 공고절차는 사업시행인가 고시일로부터 60일 이내에 이루어지도록 정하고 있는데, 구 도시정비법상 그 기간이 만료되기 이전에 사업시행인가 고시일을 기준으로 한 종전자산가격 평가가 이루어져야 한다고 볼 근거도 없는 점 등에 비추어 보면, 구 도시정비법 제46조 제1항에 따른 분양신청 통지에 종전자산가격 평가액에 관한 내용이 포함되지 아니하였다고 하여 분양신청 통지가 위법하다고 볼 수 없고, 이를 기초로 수립된 관리처분계획이 위법하다고 볼 수도 없으며, 피고 조합이 이 사건 사업시행계획에 대한 변경인가 이후 2012. 10. 25. 토지등소유자에게 분양신청 통지를 하면서, ① 단위세대별 평균분양가 및 조합원 분양 예정가액, ② 근린생활시설 층별 분양 예정가액, ③ 추정 비례율, ④ 조합원 분양 시 개략적인 부담금 내역(예시) 등이 포함된 '개략적인 부담금 내역'을 통지하였고, 종전자산가격은 분양신청 통지에 포함되어 있지 않다 하더라도 그러한 사정만으로 분양신청 통지가 위법하다거나 또는 이러한 분양신청절차를 기초로 수립된 관리처분계획이 위법하다고 볼 수 없다.」고 판시하였다.[554)555)]

(3) 토지등소유자의 분양신청 결정권을 보호하고자 2017. 2. 8. 개정(2018. 2. 9. 시행)에는 분양신청통지에 분양대상자별로 "종전의 토지 또는 건축물의 명세 및 사업시행계획인가의 고시가 있은 날을 기준으로 한 가격"과 "분담금 추산액"을 포함하도록 규정하였는바,[556)] 사업시행자가 분양신청절차를 개시하기 전에 법 제74조 제4항에 따른 종전자산과 종후자산에 대한 감정평가를 분양신청절차 이전에 선행한 후 감정평가액을 개별 통지하여야 하는 것인지 살펴 볼 필요가 있다.

554) 대법원 2016. 2. 18. 선고 2015두2048 판결 [사업시행계획변경취소등].

555) 부산지방법원 2009구합73 판결「도시정비법 제46조 제1항에서 '개략적인 부담금 내역'을 토지등소유자에게 통지하도록 한 취지는 사업시행자인 재개발정비사업조합으로 하여금 분양신청을 앞둔 조합원들에게 상당한 비용을 부담하면서 재개발에 참여할 것인지, 아니면 감정가에 의한 현금으로 청산받고 재개발에 참여하지 아니할 것인지를 선택할 수 있는 정보를 제공하도록 하기 위한 것이므로, 이는 관리처분계획을 수립하는 과정에서 가장 중요하고 본질적인 절차에 해당한다고 할 것이며, 조합원별 부담금 내역을 고지하지 아니한 것은 도시정비법의 규정에 정면으로 반하는 것으로 위법하고, 이러한 위법한 분양신청절차에 기초하여 수립된 관리처분계획은 그 하자가 중대하고 명백하여 무효이다.」(대법원 2010두78 판결로 확정).

556) 부칙 〈제14567호,2017.2.8.〉 제17조(분양공고에 관한 적용례) 제72조제1항의 개정규정은 이 법 시행 후 최초로 사업시행계획인가를 신청하는 경우부터 적용한다.

나. 분양대상자별 종전 자산의 감정평가

(1) 법 제74조 제1항 제5호는 "분양대상자별 종전의 토지 또는 건축물 명세 및 사업시행계획인가 고시가 있은 날을 기준으로 한 가격"[557]을 관리처분계획에 반영하도록 규정하고 있고, 법 제72조 제1항 제1호는 관리처분계획 수립을 위한 요건인 조합원분양신청절차에서 토지등소유자에게 통지하여야 하는 분양대상자별 종전 자산의 가격도 마찬가지로 규정하고 있는바, 분양대상자(조합원)별 종전 자산의 가격은 사업시행인가 고시가 있은 날을 기준으로 감정평가하여야 한다(구체적인 내용은 법 제74조에 관한 부분을 참조하기로 한다).

(2) 법 제72조 제1항 제1호는 분양대상자별 "종전의 토지 또는 건축물의 사업시행계획인가 고시가 있은 날을 기준으로 한 가격"을 통지하도록 규정하고 있을 뿐, 법 제74조 제4항 감정평가에 의한 가격이라고 명시하고 있지 않지만, 사업시행계획인가 고시일을 기준으로 한 가격이라는 점에서 법 제74조 관리처분계획의 종전 가격과 기준이 같고, 개정법의 취지가 객관적 정보를 제공하고자 하는데 있으므로, 분양신청통지에 포함할 분양대상자별 종전 자산의 가격은 법 제74조 제4항의 감정평가에 따라 산정된 가격이라고 보아야 한다.

(3) 따라서 현행법에서 사업시행자는 분양신청절차를 개시하기 전에 종전 자산에 대한 감정평가를 완료하여야 한다.[558]

다. 분양대상자별 종후 자산의 감정평가

(1) 법 제72조 제1항 제2호는 "분양대상자별 분담금의 추산액"을, 시행령 제59조 제2항 제1호 및 동조 제1항 제4호는 "분양대상 대지 또는 건축물의 내역"을 토지등소유자에게 통지하도록 규정하고 있을 뿐, "분양대상 대지 또는 건축물(종후 자산)의 가격"을

---

557) 위험건축물로서 사업시행계획인가 전에 제81조 제3항에 따라 시장·군수등의 허가를 받아 철거된 건축물은 시장·군수등에게 허가를 받은 날을 기준으로 한 가격을 말한다.

558) 사업시행자는 사업시행계획인가의 고시가 있은 날부터 120일(4개월) 이내에 토지등소유지에게 통지하여야 하므로, 감정평가를 신속히 진행하기 위해서는 사업시행계획인가 이전에 미리 감정평가업자를 선정해 둘 필요가 있으며, 정비사업에서 감정평가업자의 선정은 시장·군수등에게도 권한이 인정되는바(법 제74조 제4항), 시장·군수등 사업시행계획인가 전이라도 사업시행자가 감정평가업자의 선정을 의뢰하면 이에 협조할 필요가 있다.

토지등소유자에게 통지하도록 규정하고 있지는 않다. 다만, 분양대상 조합원의 분담금은 "자신의 종전 자산 평가액에 비례율을 곱한 권리가액"과 "자신이 분양받을 종후 자산의 분양가격"의 차액으로 결정되는바, "분양대상자별 분담금의 추산액"을 산출하기 위해서는 분양받을 "종후자산의 가격"이 제시되어야 하므로, 사업시행자는 분양신청을 통지하면서 "종후자산의 가격"을 제시할 필요가 있다.

(2) 앞서 종전자산가격이 법 제74조에 따른 감정평가액을 의미하는 것과 마찬가지로 종후자산가격도 법 제74조에 따른 감정평가액을 통지하여야 하는 것인지 문제된다. 법 제74조 제1항 제3호는 "분양대상자(조합원)[559]별 분양예정인 대지 또는 건축물의 추산액"을 관리처분계획에 포함하도록 규정하고, 동조 제4항은 이를 감정평가의 대상으로 규정하고 있는데, 분양신청을 개시하는 단계에서는 "분양대상자별 분양예정 대지 또는 건축물"을 확정할 수 없다. 따라서 분양신청통지에서 법 제74조 제1항 제3호 및 제2항에 따른 감정평가액을 통지할 수는 없고, 감정평가업자의 의견 등을 참작하여 평당 평균 분양가 또는 평형별 분양가의 추정액을 통지하는 것으로 적법하다.

(3) 이러한 한계로 인하여 분양신청에서 통지되는 분담금의 추산액은 관리처분계획으로 확정되는 추정분담금과 차이가 있을 수 있으며, 차이가 있다는 이유만으로 분양신청절차나 관리처분계획이 위법하다고 할 수는 없다.

3. 분양신청의 공고 및 통지

가. 공고 및 통지의 법적 성격

(1) 대법원은 「도시정비법 제46조 제1항[560]에서 정한 분양신청기간의 통지 등 절차는 재개발구역 내의 토지 등 소유자에게 분양신청의 기회를 보장해 주기 위한 것으로서 도시정비법 제48조 제1항[561]에 의한 관리처분계획을 수립하기 위해서는 반드시 거쳐야 할 필요적 절차이고, 사업시행자인 재개발조합이 분양신청 통지를 함에 있어서는 도시정비법 및 그 위임에 의하여 정해진 재개발조합의 정관 규정에 따라 통지 등 절차

559) 제4호 가목은 '일반 분양분'의 추산액을 규정하고 있는바, 제3호의 분양대상자는 조합원을 의미한다.

560) 현행법 제72조 제1항.

561) 현행법 제74조 제1항.

가 이루어져야 할 것이므로, 이러한 통지 등 절차를 제대로 거치지 않고 이루어진 관리처분계획은 위법하다.」고 판시하였다.[562)]

(2) 아울러 대법원은 구 도시재개발법 사안에서 「구 도시재개발법(2002. 2. 4. 법률 제6655호로 개정되기 전의 것) 제33조 제1항에서 정한 분양신청기간의 통지 등 절차는 재개발구역 내의 토지 등의 소유자에게 분양신청의 기회를 보장해 주기 위한 것으로서 같은 법 제31조 제2항에 의한 토지수용을 하기 위하여 반드시 거쳐야 할 필요적 절차이고, 또한 그 통지를 함에 있어서는 분양신청기간과 그 기간 내에 분양신청을 할 수 있다는 취지를 명백히 표시하여야 하므로, 이러한 통지 등의 절차를 제대로 거치지 않고 이루어진 수용재결은 위법하다.」고도 판시하였다.[563)]

(3) 위와 같이 분양신청 공고 및 통지는 관리처분계획과 수용재결이라는 행정행위의 요건 중 하나에 해당하는 것이고, 그 자체가 독립된 행정행위에 해당하는 것은 아니다.

나. 공고 및 통지의 시기

(1) 사업시행자는 사업시행계획인가 전에 시공자를 선정한 경우에는 사업시행계획인가의 고시가 있은 날로부터, 사업시행계획인가 이후 시공자를 선정한 경우에는 시공자와 계약을 체결한 날로부터 120일 이내에 분양신청을 공고하고 토지등소유자에게 통지하여야 한다. 다만, 토지등소유자 1인이 시행하는 재개발사업의 경우에는 그러하지 아니하다.

(2) 사업시행계획인가 이후 시공자를 선정한 경우에 시공자와 계약을 체결한 날로부터 기산일을 규정한 이유는, 비록 공사비가 물가인상과 설계변경 등에 따른 변동이 있더라도 공사계약이 체결된 이후에야 공사비를 객관적 기준으로 산정할 수 있고, 조합원별 분담금의 추산액이 객관적으로 산정될 수 있다는 점을 고려한 것이다. 대법원은 「공사도급계약에 있어서 필요한 기본적인 사항들을 모두 합의한 상태에서 추가비용에 관한 부분에 대한 협의만이 마무리되지 않게 되자 관리처분계획안을 두 가지로 나누어 임시총회에 상정하여 조합원들의 투표결과를 토대로 롯데건설과 이 사건 아파트의 재건축사업에 관한 공사계약을 체결하였다고 할 것이어서, 이 사건 분양통지 및 분양공고

562) 대법원 2011. 1. 27. 선고 2008두14340 판결 [관리처분계획취소 등].
563) 대법원 2007. 3. 29. 선고 2004두6235 판결 [토지수용이의재결처분취소].

를 함에 있어서 개정 도시정비법 시행령 제46조 제1항에 규정된 사항들은 조합원들에게 충분히 고지되었다고 할 것이다. 따라서 단순히 시공사와의 계약체결이 분양공고 및 분양신청 후에 이루어졌다는 사정만을 들어 이 사건 관리처분계획이 위법하다고 볼 수는 없다.」고 판시하였다.[564)]

(3) 사업시행계획인가 고시일 또는 공사도급계약체결일로부터 120일을 도과한 분양신청 공고 및 통지의 적법성에 관하여 견해의 대립이 있을 수 있는데, 사업시행계획인가 등이 있는 이상 분양신청 절차는 필수적 절차이므로 위 기간이 도과하였다고 분양신청절차를 진행하지 못한다고 해석하는 것은 부당한 점, 위 기간이 도과하였다고 해서 종전 사업시행계획인가의 효력이 상실된다거나 다시 사업시행계획인가를 받아 분양공고 등을 진행하여야 한다고 해석할 근거도 없는 점, 위 공고 등의 기한은 정비사업의 신속한 진행을 위한 것인데 다시 사업시행계획인가절차를 거치도록 하는 것은 입법의 취지에 부합하지 않는 점 등을 종합할 때, 120일의 기한을 훈시규정으로 해석하여야 하고 이를 경과한 분양공고 등도 적법하다고 해석하는 것이 통설적 견해이고 타당하다고 본다.[565)]

---

564) 대법원 2012. 8. 23. 선고 2010두13463 판결 [관리처분계획취소].

565) 부산고등법원 2012누447, 461(병합) 판결 [관리처분계획취소 등]은, 사업시행인가 후 분양신청절차를 거쳐 관리처분인가신청을 하였는데 분양신청절차가 위법함을 이유로 관리처분계획인가가 반려되자 다시 분양신청절차를 거쳐 관리처분계획인가를 받은 사안에서, 다시 진행한 분양신청 공고 및 통지가 사업시행인가 고시일로부터 구법 제46조 제1항의 기간 60일을 도과하여 통지되었으므로 분양신청통지가 위법하다는 주장에 대하여, 「피고 조합이 사업시행인가를 받은 2009. 11. 4.부터 도시정비법 제46조 제1항에서 정한 기간을 도과하여 2011. 1. 31.부터 2011. 3. 6.까지 분양신청을 받은 것이기는 하나, 위 도시정비법 제46조 제1항은 훈시규정이라 할 것이므로 위 조항에서 정한 기간을 도과하였다는 사정만으로 분양신청 절차가 위법하다고 볼 수는 없다(또한 위 기간은 인가받은 사업시행기간인 인가일로부터 48개월 이내이므로 사업시행인가기간을 변경할 필요도 없다 할 것이다). 가사 도시정비법 제46조 제1항이 효력규정이라 하더라도 2010. 12. 11. 관리처분총회를 개최하기 전의 분양신청절차에 개략적인 부담금내역의 통지가 일부 누락된 하자가 있어 피고 구청장으로부터 보완지시를 받고 그러한 하자를 바로잡기 위하여 다시 분양공고를 하고 분양신청을 받기 위하여 위 조항에서 정한 기간을 도과한 것인 점, 이후 피고 조합의 관리처분총회에서 2011. 4. 16. 관리처분계획에 대한 승인이 제적조합원 301명 중 221명의 찬성으로 이루어진 점, 피고 구청장으로부터 관리처분계획 인가를 받은 점 등에 비추어 보면 도시정비법 제46조 제1항을 위반한 하자가 법규의 중요한 부분을 위반한 중대한 것으로서 객관적으로 명백한 것이라고 볼 수는 없고 그 절차상 하자는 치유되었다 할 것이다.」라고 판시하여 훈시규정으로 보았다.

다. 분양통지의 방법 및 내용

(1) 분양신청의 통지방법에는 법령상 별도의 규정을 두고 있지 아니하나, 분양신청은 정비사업에 있어서 조합원의 가장 본질적 권리에 해당하고, 통상 조합정관에서는 조합원의 권리 · 의무에 관한 사항은 등기우편으로 송달하고 반송된 경우에 1회에 한하여 일반우편으로 추가 발송하도록 규정하고 있는바, 정관에 의한 방법을 준수하고 등기우편으로 발송하여야 할 것이다.

(2) 대법원은「도시정비법 제46조 제1항에서 정한 분양신청기간의 통지 등 절차는 재개발구역 내의 토지 등 소유자에게 분양신청의 기회를 보장해 주기 위한 것으로서 도시정비법 제48조 제1항에 의한 관리처분계획을 수립하기 위해서는 반드시 거쳐야 할 필요적 절차이고, 사업시행자인 재개발조합이 분양신청 통지를 함에 있어서는 도시정비법 및 그 위임에 의하여 정해진 재개발조합의 정관 규정에 따라 통지 등 절차가 이루어져야 할 것이므로, 이러한 통지 등 절차를 제대로 거치지 않고 이루어진 관리처분계획은 위법하다.」고 판시하여 분양신청통지가 정관이 정한 방법에 위반된 경우 관리처분계획이 위법하다고 하였다.[566)]

(3) 하급심 판례는 사업시행자가 분양신청 통지의무를 준수하였는지에 관해 매우 엄격하게 판단하여 조합원의 분양신청권 보호를 우선하고 있다. 조합정관에서 "조합원은 주소변경이나 권리승계에 관하여 조합에 신고할 의무가 있고 신고하지 아니하여 발생되는 불이익 등에 대하여 해당 조합원이 조합에 이의를 제기할 수 없다."고 규정하고 있더라도, 조합이 주소변경과 권리승계에 관하여 적극적으로 주의의무를 다하여 성실하게 노력하지 않았다면 해당 조합원에 대한 분양신청 통지는 위법하고 나아가 관리처분계획 중 해당 조합원을 청산대상자로 분류한 부분은 위법하다고 판시한 바 있다.[567)]

566) 대법원 2011. 1. 27. 선고 2008두14340 판결 [관리처분계획취소등].

567) 서울행정법원 2008구합30588 판결「피고 조합의 정관에는 조합원이 주소의 변경을 신고하지 아니한 경우 그로 인하여 발생하는 불이익을 부담하도록 규정하고 있기는 하나, 토지등소유자에 대한 분양신청안내문의 통지는 토지등소유자 개개인의 의사와는 관계없이 강제적으로 진행되는 이 사건 사업에 있어서 토지 등의 소유권을 상실하는 토지등소유자에게 분양권의 부여를 결정짓는 생략해서는 안 될 매우 중요한 절차라 할 것이므로, 토지등소유자의 주소의 변경 신고를 하지 않았다고 하여 곧바로 토지등소유자에게 주소 변경의 미신고 책임을 물어 분양권 미부여라는 불이익을 부담시켜서는 아니되고, 조합으로서는 분양신청권이 조합원이

(4) 법 제72조 제1항은 분양신청 통지의 대상자를 '토지등소유자'로 규정하고 있는데, 임의가입주의를 취하고 있는 재건축사업에서 조합설립 또는 공공시행자 · 지정개발자의 지정에 동의하지 않은 토지등소유자가 통지의 대상자에 포함되는지에 관해 실무상 견해의 대립이 있다. 법문상 '토지등소유자'로 규정하고 있고 미동의자도 분양신청기간 만료일 전까지 조합설립 등에 동의하여 분양신청을 할 수 있으므로 포함되어야 한다는 견해도 있으나, 법문상 '토지등소유자'로 규정한 것은 조합 외에 공공시행자 · 지정개발자가 사업시행자인 경우를 예정한 표현에 불과하고, 분양신청권이 없는 미동의자에게 분양신청을 통지할 의무가 사업시행자에게 있다고 볼 수 없으므로, 통지 대상자에서 제외된다고 보는 통설적 견해가 타당하다고 본다.[568] 따라서 미동의자에게 통지하지 아니하여도 분양신청절차와 관리처분계획은 적법하다고 할 것이다.

(5) 통지 사항에는 ① 분양대상자별 종전의 토지 또는 건축물의 명세 및 사업시행계획인가의 고시가 있은 날을 기준으로 한 가격(사업시행계획인가 전에 제81조 제3항에 따라 철거된 건축물은 시장 · 군수등에게 허가를 받은 날을 기준으로 한 가격),[569] ② 분양대상자별 분담금의 추산액, ③ 분양신청기간 및 장소, ④ 사업시행인가의 내용, ⑤ 정비사업의 종류 · 명칭 및 정비구역의 위치 · 면적, ⑥ 분양대상 대지 또는 건축물의 내역, ⑦ 분양신청자격, ⑧ 분양신청방법, ⑨ 분양을 신청하지 아니한 자에 대한 조치, ⑩ 분양신청서, ⑪ 그 밖에 시 · 도조례로 정하는 사항을 포함하여야 한다.[570]

가지고 있는 재산권의 중요한 요소라는 점에 유의하여 조합원이 이를 적절하게 행사할 수 있도록 주의의무를 다하여 성실하게 노력하여야 한다. 피고 조합이 주민등록법 제29조, 같은 법 시행령 제43조 등의 규정에 따라 원고의 주소지를 관할하는 구청장 · 동장 등에게 원고의 주민등록표 열람 또는 등 · 초본의 교부 등을 요청하여 원고의 주소를 파악하고자 시도하거나, 이 사건 토지 등의 소재지를 방문하여 그 곳의 이해관계인을 통하여 원고의 연락처를 파악하는 등과 같이 이 사건 토지의 소유자인 원고에게 분양신청안내문을 통지하고자 하는 노력을 기울이지 아니하였다면 원고를 현금청산대상자로 분류한 이 사건 처분은 도시정비법 제46조, 시행령 제47조, 피고 정관 소정의 적법한 분양신청통지의무를 다하지 않은 위법이 존재한다고 봄이 상당하다고 할 것이다.」

568) 송현진 · 유동규 공저 「재개발 · 재건축 이론과 실무」, 부장판사 이우재 저 「도시 및 주거환경정비법」.

569) 이에 관해서는 입법론적으로 타당한 것인지 의문이 있다. 위험건축물로 신속히 철거된 건축물의 가격시점이 사업시행인가 시점을 기준으로 하는 다른 토지등소유자보다 앞서 시점이 되어 저평가될 우려가 있기 때문이다. 즉 형평성에 위반될 소지가 있기 때문에 조속히 감정평가를 실시하되 사업시행인가 시점으로 보정률을 적용하여 평가하는 것이 타당하다고 볼 여지가 있는 것이다.

570) 법 제72조 제1항 각호 및 시행령 제59조 제2항 각호.

(6) 분양대상 대지 또는 건축물의 내역과 분양신청자격을 통지함에 있어서, 사업시행자는 법 제76조 및 시행령 제63조의 관리처분계획 수립기준 중 주택과 부대복리시설의 분양대상자, 주택공급의 기준과 시 · 도조례 등 분양기준 등에 적합하게 통지하여야 하며, 분양신청자격이 없어 법 제73조에 따라 현금청산할 토지등소유자에게도 통지할 의무가 있다.

라. 분양공고의 방법 및 내용

(1) 분양신청의 공고는 정비구역의 해당 지역에서 발간되는 일간신문에 공고하여야 한다. 분양공고문에는 ① 사업시행인가의 내용, ② 정비사업의 종류 · 명칭 및 정비구역의 위치 · 면적, ③ 분양신청기간 및 장소, ④ 분양대상 대지 또는 건축물의 내역, ⑤ 분양신청자격, ⑥ 분양신청방법, ⑦ 토지등소유자외의 권리자의 권리신고방법, ⑧ 분양을 신청하지 아니한 자에 대한 조치, ⑨ 그 밖에 시 · 도조례로 정하는 사항을 포함하여야 한다.[571]

(2) 분양통지와 달리 '분양대상자별 종전의 토지 또는 건축물의 명세 및 가격', '분양대상자별 분담금의 추산액', '분양신청서'는 공고사항에 포함되지 아니하며, '토지등소유자외의 권리자의 권리신고방법'을 포함하여야 한다.

4. 분양신청

가. 분양신청기간 및 연장기간

(1) 분양신청기간은 토지등소유자에게 분양신청을 통지한 날[572]부터 30일 이상 60일 이내로 하여야 하며, 사업시행자는 관리처분계획의 수립에 지장이 없다고 판단하는 경우에는 분양신청기간을 20일의 범위에서 한 차례만 연장할 수 있다.[573]

(2) 사업시행자가 법령상 분양신청기간보다 임의로 축소하는 경우에는 조합원의 분양신청권이 침해되는 점에서 위법하다고 할 것이다. 반면 법령상 분양신청기간을 초과

571) 시행령 제59조 제1항 각호.
572) 분양공고일이 아닌 분양통지일이며, 다수의 조합원에게 통지가 도달하는 날 각 다를 수 있으므로 '통지서의 발송일'을 기준으로 기산하는 것이 타당하다고 본다.
573) 법 제72조 제2항.

하여 연장하는 것이 위법한지에 관하여는 견해대립이 있다. 법정기한 내에 분양신청을 한 토지등소유자와 임의로 추가 분양신청을 한 토지등소유자 사이에 경합이 발생하여 적법한 분양신청자의 권리가 침해될 수 있고, 나아가 분양신청기간의 장기화로 공익사업의 지연과 현금청산을 원하는 토지등소유자의 권리침해 등이 발생할 수 있으므로, 본조의 분양신청(연장)기간은 강행규정으로 보아야 하고 이에 위반한 분양신청기간의 연장 또는 추가분양신청은 효력이 없다는 견해가 있다.[574] 법제처도 이와 같은 취지에서 법 제72조 제2항 단서에 따른 분양신청 기간의 연장도 통지한 최초 분양신청기간 만료일 다음 날부터 이어서 20일까지만 연장할 수 있다고 해석하였다.[575] 그러나 대법원은 2017. 2. 8. 개정 전 구법 사안에서 「분양신청을 하지 않은 토지등소유자는 분양신청기간 만료일 다음 날에 조합원 지위를 상실하는데, 분양신청을 하지 아니하여 분양신청기간 만료일 다음 날에 조합원 지위를 상실한 사람들에게 조합 총회에서 다시 조합원 지위를 부여하기로 한 총회 결의가 무효라고 볼 것은 아니다.」고 판시하여[576] 추가분양신청을 적법하다고 보았고, 개정 후 현행법 제72조 제5항은 정관등으로 정하고 있거나 총회의 의결을 거친 경우에 분양신청을 하지 아니하거나 철회한 자에게 분양신청을 다시 하게 할 수 있도록 규정하였는바, 동조 제1항의 분양신청기간은 임의규정이고 총회의 의결 등으로 연장할 수 있다고 해석하는 것이 타당하다. 이 경우 총회의결의 방법 및 의결정족수는 법 제72조 제5항 현금청산자의 추가분양신청과 관련하여 후술하는 부분을 참조한다.

나. 분양신청의 방법

(1) 대지 또는 건축물에 대한 분양을 받으려는 토지등소유자는 분양신청기간 내에 분양신청서에 소유권의 내역을 분명하게 적고, 그 소유의 토지 및 건축물에 관한 등기부등본 또는 환지예정지증명원을 첨부하여 사업시행자에게 제출하는 방법으로 분양신청을 한다.[577]

(2) 우편의 방법으로 분양신청을 하는 때에는 분양신청기간 내에 발송된 것임을 증

574) 변호사 맹신균 저「도시 및 주거환경정비법 해설」.
575) 법제처 유권해석 11-0548.
576) 대법원 2014. 8. 20. 선고 2012두5572 판결 [관리처분계획취소].
577) 법 제72조 제3항 및 시행령 제59조 제3항.

명할 수 있는 우편으로 하여야 하며,[578] 이 경우 발송주의를 취하고 있는 것이므로 분양신청기간 내에 발송이 있으면 적법한 분양신청이라고 할 것이다.

(3) 분양신청서를 받은 사업시행자는 「전자정부법」 제36조 제1항[579]에 따른 행정정보의 공동이용을 통하여 첨부서류를 확인할 수 있는 경우에는 그 확인으로 첨부서류를 갈음하여야 한다.[580]

다. 분양신청의 자격

(1) 재건축사업의 조합설립 미동의자의 분양신청

조합원 강제가입주의를 취하는 주거환경개선사업과 재개발사업은 토지등소유자이면 원칙적으로 조합원 분양신청의 자격이 있지만, 임의가입주의를 취하는 재건축사업은 조합설립에 동의한 자만이 조합원이 되어 조합원 분양신청의 자격을 갖는다. 다만, 재건축사업에서 조합설립에 동의하지 아니한 토지등소유자도 분양신청기간 만료일 전까지 조합설립에 동의하고 분양신청을 할 수 있다.

(2) 투기과열지구 내 양수인의 분양신청권 제한

법 제39조 제2항에 따라 투기과열지구로 지정된 지역에서는, 재건축사업은 조합설립인가 후, 재개발사업은 관리처분계획의 인가 후에 건축물 또는 토지를 양수한 자는 법령상 예외 사유에 해당하는 경우를 제외하고 조합원이 될 수 없고, 법 제39조 제3항 및 제73조에 따라 현금청산자가 된다. 이에 해당하여 조합원 자격을 승계할 수 없는 양수인은 분양신청을 할 수 없다(구체적인 내용은 법 제39조에서 설명한 것을 참조하기로 한다).

2021. 4. 13. 개정법에서는 공공재개발사업을 도입하였고, 이에 따라 법 제39조 제2항 제6호에서는 "공공임대주택, 「공공주택 특별법」에 따른 공공분양주택의 공급 및 대통령령으로 정하는 사업을 목적으로 건축물 또는 토지를 양수하려는 공공재개발사업 시행자에게 양도하려는 경우"에는 양수인인 공공재개발사업 시행자가 조합원으로서 분

578) 시행령 제59조 제3항 후단.

579) 전자정부법 제36조(행정정보의 효율적 관리 및 이용) ① 행정기관등의 장은 수집·보유하고 있는 행정정보를 필요로 하는 다른 행정기관등과 공동으로 이용하여야 하며, 다른 행정기관등으로부터 신뢰할 수 있는 행정정보를 제공받을 수 있는 경우에는 같은 내용의 정보를 따로 수집하여서는 아니 된다.

580) 시행령 제59조 제5항.

양받을 수 있도록 규정하였는바, 공공재개발사업 시행자는 이에 따라 양수하려는 경우 무분별한 분양신청을 방지하기 위하여 분양공고 시 양수대상이 되는 건축물 또는 토지의 조건을 함께 공고하여야 한다.[581)]

(3) 투기과열지구 내 정비사업의 수분양자에 대한 분양신청권 제한

1) 투기과열지구의 정비사업에서 관리처분계획에 따라 조합원분양[582)] 또는 일반분양[583)]을 받은 분양대상자 및 그 세대에 속한 자는 분양대상자 선정일(조합원 분양분의 분양대상자는 최초 관리처분계획 인가일을 말한다)부터 5년 이내에는 투기과열지구에서 조합원(토지등소유자)으로서 분양신청을 할 수 없다. 다만, 상속, 결혼, 이혼으로 조합원 자격을 취득한 경우에는 분양신청을 할 수 있다.[584)]

2) 본조에서 '조합원분양'이란 조합이 정비사업의 시행자인 경우로 한정하여 해석할 것이 아니라, 공공시행자 또는 지정개발자가 정비사업의 시행자인 경우에 '토지등소유자'로서 관리처분계획에 따라 분양대상자에 포함된 경우를 포함한다고 해석해야 할 것이다(이하 같다).

3) 나아가 투기과열지구란 주택법 제63조에서 규정하고 있는 바와 같이 "주택가격의 안정을 위하여 필요한 경우"에 지정하는 것이므로, 분양신청권이 제한되는 되는 것은 주택에 한정된다고 해석해야 할 것이다.

4) 본 조항은 2017. 10. 24. 신설(2018. 2. 9. 시행)된 조항으로서, 부칙 〈제14943호, 2017.10.24.〉 제4조는 이에 관한 경과규정을 두고 있는바[585)] 아래와 같다.

① 2018. 2. 9. 시행일 이전에 투기과열지구의 토지등소유자에게는 종전 규정을 적

581) 법 제72조 제7항.

582) 법 제74조 제1항 제2호.

583) 법 제74조 제1항 제4호 가목.

584) 법 제72조 제6항.

585) 부칙 〈제14943호, 2017.10.24.〉제4조(투기과열지구 내 분양신청 제한에 관한 경과조치)
이 법 시행 전에 투기과열지구의 토지등소유자는 제46조제3항의 개정규정에도 불구하고 종전의 규정을 적용한다. 다만, 다음 각 호의 어느 하나에 해당하는 경우에는 그러하지 아니하다.
1. 토지등소유자와 그 세대에 속하는 자가 이 법 시행 후 투기과열지구의 정비사업구역에 소재한 토지 또는 건축물을 취득하여 해당 정비사업의 관리처분계획에 따라 제48조제1항제3호가목의 분양대상자로 선정된 경우
2. 토지등소유자와 그 세대에 속하는 자가 이 법 시행 후 투기과열지구의 정비사업의 관리처분계획에 따라 제48조제1항제3호나목의 분양대상자로 선정된 경우

용하여 분양신청권을 인정하므로, 시행일 이전에 투기과열지구(A지구)에서 분양대상자로 선정된 자가 시행일 이전에 다른 투기과열지구(B지구)의 토지등소유자인 경우에는 B지구가 개정 조항 시행 이후에 분양절차를 진행하더라도 분양신청을 할 수 있으며, 시행일 이전에 A지구와 B지구의 토지등소유자인 경우에는 두 지구 모두에서 분양신청을 할 수 있다(부칙 제4조 본문).

② 2018. 2. 9. 시행일 이전에 투기과열지구(B지구)의 토지등소유자라 하더라도, 해당 토지등소유자 또는 세대원이 시행일 이후 다른 투기과열(A지구)의 정비구역에 소재한 토지 또는 건축물을 취득하여 관리처분계획에 따라 조합원분양대상자로 선정되거나 일반분양대상로 선정된 경우에는, B지구에서 분양신청을 할 수 없다(부칙 단서 제4조 단서 및 제1, 2호).

(4) 공사비 등 비용부담 조건부 주택외의 분양신청권

1) 재개발사업의 경우는 토지등소유자가 정비사업에 제공되는 종전의 토지 또는 건축물에 따라 분양받을 수 있는 것 외에 공사비 등 사업시행에 필요한 비용의 일부를 부담하고 주택을 제외한 대지 및 건축물(부대복리시설과 상업시설 등)을 분양받을 수 있고, 이에 따라 분양받으려는 때에는 분양신청을 하는 때에 그 의사를 분명히 하고, 분양신청 통지에 따른 종전자산 가격[586]의 10퍼센트에 상당하는 금액을 사업시행자에게 납입하여야 한다(시행령 제59조 제4항 본문).

2) 시행령 제63조 제1항 제4호 후단은 시행령 제59조 제4항에 따라 토지등소유자가 부담하는 비용의 비율에 따라 분양하도록 규정하면서, 시행령 제62조 제3호는 제63조 제1항 제4호의 비용 부담비율에 따른 대지 및 건축물의 분양계획과 그 비용부담의 한도 · 방법 및 시기를 관리처분계획에 포함하고, 비용부담으로 분양받을 수 있는 한도는 정관등에서 따로 정하는 경우를 제외하고는 기존의 토지 또는 건축물의 가격의 비율에 따라 부담할 수 있는 비용의 50퍼센트를 기준으로 정한다고 규정하고 있는바, 정관에 별도의 규정이 없으면 토지등소유자는 종전자산 가격의 50퍼센트의 범위 내에서 비용을 부남하고 그 비율에 따라 부대복리시설이나 상업시설 등을 분양받을 수 있다.

---

586) 법 제72조 제1항 제1호 "분양대상자별 종전의 토지 또는 건축물의 명세 및 사업시행계획인가의 고시가 있은 날을 기준으로 한 가격(사업시행계획인가 전에 제81조제3항에 따라 철거된 건축물은 시장 · 군수등에게 허가를 받은 날을 기준으로 한 가격)"을 말한다.

3) 분양신청을 하는 때에 종전자산 가격의 10퍼센트에 상당하는 금액을 납입하였으나 시행령 제62조 제3호[587]에 따라 정하여진 비용부담액(관리처분계획에 따른 분담금)을 정하여진 시기에 납입하지 아니한 자는 관리처분계획에도 불구하고 그 납입한 금액의 비율에 해당하는 만큼의 대지 및 건축물(주택을 제외한다)만 분양을 받을 수 있다(시행령 제59조 제4항 단서).

4) 토지등소유자의 비용부담 조건부 분양신청권은 상업지역을 대상으로 시행하는 도시환경정비사업에 한하여 주택 외에 상업시설 등의 분양을 활성화하고자 하는 입법목적이 있었는데, 2017. 2. 8. 개정으로 주택재개발사업과 도시환경정비사업이 재개발사업으로 통합되면서 주택재개발사업에도 적용하게 된 것이다.

5. 사업시행계획변경에 따른 재분양신청

가. 법 제72조 제4항의 의의 및 요건 등

(1) 법 제72조 제4항에 따라 사업시행자는 분양신청기간 종료 후 사업시행계획인가의 변경(경미한 사항의 변경은 제외한다)으로 세대수 또는 주택규모가 달라지는 경우 분양공고 등의 절차를 다시 거칠 수 있다.

(2) 법 제72조 제4항에 따라 다시 분양신청절차를 진행하고자 할 때에는, ① 사업시행계획인가의 변경(경미한 사항의 변경은 제외한다)으로 세대수 또는 주택규모가 달라져야 하며(실체적 요건), ② 법 제72조 제1항부터 제3항까지의 최초 분양신청절차와 동일한 분양공고 등의 절차적 요건을 갖추어야 한다. 법 제72조 제1항부터 제3항까지의 공고 및 통지의 시기, 분양신청기간 등은 사업시행계획변경인가 고시일을 기준으로 하면 된다.

(3) 법 제72조 제4항은 동조 제5항의 현금청산자에 대한 추가분양신청권 부여와는 구별되는 것이고, 재분양신청절차를 진행하더라도 최초 분양신청절차가 무효로 되는

587) 시행령 제62조(관리처분계획의 내용)
법 제74조제1항제9호에서 "대통령령으로 정하는 사항"이란 다음 각 호의 사항을 말한다.
3. 제63조제1항제4호에 따른 비용의 부담비율에 따른 대지 및 건축물의 분양계획과 그 비용부담의 한도·방법 및 시기. 이 경우 비용부담으로 분양받을 수 있는 한도는 정관등에서 따로 정하는 경우를 제외하고는 기존의 토지 또는 건축물의 가격의 비율에 따라 부담할 수 있는 비용의 50퍼센트를 기준으로 정한다.

것은 아니므로, 제4항의 재분양신청은 최초 분양신정절차에서 적법하게 분양신청한 자를 대상으로 한다.

(4) 본조는 2017. 2. 8. 개정(2018. 2. 9. 시행)에서 신설된 조항으로, 사업시행계획의 변경으로 평형이 변경되거나 평형별 세대수가 변경되어 토지등소유자들의 종전 분양신청을 그대로 유지하기 어려운 경우 다시 분양신청절차를 진행할 수 있도록 하여 토지등소유자의 분양신청권을 보호하기 위한 목적에서 입법된 것이다. 다만, 본조가 신설되기 전부터 재분양신청의 적법성 등에 관한 많은 논란이 있었는바, 이하에서는 본조의 해석과 관련하여 재분양신청에 관한 법적 쟁점을 살펴보고자 한다.

나. 사업시행자에게 재분양신청절차를 이행할 의무가 있는지

(1) 본조가 신설되기 이전의 사안에서, 대법원은 「최초 사업시행계획의 주요 부분에 해당하는 공동주택의 면적, 세대수 및 세대별 면적 등이 실질적으로 변경되어 최초 사업시행계획이 효력을 상실한다고 하더라도, 이는 사업시행계획 변경시점을 기준으로 최초 사업시행계획이 장래를 향하여 실효된다는 의미일 뿐, 그 이전에 이루어진 종전자산가격의 평가와 분양신청절차에 어떠한 영향을 미친다고 볼 수 없고, 이를 기초로 한 분양신청 통지 및 이를 기초로 수립된 관리처분계획은 적법하다」고 판시하였다.[588]

(2) 본조는 위와 같은 대법원 판례와 같은 입장에 임의사항으로 입법하였는바, 실체적 요건인 '사업시행계획인가의 변경(경미한 사항의 변경은 제외한다)으로 세대수 또는 주택규모가 달라진 경우'에 해당하더라도, 사업시행자가 다시 분양신청절차를 진행할 의무는 없는 것이고, 최초 분양신청에 기초하여 관리처분계획을 수립하여도 적법하다.

(3) 다시 분양신청을 하지 않을 경우 최초 분양신청의 평형과 신축세대의 평형이 다르게 되는 문제가 발생할 수 있는바, 실무적으로 평형변경신청절차를 진행하거나 유사평형을 신청한 것으로 간주하여 관리처분계획에서 의결하고 있다.

다. 실체적 요건을 갖추지 못한 재분양신청이 적법한지

(1) 본조는 실체적 요건으로 '사업시행계획인가의 변경(경미한 사항의 변경은 제외한다)

588) 대법원 2016. 2. 18. 선고 2015두2048 판결 [사업시행계획변경취소등], 대법원 2015. 11. 26. 선고 2014두15528 판결 [관리처분총회결의무효확인] 등.

으로 세대수 또는 주택규모가 달라진 경우'에 분양신청을 다시 하게 할 수 있다고 규정하고 있는바, 사업성과 분담금 변경 등 다른 이유로 재분양신청을 진행하는 것이 본조에 위반되어 위법한 것인지 문제된다.

(2) 이와 같이 법적 근거가 없는 재분양신청의 적법성 논란은 본조가 신설되기 전부터 논의되어 왔고, 이는 앞서 본 바와 같이 법령상 분양신청기간 등이 강행규정인지, 법정 기간을 도과한 분양신청절차가 위법한 것인지 등에 관한 견해대립의 연장선상에서 견해가 대립하여 왔다. 따라서 법 제72조 제1항부터 제3항의 법정기한을 강행규정으로 보는 견해에서는 이를 도과한 후 아무런 법적 근거 없이 재분양신청절차를 진행할 수 없다거나 적어도 사업시행계획변경인가 후 이를 기준으로 법정기한 내에 재분양신청절차를 진행할 수 있다는 입장으로 귀결되고, 법정기한을 훈시규정으로 보는 견해에서는 분양신청기간을 연장하는 것은 물론 재분양신청절차를 진행하는 것도 조합원의 분양신청권이 보호된다는 측면에서 적법하다는 입장으로 귀결된다. 그런데 본조의 신설로 문리해석상 본조의 실체적 요건을 갖춘 경우에 한하여 재분양신청이 적법하다고 해석할 여지가 생긴 것이다.

(3) 사견으로는, ① 법 제72조 제1항부터 제3항의 법정기한은 훈시규정으로 보는 것이 타당하고, ② 대법원 판례가 분양신청절차의 적법성을 대체적으로 토지등소유자의 분양신청권 보호 측면에서 판단하고 있고, ③ 사업성과 분담금 변경 등으로 분양신청권을 다시 부여하는 것은 토지등소유권의 권리를 강화하는 것으로 이를 규제할 특별한 이유도 없다는 점에서, 본조의 실체적 요건을 갖추지 못한 경우에도 사업시행자는 재분양신청절차를 진행할 수 있다고 본다. 따라서 법 제72조 제4항은 실체적 요건보다 절차적 요건이 중요하다고 할 것이다.

라. 평형변경신청

(1) 앞서 살펴본 바와 같이 법 제72조 제4항은 사업시행계획인가의 변경으로 세대수 또는 주택규모(평형)가 달라지는 경우에도 재분양신청절차를 임의사항으로 규정하고 있는바, 다시 분양신청을 하지 않을 경우에는 최초 분양신청의 평형과 신축세대의 평형이 다르게 되는 문제가 발생하고, 이를 시정하기 위해 실무적에서는 평형변경신청절차를 진행하기도 한다.

(2) 이러한 평형변경신청절차가 적법한지에 관해 대법원은 「구 도시정비법 제48조 제2항 제5호에 의하면 분양설계에 관한 계획은 분양신청기간이 만료되는 날을 기준으로 하여 수립하여야 하므로,[589] 분양대상 조합원에 해당하는지 여부 판정의 기준일을 '분양신청기간 만료일' 이후로 늦추는 내용의 조합 총회 결의는 효력이 없다고 보아야 하지만(대법원 2002. 1. 22. 선고 2000두604 판결 참조), 분양신청기간 내에 분양신청을 한 조합원들을 대상으로 분양신청 내용의 변경신청을 받은 결과, 각 평형별 분양신청자 수가 조합원 공급대상인 평형별 세대수에 미달하는 이 사건에 있어서, 피고 조합이 분양대상 조합원 자격을 갖추고 분양신청기간 내에 분양신청을 함으로써 분양대상 조합원이 된 사람들에 대하여 관리처분계획 수립을 위한 조합 총회 결의 전에 그 분양신청 내용을 변경할 기회를 부여하였다고 하여 위 법률의 규정을 위반하였다고 볼 수 없다.」고 판시하여 적법성을 인정하고 있다.[590]

6. 현금청산자에 대한 추가분양신청

가. 법 제72조 제5항의 의의 등

(1) 2017. 2. 8. 개정에서 신설된 제72조 제5항은 "사업시행자는 정관등으로 정하고 있거나 총회의 의결을 거친 경우 제4항에 따라 제73조 제1항 제1호 및 제2호에 해당하는 토지등소유자에게 분양신청을 다시 하게 할 수 있다."고 규정하고 있는바, 최초 분양신청기간에 분양신청을 하지 아니하거나 분양신청을 철회한 자에게 분양신청을 다시 할 수 있는 기회를 부여할 수 있게 하였다.

(2) 본조 신설의 이전에도 대법원 판례는 현금청산자의 추가분양신청을 일정한 요건에서 인정해 왔는데, 본조는 이를 입법화하여 토지등소유자의 분양신청권 보호를 강화한 것이다. 다만 과거 대법원 판례와의 관계에서 본조의 요건 등에 관한 해석이 문제되는바, 아래에서는 요건과 그 법적 쟁점을 살펴보고자 한다.

---

589) 현행법 제76조(관리처분계획의 수립기준)
① 제74조제1항에 따른 관리처분계획의 내용은 다음 각 호의 기준에 따른다. 〈개정 2017. 10.24, 2018.3.20〉
5. 분양설계에 관한 계획은 제72조에 따른 분양신청기간이 만료하는 날을 기준으로 하여 수립한다.

590) 대법원 2014. 8. 20. 선고 2012두5572 판결 [관리처분계획취소].

나. 추가분양신청권자

(1) 본조에 따라 추가분양을 신청할 수 있는 자는 법 제73조 제1항의 제1호 '분양신청기간 내 분양신청을 하지 아니한 자'와 제2호 '분양신청기간 종료 이전에 분양신청을 철회한 자'로 한정된다.

(2) 제3호 '법 제72조 제6항 본문(투기과열지구 내 이중분양금지)에 따라 분양신청을 할 수 없는 자'와 제4호 '인가된 관리처분계획에 따라 분양대상자에서 제외된 자'는 추가분양신청도 할 수 없다.

(3) 제4호는 제1, 2호와의 관계에서 해석해야 하므로 법령상 관리처분계획으로 분양권을 줄 수 없는 자(법 제39조 제3항에 따라 조합원자격을 취득할 수 없어 현금청산하는 투기과열지구 내 양수인 등 분양받을 권리가 없는 자)를 의미한다고 해석해야 하고, 제1, 2호에 해당하는 자도 관리처분계획이 인가된 후에는 추가분양신청권을 부여할 수 없는 것으로 해석해서는 안 된다.

다. "제4항에 따라"의 의미(사업시행계획변경인가 등 요부)

(1) 본조 신설 이전 대법원은 「분양신청을 하지 않은 토지등소유자는 분양신청기간 만료일 다음 날에 조합원 지위를 상실하는데, 분양신청을 하지 아니하여 분양신청기간 만료일 다음 날에 조합원 지위를 상실한 사람들에게 조합 총회에서 다시 조합원 지위를 부여하기로 한 총회 결의가 무효라고 볼 것은 아니다.」고 판시하여 별도의 조건 없이 총회결의만으로 현금청산자의 추가분양신청이 적법하다고 보았다.[591)]

(2) 그런데 신설된 본조는 '제4항에 따라'로 규정하고, 분양신청한 조합원의 재분양신청에 관한 제4항은 "사업시행계획인가의 변경(경미한 사항의 변경은 제외한다)으로 세대수 또는 주택규모가 달라지는 경우"를 실체적 요건으로 규정하고 있는바, 현금청산자의 추가분양신청도 이러한 실체적 요건을 갖춘 경우에 적법한 것인지, 나아가 제4항에 따른 조합원 재분양신청을 진행할 때에는 현금청산자의 추가분양신청도 가능한 것인지가 해석상 문제된다.

(3) 이에 대해 문리해석상 제4항의 실체적 요건을 갖추어야 한다는 견해, 제4항의

591) 대법원 2014. 8. 20. 선고 2012두5572 판결 [관리처분계획취소].

실체적 요건을 갖추고 조합원 재분양신청을 하는 때에만 현금청산자에게도 추가분양신청권을 부여할 수 있다는 견해가 있을 수 있고, 반면, 이와 같이 해석하려면 문구상 "제4항의 경우에 사업시행자는 … 분양신청을 다시 하게 할 수 있다."로 규정해야 하는 것이고, 본조는 "사업시행자는 … 제4항에 따라 … 분양신청을 다시 하게 할 수 있다."고 규정하고 있으므로 제4항의 절차적 요건(제1항 내지 제3항의 공고 및 통지, 분양신청기간 등)만을 준용해야 한다는 견해가 있을 수 있다.

(4) 사견으로는 대법원이 토지등소유자의 분양신청권을 보호하기 위해 현금청산자의 추가분양신청을 넓게 인정하고 있는 점, 현금청산자의 추가분양신청권을 제한할 합리적 이유도 없는 점, 문리해석상으로 모호한 경우에는 권리 제한적으로 해석해서는 안 되는 점, 제4조에 따른 조합원 재분양신청의 경우에도 실체적 요건을 완화하여 해석하는 것이 타당하다는 입장에서 후설이 타당하다고 본다.

(5) 따라서 사업시행계획인가의 변경으로 세대수 또는 주택규모가 달라지는 경우가 아니더라도 현금청산자에 대한 추가분양신청절차는 적법하다고 보며, 다만, 제4항이 제1항 내시 세3항의 분양공고 등의 절차를 준용하고 있으므로, 현금청산자에 대한 추가분양신청도 이러한 절차를 준수하여야 적법할 것이다.

라. 총회결의의 방법 및 정족수

현금청산자의 추가분양신청을 위해서는 정관등으로 추가분양신청을 정하고 있거나 총회의 의결을 거쳐야 한다. 사업시행자가 조합이 아닌 경우에는 규약이나 시행규정에 따라 총회의결을 거치면 되나, 사업시행자가 조합인 경우에는 도시정비법에 따라 총회의결을 거쳐야 한다. 이하에서는 조합원총회의 의결방법과 정족수에 관한 문제를 살펴본다.

(1) 사후 의결이 가능한지

총회의결은 사전 의결이 원칙이나, 분양신청절차는 관리처분계획 수립의 요건에 불과하므로, 총회의결을 전제로 현금청산자에 대한 추가분양신청절차를 진행하고 관리처분계획 수립을 위한 총회의결 시 또는 그 전에 사후 의결을 받아도 적법하다고 본다. 대법원도 이와 유사한 사안에서 「피고 조합이 일부 조합원에 대하여 평형배정에 관한 우선권을 부여함을 전제로 분양신청을 받은 후 2010. 9. 18. 총회 결의를 거쳐 수립한 이 사건 관리처분계획이 관리처분 방법 및 기준에 관한 법령의 규정을 위반하였다고 볼 수 없다.」고 판시하여 분양신청절차에 관한 사후 의결을 인정하고 있다.[592]

(2) 총회 의결정족수

1) 분양신청을 하지 아니하거나 철회한 자는 분양신청기간 만료일 다음날로부터 조합원자격을 상실하고[593] 적법한 절차에 따라 다시 분양신청을 하면 조합원자격을 회복하게 되는데, 법 제40조 제1항 제2호 및 제3항 단서가 정관의 필요적 기재사항인 조합원의 자격에 관한 사항의 변경을 총회에서 조합원 2/3 이상의 찬성으로 의결하도록 규정하고 있는바, 현금청산자의 추가분양신청을 위한 본조의 총회결의도 위와 같은 정족수를 갖추어야 하는지 견해가 대립한다.

2) 이에 대해 〈1설〉 법 제40조 제1항 제2호 및 제3항 단서를 유추 적용하여 전체 조합원 2/3 이상의 찬성이 필요하다는 견해, 〈2설〉 추가분양신청은 관리처분계획에 영향을 미치게 되므로 관리처분계획 총회에 관한 법 제45조 제1항 제10호 및 제4항 본문을 유추 적용하여 전체 조합원 과반수 찬성이 필요하다는 견해, 〈3설〉 법 제40조가 조합원 자격에 관한 사항의 정관변경에 가중정족수를 둔 취지는 조합이 임의로 조합원 자격을 박탈하는 것을 방지하고자 하는 취지이므로 조합원자격을 회복시키는 본조에 적용할 수 없고, 분양신청절차는 관리처분계획의 요건에 불과하므로 관리처분총회의 의결정족수도 적용할 수 없으며, 법 제45조 제3항은 이 법 또는 정관에 다른 규정이 없으면 조합원 과반수의 출석과 출석 조합원의 과반수 찬성으로 의결하도록 규정하고 있으므로 본조의 총회결의는 이에 따르면 된다는 견해가 있다.[594]

3) 대법원은 본조 신설 이전에 「주택재건축조합 정관의 필요적 기재사항이자 엄격한

---

592) 대법원 2014. 8. 20. 선고 2012두5572 판결 [관리처분계획취소].

593) 대법원 2013. 7. 25. 선고 2011다19744 판결 [소유권이전등기등 · 소유권이전등기등], 대법원 2010. 8. 19. 선고 2009다81203 판결 [소유권이전등기절차이행등], 대법원 2012. 5. 10. 선고 2010다47469 판결 [청산금 · 청산금 · 청산금] 등 다수.

594) 서울행정법원 2018구합67473 판결은 법 제40조가 조합원 자격에 관한 사항의 정관변경에 가중정족수를 둔 취지는 조합이 임의로 조합원자격을 박탈하는 것을 방지하고자 하는 취지이므로 조합원자격을 회복시키는 경우에는 적용될 수 없다고 판시하였으나, 항소심인 서울고등법원 2019. 10. 2. 선고 2019누32285 판결은 조합원자격을 회복시키는 경우에도 적용된다고 보았다.

정관변경절차를 거쳐야 하는 '조합원의 자격에 관한 사항'이나 '조합의 비용부담'이 당초 재건축결의 당시와 비교하여 볼 때 조합원들의 이해관계에 중대한 영향을 미칠 정도로 실질적으로 변경된 경우에는 비록 그것이 정관변경에 대한 절차가 아니라 하더라도 특별다수의 동의요건을 규정하여 조합원들의 이익을 보호하려는 구 도시정비법 제20조 제3항, 제1항 제2호 및 제8호의 규정을 유추적용하여 조합원 3분의 2 이상의 동의가 필요하다고 보는 것이 타당하다.」고 전제하고, 「추가분양신청 실시 및 법정기간 내 분양신청 조합원에게 우선권을 부여하는 내용도, 2010. 9. 18. 총회에서 제1차 분양신청기간 내에 분양을 신청한 조합원 1,390명을 기준으로 할 때 3분의 2 이상의 동의를 받았다(제1차 분양신청기간 내에 분양을 신청하지 아니한 조합원들은 분양신청기간이 종료한 후 개최되는 조합원 총회의 의결정족수 산정을 위한 총 조합원 수에서 제외되어야 한다). 따라서 평형배정 우선권 부여 및 추가분양신청 허용 등에 관해서는 이미 특별다수에 의한 결의에 준하는 조합원의 총의가 확인되었다고 할 것이고, 그렇다면 이 사건 관리처분계획 수립을 위한 조합 총회의 결의는 구 도시정비법 제24조 제3항 제10호에 따라 조합원 총수의 과반수 이상 찬성의 의결정족수를 충족하면 된다고 할 것이다.」고 판시하였다.[595] 〈제1설〉

4) 사견으로는 본조의 신설로 〈제2설〉이 타당하다고 본다. 대법원 판례는 법령상 근거가 없는 추가분양신청을 인정하면서도 추가분양신청의 남용을 방지하여 기존 분양신청 조합원들의 이해관계를 보호하고자 하는데 정당성이 있는 것인데, 본조의 신설로 법적 근거와 요건이 마련되었으므로 이러한 대법원 판례의 입장을 계속 유지하는 것은 타당하지 않다고 본다. 또한 법 제74조는 "분양신청기간이 종료된 때에는 분양신청의 현황을 기초로 관리처분계획을 수립하여야 한다."고 규정하고 있어 분양신청의 현황은 관리처분계획의 내용이자 적법요건이므로 〈제3설〉도 타당하지 않다고 본다.

5) 조합원총회 의결정족수를 산정함에 있어서는 조합원이 아닌 자를 제외하여야 하므로 추가분양신청을 한 현금청산자도 총 조합원 수에서 제외하고 의결정족수를 산정하여야 한다.

마. 기존 분양신청자와 차등을 두는 추가분양신청의 적법성

대법원은 「법령에 의하여 조합원 지위가 인정되는 조합원들 사이에 권리의 차등을

595) 대법원 2014. 8. 20. 선고 2012두5572 판결 [관리처분계획취소].

두는 내용의 총회 결의는 특별한 사정이 없는 이상 무효라고 보아야 하나, 정관의 규정에 의하여 비로소 조합원 지위가 인정되는 조합원의 권리 내용에 대해서는 정관에서 이를 제한할 수 있으므로, 분양신청을 하지 아니하여 분양신청기간 만료일 다음 날에 조합원 지위를 상실한 사람들에게 조합 총회에서 다시 조합원 지위를 부여하기로 결의하면서 그들의 권리 내용을 제한하였다고 하여 총회 결의가 무효라고 볼 것은 아니다.」고 판시하였는바,[596] 법 제72조 제5항에 따라 현금청산자에게 추가분양신청의 기회를 부여하면서 종전 분양신청자의 후순위로 배정권을 부여하는 등 권리를 제한하는 것도 가능하다고 본다.

7. 분양신청절차의 무효와 재분양신청

(1) 분양신청절차와 이에 기초한 관리처분계획은 적법한 조합설립인가와 사업시행계획을 전제로 하므로, 조합설립인가나 사업시행계획에 하자가 있어 취소 또는 무효로 되는 경우에는 분양신청절차와 관리처분계획은 모두 무효로 되고, 새로이 조합설립(변경)인가와 사업시행계획(변경)인가를 받아 다시 분양신청절차를 진행하여야 한다. 이 경우 종전의 분양신청절차는 무효이므로 새로운 분양신청절차에서는 종전 분양신청절차에서 분양신청을 하지 아니하거나 분양신청을 철회한 토지등소유자(현금청산자)에게도 법 제72조에 따라 분양신청을 통지하고 분양신청권을 부여하여야 한다.[597]

---

596) 대법원 2014. 8. 20. 선고 2012두5572 판결 [관리처분계획취소].

597) 대법원 2016. 12. 15. 선고 2015두51309 판결 [수용재결취소등], 대법원 2016. 12. 15. 선고 2015두51347 판결 [사업시행계획수립인가등무효확인] 등 「주택재개발정비사업조합(이하 '조합'이라 한다)이 종전의 조합설립인가처분에 대한 무효확인소송 또는 취소소송이 진행되고 있는 등으로 효력 유무 또는 위법 여부 등이 확정되지 않은 상태에서 새로 조합설립인가처분을 받는 것과 동일한 요건과 절차로 조합설립변경인가처분을 받은 경우, 조합설립변경인가처분은 새로운 조합설립인가처분으로서의 효력을 가진다. 그러나 종전의 조합설립인가처분이 당연무효이거나 취소되는 경우에는 종전의 조합설립인가처분이 유효함을 전제로 수립·인가된 관리처분계획은 소급하여 효력을 잃는다. 따라서 조합은 조합설립변경인가처분을 받기 전에 수립·인가된 종전의 관리처분계획에 따라 정비사업을 진행할 수는 없고, 도시 및 주거환경정비법령이 정한 요건과 절차에 따라 관리처분계획을 새롭게 수립하여 인가를 받아야 한다. 이때 조합은 구 도시 및 주거환경정비법(2013. 12. 24. 법률 제12116호로 개정되기 전의 것) 제46조 제1항이 규정하고 있는 분양신청 통지·공고 등의 절차를 다시 밟거나 분양신청 대상자들(종전 분양신청 절차에서 분양신청을 한 사람들과 이때에는 분양신청을 하지 않았지만 조합원 지위를 상실하지 않은 자를 포함한다. 이하 같다)의 분양신청에 관한 의사를 개별적으로 확인하여 그 분양신청 현황을 기초로 관리처분계획을 수립하여야 하고,

(2) 마찬가지로 분양신청절차상 하자가 있어서 관리처분계획이 취소 또는 무효로 되는 경우[598]에도 원칙적으로 분양신청절차를 다시 진행하고 관리처분계획을 수립하여야 하며, 새로운 분양신청절차에서 현금청산자에게도 분양신청을 통지하고 분양신청권을 부여하여야 한다.

(3) 다만 대법원은 「분양신청기간을 전후하여 재건축조합과 조합원 사이에 분쟁이 있어서 조합원이 분양신청을 할 수 없었던 경우에는 그 후 추가로 분양신청을 할 수 있게 된 조합원이 최종적으로 분양신청을 하지 않는 등의 사유로 인하여 분양대상자의 지위를 상실하는 때에 현금청산 대상자가 된다고 봄이 타당하고, 현금청산에 따른 토지 등 권리의 가액을 평가하는 기준시점과 현금청산 대상자에 대한 매도청구권의 행사로 매매계약의 성립이 의제되는 날도 같은 날로 보아야 한다.」고 판시하여 분양신청절차의 하자가 일부 토지등소유자에게 한정되는 경우에는 다시 분양신청절차를 진행할 필

조합이 이러한 절차를 밟지 않고 종전 분양신청 현황에 따라 관리처분계획을 수립하였다면 관리처분계획은 위법하다.」

대법원 2011. 12. 8. 선고 2008두18342 판결 [관리처분계획취소] 「도시환경정비사업에 내한 사업시행계획에 당연무효인 하자가 있는 경우에는 도시환경정비사업조합은 사업시행계획을 새로이 수립하여 관할관청에게서 인가를 받은 후 다시 분양신청을 받아 관리처분계획을 수립하여야 한다. 따라서 분양신청기간 내에 분양신청을 하지 않거나 분양신청을 철회함으로 인해 도시 및 주거환경정비법 제47조 및 조합 정관 규정에 의하여 조합원의 지위를 상실한 토지 등 소유자도 그때 분양신청을 함으로써 건축물 등을 분양받을 수 있으므로 관리처분계획의 무효확인 또는 취소를 구할 법률상 이익이 있다.」

대법원 2014. 2. 27. 선고 2011두25173 판결 [사업시행인가무효확인] 「주택재개발사업에 대한 사업시행계획에 당연무효인 하자가 있는 경우에는 재개발사업조합은 사업시행계획을 새로이 수립하여 관할관청에게서 인가를 받은 후 다시 분양신청을 받아 관리처분계획을 수립하여야 한다. 따라서 분양신청기간 내에 분양신청을 하지 않거나 분양신청을 철회함으로 인해 구 도시정비법 제47조 및 조합 정관 규정에 의하여 조합원의 지위를 상실한 토지 등 소유자도 그때 분양신청을 함으로써 건축물 등을 분양받을 수 있으므로 사업시행계획의 무효확인 또는 취소를 구할 법률상 이익이 있다(대법원 2011. 12. 8. 선고 2008두18342 판결 참조).」

598) 부산지방법원 2009구합73 판결 「도시정비법 제46조 제1항에서 '개략적인 부담금 내역'을 토지등소유자에게 통지하도록 한 취지는 사업시행자인 재개발정비사업조합으로 하여금 분양신청을 앞둔 조합원들에게 상당한 비용을 부담하면서 재개발에 참여할 것인지, 아니면 감정가에 의한 현금으로 청산받고 재개발에 참여하지 아니할 것인지를 선택할 수 있는 정보를 제공하도록 하기 위한 것이므로, 이는 관리처분계획을 수립하는 과정에서 가장 중요하고 본질적인 절차에 해당한다고 할 것이며, 조합원별 부담금 내역을 고지하지 아니한 것은 도시정비법의 규정에 정면으로 반하는 것으로 위법하고, 이러한 위법한 분양신청절차에 기초하여 수립된 관리처분계획은 그 하자가 중대하고 명백하여 무효이다.」(대법원 2010두78 판결로 확정).

요 없이 해당 토지등소유자에 대해서만 추가로 분양신청의 기회를 부여하면 족하다고 보았으며,[599] 「종전의 분양신청 현황을 기초로 했더라도 새로운 관리처분계획 수립 당시 토지등소유자의 분양신청 현황을 기초로 관리처분계획을 수립했다고 평가할 수 있는 예외적인 경우, 즉 ① '분양의 대상이 되는 대지 또는 건축물의 내역', '개략적인 분담금의 내역' 등 법령이 분양신청 통지에 포함시키도록 한 사항 등에 관하여 새로운 사업시행계획과 종전 사업시행계획 사이에 실질적으로 변경된 내용이 없고, ② 사업의 성격이나 규모 등에 비추어 두 사업시행계획 인가일 사이의 시간적 간격이 지나치게 크지 않으며, ③ 분양신청 대상자들 중 종전 분양신청을 철회·변경하겠다거나 새롭게 분양신청을 희망한다는 의사를 조합에 밝힌 사람이 실제 있지 않은 경우 등에는, 종전의 분양신청 현황을 기초로 새로운 관리처분계획을 수립하는 것도 허용된다.」고 판시하였다.[600]

(4) 반면, 관리처분계획의 취소 또는 무효사유가 사업시행계획의 하자 또는 분양신청절차의 하자에 따른 것이 아닌 경우와 관리처분계획을 변경하는 경우에는 분양신청절차를 다시 진행할 필요가 없는 것이다.

Ⅱ. 분양신청자에 대한 평형 및 동·호수 배정

1. 평형 및 동·호수 배정의 방법

도시정비법 시행규칙 [서식 제6호] 조합설립 동의서 중 '라. 신축건축물 구분소유권의 귀속에 관한 사항'은 개별 정비사업의 특성에 맞게 정하도록 하면서도, 〈예시〉로 "신축 건축물에 대한 분양면적 결정은 조합원의 신청규모를 우선적으로 고려하되, 같은 규모에서 경합이 있는 경우에는 종전 토지 및 건축물의 가격이 높은 순서에 따르고, 동·호수는 전산추첨으로 결정합니다."고 규정하고 있는바, 사업시행자는 통상 이에 따라 평형 및 동·호수를 배정하지만, 종전 주택의 평형과 동일(또는 유사) 평형을 우선 배정하는 방식 등 정관 등으로 다른 기준을 정하여 적용할 수도 있고, 전산추첨이 아닌

599) 대법원 2013. 9. 26. 선고 2011다16127 판결 [소유권이전등기].

600) 대법원 2016. 12. 15. 선고 2015두51309 판결 [수용재결취소등], 대법원 2016. 12. 15. 선고 2015두51347 판결 [사업시행계획수립인가등무효확인] 등.

공개추첨에 따르기도 한다.

2. 평형 및 동 · 호수 배정의 시기

(1) 도시정비법은 평형 및 동 · 호수 배정의 시기에 관한 규정을 두고 있지 아니하나, 법 제74조 제1항 제3호에서 "분양대상자(조합원)[601]별 분양예정인 대지 또는 건축물의 추산액"을 관리처분계획에 포함하도록 규정하고 있는바, 평형 및 동 · 호수 배정은 원칙적으로 분양신청기간 만료 후 관리처분계획 수립(총회) 이전에 해야 할 것이다.

(2) 다만 실무에서는 제3호가 '추산액'으로 규정하고 있으므로 일반 분양분을 포함하여 전체 동 · 호수에 대한 감정평가액[602]과 평형별 평균분양가 등을 관리처분계획에 포함하고, 관리처분계획 수립 전에 평형배정만 하여 평형별 평균분양가를 추산액으로 관리처분계획에 포함하고, 관리처분계획인가 후 동 · 호수 추첨을 하는 사례도 있다. 평형별 평균분양가도 추산액으로 볼 수 있고 분양 예정인 동 · 호수별 감정평가액도 포함되어 있으므로 적법하다고 본다.[603]

3. 평형 및 동 · 호수 배정의 쟁송방법

(1) 관리처분계획에 포함된 평형 및 동 · 호수 배정(이하 '평형배정 등'이라 한다)의 기준 또는 분양대상자별 평형배정 등이 법령 등에 위반되거나 현저히 형평에 반하여 위법한 경우에는 항고소송으로 관리처분계획의 취소 또는 무효를 구할 수 있다.[604]

---

601) 제4호 가목은 '일반 분양분'의 추산액을 관리처분계획에 포함하도록 규정하고 있는바, 제3호는 조합원 분양분을 의미한다. 사업시행자가 조합이 아닌 때에는 토지등소유자를 말한다. 이하 같다.

602) 법 제74조 제4항은 제1항 제3호의 추산액을 감정평가에 의해 산출하도록 규정하고 있다.

603) 실무에서 이러한 방식을 취하는 이유는 동 · 호수 추첨결과의 불만으로 관리처분계획에 반대하거나 이주를 거부하는 등의 부작용을 막고자 하는 경우도 있고, 금융결재원의 동 · 호수 추첨이 지연되기 때문이기도 하다.

604) 대법원 2014. 8. 20. 선고 2012두5572 판결 [관리처분계획취소] 「구 도시정비법 시행령 제52조 제2항 제1호는 주택재건축사업의 경우에 주택재개발사업 및 도시환경정비사업의 관리처분 기준의 하나인 제52조 제1항 제8호의 "주택의 공급순위는 기존의 토지 또는 건축물의 가격을 고려하여 정할 것. 이 경우 그 구체적인 기준은 시 · 도 조례로 정할 수 있다."는 규정을 적용하지 않고 있다. 이와 같은 관계 법령의 규정 내용과 체계 및 이 사건 주택재건축사업의 성격 등을 종합적으로 고려할 때, 이 사건 주택재건축 사업에 대해서는 구 도시정비법 시행

(2) 관리처분계획의 기준을 위반하여 평형배정 등이 위법한 경우에는 공법상 당사자소송 또는 민사소송으로 평형배정 등의 무효확인을 구할 수 있다. 대법원도 「재건축조합이 신축아파트 배정에서 우선배정권이 있는 조합원을 배제하고 동·호수 추첨을 마친 후 남은 세대를 위 조합원에게 배정한 경우, 그 동·호수 추첨 절차는 중대한 하자가 있어 무효이고, 위 조합원은 그 무효확인을 구할 이익이 있다.」고 판시하였다.[605]

(3) 평형배정 등을 침해받은 일부 조합원이 다른 조합원들의 평형배정 등의 무효확인을 구할 수 있는지에 관해, 구 주택건설촉진법과 집합건물법이 적용된 사안에서 대법원은 「피고의 반소 중 2005. 3. 22. 피고를 제외한 원고의 조합원들을 대상으로 한 원고 조합의 평형배정 및 동·호수 추첨 무효확인을 구하는 부분은, 원고와 피고를 제외한 나머지 원고 조합원들 상호간의 법률관계에 관한 확인에 불과하고, 이 사건 판결의 효력이 피고를 제외한 나머지 원고 조합원들의 권리 또는 법적 지위에 미칠 수도 없으므로 확인을 구할 이익이 없어 부적법하다.」고 판시하였으나,[606] 도시정비법이 적용된 사안에서 대법원은 「평형 우선배정권이 있는 조합원의 청구에 따라 재건축조합의

령 제52조 제1항 제8호가 적용되지 않는다고 해석함이 타당하다. 또한 피고 조합이 조합원 총회의 적법한 결의를 거쳐 제3주구 내 지하철 5호선 우장산역에 가까운 곳에 있는 양서아파트와 홍진아파트를 이 사건 사업구역에 편입시키는 과정에서 그 구분소유자들의 동의를 얻기 위하여 그들에게 평형배정 우선권을 부여하기로 한 것은 합리적이라고 보이므로, 이러한 평형배정의 차별을 이유로 이 사건 관리처분계획이 구 도시정비법 제48조 제2항 제1호가 규정한 관리처분 기준에 반한다고 보기도 어렵다. 따라서 피고 조합이 2004. 11. 27. 총회 결의에 따라 양서아파트와 홍진아파트 조합원에 대하여 평형배정에 관한 우선권을 부여함을 전제로 분양신청을 받은 후 2010. 9. 18. 총회 결의를 거쳐 수립한 이 사건 관리처분계획이 관리처분 방법 및 기준에 관한 법령의 규정을 위반하였다고 볼 수 없다.」

서울고등법원 2016. 2. 2. 선고 2015누60084 판결 [관리처분계획취소청구의소] 「적법하게 의결되어 유효한 이 사건 업무협약은 신축상가의 'MD(업종)구성'을 포함한 관리처분계획을 상가협의회로 하여금 수립하도록 하였고, 상가협의회가 자체적으로 수립한 이 사건 상가관리처분계획안은 신축상가 각 층의 평면도를 통하여 신축상가의 각 호수 중 조합원분양 부분과 일반분양 부분을 도면을 통하여 특정하였다. 그런데 이 사건 상가관리처분계획안이 있음에도 이 사건 관리처분계획은 상가 MD구성과 조합원 및 일반분양 상가의 위치를 아파트조합원이 대다수를 차지하는 피고 조합 이사회의 심의 내지 결의를 통하여 확정하도록 규정함으로써, 피고 조합의 이사회가 상가조합원들에게 불리한 내용으로 이를 결정할 위험을 초래하였다 할 것이다. 따라서 이 사건 관리처분계획 제13조 8.항의 내용은 이 사건 업무협약에 반하여 위법하여 취소되어야 한다.」

605) 대법원 2008. 2. 15. 선고 2006다77272 판결 [분양계약체결금지].

606) 대법원 2008. 8. 21. 선고 2007다83533,83540 판결 [소유권이전등기 · 재건축결의무효확인및정관부존재확인].

신축아파트 배정을 위한 동 · 호수 추첨 및 배정이 무효로 확인될 경우 나머지 평형의 배정도 일부씩 순차 변경이 불가피하다면, 모든 동 · 호수에 대한 추첨 및 배정 등이 무효이고, 위 조합원은 그 전부의 무효확인을 구할 수 있다.」고 판시하였다.[607] 사실관계만 보면 앞선 판례도 원고의 권리구제를 위해 순차적 변경이 불가피한 경우에 해당하는 것으로 보여 양 판례는 일응 상반되는 것으로 보인다. 다른 조합원들의 배정을 무효로 하지 아니하고 원고에게 적법한 배정을 할 수 있다면 무효를 구할 법률상 이익이 없다고 하고, 원고의 권리구제를 위해 순차적 변경이 불가피한 경우에는 무효를 구할 법률상 이익이 있다고 보는 것이 타당하다.

(4) 관리처분계획의 일부 취소판결[608]로 현금청산자에 분양을 해야 할 경우에 이미 이루어진 다른 조합원들에 대한 평형배정과 동 · 호수 추첨이 무효로 되는지가 문제된다. 위 대법원 판결은 「피고의 규약상 조합원은 관리처분계획으로 정한 주택 등의 분양청구권을 가지며, 조합원의 권리와 의무의 변동에 관한 사항은 총회의 결의를 거쳐 결정하도록 되어 있는 한편, 도시정비법은 관리처분계획의 수립 등은 조합원총회의 결의에 의하도록 규정되어 있으므로, 피고가 나머지 원고들의 신탁을 원인으로 한 소유권이전등기 미이행을 이유로 분양신청권을 제한하려면 분양신청이 이루어지기 전에 미리 조합원총회의 결의를 거쳐야 하고, 분양신청이 종료된 후에 그 권리를 소급하여 제한할 수는 없다고 할 것이다.」라고 판시하여 다른 종전 평형배정과 동 · 호수 추첨을 무효로 보았으나 관리처분계획의 일부 취소와는 무관하고 관리처분계획을 위반한 사안이다.[609] 사견으로는 ① 관리처분계획이 일부만 취소된 이상 나머지 분양대상자에 대한 관리처분계획은 행정처분의 공정력으로 유효하고 이에 따른 평형배정 등도 유효하다고 보아야 하는 점, ② 법 제74조 제1항 제4호 및 제79조 제4항은 "사업시행계획으로 정하는 목적을 위하여 보류지"를 정할 수 있도록 규정하고 이에 따라 관리처분계획에서는 분양대상자에 대한 법적 분쟁에 대비하여 보류지를 정하고 있으므로, 보류지를 분양하는 것이 법 제79조에 충실한 해석인 점, ③ 현금청산자에 대한 일부 취소판결이 있을

607) 대법원 2008. 2. 15. 선고 2006다77272 판결 [분양계약체결금지].

608) 관리처분계획 중 해당 토지등소유자를 현금청산자로 한 부분을 취소하는 판결이 확정된 경우, 관리처분계획의 변경은 경미한 변경사항에 해당하여 총회의 의결 없이 신고하면 된다는 것이 대법원 판례의 입장이다(대법원 2012. 5. 24. 선고 2009두22140 판결 [관리처분계획변경처분등취소]).

609) 대법원 2008. 2. 15. 선고 2006다77272 판결 [분양계약체결금지].

때마다 종전 평형배정 등이 무효로 되고 다시 평형배정 등을 하여야 한다면 관리처분계획의 공정력이 현저히 침해되고 이에 따라 분양대상자들의 지위가 현저히 불안해지는 점 등을 종합할 때, 이미 이루어진 평형배정 등은 무효가 아니라고 본다.

(5) 대법원은 「재건축조합의 신축아파트 배정을 위한 동·호수 추첨 등의 무효를 주장하던 조합원이 재건축조합과 위 추첨으로 배정받은 아파트를 포기하고 일반 분양분으로 예정되어 있던 아파트를 배정받기로 하는 별도의 약정을 한 경우, 위 무효확인을 구할 이익이 없다.」고 판시하였는바,[610] 보류지 분양에 합의가 있는 경우에는 특별히 문제될 것이 없다.

(6) 무효인 평형배정 등에 기하여 조합원들과 분양계약이 체결된 경우, 대법원은 「원고가 분양계약의 무효를 구하는 것은 분쟁해결을 위한 유효·적절한 수단이라고 할 것이고, 원고들이 아닌 조합원들과 피고 사이에 이 사건 신축아파트에 관한 분양계약 체결이 완료되었다는 등의 사정만으로는 동·호수 추첨 및 배정을 다시 하는 것이 불가능하다고는 할 수 없다.」고 판시하였다.[611] 사견으로는 관리처분계획의 공정력과 일반분양계약의 체결 등 사안의 구체적 타당성에 따라 동·호수 추첨 및 배정을 다시 하는 것이 불가능하다고 할 경우도 있다고 본다.

(7) 위법한 평형배정 등으로 손해를 입은 때에는 민사상 손해배상 청구를 할 수 있으며, 손해배상액에 관하여 대법원은 「주택재개발조합이 일부 조합원들의 종전 자산 가액을 잘못 산정하여 그들을 작은 평형 아파트를 배정받을 조합원으로 취급함으로써 큰 평형 아파트를 배정받을 권리를 침해한 사안에서, 권리 침해 당시를 기준으로 큰 평형 아파트의 평균적인 객관적 가치가 큰 평형 아파트의 평균적인 조합원분양가격을 초과하고 있다면, 위 조합원들은 그 차액 상당의 경제적 손실을 입은 것이고, 이때 큰 평형 아파트 대신 배정받은 작은 평형 아파트의 객관적 가치가 작은 평형 아파트의 조합원분양가격을 초과함으로써 얻은 이익이 있으면 이를 공제한 금액이 위 조합원들이 입은 종국적인 경제적 손실로서 통상 손해에 해당하는데, 조합이 사후적으로 위 조합원들에게 큰 평형 아파트 보류분을 배정받을 수 있는 기회를 제공하였다 하더라도 그것만으로 조합원들의 손해가 전보되었다고 볼 수는 없고, 다만 조합원들이 실제로

610) 대법원 2008. 2. 15. 선고 2006다77272 판결 [분양계약체결금지].

611) 대법원 2008. 2. 15. 선고 2006다77272 판결 [분양계약체결금지].

큰 평형 아파트 보류분을 배정받음으로써 전보된 손해는 이를 배상하여야 할 손해배상액에서 공제하여야 한다.」고 판시하였다.612)

Ⅲ. 분양신청을 하지 아니한 자 등에 대한 조치(제73조)

도시정비법	도시정비법 시행령
제73조(분양신청을 하지 아니한 자 등에 대한 조치) ① 사업시행자는 관리처분계획이 인가·고시된 다음 날부터 90일 이내에 다음 각 호에서 정하는 자와 토지, 건축물 또는 그 밖의 권리의 손실보상에 관한 협의를 하여야 한다. 다만, 사업시행자는 분양신청기간 종료일의 다음 날부터 협의를 시작할 수 있다. 〈개정 2017. 10. 24.〉 1. 분양신청을 하지 아니한 자 2. 분양신청기간 종료 이전에 분양신청을 철회한 자 3. 제72조제6항 본문에 따라 분양신청을 할 수 없는 자 4. 제74조에 따라 인가된 관리처분계획에 따라 분양대상에서 제외된 자 ② 사업시행자는 제1항에 따른 협의가 성립되지 아니하면 그 기간의 만료일 다음 날부터 60일 이내에 수용재결을 신청하거나 매도청구소송을 제기하여야 한다. ③ 사업시행자는 제2항에 따른 기간을 넘겨서 수용재결을 신청하거나 매도청구소송을 제기한 경우에는 해당 토지등소유자에게 지연일수(지연일수)에 따른 이	제60조(분양신청을 하지 아니한 자 등에 대한 조치) ① 사업시행자가 법 제73조제1항에 따라 토지등소유자의 토지, 건축물 또는 그 밖의 권리에 대하여 현금으로 청산하는 경우 청산금액은 사업시행자와 토지등소유자가 협의하여 산정한다. 이 경우 재개발사업의 손실보상액의 산정을 위한 감정평가업자 선정에 관하여는 「공익사업을 위한 토지 등의 취득 및 보상에 관한 법률」 제68조제1항에 따른다. ② 법 제73조제3항 후단에서 "대통령으로 정하는 이율"이란 다음 각 호를 말한다. 1. 6개월 이내의 지연일수에 따른 이자의 이율: 100분의 5 2. 6개월 초과 12개월 이내의 지연일수에 따른 이자의 이율: 100분의 10 3. 12개월 초과의 지연일수에 따른 이자의 이율: 100분의 15

612) 대법원 2011. 5. 13. 선고 2011다3268 판결 [손해배상(기)].

자를 지급하여야 한다. 이 경우 이자는 100분의 15 이하의 범위에서 대통령령으로 정하는 이율을 적용하여 산정한다.	

1. 현금청산자의 의의

(1) 2017. 2. 8. 개정(2018. 2. 9. 시행) 전 구법 제47조 제1항은 분양신청을 하지 아니한 자 등에 대한 조치로써 "현금으로 청산한다."고 규정하였고, 이에 따라 실무에서는 구법 제47조 제1항에 해당하는 자를 "현금청산자"라는 용어로 사용하여 왔다. 2018. 2. 8. 개정 이후 현행법 제73조 제1항은 "손실보상"으로 용어를 변경하였으나, 재건축사업에 적용되지 아니하는 토지보상법상 손실보상과는 구별되는 개념이고 용어의 혼돈이 있을 수 있으므로, 여전히 "현금청산자"라는 용어를 사용하여도 무방하다고 본다.

(2) 여기에서 현금청산자라 함은 정비구역 내에 토지등소유자로서 조합원 등[613]의 지위를 취득한 후 분양신청절차와 이에 기초하여 수립된 관리처분계획에 의해서 분양대상자에서 제외되어 정비구역 내 토지등소유권을 현금으로 청산을 받는 자를 의미하며, 현금청산자는 조합원의 지위를 상실한다.

(3) 즉, 법 제73조의 현금청산자는 기본적으로 조합원임을 전제로 분양신청절차에서 분양대상자에서 제외되는 자를 말한다. 따라서 조합원 강제가입주의를 취하고 있는 주거환경개선사업과 재개발사업은 조합설립 동의여부와 무관하게 토지등소유자는 현금청산자가 될 수 있지만, 조합원 임의가입주의를 취하고 있는 재건축사업에서는 조합설립에 동의한 토지등소유자만이 현금청산자가 될 수 있고, 조합설립에 동의하지 아니한 토지등소유자는 법 제64조의 매도청구대상이 될 뿐 법 제73조의 현금청산자가 될 수 없다.

613) 재개발사업에서 토지등소유자에 포함되지 아니하는 무허가건축물 소유자가 정관 등에 의해 조합원 지위를 취득한 경우를 포함하며, 재건축사업에서 조합을 설립하지 아니하고 공공시행자 또는 지정개발자가 사업시행자가 된 경우 사업시행자 지정에 동의한 토지등소유자를 포함한다.

2. 법령상 현금청산자의 범위[614)]

가. 분양신청을 하지 아니한 자

분양신청기간 내에 분양신청을 하지 아니한 자는 현금청산자가 되고, 대법원에 따르면 분양신청기간 만료일 다음 날 조합원의 지위를 상실한다.[615)]

나. 분양신청을 철회한 자

대법원은 「'분양신청을 철회한 자'는 분양신청기간 내에 분양신청을 하였으나 그 기간이 종료하기 전에 이를 철회한 사람을 의미할 뿐 분양신청을 한 후 분양신청기간이 종료한 다음 임의로 분양신청을 철회하는 사람까지 이에 해당된다고 볼 수 없다.」고 일관되게 판시하고 있는바,[616)] 분양신청의 철회는 분양신청기간 만료일 이전까지 가능하고 분양신청기간 내에 분양신청을 철회한 자는 현금청산자로서 분양신청기간 만료일 다음 날 조합원의 지위를 상실한다.[617)]

다. 법 제72조 제6항에 따라 투기과열지구 내 재분양신청을 할 수 없는 자

앞서 본 바와 같이 투기과열지구의 정비사업에서 관리처분계획에 따라 조합원분양 또는 일반분양을 받은 분양대상자 및 그 세대에 속한 자는 분양대상자 선정일(조합원 분양분의 분양대상자는 최초 관리처분계획 인가일을 말한다)부터 5년 이내에는 투기과열지구에서 조합원(토지등소유자)으로서 분양신청을 할 수 없고, 다만 상속, 결혼, 이혼으로 조합원 자격을 취득한 경우에는 분양신청을 할 수 있다(구체적인 내용은 법 제72조를 참조하기로 한다). 이에 따라 현금청산자가 된 자도 분양신청기간 만료일에 조합원의 지위를 상실한다고 본다.

---

614) 법 제73조 제1항 각호.

615) 대법원 2013. 7. 25. 선고 2011다19744 판결 [소유권이전등기등 · 소유권이전등기등], 대법원 2010. 8. 19. 선고 2009다81203 판결 [소유권이전등기절차이행등], 대법원 2012. 5. 10. 선고 2010다47469 판결 [청산금 · 청산금 · 청산금] 등 다수.

616) 대법원 2018. 12. 27. 선고 2018다260015 판결 [건물명도(인도)], 대법원 2011. 12. 22. 선고 2011두17936 판결 [토지수용보상금증액][미간행] 등 다수.

617) 대법원 2013. 7. 25. 선고 2011다19744 판결 [소유권이전등기등 · 소유권이전등기등], 대법원 2010. 8. 19. 선고 2009다81203 판결 [소유권이전등기절차이행등], 대법원 2012. 5. 10. 선고 2010다47469 판결 [청산금 · 청산금 · 청산금] 등 다수.

라. 법 제74조에 따라 인가된 관리처분계획에 따라 분양대상에서 제외된 자

법 제74조에 따라 인가(변경인가를 포함한다)된 관리처분계획에 따라 분양대상에서 제외된 자는 현금으로 청산한다. 법 제74조는 관리처분계획의 내용과 기준에 관하여 규정하고 있을 뿐 분양대상에서 제외될 자를 구체적으로 규정하고 있지는 않은바, 아래와 같은 자가 이에 해당할 수 있다.[618]

(1) 투기과열지구의 양수인

1) 법 제39조 제2항에 따라 투기과열지구에서 재건축의 경우에는 조합설립인가 후, 재개발의 경우에는 관리처분계획인가 후에 양수한 자는 원칙적으로 조합원이 될 수 없고, 동조 제3항은 이 경우 법 제73조 현금청산에 관한 규정을 준용하여 손실보상을 하도록 규정하고 있는바(예외 사유 등 구체적인 내용은 법 제39조 부분을 참조하기로 한다), 이에 해당하는 양수인은 인가된 관리처분계획에 따라 분양대상자에서 제외되어야 한다.

2) 이 경우 양도인은 양도시점에 조합원지위를 상실하고 양수인은 조합원자격이 없으므로, 양도 시점부터 조합원자격을 행사할 자가 없게 되는 점은 분명하다. 다만, 관리처분계획이 인가 된 후에 현금으로 청산할 때에 청산금의 산정시점을 언제로 할 것인지 문제가 되는데, 주거환경개선사업 · 재개발사업의 현금청산방법인 수용재결의 경우에는 토지보상법 제67조 제1항에서 재결 당시를 기준으로 보상금을 산정하도록 규정하고 있어 문제될 것이 없으나, 재건축사업의 현금청산방법인 매도청구소송의 매매대금 산정시점은 대법원 판례와 관련하여 견해가 대립할 수 있다.

3) 대법원은 재건축사업에서 분양신청을 하지 아니하거나 분양계약을 체결하지 아니한 현금청산자에 대한 매매대금 산정 기준일을 조합원 지위를 상실한 시점과 동일하다고 보아 '분양신청기간 만료일 다음날' 또는 '분양계약체결기간 만료일 다음날'로 판시하였는바,[619] 형성권인 매도청구권의 법적 성격보다 조합탈퇴에 따른 청산의 성격을

---

618) 위법한 관리처분계획인가에 따라 분양대상에서 제외된 자를 현금청산 할 수 있는 것은 아니다.

619) 대법원 2009. 9. 10. 선고 2009다32850, 32867 판결 [청산금] 등 다수 판례 「도시정비법 제47조 제1, 2호의 규정에 따라 사업시행자는 토지 등 소유자가 분양신청을 하지 아니하거나 분양신청을 철회하는 경우에 '그 해당하게 된 날'부터 150일 이내에 대통령령이 정하는 절차에 따라 토지 · 건축물 또는 그 밖의 권리에 대하여 현금으로 청산하여야 하는데, 여기에서 분양신청을 하지 아니하거나 분양신청기간의 종료 이전에 분양신청을 철회한 토지 등 소유자에

중시하고 있다. 이러한 대법원 판례의 법리를 위와 같은 양수인에게 그대로 적용한다면 조합설립인가 직후 양수인도 양수 당시를 기준으로 청산금을 산정하여 관리처분인가 후에 매도청구소송으로 지급하면 된다는 부당한 결과를 초래한다. 위 대법원 판례에 적용되던 구법은 현금청산방법으로 매도청구권을 명시적으로 규정하지 아니하였으나 2017. 2. 8. 개정 후 현행법 제73조 제2항은 현금청산방법으로 매도청구소송을 명시하였는바, 사견으로는 위와 같은 대법원 판례는 변경되어야 하고 청산금은 매도청구소송의 소제기일을 기준으로 산정하는 것이 타당하다고 본다.

(2) 과소 토지 등 시 · 도조례에 따라 분양대상에서 제외된 자

1) 법 제74조 제6항은 "관리처분계획의 내용, 관리처분의 방법 등에 필요한 사항은 대통령령으로 정한다."고 규정하고 있고, 시행령 제63조 제1항 제3호 단서는 "공동주택을 분양하는 경우 시 · 도조례로 정하는 금액 · 규모 · 취득 시기 또는 유형에 대한 기준에 부합하지 아니하는 토지등소유자는 시 · 도조례로 정하는 바에 따라 분양대상에서 제외할 수 있다."고 규정하고 있는바, 과소 토지 등 시 · 도조례로 분양대상에서 제외되는 토지등소유자도 현금청산자가 된다. 이에 따라 법 제76조 제1항 제3호도 관리처분계획 수립기준으로 "너무 좁은 토지 또는 건축물이나 정비구역 지정 후 분할된 토지를 취득한 자에게는 현금으로 청산할 수 있다."고 규정하고 있다(구체적 내용은 법 제74조, 제76조 부분을 참조하기로 한다).

2) 이에 해당하는 자는 토지등소유자로서 조합원자격은 인정되나 시 · 도조례의 분양권제한에 따라 관리처분계획에서 제외되는 것이므로, 관리처분계획 인가 시에 조합원자격을 상실한다고 볼 것이다.

대하여 청산금 지급의무가 발생하는 시기는 도시 및 주거환경정비법 제46조의 규정에 따라 사업시행자가 정한 '분양신청기간의 종료일 다음날'이라고 보아야 하므로(대법원 2008. 10. 9. 선고 2008다37780 판결 참조), 현금청산의 목적물인 토지 · 건축물 또는 그 밖의 권리의 가액을 평가하는 기준시점은 청산금 지급의무가 발생하는 시기인 '분양신청기간의 종료일 다음날'로 봄이 상당하다.」

3. 조합원분양계약과 정관에 의한 현금청산자

가. 분양계약의 법적 성격

(1) 구 국토교통부 표준정관[620]과 실무에 따르면, 조합은 ① 분양신청절차, ② 분양신청을 토대로 한 관리처분계획 수립 및 인가 후 ③ 조합원과 분양계약을 체결하게 된다. 공공시행자 또는 지정개발자가 토지등소유자와 체결한 분양계약을 포함하고 일반분양계약과 구별하고자 '분담금 계약'이라고도 한다.

(2) 이러한 조합원분양계약의 법적 성격에 관하여는, ① 사법상 계약이라는 견해, ② 공법상 계약이라는 견해, ③ 무용론 등이 제기되고 있다.

(3) 사법상 계약설은 비록 조합이 공법인으로서 행정주체에 해당한다고 할지라도 행정주체가 계약의 당사자라 하여 모든 계약이 공법상 계약에 해당하는 것은 아니고, 조합원분양계약은 조합과 조합원의 공법적 관계가 아니라 특정의 분양대상 목적물을 둘러싼 분양자와 수분양자로서의 개별적이고 구체적인 법률관계라고 보아야 하고, 이는 관리처분이나 이전고시의 내용을 보충하기 위한 공법관계가 아니라, 동·호수 추첨을 통해 특정된 신축건축물의 분양을 목적으로 사법적 권리의무관계를 설정하는 구체적이고도 개별적인 분양계약관계라고 본다. 대법원도 구 도시재개발법 사안에서 사법상 계약설의 입장에서 판시한 바 있다.[621]

(4) 공법상 계약설은 본래 조합과 조합원 사이의 분양관계는 분양계약이 아니라 조합원의 분양신청(사인의 공법행위) 및 이를 전제로 한 조합의 행정처분인 관리처분계획으

620) 구 표준정관 제44조(분양신청 등)
⑤ 조합원은 관리처분계획인가 후 00일 이내에 분양계약체결을 하여야 하며 분양계약체결을 하지 않는 경우 제4항(현금청산)의 규정을 준용한다.

621) 법원 2008. 12. 24. 선고 2006다73096 판결 [부당이득금] 「구 도시재개발법(1995. 12. 29. 법률 제5116호로 전문 개정되기 전의 것)의 적용을 받는 재개발조합과 조합원이 도시재개발사업 시행 과정에서 시공사에 대한 공사비 지급, 신축건물에 대한 조합원의 입주 및 분양대금 납부 등을 둘러싼 권리·의무관계를 원활하게 조정하고 이를 구체화하기 위하여 사법상 계약의 형태로 개별적인 약정을 체결하는 것은 그것이 재개발조합과 조합원의 자유로운 의사의 합치에 기하여 이루어진 것인 이상 총회결의 절차를 반드시 거쳐야 한다고 볼 수 없으며, 공사비 등의 지급을 위한 조합원의 급부의무의 부담 및 그 내용이 구 도시재개발법을 포함한 전체 법질서에 비추어 허용될 수 있고 그 사법상 계약의 체결에 이르게 된 동기, 경위 및 목적 등에 비추어 필요성과 상당성이 있다고 인정되는 때에는, 사법상 계약에서 조합원에게 정관이나 관리처분계획 등에서 예정하지 아니한 급부의무에 관하여 정하고 있다는 사정만으로 위 사법상 계약이 무효로 되는 것이 아니다.」

로부터 정해지고, 이행의무의 존부나 내용도 관리처분으로부터 나오는 것이지 분양계약으로부터 나오는 것은 아니며, 조합원은 관리처분을 바탕으로 한 법 제86조 이전고시에 따라 주택을 취득하고, 조합은 법 제89, 90조에 따라 분담금에 해당하는 청산금[622]을 징수하는 것이므로, 조합원분양계약은 동·호수 추첨에 따라 구체화된 공법상 관계를 보충하는 계약으로서 공법상 계약으로 본다.[623] 다만, 행정주체에게 계약에 관하여 공법상 계약과 사법상 계약의 선택권이 부여된 때에는 행정주체가 사법상 계약행위를 할 수 있는 것이고,[624] 법 제90조 제1항이 "청산금을 납부할 자가 이를 납부하지 아니하는 경우 체납처분의 예에 따라 시장·군수등에게 청산금의 징수를 위탁할 수 있다."고 규정한 것은 위와 같은 선택권을 부여한 조항이라고 보는 견해도 있다.

(5) 조합원분양계약 무용론은 분양신청과 관리처분계획 등에 따라 조합원의 권리·의무가 정해지는 이상 도시정비법에 근거가 없는 조합원분양계약은 무용한 절차에 불과하다고 보는 견해이다.

나. 조합원분양계약 미체결·해제 등과 정관에 의한 현금청산의 문제

(1) 사법상 계약설은 조합원이 분양신청을 하였더라도 종국적으로 분양계약을 체결하지 아니하거나 분양계약서에서 정한 절차에 따라 적법하게 계약을 해제함으로써 자유롭게 조합원의 지위를 탈퇴하고 현금청산자가 될 수 있고, 분양계약을 체결한 조합원이 분양계약에 따른 분담금을 이행하지 아니할 경우에는 조합이 분양계약서에서 정한 절차에 따라 분양계약을 해제할 수도 있으며, 분양계약이 해제된 경우에는 종전 자산을 현금으로 청산하여야 한다.

(2) 반면, 공법상 계약설과 무용론은 분양신청과 관리처분계획으로 조합과 조합원의 권리·의무가 확정되므로, 분양신청을 한 조합원이 분양계약체결을 거부할 수 없고, 공법상 의무가 있는 조합도 조합원이 분담금을 불이행한 경우에 법 제89, 90조에 따라

622) 현금청산자의 청산금과 구별되는 분양신청자의 분담금을 의미한다.
623) 부장판사 이우재 저「도시 및 주거환경정비법」참조.
624) 대법원 1981. 5. 26. 선고 80다2109 판결 [전부금]「특례법에 따른 협의취득은 사법상의 매매계약과 같은 성질을 가진 것에 불과하여 토지수용법상의 공용징수에 해당되지 아니하므로 본건 토지의 소유권이 피고에 이전된다 할지라도 저당권자인 원고는 저당권으로서 본건 토지에 추급할 수 있다 할 것이니 위 소외인이 협의에 따라 지급받을 보상금(실질은 매매대금)에 대하여 물상대위권을 행사할 수 없다고 할 것이다.」

분담금을 징수할 수 있을 수 있을 뿐 임의로 분양계약을 해제할 수는 없으며, 분양계약을 체결하지 아니하거나 해제되었다는 사유로 해당 조합원이 현금청산자로 되는 것은 아니라는 결론으로 귀결될 수 있다. 다만, 도시정비법상 분양계약에 관한 규정이 없다고 하여 조합이 정관 등으로 분양계약에 관한 규정을 둘 수 없는 것은 아니고, 조합정관과 총회의결 등으로 분양계약을 체결하지 아니하거나 분양계약이 해제된 경우 현금청산을 할 수 있도록 정하는 것은 도시정비법을 보충하여 자율적으로 정한 것으로서 유효한 것이므로, 분양계약을 체결하지 아니하거나 분양계약을 해제함으로써 현금 청산할 수 있다고 보는 것이 다수 견해로 보인다.

(3) 대법원은 「구 도시 및 주거환경정비법(2013. 12. 24. 법률 제12116호로 개정되기 전의 것)에 따라 설립된 주택재개발정비사업조합(이하 '조합'이라 한다)의 정관이나 관리처분계획에서 조합이 조합원들에게 '분양신청 기간 종료 후 일정한 기간 내에 분양계약을 체결할 것'을 요구하면서 '그 기간 내에 분양계약을 체결하지 않으면 그 권리를 현금으로 청산한다'고 정한 경우, 이는 사업시행자가 조합원이었던 토지 등 소유자에게 해당 기간에 분양계약의 체결을 거절하는 방법으로 사업에서 이탈할 수 있는 기회를 추가로 부여한 것이다. 위와 같은 내용을 정한 정관이나 관리처분계획은 조합이 조합원들에게 분양계약 체결을 요구하는데도 분양계약 체결 의무를 위반하여 분양계약을 체결하지 않은 조합원을 현금청산대상자로 한다는 의미이다.」고 판시하였고,[625] 나아가 대법원은 「조합원이 분양신청을 하지 아니하거나 철회하는 경우에는 조합원의 지위를 상실함으로써 현금청산 대상자가 되는데, 조합원이 재건축조합에서 제명되거나 탈퇴하는 등 후발적인 사정으로 그 지위를 상실하는 경우에도 처음부터 분양신청을 하지 아니하거나 철회하는 경우와 마찬가지로 현금청산 대상자가 된다.」고 판시하여,[626] 정관 등에 의한 현금청산자를 폭 넓게 인정하고 있다.

(4) 다만 대법원은 「재건축정비사업조합의 정관에 '조합원이 분양신청을 철회한 자에 해당하는 경우 현금으로 청산한다'는 취지의 조항과 '조합원이 관리처분계획인가 후 30일 내에 분양계약을 체결하지 않은 경우 위 규정을 준용한다'는 취지의 조항을 둔 사안에서, 위 조항에서 말하는 '분양신청을 철회한 자'는 분양신청기간 종료 전 분양신청을 철회하여 현금청산 대상자가 된 사람을 의미할 뿐 분양신청기간 종료 후 임의로

---

625) 대법원 2016. 12. 15. 선고 2015두51309 판결 [수용재결취소등] 등 다수.

626) 대법원 2013. 11. 28. 선고 2012다110477, 110484 판결 [소유권이전등기 · 소유권이전등기].

분양신청을 철회한 사람은 이에 해당하지 않으며, 조합이 조합원들에게 사업진행상 사정으로 분양계약 체결 자체를 요구하지 않은 경우는 관리처분계획인가 후 30일 내에 분양계약 체결이 이루어지지 않았더라도 조합원들이 현금청산 대상자가 되지 않는다고 본 원심판결에 법리오해의 위법이 없다.」고 판시하였고,[627] 나아가 분양계약체결의 의사가 없는 조합원이 현금청산을 요구하면서 건물 등의 인도를 거부하는 사안에서 「조합이 조합장의 발언을 통해 추가적인 분양신청 철회 기회를 부여하겠다는 공적인 견해 표명을 하였다거나, 조합이 분양계약 체결절차를 진행하거나 추가적인 분양신청 철회의 기회를 부여하지 않고 조합원에게 부동산의 인도를 구하는 것이 정의 관념에 비추어 도저히 용인할 수 없는 정도라고 볼 수 없는데도, 갑 등의 신뢰보호원칙 및 신의칙에 기한 항변을 받아들여 을 조합의 청구를 모두 기각한 원심판결에는 법리오해의 잘못이 있다.」고 하여 신의칙상 현금청산을 요구하는 토지등소유자의 주장도 배척하였는바,[628] 공익사업인 정비사업의 법적 안정성을 위해 토지등소유자의 임의적인 현금청산 주장은 인정하지 않고 있다.

(5) 조합이 공식적으로 분양계약체결 기간을 공고하여 분양계약체결을 요구(통지)하여도 분양계약체결을 하지 아니한 자가 조합원의 지위를 상실하는 시점에 관하여, 대법원은 "분양계약체결기간 종료일 다음 날"에 청산금의 지급의무가 발생한다고 판시하여[629] 조합원 지위의 상실 시점도 이와 같은 날로 보고 있으며, 이에 따르면 조합이 조합원의 불이행으로 분양계약을 해제하거나 조합원을 제명한 경우에도 해제통지의 도달일 또는 제명을 결의한 날에 조합원의 지위를 상실한다고 할 것이다.

4. 현금청산의 절차 및 방법

가. 현금청산의 협의

(1) 협의기간

1) 사업시행자는 관리처분계획이 인가・고시된 다음 날부터 90일 이내에 현금청산

627) 대법원 2012. 5. 9. 선고 2010다71141 판결 [소유권이전등기등].

628) 대법원 2018. 12. 27. 선고 2018다260015 판결 [건물명도(인도)], 대법원 2018. 12. 27. 선고 2018다261216 판결 [건물명도(인도)].

629) 대법원 2013. 7. 11. 선고 2013다13023 판결 [건물인도] 등 다수.

자와 토지, 건축물 또는 그 밖의 권리의 손실보상에 관한 협의를 하여야 한다. 다만, 사업시행자는 분양신청기간 종료일의 다음 날부터 협의를 시작할 수 있다.[630]

2) 협의기간을 "관리처분계획이 인가 · 고시된 다음 날부터 90일 이내"로 규정한 것은, 사업시행자가 협의를 이유로 장기간 현금청산을 지연하는 것을 방지하고, 법 제73조 제2항 및 제3항의 현금청산 절차개시(수용재결 신청 또는 매도청구소송 제기)의 기한 및 도과 시 지연손해금의 기산점을 정하기 위한 것일 뿐, 위 협의기간이 도과하지 아니하였다고 해서 수용재결 신청 또는 매도청구소송의 제기가 부적법하게 되는 것은 아니다.

(2) 보상금의 협의

1) 2018. 2. 9. 개정 전 구 시행령 제48조는 "사업시행자가 법 제47조의 규정에 의하여 토지등소유자의 토지 · 건축물 그 밖의 권리에 대하여 현금으로 청산하는 경우 청산금액은 사업시행자와 토지등소유자가 협의하여 산정한다. 이 경우 시장 · 군수가 추천하는 감정평가업자 2 이상이 평가한 금액을 산술평균하여 산정한 금액을 기준으로 협의할 수 있다."고 규정하였다.

2) 이에 따라 재개발사업의 경우에 대법원은 「도시정비법은 협의의 기준이 되는 감정평가액의 산정에 관하여 별도의 규정을 두고 있으므로, 토지보상법상 감정평가업자를 통한 보상액의 산정(제68조)이나 이를 기초로 한 사업시행자와의 협의(제16조) 절차를 따로 거칠 필요도 없다.」고 판시하였다.[631]

---

630) 법 제73조 제1항.

631) 대법원 2015. 11. 27. 선고 2015두48877 판결 [부작위위법확인] 「도시정비법령의 체계와 내용, 일반적인 공익사업과 구별되는 도시정비법상 정비사업의 절차진행의 특수성과 아울러, ① 도시정비법상 정비사업의 단계별 진행과정을 보면, 현금청산대상자와 사업시행자 사이의 청산금 협의에 앞서 사업시행인가 신청과 그 인가처분 · 고시 및 분양신청 통지 · 공고 절차가 선행하게 되는데, 이를 통하여 수용의 대상이 되는 토지 등의 명세가 작성되고 그 개요가 대외적으로 고시되며, 세부사항이 토지등소유자에게 개별적으로 통지되거나 공고되는 점, ② 따라서 토지등소유자에 대하여는 위와 같은 도시정비법 고유의 절차와 별도로 토지보상법상 토지조서 및 물건조서의 작성(제14조)이나 보상계획의 공고 · 통지 및 열람(제15조)의 절차를 새로이 거쳐야 할 필요나 이유가 없는 점, ③ 토지보상법상 손실보상의 협의는 사업시행자와 토지등소유자 사이의 사법상 계약의 실질을 갖는다(대법원 2014. 4. 24. 선고 2013다218620 판결 참조)는 점에서 도시정비법상 협의와 그 성격상 구별된다고 보기 어려운 점, ④ 또한 도시정비법은 협의의 기준이 되는 감정평가액의 산정에 관하여 별도의 규정을 두고 있으므로, 토지보상법상 감정평가업자를 통한 보상액의 산정(제68조)이나 이를 기초로 한 사업시행자와의 협의(제16조) 절차를 따로 거칠 필요도 없는 점 등에 비추어 보면, 토지보상법상 협

3) 그러나 개정 후 시행령 제60조 제1항은 "사업시행자가 법 제73조 제1항에 따라 토지등소유자의 토지 · 건축물 그 밖의 권리에 대하여 현금으로 청산하는 경우 청산금액은 사업시행자와 토지등소유자가 협의하여 산정한다. 이 경우 재개발사업의 손실보상액의 산정을 위한 감정평가업자 선정에 관하여는 「공익사업을 위한 토지 등의 취득 및 보상에 관한 법률」 제68조 제1항에 따른다."고 규정하고 있는바, 재개발사업의 경우에는 토지보상법 제68조 제1항에 따라 감정평가업자 3인(시 · 도지사와 토지소유자가 모두 감정평가업자를 추천하지 아니하거나 시 · 도지사 또는 토지소유자 어느 한쪽이 감정평가업자를 추천하지 아니하는 경우에는 2인)을 선정하여 토지등의 평가를 의뢰하여 이를 기준으로 협의하여야 한다.[632]

4) 반면 재건축사업의 경우에는 시행령 제60조 제1항 단서가 적용되지 아니하므로, 법 제74조 제2항의 관리처분계획서상의 종전 자산 감정평가액(2인의 감정평가업자의 평가액 산술평균)으로 협의하거나 임의의 청산금액을 정하여 협의할 수 있다.[633]

나. 현금청산에 따른 소유권 취득의 방법

(1) 사업시행자는 협의가 성립되지 아니하면 협의기간의 만료일 다음 날부터 60일 이내에 수용재결을 신청하거나 매도청구소송을 제기하여야 한다.[634]

(2) 2017. 2. 8. 개정(2019. 2. 9. 시행) 전 구법 제47조는 현금청산자에 대하여 "사업시행자는 대통령령으로 정하는 절차에 따라 현금으로 청산하여야 한다."고 규정하고 있을 뿐, 현금청산자가 청산금액이나 기타 사유 등으로 청산을 거부할 경우에 사업시행자가 강제로 청산하고 해당 토지 등의 소유권을 취득하는 법적 방법(수단)을 규정하지 아니하였다.

의 및 그 사전절차를 정한 위 각 규정은 도시정비법 제40조 제1항 본문에서 말하는 '이 법에 특별한 규정이 있는 경우'에 해당하므로 도시정비법상 현금청산대상자인 토지등소유자에 대하여는 준용될 여지가 없다고 보아야 한다.」

632) 주거환경개선사업도 수용절차에 따라야 하므로 이와 동일하다고 본다.

633) 임의의 청산금액을 정하여 협의하는 것은 조합원에게 부담이 될 계약에 해당하여 법 제45조 제1항 제4호에 따라 총회의 의결을 필요로 하는바, 현금청산사별로 청산금을 협의하여 총회의 의결을 거치는 것은 현실적으로 어려움이 있어 도시정비법상 협의절차는 형식적 절차에 그치는 경우가 많고, 대부분은 매도청구소송에서 법원의 조정절차에 의해 청산금을 협의하고 있다.

634) 법 제73조 제2항.

(3) 이에 대법원은 「도시정비법 제47조는 사업시행자가 분양신청을 하지 아니한 토지등소유자 등에 대하여 부담하는 현금청산 의무를 규정하는 것에 불과하므로, 사업시행자가 위 조항을 근거로 하여 곧바로 현금청산 대상자를 상대로 정비구역 내 부동산에 관한 소유권이전등기를 청구할 수는 없다.」고 전제하고,[635] 「주택재개발사업에서 현금청산대상자들에 대한 청산금은 조합과 현금청산대상자가 협의에 의해 금액을 정하되, 협의가 성립하지 않을 때에는 조합은 토지보상법에 따라 토지수용위원회의 재결에 의하여 현금청산대상자들의 토지 등의 소유권을 취득할 수 있다.」고 판시하고,[636] 「재건축조합에게는 원칙적으로 정비구역 내 부동산에 관한 수용권한도 인정되지 않는 것이고(구법 제38조 참조), 구법 제39조에서 규정하는 사업시행자의 매도청구권도 원칙적으로 조합원이 아닌 자를 상대로 하는 것으로서 조합설립에 동의한 조합원이었던 현금청산 대상자에 대하여 바로 적용할 수는 없으나, 현금청산 대상자는 분양신청을 하지 않는 등의 사유로 인하여 분양대상자의 지위를 상실함에 따라 조합원 지위도 상실하게 되어 조합탈퇴자에 준하는 신분을 가지므로, 매도청구에 관한 같은 법 제39조를 준용하여 재건축조합은 현금청산 대상자를 상대로 정비구역 내 부동산에 관한 소유권이전등기를 청구할 수 있다고 보아야 한다.」고 판시하였다.[637]

(4) 위와 같은 대법원 판례에 따라 개정 후 법 제73조 제2항은 현금청산자와 협의가 성립하지 아니할 경우에 협의기간 만료일 다음 날부터 60일 이내에 "수용재결"을 신청하거나 "매도청구소송"을 제기하여야 한다고 규정하게 되었는바, 주거환경개선사업과 재개발사업의 시행자는 수용재결에 의해, 재건축사업의 시행자는 매도청구소송에 의해 현금청산자의 토지 등 소유권을 취득할 수 있다.

(5) 사업시행자의 소유권 취득방법이 정비사업의 유형에 따라 수용재결과 매도청구소송으로 구별되는데, 수용재결에는 앞서 살펴 본 법 제63조, 제64조가 그대로 적용되므로 해당 부분을 참조하면 될 것이나, 법 제73조 제2항의 현금청산자에 대한 매도청구소송은 법 제64조 조합설립에 동의하지 아니한 자에 대한 매도청구소송과 법적 개념이 동일할 뿐 대상자, 절차와 방법, 매매대금 산정의 기준시점 등 구체적인 내용에서 달리하는바, 이를 별도의 항목으로 살펴보고자 한다.

---

635) 대법원 2010. 12. 23. 선고 2010다73215 판결 [소유권이전등기절차이행등].
636) 대법원 2016. 12. 15. 선고 2015두51309 판결 [수용재결취소등].
637) 대법원 2010. 12. 23. 선고 2010다73215 판결 [소유권이전등기절차이행등].

다. 재건축사업에서 현금청산자에 대한 매도청구소송

(1) 최고 · 회답기간 · 제척기간의 미적용

1) 구법 제47조는 앞서 본 바와 같이 재건축사업에서 현금청산에 따른 소유권 취득 방법을 매도청구소송으로 명시하지 아니하였는데, 대법원은 구법 제39조(현행법 제64조) 조합설립 미동의자에 대한 매도청구를 준용한다고 하면서도, 다만 「매도청구권의 행사에 관하여는 그 최고절차 및 행사기간에 대하여 같은 법 제39조에서 준용하는 집합건물법 제48조의 규율이 없다고 보아야 한다.」고 판시하였다.[638]

2) 개정 후 법 제73조 제2항은 현금청산의 방법으로 매도청구소송을 명시적으로 규정하면서, 법 제64조 조합설립 미동의자에 대한 매도청구를 준용하지 않는다. 따라서 위 대법원 판시와 동일하게 현금청산자에게 분양신청을 하라는 취지의 최고와 회답기간은 불필요하고, 법 제64조의 매도청구권 행사기간도 적용되지 않는다.

3) 법 제64조의 매도청구권 행사기간은 이를 도과하면 매도청구권이 소멸하는 제척기간인데,[639] 법 제73조의 매도청구는 이를 준용하지 아니하므로 소멸기간이 없고, 법 제73조 제2항 "협의가 성립되지 아니하면 그 기간의 만료일(관리처분계획인가 고시일부터 90일) 다음 날부터 60일 이내에 매도청구소송을 제기하여야 한다."는 규정은 제척기간이 아니라 동조 제3항에 따른 지연이자 지급의 요건(지연일 기산점)에 불과하다.

4) 위와 같은 점에서 법 제73조의 매도청구는 법 제64조의 매도청구와 차이가 있다.

(2) 매도청구에 의한 청산금(매매대금)산정의 기준시점

1) 대법원은 구법 제39조의 조합설립 미동의자에 대한 매도청구소송에서 「매도청구권은 형성권이므로 매도청구권 행사의 의사표시가 상대방에게 도달하는 때, 즉 소장

638) 대법원 2010. 12. 23. 선고 2010다73215 판결 [소유권이전등기절차이행등].

639) 대법원 2016. 12. 29. 선고 2015다202162 판결 [소유권이전등기] 「매도청구권의 행사기간을 규정한 취지는, 매도청구권이 형성권으로서 재건축 참가자 다수의 의사에 의하여 매매계약의 성립을 강제하는 것이어서 만일 행사기간을 제한하지 아니하면 매도청구의 상대방은 매도청구권자가 언제 매도청구를 할지 모르게 되어 그 법적 지위가 불안하게 될 뿐만 아니라, 매도청구권자가 매수대상의 시가가 가장 낮아지는 시기를 임의로 성하여 매도청구를 할 수 있게 되어 매도청구 상대방의 권익을 부당하게 침해할 우려가 있기 때문에, 매도청구권의 행사기간을 제한함으로써 매도청구 상대방의 정당한 법적 이익을 보호하고 아울러 재건축을 둘러싼 법률관계를 조속히 확정하기 위한 것이다. 따라서 매도청구권은 그 행사기간 내에 이를 행사하지 아니하면 그 효력을 상실한다(대법원 2008. 2. 29. 선고 2006다56572 판결 참조).」

부본이 상대방에게 도달한 때에 매매계약이 성립되고 매매대금은 매매계약이 성립한 당시를 기준으로 개발이익을 포함한 가격으로 산정하여야 한다.」고 판시하였다.[640)]

2) 반면 대법원은 구법 제47조의 현금청산자에 대한 매도청구소송에서 「현금청산 대상자에 대한 청산금 지급의무가 발생하는 시기는 도시정비법 제46조의 규정에 따라 사업시행자가 정한 '분양신청기간의 종료일 다음날'이라고 하여야 하고, 현금청산의 목적물인 토지·건축물 또는 그 밖의 권리의 가액을 평가하는 기준시점도 같은 날이므로, 현금청산 대상자에 대한 매도청구권의 행사로 매매계약의 성립이 의제되는 날도 같은 날로 보아야 한다.」고 판시하였고,[641)] 나아가 분양계약을 체결하지 아니한 경우에는 「사업시행자의 정관이나 관리처분계획에서 조합원들에 대하여 분양신청기간 종료 후 일정한 기간 내에 분양계약을 체결할 것을 요구하면서 그 기간 내에 분양계약을 체결하지 아니한 자에 대하여는 그 권리를 현금으로 청산한다는 취지를 정한 경우, 이는 사업시행자가 조합원이었던 토지 등 소유자에 대하여 해당 기간에 분양계약의 체결을 거절하는 방법으로 사업에서 이탈할 수 있는 기회를 추가로 부여한 것이므로, 분양신청을 한 토지 등 소유자가 분양신청 기간이 종료된 이후 분양계약 체결기간 내에 분양계약을 체결하지 않거나, 사업시행자에게 분양신청을 철회하는 등으로 분양계약의 체결의사가 없음을 명백히 표시하고 사업시행자가 이에 동의한 경우에도 당해 토지 등 소유자는 현금청산대상자에 해당하게 된다고 보아야 한다.」고 판시하였는바,[642)] 이와 같은 대법원 판례는 구법이 현금청산자에 대한 매도청구를 명문으로 규정하지 아니하여 문리해석에 충실하게 청산(조합원지위의 상실)을 기준으로 하는 것이 불가피했기 때문으로 해석

---

640) 대법원 2014. 5. 29. 선고 2011다46128, 2013다69057 판결 [매도·매도청구] 등 다수 「사업시행자가 주택재건축사업에 참가하지 않은 자에 대하여 구 도시정비법 제39조에 의한 매도청구권을 행사하면, 그 매도청구권 행사의 의사표시가 도달함과 동시에 주택재건축사업에 참가하지 않은 자의 토지나 건축물에 관하여 시가에 의한 매매계약이 성립된다. 이때의 시가란 매도청구권이 행사된 당시의 토지나 건물의 객관적 거래가격으로서, 노후되어 철거될 상태를 전제로 하거나 주택재건축사업이 시행되지 않은 현재의 현황을 전제로 한 거래가격이 아니라 그 토지나 건축물에 관하여 주택재건축사업이 시행된다는 것을 전제로 하여 토지나 건축물을 평가한 가격, 즉 재건축으로 인하여 발생할 것으로 예상되는 개발이익이 포함된 가격을 말한다(대법원 2009. 3. 26. 선고 2008다21549, 21556, 21563 판결 등 참조).」

641) 대법원 2010. 12. 23. 선고 2010다73215 판결 [소유권이전등기절차이행등], 대법원 2008. 10. 9. 선고 2008다37780 판결, 대법원 2009. 9. 10. 선고 2009다32850, 32867 판결.

642) 대법원 2014. 8. 26. 선고 2013두4293 판결 [손실보상금등청구], 대법원 2011. 7. 28. 선고 2008다91364 판결 등 참조.

된다.

3) 그런데 개정 후 법 제73조는 현금청산자에 대해서도 매도청구를 명문으로 규정하게 되었는바 위와 같은 대법원 판례가 현행법에서 유지될 수 있는지는 의문이 있다. 사견으로는 매도청구권은 형성권이라는 법리적 해석에 충실해야 할 뿐 아니라, 기준시점에 따라 매매가액이 현저히 달라져 재산권 침해를 방지할 필요가 있으므로, 현금청산자에 대한 매도청구도 소장부본이 송달된 때를 매매계약 성립일과 매매대금 산정일로 해석하는 것이 타당하다고 본다. 참고로 주거환경개선사업과 재개발사업은 토지보상법상 수용재결절차에 따라야 하고, 토지보상법 제67조 제1항은 "보상액의 산정은 협의에 의한 경우에는 협의 성립 당시의 가격을, 재결에 의한 경우에는 수용 또는 사용의 재결 당시의 가격을 기준으로 한다."고 규정하고 있는바, 재건축사업의 현금청산자에 대한 매도청구도 형성권을 행사하여 매매계약이 성립한 때를 기준으로 매매대금을 산정하는 것이 헌법에 합치되는 해석이라고 할 것이다.

(3) 개발이익의 반영

1) 재건축사업의 현금청산자에 대한 매대대금은 법 제64조의 매도청구와 평가시점을 달리 할 뿐 동일방법에 따라야 한다. 따라서 주거환경개선사업 및 재개발사업의 수용재결에 의한 손실보상이 개발이익을 배제하는 것과 달리 재건축사업의 현금청산자에 대한 매매대금에는 개발이익이 반영되어야 한다.

2) 매매대금의 산정은 법원이 선정한 감정평가업자가 매매계약 성립일을 기준으로 평가한 시가에 의하며, 노후되어 철거될 상태를 전제로 하거나 주택재건축사업이 시행되지 않은 현재의 현황을 전제로 한 거래가격이 아니라 그 토지나 건축물에 관하여 주택재건축사업이 시행된다는 것을 전제로 하여 토지나 건축물을 평가한 가격, 즉 재건축으로 인하여 발생할 것으로 예상되는 개발이익이 포함된 가격을 말한다.[643]

3) 시가란 매매계약 성립 당시의 실거래가격을 의미하고, 일반적으로 부동산 중개업소를 통하여 형성된 재건축아파트의 실거래가격은 개발이익이 반영되어 형성된 것이라는 섬에서 특별한 사유가 있는 한 시가에는 개발이익이 포함된 것으로 볼 수 있다.[644]

643) 대법원 2014. 5. 29. 선고 2011다46128, 2013다69057 판결 [매도·매도청구], 대법원 2009. 3. 26. 선고 2008다21549, 21556, 21563 판결 등.

644) 대법원 2006. 2. 23. 선고 2005다19552, 19569 판결 [구분소유권등매도청구등].

4) 개발이익을 포함한다는 의미는 주택건설사업이 모두 완료되는 장래의 상황을 가정하여 그와 같은 미래의 특정 시점에서 실현될 개발이익(미실현 개발이익)을 현재 가치로 환산하여 매매대금에 포함시켜야 한다는 취지로는 볼 수 없고, 다만 매도청구권 행사 당시까지 주택건설사업 시행으로 인하여 발생, 형성되는 개발이익(실현된 개발이익)이 반영된 시가로 산정하여야 한다는 뜻으로 보아야 한다.[645][646]

라. 신탁등기자의 현금청산 방법

(1) 전술한 바와 같이 관리처분계획인가 이후에도 분양계약 미체결 등 사정변경으로 현금청산자가 발생할 수 있는데, 이러한 현금청산자가 법 제81조 제1항 단서 및 제2호에 따라 손실보상(현금청산)이 완료되기 전까지 이주를 거부하여 이주가 지연되거나 소유권 미확보로 일반분양승인에 지장을 초래하는 등의 문제가 발생할 수 있는바, 실무에서는 관리처분계획인가 후 이주 시 분양대상 조합원으로부터 신탁등기를 받아 소유권과 점유권을 사전에 확보함으로써 이러한 문제를 예방하고 있다.

(2) 위와 같은 실무에 따라 신탁등기를 완료한 분양대상 조합원이 사후에 현금청산자로 전환된 경우에 사업시행자는 현금청산자의 토지등소유권을 신탁재산이 아닌 고유재산으로 등기를 하여야 하는데, 이와 관련하여 대법원은 「위탁자가 분양신청을 하지 아니하는 경우 현금으로 청산하도록 규정하고 있는 도시정비법령 및 조합규약의 내용, 재건축정비사업의 원활한 진행을 위하여 이 사건 신탁등기가 경료된 점 등에 비추어, 피고가 사업시행자인 원고에게 적법한 분양신청을 하지 아니하여 현금청산대상자가 됨으로써 이 사건 신탁이 종료하였다면, 그 신탁재산이었던 이 사건 토지 지분은 원고에게 귀속되는 것이므로, 원고가 이미 자신 명의로 신탁을 원인으로 한 소유권이전등기가 마쳐진 위 토지 지분에 관하여 구 신탁법 제31조 제1항 단서[647]의 규정에 따라 수탁

645) 서울고등법원 2017. 2. 8. 선고 2016나2059110 판결 [소유권이전등기].

646) 국토부 고시 「감정평가 실무기준」[국토교통부고시 제2019-594호, 2019. 10. 23., 일부개정] 〈730 도시정비평가, 3. 4 매도청구에 따른 감정평가〉
재건축사업구역 안의 토지등에 대한 도정법 제39조의 매도청구에 따른 감정평가는 법원에서 제시하는 날을 기준으로 한다. 다만, 기준시점에 현실화·구체화되지 아니한 개발이익이나 조합원의 비용부담을 전제로 한 개발이익은 배제하여 감정평가한다.

647) 현행 신탁법 제34조(이익에 반하는 행위의 금지)
① 수탁자는 누구의 명의(名義)로도 다음 각 호의 행위를 하지 못한다.
1. 신탁재산을 고유재산으로 하거나 신탁재산에 관한 권리를 고유재산에 귀속시키는 행위

자의 고유재산으로 하는 법원의 허가를 얻어 원고의 고유재산으로 된 취지의 등기와 신탁등기의 말소등기를 하는 방안을 고려함은 별론으로 하고, 피고가 원고로부터 위 신탁재산에 관하여 신탁재산의 귀속을 원인으로 한 신탁등기의 말소등기 및 소유권이전등기의 신청절차를 인수하고, 다시 원고에게 현금청산을 원인으로 하는 소유권이전등기절차를 이행할 의무는 인정되지 않는다고 할 것이어서, 원고의 이 사건 청구는 본안에서 기각되어야 할 것임이 분명하다.」고 판시하였다.[648]

(3) 이에 따라 재건축사업의 경우에는 법원에 고유재산 귀속 허가신청을 하여 법원감정 등에 의해 결정되는 현금청산금을 지급함과 동시에 신탁재산을 사업시행자의 고유재산으로 귀속시키는 것을 허가한다는 신청취지를 구하여 결정을 받음으로써 청산절차를 완료하게 된다. 반면, 수용재결절차가 적용되는 주거환경개선사업과 재개발사업은 신탁등기를 완료한 현금청산자에게도 수용재결절차를 거쳐야 하므로, 사업시행자는 현금청산자의 신탁등기상 권리(분양대상자로서의 수익권 등)를 토지보상법 제3조 제1호 '토지에 관한 소유권 외의 권리'로 보아 수용재결절차를 완료하고 손실보상금을 공탁하여야 하며, 법원은 적법한 수용재결절차가 완료됨에 따라 고유재산 귀속허가를 결정하게 된다.

5. 재결신청 · 소제기의 지연에 따른 지연이자의 지급

가. 지연이자의 지급

(1) 정비사업시행자는 법 제73조의 현금청산자에 대하여 관리처분계획인가 고시일 다음 날부터 90일 이내에 협의를 하여야 하고 협의가 성립되지 아니하면 60일 이내(총 150일 이내)에 수용재결을 신청하거나 매도청구소송을 제기하여야 하며, 이를 도과하여 재결신청을 하거나 소제기를 한 경우에는 현금청산자에게 지연일수에 따른 이자를 지급하여야 한다.[649] 기간을 도과하더라도 재결신청권이 소멸되거나 매도청구권이 소멸

② 제1항에도 불구하고 수탁자는 다음 각 호의 어느 하나에 해당하는 경우 제1항 각 호의 행위를 할 수 있다. 다만, 제3호의 경우 수탁자는 법원에 허가를 신청함과 동시에 수익자에게 그 사실을 통지하여야 한다.

3. 법원의 허가를 받은 경우

648) 대법원 2010. 9. 9. 선고 2010다19204 판결 [소유권이전등기].

649) 법 제73조 제3항.

되는 것은 아니다.

(2) 지연이자 지급에 관한 규정은 2012. 2. 1. 개정법 제47조 제2항으로 신설되어 정관이 정하는 바에 따라 지연이자를 지급하도록 규정하였고, 정관에 규정을 두지 아니하면 지연이자를 지급할 필요가 없는 사실상 임의규정에 불과하였는데, 2017. 2. 8. 개정(2018. 2. 9. 시행) 후 법 제73조 제3항은 대통령령으로 이율을 지급하여야 한다고 개정하여 강행규정이 되었다.

(3) 6개월 이내의 지연일수에 따른 이자의 이율은 연 5%, 6개월 초과 12개월 이내의 지연일수에 따른 이자의 이율은 연 10%, 12개월 초과의 지연일수에 따른 이자의 이율은 15%로 한다.[650] 12개월을 초과하여 재결신청 또는 소제기를 한 경우에 일률적으로 15%를 적용하는 것은 아니고 각 구간별로 지연이율을 적용하는 것으로 해석하여야 한다.

나. 토지보상법상 조속재결신청에 따른 지연이자와의 관계

(1) 토지보상법상 수용재결을 적용받는 주거환경개선사업과 재개발사업은 토지보상법 제30조에 따라 토지등소유자가 조속재결을 신청한 경우에 60일 이내에 사업시행자가 재결을 신청하지 아니한 경우에는 「소송촉진 등에 관한 특례법」 제3조에 따른 법정이율 12%가 가산되는바 양 규정의 해석이 문제된다.

(2) 현행 도시정비법 제73조 제3항이 일정기간을 도과하여 "수용재결 신청"을 하는 경우에 지연이자를 지급하도록 규정한 것과 달리 구 도시정비법 제47조는 일정기간을 도과하여 "현금청산금 지급"을 하는 경우에 지연이자를 지급하도록 규정하였는데, 구 도시정비법 제47조가 적용되는 사안에서 대법원 2020. 7. 29. 선고 2016다 51170 판결은 「구 도시정비법 제47조에서 정한 바와 같이, 조합이 현금청산사유가 발생한 날부터 150일 이내에 지급하여야 하는 현금청산금은 토지 등 소유자의 종전자산 출자에 대한 반대급부이고, 150일은 그 "이행기간"에 해당한다.」고 판시하면서, 「구 도시정비법 제47조에서 정한 현금청산금의 지급 지체에 따른 지연배상금 청구권과 도시정비법 제40조 제1항에 의하여 재개발사업에 준용되는 공익사업을 위한 토지 등의 취득 및 보상에 관한 법률 제30조 제3항에서 정한 재결신청 지연가산금 청구권은 근거 규정과 요건,

---

650) 시행령 제60조 제2항.

효과를 달리하는 것으로서 각 요건이 충족되면 성립하는 "별개의 청구권"이다. 다만 재결신청 지연가산금에는 이미 '손해 전보'라는 요소가 포함되어 있어 같은 기간에 대하여 양자의 청구권을 동시에 행사할 수 있다고 본다면 이중배상의 문제가 발생하므로, 같은 기간에 대하여 양자의 청구권이 동시에 성립하더라도 토지 등 소유자는 어느 하나만을 "선택적"으로 행사할 수 있을 뿐이고, 양자의 청구권을 동시에 행사할 수는 없다.」고 판시하였는바, 현행 도시정비법 제73조 제3항의 지연이자와 토지수용법 제30조 제3항의 지연이자도 위 대법원 판시와 같이 별개의 청구권으로서 선택적 관계에 있다는 견해가 있을 수 있다. 그러나 구 도시정비법 제47조 제3항은 청산금의 이행기간 지체에 따른 지연손해금이고 토지보상법 제30조 제3항은 재결신청 지체에 따른 지연손해금이라는 점에서 본질을 달리하므로 별개의 청구권이라고 본 위 대법원 판례는 구법 하에서 타당한 결론이지만, 현행 도시정비법 제73조 제3항은 재결신청 지연에 따른 지연손해금으로 개정하여 토지보상법 제30조 제3항의 재결신청 지연에 따른 지연손해금과 그 성격과 본질이 동일하게 되었고, 현행 도시정비법 제73조는 청산자의 토지보상법 제30조에 따른 조속재결 청구 여부와 무관하게 협의기간 만료일 다음 날로부터 60일 이내에 재결신청을 하지 아니하면 지연이자를 지급하도록 규정하고 있는데 토지보상법 제30조는 협의가 성립되지 아니한 때에 조속재결을 신청할 수 있고 조속재결 청구를 받은 날로부터 60일 이내에 재결신청을 아니한 경우에 지연이자를 지급하도록 규정하고 있는바, 협의기간에 있어서 토지보상법의 특칙에 해당하는 현행 도시정비법 제73조 제1항이 우선 적용되므로 양 규정은 체계와 내용 등에서 거의 유사한 규정이며 조속재결 청구 여부와 무관하게 현행 도시정비법 제73조 제3항에 따른 지연이자의 기산이 먼저 도래한다.

(3) 위와 같은 점에서 법 제73조 제3항에 따른 지연이자는 토지보상법에 대한 특칙에 해당하므로 정비사업의 현금청산자에 대해 토지보상법 제30조 제3항의 조속재결청구에 따른 지연이자는 적용될 여지가 없다고 본다.[651] 다만, 영업권자에 대한 보상재결에는 법 제73조 토지등소유자인 현금청산자에 대한 규정이 적용되지 아니하므로 토지

651) 이에 대해 도시정비법상 재결신청 기간과 무관하게 현금청산자는 조속재결을 청구할 수 있고, 조속재결에 따른 토지보상법상 지연이자와 도시정비법상 지연이자가 중복되는 경우에는 중복하여 지연이자를 지급하여야 한다거나, 그 중 높은 이율을 적용한 지연이자를 지급하여야 한다는 등의 견해가 있을 수 있다.

보상법 제30조 제3항의 조속재결청구에 따른 지연이자가 적용될 수 있다고 본다.

(4) 구법 적용 당시 대법원 2014. 8. 26. 선고 2013두4293 판결 [손실보상금등청구]은 구법이 적용되던 사안에서 「분양신청을 한 토지 등 소유자가 분양계약을 체결하지 않거나 사업시행자에게 분양신청을 철회하는 등으로 분양계약의 체결의사가 없음을 명백히 표시하고 사업시행자가 이에 동의함으로써 추가로 현금청산대상자가 된 경우, 그러한 현금청산대상자에 대한 사업시행자의 청산금 지급의무는 '분양계약 체결기간의 종료일 다음 날' 발생하므로, 분양계약 체결기간에도 이르기 전에 사업시행자의 재결신청과 그에 따른 수용재결이 이루어진 경우에는 사업시행자의 재결신청 지연을 이유로 한 토지보상법 제30조 제3항이 정한 가산금은 발생할 여지가 없다.」판시한 바 있다. 현행법에서 판례 사안과 같이 관리처분계획인가 이후에 분양계약을 체결하지 아니하는 등 사후적으로 현금청산자가 발생한 때에는 법 제73조 제3항의 지연손해금을 적용할 수 있는지가 문제되는데, 법 제73조 제3항은 제1항 각호에 해당하는 법령상 현금청산자에게만 적용되고 이에 해당하지 아니하는 사후적 현금청산자에게는 토지보상법상 조속재결청구에 따른 지연이자만 적용될 수 있다고 본다. 마찬가지로 재건축사업의 매도청구에 있어서도 사후적 현금청산자에게는 법 제73조 제3항의 지연손해금을 적용할 수 없다고 본다.

다. 관리처분계획의 변경과 현금청산자에 대한 지연이자

(1) 법 제73조는 관리처분계획의 인가 · 고시일 다음 날부터 150일 이내(협의 90일, 협의만료일로부터 60일)에 재결신청 또는 소제기를 하지 아니하면 지연손해금을 지급하도록 규정하고 있는데, 청산금의 조속한 지급 등 현금청산자의 법적 안정성을 보장하고자 하는 재결신청 · 소제기 기한과 지연이자 지급 규정의 입법 취지상 기산점인 관리처분계획 인가는 최초 인가를 의미한다고 할 것이고, 변경인가를 받은 경우 변경인가를 기준으로 다시 협의 기간과 재결신청 · 소제기의 기간을 계산하여 지연이자를 산정할 수는 없다고 본다.

(2) 다만 최초 관리처분계획인가 후 사업시행계획 변경으로 법 제72조 제4항 및 제5항에 따라 재분양신청 및 추가분양신청을 진행하여 관리처분계획변경인가를 받은 경우, 종전에 분양신청을 하지 아니한 자가 추가분양신청도 하지 아니하면 최초 관리처분

계획인가를 기준으로 법 제73조 제3항의 지연손해금을 적용할 것이나, 종전에 분양신청을 했던 자가 재분양신청을 하지 아니하여 현금청산자가 되면 관리처분계획변경인가를 기준으로 법 제73조 제3항의 지연손해금을 적용해야 할 것이다.

6. 현금청산자의 사업비 정산의무

(1) 대법원은 「주택재개발사업에서 사업시행자인 조합은 토지등소유자인 조합원에게 구 도시정비법 제61조 제1항에 따라 정비사업비와 정비사업의 시행과정에서 발생한 수입과의 차액을 부과금으로 부과·징수할 수 있으나, 조합원이 구 도시정비법 제47조나 조합 정관이 정한 요건을 충족하여 현금청산대상자가 된 경우에는 조합원의 지위를 상실하여 더 이상 조합원의 지위에 있지 아니하므로 조합은 현금청산대상자에게 구 도시정비법 제61조 제1항에 따른 부과금을 부과·징수할 수 없고, 현금청산대상자가 조합원의 지위를 상실하기 전까지 발생한 조합의 정비사업비 중 일정 부분을 분담하여야 한다는 취지를 조합 정관이나 조합원총회의 결의 또는 조합과 조합원 사이의 약정 등으로 미리 정한 경우 등에 한하여, 조합은 구 도시정비법 제47조에 규정된 청산절차 등에서 이를 청산하거나 별도로 그 반환을 구할 수 있다고 보는 것이 타당하다.」고 판시하였고,[652] 이후 대법원은 재건축사업에서도 동일하게 판시하면서 「정관에 조합원이 정비사업비 등 비용을 납부한다고 정하고 있는 것만으로는, 현금청산대상자가 조합원의 지위를 상실하기 전까지 발생한 정비사업비 중 일정액을 부담하여야 한다는 취지로 볼 수 없다.」고 판시하였다.[653] 현금청산대상자가 되어 조합원 지위를 상실한 후에 이루어진 총회결의는 이미 조합원이 아닌 현금청산자에게 효력을 미칠 수 없으므로 반드시 사전의결이 있어야 한다.

(2) 임의가입주의를 취하는 재건축사업과 달리 강제가입주의를 취하는 재개발사업에서 정관 등으로 정하였다는 이유만으로 사업에 반대하는 현금청산자에게 사업비를 부담시키는 것은 부당하다는 비판이 있다.

---

652) 대법원 2014. 12. 24. 선고 2013두19486 판결 [주거이전비등].
653) 대법원 2016. 8. 30. 선고 2015다207785 판결 [소유권이전등기등].

[3] 관리처분계획의 수립(제74~78조)

Ⅰ. 관리처분계획 인가 등(제74조)

도시정비법	도시정비법 시행령
제74조(관리처분계획의 인가 등) ① 사업시행자는 제72조에 따른 분양신청기간이 종료된 때에는 분양신청의 현황을 기초로 다음 각 호의 사항이 포함된 관리처분계획을 수립하여 시장·군수등의 인가를 받아야 하며, 관리처분계획을 변경·중지 또는 폐지하려는 경우에도 또한 같다. 다만, 대통령령으로 정하는 경미한 사항을 변경하려는 경우에는 시장·군수등에게 신고하여야 한다. 〈개정 2018. 1. 16.〉 1. 분양설계 2. 분양대상자의 주소 및 성명 3. 분양대상자별 분양예정인 대지 또는 건축물의 추산액(임대관리 위탁주택에 관한 내용을 포함한다) 4. 다음 각 목에 해당하는 보류지 등의 명세와 추산액 및 처분방법. 다만, 나목의 경우에는 제30조제1항에 따라 선정된 임대사업자의 성명 및 주소(법인인 경우에는 법인의 명칭 및 소재지와 대표자의 성명 및 주소)를 포함한다. 가. 일반 분양분 나. 공공지원민간임대주택	제61조(관리처분계획의 경미한 변경) 법 제74조제1항 각 호 외의 부분 단서에서 "대통령령으로 정하는 경미한 사항을 변경하려는 경우"란 다음 각 호의 어느 하나에 해당하는 경우를 말한다. 〈개정 2018. 7. 16.〉 1. 계산착오·오기·누락 등에 따른 조서의 단순정정인 경우(불이익을 받는 자가 없는 경우에만 해당한다) 2. 법 제40조제3항에 따른 정관 및 법 제50조에 따른 사업시행계획인가의 변경에 따라 관리처분계획을 변경하는 경우 3. 법 제64조에 따른 매도청구에 대한 판결에 따라 관리처분계획을 변경하는 경우 4. 법 제129조에 따른 권리·의무의 변동이 있는 경우로서 분양설계의 변경을 수반하지 아니하는 경우 5. 주택분양에 관한 권리를 포기하는 토지등소유자에 대한 임대주택의 공급에 따라 관리처분계획을 변경하는 경우 6. 「민간임대주택에 관한 특별법」 제2조

다. 임대주택

라. 그 밖에 부대시설 · 복리시설 등

5. 분양대상자별 종전의 토지 또는 건축물 명세 및 사업시행계획인가 고시가 있은 날을 기준으로 한 가격(사업시행계획인가 전에 제81조제3항에 따라 철거된 건축물은 시장 · 군수등에게 허가를 받은 날을 기준으로 한 가격)
6. 정비사업비의 추산액(재건축사업의 경우에는 「재건축초과이익 환수에 관한 법률」에 따른 재건축부담금에 관한 사항을 포함한다) 및 그에 따른 조합원 분담규모 및 분담시기
7. 분양대상자의 종전 토지 또는 건축물에 관한 소유권 외의 권리명세
8. 세입자별 손실보상을 위한 권리명세 및 그 평가액
9. 그 밖에 정비사업과 관련한 권리 등에 관하여 대통령령으로 정하는 사항

② 시장 · 군수등은 제1항 각 호 외의 부분 단서에 따른 신고를 받은 날부터 20일 이내에 신고수리 여부를 신고인에게 통지하여야 한다. 〈신설 2021. 3. 16.〉

③ 시장 · 군수등이 제2항에서 정한 기간 내에 신고수리 여부 또는 민원 처리 관련 법령에 따른 처리기간의 연장을 신고인에게 통지하지 아니하면 그 기간(민원 처리 관련 법령에 따라 처리기간이 연장 또는 재연장된 경우에는 해당 처리기간을 말한다)이 끝난 날의 다음 날에 신고를 수리한 것으로 본다. 〈신설 2021. 3. 16.〉

④ 정비사업에서 제1항제3호 · 제5호 및 제8호에 따라 재산 또는 권리를 평가할 때에는 다음 각 호의 방법에 따른다. 〈개정 2020. 4. 7., 2021. 3. 16., 2021. 7. 27.〉

제7호에 따른 임대사업자의 주소(법인인 경우에는 법인의 소재지와 대표자의 성명 및 주소)를 변경하는 경우

제62조 (관리처분계획의 내용)

법 제74조제1항제9호에서 "대통령령으로 정하는 사항"이란 다음 각 호의 사항을 말한다.

1. 법 제73조에 따라 현금으로 청산하여야 하는 토지등소유자별 기존의 토지 · 건축물 또는 그 밖의 권리의 명세와 이에 대한 청산방법
2. 법 제79조제4항 전단에 따른 보류지 등의 명세와 추산가액 및 처분방법
3. 제63조제1항제4호에 따른 비용의 부담비율에 따른 대지 및 건축물의 분양계획과 그 비용부담의 한도 · 방법 및 시기. 이 경우 비용부담으로 분양받을 수 있는 한도는 정관등에서 따로 정하는 경우를 제외하고는 기존의 토지 또는 건축물의 가격의 비율에 따라 부담할 수 있는 비용의 50퍼센트를 기준으로 정한다.
4. 정비사업의 시행으로 인하여 새롭게 설치되는 정비기반시설의 명세와 용도가 폐지되는 정비기반시설의 명세
5. 기존 건축물의 철거 예정시기
6. 그 밖에 시 · 도조례로 정하는 사항

1. 「감정평가 및 감정평가사에 관한 법률」에 따른 감정평가법인등 중 다음 각 목의 구분에 따른 감정평가법인등이 평가한 금액을 산술평균하여 산정한다. 다만, 관리처분계획을 변경·중지 또는 폐지하려는 경우 분양예정 대상인 대지 또는 건축물의 추산액과 종전의 토지 또는 건축물의 가격은 사업시행자 및 토지등소유자 전원이 합의하여 산정할 수 있다.
   가. 주거환경개선사업 또는 재개발사업: 시장·군수등이 선정·계약한 2인 이상의 감정평가법인등
   나. 재건축사업: 시장·군수등이 선정·계약한 1인 이상의 감정평가법인등과 조합총회의 의결로 선정·계약한 1인 이상의 감정평가법인등
2. 시장·군수등은 제1호에 따라 감정평가법인등을 선정·계약하는 경우 감정평가법인등의 업무수행능력, 소속 감정평가사의 수, 감정평가 실적, 법규 준수 여부, 평가계획의 적정성 등을 고려하여 객관적이고 투명한 절차에 따라 선정하여야 한다. 이 경우 감정평가법인등의 선정·절차 및 방법 등에 필요한 사항은 시·도조례로 정한다.
3. 사업시행자는 제1호에 따라 감정평가를 하려는 경우 시장·군수등에게 감정평가법인등의 선정·계약을 요청하고 감정평가에 필요한 비용을 미리 예치하여야 한다. 시장·군수등은 감정평가가 끝난 경우 예치된 금액에서 감정평가 비용을 직접 지급한 후 나머지 비용을 사업시행자와 정산하여

야 한다. ⑤ 조합은 제45조제1항제10호의 사항을 의결하기 위한 총회의 개최일부터 1개월 전에 제1항제3호부터 제6호까지의 규정에 해당하는 사항을 각 조합원에게 문서로 통지하여야 한다. 〈개정 2021. 3. 16.〉 ⑥ 제1항에 따른 관리처분계획의 내용, 관리처분의 방법 등에 필요한 사항은 대통령령으로 정한다. 〈개정 2021. 3. 16.〉 ⑦ 제1항 각 호의 관리처분계획의 내용과 제2항부터 제4항까지의 규정은 시장·군수등이 직접 수립하는 관리처분계획에 준용한다. 〈개정 2021. 3. 16.〉	

1. 관리처분계획 수립 기준일

(1) 사업시행자는 분양신청기간이 종료된 때에는 분양신청의 현황을 기초로 관리처분계획을 수립하여야 한다.[654]

(2) 대법원은 「도시재개발법 등 관련 규정에 의하면, 분양대상 조합원의 확정 등 관리처분계획의 내용은 분양신청기간 만료일을 기준으로 하여 정하도록 되어 있고, 관리처분계획 등 일정한 사항에 대해서는 조합원 총회의 결의를 거친 후에 행정청의 인가를 받도록 규정하고 있는바, 분양대상 조합원에 해당하는지 여부 판정의 기준일을 '분양신청기간 만료일'이 아니라 '관리처분계획이 수립되는 날'로 늦추는 변경을 할 경우 재개발사업의 진행에 현저한 지장을 초래하고 재개발조합원들의 권리관계에도 큰 혼란을 초래할 우려가 있는 점 등 사정을 감안하면, 위와 같은 내용의 피고 조합 조합원 총회의 결의는 관련 법령의 취지에 배치될 뿐만 아니라 공익에 현저히 반하는 것으로서 그 효력이 없다.」고 판시하였다.[655]

654) 법 제74조 제1항.
655) 대법원 2002. 1. 22. 선고 2000두604 판결 [아파트분양거부처분취소].

2. 관리처분계획의 주요 흐름

관리처분계획에 포함되는 내용의 주요 흐름은 아래와 같다.

가. 조합원의 종전자산의 가격(자본금)

(1) 관리처분계획에는 사업시행자가 정비사업을 시행함에 있어서 투입하는 자본금을 의미하는 조합원의 종전자산 가격이 기재되어야 한다.

(2) 재건축조합설립에 동의하지 않은 매도청구 대상자나 분양신청을 하지 않은 현금청산자 등은 조합원 자격을 상실하고 정비사업에서 이탈하게 되므로, 이러한 토지등 소유자의 종전자산의 가격은 조합의 자본금을 산정하기 위한 조합원의 종전자산 가격에서 제외되고, 분양대상 조합원의 종전자산 가격만을 합산하여 조합의 총 자본금을 정한다.

나. 종후자산의 가격의 총액(총 수입금)

(1) 조합원 분양분의 분양가격과 일반분양분을 포함한 보류지 등 가격 및 그 밖에 조합의 수입금을 합산하여 조합이 정비사업으로 얻게 될 총 수입금을 산정한다.

(2) 분양대상조합원은 종전자산에 대한 권리가액과 분양가의 차액을 부담금으로 납부하지만, 총 수입금을 의미하는 종후자산의 가격을 산정함에 있어 조합원의 부담금이 아닌 조합원 분양가 전액이 총 수입금으로 계산되어야 한다.

다. 정비사업비(총 지출액)

(1) 설계비, 공사비, 기타 용역비와 조합운영비 등 정비사업의 시행으로 지출이 예상되는 정비사업비가 총 지출액으로 산정되어야 한다.

(2) 재건축조합설립에 동의하지 않은 매도청구 대상자나 분양신청을 하지 않은 현금청산자 등의 종전자산 매입비(매매대금, 손실보상금 등)와 국공유지 매입비, 세입자 손실보상금 등도 총 지출액에 포함하여야 한다.

라. 비례율(손익율)

(1) 사업시행자의 자본금이 정비사업의 완료 후 얼마의 가치로 환원되는지를 수치화하는 것을 비례율(손익율)이라고 하며, 관리처분계획에는 비례율(손익율)이 기재되어야 한다.

(2) 비례율(손익률)은 [종후자산 가격의 총액(총 수입금) − 총 정비사업비(총 지출)]에 의해 산출되는 "잔존 수입금(총 수익)"을, [분양대상 조합원 종전자산의 가격] 즉 "자본금"으로 나누어 산출한다. "잔존 수입금(총 수익)"이 투입한 "자본금"보다 높으면 비례율이 100%를 초과하게 되어 수익이 발생한다는 것을 의미하고, 반대로 "잔존 수입금"이 투입한 "자본금"보다 낮으면 비례율 100%에 미달하게 되어 손실이 발생한다는 것을 의미한다. 다만, 이러한 손익은 종전자산 평가액(자본금)의 높고 낮음에 따라 달라지는 점에서는 절대적인 개념은 아니라고 할 것이다.

마. 조합원 권리가격 산정(조합원별 종전자산 평가액×비례율)

조합원별 종전자산 가격은 감정평가에 의해 산정하는데, 감정평가액 외에도 사업의 손익이 조합원들에게 귀속되어야 하므로, 조합원의 종전자산에 대한 권리가액은 감정평가액에 비례율(손익율)을 곱하여 산정하게 된다.

바. 조합원 부담금(정산)

조합원이 종전자산을 출자하고 신축 건축물을 분양받을 때에 부담할 분담금은, 앞서 본 바와 같이 사업 손익율이 가산된 "조합원별 종전자산에 대한 권리가액"과 "조합원별 분양예정인 대지 및 건축물의 분양가액"의 차액으로 산정하게 된다.

3. 관리처분계획의 내용

관리처분계획의 주요 흐름에서 본 내용 등을 포함하여 관리처분계획에는 아래와 같은 사항이 포함되어야 한다.[656]

656) 법 제74조 제1항 각호.

가. 분양설계(제1호)

분양설계란 분양대상자별로 분양예정위치를 정하고, 적정분양가격을 산정하는 설계이다. 법령 및 정관에서 정한 기준의 범위 내에서 관리처분계획수립에 필요한 항목별 세부 설계기준을 포함한다. 분양설계에 관한 계획은 법 제72조에 따른 분양신청기간이 만료하는 날을 기준으로 수립한다.[657]

나. 분양대상자의 주소 및 성명(제2호)

법 제72조에 따른 분양대상 조합원을 말하며, 일반분양은 개시되지 않았으므로 제외된다.

다. 분양대상자별 분양예정인 대지 또는 건축물의 추산액(제3호)

(1) 관리처분계획에는 '분양대상자(조합원을 의미한다. 이하 같다)별 분양예정인 대지 또는 건축물'과 '임대관리 위탁주택의 대지 또는 건축물'의 추산액이 포함되어야 한다. 추산액은 ① 분양신청기간 만료일이나 적정한 시점을 기준으로[658] ② 법 제74조 제4항에 따른 감정평가업자의 평가액으로 한다.

(2) 사업시행계획인가 고시일을 기준으로 감정평가하는 '분양대상자별 종전의 토지 또는 건축물의 가격(종전자산 가격)'(제5호)과 구별되고, 감정평가 없이 추산액을 산정하는 '보류지 등(일반분양분 등)[659]'(제4호)과도 구별된다.

(3) 실무상 관리처분계획인가 후 동·호수 추첨 등 배정을 하는 경우에는 분양예정인 전체 세대의 동·호수별 조합원분양가격을 법 제74조 제4항에 따른 감정평가액으로 기재하고 있다.

---

657) 법 제76조 제1항 제5호.

658) 「감정평가 실무기준」 〈730 도시정비평가 - 3.2. 종후자산의 감정평가〉
① 종후자산의 감정평가는 분양신청기간 만료일이나 의뢰인이 제시하는 날을 기준으로 한다.

659) 일반분양분의 가격은 관리처분계획인가 후 일반분양승인신청 시에 분양가 상한제 등 제반 사정을 고려하여 확정된다.

라. 보류지 등의 명세와 추산액 및 처분방법(제4호 및 시행령 제62조 제2호)[660)]

(1) “보류지 등”이란 ‘사업시행과정에서 예상치 못한 법적 분쟁으로 인한 추가수요에 대비하기 위해 지정하는 보류지’와 ‘토지등소유자 외에 일반에게 분양하는 체비지’ 등을 포함하는 넓은 개념이다.

(2) 법 제79조 제4항은 “법 제72조에 따른 분양신청을 받은 후 잔여분이 있는 경우에는 정관 또는 사업시행계획으로 정하는 목적을 위하여 그 잔여분을 ‘보류지’로 정하거나 ‘조합원 또는 토지등소유자 이외의 자에게 분양’할 수 있다.”고 규정하고 있고, 법 제87조는 제79조 제4항에 따른 ‘보류지’와 ‘조합원 또는 토지등소유자 이외의 자에게 분양하는 대지 또는 건축물“을 도시개발법 제34조에 따른 ‘보류지’ 또는 ‘체비지’로 본다고 규정하고 있다. 이러한 규정에 비추어 대법원은 “재개발조합의 보류지(보류시설)는 조합의 사업수행과정에서의 예상치 못한 추가수요에 대비하기 위하여 지정하여 두는 것”이라고 판시하였는바,[661)] 보류지는 분양신청통지 누락 등 추가 분양권 분쟁이나 구역 내 토지등소유권을 확보하지 못하는 등 법적 분쟁의 발생으로 사업시행목적을 달성하기 곤란한 경우에 충당하기 위해 일반분양을 하지 않은 예비적 분양분을 말하며 일반분양하는 체비지와 구별된다.

(3) 관리처분계획에 포함하여야 하는 “보류지 등”에는 조합원 분양분 외에 ① 일반분양분(가목), ② 공공지원민간임대주택[법 제30조 제1항[662)]에 따라 선정된 임대사업자

---

660) 2015. 9. 1. 신설되어 시행령 제62조 제2호와 동일내용으로 중복된다.

661) 대법원 2006. 11. 23. 선고 2006도6053 판결 [업무상배임] 「보류시설은 조합의 사업수행과정에서의 예상치 못한 추가수요에 대비하기 위하여 지정하여 두는 것이고, 다만 조합이 그 목적 사업을 대부분 완료한 상태에서 이 사건과 같이 조합장 등이 조합에 기여한 공로를 보상하는 차원에서 다소간의 시세차익을 볼 수 있도록 조합장 등에게 보류시설을 관리처분계획에서 예정한 가격으로 분양하여 준다고 하더라도 그것이 당초 보류시설의 지정 취지에 크게 어긋나는 것이라고 할 것은 아니지만(대법원 2005. 8. 19. 선고 2003도6672 판결 등 참조), 그와 같이 공로에 대한 보상을 하는 경우에도 보류시설을 무상으로 취득하도록 하는 것은 조합에 귀속되어야 할 수익을 감소시켜 조합에 손해를 가하는 것으로서 허용될 수 없다고 할 것이다.」

662) 법 제30조(임대사업자의 선정)
① 사업시행자는 공공지원민간임대주택을 원활히 공급하기 위하여 국토교통부장관이 정하는 경쟁입찰의 방법 또는 수의계약(2회 이상 경쟁입찰이 유찰된 경우와 공공재개발사업을 통해 건설·공급되는 공공지원민간임대주택을 국가가 출자·설립한 법인 등 대통령령으로 정한 자에게 매각하는 자로 한정한다)의 방법으로 「민간임대주택에 관한 특별법」 제2조제7호에 따른 임대사업자(이하 “임대사업자”라 한다)를 선정할 수 있다. 〈개정 2018.1.16., 2021.

의 성명 및 주소(법인인 경우에는 법인의 명칭 및 소재지와 대표자의 성명 및 주소)를 포함한다.](나목), ③ 임대주택(다목), ④ 그 밖에 부대시설 · 복리시설 등(라목)이 모두 포함되며, 그 명세와 추산액 및 처분방법이 포함되어야 한다.

(4) 보류지 등의 추산액은 법 제74조 제4항에 따른 감정평가의 대상이 아니므로 관계법령과 계약 등에 따른 추정액을 관리처분계획에 반영한다. 일반분양가는 관리처분계획인가 후 분양가상한제, 분양보증 등 제반사정을 고려해서 일반분양승인을 받아야 하고, 공공지원민간임대주택의 추산액은 임대사업자의 선정 및 계약에 따라 정해지고, 임대주택 등도 「공공주택 특별법」 등 관계법령과 인수협의 등에 따라 가격이 결정되므로 감정평가 대상에서 제외한 것이다.[663]

마. 분양대상자별 종전의 토지 또는 건축물 명세 및 가격(제5호)

(1) 사업시행자는 법 제72조 제1항에 따라 분양신청절차에서 분양대상자별 종전의 토지 및 건축물의 명세 및 가격을 사전 통지하여야 하고, 관리처분계획에 이를 포함하여야 한다.

(2) 분양대상자별 종전의 토지 및 건축물의 가격은 사업시행인가고시가 있은 날을 기준으로 산정하여야 하고, 사업시행계획인가 전에 법 제81조 제3항[664]에 따라 철거된 건축물은 시장 · 군수등에게 허가를 받은 날을 기준으로 하여 가격을 산정하여야 한다.

(3) 법 제73조의 현금청산자는 분양대상자가 아니므로 "현금청산자의 종전자산 가격"은 본조의 감정평가 대상은 아니지만, 법 제72조는 현금청산자가 확정되지 않은 분양신청기간 개시 전에 "분양대상자별 사업시행계획인가 고시가 있는 날을 기준으로 한

---

4. 13.〉

663) 제79조(관리처분계획에 따른 처분 등)
⑤ 국토교통부장관, 시 · 도지사, 시장, 군수, 구청장 또는 토지주택공사등은 조합이 요청하는 경우 재개발사업의 시행으로 건설된 임대주택을 인수하여야 한다. 이 경우 재개발임대주택의 인수 절차 및 방법, 인수 가격 등에 필요한 사항은 대통령령으로 정한다.

664) 법 제81조(건축물 등의 사용 · 수익의 중지 및 철거 등)
③ 사업시행자는 다음 각 호의 어느 하나에 해당하는 경우에는 제2항에도 불구하고 기존 건축물 소유자의 동의 및 시장 · 군수등의 허가를 받아 해당 건축물을 철거할 수 있다. 이 경우 건축물의 철거는 토지등소유자로서의 권리 · 의무에 영향을 주지 아니한다.
1. 「재난 및 안전관리 기본법」 · 「주택법」 · 「건축법」 등 관계 법령에서 정하는 기존 건축물의 붕괴 등 안전사고의 우려가 있는 경우
2. 폐공가(廢空家)의 밀집으로 범죄발생의 우려가 있는 경우

가격(조합원 종전자산 가격)"을 개별 통지하도록 규정하고 있으므로, 정비구역 내 토지등 소유자 전원에 대하여 본조에 따라 종전자산을 감정평가하여야 한다. 다만 관리처분계획을 수립할 때에는 현금청산자가 확정되므로, 분양대상조합원의 종전자산 감정평가액은 "분양대상자별 종전의 토지 또는 건축물의 사업시행계획인가 고시가 있는 날을 기준으로 한 가격"(제5호)에 반영하고, 현금청산자의 종전자산 감정평가액은 손실보상금 또는 매매대금으로 정비사업비(제6호)에 반영하여 관리처분계획을 작성하고 있다.

바. 정비사업비의 추산액 및 그에 따른 조합원 분담규모 및 분담시기(제6호)

(1) 관리처분계획에는 정비사업비의 추산액 및 조합원 분담규모 및 분담시기를 포함하여야 한다. 정비사업비의 추산액은 향후 지출할 자금을 추산하여 적정하게 산정하며, 「재건축초과이익 환수에 관한 법률」에 따른 재건축부담금을 포함하여야 한다.

(2) 조합원 분담규모를 산출하기 위해서 관리처분계획에는 수익률을 의미하는 비례율 또는 무상지분율을 기재한다. 조합원은 제5호 종전자산 평가액과 제3호 분양받는 종후자산 추산액의 차액을 분담하는 것이 아니라, 종전자산 평가액에 수익률인 비례율을 곱한 권리가액을 산정하여 권리가액과 분양받는 종후자산 추산액의 차액을 부담하거나, 종전자산에 대해 일정한 기준의 무상지분율[665]을 곱하여 조합원이 무상으로 제공받을 권리를 정하고 이를 초과하여 분양받는 면적 등에 대하여 분담금을 부담한다(비례율과 무상지분율의 구체적인 내용은 법 제35조 "조합설립인가 등"의 조합설립동의서의 내용으로 이미 기술하였는바, 해당 부분을 참조하기로 한다).

(3) 법 제89조 제1항은 이전고시 이후에 분담금을 징수하도록 규정하고 있으나[666] 본조에 의해 사업시행자는 관리처분계획으로 분담시기를 달리 정할 수 있고, 실무에서는 이에 따라 분담금을 분할하여 납부하는 방식을 관리처분계획에 포함하고 있다.

---

665) 종전자산 평가액 기준, 종전 건축물의 분양면적 기준, 종전 토지면적 기준 중 어느 하나를 기준으로 무상지분율을 정한다.

666) 법 제89조(청산금 등)
① 대지 또는 건축물을 분양받은 자가 종전에 소유하고 있던 토지 또는 건축물의 가격과 분양받은 대지 또는 건축물의 가격 사이에 차이가 있는 경우 사업시행자는 제86조제2항에 따른 이전고시가 있은 후에 그 차액에 상당하는 금액(이하 "청산금"이라 한다)을 분양받은 자로부터 징수하거나 분양받은 자에게 지급하여야 한다.

사. 분양대상자의 종전 토지 또는 건축물에 관한 소유권 외의 권리명세(제7호)

아. 세입자별 손실보상을 위한 권리명세 및 그 평가액(제8호)

용산참사로 인해 2009. 5. 27. 개정에서 세입자별 손실보상을 관리처분계획에 포함하도록 하였고, 손실보상금의 평가도 현행법 제74조 제2항에 따라 2인 이상의 감정평가에 의하도록 하였다. 관리처분계획인가 후 토지보상법상 손실보상절차를 진행하게 되는데, 토지보상법상 감정평가와는 구별된다(토지보상법에 따른 손실보상의 절차에 관하여는 본서 법 제63, 65조 수용재결 및 손실보상에 관한 부분을 참조하기로 한다).

자. 현금청산자별 권리 명세 및 청산방법(시행령 제62조 제1호)

관리처분계획에는 법 제73조에 따라 현금으로 청산하여야 하는 토지등소유자별 기존의 토지 · 건축물 또는 그 밖의 권리의 명세와 이에 대한 청산방법을 포함하여야 한다. 청산방법으로 수용재결 또는 매도청구를 기재한다.

차. 시행령 제59조 제4항 공사비 등 비용부담 조건 분양계획(시행령 제62조 제3호)

(1) 시행령 제59조 제4항은 재개발사업의 경우에 조합원에게 '종전자산에 따른 분양신청' 외에 '공사비 등 비용부담 조건 분양신청'을 인정하고 있고[667] 이에 따라 시행령 제63조 제1항 제4호 후단은 재개발사업의 관리처분 방법으로 '공사비 등 비용부담 조건 분양'의 경우 '비용부담'의 비율에 따라 분양하도록 규정하고 있다.[668]

---

667) 시행령 제59조(분양신청의 절차 등)

④ 재개발사업의 경우 토지등소유자가 정비사업에 제공되는 종전의 토지 또는 건축물에 따라 분양받을 수 있는 것 외에 공사비 등 사업시행에 필요한 비용의 일부를 부담하고 그 대지 및 건축물(**주택을 제외한다**)을 분양받으려는 때에는 제3항에 따른 분양신청을 하는 때에 그 의사를 분명히 하고, 법 제72조제1항제1호에 따른 가격의 10퍼센트에 상당하는 금액을 사업시행자에게 납입하여야 한다. 이 경우 그 금액은 납입하였으나 제62조제3호에 따라 정하여진 비용부담액을 정하여진 시기에 납입하지 아니한 자는 그 납입한 금액의 비율에 해당하는 만큼의 대지 및 건축물(주택을 제외한다)만 분양을 받을 수 있다.

668) 시행령 제63조(관리처분의 방법 등)

① 법 제23조제1항제4호의 방법으로 시행하는 주거환경개선사업과 재개발사업의 경우 법 제74조제4항에 따른 관리처분은 다음 각 호의 방법에 따른다.

4. 1필지의 대지 및 그 대지에 건축된 건축물(법 제79조제4항 전단에 따라 보류지로 정하거나 조합원 외의 자에게 분양하는 부분은 제외한다)을 2인 이상에게 분양하는 때에는 기존

(2) 시행령 제62조 제3호 "시행령 제63조 제1항 제4호에 따른 비용의 부담비율에 따른 대지 및 건축물의 분양계획"이란 시행령 제59조 제4항 및 제63조 제1항 제4호의 '공사비 등 비용부담 조건 분양에 관한 계획'을 의미하며, 그 계획과 비용부담의 한도·방법 및 시기 등은 관리처분계획에 포함하여야 한다.[669)]

(3) 공사비 등 비용부담 조건부 분양은 주택을 제외한 건축물만 가능하고,[670)] 비용부담으로 분양받을 수 있는 한도는 정관 등에서 따로 정하는 경우를 제외하고는 기존의 토지 또는 건축물의 가격의 비율에 따라 부담할 수 있는 비용의 50퍼센트를 기준으로 정한다.[671)]

카. 새롭게 설치되는 정비기반시설의 명세와 용도가 폐지되는 정비기반시설의 명세(시행령 제62조 제4호)

(1) 관리처분계획에는 정비사업의 시행으로 인하여 새롭게 설치되는 정비기반시설의 명세와 용도가 폐지되는 정비기반시설의 명세를 포함하여야 한다.

(2) 정비구역지정 및 사업시행계획인가 시에 확정되는 정비기반시설의 명세를 말하며, 사업시행계획에서 이미 "용도가 폐지되는 정비기반시설의 조서·도면 및 감정평가서"와"새로 설치할 정비기반시설의 조서·도면 및 그 설치비용 계산서", "사업시행자에게 무상으로 양여되는 국·공유지의 조서" 등을 포함하여 인가를 받게 되므로 이를 구분하여 기재하면 된다.

타. 기존 건축물의 철거 예정시기와 그 밖에 시·도조례로 정하는 사항(시행령 제62조 제5, 6호)

파. 그 밖에 관리처분의 방법 등

관리처분계획의 내용과 관리처분의 방법 등에 필요한 사항은 대통령령으로 정한

의 토지 및 건축물의 가격(제93조에 따라 사업시행방식이 전환된 경우에는 환지예정지의 권리가액을 말한다. 이하 제7호에서 같다)과 제59조제4항 및 제62조제3호에 따라 토지등 소유자가 부담하는 비용(재개발사업의 경우에만 해당한다)의 비율에 따라 분양할 것

669) 시행령 제62조 제3호 전단.

670) 시행령 제59조 제4항.

671) 시행령 제62조 제3호 후단.

다.[672] 이에 관해서는 법 제76조(관리처분계획의 수립기준)과 시행령 제63조(관리처분의 방법 등)에서 살펴보기로 한다.

4. 관리처분계획 수립을 위한 감정평가

가. 법 제74조 제4항에 따른 감정평가의 대상

관리처분계획의 내용 중 ① "분양대상자별 분양예정인 대지 또는 건축물의 추산액(조합원 분양 종후자산 가격)"과 ② "분양대상자별 사업시행계획인가 고시가 있는 날을 기준으로 한 가격(조합원 종전자산 가격)" 및 ③ "세입자 손실보상 평가액"은 법 제74조 제4항에 따른 감정평가에 의해 산정하여야 한다.

나. 2인 이상의 감정평가법인등 선정·계약 및 평가액의 산술평균

(1) 주거환경개선사업 또는 재개발사업은 시장·군수등이 선정·계약한 2인 이상의 감정평가법인등이, 재건축사업은 시장·군수등이 선정·계약한 1인 이상의 감정평가법인등과 조합총회의 의결로 선정·계약한 1인 이상의 감정평가법인등이 평가한다.[673]

(2) 시장·군수등은 제1호에 따라 감정평가법인등을 선정·계약하는 경우 감정평가법인등의 업무수행능력, 소속 감정평가사의 수, 감정평가 실적, 법규 준수 여부, 평가계획의 적정성 등을 고려하여 객관적이고 투명한 절차에 따라 선정하여야 한다. 이 경우 감정평가법인등의 선정·절차 및 방법 등에 필요한 사항은 시·도조례로 정한다.[674]

(3) 사업시행자는 감정평가를 하려는 경우 시장·군수등에게 감정평가법인등의 선정·계약을 요청하고 감정평가에 필요한 비용을 미리 예치하여야 한다. 시장·군수등은 감정평가가 끝난 경우 예치된 금액에서 감정평가 비용을 직접 지급한 후 나머지 비용을 사업시행자와 정산하여야 한다.[675]

(4) 위와 같이 선정된 2인 이상의 감정평가법인등이 평가한 금액을 산술평균하여

672) 법 제74 제6항.
673) 법 제74조 제4항 제1호.
674) 법 제74조 제4항 제2호.
675) 법 제74조 제4항 제3호.

관리처분계획에 반영하여야 한다.[676)]

(5) 선정된 감정평가법인등은 국토교통부고시 「감정평가 실무기준」[677)]에 따라 평가하여야 하며, 이하에서는 종전·종후자산의 평가 등에 관한 주요 쟁점 등을 살펴보고자 한다.

다. 종전자산 감정평가의 방법

(1) 종전자산 평가의 적정성과 형평성

1) 도시정비법상 종전자산의 평가는 각 조합원의 권리변환의 기준이 되는 것으로서 절대적 가격수준의 문제보다는 상대적 가격, 즉 조합원간의 형평성이 더 중시된다.[678)]

2) 조합원이 자신의 종전자산 평가액이 시세보다 낮다는 이유로 관리처분계획 일부 취소소송을 제기하는 경우가 자주 있는데, 감정평가의 방식이 다소 부당하더라도 바로 관리처분계획이 위법하게 되는 것은 아니고, 그 결과 조합원들 사이의 형평성을 잃게 된 때에 한하여 비로소 관리처분계획이 위법하게 된다.[679)]

---

676) 법 제74조 제4항 제1호.

677) 감정평가 실무기준 [국토교통부고시 제2019-594호, 2019. 10. 23., 일부개정].

678) 대법원 2016. 2. 18. 선고 2015두2048 판결 [사업시행계획변경취소등] 「구 도시정비법에 따른 재개발·재건축 등 정비사업은 정비구역 내의 토지 등 소유자가 종전자산을 출자하고 공사비 등을 투입하여 공동주택 등을 새로이 건설한 후 조합원에게 배분되고 남는 공동주택 등을 일반에게 분양하여 발생한 개발이익을 조합원들 사이의 출자 비율에 따라 나누어 가지는 사업으로서, 관리처분계획의 내용으로서 종전자산 가격의 평가는 이와 같은 조합원들 사이의 상대적 출자 비율을 정하기 위한 것이다.」

679) 대법원 2016. 12. 15. 선고 2015두51309 판결 [수용재결취소등] 「도시정비법 제48조 제1항 제4호가 분양대상자별 종전자산 가격을 평가하여 이를 관리처분계획에 포함시키도록 한 것은 기본적으로 조합원들 사이의 상대적 출자 비율을 정하기 위한 것이기 때문에 모든 조합원들에게 동일한 평가기준일을 적용한다면 그 일자를 언제로 하는지가 조합원들의 권리관계에 별다른 영향을 미치지 않는다. 따라서 피고 조합이 종전자산 가격 평가기준일을 잘못 정하였다고 하더라도 그 하자가 중대하다고 볼 수 없으므로 이 사건 관리처분계획이 당연무효라고 단정할 수 없다.」

전주지방법원 2017. 11. 16. 선고 2016구합442 판결 [관리처분계획무효확인의소] 「주택재개발사업의 관리처분계획에 포함되는 종전자산에 대한 평가는 조합원들 사이에 분양 또는 분배의 기준이 되는 권리가액을 산정하여 조합원들 사이의 상대적 출자 비율을 정하는 데 주된 목적이 있는 반면, 공익사업을 위한 토지 등의 취득 및 보상에 관한 법률(이하 '토지보상법'이라고 한다)에 의한 평가나 주택재건축사업에서 토지등소유자의 매도청구에 따른 시가 평가는 공익사업을 시행함에 있어 정당한 보상가액을 정하는 데에 목적이 있으므로, 양 평가 사이에는 그 목적 등에 상당한 차이가 있다. 따라서 감정평가업자가 관리처분계획의 수립을

3) 위와 같이 감정평가가 조합원 간에 형평성을 위반되지 않는 한 종전자산 평가액이 높거나 낮은 점은 관리처분계획상 비례율에 의해 보정되어 문제되지 않는다. 즉, 조합원은 종전자산 평가액에 비례율을 곱한 권리가액을 기준으로 부담금이 정해지고, 비례율은 [총 수익(종후자산 평가 총액 - 총 사업비)/종전자산 평가 총액]으로 산출되는바, '종전자산 평가 총액'이 낮아지면 비례율이 높아져서 권리가액을 유지시키고, '종전자산 평가 총액'이 높아지면 비례율이 낮아져서 권리가액을 유지시키므로, 조합원 간에 형평에 반하지 않는 한 종전자산 평가 총액의 높고 낮음은 조합원의 권리가액에 영향을 미치지 않기 때문이다. 이 때문에 감정평가의 측면에서 '비례율'을 '감정평가 보정률'이라고 하기도 한다.

(2) 사업시행계획변경인가와 종전자산 평가의 기준시점

1) 종전자산 평가의 기준시점은 사업시행계획인가 고시일을 기준으로 하여야 하는데, 사업시행계획이 변경 인가된 경우에는 어느 시점을 기준시점으로 하여야 하는지 문제된다.

2) 이에 대해 대법원은 「재개발·재건축 등 정비사업은 정비구역 내의 토지등소유자가 종전자산을 출자하고 공사비 등을 투입하여 공동주택 등을 건설한 후 조합원에게 배분하고 남는 공동주택 등을 일반에게 분양하여 발생한 개발이익을 조합원들 사이의 출자 비율에 따라 나누어 가지는 사업으로서, 관리처분계획의 내용으로서의 분양대상자별 종전의 토지 또는 건축물의 명세 및 사업시행인가의 고시가 있은 날을 기준으로 한 가격 평가는 조합원들 사이의 상대적 출자 비율을 정하기 위한 것인 점, 구 도시정비법 제48조 제1항 제4호가 원칙적으로 사업시행인가 고시일을 기준으로 종전자산 가격

위하여 토지 등을 평가하면서 정비구역 전부에 대하여 동일한 감정평가방식을 적용하여 감정평가를 진행한 경우에는 특정한 토지 등에 관하여 관계 법령에서 정한 평가방식을 위반하였거나 또는 그와 같은 평가가 조합원들 사이의 형평성을 잃게 할 정도로 부당하게 된 경우가 아닌 한 종전 권리가액에 관한 감정평가 및 그에 따라 수립된 관리처분계획이 위법하다고 할 수 없다.」

광주고등법원 전주지원 2018. 8. 20. 선고 2017누1853 판결 [관리처분계획무효확인의소] 「설령 원고의 주장과 같이 이 사건 토지 중 일부분이 도로로 사용되지 않고 있다고 하더라도 그 면적이 차지하는 비율이 작고 도로로 사용되지 않는 부분의 경제적 가치가 도로 부분보다 높다고 보기 어려운 점 등을 종합하여 보면 원고 주장과 같은 사정만으로 이 사건 토지 부분에 관한 감정평가가 피고 조합원들 사이의 형평성을 잃게 할 정도로 부당하게 되었다고 보기 어려우므로 원고의 이 부분 주장은 이 점에 비추어 보더라도 이유 없다.」

을 평가하도록 하면서, 구 도시정비법 제48조의2 제2항에 따라 철거된 건축물은 시장 · 군수에게 허가받은 날을 기준으로 평가하도록 하고 있을 뿐, 사업시행계획이 변경된 경우 종전자산 가격 평가를 새로 해야 한다는 내용의 규정을 두고 있지 않은 것은, 평가시점에 따라 종전자산 가격이 달라질 경우 발생할 수 있는 분쟁을 방지하기 위하여 종전자산의 가격 평가시점을 획일적으로 정하기 위한 것인 점, 사업시행계획의 변경이 필연적으로 종전자산의 가격에 영향을 미쳐 평가를 변경인가 고시일을 기준으로 새로 해야 한다고 볼 수도 없는 점, 최초 사업시행계획의 주요 부분에 해당하는 공동주택의 면적, 세대수 및 세대별 면적 등이 실질적으로 변경되어 최초 사업시행계획이 효력을 상실한다고 하더라도, 이는 사업시행계획 변경시점을 기준으로 최초 사업시행계획이 장래를 향하여 실효되었다는 의미일 뿐, 이전에 이루어진 종전자산 가격 평가에 어떠한 영향을 미친다고 볼 수 없는 점 등에 비추어 보면, 비교적 장기간에 걸쳐서 진행되는 정비사업의 특성에 비추어 보더라도 구 도시정비법 제48조 제1항 제4호가 정한 '사업시행인가 고시일'이란 문언 그대로 '최초 사업시행계획 인가 고시일'을 의미한다. 따라서 최초 사업시행계획의 주요 부분을 실질적으로 변경하는 사업시행계획 변경인가가 있었더라도 특별한 사정이 없는 한 최초 사업시행계획 인가 고시일을 기준으로 평가한 종전자산 가격을 기초로 수립된 관리처분계획이 종전자산의 면적 · 이용상황 · 환경 등을 종합적으로 고려하여 대지 또는 건축물이 균형있게 분양신청자에게 배분되도록 정한 구 도시정비법 제48조 제2항 제1호에 위반된다고 볼 수 없다.」고 하여 변경 인가에도 불구하고 최초 인가를 기준으로 감정평가한 관리처분계획이 적법하다고 판시하였다.[680]

3) 그런데 위 대법원 판례는 최초 사업시행계획인가 고시일을 기준으로 종전자산을 평가한 관리처분계획이 위법하지 않다는 것일 뿐이고, 조합이 사업시행계획변경인가 고시일을 기준으로 종전자산을 평가한 관리처분계획이 적법한 총회의 의결에도 불구하고 위법하다고 할 것인지에 관하여는 판시하지 않아서 이에 관한 견해대립이 있을 수 있다. 대법원은 종전자산의 감정평가 기준시점을 잘못 정한 것이 관리처분계획의 무효사유가 될 수는 없다고 판시한 바 있으므로[681] 사업시행계획변경인가를 기준으로 감정

680) 대법원 2015. 11. 26. 선고 2014두15528 판결 [관리처분총회결의무효확인], 대법원 2016. 2. 18. 선고 2015두2048 판결 [사업시행계획변경취소등], 대법원 2015. 10. 29. 선고 2014두13294 판결 [관리처분계획취소] 등.

평가하여 수립한 관리처분계획도 달리 특별한 사유가 없는 한 무효는 아니라고 본다.

(3) 조합원 종전자산 가격에 개발이익이 반영되는지

1) 법 제73조에 따른 현금청산자의 종전자산 가격은, 주거환경개선사업·재개발사업의 수용재결의 경우에는 토지보상법 제67조 제2항에 따라 개발이익을 배제하여 평가되고,[682] 재건축사업의 매도청구의 경우에는 대법원 판례에 따라 개발이익을 반영하여 평가하여야 한다.[683]

2) 위와 같은 기준이 관리처분계획상 조합원의 종전자산 감정평가에도 그대로 적용된다고 보아, 주거환경개선사업과 재개발사업은 개발이익이 배제된 가격으로 평가하여야 하고, 재건축사업은 개발이익이 포함된 가격으로 평가하여야 한다는 견해가 있다.[684]

3) 대법원은 도시환경정비사업(현행 재개발사업)과 관련하여, 「정비구역으로 지정된 날에 그 중 일부 구역에 대한 용도지역이 제3종일반주거지역에서 일반상업지역으로 변경되었고 그 후 이 사건 사업시행인가가 고시되었는데, 이 사건 정비구역 중 일부 구역에 대한 용도지역이 변경된 것은 이 사건 사업의 시행을 직접 목적으로 한 것으로서 변경 전의 용도지역을 기준으로 종전자산을 평가한 감정평가결과에 따라 관리처분계획을 수립하는 것이 조합원들 사이의 형평에 부합한다고 보이는 점 등 기록에 나타난 사정을 종합해 보면, 종전자산에 대한 감정평가 방법과 표준지 선정 및 매매사례와 보상선례의 선정에 관한 법리를 오해하는 등의 위법이 없다.」고 판시하였는데,[685] 국토

---

681) 대법원 2016. 12. 15. 선고 2015두51309 판결 [수용재결취소등] 「도시정비법 제48조 제1항 제4호가 분양대상자별 종전자산 가격을 평가하여 이를 관리처분계획에 포함시키도록 한 것은 기본적으로 조합원들 사이의 상대적 출자 비율을 정하기 위한 것이기 때문에 모든 조합원들에게 동일한 평가기준일을 적용한다면 그 일자를 언제로 하는지가 조합원들의 권리관계에 별다른 영향을 미치지 않는다. 따라서 피고 조합이 종전자산 가격 평가기준일을 잘못 정하였다고 하더라도 그 하자가 중대하다고 볼 수 없으므로 이 사건 관리처분계획이 당연무효라고 단정할 수 없다.」

682) 토지보상법 제67조(보상액의 가격시점 등)
② 보상액을 산정할 경우에 해당 공익사업으로 인하여 토지등의 가격이 변동되었을 때에는 이를 고려하지 아니한다.

683) 대법원 2010. 12. 23. 선고 2010다73215 판결 등.

684) 변호사 맹신균 저 「도시 및 주거환경정비법 해설」.

685) 대법원 2012. 2. 23. 선고 2010두19782 판결 [관리처분계획취소등].

부 고시「감정평가 실무기준」〈730 도시정비평가 - 3.1 종전자산의 감정평가〉 제1항은 재개발과 재건축을 구별하지 아니하고 "해당 정비구역의 지정에 따른 공법상 제한을 받지 아니한 상태를 기준으로 감정평가한다.", "해당 정비사업의 시행을 직접 목적으로 하여 용도지역이나 용도지구 등의 토지이용계획이 변경된 경우에는 변경되기 전의 용도지역이나 용도지구 등을 기준으로 감정평가한다."고 규정하고 있는바, 재건축사업의 경우에도 조합원의 종전자산 가격은 개발이익을 배제하고 평가하는 것이 타당하다고 본다.

(4) 토지의 감정평가 방법

1) 대법원은「토지수용을 위한 보상액을 결정함에 있어서 정상거래가격을 참작하여야 하는 인근유사토지는 보상대상토지의 인근유사지역에 속하며 지목, 지적, 형태, 이용현황, 용도지역, 공법상 제한 등 자연적, 사회적 조건이 동일 또는 유사한 토지를 말하는 것으로서 보상대상토지와 동일사업지구 내에 있는 토지가 아니라는 사유만으로 인근유사토지가 될 수 없는 것은 아니다.」라고 판시하였는바,[686] 토지의 가격은 이용현황과 지목[687]에 따라 달리 평가된다.

2) 감정평가에 관한 규칙 제6조 제1항은 "감정평가는 기준시점에서의 대상물건의 이용상황(불법적이거나 일시적인 이용은 제외한다) 및 공법상 제한을 받는 상태를 기준으로 한다."고 규정하고 있는바, 불법적이거나 일시적인 이용을 제외한 객관적 이용현황에 따라 평가하여야 하며, 객관적 이용현황을 판단함에 있어서는 현실적인 이용상황과 일반적인 이용방법에 의한 객관적 상황을 고려하고, 토지소유자 또는 관계인이 갖는 주관적 가치 및 특별한 용도에 사용할 것을 전제로 한 경우 등은 고려하지 않는다.[688]

3) 비교표준지와 당해 토지의 이용상황이나 주변환경 등에 다소 상이한 점이 있다면

---

686) 대법원 1992. 8. 18. 선고 91누2380 판결 [토지수용재결처분취소등], 대법원 1998. 1. 23. 선고 97누17711 판결 [토지수용이의재결처분취소등] 등.

687) 공간정보의 구축 및 관리 등에 관한 법률 제67조(지목의 종류)
① 지목은 전·답·과수원·목장용지·임야·광천지·염전·대(垈)·공장용지·학교용지·주차장·주유소용지·창고용지·도로·철도용지·제방(堤防)·하천·구거(溝渠)·유지(溜池)·양어장·수도용지·공원·체육용지·유원지·종교용지·사적지·묘지·잡종지로 구분하여 정한다.
② 제1항에 따른 지목의 구분 및 설정방법 등에 필요한 사항은 대통령령으로 정한다.

688) 대법원 2007. 4. 12. 선고 2006두18492 판결 [보상금].

이러한 점은 지역요인이나 개별요인의 분석 등 품등비교에서 참작하면 된다.[689]

(5) 사도 및 사실상 사도의 평가방법

1) '사도'란 도로법 등의 도로가 아닌 것으로서 그 도로에 연결되는 길로서 사도법에 따른 개설허가를 받은 것을 말한다.[690]

2) '사실상 사도'란 사도법에 의한 사도 외의 도로로서, ① 도로개설 당시의 토지소유자가 자기 토지의 편익을 위하여 스스로 설치한 도로, ② 토지소유자가 그 의사에 의하여 타인의 통행을 제한할 수 없는 도로, ③ 건축법 제45조에 따라 건축허가권자가 그 위치를 지정 · 공고한 도로, ④ 도로개설당시의 토지소유자가 대지 또는 공장용지 등을 조성하기 위하여 설치한 도로' 중 어느 하나를 말하며, 도시 · 군관리계획에 의하여 도로로 결정된 후부터 도로로 사용되고 있는 것을 제외한다.[691]

3) 국토부 고시 「감정평가 실무기준」 〈610 토지 및 그 정착물 – 1.7.4. 사도〉 제2항 제3호는 토지보상법 시행규칙 제26조에 따른 도로의 감정평가방법을 고려하여 평가하도록 규정하고 있는바, '사도'는 인근토지에 대한 평가액의 1/5 이내로 평가하고, '사실상 사도'는 인근토지에 대한 평가액의 1/3 이내로 평가한다.[692] 사도가 인근 관련 토지와 함께 의뢰된 경우에는 인근 관련 토지와 사도부분의 감정평가액 총액을 전면적에 균등 배분하여 감정평가할 수 있다.[693]

---

689) 대법원 2009. 3. 26. 선고 2008두22129 판결 [재결처분취소], 대법원 2007. 7. 12. 선고 2006두11507 판결 등.

690) 사도법 제2조.

691) 토지보상법 시행규칙 제26조(도로 및 구거부지의 평가)

② 제1항제2호에서 "사실상의 사도"라 함은 「사도법」에 의한 사도외의 도로(「국토의 계획 및 이용에 관한 법률」에 의한 도시 · 군관리계획에 의하여 도로로 결정된 후부터 도로로 사용되고 있는 것을 제외한다)로서 다음 각호의 1에 해당하는 도로를 말한다. 〈개정 2005.2.5, 2012.1.2, 2012.4.13〉

1. 도로개설당시의 토지소유자가 자기 토지의 편익을 위하여 스스로 설치한 도로
2. 토지소유자가 그 의사에 의하여 타인의 통행을 제한할 수 없는 도로
3. 「건축법」 제45조에 따라 건축허가권자가 그 위치를 지정 · 공고한 도로
4. 도로개설당시의 토지소유자가 대지 또는 공장용지 등을 조성하기 위하여 설치한 도로

692) 토지보상법 시행규칙 제26조(도로 및 구거부지의 평가)

① 도로부지에 대한 평가는 다음 각호에서 정하는 바에 의한다. 〈개정 2005.2.5〉

1. 「사도법」에 의한 사도의 부지는 인근토지에 대한 평가액의 5분의 1 이내
2. 사실상의 사도의 부지는 인근토지에 대한 평가액의 3분의 1 이내

693) 「감정평가 실무기준」 〈610 토지 및 그 정착물 – 1.7.4. 사도〉 제1항.

4) 대법원은 「'공익계획사업이나 도시계획의 결정 · 고시 때문에 이에 저촉된 토지가 현황도로로 이용되고 있지만 공익사업이 실제로 시행되지 않은 상태에서 일반공중의 통행로로 제공되고 있는 상태로서 계획제한과 도시계획시설의 장기미집행상태로 방치되고 있는 도로', 즉 예정공도부지의 경우 그 보상액을 사실상의 사도를 기준으로 평가한다면 토지가 도시 · 군 관리계획에 의하여 도로로 결정된 후 곧바로 도로사업이 시행되는 경우의 보상액을 수용 전의 사용현황을 기준으로 산정하는 것과 비교하여 토지소유자에게 지나치게 불리한 결과를 초래한다는 점 등을 고려하면, 예정공도부지는 토지보상법 시행규칙 제26조 제2항에서 정한 사실상의 사도에서 제외된다고 해석함이 상당하다. 원심은 이와 달리 원고 소유의 이 사건 토지가 사실상의 사도에 해당함을 전제로 한 이 사건 관리처분계획이 적법하다고 판단하였으니 이러한 원심의 판단에는 사실상의 사도의 범위 등에 관한 법리를 오해하여 필요한 심리를 다하지 않음으로써 판결에 영향을 미친 잘못이 있다.」고 판시하였다.[694]

라. 종후자산 감정평가의 방법

(1) 종후자산 평가의 적정성과 형평성

1) 조합원의 종전자산의 평가가 출자비율을 정하는 것으로 형평성을 유지해야 하는 것과 마찬가지로, 법 제74조 제2항이 조합원 분양 예정 종후자산 평가를 감정평가에 의하도록 한 것도 조합원 사이의 부담금 산정기준에 형평성을 유지하기 위한 것이다.

2) 조합원 부담금 또는 환급금은 조합원별 종전자산 평가액에 비례율(수익율)을 곱한 권리가액에서 분양받을 예정인 종후자산 평가액의 차액으로 결정되는데, 분양받을 예정인 종후자산 평가액이 형평에 반하는 경우에는 조합원 간 부담금의 형평성이 침해되기 때문이다.

3) 「감정평가 실무기준」 〈730 도시정비평가 - 3.2. 종후자산의 감정평가〉 제1항도 "대상물건의 유형 · 위치 · 규모 등에 따라 감정평가액의 균형이 유지되도록 하여야 한다."고 규정하고 있다.

4) 따라서 종후자산의 감정평가도 적정성보다는 형평성이 더 중요하고, 평가방법이

694) 대법원 2019. 1. 17. 선고 2018두55753 판결 [관리처분계획무효확인의소], 대법원 2014. 9. 4. 선고 2014두6425 판결 등.

다소 부적정하다고 하더라도 그것만으로 곧 관리처분계획이 위법하다고 할 수 없고, 감정평가가 형평에 반할 때에 관리처분계획이 위법하게 되는 것이다.

(2) 종후자산 평가의 기준시점

법 제74조 제1항은 종전자산의 가격(제5호)과 달리 종후자산의 가격(제3호)은 가격평가의 기준시점을 정하지 아니하고 있고, 「감정평가 실무기준」 〈730 도시정비평가 – 3.2. 종후자산의 감정평가〉 제1항은 "종후자산의 감정평가는 분양신청기간 만료일이나 의뢰인이 제시하는 날을 기준으로 한다."고 규정하고 있는바, 사업시행자는 적정한 시점을 정하여 감정평가를 의뢰할 수 있다.

(3) 종후자산의 평가방법

1) 「감정평가 실무기준」 〈730 도시정비평가 – 3.2. 종후자산의 감정평가〉 제2항은 "종후자산은 인근지역이나 동일수급권 안의 유사지역에 있는 유사물건의 분양사례 · 거래사례 · 평가선례 및 수요성, 총 사업비 원가 등을 고려하여 감정평가한다."고 규정하고 있는바, '인근지역이나 동일수급권 안의 유사지역에 있는 유사물건의 분양사례 · 거래사례 · 평가선례 및 수요성'은 거래사례비교법을, '총 사업비 원가'는 원가법을 의미하는 것으로, 거래사례비교법과 원가법을 종합적으로 고려하도록 하였다.

2) 두 가지 요소를 종합적으로 고려하도록 한 이유는, 정비사업비를 부담하는 조합원에게 비용부담에 따른 원가가치를 취득하도록 하는 것이 형평에 부합하는 것인지, 비용부담의 측면과 무관하게 시장가치로 취득하도록 하는 것이 형평에 부합하는 것인지에 대한 명확한 해답을 찾기 매우 어려운 점에 기인한다.

3) 따라서 종후자산을 감정평가함에 있어서는 양자를 종합하여 고려하여, 「감정평가 실무기준」 〈730 도시정비평가 – 3.2. 종후자산의 감정평가〉 제1항 후단이 "대상물건의 유형 · 위치 · 규모 등에 따라 감정평가액의 균형이 유지되도록 하여야 한다."고 규정한 바에 따라 형평성이 유지되도록 평가하여야 하며, 감정평가업자에게 일정한 재량권이 부여된다.

4) 나아가 감정평가를 할 때 종후자산은 아직 존재하지 아니하는 상태이므로, 일종의 조건부 평가에 해당한다.

마. 세입자별 손실보상 평가액의 감정평가

(1) 손실보상금 중 주거세입자의 주거이전비와 동산이전비(이사비) 등은 토지보상법 시행규칙 제54조 및 제55조에 따라 가구원의 수, 주택연면적 등을 기준으로 일정한 수식에 따라 산정되므로 본조에 의한 감정평가가 필요하지 않다.

(2) 따라서 본조에 따른 감정평가의 대상은 영업세입자의 영업손실보상금(폐업보상금 또는 휴업보상금)에 한정되고, 영업이익 손실, 영업용 자산의 감가상각비 · 유지관리비 및 인건비 등 고정비용 손실, 영업시설 등 이전비 및 감손상당액, 이전광고비 및 개업비 등을 부대비용 등을 감정평가하여야 한다(구체적 내용은 법 제63, 65조 수용재결 및 손실보상에 관한 부분을 참조하기로 한다).

바. 조합원 종전 · 종후자산 가격의 임의변경 금지원칙

법 제74조 제4항 제1호 후단은 "관리처분계획을 변경 · 중지 또는 폐지하려는 경우 분양예정 대상인 대지 또는 건축물의 추산액과 종전의 토지 또는 건축물의 가격은 사업시행자 및 토지등소유자 전원이 합의하여 산정할 수 있다."고 규정하여, 토지등소유자(조합원) 전원의 합의가 있는 경우를 제외하고는 종전 · 종후자산 가격을 감정평가 외의 방법으로 임의 변경하는 것을 금지하고 있다.

5. 관리처분계획 수립을 위한 총회 등

가. 토지등소유자에 대한 사전 개별통지

(1) 조합이 사업시행자인 경우

1) 조합은 관리처분계획을 의결하기 위한 총회의 개최일부터 1개월 전에 작성된 관리처분계획의 내용 중 ① 분양대상자별 분양예정인 대지 또는 건축물의 추산액(임대관리 위탁주택에 관한 내용을 포함한다), ② 보류지 등(일반 분양분, 공공지원민간임대주택, 임대주택, 그 밖에 부대시설 · 복리시설 등)의 명세와 추산액 및 처분방법, ③ 분양대상자별 종전의 토지 또는 건축물 명세 및 사업시행계획인가 고시가 있은 날을 기준으로 한 가격(사업시행계획인가 전에 제81조 제3항에 따라 철거된 건축물은 시장 · 군수등에게 허가를 받은 날을 기준으로 한 가격), ④ 정비사업비의 추산액(재건축사업의 경우에는 「재건축초과이익 환수에 관한 법률」

에 따른 재건축부담금에 관한 사항을 포함한다) 및 그에 따른 조합원 분담규모 및 분담시기를 각 조합원에게 문서로 통지하여야 한다.[695]

2) 이는 총회 소집공고 및 통지와 구별되는 것으로서, 총회 소집은 회의목적, 안건, 일시 및 장소 등을 총회개최 14일 전에 공고하고, 각 조합원에게는 회의개최 7일 전까지 등기우편으로 안건의 구체적 내용까지 통지하여야 하는데,[696] 이와 별도로 조합원의 알권리와 신중한 판단을 위하여 총회 개최일 1개월 전에 위와 같은 내용을 미리 통지하도록 한 것이다.

(2) 조합 외 사업시행자의 경우

법 제74조 제5항은 조합의 경우에 한하여 조합원에 대한 사전 개별통지를 규정하고 있고, 법 제74조 제7항은 시장 · 군수등이 사업시행자로 직접 수립하는 관리처분계획에 제5항을 준용하고 있는바, 법 제26조에 따라 토지주택공사등이 공공시행자로 지정되어 관리처분계획을 수립하는 경우, 법 제27조에 따라 지정개발자가 사업시행자로 관리처분계획을 수립하는 경우에 토지등소유자에게 사전 개별통지를 하지 아니하여도 되는 것인지 논란이 있을 수 있다. 사견으로는 토지등소유자의 권리보호를 위해 사전통지가 필요하다고 보며 입법적 개선이 필요하다고 본다.

나. 관리처분계획에 대한 총회의결 등

(1) 조합이 사업시행자인 경우

1) 관리처분계획의 수립 · 변경 · 중지 · 폐지는 총회 의결사항이고 대의원회가 대행할 수 없는 사항이다. 다만, 시행령 제61조의 경미한 변경사항은 총회의결사항이 아니다.[697]

2) 관리처분계획 수립 등을 위한 총회에는 전체 조합원 100분의 20 이상이 직접 출석하여야 하며,[698] 일반적인 관리처분계획에 대한 의결은 전체 조합원 과반수의 찬성으로 의결하여야 하나, 정비사업비가 10%(생산자물가상승률분, 제73조에 따른 손실보상

---

695) 법 제74조 제5항.

696) 법 제44조 제4, 5항 및 구 국토교통부 표준정관.

697) 법 제45조 제1항 제10호 및 시행령 제43조 제8호.

698) 법 제45조 제7항 단서.

금액은 제외한다) 이상 늘어나는 경우에는 전체 조합원 2/3이상의 찬성으로 의결하여야 한다.[699] 분양신청을 하지 않은 조합원들은 분양신청기간이 종료된 후 개최되는 관리처분계획총회 등의 의사정족수 산정을 위한 총 조합원 수에서 제외된다.[700]

3) 관리처분계획 수립에서 정비사업비 증액의 기준이 되는 비교대상과 관련하여, 대법원은 최초 조합설립동의서에 기재된 정비사업비의 개산액을 기준으로 할 것이 아니라, 사업시행계획 시에 조합원들의 동의를 거친 정비사업비를 기준으로 비교해야 한다고 판시하였는바,[701] 적법하게 수립 또는 변경된 사업시행계획의 정비사업비를 기준으로 관리처분계획의 정비사업비가 10% 이상 증가한 때에는 '전체 조합원 2/3 이상의 찬성'으로 의결을 거쳐야 한다. 마찬가지로 관리처분계획을 변경함에 있어서도 변경

699) 법 제45조 제4항.

700) 대법원 2012. 3. 29. 선고 2010두7765 판결 [조합결의무효확인] 「재건축조합의 조합원들 중 분양신청을 하지 않거나 철회하는 등 도시정비법 제47조 및 조합 정관이 정한 요건에 해당하여 현금청산대상자가 된 조합원은 조합원으로서의 지위를 상실한다고 봄이 상당하고, 이 때 조합원의 지위를 상실하는 시점은 재건축사업에서 현금청산관계가 성립되어 조합의 청산금 지급의무가 발생하는 시기이자 현금청산에 따른 토지 등 권리의 가액을 평가하는 기준시점과 마찬가지로 분양신청기간 종료일 다음날로 보아야 하므로(대법원 2010. 8. 19. 선고 2009다81203 판결 참조), 분양신청을 하지 아니한 기존의 조합원들은 분양신청기간이 종료한 후 개최되는 조합원 총회의 의사정족수 산정을 위한 총 조합원 수에서 제외되어야 할 것이다.」

701) 대법원 2014. 6. 12. 선고 2012두28520 판결 「구 도시정비법(2008. 2. 29. 법률 제8852호로 개정되기 전의 것)에 따른 정비사업이 조합의 설립, 사업시행계획, 관리처분계획 등의 단계를 거쳐 순차 진행되고, 각 단계에서 조합설립인가, 사업시행인가, 관리처분계획인가 등의 선행 행정처분이 이루어짐에 따라 다음 절차가 진행되는 정비사업의 특성과 사업시행계획의 단계에서 공사비 등 정비사업에 소요되는 비용(이하 '정비사업비'라 한다)에 관하여 동의를 얻도록 한 구 도시정비법 제17조, 제28조 제5항, 제6항, 제30조 제9호, 구 도시 및 주거환경정비법 시행령(2008. 7. 29. 대통령령 제20947호로 개정되기 전의 것) 제28조 제4항, 제41조 제2항 제5호의 취지를 종합하여 보면, 조합설립을 할 때에 건축물 철거 및 신축비용 개산액에 관하여 조합원들의 동의를 받았고, 다음 단계인 사업시행계획의 수립 및 이에 대한 인가를 받을 때 조합원들의 동의 절차를 거쳐 정비사업비가 잠정적으로 정해졌으므로, 관리처분계획을 수립할 때에 의결한 정비사업비가 조합원들의 이해관계에 중대한 영향을 미칠 정도로 실질적으로 변경된 경우에 해당하는지를 판단할 경우에는 조합설립에 관한 동의서 기재 건축물 철거 및 신축비용 개산액과 바로 비교할 것이 아니라, 먼저 사업시행계획 시에 조합원들의 동의를 거친 정비사업비가 조합설립에 관한 동의서 기재 건축물 철거 및 신축비용 개산액과 비교하여 조합원들의 이해관계에 중대한 영향을 미칠 정도로 실질적으로 변경된 경우에 해당하는지를 판단하고, 다음으로 관리처분계획안에서 의결한 정비사업비가 사업시행계획 시에 조합원들의 동의를 거친 정비사업비와 비교하여 조합원들의 이해관계에 중대한 영향을 미칠 정도로 실질적으로 변경된 경우에 해당하는지를 판단해야 한다.」

전 적법하게 수립된 관리처분계획의 정비사업비와 비교하여야 한다.

4) 정비사업비를 10% 이내에서 변경하는 것은 사업시행계획의 경미한 변경에 포함되지만 관리처분계획의 경미한 변경에는 포함되지 아니하는바, 관리처분계획인가 후 정비사업비를 10% 이내에서 변경할 경우 총회에서 전체 조합원 과반수의 동의가 필요하다고 할 것이다. 다만, 시행령 제61조 제3호에 따라 매도청구 판결로 정비사업비가 증가한 때에는 경미한 변경에 해당하므로 총회의결을 거칠 필요가 없다.[702]

5) 관리처분총회의 특별의결정족수는 2012. 2. 1. 개정법에서 신설되었는데, 대법원은 개정 전 구법 사안에서 관리처분계획의 내용이 재건축결의 당시와 비교하여 조합원의 이해관계에 중대한 영향을 미칠 정도로 실질적으로 변경된 경우에는 전체 조합원 2/3 이상의 동의가 필요하다고 판시하였고,[703] 최근 상가와 아파트의 독립정산제 약정도 정관변경에 준하여 전체 조합원 2/3 이상의 동의가 필요하다고 판시하였는바,[704] 정비사업비의 10% 이상 증가가 아닌 경우에도 신축 건축물의 귀속에 관한 사항 등 조합설립동의 내용에 대하여 조합원의 이해관계에 중대한 영향을 미칠 정도로 실질적으로 변경이 있는 경우에는 정관변경에 준하여 전체 조합원 2/3이상의 찬성이 필요할 수 있다는 점에 유의할 필요가 있다.

(2) 법 제27조 제1항 제3호에 따라 신탁업자가 지정개발자인 경우

법 제27조 제1항 제3호에 따라 신탁업자가 조합설립을 위한 동의요건 이상의 토지등소유자로부터 사업시행자 지정 동의를 얻어 지정개발자가 된 때에는, 법 제48조 제1항 제8호에 따라 관리처분계획에 대한 토지등소유자 전체회의의 의결을 거쳐야 하며, 동조 제3항은 법 제45조 제4항을 준용하므로 의결정족수 등 조합원총회에 관한 내용은 토지등소유자 전체회의에 동일하게 적용된다.

(3) 그 밖의 사업시행자의 경우

1) 사업시행계획에 관한 법 제50조 제5항 내지 제8항은 제26조의 공공시행자, 제27

702) 법 제45조 제1항 제10호 괄호.

703) 대법원 2012. 8. 23. 선고 2010두13463 판결 [관리처분계획취소], 대법원 2013. 11. 14. 선고 2011다22085 판결 [관리처분총회결의무효확인], 대법원 2014. 6. 12. 선고 2012두28520 판결 [관리처분총회결의등무효확인] 등.

704) 대법원 2018. 3. 13. 선고 2016두35281 판결 [관리처분계획취소청구의소].

조의 지정개발자, 법 제25조 제1항 제2호에 따라 토지등소유자가 사업시행자인 경우에 토지등소유자의 동의요건을 세분하여 규정하고 있음에 반하여, 관리처분계획에 관한 법 제74조는 이에 관한 아무런 규정을 두고 있지 않으며, 법 제45조 및 법 제48조는 조합이 사업시행자이거나 법 제27조 제1항 제3호의 신탁업자가 지정개발자인 경우에만 조합원총회 의결 또는 토지등소유자 전체회의의 의결을 규정하고 있을 뿐이다.

2) 따라서 공공시행자, 법 제27조 제1항 제3호의 신탁업자를 제외한 지정개발자, 법 제25조 제1항 제2호에 따라 재개발사업에서 토지등소유자가 사업시행자인 경우에는, 법 제53조의 시행규정 또는 자치 규약 등에 따라 관리처분계획 수립절차를 진행하면 되고, 토지등소유자의 총회의결 정족수 또는 동의 정족수에 관하여 법령상 제한이 없다. 입법론적으로는 법 제50조와 같이 법적 기준을 마련하는 것이 토지등소유자의 권리보호를 위해 타당하다고 본다.

다. 관리처분계획의 경미한 변경사항

(1) 도시정비법 시행령 제61조에서는 아래와 같은 사항을 관리처분계획의 경미한 변경사항으로 규정하고 있다.

① 계산착오 · 오기 · 누락 등에 따른 조서의 단순정정인 경우(불이익을 받는 자가 없는 경우에만 해당한다)

② 법 제40조 제3항에 따른 정관 및 법 제50조에 따른 사업시행계획인가의 변경에 따라 관리처분계획을 변경하는 경우

③ 법 제64조에 따른 매도청구에 대한 판결에 따라 관리처분계획을 변경하는 경우

④ 법 제129조에 따른 권리 · 의무의 변동이 있는 경우로서 분양설계의 변경을 수반하지 아니하는 경우

⑤ 주택분양에 관한 권리를 포기하는 토지등소유자에 대한 임대주택의 공급에 따라 관리처분계획을 변경하는 경우

⑥ 「민간임대주택에 관한 특별법」 제2조 제7호에 따른 임대사업자의 주소(법인인 경우에는 법인의 소재지와 대표자의 성명 및 주소)를 변경하는 경우

(2) 대법원은 관리처분계획의 경미한 변경을 규정한 시행령의 해석과 관련하여, 「구

도시정비법 제48조 제1항 단서에서 정한 '대통령령이 정하는 경미한 사항을 변경하고자 하는 때'란 구 시행령 제49조의 각호에 규정된 사항들에 한정되는 것이 아니라, 변경대상이 되는 관리처분계획의 내용을 구체적 · 개별적으로 살펴보아 조합총회의 의결을 거치지 않더라도 변경내용이 객관적으로 조합원 등 이해관계인의 의사에 충분히 들어맞고 그 권리의무나 법적 지위를 침해하지 않거나, 분양대상자인지에 대한 확정판결에 따라 관리처분계획의 내용을 변경하는 때와 같이 조합총회의 의결을 거친다고 하더라도 변경내용과 다르게 의결할 수 있는 여지가 없는 경우 등도 포함한다고 보는 것이 타당하다.」고 판시였는바,[705] 시행령에 명시되지 아니한 사항이라도 총회에서 달리 의결할 여지가 없는 불가피한 변경의 경우에도 관리처분계획의 경미한 변경에 해당하고 총회의 의결을 요하지 않는다. 위 대법원 판례는 관리처분계획상 청산대상자가 소송을 통하여 분양대상 조합원으로 밝혀져서 보류시설을 분양하는 것으로 관리처분계획을 변경하는 경우에는 총회에서 달리 의결할 여지가 없는 때에 해당하여 총회의결사항이 아니라고 판시한 것이다.[706]

---

705) 대법원 2012. 5. 24. 선고 2009두22140 판결 「구 도시 및 주거환경정비법(2009. 2. 6. 법률 제9444호로 개정되기 전의 것, 이하 '도시정비법'이라 한다) 관련 규정의 내용, 형식 및 취지에 비추어 보면, 도시정비법 제48조 제1항 단서에서 정한 '대통령령이 정하는 경미한 사항을 변경하고자 하는 때'란 구 도시 및 주거환경정비법 시행령(2009. 1. 30. 대통령령 제21285호로 개정되기 전의 것) 제49조의 각호에 규정된 사항들에 한정되는 것이 아니라, 변경대상이 되는 관리처분계획의 내용을 구체적 · 개별적으로 살펴보아 조합총회의 의결을 거치지 않더라도 변경내용이 객관적으로 조합원 등 이해관계인의 의사에 충분히 들어맞고 그 권리의무나 법적 지위를 침해하지 않거나, 분양대상자인지에 대한 확정판결에 따라 관리처분계획의 내용을 변경하는 때와 같이 조합총회의 의결을 거친다고 하더라도 변경내용과 다르게 의결할 수 있는 여지가 없는 경우 등도 포함한다고 보는 것이 타당하다.」

706) 대법원 2012. 5. 24. 선고 2009두22140 판결 「갑 주택재개발조합이, 조합원총회를 개최하여 사업지구 내 다가구주택의 공유지분권자들을 청산대상자로 정하는 관리처분계획을 결의한(제1관리처분계획) 후에 소송절차 등을 통해 아파트를 단독으로 분양받을 권리가 있는 것으로 밝혀진 공유지분권자들에게 미리 대비해 둔 소송 보류시설을 분양하는 내용으로 관리처분계획을 일부 변경하고(제2관리처분계획) 이를 관할 구청장에게 신고한 사안에서, 위와 같은 관리처분계획의 변경내용은 조합총회의 의결을 거치지 않더라도 객관적으로 조합원 등 이해관계인의 의사에 충분히 들어맞고 그 권리의무 및 법적 지위를 침해하지 않거나 조합총회의 의결을 거친다고 하더라도 변경내용과 다르게 의결할 수 없는 경우에 해당한다고 볼 여지가 많다는 이유로, 조합원총회의 의결 등을 거치지 않은 제2관리처분계획의 하자가 중대 · 명백하여 효력이 없는 이상 이전고시가 위법하다고 본 원심판결에 구 도시 및 주거환경정비법(2009. 2. 6. 법률 제9444호로 개정되기 전의 것) 제48조 제1항 단서에 정한 '경미한 사항을 변경하고자 하는 때'의 해석에 관한 법리를 오해한 위법이 있다.」

라. 상가독립정산제와 상가관리처분계획

(1) 대법원은 「재건축정비사업조합의 조합원들 중 상가의 구분소유자들(이하 '상가조합원'이라 하고, 이와 대비되는 아파트의 구분소유자들을 '아파트조합원'이라 한다)과 아파트조합원 사이의 이해관계 및 주된 관심사항이 크게 다른 상황에서, ① 아파트와 상가를 분리하여 개발이익과 비용을 별도로 정산하고 ② 상가조합원들로 구성된 별도의 기구(이하 '상가협의회'라 한다)가 상가에 관한 관리처분계획안의 내용을 자율적으로 마련하는 것을 보장한다는 내용으로 조합과 상가협의회 사이에서 합의하는 경우가 있다(①, ②를 통틀어 소위 '상가 독립정산제 약정'이라고 불리고 있다).」면서, 상가독립정산제 약정이 총회에서 적법하게 인정되기 위한 요건에 관하여 「①부분은 조합원별 부담액에 영향을 미칠 수 있으므로 '조합의 비용부담' 및 '조합원의 권리 · 의무'에 관한 사항에 해당하고, ②부분은 조합 총회에 상정하여 승인받아야 하는 관리처분계획안 중 상가 부분의 작성을 조합의 이사회가 아니라 상가협의회에게 일임한다는 내용이므로 '조합임원의 권리 · 의무', '임원의 업무의 분담 및 대행 등' 및 '관리처분계획'에 관한 사항에 해당하므로, 이러한 내용은 원칙적으로 조합의 정관에 규정하여야 하는 사항이고, 이러한 내용을 조합이 채택하기로 결정하는 조합 총회의 결의가 정관 변경의 요건을 완전히 갖추지는 못했다면 형식적으로 정관이 변경된 것은 아니지만, 총회결의로서 유효하게 성립하였고 정관 변경을 위한 실질적인 의결정족수를 갖췄다면 적어도 조합 내부적으로 업무집행기관을 구속하는 규범으로서의 효력은 가진다고 보아야 하며, 구 도시정비법은 '조합의 비용부담'이 정관에서 정하여야 하는 사항이고(제20조 제1항 제8호) 이를 변경하기 위해서는 조합원 3분의 2 이상의 동의를 받도록 규정하고 있으므로(제20조 제3항), '조합의 비용부담'에 관한 사항이 종전 총회결의와 비교하여 볼 때 조합원들의 이해관계에 중대한 영향을 미칠 정도로 실질적으로 변경된 경우에는 비록 그것이 정관변경 절차는 아니더라도 특별다수의 동의요건을 규정하여 조합원들의 이익을 보호하려는 구 도시정비법 제20조 제3항, 제1항 제8호의 규정을 유추 적용하여 조합원 3분의 2 이상 동의를 받아야 한다.」고 판시하였다.[707)]

(2) 나아가 대법원은 집합건물법에 따른 재건축사업과 관련하여 「재건축조합이 서로 이해관계를 달리하는 아파트조합원과 상가조합원들로 구성되어 있어 신축 상가건물

---

707) 대법원 2018. 3. 13. 선고 2016두35281 판결 [관리처분계획취소청구의소].

의 권리 귀속 등에 관한 사항이 아파트 조합원들의 신축아파트의 권리 귀속 등에 불이익한 영향을 미치지 않고, 아파트조합원의 의결권 행사에 의하여 그들의 이해와 무관한 신축 상가건물의 권리 귀속 등에 관한 사항이 결정되어 불합리한 결과가 발생할 수 있는 경우에는, 조합규약이나 총회에서 신축 상가건물의 권리 귀속 등에 관한 사항을 아파트조합원들에게 불이익한 영향을 미치지 않는 한도 내에서 재건축조합과 상가조합원들 간의 협의 내지 약정을 거쳐 대의원회에서 이를 인준하는 방식으로 결정하도록 하는 것도 허용되고, 이는 상가조합원들과의 협의 내지 약정의 내용을 변경하는 경우에도 마찬가지이다. 그리고 위와 같은 협의 내지 약정을 함에 있어서 상가조합원들 간에 상호 대립 · 교착하는 이해관계를 합리적으로 조정하고 형평을 보장하기 위하여는 특별한 사정이 없는 한 재건축결의 변경시의 특별다수의 정족수를 유추적용하여야 한다고 봄이 상당하고, 대의원회는 이와 같이 상가조합원들의 특별다수의 동의를 거쳐 성립한 신축 상가건물의 권리 귀속 등에 관한 협의 내지 약정의 내용을 확정하고 그것이 아파트조합원들에 대하여 불이익한 영향을 미치는지 여부를 심사한 후, 전체 조합원에 대한 관계에서 구속력이 미치도록 조합규약에 정해진 대의원회의 통상의 의결정족수로 인준할 수 있다고 봄이 상당하다.」고 판시하였는바,[708] 상가독립정산제에 따른 상가관리처분계획이나 아파트조합원에게 영향을 미치지 아니하는 사항에 대한 상가관리처분계획의 수립 및 변경은 상가조합원 전체 과반수 또는 2/3 이상의 찬성으로 의결한 후 조합원총회의 의결 없이 대의원회에서 인준하는 방식으로 의결할 수도 있다고 할 것이다.

6. 시장 · 군수등의 인가 또는 신고

(1) 관리처분계획의 수립 · 변경 · 중지 · 폐지는 위와 같은 방법으로 작성하여 총회 의결을 거친 후 시장 · 군수등의 인가를 받아야 하며, 경미한 변경사항에 해당하는 때에는 시장 · 군수등에게 신고하여야 한다.[709] 시장 · 군수등은 경미한 변경에 따른 신고를 받은 날부터 20일 이내에 신고수리 여부를 신고인에게 통지하여야 하며,[710] 시장 · 군수등이 위 기간 내에 신고수리 여부 또는 민원 처리 관련 법령에 따른 처리기간의 연장

708) 대법원 2010. 5. 27. 선고 2008다53430 판결 [상가관리처분총회결의무효확인].
709) 법 제74조 제1항.
710) 법 제74조 제2항.

을 신고인에게 통지하지 아니하면 그 기간(민원 처리 관련 법령에 따라 처리기간이 연장 또는 재연장된 경우에는 해당 처리기간을 말한다)이 끝난 날의 다음 날에 신고를 수리한 것으로 본다.[711]

(2) 시장 · 군수등이 사업시행자가 되어 직접 관리처분계획을 수립 · 변경 · 중지 · 폐지할 때에도 법 제74조 제1항 각 호 관리처분계획의 내용과 제4항부터 제6항까지의 규정은 준용되나,[712] 법 제74조 제1항 각 호 외의 부분이 적용되지 아니하므로 인가 또는 신고절차를 필요로 하지 않는다.

(3) 인가신청 전 공람공고, 인가신청의 서류, 인가고시, 인가고시 사업시행자의 조치 등은 법 제78조(관리처분계획의 공람 및 인가절차 등)을 참조하기로 한다.

Ⅱ. 관리처분계획의 수립기준(제76조)

도시정비법	도시정비법 시행령
제76조 (관리처분계획의 수립기준) ① 제74조제1항에 따른 관리처분계획의 내용은 다음 각 호의 기준에 따른다. 〈개정 2017. 10. 24., 2018. 3. 20., 2022. 2. 3.〉 1. 종전의 토지 또는 건축물의 면적 · 이용 상황 · 환경, 그 밖의 사항을 종합적으로 고려하여 대지 또는 건축물이 균형 있게 분양신청자에게 배분되고 합리적으로 이용되도록 한다. 2. 지나치게 좁거나 넓은 토지 또는 건축물은 넓히거나 좁혀 대지 또는 건축물이 적정 규모가 되도록 한다. 3. 너무 좁은 토지 또는 건축물이나 정비구역 지정 후 분할된 토지를 취득한 자에게는 현금으로 청산할 수 있다.	제63조 (관리처분의 방법 등) ① 법 제23조제1항제4호의 방법으로 시행하는 주거환경개선사업과 재개발사업의 경우 법 제74조제4항에 따른 관리처분은 다음 각 호의 방법에 따른다. 1. 시 · 도조례로 분양주택의 규모를 제한하는 경우에는 그 규모 이하로 주택을 공급할 것 2. 1개의 건축물의 대지는 1필지의 토지가 되도록 정할 것. 다만, 주택단지의 경우에는 그러하지 아니하다. 3. 정비구역의 토지등소유자(지상권자는 제외한다. 이하 이 항에서 같다)에게 분양할 것. 다만, 공동주택을 분양하는 경우 시 · 도조례로 정하는 금액 · 규모 · 취득 시기 또는 유형에 대한 기

711) 법 제74조 제3항.
712) 법 제74조 제7항.

4. 재해 또는 위생상의 위해를 방지하기 위하여 토지의 규모를 조정할 특별한 필요가 있는 때에는 너무 좁은 토지를 넓혀 토지를 갈음하여 보상을 하거나 건축물의 일부와 그 건축물이 있는 대지의 공유지분을 교부할 수 있다.
5. 분양설계에 관한 계획은 제72조에 따른 분양신청기간이 만료하는 날을 기준으로 하여 수립한다.
6. 1세대 또는 1명이 하나 이상의 주택 또는 토지를 소유한 경우 1주택을 공급하고, 같은 세대에 속하지 아니하는 2명 이상이 1주택 또는 1토지를 공유한 경우에는 1주택만 공급한다.
7. 제6호에도 불구하고 다음 각 목의 경우에는 각 목의 방법에 따라 주택을 공급할 수 있다.
   가. 2명 이상이 1토지를 공유한 경우로서 시·도조례로 주택공급을 따로 정하고 있는 경우에는 시·도조례로 정하는 바에 따라 주택을 공급할 수 있다.
   나. 다음 어느 하나에 해당하는 토지등소유자에게는 소유한 주택 수만큼 공급할 수 있다. 1) 과밀억제권역에 위치하지 아니한 재건축사업의 토지등소유자. 다만, 투기과열지구 또는 「주택법」 제63조의2제1항제1호에 따라 지정된 조정대상지역(이하 이 조에서 "조정대상지역"이라 한다)에서 사업시행계획인가(최초 사업시행계획인가를 말한다)를 신청하는 재건축사업의 토지등소유자는 제외한다. 2) 근로자(공무원인 근로자를 포함한다) 준에 부합하지 아니하는 토지등소유자는 시·도조례로 정하는 바에 따라 분양대상에서 제외할 수 있다.
4. 1필지의 대지 및 그 대지에 건축된 건축물(법 제79조제4항 전단에 따라 보류지로 정하거나 조합원 외의 자에게 분양하는 부분은 제외한다)을 2인 이상에게 분양하는 때에는 기존의 토지 및 건축물의 가격(제93조에 따라 사업시행방식이 전환된 경우에는 환지예정지의 권리가액을 말한다. 이하 제7호에서 같다)과 제59조제4항 및 제62조제3호에 따라 토지등소유자가 부담하는 비용(재개발사업의 경우에만 해당한다)의 비율에 따라 분양할 것
5. 분양대상자가 공동으로 취득하게 되는 건축물의 공용부분은 각 권리자의 공유로 하되, 해당 공용부분에 대한 각 권리자의 지분비율은 그가 취득하게 되는 부분의 위치 및 바닥면적 등의 사항을 고려하여 정할 것
6. 1필지의 대지 위에 2인 이상에게 분양될 건축물이 설치된 경우에는 건축물의 분양면적의 비율에 따라 그 대지소유권이 주어지도록 할 것(주택과 그 밖의 용도의 건축물이 함께 설치된 경우에는 건축물의 용도 및 규모 등을 고려하여 대지지분이 합리적으로 배분될 수 있도록 한다). 이 경우 토지의 소유관계는 공유로 한다.
7. 주택 및 부대시설·복리시설의 공급순위는 기존의 토지 또는 건축물의 가격을 고려하여 정할 것. 이 경우 그 구체적인 기준은 시·도조례로 정할 수 있다.

② 재건축사업의 경우 법 제74조제4항

숙소, 기숙사 용도로 주택을 소유하고 있는 토지등소유자 3) 국가, 지방자치단체 및 토지주택공사등 4) 「국가균형발전 특별법」 제18조에 따른 공공기관지방이전 및 혁신도시 활성화를 위한 시책 등에 따라 이전하는 공공기관이 소유한 주택을 양수한 자

다. 나목1) 단서에도 불구하고 과밀억제권역 외의 조정대상지역 또는 투기과열지구에서 조정대상지역 또는 투기과열지구로 지정되기 전에 1명의 토지등소유자로부터 토지 또는 건축물의 소유권을 양수하여 여러 명이 소유하게 된 경우에는 양도인과 양수인에게 각각 1주택을 공급할 수 있다.

라. 제74조제1항제5호에 따른 가격의 범위 또는 종전 주택의 주거전용면적의 범위에서 2주택을 공급할 수 있고, 이 중 1주택은 주거전용면적을 60제곱미터 이하로 한다. 다만, 60제곱미터 이하로 공급받은 1주택은 제86조제2항에 따른 이전고시일 다음 날부터 3년이 지나기 전에는 주택을 전매(매매 · 증여나 그 밖에 권리의 변동을 수반하는 모든 행위를 포함하되 상속의 경우는 제외한다)하거나 전매를 알선할 수 없다.

마. 과밀억제권역에 위치한 재건축사업의 경우에는 토지등소유자가 소유한 주택수의 범위에서 3주택까지 공급할 수 있다. 다만, 투기과열지구 또는 「주택법」 제63조의2제1항제1호에 따라 지정된 조에 따른 관리처분은 다음 각 호의 방법에 따른다. 다만, 조합이 조합원 전원의 동의를 받아 그 기준을 따로 정하는 경우에는 그에 따른다.

1. 제1항제5호 및 제6호를 적용할 것
2. 부대시설 · 복리시설(부속토지를 포함한다. 이하 이 호에서 같다)의 소유자에게는 부대시설 · 복리시설을 공급할 것. 다만, 다음 각 목의 어느 하나에 해당하는 경우에는 1주택을 공급할 수 있다.
   가. 새로운 부대시설 · 복리시설을 건설하지 아니하는 경우로서 기존 부대시설 · 복리시설의 가액이 분양주택 중 최소분양단위규모의 추산액에 정관등으로 정하는 비율(정관등으로 정하지 아니하는 경우에는 1로 한다. 이하 나목에서 같다)을 곱한 가액보다 클 것
   나. 기존 부대시설 · 복리시설의 가액에서 새로 공급받는 부대시설 · 복리시설의 추산액을 뺀 금액이 분양주택 중 최소분양단위규모의 추산액에 정관등으로 정하는 비율을 곱한 가액보다 클 것
   다. 새로 건설한 부대시설 · 복리시설 중 최소분양단위규모의 추산액이 분양주택 중 최소분양단위규모의 추산액보다 클 것

정대상지역에서 사업시행계획인가(최초 사업시행계획인가를 말한다)를 신청하는 재건축사업의 경우에는 그러하지 아니하다. ② 제1항에 따른 관리처분계획의 수립기준 등에 필요한 사항은 대통령령으로 정한다. [법률 제14567호(2017. 2. 8.) 부칙 제2조의 규정에 의하여 이 조 제1항제7호나목4)는 2018년 1월 26일까지 유효함]	

1. 균형적 배분과 합리적 이용

(1) 종전의 토지 또는 건축물의 면적 · 이용 상황 · 환경, 그 밖의 사항을 종합적으로 고려하여 대지 또는 건축물이 균형 있게 분양신청자에게 배분되고 합리적으로 이용되도록 한다.[713)]

(2) 지나치게 좁거나 넓은 토지 또는 건축물은 넓히거나 좁혀 대지 또는 건축물이 적정 규모가 되도록 한다.[714)]

(3) 재해 또는 위생상의 위해를 방지하기 위하여 토지의 규모를 조정할 특별한 필요가 있는 때에는 너무 좁은 토지를 넓혀 토지를 갈음하여 보상을 하거나 건축물의 일부와 그 건축물이 있는 대지의 공유지분을 교부할 수 있다.[715)]

(4) 주거환경개선사업과 재개발사업의 경우 시 · 도조례로 분양주택의 규모를 제한하는 경우에는 그 규모 이하로 주택을 공급하여야 한다.[716)] 건설할 주택의 규모는 사업시행계획인가에서 정해지는 것이고 동조는 조합원에게 공급하는 분양주택의 규모를 시 · 도조례로 제한할 수 있다는 의미이다.[717)]

713) 법 제76조 제1항 제1호.
714) 법 제76조 제1항 제2호.
715) 법 제76조 제1항 제4호.
716) 시행령 제63조 제1항 제1호.
717) 서울시 도시정비조례 제38조 제1항 제1호는 "권리가액에 해당하는 분양주택가액의 주택을 분양한다. 이 경우 권리가액이 2개의 분양주택가액의 사이에 해당하는 경우에는 분양대상자의 신청에 따른다."고 규정하고 있으나, 제2호에서 "제1호에도 불구하고 정관등으로 정하는

(5) 시행령 제63조 제1항 제4호는 주거환경개선사업과 재개발사업에서 토지등소유자에게 분양할 때에,[718] ① 1필지의 대지 및 그 대지에 건축된 건축물을 2인 이상에게 분양하는 때에는 기존의 토지 및 건축물의 가격[719]의 비율에 따라 분양하고, ② 법 제59조 제4항 및 제62조 제3호에 따른 재개발사업의 공사비 등 비용부담 조건부 분양의 경우에는 토지등소유자가 부담하는 비용의 비율에 따라 분양한다고 규정하여 균형적 배분 방법을 정하고 있다. 위 ①은 종전자산 가격의 비율에 따라서만 분양할 수 있고 비용분담을 조건으로 한 선택권이 없는 것으로 잘못 해석될 여지가 있는데, 이는 2018. 2. 9. 개정에서 일부 문구가 잘못 삭제됨에 따른 것이고 토지등소유자는 종전자산 가격과 분담금 납부를 조건으로 분양받을 수도 있다.[720]

(6) 위와 같은 균형적 배분과 합리적 이용을 위한 기준들은 조합원의 비용부담 등 제반사정을 고려하여 판단하여야 하는 것으로 형평성의 원칙으로 귀결된다. 대법원은 「상가와 아파트는 용도와 수익, 건물 신축비율 등 여러 차이점이 있어 상가 조합원과 아파트 조합원의 무상지분율이나 무상혜택 등을 반드시 동일하게 정할 수는 없는 점, 원고가 주장하는 사정들이 아파트 조합원들에게 어느 정도의 불이익을 초래하였는지를 알 수 있는 자료가 없는 점, 피고 조합의 아파트 조합원이 2,718세대이고 상가 조합원은 34세대에 불과함에도 아파트 조합원들 다수의 동의로 관리처분총회에서 비용분담에 관한 사항이 의결되었고 원심 변론종결 무렵에 이르러 원고들이 이 부분에 관한 주장을 하기 전까지 조합원들 사이에서 아파트 조합원과 상가 조합원 사이의 형평 문제에 관한 이의가 있었음을 찾아보기 어려운 사정들까지 고려하여 보면, 가사 비용분담의 내용에 원고들이 주장하는 바와 같은 다소간의 문제가 있다고 하더라도 이를 두고 현저히 형평에 반하는 경우에 해당한다고 단정할 수도 없다.」고 판시하였고,[721] 서울고등법원도

경우 권리가액이 많은 순서로 분양할 수 있다."고 규정하고 있는바, 권리가액으로 분양주택의 규모를 제한하는 제1호는 임의규정에 불과하고 별도로 제한규정은 없다. 대다수 조례도 마찬가지다.

718) 시행령 제63조 제1항 제4호 괄호(보류지로 정하거나 조합원 외의 자에게 분양하는 부분은 제외한다).

719) 시행령 제63조 제1항 제4호 괄호(제93조에 따라 사업시행방식이 전환된 경우에는 환지예정지의 권리가액을 말한다. 이하 제7호에서 같다).

720) 2018. 2. 9. 개정 전 시행령 제52조 제1항 제4호는 "기존의 토지 및 건축물의 가격과 제41조 제1항 · 제4항 · 제5항에 의하여 토지등소유자가 부담하는 비용의 비용"에 따라 분양하도록 규정하고 있었고, 구 시행령 제41조 제1항 · 제4항 · 제5항은 시행규정과 규약에 비용부담에 관한 사항을 포함하고 있다.

「상가조합원인 원고들이 이 사건 사업기간 동안 다른 곳으로 이전하여 종전과 같은 영업을 계속하는 것은 현실적으로 어려워 보이고, 이 사건 사업의 시행으로 인하여 영업중단 등의 경제적인 손실을 입게 될 개연성이 크다. 반면 아파트조합원들은 이 사건 사업기간 동안 다른 곳으로 이주하여 거주하는데 따른 어느 정도의 불편함은 있을지언정 그로 인한 경제적 손실이 원고들의 영업손실보다 크다고는 보이지 않는다. 따라서 상가조합원인 원고들은 아파트조합원들과 달리 취급하여야 하고, 상가조합원들의 이러한 특수성을 반영하는 것이 형평에 부합한다고 할 것이다.」라고 하여 토지보상법상 영업손실보상의 대상자가 아닌 상가조합원들에 대해 조합이 자체적으로 영업손실을 보상한 것이 적법하다고 판시하였고,[722] 정비사업비의 부담이 형평에 반하여 관리처분계획을 취소하거나 분담금반환 청구를 인정한 사례도 있다.[723]

2. 분양대상자 및 과소 토지 등의 현금청산

(1) 관리처분계획에 따른 분양대상자는 토지등소유자이다. 다만, 주거환경정비사업과 재개발사업의 토지등소유자에는 지상권자도 포함되나 지상권자는 분양대상자가 될 수 없다.[724]

(2) 너무 좁은 토지 또는 건축물이나 정비구역 지정 후 분할된 토지를 취득한 자에게는 현금으로 청산할 수 있다.[725] 투기목적으로 분양권을 늘리는 행위를 막고자 2009. 2. 6. 개정으로 신설된 법 제77조 제1항은 정비구역 지정 고시일 이후에 1필지의 토지를 여러 개의 필지로 분할하는 경우 고시일 다음 날을 기준으로 분양받을 권리를 산정하도록 하였다.

3. 분양설계의 기준 등

(1) 분양설계에 관한 계획은 분양신청기간이 만료하는 날을 기준으로 하여 수립한

721) 대법원 2009. 11. 26. 선고 2008다41383 판결 [총회결의무효확인].
722) 서울고등법원 2019. 10. 18. 선고 2019누31695 판결.
723) 대법원 2007. 2. 8. 선고 2004두7658 판결 [관리처분계획취소], 대법원 2010. 4. 29. 선고 2009다84653 판결 [분담금반환] 등.
724) 시행령 제63조 제1항 제3호 본문.
725) 법 제76조 제1항 제3호.

다.[726] 분양설계란 분양대상자별로 분양예정위치를 정하고, 적정분양가격을 산정하는 설계이다. 법령 및 정관에서 정한 기준의 범위 내에서 관리처분계획수립에 필요한 항목별 세부 설계기준을 포함한다.

(2) 주택단지를 건설하는 때에는 1필지의 대지 위에 수개의 건축물을 건설할 수 있으나, 주거환경개선사업과 재개발사업에서 주택단지가 아닌 건축물을 건설하여 공급할 때에는 1개의 건축물의 대지는 1필지의 토지가 되도록 정한다.[727]

(3) 분양대상자가 공동으로 취득하게 되는 건축물의 공용부분은 각 권리자의 공유로 하되, 해당 공용부분에 대한 각 권리자의 지분비율은 그가 취득하게 되는 부분의 위치 및 바닥면적 등의 사항을 고려하여 정한다.[728]

(4) 1필지의 대지 위에 2인 이상에게 분양될 건축물이 설치된 경우에는 건축물의 분양면적의 비율에 따라 그 대지소유권이 주어지도록 하고, 주택과 그 밖의 용도의 건축물이 함께 설치된 경우에는 건축물의 용도 및 규모 등을 고려하여 대지지분이 합리적으로 배분될 수 있도록 하며, 이 경우 토지의 소유관계는 공유로 한다.[729]

4. 주택 및 부대·복리시설의 공급기준

가. 주거환경개선사업과 재개발사업

(1) 주거환경개선사업과 재개발사업에서 공동주택을 분양하는 경우 시·도조례로 정하는 금액·규모·취득 시기 또는 유형에 대한 기준에 부합하지 아니하는 토지등소유자는 시·도조례로 정하는 바에 따라 공동주택의 분양대상에서 제외할 수 있다.[730][731] 이 경우 부대복리시설을 공급하거나 현금으로 청산할 수 있다.

---

726) 법 제76조 제1항 제5호.
727) 시행령 제63조 제1항 제2호.
728) 시행령 제63조 제1항 제5호 및 제2항 제1호.
729) 시행령 제63조 제1항 제6호 및 제2항 제1호.
730) 법 제74조 제4항 및 시행령 제63조 제1항 제3호 단서.
731) 서울특별시 도시 및 주거환경정비 조례 제36조(재개발사업의 분양대상 등)
① 영 제63조제1항제3호에 따라 재개발사업으로 건립되는 공동주택의 분양대상자는 관리처분계획기준일 현재 다음 각 호의 어느 하나에 해당하는 토지등소유자로 한다.
1. 종전의 건축물 중 주택(주거용으로 사용하고 있는 특정무허가건축물 중 조합의 정관등에서 정한 건축물을 포함한다)을 소유한 자
2. 분양신청자가 소유하고 있는 종전토지의 총면적이 90제곱미터 이상인 자

(2) 헌법재판소는「정비사업시행에 따른 새로운 건축물과 토지가 한정되어 있어 너무 좁은 토지 소유자를 포함한 조합원 모두에 대해서까지 현물분양하도록 한다면 정상적인 재개발사업이 불가능하게 되므로 이러한 사태를 막을 필요가 있을 뿐만 아니라 투기세력에 의한 이른바 '지분 쪼개기'로 인하여 다수의 선량한 조합원들의 권리가 침해되는 것을 막고 재개발사업의 원만한 진행을 통하여 국민의 주거 안정을 확보하려는 데에 그 입법목적이 있어 정당하고(입법목적의 정당성), 너무 좁은 토지 소유자에 대하여 현물분양권을 제한하는 것은 위와 같은 입법목적을 달성하기 위한 유효한 수단이라 할 것이므로 방법의 적절성 또한 인정되고(방법의 적절성), 청산금 등의 지급절차가 이루어져야 하므로 현물분양권을 갖지 못한다 하더라도 부당하게 재산상 손해를 입는 것은 아니고, 구 시행령 제52조 제1항 제3호(현행 시행령 제63조 제1항 제3호) 및 서울시 도시정비조례 제27조 제1항(현행 조례 제36조 제1항 제2호) 등의 규정에 의하면, 토지등소유자 중 주택을 소유한 자에 대해서는 현물분양을 원칙으로 하고, 토지만을 소유한 자에 대해서는 일정 규모 이상의 토지 소유자에 대해서만 분양권을 인정하되, 다만 2003. 12. 30. 이전에 분할된 토지에 대해서는 더 좁은 면적에 대해서도 분양권을 인정하고 있는바, 이는 재개발사업의 정상적인 진행을 위하여 '지분 쪼개기'의 폐해를 줄이면서도 토지 등 소유자의 현물분양권을 최대한 인정하고 불가피한 경우에만 현금청산하는 방식을 택하고 있다고 평가할 수 있어 기본권 침해의 최소성 원칙에 반한다고 볼 수 없고(침해의 최소성), 침해되는 불이익보다 입법목적에 따른 공익이 더 커서(법익균형성), 과잉금지의 원칙에 위반되지 않는다.」며 합헌결정을 하였다.[732)]

(3) 주거환경개선사업과 재개발사업에서 주택 및 부대시설 · 복리시설의 공급순위는 기존의 토지 또는 건축물의 가격을 고려하여 정하되, 그 구체적인 기준은 시 · 도조례로 정할 수 있다.[733)][734)]

---

3. 분양신청자가 소유하고 있는 권리가액이 분양용 최소규모 공동주택 1가구의 추산액 이상인 자. 다만, 분양신청자가 동일한 세대인 경우의 권리가액은 세대원 전원의 가액을 합하여 산정할 수 있다.
4. 사업시행방식전환의 경우에는 전환되기 전의 사업방식에 따라 환지를 지정받은 자. 이 경우 제1호부터 제3호까지는 적용하지 아니할 수 있다.
5. 도시재정비법 제11조제4항에 따라 재정비촉진계획에 따른 기반시설을 설치하게 되는 경우로서 종전의 주택(사실상 주거용으로 사용되고 있는 건축물을 포함한다)에 관한 보상을 받은 자

732) 헌재 2012. 2. 23. 2010헌바484 위헌소원.

나. 재건축사업

(1) 재건축사업은 건축물과 그 부속토지를 모두 소유한 자가 토지등소유자로서 분양대상자가 되는바, 건축물의 용도를 기준으로 주택의 소유자에게 주택을 공급하고 부대복리시설의 소유자에게는 부대복리시설을 공급한다.[735]

(2) 다만, 아래 어느 하나에 해당하는 경우에는 1주택을 공급할 수 있다.[736]

---

733) 시행령 제63조 제1항 제7호.

734) 서울특별시 도시 및 주거환경정비 조례 제38조(주택 및 부대·복리시설 공급 기준 등)

① 영 제63조제1항제7호에 따라 법 제23조제1항제4호의 방법으로 시행하는 주거환경개선사업, 재개발사업 및 단독주택재건축사업의 주택공급에 관한 기준은 다음 각 호와 같다.

1. 권리가액에 해당하는 분양주택가액의 주택을 분양한다. 이 경우 권리가액이 2개의 분양주택가액의 사이에 해당하는 경우에는 분양대상자의 신청에 따른다.
2. 제1호에도 불구하고 정관등으로 정하는 경우 권리가액이 많은 순서로 분양할 수 있다.
3. 법 제76조제1항제7호다목에 따라 2주택을 공급하는 경우에는 권리가액에서 1주택 분양신청에 따른 분양주택가액을 제외하고 나머지 권리가액이 많은 순서로 60제곱미터 이하의 주택을 공급할 수 있다.
4. 동일규모의 주택분양에 경합이 있는 경우에는 권리가액이 많은 순서로 분양하고, 권리가액이 동일한 경우에는 공개추첨에 따르며, 주택의 동·층 및 호의 결정은 주택규모별 공개추첨에 따른다.

② 영 제63조제1항제7호에 따라 법 제23조제1항제4호의 방법으로 시행하는 주거환경개선사업과 재개발사업으로 조성되는 상가 등 부대·복리시설은 관리처분계획기준일 현재 다음 각 호의 순위를 기준으로 공급한다. 이 경우 동일 순위의 상가 등 부대·복리시설에 경합이 있는 경우에는 제1항제4호에 따라 정한다.

1. 제1순위: 종전 건축물의 용도가 분양건축물 용도와 동일하거나 비슷한 시설이며 사업자등록(인가·허가 또는 신고 등을 포함한다. 이하 이 항에서 같다)을 하고 영업을 하는 건축물의 소유자로서 권리가액(공동주택을 분양받은 경우에는 그 분양가격을 제외한 가액을 말한다. 이하 이 항에서 같다)이 분양건축물의 최소분양단위규모 추산액 이상인 자
2. 제2순위: 종전 건축물의 용도가 분양건축물 용도와 동일하거나 비슷한 시설인 건축물의 소유자로서 권리가액이 분양건축물의 최소분양단위규모 추산액 이상인 자
3. 제3순위: 종전 건축물의 용도가 분양건축물 용도와 동일하거나 비슷한 시설이며 사업자등록을 필한 건축물의 소유자로서 권리가액이 분양건축물의 최소분양단위규모 추산액에 미달되나 공동주택을 분양받지 않은 자
4. 제4순위: 종전 건축물의 용도가 분양건축물 용도와 동일하거나 비슷한 시설인 건축물의 소유자로서 권리가액이 분양건축물의 최소분양단위규모 추산액에 미달되나 공동주택을 분양받지 않은 자
5. 제5순위: 공동주택을 분양받지 않은 자로서 권리가액이 분양건축물의 최소분양단위규모 추산액 이상인 자
6. 제6순위: 공동주택을 분양받은 자로서 권리가액이 분양건축물의 최소분양단위규모 추산액 이상인 자

735) 시행령 제63조 제2항 제2호 본문.

① 새로운 부대시설 · 복리시설을 건설하지 아니하는 경우로서 기존 부대시설 · 복리시설의 가액이 분양주택 중 최소분양단위규모의 추산액에 정관등으로 정하는 비율(정관등으로 정하지 아니하는 경우에는 1로 한다. 이하 같다)을 곱한 가액보다 클 것

② 기존 부대시설 · 복리시설의 가액에서 새로 공급받는 부대시설 · 복리시설의 추산액을 뺀 금액이 분양주택 중 최소분양단위규모의 추산액에 정관등으로 정하는 비율을 곱한 가액보다 클 것

③ 새로 건설한 부대시설 · 복리시설 중 최소분양단위규모의 추산액이 분양주택 중 최소분양단위규모의 추산액보다 클 것

(3) 위와 같은 기준에도 불구하고 조합이 조합원 전원의 동의를 받아 그 기준을 따로 정하는 경우에는 그에 따른다.737)

(4) 위 ①, ②에서 "기존 부대시설 · 복리시설의 가액"은 감정평가액을 의미하는 것인지, 아니면 감정평가액에 비례율을 곱한 권리가액을 의미하는 것인지 견해의 대립이 있을 수 있다. 법 제76조 제1항 제7호 다목은 "제74조 제1항 제5호에 따른 종전자산의 가격" 범위 내에서 2주택을 공급받을 수 있다고 규정하고, 법 제74조 제2항은 위 종전자산의 가격을 감정평가하도록 규정하고 있으므로, 2주택 공급에서 종전자산 가격은 감정평가액을 의미하는 것이 명확하다. 반면 부대복리시설 소유자의 주택공급 기준에 관한 시행령 제63조 제2항 제2호는 "법 제74조 제1항 제5호"로 특정하지 아니하고 "가액"으로만 규정하고 있는바, "가액"은 "권리가액(감정평가액×비례율)"을 의미할 수도 있는 것이다. 정관등으로 비율을 정하여 부대복리시설 소유자의 주택분양기준을 자율적으로 정하도록 한 취지에 비추어 권리가액을 기준으로 하여도 적법하다고 본다.

(5) 위 ①, ②의 경우 "정관등으로 정하는 비율"에 따라 부대 · 복리시설 소유자의 주택분양권이 달라지는데 비율을 정하는 총회의 의결정족수와 관련하여, 서울행정법원 2018. 12. 14. 선고 2018구합67473 판결은 「총회에서 비율을 0.2로 낮추는 안건은 조합원들의 이익을 보호하기 위한 것으로 가중된 의결정족수를 요구하는 것은 구법 제20조 제3항(정관 중 조합원의 자격에 관한 사항의 변경은 조합원 2/3이상의 찬성으로 의결)의 취지에 부합하지 않는다며 조합원 과반수 출석, 출석조합원 과반수을 요할 뿐이고, 설

736) 시행령 제63조 제2항 제2호 단서 및 각목.
737) 시행령 제63조 제2항 본문.

사 구법 제24조 제7항 본문(관리처분계획에 대한 조합원 과반수 동의)이 유추 적용될 여지가 있더라도 조합원 과반수의 동의를 얻으면 족하다.」고 판시하였으나, 항소심인 서울고등법원 2019. 10. 2. 선고 2019누32285 판결은 「재건축조합에서 조합원의 자격에 관한 사항은 재건축조합의 본질에 직결되는 것으로서, 이것의 변경은 재건축 결의 당시의 법적·사실적 상태 뿐 아니라, 재건축사업의 범위, 사업비의 규모 등의 변경을 의미하므로, 조합 정관에 조합원의 자격에 관한 사항의 변경은 엄격한 요건을 갖출 것을 요구한다. 당초 조합 정관에서는 추산액 비율을 1로 정하고 있었으므로 1에서 변동이 될 것인지 그 비율이 얼마가 될 것인지에 대해서는 예측하기 어려웠으므로, 1호 안건 표결을 통해 조합원의 자격, 구성, 그 인원수 등 조합의 본질적 사항에 변경이 있게 되고, 특히 조합원 부담금도 덩달아 증가하여 나머지 다른 조합원에게도 중대한 영향을 미치는 사항이므로, 조합원의 2/3 이상의 동의를 갖추어야 할 것이다.」라고 판시하였다. 사견으로는 관리처분계획에 관한 사항이므로 법 제45조 제4항 본문을 적용하여 조합원 과반수의 동의로 의결할 수 있다고 해석하는 것이 타당하다고 본다.

5. 주택공급 수에 관한 기준

가. 1주택 공급원칙

(1) 1세대 또는 1명이 하나 이상의 주택 또는 토지를 소유한 경우 1주택을 공급하고, 같은 세대에 속하지 아니하는 2명 이상이 1주택 또는 1토지를 공유한 경우에는 1주택만 공급하는 것을 원칙으로 한다.[738]

(2) 이와 관련하여 조합(또는 신탁업자)이 시행자인 경우에 '1명'이 조합원 수를 의미하는지, 토지등소유자 수를 의미하는지 견해가 대립한다. 법 제39조 제1항 제3호는 "조합설립인가(조합설립인가 전에 제27조 제1항 제3호에 따라 신탁업자를 사업시행자로 지정한 경우에는 사업시행자의 지정을 말한다) 후 1명의 토지등소유자로부터 토지 또는 건축물의 소유권이나 지상권을 양수하여 여러 명이 소유하게 된 때에는 대표자 1인을 조합원으로 본다."고 규정하고 있는데,[739] 이 경우 조합원 수를 기준으로 1주택을 공급할 것인지,

---

738) 법 제76조 제1항 제6호.

739) 법 제39조 제2항에 따라 투기과열지구의 양수인이 조합원이 될 수 없는 경우를 제외한다.

토지등소유자 수를 기준으로 각각에게 1주택씩 공급할 것인지가 문제되는 것이다.

(3) 〈토지등소유자 기준설(분양권 제한 부정설)〉은 ① 법 제39조 제1항 제3호는 명문상 조합원 수의 산정에 관한 것일 뿐 법 제76조의 분양권과는 무관하고, ② 법 제39조 제2항은 투기과열지구에서 분양권을 제한하고자 양수인의 조합원 자격취득을 금지하는 별도의 조항을 두고 있고, ② 법 제72조 제3항은 분양신청권자를 토지등소유자로 규정하고 있으므로 법 제76조의 분양권 규정도 '1명(또는 1세대)의 토지등소유자'를 기준으로 적용해야 하며, ③ 법 제77조(주택 등 건축물을 분양받을 권리의 산정 기준일)는 정비구역 지정고시일을 기준으로 분양권의 수를 제한하는 명문규정을 별도로 두고 있다며, 본 호에 따라 1인의 조합원으로 산정되는 수인의 토지등소유자는 각자 법 제76조에 따라 분양받을 권리가 있다고 본다.

(4) 〈조합원 기준설(분양권 제한 긍정설)〉은 ① 법 제39조 제1항 제3호는 입법취지상 조합원 수를 제한하여 투기목적의 양도양수에 의한 분양권 늘리기를 막고자 한 것이고, ② 법 제39조 제2항은 투기과열지구에만 적용되는 분양권 제한이므로 본 호는 투기과열지구 외에도 적용될 수 있는 별도의 분양권 제한이며, ③ 분양신청 및 분양권에 관한 법 제72조 및 제76조에서 '토지등소유자' 또는 '1명'으로 모호하게 규정한 것은 사업시행자가 조합이 아닌 지정개발자 또는 공공개발자인 경우에도 포괄적으로 적용하기 위한 것이므로 사업시행자가 조합인 경우에는 '1인의 조합원'으로 해석해야 하고, ④ 법 제77조의 분양받을 권리의 제한도 조합설립인가를 기준으로 하는 본 호의 분양권 제한과는 별도의 규정이라고 보며, 본 호에 따라 1인의 조합원으로 산정되면 법 제76조의 분양권 산정에서도 '1명'으로 보아 분양받을 권리가 제한된다고 본다.

(5) 다수 견해와 국토교통부 및 일선 행정청의 실무적 입장[740]은 법 제39조 제1항 제3호의 입법취지를 투기억제로 보고 〈조합원 기준설(분양권 제한 긍정설)〉을 취하고 있는데, 입법취지에도 불구하고 본조의 법문상 분양권 제한이라고 해석하기는 어렵다는 점, 본 호의 적용을 받지 아니하는 조합방식 및 신탁방식 외의 경우(공공시행자 또는 지정개발자)에는 토지등소유자의 분양권이 제한되지 아니하므로 본질적 권리인 분양받을 권

740) 법제처는 「구법 제19조 제1항 제3호(현행 제39조 제1항 제3호)에 따라 대표자로서 조합원이 되지 못하는 토지등소유자는 구법 제50조에 따라 관리처분계획상 주택을 공급받을 수 있는 토지등소유자에 해당하지 않는다.」고 유권해석하였는바(법제처 유권해석 안건번호 제10-0010호), 이는 〈분양권 제한 긍정설〉에 따른 것이다.

리에서 형평성에 반할 우려가 있는 점 등에서 논리적 취약성이 있다. 이 때문에 최근 광주고등법원 2020. 1. 23. 선고 2018누6446 판결 [관리처분계획취소등]은 「재개발조합의 조합원은 조합 총회에 관한 의결권, 조합 임원 등의 선임권과 피선임권 및 분양신청권 등의 권리를 갖고 그 중 분양신청권은 조합원이 소유하던 정비구역 내 토지 또는 건축물의 현물출자 의무에 대하여 관리처분계획에서 정한대로 정비사업의 완료 후 새로 조성된 토지 또는 신축된 건축물을 분양받을 수 있는 권리로서 조합원의 권리 중 가장 핵심적인 권리에 해당한다.」고 전제하고, 「① 법 제39조 제2, 3항이 투기과열지구에서 양수인의 조합원 자격 취득을 금지하고 현금청산하도록 규정한 것과 달리 법 제39조 제1항 제3호의 양수인은 조합원 지위 자체가 인정되는 점, ② 법 제72조 및 제74조는 토지등소유자를 분양신청권을 주고 토지등소유자에게 분양하도록 규정하고 있는 점, ③ 법 제76조 제1항 제7호 각목에서는 소유한 주택 수만큼 분양을 받은 수 있는 예외 규정을 두는 등 조합원 수와 분양대상자의 수가 반드시 일치하는 것으로 볼 수는 없는 점, ④ 법 제77조는 정비구역 지정고시일을 기준으로 분양받을 권리를 산정하는 기준을 정하여 투기세력 등의 유입(소위 '지분 쪼개기')을 사전에 차단하고 그 유형을 제한적으로 열거하고 있는데, 법 제77조와 법 제39조 제1항의 조합원 수에 관한 규정은 2009. 2. 6. 동시에 개정되면서도 법 제39조 제1항 제3호의 사유를 법 제77조의 분양권 제한에 포함하지 않은 것은 입법의 불비라고 보기도 어려운 점 등을 고려할 때, 토지등소유자의 분양신청권을 제한할 아무런 명문규정이 존재하지 않는데도 오로지 투기 방지라는 공익적 이유를 들어 유추·확정해석을 통해 토지등소유자의 분양신청권을 박탈하는 것은 허용될 수 없다.」고 판시하여 〈토지등소유자 기준설(분양권 제한 부정설)〉을 취하였다.[741] 〈토지등소유자 기준설(분양권 제한 부정설)〉이 타당하다고 본다.[742]

---

741) 대법원 2020두35325 판결(심리불속행기각)로 확정되었다.

742) 한편 헌법재판소 2012. 7. 26. 2011헌마169 결정(도시 및 주거환경정비법 제40조 제1항 등 위헌확인)에서는 「(구) 도시정비법 제19조 제1항 제3호의 조합원 자격 규정은 (구)도시정비법 제19조 제2항 본문, 제3항처럼 조합원 자격을 박탈하여 현금청산의 대상으로 한다거나 같은 법 제50조의2처럼 분양권을 제한한다는 명시적인 표현이 없다. 즉, 도시정비법 제19조 제2항 본문은 투기과열지구로 지정된 지역에서 수택재건축사업의 경우 조합설립인가 후 건축물 또는 토지를 양수한 자는 조합원이 될 수 없도록 규정하여 조합원 자격 박탈에 대하여 명시적인 규정을 두고 있고, 같은 조 제3항은 "사업시행자는 제2항 각호 외의 부분 본문의 규정에 의하여 조합설립인가 후 당해 정비사업의 건축물 또는 토지를 양수한 자로서 조합원의 자격을 취득할 수 없는 자에 대하여는 제47조의 규정을 준용하여 현금으로 청산하여야 한다."고

나. 시·도조례로 정한 공유지분권자에 대한 공급

(1) 2명 이상이 1토지를 공유한 경우로서 시·도조례로 주택공급을 따로 정하고 있는 경우에는 시·도조례로 정하는 바에 따라 주택을 공급할 수 있다.[743]

(2) 서울시 조례 제36조 제2항 제3호 단서는 재개발사업에 한하여 권리산정기준일[744] 이전부터 공유로 소유한 토지지분의 면적이 90㎡ 이상이거나 권리가액[745]이 분양용 최소규모 공동주택 1가구의 추산액 이상인 경우에 공유지분권자를 1명의 분양대상자로 보아 1주택을 공급할 수 있도록 하였다.

(3) 서울시 도시정비조례 부칙 〈제6899호, 2018. 7. 19.〉 제28조 제1항은 재개발사업에 한하여 "1997년 1월 15일 전에 가구별로 지분 또는 구분소유등기[746]를 필한 다가구주택(1990년 4월 21일 다가구주택 제도 도입 이전에 단독주택으로 건축허가를 받아 지분 또는 구분등기를 필한 사실상의 다가구주택을 포함한다)은 제36조 제2항 제3호의 개정규정에도 불구하고 다가구주택으로 건축허가 받은 가구 수로 한정하여 가구별 각각 1명을 분양대

하여 현금청산의 대상이 되는 토지등의 양수인을 제19조 제2항 본문에 한정하여 명문으로 규정하고 있다. 한편, 입법자는 2009. 2. 6. 법률 제9444호로 도시정비법 개정시 제50조의2를 신설하여 토지의 분할, 단독 또는 다가구주택의 다세대주택으로 전환, 다세대주택 또는 공동주택의 신축 등이 발생하는 경우, 정비구역 지정·고시가 있은 날 또는 시·도지사가 투기억제를 위하여 기본계획 수립 후 정비구역 지정·고시 전에 따로 정하는 날을 기준으로 분양받을 권리를 산정하도록 하였는데, 이는 정비구역 지정·고시 이전에 부당이득을 노리는 투기세력 등의 유입을 사전에 근본적으로 차단하고, 기존 조합원의 권익보호를 위하여 소위 '지분 쪼개기'를 하는 경우 분양권을 제한하고자 한 것이다. 이와 같이 입법자가 '지분 쪼개기'를 통한 투기세력에 대하여 분양권을 제한하는 내용의 법률조항을 제50조의2에 따로 신설한 점에 비추어 보더라도, 이 사건 조합원 자격 규정이 대표 조합원 외의 자를 분양대상에서 제외하는 의미라고 보기는 어렵다.」고 판시하여 이미 오래 전부터 당해 조항이 분양권을 제한하는 것이라고 판시했었다.

743) 법 제76조 제1항 제7호 가목

744) 법 제77조(주택 등 건축물을 분양받을 권리의 산정 기준일)
① 정비사업을 통하여 분양받을 건축물이 다음 각 호의 어느 하나에 해당하는 경우에는 제16조제2항 전단에 따른 고시가 있은 날 또는 시·도지사가 투기를 억제하기 위하여 기본계획 수립 후 정비구역 지정·고시 전에 따로 정하는 날(이하 이 조에서 "기준일"이라 한다)의 다음 날을 기준으로 건축물을 분양받을 권리를 산정한다.

745) 지분 감정평가액×비례율.

746) 집합건물법상 구분소유등기는 건축물의 전유부분과 그에 대한 대지지분을 일체로써 하나의 등기부등본에 기개하는 것을 말하는바, 집합건물이 아닌 다가구주택에 대한 구분소유등기는 건축물등기부등본에 건축물만 구분소유로 등기하고 대지는 토지등기부등본에 공유로 등기한 것을 말하는바, 하나의 건축물을 구분등기하여도 건축물은 하나에 불과하고 대지는 공유관계에 있는 것이므로, 결국 대지와 건축물 전체를 공유관계로 볼 수밖에 없다.

상자로 한다."고 규정하고 있다. 단독주택과 다가구주택은 집합건물이 아니므로 공유의 형태로 소유할 수 있을 뿐, 집합건물법에 따른 수개의 구분소유권으로 소유할 수 없으므로, 본 부칙 규정도 공유지분권자에 대해 예외적 1주택을 공급할 수 있도록 한 것이다. 이 때문에 대법원도 각 가구별로 1인의 조합원이 되는 것은 아니라 전체 가구가 1인의 조합원이 되고, 다만 가구별로 분양대상자가 될 뿐이라고 판시하였다.747)

다. 근로자 숙소 등에 대한 공급

근로자(공무원인 근로자를 포함한다) 숙소, 기숙사 용도로 주택을 소유하고 있는 토지등 소유자에게는 소유한 주택 수만큼 공급할 수 있다.748)

라. 국가, 지방자치단체 및 토지주택공사등에 대한 공급

국가, 지방자치단체 및 토지주택공등에게는 소유한 주택 수만큼 공급할 수 있다.749)

마. 「국가균형발전 특별법」에 따라 이전하는 공공기관 소유 주택의 양수인

「국가균형발전 특별법」 제18조에 따른 공공기관지방이전 및 혁신도시 활성화를 위한 시책 등에 따라 이전하는 공공기관이 소유한 주택을 2018년 1월 26일까지 양수한 자에게는 소유한 주택 수만큼 공급할 수 있다.750)

---

747) 대법원 2011. 3. 10. 선고 2010두4377 판결 [조합원지위확인] 「협동주택의 건물 및 토지의 공유자들이 주택재개발정비사업조합을 상대로 각자가 단독조합원의 지위에 있음의 확인을 구하는 사안에서, 위 건물 지하층의 각 가구는 건축단계부터 가구별로 독립적인 주거생활을 영위할 수 있는 구조를 갖추고 실제로 독립된 주거로 이용되어 왔고, 다가구주택제도 도입 이전에 가구별로 지분등기가 이루어져 각 해당 가구를 그 지분등기 이전의 방법으로 양수받은 점, 해당 주택재개발정비사업조합의 정관이 조합원의 자격에 관하여 구 도시 및 주거환경정비법(2009. 2. 6. 법률 제9444호로 개정되기 전의 것) 제19조와 같은 내용을 규정하고 있을 뿐 달리 협동주택의 공유자들에게 단독 조합원의 자격을 부여하고 있지는 않은 점 등을 보면, 건물 지하층의 각 해당 가구를 실질적으로 구분소유하고 있는 위 공유자들은 서울특별시 도시 및 주거환경 정비조례 부칙(2003. 12. 30.) 제7조(2005. 11. 10. 서울특별시조례 제4330호로 개정된 것)에서 정한 사실상의 다가구주택의 공유자들로서 가구별로 분양대상자격을 가진다고 할 것이나, 각 건물 지하층의 공유자들에 불과한 이상 다른 공유자들과 함께 그 전원이 1인의 조합원으로 될 뿐 각자 단독 조합원의 지위에 있는 것은 아니다.」

748) 법 제76조 제1항 제7호 나목 2).

749) 법 제76조 제1항 제7호 나목 3).

750) 법 제76조 제1항 제7호 나목 4) 및 부칙〈제14567호, 2017. 2. 8.〉 제2조.

바. 종전자산의 가격 범위 또는 주거전용면적 범위 내 2주택 공급

(1) 법 제74조 제1항 제5호에 따른 종전자산의 가격의 범위 또는 종전 주택의 주거전용면적의 범위에서 2주택을 공급할 수 있고, 이 중 1주택은 주거전용면적을 60제곱미터 이하로 한다. 다만, 60제곱미터 이하로 공급받은 1주택은 법 제86조 제2항에 따른 이전고시일 다음 날부터 3년이 지나기 전에는 주택을 전매(매매 · 증여나 그 밖에 권리의 변동을 수반하는 모든 행위를 포함하되 상속의 경우는 제외한다)하거나 전매를 알선할 수 없다.[751]

(2) 법 제74조 제1항 제5호에 따른 종전자산의 가격이란 사업시행계획인가를 기준으로 한 동조 제2항에 따른 감정평가액을 말하며, 권리가액(감정평가액 × 비례율)을 의미하는 것이 아니다.

(3) 서울행정법원 2019. 8. 16. 선고 2018구합593 판결 [관리처분계획 총회결의무효확인]은 「집합건물법 제47조 제3항, 제4항에 의하면 재건축의 결의를 할 때에는 건물의 철거 및 신건물의 건축에 소요되는 비용의 분담에 관한 사항과 신건물의 구분소유권의 귀속에 관한 사항을 정하여야 하고, 위와 같은 사항은 각 구분소유자 간의 형평이 유지되도록 정하지 아니하면 안 된다고 규정하고 있으므로, 재건축의 결의가 위와 같은 사항에 관하여 각 구분소유자 간의 형평에 현저히 반하는 경우에는 특별한 사정이 없는 한 무효라고 할 것이다(대법원 2005. 6. 9. 선고 2005다11404 판결 참조) 그러나, 대규모의 재건축사업에 있어서는 관계법령상의 규제, 사업부지의 위치 및 형상, 주변 편의시설로의 접근성 등을 고려하여 최적의 효율성과 사업성을 발휘하도록 신건물의 배치 및 설계를 하게 되므로, 그 과정에서 구분소유자에게 귀속되는 신건물의 구분소유권은 그 위치, 면적, 층수에 차이가 발생하는 것이 불가피하여 형평에 반하는지 여부는 단순히 각 구분소유권의 위치, 면적, 층수에 차이가 있다는 점만으로 판단할 것이 아니라, 그와 같은 차이가 발생하게 된 경위, 신건물의 배치 및 설계상의 합리성 및 경제적 타당성, 구분소유권 배분방식의 형평성, 각 구분권의 재산적 가치에 대한 불균형의 정도, 그 불균형을 줄일 수 있는 다른 방법의 존재 가능성, 불이익을 입은 구분소유자에 대한 적절한 보상 여부 등 제반사정을 종합하여 판단하여야 할 것이다(대법원 2007. 9. 20. 선고 2006다9842 판결 등 참조). 한편 주택재건축정비사업에 관하여는 도시정비법이 집합

751) 법 제76조 제1항 제7호 다목.

건물법의 특별법에 해당하여 도시정비법이 우선 적용되고, 도시정비법에 특별한 규정이 없는 사항에 한하여 집합건물법이 준용되는데, 도시정비법상 위 집합건물법 제47조 제3항, 제4항에서 정하는 내용들이 별도로 규정되어 있지 아니하므로 위 각 규정 및 이에 관한 법리는 도시정비법에 따라 시행되는 이 사건 사업에도 준용되어야 한다고 본다. 비록 사업시행자에게 관리처분계획의 구체적인 내용의 수립에 관하여 상당한 재량이 인정된다고 하더라도 42평형 조합원들 중 일부는 25+54평형으로 분양신청을 접수받아주면서 일부에게는 25+46평형의 분양신청만 접수하도록 한 것은 형평에 반하여 관리처분계획은 위법하다.」고 판시하였다.

사. 재건축사업의 주택공급 수 기준

(1) 과밀억제권역에 위치하지 아니한 경우 주택 수만큼 공급

수도권정비계획법 제6조 제1항 제1호에 따른 과밀억제권역에 위치하지 아니한 재건축사업의 토지등소유자에게는 소유한 주택 수만큼 공급할 수 있다. 다만, 투기과열지구 또는 「주택법」 제63조의2 제1항 제1호에 따라 지정된 조정대상지역에서 사업시행계획인가(최초 사업시행계획인가를 말한다)를 신청하는 재건축사업의 토지등소유자는 제외되고 1주택만 공급할 수 있다.[752)]

(2) 과밀억제권역에 위치한 경우 3주택 공급

과밀억제권역에 위치한 재건축사업의 경우에는 토지등소유자가 소유한 주택수의 범위에서 3주택까지 공급할 수 있다. 다만, 투기과열지구 또는 「주택법」 제63조의2 제1항 제1호에 따라 지정된 조정대상지역에서 사업시행계획인가(최초 사업시행계획인가를 말한다)를 신청하는 재건축사업의 경우에는 그러하지 아니하다(1주택만 공급할 수 있다).[753)][754)]

---

752) 법 제76조 제1항 제7호 나목 1)

753) 법 제74조 제1항 제7호 마목.

754) 정리하면, 2017. 11. 10. 이후 투기과열지구 또는 조성지역에서 최초 사업시행계획인가를 신청하는 재건축사업의 경우에는 과밀억제권역과 무관하게 1주택공급의 원칙이 적용되며, 투기과열지구 또는 조정지역이 아닌 상황에서 최초 사업시행계획인가를 받은 재건축사업의 경우에는 과밀억제권역에서는 3주택을 공급할 수 있고 과밀억제권이 아닌 지역에서는 소유하는 주택의 수만큼 공급할 수 있다.

(3) 그런데 위 (1)의 단서와 (2)의 단서에는 위헌적 요소가 있는바, 투기과열지구 또는 조정대상지역으로 지정되기 이전에 주택 수만큼[위 (1)의 경우] 또는 3주택까지 분양받을 수 있다고 믿고 양도행위가 이루어진 경우에도 각 단서에 따라 1주택만 공급할 수 있다고 한다면 양도인과 양수인은 예견할 수 없었던 이유로 재산권의 침해를 받기 때문이다. 이 때문에 2022. 2. 3. 시행 개정법에서는 다목을 신설하여 "나목1) 단서[위 (1)의 단서]에도 불구하고 과밀억제권역 외의 조정대상지역 또는 투기과열지구에서 조정대상지역 또는 투기과열지구로 지정되기 전에 1명의 토지등소유자로부터 토지 또는 건축물의 소유권을 양수하여 여러 명이 소유하게 된 경우에는 양도인과 양수인에게 각각 1주택을 공급할 수 있다."고 개정[755]하여 위헌적 요소를 제거하였으나,[756] 위 (2)의 단서(마목 단서)에 대해서는 이와 같은 규정을 두지 아니하여 과밀억제권역에서 3주택까지 분양권이 있다고 믿고 양도행위가 이루어진 후 투기과열지구 또는 조정대상지역으로 지정된 경우에는 여전히 양도인과 양수인의 재산권이 침해되는 위헌적 요소가 남아 있다. 졸속 개정이라는 비판을 면하기 어렵다.

Ⅲ. 주택 등 건축물을 분양받을 권리의 산정 기준일(제77조)

도시정비법

제77조(주택 등 건축물을 분양받을 권리의 산정 기준일)

① 정비사업을 통하여 분양받을 건축물이 다음 각 호의 어느 하나에 해당하는 경우에는 제16조제2항 전단에 따른 고시가 있은 날 또는 시 · 도지사가 투기를 억제하기 위하여 기본계획 수립 후 정비구역 지정 · 고시 전에 따로 정하는 날(이하 이 조에서 "기준일"이라 한다)의 다음 날을 기준으로 건축물을 분양받을 권리를 산정한다. 〈개정 2018.

---

755) 부칙〈법률 제18830호, 2022. 2. 3.〉 제2조에 따라 시행 이후 최초로 관리처분계획인가(변경인가는 제외한다)를 신청하는 경우부터 적용한다.

756) 〈법제처 개정이유〉「재건축 사업구역이 조정대상지역 또는 투기과열지구로 지정될지 여부를 사전에 알기 어려운 상황에서 1주택을 공급받을 것으로 예상하고 사업구역 내 다물권자로부터 주택 또는 토지를 양수한 자의 신뢰를 보호하기 위하여 과밀억제권역 외의 재건축 사업구역이 속한 지역이 조정대상지역 또는 투기과열지구로 지정되기 전에 1명의 토지등소유자로부터 주택 등을 양수한 토지등소유자에 대해서는 1주택을 공급할 수 있도록 하려는 것임.」

6. 12.〉
1. 1필지의 토지가 여러 개의 필지로 분할되는 경우
2. 단독주택 또는 다가구주택이 다세대주택으로 전환되는 경우
3. 하나의 대지 범위에 속하는 동일인 소유의 토지와 주택 등 건축물을 토지와 주택 등 건축물로 각각 분리하여 소유하는 경우
4. 나대지에 건축물을 새로 건축하거나 기존 건축물을 철거하고 다세대주택, 그 밖의 공동주택을 건축하여 토지등소유자의 수가 증가하는 경우

② 시·도지사는 제1항에 따라 기준일을 따로 정하는 경우에는 기준일·지정사유·건축물을 분양받을 권리의 산정 기준 등을 해당 지방자치단체의 공보에 고시하여야 한다.

1. 의의 및 입법취지

(1) 대지와 건축물의 현황과 소유형태는 시시각각 변화하고 이에 따라 토지등소유권과 토지등소유자의 수가 증감 변경될 수 있는데, 정비기본계획이 수립되거나 정비구역지정이 지정되면 투기적 목적으로 토지등소유권과 토지등소유자의 수를 늘려 분양받을 권리를 증가시키는 행위가 발생한다(소위 '지분쪼개기'라고 한다). 이러한 행위는 주거환경개선구역, 재개발구역, 주택단지가 아닌 재건축구역에서 발생한다.

(2) 2009. 2. 6. 개정법에서는 이와 같이 분양받을 권리를 증가시키는 것을 금지하고자 본조를 신설하여, 권리산정일(권리산정기준일의 다음날) 이후에 토지등소유권과 토지등소유자의 수를 증가시키는 일정한 행위를 한 경우 증가 이전의 권리산정일을 기준으로 분양받을 권리를 산정하도록 하여 분양받을 권리의 수를 제한하도록 하였다.

(3) 법 제77조 제1항은 "정비사업을 통하여 분양받을 건축물이 다음 각 호의 어느 하나에 해당하는 경우"라고 규정하여, 마치 정비사업으로 신축한 종후 대지 및 건축물을 각 호의 방법으로 지분쪼개기 하는 것을 금지하는 것처럼 오해할 여지가 있는데, 이는 2017. 2. 8. 개정(시행일 2018. 2. 9.)에서의 입법적 오류로 보아야 하고,[757] 각 호

757) 개정 전 구법 제50조의2(주택등 건축물의 분양 받을 권리산정 기준일)
① 정비사업으로 인하여 주택 등 건축물을 공급하는 경우 제4조제6항에 따른 고시가 있은 날 또는 시·도지사가 투기억제를 위하여 기본계획수립 후 정비구역지정·고시 전에 따로 정하는 날(이하 이 조에서 "기준일"이라 한다)의 다음 날부터 다음 각 호의 어느 하나에 해당하는 경우에는 해당 토지 또는 주택 등 건축물의 분양받을 권리는 기준일을 기준으로 산정

행위의 대상이 되는 것은 종전 토지 및 건축물이다.

2. 권리산정기준일과 권리산정일

(1) "정비구역지정 고시일" 또는 "시·도지사가 투기를 억제하기 위하여 기본계획 수립 후 정비구역 지정·고시 전에 따로 정하는 날" 중 어느 하나를 권리산정 기준일로 한다.[758]

(2) 투기과열지구 등에서는 기본계획만 수립되어도 지분쪼개기의 행위가 발생할 수 있어서 정비구역 지정·고시 전이라도 권리산정기준일을 정할 수 있도록 한 것이다. 시·도지사가 기준일을 따로 정하는 경우에는 기준일·지정사유·건축물을 분양받을 권리의 산정 기준 등을 해당 지방자치단체의 공보에 고시하여야 한다.[759]

(3) 2017. 2. 8. 개정(시행일 2018. 2. 9.) 이전에는 "분양받을 권리는 '기준일'을 기준으로 산정한다."고 규정하였으나, 개정 후 현행법은 "'기준일의 다음 날'을 기준으로 건축물을 분양받을 권리를 산정한다."고 규정하고 있는바, 입법적 오류인지는 불분명하나 현행법에 따르면 기준일의 다음날이 기준이 된다.[760] 이하에서는 편의상 "권리산정기준일의 다음날"을 "권리산정일"로 지칭하기로 한다.

(4) 본조에 따라 사업시행자 및 관리처분계획 인가관청은 분양신청 시 또는 관리처분계획 수립 시의 소유관계만 파악해서는 안 되고, 권리산정일을 기준으로 등기부등본상의 소유관계를 파악하여 관리처분계획상 분양받을 권리의 수가 적정하게 수립되었는지 검토해야 한다.

3. 권리산정일이 적용되는 행위

가. 토지분할(제1호)

(1) 1필지의 토지가 여러 개의 필지로 분할된 경우에는 권리산정일을 기준으로 분양

한다. 〈개정 2012.2.1, 2013.12.24〉

758) 법 제77조 제1항.

759) 법 제77조 제2항.

760) 구법 제50조의2 제1항은 "기준일의 다음 날부터 다음 각호의 어느 하나에 해당하는 경우에 분양받을 권리는 기준일을 기준으로 산정한다."고 규정하고 있었는바, 입법적 오류일 가능성이 높다. 다만, 문리해석상 변경된 "기준일의 다음날"을 기준으로 판단 할 수밖에 없다.

받을 권리의 수를 산정하는바, 권리산정일을 기준으로 분할등기가 완료되었으면 각 필지별로 분양받을 권리를 산정하고 분할등기가 완료되지 않았으면 분할 전 1필지를 분양받을 권리로 산정한다.

(2) 권리산정일까지 분할된 각 필지의 소유자가 다를 것을 요건으로 하지 않는바, 권리산정일까지 분할된 필지를 권리산정일 이후에 양수한 자도 독립하여 하나의 분양받을 권리가 인정된다.

(3) 법 제2조 제9호는 주거환경개선사업 · 재개발사업에서 토지만 소유한 자도 토지등소유자로 규정하고 재건축사업에서는 건축물과 그 부속토지를 모두 소유한 자만 토지등소유자로 규정하고 있는바, 본 호는 주로 주거환경개선사업 · 재건축사업에서 적용될 것이나, 재건축사업에 포함된 주택단지가 아닌 지역에서도 두 개의 건축물의 부속토지가 1필지인 경우 등 예외적으로 적용될 경우가 있을 수 있다.

나. 단독주택 또는 다가구주택을 다세대주택으로 전환(제2호)

(1) 단독주택 또는 다가구주택[761]은 집합건물이 아니므로 공유의 형태로 소유할 수 있을 뿐, 집합건물법에 따른 수개의 구분소유권으로 소유할 수 없으므로, 단독주택 또는 다가구주택을 수인의 공유하여도 공유자 전원을 합쳐 1인의 분양받을 권리자로 산정하는 것이 원칙이다. 다만 다가구주택을 다세대주택[762]으로 전환하지 아니하여도 예외적으로 조례에 의해 가구별로 분양받을 권리가 인정되는 경우가 있는바, 서울시 도시정비조례 부칙 〈제6899호, 2018. 7. 19.〉 제28조 제1항은 재개발사업에 한하여 "1997년 1월 15일 전에 가구별로 지분 또는 구분소유등기[763]를 필한 다가구주택(1990년 4월 21일 다가구주택 제도 도입 이전에 단독주택으로 건축허가를 받아 지분 또는 구분등기를 필한 사실상의 다가구주택을 포함한다)은 제36조 제2항 제3호의 개정규정에도 불구하고 다가구

761) 건축법 시행령[별표 1]은 단독주택의 유형을 단독주택, 다중주택, 다가구주택, 공관으로 구별하고 있는바, 다가구주택은 단독주택의 일종이다.

762) 건축법 시행령[별표 1]은 공동주택의 유형을 아파트, 연립주택, 다세대주택, 기숙사로 구별하고 있는바, 다세대주택은 집합건물인 공동주택의 일종이다.

763) 집합건물법상 구분소유등기는 건축물의 전유부분과 그에 대한 대시시분을 일체로써 하나의 등기부등본에 기개하는 것을 말하는바, 집합건물이 아닌 다가구주택에 대한 구분소유등기는 건축물등기부등본에 건축물만 구분소유로 등기하고 대지는 토지등기부등본에 공유로 등기한 것을 말하는바, 하나의 건축물을 구분등기하여도 건축물은 하나에 불과하고 대지는 공유관계에 있는 것이므로, 결국 대지와 건축물 전체를 공유관계로 볼 수밖에 없다.

주택으로 건축허가 받은 가구 수로 한정하여 가구별 각각 1명을 분양대상자로 한다."고 규정하고 있다. 이에 대해 대법원은 각 가구별로 1인의 조합원이 되는 것은 아니라 전체 가구가 1인의 조합원이 되고, 다만 가구별로 분양대상자가 될 뿐이라고 판시하였다.[764)]

(2) 이와 같이 원칙적으로 하나의 분양받을 권리가 인정되는 단독주택 또는 다가구주택을 집합건물인 다세대주택으로 전환하여 구분등기를 완료하면, 각 구분소유권 별로 하나의 토지등소유권으로 취급하여 분양받을 권리를 산정하게 되는바, 조례에 따른 예외사유에 해당하지 아니하는 단독주택 또는 다가구주택을 다세대주택으로 전환하여 분양받을 권리를 증가시키는 투기행위를 막고자, 본 호는 이러한 경우에 권리산정일을 기준으로 분양받을 권리를 산정하도록 하였다.

(3) 이에 따라 단독주택 또는 다가구주택이 다세대주택으로 전환되는 경우는 권리산정일을 기준으로 분양받을 권리를 산정하는바, 권리산정일을 기준으로 전환등기가 완료되었으면 각 구분소유권별로 분양받을 권리를 산정하고, 전환등기가 완료되지 아니하였으면 전환 전의 단독주택 또는 다가구주택으로 보아 분양받을 권리를 산정한다.

(4) 권리산정일까지 다세대주택으로 전환등기를 완료하면, 권리산정일 이후 양도로 여러 명이 구분소유하게 된 때에도 구분소유권별로 분양받을 권리를 산정해야 하고, 권리산정일에 각 구분소유권자가 모두 동일하다는 이유로 하나의 분양받을 권리로 산정해서는 안 된다. 반면 권리산정일 이후에 다세대주택으로 전환등기하면, 각각의 구분소유자가 수인의 토지등소유자 또는 조합원으로 산정되어도 권리산정일을 기준으로

---

764) 대법원 2011. 3. 10. 선고 2010두4377 판결 [조합원지위확인] 「협동주택의 건물 및 토지의 공유자들이 주택재개발정비사업조합을 상대로 각자가 단독조합원의 지위에 있음의 확인을 구하는 사안에서, 위 건물 지하층의 각 가구는 건축단계부터 가구별로 독립적인 주거생활을 영위할 수 있는 구조를 갖추고 실제로 독립된 주거로 이용되어 왔고, 다가구주택제도 도입 이전에 가구별로 지분등기가 이루어져 각 해당 가구를 그 지분등기 이전의 방법으로 양수받은 점, 해당 주택재개발정비사업조합의 정관이 조합원의 자격에 관하여 구 도시 및 주거환경정비법(2009. 2. 6. 법률 제9444호로 개정되기 전의 것) 제19조와 같은 내용을 규정하고 있을 뿐 달리 협동주택의 공유자들에게 단독 조합원의 자격을 부여하고 있지는 않은 점 등을 보면, 건물 지하층의 각 해당 가구를 실질적으로 구분소유하고 있는 위 공유자들은 서울특별시 도시 및 주거환경 정비조례 부칙(2003. 12. 30.) 제7조(2005. 11. 10. 서울특별시조례 제4330호로 개정된 것)에서 정한 사실상의 다가구주택의 공유자들로서 가구별로 분양대상자격을 가진다고 할 것이나, 각 건물 지하층의 공유자들에 불과한 이상 다른 공유자들과 함께 그 전원이 1인의 조합원으로 될 뿐 각자 단독 조합원의 지위에 있는 것은 아니다.」

하나의 분양받을 권리로 산정될 수 있다.

(5) 주거환경개선사업 · 재개발사업은 물론 재건축사업에 포함된 주택단지가 아닌 지역에도 적용될 수 있다.[765)]

다. 대지와 건축물의 분리 소유(제3호)

(1) 법 제2조 제9호 가목에 따라 주거환경개선사업 · 재개발사업에서는 토지 또는 건축물 어느 하나만 소유한 자도 토지등소유자로 인정되어 분양받을 권리가 있는바, 이에 따라 대지와 건축물의 소유자를 분리하여 분양받을 권리를 증가시키는 투기행위를 막고자, 본 호는 이러한 경우에 권리산정일을 기준으로 분양받을 권리를 산정하도록 하였다.

(2) 이에 따라 하나의 대지 범위에 속하는 동일인 소유의 토지와 주택 등 건축물을 토지와 주택 등 건축물로 각각 분리하여 소유하는 경우, 권리산정일을 기준으로 소유자를 분리하는 소유권이전등기가 완료되면 토지 소유자와 건축물 소유자를 각각으로 하여 분양받을 권리를 산정하고, 소유자를 분리하는 소유권이전등기가 완료되지 아니하면 1인의 토지등소유자로 하여 분양받을 권리를 산정한다.

(3) 본 호는 물적 현상의 변경이 아닌 소유자의 변경등기를 기준으로 한다. 권리산정일을 기준으로 분리 소유하고 있었는데 권리산정일 이후의 거래로 대지와 건축물의 소유자가 동일인으로 되었다가 재차 분리 소유하게 된 경우, 권리산정일을 기준으로 토지와 건축물을 분리하여 분양받을 권리를 산정하는 것이 타당하다고 본다. 이러한 해석이 규정의 문리해석에 부합하고, 권리산정일 외에도 소유권 일치여부를 확인할 의무를 양수인에게 부과하는 것은 부당하기 때문이다.

(4) 법 제2조 제9호 나목에 따라 건축물과 그 부속토지를 모두 소유하여야 토지등소유자로서 분양받을 권리가 인정되는 재건축사업에는 본 호가 적용될 여지가 없다.

---

765) 서울시 도시정비조례 제37조(단독주택재건축사업의 분양대상 등)
② 제1항에도 불구하고 다음 각 호의 어느 하나에 해당하는 경우에는 여러 명의 분양신청자를 1명의 분양대상자로 본다.
1. <u>단독주택 또는 다가구주택을 권리산정기준일 후 다세대주택으로 전환한 경우</u>

라. 건축물의 신축(제4호)

(1) 나대지에 건축물을 새로 건축하거나 기존 단독건축물을 철거하고 집합건물인 다세대주택 그 밖의 공동주택을 건축하여 토지등소유자의 수가 증가하는 경우에도 권리산정일을 기준으로 분양받을 권리를 산정한다.

(2) 본 호는 건축허가를 기준으로 권리산정일을 적용할 것인지, 준공 후 등기를 기준으로 권리산정일을 적용할 것인지에 관해 해석상 견해가 대립할 수 있다. "토지등소유자의 수가 증가하는 경우"라고 규정하고 있으므로 권리산정일에 등기부상 소유자의 수를 기준으로 해야 한다는 견해도 있을 수 있으나, "토지등소유자의 수가 증가하는 경우"는 문구상 장래 증가하는 경우도 포함된다고 해석할 수 있다. 나아가 본조는 정비구역 지정고시 등 권리산정일 이후의 투기적 행위를 제한하는데 입법목적이 있고, 법 제19조는 정비구역 지정고시 후 또는 기본계획 공람 중 국토교통부가 행위제한을 고시한 후에 건축 등 행위제한을 규정하고 있는데, 이러한 취지를 종합하면 정비구역 지정고시 등 권리산정일 이전에 건축허가를 받았음에도 이를 투기로 보아 분양받을 권리를 제한하는 것은 부당하다. 특히 권리산정일 이전에 적법하게 건축허가를 받아 단독주택, 다세대주택, 연립주택 등을 철거하였는데, 권리산정일에 그 대지만 단독 소유 또는 공유로 존재한다고 분양받을 권리를 제한할 경우에는 심각한 재산권 침해의 문제가 발생한다. 따라서 건축허가를 기준으로 권리산정일을 적용하는 것이 타당하다고 본다.

(3) 따라서 권리산정일 이전에 건축허가를 받으면 그 건축허가상 단독건축물 또는 집합건물의 구분소유권을 기준으로 분양받을 권리의 수를 산정하고, 재건축사업의 경우에 건축물이 철거되었어도 토지등소유자로서 분양받을 권리를 인정해야 하며, 권리산정일 이후에 법 제19조에 따른 건축허가를 받으면 권리산정일의 현황과 등기부를 기준으로 분양받을 권리를 산정하는 것이 타당하다.

(4) 주거환경개선사업 · 재개발사업은 물론 재건축사업에 포함된 주택단지가 아닌 지역에도 적용될 수 있다.[766]

---

766) 서울시 도시정비조례 제37조(단독주택재건축사업의 분양대상 등)
② 제1항에도 불구하고 다음 각 호의 어느 하나에 해당하는 경우에는 여러 명의 분양신청자를 1명의 분양대상자로 본다.
1. <u>단독주택 또는 다가구주택을 권리산정기준일 후 다세대주택으로 전환한 경우</u>

4. 분양받을 권리자

(1) 본조에서 권리산정일을 기준으로 분양받을 권리를 산정한다는 의미는, 권리산정일의 소유자를 분양받을 권리자로 정한다는 의미가 아니라, 분양 당시의 소유자(토지등소유자 또는 조합원)에게 분양하되 권리산정일의 토지등소유권의 수를 기준으로 분양받을 권리 또는 권리자의 수를 산정한다는 의미이다.

(2) 따라서 분양받을 권리자의 수는 시행령 제33조 제1항에 따라 산정되는 토지등소유자의 수, 법 제39조 제1항에 따라 산정되는 조합원의 수와 달라지게 되고, 분양 당시 수인의 토지등소유자 또는 조합원이 본조에 따라 1인의 분양받을 권리자로 산정될 수 있다.

(3) 본조의 분양받을 권리의 수는 법 제76조 제1항 제7호 주택 분양권의 수와도 구별해야 한다. 예컨대 법 제76조 제1항 제7호 나목은 종전자산의 가격 범위에서 2주택을 공급할 수 있도록 규정하고 있는바, 본조에 따라 분양받을 권리가 하나로 인정되어도 종전자산의 범위에서 2주택을 분양받을 수도 있다. 이 경우 분양받을 권리가 하나로 제한되는 수인의 토지등소유자 또는 조합원은 토지분할, 건축물의 신축 등으로 각자 취득한 종전자산 가격을 합쳐 그 범위 내에서 2주택을 분양받을 수 있다.

Ⅳ. 관리처분계획의 공람 및 인가절차 등(제78조)

도시정비법	도시정비법 시행령
제78조(관리처분계획의 공람 및 인가절차 등) ① 사업시행자는 제74조에 따른 관리처분계획인가를 신청하기 전에 관계 서류의 사본을 30일 이상 토지등소유자에게 공람하게 하고 의견을 들어야 한다. 다만, 제74조제1항 각 호 외의 부분 단서에 따라 대통령령으로 정하는 경미한 사항을 변경하려는 경우에는 토지등소유자의 공람 및 의견청취 절차를 거치지 아니	제64조(관리처분계획의 타당성 검증) ① 법 제78조제3항 각 호 외의 부분 전단에서 "대통령령으로 정하는 공공기관"이란 다음 각 호의 기관을 말한다. 〈개정 2020. 12. 8.〉 1. 토지주택공사등 2. 한국부동산원 ② 법 제78조제3항제1호에서 "대통령령으로 정하는 비율"이란 100분의 10을 말

할 수 있다.

② 시장·군수등은 사업시행자의 관리처분계획인가의 신청이 있은 날부터 30일 이내에 인가 여부를 결정하여 사업시행자에게 통보하여야 한다. 다만, 시장·군수등은 제3항에 따라 관리처분계획의 타당성 검증을 요청하는 경우에는 관리처분계획인가의 신청을 받은 날부터 60일 이내에 인가 여부를 결정하여 사업시행자에게 통지하여야 한다. 〈개정 2017. 8. 9.〉

③ 시장·군수등은 다음 각 호의 어느 하나에 해당하는 경우에는 대통령령으로 정하는 공공기관에 관리처분계획의 타당성 검증을 요청하여야 한다. 이 경우 시장·군수등은 타당성 검증 비용을 사업시행자에게 부담하게 할 수 있다. 〈신설 2017. 8. 9.〉

1. 제74조제1항제6호에 따른 정비사업비가 제52조제1항제12호에 따른 정비사업비 기준으로 100분의 10 이상으로서 대통령령으로 정하는 비율 이상 늘어나는 경우
2. 제74조제1항제6호에 따른 조합원 분담규모가 제72조제1항제2호에 따른 분양대상자별 분담금의 추산액 총액 기준으로 100분의 20 이상으로서 대통령령으로 정하는 비율 이상 늘어나는 경우
3. 조합원 5분의 1 이상이 관리처분계획인가 신청이 있은 날부터 15일 이내에 시장·군수등에게 타당성 검증을 요청한 경우
4. 그 밖에 시장·군수등이 필요하다고 인정하는 경우

한다.

③ 법 제78조제3항제2호에서 "대통령령으로 정하는 비율"이란 100분의 20을 말한다.

제65조 (통지사항)

① 사업시행자는 법 제78조제5항에 따라 공람을 실시하려는 경우 공람기간·장소 등 공람계획에 관한 사항과 개략적인 공람사항을 미리 토지등소유자에게 통지하여야 한다.

② 사업시행자는 법 제78조제5항 및 제6항에 따라 분양신청을 한 자에게 다음 각 호의 사항을 통지하여야 하며, 관리처분계획 변경의 고시가 있는 때에는 변경내용을 통지하여야 한다.

1. 정비사업의 종류 및 명칭
2. 정비사업 시행구역의 면적
3. 사업시행자의 성명 및 주소
4. 관리처분계획의 인가일
5. 분양대상자별 기존의 토지 또는 건축물의 명세 및 가격과 분양예정인 대지 또는 건축물의 명세 및 추산가액

④ 시장 · 군수등이 제2항에 따라 관리처분계획을 인가하는 때에는 그 내용을 해당 지방자치단체의 공보에 고시하여야 한다. 〈개정 2017. 8. 9.〉 ⑤ 사업시행자는 제1항에 따라 공람을 실시하려거나 제4항에 따른 시장 · 군수등의 고시가 있은 때에는 대통령령으로 정하는 방법과 절차에 따라 토지등소유자에게는 공람계획을 통지하고, 분양신청을 한 자에게는 관리처분계획인가의 내용 등을 통지하여야 한다. 〈개정 2017. 8. 9.〉 ⑥ 제1항, 제4항 및 제5항은 시장 · 군수등이 직접 관리처분계획을 수립하는 경우에 준용한다. 〈개정 2017. 8. 9.〉	

1. 관리처분계획의 공람

가. 공람 및 의견청취

(1) 도시정비법은 관리처분계획에 관한 토지등소유자의 이해관계를 합리적으로 조절하기 위해 공람 및 의견청취절차를 거치도록 하였다.

(2) 사업시행자는 관리처분계획인가를 신청하기 전에 관계 서류의 사본을 30일 이상 토지등소유자에게 공람하게 하고 의견을 들어야 한다. 다만, 대통령령으로 정하는 경미한 사항의 변경은 신고사항이며 토지등소유자의 공람 및 의견청취 절차를 거치지 아니할 수 있다.[767] 사업시행자는 공람을 실시하려는 경우 공람기간 · 장소 등 공람계획에 관한 사항과 개략적인 공람사항을 미리 토지등소유자에게 통지하여야 한다.[768]

(3) 사업시행계획의 공람은 인가를 신청한 후 시장 · 군수등이 14일 이상 공람하도록 규정하고 있는데,[769] 이와 달리 관리처분계획의 공람은 사업시행자가 직접 인가 신청

767) 법 제78조 제1항.
768) 법 제78조 제5항 및 시행령 제65조 제1항.
769) 법 제56조 제1항.

전에 30일 이상 공람하도록 규정하고 있다. 시장 · 군수등이 사업시행자로서 직접 관리처분계획을 수립하는 경우에도 공람 및 통지절차는 거쳐야 한다.[770)]

(4) 토지등소유자는 공람기간 이내에 의견을 제출할 수 있고, 사업시행자는 재량에 따라 제출된 의견의 채택여부를 결정할 수 있다. 시장 · 군수등이 하는 사업시행계획 공람에 대한 의견은 반드시 서면으로 제출하여야 하고, 시장 · 군수등이 의견을 채택하지 아니한 경우에는 그 사유를 통지하여야 하나,[771)] 사업시행자가 하는 관리처분계획 공람에 대해서는 이러한 규정을 두고 있지 않다.

(5) 공람기간과 토지등소유자에 대한 통지 등은 의무사항으로서 이를 위반한 경우에는 관리처분계획이 취소될 수 있으나, 제출된 의견의 채택 여부는 재량사항으로서 관리처분계획의 하자사유가 되지 않는다.

나. 관리처분계획의 수립을 위한 총회와 공람의 시기

(1) 법 제78조 제1항은 "인가 신청 전"에 공람기간 30일을 거치도록 규정하고 있을 뿐, 관리처분총회와 공람절차의 선후관계에 대해서는 규정하고 있지 않다.

(2) 이에 대해 관리처분총회의 의결을 거친 관리처분계획안이 인가신청 전에 공람('사후 공람'이라 한다)되어야 한다는 견해가 있지만, 대법원은 「관리처분계획은 조합원 등이 공람 · 의견청취절차를 거쳐 그 내용을 숙지한 상태에서 총회의 의결을 통하여 조합원 등의 권리관계를 정하는 것이고, 행정청도 관리처분계획에 대한 인가 · 고시를 통하여 이를 관리 · 감독하고 있다.」고 하여 '사전 공람'이 바람직하다는 취지로 판시한 바 있고[772)] 「구 도시정비법 제48조 제1항, 제49조의 각 규정에 의하면, 사업시행자는 분양신청기간이 종료한 때에는 분양신청의 현황을 기초로 관리처분계획을 수립하여 조합총회에서 조합원 총수의 과반수 이상 찬성으로 의결한 뒤 토지 등 소유자의 공람 및 의견청취절차를 거쳐 시장 · 군수의 인가를 받아야 하고 이는 관리처분계획을 변경하고자 하는 경우에도 마찬가지이다.」라고 하여 '사후 공람'이 원칙이라는 취지로 판시하기도 하였는바, '사전 공람'과 '사후 공람' 모두 적법하다고 할 것이다.

770) 법 제78조 제6항.

771) 법 제56조 제2, 3항.

772) 대법원 2012. 3. 22. 선고 2011두6400 전원합의체 판결 [관리처분계획무효확인].

(3) 공람절차에서 토지등소유자의 의견을 채택하여 관리처분계획을 수정하는 경우에 다시 공람절차를 거쳐야 하는지에 관해, 토지구획정리사업법상 공람절차에 관한 대법원 판례[773]에 비추어 다시 공람절차를 이행해야 한다는 견해가 있다.[774] 그러나, 조합원 총회 등 토지소유자의 의결에 따라 관리처분계획을 수립하는 도시정비사업에 위 대법원 판례를 그대로 적용할 수는 없다고 본다. 사견으로는 공람기간 중 토지등소유자의 의사를 반영한 수정안이 조합원 총회 등의 적법한 의결을 거친 이상 수정안에 대한 재공람이 없었더라도 적법하다고 보며,[775][776] 다만 인가받은 관리처분계획을 변경할 경우에는 법 제78조 제1항에 따라 변경안에 대한 공람절차가 필요하다고 본다. 이와 같이 해석하여야 사업시행자가 공람절차에서 토지등소유자의 의사를 적극적으로 반영할 수 있고, 총회 개최 전 사전 통지된 수정안을 의결한 토지등소유자들의 총의에도 부합하기 때문이다.

---

773) 대법원 1999. 8. 20. 선고 97누6889 판결 [환지계획등무효확인및취소] 「토지구획정리사업법 제47조, 제33조 등의 규정에서 환지계획의 인가신청에 앞서 관계 서류를 공람시켜 토지소유자 등의 이해관계인으로 하여금 의견서를 제출할 기회를 주도록 규정하고 있는 것은 환지계획의 입안에 토지구획정리사업에 대한 다수의 이해관계인의 의사를 반영하고 그들 상호간의 이익을 합리적으로 조정하는 데 그 취지가 있다고 할 것이므로, 최초의 공람과정에서 이해관계인으로부터 의견이 제시되어 그에 따라 환지계획을 수정하여 인가신청을 하고자 할 경우에는 그 전에 다시 수정된 내용에 대한 공람절차를 거쳐야 한다고 봄이 위와 같은 제도의 취지에 부합하는 것이라고 할 것이다. 그런데 원심이 판시한 바에 따르면, 피고는 당초의 환지계획에 대한 공람과정에서 일부 토지소유자 등으로부터 의견이 제시되자 그에 따른 일부 수정의견을 첨부하여 인가신청을 하였으나 그 과정에서 수정하고자 하는 내용에 대한 공람절차를 다시 밟지 아니하였다는 것이므로, 이러한 경우에는 수정내용에 의한 환지계획 인가신청이 허용되지 아니하는 것일 뿐만 아니라, 기록에 의하면 인가신청 당시 피고의 의견은 향후 일부 토지소유자의 의견을 반영하여 환지계획을 변경하겠다는 취지였고, 그에 대한 충청남도지사의 1991. 12. 7.자 인가 역시 일단 공람절차를 거친 환지계획에 대하여 인가를 하되 향후 피고의 일부 의견에 따라 환지계획을 변경하라는 내용으로 되어 있었음이 명백하므로, 1991. 12. 7.자로 인가된 환지계획은 어디까지나 당초 공람된 내용에 따른 것이라고 할 것이다. 그렇다면 피고가 1991. 12. 7.자 인가 후에 수정한 내용에 따른 이 사건 환지예정지 지정처분은 환지계획에 따르지 아니한 것이거나 환지계획을 적법하게 변경하지 아니한 채 이루어진 것이어서 당연 무효라고 할 것이다.」

774) 변호사 맹신균 저 「도시 및 주거환경정비법 해설」.

775) 관리처분계획 수립을 위한 총회의결 후 사후공람을 하여 토지등소유자의 의견을 반영한 수정안을 수립할 때에도 재공람절차는 생략하더라도 수정안에 대한 총회의결은 거쳐야 한다.

776) 서울행정법원 2019. 2. 13. 선고 2018구합55708 판결 「공람 절차 등을 통한 관리처분계획의 변경에 별도 의결이 필요하지 않은 경우에는 이에 상응해 변경된 부분에 대한 공람 절차도 거칠 필요가 없다고 해석하는 것이 상당하다.」

2. 관리처분계획의 인가신청

사업시행자는 관리처분계획의 인가 또는 변경·중지·폐지의 인가를 받으려는 때에는 시행규칙 별지 제9호서식의 관리처분계획(인가, 변경·중지·폐지인가)신청서(전자문서로 된 신청서를 포함한다)에 관리처분계획서, 총회의결서 사본, 변경·중지 또는 폐지의 사유와 그 내용을 설명하는 서류(변경·중지·폐지에 한함)를 첨부하여 시장·군수등에게 제출하여야 한다.[777]

3. 관리처분계획의 타당성 검증

사업시행자로부터 인가 또는 변경인가 신청을 받은 시장·군수등은 아래 어느 하나에 해당하는 경우에 토지주택공사등 또는 한국부동산원에 관리처분계획의 타당성 검증을 요청하여야 한다. 이 경우 시장·군수등은 타당성 검증 비용을 사업시행자에게 부담하게 할 수 있다.[778]

① 법 제74조 제1항 제6호 관리처분계획의 정비사업비가 법 제52조 제1항 제12호 사업시행계획에 따른 정비사업비 기준으로 100분의 10 이상 늘어나는 경우[779]

② 법 제74조 제1항 제6호 관리처분계획의 조합원 분담규모가 제72조 제1항 제2호 분양통지에 따른 분양대상자별 분담금의 추산액 총액 기준으로 100분의 20 이상 늘어나는 경우[780]

③ 조합원 5분의 1 이상이 관리처분계획인가 신청이 있은 날부터 15일 이내에 시장·군수등에게 타당성 검증을 요청한 경우[781]

④ 그 밖에 시장·군수등이 필요하다고 인정하는 경우[782]

4. 관리처분계획의 인가 및 고시

(1) 시장·군수등은 사업시행자의 관리처분계획인가의 신청이 있은 날부터 30일 이

777) 시행규칙 제12조(관리처분계획인가의 신청).
778) 법 제78조 제3항 및 시행령 제64조 제1항. 실무적으로 한국부동산원이 검증을 하고 있다.
779) 법 제78조 제3항 제1호 및 시행령 제64조 제2항.
780) 법 제78조 제3항 제2호 및 시행령 제64조 제3항.
781) 법 제78조 제3항 제3호.
782) 법 제78조 제3항 제4호.

내에 인가 여부를 결정하여 사업시행자에게 통보하여야 한다. 다만, 시장 · 군수등은 관리처분계획의 타당성 검증을 요청하는 경우에는 관리처분계획인가의 신청을 받은 날부터 60일 이내에 인가 여부를 결정하여 사업시행자에게 통지하여야 한다.[783]

(2) 시장 · 군수등이 관리처분계획을 인가하는 때에는 그 내용을 해당 지방자치단체의 공보에 고시하여야 하며, 고시에는 ① 정비사업의 종류 및 명칭, ② 정비구역의 위치 및 면적, ③ 사업시행자의 성명 및 주소, ④ 관리처분계획인가일, ⑤ 관리처분계획인가의 요지(대지 및 건축물의 규모 등 건축계획, 분양 또는 보류지의 규모 등 분양계획, 신설 또는 폐지하는 정비기반시설의 명세, 기존 건축물의 철거 예정시기 등)을 포함하여야 한다.[784]

(3) 시장 · 군수등이 직접 관리처분계획을 수립하는 경우에 인가는 필요하지 않지만 수립된 관리처분계획의 내용은 위와 같은 방법으로 고시하여야 한다.[785]

5. 분양신청자에 대한 관리처분계획인가 내용의 통지

(1) 사업시행자는 시장 · 군수등의 고시가 있는 때에 분양신청을 한 자에게 관리처분계획인가의 내용 중 ① 정비사업의 종류 및 명칭, ② 정비구역의 위치 및 면적, ③ 사업시행자의 성명 및 주소, ④ 관리처분계획인가일, ⑤ 분양대상자별 기존의 토지 또는 건축물의 명세 및 가격과 분양예정인 대지 또는 건축물의 명세 및 추산가액을 통지하여야 하며, 관리처분계획 변경의 고시가 있는 때에는 변경내용을 통지하여야 한다.[786]

(2) 시장 · 군수등이 직접 관리처분계획을 수립하는 경우에도 고시 후 분양신청을 한 자에게 위와 같은 내용을 통지하여야 한다.[787]

---

783) 법 제78조 제2항.
784) 법 제78조 제4항 및 시행규칙 제13조.
785) 법 제78조 제6항.
786) 법 제78조 제5항 및 시행령 제65조 제2항.
787) 법 제78조 제6항.

V. 사업시행계획인가 및 관리처분계획인가의 시기 조정(제75조)

도시정비법

제75조(사업시행계획인가 및 관리처분계획인가의 시기 조정)
① 특별시장·광역시장 또는 도지사는 정비사업의 시행으로 정비구역 주변 지역에 주택이 현저하게 부족하거나 주택시장이 불안정하게 되는 등 특별시·광역시 또는 도의 조례로 정하는 사유가 발생하는 경우에는 「주거기본법」 제9조에 따른 시·도 주거정책심의위원회의 심의를 거쳐 사업시행계획인가 또는 제74조에 따른 관리처분계획인가의 시기를 조정하도록 해당 시장, 군수 또는 구청장에게 요청할 수 있다. 이 경우 요청을 받은 시장, 군수 또는 구청장은 특별한 사유가 없으면 그 요청에 따라야 하며, 사업시행계획인가 또는 관리처분계획인가의 조정 시기는 인가를 신청한 날부터 1년을 넘을 수 없다.
② 특별자치시장 및 특별자치도지사는 정비사업의 시행으로 정비구역 주변 지역에 주택이 현저하게 부족하거나 주택시장이 불안정하게 되는 등 특별자치시 및 특별자치도의 조례로 정하는 사유가 발생하는 경우에는 「주거기본법」 제9조에 따른 시·도 주거정책심의위원회의 심의를 거쳐 사업시행계획인가 또는 제74조에 따른 관리처분계획인가의 시기를 조정할 수 있다. 이 경우 사업시행계획인가 또는 관리처분계획인가의 조정 시기는 인가를 신청한 날부터 1년을 넘을 수 없다.
③ 제1항 및 제2항에 따른 사업시행계획인가 또는 관리처분계획인가의 시기 조정의 방법 및 절차 등에 필요한 사항은 특별시·광역시·특별자치시·도 또는 특별자치도의 조례로 정한다.

1. 시기 조정의 사유

(1) 정비사업의 시행으로 정비구역 주변 지역에 주택이 현저하게 부족하거나 주택시장이 불안정하게 되는 등 시·도조례로 정하는 사유가 발생한 경우에 사업시행계획인가와 관리처분계획인가의 시기를 조정할 수 있다.

(2) 서울시 조례 제49조는 ① 정비구역의 기존 주택 수가 자치구 주택 재고 수의 1퍼센트를 초과하는 경우, ② 정비구역의 기존 주택 수가 2,000호를 초과하는 경우, ③ 정비구역의 기존 주택 수가 500호를 초과하고, 같은 법정동에 있는 1개 이상의 다른 정비구역(해당구역의 인가 신청일을 기준으로 최근 6개월 이내 관리처분계획인가를 신청하였거나,

완료된 구역으로 한정한다)의 기존 주택 수를 더한 합계가 2,000호를 초과하는 경우 중 어느 하나에 해당하는 경우를 심의대상구역으로 정하고, 심의대상구역 중 ① 주변지역의 주택 멸실량이 공급량을 30퍼센트를 초과하는 경우, ② 주변지역의 주택 멸실량이 공급량을 2,000호를 초과하는 경우, ③ 그밖에 주택시장 불안정 등을 고려하여 주거정책심의회에서 인가 시기의 조정이 필요하다고 인정하는 경우 중 어느 하나에 해당하는 경우를 조정대상구역으로 정하고 있다.

2. 특별시장 · 광역시장 또는 도지사의 시기 조정 요청

(1) 특별시장 · 광역시장 또는 도지사는 조례로 정하는 시기 조정 사유가 발생하는 경우에는 「주거기본법」 제9조에 따른 시 · 도 주거정책심의위원회의 심의를 거쳐 사업시행계획인가 또는 관리처분계획인가의 시기를 조정하도록 해당 시장, 군수 또는 구청장에게 요청할 수 있다. 이 경우 요청을 받은 시장, 군수 또는 구청장은 특별한 사유가 없으면 그 요청에 따라야 하며, 사업시행계획인가 또는 관리처분계획인가의 조정 시기는 인가를 신청한 날부터 1년을 넘을 수 없다.[788]

(2) 시기 조정의 방법 및 절차 등에 필요한 사항은 조례로 정한다.[789] 서울시 조례 제51조에 따르면, 심의대상구역의 사업시행계획인가 또는 관리처분계획인가의 신청이 있는 경우 구청장이 시장에게 심의를 신청하여야 하고, 시장이 주거정책심의회의의 심의 거쳐 조정여부 및 조정기간을 결정하여 심의신청일로부터 60일 이내에 결정사항을 구청장에게 서면으로 통보하며, 구청장은 특별한 사유가 없으면 결정사항에 따라야 하고 조정기간이 경과되면 인가를 할 수 있다.

3. 특별자치시장 · 특별자치도지사의 시기 조정

특별자치시장 · 특별자치도지사는 조례로 정하는 시기 조정 사유가 발생하는 경우에는 「주거기본법」 제9조에 따른 시 · 도 주거정책심의위원회의 심의를 거쳐 사업시행계획인가 또는 관리처분계획인가의 시기를 직접 조정할 수 있다. 이 경우 사업시행계획인

---

788) 법 제75조 제1항.
789) 법 제75조 제3항.

가 또는 관리처분계획인가의 조정 시기는 인가를 신청한 날부터 1년을 넘을 수 없다.[790] 시기 조정의 방법 및 절차 등에 필요한 사항은 조례로 정한다.[791]

790) 법 제75조 제2항.
791) 법 제75조 제3항.

[4] 관리처분계획의 효력 등(제79~82조)

Ⅰ. 관리처분계획에 따른 처분 등(제79조)

도시정비법	도시정비법 시행령
제79조(관리처분계획에 따른 처분 등) ① 정비사업의 시행으로 조성된 대지 및 건축물은 관리처분계획에 따라 처분 또는 관리하여야 한다. ② 사업시행자는 정비사업의 시행으로 건설된 건축물을 제74조에 따라 인가받은 관리처분계획에 따라 토지등소유자에게 공급하여야 한다. ③ 사업시행자(제23조제1항제2호에 따라 대지를 공급받아 주택을 건설하는 자를 포함한다. 이하 이 항, 제6항 및 제7항에서 같다)는 정비구역에 주택을 건설하는 경우에는 입주자 모집 조건·방법·절차, 입주금(계약금·중도금 및 잔금을 말한다)의 납부 방법·시기·절차, 주택공급 방법·절차 등에 관하여 「주택법」 제54조에도 불구하고 대통령령으로 정하는 범위에서 시장·군수등의 승인을 받아 따로 정할 수 있다. ④ 사업시행자는 제72조에 따른 분양신청을 받은 후 잔여분이 있는 경우에는 정관등 또는 사업시행계획으로 정하는 목적을 위하여 그 잔여분을 보류지(건축물을 포함한다)로 정하거나 조합원 또는 토지등소유자 이외의 자에게 분양할 수 있	제66조(주택의 공급 등) 법 제23조제1항제1호부터 제3호까지의 방법으로 시행하는 주거환경개선사업의 사업시행자 및 같은 항 제2호에 따라 대지를 공급받아 주택을 건설하는 자가 법 제79조제3항에 따라 정비구역에 주택을 건설하는 경우 주택의 공급에 관하여는 별표 2에 규정된 범위에서 시장·군수등의 승인을 받아 사업시행자가 따로 정할 수 있다. 제67조(일반분양신청절차 등) 법 제79조제4항에 따라 조합원 외의 자에게 분양하는 경우의 공고·신청절차·공급조건·방법 및 절차 등은 「주택법」 제54조를 준용한다. 이 경우 "사업주체"는 "사업시행자(토지주택공사등이 공동사업시행자인 경우에는 토지주택공사등을 말한다)"로 본다. 제68조(재개발임대주택 인수방법 및 절차 등) ① 법 제79조제5항에 따라 조합이 재개발사업의 시행으로 건설된 임대주택(이하 "재개발임대주택"이라 한다)의 인수를 요청하는 경우 시·도지사 또는 시장, 군

다. 이 경우 분양공고와 분양신청절차 등에 필요한 사항은 대통령령으로 정한다.
⑤ 국토교통부장관, 시 · 도지사, 시장, 군수, 구청장 또는 토지주택공사등은 조합이 요청하는 경우 재개발사업의 시행으로 건설된 임대주택을 인수하여야 한다. 이 경우 재개발임대주택의 인수 절차 및 방법, 인수 가격 등에 필요한 사항은 대통령령으로 정한다.
⑥ 사업시행자는 정비사업의 시행으로 임대주택을 건설하는 경우에는 임차인의 자격 · 선정방법 · 임대보증금 · 임대료 등 임대조건에 관한 기준 및 무주택 세대주에게 우선 매각하도록 하는 기준 등에 관하여 「민간임대주택에 관한 특별법」 제42조 및 제44조, 「공공주택 특별법」 제48조, 제49조 및 제50조의3에도 불구하고 대통령령으로 정하는 범위에서 시장 · 군수등의 승인을 받아 따로 정할 수 있다. 다만, 재개발임대주택으로서 최초의 임차인 선정이 아닌 경우에는 대통령령으로 정하는 범위에서 인수자가 따로 정한다.
⑦ 사업시행자는 제2항부터 제6항까지의 규정에 따른 공급대상자에게 주택을 공급하고 남은 주택을 제2항부터 제6항까지의 규정에 따른 공급대상자 외의 자에게 공급할 수 있다.
⑧ 제7항에 따른 주택의 공급 방법 · 절차 등은 「주택법」 제54조를 준용한다. 다만, 사업시행자가 제64조에 따른 매도청구소송을 통하여 법원의 승소판결을 받은 후 입주예정자에게 피해가 없도록 손실보상금을 공탁하고 분양예정인 건축물을 담보한 경우에는 법원의 승소판결이 확정되기 전이라도 「주택법」 제54조에도 불구하고 ...

수, 구청장이 우선하여 인수하여야 하며, 시 · 도지사 또는 시장, 군수, 구청장이 예산 · 관리인력의 부족 등 부득이한 사정으로 인수하기 어려운 경우에는 국토교통부장관에게 토지주택공사등을 인수자로 지정할 것을 요청할 수 있다.
② 법 제79조제5항에 따른 재개발임대주택의 인수 가격은 「공공주택 특별법 시행령」 제54조제5항에 따라 정해진 분양전환가격의 산정기준 중 건축비에 부속토지의 가격을 합한 금액으로 하며, 부속토지의 가격은 사업시행계획인가 고시가 있는 날을 기준으로 감정평가업자 둘 이상이 평가한 금액을 산술평균한 금액으로 한다. 이 경우 건축비 및 부속토지의 가격에 가산할 항목은 인수자가 조합과 협의하여 정할 수 있다.
③ 제1항 및 제2항에서 정한 사항 외에 재개발임대주택의 인수계약 체결을 위한 사전협의, 인수계약의 체결, 인수대금의 지급방법 등 필요한 사항은 인수자가 따로 정하는 바에 따른다.

제69조(임대주택의 공급 등)
① 법 제79조제6항 본문에 따라 임대주택을 건설하는 경우의 임차인의 자격 · 선정방법 · 임대보증금 · 임대료 등 임대조건에 관한 기준 및 무주택 세대주에게 우선 분양전환하도록 하는 기준 등에 관하여는 별표 3에 규정된 범위에서 시장 · 군수등의 승인을 받아 사업시행자 및 법 제23조제1항제2호에 따라 대지를 공급받아 주택을 건설하는 자가 따로 정할 수 있다.
② 법 제79조제6항 단서에 따라 인수자는 다음 각 호의 범위에서 재개발임대주택의 임차인의 자격 등에 관한 사항을

조에도 불구하고 입주자를 모집할 수 있으나, 제83조에 따른 준공인가 신청 전까지 해당 주택건설 대지의 소유권을 확보하여야 한다.	정하여야 한다. 1. 임차인의 자격은 무주택 기간과 해당 정비사업이 위치한 지역에 거주한 기간이 각각 1년 이상인 범위에서 오래된 순으로 할 것. 다만, 시·도지사가 법 제79조제5항 및 이 영 제48조제2항에 따라 임대주택을 인수한 경우에는 거주지역, 거주기간 등 임차인의 자격을 별도로 정할 수 있다. 2. 임대보증금과 임대료는 정비사업이 위치한 지역의 시세의 100분의 90 이하의 범위로 할 것 3. 임대주택의 계약방법 등에 관한 사항은 「공공주택 특별법」에서 정하는 바에 따를 것 4. 관리비 등 주택의 관리에 관한 사항은 「공동주택관리법」에서 정하는 바에 따를 것 ③ 시장·군수등은 사업시행자 및 법 제23조제1항제2호에 따라 대지를 공급받아 주택을 건설하는 자가 요청하거나 임차인 선정을 위하여 필요한 경우 국토교통부장관에게 제1항 및 제2항에 따른 임차인 자격 해당 여부에 관하여 주택전산망에 따른 전산검색을 요청할 수 있다.

1. 관리처분계획에 따른 처분

가. 관리처분계획에 따른 처분·관리·공급

사업시행자는 정비사업의 시행으로 조성된 대지 및 건축물을 관리처분계획에 따라 처분 또는 관리하여야 하며, 정비사업의 시행으로 건설된 건축물을 인가받은 관리처분계획에 따라 토지등소유자에게 공급하여야 한다.[792)]

792) 법 제79조 제1항 및 제2항.

나. 토지등소유자의 권리확정 및 권리변환

(1) 관리처분계획인가고시가 되면 분양대상자, 분양가액, 청산금액 등 구체적인 토지등소유자의 분양받을 권리가 확정되고, 종전 토지 및 건축물의 소유권은 신축 건축물에 대한 분양받을 권리로 잠정적으로 변환되며, 이전고시 등에 의해 신축 건축물에 대한 소유권등기의 단계로 나아가게 된다.

(2) 여기서 분양받을 권리란 장래 대지 또는 건축물을 분양받을 수 있는 권리가 있다는 것에 불과하므로, 분양받을 권리에 기하여 바로 소유권을 취득하거나 소유권이전등기청구권이 발생하는 것은 아니라고 할 것이다. 대법원도 구 도시재개발법 사안에서 「구 도시재개발법 제47조는 "대지 및 건축시설은 관리처분계획에 의하여 이를 처분 또는 관리하여야 한다."고 규정하고 있고, 제49조 제1항은 "제41조 제5항의 규정에 의하여 고시된 관리처분계획에 따라 대지 또는 건축시설을 분양받을 자는 제48조 제5항의 규정에 의한 분양처분의 고시가 있은 다음날에 그 분양받을 대지 또는 건축시설에 대한 소유권을 취득한다."고 규정하고 있어, 재개발구역 안의 토지 등의 소유자가 재개발사업의 시행 결과 조성된 대지에 관한 소유권을 취득하는지 여부는 관리처분계획에 따른 분양처분에 의하여 정하여지는 것이므로, 비록 구 도시재개발법 제48조 제3항의 규정에 의한 재개발공사완료 공고가 있었다고 하더라도 재개발사업 시행자의 관리처분계획의 수립 및 분양처분이 없었다면 재개발구역 안의 토지 등의 소유자가 재개발사업의 시행 결과 새로 조성된 대지에 관한 소유권을 취득하지 못한다.」고 판시하였다.[793]

(3) 대법원은 「재건축조합이 도시정비법상의 관리처분계획 인가 및 이에 따른 이전고시 등의 절차를 거쳐 신 주택이나 대지를 조합원에게 분양한 경우에는, 구 주택이나 대지에 관한 권리가 권리자의 의사에 관계없이 신 주택이나 대지에 관한 권리로 강제적으로 교환·변경되어 공용환권된 것으로 볼 수 있지만, 이러한 관리처분계획 인가 및 이에 따른 분양처분의 고시 내지 이전고시 등의 절차를 거치지 아니한 채 조합원에게 신 주택이나 대지가 분양된 경우에는, 당해 조합원은 조합규약 내지 분양계약에 의하여 구 주택이나 대지와는 다른 신 주택이나 대지에 관한 소유권을 취득한 것에 불과할 뿐 이를 가리켜 구 주택이나 대지에 관한 소유권이 신 주택이나 대지에 관한 소유권으

---

793) 대법원 2006. 4. 27. 선고 2004다38150, 38167, 38174, 38181 판결 [소유권이전등기절차이행·소유권이전등기].

로 강제적으로 교환·변경되어 공용환권된 것으로 볼 수는 없으므로 양자 간에 그 동일성이 유지된다고 할 수 없다.」고 하여 관리처분계획의 권리변환의 효력을 분명히 하면서, 「명의신탁자와 명의수탁자의 명의신탁약정에 기하여 명의수탁자 앞으로 부동산소유권이전등기가 마쳐진 후 명의수탁자가 이를 새로운 이해관계를 가진 제3자에게 처분한 경우에는 그 제3자에 대하여 명의신탁약정의 무효를 이유로 대항하지 못하는바, 명의수탁자가 명의신탁 부동산을 재건축조합에게 신탁하고 재건축조합이 이를 바탕으로 재건축사업을 진행한 경우, 재건축조합도 여기서 말하는 새로운 이해관계인인 제3자에 해당하므로, 명의수탁자와 재건축조합 간에 체결된 명의신탁 부동산에 관한 신탁약정이나 명의수탁자가 재건축조합과의 관계에서 취득한 조합원의 지위 등은 특별한 사정이 없는 한 그 명의신탁약정이 명의신탁자에 대한 관계에서 무효라는 사정만으로 영향을 받지 않는다. 따라서 재건축조합이 관리처분계획 인가 및 이에 따른 분양처분의 고시 내지 이전고시 등의 절차를 밟지 않고 조합원들로부터 토지 및 건물 등을 신탁받아 재건축사업을 진행하여 신축한 건물과 그 대지권을 조합원인 명의수탁자와의 분양계약을 통하여 명의수탁자에게 분양한 경우, 명의수탁자의 그 신축 건물 등에 대한 소유권 취득은 유효하고 그 신축 건물 등과 당초의 명의신탁 부동산 사이에는 동일성이 유지되고 있다고 볼 수 없으므로, 명의신탁자는 명의신탁 부동산의 처분을 이유로 명의수탁자에게 손해배상 등을 청구할 수 있음은 별론으로 하고, 당초의 명의신탁약정이 명의신탁자에 대한 관계에서 무효라는 사정을 내세워 명의수탁자를 상대로 명의수탁자가 재건축조합으로부터 분양받은 신축 건물 등에 관한 소유권의 이전을 청구할 권리가 있다고 할 수 없다.」고 판시한 바 있다.[794] 이러한 대법원 판례의 취지에 따르면, 관리처분계획 및 이전고시에 의해 명의수탁자가 신 주택이나 대지를 분양받아 소유권을 취득한 경우에는 신 주택이나 대지는 명의신탁한 구 주택이나 대지와 동일성이 있으므로(공용환권의 효력), 명의신탁자가 명의신탁약정의 무효를 주장하며 명의수탁자에게 신 주택이나 대지의 소유권이전등기를 청구할 수 있다.

794) 대법원 2009. 6. 23. 선고 2008다1132 판결 [소유권이전등기].

2. 관리처분외 방법으로 시행하는 주거환경개선사업 등의 주택 공급 방법

가. 주택공급의 방법에 관한 특칙

(1) 앞서 살펴본 바와 같이 정비사업을 관리처분방법으로 시행하는 경우에는 법 제76조 관리처분계획 수립기준에 따라 관리처분계획에서 토지등소유자에 대한 주택공급의 방법과 기준을 정하여 공급하지만, 정비사업을 관리처분 외의 방법으로 시행하는 경우에도 주택법 제54조 일반분양에 의한 주택의 공급에 우선하여 토지등소유자 등 일정한 자에게 주택을 공급할 필요가 있을 수 있다.

(2) 이에 따라 법 제79조 제3항은 사업시행자(법 제23조 제1항 제2호 수용방식에 따라 대지를 공급받아 주택을 건설하는 자를 포함한다)가 정비구역에 주택을 건설하는 경우에는 입주자 모집 조건 · 방법 · 절차, 입주금(계약금 · 중도금 및 잔금을 말한다)의 납부 방법 · 시기 · 절차, 주택공급 방법 · 절차 등에 관하여 「주택법」 제54조에도 불구하고 대통령령으로 정하는 범위에서 시장 · 군수등의 승인을 받아 따로 정할 수 있도록 하였고, 시행령 제66조는 관리처분 외의 방법인 법 제23조 제1항 제1호부터 제3호의 방법으로 시행하는 주거환경개선사업의 사업시행자 및 같은 항 제2호에 따라 대지를 공급받아 주택을 건설하는 자가 주택의 공급에 관하여 [별표 2]에 규정된 범위에서 시장 · 군수등의 승인을 받아 따로 정할 수 있도록 하였다.

나. 주택공급의 조건[795]

(1) 주택의 공급기준은 1세대 1주택을 기준으로 공급한다.

(2) 주택의 공급대상자는 아래 어느 하나에 해당하는 자에게 공급한다. 다만, 주거환경개선사업을 위한 정비구역에 「건축법」 제57조에 따른 대지분할제한면적 이하의 과소토지만을 소유하고 있는 자 등에 대한 주택공급기준은 시 · 도조례로 따로 정할 수 있다.

① 시행령 제13조 제1항에 따른 정비계획의 공람공고일 또는 시장 · 군수등이 해당 구역의 특성에 따라 필요하다고 인정하여 시 · 도지사의 승인을 받아 따로 정하

795) 시행령 제66조 및 [별표 2].

는 날(이하 "기준일"이라 한다)[796] 현재 해당 주거환경개선사업을 위한 정비구역 또는 다른 주거환경개선사업을 위한 정비구역에 주택이 건설될 토지 또는 철거 예정인 건축물을 소유한 자

② 「국토의 계획 및 이용에 관한 법률」 제2조 제11호에 따른 도시 · 군계획사업으로 주거지를 상실하여 이주하게 되는 자로서 해당 시장 · 군수등이 인정하는 자

(3) 주택의 공급순위는 아래와 같다.

1순위 : 기준일 현재 해당 정비구역에 주택이 건설될 토지 또는 철거예정인 건축물을 소유하고 있는 자로서 해당 정비구역에 거주하고 있는 자

2순위 : 기준일 현재 해당 정비구역에 주택이 건설될 토지 또는 철거예정인 건축물을 소유하고 있는 자(법인인 경우에는 사회복지를 목적으로 하는 법인만 해당한다)로서 해당 정비구역에 거주하고 있지 아니하는 자

3순위 : 기준일 현재 다른 주거환경개선사업을 위한 정비구역에 토지 또는 건축물을 소유하고 있는 자로서 해당 정비구역에 거주하고 있는 자

4순위 : 「국토의 계획 및 이용에 관한 법률」 제2조 제11호에 따른 도시 · 군계획사업으로 주거지를 상실하여 이주하게 되는 자로서 해당 시장 · 군수등이 인정하는 자

(4) 사업시행자(법 제23조 제1항 제2호 수용방식에 따라 대지를 공급받아 주택을 건설하는 자를 포함한다)는 위와 같은 기준에 따른 공급대상자에게 공급하고 남은 주택을 공급대상자 외의 자에게 공급할 수 있다.[797]

3. 보류지 지정 및 처분

(1) 사업시행자는 법 제72조에 따른 토지등소유자의 분양신청을 받은 후 잔여분이 있는 경우에 정관등 또는 사업시행계획으로 정하는 목적을 위해(분양대상자의 누락 · 착오 및 소송 등에 대비하기 위한 것을 포함한다)[798] 관리처분계획으로 보류지를 정할 수 있다.[799]

---

796) 법 제77조의 권리산정기준일과 다르다.
797) 법 제79조 제7항.
798) 서울시 조례 제44조(보류지 등) ① 사업시행자는 제38조에 따라 주택 등을 공급하는 경우 분

(2) 보류지란 원래 유치원, 노인정, 마을회관 등 공동시설용지를 의미하는 것으로서, 시행령 제3조 제9호에 따라 정비기반시설에 포함되는 것을 제외하고 신축단지의 공용부분으로 할 수도 있지만, 유치원과 같이 운영이 필요한 시설 등은 관리처분계획에서 분양받을 자를 정할 수도 있는 것이다. 그런데 이와 같은 시설 외에도 정비사업의 실무에는 분양대상자의 누락 · 착오 및 소송 등에 대비하기 위해 분양받을 자를 정하지 아니하고 아파트와 부대 · 복리시설의 일부를 일반분양(체비지)에 포함하지 아니하고 유보해 두는 개념으로 보류지의 개념을 많이 사용하고 있다. 이러한 경우에는 판결을 받은 토지등소유자에게 판결에 따라 분양을 하게 되는바, 보류지가 조합원분양분으로 전환되어 분양되는 것이고, 사업 완료 시점에 잔여 보류지는 다시 체비지와 같은 개념으로 일반분양되어 사업비에 충당하게 되는 것이다.

(3) 서울시 조례 제44조 제1항은 분양대상자의 누락 · 착오 및 소송 등에 대비하기 위한 경우, 토지등소유자에게 분양하는 공동주택 총 건립세대수의 1% 범위에서 공동주택을 보류지로 정할 수 있고 1%를 초과하여 공동주택을 보류지로 정하려면 구청장에게 그 사유 및 증명 서류를 제출하여야 하며, 부대복리시설은 이러한 제한 없이 일부를 보류지로 정할 수 있도록 규정하고 있고, 동조 제2항은 보류지는 분양대상의 누락 · 착오 또는 소송 등에 따른 대상자에게 법 제73조 제1항 제3호 조합원(토지등소유자) 분양가격으로 공급하여야 하며, 잔여 보류지는 일반분양을 하여야 한다고 규정하고 있다.

(4) 대법원은 「구 도시재개발법에서는 보류지분의 처분방법을 관리처분계획과 별도의 결의사항으로 분류하여 대의원회의 대행결의가 가능하도록 규정하였으나, 개정으로 이와 같은 예외조항을 두지 아니한 규정 아래에서는 조합원총회의 결의 및 관할 관청의 인가를 거친 관리처분계획에 포함되는 보류지분의 처분행위는 원칙적으로 관리처분계획에서 정한 방법에 의하지 아니할 경우 그 효력이 없고, 이러한 관리처분계획에 반하는 내용의 조합 정관의 규정 역시 그 효력이 없다고 보아야 한다.」고 판시하였고[800][801]

양대상자의 누락 · 착오 및 소송 등에 대비하기 위하여 법 제79조제4항에 따른 보류지(건축물을 포함한다. 이하 같다)를 다음 각 호의 기준에 따라 확보하여야 한다.

799) 법 제79조 제4항 전단.

800) 대법원 2009. 6. 25. 선고 2007다28642, 28659, 28666 판결 [소유권이전등기말소등기절차이행].

801) 대법원 2001. 3. 23. 선고 2000다72671 판결 [소유권이전등기] 「구 토지구획정리사업법 제26조 제8호에 의하면, "체비지 또는 보류지의 처분 방법에 관하여는 조합원총회의 결의를 거쳐야 한다."고 규정하고 있으므로 위 규정의 취지에 비추어 보면 토지구획정리조합이 조합원총

이는 현행 도시정비법에도 적용될 수 있으므로, 관리처분계획에서 정한 방법에 따라 분양대상의 누락 · 착오 또는 소송 등에 따른 대상자에게 공급하고 남은 보류지는 주택법 등에 따른 일반분양하여야 하며, 관리처분계획변경에 대한 적법한 총회의결 없이 남은 보류지를 조합임원 등에게 임의 처분하는 것은 강행법규에 위반되어 무효라고 할 것이다.

4. 임대주택 처분 및 공급기준

가. 임대주택의 처분방법

(1) 정비사업의 시행으로 건설하는 임대주택에는 「민간임대주택에 관한 특별법」에 따른 공공지원민간임대주택과 「공공주택 특별법」에 따른 공공임대주택이 있다.[802]

(2) 공공지원민간임대주택의 임대사업자는 법 제30조에 따라 선정하고, 법 제74조 제1항 제4호 단서에 따라 공공지원민간임대주택과 그 임대사업자는 관리처분계획에 포함되어야 하므로, 공공지원민간임대주택은 관리처분계획에 따른 임대사업자에게 처분하여야 한다. 공공지원민간임대주택의 인수가격은 법 제30조에 따라 임대사업자를 경쟁입찰 등의 방법으로 선정하여 계약에 따라 정한다.

(3) 공공임대주택은 「공공주택 특별법」 제4조에 따른 공공주택사업자[803]가 임대하

회의 결의를 거치지 아니하고 체비지 또는 보류지를 처분하는 행위를 한 경우에는 그 효력이 없다.」

802) 법 제9, 10조 및 시행령 제8, 9조.

803) 공공주택 특별법 제4조(공공주택사업자)

① 국토교통부장관은 다음 각 호의 자 중에서 공공주택사업자를 지정한다. 〈개정 2010. 4. 5., 2012. 1. 17., 2013. 3. 23., 2014. 1. 14., 2015. 1. 20., 2015. 8. 28., 2021.7.20.〉

1. 국가 또는 지방자치단체
2. 「한국토지주택공사법」에 따른 한국토지주택공사
3. 「지방공기업법」 제49조에 따라 주택사업을 목적으로 설립된 지방공사
4. 「공공기관의 운영에 관한 법률」 제5조에 따른 공공기관 중 대통령령으로 정하는 기관
5. 제1호부터 제4호까지의 규정 중 어느 하나에 해당하는 자가 총지분의 100분의 50을 초과하여 출자 · 설립한 법인
6. 주택도시기금 또는 제1호부터 제4호까지의 규정 중 어느 하나에 해당하는 자가 총지분의 전부(도심 공공주택 복합사업의 경우에는 100분의 50을 초과한 경우를 포함한다)를 출자(공동으로 출자한 경우를 포함한다)하여 「부동산투자회사법」에 따라 설립한 부동산투자회사

는 주택이므로, 시장·군수등 또는 토지주택공사등이 사업시행자인 경우 등 예외적 경우가 아니라면 공공임대주택은 「공공주택 특별법」 제4조에 따른 공공주택사업자에게 처분하여야 한다. 국토교통부장관, 시·도지사, 시장, 군수, 구청장 또는 토지주택공사등은 조합이 요청하는 경우에 재개발사업의 시행으로 건설된 공공임대주택을 인수하여야 한다.[804] 조합이 인수를 요청하는 경우 시·도지사 또는 시장, 군수, 구청장이 우선하여 인수하여야 하고, 시·도지사 또는 시장, 군수, 구청장이 예산·관리인력의 부족 등 부득이한 사정으로 인수하기 어려운 경우에는 국토교통부장관에게 토지주택공사등을 인수자로 지정할 것을 요청할 수 있다.[805] 재개발임대주택의 인수 가격은 「공공주택 특별법 시행령」 제54조 제5항에 따라 정해진 분양전환가격의 산정기준 중 건축비에 부속토지의 가격을 합한 금액으로 하며, 부속토지의 가격은 사업시행계획인가 고시가 있는 날을 기준으로 감정평가업자 둘 이상이 평가한 금액을 산술평균한 금액으로 한다. 이 경우 건축비 및 부속토지의 가격에 가산할 항목은 인수자가 조합과 협의하여 정할 수 있다.[806] 그 외 재개발임대주택의 인수계약 체결을 위한 사전협의, 인수계약의 체결, 인수대금의 지급방법 등 필요한 사항은 인수자가 따로 정하는 바에 따른다.[807]

나. 임대주택의 공급기준

(1) 공공지원민간임대주택의 임대사업자와 공공임대주택의 공공주택사업자는, 「민간임대주택에 관한 특별법」 제42조 및 제44조, 「공공주택 특별법」 제48조, 제49조 및 제50조의3에서 규정하고 있는 임차인의 자격·선정방법·임대보증금·임대료 등 임대조건에 관한 기준 및 무주택 세대주에게 우선 매각하도록 하는 기준 등에 따라 임대주택을 공급하여야 한다.

(2) 그러나 정비사업의 시행으로 임대주택을 건설하는 경우에는 사업시행자(법 제23조 제1항 제2호에 따라 대지를 공급받아 주택을 건설하는 자를 포함한다. 이하 '사업시행자 등'이라 한다)가 「민간임대주택에 관한 특별법」 제42조 및 제44조, 「공공주택 특별법」 제48조, 제49조 및 제50조의3에도 불구하고 대통령령으로 정하는 범위에서 시장·군수등의 승

804) 법 제79조 제5항.
805) 시행령 제68조 제1항.
806) 시행령 제68조 제2항.
807) 시행령 제68조 제3항.

인을 받아 따로 정할 수 있다.[808] 사업시행자 등은 아래와 같은 범위에서 기준을 정할 수 있다.[809]

> 1. 주거환경개선사업
> 가. 임대주택은 다음의 순위에 따라 입주를 희망하는 자에게 공급한다.
> 1) 1순위 : 기준일(공공재개발사업의 경우 공공시행자를 지정한 날 또는 공공재개발사업을 추진하기 위해 정비구역을 지정·변경한 날 중 빠른 날을 말한다. 이하 이 표에서 같다) 3개월 전부터 보상계획 공고시까지 계속하여 해당 주거환경개선사업을 위한 정비구역 또는 다른 주거환경개선사업을 위한 정비구역에 거주하는 세입자
> 2) 2순위 : 별표 2 제3호가목 및 나목의 순위에 해당하는 자로서 주택분양에 관한 권리를 포기한 자
> 3) 3순위 : 별표 2 제3호라목의 순위에 해당하는 자
> 나. 세입자에게 공급하는 주택의 규모별 입주자 선정기준 : 입주대상자의 세대구성원의 수, 해당 정비구역에서의 거주기간, 소득수준, 「국민기초생활 보장법」에 따른 수급권자 여부 등을 고려하여 정한다.
> 다. 공급절차 등
> 1) 입주자모집공고 내용 및 절차, 공급신청 및 계약조건 등 임대주택의 공급에 관하여는 공공주택 특별법령 및 주택법령의 관련 규정에 따른다.
> 2) 임대보증금 · 임대료 등에 관하여는 임대주택법령 및 주택건설촉진법령의 관련규정에 따른다. 다만, 시 · 도조례로 따로 정하는 경우에는 그에 따른다.
>
> 2. 재개발사업
> 가. 임대주택은 다음의 어느 하나에 해당하는 자로서 입주를 희망하는 자에게 공급한다.
> 1) 기준일 3개월 전부터 해당 재개발사업을 위한 정비구역 또는 다른 재개발사업을 위한 정비구역에 거주하는 세입자
> 2) 기준일 현재 해당 재개발사업을 위한 정비구역에 주택이 건설될 토지 또는 철거예정인 건축물을 소유한 자로서 주택분양에 관한 권리를 포기한 자
> 3) 별표 2 제3호라목의 순위에 해당하는 자
> 4) 시 · 도조례로 정하는 자
> 나. 주택의 규모 및 규모별 입주자선정방법, 공급절차 등에 관하여는 시 · 도조례로 정하는 바에 따른다.

808) 법 제79조 제6항 본문.
809) 시행령 제69조 제1항 및 [별표 3].

다. 공급절차 등: 입주자모집공고 내용 및 절차, 공급신청 · 계약조건 · 임대보증금 및 임대료 등 주택공급에 관하여는 민간임대주택에 관한 특별법령, 공공주택 특별법령 및 주택법령의 관련 규정에 따른다.

(3) 재개발임대주택으로서 최초의 임차인 선정이 아닌 경우에는 대통령령으로 정하는 범위에서 인수자가 따로 정한다.[810] 임대주택의 인수자는 아래와 같은 범위에서 재개발임대주택의 임차인의 자격 등에 관한 사항을 정하여야 한다.[811]

1. 임차인의 자격은 무주택 기간과 해당 정비사업이 위치한 지역에 거주한 기간이 각각 1년 이상인 범위에서 오래된 순으로 할 것. 다만, 시 · 도지사가 법 제79조 제5항[812] 및 이 영 제48조 제2항[813]에 따라 임대주택을 인수한 경우에는 거주지역, 거주기간 등 임차인의 자격을 별도로 정할 수 있다.
2. 임대보증금과 임대료는 정비사업이 위치한 지역의 시세의 100분의 90 이하의 범위로 할 것
3. 임대주택의 계약방법 등에 관한 사항은 「공공주택 특별법」에서 정하는 바에 따를 것
4. 관리비 등 주택의 관리에 관한 사항은 「공동주택관리법」에서 정하는 바에 따를 것

(4) 시장 · 군수등은 사업시행자 및 법 제23조 제1항 제2호에 따라 대지를 공급받아 주택을 건설하는 자가 요청하거나 임차인 선정을 위하여 필요한 경우 국토교통부장관에게 임차인 자격 해당 여부에 관하여 주택전산망에 따른 전산검색을 요청할 수 있다.[814]

---

810) 법 제79조 제6항 단서.
811) 시행령 제69조 제2항.
812) 사업시행자의 인수 요청으로 시 · 도시사가 인수한 경우.
813) 사업시행자가 법 제54조에 따라 건설한 국민주택규모 주택을 시행령 제48조 제2항에 따라 시 · 도지사가 우선 인수한 경우. 당해 국민주택규모 주택은 법 제55조 제4항에 따라 임대주택으로 활용된다.
814) 시행령 제69조 제3항.

5. 법 제54조 국민주택규모 주택의 처분 및 공급기준

가. 법 제54조 국민주택규모 주택의 처분방법

(1) 법 제54조에 따라 법적상한용적율까지 용적율을 완화 받아 의무적으로 건설하여야 하는 국민주택규모 주택은 법 제55조에 따라 사업시행자가 시·도지사, 시장, 군수, 구청장 또는 토지주택공사등(인수자)에게 공급하여야 하고, 인수자는 국민주택규모 주택을 「공공주택 특별법」의 장기공공임대주택(임대기간 20년 이상)으로 공급하여야 한다. 다만, 토지등소유자의 부담 완화 등 대통령령으로 정하는 요건[815]에 해당하는 경우에는 인수된 국민주택규모 주택을 장기공공임대주택이 아닌 임대주택으로 활용할 수 있다.

(2) 법 제54조에 따른 국민주택규모 주택은 시·도지사, 시장·군수·구청장 순으로 우선하여 인수할 수 있고, 시·도지사 및 시장·군수·구청장이 국민주택규모 주택을 인수할 수 없는 경우에는 시·도지사는 국토교통부장관에게 인수자 지정을 요청하여야 하며, 국토부장관은 30일 이내에 인수자를 지정하여 시·도지사에게 통보하여야 하며, 시·도지사는 지체 없이 이를 시장·군수·구청장에게 보내어 그 인수자와 국민주택규모 주택의 공급에 관하여 협의하도록 하여야 한다.[816]

(3) 국민주택규모 주택의 인수가격은 「공공주택 특별법」 제50조의4에 따라 국토교통부장관이 고시하는 공공건설임대주택의 표준건축비로 하며, 부속 토지는 인수자에게 기부채납한 것으로 본다. 다만 인수자가 장기공공임대주택이 아닌 임대주택으로 활용하는 경우에는 임대의무기간에 따라 감정평가액의 100분의 50 이하의 범위에서 대통령령으로 정하는 가격으로 부속 토지를 인수하여야 한다.[817]

---

815) 시행령 제48조(소형주택의 공급방법 등)

⑤ 법 제55조제4항 단서에서 "토지등소유자의 부담 완화 등 대통령령으로 정하는 요건에 해당하는 경우"란 다음 각 호의 어느 하나에 해당하는 경우를 말한다.

1. 가목의 가액을 나목의 가액으로 나눈 값이 100분의 80 미만인 경우. 이 경우 가목 및 나목의 가액은 사업시행계획인가 고시일을 기준으로 하여 산정하되 구체적인 산정방법은 국토교통부장관이 정하여 고시한다.
   가. 정비사업 후 대지 및 건축물의 총 가액에서 총사업비를 제외한 가액
   나. 정비사업 전 토지 및 건축물의 총 가액
2. 시·도지사가 정비구역의 입지, 토지등소유자의 조합설립 동의율, 정비사업비의 증가규모, 사업기간 등을 고려하여 토지등소유자의 부담이 지나치게 높다고 인정하는 경우

816) 시행령 제48조 제2, 3항.

817) 시행령 제48조(소형주택의 공급방법 등)

(4) 위와 같은 법 제54조에 따른 국민주택규모 주택의 추산액 및 처분방법은 법 제74조 제1항 제4호(보류지 등의 추산액 및 처분방법) 중 다목(임대주택)에 반영하여 관리처분계획에 포함하여야 한다.

나. 법 제54조 국민주택규모 주택 공급기준

인수자는 법 제54조 국민주택규모 주택을 「공공주택 특별법」에 따른 공공임대주택으로 공급하여야 하므로, 법 제79조 제6항의 공급기준에 관한 특칙은 법 제54조 국민주택규모 주택에도 적용된다.[818] 따라서 사업시행자와 인수자는 「공공주택 특별법」의 임차인 자격 등 공급기준에도 불구하고 임차인의 자격 · 선정방법 · 임대보증금 · 임대료 등 임대조건에 관한 기준 및 무주택 세대주에게 우선 매각하도록 하는 기준 등에 관하여 시행령 제69조 제1항과 제2항의 범위에서 따로 정할 수 있고, 그 내용은 앞서 본 임대주택의 공급기준과 같다. 다만, 시행령 제69조 제1항과 제2항 및 [별표 3]은 재건축사업으로 건설한 법 제54조 국민주택규모 주택을 적용대상에서 제외하고 있다.

6. 잔여 건축물의 일반분양

가. 일반분양의 방법

(1) 사업시행자는 분양신청을 받은 후 관리처분계획에 따른 공급대상자에게 공급하고 남은 건축물(주택 및 부대 · 복리시설 등)을 조합원 또는 토지등소유자 이외의 자에게 일반분양하여 공급한다.[819]

(2) 일반분양의 입주자모집공고 · 신청절차 · 공급조건 · 방법 및 절차 등은 주택법

---

⑥ 법 제55조제5항에서 "대통령령으로 정하는 가격"이란 다음 각 호의 구분에 따른 가격을 말한다.

1. 임대의무기간이 10년 이상인 경우: 감정평가액(시장 · 군수등이 지정하는 둘 이상의 감정평가업자가 평가한 금액을 산술평균한 금액을 말한다. 이하 제2호에서 같다)의 100분의 30에 해당하는 가격
2. 임대의무기간이 10년 미만인 경우: 감정평가액의 100분의 50에 해당하는 가격

818) 시행령 제69조 제2항 제1호 단서도 "영 제48조 제2항(소형주택의 인수)"에 따른 임대주택에 적용된다는 점을 명시하고 있다.

819) 법 제79조 제4항 및 시행령 제67조는 주택 및 부대 · 복리시설 등을 포함한 일반분양을, 법 제79조 제7, 8항은 주택의 일반분양을 중복하여 규정하고 있다.

제54조을 준용하며 주택법상 "사업주체"는 "사업시행자(토지주택공사등이 공동사업시행자인 경우에는 토지주택공사등을 말한다)"로 본다.[820]

(3) 사업시행자가 입주자를 모집하려는 경우에는 국토교통부령으로 정하는 바에 따라 시장 · 군수 · 구청장의 승인(복리시설의 경우에는 신고를 말한다)을 받아야 하며, 입주자 모집의 시기 · 조건 · 방법 · 절차, 입주금(주택가격)의 납부 방법 · 시기 · 절차, 주택공급 계약의 방법 · 절차 등은 「주택공급에 관한 규칙」에 따라야 한다.[821]

나. 토지등소유권의 확보와 일반분양

(1) 주택법 제54조에 따라 제정한 「주택공급에 관한 규칙」 제15조 제1항 제1호에 따르면 사업시행자는 주택이 건설되는 대지의 소유권을 확보하여야 착공과 동시에 입주자를 모집할 수 있는데, 이에 관한 특칙으로 법 제79조 제8항 단서는 "사업시행자가 법 제64조에 따른 매도청구소송을 통하여 '법원의 승소판결'을 받은 후 입주예정자에게 피해가 없도록 손실보상금을 공탁하고 분양예정인 건축물을 담보한 경우에는 법원의 승소판결이 확정되기 전이라도 「주택법」 제54조에도 불구하고 입주자를 모집할 수 있으나, 이 경우 준공인가 신청 전까지 해당 주택건설 대지의 소유권을 확보하여야 한다."고 규정하여 일반분양승인의 요건을 완화하였다.

(2) 그런데 법 제79조 제8항 단서는 법 제73조에 따른 현금청산자에 대한 매도청구소송와 수용재결에 관해서는 이와 같은 특칙은 두지 아니하였는바, 사업시행자가 현금청산자의 토지등소유권을 확보하는 것이 일반분양승인의 요건인지가 문제된다. 그러나 애초 사업에 참여하지 아니하여 공용환권의 효력이 미칠 수 없는 재건축사업의 매도청구대상자와 달리, 현금청산자는 공익사업에 참여하였다가 탈퇴한 자로서 관리처분계획과 이전고시에 의한 공용환권의 효력이 미치며, 사업시행자는 이전고시에 의해 현금청산자의 종전 소유권을 소멸시키고 일반분양자에게 신축 건축물과 대지를 이전할 수 있으므로, 현금청산자에 대한 토지등소유권 확보는 일반분양승인의 요건이 아니라고 할 것이다. 즉 사업시행자가 공용환권에 의해 이미 소유권을 확보한 것으로 보아 「주택공급에 관한 규칙」 제15조 제1항 제1호의 요건을 갖추었다고 보아야 한다(이전고시에

820) 법 제79조 본문 및 시행령 제67조.

821) 주택법 제54조 제1항.

의한 소유권의 소멸과 취득에 관하여는 본서의 법 제86조 부분을 참조하기로 한다).

Ⅱ. 지분형주택 등의 공급(제80조)

도시정비법	도시정비법 시행령
제80조(지분형주택 등의 공급) ① 사업시행자가 토지주택공사등인 경우에는 분양대상자와 사업시행자가 공동 소유하는 방식으로 주택(이하 "지분형주택"이라 한다)을 공급할 수 있다. 이 경우 공급되는 지분형주택의 규모, 공동 소유기간 및 분양대상자 등 필요한 사항은 대통령령으로 정한다. ② 국토교통부장관, 시·도지사, 시장, 군수, 구청장 또는 토지주택공사등은 정비구역에 세입자와 대통령령으로 정하는 면적 이하의 토지 또는 주택을 소유한 자의 요청이 있는 경우에는 제79조제5항에 따라 인수한 임대주택의 일부를 「주택법」에 따른 토지임대부 분양주택으로 전환하여 공급하여야 한다.	제70조(지분형주택의 공급) ① 법 제80조에 따른 지분형주택(이하 "지분형주택"이라 한다)의 규모, 공동 소유기간 및 분양대상자는 다음 각 호와 같다. 1. 지분형주택의 규모는 주거전용면적 60제곱미터 이하인 주택으로 한정한다. 2. 지분형주택의 공동 소유기간은 법 제86조제2항에 따라 소유권을 취득한 날부터 10년의 범위에서 사업시행자가 정하는 기간으로 한다. 3. 지분형주택의 분양대상자는 다음 각 목의 요건을 모두 충족하는 자로 한다. 가. 법 제74조제1항제5호에 따라 산정한 종전에 소유하였던 토지 또는 건축물의 가격이 제1호에 따른 주택의 분양가격 이하에 해당하는 사람 나. 세대주로서 제13조제1항에 따른 정비계획의 공람 공고일 당시 해당 정비구역에 2년 이상 실제 거주한 사람 다. 정비사업의 시행으로 철거되는 주택 외 다른 주택을 소유하지 아니한 사람 ② 지분형주택의 공급방법·절차, 지분 취득비율, 지분 사용료 및 지분 취득가

	격 등에 관하여 필요한 사항은 사업시행자가 따로 정한다. **제71조(소규모 토지 등의 소유자에 대한 토지임대부 분양주택 공급)** ① 법 제80조제2항에서 "대통령령으로 정하는 면적 이하의 토지 또는 주택을 소유한 자"란 다음 각 호의 어느 하나에 해당하는 자를 말한다. 1. 면적이 90제곱미터 미만의 토지를 소유한 자로서 건축물을 소유하지 아니한 자 2. 바닥면적이 40제곱미터 미만의 사실상 주거를 위하여 사용하는 건축물을 소유한 자로서 토지를 소유하지 아니한 자 ② 제1항에도 불구하고 토지 또는 주택의 면적은 제1항 각 호에서 정한 면적의 2분의 1 범위에서 시·도조례로 달리 정할 수 있다.

1. 지분형주택의 공급

가. 지분형주택의 의의

(1) 사업시행자가 토지주택공사등인 경우에는 분양대상자와 사업시행자가 공동 소유하는 방식으로 주택(이하 "지분형주택"이라 한다)을 공급할 수 있다.[822)]

(2) 고가의 신규주택을 분양받기 어려운 저소득층 토지등소유자가 분양가의 일부만 지급하고 신규주택을 공급받을 수 있도록 하기 위해 2012. 2. 1. 개정법에서 도입하였다.

나. 지분형주택의 공급기준

(1) 지분형주택의 규모는 주거전용면적 60제곱미터 이하인 주택으로 한정한다.[823)]

822) 법 제80조 제1항.

(2) 지분형주택의 공동 소유기간은 법 제86조 제2항에 따라 소유권을 취득한 날(이전 고시 다음 날)부터 10년의 범위에서 사업시행자가 정하는 기간으로 한다.[824)]

(3) 지분형주택의 분양대상자는 아래의 요건을 모두 충족하는 토지등소유자로 한다.[825)]

① 법 제74조 제1항 제5호에 따른 종전 토지 또는 건축물의 감정평가액이 지분형주택의 분양가격 이하에 해당하는 사람

② 세대주로서 법 제13조 제1항에 따른 정비계획의 공람 공고일 당시 해당 정비구역에 2년 이상 실제 거주한 사람

③ 정비사업의 시행으로 철거되는 주택 외 다른 주택을 소유하지 아니한 사람

(4) 지분형주택의 공급방법 · 절차, 지분 취득비율, 지분 사용료 및 지분 취득가격 등에 관하여 필요한 사항은 사업시행자가 따로 정한다.[826)]

2. 토지임대부 분양주택의 공급

가. 토지임대부 분양주택의 의의

(1) 국토교통부장관, 시 · 도지사, 시장, 군수, 구청장 또는 토지주택공사등은 정비구역에 세입자와 대통령령으로 정하는 면적 이하의 토지 또는 주택을 소유한 자의 요청이 있는 경우에는 법 제79조 제5항에 따라 인수한 임대주택의 일부를 「주택법」에 따른 토지임대부 분양주택으로 전환하여 공급하여야 한다.[827)]

(2) 사업시행자로부터 분양을 받는 것이 아니라 공공임대주택의 인수자로부터 분양받는 것이므로, 토지등소유자는 사업시행자로부터 법 제73조 현금청산에 따른 손실보상을 받고 토지임대부 분양주택을 분양받게 된다.

(3) 고가의 신규주택을 분양받기 어려운 저소득층 토지등소유자와 정비구역 내 세입자가 저렴한 가격에 신규주택을 공급받을 수 있도록 하기 위해 2017. 2. 8. 개정법(2018.

823) 시행령 제70조 제1항 제1호.
824) 시행령 제70조 제1항 제2호.
825) 시행령 제70조 제1항 제3호.
826) 시행령 제70조 제2항.
827) 법 제80조 제2항.

2. 9. 시행)에서 도입하였다.

나. 토지임대부 분양주택의 공급기준

(1) 분양대상자는 ① 정비구역 내 세입자, ② 면적이 90제곱미터 미만의 토지를 소유한 자로서 건축물을 소유하지 아니한 자, ③ 바닥면적이 40제곱미터 미만의 사실상 주거를 위하여 사용하는 건축물을 소유한 자로서 토지를 소유하지 아니한 자 중 어느 하나에 해당하여야 한다. 다만, 위 토지면적과 주택면적은 1/2 범위에서 시·도조례로 달리 정할 수 있다.[828)]

(2) 토지임대부 분양주택의 공급방법·절차, 토지임대 기간, 토지 사용료 등에 관해서는 주택법에 따른다.

Ⅲ. 건축물 등의 사용·수익의 중지 및 철거 등(제81조)

도시정비법	도시정비법 시행령
제81조(건축물 등의 사용·수익의 중지 및 철거 등) ① 종전의 토지 또는 건축물의 소유자·지상권자·전세권자·임차권자 등 권리자는 제78조제4항에 따른 관리처분계획 인가의 고시가 있은 때에는 제86조에 따른 이전고시가 있는 날까지 종전의 토지 또는 건축물을 사용하거나 수익할 수 없다. 다만, 다음 각 호의 어느 하나에 해당하는 경우에는 그러하지 아니하다. 〈개정 2017. 8. 9.〉 1. 사업시행자의 동의를 받은 경우 2. 「공익사업을 위한 토지 등의 취득 및 보상에 관한 법률」에 따른 손실보상이 완료되지 아니한 경우	제72조(물건조서 등의 작성) ① 사업시행자는 법 제81조제3항에 따라 건축물을 철거하기 전에 관리처분계획의 수립을 위하여 기존 건축물에 대한 물건조서와 사진 또는 영상자료를 만들어 이를 착공 전까지 보관하여야 한다. ② 제1항에 따른 물건조서를 작성할 때에는 법 제74조제1항제5호에 따른 종전 건축물의 가격산정을 위하여 건축물의 연면적, 그 실측평면도, 주요마감재료 등을 첨부하여야 한다. 다만, 실측한 면적이 건축물대장에 첨부된 건축물현황도와 일치하는 경우에는 건축물현황도로 실측평면도를 갈음할 수 있다.

828) 시행령 제71조.

② 사업시행자는 제74조제1항에 따른 관리처분계획인가를 받은 후 기존의 건축물을 철거하여야 한다.

③ 사업시행자는 다음 각 호의 어느 하나에 해당하는 경우에는 제2항에도 불구하고 기존 건축물 소유자의 동의 및 시장·군수등의 허가를 받아 해당 건축물을 철거할 수 있다. 이 경우 건축물의 철거는 토지등소유자로서의 권리·의무에 영향을 주지 아니한다.

1. 「재난 및 안전관리 기본법」·「주택법」·「건축법」 등 관계 법령에서 정하는 기존 건축물의 붕괴 등 안전사고의 우려가 있는 경우
2. 폐공가(廢空家)의 밀집으로 범죄발생의 우려가 있는 경우

④ 시장·군수등은 사업시행자가 제2항에 따라 기존의 건축물을 철거하는 경우 다음 각 호의 어느 하나에 해당하는 시기에는 건축물의 철거를 제한할 수 있다.

1. 일출 전과 일몰 후
2. 호우, 대설, 폭풍해일, 지진해일, 태풍, 강풍, 풍랑, 한파 등으로 해당 지역에 중대한 재해발생이 예상되어 기상청장이 「기상법」 제13조에 따라 특보를 발표한 때
3. 「재난 및 안전관리 기본법」 제3조에 따른 재난이 발생한 때
4. 제1호부터 제3호까지의 규정에 준하는 시기로 시장·군수등이 인정하는 시기

1. 종전 토지 · 건축물의 사용 · 수익 중지

가. 사용 · 수익 중지와 사업시행자의 인도청구권

(1) 관리처분계획인가의 고시가 있은 때에는 종전의 토지 또는 건축물의 소유자 · 지상권자 · 전세권자 · 임차권자 등 권리자는 이전고시가 있는 날까지 종전의 토지 또는 건축물을 사용하거나 수익할 수 없다. 다만, '사업시행자의 동의'를 받거나 '토지보상법에 따른 손실보상이 완료되지 아니한 경우'에는 그러하지 아니하다.[829)]

(2) 사업시행자는 본조 관리처분계획인가고시의 효력에 근거하여 소유자 · 지상권자 · 전세권자 · 임차권자 등 권리자에게 종전의 토지 또는 건축물의 인도를 구할 수 있게 된다는 것이 통설적 견해[830)]이자 대법원의 입장이다.[831)]

나. 적용되는 정비사업의 범위

(1) 본조는 재개발사업에 적용되었던 구 도시재개발법 제34조 제8항에서 규정한 것을 승계한 것인데, 재건축사업을 통합하여 규율하고 있는 도시정비법의 체계상 재건축사업에도 적용된다는 것이 통설적 견해[832)]이자 대법원[833)]의 입장이다.

(2) 다만, 본조 단서 중 "토지보상법에 따른 손실보상이 완료되지 아니한 경우에는 그러하지 아니하다."는 부분은, 토지보상법상 손실보상이 적용되는 재개발사업 등에만 적용될 수 있고 토지보상법상 손실보상이 적용되지 않는 재건축사업에는 적용되지 않는다고 할 것이다. 대법원도 「구 도시정비법 제49조 제6항[834)] 단서는 구 도시정비법 제38조[835)]에 따라 사업시행자에게 토지보상법상 정비구역 안의 토지 등을 수용 또는 사용할 권한이 부여된 정비사업에 제한적으로 적용되고, 그 권한이 부여되지 아니한

---

829) 법 제81조 제1항.

830) 송현진 · 유동규 공저 「재개발 · 재건축 이론과 실무」, 변호사 맹신균 저 「도시 및 주거환경정비법 해설」, 부장판사 이우재 저 「도시 및 주거환경정비법」.

831) 대법원 2014. 7. 24. 선고 2012다62561, 62578 판결 [건물인도 · 건물명도], 대법원 2011. 11. 24. 선고 2009다28394 판결 [건물명도], 대법원 2011. 7. 28. 선고 2008다91364 판결 [부동산명도] 등.

832) 송현진 · 유동규 공저 「재개발 · 재건축 이론과 실무」, 변호사 맹신균 저 「도시 및 주거환경정비법 해설」, 부장판사 이우재 저 「도시 및 주거환경정비법」.

833) 대법원 2014. 7. 24. 선고 2012다62561, 62578 판결 [건물인도 · 건물명도].

834) 현행법 제81조 제1항.

835) 현행법 제63조.

주택재건축사업에는 적용될 수 없다 할 것이며 유추적용된다고 보기도 어렵다.」고 판시하였다.[836)]

(3) 위와 같이 재건축사업에서 손실보상 없이 임차권자 등의 사용·수익을 정지시키는 것에 대해, 헌법재판소는 「재건축사업의 임차권자에 대해서는 토지보상법에 규정된 세입자 보상에 관한 조항들이 원칙적으로 적용되지 않는데, 이는 도시정비법이 임차권자에 대한 보상 역시 건축물의 소유자인 임대인과 임차인 사이의 임대차계약에 따라 사적 자치에 의해 해결하도록 한 것으로 볼 수 있다. 임차권은 사적 자치의 원칙이 적용되어 그 내용과 형태 및 설정방식 등이 다양한데 임차인의 복잡·다양한 사정까지 고려하여 미리 보상규정을 마련한다는 것은 매우 비효율적일 뿐만 아니라, 획일적이고 현실성 없는 보상규정으로 말미암아 자칫 보상의 실효성을 떨어뜨리고, 구상문제 등으로 새로운 분쟁을 초래함으로써 재건축사업의 원활한 진행에 차질을 빚을 수 있다. 임대인과 임차인은 재건축사업이 진행되고 있는 건축물에 대해서는 특약사항이 포함된 임대차계약을 체결하는 등의 방식으로 충분히 이해관계를 조정할 수 있고, 실제 많은 임차인들이 임차료가 낮게 형성된 재건축지역에서 낮은 차임이라는 경제적 이익을 누리고 있는 것으로 보이므로, 사적 자치에 의한 이익 조정이 불가능하다거나 현실적이지 않다고 단정하기는 어렵다. 이러한 사정들을 종합하면 임차권자에 대한 보상을 임대인과 임차인 사이의 임대차계약 등에 따라 사적 자치에 의해 해결하도록 한 입법자의 판단이 잘못되었다고 보기 어려우므로, 심판대상조항은 과잉금지원칙을 위반하여 임차권자의 재산권을 침해하지 아니한다.」고 하여 합헌결정을 하였다.[837)]

다. 법적 성격과 민법상 동시이행의 항변

(1) 본조의 법적 성격이 사법상 사용·수익권을 배제하고 사업시행자에게 사용·수익권을 강제적으로 귀속시키는 효력을 갖는 것인지 문제되는데, 이런 법적 성격에 따라 토지등소유자 또는 임차인 등이 본조 단서 '손실보상'에 해당하지 아니하는 매매대금과 보증금 등 반환청구권에 기하여 민법상 동시이행항변을 주장하여 사업시행자의 인도청구를 거부할 수 있는 것인지가 명도소송의 실무상 자주 문제된다.

---

836) 대법원 2014. 7. 24. 선고 2012다62561, 62578 판결 [건물인도·건물명도].
837) 헌재 2020. 4. 23. 2018헌가17, 공보 제283호, 588 [합헌].

(2) 일부 견해는 대법원 판결이「관리처분계획이 인가되어 고시된 때에는 종전의 토지 또는 건축물의 소유자 · 지상권자 · 전세권자 · 임차권자 등 권리자는 도시정비법 제54조에 의한 이전의 고시가 있은 날까지 종전의 토지 또는 건축물에 대하여 이를 사용하거나 수익할 수 없고, 사업시행자가 이를 사용 · 수익할 수 있게 된다.」고 판시한 점에 비추어[838] 사업시행자에게 사용 · 수익권을 귀속시키는 효력을 갖는다고 본다.[839] 그리고 이러한 견해를 취하며 본조의 공법적 효력에 의해 사법상 동시이행항변은 인정될 수 없다는 견해도 있었다.

(3) 그러나 본조의 법적 성격을 대법원의 일부 판시 내용에 국한하여 판단하는 것은 적절치 않다고 보며, 법 제81조 제1항 단서가 신설된 2009. 5. 27. 개정법 전후의 규정과 대법원 판례의 주요 흐름 등을 살펴 해석할 필요가 있다고 본다.

(4) 구 도시재개발법 제34조 제8항과 이를 승계한 2009. 5. 27. 개정 전 구 도시정비법 제49조 제6항 단서는 사업시행자의 동의를 얻은 경우에만 사용 · 수익이 중지되지 않는다고 규정하였는바, 문리해석상 사업시행자가 토지보상법상 손실보상을 하지 아니하고도 사용 · 수익권을 취득하여 인도를 청구할 수 있다고 해석할 수 있고, 나아가 민법상 동시이행항변도 인정될 수 없다고 해석할 여지가 많았다.

(5) 그러나 이러한 해석가능성에도 불구하고 2009. 5. 27. 개정 전 구법이 적용되는 사안에서 대법원은, 토지보상법의 관계규정을 종합하여 볼 때 정비구역 내 토지 또는 건축물을 인도받기 위해서는 관리처분계획이 인가 · 고시된 것만으로는 부족하고 협의 또는 재결절차에 의하여 결정되는 손실보상금 등을 지급할 것이 요구된다고 보는 것이 국민의 재산권을 보장하는 헌법에 합치하는 해석이라고 판시한 바 있다.[840]

---

838) 대법원 2014. 7. 24. 선고 2012다62561, 62578 판결 [건물인도 · 건물명도], 대법원 2010. 5. 27. 선고 2009다53635 판결 등.

839) 변호사 맹신균 저「도시 및 주거환경정비법 해설」.

840) 대법원 2011. 11. 24. 선고 2009다28394 판결 [건물명도], 대법원 2011. 7. 28. 선고 2008다91364 판결 [부동산명도] 등「구 도시정비법(2009. 5. 27. 개정 전의 것) 제49조 제6항 본문, 사전보상의 원칙을 규정한 토지보상법 제62조를 비롯한 도시정비법 및 토지보상법의 관계 규정들을 종합하여 보면, 도시환경정비사업의 사업시행자가 공사에 착수하기 위하여 임차인으로부터 정비구역 내 토지 또는 건축물을 인도받기 위하여는 관리처분계획이 인가 · 고시된 것만으로는 부족하고 협의 또는 재결절차에 의하여 결정되는 영업손실보상금 등을 지급할 것이 요구된다고 보는 것이 국민의 재산권을 보장하는 헌법에 합치하는 해석이라고 할 것이다. 만일 사업시행자와 임차인 사이에 보상금에 관한 협의가 성립된다면 조합의 보상금 지급의무와 임차인의 부동산 인도의무는 동시이행의 관계에 있게 되고, 재결절차에 의할 때에

(6) 그리고 2009. 5. 27. 개정에서는 위와 같은 취지에서 손실보상을 사용·수익 중지의 요건으로 단서에 추가하였는데, 대법원은 단서의 손실보상 지급요건은 재건축에 준용되지 않는다고 하면서도, 민법상 동시이행의 항변에 관해서는 피고 임차인이 구법 제44조 제2항(현행법 제70조 제2항)에 따라 사업시행자에게 보증금반환을 청구할 수 있는 임차인에 해당하지 아니하여 동시이행의 관계에 있지 않다고 판시하였는바,[841] 판례가 명시적으로 언급하지는 않았지만 법 제70조 제2항에 따라 사업시행자에게 보증금반환을 청구할 수 있는 임차인에 해당하는 경우에는 민법상 동시이행항변이 가능하다는 취지로 해석된다.

(7) 따라서 본조의 법적 성격은 토지등소유자와 임차인 등 사용수익권자에게 인도를 청구할 사법상 권리가 없는 사업시행자에게 인도청구권을 부여하는 것에 그칠 뿐이고 사용·수익권을 사업시행자에게 강제적으로 귀속시키거나 동시이행항변 등 사법상 권리를 배제하는 효력을 갖는 것은 아니라고 할 것이다.[842][843]

라. 수용재결 후 인도청구의 방법

(1) 토지보상법 제43조는 수용할 토지 등에 관한 권리를 가진 자는 수용재결에 따른

는 부동산 인도에 앞서 영업손실보상금 등의 지급절차가 선행되어야 할 것이다(대법원 2011. 7. 28. 선고 2008다78415 판결 등 참조).」

841) 대법원 2014. 7. 24. 선고 2012다62561, 62578 판결 [건물인도·건물명도] 「피고 다인종합건설은 2008. 6. 19. 참가인과 신탁계약을 원인으로 한 소유권이전등기를 마쳐준 사실, 위 신탁계약에 따라 신탁원부로 등기된 신탁조항 중 제10조 제3항은 "이 신탁계약 체결 후 신규 임대차 또는 재임대차계약은 수탁자의 사전승낙을 조건으로 위탁자 명의로 체결하되, 임대차보증금은 수탁자에게 입금하여야 한다"고 정하고 있는 사실을 알 수 있는바, 피고 은성교회가 2008. 7. 1. 피고 다인종합건설과 사이에 체결한 위 임대차계약에 대하여 이 사건 부동산의 소유자인 참가인의 사전승낙을 받았다는 점을 인정할 만한 증거를 찾아보기 어려워, 수탁자인 참가인에게 보증금 반환채권을 가지 못한 피고 은성교회는 구법 제44조 제2항에 따라 사업시행자인 원고에 보증금 반환을 청구할 수 있는 '임차인'에 해당하지 아니함에도 동시이행 항변을 받아들인 원심판단에는 구법 제44조 제2항에 정한 '임차인'의 범위 등에 관한 법리를 오해하고 필요한 심리를 다하지 아니하여 판결에 영향을 미친 위법이 있다.」

842) 부장판사 이우재 저 「도시 및 주거환경정비법」도 이와 유사한 견해에서 서술하고 있고, 변호사 맹신균 저 「도시 및 주거환경정비법 해설」도 민법상 동시이행관계가 적용된다고 본다. 하급심 판례 중 일부는 동시이행항변을 배척한 사례도 있었으나 주류적 흐름은 동시이행항변을 받아들이고 있다(서울고등법원 2015. 11. 19. 선고 2015나2019184,2019191 판결, 서울동부지방법원 2011. 7. 15. 선고 2010가합14041 판결 등).

843) 이런 견해에 대해 공익사업의 신속한 진행을 위한 본조의 입법취지를 몰각시킨다는 비판이 있다.

수용 개시일까지 토지 등을 사업시행자에게 인도할 의무를 규정하고, 제44조는 시장 · 군수 · 구청장 등은 사업시행자의 청구에 의해 인도 또는 이전을 대행할 수 있다고 규정하였으며, 제89조는 이 법으로 인한 의무를 이행할 자가 의무를 이행하지 아니하는 경우에는 사업시행자가 시장 · 군수 · 구청장 등에 행정대집행법에서 정한 바에 따라 대집행을 신청할 수 있고 시장 · 군수 · 구청장 등은 정당한 사유가 없으면 이에 따라야 한다고 규정하고 있다.

(2) 위와 같은 토지보상법에 따르면 재개발사업 등의 시행자는 수용재결 후 행정대집행으로 토지 등의 인도받을 수 있을 것으로 해석될 여지가 있으나, 대법원은 「구 토지수용법 제63조의 '인도'에는 명도도 포함되는 것으로 보아야 하고, 이러한 명도의무는 그것을 강제적으로 실현하면서 직접적인 실력행사가 필요한 것이지 대체적 작위의무라고 볼 수 없으므로 특별한 사정이 없는 한 행정대집행법에 의한 대집행의 대상이 될 수 있는 것이 아니고, 구 토지수용법 제63조의 규정에 따라 피수용자 등이 부담하는 수용대상 토지의 인도 또는 그 지장물의 명도의무 등이 비록 공법상의 법률관계라고 하더라도, 그 권리를 피보전권리로 하는 명도단행가처분은 그 권리에 끼칠 현저한 손해를 피하거나 급박한 위험을 방지하기 위하여 또는 그 밖의 필요한 이유가 있을 경우에는 허용될 수 있다.」고 판시하였는바,[844] 사업시행자는 행정대집행을 신청할 수 없고 민사소송의 방법으로 인도를 구해야 한다.

마. 이주거부에 따른 책임

(1) 이주거부 조합원의 손해배상책임

대법원은 「주택재개발정비사업조합의 사업구역 내 부동산 소유자인 조합원이 조합을 상대로 조합설립인가처분 등의 효력을 다투면서 조합에 부동산 인도의무를 이행하지 않은 사안에서, 조합원이 잘못된 법률적 판단으로 부동산 인도의무가 없다고 믿고 의무의 이행을 거부한 것이라 하더라도 인도의무가 없다고 믿은 데 정당한 사유가 없으므로 인도의무 불이행에 관하여 조합원에게 고의나 과실이 인정되는데도, 이와 달리 본 원심판결에 법리오해의 위법이 있다.」고 하여 조합원의 손해배상책임을 인정하였고,[845] 재건축사업의 경우에도 조합원의 손해배상책임을 인정하였다.[846]

844) 대법원 2005. 8. 19. 선고 2004다2809 판결 [가처분이의].

(2) 재개발 수용대상자의 인도의무와 형사처벌

토지보상법 제43조는 "토지소유자 및 관계인과 그 밖에 토지소유자나 관계인에 포함되지 아니하는 자로서 수용하거나 사용할 토지나 그 토지에 있는 물건에 관한 권리를 가진 자는 수용 또는 사용의 개시일까지 그 토지나 물건을 사업시행자에게 인도하거나 이전하여야 한다."고 규정하고 있고, 제95조의2 제2호는 "제43조를 위반하여 토지 또는 물건을 인도하거나 이전하지 아니한 자를 1년 이하의 징역 또는 1천만원 이하의 벌금에 처한다."고 규정하고 있다.

2. 건축물의 철거

가. 건축물의 철거시기

(1) 과거 신속한 사업진행이라는 명분아래 사업시행인가 후 즉시 철거를 시작함으로써 관리처분계획 수립에 필요한 종전자산 평가의 적정성 여부 등 여러 가지 문제가 발생하자 2009. 2. 6. 개정에서 철거시기를 규정하게 되었다.

(2) 사업시행자는 관리처분계획인가를 받은 후 기존의 건축물을 철거하여야 한다.[847] 다만, 관리처분계획인가 전이라도 관계 법령[848]에서 정하는 기존 건축물의 붕괴 등 안전사고의 우려가 있거나 폐공가의 밀집으로 범죄발생의 우려가 있는 경우에는 기존 건축물 소유자의 동의 및 시장·군수등의 허가를 받아 해당 건축물을 철거할 수 있고, 이 경우 건축물의 철거는 토지등소유자로서의 권리·의무(분양받을 권리 등)에 영향을 주지 아니한다.[849] 이와 같이 관리처분계획인가 전에 건축물을 철거하는 경우에는 철거하기 전에 관리처분계획의 수립을 위하여 기존 건축물에 대한 물건조서와 사진 또는 영상자료를 만들어 이를 착공 전까지 보관하여야 하며, 물건조서를 작성할 때에는 종전 건축물의 가격산정을 위하여 건축물의 연면적, 그 실측평면도, 주요마감재료 등을 첨부하여야 한다. 다만, 실측한 면적이 건축물대장에 첨부된 건축물현황도와 일치하는

845) 대법원 2013. 12. 26. 선고 2011다85352 판결 [손해배상].
846) 대법원 2019. 8. 14. 선고 2019다236262 판결.
847) 법 제81조 제2항.
848) 「재난 및 안전관리 기본법」·「주택법」·「건축법」 등.
849) 법 제81조 제3항.

경우에는 건축물현황도로 실측평면도를 갈음할 수 있다.[850)]

(3) 시장 · 군수등은 관리처분계획인가 이후라도 ① 일출 전과 일몰 후, ② 호우, 대설, 폭풍해일, 지진해일, 태풍, 강풍, 풍랑, 한파 등으로 해당 지역에 중대한 재해발생이 예상되어 기상청장이 「기상법」 제13조에 따라 특보를 발표한 때, ③ 「재난 및 안전관리 기본법」 제3조에 따른 재난이 발생한 때, ④ 위 ①~③에 준하는 시기로 시장 · 군수등이 인정하는 시기에는 사업시행자에게 건축물의 철거를 제한할 수 있다.[851)]

나. 건축물 철거와 형법상 재물손괴

(1) 대법원은 「재건축조합의 규약이나 정관에 '조합은 사업의 시행으로서 그 구역 내의 건축물을 철거할 수 있다', '조합원은 그 철거에 응할 의무가 있다'는 취지의 규정이 있고, 조합원이 재건축조합에 가입하면서 '조합원의 권리, 의무 등 조합 정관에 규정된 모든 내용에 동의한다'는 취지의 동의서를 제출하였다고 하더라도, 조합원은 이로써 조합의 건축물 철거를 위한 명도의 의무를 부담하겠다는 의사를 표시한 것일 뿐이므로, 조합원이 그 의무이행을 거절할 경우 재건축조합은 명도청구소송 등 법적 절차를 통하여 그 의무이행을 구하여야 함이 당연하고, 조합원이 위와 같은 동의서를 제출한 것을 '조합원이 스스로 건축물을 명도하지 아니하는 경우 재건축조합이 법적 절차에 의하지 아니한 채 자력으로 건축물을 철거하는 것'에 대해서까지 사전 승낙한 것이라고 볼 수는 없다.」며 형법상 재물손괴죄가 성립한다고 판시하였다.[852)] 마찬가지로 법 제81조 제1항에 따라 관리처분계획인가 고시로 소유자의 사용 · 수익이 중지된 경우에도 사업시행자가 명도청구소송 등 법적 절차를 통하여 그 의무이행을 구하지 아니하고 임의로 철거하면 형법상 재물손괴죄가 성립한다.

(2) 형법상 재물손괴죄는 타인 소유의 재물을 손괴하는 것을 구성요건으로 하는바, 사업시행자가 소유권을 확보하지 못하였지만 인도가집행판결 등에 의해 적법하게 인도를 받아 철거한 경우에도 철거 당시 타인소유의 재물이므로 형법상 재물손괴죄가 성립된다고 할 수 있다. 다만 대법원은 「재건축사업은 재건축지역 내에 있는 주택의 철거를 선제로 하는 것이어서, 조합원은 주택 부분의 철기를 포함한 일체의 처분권을 조합에

---

850) 시행령 제72조.
851) 법 제81조 제4항.
852) 대법원 2007. 9. 20. 선고 2007도5207 판결.

일임하였다고 보아야 할 뿐만 아니라, 이 사건 조합의 정관에 "조합은 재건축을 위한 사업계획승인을 받은 이튿날부터 사업시행지구 안의 건축물 또는 공작물 등을 철거할 수 있다"고 규정하고 있는 사실, 이 사건 조합이 조합원인 피해자들을 상대로 이 사건 각 아파트에 관한 소유권이전등기 및 인도 청구소송을 제기하여 제1심에서 이 사건 각 아파트에 관한 소유권이전등기절차를 이행하고 인도하라는 취지의 가집행선고부 판결이 내려졌으며 위 판결은 이후 항소 및 상고가 기각되어 확정된 사실, 위 소송의 항소심 계속 중 제1심판결에 기하여 이 사건 각 아파트에 관한 부동산인도집행을 완료한 후 철거하기에 이른 사실을 알 수 있고, 이와 같은 사정을 종합하면 피고인들이 위 가집행선고부 판결을 받아 이 사건 각 아파트를 철거한 것은 형법 제20조에 정한 정당행위라 할 것이니 이 사건 공소사실은 범죄로 되지 아니하는 경우에 해당한다 할 것이다.」라고 하여 정당행위로서 위법성이 조각된다고 판시한 바 있다.[853)]

Ⅳ. 시공보증(제82조)

도시정비법	도시정비법 시행령
제82조 (시공보증) ① 조합이 정비사업의 시행을 위하여 시장·군수등 또는 토지주택공사등이 아닌 자를 시공자로 선정(제25조에 따른 공동사업시행자가 시공하는 경우를 포함한다)한 경우 그 시공자는 공사의 시공보증(시공자가 공사의 계약상 의무를 이행하지 못하거나 의무이행을 하지 아니할 경우 보증기관에서 시공자를 대신하여 계약이행의무를 부담하거나 총 공사금액의 100분의 50 이하 대통령령으로 정하는 비율 이상의 범위에서 사업시행자가 정하는 금액을 납부할 것을 보증하는 것을 말한다)을 위하여 국토교통부령으로 정하는 기관의 시공보증서를 조합에 제	제73조 (시공보증) 법 제82조제1항에서 "대통령령으로 정하는 비율"이란 총 공사금액의 100분의 30을 말한다.

853) 대법원 2010. 2. 25. 선고 2009도8473 판결.

출하여야 한다. 〈개정 2018. 6. 12.〉 ② 시장 · 군수등은 「건축법」 제21조에 따른 착공신고를 받는 경우에는 제1항에 따른 시공보증서의 제출 여부를 확인하여야 한다.	

1. 시공보증의 의의

(1) 시공보증이란, 시공자가 공사의 계약상 의무를 이행하지 못하거나 의무이행을 하지 아니할 경우 보증기관에서 시공자를 대신하여 계약상 공사이행의무를 부담하거나 손해를 입은 시행자에게 일정금액을 납부할 것을 보증하는 것을 말한다.

(2) 도시정비법 시행 전에는 재개발, 재건축을 통해 공급되는 주택 중 일반분양분에 대해서는 대한주택보증의 분양보증을 받았으나, 조합원 공급분에 대해서는 시공자가 공동사업주체로 참여하면서 별도의 시공보증을 하지 아니한 결과 분양보증대상자에서 제외되어 시공사의 부도 시에 사업시행자인 조합과 조합원의 피해가 많았다.

(3) 이에 따라 도시정비법은 조합이 사업시행자이고 시장 · 군수등 또는 토지주택공사등이 아닌 자를 시공자로 선정한 경우에 한하여 시공자(법 제25조에 따른 공동사업시행자가 시공하는 경우를 포함한다)가 의무적으로 시공보증서를 조합에 제출하도록 규정하였으며,[854] 시장 · 군수등은 「건축법」 제21조에 따른 착공신고를 받는 경우에는 제1항에 따른 시공보증서의 제출 여부를 확인하여야 한다.[855]

2. 공사이행보증과 금전지급보증

(1) 시공보증에는 보증기관이 시공자의 의무를 대신하여 공사계약에 따라 공사를 이행하는 공사이행보증의 방법과 총 공사비 중 일정 비율의 범위에서 사업시행자가 정하는 금액을 지급하여 조합의 손실을 보전해주는 금전지급보증의 방법이 있다.

(2) 공사이행보증에는 보증기관이 직접 시공하는 것 외에 타인으로 하여금 시공하게

854) 법 제82조 제1항.
855) 법 제82조 제2항.

하는 것도 포함되며, 일반적으로 시공보증서에는 보증기관이 공사이행과 금전지급 중 하나의 방법을 선택하여 이행할 수 있도록 규정하고 있다.

(3) 금전지급보증은 보증기관이 총 공사금액의 100분의 50 이하 100분의 30 이상의 범위에서 사업시행자가 정하는 금액을 사업시행자에게 납부할 것을 보증하여야 한다.[856)]

3. 보증서발급기관

시공자가 조합에 제출하여야 하는 시공보증서는 ①「건설산업기본법」에 따른 공제조합이 발행한 보증서, ②「주택도시기금법」에 따른 주택도시보증공사가 발행한 보증서, ③「은행법」 제2조 제1항 제2호에 따른 금융기관,「한국산업은행법」에 따른 한국산업은행,「한국수출입은행법」에 따른 한국수출입은행 또는「중소기업은행법」에 따른 중소기업은행이 발행한 지급보증서, ④「보험업법」에 따른 보험사업자가 발행한 보증보험증권으로 한정된다.[857)]

V. 착공신고

(1) 사업시행자는 관리처분계획인가를 받은 후 이주와 철거를 완료하고 착공하게 된다.

(2) 사업시행자는 관리처분계획인가 후 법 이주기간을 정하여 자진이주를 권고하고, 이주를 거부하는 자에 대해서는 앞서 본 바와 같이 법 제81조 제1항(건축물 등의 사용 · 수익의 중지)에 따라 명도소송을 제기하여 이주를 완료한다.

(3) 사업시행자는 이주가 완료되면 법 제81조 제2항 내지 제4항에 정한 시기에 「건축물관리법」 제30조에 따라 건축물의 철거를 허가받거나 신고한 후 건축물을 철거한다.

(4) 사업시행자는 철거가 완료된 후 건축법 제21조 제1항에 따라 시장 · 군수등에게

---

856) 법 제82조 제1항 및 시행령 제73조.
857) 법 제82조 제1항 및 시행규칙 제14조.

공사계획을 신고하여야 한다. 다만「건축물관리법」제30조에 따라 건축물의 철거를 허가받거나 신고할 때 착공 예정일을 기재한 경우에는 그러하지 아니하다. 이를 착공신고라고 한다.

(5) 시장 · 군수등이 착공신고를 수리하여 착공신고필증을 교부하는 행위는 착공신고를 받은 사실을 확인하는 의미에 불과하고, 착공신고 수리거부행위는 항고소송의 대상이 되는 행정처분이라고 볼 수 없다.[858]

858) 서울고등법원 2010. 3. 18. 선고 2009누16819 판결 [착공신고서처리불가처분취소].

제6절 공사완료에 따른 조치 등

[1] 준공인가(제83~85조)

Ⅰ. 정비사업의 준공인가(제83조)

도시정비법	도시정비법 시행령
제83조 (정비사업의 준공인가) ① 시장·군수등이 아닌 사업시행자가 정비사업 공사를 완료한 때에는 대통령령으로 정하는 방법 및 절차에 따라 시장·군수등의 준공인가를 받아야 한다. ② 제1항에 따라 준공인가신청을 받은 시장·군수등은 지체 없이 준공검사를 실시하여야 한다. 이 경우 시장·군수등은 효율적인 준공검사를 위하여 필요한 때에는 관계 행정기관·공공기관·연구기관, 그 밖의 전문기관 또는 단체에게 준공검사의 실시를 의뢰할 수 있다. ③ 시장·군수등은 제2항 전단 또는 후단에 따른 준공검사를 실시한 결과 정비사업이 인가받은 사업시행계획대로 완료되었다고 인정되는 때에는 준공인가를 하고 공사의 완료를 해당 지방자치단체의 공보에 고시하여야 한다. ④ 시장·군수등은 직접 시행하는 정비사업에 관한 공사가 완료된 때에는 그 완료를 해당 지방자치단체의 공보에 고시하여야 한다. ⑤ 시장·군수등은 제1항에 따른 준공인가를 하기 전이라도 완공된 건축물이	제74조 (준공인가) ① 시장·군수등이 아닌 사업시행자는 법 제83조제1항에 따라 준공인가를 받으려는 때에는 국토교통부령으로 정하는 준공인가신청서를 시장·군수등에게 제출하여야 한다. 다만, 사업시행자(공동시행자인 경우를 포함한다)가 토지주택공사인 경우로서 「한국토지주택공사법」 제19조제3항 및 같은 법 시행령 제41조제2항에 따라 준공인가 처리결과를 시장·군수등에게 통보한 경우에는 그러하지 아니하다. ② 시장·군수등은 법 제83조제3항에 따라 준공인가를 한 때에는 국토교통부령으로 정하는 준공인가증에 다음 각 호의 사항을 기재하여 사업시행자에게 교부하여야 한다. 1. 정비사업의 종류 및 명칭 2. 정비사업 시행구역의 위치 및 명칭 3. 사업시행자의 성명 및 주소 4. 준공인가의 내역 ③ 사업시행자는 제1항 단서에 따라 자체적으로 처리한 준공인가결과를 시장·군수등에게 통보한 때 또는 제2항에 따른

사용에 지장이 없는 등 대통령령으로 정하는 기준에 적합한 경우에는 입주예정자가 완공된 건축물을 사용할 수 있도록 사업시행자에게 허가할 수 있다. 다만, 시장·군수등이 사업시행자인 경우에는 허가를 받지 아니하고 입주예정자가 완공된 건축물을 사용하게 할 수 있다. ⑥ 제3항 및 제4항에 따른 공사완료의 고시 절차 및 방법, 그 밖에 필요한 사항은 대통령령으로 정한다.	준공인가증을 교부받은 때에는 그 사실을 분양대상자에게 지체없이 통지하여야 한다. ④ 시장·군수등은 법 제83조제3항 및 제4항에 따른 공사완료의 고시를 하는 때에는 제2항 각 호의 사항을 포함하여야 한다. **제75조(준공인가전 사용허가)** ① 법 제83조제5항 본문에서 "완공된 건축물이 사용에 지장이 없는 등 대통령령으로 정하는 기준"이란 다음 각 호를 말한다. 1. 완공된 건축물에 전기·수도·난방 및 상·하수도 시설 등이 갖추어져 있어 해당 건축물을 사용하는 데 지장이 없을 것 2. 완공된 건축물이 관리처분계획에 적합할 것 3. 입주자가 공사에 따른 차량통행·소음·분진 등의 위해로부터 안전할 것 ② 사업시행자는 법 제83조제5항 본문에 따른 사용허가를 받으려는 때에는 국토교통부령으로 정하는 신청서를 시장·군수등에게 제출하여야 한다. ③ 시장·군수등은 법 제83조제5항에 따른 사용허가를 하는 때에는 동별·세대별 또는 구획별로 사용허가를 할 수 있다.

1. 준공인가의 의의 및 법적 성격

(1) 시장·군수등이 아닌 사업시행자가 정비사업 공사를 완료한 때에는 시장·군수등의 준공인가를 받아야 한다.[859] 주택법과 건축법에서는 사용승인이라고 한다.

859) 법 제83조 제1항.

(2) 준공인가는 사업시행인가를 받아 건축한 건물이 사업시행인가 내용대로 이행되어 건축행정 목적에 적합한지의 여부를 확인하고 준공인가증을 교부하여 줌으로써 허가받은 자로 하여금 건물을 사용·수익할 수 있도록 법률효과를 발생시키는 행정처분에 해당한다.[860)]

(3) 준공인가는 사업시행계획인가 내용대로 이행되었는지를 확인하는 '확인행위'로서 준법률행위적 행정행위에 해당하므로, 사업시행계획에 종속되는 행정행위이고 재량행위가 아닌 기속행위라 할 것이다. 따라서 사업시행계획대로 시공되었다면 준공인가를 거부할 수 없을 것이나, 사업시행계획대로 완료되지 아니하거나 사업시행계획인가의 부관(조건 또는 부담)을 이행하지 아니한 때에는 준공인가를 받을 수 없다.[861)]

(4) 준공인가처분은 건축물을 사용·수익할 수 있게 하는 법률효과를 발생시키는데 불과하므로, 준공인가를 마쳤다 하더라도 관계 법령에 위반한 위법 건축물이 적법하게 되는 것은 아니다.[862)]

(5) 대법원은 「건축물을 건축하는 과정에서 인접주택 소유자가 자신의 주택에 대하여 손해를 입었다 하더라도 그러한 손해는 금전적인 배상으로 회복될 수 있고, 일조권의 침해 등 생활환경상 이익침해는 실제로 위 건물의 전부 또는 일부가 철거됨으로써 회복되거나 보호받을 수 있는 것인데, 위 건물에 대한 사용승인처분의 취소를 받는다 하더라도 그로 인하여 건축주는 위 건물을 적법하게 사용할 수 없게 되어 사용승인 이전의 상태로 돌아가게 되는 것에 그칠 뿐이고, 위반건물에 대한 시정명령을 할 것인

---

860) 대법원 1992. 4. 10. 선고 91누5358 판결 [준공신청서반려처분취소], 대법원 2014. 7. 24. 선고 2011두30465 판결 [사용승인처분취소] 등.

861) 대법원 1997. 3. 14. 선고 96누16698 판결 [사용검사신청반려처분취소] 「적법한 부관이 붙은 주택건설사업계획의 승인을 받은 원고가 사용검사일 전까지 그 부관에 따른 진입도로 등의 설치 및 기부채납의무를 이행하지 아니한 경우에는 승인된 사업계획의 내용에 부적합하여 주택건설촉진법 제33조의2 제1항에 의한 사용검사를 받을 수 없고, 또한 위 아파트 중 비상계단의 계단폭과 계단참의 너비가 법정기준에 미달하도록 시공된 채 시정되지 아니하고 있는 이상 그 점에서도 역시 승인된 사업계획의 내용에 부적합하여 사용검사를 받을 수 없는 것이니, 위와 같은 사유들을 들어 위 아파트에 대한 사용검사를 거부한 피고의 이 사건 처분은 적법하다 할 것이다.」

862) 대법원 1994. 1. 14. 선고 93누20481 판결 [건축사용검사허가처분취소] 「건물 사용검사처분(준공처분)은 건축허가를 받아 건축된 건물이 건축허가사항대로 건축행정목적에 적합한가 여부를 확인하고 사용검사필증을 교부하여 줌으로써 허가 받은 자로 하여금 건축한 건물을 사용, 수익할 수 있게 하는 법률효과를 발생시키는 것에 불과하고, 건축한 건물이 인접주택 소유자의 권리를 침해하는 경우 사용검사처분이 그러한 침해까지 정당화하는 것은 아니다.」

지 여부, 그 시기 및 명령의 내용 등은 행정청의 합리적 판단에 의하여 결정되는 것이므로, 건물이 이격거리를 유지하지 못하고 있고, 건축 과정에서 인접주택 소유자에게 피해를 입혔다 하더라도 인접주택의 소유자로서는 위 건물에 대한 사용승인처분의 취소를 구할 법률상 이익이 있다고 볼 수 없다.」고 판시하였다.[863] 마찬가지로 대법원은 사업시행자나 입주예정자(조합원 또는 일반분양자)도 시공자의 하자시공 등을 이유로 준공인가처분의 취소를 구할 법률상 이익이 없다고 판시하였다.[864]

2. 준공인가의 절차

가. 준공인가의 신청

(1) 시장 · 군수등이 아닌 사업시행자는 준공인가를 받으려는 때에는 국토부령으로 정하는 준공인가신청서[865]를 시장 · 군수등에게 제출하여야 한다. 다만, 사업시행자(공동시행자인 경우를 포함한다)가 토지주택공사인 경우로서 「한국토지주택공사법」 제19조 제3항 및 같은 법 시행령 제41조 제2항에 따라 준공인가 처리결과를 시장 · 군수등에게 통보한 경우[866]에는 그러하지 아니하다.[867]

---

863) 대법원 2007. 4. 26. 선고 2006두18409 판결 [건축허가취소].

864) 대법원 2014. 7. 24. 선고 2011두30465 판결 [사용승인처분취소] 「입주자나 입주예정자들은 사용검사처분을 취소하지 않고서도 민사소송 등을 통하여 분양계약에 따른 법률관계 및 하자 등을 주장 · 증명함으로써 사업주체 등으로부터 하자 제거 · 보완 등에 관한 권리구제를 받을 수 있으므로, 사용검사처분의 취소 여부에 의하여 법률적인 지위가 달라진다고 할 수 없으며, 오히려 주택에 대한 사용검사처분이 있으면, 그에 따라 입주예정자들이 주택에 입주하여 이를 사용할 수 있게 되므로 일반적으로 입주예정자들에게 이익이 되고, 다수의 입주자들이 사용검사권자의 사용검사처분을 신뢰하여 입주를 마치고 제3자에게 주택을 매매하거나 임대하고 담보로 제공하는 등 사용검사처분을 기초로 다수의 법률관계가 형성되는데, 일부 입주자나 입주예정자가 사업주체와 사이에 생긴 개별적 분쟁 등을 이유로 사용검사처분의 취소를 구하게 되면, 처분을 신뢰한 다수의 이익에 반하게 되는 상황이 발생할 수 있다. 구 주택법에서 사용검사처분 신청의 경우와는 달리, 사업주체 또는 입주예정자 등의 신청에 따라 이루어진 사용검사처분에 대하여 입주자나 입주예정자 등에게 취소를 구할 수 있는 규정을 별도로 두고 있지 않은 것도 이와 같은 취지에서라고 보인다. 따라서 이러한 사정들을 종합해 보면, 구 주택법상 입주자나 입주예정자는 사용검사처분의 취소를 구할 법률상 이익이 없다.」

865) 시행규칙 별지 제10호서식.

866) 한국토지주택공사법 시행령 제41조(권한의 위탁)
① 국토교통부장관 또는 지방자치단체의 장은 다음 각 호의 어느 하나에 해당하는 경우 법 제19조제3항 각 호에 따른 권한 중 해당 사업의 수행에 관련된 권한(제2호의 경우에는 법 제19조제3항제1호에 따른 사용검사 권한만 해당한다)을 공사에 위탁한다.

(2) 준공인가신청서에는 ① 건축물 · 정비기반시설[868] 및 공동이용시설 등의 설치내역서, ② 공사감리자의 의견서, ③ 영 제14조 제5항에 따른 용적률 완화를 위한 현금납부액의 납부증명 서류(법 제17조 제4항에 따라 현금을 납부한 경우로 한정한다)를 첨부한다.[869]

나. 준공검사의 실시 및 의뢰

준공인가신청을 받은 시장 · 군수등은 지체 없이 준공검사를 실시하여야 한다. 이 경우 시장 · 군수등은 효율적인 준공검사를 위하여 필요한 때에는 관계 행정기관 · 공공기관 · 연구기관, 그 밖의 전문기관 또는 단체에게 준공검사의 실시를 의뢰할 수 있다.[870]

다. 준공인가 및 고시

(1) 시장 · 군수등은 준공검사를 실시한 결과 정비사업이 인가받은 사업시행계획대로 완료되었다고 인정되는 때에는 준공인가를 하고 공사의 완료를 해당 지방자치단체의 공보에 고시하여야 한다.[871]

(2) 시장 · 군수등은 준공인가를 한 때에는 국토부령으로 정하는 준공인가증[872]에 ① 정비사업의 종류 및 명칭, ② 정비사업 시행구역의 위치 및 명칭, ③ 사업시행자의 성명 및 주소, ④ 준공인가의 내역 기재하여 사업시행자에게 교부하여야 하며, 고시하는 때에도 위와 같은 내용을 포함하여야 한다.[873]

(3) 시장 · 군수등은 직접 시행하는 정비사업에 관한 공사가 완료된 때에는 그 완료

---

② 공사가 제1항에 따라 위탁받은 사무를 처리하였을 때에는 그 처리결과를 지체 없이 국토교통부장관 또는 지방자치단체의 장에게 보고하거나 통보하여야 한다.

867) 시행령 제74조 제1항

868) 시행령 제3조 제9호 "주거환경개선사업을 위하여 지정 · 고시된 정비구역에 설치하는 공동이용시설로서 사업시행계획서에 해당 시장 · 군수등이 관리하는 것으로 포함된 시설"은 제외한다.

869) 시행규칙 제15조 제1항.

870) 법 제83조 제2항.

871) 법 제83조 제3항.

872) 시행규칙 별지 제11호 서식.

873) 시행령 제74조 제2항 및 제4항.

를 해당 지방자치단체의 공보에 고시하여야 한다.[874] 고시에는 위 ①~④의 내용을 포함하여야 한다.[875]

라. 분양대상자에 대한 통지

사업시행자인 토지주택공사가 준공인가 처리결과를 시장 · 군수등에게 통보한 때, 그 외 사업시행자가 준공인가증을 교부받은 때에는, 사업시행자는 그 사실을 분양대상자에게 지체 없이 통지하여야 한다.[876]

3. 부분 준공인가 및 준공 전 사용허가

가. 부분 준공인가

사업시행자는 정비사업의 효율적인 추진을 위하여 필요한 경우에는 해당 정비사업에 관한 공사가 전부 완료되기 전이라도 완공된 부분은 준공인가를 받아 대지 또는 건축물별로 분양받을 자에게 소유권을 이전할 수 있다.[877] 부분준공인가도 준공인가의 절차에 따른다.

나. 준공 전 사용허가

(1) 시장 · 군수등은 준공인가를 하기 전이라도 완공된 건축물이 사용에 지장이 없는 등 대통령령으로 정하는 기준에 적합한 경우에는 입주예정자가 완공된 건축물을 사용할 수 있도록 사업시행자에게 허가할 수 있다. 다만, 시장 · 군수등이 사업시행자인 경우에는 허가를 받지 아니하고 입주예정자가 완공된 건축물을 사용하게 할 수 있다.[878]

(2) 준공 전 사용허가를 위해서는('완공된 건축물이 사용에 지장이 없는 등 대통령령으로 정하는 기준'), ① 완공된 건축물에 전기 · 수도 · 난방 및 상 · 하수도 시설 등이 갖추어져 있어 해당 건축물을 사용하는 데 지장이 없을 것, ② 완공된 건축물이 관리처분계획에

874) 법 제83조 제4항.
875) 시행령 제74조 제2항 및 제4항.
876) 시행령 제74조 제3항.
877) 법 제86조 제1항 단서.
878) 법 제83조 제5항.

적합할 것, ③ 입주자가 공사에 따른 차량통행 · 소음 · 분진 등의 위해로부터 안전할 것을 모두 갖추어야 한다.[879]

(3) 사업시행자가 준공 전 사용허가를 받으려는 때에는 국토교통부령으로 정하는 신청서[880]를 시장 · 군수등에게 제출하여야 하고, 시장 · 군수등은 동별 · 세대별 또는 구획별로 부분적으로 사용허가를 할 수도 있다.[881]

Ⅱ. 준공인가 등에 따른 정비구역의 해제(제84조)

도시정비법

제84조(준공인가 등에 따른 정비구역의 해제)
① 정비구역의 지정은 제83조에 따른 준공인가의 고시가 있은 날(관리처분계획을 수립하는 경우에는 이전고시가 있은 때를 말한다)의 다음 날에 해제된 것으로 본다. 이 경우 지방자치단체는 해당 지역을 「국토의 계획 및 이용에 관한 법률」에 따른 지구단위계획으로 관리하여야 한다.
② 제1항에 따른 정비구역의 해제는 조합의 존속에 영향을 주지 아니한다.

준공인가의 고시가 있은 날(관리처분계획을 수립하는 경우에는 이전고시가 있은 때를 말한다)의 다음 날에 정비구역의 지정은 해제된 것으로 보며, 이 경우 지방자치단체는 해당 지역을 「국토의 계획 및 이용에 관한 법률」에 따른 지구단위계획으로 관리하여야 한다. 정비구역의 해제는 조합의 존속에 영향을 주지 아니한다.

Ⅲ. 공사완료에 따른 관련 인 · 허가 등의 의제

도시정비법

제85조(공사완료에 따른 관련 인 · 허가등의 의제)
① 제83조제1항부터 제4항까지의 규정에 따라 준공인가를 하거나 공사완료를 고시하

879) 시행령 제75조 제1항.
880) 시행규칙 별지12호 서식.
881) 시행령 제75조 제2항 및 제3항.

는 경우 시장 · 군수등이 제57조에 따라 의제되는 인 · 허가등에 따른 준공검사 · 준공인가 · 사용검사 · 사용승인 등(이하 "준공검사 · 인가등"이라 한다)에 관하여 제3항에 따라 관계 행정기관의 장과 협의한 사항은 해당 준공검사 · 인가등을 받은 것으로 본다.
② 시장 · 군수등이 아닌 사업시행자는 제1항에 따른 준공검사 · 인가등의 의제를 받으려는 경우에는 제83조제1항에 따른 준공인가를 신청하는 때에 해당 법률에서 정하는 관계 서류를 함께 제출하여야 한다. 〈개정 2020. 6. 9.〉
③ 시장 · 군수등은 제83조제1항부터 제4항까지의 규정에 따른 준공인가를 하거나 공사완료를 고시하는 경우 그 내용에 제57조에 따라 의제되는 인 · 허가등에 따른 준공검사 · 인가등에 해당하는 사항이 있은 때에는 미리 관계 행정기관의 장과 협의하여야 한다.
④ 관계 행정기관의 장은 제3항에 따른 협의를 요청받은 날부터 10일 이내에 의견을 제출하여야 한다. 〈신설 2021. 3. 16.〉
⑤ 관계 행정기관의 장이 제4항에서 정한 기간(「민원 처리에 관한 법률」 제20조제2항에 따라 회신기간을 연장한 경우에는 그 연장된 기간을 말한다) 내에 의견을 제출하지 아니하면 협의가 이루어진 것으로 본다. 〈신설 2021. 3. 16.〉
⑥ 제57조제6항은 제1항에 따른 준공검사 · 인가등의 의제에 준용한다. 〈개정 2021. 3. 16.〉

1. 다른 법령에 의한 준공 인 · 허가의 의제

시장 · 군수등이 준공인가를 하거나 공사완료를 고시하는 경우 법 제57조[882]에 따라

882) 법 제57조(인 · 허가등의 의제 등)
① 사업시행자가 사업시행계획인가를 받은 때(시장 · 군수등이 직접 정비사업을 시행하는 경우에는 사업시행계획서를 작성한 때를 말한다. 이하 이 조에서 같다)에는 다음 각 호의 인가 · 허가 · 승인 · 신고 · 등록 · 협의 · 동의 · 심사 · 지정 또는 해제(이하 "인 · 허가등"이라 한다)가 있은 것으로 보며, 제50조제7항에 따른 사업시행계획인가의 고시가 있은 때에는 다음 각 호의 관계 법률에 따른 인 · 허가등의 고시 · 공고 등이 있은 것으로 본다.
1. 「주택법」 제15조에 따른 사업계획의 승인
2. 「공공주택 특별법」 제35조에 따른 주택건설사업계획의 승인
3. 「건축법」 제11조에 따른 건축허가, 같은 법 제20조에 따른 가설건축물의 건축허가 또는 축조신고 및 같은 법 제29조에 따른 건축협의
4. 「도로법」 제36조에 따른 도로관리청이 아닌 자에 대한 도로공사 시행의 허가 및 같은 법 제61조에 따른 도로의 점용 허가
5. 「사방사업법」 제20조에 따른 사방지의 지정해제
6. 「농지법」 제34조에 따른 농지전용의 허가 · 협의 및 같은 법 제35조에 따른 농지전용신고
7. 「산지관리법」 제14조 · 제15조에 따른 산지전용허가 및 산지전용신고, 같은 법 제15조의2

의제되는 인 · 허가등에 따른 준공검사 · 준공인가 · 사용검사 · 사용승인 등(이하 "준공검사 · 인가등"이라 한다)에 관하여 '관계 행정기관의 장과 협의한 사항'은 해당 준공검사 · 인가등을 받은 것으로 본다.883)

에 따른 산지일시사용허가 · 신고와 「산림자원의 조성 및 관리에 관한 법률」 제36조제1항 · 제4항에 따른 입목벌채등의 허가 · 신고 및 「산림보호법」 제9조제1항 및 같은 조 제2항제1호에 따른 산림보호구역에서의 행위의 허가. 다만, 「산림자원의 조성 및 관리에 관한 법률」에 따른 채종림 · 시험림과 「산림보호법」에 따른 산림유전자원보호구역의 경우는 제외한다.

8. 「하천법」 제30조에 따른 하천공사 시행의 허가 및 하천공사실시계획의 인가, 같은 법 제33조에 따른 하천의 점용허가 및 같은 법 제50조에 따른 하천수의 사용허가
9. 「수도법」 제17조에 따른 일반수도사업의 인가 및 같은 법 제52조 또는 제54조에 따른 전용상수도 또는 전용공업용수도 설치의 인가
10. 「하수도법」 제16조에 따른 공공하수도 사업의 허가 및 같은 법 제34조제2항에 따른 개인하수처리시설의 설치신고
11. 「공간정보의 구축 및 관리 등에 관한 법률」 제15조제3항에 따른 지도등의 간행 심사
12. 「유통산업발전법」 제8조에 따른 대규모점포등의 등록
13. 「국유재산법」 제30조에 따른 사용허가(재개발사업으로 한정한다)
14. 「공유재산 및 물품 관리법」 제20조에 따른 사용 · 수익허가(재개발사업으로 한정한다)
15. 「공간정보의 구축 및 관리 등에 관한 법률」 제86조제1항에 따른 사업의 착수 · 변경의 신고
16. 「국토의 계획 및 이용에 관한 법률」 제86조에 따른 도시 · 군계획시설 사업시행자의 지정 및 같은 법 제88조에 따른 실시계획의 인가
17. 「전기사업법」 제62조에 따른 자가용전기설비의 공사계획의 인가 및 신고
18. 「화재예방, 소방시설 설치 · 유지 및 안전관리에 관한 법률」 제7조제1항에 따른 건축허가등의 동의, 「위험물안전관리법」 제6조제1항에 따른 제조소등의 설치의 허가(제조소등은 공장건축물 또는 그 부속시설에 관계된 것으로 한정한다)

② 사업시행자가 공장이 포함된 구역에 대하여 재개발사업의 사업시행계획인가를 받은 때에는 제1항에 따른 인 · 허가등 외에 다음 각 호의 인 · 허가등이 있은 것으로 보며, 제50조제7항에 따른 사업시행계획인가를 고시한 때에는 다음 각 호의 관계 법률에 따른 인 · 허가 등의 고시 · 공고 등이 있은 것으로 본다.

1. 「산업집적활성화 및 공장설립에 관한 법률」 제13조에 따른 공장설립등의 승인 및 같은 법 제15조에 따른 공장설립등의 완료신고
2. 「폐기물관리법」 제29조제2항에 따른 폐기물처리시설의 설치승인 또는 설치신고(변경승인 또는 변경신고를 포함한다)
3. 「대기환경보전법」 제23조, 「물환경보전법」 제33조 및 「소음 · 진동관리법」 제8조에 따른 배출시설설치의 허가 및 신고
4. 「총포 · 도검 · 화약류 등의 안전관리에 관한 법률」 제25조제1항에 따른 화약류저장소 설치의 허가

883) 법 제85조 제1항.

2. 관계 서류의 제출 및 관계 행정기관장의 협의

(1) 시장 · 군수등이 아닌 사업시행자는 다른 법령에 의한 준공검사 · 인가 등의 의제를 받으려는 경우에는 준공인가를 신청하는 때에 해당 법률이 정하는 관계 서류를 함께 제출하여야 한다.[884]

(2) 시장 · 군수등은 준공인가를 하거나 공사완료를 고시하는 경우 그 내용에 법 제57조에 따라 의제되는 인 · 허가 등에 따른 준공검사 · 인가 등에 해당하는 사항이 있은 때에는 미리 관계 행정기관의 장과 협의하여야 한다.[885] 관계 행정기관의 장은 협의를 요청받은 날부터 10일 이내에 의견을 제출하여야 한다.[886] 관계 행정기관의 장이 위 기간(「민원 처리에 관한 법률」 제20조제2항에 따라 회신기간을 연장한 경우에는 그 연장된 기간을 말한다) 내에 의견을 제출하지 아니하면 협의가 이루어진 것으로 본다.[887]

(3) 시장 · 군수등은 천재지변이나 그 밖의 불가피한 사유로 긴급히 준공인가를 할 필요가 있다고 인정하는 때에는 관계 행정기관의 장과 협의를 마치기 전에 준공인가를 할 수 있다. 이 경우 협의를 마칠 때까지는 다른 법령에 의한 준공검사 · 인가 등을 받은 것으로 보지 아니한다.[888]

---

884) 법 제85조 제2항.
885) 법 제85조 제3항.
886) 법 제85조 제4항.
887) 법 제85조 제5항.
888) 법 제85조 제6항 및 제57조 제6항.

[2] 이전고시와 권리의 확정(제86~88조)

Ⅰ. 이전고시 등(제86조)

도시정비법

제86조 (이전고시 등)

① 사업시행자는 제83조제3항 및 제4항에 따른 고시가 있은 때에는 지체 없이 대지확정측량을 하고 토지의 분할절차를 거쳐 관리처분계획에서 정한 사항을 분양받을 자에게 통지하고 대지 또는 건축물의 소유권을 이전하여야 한다. 다만, 정비사업의 효율적인 추진을 위하여 필요한 경우에는 해당 정비사업에 관한 공사가 전부 완료되기 전이라도 완공된 부분은 준공인가를 받아 대지 또는 건축물별로 분양받을 자에게 소유권을 이전할 수 있다.

② 사업시행자는 제1항에 따라 대지 및 건축물의 소유권을 이전하려는 때에는 그 내용을 해당 지방자치단체의 공보에 고시한 후 시장·군수등에게 보고하여야 한다. 이 경우 대지 또는 건축물을 분양받을 자는 고시가 있은 날의 다음 날에 그 대지 또는 건축물의 소유권을 취득한다.

1. 이전고시의 의의

(1) 이전고시란 준공인가의 고시로 사업시행이 완료된 이후에 관리처분계획에서 정한 바에 따라 조성된 대지 및 건축물 등의 소유권을 분양받을 자에게 이전하는 행정처분이다. 즉, 이전고시는 관리처분계획에서 정한 구체적인 사항을 집행하는 행위이다.

(2) 구 도시재개발법 제38조는 관리처분계획을 이행하는 행정처분을 분양처분이라고 하였는데, 도시정비법상 이전고시는 구 도시재개발법상의 분양처분과 본질적으로 다르지 않다.[889]

889) 대법원 2012. 3. 22. 선고 2011두6400 전원합의체 판결 [관리처분계획무효확인] 「도시정비법

2. 이전고시의 법적 성격

가. 공법상 처분

(1) 이전고시는 준공인가의 고시로 사업시행이 완료된 이후에 관리처분계획에서 정한 바에 따라, 종전의 토지 또는 건축물에 대하여 정비사업으로 조성된 대지 또는 건축물의 위치 및 범위 등을 정하여 소유권을 분양받을 자에게 이전하고, 가격의 차액에 상당하는 금액을 청산하거나 대지 또는 건축물을 정하지 않고 금전적으로 청산하는 공법상 처분이다.[890]

(2) 종전 토지 또는 건축물의 소유권은 관리처분계획의 인가 · 고시로 분양받을 권리로 잠정적으로 변환되었다가 이전고시에 의해 정비사업으로 조성된 대지 및 건축물에 대한 소유권으로 확정적으로 변환된다.

나. 공용환권의 대물적 처분

(1) 이전고시는 관리처분계획이 정하는 바에 따라 종전의 토지 또는 건축물에 관한 소유권 등의 권리를 강제적으로 변환시키는 이른바 공용환권에 해당하나, 이전고시 그 자체로는 권리의 귀속(소유자)에 관하여 아무런 득상 · 변동을 생기게 하는 것이 아니고, 종전의 토지 또는 건축물에 대신하여 대지 또는 건축 시설이 정하여진 경우에는 이전고시가 있은 다음날에 종전의 토지 또는 건축물에 관하여 존재하던 권리관계는 분양받는 대지 또는 건축 시설에 그 동일성을 유지하면서 이행되는 대인적 처분이 아닌 대물적 처분이다. 따라서 시행자가 소유자를 오인하여 종전의 토지 또는 건축물의 소유자가 아닌 다른 사람에게 이전고시를 한 경우 그러한 이전고시가 있었다고 하여 그 다른 사람이 권리를 취득하게 되는 것은 아니며, 종전의 토지 또는 건축물의 진정한 소유자

및 도시개발법 관련 규정의 내용과 취지, 환지처분 및 구 도시재개발법상 분양처분의 성격과 그 효력 등을 종합하면, 도시정비법상의 이전고시 또한 준공인가의 고시로 사업시행이 완료된 이후에 관리처분계획에서 정한 바에 따라 종전의 토지 또는 건축물에 대하여 정비사업으로 조성된 대지 또는 건축물의 위치 및 범위 등을 정하여 그 소유권을 분양받을 자에게 이전하고 그 가격의 차액에 상당하는 금액을 청산하거나 대지 또는 건축물을 정하지 않고 금전적으로 청산하는 공법상 처분으로서 그 법적 성격은 구 도시재개발법상의 분양처분과 본질적으로 다르지 않다.」

890) 대법원 2016. 12. 29. 선고 2013다73551 판결 [근저당권설정등기말소청구의소].

가 분양된 대지 또는 건축시설의 소유권을 취득하고 이를 행사할 수 있다.[891)]

(2) 이전고시로 종전 대물에 대한 권리가 새로운 대물에 대한 권리로 변환되면 종전 권리와 새로운 권리는 동일성이 유지된다. 대법원은 「재건축조합이 구 주택건설촉진법 제44조의3 제5항에 의하여 준용되는 구 도시재개발법 제33조 내지 제45조에 정한 관리처분계획 인가 및 이에 따른 분양처분의 고시 등의 절차를 거치거나 도시정비법상의 관리처분계획 인가 및 이에 따른 이전고시 등의 절차를 거쳐 신 주택이나 대지를 조합원에게 분양한 경우에는, 구 주택이나 대지에 관한 권리가 권리자의 의사에 관계없이

---

891) 대법원 1995. 6. 30. 선고 95다10570 판결 [소유권이전등기등] 「원심이 확정한 사실과 기록에 의하면, 원고의 소유였던 이 사건 토지 및 건물 중 이 사건 토지만에 대하여 경매절차가 진행되어 이 사건 재개발사업의 시행 인가 후 피고 2에게 경락되었고 이 사건 건물은 경락됨이 없이 다만 원고가 이 사건 재개발사업 시행을 위하여 피고 조합 설립 전의 재개발추진위원회에 의하여 선정된 시공 예정 회사의 사전철거에 동의함으로써 철거되었는데, 피고 조합은 당초 원고를 이 사건 토지 및 건물을 제공한 조합원으로 인정하고 이 사건 토지 및 건물에 대신하여 43평형 아파트 1세대분을 분양하는 것으로 관리처분계획을 정하여 1988.9.8.경 인가받았다가, 위와 같이 이 사건 토지가 피고 2에게 경락되자 이 사건 건물에 관한 권리도 당연히 피고 2에게 이전되었을 것으로 오인 짐작하고 1991.1.15.경 피고 2가 원고의 지위를 전부 승계한 양 관리처분계획을 변경하면서 피고 2가 이 사건 토지 뿐만 아니라 이 사건 건물도 제공한 것으로 하여 이에 대신하여 43평형 아파트 1세대분(그 후 이 사건 아파트로 특정되었다) 등을 분양하는 것으로 정하여 인가를 받고 그 무렵 위 변경된 관리처분계획에 따라 분양처분을 한 사실 및 피고 조합의 정관 제7조 제3항은 "토지와 그 지상 건축물을 소유하였던 조합원이 토지 또는 건축물을 각각 양도하였을 경우에는 토지 취득자와 건축물 소유자를 1인의 조합원으로 본다."라고, 그 제27조 제4항은 "제7조 제3항 등의 규정에 의하여 수인이 1인의 조합원이 된 경우에는 건축시설을 그 수인에게 분양한다."라고, 그 제37조는 "조합 설립인가 이전에 재개발추진위원회에서 시행한 재개발사업에 관한 모든 사항은 조합이 시행한 것으로 본다."라고 각 규정하고 있음을 알 수 있는바, 이에 의하면 이 사건 토지는 피고 2가 피고 조합에 제공한 셈이어서 이 사건 아파트 중 이 사건 토지가 변환된 부분에 관하여는 피고 2가 그 소유권을 가진다 할 것이지만, 이 사건 건물은 당초부터 원고가 피고 조합에 제공한 것으로서 타에 그 권리가 이전된 바 없어 이 사건 아파트 중 이 사건 건물이 변환된 부분에 관하여는, 위 변경된 관리처분계획이나 이에 따른 이 사건 분양처분에서 피고 2가 분양대상자로 정하여져 있었거나 그러한 관리처분계획 또는 분양처분이 당연무효인지 여부와는 관계없이, 원고가 그 소유권을 가진다고 보아야 할 것이므로(다만 이 사건 아파트 중 이 사건 토지가 변환된 부분과 이 사건 건물이 변환된 부분의 비율 즉 원·피고의 소유지분 비율은 달리 특별한 사정이 없는 한 이 사건 토지와 이 사건 건물의 각 가액의 비율에 따라야 할 것이다), 원고로서는 이 사건 아파트 중 이 사건 토지가 변환된 부분에 관하여는 그 소유권을 주장할 수 없다 하더라도 이 사건 건물이 변환된 부분에 관하여는 그 소유권을 주장하여 그 부분 피고 2 명의의 소유권이전등기 말소등기절차의 이행을 구할 수 있고, 피고 조합에 대하여는 진정한 등기명의의 회복을 위하여서라도 원고 앞으로의 소유권이전등기절차의 이행을 구할 수 있는 것이라고 할 것이다.」

신 주택이나 대지에 관한 권리로 강제적으로 교환·변경되어 공용환권된 것으로 볼 수 있지만, 이러한 관리처분계획 인가 및 이에 따른 분양처분의 고시 내지 이전고시 등의 절차를 거치지 아니한 채 조합원에게 신 주택이나 대지가 분양된 경우에는, 당해 조합원은 조합규약 내지 분양계약에 의하여 구 주택이나 대지와는 다른 신 주택이나 대지에 관한 소유권을 취득한 것에 불과할 뿐 이를 가리켜 구 주택이나 대지에 관한 소유권이 신 주택이나 대지에 관한 소유권으로 강제적으로 교환·변경되어 공용환권된 것으로 볼 수는 없으므로 양자 간에 그 동일성이 유지된다고 할 수 없다.」[892]고 판시하였는바, 공용환권에 해당하는 공법상 처분에 의하지 아니하면 종전 권리와 새로운 권리는 동일성이 유지될 수 없다.

3. 이전고시의 절차

사업시행자는 준공인가 고시가 있은 때에는 지체 없이 ① 대지확정측량을 하고 ② 토지의 분할절차를 거쳐 ③ 관리처분계획에서 정한 사항을 분양받을 자에게 통지하고 ④ 대지 또는 건축물의 소유권을 이전하려는 내용을 해당 지방자치단체의 공보에 고시(이전고시)한 후 ⑤ 시장·군수등에게 보고하여야 한다.[893]

---

892) 대법원 2009. 6. 23. 선고 2008다1132 판결 [소유권이전등기] 「명의신탁자와 명의수탁자 사이의 명의신탁약정에 기하여 명의수탁자 앞으로 부동산소유권이전등기가 마쳐진 후 명의수탁자가 이를 새로운 이해관계를 가진 제3자에게 처분한 경우에는 그 제3자에 대하여 명의신탁약정의 무효를 이유로 대항하지 못한다고 할 것인바, 명의수탁자가 명의신탁 부동산을 재건축조합에게 신탁하고 재건축조합이 이를 바탕으로 재건축사업을 진행한 경우 재건축조합도 여기서 말하는 새로운 이해관계인인 제3자에 해당하므로(대법원 2003. 8. 19. 선고 2001다47467 판결 참조), 명의수탁자와 재건축조합 사이에 체결된 명의신탁 부동산에 관한 신탁약정이나 명의수탁자가 재건축조합과의 관계에서 취득한 조합원의 지위 등은 특별한 사정이 없는 한 그 명의신탁약정이 명의신탁자에 대한 관계에서 무효라는 사정만으로 영향을 받지 않는다고 할 것이다. 따라서 재건축조합이 관리처분계획 인가 및 이에 따른 분양처분의 고시 내지 이전고시 등의 절차를 밟지 않고 조합원들로부터 토지 및 건물 등을 신탁받아 재건축사업을 진행하여 신축한 건물과 그 대지권을 조합원인 명의수탁자와의 분양계약을 통하여 명의수탁자에게 분양한 경우 명의수탁자의 그 신축 건물 등에 대한 소유권 취득은 유효하다고 할 것이고 그 신축 건물 등과 당초의 명의신탁 부동산 사이에는 동일성이 유지되고 있다고 볼 수 없으므로, 명의신탁자는 명의신탁 부동산의 처분을 이유로 명의수탁자에게 손해배상 등을 청구할 수 있음은 별론으로 하고, 당초의 명의신탁약정이 명의신탁자에 대한 관계에서 무효라는 사정을 내세워 명의수탁자를 상대로 명의수탁자가 재건축조합으로부터 분양받은 신축 건물 등에 관한 소유권의 이전을 청구할 권리가 있다고 할 수 없다.」

893) 법 제86조 제1항 본문 및 제2항 전단.

4. 일부 이전고시

정비사업의 효율적인 추진을 위하여 필요한 경우에는 해당 정비사업에 관한 공사가 전부 완료되기 전이라도 완공된 부분은 준공인가를 받아 대지 또는 건축물별로 분양받을 자 일부에 대하여 이전고시를 할 수 있다.[894]

5. 이전고시의 내용

(1) 이전고시는 종전의 토지나 건축물에 갈음하는 정비사업 완료 후 대지 또는 건축시설의 위치 · 지적 · 면적을 지정하거나 지정하지 않는 처분(분양교부)과 그 지정 또는 지정하지 아니함으로 인한 종전 토지 또는 건축물에 대한 권리상호간에 발생하는 가격의 차액에 해당하는 금액을 금전으로 정산할 것을 결정하는 처분(분양청산)을 포함한다.[895]

(2) 다만 법 제89조 제1항 및 제2항은 분양받은 토지등소유자에게 이전고시가 있은 후에 청산금을 징수 또는 지급하거나, 정관 또는 총회의 의결로 관리처분계획인가 후부터 이전고시가 있은 날까지 분할 징수 또는 지급하도록 규정하고, 법 제73조는 현금청산자에 대한 현금청산의 방법과 시기를 규정하고 있는바, 실무상 이전고시의 내용에는 종전 토지 또는 건축물과 정비사업 완료 후 대지 또는 건축시설의 소유권 득실에 관한 분양교부(또는 분양처분)만 포함하고, 분양청산은 법 제73조의 현금청산이나 법 제89조에 따른 청산금부과 · 지급처분으로 한다. 이로 인해 이전고시 이후에도 분양받은 토지등소유자의 청산금은 변경될 수 있다.

6. 이전고시의 효력

가. 새로운 소유권의 취득

(1) 대지 또는 건축물을 분양받을 자는 이전고시가 있은 날의 다음 날에 그 대지 또는 건축물에 대한 소유권을 취득한다.[896] 즉, 민법 제187조(등기를 요하지 아니하는 부동

---

894) 법 제86조 제2항 후단.

895) 대법원 2016. 12. 29. 선고 2013다73551 판결 [근저당권설정등기말소청구의소], 대법원 1995. 6. 30. 선고 95다10570 판결 [소유권이전등기등].

산물권취득)가 적용되어 소유권 등기 없이 이전고시에 의해 바로 소유권을 취득하게 되는 것이다.

(2) 법 제87조 제2항은 토지등소유자에게 분양하는 대지 또는 건축물은 도시개발법 제40조의 환지로 본다고 규정하고, 도시개발법 제42조는 환지처분[897]을 받은 자는 환지처분이 공고된 날의 다음 날에 환지계획이 정하는 바에 따라 소유권을 취득한다고 규정하고 있으므로, 관리처분계획상 분양대상(분양교부) 토지등소유자는 이전고시 다음날에 분양받은 대지 또는 건축물의 소유권을 취득하고 그 명의로 보존등기를 한다.

(3) 법 제87조 제3항은 '보류지'와 '일반에게 분양하는 대지 또는 건축물'을 도시개발법 제34조의 규정에 의한 '보류지' 또는 '체비지'로 본다고 규정하고 있고, 도시개발법 제42조 제5항은 체비지는 시행자가, 보류지는 환지계획에서 정한 자가 각각 환지처분이 공고된 날의 다음 날에 해당 소유권을 취득한다고 규정하고 있는바, 관리처분계획상 보류지를 지정받은 자는 이전고시 다음날 소유권을 취득하고 그 명의로 보존등기를 하며, 관리처분계획상 일반분양분은 체비지로서 사업시행자가 이전고시 다음날 소유권을 취득하고[898] 사업시행자 명의로 보전등기를 한 후 일반분양 수분양자에게 이전등기를 한다.

(4) 이전고시 전에는 사업시행자에게 분양받을 대지 또는 건축물에 대한 청산금(조합원 분양계약상 분담금)을 모두 지급하였다고 하더라도 소유권을 취득하였다고 할 수 없고,[899] 종전 토지 또는 건축물이나 장차 정비사업으로 조성되는 대지 또는 건축물을 취득할 수 있는 권리(분양권)만이 양도·양수의 대상이 될 수 있다.

---

896) 법 제86조 제2항 후단.

897) 도시개발법상 환지계획은 관리처분계획에 해당하고, 환지처분은 분양처분 또는 이전고시에 해당한다.

898) 대법원 2018. 9. 28. 선고 2016다246800 판결 [추심금].

899) 대법원 2003. 8. 19. 선고 2001두11090 판결 [취득세부과처분중일부취소] 「도시재개발사업에 의하여 재개발조합원이 취득하는 대지 및 건축시설은 토지구획정리사업법에 의한 환지와 같은 성질을 가지는 것이어서 종전 토지 등에 대하여 가지고 있던 재개발조합원의 권리는 분양처분에 의하여 비로소 새로운 대지 또는 건축시설에 대한 권리로 변환되는 것이므로 분양처분이 있기 전에는 종전의 토지 또는 장차 부동산을 취득할 수 있는 권리만이 그 취득의 대상이 될 수 있을 뿐 재개발아파트 자체는 취득의 대상이 될 수 없으므로 비록 관리처분계획에 의하여 재개발조합에 대하여 위 아파트에 대한 청산금을 모두 지급하였다고 하더라도 그 시점에서 바로 위 아파트를 취득하였다고 할 수는 없다.」

나. 종전 토지소유권의 소멸[900)]

(1) 분양대상 토지등소유자

법 제86조 제2항 후단은 이전고시의 효력으로 분양받은 소유권을 취득한다고 규정하고 있을 뿐 종전 소유권이 소멸한다는 규정을 두고 있지는 않으나, 법 제87조 제2항은 토지등소유자가 분양받은 대지 또는 건축물을 도시개발법 제40조 환지로 보고, 도시개발법 제42조 제1항 환지는 환지처분이 공고된 날의 다음 날부터 종전의 토지로 본다고 규정하고 있는바, 환지처분에 해당하는 이전고시는 공용환권으로서 종전 권리를 종후 권리로 동일성을 유지하며 변환하는 효력을 갖는 것이므로, 관리처분계획상 분양대상 토지등소유자는 이전고시의 다음 날 새로운 소유권을 취득함과 동시에 종전 소유권을 상실한다.

(2) 법 제73조의 현금청산자

1) 법 제74조 제1항 및 시행령 제62조에 따라 관리처분계획에는 "법 제73조에 따라 현금으로 청산하여야 하는 토지등소유자별 기존의 토지 · 건축물 또는 그 밖의 권리의 명세와 이에 대한 청산방법"이 포함되어야 한다.

2) 법 제79조 제4항은 "사업시행자는 분양신청을 받은 후 잔여분이 있는 경우에는 정관 등 또는 사업시행계획이 정하는 목적을 위하여 보류지로 정하거나 조합원 외의 자에게 분양할 수 있다."라고 규정하고 있고, 법 제87조 제3항은 위와 같은 보류지와 일반에게 분양하는 대지 또는 건축물을 '도시개발법 제34조의 규정에 의한 보류지 또는 체비지로 본다'고 규정하고 있는바, 조합원이 분양신청을 하지 않거나 분양계약을 체결하지 않아 보류지 또는 일반분양분이 되는 대지 · 건축물에 관하여는 도시개발법상 보류지 또는 체비지에 관한 법리가 적용된다.

3) 한편 도시개발법 제42조 제5항은 "제34조에 따른 체비지는 시행자가, 보류지는 환지 계획에서 정한 자가 각각 환지처분이 공고된 날의 다음 날에 해당 소유권을 취득한다."라고 규정하고 있고, 도시개발법 제42조 제1항은 "환지 계획에서 환지를 정하지 아니한 종전의 토지에 있던 권리는 그 환지처분이 공고된 날이 끝나는 때에 소멸한다."

---

900) 건축물은 이전고시 이전에 철거되어 멸실되므로 이전고시와 무관하게 소유권이 소멸된다.

라고 규정하고 있는바, 이러한 규정들에 의하면 환지를 정하지 않은 종전 토지의 권리는 환지처분으로 소멸하게 되고, 이에 따라 보류지 또는 체비지는 그에 상응하는 종전의 토지에 아무런 권리제한이 없는 상태로 도시개발법 제42조 제5항이 정한 자가 소유권을 취득하므로, 정비사업에 있어 관리처분계획상 현금청산자는 종전 토지의 소유권을 이전고시 다음 날 상실하게 된다.[901]

4) 이와 같은 대법원 판례의 법리에 따르면, 사업시행자는 현금청산자의 종전 소유권을 법 제73조에 따른 수용재결 또는 매도청구소송을 통하여 확보하여야 하는데, 이전고시로 소유권을 취득할 수도 있게 되어 수용재결 또는 매도청구를 해태할 우려가 있다. 그러나 앞서 법 제81조(건축물 등의 사용 · 수익의 중지 및 철거 등)에서 본 바와 같이, 관리처분계획인가에 불구하고 현금청산자 등은 공익사업법상 손실보상항변권이나 민법상 동시이행항변권의 행사로 종전 토지의 인도를 거부할 수 있으므로, 사업시행자는 사업진행을 위해 현금청산자 등에 대한 수용재결 또는 매도청구소송을 해태할 수 없게 된다.

(3) 법 제64조 재건축사업의 매도청구대상자

1) 법 제73조의 현금청산자에 대한 위와 같은 법리가 법 제64조의 매도청구대상자에게도 적용되어 종전 소유권이 상실되는지(공용환권의 효력이 미치는지)에 관해서는 법리적으로 견해대립이 있을 수 있다.

2) 〈부정설〉은 ① 조합원 임의가입주의를 취하고 있는 재건축사업에서 조합설립에 동의하지 아니한 매도청구대상자는 공익사업의 공권적 관계에 참여한 바 없는 점, ② 법 제64조에서 사법상 거래인 매도청구에 의해 사업시행자가 소유권을 확보하도록 규정하고 있는 점, ③ 법 제74조 제1항 및 시행령 제62조는 법 제73조 현금청산자의 권리명세만을 관리처분계획에 포함하도록 규정하고 있을 뿐 법 제64조의 매도청구대상자의 권리명세를 포함하도록 규정하고 있지 아니한 점, ④ 법 제79조 제8항은 법 제64조 매도청구대상자의 소유권을 사업시행자가 준공인가 신청 전까지 소유권을 확보하여야 하고 준공인가 이후에 이전고시를 할 수 있는 점에서 공용환권의 효력이 미치지 않는다고 본다.

---

901) 대법원 2018. 9. 28. 선고 2016다246800 판결 [추심금].

3) 〈긍정설〉은 ① 관리처분계획과 이전고시는 사업구역 전체에 대해 수립되어야 하는 점, ② 시행령 제62조 제2항이 법 제79조 제4항의 보류지 등의 명세를 관리처분계획에 포함하도록 규정하고 있는데 법 제64조 매도청구대상자의 소유권은 보류지 등에 귀속되어야 하는 점, ③ 위 대법원 판례가 현금청산대상에 관한 것이기는 하나 도시개발법 제42조 제5항이 사업시행자에게 보류지 등의 소유권을 권리제한 없이 취득하도록 규정한 것은 동일하게 적용되어야 하는 점, ④ 재건축사업에서 법 제73조의 현금청산과 법 제64조의 매도청구는 모두 사법적 거래인 매매에 의하도록 하고 있는 등 양자를 달리 취급할 이유가 없는 점, ⑤ 공익사업의 법적 안정성과 다수의 수분양자들을 보호할 필요가 있는 점에서 공용환권이 효력이 미친다고 본다.

4) 도시정비법이 재건축사업에 한하여 임의가입주의를 취하고 사업에 참여하지 않은 미동의한 자에게 사법상 매도청구소송에 의해 소유권을 확보하도록 입법된 점에 비추어 공용환권의 효력이 미치지 않는다는 〈부정설〉이 타당하다고 본다.

다. 건축물만 이전고시한 경우

서울북부지방법원 2007. 6. 28. 선고 2006가합8584 판결은 「구 도시재개발법 제38조 제3항은 건물에 한하여 우선 분양처분을 할 수 있는 근거 규정을 마련해 두고 있고, 제39조 제1항은 대지 또는 건축시설을 분양받은 자가 분양처분의 고시가 있은 날의 다음날에 그 대지 또는 건축시설에 대한 소유권을 취득한다고 하면서, 제2항에서 조합원이 취득하는 건물 및 대지를 환지로 본다고 규정하고 있는데, 환지의 본질은 소유권의 목적이 되는 토지가 종전의 토지에서 환지 후 토지로 바뀌는 것으로 종전 토지에 관한 소유권 기타의 권리가 그 동일성을 잃지 않고 환지 후 토지로 옮겨지는 데 있는 것이고, 이를 소유권의 득실이라는 각도에서 파악하면 종전 토지의 소유권을 상실하고 환지 후 토지의 소유권을 취득하는 것인바, 건물에 대한 분양처분고시가 있을 경우 조합원은 대지에 대한 분양처분고시를 기다리지 아니하고 그 건물에 대한 소유권을 취득하게 되고, 이 경우 만약 조합원이 여전히 종전의 토지에 대하여 소유권을 상실하지 않는다고 보게 되면 조합원은 환지에 의하여 기존의 권리보다 더 많은 권리를 취득하게 되는 결과가 되어 환지의 본질에 반하게 되는 문제점이 있으므로 재개발사업의 진행과정에서 건물에 대한 분양처분고시가 먼저 있고 나중에 대지에 대한 분양처분고시가 따로 있는 경우 재개발사업에 토지를 제공한 조합원의 그 토지에 대한 소유권은 건물에 대한 분양처분고시가 있을 때 곧바로 소멸한다.」고 판시하였다.

라. 대지 및 건축물에 대한 권리의 확정

종전 토지 또는 건축물에는 저당권, 임차권 등 여러 제한물권이 설정되어 있을 수 있는데, 정비사업의 시행을 위해 권리제한등기를 모두 말소하여야 한다면, 자금사정이 여유치 않은 토지등소유자에게는 부담이 될 뿐만 아니라 정비사업의 신속한 진행에도 어려움을 겪게 되므로, 법 제87조는 이전고시의 효력으로 종전 토지 또는 건물에 대한 권리의 확정에 관한 방법을 규정하였는바, 분양대상 종전 토지 또는 건축물에 설정된 제한물권 등 권리는 이전고시로 분양받은 대지 또는 건축물에 설정된 것으로 보고, 현금청산대상 종전 토지 또는 건축물에 설정된 제한물권 등 권리는 이전고시로 소멸되는 것으로 규정하였다. 자세한 내용은 법 제87조(대지 및 건축물에 대한 권리의 확정)에서 상술하고자 한다.

마. 이전고시와 조합원지위 승계

(1) 이전고시 전에는 종전 토지 및 건축물이나 장차 정비사업으로 조성되는 대지 또는 건축물을 취득할 수 있는 권리만이 거래에 의한 취득 대상이 될 수 있을 뿐이므로, 이전고시 전에 종전 토지 또는 건축물을 양도한 경우 법 제39조 제2항 투기과열지구의 조합원자격 승계금지에 해당하는 등의 특별한 사정이 없는 한 양수인은 양도인의 조합원 지위를 당연 승계하고, 정비사업으로 조성되는 대지 또는 건축물을 취득할 수 있는 권리를 취득하게 된다.

(2) 그러나 이전고시 이후 대지 또는 건축시설을 분양받은 조합원이 그 대지 또는 건축시설을 제3자에게 양도 등 처분하는 경우에는 특별한 정함이 없는 이상 조합원의 지위가 당연히 양수인에게 자동 승계되는 것은 아니라고 할 것이고, 따로 종전 조합원과 제3자 사이에 조합원의 지위승계에 관한 개별특약을 하고 양수인이 조합에 대하여 조합원으로서의 지위를 승계한 사실을 신고하는 등 조합원으로서의 지위의 승계취득에 관한 의사표시를 하고 조합이 이를 승낙한 경우라야 조합으로서는 양수인을 조합원으로 취급할 수 있다.[902] 조합 해산 시 조합원들에게 잔여재산을 환급하는 경우에는 이러

한 점을 고려하여 적법한 조합원에게 환급하여야 한다.

Ⅱ. 대지 및 건축물에 대한 권리의 확정(제87조)

도시정비법

제87조(대지 및 건축물에 대한 권리의 확정)

① 대지 또는 건축물을 분양받을 자에게 제86조제2항에 따라 소유권을 이전한 경우 종전의 토지 또는 건축물에 설정된 지상권 · 전세권 · 저당권 · 임차권 · 가등기담보권 · 가압류 등 등기된 권리 및 「주택임대차보호법」 제3조제1항의 요건을 갖춘 임차권은 소유권을 이전받은 대지 또는 건축물에 설정된 것으로 본다.

② 제1항에 따라 취득하는 대지 또는 건축물 중 토지등소유자에게 분양하는 대지 또는 건축물은 「도시개발법」 제40조에 따라 행하여진 환지로 본다.

③ 제79조제4항에 따른 보류지와 일반에게 분양하는 대지 또는 건축물은 「도시개발법」 제34조에 따른 보류지 또는 체비지로 본다.

1. 본조의 의의

(1) 종전 토지 또는 건축물에는 여러 제한물권, 담보물권, 가압류 등 권리제한등기가 있을 수 있는데, 정비사업의 시행을 위해 권리제한등기를 모두 말소하여야 한다면, 자금사정이 넉넉하지 않은 토지등소유자에게는 부담이 될 뿐만 아니라 정비사업의 신속한 진행에도 어려움을 겪게 된다. 특히 조합원은 이주비를 대출받아 이주하게 되므로 종전 토지 등에 대한 담보물권 설정이 불가피하다.

(2) 이에 이전고시까지 말소되지 아니한 종전 토지 또는 건물에 대한 권리제한등기의 처리방법에 관하여, 법 제87조 제1항은 "대지 또는 건축물을 분양받을 자에게 이전고시에 따라 소유권을 이전한 경우 종전의 토지 또는 건축물에 설정된 지상권 · 전세권 · 저당권 · 임차권 · 가등기담보권 · 가압류 등 등기된 권리 및 「주택임대차보호법」 제3조 제1항의 요건을 갖춘 임차권은 소유권을 이전받은 대지 또는 건축물에 설정된 것으로 본다."고 규정하여, 종전 권리제한등기를 말소하지 아니하고 정비사업의 시행을

902) 대법원 2003. 9. 26. 2001다64479 판결, 서울남부지방법원 2012. 12. 14. 2012가단57891 판결.

완료할 수 있도록 하였다. 지상권 · 전세권 · 저당권은 법 제70조에 계약이 해제되거나 기간만료로 종료되는 것이 통상적이고, 실무상 본조에 의해 담보물권이 이전되고 있다.

(3) 다만, 법 제87조 제2항 및 제3항은 토지등소유자에게 분양하는 경우와 보류지 · 체비지를 분양하는 경우를 나누어 도시개발법상 환지에 관한 규정을 준용하고 있고, 이에 따라 동조 제1항의 적용범위가 제한되는바 아래에서 살펴보고자 한다.

2. 분양대상 토지등소유권에 설정된 담보물권 등의 권리확정

가. 담보물권 등의 이전

(1) 법 제87조 제1항은 '대지 또는 건축물을 분양받을 자'에게 이전고시에 따라 소유권을 이전한 경우 '종전의 토지 또는 건축물'에 설정된 담보물권 등은 소유권을 이전받은 대지 또는 건축물에 설정된 것으로 본다고 규정하고, 동조 제2항은 제1항에 따라 취득하는 대지 또는 건축물 중 '토지등소유자에게 분양하는 대지 또는 건축물'은 「도시개발법」 제40조에 따라 행하여진 환지로 본다고 규정하고 있다.

(2) 환지의 효력에 관한 도시개발법 제42조 제1항 전단은 "환지계획에서 정하여진 환지는 그 환지처분이 공고된 날의 다음 날부터 종전의 토지로 본다."라고 하여 환지를 종전의 토지와 동일한 것으로 규정하고 있는바, 관리처분계획에 따라 '분양대상 토지등소유자'에게 이전고시에 따라 소유권을 이전한 대지 또는 건축물도 종전 토지 또는 건축물과 동일성을 유지하고, 종전 토지 또는 건축물에 설정된 담보물권 등은 법 제87조 제1항에 따라 소유권을 이전한 대지 또는 건축물에 이전된다.[903]

(3) 나아가 분양대상 토지등소유자의 종전 건축물은 이전고시 이전 철거로 멸실되지만, 법 제87조 제1항에 따라 종전 건축물에 설정된 담보물권 등도 소멸하지 않고 분양받은 건축물로 이전된다.

나. 수 개의 부동산 각각에 설정된 담보물권 등의 이전방법

(1) 이전고시 후 사업시행자는 분양대상 토지등소유자가 취득한 소유권의 보존등기 신청과 동시에, 해당 종전 토지 또는 건축물에 설정된 담보물권 등의 등기를 신청하여

903) 대법원 2018. 9. 28. 선고 2016다246800 판결 [추심금].

등기를 하여야 한다.904) 그런데 분양대상자가 소유한 종전 토지와 건축물에 각각 다른 담보물권 등이 등기되어 있는 경우, 해당 분양대상자가 분양받은 것은 건축시설과 대지가 일체로 등기되는 하나의 구분소유권이므로 각각의 다른 담보물권 등을 어떠한 방법으로 이전하여 등기할 것인지 문제된다.

(2) 이에 대해 대법원은 「이 사건 정비구역에 포함된 '제1 부동산'과 '이 사건 대지지분'에 대하여 이 사건 주택재건축정비사업으로 조성된 '제2 부동산'의 소유권이 원고에게 이전되고, '제1 부동산'과 '이 사건 대지지분'에 설정되어 있던 각 근저당권들이 구 도시정비법 제55조 제1항(현행법 제87조 제1항)에 따라 '제2 부동산'에 설정된 것으로 보게 됨에 있어, 원심이 이 사건 새로운 근저당권의 목적물 범위를 제2 부동산의 기초가 된 '제1 부동산'과 '이 사건 대지지분' 중 이 사건 근저당권이 "원래 담보가치로 확보하고 있던 부분"에 한정된다고 본 판단은 정당하다.」고 전제한 후, 「'제2 부동산'에 이 사건 새로운 근저당권으로 설정됨에 있어 그 목적물 범위는 제2 부동산의 기초가 된 제1 부동산과 이 사건 대지지분의 평가액 합계 중 제1 부동산의 평가액 비율에 해당하는 지분에 한정된다.」고 판시하였다.905)

3. 법 제73조 현금청산대상에 설정된 담보물권 등의 권리확정

(1) 법 제87조 제1항은 '대지 또는 건축물을 분양받을 자'에게 이전고시에 따라 소유권을 이전한 경우 '종전의 토지 또는 건축물'에 설정된 담보물권 등은 소유권을 이전받은 대지 또는 건축물에 설정된 것으로 본다고 규정하고 있는바, 법 제73조 현금청산대상 토지등소유권에 설정된 담보물권 등이 사업시행자와 일반분양자 등이 취득할 보류지와 체비지에 이전되는지 문제된다.

(2) 법 제87조 제3항은 보류지와 일반에게 분양하는 대지 또는 건축물은 「도시개발법」 제34조에 따른 보류지 또는 체비지로 본다고 규정하고 있는바, 대법원은 재건축사업의 현금청산대상자와 관련해서 「도시개발법은 제34조에서 보류지 또는 체비지에 관한 규정을 두면서, 제42조 제5항에서 "제34조에 따른 체비지는 시행자가, 보류지는 환지 계획에서 정한 자가 각각 환지처분이 공고된 날의 다음 날에 해당 소유권을 취득한

904) 도시 및 주거환경정비 등기규칙 제5조.

905) 대법원 2016. 12. 29. 선고 2013다73551 판결 [근저당권설정등기말소청구의소].

다."라고 규정하고 있고, 나아가 제42조 제1항은 "환지 계획에서 정하여진 환지는 그 환지처분이 공고된 날의 다음 날부터 종전의 토지로 보며, 환지 계획에서 환지를 정하지 아니한 종전의 토지에 있던 권리는 그 환지처분이 공고된 날이 끝나는 때에 소멸한다."라고 규정하고 있다. 이러한 규정들에 의하면, 종전의 토지 중 환지 계획에서 환지를 정한 것은 종전 토지와 환지 사이에 동일성이 유지되므로 종전 토지의 권리제한은 환지에 설정된 것으로 보게 되고, 환지를 정하지 않은 종전 토지의 권리제한은 환지처분으로 소멸하게 된다. 이에 따라 보류지 또는 체비지는 그에 상응하는 종전의 토지에 아무런 권리제한이 없는 상태로 도시개발법 제42조 제5항이 정한 자가 소유권을 취득한다.」고 판시하였다.[906] 즉, 현금청산대상 토지등소유권에 설정된 담보물권 등은 법 제87조 제1항이 적용되지 아니하고, 동조 제3항에 따라 준용되는 도시개발법 제42조 제1항 후단에 따라 이전고시로 소멸한다.[907]

(3) 이러한 대법원 판례에 따르면 보류지를 분양받은 자와 일반분양자는 권리제한이 없는 상태로 분양받을 수 있도록 보호받게 되나, 현금청산 대상 토지등소유권에 설정된 담보물권자 등은 청산금에 대하여 법 제91조의 물상대위권을 행사하거나 민법에 따른 조치를 취하여야 한다.

4. 법 제64조 매도청구대상에 설정된 담보물권 등

(1) 법 제64조 매도청구대상에 공용환권의 효력이 미치는지에 관해서는 앞서 본 바와 같이 〈긍정설〉과 〈부정설〉이 대립한다.

(2) 〈긍정설〉에 따르면 이전고시의 효력이 미치는 법 제73조의 현금청산대상과 달리 볼 이유가 없으므로, 법 제64조의 매도청구대상에 설정된 담보물권 등도 이전고시에 의해 소멸하게 되고, 사업시행자가 권리제한이 없는 완전한 소유권을 취득하게 된다.

---

906) 대법원 2018. 9. 28. 선고 2016다246800 판결 [추심금] 「이처럼 이전고시로 저당권이나 가압류와 같은 권리제한이 소멸하게 되는 이상, 이전고시 이후 사업시행자로서는 원고의 청산금 지급청구에 대하여 권리제한등기 말소의무를 이유로 한 동시이행 항변권을 행사할 수 없게 된다.」

907) 부장판사 이우재 저 「도시 및 주거환경정비법」는 현금청산 대상 토지 또는 건축물에 설정된 권리도 본조 제1항의 적용을 받아 사업시행자가 소유권을 취득한 보류지와 체비지에 설정된 것으로 본다.

(3) 〈부정설〉에 따르면 법 제73조의 현금청산대상과 달리 법 제64조 매도청구대상은 이전고시의 효력이 미치지 아니하고, 사업시행자가 사법상 매매에 해당하는 매도청구권 행사로 소유권을 확보하였더라도 담보물권 등이 당연히 소멸되는 것은 아니고, 이전고시에 의해 담보물권 등이 소멸되는 것도 아니므로, 사업시행자는 변제 등 민사적 방법에 의해 담보물권 등을 말소하여야 완전한 소유권을 취득하여야 한다.

(4) 사견으로는 〈부정설〉이 타당하다고 보며, 이 경우 법 제79조 제8항 단서 "사업시행자가 제64조에 따른 매도청구소송을 통하여 법원의 승소판결을 받은 후 입주예정자에게 피해가 없도록 손실보상금을 공탁하고 분양예정인 건축물을 담보한 경우에는 법원의 승소판결이 확정되기 전이라도 「주택법」 제54조에도 불구하고 입주자를 모집할 수 있으나, 제83조에 따른 준공인가 신청 전까지 해당 주택건설 대지의 소유권을 확보하여야 한다."는 규정에 따라, 관할관청은 담보물권 등을 말소한 완전한 소유권을 확보하지 못한 경우에는 준공인가 반려하여야 한다고 본다.

5. 저당권의 물상대위권 등

(1) 분양대상 종전 토지등소유권에 설정된 담보물권이 이전고시에 의해 소유권을 취득하게 되는 대지 또는 건축물에 동일성을 유지하여 이전된다고 하더라도, 종전 토지등소유권의 가치가 크고 분양받은 대지 또는 건축물의 가치가 낮아 토지등소유자가 그 차액을 현금으로 청산받는다면 저당권의 담보가치가 하락하게 되고, 나아가 이전고시에 의해 소멸되는 종전 담보물권의 권리자도 담보권을 상실함으로써 손해를 입게 될 수 있다.

(2) 이 때문에 민법 제342조 및 제370조는 담보물권의 감소 또는 소멸이 발생으로 인하여 담보물권설정자가 받을 금전 기타 물권에도 담보권을 행사할 수 있는 물상대위권을 규정하고 있고, 법 제91조는 도시정비사업에 있어서도 이러한 물상대위권에 관한 규정을 두고 있다. 물상대위권의 행사에 관한 구체적 내용은 법 제91조 부분을 참조하기로 한다.

Ⅲ. 등기절차 및 권리변동의 제한(제88조)

도시정비법

제88조(등기절차 및 권리변동의 제한)
① 사업시행자는 제86조제2항에 따른 이전고시가 있은 때에는 지체 없이 대지 및 건축물에 관한 등기를 지방법원지원 또는 등기소에 촉탁 또는 신청하여야 한다.
② 제1항의 등기에 필요한 사항은 대법원규칙으로 정한다.
③ 정비사업에 관하여 제86조제2항에 따른 이전고시가 있은 날부터 제1항에 따른 등기가 있을 때까지는 저당권 등의 다른 등기를 하지 못한다.

1. 사업시행자의 등기의무

(1) 사업시행자는 이전고시가 있은 때에는 지체 없이 대지 및 건축물에 관한 등기를 지방법원지원 또는 등기소에 촉탁 또는 신청하여야 한다.[908)]

(2) 등기절차에 관해서는 대법원규칙 「도시 및 주거환경정비 등기규칙」에 따르는데,[909)] 동 규칙 제19조는 시행자가 지방자치단체인 경우에 등기신청을 등기촉탁으로 보도록 규정하고 있다.[910)]

(3) 사업시행자는 대지 및 건축물의 소유권에 관한 보존등기와 법 제87조에 따라 설정된 것으로 보는 종전의 제한물권의 등기를 동시에 신청하여야 한다.[911)]

---

908) 법 제88조 제1항.

909) 법 제88조 제2항.

910) 부장판사 이우재 저 「도시 및 주거환경정비법」은 법리적 관점에서 분양대상 토지등소유자가 취득한 대지 또는 건축물과 보류지의 보존등기는 사업시행자의 등기촉탁으로 보고, 사업시행자가 소유권을 취득하여 사업시행자로 보존등기 되는 체비지는 등기신청으로 보는 것이 타당하다고 본다.

911) 도시 및 주거환경정비 등기규칙
제10조(건축시설에 관한 등기신청) ①건축시설에 관한 소유권보존등기 및 담보권등에 관한 권리의 등기의 신청을 하는 때에는 건축시설(구분건물인 경우에는 1동의 건물에 속하는 구분건물 전부)에 관하여 동일한 신청서로 하여야 한다.
제12조(대지에 관한 등기신청) ①대지에 관한 소유권보존등기 및 담보권 등에 관한 권리의 등기를 신청하는 때에는 1필의 토지에 관하여 동일한 신청서로 하여야 한다.

2. 다른 등기의 제한

(1) 정비사업에 관하여 이전고시가 있은 날부터 위와 같은 등기가 있을 때까지는 저당권 등의 다른 등기를 하지 못한다.[912)]

(2) 이러한 규정을 둔 이유는, 법 제87조에 따라 종전 소유권에 설정된 제한물권 등의 권리가 분양받은 대지 또는 건축물의 보존등기와 동시에 등기되어 우선순위 권리로 등기된 후 다른 등기가 후순위 권리로 등기되어야 하기 때문이다.

(3) 실무에서는 법 제88조 제3항에 따라 다른 등기가 제한되는 점을 간과하고 민사집행법상 미등기부동산에 대한 강제집행의 예[913)]를 원용하여 가압류, 가처분 등 법원의 보전결정을 받아 보존등기를 시도하는 경우가 있고, 등기소도 이를 간과하고 보존등기와 가압류 등기 등을 받아들이는 경우가 있다. 사업시행자가 보존등기를 할 때까지 이러한 개별적 등기신청(촉탁)은 반려되어야 한다.[914)]

(4) 한편 주택법 제61조는 사업주체가 건설된 주택 및 대지에 대하여 입주자 모집공고 승인 신청일(주택조합의 경우에는 사업계획승인을 말한다) 이후부터 사업주체가 입주예정자에게 통보한 입주가능일로부터 60일까지 제한물권을 설정하거나 2수 없도록 하고, 이를 위해 양도 · 제한물권 설정 · 압류 · 가압류 · 가처분 등의 목적물이 될 수 없는 재산임을 소유권등기에 부기등기하여야 한다고 규정하고 있고,[915)] 이에 관해 대법원은

---

912) 법 제88조 제3항.

913) 대법원 2011. 6. 2.자 2011마224 결정 [등기관의처분에대한이의신청] 「완공되지 아니하여 보존등기가 경료되지 아니하였거나 사용승인되지 아니한 건물이라고 하더라도 채무자의 소유로서 건물로서의 실질과 외관을 갖추고 그의 지번 · 구조 · 면적 등이 건축허가 또는 건축신고의 내용과 사회통념상 동일하다고 인정되는 경우에는 보전처분의 대상으로 삼을 수 있다고 할 것이나, 그에 이르지 못한 경우에는 보전처분의 대상이 될 수 없는 것이다(대법원 2009. 5. 19.자 2009마406 결정 참조). 등기관으로서는 미등기건물에 대한 소유권보존등기 및 가압류기입등기의 촉탁을 받아 구분건물에 관한 소유권보존등기를 함에 있어서 1동의 건물 중 일부 구분건물뿐만 아니라 표시에 관한 등기를 하여야 하는 그 나머지 구분건물에 관하여도 등기능력이 있는지 여부를 심사하여야 한다(대법원 2006마920 결정 참조).」

914) 부장판사 이우재 저 「도시 및 주거환경정비법」.

915) 주택법 제61조(저당권설정 등의 제한)

① 사업주체는 주택건설사업에 의하여 건설된 주택 및 대지에 대하여는 입주자 모집공고 승인 신청일(주택조합의 경우에는 사업계획승인 신청일을 말한다) 이후부터 입주예정자가 그 주택 및 대지의 소유권이전등기를 신청할 수 있는 날 이후 60일까지의 기간 동안 입주예정자의 동의 없이 다음 각 호의 어느 하나에 해당하는 행위를 하여서는 아니 된다. 다만, 그 주택의 건설을 촉진하기 위하여 대통령령으로 정하는 경우에는 그러하지 아니하다.

「주택법 규정에 위반하여 당해 주택 또는 대지를 담보로 제공하거나 처분하였다고 하더라도 그 사법적 효력까지 부인된다고 볼 수는 없고(대법원 1999. 11. 26. 선고 99다38804, 38811, 38828 판결, 대법원 2002. 12. 6. 선고 2002다43516 판결 등 참조), 다만 같은 조 제3항에 따른 부기등기가 마쳐진 경우에 한하여, 그 부기등기일 후에 당해 대지를 양수 또는 제한물권을 설정받거나 압류·가압류·가처분 등을 한 경우의 효력이 같은 조 제4항에 따라 무효로 될 뿐이다.」라고 판시하였는데,[916] 이와 달리 도시정비법 제88조 제3항을 위반한 등기는 우선순위로 등기하여야 할 권리와의 관계에서 무효로 보아야 한다.

Ⅳ. 위법한 이전고시에 관한 쟁송방법

1. 이전고시 일부 취소·무효소송(항고소송)

(1) 대법원 2012. 3. 22. 선고 2011두6400 전원합의체 판결 [관리처분계획무효확인]에서 다수의견은 「이전고시의 효력 발생으로 이미 대다수 조합원 등에 대하여 획일적·일률적으로 처리된 권리귀속 관계를 모두 무효화하고 다시 처음부터 관리처분계획을 수립하여 이전고시 절차를 거치도록 하는 것은 정비사업의 공익적·단체법적 성격에 배치되므로, 이전고시가 효력을 발생하게 된 이후에는 조합원 등이 관리처분계획의

---

1. 해당 주택 및 대지에 저당권 또는 가등기담보권 등 담보물권을 설정하는 행위
2. 해당 주택 및 대지에 전세권·지상권(地上權) 또는 등기되는 부동산임차권을 설정하는 행위
3. 해당 주택 및 대지를 매매 또는 증여 등의 방법으로 처분하는 행위

② 제1항에서 "소유권이전등기를 신청할 수 있는 날"이란 사업주체가 입주예정자에게 통보한 입주가능일을 말한다.

③ 제1항에 따른 저당권설정 등의 제한을 할 때 사업주체는 해당 주택 또는 대지가 입주예정자의 동의 없이는 양도하거나 제한물권을 설정하거나 압류·가압류·가처분 등의 목적물이 될 수 없는 재산임을 소유권등기에 부기등기(附記登記)하여야 한다. 다만, 사업주체가 국가·지방자치단체 및 한국토지주택공사 등 공공기관이거나 해당 대지가 사업주체의 소유가 아닌 경우 등 대통령령으로 정하는 경우에는 그러하지 아니하다.

④ 제3항에 따른 부기등기는 주택건설대지에 대하여는 입주자 모집공고 승인 신청(주택건설대지 중 주택조합이 사업계획승인 신청일까지 소유권을 확보하지 못한 부분이 있는 경우에는 그 부분에 대한 소유권이전등기를 말한다)과 동시에 하여야 하고, 건설된 주택에 대하여는 소유권보존등기와 동시에 하여야 한다. 이 경우 부기등기의 내용 및 말소에 관한 사항은 대통령령으로 정한다.

916) 대법원 2004. 1. 29. 선고 2003다52210 판결 [소유권말소등기].

취소 또는 무효확인을 구할 법률상 이익이 없다고 봄이 타당하다.」고 판시하였고,[917] 대법원은 구 도시재개발법 사안에서도 「도시재개발법에 의한 도시재개발사업에 있어서의 분양처분은 일단 공고되어 효력을 발생하게 된 이후에는 그 전체의 절차를 처음부터 다시 밟지 않는 한 그 일부만을 따로 떼어 분양처분을 변경할 길이 없으며 다만 그 위법을 이유로 하여 민사상의 절차에 따라 '권리관계의 존부를 확정'하거나 '손해의 배상'을 구하는 길이 있을 뿐이다.」라고 판시하였다.[918]

(2) 이전고시 전체가 중대하고 명백한 하자로 당연 무효가 아니라면[919] 이전고시의 일부 무효·취소를 구하는 항고소송은 법률상 이익이 없어 부적법하고, 조합설립인가,[920] 사업시행계획, 수용재결,[921] 관리처분계획[922] 등의 행정처분에 대한 항고소송이 적법하게 제기되어 진행 중이라도 이전고시가 있게 되면 더 이상 항고소송으로 다툴 법률상 이익이 없어 부적법하게 되는 것이다.

2. 민사소송에 의한 권리구제방안

이전고시 후에는 항고소송이 불가능하므로 권리를 침해 받은 토지등소유자는 민사상의 절차에 따라 '권리관계의 존부를 확정'하거나 '손해의 배상'을 구하는 방법으로 다투어야 하고, '권리관계 존부의 확정'은 사업시행자를 상대방으로 하는 권리 존부형 소

917) [대법관 김능환, 대법관 이인복, 대법관 김용덕, 대법관 박보영의 별개의견] 관리처분계획의 무효확인이나 취소를 구하는 소송이 적법하게 제기되어 계속 중인 상태에서 이전고시가 효력을 발생하였다고 하더라도, 이전고시에서 정하고 있는 대지 또는 건축물의 소유권 이전에 관한 사항 외에 관리처분계획에서 정하고 있는 다른 사항들에 관하여서는 물론이고, 이전고시에서 정하고 있는 사항에 관하여서도 여전히 관리처분계획의 취소 또는 무효확인을 구할 법률상 이익이 있다고 보는 것이 이전고시의 기본적인 성격 및 효력에 들어맞을 뿐 아니라, 행정처분의 적법성을 확보하고 이해관계인의 권리·이익을 보호하려는 행정소송의 목적 달성 및 소송경제 등의 측면에서도 타당하며, 항고소송에서 소의 이익을 확대하고 있는 종전의 대법원판례에도 들어맞는 합리적인 해석이다.

918) 대법원 1991. 10. 8. 선고 90누10032 판결 [환지처분무효확인].

919) 송현진·유동규 공저 「재개발·재건축 이론과 실무」, 부장판사 이우재 저 「도시 및 주거환경정비법」, 변호사 맹신균 저 「도시 및 주거환경정비법 해설」.

920) 대법원 2014. 9. 25. 선고 2011두20680 판결 [대흥1구역주택재개발사업조합설립인가처분취소등].

921) 대법원 2017. 3. 16. 선고 2013두11536 판결 [손실보상금등], 대법원 2017. 3. 30. 선고 2013두840 판결 [토지수용재결무효].

922) 대법원 2012. 3. 22. 선고 2011두6400 전원합의체 판결 [관리처분계획무효확인].

송과 참칭 토지등소유자를 상대방으로 하는 권리 귀속형 소송으로 나눌 수 있다.

가. 권리 존부형 소송

(1) 이전고시로 이미 토지등소유자 등의 권리귀속관계가 획일적 · 일률적으로 확정되었음에도 이전고시 등 행정처분의 하자를 선결문제로 하여 민사소송으로 '종전 토지의 소유권 회복'을 구하거나 '새로이 조성된 대지 및 건축물의 소유권의 이전등기'를 구하는 경우가 있을 수 있다.

(2) 일반적인 사안에서 대법원은 행정처분의 하자가 취소사유에 불과할 때에는 행정처분이 적법하게 취소되지 않는 한 행정행위의 공정력으로 인하여 민사소송에서 행정처분의 적법성 여부를 다툴 수 없으나, 행정처분의 하자가 중대하고 명백하여 당연 무효임이 주장 · 입증된 때에는 민사소송에서 선결문제로 행정처분의 당연 무효임을 전제로 판단할 수 있다고 판시하고 있는바,[923][924] 이에 따르면 이전고시의 일부가 당연무효인 경우에는 위와 같은 권리회복의 민사판결이 가능한 것으로 해석할 수 있다.

(3) 그러나 대법원 2012. 3. 22. 선고 2011두6400 전원합의체 판결 등은 권리귀속관계를 획일적 · 일률적으로 확정하는 이전고시의 성격에 비추어 일부 무효를 소송상 다툴 수 없다고 판시하여 무효인 이전고시에도 공정력을 부여하고 있으므로, 권리귀속관계의 획일적 · 일률적 확정에 영향을 미치지 아니하는 특별한 사정이 있는 경우가 아니

---

923) 대법원 2010. 4. 8. 선고 2009다10881 판결 [소유권이전등기등] 「주택재건축사업에서의 사업시행자인 정비사업조합은 관할 행정청의 조합설립인가와 등기에 의해 설립되고, 조합 설립에 대한 토지 등 소유자의 동의(이하 '조합설립결의'라 한다)는 조합설립인가처분이라는 행정처분을 하는 데 필요한 절차적 요건 중 하나에 불과한 것이므로, 조합설립결의에 하자가 있다 하더라도 그로 인해 조합설립인가처분이 취소되거나 당연무효로 되지 않는 한 정비사업조합은 여전히 사업시행자로서의 지위를 갖는다. 따라서 재건축정비사업조합이 조합 설립에 동의하지 않은 자 등에 대해 매도청구권을 행사하여 그에 따른 소유권이전등기절차 이행 등을 구하는 소송을 제기한 경우 그 소송절차에서 조합 설립에 동의하지 않은 자 등이 조합설립결의에서 정한 비용분담에 관한 사항 등이 구체성을 결여하여 위법하다는 점을 근거로 매도청구권 행사의 적법성을 다툴 수 있기 위해서는, 그와 같은 사정으로 조합설립결의가 효력이 없다는 것만으로는 부족하고 나아가 그로 인해 조합설립인가처분이 적법하게 취소되었거나 그 하자가 중대 · 명백하여 당연무효임을 주장 · 입증하여야 한다.」

924) 대법원 2010. 4. 8. 선고 2009다90092 판결 [건물인도] 「민사소송에 있어서 어느 행정처분의 당연무효 여부가 선결문제로 되는 때에는 이를 판단하여 당연무효임을 전제로 판결할 수 있고 반드시 행정소송 등의 절차에 의하여 그 취소나 무효확인을 받아야 하는 것은 아니다(대법원 1972. 10. 10. 선고 71다2279 판결 등 참조).」

라면[925] 일부 토지등소유자가 사업시행자를 상대로 제기하는 민사상 소유권 회복 또는 소유권이전등기 청구 등은 인용될 수 없다고 할 것이다.

(4) 재건축사업시행자가 법 제64조의 매도청구권 행사로 소유권을 확보하지 아니한 채 이전고시로 소유권을 말소한 경우에 종전 토지등소유자가 토지소유권 말소등기의 회복등기를 구할 수 있는지가 문제될 수 있다. 법 제64조 매도청구대상에도 이전고시의 효력이 미친다는 〈긍정설〉은 이전고시가 적법하므로 회복등기 청구가 인용될 수 없음은 당연하다. 반면 이전고시의 효력이 미칠 수 없다는 〈부정설〉에 따르면 매도청구대상에 대한 이전고시는 법령을 위반한 당연 무효이나, 위 대법원 판례에 따라 해당 토지가 새로이 조성된 건축물의 대지에 포함되어 이전됨으로써 권리귀속관계가 획일적·일률적으로 확정되었으므로 민사상 말소등기의 회복등기를 구하는 청구는 인용될 수 없을 것이다.

나. 권리 귀속형 민사소송

(1) 이전고시는 토지 또는 건축물에 대한 대물적 처분이고, 토지 또는 건축물의 귀속에 관하여 득상·변동을 생기게 하는 대인적 처분이 아니므로, 사업시행자가 소유자를 오인하여 종전의 토지 또는 건축물의 소유자가 아닌 다른 사람에게 분양처분을 한 경우 그러한 분양처분이 있었다고 하여 그 다른 사람이 권리를 취득하게 되는 것은 아니며, 종전의 토지 또는 건축물의 진정한 소유자가 분양된 대지 또는 건축시설의 소유권을 취득하고 이를 행사할 수 있다.[926]

(2) 즉, 소유자를 오인하여 참칭 소유자에게 이전고시를 하였더라도 대물적 처분인 이전고시는 위법하다고 할 수 없으므로, 진정한 소유자는 이전고시의 위법성을 다툴 필요 없이 참칭 소유자를 상대로 분양된 대지 또는 건축시설의 소유권을 회복하는 민소소송을 통하여 권리를 구제받을 수 있다.[927]

---

925) 예컨대, 관리처분계획상 조합원 A에게 분양한 동·호수를 사업시행자의 체비지로 이전고시 한 경우가 해당될 수 있다.

926) 대법원 1995. 6. 30. 선고 95다10570 판결 [소유권이전등기등].

927) 이 경우 참칭소유자가 한 재건축사업에서의 조합설립 동의의 적법성 여부, 재건축·재개발 사업에서의 분양신청의 적법성 여부 등이 문제될 수 있으나, 이전고시가 있은 후에는 관리처분계획의 적법성을 다툴 수 없으므로, 참칭소유자의 조합설립동의 및 분양신청의 적법성 등을 다툴 수 있는 여지는 없다.

(3) 이 경우 진정한 소유자는 ① 이전고시 후 보존등기가 경료되기 전에는 참칭소유자를 상대로 한 소유권 확인과 사업시행자를 상대로 한 보존등기의 이행을 청구할 수 있고, ② 참칭소유자로 보존등기가 경료된 후에는 참칭소유자를 상대로 한 보존등기의 말소와 사업시행자를 상대로 한 보전등기의 이행을 청구하거나, 등기부상 다른 이해관계인이 없다면 참칭 소유자를 상대로 진정명의 회복을 위한 이전등기의 이행을 청구할 수 있다.

(4) 참칭 소유자가 법 제64조의 매도청구대상이 되거나 법 제73조의 현금청산대상이 되어 매매대금 또는 청산금을 지급받은 경우에는 진정한 소유자가 참칭 소유자를 상대로 부당이득의 반환을 청구할 수 있을 뿐, 수용재결 또는 매도청구의 적법성을 다투어 종전 소유권의 회복을 구할 수는 없다.

다. 손해배상 청구소송

(1) 대법원 1990. 6. 12. 선고 89다카9552 전원합의체 판결은 토지구획정리사업과 관련하여, 「사유지에 대하여 환지를 지정하지 아니하면서 청산금도 지급하지 않기로 결정하여 환지계획의 청산금명세에 포함시키지 않은 채 사업을 시행하고 환지처분의 공고를 거쳐 그 토지의 소유권을 상실시켰다면 토지소유자에 대하여 불법행위의 책임을 면할 수 없고, 손해배상의 범위는 토지소유권상실에 대한 손실보상금인 청산금 상당액이라고 보아야 하고, 환지처분시를 기준으로 종전 토지의 위치, 지목 등 여러 사정을 참작하여 사업시행으로 인한 개발이익이 포함되지 않은 객관적인 거래가액을 평가한 후 이에 따라 산정하여야 한다.」고 판시하였다.[928)]

(2) 마찬가지로 대법원 2007. 6. 29. 선고 2006다60441 판결은 「재개발사업 시행자가 분양신청을 하지 아니한 토지의 소유자에 대하여 대지 및 건축시설을 분양하지도 아니하고 청산금도 지급하지 아니하기로 하는 분양처분고시는 행정처분의 성질을 지닌 것이므로 그것이 적법한 행정소송의 절차에 의하여 취소되지 아니하는 한 법원도 그

928) [별개의견] 손실보상제도는 불법행위로 인한 손해배상제도와는 현저한 성격상의 차이가 있어 배상액을 보상액의 범위 내로 한정시키게 된 때에는 불법행위로 인한 손해배상제도의 본질과 취지에 어긋나는 것이 되어 허용될 수 없다고 보아야 하기 때문에 위 '가'항의 경우에는 확정적으로 대가 없이 토지소유권이 상실되게 되는 환지처분공고시, 다시 말하면 불법행위시의 시가(거래가격)를 감정평가하여 그에 의한 손해배상을 명해야 한다.

처분에 기속되어 그 행정처분의 내용과 달리 청산금을 지급하라고 명할 수는 없지만, 그와 같이 대지 및 건축시설도 분양하지 아니하고 청산금도 지급하지 아니한 채 분양처분고시를 하여 재개발구역 내에 다른 사람이 소유하고 있던 토지의 소유권을 상실시켰다면 재개발사업 시행자는 그 한도에서 재개발사업을 위법하게 시행하였으므로 그 토지의 소유자에 대하여 불법행위의 책임을 진다(대법원 1990. 6. 12. 선고 89다카9552 전원합의체 판결, 대법원 2002. 10. 11. 선고 2002다33502 판결 등 참조).」고 판시하였다.

[3] 청산금(제89~91조)

Ⅰ. 청산금 등(제89조)

도시정비법	도시정비법 시행령
제89조 (청산금 등) ① 대지 또는 건축물을 분양받은 자가 종전에 소유하고 있던 토지 또는 건축물의 가격과 분양받은 대지 또는 건축물의 가격 사이에 차이가 있는 경우 사업시행자는 제86조제2항에 따른 이전고시가 있은 후에 그 차액에 상당하는 금액(이하 "청산금"이라 한다)을 분양받은 자로부터 징수하거나 분양받은 자에게 지급하여야 한다. ② 제1항에도 불구하고 사업시행자는 정관등에서 분할징수 및 분할지급을 정하고 있거나 총회의 의결을 거쳐 따로 정한 경우에는 관리처분계획인가 후부터 제86조제2항에 따른 이전고시가 있은 날까지 일정 기간별로 분할징수하거나 분할지급할 수 있다. ③ 사업시행자는 제1항 및 제2항을 적용하기 위하여 종전에 소유하고 있던 토지 또는 건축물의 가격과 분양받은 대지 또는 건축물의 가격을 평가하는 경우 그 토지 또는 건축물의 규모 · 위치 · 용도 · 이용 상황 · 정비사업비 등을 참작하여 평가하여야 한다.	제76조 (청산기준가격의 평가) ① 대지 또는 건축물을 분양받은 자가 종전에 소유하고 있던 토지 또는 건축물의 가격은 법 제89조제3항에 따라 다음 각 호의 구분에 따른 방법으로 평가한다. 1. 법 제23조제1항제4호의 방법으로 시행하는 주거환경개선사업과 재개발사업의 경우에는 법 제74조제4항제1호가목을 준용하여 평가할 것 2. 재건축사업의 경우에는 사업시행자가 정하는 바에 따라 평가할 것. 다만, 감정평가업자의 평가를 받으려는 경우에는 법 제74조제4항제1호나목을 준용할 수 있다. ② 분양받은 대지 또는 건축물의 가격은 법 제89조제3항에 따라 다음 각 호의 구분에 따른 방법으로 평가한다. 1. 법 제23조제1항제4호의 방법으로 시행하는 주거환경개선사업과 재개발사업의 경우에는 법 제74조제4항제1호가목을 준용하여 평가할 것 2. 재건축사업의 경우에는 사업시행자가 정하는 바에 따라 평가할 것. 다만, 감정평가업자의 평가를 받으려는

④ 제3항에 따른 가격평가의 방법 및 절차 등에 필요한 사항은 대통령령으로 정한다.	경우에는 법 제74조제4항제1호나목을 준용할 수 있다. ③ 제2항 각 호에 따른 평가를 할 때 다음 각 호의 비용을 가산하여야 하며, 법 제95조에 따른 보조금은 공제하여야 한다. 1. 정비사업의 조사 · 측량 · 설계 및 감리에 소요된 비용 2. 공사비 3. 정비사업의 관리에 소요된 등기비용 · 인건비 · 통신비 · 사무용품비 · 이자 그 밖에 필요한 경비 4. 법 제95조에 따른 융자금이 있는 경우에는 그 이자에 해당하는 금액 5. 정비기반시설 및 공동이용시설의 설치에 소요된 비용(법 제95조제1항에 따라 시장 · 군수등이 부담한 비용은 제외한다) 6. 안전진단의 실시, 정비사업전문관리업자의 선정, 회계감사, 감정평가, 그 밖에 정비사업 추진과 관련하여 지출한 비용으로서 정관등에서 정한 비용 ④ 제1항 및 제2항에 따른 건축물의 가격평가를 할 때 층별 · 위치별 가중치를 참작할 수 있다.

1. 청산금의 의의 등

가. 법 제89조 청산금의 의의

대지 또는 건축물을 분양받은 자가 종전에 소유하고 있던 토지 또는 건축물의 가격과 분양받은 대지 또는 건축물의 가격 사이에 차이가 있는 경우 사업시행자는 그 차액에 상당하는 금액을 분양받은 자로부터 징수하거나 분양받은 자에게 지급하여야 하는데, 이를 청산금이라고 한다.929)

나. 법 제93조 부과금과의 관계

(1) 법 제89조와 별도로 법 제93조 제1항은 "사업시행자는 토지등소유자로부터 정비사업비와 정비사업의 시행과정에서 발생한 수입의 차액을 부과금으로 부과·징수할 수 있다."고 하여 부과금을 규정하고 있는데, 청산금과 부과금은 근거규정과 정의가 다르지만, 청산금 산정의 기준이 되는 분양받을 대지 또는 건축물의 가격을 정할 때에는 시행령 제76조 제3항이 정한 바와 같이 정비사업비가 반영되므로 사실상 양자의 개념은 구별되는 것이 아니라 동일한 개념이라고 할 것이다.

(2) 법 제90조 제1항과 법 제93조 제5항이 청산금과 부과금에 대해 모두 지방세 체납처분의 예에 따라 징수할 수 있도록 규정하고 있는 것도 양자가 이론상 구별될 뿐 본질적으로 동일한 것이기 때문이다.

다. 법 제73조 현금청산과의 관계

(1) 법 제73조 분양신청을 아니한 자 등에 대한 현금청산과 법 제89조 분양받은 자에 대한 청산금은 정비사업 전후의 재산가치 차액을 현금으로 청산하는 점에서 본질적으로 동일한 성격의 것이라고 할 수 있다.

(2) 구 도시재개발법 제31조 제2항은 분양신청을 하지 아니한 자 등의 토지·건축물 기타의 권리를 수용할 수 있다고 하면서도, 제36조는 분양신청을 하지 아니한 자 등에 대해서도 수용된 경우를 제외하고 제42조(청산금 등)에 따라 차액에 해당하는 청산금을 지급하여 청산하도록 규정하였는바, 분양받은 자의 청산금과 현금청산자의 청산금을 동일한 절차에 따를 수 있도록 하였다.

(3) 그런데 도시정비법 제73조는 현금청산자에 대해 재개발사업에서는 수용재결만으로, 재건축사업에서는 사법상 매매의 방식인 매도청구만으로 청산방법을 제한하였고, 그 시기도 관리처분계획인가 고시일로부터 일정기간 내에 청산하도록 하여 신속한 보상이 이루어지도록 함으로써, 제89조 분양받은 자에 대한 청산금과 청산방법·절차·시기를 구별하였다.[930]

---

929) 법 제89조 제1항.

930) 이 때문에 부장판사 이우재 저 「도시 및 주거환경정비법」은 구 도시재개발법과 달리 현행 도시정비법에서는 양자가 동질의 것으로 단정할 수 없다고 한다.

2. 청산금 부과처분의 법적 성격 및 쟁송방법

(1) 청산금 부과처분은 관리처분계획에서 정한 비용 분담에 관한 사항에 근거하여 대지 또는 건축시설의 수분양자에게 청산금납부의무를 발생시키거나 지급받을 청산금을 정하는 것으로써 관리처분계획의 집행행위에 해당하는 구체적인 행정처분이다.[931] 이와 같이 청산금 부과처분은 관리처분계획의 집행행위에 불과하여 법 제45조 제1항 제11호는 청산금의 징수·지급을 총회의결사항으로 하면서도 법 제46조 제4항 및 시행령 제43조는 청산금의 징수·지급을 대의원회가 대행하여 의결할 수 있도록 한 것이다.

(2) 청산금 부과처분이 선행처분인 관리처분계획을 전제로 하는 것이기는 하나 위 두 처분은 각각 단계적으로 별개의 법률효과를 발생시키는 독립된 행정처분이라고 할 것이므로, 관리처분계획에 불가쟁력이 생겨 그 효력을 다툴 수 없게 된 경우에는 그 관리처분계획에 위법사유가 있다 할지라도 그것이 당연무효의 사유가 아닌 한 관리처분계획상의 하자를 이유로 후행처분인 청산금부과처분의 위법을 주장할 수는 없다.[932]

(3) 청산금 부과처분의 구체적인 행위는 청산금 결정고지일 것이나, 도시정비법에서는 결정고지의 구체적인 방법이나 절차를 규정하고 있지 않고 있고, 법 제89조 제1항 및 제2항은 청산금을 관리처분계획인가 이후 분할 징수·지급하거나 이전고시 이후 징수·지급할 수 있도록 규정하여 부과처분의 시기도 관리처분계획인가 후부터 언제라도 가능하다. 따라서 관리처분계획에서 분양대상자에 대한 개별적인 청산금액을 정하거나 이와 별도로 청산금을 개별적으로 고지한 경우에도 부과처분이 있다고 볼 수 있다. 이러한 취지에서 대법원 판례 중에는 관리처분계획 중 청산금 징수액을 산정한 부분을 청산금부과처분으로 보아 기판력의 범위 등을 판단한 판례가 있고,[933] 반면 조합원 분양계약 안내서가 분양계약체결 또는 분양금의 납부를 명하거나 기타 법률상 효과를 발생하게 하는 행정처분이라고 볼 수 없다는 판례가 있는바,[934] 청산금 부과처분에 해당하는 것인지는 사안별로 구체적으로 판단해야 할 것이다.

(4) 사업시행자의 청산금 청구는 청산금 부과처분에 의하여 형성된 법률관계에 기한

---

931) 대법원 2007. 9. 6. 선고 2005두11951 판결 [청산금처분취소].
932) 대법원 2007. 9. 6. 선고 2005두11951 판결 [청산금처분취소].
933) 대법원 2008. 2. 14. 선고 2006다33470, 33487 판결 [대여금등·근저당권설정등기말소등기].
934) 대법원 2002. 12. 27. 선고 2001두2799 판결 [가청산금부과처분취소].

청구로서, 행정소송법 제3조 제2호에서 정한 공법상 당사자소송의 대상이지 민사소송의 대상은 아니다.[935)]

(5) 대법원은 구 도시재개발법 사안에서 「재개발사업 시행자가 분양신청을 하지 아니한 토지의 소유자에 대하여 대지 및 건축시설을 분양하지도 아니하고 청산금도 지급하지 아니하기로 하는 분양처분고시는 행정처분의 성질을 지닌 것이므로 그것이 적법한 행정소송의 절차에 의하여 취소되지 아니하는 한 법원도 그 처분에 기속되어 그 행정처분의 내용과 달리 청산금을 지급하라고 명할 수는 없지만, 그와 같이 대지 및 건축시설도 분양하지 아니하고 청산금도 지급하지 아니한 채 분양처분고시를 하여 재개발구역 내에 다른 사람이 소유하고 있던 토지의 소유권을 상실시켰다면 재개발사업 시행자는 그 한도에서 재개발사업을 위법하게 시행하였으므로 그 토지의 소유자에 대하여 불법행위의 책임을 지며, 건축물에 대하여 그 일부 면적만을 인정하여 그에 상응한 분양을 하고 그 차액부분에 대하여 청산금을 지급하지 아니한 채 분양처분고시를 한 경우에도 마찬가지라 할 것이다.」라고 판시하여 분양처분고시(현행법상 '이전고시') 이후에는 공법상 당사자소송으로 청산금 지급 또는 반환을 청구할 수 없고 민사소송으로 손해배상을 청구할 수 있다고 하였다.[936)] 이러한 법리는 대법원 2012. 3. 22. 선고 2011두6400 전원합의체 판결과 대법원 1991. 10. 8. 선고 90누10032 판결이 「이전고시의 효력 발생으로 이미 대다수 조합원 등에 대하여 획일적·일률적으로 처리된 권리귀속 관계를 모두 무효화하고 다시 처음부터 관리처분계획을 수립하여 이전고시 절차를 거치도록 하는 것은 정비사업의 공익적·단체법적 성격에 배치되므로, 이전고시가 효력을 발생하게 된 이후에는 조합원 등이 관리처분계획의 취소 또는 무효확인을 구할 법률상 이익이 없다고 봄이 타당하다.」고 판시한 것과 같은 맥락이다.[937)] 다만, 불법행

935) 대법원 2017. 4. 28. 선고 2013다1211 판결 [환지청산금].
936) 대법원 2007. 6. 29. 선고 2006다60441 판결 [손해배상(기)].
937) [대법관 김능환, 대법관 이인복, 대법관 김용덕, 대법관 박보영의 별개의견] 관리처분계획의 무효확인이나 취소를 구하는 소송이 적법하게 제기되어 계속 중인 상태에서 이전고시가 효력을 발생하였다고 하더라도, 이전고시에서 정하고 있는 대지 또는 건축물의 소유권 이전에 관한 사항 외에 관리처분계획에서 정하고 있는 다른 사항들에 관하여서는 물론이고, 이전고시에서 정하고 있는 사항에 관하여서도 여전히 관리처분계획의 취소 또는 무효확인을 구할 법률상 이익이 있다고 보는 것이 이전고시의 기본적인 성격 및 효력에 들어맞을 뿐 아니라, 행정처분의 적법성을 확보하고 이해관계인의 권리·이익을 보호하려는 행정소송의 목적 달성 및 소송경제 등의 측면에서도 타당하며, 항고소송에서 소의 이익을 확대하고 있는 종전

위에 의한 손해배상을 인정한 대법원 판례는 관리처분계획에 따라 정해진 청산금이 이전고시에 의해 확정된 경우에 한하여 적용된다고 할 것이고, 법 제89조 제1항은 이전고시가 있은 후에 청산금을 징수 또는 지급할 수 있도록 규정하고 있으므로, 이전고시 후에 청산금부과처분이 있는 때에는 항고소송과 공법상 당사자소송으로 청산금의 지급을 구할 수도 있을 것이다.

3. 청산금의 산정

(1) 사업시행자는 청산금을 산정하기 위하여 종전에 소유하고 있던 토지 또는 건축물의 가격과 분양받은 대지 또는 건축물의 가격을 평가하는 경우 그 토지 또는 건축물의 규모 · 위치 · 용도 · 이용 상황 · 정비사업비 등을 참작하여 평가하여야 하며,[938] 층별 · 위치별 가중치를 참작할 수 있다.[939]

(2) 대지 또는 건축물을 분양받은 자가 종전에 소유하고 있던 토지 또는 건축물의 가격은, ① 법 제23조 제1항 제4호의 관리처분방법으로 시행하는 주거환경개선사업과 재개발사업의 경우에는 법 제74조 제4항 제1호 가목을 준용하여 평가하고, ② 재건축사업의 경우에는 사업시행자가 정하는 바에 따라 평가하되, 감정평가업자의 평가를 받으려는 경우에는 법 제74조 제4항 제1호 나목을 준용하여 평가한다.[940]

(3) 분양받은 대지 또는 건축물의 가격은 ① 법 제23조 제1항 제4호의 관리처분방법으로 시행하는 주거환경개선사업과 재개발사업의 경우에는 법 제74조 제4항 제1호 가목을 준용하여 평가하고, ② 재건축사업의 경우에는 사업시행자가 정하는 바에 따라 평가하되 감정평가업자의 평가를 받으려는 경우에는 법 제74조 제4항 제1호 나목을 준용하여 평가하며,[941] 정비사업의 조사 · 측량 · 설계 및 감리에 소요된 비용, 공사비, 정비사업의 관리에 소요된 등기비용 · 인건비 · 통신비 · 사무용품비 · 이자 그 밖에 필요한 경비, 법 제95조에 따른 융자금이 있는 경우에는 그 이자에 해당하는 금액, 정비기반시설 및 공동이용시설의 설치에 소요된 비용(법 제95조 제1항에 따라 시장 · 군수등이 부담

의 대법원판례에도 들어맞는 합리적인 해석이다.

938) 법 제89조 제3항.

939) 시행령 제76조 제4항.

940) 시행령 제76조 제1항.

941) 시행령 제76조 제2항.

한 비용은 제외한다), 안전진단의 실시 · 정비사업전문관리업자의 선정 · 회계감사 · 감정평가 · 그 밖에 정비사업 추진과 관련하여 지출한 비용으로서 정관등에서 정한 비용을 가산하여야 하며, 법 제95조에 따른 보조금은 공제하여야 한다.[942)]

(4) 그런데 청산금부과처분은 관리처분계획의 집행행위에 불과하고, 법 제74조는 종전에 소유하고 있던 토지 또는 건축물의 가격과 분양받은 대지 또는 건축물의 가격을 평가하여 관리처분계획에 반영하도록 규정하고 있고, 청산금 산정에 관한 법 제89조 제3항 및 시행령 제76조는 법 제74조를 준용하도록 규정하고 있으며, 관리처분계획에서는 정비사업비 등을 반영한 비례율(수익률)에 따라 토지등소유자의 분담금(청산금)을 산정하므로, 청산단계에서 다시 감정평가를 하지 아니하여도 정비사업비 등을 반영한 비례율에 따라 청산금을 산정하거나 변경할 수 있다. 따라서 청산단계에서 재평가를 하지 아니하였더라도 청산금 부과처분을 위법하다고 할 수 없고, 실무에서도 재평가하는 경우를 찾아보기 어렵다.

4. 청산금 부과의 시기와 가청산

(1) 재개발사업에 적용되었던 구 도시재개발법은 1995. 12. 29. 개정 전 제53조 제1항에서 분양처분 후에 청산금을 징수 · 지급하도록 하면서도, 제45조에서 관리처분계획인가 후 가청산금을 징수 또는 지급할 수 있도록 하였다.

(2) 이와 동일하게 현행 도시정비법 제89조 제1항 및 제2항도 청산금은 이전고시 이후에 징수 또는 지급하여야 하지만, 정관등에서 정하거나 총회의 의결을 거쳐 따로 정한 경우에는 관리처분계획인가 후부터 이전고시가 있은 날까지 일정 기간별로 분할징수하거나 분할지급할 수 있도록 하였다. 이전고시 이전에 조합원분양계약에 따라 청산금을 분할징수 또는 분할지급하는 것을 가청산이라고 할 수 있다.

---

942) 시행령 제76조 제3항.

Ⅱ. 청산금의 징수방법 등(제90조)

도시정비법

제90조 (청산금의 징수방법 등)

① 시장 · 군수등인 사업시행자는 청산금을 납부할 자가 이를 납부하지 아니하는 경우 지방세 체납처분의 예에 따라 징수(분할징수를 포함한다. 이하 이 조에서 같다)할 수 있으며, 시장 · 군수등이 아닌 사업시행자는 시장 · 군수등에게 청산금의 징수를 위탁할 수 있다. 이 경우 제93조제5항을 준용한다.

② 제89조제1항에 따른 청산금을 지급받을 자가 받을 수 없거나 받기를 거부한 때에는 사업시행자는 그 청산금을 공탁할 수 있다.

③ 청산금을 지급(분할지급을 포함한다)받을 권리 또는 이를 징수할 권리는 제86조제2항에 따른 이전고시일의 다음 날부터 5년간 행사하지 아니하면 소멸한다.

1. 지방세 체납처분 예에 따른 징수

(1) 시장 · 군수등인 사업시행자는 청산금을 납부할 자가 이를 납부하지 아니하는 경우 지방세 체납처분의 예에 따라 징수(분할징수를 포함한다)할 수 있으며, 시장 · 군수등이 아닌 사업시행자는 시장 · 군수등에게 청산금의 징수를 위탁할 수 있고, 위탁받은 시장 · 군수등은 지방세 체납처분의 예에 따라 부과 · 징수할 수 있다. 이 경우 사업시행자는 징수한 금액의 100분의 4에 해당하는 금액을 해당 시장 · 군수등에게 교부하여야 한다.[943]

(2) 앞서 본 바와 같이 청산금은 법 제93조의 부과금과 구별될 수 없는 것인바, 법 제93조 제2항 및 제3항에 따라 청산금을 납부할 자가 납부를 태만히 하거나 납부하지 아니하는 경우에는 정관등으로 정하는 바에 따라 연체료를 부과할 수 있고, 연체료 또한 지방세 체납처분의 예에 따라 징수(위탁)할 수 있다.[944]

943) 법 제90조 제1항 및 제93조 제5항.
944) 법 제93조 제2항 내지 제4항.

2. 청산금의 공탁

(1) 청산금을 지급받을 자가 받을 수 없거나 받기를 거부한 때에는 사업시행자는 그 청산금을 공탁할 수 있다.[945]

(2) 청산금지급청구권이 압류나 가압류가 된 경우에도 법 제90조 제2항의 "청산금을 지급받을 자가 받을 수 없는 때"에 해당하여 공탁할 수 있으나, 법 제90조 제2항은 단순한 '변제공탁'을 의미하는 것이고, 민사집행법 제248조의 집행공탁은 압류, 가압류 등의 사유를 법원에 신고하여야 하는 것인바, 민사집행법 제248조의 집행공탁을 하여야 공탁금에 압류, 가압류 등의 효력이 미치고, 사업시행자는 압류권자 등에 대한 이중변제의 위험을 피할 수 있을 것이다.[946]

3. 청산금의 소멸시효

(1) 청산금을 지급(분할지급을 포함한다)받을 권리 또는 이를 징수할 권리는 이전고시일의 다음 날부터 5년간 행사하지 아니하면 소멸한다.[947]

(2) 대법원은 「구 도시재개발법 제54조 제5항의 규정은 청산금 지급청구권과 그 징수권에 관한 소멸시효를 정한 것으로서 과오납된 청산금이나 그 이자 및 연체료의 부당

---

945) 법 제90조 제2항.

946) 대법원 2015. 9. 10. 선고 2013다216273 판결 [추심금]은 「① 원고가 2010. 6. 3. 근저당권의 물상대위권에 기하여 택지개발사업의 시행자인 피고로부터 수령할 보상금에 대하여 이 사건 압류 및 추심명령을 받았고, 이는 2010. 6. 7. 피고 공사에 송달되었고, ② 중앙토지수용위원회는 2011. 8. 12. 수용재결을 하였으며, ③ 피고 공사는 공익사업법에 따라 손실보상 중 일부는 현금으로 공탁하고 일부는 채권(유가증권)으로 공탁하게 되어, 2011. 9. 22. 원고에게 '수용재결보상금 중 유가증권으로 공탁하는 부분은 금전채권 압류의 효력이 발생하지 아니하고 집행공탁을 할 수 없는 관계로, 2011. 9. 30.자로 인천지방법원에 변제공탁(피공탁자 소외 1)할 예정이니 권리행사에 만전을 기하기 바란다'는 취지의 통보를 하였음에도, ④ 원고가 아무런 추가조치를 취하지 않았던 사안」에서, 「이 사건 압류 및 추심명령은 소외 1의 피고 공사에 대한 금전채권만을 대상으로 한다고 할 것이고, 압류명령 부분의 효력이 소외 1의 피고 공사에 대한 유가증권 인도청구권에 대하여까지 미친다고 할 수 없다.」고 판시하였는바, 이 사건 압류명령은 유가증권에 미치지 아니하고 유가증권의 변제공탁은 적법하다고 보았다. 그러나 압류명령이 효력이 미치는 청산금 채권을 사업시행자가 변제공탁하게 되면 압류명령에 반하여 변제한 것이 되고, 사업시행자가 변제로써 압류권자에게 대항할 수 없게 되어 압류권자에게 이중으로 변제하여야 할 경우가 발생한다.

947) 법 제90조 제3항.

이득반환청구권에는 적용되지 아니한다.」고 판시하였는바,[948] 현행법상 본조도 제척기간이 아니라 소멸시효라고 할 것이고, 과오납된 청산금의 반환청구는 청산금의 징수 또는 지급이 아니라 부당이득에 해당하므로 민법상 소멸시효기간 10년이 적용된다.

(3) 또한 이러한 부당이득반환청구의 소멸시효의 기산점은 이전고시일이 아니고, 청산금 부과처분을 일부 취소하는 경정처분이 있은 때로부터 기산한다.[949]

Ⅲ. 저당권의 물상대위

도시정비법

제91조(저당권의 물상대위)
정비구역에 있는 토지 또는 건축물에 저당권을 설정한 권리자는 사업시행자가 저당권이 설정된 토지 또는 건축물의 소유자에게 청산금을 지급하기 전에 압류절차를 거쳐 저당권을 행사할 수 있다.

1. 물상대위권의 의의

(1) 담보물권은 피담보채권의 불이행 시에 담보물을 처분하여 우선변제를 받을 수 있는 물권인데, 담보물이 멸실·훼손되거나 담보물권이 공용징수 등으로 말소되는 등 사실상 법률상 우선변제권(추급권)을 행사할 수 없게 된 때, 담보물권설정자가 담보물이 멸실·훼손, 공용징수 등으로 인하여 받을 금전 기타 물건에 대신 우선변제권을 행사할 수 있는 것을 말한다.

(2) 민법 제370조 및 제342조는 저당권의 물상대위권을 규정하고 있는데, 도시정비법은 이전고시에 따른 권리변환으로 침해받을 수 있는 종전 토지등소유권에 설정된 저당권자를 보호하기 위해 물상대위권을 규정하고 있다. 본조의 저당권은 근저당권, 가등기담보권 등 담보물권을 포함하는 것으로 보아야 한다.

948) 대법원 2000. 4. 11. 선고 99다4238 판결 [연체료등].
949) 대법원 2000. 4. 11. 선고 99다4238 판결 [연체료등].

2. 물상대위권의 행사방법

(1) 물상대위권을 행사하기 위해서는 청산금을 지급하기 전에 압류하여야 한다. 물상대위권의 행사방법으로 청산금지급 전에 압류하도록 한 것은 민법상 물상대위권과 동일한 것인데, 물상대위의 목적인 채권의 특정성을 유지하여 그 효력을 보전하고 평등배당을 기대한 다른 일반채권자의 신뢰를 보호하는 등 제3자에게 불측의 손해를 입히지 아니함과 동시에 집행절차의 안정과 신속을 꾀하고자 함에 있다.[950)]

(2) 따라서 담보목적물의 변형물인 청산금에 대하여 이미 제3자가 압류하여 그 금전 또는 물건이 특정된 이상 저당권자가 스스로 이를 압류하지 않고서도 물상대위권을 행사하여 일반 채권자보다 우선변제를 받을 수 있고, 그 행사방법으로는 민사집행법 제273조에 의하여 담보권의 존재를 증명하는 서류를 집행법원에 제출하여 채권압류 및 전부명령을 신청하거나 민사집행법 제247조 제1항에 의하여 배당요구를 하면 되는데, 이는 늦어도 구 민사소송법 제580조 제1항 각 호 소정의 배당요구의 종기까지 하여야 하는 것으로 그 이후에는 물상대위권자로서의 우선변제권을 행사할 수 없으며, 저당권자의 물상대위권 행사로서의 압류 및 전부는 그 명령이 제3채무자에게 송달됨으로써 효력이 생기고, '특정성의 유지'나 '제3자의 보호'는 물상대위권자의 압류 및 전부명령이 효력을 발생함으로써 비로소 달성될 수 있는 것이므로, 배당요구의 종기가 지난 후에 물상대위에 기한 채권압류 및 전부명령이 제3채무자에게 송달되었을 경우에는, 물상대위권자는 배당절차에서 우선변제를 받을 수 없다.[951)]

3. 민법상 물상대위권과의 관계 및 본조의 적용범위

(1) 민법 제370조 및 제342조는 담보물의 멸실, 훼손 또는 공용징수로 인하여 담보물에 대한 추급이 사실상 법률상 불가능한 경우에 물상대위권을 행사할 수 있다고 규정하고 있는바, 대법원은 법률상 담보물권이 말소되지 아니하는 매매 또는 공익사업법상 협의 취득[952)]의 경우에는 매매대금 또는 협의보상금에 물상대위권을 행사할 수 없다고

950) 대법원 2003. 3. 28. 선고 2002다13539 판결 [배당이의], 대법원 2000. 5. 12. 선고 2000다4272 판결.

951) 대법원 2003. 3. 28. 선고 2002다13539 판결 [배당이의].

952) 공익사업법 제45조 제1항은 "사업시행자는 수용의 개시일에 토지나 물건의 소유권을 취득하

판시하였다.[953)]

(2) 그러나 본조는 민법 제370조 및 제342조과 달리 "멸실, 훼손 또는 공용징수" 등 추급이 불가능할 것을 요건으로 명시하지 않았고 이는 이전고시에 의해 종전 담보물이 소멸 또는 감소될 것이 예정되어 있기 때문인데, 공용징수에 해당할 수 있는 이전고시가 있어야 본조의 물상대위권 행사가 가능한 것인지, 이전고시 전이라도 청산금이 발생한 때에 본조의 물상대위권을 행사할 수 있는지 견해가 대립할 수 있다. 즉, 법 제89조 제2항은 관리처분계획인가 후부터 이전고시가 있은 날까지 청산금을 분할지급할 수 있다고 규정하고 있고, 법 제73조에 따라 현금청산자에게는 이전고시 전 수용재결 또는 매도청구소송에 의해 청산금을 지급하게 되는데, 공용징수에 해당하는 수용재결 외에 이전고시 전에 지급하게 될 청산금에 물상대위권을 행사할 수 있는지가 문제되는 것이다.

(3) 이와 관련해서 대법원은 「주택재건축사업에서 조합원이 분양신청을 하지 않거나 분양계약을 체결하지 않음으로써 청산금 지급 대상이 되는 대지 · 건축물의 경우에는, 특별한 사정이 없는 한 그에 관하여 설정되어 있던 기존의 권리제한은 이전고시로 소멸하게 되고, 아파트 소유자인 을이 분양계약을 체결하지 않아 조합원 지위를 상실하여 현금청산 대상자가 된 이상, 위 아파트의 근저당권자로서는 근저당권 소멸의 효력이 발생하는 "이전고시 이전이라도" 을이 취득한 청산금에 대하여 구법 제59조(현행법 제91조) 물상대위권을 행사할 수 있다.」고 판시하였는바,[954)] 이전고시 이전에도 물상대위가 가능하고, 민법에 따른 물상대위와 달리 현금청산자의 매매대금에도 물상대위가 가능하다고 보았다. 이런 점에서 본조는 민법 제370조 및 제342조의 특칙이라고 할 것이다.

며, 그 토지나 물건에 관한 다른 권리는 이와 동시에 소멸한다."고 규정하고 있는데, 수용의 개시일은 수용재결에 의해 정해지는 것인바, 협의 취득의 경우에는 담보물권이 소멸하지 않는다, 사업시행자는 협의 취득 시 피담보채권액을 공제하여야 하는 점에 유의하여야 한다.

953) 대법원 1981. 5. 26. 선고 80다2109 판결「공공용지의 취득 및 손실보상에 관한 특례법에 따른 협의취득은 사법상의 매매계약과 같은 성질을 가진 것에 불과하여 토지수용법상의 공용징수에 해당되지 아니하므로, 본건 토지의 소유권이 피고에 이전된다 할지라도 저당권자인 원고는 저당권으로서 본건 토지에 추급할 수 있다 할 것이니 위 소외인이 협의에 따라 지급받을 보상금(실질은 매매대금)에 대하여 물상대위권을 행사할 수 없다고 할 것이다.」

954) 대법원 2018. 9. 28. 선고 2016다246800 판결 [추심금]「이전고시 이전에는 갑 조합의 청산금 지급의무와 을의 근저당권설정등기 내지 가압류등기 말소의무가 동시이행관계에 있으므로, 갑 조합은 을에게 주장할 수 있는 동시이행 항변권으로 정 회사에 대항할 수 있다.」

(4) 나아가 법 제64조 매도청구대상에 대한 매매대금에도 물상대위가 가능한지 문제될 수 있는데, 이전고시의 효력이 법 제64조 매도청구대상에도 미친다는 견해에서는 본조에 따른 물상대위가 가능하다고 볼 수 있으나, 이전고시의 효력이 법 제64조 매도청구대상에는 미치지 않는다는 견해가 타당하고 본조가 물상대위의 대상을 청산금으로 한정하고 있는 점에 비추어 본 바, 법 제64조 매도청구대상에 대한 매매대금은 본조에 따라 물상대위를 행사할 수 없다고 본다.

제4장 비용의 부담

[1] 비용부담(제92~95조)

Ⅰ. 비용부담의 원칙(제92조)

도시정비법	도시정비법 시행령
제92조(비용부담의 원칙) ① 정비사업비는 이 법 또는 다른 법령에 특별한 규정이 있는 경우를 제외하고는 사업시행자가 부담한다. ② 시장·군수등은 시장·군수등이 아닌 사업시행자가 시행하는 정비사업의 정비계획에 따라 설치되는 다음 각 호의 시설에 대하여는 그 건설에 드는 비용의 전부 또는 일부를 부담할 수 있다. 1. 도시·군계획시설 중 대통령령으로 정하는 주요 정비기반시설 및 공동이용시설 2. 임시거주시설	제77조(주요 정비기반시설) 법 제92조제2항제1호에서 "대통령령으로 정하는 주요 정비기반시설 및 공동이용시설"이란 다음 각 호의 시설을 말한다. 1. 도로 2. 상·하수도 3. 공원 4. 공용주차장 5. 공동구 6. 녹지 7. 하천 8. 공공공지 9. 광장

(1) 정비기반시설 및 공동이용시설의 설치비용 등을 포함한 모든 정비사업비[955]는 이 법 또는 다른 법령에 특별한 규정이 있는 경우를 제외하고는 사업시행자가 부담하는 것을 원칙으로 하며,[956] 사업시행자는 이를 법 제93조에 따라 토지등소유자에게 부과

---

955) 본조의 정비사업비는 정비기반시설 등의 설치비용만을 의미한다는 견해가 있는데, 이러한 견해에 따르면 공사비 등 정비기반시설 등의 설치비 외의 비용의 부담은 법 제89조 청산금으로 규율되어 양자가 구별되게 된다. 그러나 시행령 제76조 제3항 제3호는 청산금에도 정비기반시설 등의 설치비용을 포함하도록 규정하고 있는바 양자가 구별된다고 할 수 없고, 본조의 정비사업비는 정비기반시설 등의 설치비용을 포함한 모든 정비사업비로 보는 것이 타당하다고 본다.

956) 법 제92조 제1항.

하여 조달하게 되는데, 정비사업의 시행으로 발생한 체비지 등을 분양하여 일반분양수입금 등이 발생하게 되고 이를 정비사업에 충당하므로, 토지등소유자에게 부과하여 조달하는 금액은 정비사업비와 수입의 차액에 한한다.

(2) 다만, 시장 · 군수등은 시장 · 군수등이 아닌 사업시행자가 시행하는 정비사업의 정비계획에 따라 설치되는 ① 도시 · 군계획시설 중 "대통령령으로 정하는 주요" 정비기반시설 및 공동이용시설(도로, 상 · 하수도, 공원, 공용주차장, 공동구, 녹지, 하천, 공공공지, 광장), ② 임시거주시설에 대하여는 그 건설에 드는 비용의 전부 또는 일부를 부담할 수 있다.[957] 법 제95조 제3항 및 시행령 제79조 제4항은 보조금과 융자금의 구체적인 지원 방법과 범위를 규정하고 있는데, 지원범위를 위 "주요" 정비기반시설 및 공동이용시설에 한정하지 아니하고 모든 정비기반시설로 확대하여 규정하고 있는바, 소방용수시설, 비상대피시설, 가스공급시설, 지역난방시설 등도 정비기반시설로서 지원범위에 포함된다. 다만, 본조 제2항 및 법 제95조 제3항에 따른 시장 · 군수등의 시장 · 군수등이 아닌 사업시행자에 대한 보조는 임의사항에 불과하고, 시행령 제76조 제3항 후단에서 규정하고 있는 바와 같이 이러한 보조금은 토지등소유자에게 징수하는 청산금 또는 부과금에서 제외되어야 한다.

(3) 「도시재정비 촉진을 위한 특별법」이 적용되는 정비사업의 기반시설 등의 설치비용에 관하여는 동법 제27조 내지 제29조가 적용되고, 도로, 상 · 하수도의 설치의무자를 지방자치단체로 규정하는 등 토지등소유자의 비용부담을 완화하고 있다.

Ⅱ. 비용의 조달(제93조)

도시정비법

제93조(비용의 조달)

① 사업시행자는 토지등소유자로부터 제92조제1항에 따른 비용과 정비사업의 시행과정에서 발생한 수입의 차액을 부과금으로 부과 · 징수할 수 있다.

② 사업시행자는 토지등소유자가 제1항에 따른 부과금의 납부를 게을리한 때에는 연체료를 부과 · 징수할 수 있다. 〈개정 2020. 6. 9.〉

957) 법 제92조 제2항 및 시행령 제77조.

③ 제1항 및 제2항에 따른 부과금 및 연체료의 부과·징수에 필요한 사항은 정관등으로 정한다.
④ 시장·군수등이 아닌 사업시행자는 부과금 또는 연체료를 체납하는 자가 있는 때에는 시장·군수등에게 그 부과·징수를 위탁할 수 있다.
⑤ 시장·군수등은 제4항에 따라 부과·징수를 위탁받은 경우에는 지방세 체납처분의 예에 따라 부과·징수할 수 있다. 이 경우 사업시행자는 징수한 금액의 100분의 4에 해당하는 금액을 해당 시장·군수등에게 교부하여야 한다.

앞서 본 바와 같이 본조의 정비사업비 조달에 따른 부과금은 법 제89조 및 제90조의 청산금의 징수·지급과 동일한 것이고, 다만 비용적 측면과 징수의 측면에서 본조가 다시 규정된 것에 불과하다. 따라서 자세한 내용은 법 제89조 및 제90조를 참조하기로 한다.

Ⅲ. 정비기반시설 관리자의 비용부담(제94조)

도시정비법	도시정비법 시행령
제94조(정비기반시설 관리자의 비용부담) ① 시장·군수등은 자신이 시행하는 정비사업으로 현저한 이익을 받는 정비기반시설의 관리자가 있는 경우에는 대통령령으로 정하는 방법 및 절차에 따라 해당 정비사업비의 일부를 그 정비기반시설의 관리자와 협의하여 그 관리자에게 부담시킬 수 있다. ② 사업시행자는 정비사업을 시행하는 지역에 전기·가스 등의 공급시설을 설치하기 위하여 공동구를 설치하는 경우에는 다른 법령에 따라 그 공동구에 수용될 시설을 설치할 의무가 있는 자에게 공동구의 설치에 드는 비용을 부담시킬 수 있다. ③ 제2항의 비용부담의 비율 및 부담방	제78조(정비기반시설 관리자의 비용부담) ① 법 제94조제1항에 따라 정비기반시설 관리자가 부담하는 비용의 총액은 해당 정비사업에 소요된 비용(제76조제3항제1호의 비용을 제외한다. 이하 이 항에서 같다)의 3분의 1을 초과해서는 아니 된다. 다만, 다른 정비기반시설의 정비가 그 정비사업의 주된 내용이 되는 경우에는 그 부담비용의 총액은 해당 정비사업에 소요된 비용의 2분의 1까지로 할 수 있다. ② 시장·군수등은 법 제94조제1항에 따라 정비사업비의 일부를 정비기반시설의 관리자에게 부담시키려는 때에는 정비사업에 소요된 비용의 명세와 부담 금액을 명시하여 해당 관리자에게 통지하여야 한다.

법과 공동구의 관리에 필요한 사항은 국토교통부령으로 정한다.	

1. 정비기반시설 관리자의 비용부담

가. 관리자의 비용부담

(1) 시장 · 군수등은 자신이 시행하는 정비사업으로 현저한 이익을 받는 정비기반시설의 관리자가 있는 경우에는 해당 정비사업비의 일부를 그 정비기반시설의 관리자와 협의하여 그 관리자에게 부담시킬 수 있다.[958] 사업시행자가 시장 · 군수등인 경우에 한하여 적용되고, 사업시행자가 시장 · 군수등이 아닌 경우에는 적용되지 아니한다.

(2) 현저한 이익을 받는 경우란, 정비사업이 총체적으로 도시의 주거환경을 정비하는 사업임에 비추어 정비구역 및 그 주변부의 주거 및 생활환경의 향상, 상업활동의 활성화, 소방 · 보안 · 위생 등의 개선, 세수의 증가 등에 의하여 받게 될 공공의 이익이 현저한 경우를 말한다.[959]

나. 비용부담의 한도

(1) 정비기반시설 관리자가 부담하는 비용은 해당 정비사업에 소요된 비용(시행령 제76조 제3항 제1호의 정비사업의 조사 · 측량 · 설계 및 감리에 소요된 비용은 제외한다. 이하 같다)의 3분의 1을 초과해서는 아니 되고, 다만, 다른 정비기반시설의 정비가 그 정비사업의 주된 내용이 되는 경우에는 그 부담비용의 총액은 해당 정비사업에 소요된 비용의 2분의 1까지로 할 수 있다.[960] 관리자가 관리하게 될 해당 정비기반시설의 설치비용을 기준으로 하는 것이 아니다.

(2) 시장 · 군수등은 정비사업비의 일부를 정비기반시설의 관리자에게 부담시키려는 때에는 정비사업에 소요된 비용의 명세와 부담 금액을 명시하여 해당 관리자에게 통지하여야 한다.[961]

958) 법 제94조 제1항.
959) 부장판사 이우재 저 「도시 및 주거환경정비법」, 송현진 · 유동규 공저 「재개발 · 재건축 이론과 실무」.
960) 시행령 제78조 제1항.

2. 공동구 설치의무자의 비용부담

가. 설치의무자의 비용부담

사업시행자는 정비사업을 시행하는 지역에 전기 · 가스 등의 공급시설을 설치하기 위하여 공동구를 설치하는 경우에는 다른 법령에 따라 그 공동구에 수용될 시설을 설치할 의무가 있는 자에게 공동구의 설치에 드는 비용을 부담시킬 수 있다.[962] 시장 · 군수 등이 사업시행자인 경우에 한정하여 적용되는 것이 아니고, 부담시킬 수 있는 비용은 공동구의 설치비용에 한정된다.

나. 비용부담의 비율 및 부담방법

(1) 공동구의 설치비용이란, ① 설치공사의 비용, ② 내부공사의 비용, ③ 설치를 위한 측량 · 설계비용, ④ 공동구의 설치로 인한 보상의 필요가 있는 경우에는 그 보상비용, ⑤ 공동구 부대시설의 설치비용, ⑥ 법 제95조에 따른 융자금이 있는 경우에는 그 이자에 해당하는 금액을 포함하며, 법 제95조에 따른 국가 또는 시 · 도의 보조금이 있는 경우에는 설치에 드는 비용에서 해당 보조금의 금액을 빼야 한다.[963]

(2) 공동구에 수용될 전기 · 가스 · 수도의 공급시설과 전기통신시설 등의 관리자(이하 "공동구점용예정자"라 한다)가 부담할 공동구의 설치에 드는 비용의 부담비율은 공동구의 점용예정면적비율에 따른다.[964]

(3) 사업시행자는 사업시행계획인가의 고시가 있은 후 지체 없이 공동구점용예정자에게 위 기준에 따라 산정된 부담금의 납부를 통지하여야 하며,[965] 부담금의 납부통지를 받은 공동구점용예정자는 공동구의 설치공사가 착수되기 전에 부담금액의 3분의 1 이상을 납부하여야 하며, 그 잔액은 준공인가 고시일전까지 납부하여야 한다.[966]

---

961) 시행령 제78조 제2항.
962) 법 제94조 제2항.
963) 시행규칙 제16조 제1항.
964) 시행규칙 제16조 제2항.
965) 시행규칙 제16조 제3항.
966) 시행규칙 제16조 제4항.

다. 공동구의 관리

(1) 공동구는 시장 · 군수등이 관리하고, 시장 · 군수등은 공동구 관리비용(유지 · 수선비를 말하며, 조명 · 배수 · 통풍 · 방수 · 개축 · 재축 · 그 밖의 시설비 및 인건비를 포함한다. 이하 같다)의 일부를 그 공동구를 점용하는 자에게 부담시킬 수 있으며, 그 부담비율은 점용면적비율을 고려하여 시장 · 군수등이 정한다.[967]

(2) 공동구 관리비용은 연도별로 산출하여 부과하고, 공동구 관리비용의 납입기한은 매년 3월 31일까지로 하며, 시장 · 군수등은 납입기한 1개월 전까지 납입통지서를 발부하여야 한다. 다만, 필요한 경우에는 2회로 분할하여 납부하게 할 수 있으며 이 경우 분할금의 납입기한은 3월 31일과 9월 30일로 한다.[968]

Ⅵ. 보조 및 융자(제95조)

도시정비법	도시정비법 시행령
제95조 (보조 및 융자) ① 국가 또는 시 · 도는 시장, 군수, 구청장 또는 토지주택공사등이 시행하는 정비사업에 관한 기초조사 및 정비사업의 시행에 필요한 시설로서 대통령령으로 정하는 정비기반시설, 임시거주시설 및 주거환경개선사업에 따른 공동이용시설의 건설에 드는 비용의 일부를 보조하거나 융자할 수 있다. 이 경우 국가 또는 시 · 도는 다음 각 호의 어느 하나에 해당하는 사업에 우선적으로 보조하거나 융자할 수 있다. 1. 시장 · 군수등 또는 토지주택공사등이 다음 각 목의 어느 하나에 해당하는 지역에서 시행하는 주거환경개선	제79조 (보조 및 융자 등) ① 법 제95조제1항 각 호 외의 부분 전단에서 "대통령령으로 정하는 정비기반시설, 임시거주시설 및 주거환경개선사업에 따른 공동이용시설"이란 정비기반시설, 임시거주시설 및 주거환경개선사업에 따른 공동이용시설의 전부를 말한다. ② 법 제95조제1항제2호에서 "대통령령으로 정하는 지역"이란 정비구역 지정(변경지정을 포함한다) 당시 다음 각 호의 요건에 모두 해당하는 지역을 말한다. 1. 「공익사업을 위한 토지 등의 취득 및 보상에 관한 법률」 제4조에 따른 공익사업의 시행으로 다른 지역으로 이주하게 된 자가 집단으로 정착한 지

967) 시행규칙 제17조 제1, 2항.
968) 시행규칙 제17조 제3, 4항.

사업
가. 제20조 및 제21조에 따라 해제된 정비구역등
나. 「도시재정비 촉진을 위한 특별법」 제7조제2항에 따라 재정비촉진지구가 해제된 지역
2. 국가 또는 지방자치단체가 도시영세민을 이주시켜 형성된 낙후지역으로서 대통령령으로 정하는 지역에서 시장 · 군수등 또는 토지주택공사등이 단독으로 시행하는 재개발사업

② 시장 · 군수등은 사업시행자가 토지주택공사등인 주거환경개선사업과 관련하여 제1항에 따른 정비기반시설 및 공동이용시설, 임시거주시설을 건설하는 경우 건설에 드는 비용의 전부 또는 일부를 토지주택공사등에게 보조하여야 한다.

③ 국가 또는 지방자치단체는 시장 · 군수등이 아닌 사업시행자가 시행하는 정비사업에 드는 비용의 일부를 보조 또는 융자하거나 융자를 알선할 수 있다.

④ 국가 또는 지방자치단체는 제1항 및 제2항에 따라 정비사업에 필요한 비용을 보조 또는 융자하는 경우 제59조제1항에 따른 순환정비방식의 정비사업에 우선적으로 지원할 수 있다. 이 경우 순환정비방식의 정비사업의 원활한 시행을 위하여 국가 또는 지방자치단체는 다음 각 호의 비용 일부를 보조 또는 융자할 수 있다. 〈개정 2018. 6. 12.〉

1. 순환용주택의 건설비
2. 순환용주택의 단열보완 및 창호교체 등 에너지 성능 향상과 효율개선을 위한 리모델링 비용

역으로서 이주 당시 300세대 이상의 주택을 건설하여 정착한 지역
2. 정비구역 전체 건축물 중 준공 후 20년이 지난 건축물의 비율이 100분의 50 이상인 지역

③ 법 제95조제1항에 따라 국가 또는 지방자치단체가 보조하거나 융자할 수 있는 금액은 기초조사비, 정비기반시설 및 임시거주시설의 사업비의 각 80퍼센트(법 제23조제1항제1호에 따른 주거환경개선사업을 시행하는 정비구역에서 시 · 도지사가 시장 · 군수등에게 보조하거나 융자하는 경우에는 100퍼센트) 이내로 한다.

④ 법 제95조제3항에 따라 국가 또는 지방자치단체가 보조할 수 있는 금액은 기초조사비, 정비기반시설 및 임시거주시설의 사업비, 조합 운영경비의 각 50퍼센트 이내로 한다.

⑤ 법 제95조제3항에 따라 국가 또는 지방자치단체는 다음 각 호의 사항에 필요한 비용의 각 80퍼센트 이내에서 융자하거나 융자를 알선할 수 있다.

1. 기초조사비
2. 정비기반시설 및 임시거주시설의 사업비
3. 세입자 보상비
4. 주민 이주비
5. 그 밖에 시 · 도조례로 정하는 사항(지방자치단체가 융자하거나 융자를 알선하는 경우만 해당한다)

3. 공가(공가)관리비 ⑤ 국가는 다음 각 호의 어느 하나에 해당하는 비용의 전부 또는 일부를 지방자치단체 또는 토지주택공사등에 보조 또는 융자할 수 있다. 1. 제59조제2항에 따라 토지주택공사등이 보유한 공공임대주택을 순환용주택으로 조합에게 제공하는 경우 그 건설비 및 공가관리비 등의 비용 2. 제79조제5항에 따라 시·도지사, 시장, 군수, 구청장 또는 토지주택공사등이 재개발임대주택을 인수하는 경우 그 인수 비용 ⑥ 국가 또는 지방자치단체는 제80조제2항에 따라 토지임대부 분양주택을 공급받는 자에게 해당 공급비용의 전부 또는 일부를 보조 또는 융자할 수 있다.	

1. 의의 등

(1) 본조는 국가 또는 지방자치단체가 사업시행자에게 정비사업비의 일부를 보조 또는 융자할 수 있도록 규정하고 있는데, 이는 도시기능회복 및 주거환경정비의 차원에서 시행되는 정비사업의 취지에 부합하도록 하고, 저소득주민의 부담을 경감하도록 하기 위한 것이다.[969)]

(2) 보조 또는 융자는 사업시행자가 공공시행자인 경우와 그 외의 사업시행자인 경우에 따라 구별하여 규정하고 있고, 보조 또는 융자가 의무사항인 경우와 임의사항인 경우로 구별하여 규정하고 있다.

969) 부장판사 이우재 저「도시 및 주거환경정비법」, 송현진·유동규 공저「재개발·재건축 이론과 실무」.

2. 공공시행자에 대한 보조 및 융자

가. 국가 또는 시·도의 보조 및 융자

(1) 국가 또는 시·도는 "시장, 군수, 구청장 또는 토지주택공사등"(공공시행자)이 시행하는 정비사업에 관한 기초조사 및 정비사업의 시행에 필요한 시설로서 대통령령으로 정하는 정비기반시설, 임시거주시설 및 주거환경개선사업에 따른 공동이용시설의 건설에 드는 비용의 일부를 보조하거나 융자할 수 있다.[970] 대통령령으로 정하는 정비기반시설, 임시거주시설 및 주거환경개선사업에 따른 공동이용시설이란 정비기반시설, 임시거주시설 및 주거환경개선사업에 따른 공동이용시설 전부를 말한다.[971]

(2) 국가 또는 시·도는 ① 정비구역등이 해제되거나 재정비촉진지구가 해제된 지역에서 시행하는 주거환경개선사업, ② 국가 또는 지방자치단체가 도시영세민을 이주시켜 형성된 낙후지역으로서 대통령령으로 정하는 지역에서 공공시행자가 단독으로 시행하는 재개발사업에 우선적으로 보조하거나 융자할 수 있다.[972] 대통령령으로 정하는 지역이란 공익사업의 시행으로 다른 지역으로 이주하게 된 자가 집단으로 정착한 지역으로서 이주 당시 300세대 이상의 주택을 건설하여 정착한 지역이면서, 정비구역 전체 건축물 중 준공 후 20년이 지난 건축물의 비율이 100분의 50 이상인 지역을 말한다.[973]

(3) 국가 또는 시·도지사가 보조하거나 융자할 수 있는 금액은 기초조사비, 정비기반시설 및 임시거주시설의 사업비의 각 80퍼센트이내로 한다. 다만, 법 제23조 제1항 제1호 주택을 보전·정비·개량하는 방법에 따른 주거환경개선사업을 시행하는 정비구역에서 시·도지사가 시장·군수등에게 보조하거나 융자하는 경우에는 100퍼센트 이내로 한다.[974]

나. 시장·군수등의 보조

(1) 시장·군수등은 사업시행자가 토지주택공사등인 주거환경개선사업과 관련하여 정비기반시설 및 공동이용시설, 임시거주시설을 건설하는 경우 건설에 드는 비용의 전

970) 법 제95조 제1항 전단.
971) 시행령 제79조 제1항.
972) 법 제95조 제1항 후단.
973) 시행령 제79조 제2항.
974) 시행령 제79조 제3항.

부 또는 일부를 토지주택공사등에게 보조하여야 한다.[975] 국가 또는 시·도지사의 보조와 달리 의무사항이다.

(2) 보조의 한도를 정한 시행령 제79조 제3항은 "법 제95조 제1항에 따라 국가 또는 지방자치단체가 보조"하는 경우를 규정하고 있으므로, 법 제95조 제2항에 따라 시장·군수등이 보조하는 경우에는 적용할 수 없다. 따라서 시장·군수등은 시행령 제79조 제3항에도 불구하고 정비기반시설 및 공동이용시설, 임시거주시설을 건설하는 비용의 전부를 보조할 수 있다.

다. 순환정비사업에 대한 우선지원 등

(1) 국가 또는 지방자치단체는 정비사업에 필요한 비용을 보조 또는 융자하는 경우 법 제59조 제1항에 따른 순환정비방식의 정비사업에 우선적으로 지원할 수 있으며, 이 경우 순환정비방식의 정비사업의 원활한 시행을 위하여 국가 또는 지방자치단체는 ① 순환용주택의 건설비, ② 순환용주택의 단열보완 및 창호교체 등 에너지 성능 향상과 효율개선을 위한 리모델링 비용, ③ 공가관리비 일부를 보조 또는 융자할 수 있다.[976]

(2) 국가는 제59조 제2항에 따라 토지주택공사등이 보유한 공공임대주택을 순환용주택으로 조합에게 제공하는 경우 그 건설비 및 공가관리비 등의 전부 또는 일부를 지방자치단체 또는 토지주택공사등에 보조 또는 융자할 수 있다.[977]

3. 공공시행자 외의 사업시행자에 대한 보조 또는 융자

(1) 국가 또는 지방자치단체는 시장·군수등이 아닌 사업시행자가 시행하는 정비사업에 드는 비용의 일부를 보조 또는 융자하거나 융자를 알선할 수 있다.[978]

(2) 국가 또는 지방자치단체가 보조할 수 있는 금액은 기초조사비, 정비기반시설 및 임시거주시설의 사업비, 조합 운영경비의 각 50퍼센트 이내로 하며, 융자 또는 융자

975) 법 제95조 제2항.
976) 법 제95조 제4항.
977) 법 제95조 제5항 제1호.
978) 법 제95조 제3항.

의 알선은 기초조사비, 정비기반시설 및 임시거주시설의 사업비, 세입자 보상비, 주민 이주비, 그 밖에 시·도조례로 정하는 사항(지방자치단체가 융자하거나 융자를 알선하는 경우만 해당한다)의 비용 중 80퍼센트 이내로 한다.[979)]

4. 재개발임대주택 인수비용의 보조 또는 융자

국가는 법 제79조 제5항에 따라 시·도지사, 시장, 군수, 구청장 또는 토지주택공사등이 재개발임대주택을 인수하는 경우에 그 인수 비용의 전부 또는 일부를 지방자치단체 또는 토지주택공사등에 보조 또는 융자할 수 있다.[980)]

5. 토지임대부 분양주택의 수분양자에 대한 보조 및 융자

국가 또는 지방자치단체는 법 제80조 제2항에 따라 토지임대부 분양주택을 공급받는 자에게 해당 공급비용의 전부 또는 일부를 보조 또는 융자할 수 있다.[981)]

979) 시행령 제79조 제4, 5항.
980) 법 제95조 제5항 제2호.
981) 법 제95조 제6항.

[2] 정비기반시설의 설치 및 귀속(제96~97조)

Ⅰ. 정비기반시설의 설치(제96조)

도시정비법

제96조 (정비기반시설의 설치)
사업시행자는 관할 지방자치단체의 장과의 협의를 거쳐 정비구역에 정비기반시설(주거환경개선사업의 경우에는 공동이용시설을 포함한다)을 설치하여야 한다.

1. 정비기반시설의 의의

"정비기반시설"이란 도로 · 상하수도 · 공원 · 공용주차장 · 공동구(「국토의 계획 및 이용에 관한 법률」 제2조 제9호에 따른 공동구를 말한다. 이하 같다), 녹지, 하천, 공공공지, 광장, 소방용수시설, 비상대피시설, 가스공급시설, 지역난방시설과 주거환경개선사업을 위하여 지정 · 고시된 정비구역에 설치하는 공동이용시설[982]로서 법 제52조에 따른 사업시행계획서(이하 "사업시행계획서"라 한다)에 해당 특별자치시장 · 특별자치도지사 · 시장 · 군수 또는 자치구의 구청장(이하 "시장 · 군수등"이라 한다)이 관리하는 것으로 포함된 시설을 말한다.[983]

2. 사업시행계획 반영 및 설치의무

(1) 사업시행자는 관할 지방자치단체의 장과의 협의를 거쳐 정비구역에 정비기반시

982) "공동이용시설"이란 주민이 공동으로 사용하는 놀이터 · 마을회관 · 공동작업장, 공동으로 사용하는 구판장 · 세탁장 · 화장실 및 수도, 탁아소 · 어린이집 · 경로당 등 노유자시설, 그 밖에 유사한 용도의 시설로서 시 · 도조례로 정하는 시설을 말한다(법 제2조 제5호 및 시행령 제4조).
983) 법 제2조 제4호 및 시행령 제3조.

설(주거환경개선사업의 경우에는 공동이용시설을 포함한다)을 설치하여야 한다.[984]

(2) 사업시행자는 법 제52조 제1항 제2호에 따라 정비기반시설 및 공동이용시설의 설치계획을 사업시행계획에 포함시켜 작성한 후 시장 · 군수등에게 인가를 받아야 하는 바, 정비기반시설 및 공동이용시설의 설치에 관한 관할 지방자치단체의 장과의 협의는 사업시행계획인가 단계에서 이루어진다.

(3) 설치된 정비기반시설은 법 제97조에 따라 정비기반시설을 관리할 국가 또는 지방자치단체에 무상으로 귀속(기부채납)되는데, 법 제51조에 따라 시장 · 군수등은 사업시행계획에 해당 정비사업과 직접적으로 관련이 없거나 과도한 정비기반시설의 기부채납을 요구하여서는 아니 되고, 이를 위해 국토교통부장관은 정비기반시설의 설치기준 등 기부채납과 관련한 운영기준을 작성하여 고시할 수 있으며,[985] 시장 · 군수등은 운영기준의 범위에서 지역여건 또는 사업의 특성 등을 고려하여 따로 기준을 정할 수 있고, 이를 사전에 국토교통부장관에게 보고하여야 한다.

(4) 앞서 본 바와 같이 법 제95조에 따라 국가 또는 지방자치단체는 정비기반시설 설치비용의 전부 또는 일부를 보조 또는 융자할 수 있다.

Ⅱ. 정비기반시설 및 토지 등의 귀속(제97조)

도시정비법

제97조(정비기반시설 및 토지 등의 귀속)

① 시장 · 군수등 또는 토지주택공사등이 정비사업의 시행으로 새로 정비기반시설을 설치하거나 기존의 정비기반시설을 대체하는 정비기반시설을 설치한 경우에는 「국유재산법」 및 「공유재산 및 물품 관리법」에도 불구하고 종래의 정비기반시설은 사업시행자에게 무상으로 귀속되고, 새로 설치된 정비기반시설은 그 시설을 관리할 국가 또는 지방자치단체에 무상으로 귀속된다.

② 시장 · 군수등 또는 토지주택공사등이 아닌 사업시행자가 정비사업의 시행으로 새로 설치한 정비기반시설은 그 시설을 관리할 국가 또는 지방자치단체에 무상으로 귀속되고, 정비사업의 시행으로 용도가 폐지되는 국가 또는 지방자치단체 소유의 정비기반

984) 법 제96조.

985) 국토교통부장관 고시 「주택건설사업 기반시설 기부채납 운영기준」.

시설은 사업시행자가 새로 설치한 정비기반시설의 설치비용에 상당하는 범위에서 그에게 무상으로 양도된다.
③ 제1항 및 제2항의 정비기반시설에 해당하는 도로는 다음 각 호의 어느 하나에 해당하는 도로를 말한다.
1. 「국토의 계획 및 이용에 관한 법률」 제30조에 따라 도시·군관리계획으로 결정되어 설치된 도로
2. 「도로법」 제23조에 따라 도로관리청이 관리하는 도로
3. 「도시개발법」 등 다른 법률에 따라 설치된 국가 또는 지방자치단체 소유의 도로
4. 그 밖에 「공유재산 및 물품 관리법」에 따른 공유재산 중 일반인의 교통을 위하여 제공되고 있는 부지. 이 경우 부지의 사용 형태, 규모, 기능 등 구체적인 기준은 시·도조례로 정할 수 있다.

④ 시장·군수등은 제1항부터 제3항까지의 규정에 따른 정비기반시설의 귀속 및 양도에 관한 사항이 포함된 정비사업을 시행하거나 그 시행을 인가하려는 경우에는 미리 그 관리청의 의견을 들어야 한다. 인가받은 사항을 변경하려는 경우에도 또한 같다.
⑤ 사업시행자는 제1항부터 제3항까지의 규정에 따라 관리청에 귀속될 정비기반시설과 사업시행자에게 귀속 또는 양도될 재산의 종류와 세목을 정비사업의 준공 전에 관리청에 통지하여야 하며, 해당 정비기반시설은 그 정비사업이 준공인가되어 관리청에 준공인가통지를 한 때에 국가 또는 지방자치단체에 귀속되거나 사업시행자에게 귀속 또는 양도된 것으로 본다.
⑥ 제5항에 따른 정비기반시설에 대한 등기의 경우 정비사업의 시행인가서와 준공인가서(시장·군수등이 직접 정비사업을 시행하는 경우에는 제50조제9항에 따른 사업시행계획인가의 고시와 제83조제4항에 따른 공사완료의 고시를 말한다)는 「부동산등기법」에 따른 등기원인을 증명하는 서류를 갈음한다. 〈개정 2020. 6. 9., 2021. 3. 16.〉
⑦ 제1항 및 제2항에 따라 정비사업의 시행으로 용도가 폐지되는 국가 또는 지방자치단체 소유의 정비기반시설의 경우 정비사업의 시행 기간 동안 해당 시설의 대부료는 면제된다.

1. 새로이 설치한 정비기반시설의 귀속

시장·군수등 또는 토지주택공사등 공공시행자이거나 공공시행자가 아니더라도 사업시행자가 새로이 설치한 정비기반시설은 그 시설을 관리할 국가 또는 지방자치단체에 무상으로 귀속된다.[986]

986) 법 제97조 제1항 후단 및 제2항 전단.

2. 용도가 폐지되는 정비기반시설의 무상귀속

가. 사업시행자별 무상귀속의 범위

(1) 시장 · 군수등 또는 토지주택공사등 공공시행자가 사업시행자인 경우에는 「국유재산법」 및 「공유재산 및 물품 관리법」에도 불구하고 종래의 정비기반시설은 모두 사업시행자에게 무상으로 귀속된다.[987]

(2) 반면 공공시행자가 아닌 사업시행자의 경우에는, 정비사업의 시행으로 용도가 폐지되는 국가 또는 지방자치단체 소유의 정비기반시설은 사업시행자가 "새로 설치한 정비기반시설의 설치비용에 상당하는 범위"에서 그에게 무상으로 양도된다.[988]

(3) 대법원은 「구 도시정비법 제65조 제2항(현행 제97조 제2항)의 후단 규정은 '용도가 폐지되는 정비기반시설은 새로이 설치한 정비기반시설의 설치비용에 상당하는 범위 내에서' 사업시행자에게 무상양도하도록 규정하고 있어 반드시 용도 폐지되는 정비기반시설에 대체되는, 즉 같은 종류의 정비기반시설의 설치비용 범위 내에서 무상 양도하라고 한정하고 있지 아니하고, 달리 위 조항의 정비기반시설을 '같은 종류'의 정비기반시설이라고 한정하여 해석할 근거가 없으므로, '용도폐지되는 정비기반시설'로서 무상양도되는 범위는 같은 용도로 대체되어 새로 설치되는 정비기반시설의 설치비용으로 한정할 수 없다.」고 판시하였다.[989]

나. 무상귀속 도로의 범위

(1) 종래 대법원은 「구 도시정비법 제65조 제2항은 "시장 · 군수 또는 주택공사 등이 아닌 사업시행자가 정비사업의 시행으로 새로이 설치한 정비기반시설은 그 시설을 관리할 국가 또는 지방자치단체에 무상으로 귀속되고, 정비사업의 시행으로 인하여 용도가 폐지되는 국가 또는 지방자치단체 소유의 정비기반시설은 그가 새로이 설치한 정비기반시설의 설치비용에 상당하는 범위 안에서 사업시행자에게 무상으로 양도된다."고 규정하고 있는데, '사업시행자에게 무상으로 양도되는 국가 또는 지방자치단체 소유의 정비기반시설'은 정비사업시행인가 이전에 이미 국토계획법에 의하여 도시관리계획으

987) 법 제97조 제1항 전단.
988) 법 제97조 제2항 후단.
989) 대법원 2007. 7. 12. 선고 2007두6663 판결 [사업시행인가처분일부취소].

로 결정되어 설치된 국가 또는 지방자치단체 소유의 기반시설을 의미한다고 봄이 상당하고(대법원 2008. 11. 27. 선고 2007두24289 판결, 대법원 2011. 2. 24. 선고 2010두22498 판결 등 참조), 국토계획법에 의하여 도시관리계획으로 결정되어 설치된 '정비기반시설이 아닌 현황 도로'는 도시정비법 제65조 제2항에서 정한 '사업시행자에게 무상으로 양도되는 국가 또는 지방자치단체 소유의 정비기반시설'에 해당하지 않는다.」고 하여, 현황도로는 사업시행자에게 무상 귀속되지 않는다고 판시하였다.[990]

(2) 이와 같은 무상귀속의 제한으로 사업시행자의 부담이 증가하는 것을 경감하고자, 2015. 9. 1. 개정법 제65조 제1항은 공공시행자인 경우에 무상 귀속되는 도로의 범위를 명확히 하고 현황도로를 포함하였으며, 2017. 2. 8. 개정법 제97조 제3항은 앞서 개정된 도로의 범위를 공공시행자 외의 사업시행자에게 확대 적용하고 부칙〈제14567호, 2017.2.8.〉 제21조에서 현황 도로(제4호)의 무상귀속은 개정법 시행일인 2018. 2. 9. 이후 최초로 사업시행계획인가를 신청하는 경우부터 적용하도록 하였다.[991]

(3) 이에 따라 법 제97조 제3항은 사업시행자에게 무상 귀속되는 정비기반시설에 해당하는 도로를 ①「국토의 계획 및 이용에 관한 법률」 제30조에 따라 도시·군관리계획으로 결정되어 설치된 도로, ②「도로법」 제23조에 따라 도로관리청이 관리하는 도로(제2호), ③「도시개발법」 등 다른 법률에 따라 설치된 국가 또는 지방자치단체 소유의 도로(제3호), ④ 그밖에 「공유재산 및 물품 관리법」에 따른 공유재산 중 일반인의 교통을 위하여 제공되고 있는 부지(현황 도로)로 정의하고, 현황 도로의 경우 부지의 사용 형태, 규모, 기능 등 구체적인 기준을 시·도조례로 정하여 무상귀속의 범위에 포함할 수 있도록 하였다.

(4) 대법원은 「구 도시계획법 제2조 제1항에 따르면 도시계획사업은 토지구획정리사업으로도 가능하다. 지방자치단체가 도시계획사업의 일환으로 토지구획정리사업을 시행하여 설치한 도로는 구 도시계획법에 따라 도시계획으로 결정되어 설치된 공공시설이라고 보아야 한다.」고 하여 무상귀속의 대상에 포함되는 도로라고 판시하였다.[992]

---

990) 대법원 2013. 7. 12. 선고 2012두20571 판결 [주택재개발정비사업시행인가일부취소].
991) 2017. 2. 8. 개정이유문 「사업시행자가 공공뿐만 아니라 민간인 경우에도 무상양도 되는 정비기반시설에 현황도로를 포함하도록 함(제97조).
992) 대법원 2018. 5. 11. 선고 2015다41671 판결 [매매대금반환].

다. 무상귀속의 강행법규성

(1) 대법원은 용도가 폐지되는 정비기반시설의 무상양도에 대해 「민간 사업시행자에 의하여 새로이 설치된 정비기반시설은 정비사업의 준공인가에 의하여 당연히 국가 또는 지방자치단체에 무상귀속되는 것으로 함으로써 도로 · 상하수도 · 공원 · 공용주차장 · 공동구 등 공공시설의 확보와 효율적인 유지 · 관리를 위하여 국가 등에게 그 관리권과 함께 소유권까지 일률적으로 귀속되도록 하는 한편 그로 인한 사업시행자의 재산상 손실을 고려하여 새로 설치한 정비기반시설의 설치비용에 상당하는 범위 안에서 용도 폐지되는 정비기반시설은 사업시행자에게 무상양도하도록 강제하는 것으로서, 위 무상귀속과 무상양도에 관한 규정은 강행규정으로 해석된다(대법원 2007. 7. 12. 선고 2007두6663 판결 참조). 그러므로 새로 설치한 정비기반시설의 설치비용이 용도폐지되는 정비기반시설의 평가가액을 초과함에도 불구하고 사업시행 인가관청이 새로이 설치한 정비기반시설의 설치비용을 산정함에 있어 그 중 일부를 제외하는 등으로 사업시행자에게 양도한 용도폐지 정비기반시설의 가액에 미달한다고 보아 그 차액 상당의 정산금을 부과하였다면 이는 위 강행규정에 반하는 것으로서 무효라 할 것이므로, 사업시행사는 그 부과처분에 따라 납부한 정산금 상당에 대하여 부당이득반환을 청구할 수 있다고 할 것이다.」라고 판시하였다.[993] 또한 대법원은 이와 같이 무상 양도되어야 할 정비기반시설에 대해 사업시행자와 국가 또는 지방자치단체가 매매계약을 체결한 경우에도 매매계약은 강행법규에 위반되어 무효라고 판시하였다.[994]

(2) 대법원은 「구 도시정비법 제65조 제2항(현행 제97조 제2항) 후단규정의 입법 취지 및 법적 성격, 행정의 법률유보원칙과 행정법관계의 명확성원칙 등을 종합적으로 고려해 보면, 행정청과 사업시행자 사이에 사업시행자가 정비기반시설을 설치하는 것에 대한 보상으로 용적률 제한의 완화와 같은 다른 이익을 얻는 대신 위 법조항 후단규정을 적용하지 않기로 하는 합의를 하였고 그에 따라 실제 사업시행자가 다른 이익을 얻었다 하더라도, 그러한 사정만으로 위 후단규정의 적용을 배제할 수는 없다.」고 하여 용적률

---

993) 대법원 2014. 2. 21. 선고 2012다82466 판결 [부당이득반환], 대법원 2018. 5. 11. 선고 2015다41671 판결 [매매대금반환], 대법원 2009. 6. 11. 선고 2008다20751 판결 [손해배상(기)] 등 다수.

994) 대법원 2009. 6. 11. 선고 2008다20751 판결 [손해배상(기)], 대법원 2018. 5. 11. 선고 2015다41671 판결 [매매대금반환].

완화의 보상에도 불구하고 용도 폐지되는 정비기반시설은 무상 귀속되어야 한다고 판시하였다.[995]

(3) 대법원은 「새로 설치한 정비기반시설의 설치비용이 용도 폐지되는 정비기반시설의 평가가액을 초과하는데도 사업시행 인가관청이 새로이 설치한 정비기반시설의 설치비용을 산정하면서 그중 일부를 제외하는 등으로 사업시행자에게 양도한 용도폐지 정비기반시설의 가액에 미달한다고 보아 차액 상당의 정산금을 부과하였다면 이는 강행규정인 구 도시정비법 제65조 제2항(현행 제97조 제2항)에 반하는 것으로서 무효이므로, 사업시행자는 부과처분에 따라 납부한 정산금 상당에 대하여 부당이득반환을 청구할 수 있다.」고 전제하고, 「재개발 또는 재건축사업의 시행으로 사업구역 내에 존재하는 공공하수도의 이전이나 증설 등이 필요하여 기존 하수도는 용도폐지되고 민간 사업시행자가 새로이 하수도를 설치한 경우에, 무상귀속 및 무상양도되는 재산의 범위와 가액을 정산할 때 위 하수도 설치비용은 새로이 설치한 정비기반시설의 설치비용에 포함시켜야 하고, 구 하수도법 제32조 제2항[996] 원인자부담을 이유로 설치비용에서 제외해서는 아니 되며, 이는 재건축 등 도시정비사업 시행인가처분의 인가조건에서 하수도 이설비용 등을 사업시행자가 부담하도록 정한 데 대하여 인가조건을 다툴 수 있는 불복기간이 지난 경우라고 하더라도 마찬가지이다.」라고 판시하였다.[997]

(4) 나아가 대법원은 법 제97조 제4항 및 제5항에 따른 무상 양도에 관한 관리청의 의견청취 및 통지절차를 거치지 않았다는 사정만으로 무상 양도에 위반한 매매계약을 유효로 볼 수도 없다고도 판시하였다.[998]

---

995) 대법원 2008. 12. 11. 선고 2007두14312 판결 [사업시행인가처분일부취소].

996) 구 하수도법 제32조(원인자부담금등)

② 공공하수도관리청은 타공사 또는 타행위(公共下水道에 영향을 미치는 工事외의 행위를 말한다. 이하 같다)로 인하여 필요하게 된 공공하수도에 관한 공사에 요하는 비용의 전부 또는 일부를 당해 타공사의 시행자 또는 타행위자에게 부담시키거나 당해 공사를 시행하게 할 수 있다.

997) 대법원 2014. 2. 21. 선고 2012다82466 판결 [부당이득반환].

998) 대법원 2009. 6. 25. 선고 2006다18174 판결 [채무부존재확인].

3. 정비기반시설 귀속 및 양도의 절차

가. 관리청의 의견청취

시장 · 군수등은 정비기반시설의 귀속 및 양도에 관한 사항이 포함된 정비사업을 시행하거나 그 시행을 인가(사업시행계획인가)하려는 경우에는 미리 그 관리청의 의견을 들어야 한다. 인가받은 사항을 변경하려는 경우에도 또한 같다.[999)]

나. 관리청에 대한 통지 및 소유권취득

사업시행자는 제1항부터 제3항까지의 규정에 따라 관리청에 귀속될 정비기반시설과 사업시행자에게 귀속 또는 양도될 재산의 종류와 세목을 정비사업의 준공 전에 관리청에 통지하여야 하며, 해당 정비기반시설은 그 정비사업이 준공인가되어 관리청에 준공인가통지를 한 때에 국가 또는 지방자치단체에 귀속되거나 사업시행자에게 귀속 또는 양도된 것으로 본다.[1000)]

다. 등기원인 서류

정비기반시설에 대한 등기의 경우 정비사업의 시행인가서와 준공인가서(시장 · 군수등이 직접 정비사업을 시행하는 경우에는 제50조 제9항에 따른 사업시행계획인가의 고시와 제83조 제4항에 따른 공사완료의 고시를 말한다)는 「부동산등기법」에 따른 등기원인을 증명하는 서류를 갈음한다.[1001)]

4. 대부료의 면제

가. 대부료의 의의 및 사용료 · 점용료와의 구별

(1) 국유재산법 제6조는 국유재산을 용도에 따라 행정재산과 일반재산으로 구분하고 있는데, 공용재산(국가가 직접 사무용 등으로 사용하는 재산), 공공용재산(국가가 직접 공공용으로 사용하는 재산), 기업용재산(정부기업이 직접 사무용 등으로 사용하는 재산), 보존재산(국

---

999) 법 제97조 제4항.
1000) 법 제97조 제5항.
1001) 법 제97조 제6항.

가가 보존하는 재산)을 행정재산으로 하고, 그 외의 재산을 일반재산으로 한다.

(2) 행정재산은 이와 같이 특정한 용도로 사용되는 재산으로 그 보호가치가 크므로 국유재산법 제27조에 따라 처분이 제한되고, 동법 제30조 내지 제32조에 따라 타인이 행정재산을 사용하고자 하는 때에는 사용허가를 받아야 하며, 사용을 허가한 때에는 사용료를 징수하여야 한다. 동법 제33조 제3항 및 도로법 제66조는 행정재산인 도로의 사용료를 특별히 점용료로 규정하고 있다.

(3) 반면 일반재산은 국유재산법 제41조 내지 제43조에 따라 계약의 방법으로 대부 또는 처분할 수 있고, 동법 제47조에 따라 대부료를 받을 수 있다.

(4) 지방자치단체의 공유재산에 적용되는 「공유재산 및 물품 관리법」(이하 '공유재산법'이라 한다) 제5조 등도 국유재산법과 동일하게 행정재산과 일반재산을 구별하여 규정하고 있다.

(5) 법 제57조 제7항에서는 행정재산에 대한 사용료 또는 점용료를 면제하고 있고, 정비기반시설도 행정재산에 속하지만 정비사업의 시행으로 용도가 폐지되면 일반재산으로 전환되는바, 법 제97조 제7항은 사업시행자가 용도가 폐지되어 일반재산으로 전환된 기존 정비기반시설을 정비사업의 시행기간 동안 사용 · 수익함에 있어서 대부료를 면제하도록 한 것이다.

나. 대부료 면제규정의 신설 취지

(1) 앞서 본 바와 같이 사용료 또는 점용료는 행정재산에 부과되는 것이고, 일반재산은 대부계약에 따라 대부료를 징수하여야 하는 것이고, 법 제57조 제7항은 사용료 또는 점용료만을 면제하고 있을 뿐이다.

(2) 그런데, 도로 등 행정재산이 용도가 폐지되면 일반재산으로 전환된다고 볼 것인바, 대법원 2015. 11. 12. 선고 2014두5903 판결 [도로점용료부과처분취소]은 「구 도시정비법(2005. 3. 18. 개정 전 법률) 제32조 제1항 제3호는 사업시행자가 사업시행인가를 받은 때에는 도로법 제40조의 규정에 의한 도로점용의 허가를 받은 것으로 본다고 규정하고 있고, 제32조 제5항은 '정비사업에 대하여 제1항 및 제2항의 규정에 의하여 다른 법률에 의한 인 · 허가 등이 있은 것으로 보는 경우에는 관계 법률 또는 시 · 도 조례에 의하여 당해 인 · 허가 등의 대가로 부과되는 수수료 등은 이를 면제한다'고 규정하고

있었고, 구 도로법 제43조 제1항은 관리청은 제40조의 규정에 의하여 도로를 점용한 자로부터 점용료를 징수할 수 있도록 규정하고 있다. 한편 공유재산법은 공유재산을 그 용도에 따라 행정재산과 일반재산으로 구분하고, 행정재산 외의 모든 공유재산을 일반재산으로 정한 다음, 행정재산은 사용 · 수익허가의 대상으로, 일반재산은 대부계약의 대상으로 정하고 있다. 그리고 행정재산이라 하더라도 공용폐지가 되면 행정재산으로서의 성질을 상실하여 일반재산이 되므로, 그에 대한 공유재산법상의 제한이 소멸되고, 강학상 특허에 해당하는 행정재산의 사용 · 수익에 대한 허가는 그 효력이 소멸된다. 따라서 도로 용도를 폐지하고 재건축아파트의 부지 등 일반재산으로 사용하게 되면 구 도로법이 정한 도로로서의 기능을 상실하게 되므로 이에 대한 점용허가는 더 이상 불가능하다. 또한 도로에 대한 점용허가 처분을 하였을 경우에 인정되는 점용료 부과처분과 같은 침익적 행정처분의 근거가 되는 행정법규는 엄격하게 해석 · 적용되어야 하므로, 일반재산에 관하여 대부계약을 체결하고 그에 기초하여 대부료를 징수하는 절차를 거치는 대신 관리청의 처분에 의하여 일방적으로 점용료를 부과할 수 있다고 해석하는 것은 행정의 법률유보원칙과 행정법관계의 명확성원칙에도 반한다. 따라서 이와 같은 관계 법령의 규정들 및 이에 관한 관련 법리들을 종합하여 보면, 도로가 용도폐지로 일반재산이 된 경우에 용도폐지되기 이전에 의제된 점용허가의 효력은 소멸되고, 그때부터 관리청은 구 도로법 제43조를 근거로 점용료를 부과할 수 없다고 해석함이 타당하다.」고 판시하였는바, 법 제57조 제7항 행정재산의 사용료 · 점용료 면제의 입법취지가 무색하게 용도 폐지되는 정비기반시설에 대부료를 부과할 수 있는 여지가 생겼다.

(3) 이에 2017. 2. 8.개정(2018. 2. 9. 시행)으로 법 제97조 제7항 "제1항 및 제2항에 따라 정비사업의 시행으로 용도가 폐지되는 국가 또는 지방자치단체 소유의 정비기반시설의 경우 정비사업의 시행 기간 동안 해당 시설의 대부료는 면제된다."는 규정을 신설하였다.

다. 대부료가 면제되는 정비기반시설의 범위

(1) 대법원 2000. 1. 18. 선고 97누19267 판결 [도로점용료부과처분취소]는 구 도시재개발법상 점용료가 면제되는 정비기반시설의 범위에 관하여 「구 도시재개발법상 재개발사업의 시행에 관하여 당해 공공시설 관리청의 의견을 들어 인가를 한 경우에는

새로이 설치되는 공공시설 부지의 제공과 용도가 폐지되는 기존 공공시설 상호간에 사업시행계획상 실질적인 대가관계가 있는지 여부를 불문하고 구 도시계획법 제83조 제4항(국토계획법 제64조 제4항)이 적용되어 기존 공공시설에 관한 시행자의 점용 및 사용에 관하여 관계 법령의 규정에 의한 점용 및 사용료가 면제된 것으로 보아야 하고, 도시계획사업의 원활한 시행을 위하여 시행자의 재정상 부담을 경감하고자 하는 점용료 등 면제간주 규정의 취지에 비추어 재개발사업시행자가 위와 같은 내용의 사업시행인가를 받은 후 기존 공공시설의 점용에 관하여 관리청의 점용료 부과시에는 이를 납부하겠다는 취지의 각서를 작성하였다고 하더라도 이는 점용료 부과처분을 적법하게 하는 근거가 되지 못한다.」고 판시한 바 있다.

(2) 법 제97조 제7항은 대부료 면제의 대상을 "제1항 및 제2항에 따라 정비사업의 시행으로 용도가 폐지되는 국가 또는 지방자치단체 소유의 정비기반시설"이라고 규정하고 있고, 점용료 및 사용료 면제에 관한 판례이기는 하나 위 대법원 판례의 취지에 비추어 볼 때, 제2항에 따라 공공시행자 외의 사업시행자 정비사업을 시행하는 경우에 "새로 설치한 정비기반시설의 설치비용에 상당하는 범위에서 그에게 무상으로 양도되는 정비기반시설"에 한하여 대부료가 면제되는 것이 아니라 사업시행자가 유상으로 매입하여야 하는 용도 폐지되는 정비기반시설의 대부료도 면제된다고 보아야 한다. 다만, 용도 폐지되는 정비기반시설이 아닌 국·공유지는 대부료의 면제 대상에 포함되지 않는다.

5. 정비구역 밖의 정비기반시설에 관한 문제

(1) 시장·군수등이 사업시행계획인가 시에 사업시행자에게 정비구역 밖에 정비기반시설을 설치하여 기부채납하도록 하거나, 정비구역 밖 정비기반시설을 매입한 후 정비기반시설을 설치하여 기부채납하도록 인가조건을 부여하는 경우가 있다.

(2) 대법원은 「도시정비법 제64조 제1항(현행 제96조)이 "사업시행자는 관할지방자치단체장과의 협의를 거쳐 정비구역 안에 정비기반시설을 설치하여야 한다."고 규정하고 있고, 같은 법 제2조 제2호가 정비사업에 대하여 도시기능을 회복하기 위하여 '정비구역 안에서' 정비기반시설을 정비하고 주택 등 건축물을 개량하거나 건설하는 주택재건축 사업 등의 사업을 말하는 것으로 정의하고 있는 점에 비추어 보면, 도시정비법 제65

조 제2항(현행 제97조 제2항)에서 말하는 '정비사업의 시행으로 인하여 용도가 폐지되는 국가 또는 지방자치단체 소유의 정비기반시설'이라 함은 '정비구역 안에서' 정비사업의 시행으로 인하여 용도가 폐지되는 국가 또는 지방자치단체 소유의 정비기반시설을 의미하는 것으로 해석하여야 할 것이다.」고 판시하였는바,[1002] 정비구역 밖의 기존 정비기반시설이나 새로이 설치하는 정비기반시설에는 법 제97조가 적용되지 않는다.

(3) 이에 따라 대법원은 사업시행계획 인가조건에서 사업시행자가 정비구역 밖의 시유지인 기존 정비기반시설을 매입한 후 새로운 정비기반시설을 설치하여 기부채납하도록 한 사안에서, 「매입대상인 이 사건 시유지 등은 정비구역 밖에 위치하고 있음을 알 수 있으므로 도시정비법 제65조 제2항에 따라 무상으로 사업시행자에게 귀속되는 정비기반시설이라고 볼 수 없다. 따라서 비록 원심이 이 부분에 관하여 명시적으로 판단하지는 아니하였으나, 이 사건 시유지 등이 도시정비법 제65조 제2항에 따라 무상으로 귀속되어야 한다는 원고들의 주장을 받아들일 수 없다.」고 판시하였고, 나아가 「이 사건 시유지 등을 매입하여 공원과 주차장 등을 조성한 후 이를 기부채납하는 내용의 이 사건 인가조건이 부당결부금지의 원칙 및 비례의 원칙 등에 위반되어 위법하다고 할 수는 있으나, 그 하자가 중대하고 명백하여 당연무효라고 보기는 어렵다.」고 판시하였는바,[1003] 법 제97조 제2항 정비구역 내 정비기반시설의 무상양도 위반이 당연 무효인 것과는 달리, 부당결부금지 원칙의 위반 여부에 따라 취소 사유에 불과하고 취소소송의 제소기간 내에 다투지 아니하여 불가쟁력이 발생한 경우에는 매매대금의 반환을 청구할 수 없게 된다.

(4) 나아가 대법원은 「사업시행자가 정비사업의 시행으로 새로이 설치한 정비기반시설이지만 정비구역 밖에 위치한 것은 도시정비법 제65조 제2항에 의하여 당연히 국가나 지방자치단체에 무상으로 귀속된다고 할 수 없고, 정비사업의 시행으로 정비구역 밖에 설치하는 정비기반시설이라 하더라도 사업시행 인가관청이 사업시행인가처분을 하면서 인가조건으로 시설을 설치하도록 하는 부담을 부과하고 사업시행자가 부담의 이행으로써 이를 설치한 때에는, 부관이 다른 법률의 규정에 위반되거나 부당결부금지의 원칙이나 비례의 원칙에 반하여 위법하다고 볼 특별한 사정이 없는 한, 인가조건의

1002) 대법원 2012. 8. 30. 선고 2010두24951 판결 [사업시행변경인가처분등일부무효확인].
1003) 대법원 2012. 8. 30. 선고 2010두24951 판결 [사업시행변경인가처분등일부무효확인].

내용에 따라 당해 정비기반시설은 무상으로 또는 정산을 거쳐 시설을 관리할 국가 또는 지방자치단체에 귀속될 수 있다.」고 판시하였는바,[1004] 정비구역 밖 새로이 설치된 정비기반시설은 법 제97조가 아닌 사업시행계획 인가조건에 따라 국가 또는 지방자치단체에 귀속될 수 있고, 그 설치비용도 인가조건에 따라 정산하여야 할 것이지, 법 제97조의 무상양도의 범위를 정하는 새로운 정비기반시설의 설치비용에 포함할 것은 아니다.

1004) 대법원 2014. 2. 21. 선고 2012다78818 판결 [부당이득반환].

[3] 국유·공유재산의 처분(제98~101조)

Ⅰ. 국유 · 공유재산의 처분 등(제98조)

도시정비법

제98조 (국유 · 공유재산의 처분 등)

① 시장 · 군수등은 제50조 및 제52조에 따라 인가하려는 사업시행계획 또는 직접 작성하는 사업시행계획서에 국유 · 공유재산의 처분에 관한 내용이 포함되어 있는 때에는 미리 관리청과 협의하여야 한다. 이 경우 관리청이 불분명한 재산 중 도로 · 구거(도랑) 등은 국토교통부장관을, 하천은 환경부장관을, 그 외의 재산은 기획재정부장관을 관리청으로 본다. 〈개정 2020. 12. 31., 2021. 1. 5.〉

② 제1항에 따라 협의를 받은 관리청은 20일 이내에 의견을 제시하여야 한다.

③ 정비구역의 국유 · 공유재산은 정비사업 외의 목적으로 매각되거나 양도될 수 없다.

④ 정비구역의 국유 · 공유재산은 「국유재산법」 제9조 또는 「공유재산 및 물품 관리법」 제10조에 따른 국유재산종합계획 또는 공유재산관리계획과 「국유재산법」 제43조 및 「공유재산 및 물품 관리법」 제29조에 따른 계약의 방법에도 불구하고 사업시행자 또는 점유자 및 사용자에게 다른 사람에 우선하여 수의계약으로 매각 또는 임대될 수 있다.

⑤ 제4항에 따라 다른 사람에 우선하여 매각 또는 임대될 수 있는 국유 · 공유재산은 「국유재산법」, 「공유재산 및 물품 관리법」 및 그 밖에 국 · 공유지의 관리와 처분에 관한 관계 법령에도 불구하고 사업시행계획인가의 고시가 있은 날부터 종전의 용도가 폐지된 것으로 본다.

⑥ 제4항에 따라 정비사업을 목적으로 우선하여 매각하는 국 · 공유지는 사업시행계획인가의 고시가 있은 날을 기준으로 평가하며, 주거환경개선사업의 경우 매각가격은 평가금액의 100분의 80으로 한다. 다만, 사업시행계획인가의 고시가 있은 날부터 3년 이내에 매매계약을 체결하지 아니한 국 · 공유지는 「국유재산법」 또는 「공유재산 및 물품 관리법」에서 정한다.

1. 국유 · 공유재산의 의의

국유 · 공유재산이란 국가 또는 지방자치단체의 부담, 기부채납이나 법령에 따라 지방자치단체 소유로 된 재산을 말하며,[1005] 용도에 따라 행정재산(공용재산, 공공용재산, 기업용재산, 보존용재산)과 일반재산으로 구분된다.

2. 관리청과의 협의 및 의견청취

시장 · 군수등은 인가하려는 사업시행계획 또는 직접 작성하는 사업시행계획서에 국유 · 공유재산의 처분에 관한 내용이 포함되어 있는 때에는 미리 관리청과 협의하여야 하고, 협의를 받은 관리청은 20일 이내에 의견을 제시하여야 한다. 이 경우 관리청이 불분명한 재산 중 도로 · 구거(도랑) 등은 국토교통부장관을, 하천은 환경부장관을, 그 외의 재산은 기획재정부장관을 관리청으로 본다.[1006]

3. 정비사업의 목적에 따른 처분

정비구역의 국유 · 공유재산은 정비사업 외의 목적으로 매각되거나 양도될 수 없고, 「국유재산법」 제9조 또는 「공유재산 및 물품 관리법」(이하 '공유재산법'이라 한다) 제10조에 따른 국유재산종합계획 또는 공유재산관리계획과 「국유재산법」 제43조[1007] 및 「공유재산 및 물품 관리법」 제29조[1008]에 따른 계약의 방법에도 불구하고 사업시행자 또

1005) 국유재산법 제2조 제1호 및 공유재산법 제2조 제1호.

1006) 법 제98조 제1, 2항.

1007) 국유재산법 제43조(계약의 방법)

① 일반재산을 처분하는 계약을 체결할 경우에는 그 뜻을 공고하여 일반경쟁에 부쳐야 한다. 다만, 계약의 목적 · 성질 · 규모 등을 고려하여 필요하다고 인정되면 대통령령으로 정하는 바에 따라 참가자의 자격을 제한하거나 참가자를 지명하여 경쟁에 부치거나 수의계약으로 할 수 있으며, 증권인 경우에는 대통령령으로 정하는 방법에 따를 수 있다.

② 제1항에 따라 경쟁에 부치는 경우 공고와 절차에 관하여는 제31조제2항을 준용한다.

1008) 공유재산법 제29조(계약의 방법)

① 일반재산을 대부하거나 매각하는 계약을 체결할 때에는 그 뜻을 공고하여 일반입찰에 부쳐야 한다. 다만, 대통령령으로 정하는 경우에는 지명경쟁에 부치거나 수의계약으로 할 수 있으며, 증권의 경우에는 「자본시장과 금융투자업에 관한 법률」 제9조제9항에 따른 증권매출의 방법으로 하며, 이 법 제4조제1항제2호 및 제3호의 일반재산을 매각하는 경우에는 제76조제2항을 준용한다. 〈개정 2010.2.4., 2015.1.20〉

는 점유자 및 사용자에게 다른 사람에 우선하여 수의계약으로 매각 또는 임대될 수 있다.[1009)]

4. 용도 폐지

정비사업을 목적으로 우선하여 매각 또는 임대될 수 있는 국유 · 공유재산은 국유재산법, 공유재산법 및 그 밖에 국 · 공유지의 관리와 처분에 관한 관계 법령에도 불구하고 사업시행계획인가의 고시가 있은 날부터 종전의 용도가 폐지된 것으로 본다.[1010)]

5. 국유 · 공유지의 감정평가

(1) 정비사업을 목적으로 우선하여 매각하는 국 · 공유지는 사업시행계획인가의 고시가 있은 날을 기준으로 평가하며, 주거환경개선사업의 경우 매각가격은 평가금액의 100분의 80으로 한다. 다만, 사업시행계획인가의 고시가 있은 날부터 3년 이내에 매매계약을 체결하지 아니한 국 · 공유지는 국유재산법 또는 공유재산법에서 정하는 바에 의한다.[1011)]

(2) 대법원은 「구 도시정비법 제66조 제6항(현행 제98조 제5항) 본문 전단은 수의계약으로 매각하는 토지의 평가 기준일자를 규정하는 것이지 그 평가방법까지 규정하는 것으로 보이지는 아니하고, 위 조문의 순서나 체계, 국 · 공유재산 처분 특례의 목적 등을 고려하더라도, 위 규정은 도시정비사업이 비교적 장기간에 걸쳐 시행되는 것임을 고려하여 국 · 공유재산에 대한 수의계약이 체결되는 구체적인 시기에 따라 매수부담이 달라지는 것을 방지하기 위해 어느 시기에 수의계약이 체결되더라도 그 가액은 사업시행인가의 고시가 있은 날을 기준시기로 이를 평가하도록 규정한 취지라고 보일 뿐, 반드시 그 기준시기의 현황에 의하여 평가하도록 하는 평가방법까지 함께 규정한 것이라고 해석하기는 어렵고, 사업시행인가 고시일 당시의 이용현황을 기준으로 하지 아니하

---

② 제1항 단서에 따라 증권을 매각하는 경우 가격산정에 필요한 사항은 대통령령으로 정한다.

1009) 법 제98조 제3, 4항.

1010) 법 제98조 제5항.

1011) 법 제98조 제6항.

고 향후 이용될 대지를 기준으로 평가한 감정결과에 의해 체결한 계약도 적법하다.」고 판시하였다.[1012)]

(3) 국토교통부 고시 「감정평가 실무기준」 3. 3. "국 · 공유재산의 처분을 위한 감정평가"에서는, ① 재개발사업 등의 사업구역 안에 있는 국 · 공유지를 사업시행자에게 매각하는 경우로서 도로 등의 지목을 "대"로 변경하여 감정평가를 의뢰한 경우(관리청의 재량)에는 "대"를 기준으로 그 국 · 공유지의 위치 · 형상 · 환경 등 토지의 객관적 가치형성에 영향을 미치는 개별적인 요인을 고려한 가액으로 감정평가하고, ② 재건축사업구역 안에 있는 국 · 공유지는 공부상 지목에도 불구하고 "대"를 기준으로 그 국 · 공유지의 위치 · 형상 · 환경 등 토지의 객관적 가치형성에 영향을 미치는 개별적인 요인 등을 고려한 가액으로 감정평가하며, ③ 사업시행인가고시가 있은 날부터 3년이 지난 후에 매매계약을 체결하기 위한 국 · 공유재산의 감정평가는 가격조사 완료일의 현황을 기준으로 평가하도록 규정하고 있다.

Ⅱ. 국유 · 공유재산의 임대(제99조)

도시정비법

제99조 (국유 · 공유재산의 임대)

① 지방자치단체 또는 토지주택공사등은 주거환경개선구역 및 재개발구역(재개발사업을 시행하는 정비구역을 말한다. 이하 같다)에서 임대주택을 건설하는 경우에는 「국유재산법」 제46조제1항 또는 「공유재산 및 물품 관리법」 제31조에도 불구하고 국 · 공유지 관리청과 협의하여 정한 기간 동안 국 · 공유지를 임대할 수 있다.

② 시장 · 군수등은 「국유재산법」 제18조제1항 또는 「공유재산 및 물품 관리법」 제13조에도 불구하고 제1항에 따라 임대하는 국 · 공유지 위에 공동주택, 그 밖의 영구시설물을 축조하게 할 수 있다. 이 경우 해당 시설물의 임대기간이 종료되는 때에는 임대한 국 · 공유지 관리청에 기부 또는 원상으로 회복하여 반환하거나 국 · 공유지 관리청으로부터 매입하여야 한다.

③ 제1항에 따라 임대하는 국 · 공유지의 임대료는 「국유재산법」 또는 「공유재산 및 물품 관리법」에서 정한다.

1012) 대법원 2010. 1. 28. 선고 2009다69548 판결 [부당이득금반환].

1. 국 · 공유지 임대

지방자치단체 또는 토지주택공사등은 주거환경개선구역 및 재개발구역에서 임대주택을 건설하는 경우에는 국유재산법 제46조 제1항[1013] 또는 공유재산법 제31조[1014]에도 불구하고 국 · 공유지 관리청과 협의하여 정한 기간 동안 국 · 공유지를 임대할 수 있다.[1015] 임대하는 국 · 공유지의 임대료는 「국유재산법」 또는 「공유재산법」에서 정한다.[1016]

2. 영구시설물의 축조

시장 · 군수등은 「국유재산법」 제18조 제1항 또는 「공유재산 및 물품 관리법」 제13조에도 불구하고 임대하는 국 · 공유지 위에 공동주택, 그 밖의 영구시설물을 축조하게 할 수 있다. 이 경우 해당 시설물의 임대기간이 종료되는 때에는 임대한 국 · 공유지 관리청에 기부하거나 원상으로 회복하여 국 · 공유지를 반환하거나 국 · 공유지를 관리청으로부터 매입하여야 한다.[1017]

1013) 국유재산법 제46조(대부기간)

① 일반재산의 대부기간은 다음 각 호의 기간 이내로 한다. 나만, 제18조제1힝 단서에 따라 영구시설물을 축조하는 경우에는 10년 이내로 한다. 〈개정 2017.12.26〉

1. 조림을 목적으로 하는 토지와 그 정착물: 20년
2. 대부 받은 자의 비용으로 시설을 보수하는 건물(대통령령으로 정하는 경우에 한정한다) : 10년
3. 제1호 및 제2호 외의 토지와 그 정착물: 5년
4. 그 밖의 재산: 1년

1014) 공유재산법 제31조(대부기간)

① 일반재산의 대부는 다음 각 호의 구분에 따른 기간을 초과할 수 없다. 다만, 지역경제의 활성화를 위하여 대통령령으로 정하는 경우에는 그러하지 아니하다.

1. 토지와 그 정착물: 5년
2. 제1호 외의 재산: 1년

1015) 법 제99조 제1항.

1016) 법 제99조 제3항.

1017) 법 제99조 제2항.

Ⅲ. 공동이용시설 사용료의 면제(제100조)

도시정비법
제100조(공동이용시설 사용료의 면제) ① 지방자치단체의 장은 마을공동체 활성화 등 공익 목적을 위하여 「공유재산 및 물품 관리법」 제20조에 따라 주거환경개선구역 내 공동이용시설에 대한 사용 허가를 하는 경우 같은 법 제22조에도 불구하고 사용료를 면제할 수 있다. ② 제1항에 따른 공익 목적의 기준, 사용료 면제 대상 및 그 밖에 필요한 사항은 시·도조례로 정한다.

지방자치단체의 장은 마을공동체 활성화 등 공익 목적을 위하여 공유재산법 제20조에 따라 주거환경개선구역 내 공동이용시설에 대한 사용 허가를 하는 경우 같은 법 제22조에도 불구하고 사용료를 면제할 수 있다. 공익 목적의 기준, 사용료 면제 대상 및 그 밖에 필요한 사항은 시·도조례로 정한다.

Ⅳ. 국·공유지의 무상양여 등(제101조)

도시정비법	도시정비법 시행령
제101조(국·공유지의 무상양여 등) ① 다음 각 호의 어느 하나에 해당하는 구역에서 국가 또는 지방자치단체가 소유하는 토지는 제50조제9항에 따른 사업시행계획인가의 고시가 있은 날부터 종전의 용도가 폐지된 것으로 보며, 「국유재산법」, 「공유재산 및 물품 관리법」 및 그 밖에 국·공유지의 관리 및 처분에 관하여 규정한 관계 법령에도 불구하고 해당 사업시행자에게 무상으로 양여된다. 다만, 「국유재산법」 제6조제2항에 따른 행정재산 또는 「공유재산 및 물품 관리법」 제5조제2항에 따른 행정재산과 국가	제80조(국·공유지의 무상양여 등) ① 법 제101조제1항에 따라 국가 또는 지방자치단체로부터 토지를 무상으로 양여받은 사업시행자는 사업시행계획인가 고시문 사본을 그 토지의 관리청 또는 지방자치단체의 장에게 제출하여 그 토지에 대한 소유권이전등기절차의 이행을 요청하여야 한다. 이 경우 토지의 관리청 또는 지방자치단체의 장은 「전자정부법」 제36조제1항에 따른 행정정보의 공동이용을 통하여 그 토지의 토지대장 등본 또는 등기사항증명서를 확인하여야 한다.

또는 지방자치단체가 양도계약을 체결하여 정비구역지정 고시일 현재 대금의 일부를 수령한 토지에 대하여는 그러하지 아니하다. 〈개정 2021. 3. 16.〉 1. 주거환경개선구역 2. 국가 또는 지방자치단체가 도시영세민을 이주시켜 형성된 낙후지역으로서 대통령령으로 정하는 재개발구역(이 항 각 호 외의 부분 본문에도 불구하고 무상양여 대상에서 국유지는 제외하고, 공유지는 시장 · 군수등 또는 토지주택공사등이 단독으로 사업시행자가 되는 경우로 한정한다) ② 삭제 〈2021. 8. 10.〉 ③ 제1항에 따라 무상양여된 토지의 사용수익 또는 처분으로 발생한 수입은 주거환경개선사업 또는 재개발사업 외의 용도로 사용할 수 없다. ④ 시장 · 군수등은 제1항에 따른 무상양여의 대상이 되는 국 · 공유지를 소유 또는 관리하고 있는 국가 또는 지방자치단체와 협의를 하여야 한다. ⑤ 사업시행자에게 양여된 토지의 관리처분에 필요한 사항은 국토교통부장관의 승인을 받아 해당 시 · 도조례 또는 토지주택공사등의 시행규정으로 정한다.	② 법 제101조제1항제2호에서 "대통령령으로 정하는 재개발구역"이란 제79조제2항의 지역을 대상으로 한 재개발구역을 말한다. ③ 제1항에 따른 요청을 받은 관리청 또는 지방자치단체의 장은 즉시 소유권이전등기에 필요한 서류를 사업시행자에게 교부하여야 한다. ④ 사업시행자는 법 제113조에 따라 사업시행계획인가가 취소된 때에는 법 제101조제1항에 따라 무상양여된 토지를 원소유자인 국가 또는 지방자치단체에 반환하기 위하여 필요한 조치를 하고, 즉시 관할 등기소에 소유권이전등기를 신청하여야 한다.

1. 국 · 공유지 무상양여의 의의 등

(1) 주거환경개선구역 또는 일정한 요건을 갖춘 재개발구역에서 국가 또는 지방자치단체가 소유하는 토지는 사업시행계획인가의 고시가 있은 날부터 종전의 용도가 폐지된 것으로 보며, 국유재산법, 공유재산법 및 그 밖의 관계 법령에도 불구하고 해당 사업시행자에게 무상으로 양여된다. 다만, 국유재산법 제6조 제2항 또는 공유재산법 제5조

제2항에 따른 행정재산과 국가 또는 지방자치단체가 양도계약을 체결하여 정비구역지정 고시일 현재 대금의 일부를 수령한 토지에 대하여는 그러하지 아니하다.[1018] 강행규정으로 보아야 한다.

(2) 용도가 폐지되는 기존 정비기반시설은 법 제97조에 따라 새로이 설치하는 정비기반시설의 귀속과 일정한 대가적 관계에서 사업시행자에게 무상으로 귀속 또는 양도되고, 그 외의 국 · 공유지는 법 제98조에 따라 수의계약으로 사업시행자 등에게 매각되는 것이 원칙이지만, 사업성이 열악한 주거환경개선구역과 일정한 재개발구역에는 용도가 폐지되는 기존 정비기반시설 외의 국 · 공유지도 무상으로 양여하여 저소득 주민인 토지등소유자의 부담을 경감하고 주거안정을 보장하고자 하는데 목적이 있다.

2. 정비구역의 요건 및 무상양여의 범위

가. 주거환경개선구역

주거환경개선사업은 법 제24조에 따라 공공시행자만 사업시행자가 될 수 있고, 주거환경개선구역에서 국가 또는 지방자치단체가 소유하는 토지(국 · 공유지)는 '행정재산인 토지'와 '양도계약을 체결하여 정비구역지정 고시일 현재 대금의 일부를 수령한 토지'를 제외하고 사업시행자에게 무상으로 양여된다.[1019]

나. 대통령령으로 정하는 재개발구역

(1) '대통령령으로 정하는 재개발구역이란 국가 또는 지방자치단체가 도시영세민을 이주시켜 형성된 낙후지역으로서, ① 공익사업의 시행으로 다른 지역으로 이주하게 된 자가 집단으로 정착한 지역으로 이주 당시 300세대 이상의 주택을 건설하여 정착한 지역이고, ② 정비구역 전체 건축물 중 준공 후 20년이 지난 건축물의 비율이 100분의 50 이상인 지역을 말한다.[1020]

(2) 무상양여 대상에서 국유지는 제외하고, 공유지는 시장 · 군수등 또는 토지주택공사등이 단독으로 사업시행자가 되는 경우로 한정한다.[1021]

1018) 법 제101조 제1항.
1019) 법 제101조 제1항 본문 및 제1호.
1020) 법 제101조 제1항 제2호 및 시행령 제80조 제2항 및 제79조 제2항.

3. 국 · 공유지의 처분제한 등

무상으로 양여된 토지의 사용수익 또는 처분으로 발생한 수입은 주거환경개선사업 또는 재개발사업 외의 용도로 사용할 수 없고,[1022] 사업시행자에게 양여된 토지의 관리처분에 필요한 사항은 국토교통부장관의 승인을 받아 해당 시 · 도조례 또는 토지주택공사등의 시행규정으로 정한다.[1023]

4. 무상양여의 절차

(1) 시장 · 군수등은 제1항에 따른 무상양여의 대상이 되는 국 · 공유지를 소유 또는 관리하고 있는 국가 또는 지방자치단체와 협의를 하여야 한다.[1024]

(2) 국가 또는 지방자치단체로부터 토지를 무상으로 양여받은 사업시행자는 사업시행계획인가 고시문 사본을 그 토지의 관리청 또는 지방자치단체의 장에게 제출하여 그 토지에 대한 소유권이전등기절차의 이행을 요청하여야 하고, 토지의 관리청 또는 지방자치단체의 장은 「전자정부법」 제36조 제1항에 따른 행정정보의 공동이용을 통하여 그 토지의 토지대장 등본 또는 등기사항증명서를 확인하여 즉시 소유권이전등기에 필요한 서류를 사업시행자에게 교부하여야 한다.[1025]

(3) 사업시행자는 법 제113조[1026] 감독권의 행사에 따라 사업시행계획인가가 취소된 때에는 무상양여된 토지를 원소유자인 국가 또는 지방자치단체에 반환하기 위하여 필요한 조치를 하고, 즉시 관할 등기소에 소유권이전등기를 신청하여야 한다.[1027]

1021) 법 제101조 제1항 제2호 괄호.

1022) 법 제101조 제3항.

1023) 법 제101조 제5항.

1024) 법 제101조 제4항.

1025) 시행령 제80조 제1항 및 제3항.

1026) 법 제113조(감독)

① 정비사업의 시행이 이 법 또는 이 법에 따른 명령 · 처분이나 사업시행계획서 또는 관리처분계획에 위반되었다고 인정되는 때에는 정비사업의 적정한 시행을 위하여 필요한 범위에서 국토교통부장관은 시 · 도지사, 시장, 군수, 구청장, 추진위원회, 주민대표회의, 사업시행자 또는 정비사업전문관리업자에게, 특별시장, 광역시장 또는 도지사는 시장, 군수, 구청장, 추진위원회, 주민대표회의, 사업시행자 또는 정비사업전문관리업자에게, 시장 · 군수는 추진위원회, 주민대표회의, 사업시행자 또는 정비사업전문관리업자에게 처분의 취소 · 변경 또는 정지, 공사의 중지 · 변경, 임원의 개선 권고, 그 밖의 필요한 조치를 취할 수 있다.

1027) 시행령 제80조 제4항.

제5장 공공재개발사업 및 공공재건축사업

Ⅰ. 공공정비사업의 신설 및 의의

(1) 정비사업은 주거환경이 불량한 지역을 계획적으로 정비하고, 노후 · 불량건축물을 개량하여 도심의 주거환경을 개선하는 사업으로, 도시 내 유휴부지가 부족한 상황에서 직주근접성이 높은 주택을 공급하는 데 중요한 역할을 한다. 그러나 기존 정비사업 제도의 한계로 주민 간 갈등 및 사업성 부족이 발생하여 상당수의 정비사업이 조합설립도 하지 못하고 정체되고 있으며, 조합을 설립하더라도 복잡한 행정절차 등으로 인해 착공까지 상당한 기간이 소요되고 있는 실정인바, 기존 제도로는 정비사업이 어려워 주거환경 개선이 어려운 지역의 주민들이 공공기관의 참여를 희망하는 경우, 공공기관이 사업시행자등으로 참여하여 용적률 완화 등 특례를 토대로 사업을 촉진하는 새로운 정비사업 유형을 2021. 4. 13.에 신설하여, 도심 내 주거환경 개선과 주택공급 확대를 도모함과 동시에 용적률 완화 등에 따른 공공의 이익도 확보하고자 하는데 입법목적이 있다.[1028)]

(2) 공공재개발사업이란, 시장·군수등 또는 토지주택공사등이 주거환경개선사업 또는 재개발사업의 시행자(조합과 공동으로 시행하는 경우를 포함한다.)이거나 사업대행자이고, 건설·공급되는 주택의 전체 세대수 또는 전체 연면적 중 토지등소유자 대상 분양분을 제외한 나머지 주택의 세대수 또는 연면적의 50% 이상을 지분형주택, 공공임대주택, 공공지원민간임대주택으로 공급하는 사업을 말한다.[1029)]

(3) 공공재건축사업이란, 시장·군수등 또는 토지주택공사등이 주거환경개선사업 또는 재개발사업의 시행자(조합과 공동으로 시행하는 경우를 포함한다.)이거나 사업대행자이고, 대통령령이 정하는 불가피한 사유가 있는 경우를 제외하고 종전 세대수의 160%에 해당하는 세대수 이상을 건설·공급하는 사업을 말한다.[1030)]

(4) 2021. 4. 13. 개정법에서는 제5장을 신설하여 공공정비사업에 관한 특칙을 두었는바, 이에 관해 살펴보기로 한다.

1028) 법제처 개정이유문 참조.

1029) 법 제2조 제2호 나목 참조.

1030) 법 제2조 제2호 다목 참조. 대통령령이 정하는 불가피한 사유가 있는 경우에는 종전 세대수의 160% 이상의 세대수를 건설·공급하지 못하여도 공공재건축에 포함된다.

Ⅱ. 공공재개발사업 예정구역의 지정·고시(제101조의2)

도시정비법	도시정비법 시행령
제101조의2 (공공재개발사업 예정구역의 지정 · 고시) ① 정비구역의 지정권자는 비경제적인 건축행위 및 투기 수요의 유입을 방지하고, 합리적인 사업계획을 수립하기 위하여 공공재개발사업을 추진하려는 구역을 공공재개발사업 예정구역으로 지정할 수 있다. 이 경우 공공재개발사업 예정구역의 지정 · 고시에 관한 절차는 제16조를 준용한다. ② 정비계획의 입안권자 또는 토지주택공사등은 정비구역의 지정권자에게 공공재개발사업 예정구역의 지정을 신청할 수 있다. 이 경우 토지주택공사등은 정비계획의 입안권자를 통하여 신청하여야 한다. ③ 공공재개발사업 예정구역에서 제19조제7항 각 호의 어느 하나에 해당하는 행위 또는 같은 조 제8항의 행위를 하려는 자는 시장 · 군수등의 허가를 받아야 한다. 허가받은 사항을 변경하려는 때에도 또한 같다. ④ 공공재개발사업 예정구역 내에 분양받을 건축물이 제77조제1항 각 호의 어느 하나에 해당하는 경우에는 제77조에도 불구하고 공공재개발사업 예정구역 지정 · 고시가 있은 날 또는 시 · 도지사가 투기를 억제하기 위하여 공공재개발사업 예정구역 지정 · 고시 전에 따로 정하는 날의 다음 날을 기준으로 건축물을 분양받을 권리를 산정한다. 이 경우 시 · 도지사가 건축물을 분양받을 권리일을	제80조의2 (공공재개발사업 예정구역의 지정 등) ① 정비구역지정권자는 법 제101조의2제1항 후단에서 준용하는 법 제16조제1항에 따라 공공재개발사업 예정구역 지정에 관하여 지방도시계획위원회의 심의를 거치기 전에 미리 관할 시장 · 군수등의 의견을 들어야 한다. 다만, 법 제101조의2제2항에 따라 정비계획의 입안권자가 공공재개발사업 예정구역의 지정을 신청한 경우에는 의견청취를 생략할 수 있다. ② 지방도시계획위원회는 제1항에 따른 심의를 하는 경우에는 제5항 각 호의 사항을 고려해야 한다. ③ 지방도시계획위원회는 법 제101조의2제2항에 따른 공공재개발사업 예정구역 지정의 신청이 있는 경우 신청일부터 30일 이내에 심의를 완료해야 한다. 다만, 30일 이내에 심의를 완료할 수 없는 정당한 사유가 있다고 판단되는 경우에는 심의기간을 30일의 범위에서 한 차례 연장할 수 있다. ④ 정비구역지정권자는 법 제101조의2제1항 후단에서 준용하는 법 제16조제2항에 따라 공공재개발사업 예정구역을 지정 · 고시하기 전에 예정구역 지정의 내용을 14일 이상 주민에게 공람하여 의견을 들어야 하며, 제시된 의견이 타당하다고 인정되면 이를 반영하여 지정 · 고시해야 한다. ⑤ 제4항에 따른 공공재개발사업 예정구

따로 정하는 경우에는 제77조제2항을 준용한다. ⑤ 정비구역의 지정권자는 공공재개발사업 예정구역이 지정 · 고시된 날부터 2년이 되는 날까지 공공재개발사업 예정구역이 공공재개발사업을 위한 정비구역으로 지정되지 아니하거나, 공공재개발사업 시행자가 지정되지 아니하면 그 2년이 되는 날의 다음 날에 공공재개발사업 예정구역 지정을 해제하여야 한다. 다만, 정비구역의 지정권자는 1회에 한하여 1년의 범위에서 공공재개발사업 예정구역의 지정을 연장할 수 있다. ⑥ 제1항에 따른 공공재개발사업 예정구역의 지정과 제2항에 따른 지정 신청에 필요한 사항 및 그 절차는 대통령령으로 정한다. [본조신설 2021. 4. 13.]	역 고시에는 다음 각 호의 사항이 포함되어야 한다. 1. 공공재개발사업 예정구역의 명칭, 위치 및 면적 등 구역개요 2. 공공재개발사업 예정구역의 현황(인구, 건축물, 토지이용계획, 정비기반시설 등) 3. 법 제101조의3제1항에 따른 정비구역 지정 예정시기 4. 공공재개발사업을 시행할 시장 · 군수등이나 토지주택공사등의 명칭, 소재지 및 대표자 성명 5. 그 밖에 공공재개발사업 예정구역의 지정과 관련하여 시 · 도조례로 정하는 사항 [본조신설 2021. 7. 13.]

1. 공공재개발사업 예정구역의 지정·고시

(1) 정비구역의 지정권자는 비경제적인 건축행위 및 투기 수요의 유입을 방지하고, 합리적인 사업계획을 수립하기 위하여 공공재개발사업을 추진하려는 구역을 공공재개발사업 예정구역으로 지정할 수 있으며,[1031] 정비계획의 입안권자 또는 토지주택공사등은 정비구역의 지정권자에게 공공재개발사업 예정구역의 지정을 신청할 수 있고 이 경우 토지주택공사등은 정비계획의 입안권자를 통하여 신청하여야 한다.[1032]

(2) 정비구역의 지정권자는 공공재개발사업 예정구역 지정에 관하여 지방도시계획위원회의 심의를 거치기 전에 미리 관할 시장·군수등의 의견을 들어한다. 다만, 정비계획의 입안권자가 정비구역의 지정권자에게 공공재개발사업 예정구역의 지정을 신청한 경우에는 의견청취를 생략할 수 있다.[1033] 지방도시계획위원회의 심의를 거쳐 결정된

1031) 법 제101조의2 제1항 전단.
1032) 법 제101조의2 제2항.

공공재개발사업 예정구역 지정의 내용을 해당 지방자치단체의 공보에 고시하여야 하고, 국토교통부장관에게 그 지정의 내용을 보고하여야 하며, 관계 서류를 일반인이 열람할 수 있도록 하여야 한다.[1034)]

(3) 정비구역의 지정권자는 공공재개발사업 예정구역을 지정하려면 지방도시계획위원회의 심의를 거쳐야 하며, 지방도시계획위원회는 정비계획의 입안권자의 신청이 있는 경우 신청일로부터 30일 이내에 심의를 완료하여야 하고, 30일 이내에 심의를 완료할 수 없는 정당한 사유가 있다고 판단되는 경우에는 심의기간을 30일 범위에서 한 차례 연장할 수 있다.[1035)]

(4) 지방도시계획위원회는 ① 공공재개발사업 예정구역의 명칭, 위치 및 면적 등 구역개요, ② 공공재개발사업 예정구역의 현황(인구, 건축물, 토지이용계획, 정비기반시설 등), ③ 공공재개발사업을 위한 정비구역 지정 예정시기, ④ 공공재개발사업을 시행할 시장・군수등이나 토지주택공사등의 명칭, 소재지 및 대표자 성명, ⑤ 그 밖에 공공재개발사업 예정구역의 지정과 관련하여 시・도조례로 정하는 사항을 고려하여 심의한다.[1036)]

(5) 정비구역지정권자는 공공재개발사업 예정구역을 지정・고시하기 전에 예정구역 지정의 내용을 14일 이상 주민에게 공람하여 의견을 들어야 하며, 제시된 의견이 타당하다고 인정되면 이를 반영하여 지정・고시해야 한다.[1037)]

(6) 정비구역의 지정권자는 공공재개발사업 예정구역 지정의 내용을 해당 지방자치단체의 공보에 고시하여야 하며,[1038)] 고시에는 ① 공공재개발사업 예정구역의 명칭, 위치 및 면적 등 구역개요, ② 공공재개발사업 예정구역의 현황(인구, 건축물, 토지이용계획, 정비기반시설 등), ③ 공공재개발사업을 위한 정비구역 지정 예정시기, ④ 공공재개발사업을 시행할 시장・군수등이나 토지주택공사등의 명칭, 소재지 및 대표자 성명, ⑤ 그 밖에 공공재개발사업 예정구역의 지정과 관련하여 시・도조례로 정하는 사항을 포함하여야 한다.[1039)]

1033) 법 제101조의2 제6항 및 시행령 제80조의2 제1항.
1034) 법 제16조.
1035) 법 제101조의2 제6항 및 시행령 제80조의2 제3항.
1036) 법 제101조의2 제6항 및 시행령 제80조의2 제2, 5항.
1037) 법 제101조의2 제6항 및 시행령 제80조의2 제4항.
1038) 법 제101조의2 제1항 후단 및 법 제16조 제2항.

(7) 정비구역이 지정권자는 공공재개발사업 예정구역을 지정·고시한 때에는 국토교통부장관에게 그 지정의 내용을 보고하여야 하며, 관계 서류를 일반인이 열람할 수 있도록 하여야 한다.[1040)]

2. 공공재개발사업 예정구역 내 행위제한

공공재개발사업 예정구역에서 ① 건축물의 건축, ② 토지의 분할, ③ 지역주택조합의 조합원 모집행위를 하려는 자는 시장·군수등의 허가를 받아야 하며, 허가받은 사항을 변경하려는 때에도 같다.[1041)]

3. 권리산정기준일에 대한 특칙

(1) 법 제77조는 분양받을 권리의 권리산정기준일을 정하고 있는바, ① 1필지의 토지가 여러 개의 필지로 분할되는 경우, ② 단독주택 또는 다가구주택이 다세대주택으로 전환되는 경우, ③ 하나의 대지 범위에 속하는 동일인 소유의 토지와 주택 등 건축물을 토지와 주택 등 건축물로 각각 분리하여 소유하는 경우, ④ 나대지에 건축물을 새로 건축하거나 기존 건축물을 철거하고 다세대주택, 그 밖의 공동주택을 건축하여 토지등소유자의 수가 증가하는 경우에는 '정비구역지정 고시가 있는 날(권리산정기준일)의 다음날'을 기준으로 분양받을 권리를 산정하도록 규정하고 있다. 이는 정비구역지정 고시 이후에 투기를 목적으로 토지등소유자 수를 증가시켜 분양권 수를 증가시키는 행위를 막고자 하는데 입법목적이 있다.

(2) 법 제101조의2 제4항은 법 제77조에 대한 특칙으로 공공재개발사업 예정구역의 권리산정기준일에 관하여 규정하고 있는바, 정비구역 지정 전이라도 공공재개발사업 예정구역으로 지정되면 위 법 제77조 제1항 각호에 해당하는 경우에는 법 제77조에도 불구하고 공공재개발사업 예정구역 지정·고시가 있은 날의 다음날을 기준으로 건축물의 분양받을 권리를 산정하도록 규정하였다.

(3) 아울러 법 제77조 제1항 후단 및 제2항은 시·도지사가 투기 억제를 위해 기본계

1039) 법 제101조의2 제6항 및 시행령 제80조의2 제5항.
1040) 법 제101조의2 제1항 후단 및 법 제16조 제3항.
1041) 법 제101조의2 제3항.

획 수립 후 정비구역 지정·고시 전으로 기준일을 따로 정하여 지방자치단체의 공보에 고시한 경우에는 이를 권리산정기준일로 할 수 있도록 규정하고 있는바, 마찬가지로 시·도지사는 투기 억제를 위해 공공재개발사업 예정구역 지정·고시 전으로 기준일을 따로 정하여 지방자치단체의 공보에 고시한 경우에는 이를 권리산정기준일로 하여 그 다음 날을 기준으로 분양받을 권리를 산정하도록 하였다.

(4) 분양받을 권리의 산정방법에 관한 구체적 내용은 법 제77조 부분을 참조하기로 한다.

4. 공공재개발사업 예정구역 지정의 해제

정비구역의 지정권자는 공공재개발사업 예정구역이 지정 · 고시된 날부터 2년이 되는 날까지 공공재개발사업 예정구역이 공공재개발사업을 위한 정비구역으로 지정되지 아니하거나, 공공재개발사업 시행자가 지정되지 아니하면 그 2년이 되는 날의 다음 날에 공공재개발사업 예정구역 지정을 해제하여야 한다. 다만, 정비구역의 지정권자는 1회에 한하여 1년의 범위에서 공공재개발사업 예정구역의 지정을 연장할 수 있다.[1042]

Ⅲ. 공공재개발사업을 위한 정비구역 지정 등(제101조의3)

도시정비법

제101조의3 (공공재개발사업을 위한 정비구역 지정 등) ① 정비구역의 지정권자는 제8조 제1항에도 불구하고 기본계획을 수립하거나 변경하지 아니하고 공공재개발사업을 위한 정비계획을 결정하여 정비구역을 지정할 수 있다.

② 정비계획의 입안권자는 공공재개발사업의 추진을 전제로 정비계획을 작성하여 정비구역의 지정권자에게 공공재개발사업을 위한 정비구역의 지정을 신청할 수 있다. 이 경우 공공재개발사업을 시행하려는 공공재개발사업 시행자는 정비계획의 입안권자에게 공공재개발사업을 위한 정비계획의 수립을 제안할 수 있다.

③ 정비계획의 지정권자는 공공재개발사업을 위한 정비구역을 지정 · 고시한 날부터 1년이 되는 날까지 공공재개발사업 시행자가 지정되지 아니하면 그 1년이 되는 날의

1042) 법 제101조의2 제5항.

다음 날에 공공재개발사업을 위한 정비구역의 지정을 해제하여야 한다. 다만, 정비구역의 지정권자는 1회에 한하여 1년의 범위에서 공공재개발사업을 위한 정비구역의 지정을 연장할 수 있다.
[본조신설 2021. 4. 13.]

1. 공공재개발사업 정비구역 지정을 위한 입안 및 입안제안

정비계획의 입안권자는 공공재개발사업의 추진을 전제로 정비계획을 작성하여 정비구역의 지정권자에게 공공재개발사업을 위한 정비구역의 지정을 신청할 수 있다. 이 경우 공공재개발사업을 시행하려는 공공재개발사업 시행자는 정비계획의 입안권자에게 공공재개발사업을 위한 정비계획의 수립을 제안할 수 있다.[1043)]

2. 공공재개발사업 정비구역 지정에 관한 특칙

(1) 법 제8조 제1항에 따라 정비구역 지정권자는 기본계획에 적합한 범위 내에서 정비계획을 수립하고 정비구역을 지정하여야 한다.

(2) 그러나 법 제8조 제1항에도 불구하고 정비구역의 지정권자는 법 제8조 제1항에도 불구하고 기본계획을 수립하거나 변경하지 아니하고 공공재개발사업을 위한 정비계획을 결정하여 정비구역을 지정할 수 있다.[1044)] 공공재개발사업은 용적률 완화 등의 특칙이 적용되므로 종전에 수립된 기본계획 상 용적률 등을 초과하게 되는바, 정비구역 지정권자는 기본계획을 변경하지 아니하고 기본계획을 벗어난 정비계획을 수립하여 정비구역을 지정할 수도 있는 것이다.

3. 공공재개발사업 정비구역 지정의 해제

정비계획의 지정권자는 공공재개발사업을 위한 정비구역을 지정·고시한 날부터 1년이 되는 날까지 공공재개발사업 시행자가 지정되지 아니하면 그 1년이 되는 날의 다음 날에 공공재개발사업을 위한 정비구역의 지정을 해제하여야 한다. 다만, 정비구역

1043) 법 제101조의3 제2항.
1044) 법 제101조의3 제1항.

의 지정권자는 1회에 한하여 1년의 범위에서 공공재개발사업을 위한 정비구역의 지정을 연장할 수 있다.[1045]

Ⅳ. 공공정비사업을 위한 정비구역 지정에 관한 특례

도시정비법

제101조의4 (공공재개발사업 예정구역 및 공공재개발사업 · 공공재건축사업을 위한 정비구역 지정을 위한 특례) ① 지방도시계획위원회 또는 도시재정비위원회는 공공재개발사업 예정구역 또는 공공재개발사업 · 공공재건축사업을 위한 정비구역의 지정에 필요한 사항을 심의하기 위하여 분과위원회를 둘 수 있다. 이 경우 분과위원회의 심의는 지방도시계획위원회 또는 도시재정비위원회의 심의로 본다.

② 정비구역의 지정권자가 공공재개발사업 또는 공공재건축사업을 위한 정비구역의 지정 · 변경을 고시한 때에는 제7조에 따른 기본계획의 수립 · 변경, 「도시재정비 촉진을 위한 특별법」 제5조에 따른 재정비촉진지구의 지정 · 변경 및 같은 법 제12조에 따른 재정비촉진계획의 결정 · 변경이 고시된 것으로 본다.

[본조신설 2021. 4. 13.]

1. 분과위원회의 설치 및 심의

지방도시계획위원회 또는 도시재정비위원회는 공공재개발사업 예정구역 또는 공공재개발사업 · 공공재건축사업을 위한 정비구역의 지정에 필요한 사항을 심의하기 위하여 분과위원회를 둘 수 있다. 이 경우 분과위원회의 심의는 지방도시계획위원회 또는 도시재정비위원회의 심의로 본다.[1046] 이는 전담기구를 두어 신속히 정비계획을 심의하고 사업을 진행할 수 있도록 하기 위한 것이다.

2. 기본계획 등의 수립·변경 의제

(1) 정비구역의 지정권자가 공공재개발사업 또는 공공재건축사업을 위한 정비구역

1045) 법 제101조의3 제3항.
1046) 법 제10조의4 제1항.

의 지정 · 변경을 고시한 때에는 법 제7조에 따른 기본계획의 수립 · 변경, 「도시재정비 촉진을 위한 특별법」 제5조에 따른 재정비촉진지구의 지정 · 변경 및 같은 법 제12조에 따른 재정비촉진계획의 결정 · 변경이 고시된 것으로 본다(법 제101조의4 제2항).

(2) 법 제101조의3 제1항은 공공재개발사업에 한해 기본계획을 수립하거나 변경하지 아니하고 정비계획을 결정하여 정비구역을 지정할 수 있도록 하였는데, 법 제101조의4 제2항은 공공재건축사업을 위한 정비구역의 지정·변경을 고시한 때에도 기본계획의 수립·변경이 의제되도록 하였는바, 공공재건축사업을 위한 정비구역의 지정도 기본계획을 수립하거나 변경하지 아니하고 할 수 있다.

Ⅴ. 공공정비사업의 용적률 완화 및 주택 건설비율 등

1. 공공재개발사업의 용적률 완화 및 주택건설비 등(제101조의5)

도시정비법

제101조의5 (공공재개발사업에서의 용적률 완화 및 주택 건설비율 등) ① 공공재개발사업 시행자는 공공재개발사업(「도시재정비촉진을 위한 특별법」 제2조제1호에 따른 재정비촉진지구에서 시행되는 공공재개발사업을 포함한다)을 시행하는 경우 「국토의 계획 및 이용에 관한 법률」 제78조 및 조례에도 불구하고 지방도시계획위원회 및 도시재정비위원회의 심의를 거쳐 법적상한용적률의 100분의 120(이하 "법적상한초과용적률"이라 한다)까지 건축할 수 있다.

② 공공재개발사업 시행자는 제54조에도 불구하고 법적상한초과용적률에서 정비계획으로 정하여진 용적률을 뺀 용적률의 100분의 20 이상 100분의 50 이하로서 시 · 도조례로 정하는 비율에 해당하는 면적에 국민주택규모 주택을 건설하여 인수자에게 공급하여야 한다. 다만, 제24조제4항, 제26조제1항제1호 및 제27조제1항제1호에 따른 정비사업을 시행하는 경우에는 그러하지 아니한다.

③ 제2항에 따른 국민주택규모 주택의 공급 및 인수방법에 관하여는 제55조를 준용한다.

[본조신설 2021. 4. 13.]

가. 공공재개발사업의 용적률 완화

(1) 공공재개발사업(「도시재정비촉진을 위한 특별법」 제2조제1호에 따른 재정비촉진지구에서 시행되는 공공재개발사업을 포함한다)을 시행하는 경우 「국토의 계획 및 이용에 관한 법률」 제78조 및 조례에도 불구하고 지방도시계획위원회 및 도시재정비위원회의 심의를 거쳐 '법적상한용적률'의 100분의 120(이하 "법적상한초과용적률"이라 한다)까지 건축할 수 있다.[1047)]

(2) '법적상한용적률'이란 국토계획법 제78조 및 관계 법률에 따른 용적률의 상한을 의미하며, 관계법령에 따른 용적률의 상한이란 ① 국토계획법 제76조에 따른 건축물의 층수제한, ② 건축법 제60조에 따른 높이제한, ③ 건축법 제61조에 따른 일조 등의 확보를 위한 건축물의 높이제한, ④ 공항시설법 제34조에 따른 장애물 제한표면구역 내 건축물의 높이제한, ⑤ 군사기지 및 군사시설 보호법 제10조에 따른 비행안전구역 내 건축물의 높이제한, ⑥문화재보호법 제12조에 따른 건설공사 시 문화재 보호를 위한 건축제한, ⑦ 그 밖에 시장 · 군수등이 건축 관계 법률의 건축제한으로 용적률의 완화가 불가능하다고 근거를 제시하고, 지방도시계획위원회 또는 「건축법」 제4조에 따라 시 · 도에 두는 건축위원회가 심의를 거쳐 용적률 완화가 불가능하다고 인정한 경우에 해당하여 건축행위가 제한되는 경우 건축이 가능한 용적률을 말한다.[1048)]

(3) 공공재개발사업에서는 이러한 법적상한용적률을 120% 범위 내에서 초과하여 건축할 수 있는데, 이를 '법적상한초과용적률'이라고 하며 법 제54조 제4항의 '초과용적률(법적상한용적률에서 정비계획 용적률을 뺀 용적률)'과 구별된다.

나. 국민주택규모 주택의 건설의무 및 임대주택 활용

(1) 공공재개발사업 시행자는 법 제54조에도 불구하고 법적상한초과용적률에서 정비계획으로 정하여진 용적률을 뺀 용적률의 100분의 20 이상 100분의 50 이하로서 시 · 도조례로 정하는 비율에 해당하는 면적에 국민주택규모 주택을 건설하여 인수자에게 공급하여야 한다. 다만, 법 제24조 제4항(주거환경개선사업의 공공재개발사업), 제26조 제1항 제1호 및 제27조 제1항 제1호(천재지변 등에 의한 공공재개발사업)의 경우에는 국민

1047) 법 제101조의5 제1항.
1048) 법 제54조 제1항 및 제3항.

주택규모 주택의 건설의무가 변제된다.[1049]

(2) 법 제54조에 따르면 과밀억제권역이나 시·도조례로 정한 지역에서는 정비계획상 용적률을 초과하여 법적상한용적률까지 건축할 수 있고, '초과용적률(법적상한용적률에서 정비계획상 용적률을 뺀 용적률)'의 일정비율을 국민주택규모 주택으로 건설하도록 규정하고 있는데, 공공재개발의 경우에는 법 제54조를 적용하지 아니하고 별도로 규정한 본조에 따라 '법적상한초과용적률에서 정비계획상 용적률을 뺀 용적률'을 기준으로 100분의 20 이상 100분의 50 이하로서 시 · 도조례로 정하는 비율에 해당하는 면적을 국민주택규모 주택으로 건설하여 인수자에게 공급하여야 한다.

(3) 이에 따라 건설한 국민주택규모 주택의 공급 및 인수방법에 관하여는 법 제55조가 준용되는바,[1050] 사업시행자는 건설한 국민주택규모 주택을 국토교통부장관, 시·도지사, 시장, 군수, 구청장 또는 토지주택공사등(이하 "인수자"라고 한다)에 공급해야 하고,[1051] 사업시행계획인가 신청 전에 미리 인수자와 협의하여 사업시행계획서에 반영하여야 하며,[1052] 인수자는 인수된 국민주택규모 주택을 대통령령이 정하는 장기공공임대주택 등으로 활용하여야 한다.[1053]

(4) 국민주택규모 주택의 공급가격은 공공주택특별법 제54조의4에 따라 국토교통부장관이 고시하는 공공건설임대주택의 표준건축비로 하며, 장기공공임대주택으로 활용되는 경우에는 그 부속토지는 인수자에게 기부채납한 것으로 보며, 토지등소유자의 부담 완화 등 대통령령으로 정하는 요건에 해당하여 장기공공임대주택이 아닌 임대주택으로 활용될 경우[1054]에는 인수자가 임대의무기간에 따라 감정평가액의 50% 이하의

1049) 법 제101조의5 제2항.
1050) 법 제101조의5 제3항.
1051) 법 제55조 제1항.
1052) 법 제55조 제3항.
1053) 법 제55조 제4항.
1054) 시행령 제48조(국민주택규모 주택의 공급방법 등)
⑤ 법 제55조제4항 단서에서 "토지등소유자의 부담 완화 등 대통령령으로 정하는 요건에 해당하는 경우"란 다음 각 호의 어느 하나에 해당하는 경우를 말한다.
1. 가목의 가액을 나목의 가액으로 나눈 값이 100분의 80 미만인 경우. 이 경우 가목 및 나목의 가액은 사업시행계획인가 고시일을 기준으로 하여 산정하되 구체적인 산정방법은 국토교통부장관이 정하여 고시한다.
가. 정비사업 후 대지 및 건축물의 총 가액에서 총사업비를 제외한 가액
나. 정비사업 전 토지 및 건축물의 총 가액

범위에서 대통령령으로 정하는 가격으로 부속토지를 인수하여야 한다.[1055] 구체적인 내용은 법 제55조 부분을 참조하기로 한다.

2. 공공재건축사업에서의 용적률 완화 및 주택 건설비율 등 (제101조의6)

도시정비법	도시정비법 시행령
제101조의6 (공공재건축사업에서의 용적률 완화 및 주택 건설비율 등) ① 공공재건축사업을 위한 정비구역에 대해서는 해당 정비구역의 지정·고시가 있은 날부터 「국토의 계획 및 이용에 관한 법률」 제36조제1항제1호가목 및 같은 조 제2항에 따라 주거지역을 세분하여 정하는 지역 중 대통령령으로 정하는 지역으로 결정·고시된 것으로 보아 해당 지역에 적용되는 용적률 상한까지 용적률을 정할 수 있다. 다만, 다음 각 호의 어느 하나에 해당하는 경우에는 그러하지 아니하다. 1. 해당 정비구역이 「개발제한구역의 지정 및 관리에 관한 특별조치법」 제3조제1항에 따라 결정된 개발제한구역인 경우 2. 시장·군수등이 공공재건축사업을 위하여 필요하다고 인정하여 해당 정비구역의 일부분을 종전 용도지역으로 그대로 유지하거나 동일면적의 범위에서 위치를 변경하는 내용으로 정비계획을 수립한 경우 3. 시장·군수등이 제9조제1항제10호다목의 사항을 포함하는 정비계획을 수	제80조의3 (공공재건축사업에서의 용적률 완화 및 국민주택규모 주택 공급) ① 법 제101조의6제1항에서 "대통령령으로 정하는 지역"이란 다음 각 호의 구분에 따른 용도지역을 말한다. 1. 현행 용도지역이 「국토의 계획 및 이용에 관한 법률 시행령」 제30조제1항제1호가목(1)의 제1종전용주거지역인 경우 : 같은 목 (2)의 제2종전용주거지역 2. 현행 용도지역이 「국토의 계획 및 이용에 관한 법률 시행령」 제30조제1항제1호가목(2)의 제2종전용주거지역인 경우: 같은 호 나목(1)의 제1종일반주거지역 3. 현행 용도지역이 「국토의 계획 및 이용에 관한 법률 시행령」 제30조제1항제1호나목(1)의 제1종일반주거지역인 경우 : 같은 목 (2)의 제2종일반주거지역 4. 현행 용도지역이 「국토의 계획 및 이용에 관한 법률 시행령」 제30조제1항제1호나목(2)의 제2종일반주거지역인 경우: 같은 목 (3)의 제3종일반주

2. 시·도지사가 정비구역의 입지, 토지등소유자의 조합설립 동의율, 정비사업비의 증가규모, 사업기간 등을 고려하여 토지등소유자의 부담이 지나치게 높다고 인정하는 경우

1055) 법 제55조 제2, 4, 5항.

립한 경우 ② 공공재건축사업 시행자는 공공재건축사업(「도시재정비 촉진을 위한 특별법」 제2조제1호에 따른 재정비촉진지구에서 시행되는 공공재건축사업을 포함한다)을 시행하는 경우 제54조제4항에도 불구하고 제1항에 따라 완화된 용적률에서 정비계획으로 정하여진 용적률을 뺀 용적률의 100분의 40 이상 100분의 70 이하로서 주택증가 규모, 공공재건축사업을 위한 정비구역의 재정적 여건 등을 고려하여 시·도조례로 정하는 비율에 해당하는 면적에 국민주택규모 주택을 건설하여 인수자에게 공급하여야 한다. ③ 제2항에 따른 주택의 공급가격은 「공공주택 특별법」 제50조의4에 따라 국토교통부장관이 고시하는 공공건설임대주택의 표준건축비로 하고, 제4항 단서에 따라 분양을 목적으로 인수한 주택의 공급가격은 「주택법」 제57조제4항에 따라 국토교통부장관이 고시하는 기본형건축비로 한다. 이 경우 부속 토지는 인수자에게 기부채납한 것으로 본다. ④ 제2항에 따른 국민주택규모 주택의 공급 및 인수방법에 관하여는 제55조를 준용한다. 다만, 인수자는 공공재건축사업 시행자로부터 공급받은 주택 중 대통령령으로 정하는 비율에 해당하는 주택에 대해서는 「공공주택 특별법」 제48조에 따라 분양할 수 있다. ⑤ 제3항 후단에도 불구하고 제4항 단서에 따른 분양주택의 인수자는 감정평가액의 100분의 50 이상의 범위에서 대통령령으로 정하는 가격으로 부속 토지를 인수하여야 한다. [본조신설 2021. 4. 13.]	거지역 5. 현행 용도지역이 「국토의 계획 및 이용에 관한 법률 시행령」 제30조제1항 제1호나목(3)의 제3종일반주거지역인 경우: 같은 호 다목의 준주거지역 ② 정비구역지정권자는 제1항에도 불구하고 주택공급의 규모, 인근 토지의 이용현황 등을 고려할 때 용도지역을 달리 정할 필요가 있다고 인정하는 경우에는 지방도시계획위원회의 심의를 거쳐 「국토의 계획 및 이용에 관한 법률 시행령」 제30조제1항제1호에 따라 주거지역을 세분하여 정하는 지역 중 어느 하나의 지역으로 용도지역을 달리 정할 수 있다. ③ 법 제101조의6제4항 단서에서 "대통령령으로 정하는 비율"이란 100분의 50을 말한다. 다만, 임대주택 및 분양주택의 수요 등을 고려하여 필요한 경우에는 100분의 50 이하에서 시·도조례로 정하는 바에 따라 그 비율을 달리 정할 수 있다. ④ 법 제101조의6제5항에서 "대통령령으로 정하는 가격"이란 부속 토지 감정평가액의 100분의 50을 말한다. [본조신설 2021. 7. 13.]

가. 공공재건축사업의 종상향 의제 및 용적률 완화

(1) 공공재건축사업을 위한 정비구역에 대해서는 해당 정비구역의 지정 · 고시가 있은 날부터 국토계획법 제36조 제1항 제1호 가목 및 같은 조 제2항에 따라 주거지역을 세분하여 정하는 지역 중, ① 현행 용도지역이 제1종전용주거지역인 경우에는 제2종전용주거지역으로, ② 현행 용도지역이 제2종전용주거지역인 경우에는 제1종일반주거지역으로, ③ 현행 용도지역이 제1종일반주거지역인 경우에는 제2종일반주거지역, ④ 현행 용도지역이 제2종일반주거지역인 경우에는 제3종일반주거지역, ⑤ 현행 용도지역이 제3종일반주거지역인 경우에는 준주거지역으로 결정 · 고시된 것으로[1056] 보아 해당 지역에 적용되는 용적률 상한까지 용적률을 정할 수 있으며,[1057] 이에 불구하고 정비구역지정권자는 주택공급의 규모, 인근 토지의 이용현황 등을 고려할 때 용도지역을 달리 정할 필요가 있다고 인정하는 경우에는 지방도시계획위원회의 심의를 거쳐 국토계획법 시행령 제30조 제1항 제1호[1058]에 따라 주거지역을 세분하여 정하는 지역

1056) 국토계획법 시행령 제85조(용도지역 안에서의 용적률) ① 법 제78조제1항 및 제2항에 따른 용적률은 다음 각 호의 범위에서 관할구역의 면적, 인구규모 및 용도지역의 특성 등을 고려하여 특별시 · 광역시 · 특별자치시 · 특별자치도 · 시 또는 군의 도시 · 군계획조례가 정하는 비율을 초과할 수 없다. 〈개정 2012. 4. 10., 2019. 8. 6., 2021. 1. 5.〉
1. 제1종전용주거지역 : 50퍼센트 이상 100퍼센트 이하
2. 제2종전용주거지역 : 50퍼센트 이상 150퍼센트 이하
3. 제1종일반주거지역 : 100퍼센트 이상 200퍼센트 이하
4. 제2종일반주거지역 : 100퍼센트 이상 250퍼센트 이하
5. 제3종일반주거지역 : 100퍼센트 이상 300퍼센트 이하
6. 준주거지역 : 200퍼센트 이상 500퍼센트 이하

1057) 법 제101조의6 제1항 본문 및 시행령 제80조의3 제1항

1058) 국토계획법 시행령 제30조(용도지역의 세분) ① 국토교통부장관, 시 · 도지사 또는 대도시의 시장(이하 "대도시 시장"이라 한다)은 법 제36조제2항에 따라 도시 · 군관리계획결정으로 주거지역 · 상업지역 · 공업지역 및 녹지지역을 다음 각 호와 같이 세분하여 지정할 수 있다. 〈개정 2008. 2. 29., 2009. 8. 5., 2012. 4. 10., 2013. 3. 23., 2014. 1. 14., 2019. 8. 6.〉
1. 주거지역
  가. 전용주거지역 : 양호한 주거환경을 보호하기 위하여 필요한 지역
    (1) 제1종전용주거지역 : 단독주택 중심의 양호한 주거환경을 보호하기 위하여 필요한 지역
    (2) 제2종전용주거지역 : 공동주택 중심의 양호한 주거환경을 보호하기 위하여 필요한 지역
  나. 일반주거지역: 편리한 주거환경을 조성하기 위하여 필요한 지역
    (1) 제1종일반주거지역: 저층주택을 중심으로 편리한 주거환경을 조성하기 위하여 필요한 지역

중 어느 하나의 지역으로 용도지역을 달리 정할 수 있다.[1059] 국토계획법 상 종상향을 의제하여 상향된 용도지역의 완화된 용적률을 적용하도록 한 것이다.

(2) 다만 ① 해당 정비구역이 개발제한구역인 경우, ② 시장 · 군수등이 공공재건축사업을 위하여 필요하다고 인정하여 해당 정비구역의 일부분을 종전 용도지역으로 그대로 유지하거나 동일면적의 범위에서 위치를 변경하는 내용으로 정비계획을 수립한 경우, ③ 시장 · 군수등이 국토계획법 제36조 제1항 제1호 가목에 따른 주거지역을 세분 또는 변경하는 계획과 용적률에 관한 사항을 포함하는 정비계획을 수립한 경우에는, 국토계획법 상 종상향이 의제되지 아니한다.[1060]

나. 국민주택규모 주택의 건설의무 및 임대주택 등 활용

(1) 공공재건축사업 시행자는 공공재건축사업(재정비촉진지구에서 시행되는 공공재건축사업을 포함한다)을 시행하는 경우 법 제54조 제4항에도 불구하고 완화된 용적률에서 정비계획으로 정하여진 용적률을 뺀 용적률의 100분의 40 이상 100분의 70 이하로서 주택증가 규모, 공공재건축사업을 위한 정비구역의 재정적 여건 등을 고려하여 시 · 도조례로 정하는 비율에 해당하는 면적에 국민주택규모 주택을 건설하여 인수자에게 공급하여야 한다.[1061]

(2) 국민주택규모 주택의 공급 및 인수방법에 관하여는 제55조를 준용하므로 인수된 국민주택규모 주택은 장기공공임대주택 등으로 활용하되,[1062] 인수자는 공급받은 주택 중 '50% 또는 임대주택 및 분양주택의 수요 등을 고려하여 필요한 경우에는 50% 이하에서 시 · 도조례로 정하는 비율'에 해당하는 주택에 대해서는 공공주택 특별법 제48조[1063]에 따라 분양할 수 있다.[1064]

---

(2) 제2종일반주거지역 : 중층주택을 중심으로 편리한 주거환경을 조성하기 위하여 필요한 지역

(3) 제3종일반주거지역 : 중고층주택을 중심으로 편리한 주거환경을 조성하기 위하여 필요한 지역

다. 준주거지역 : 주거기능을 위주로 이를 지원하는 일부 상업기능 및 업무기능을 보완하기 위하여 필요한 지역

1059) 법 제101조의6 제1항 본문 및 시행령 제80조의3 제2항.

1060) 법 제101조의6 제1항 단서.

1061) 법 제101조의6 제2항.

1062) 법 제101조의6 제4항 본문 및 법 제55조 제4항.

1063) 공공주택 특별법 제48조(공공주택의 공급)

(3) 인수자에게 공급하는 국민주택규모 주택의 공급가격은 공공주택 특별법 제50조의4에 따라 국토교통부장관이 고시하는 공공건설임대주택의 표준건축비로 하고, 공공주택 특별법 제48조에 따른 분양을 목적으로 인수한 주택의 공급가격은 주택법 제57조 제4항에 따라 국토교통부장관이 고시하는 기본형건축비로 한다.[1065]

(4) 장기공공임대주택으로 활용되는 주택의 부속 토지는 인수자에게 기부채납한 것으로 보고, 토지등소유자의 부담완화 등 시행령 제48조 제5항으로 정하는 요건에 해당하여 장기공공임대주택이 아닌 임대주택으로 활용되는 주택의 부속토지는 임대의무기간이 10년 이상인 경우에는 감정평가액의 30%, 임대의무기간이 10년 미만인 경우에는 감정평가액의 50%에 해당하는 가격으로 부속 토지를 인수하여야 하며,[1066] 공공주택 특별법 제48조에 따라 분양을 목적으로 인수한 주택의 부속토지는 감정평가액의 50%에 해당하는 금액으로 인수하여야 한다.[1067]

Ⅵ. 공공정비사업의 사업시행계획 통합심의(101조의7)

도시정비법	도시정비법 시행령
제101조의7 (공공재개발사업 및 공공재건축사업의 사업시행계획 통합심의) ① 정비구역의 지정권자는 공공재개발사업 또는 공공재건축사업의 사업시행계획인가와 관련된 다음 각 호의 사항을 통합하	제80조의4 (통합심의위원회의 구성) ① 법 제101조의7제3항에 따른 통합심의위원회(이하 "통합심의위원회"라 한다)는 위원장 1명과 부위원장 1명을 포함하여 30명 내외의 위원으로 구성한다.

① 공공주택의 입주자의 자격, 선정 방법 및 입주자 관리에 관한 사항은 국토교통부령으로 정한다. 이 경우 공공주택의 유형 등에 따라 달리 정할 수 있다. 〈개정 2016.12.2〉

② 공공주택사업자는 주거지원필요계층과 다자녀 가구에 공공주택을 우선 공급하여야 한다. 이 경우 주거지원필요계층 및 다자녀 가구의 요건, 우선 공급 비율 등 필요한 사항은 국토교통부령으로 정한다. 〈신설 2016.12.2, 2018.12.31〉

1064) 법 제101조의6 제4항 단서 및 시행령 제80조의3 제3항.

1065) 법 제101조의6 제3항 전단.

1066) 법 제101조의6 제3항 후단은 "기부채납한 것으로 본다."고만 규정하고 있으나, 동조 제4항은 법 제55조를 준용하고 있는바, 법 제55조 제4항 단서 및 제5항에 따라 장기공공임대주택이 아닌 임대주택으로 활용될 경우에는 감정평가액의 50% 범위 내에서 시행령 제48조 제6항에서 정하는 가격으로 그 부속 토지를 인수하여야 한다.

1067) 법 제101조 제5항 및 시행령 제80조의3 제4항.

여 검토 및 심의(이하 "통합심의"라 한다) 할 수 있다.

1. 「건축법」에 따른 건축물의 건축 및 특별건축구역의 지정 등에 관한 사항
2. 「경관법」에 따른 경관 심의에 관한 사항
3. 「교육환경 보호에 관한 법률」에 따른 교육환경평가
4. 「국토의 계획 및 이용에 관한 법률」에 따른 도시·군관리계획에 관한 사항
5. 「도시교통정비 촉진법」에 따른 교통영향평가에 관한 사항
6. 「자연재해대책법」에 따른 재해영향평가 등에 관한 사항
7. 「환경영향평가법」에 따른 환경영향평가 등에 관한 사항
8. 그 밖에 국토교통부장관, 시·도지사 또는 시장·군수등이 필요하다고 인정하여 통합심의에 부치는 사항

② 공공재개발사업 시행자 또는 공공재건축사업 시행자가 통합심의를 신청하는 경우에는 제1항 각 호와 관련된 서류를 첨부하여야 한다. 이 경우 정비구역의 지정권자는 통합심의를 효율적으로 처리하기 위하여 필요한 경우 제출기한을 정하여 제출하도록 할 수 있다.

③ 정비구역의 지정권자가 통합심의를 하는 경우에는 다음 각 호의 어느 하나에 해당하는 위원회에 속하고 해당 위원회의 위원장의 추천을 받은 위원, 정비구역의 지정권자가 속한 지방자치단체 소속 공무원 및 제50조에 따른 사업시행계획 인가권자가 속한 지방자치단체 소속 공무원으로 소집된 통합심의위원회를 구성하여 통합심의하여야 한다. 이 경우 ...

② 통합심의위원회는 다음 각 호의 기준에 따라 구성한다.

1. 법 제101조의7제3항제1호, 제4호 및 제6호의 위원회 위원: 각 호의 위원회별 3명 이상
2. 법 제101조의7제3항제2호, 제3호, 제5호, 제7호 및 제8호의 위원회 위원: 각 호의 위원회별 2명 이상
3. 법 제101조의7제3항제9호의 위원회 위원: 각 위원회별 1명 이상
4. 정비구역지정권자가 속한 지방자치단체 소속 공무원: 1명 이상
5. 법 제50조에 따른 사업시행계획 인가권자가 속한 지방자치단체 소속 공무원: 1명 이상

③ 통합심의위원회 위원장은 제2항에 따라 구성된 통합심의위원회 위원(이하 "위원"이라 한다) 중에서 호선하며, 통합심의위원회 부위원장은 제2항제4호의 위원 중에서 위원장이 지명한다.

[본조신설 2021. 7. 13.]

제80조의5 (위원의 제척·기피·회피) ① 위원이 다음 각 호의 어느 하나에 해당하는 경우에는 통합심의위원회의 심의·의결에서 제척된다.

1. 위원 또는 그 배우자나 배우자였던 사람이 해당 안건의 당사자(당사자가 법인·단체 등인 경우에는 그 임원을 포함한다. 이하 이 호 및 제2호에서 같다)가 되거나 그 안건의 당사자와 공동권리자 또는 공동의무자인 경우
2. 위원이 해당 안건의 당사자와 친족이거나 친족이었던 경우
3. 위원이 해당 안건에 대하여 자문, 연구, 용역(하도급을 포함한다), 감정 또

경우 통합심의위원회의 구성, 통합심의의 방법 및 절차에 관한 사항은 대통령령으로 정한다.

1. 「건축법」에 따른 건축위원회
2. 「경관법」에 따른 경관위원회
3. 「교육환경 보호에 관한 법률」에 따른 교육환경보호위원회
4. 지방도시계획위원회
5. 「도시교통정비 촉진법」에 따른 교통영향평가심의위원회
6. 도시재정비위원회(공공재개발사업 또는 공공재건축사업을 위한 정비구역이 재정비촉진지구 내에 있는 경우에 한한다)
7. 「자연재해대책법」에 따른 재해영향평가심의위원회
8. 「환경영향평가법」에 따른 환경영향평가협의회
9. 제1항제8호에 대하여 심의권한을 가진 관련 위원회

④ 시장·군수등은 특별한 사유가 없으면 통합심의 결과를 반영하여 사업시행계획을 인가하여야 한다.

⑤ 통합심의를 거친 경우에는 제1항 각 호의 사항에 대한 검토·심의·조사·협의·조정 또는 재정을 거친 것으로 본다.

[본조신설 2021. 4. 13.]

는 조사를 한 경우

4. 위원이나 위원이 속한 법인·단체 등이 해당 안건 당사자의 대리인이거나 대리인이었던 경우
5. 위원이 임원 또는 직원으로 재직하고 있거나 최근 3년 내에 재직하였던 기업 등이 해당 안건에 대하여 자문, 연구, 용역(하도급을 포함한다), 감정 또는 조사를 한 경우

② 해당 안건의 당사자는 위원에게 공정한 심의·의결을 기대하기 어려운 사정이 있는 경우에는 통합심의위원회에 기피 신청을 할 수 있고, 통합심의위원회는 의결로 기피 여부를 결정한다. 이 경우 기피 신청의 대상인 위원은 그 의결에 참여할 수 없다.

③ 위원이 제1항 각 호의 제척 사유에 해당하는 경우에는 스스로 해당 안건의 심의·의결에서 회피해야 한다.

[본조신설 2021. 7. 13.]

제80조의6 (통합심의의 방법과 절차) ① 법 제101조의7제3항에 따라 통합심의를 하는 경우 정비구역지정권자는 통합심의위원회를 개최하기 7일 전까지 회의 일시, 장소 및 상정 안건 등 회의 내용을 위원에게 알려야 한다.

② 통합심의위원회의 회의는 재적위원 과반수의 출석으로 개의하고, 출석위원 과반수의 찬성으로 의결한다.

③ 통합심의위원회의 회의는 통합심의 안건과 직접 관련이 없는 위원회 위원의 출석을 생략하고 개의할 수 있으며, 출석이 생략된 위원회 위원은 제2항에 따른 재적위원 수 산정에서 제외한다.

④ 통합심의위원회의 회의를 개의할 때

	에는 법 제101조의7제3항 각 호의 위원회 위원(제3항에 따라 출석이 생략된 위원회 위원은 제외한다)은 각각 1명 이상 출석해야 한다. ⑤ 통합심의위원회는 통합심의와 관련하여 필요하다고 인정하거나 정비구역 지정권자가 요청하는 경우에는 당사자 또는 관계자를 출석하게 하여 의견을 듣거나 설명하게 할 수 있다. ⑥ 통합심의위원회는 사업시행계획인가와 관련된 사항, 당사자 또는 관계자의 의견 및 설명, 관계 기관의 의견 등을 종합적으로 검토하여 심의해야 한다. ⑦ 통합심의위원회는 회의를 할 때 회의 내용을 녹취하고, 다음 각 호의 사항을 회의록으로 작성해야 한다. 1. 회의일시 · 장소 및 공개여부 2. 출석위원 서명부 3. 상정된 의안 및 심의결과 4. 그 밖에 주요 논의사항 등 ⑧ 통합심의위원회의 회의에 참석한 위원에게는 예산의 범위에서 수당 및 여비를 지급할 수 있다. 다만, 공무원인 위원이 소관 업무와 직접 관련되어 위원회에 출석하는 경우에는 그렇지 않다. ⑨ 제1항부터 제8항까지에서 규정한 사항 외에 통합심의위원회 운영에 필요한 사항은 위원회의 의결을 거쳐 통합심의위원회 위원장이 정한다. [본조신설 2021. 7. 13.]

1. 사업시행계획 통합심의의 의의

2021. 4. 13. 개정 도시정비법은 그간 정비사업의 정체로 도심 내 주택공급에 차질이 발생하고 있는 실정을 해소하고 아울러 공공성을 강화하고자 새로운 정비사업의 유형으로 공공정비사업을 도입하였는바, 공공정비사업의 신속한 진행을 통하여 신속히 주택공급을 확대하고자 하는 목적에서 공공정비사업의 정비계획 수립 및 정비구역 지정 단계에서 사업시행계획인가에 필요한 관련 사항을 정비계획과 함께 심의하도록 하였다. 이를 공공정비사업의 사업시행계획 통합심의 제도라고 한다.[1068]

2. 사업시행계획의 통합심의의 내용

(1) 정비구역의 지정권자는 공공재개발사업 또는 공공재건축사업의 사업시행계획인가와 관련된 ① 「건축법」에 따른 건축물의 건축 및 특별건축구역의 지정 등에 관한 사항, ② 「경관법」에 따른 경관 심의에 관한 사항, ③ 「교육환경 보호에 관한 법률」에 따른 교육환경평가, ④ 「국토의 계획 및 이용에 관한 법률」에 따른 도시·군관리계획에 관한 사항, ⑤ 「도시교통정비 촉진법」에 따른 교통영향평가에 관한 사항, ⑥ 「자연재해대책법」에 따른 재해영향평가 등에 관한 사항, ⑦ 「환경영향평가법」에 따른 환경영향평가 등에 관한 사항, ⑧ 그 밖에 국토교통부장관, 시·도지사 또는 시장·군수등이 필요하다고 인정하여 통합심의에 부치는 사항을 통합하여 검토 및 심의(이하 "통합심의"라 한다)할 수 있다.[1069]

(2) 공공재개발사업 시행자 또는 공공재건축사업 시행자가 통합심의를 신청하는 경우에는 위 각 사항과 관련된 서류를 첨부하여야 한다. 이 경우 정비구역의 지정권자는 통합심의를 효율적으로 처리하기 위하여 필요한 경우 제출기한을 정하여 제출하도록 할 수 있다.[1070]

1068) 서울시는 공공정비사업이 아닌 일반 정비사업에서도 사업시행계획 관련 사항을 통합심의할 수 있는 '신속통합기획'을 도입하였다.

1069) 법 제101조의7 제1항

1070) 법 제101조의7 제2항

3. 통합심의위원회의 구성

(1) 정비구역의 지정권자가 통합심의를 하는 경우에는 ①「건축법」에 따른 건축위원회, ②「경관법」에 따른 경관위원회, ③「교육환경 보호에 관한 법률」에 따른 교육환경보호위원회, ④ 지방도시계획위원회, ⑤「도시교통정비 촉진법」에 따른 교통영향평가심의위원회, ⑥ 도시재정비위원회(공공재개발사업 또는 공공재건축사업을 위한 정비구역이 재정비촉진지구 내에 있는 경우에 한한다), ⑦「자연재해대책법」에 따른 재해영향평가심의위원회, ⑧「환경영향평가법」에 따른 환경영향평가협의회, ⑨ 국토교통부장관, 시・도지사 또는 시장・군수등이 필요하다고 인정하여 통합심의에 부치는 사항에 대하여 심의권한을 가진 관련 위원회에 속하고 해당 위원회의 위원장의 추천을 받은 위원, 정비구역의 지정권자가 속한 지방자치단체 소속 공무원 및 사업시행계획 인가권자가 속한 지방자치단체 소속 공무원으로 소집된 통합심의위원회를 구성하여 통합심의하여야 한다.[1071]

(2) 통합심의위원회의 구성은 위원장 1명과 부위원장 1명을 포함하여 30명 내외의 위원으로 구성한다.[1072]

(3) 건축위원회와 지방도시계획위원회 및 도시재정비위원회는 위원별로 3인 이상, 경관위원회와 교육환경보호위원회와 교통환경평가심의위원회와 재해영향평가심의위원회 및 환경영향평가협의회는 위원회별로 2명 이상, 국토교통부장관, 시・도지사 또는 시장・군수등이 필요하다고 인정하여 통합심의에 부치는 사항에 대하여 심의권한을 가신 관련 위원회는 1명 이상, 정비구역지정권자가 속한 지방자치단체 소속 공무원은 1명 이상, 사업시행계획 인가권자가 속한 지방자치단체 소속 공무원은 1명 이상의 위원들로 구성한다.[1073]

(4) 통합심의위원회 위원장은 구성된 통합심의위원회 위원 중에서 호선하며, 통합심의위원회 부위원장은 정비구역지정권자가 속한 지방자치단체 소속 공무원인 위원 중에서 위원장이 지명한다.[1074]

(5) ① 위원 또는 그 배우자나 배우자였던 사람이 해당 안건의 당사자(당사자가 법인・

1071) 법 제101조의7 제3항 전단.
1072) 시행령 제80조의4 제1항.
1073) 시행령 제80조의4 제2항.
1074) 시행령 제80조의4 제3항.

단체 등인 경우에는 그 임원을 포함한다. 이하 같다)가 되거나 그 안건의 당사자와 공동권리자 또는 공동의무자인 경우, ② 위원이 해당 안건의 당사자와 친족이거나 친족이었던 경우, ③ 위원이 해당 안건에 대하여 자문, 연구, 용역(하도급을 포함한다), 감정 또는 조사를 한 경우, ④ 위원이나 위원이 속한 법인 · 단체 등이 해당 안건 당사자의 대리인이거나 대리인이었던 경우, ⑤ 위원이 임원 또는 직원으로 재직하고 있거나 최근 3년 내에 재직하였던 기업 등이 해당 안건에 대하여 자문, 연구, 용역(하도급을 포함한다), 감정 또는 조사를 한 경우 중 어느 하나에 해당하는 경우에, 해당 위원은 통합심의위원회의 심의 · 의결에서 제척된다.[1075]

(6) 해당 안건의 당사자는 위원에게 공정한 심의 · 의결을 기대하기 어려운 사정이 있는 경우에는 통합심의위원회에 기피 신청을 할 수 있고, 통합심의위원회는 의결로 기피 여부를 결정한다. 이 경우 기피 신청의 대상인 위원은 그 의결에 참여할 수 없다.[1076]

(7) 위원이제척 사유에 해당하는 경우에는 스스로 해당 안건의 심의 · 의결에서 회피해야 한다.[1077]

4. 통합심의의 방법과 절차

(1) 통합심의를 하는 경우 정비구역지정권자는 통합심의위원회를 개최하기 7일 전까지 회의 일시, 장소 및 상정 안건 등 회의 내용을 위원에게 알려야 한다.[1078]

(2) 통합심의위원회의 회의는 재적위원 과반수의 출석으로 개의하고, 출석위원 과반수의 찬성으로 의결하고, 통합심의위원회의 회의는 통합심의 안건과 직접 관련이 없는 위원회 위원의 출석을 생략하고 개의할 수 있으며, 출석이 생략된 위원회 위원은 재적위원 수 산정에서 제외한다.[1079]

(3) 통합심의위원회의 회의를 개의할 때에는 출석이 생략된 위원회 위원을 제외하고는 법 제101조의7제3항 각 호의 위원회 위원은 각각 1명 이상 출석해야 한다.[1080]

1075) 시행령 제80조의5 제1항.
1076) 시행령 제80조의5 제2항.
1077) 시행령 제80조의5 제3항.
1078) 시행령 제80조의6 제1항.
1079) 시행령 제80조의6 제2, 3항.

(4) 통합심의위원회는 통합심의와 관련하여 필요하다고 인정하거나 정비구역지정권자가 요청하는 경우에는 당사자 또는 관계자를 출석하게 하여 의견을 듣거나 설명하게 할 수 있고, 사업시행계획인가와 관련된 사항, 당사자 또는 관계자의 의견 및 설명, 관계 기관의 의견 등을 종합적으로 검토하여 심의해야 한다.[1081]

(5) 통합심의위원회는 회의를 할 때 회의내용을 녹취하고, ① 회의일시 · 장소 및 공개여부, ② 출석위원 서명부, ③ 상정된 의안 및 심의결과, ④ 그 밖에 주요 논의사항 등을 회의록으로 작성해야 한다.[1082]

(6) 통합심의위원회의 회의에 참석한 위원에게는 공무원인 위원이 소관 업무와 직접 관련되어 위원회에 출석하는 경우를 제외하고 예산의 범위에서 수당 및 여비를 지급할 수 있다. 그밖에 통합심의위원회 운영에 필요한 사항은 위원회의 의결을 거쳐 통합심의위원회 위원장이 정한다.[1083]

1080) 시행령 제80조의6 제4항.
1081) 시행령 제80조의6 제5, 6항.
1082) 시행령 제80조의6 제7항.
1083) 시행령 제80조의6 제8, 9항.

제6장 정비사업전문관리업

Ⅰ. 정비사업전문관리업의 등록(제102조)

도시정비법	도시정비법 시행령
제102조 (정비사업전문관리업의 등록) ① 다음 각 호의 사항을 추진위원회 또는 사업시행자로부터 위탁받거나 이와 관련한 자문을 하려는 자는 대통령령으로 정하는 자본·기술인력 등의 기준을 갖춰 시·도지사에게 등록 또는 변경(대통령령으로 정하는 경미한 사항의 변경은 제외한다)등록하여야 한다. 다만, 주택의 건설 등 정비사업 관련 업무를 하는 공공기관 등으로 대통령령으로 정하는 기관의 경우에는 그러하지 아니하다. 1. 조합설립의 동의 및 정비사업의 동의에 관한 업무의 대행 2. 조합설립인가의 신청에 관한 업무의 대행 3. 사업성 검토 및 정비사업의 시행계획서의 작성 4. 설계자 및 시공자 선정에 관한 업무의 지원 5. 사업시행계획인가의 신청에 관한 업무의 대행 6. 관리처분계획의 수립에 관한 업무의 대행 7. 제118조제2항제2호에 따라 시장·군수등이 정비사업전문관리업자를 선정한 경우에는 추진위원회 설립에 필요한 다음 각 목의 업무 가. 동의서 제출의 접수 나. 운영규정 작성 지원 다. 그 밖에 시·도조례로 정하는 사항 ② 제1항에 따른 등록의 절차 및 방법,	제81조 (정비사업전문관리업의 등록기준 등) ① 법 제102조제1항 각 호 외의 부분 본문에 따른 정비사업전문관리업의 등록기준은 별표 4와 같다. ② 법 제102조제1항 각 호 외의 부분 본문에서 "대통령령으로 정하는 경미한 사항"이란 자본금이 증액되거나 기술인력의 수가 증가된 경우를 말한다. ③ 법 제102조제1항 각 호 외의 부분 단서에서 "대통령령으로 정하는 기관"이란 다음 각 호의 기관을 말한다. 〈개정 2020. 12. 8.〉 1. 「한국토지주택공사법」에 따른 한국토지주택공사 2. 한국부동산원 제82조 (등록의 절차 및 수수료 등) ① 법 제102조제1항에 따라 정비사업전문관리업자로 등록 또는 변경등록하려는 자는 국토교통부령으로 정하는 신청서를 시·도지사에게 제출하여야 하며, 등록한 사항이 변경된 경우에는 2개월 이내에 변경사항을 시·도지사에게 제출하여야 한다. ② 시·도지사는 제1항에 따른 신청서를 제출받은 때에는 다음 각 호의 어느 하나에 해당하는 경우를 제외하고는 국토교통부령으로 정하는 바에 따라 정비사업전문관리업자 등록부에 등재하고 등록증을 교부하여야 한다. 1. 등록을 신청한 자가 법 제105조제1항 각 호의 어느 하나에 해당하는 경우

등록수수료 등에 필요한 사항은 대통령령으로 정한다. ③ 시 · 도지사는 제1항에 따라 정비사업전문관리업의 등록 또는 변경등록한 현황, 제106조제1항에 따라 정비사업전문관리업의 등록취소 또는 업무정지를 명한 현황을 국토교통부령으로 정하는 방법 및 절차에 따라 국토교통부장관에게 보고하여야 한다.	2. 별표 4에 따른 등록기준을 갖추지 못한 경우 ③ 법 제102조제1항에 따라 정비사업전문관리업자의 등록(변경등록을 제외한다)을 신청하는 자는 국토교통부령으로 정하는 수수료를 납부하여야 한다.

1. 정비사업전문관리업의 의의

(1) 정비사업전문관리업이란 추진위원회 또는 사업시행자로부터 조합설립업무의 대행, 사업성 검토, 설계자 및 시공자 선정에 관한 지원, 사업시행계획서 작성 및 인가신청의 대행, 관리처분계획 수립업무의 대행 등을 위탁받거나 이와 관련한 자문을 하는 업무를 말한다.[1084)]

(2) 전문지식이 부족한 조합 또는 조합원이 정비사업의 시행을 시공자 또는 자격기준이 없는 컨설팅에 의존하는 문제를 보완하고자 도시정비법에서는 정비사업전문관리업 등록제도를 도입하였다.

2. 정비사업전문관리업자

정비사업전문관리업자란 정비사업전문관리업을 하고자 등록한 자 또는 주택건설 등 정비사업 관련 업무를 하는 공공기관 등으로 법령으로 정한 기관을 말한다.

가. 정비사업전문관리업의 등록

(1) 정비사업전문관리업을 하려는 자는 아래와 같은 자본 · 기술인력 등의 기준을 갖춰 시 · 도지사에게 등록 또는 변경등록하여야 한다.[1085)]

1084) 법 제102조 제1항.
1085) 법 제102조 제1항 전단 및 시행령 제81조 제1항.

도시 및 주거환경정비법 시행령 [별표 4] 정비사업전문관리업의 등록기준(제81조제1항 관련)

1. **자본금**(자산총액에서 부채총액을 차감한 금액) : 10억원(법인인 경우에는 5억원) 이상이어야 한다.

2. **인력확보기준**

가. 다음의 어느 하나에 해당하는 상근인력(다른 직무를 겸하지 않는 인력을 말한다)을 5명 이상 확보하여야 한다. 다만, 정비사업전문관리업자가 관계 법령에 따른 감정평가법인 · 회계법인 또는 법무법인 · 법무법인(유한) · 법무조합(이하 "법무법인등"이라 한다)과 정비사업의 공동수행을 위한 업무협약을 체결하는 경우에는 협약을 체결한 법무법인등의 수가 1개인 경우에는 4명, 2개인 경우에는 3명으로 한다.

1) 건축사 또는 「국가기술자격법」에 따른 도시계획 및 건축분야 기술사와 「건설기술 진흥법 시행령」 제4조에 따라 이와 동등하다고 인정되는 특급기술인으로서 특급기술인의 자격을 갖춘 후 건축 및 도시계획 관련 업무에 3년 이상 종사한 자

2) 감정평가사 · 공인회계사 또는 변호사

3) 법무사 또는 세무사

4) 정비사업 관련 업무에 3년 이상 종사한 사람으로서 다음의 어느 하나에 해당하는 자

가) 공인중개사 · 행정사

나) 정부기관 · 공공기관 또는 제81조 제3항 각 호의 기관에서 근무한 사람

다) 도시계획 · 건축 · 부동산 · 감정평가 등 정비사업 관련 분야의 석사 이상의 학위 소지자

라) 2003년 7월 1일 당시 관계 법률에 따라 재개발사업 또는 재건축사업의 시행을 목적으로 하는 토지등소유자, 조합 또는 기존의 추진위원회와 민사계약을 하여 정비사업을 위탁받거나 자문을 한 업체에 근무한 사람으로서 법 제102조 제1항 제2호부터 제6호까지의 업무를 수행한 실적이 국토교통부장관이 정하는 기준에 해당하는 자

나. 가목의 인력확보기준을 적용할 때 가목1) 및 2)의 인력은 각각 1명 이상을 확보하여야 하며, 같은 목 4)의 인력이 2명을 초과하는 경우에는 2명으로 본다.

3. **사무실 기준** : 사무실은 「건축법」 및 그 밖의 법령에 적합하여야 한다.

(2) 자본금이 증액되거나 기술인력의 수가 증가된 경우에는 경미한 변경으로서 변경등록을 요하지 않는다.[1086)]

(3) 정비사업전문관리업자로 등록 또는 변경등록하려는 자는 시행규칙 별지 제13호 서식의 정비사업전문관리업등록신청서(전자문서로 된 신청서를 포함한다)에 대표자 및 임원의 주소 및 성명, 보유기술인력의 자격증 사본 또는 경력인증서, 자본금을 확인할 수 있는 서류, 시행령 별표 4 제2호 가목에 따라 업무협약을 체결한 경우에는 협약서를 첨부하여 시 · 도지사에게 제출하여야 하며, 등록한 사항이 변경된 경우에는 2개월 이내에 변경사항을 시 · 도지사에게 제출하여야 한다.[1087)]

(4) 신청서를 받은 시 · 도지사는 「전자정부법」 제36조 제1항에 따른 행정정보의 공동이용을 통하여 법인 등기사항증명서(신청인이 개인인 경우에는 주민등록표초본, 외국인인 경우에는 「출입국관리법」 제88조에 따른 외국인등록사실증명을 말한다)를 확인하여야 하며, 다만 신청인이 행정정보의 공동이용을 통한 주민등록표 초본 및 외국인등록사실증명의 확인에 동의하지 아니하는 경우에는 해당 서류를 첨부하도록 하여야 한다.[1088)]

(5) 시 · 도지사는 정비사업전문관리업등록신청서를 제출받은 때에는 ① 법 제105조 제1항에 따라 등록신청자, 대표 또는 임직원에게 결격사유가 있는 경우, ② 시행령 별표 4에 따른 등록기준을 갖추지 못한 경우를 제외하고는 시행규칙 별지 제14호 서식의 정비사업전문관리업자 등록부에 등재하고 시행규칙 별지 제15호 서식의 정비사업전문관리업등록증(전자문서로 된 신청서를 포함한다)을 교부하여야 한다.[1089)]

(6) 법 제102조 제1항에 따라 정비사업전문관리업자의 등록(변경등록을 제외한다)을 신청하는 자는 1건당 1만원의 수수료를 납부하여야 한다.[1090)]

(7) 시 · 도지사는 정비사업전문관리업의 등록 또는 변경등록한 현황, 법 제106조 제1항에 따라 정비사업전문관리업의 등록취소 또는 업무정지를 명한 현황을 국토교통부령으로 정하는 방법 및 절차에 따라 국토교통부장관에게 보고하여야 한다.[1091)]

(8) 거짓, 그 밖의 부정한 방법으로 등록을 한 정비사업전문관리업자는 법 제137조

1086) 법 제102조 제1항 괄호 및 시행령 제81조 제2항.
1087) 법 제102조 제2항 및 시행령 제82조 제1항 및 시행규칙 제18조 제1항.
1088) 시행규칙 제18조 제2항.
1089) 시행령 제82조 제2항 및 시행규칙 제18조 제3항.
1090) 시행령 제82조 제3항 및 시행규칙 제19조.
1091) 법 제102조 제3항.

제9호에 따라 2년 이하의 징역 또는 2천만원 이하의 벌금에 처한다.

나. 법령으로 정하는 공공기관

주택건설 등 정비사업 관련 업무를 하는 공공기관 등으로서 한국토지주택공사와 한국부동산원은 등록을 하지 아니하여도 정비사업전문관리업을 할 수 있다.[1092]

3. 정비사업전문관리업자의 업무범위

(1) 정비사업전문관리업자는 추진위원회 또는 사업시행자로부터 위탁받아 ① 조합설립의 동의 및 정비사업의 동의에 관한 업무의 대행, ② 조합설립인가의 신청에 관한 업무의 대행, ③ 사업성 검토 및 정비사업의 시행계획서의 작성, ④ 설계자 및 시공자 선정에 관한 업무의 지원, ⑤ 사업시행계획인가의 신청에 관한 업무의 대행, ⑥ 관리처분계획의 수립에 관한 업무를 대행할 수 있다.[1093]

(2) 법 제118조 제2항 제2호에 따라 시장 · 군수등이 공공지원에 의해 추진위원회를 구성하고자 정비사업전문관리업자를 선정한 경우에는 추진위원회설립 동의서 제출의 접수, 추진위원회 운영규정 작성 지원, 그 밖에 시 · 도조례로 정하는 사항의 업무를 대행할 수 있다.[1094]

(3) 정비사업전문관리업자로 등록을 하지 아니하고 위 업무를 위탁받은 자는 법 제137조 제9호에 따라 2년 이하의 징역 또는 2천만원 이하의 벌금에 처한다.

(4) 실무적으로는 정비사업전문관리업자로 등록하지 아니한 총회대행업체가 총회서면결의서의 징구업무를 대행하는 경우에 법령에 위반되는지가 문제되는데, 서울북부지방법원 2011. 1. 11. 선고 2011고합205, 305(병합) 판결은 「'조합 설립의 동의 및 정비사업의 동의에 관한 업무의 대행'이란 정비사업과 관련된 모든 동의 즉, 총회에서의 모든 안건에 대한 찬성의 의사표시까지 포함하는 것으로 확대하여 해석할 수는 없으며, '정비사업의 시행 여부에 관한 동의' 또는 적어도 도시정비사업 시행에 있어 전문성이 요구되는 도시 및 주거환경정비법상 규정된 '정비사업의 중요한 요소에 관한 동의'로

1092) 법 제102조 제1항 후단 및 시행령 제81조 제3항.
1093) 법 제102조 제1항 제1호 내지 제6호.
1094) 법 제102조 제1항 제7호.

봄이 상당하다.」고 판시하였고, 수원지방법원 2015. 12. 3. 선고 2015노7434 판결은 「이 사건 조합 창립총회의 안건 중 '사업시행계획(안) 승인의 건'은 구법 제69조 제1항 제3호 '사업성 검토 및 정비사업의 시행계획서의 작성' 또는 제5호 '사업시행인가의 신청에 관한 업무의 대행'과 밀접한 관련이 있고, 또한 위 사업시행계획(안)에는 '건설되는 건축물의 설계의 개요, 공사비 등 정비사업에 드는 비용, 그 비용의 분담기준, 사업완료 후 소유권의 귀속에 관한 사항'이 자세히 기재되어 있는바, 이는 조합설립인가를 위한 동의서에 포함되어야 할 사항으로 열거한 것들이어서 이 사건 조합 창립총회의 안건 중 '사업시행계획(안) 승인의 건'은 구법 제69조 제1항 제2호 '조합 설립인가의 신청에 관한 업무의 대행'과도 밀접한 관련이 있다.」며 정비사업전문관리업자의 업무로 판시하였는바, 총회 안건 중 조합설립, 사업시행계획, 관리처분계획, 설계자 및 시공자의 선정과 관련한 안건에 대한 서면결의서의 징구는 등록된 정비사업전문관리업자만이 할 수 있다는 점에 유의하여야 한다. 사견으로는 이와 같이 밀접성을 기준으로 총회대행업무까지 형사처벌 대상으로 확대하는 것은 죄형법정주의에 반하여 부당하다고 본다.

(5) 또한 위와 같이 정비사업전문관리업자만이 할 수 있는 안건이 포함된 총회의 대행업체를 등록한 정비사업전문관리업자로 선정하면서도 총회 의결로 선정하지 아니하고 대의원회 등에서 예산범위 내에서 선정하는 경우가 있는데, 수원지방법원 2015. 12. 3. 선고 2015노7434 판결은 포괄적으로 업무를 위탁하는 정비사업전문관리업자를 선정하는 경우뿐만 아니라 개별적으로 업무를 위탁하는 정비사업전문관리업자를 선정하는 경우에도 법 제45조 제1항 제6호[1095]에 따라 총회 의결을 거쳐야 하고, 이를 위반하여 대의원회에서 선정한 것은 법 제137조 제6호[1096]에 따라 형사처벌의 대상이 된다고 판시하였는바 유의하여야 할 것이다.

1095) 법 제45조(총회의 의결)

① 다음 각 호의 사항은 총회의 의결을 거쳐야 한다. 〈개정 2019.4.23.〉

6. 정비사업전문관리업자의 선정 및 변경

1096) 법 제137조(벌칙)

다음 각 호의 어느 하나에 해당하는 자는 2년 이하의 징역 또는 2천만원 이하의 벌금에 처한다.

6. 제45조에 따른 총회의 의결을 거치지 아니하고 같은 조 제1항 각 호의 사업(같은 항 제13호 중 정관으로 정하는 사항은 제외한다)을 임의로 추진한 조합임원(전문조합관리인을 포함한다)

(6) 따라서 조합이 예산범위 내에서 대의원회의 의결로 총회 대행업체를 선정하여 계약을 체결할 때에는, 당해 총회에 정비사업전문관리업자의 고유업무와 무관한 안건만이 상정되거나, 정비사업전문관리업자의 고유업무와 관련된 안건의 서면결의서 징구를 업무범위에서 제외할 필요가 있다.

Ⅱ. 정비사업전문관리업자의 업무제한 등(제103조)

도시정비법	도시정비법 시행령
제103조 (정비사업전문관리업자의 업무제한 등) 정비사업전문관리업자는 동일한 정비사업에 대하여 다음 각 호의 업무를 병행하여 수행할 수 없다. 1. 건축물의 철거 2. 정비사업의 설계 3. 정비사업의 시공 4. 정비사업의 회계감사 5. 그 밖에 정비사업의 공정한 질서유지에 필요하다고 인정하여 대통령령으로 정하는 업무	제83조 (정비사업전문관리업자의 업무제한 등) ① 정비사업전문관리업자와 다음 각 호의 어느 하나의 관계에 있는 자는 법 제103조를 적용할 때 해당 정비사업전문관리업자로 본다. 1. 정비사업전문관리업자가 법인인 경우에는 「독점규제 및 공정거래에 관한 법률」 제2조제12호에 따른 계열회사 2. 정비사업전문관리업자와 상호 출자한 관계 ② 법 제103조제5호에서 "대통령령으로 정하는 업무"란 법 제12조에 따른 안전진단업무를 말한다.

1. 업무제한의 취지

정비사업전문관리업자는 사업시행자로부터 위탁받아 정비사업의 주요 업무를 대행하게 되는데, 정비사업전문관리업자가 위탁받은 당해 정비사업에 대하여 다른 업무의 용역계약을 체결하여 수행할 수 있다면 용역업체의 선정 및 용역수행 등에 관하여 유착관계가 발생하여 객관성 및 중립성을 침해하게 되므로, 본조는 정비사업의 투명성을 높이고 각종 비리 및 분쟁을 방지하고자 정비사업전문관리업자가 위탁받은 동일한 정비사업에 대하여 고유업무 외에 일정한 업무를 수행할 수 없도록 제한하는 규정을 둔 것이다.

2. 정비사업전문관리업자의 업무제한

(1) 정비사업전문관리업자는 동일한 정비사업에 대하여 ① 건축물의 철거, ② 정비사업의 설계, ③ 정비사업의 시공, ④ 정비사업의 회계감사, ⑤ 안전진단업무를 병행하여 수행할 수 없다.[1097)]

(2) 이 경우 '독점규제 및 공정거래에 관한 법률 제2조 제12호에 따른 법인인 정비사업전문관리업자의 계열사'와 '정비사업전문관리업자와 상호 출자한 관계에 있는 자'는 정비사업전문관리업자로 본다.[1098)] 따라서 정비사업전문관리업자가 위탁받은 동일한 정비사업에 관하여 계열사 등을 용역업체로 선정 · 계약하여 용역을 수행하게 하는 것도 금지된다.

Ⅲ. 정비사업전문관리업자와 위탁자와의 관계(제104조)

도시정비법

제104조 (정비사업전문관리업자와 위탁자와의 관계)

정비사업전문관리업자에게 업무를 위탁하거나 자문을 요청한 자와 정비사업전문관리업자의 관계에 관하여 이 법에 규정된 사항을 제외하고는 「민법」 중 위임에 관한 규정을 준용한다.

(1) 정비사업전문관리업자에게 업무를 위탁하거나 자문을 요청한 자와 정비사업전문관리업자의 관계에 관하여 이 법에 규정된 사항을 제외하고는 「민법」 중 위임에 관한 규정을 준용한다.

(2) 따라서 정비사업전문관리업자는 선량한 관리자의 주의로써 위임사무를 처리해

1097) 법 제103조 및 시행령 제83조 제2항.

1098) 시행령 제83조 제1항.

야 하고(민법 제681조), 위임계약은 각 당사자가 언제든지 해지할 수 있으나, 부득이한 사유없이 상대방의 불리한 시기에 계약을 해지한 때에만 손해배상의 책임이 있다(민법 제689조). 다만, 조합이 정비사업전문관리업자와 계약을 해지할 경우 이는 법 제45조 제1항 제6호 "정비사업전문관리업자의 변경"에 해당하므로 총회의 의결을 거쳐 해지하여야 한다.

(3) 다만, 대법원은 「민법 제689조 제1항, 제2항은 임의규정에 불과하므로 당사자의 약정에 의하여 위 규정의 적용을 배제하거나 그 내용을 달리 정할 수 있다. 그리고 당사자가 위임계약의 해지사유 및 절차, 손해배상책임 등에 관하여 민법 제689조 제1항, 제2항과 다른 내용으로 약정을 체결한 경우, 이러한 약정은 당사자에게 효력을 미치면서 당사자 간의 법률관계를 명확히 함과 동시에 거래의 안전과 이에 대한 각자의 신뢰를 보호하기 위한 취지라고 볼 수 있으므로, 이를 단순히 주의적인 성격의 것이라고 쉽게 단정해서는 아니 된다. 따라서 당사자가 위임계약을 체결하면서 민법 제689조 제1항, 제2항에 규정된 바와 다른 내용으로 해지사유 및 절차, 손해배상책임 등을 정하였다면, 민법 제689조 제1항, 제2항이 이러한 약정과는 별개 독립적으로 적용된다고 볼 만한 특별한 사정이 없는 한, 위 약정에서 정한 해지사유 및 절차에 의하지 않고는 계약을 해지할 수 없고, 손해배상책임에 관한 당사자 간 법률관계도 위 약정이 정한 바에 의하여 규율된다고 봄이 타당하다.」고 판시하였는바, 계약내용이 우선 적용되어 해지권이 제한될 수 있다.[1099]

Ⅳ. 정비사업전문관리업자의 결격사유(제105조)

도시정비법

제105조 (정비사업전문관리업자의 결격사유)

① 다음 각 호의 어느 하나에 해당하는 자는 정비사업전문관리업의 등록을 신청할 수 없으며, 정비사업전문관리업자의 업무를 대표 또는 보조하는 임직원이 될 수 없다. 〈개정 2020. 6. 9.〉

1. 미성년자(대표 또는 임원이 되는 경우로 한정한다) · 피성년후견인 또는 피한정후견인
2. 파산선고를 받은 자로서 복권되지 아니한 자

1099) 대법원 2019. 5. 30. 선고 2017다53265 판결 [손해배상(기)].

3. 정비사업의 시행과 관련한 범죄행위로 인하여 금고 이상의 실형의 선고를 받고 그 집행이 종료(종료된 것으로 보는 경우를 포함한다)되거나 집행이 면제된 날부터 2년이 지나지 아니한 자
4. 정비사업의 시행과 관련한 범죄행위로 인하여 금고 이상의 형의 집행유예를 받고 그 유예기간 중에 있는 자
5. 이 법을 위반하여 벌금형 이상의 선고를 받고 2년이 지나지 아니한 자
6. 제106조에 따라 등록이 취소된 후 2년이 지나지 아니한 자(법인인 경우 그 대표자를 말한다)
7. 법인의 업무를 대표 또는 보조하는 임직원 중 제1호부터 제6호까지 중 어느 하나에 해당하는 자가 있는 법인

② 정비사업전문관리업자의 업무를 대표 또는 보조하는 임직원이 제1항 각 호의 어느 하나에 해당하게 되거나 선임 당시 그에 해당하였던 자로 밝혀진 때에는 당연 퇴직한다. 〈개정 2020. 6. 9.〉

③ 제2항에 따라 퇴직된 임직원이 퇴직 전에 관여한 행위는 효력을 잃지 아니한다.

1. 정비사업전문관리업자 대표 · 임직원의 결격사유

아래의 결격사유가 있는 자는 정비사업전문관리업자의 업무를 대표 또는 보조하는 임직원이 될 수 없다.[1100]

① 미성년자(대표 또는 임원이 되는 경우로 한정한다) · 피성년후견인 또는 피한정후견인

② 파산선고를 받은 자로서 복권되지 아니한 자

③ 정비사업의 시행과 관련한 범죄행위로 인하여 금고 이상의 실형의 선고를 받고 그 집행이 종료(종료된 것으로 보는 경우를 포함한다)되거나 집행이 면제된 날부터 2년이 지나지 아니한 자

④ 정비사업의 시행과 관련한 범죄행위로 인하여 금고 이상의 형의 집행유예를 받고 그 유예기간 중에 있는 자

⑤ 이 법을 위반하여 벌금형 이상의 선고를 받고 2년이 지나지 아니한 자

⑥ 법 제106조에 따라 등록이 취소된 후 2년이 지나지 아니한 자(법인인 경우 그 대표자를 말한다)

1100) 법 제105조 제1항 제1호 내지 제6호.

2. 정비사업전문관리업자 등록의 거부사유

위 ① 내지 ⑥ 어느 하나의 결격사유에 해당하는 자는 개인사업자로서 정비사업전문관리업의 등록을 신청할 수 없고,[1101] 법인의 업무를 대표 또는 보조하는 임직원 중 위 ① 내지 ⑥ 어느 하나의 결격사유에 해당하는 자가 있는 법인도 정비사업전문관리업의 등록을 신청할 수 없다.[1102] 이에 위반하여 등록신청을 한 경우에 시·도지사는 등록 거부처분을 하여야 한다.[1103]

3. 등록 후 결격자의 당연퇴임 등

(1) 정비사업전문관리업자의 업무를 대표 또는 보조하는 임직원이 결격사유에 해당하게 되거나 선임 당시 그에 해당하였던 자로 밝혀진 때에는 당연 퇴직하며, 퇴직된 임직원이 퇴직 전에 관여한 행위는 효력을 잃지 아니한다.[1104]

(2) 등록한 정비사업전문관리업자가 개인사업자이고 등록 이후 결격사유에 해당하는 때에는 등록취소사유에 해당한다고 보아야 하고, 그 외에 법인의 대표 또는 임직원이 결격사유에 해당한 때에는 당연히 등록취소사유에 해당하는 것은 아니지만, 당연퇴임으로 인해 시행령 별표 제4호 인력확보기준에 미달하게 되고 이를 보완하지 아니는 때에는 법 제106조에 따라 업무정지 또는 등록취소의 사유가 될 수 있다.

Ⅴ. 정비사업전문관리업의 등록취소 등(제106조)

도시정비법	도시정비법 시행령
제106조 (정비사업전문관리업의 등록취소 등) ① 시·도지사는 정비사업전문관리업자가 다음 각 호의 어느 하나에 해당하는	제84조 (정비사업전문관리업자의 등록취소 및 영업정지처분 기준) 법 제106조제1항에 따른 등록취소 및 업무정지처분의 기준은 별표 5와 같다.

1101) 법 제105조 제1항.
1102) 법 제105조 제1항 제7호.
1103) 시행령 제82조 제2항.
1104) 법 제105조 제2, 3항.

때에는 그 등록을 취소하거나 1년 이내의 기간을 정하여 업무의 전부 또는 일부의 정지를 명할 수 있다. 다만, 제1호 · 제4호 · 제8호 및 제9호에 해당하는 때에는 그 등록을 취소하여야 한다.

1. 거짓, 그 밖의 부정한 방법으로 등록을 한 때
2. 제102조제1항에 따른 등록기준에 미달하게 된 때
3. 추진위원회, 사업시행자 또는 시장 · 군수등의 위탁이나 자문에 관한 계약 없이 제102조제1항 각 호에 따른 업무를 수행한 때
4. 제102조제1항 각 호에 따른 업무를 직접 수행하지 아니한 때
5. 고의 또는 과실로 조합에게 계약금액(정비사업전문관리업자가 조합과 체결한 총계약금액을 말한다)의 3분의 1 이상의 재산상 손실을 끼친 때
6. 제107조에 따른 보고 · 자료제출을 하지 아니하거나 거짓으로 한 때 또는 조사 · 검사를 거부 · 방해 또는 기피한 때
7. 제111조에 따른 보고 · 자료제출을 하지 아니하거나 거짓으로 한 때 또는 조사를 거부 · 방해 또는 기피한 때
8. 최근 3년간 2회 이상의 업무정지처분을 받은 자로서 그 정지처분을 받은 기간이 합산하여 12개월을 초과한 때
9. 다른 사람에게 자기의 성명 또는 상호를 사용하여 이 법에서 정한 업무를 수행하게 하거나 등록증을 대여한 때
10. 이 법을 위반하여 벌금형 이상의 선고를 받은 경우(법인의 경우에는 그 소속 임직원을 포함한다)

11. 그 밖에 이 법 또는 이 법에 따른 명령이나 처분을 위반한 때

② 제1항에 따른 등록의 취소 및 업무의 정지처분에 관한 기준은 대통령령으로 정한다.

③ 제1항에 따라 등록취소처분 등을 받은 정비사업전문관리업자와 등록취소처분 등을 명한 시 · 도지사는 추진위원회 또는 사업시행자에게 해당 내용을 지체 없이 통지하여야 한다. 〈개정 2019. 8. 20.〉

④ 정비사업전문관리업자는 제1항에 따라 등록취소처분 등을 받기 전에 계약을 체결한 업무는 계속하여 수행할 수 있다. 이 경우 정비사업전문관리업자는 해당 업무를 완료할 때까지는 정비사업전문관리업자로 본다.

⑤ 정비사업전문관리업자는 제4항 전단에도 불구하고 다음 각 호의 어느 하나에 해당하는 경우에는 업무를 계속하여 수행할 수 없다.

1. 사업시행자가 제3항에 따른 통지를 받거나 처분사실을 안 날부터 3개월 이내에 총회 또는 대의원회의 의결을 거쳐 해당 업무계약을 해지한 경우
2. 정비사업전문관리업자가 등록취소처분 등을 받은 날부터 3개월 이내에 사업시행자로부터 업무의 계속 수행에 대하여 동의를 받지 못한 경우. 이 경우 사업시행자가 동의를 하려는 때에는 총회 또는 대의원회의 의결을 거쳐야 한다.
3. 제1항 각 호 외의 부분 단서에 따라 등록이 취소된 경우

1. 필요적 등록취소 사유

정비사업전문관리업자가 거짓, 그 밖의 부정한 방법으로 등록을 한 때(제1호), 위탁받은 정비사업전문관리업 고유의 업무를 직접 수행하지 아니한 때(제4호), 최근 3년간 2회 이상의 업무정지처분을 받은 자로서 그 정지처분을 받은 기간이 합산하여 12개월을 초과한 때(제8호), 다른 사람에게 자기의 성명 또는 상호를 사용하여 이 법에서 정한 업무를 수행하게 하거나 등록증을 대여한 때(제9호)에는, 시·도지사는 그 등록을 취소하여야 한다.[1105)]

2. 업무정지 또는 등록취소 사유

시·도지사는 정비사업전문관리업자가 아래와 같은 위반행위가 있을 때에는 그 등록을 취소하거나 1년 이내의 기간을 정하여 업무의 전부 또는 일부의 정지를 명할 수 있고, 등록의 취소 및 업무의 정지처분에 관한 기준은 대통령령으로 정한다.[1106)]

가. 개별기준

(1) 정비사업전문관리업자가 등록 후 시행령 [별표 제4호]의 등록기준에 미달하게 된 때에는, 시·도지사는 1차 위반 시 업무정지 1년, 2차 위반 시 등록을 취소할 수 있다.[1107)]

(2) 정비사업전문관리업자가 추진위원회, 사업시행자 또는 시장·군수등의 위탁이나 자문에 관한 계약 없이 정비사업전문관리업 고유의 업무를 수행한 때에는, 시·도지사는 1차 위반 시 업무정지 6개월, 2차 위반 시 업무정지 1년을 명할 수 있다.[1108)]

(3) 정비사업전문관리업자가 고의 또는 과실로 조합에게 계약금액(정비사업전문관리업자가 조합과 체결한 총계약금액을 말한다)의 3분의 1 이상의 재산상 손실을 끼친 때에는, 시·도지사는 1차 위반 시 업무정지 6개월, 2차 위반 시 업무정지 1년을 명할 수 있다.[1109)]

1105) 법 제106조 제1항 후단.
1106) 법 제106조 제1항 전단 및 제2항.
1107) 법 제106조 제1항 제2호 및 시행령 [별표 제5호] 2. 개별기준의 나.
1108) 법 제106조 제1항 제3호 및 시행령 [별표 제5호] 2. 개별기준의 다.

(4) 정비사업전문관리업자가 법 제107조[1110]와 법 제111조[1111]에 따른 보고 · 자료 제출을 하지 아니한 때 또는 조사 · 검사를 거부 · 방해 또는 기피한 때에는, 시 · 도지사는 1차 위반 시 업무정지 1개월, 2차 위반 시 업무정지 3개월, 3차 위반 시 업무정지 6개월을 명할 수 있다. 보고 또는 자료 제출을 거짓으로 한 경우에는 1차 위반 시 업무정지 1개월, 2차 위반 시 업무정지 2개월, 3차 위반 시 업무정지 3개월을 명할 수 있다.[1112]

(5) 정비사업전문관리업자가 도시정비법을 위반하여 벌금형 이상의 선고를 받은 경우(법인의 경우에는 그 소속 임직원을 포함한다)에는, 시 · 도지사는 1차 위반 시 업무정지 6개월, 2차 위반 시 업무정지 9개월, 3차 위반 시 업무정지 1년을 명할 수 있다.[1113]

(6) 정비사업전문관리업자가 법 제103조[1114] 각 호에 따른 업무를 병행하여 수행한

1109) 법 제106조 제1항 제5호 및 시행령 [별표 제5호] 2. 개별기준의 마.

1110) 법 제107조(정비사업전문관리업자에 대한 조사 등)

① 국토교통부장관 또는 시 · 도지사는 다음 각 호의 어느 하나에 해당하는 경우 정비사업전문관리업자에 대하여 그 업무에 관한 사항을 보고하게 하거나 자료의 제출, 그 밖의 필요한 명령을 할 수 있으며, 소속 공무원에게 영업소 등에 출입하여 장부 · 서류 등을 조사 또는 검사하게 할 수 있다. 〈개정 2019.8.20〉

1. 등록요건 또는 결격사유 등 이 법에서 정한 사항의 위반 여부를 확인할 필요가 있는 경우
2. 정비사업전문관리업자와 토지등소유자, 조합원, 그 밖에 정비사업과 관련한 이해관계인 사이에 분쟁이 발생한 경우
3. 그 밖에 시 · 도조례로 정하는 경우

1111) 법 제111조(자료의 제출 등)

② 국토교통부장관, 시 · 도지사, 시장, 군수 또는 구청장은 정비사업의 원활한 시행을 감독하기 위하여 필요한 경우로서 다음 각 호의 어느 하나에 해당하는 때에는 추진위원회 · 사업시행자 · 정비사업전문관리업자 · 설계자 및 시공자 등 이 법에 따른 업무를 하는 자에게 그 업무에 관한 사항을 보고하게 하거나 자료의 제출, 그 밖의 필요한 명령을 할 수 있으며, 소속 공무원에게 영업소 등에 출입하여 장부 · 서류 등을 조사 또는 검사하게 할 수 있다. 〈개정 2019.8.20, 2020.6.9〉

1. 이 법의 위반 여부를 확인할 필요가 있는 경우
2. 토지등소유자, 조합원, 그 밖에 정비사업과 관련한 이해관계인 사이에 분쟁이 발생된 경우
3. 그 밖에 시 · 도조례로 정하는 경우

1112) 법 제106조 제1항 제6호 및 시행령 [별표 제5호] 2. 개별기준의 바. 사.

1113) 법 제106조 제1항 제10호 및 시행령 [별표 제5호] 2. 개별기준의 차.

1114) 법 제103조(정비사업전문관리업자의 업무제한 등)

정비사업전문관리업자는 동일한 정비사업에 대하여 다음 각 호의 업무를 병행하여 수행할 수 없다.

경우에는, 시 · 도지사는 1차 위반 시 업무정지 6개월, 2차 위반 시 업무정지 1년을 명할 수 있다.[1115)]

(7) 정비사업전문관리업자가 그 밖에 이 법 또는 이 법에 따른 명령이나 처분을 위반한 때에는, 시 · 도지사는 1차 위반 시 업무정지 1개월, 2차 위반 시 업무정지 2개월, 3차 위반 시 업무정지 3개월을 명할 수 있다.[1116)]

나. 일반기준

(1) 법 위반행위에 대한 행정처분은 다른 법률에 별도의 처분기준이 있는 경우 외에는 이 기준에 따르며 영업정지처분기간 1개월은 30일로 본다.[1117)]

(2) 위반행위가 둘 이상인 경우로서 그에 해당하는 각각의 처분기준이 다른 경우에는 그 중 무거운 처분기준에 따르며, 둘 이상이 같은 영업정지인 경우에는 무거운 처분기준의 2분의 1까지 늘릴 수 있다. 이 경우 각 처분기준을 합산한 기간을 초과할 수 없고 합산한 업무정지기간이 1년을 초과하는 때에는 1년으로 본다.[1118)]

(3) 하나의 위반행위에 대한 처분기준이 둘 이상인 경우에는 그 중 무거운 처분기준에 따라 처분한다.[1119)]

(4) 위반행위의 횟수에 따른 가중된 행정처분은 최근 1년 간 같은 위반행위로 처분을 받은 경우에 적용한다. 이 경우 기간의 계산은 위반행위에 대하여 행정처분을 받은 날과 그 처분 후 다시 같은 위반행위를 하여 적발된 날을 기준으로 한다.[1120)]

(5) 라목에 따라 가중된 행정처분을 하는 경우 가중된 행정처분의 적용 차수는 그 위반행위 전 행정처분 차수(라목에 따른 기간 내에 행정처분이 둘 이상 있었던 경우에는 높은

---

1. 건축물의 철거
2. 정비사업의 설계
3. 정비사업의 시공
4. 정비사업의 회계감사
5. 그 밖에 정비사업의 공정한 질서유지에 필요하다고 인정하여 대통령령으로 정하는 업무

1115) 법 제106조 제1항 제11호 및 시행령 [별표 제5호] 2. 개별기준의 카.
1116) 법 제106조 제1항 제11호 및 시행령 [별표 제5호] 2. 개별기준의 타.
1117) 시행령 [별표 제5호] 1. 일반기준 가.
1118) 시행령 [별표 제5호] 1. 일반기준 나.
1119) 시행령 [별표 제5호] 1. 일반기준 다.
1120) 시행령 [별표 제5호] 1. 일반기준 라.

차수를 말한다)의 다음 차수로 한다.[1121]

(6) 처분권자는 위반행위의 동기 · 내용 및 위반의 정도 등 다음에 해당하는 사유를 고려하여 그 처분이 영업정지인 경우에는 행정처분기준의 2분의 1 범위에서 감경할 수 있다.[1122]

① 위반행위가 고의나 중대한 과실이 아닌 사소한 부주의나 오류로 인한 것으로 인정되는 경우
② 위반의 내용과 정도가 경미하여 주민에게 미치는 피해가 적다고 인정되는 경우
③ 위반행위자가 처음 위반행위를 한 경우로서 3년 이상 해당 사업을 모범적으로 해 온 사실이 인정되는 경우
④ 위반행위자가 해당 위반행위로 검사로부터 기소유예 처분을 받거나 법원으로부터 선고유예의 판결을 받은 경우
⑤ 위반행위자가 해당 사업과 관련 지역사회의 발전 등에 기여한 사실이 인정되는 경우

3. 등록취소 전 청문

시 · 도지사는 정비사업전문관리업의 등록취소처분을 하려는 경우에는 사전에 청문을 하여야 한다.[1123]

4. 업무정지 또는 등록취소처분의 통지

업무정지 또는 등록취소처분(이하 '등록취소처분 등'이라 함)을 받은 정비사업전문관리업자와 처분을 명한 시 · 도지사는, 처분을 받은 정비사업전문관리업자에게 업무를 위탁한 추진위원회 또는 사업시행자에게 해당 내용을 지체 없이 통지하여야 한다.[1124]

1121) 시행령 [별표 제5호] 1. 일반기준 마.
1122) 시행령 [별표 제5호] 1. 일반기준 바.
1123) 법 제121조 제1호.
1124) 법 제106조 제3항.

5. 종전 계약업무의 수행

(1) 필요적 등록취소사유에 해당하여 등록이 취소된 정비사업전문관리업자는 등록취소처분을 받기 전에 계약을 체결한 업무도 계속 수행할 수 없다.[1125]

(2) 필요적 등록취소사유 외의 사유로 업무정지 또는 등록취소처분을 받은 정비사업전문관리업자는 등록취소처분을 받기 전에 계약을 체결한 업무를 계속 수행할 수 있으나,[1126] 사업시행자가 처분사실을 통지를 받거나 처분사실을 안 날부터 3개월 이내에 총회 또는 대의원회의 의결을 거쳐 해당 업무계약을 해지한 경우와 정비사업전문관리업자가 등록취소처분 등을 받은 날부터 3개월 이내에 사업시행자로부터 업무의 계속 수행에 대하여 총회 또는 대의원회의 의결을 거쳐 동의를 받지 못한 경우에는 업무를 계속 수행할 수 없다.[1127]

(3) 등록취소처분 등을 받은 정비사업전문관리업자는 위와 같이 업무를 계속 수행할 수 있는 경우에는 해당 업무를 완료할 때까지는 정비사업전문관리업자로 본다.[1128]

Ⅵ. 정비사업전문관리업자에 대한 조사 등(제107조)

도시정비법

제107조(정비사업전문관리업자에 대한 조사 등)

① 국토교통부장관 또는 시·도지사는 다음 각 호의 어느 하나에 해당하는 경우 정비사업전문관리업자에 대하여 그 업무에 관한 사항을 보고하게 하거나 자료의 제출, 그 밖의 필요한 명령을 할 수 있으며, 소속 공무원에게 영업소 등에 출입하여 장부·서류 등을 조사 또는 검사하게 할 수 있다. 〈개정 2019. 8. 20.〉

1. 등록요건 또는 결격사유 등 이 법에서 정한 사항의 위반 여부를 확인할 필요가 있는 경우
2. 정비사업전문관리업자와 토지등소유자, 조합원, 그 밖에 정비사업과 관련한 이해관계인 사이에 분쟁이 발생한 경우

1125) 법 제106조 제5항 제3호.
1126) 법 제106조 제4항 전단.
1127) 법 제106조 제5항 제1, 2호.
1128) 법 제106조 제4항 후단.

3. 그 밖에 시·도조례로 정하는 경우
② 제1항에 따라 출입·검사 등을 하는 공무원은 권한을 표시하는 증표를 지니고 관계인에게 내보여야 한다.
③ 국토교통부장관 또는 시·도지사가 정비사업전문관리업자에게 제1항에 따른 업무에 관한 사항의 보고, 자료의 제출을 하게 하거나, 소속 공무원에게 조사 또는 검사하게 하려는 경우에는 「행정조사기본법」 제17조에 따라 사전통지를 하여야 한다. 〈신설 2019. 8. 20.〉
④ 제1항에 따라 업무에 관한 사항의 보고 또는 자료의 제출 명령을 받은 정비사업전문관리업자는 그 명령을 받은 날부터 15일 이내에 이를 보고 또는 제출(전자문서를 이용한 보고 또는 제출을 포함한다)하여야 한다. 〈신설 2019. 8. 20.〉
⑤ 국토교통부장관 또는 시·도지사는 제1항에 따른 업무에 관한 사항의 보고, 자료의 제출, 조사 또는 검사 등이 완료된 날부터 30일 이내에 그 결과를 통지하여야 한다. 〈신설 2019. 8. 20.〉

(1) 국토교통부장관 또는 시·도지사는 ① 정비사업전문관리업자의 등록요건 또는 결격사유 등 이 법에서 정한 사항의 위반 여부를 확인할 필요가 있는 경우, ② 정비사업전문관리업자와 토지등소유자, 조합원, 그 밖에 정비사업과 관련한 이해관계인 사이에 분쟁이 발생한 경우, ③ 그 밖에 시·도조례로 정하는 경우에, 정비사업전문관리업자에 대하여 그 업무에 관한 사항을 보고하게 하거나 자료의 제출, 그 밖의 필요한 명령을 할 수 있으며, 소속 공무원에게 영업소 등에 출입하여 장부·서류 등을 조사 또는 검사하게 할 수 있다.[1129] 이 경우 출입·검사 등을 하는 공무원은 권한을 표시하는 증표를 지니고 관계인에게 내보여야 한다.[1130]

(2) 국토교통부장관 또는 시·도지사가 정비사업전문관리업자에게 제1항에 따른 업무에 관한 사항의 보고, 자료의 제출을 하게 하거나, 소속 공무원에게 조사 또는 검사하게 하려는 경우에는 「행정조사기본법」 제17조[1131]에 따라 조사개시 7일 전에 사전통지

1129) 법 제107조 제1항.
1130) 법 제107조 제2항.
1131) 행정조사기본법 제17조(조사의 사전통지)
① 행정조사를 실시하고자 하는 행정기관의 장은 제9조에 따른 출석요구서, 제10조에 따른 보고요구서·자료제출요구서 및 제11조에 따른 현장출입조사서(이하 "출석요구서등"이라 한다)를 조사개시 7일 전까지 조사대상자에게 서면으로 통지하여야 한다. 다만, 다음 각 호의 어느 하나에 해당하는 경우에는 행정조사의 개시와 동시에 출석요구서등을 조사대상자에게 제시하거나 행정조사의 목적 등을 조사대상자에게 구두로 통지할 수 있다.

를 하여야 한다.[1132]

(3) 업무에 관한 사항의 보고 또는 자료의 제출 명령을 받은 정비사업전문관리업자는 그 명령을 받은 날부터 15일 이내에 이를 보고 또는 제출(전자문서를 이용한 보고 또는 제출을 포함한다)하여야 한다.[1133]

(4) 국토교통부장관 또는 시·도지사는 제1항에 따른 업무에 관한 사항의 보고, 자료의 제출, 조사 또는 검사 등이 완료된 날부터 30일 이내에 그 결과를 통지하여야 한다.[1134]

(5) 정비사업전문관리업자에 대한 업무의 보고, 자료의 제출, 출입 조사 또는 검사 등의 조치는 법 제111조에서도 중복하여 규정하고 있는데, 본조는 정비사업전문관리업자에 대한 감독권에 기초한 것이고 법 제111조는 정비사업 원활할 시행을 위한 감독권에 기초한 것이다.

Ⅶ. 정비사업전문관리업 정보의 종합관리(제108조)

도시정비법

제108조 (정비사업전문관리업 정보의 종합관리)

① 국토교통부장관은 정비사업전문관리업자의 자본금·사업실적·경영실태 등에 관한 정보를 종합적이고 체계적으로 관리하고 시·도지사, 시장, 군수, 구청장, 추진위원회 또는 사업시행자 등에게 제공하기 위하여 정비사업전문관리업 정보종합체계를 구축·운영할 수 있다. 〈개정 2021. 8. 10.〉

② 제1항에 따른 정비사업전문관리업 정보종합체계의 구축·운영에 필요한 사항은 국토교통부령으로 정한다.

---

1. 행정조사를 실시하기 전에 관련 사항을 미리 통지하는 때에는 증거인멸 등으로 행정조사의 목적을 달성할 수 없다고 판단되는 경우
2. 「통계법」 제3조제2호에 따른 지정통계의 작성을 위하여 조사하는 경우
3. 제5조 단서에 따라 조사대상자의 자발적인 협조를 얻어 실시하는 행정조사의 경우

② 행정기관의 장이 출석요구서등을 조사대상자에게 발송하는 경우 출석요구서등의 내용이 외부에 공개되지 아니하도록 필요한 조치를 하여야 한다.

1132) 법 제107조 제3항.
1133) 법 제107조 제4항.
1134) 법 제107조 제5항.

(1) 국토교통부장관은 정비사업전문관리업자의 자본금 · 사업실적 · 경영실태 등에 관한 정보를 종합적이고 체계적으로 관리하고 추진위원회 또는 사업시행자 등에게 제공하기 위하여 정비사업전문관리업 정보종합체계를 구축 · 운영할 수 있고, 이에 필요한 사항은 국토교통부령으로 정한다.[1135]

(2) 법 제128조 제2항 제1호 및 시행령 제96조 제2항 제1호[1136]에 따라 국토교통부장관은 정비사업전문관리업 정보종합체계의 구축 · 운영에 관한 사무를 한국부동산원에 위탁한다.

(3) 한국부동산원은 관계 행정기관 및 정비사업전문관리업자에게 정비사업전문관리업 정보종합체계의 구축 및 활용에 필요한 ① 상호 및 대표자의 성명, ② 등록한 연월일 및 등록번호, ③ 자본금, ④ 주된 영업소의 소재지 및 전화번호, ⑤ 보유 기술인력의 수, 기술인력별 자격 및 경력에 관한 현황, ⑥ 사업실적, ⑦ 등록의 취소 및 업무정지 처분, 법 제113조[1137]에 따른 시정조치를 받은 사항의 자료 제출을 요청할 수 있

1135) 법 제108조 제1, 2항.

1136) 법 제128조(권한의 위임 등)

② 국토교통부장관, 시 · 도지사, 시장, 군수 또는 구청장은 이 법의 효율적인 집행을 위하여 필요한 경우에는 대통령령으로 정하는 바에 따라 다음 각 호의 어느 하나에 해당하는 사무를 정비사업지원기구, 협회 등 대통령령으로 정하는 기관 또는 단체에 위탁할 수 있다. 〈개정 2021. 8. 10.〉

1. 제108조에 따른 정비사업전문관리업 정보종합체계의 구축 · 운영

시행령 제96조(권한의 위임 등)

② 국토교통부장관은 법 제128조제2항에 따라 같은 항 제1호, 제2호 및 제2호의2의 사무를 다음 각 호의 구분에 따른 기관에 위탁한다.

1. 법 제108조에 따른 정비사업전문관리업 정보종합체계의 구축 · 운영에 관한 사무 : 한국부동산원

1137) 법 제113조(감독)

① 정비사업의 시행이 이 법 또는 이 법에 따른 명령 · 처분이나 사업시행계획서 또는 관리처분계획에 위반되었다고 인정되는 때에는 정비사업의 적정한 시행을 위하여 필요한 범위에서 국토교통부장관은 시 · 도지사, 시장, 군수, 구청장, 추진위원회, 주민대표회의, 사업시행자 또는 정비사업전문관리업자에게, 특별시장, 광역시장 또는 도지사는 시장, 군수, 구청장, 추진위원회, 주민대표회의, 사업시행자 또는 정비사업전문관리업자에게, 시장 · 군수는 추진위원회, 주민대표회의, 사업시행자 또는 정비사업전문관리업자에게 처분의 취소 · 변경 또는 정지, 공사의 중지 · 변경, 임원의 개선 권고, 그 밖의 필요한 조치를 취할 수 있다.

② 국토교통부장관, 시 · 도지사, 시장, 군수 또는 구청장은 이 법에 따른 정비사업의 원활한 시행을 위하여 관계 공무원 및 전문가로 구성된 점검반을 구성하여 정비사업 현장조사를 통하여 분쟁의 조정, 위법사항의 시정요구 등 필요한 조치를 할 수 있다. 이 경우 관할 지방자치단체의 장과 조합 등은 대통령령으로 정하는 자료의 제공 등 점검반의 활동에 적

다.[1138]

(4) 한국부동산원은 위 정보를 매 분기가 끝난 날의 다음 달 말일까지 정비사업전문관리업 정보종합체계에 입력하고, 추진위원회 또는 사업시행자 등이 정비사업전문관리업 정보종합체계를 상시적으로 이용할 수 있도록 하여야 한다.[1139]

(5) 한국부동산원은 정비사업전문관리업 정보종합체계의 구축 · 운영을 위하여 ① 정비사업전문관리업 정보종합체계의 구축 · 운영에 관한 각종 연구개발 및 기술 지원, ② 정비사업전문관리업 정보종합체계의 구축을 위한 관련 기관과의 공동사업 시행, ③ 정비사업전문관리업 정보종합체계를 이용한 정보의 공동활용 촉진에 관한 업무를 수행할 수 있다.[1140]

Ⅷ. 협회의 설립 등(제109조)

도시정비법	도시정비법 시행령
제109조 (협회의 설립 등) ① 정비사업전문관리업자는 정비사업전문관리업의 전문화와 정비사업의 건전한 발전을 도모하기 위하여 정비사업전문관리업자단체(이하 "협회"라 한다)를 설립할 수 있다. ② 협회는 법인으로 한다. ③ 협회는 주된 사무소의 소재지에서 설립등기를 하는 때에 성립한다. ④ 협회를 설립하려는 때에는 회원의 자격이 있는 50명 이상을 발기인으로 하여 정관을 작성한 후 창립총회의 의결을 거쳐 국토교통부장관의 인가를 받아야 한다. 협회가 정관을 변경하려는 때에도	제85조 (협회의 정관) 법 제109조에 따른 정비사업전문관리업자단체(이하 "협회"라 한다)의 정관에는 다음 각 호의 사항이 포함되어야 한다. 1. 목적 2. 명칭 3. 주된 사무소의 소재지 4. 회원의 가입 및 탈퇴에 관한 사항 5. 사업 및 그 집행에 관한 사항 6. 임원의 정원 · 임기 및 선출방법에 관한 사항 7. 총회 및 이사회에 관한 사항 8. 조직 및 운영에 관한 사항 9. 자산 및 회계에 관한 사항

극 협조하여야 한다.

1138) 시행규칙 제20조 제1항.

1139) 시행규칙 제20조 제2항.

1140) 시행규칙 제20조 제3항.

또한 같다.

⑤ 이 법에 따라 시 · 도지사로부터 업무정지처분을 받은 회원의 권리 · 의무는 영업정지기간 중 정지되며, 정비사업전문관리업의 등록이 취소된 때에는 회원의 자격을 상실한다.

⑥ 협회의 정관, 설립인가의 취소, 그 밖에 필요한 사항은 대통령령으로 정한다.

⑦ 협회에 관하여 이 법에 규정된 사항을 제외하고는 「민법」 중 사단법인에 관한 규정을 준용한다.

10. 정관의 변경에 관한 사항
11. 제1호부터 제10호까지에서 규정한 사항 외에 협회의 운영에 필요하다고 인정되는 사항

제86조(협회의 설립인가 및 설립인가의 취소)

① 국토교통부장관은 법 제109조제4항에 따른 협회 설립인가 신청의 내용이 다음 각 호의 기준에 적합한 경우에 인가할 수 있다.

1. 법인의 목적과 사업이 실현 가능할 것
2. 협회의 회원은 정비사업전문관리업자일 것
3. 목적하는 사업을 수행할 수 있는 충분한 능력이 있고, 재정적 기초가 확립되어 있거나 확립될 수 있을 것
4. 다른 법인과 동일한 명칭이 아닐 것

② 국토교통부장관은 법 제109조제6항에 따라 협회가 다음 각 호의 어느 하나에 해당하는 경우에는 협회의 설립인가를 취소할 수 있다. 다만, 제1호 및 제3호에 해당하는 경우에는 설립인가를 취소하여야 한다.

1. 거짓이나 부정한 방법으로 설립인가를 받은 경우
2. 설립인가 조건을 위반한 경우
3. 목적 달성이 불가능하게 된 경우
4. 목적사업 외의 사업을 한 경우

③ 국토교통부장관은 제2항에 따라 협회의 설립인가를 취소하려면 미리 청문을 하여야 한다.

1. 협회의 설립

정비사업전문관리업자는 정비사업전문관리업의 전문화와 정비사업의 건전한 발전을 도모하기 위하여 정비사업전문관리업자단체(이하 "협회"라 한다)를 설립할 수 있다.[1141] 협회는 법인으로 하고 주된 사무소의 소재지에서 설립등기를 하는 때에 성립한다.[1142] 협회에 관하여 이 법에 규정된 사항을 제외하고는 「민법」 중 사단법인에 관한 규정을 준용한다.[1143]

2. 협회의 설립인가

(1) 협회를 설립하려는 때에는 회원의 자격이 있는 50명 이상을 발기인으로 하여 정관을 작성한 후 창립총회의 의결을 거쳐 국토교통부장관의 인가를 받아야 한다. 협회가 정관을 변경하려는 때에도 또한 같다.[1144]

(2) 국토교통부장관은 협회 설립인가 신청의 내용이 ① 법인의 목적과 사업이 실현 가능하고, ② 협회의 회원이 정비사업전문관리업자이고, ③ 목적하는 사업을 수행할 수 있는 충분한 능력이 있고, 재정적 기초가 확립되어 있거나 확립될 수 있고, ④ 다른 법인과 동일한 명칭이 아닌 경우에 인가할 수 있다.[1145]

3. 협회의 정관

협회의 정관에는 ① 목적, ② 명칭, ③ 주된 사무소의 소재지, ④ 회원의 가입 및 탈퇴에 관한 사항, ⑤ 사업 및 그 집행에 관한 사항, ⑥ 임원의 정원・임기 및 선출방법에 관한 사항, ⑦ 총회 및 이사회에 관한 사항, ⑧ 조직 및 운영에 관한 사항, ⑨ 자산 및 회계에 관한 사항, ⑩ 정관의 변경에 관한 사항, ⑪ 그 밖에 협회의 운영에 필요하다고 인정되는 사항이 포함되어야 한다.[1146]

1141) 법 제109조 제1항.
1142) 법 제109조 제2, 3항.
1143) 법 제109조 제7항.
1144) 법 제109조 제4항.
1145) 법 제109조 제6항 및 시행령 제86조 제1항.
1146) 법 제109조 제6항 및 시행령 제85조.

4. 회원의 자격 등

협회의 회원은 정비사업전문관리업자이어야 하고, 시·도지사로부터 업무정지처분을 받은 회원의 권리·의무는 영업정지기간 중 정지되며, 정비사업전문관리업의 등록이 취소된 때에는 회원의 자격을 상실한다.[1147)]

5. 협의 설립인가 취소

(1) 국토교통부장관은 협회가 ① 거짓이나 부정한 방법으로 설립인가를 받은 경우, ② 설립인가 조건을 위반한 경우, ③ 목적 달성이 불가능하게 된 경우, ④ 목적사업 외의 사업을 한 경우 중 어느 하나에 해당하는 경우에 설립인가를 취소할 수 있다. 다만, 위 ①과 ③에 해당하는 경우에는 설립인가를 취소하여야 한다.[1148)]

(2) 국토교통부장관은 협회의 설립인가를 취소하려면 미리 청문을 하여야 한다.[1149)]

Ⅸ. 협회의 업무 및 감독(제110조)

도시정비법	도시정비법 시행령
제110조(협회의 업무 및 감독) ① 협회의 업무는 다음 각 호와 같다. 1. 정비사업전문관리업 및 정비사업이 건전한 발전을 위한 조사·연구 2. 회원의 상호 협력증진을 위한 업무 3. 정비사업전문관리 기술 인력과 정비사업전문관리업 종사자의 자질향상을 위한 교육 및 연수 4. 그 밖에 대통령령으로 정하는 업무 ② 국토교통부장관은 협회의 업무 수행 현황 또는 이 법의 위반 여부를 확인할	제87조(협회의 감독) ① 국토교통부장관은 법 제110조제2항에 따라 협회의 업무에 대한 조사 또는 검사가 필요하면 소속 공무원으로 하여금 그 사무소에 출입하여 조사하거나 검사하게 할 수 있다. ② 제1항에 따라 협회의 업무를 조사하거나 검사하는 공무원은 그 권한을 표시하는 증표를 지니고 관계인에게 내보여야 한다.

1147) 법 제109조 제5항.
1148) 법 제109조 제6항 및 시행령 제86조 제2항.
1149) 법 제109조 제6항 및 시행령 제86조 제3항.

필요가 있는 때에는 협회에게 업무에 관한 사항을 보고하게 하거나 자료의 제출, 그 밖에 필요한 명령을 할 수 있으며, 소속 공무원에게 그 사무소 등에 출입하여 장부 · 서류 등을 조사 또는 검사하게 할 수 있다. 〈개정 2019. 8. 20.〉 ③ 제2항에 따른 업무에 관한 사항의 보고, 자료의 제출, 조사 또는 검사에 관하여는 제107조제2항부터 제5항까지의 규정을 준용한다. 〈신설 2019. 8. 20.〉	

1. 협의의 업무

협회의 업무는 ① 정비사업전문관리업 및 정비사업의 건전한 발전을 위한 조사 · 연구, ② 회원의 상호 협력증진을 위한 업무, ③ 정비사업전문관리 기술 인력과 정비사업전문관리업 종사자의 자질향상을 위한 교육 및 연수, ④ 그 밖에 대통령령으로 정하는 업무로 한다.[1150]

2. 국토교통부장관의 감독

(1) 국토교통부장관은 협회의 업무 수행 현황 또는 이 법의 위반 여부를 확인할 필요가 있는 때에는 협회에게 업무에 관한 사항을 보고하게 하거나 자료의 제출, 그 밖에 필요한 명령을 할 수 있으며, 소속 공무원에게 그 사무소 등에 출입하여 장부 · 서류 등을 조사 또는 검사하게 할 수 있고, 공무원은 그 권한을 표시하는 증표를 지니고 관계인에게 내보여야 한다.[1151]

(2) 위 업무에 관한 사항의 보고, 자료의 제출, 조사 또는 검사에 관하여는 법 제107조 제2항부터 제5항까지의 규정을 준용되므로,[1152] 출입 · 검사 등을 하는 공무원은 권한을 표시하는 증표를 지니고 관계인에게 내보여야 하고, 국토교통부장관은 「행정조

1150) 법 제110조 제1항 및 시행령 제87조.
1151) 법 제110조 제2항.
1152) 법 제110조 제3항.

사기본법」 제17조에 따라 조사개시 7일 전에 사전통지를 하여야 하고, 업무에 관한 사항의 보고 또는 자료의 제출 명령을 받은 협회는 그 명령을 받은 날부터 15일 이내에 이를 보고 또는 제출하여야 하고, 국토교통부장관은 업무에 관한 사항의 보고, 자료의 제출, 조사 또는 검사 등이 완료된 날부터 30일 이내에 그 결과를 통지하여야 한다.

제7장 감독 등

Ⅰ. 자료의 제출 등(제111조)

도시정비법

제111조(자료의 제출 등)

① 시 · 도지사는 국토교통부령으로 정하는 방법 및 절차에 따라 정비사업의 추진실적을 분기별로 국토교통부장관에게, 시장, 군수 또는 구청장은 시 · 도조례로 정하는 바에 따라 정비사업의 추진실적을 특별시장 · 광역시장 또는 도지사에게 보고하여야 한다.

② 국토교통부장관, 시 · 도지사, 시장, 군수 또는 구청장은 정비사업의 원활한 시행을 감독하기 위하여 필요한 경우로서 다음 각 호의 어느 하나에 해당하는 때에는 추진위원회 · 사업시행자 · 정비사업전문관리업자 · 설계자 및 시공자 등 이 법에 따른 업무를 하는 자에게 그 업무에 관한 사항을 보고하게 하거나 자료의 제출, 그 밖의 필요한 명령을 할 수 있으며, 소속 공무원에게 영업소 등에 출입하여 장부 · 서류 등을 조사 또는 검사하게 할 수 있다. 〈개정 2019. 8. 20., 2020. 6. 9.〉

1. 이 법의 위반 여부를 확인할 필요가 있는 경우
2. 토지등소유자, 조합원, 그 밖에 정비사업과 관련한 이해관계인 사이에 분쟁이 발생된 경우
3. 그 밖에 시 · 도조례로 정하는 경우

③ 제2항에 따른 업무에 관한 사항의 보고, 자료의 제출, 조사 또는 검사에 관하여는 제107조제2항부터 제5항까지의 규정을 준용한다. 〈개정 2019. 8. 20.〉

1. 정비사업 추진실적의 보고

시 · 도지사는 정비사업의 추진실적(정비구역의 지정, 사업시행자의 지정 또는 조합설립인가, 사업시행계획인가, 관리처분계획인가 및 정비사업완료의 실적)을 분기별로 국토교통부장관에게, 시장, 군수 또는 구청장은 시 · 도조례로 정하는 바에 따라 정비사업의 추진실적을 특별시장 · 광역시장 또는 도지사에게 보고하여야 한다.[1153]

2. 정비사업 시행에 관한 감독

(1) 국토교통부장관, 시 · 도지사, 시장, 군수 또는 구청장은 정비사업의 원활한 시행

1153) 법 제111조 제1항 및 시행규칙 제21조 제1항.

을 감독하기 위하여 필요한 경우로서 ① 이 법의 위반 여부를 확인할 필요가 있는 경우, ② 토지등소유자, 조합원, 그 밖에 정비사업과 관련한 이해관계인 사이에 분쟁이 발생된 경우, ③ 그 밖에 시·도조례로 정하는 경우에 해당하는 때에는 추진위원회·사업시행자·정비사업전문관리업자·설계자 및 시공자 등 이 법에 따른 업무를 하는 자에게 그 업무에 관한 사항을 보고하게 하거나 자료의 제출, 그 밖의 필요한 명령을 할 수 있으며, 소속 공무원에게 영업소 등에 출입하여 장부·서류 등을 조사 또는 검사하게 할 수 있다.[1154)]

(2) 국토교통부장관, 시·도지사, 시장, 군수 또는 구청장은 「행정조사기본법」 제17조에 따라 조사개시 7일 전에 사전통지를 하여야 하고,[1155)] 소속 공무원에게 업무를 조사하게 하려는 때에는 업무조사를 받을 자에게 조사 3일 전까지 조사의 일시·목적 등을 서면으로 통지하여야 하며,[1156)] 출입·검사 등을 하는 공무원은 권한을 표시하는 증표를 지니고 관계인에게 내보여야 한다.[1157)]

(3) 업무에 관한 사항의 보고 또는 자료의 제출 명령을 받은 추진위원회·사업시행자·정비사업전문관리업자·설계자 및 시공자 등은 그 명령을 받은 날부터 15일 이내에 이를 보고 또는 제출하여야 하고, 국토교통부장관은 업무에 관한 사항의 보고, 자료의 제출, 조사 또는 검사 등이 완료된 날부터 30일 이내에 그 결과를 통지하여야 한다.[1158)]

Ⅱ. 회계감사(제112조)

도시정비법	도시정비법 시행령
제112조 (회계감사) ① 시장·군수등 또는 토지주택공사등이 아닌 사업시행자 또는 추진위원회는	제88조 (회계감사) 법 제112조에 따라 시장·군수등 또는 토지주택공사등이 아닌 사업시행자 또

1154) 법 제111조 제2항.
1155) 법 제111조 제3항 및 제107조 제3항.
1156) 법 제111조 제1항 및 시행규칙 제21조 제3항.
1157) 법 제111조 제3항 및 제107조 제2항.
1158) 법 제111조 제3항 및 제107조 제4, 5항.

다음 각 호의 어느 하나에 해당하는 경우에는 다음 각 호의 구분에 따른 기간 이내에 「주식회사 등의 외부감사에 관한 법률」 제2조제7호 및 제9조에 따른 감사인의 회계감사를 받기 위하여 시장·군수등에게 회계감사기관의 선정·계약을 요청하여야 하며, 그 감사결과를 회계감사가 종료된 날부터 15일 이내에 시장·군수등 및 해당 조합에 보고하고 조합원이 공람할 수 있도록 하여야 한다. 다만, 지정개발자가 사업시행자인 경우에는 제1호에 해당하는 경우는 제외한다. 〈개정 2017. 10. 31., 2021. 1. 5., 2021. 3. 16.〉

1. 제34조제4항에 따라 추진위원회에서 사업시행자로 인계되기 전까지 납부 또는 지출된 금액과 계약 등으로 지출될 것이 확정된 금액의 합이 대통령령으로 정한 금액 이상인 경우 : 추진위원회에서 사업시행자로 인계되기 전 7일 이내
2. 제50조제9항에 따른 사업시행계획인가 고시일 전까지 납부 또는 지출된 금액이 대통령령으로 정하는 금액 이상인 경우 : 사업시행계획인가의 고시일부터 20일 이내
3. 제83조제1항에 따른 준공인가 신청일까지 납부 또는 지출된 금액이 대통령령으로 정하는 금액 이상인 경우: 준공인가의 신청일부터 7일 이내
4. 토지등소유자 또는 조합원 5분의 1 이상이 사업시행자에게 회계감사를 요청하는 경우: 제4항에 따른 절차를 고려한 상당한 기간 이내

② 시장·군수등은 제1항에 따른 요청이 있는 경우 즉시 회계감사기관을 선정

는 추진위원회는 다음 각 호의 어느 하나에 해당하는 경우에는 회계감사를 받아야 한다.

1. 법 제112조제1항제1호의 경우에는 추진위원회에서 사업시행자로 인계되기 전까지 납부 또는 지출된 금액과 계약 등으로 지출될 것이 확정된 금액의 합이 3억5천만원 이상인 경우
2. 법 제112조제1항제2호의 경우에는 사업시행계획인가 고시일 전까지 납부 또는 지출된 금액이 7억원 이상인 경우
3. 법 제112조제1항제3호의 경우에는 준공인가 신청일까지 납부 또는 지출된 금액이 14억원 이상인 경우

하여 회계감사가 이루어지도록 하여야 한다. 〈개정 2021. 1. 5.〉 ③ 제2항에 따라 회계감사기관을 선정·계약한 경우 시장·군수등은 공정한 회계감사를 위하여 선정된 회계감사기관을 감독하여야 하며, 필요한 처분이나 조치를 명할 수 있다. ④ 사업시행자 또는 추진위원회는 제1항에 따라 회계감사기관의 선정·계약을 요청하려는 경우 시장·군수등에게 회계감사에 필요한 비용을 미리 예치하여야 한다. 시장·군수등은 회계감사가 끝난 경우 예치된 금액에서 회계감사비용을 직접 지급한 후 나머지 비용은 사업시행자와 정산하여야 한다. 〈개정 2021. 1. 5., 2021. 7. 27.〉	

1. 외부회계감사를 받을 의무

(1) 추진위원회에서 사업시행자로 인계되기 전까지 납부 또는 지출된 금액과 계약 등으로 지출 될 것이 확정된 금액의 합이 3억5천만원 이상인 경우에는 추진위원회는 사업시행자로 인계되기 전 7일 이내에 「주식회사 등의 외부감사에 관한 법률」(이하 '외부감사법'이라 한다) 제2조 제7호 및 제9조에 따른 감사인의 회계감사를 받기 위하여 시장·군수등에게 회계감사기관의 선정·계약을 요청하여야 한다.[1159]

(2) 조합과 지정개발자는 ① 사업시행계획인가 고시일 전까지 납부 또는 지출된 금액이 7억원 이상인 경우에는 사업시행계획인가의 고시일부터 20일 이내, ② 준공인가 신청일까지 납부 또는 지출된 금액이 14억원 이상인 경우에는 준공인가의 신청일부터 7일 이내, ③ 토지등소유자 또는 조합원 5분의 1 이상이 사업시행자에게 회계감사를 요청하는 경우에는 비용예치 등 절차를 고려한 상당한 기간 이내에 외부감사법 제2조 제7호 및 제9조에 따른 감사인의 회계감사를 받기 위하여 시장·군수등에게 회계감사

1159) 법 제112조 제1항 제1호 및 시행령 제88조 제1호.

기관의 선정 · 계약을 요청하여야 한다.[1160] 본조 제1항의 해석상 법 제25조 제1항 제2호에 따라 토지등소유자가 재개발사업을 시행하는 경우에도 적용된다고 본다.

(3) 시장 · 군수등 또는 토지주택공사등 공공시행자는 외부 회계감사의 의무가 적용되지 않는다.

2. 외부회계감사의 절차

(1) 시장 · 군수등은 요청이 있는 경우 즉시 회계감사기관을 선정하여 회계감사가 이루어지도록 하여야 한다.[1161]

(2) 회계감사기관의 선정 · 계약을 요청하려는 경우 시장 · 군수등에게 회계감사에 필요한 비용을 미리 예치하여야 하며, 시장 · 군수등은 회계감사가 끝난 경우 예치된 금액에서 회계감사비용을 직접 지불한 후 나머지 비용은 사업시행자와 정산하여야 한다.[1162]

(3) 회계감사기관을 선정 · 계약한 경우 시장 · 군수등은 공정한 회계감사를 위하여 선정된 회계감사기관을 감독하여야 하며, 필요한 처분이나 조치를 명할 수 있다.[1163]

3. 외부회계감사의 결과보고 및 공람

사업시행자는 감사결과를 회계감사가 종료된 날부터 15일 이내에 시장 · 군수등 및 해당 조합에 보고하고 조합원 또는 토지등소유자가 공람할 수 있도록 하여야 한다.[1164]

4. 서울시 예산 · 회계규정

서울시는 「서울특별시 정비사업 조합 등 표준 예산 · 회계규정」(서울특별시 고시 2018-248호, 2018. 2. 9.)을 고시하여 운영하고 있는바, 이를 참조하여 위반되지 않도록 하여야 한다.

1160) 법 제112조 제1항 제2,3,4호 및 시행령 제88조 제2,3호.
1161) 법 제112조 제2항.
1162) 법 제112조 제4항.
1163) 법 제112조 제3항.
1164) 법 제112조 제1항 본문 후단.

Ⅲ. 감독(제113조)

도시정비법	도시정비법 시행령
제113조(감독) ① 정비사업의 시행이 이 법 또는 이 법에 따른 명령·처분이나 사업시행계획서 또는 관리처분계획에 위반되었다고 인정되는 때에는 정비사업의 적정한 시행을 위하여 필요한 범위에서 국토교통부장관은 시·도지사, 시장, 군수, 구청장, 추진위원회, 주민대표회의, 사업시행자 또는 정비사업전문관리업자에게, 특별시장, 광역시장 또는 도지사는 시장, 군수, 구청장, 추진위원회, 주민대표회의, 사업시행자 또는 정비사업전문관리업자에게, 시장·군수등은 추진위원회, 주민대표회의, 사업시행자 또는 정비사업전문관리업자에게 처분의 취소·변경 또는 정지, 공사의 중지·변경, 임원의 개선 권고, 그 밖의 필요한 조치를 취할 수 있다. ② 국토교통부장관, 시·도지사, 시장, 군수 또는 구청장은 이 법에 따른 정비사업의 원활한 시행을 위하여 관계 공무원 및 전문가로 구성된 점검반을 구성하여 정비사업 현장조사를 통하여 분쟁의 조정, 위법사항의 시정요구 등 필요한 조치를 할 수 있다. 이 경우 관할 지방자치단체의 장과 조합 등은 대통령령으로 정하는 자료의 제공 등 점검반의 활동에 적극 협조하여야 한다. ③ 제2항에 따른 정비사업 현장조사에 관하여는 제107조제2항, 제3항 및 제5항을 준용한다. 〈개정 2019. 8. 20.〉	제89조(감독) 법 제113조제2항 후단에서 "대통령령으로 정하는 자료"란 다음 각 호의 자료를 말한다. 1. 토지등소유자의 동의서 2. 총회의 의사록 3. 정비사업과 관련된 계약에 관한 서류 4. 사업시행계획서·관리처분계획서 및 회계감사보고서를 포함한 회계관련 서류 5. 정비사업의 추진과 관련하여 분쟁이 발생한 경우에는 해당 분쟁과 관련된 서류

1. 처분의 취소 · 변경 · 정지 등 행정조치

(1) 정비사업의 시행이 이 법 또는 이 법에 따른 명령 · 처분이나 사업시행계획서 또는 관리처분계획에 위반되었다고 인정되는 때에는 정비사업의 적정한 시행을 위하여 필요한 범위에서 국토교통부장관은 시 · 도지사, 시장, 군수, 구청장, 추진위원회, 주민대표회의, 사업시행자 또는 정비사업전문관리업자에게, 특별시장, 광역시장 또는 도지사는 시장, 군수, 구청장, 추진위원회, 주민대표회의, 사업시행자 또는 정비사업전문관리업자에게, 시장 · 군수등은[1165] 추진위원회, 주민대표회의, 사업시행자 또는 정비사업전문관리업자에게 처분의 취소 · 변경 또는 정지, 공사의 중지 · 변경, 임원의 개선 권고, 그 밖의 필요한 조치를 취할 수 있다.[1166]

(2) 본조에 따라 국토교통부장관, 시 · 도지사, 시장, 군수, 구청장이 추진위원회 승인의 취소, 조합설립인가의 취소, 사업시행계획인가의 취소 또는 관리처분계획인가의 취소의 처분을 하려는 경우에는 청문을 실시하여야 한다.[1167]

(3) 처분의 취소 · 변경 또는 정지, 그 공사의 중지 및 변경에 관한 명령을 받고도 이에 응하지 아니한 추진위원회, 사업시행자, 주민대표회의 및 정비사업전문관리업자는 법 제137조 제11호에 따라 2년 이하의 징역 또는 2천만원 이하의 벌금에 처한다.

(4) 대법원은「처분의 취소 · 변경 또는 정지, 그 공사의 중지 및 변경에 관한 명령을 받은 사업시행자 및 정비사업전문관리업자가 이를 위반한 경우, 그로 인하여 법 제85조 제12호에 정한 처벌을 하기 위하여는 그 명령이 적법한 것이어야 하고, 그 처분이 당연무효가 아니라 하더라도 그것이 위법한 처분으로 인정되는 한 같은 법 제85조 제12호 위반죄가 성립할 수 없다.」고 전제하고,「시장 · 군수가 사업시행자가 아닌 정비사업전문관리업자를 상대로 '처분의 취소 · 변경 또는 정지, 그 공사의 중지 및 변경에 관한 명령'을 할 수 있는 것은 그 명령이 해당 정비사업전문관리업자가 추진위원회 또는 조합으로부터 위탁받은 사항에 관련된 경우에 한정되고, 이와는 달리 그 명령이 해당 정비사업전문관리업자가 수행할 수 없는 업무, 예컨대 건축물의 철거에 관련된 것인 경우에는 정비사업 전문관리업자를 상대로 '그 공사의 중지 및 변경'에 관한 명령을 할 수

1165) 특별자치시장, 특별자치도지사 및 자치구의 구청장을 포함한다. 〈2022. 2. 3. 개정이유〉
1166) 법 제113조 제1항.
1167) 법 제121조 제2호.

없으므로, 처벌할 수 없다.」고 판시하였다.[1168]

2. 현장조사 및 점검반의 활동

(1) 국토교통부장관, 시·도지사, 시장, 군수 또는 구청장은 이 법에 따른 정비사업의 원활한 시행을 위하여 관계 공무원 및 전문가로 구성된 점검반을 구성하여 정비사업 현장조사를 통하여 분쟁의 조정, 위법사항의 시정요구 등 필요한 조치를 할 수 있다.[1169]

(2) 이 경우 관할 지방자치단체의 장과 조합 등은 ① 토지등소유자의 동의서, ② 총회의 의사록, ③ 정비사업과 관련된 계약에 관한 서류, ④ 사업시행계획서·관리처분계획서 및 회계감사보고서를 포함한 회계관련 서류, ⑤ 정비사업의 추진과 관련하여 분쟁이 발생한 경우에는 해당 분쟁과 관련된 서류의 제공 등 점검반의 활동에 적극 협조하여야 한다.[1170]

(3) 현장조사에 관하여는 법 제107조 제2항, 제3항 및 제5항을 준용하므로, 출입·검사 등을 하는 공무원은 권한을 표시하는 증표를 지니고 관계인에게 내보여야 하고, 국토교통부장관은 「행정조사기본법」 제17조에 따라 조사개시 7일 전에 사전통지를 하여야 하고, 국토교통부장관, 시·도지사, 시장, 군수 또는 구청장은 현장조사가 완료된 날부터 30일 이내에 그 결과를 통지하여야 한다.[1171]

Ⅳ. 시공자 선정 취소 명령 또는 과징금(제113조의2)

도시정비법	도시정비법 시행령
제113조의2 (시공자 선정 취소 명령 또는 과징금) ① 시·도지사(해당 정비사업을 관할하는	제89조의2 (과징금의 부과기준 등) ① 법 제113조의2에 따른 과징금의 부과기준은 별표 5의2와 같다.

1168) 대법원 2008. 2. 29. 선고 2006도7689 판결 [도시및주거환경정비법위반].
1169) 법 제113조 제2항.
1170) 법 제113조 제2항 및 시행령 제89조.
1171) 법 제113조 제3항.

시 · 도지사를 말한다. 이하 이 조 및 제113조의3에서 같다)는 건설업자가 다음 각 호의 어느 하나에 해당하는 경우 사업시행자에게 건설업자의 해당 정비사업에 대한 시공자 선정을 취소할 것을 명하거나 그 건설업자에게 사업시행자와 시공자 사이의 계약서상 공사비의 100분의 20 이하에 해당하는 금액의 범위에서 과징금을 부과할 수 있다. 이 경우 시공자 선정 취소의 명을 받은 사업시행자는 시공자 선정을 취소하여야 한다. 1. 건설업자가 제132조를 위반한 경우 2. 건설업자가 제132조의2를 위반하여 관리 · 감독 등 필요한 조치를 하지 아니한 경우로서 용역업체의 임직원(건설업자가 고용한 개인을 포함한다. 이하 같다)이 제132조를 위반한 경우 ② 제1항에 따라 과징금을 부과하는 위반행위의 종류와 위반 정도 등에 따른 과징금의 금액 등에 필요한 사항은 대통령령으로 정한다. ③ 시 · 도지사는 제1항에 따라 과징금의 부과처분을 받은 자가 납부기한까지 과징금을 내지 아니하면 「지방행정제재 부과금의 징수 등에 관한 법률」에 따라 징수한다. 〈개정 2020. 3. 24.〉 [본조신설 2018. 6. 12.]	② 시 · 도지사는 법 제113조의2에 따라 시공자 선정을 취소할 것을 명하거나 과징금을 부과하려는 경우에는 그 위반행위, 처분의 종류 및 과징금의 금액(과징금을 부과하는 경우만 해당한다)을 적어 서면으로 통지하여야 한다. ③ 제2항에 따른 과징금 부과 통지를 받은 자는 통지가 있은 날부터 20일 또는 시 · 도지사가 20일 이상의 범위에서 따로 정한 기간 이내에 시 · 도지사가 정하는 수납기관에 과징금을 납부하여야 한다. 다만, 천재지변이나 그 밖에 부득이한 사유로 그 기간에 과징금을 납부할 수 없는 경우에는 그 사유가 없어진 날부터 7일 이내에 납부하여야 한다. ④ 제3항에 따라 과징금을 납부받은 수납기관은 그 납부자에게 영수증을 발급하여야 하고, 지체 없이 그 사실을 해당 시 · 도지사에게 통보하여야 한다. [본조신설 2018. 10. 2.]

1. 시공자 선정의 투명성 강화

본조와 법 제113조의3 건설업자의 입찰참가 제한은 시공자 선정의 투명성과 공정성을 강화하고자 2018. 6. 12. 개정법에서 신설되었다. 개정법은 「시 · 도지사는 건설업자가 시공자 선정 등과 관련하여 금품 · 향응 제공 등 행위제한 의무를 위반한 경우 사업시행자에게 시공자 선정을 취소할 것을 명하거나 건설업자에게 과징금을 부과할 수 있도록 하고, 해당 건설업자에 대해서는 2년 이내의 범위에서 정비사업의 입찰참가를 제한할 수 있도록 한다.」고 개정이유를 밝히고 있다.

2. 시공자 선정 취소 명령 또는 과징금

(1) 시 · 도지사(해당 정비사업을 관할하는 시 · 도지사를 말한다. 이하 같다)는 건설업자가 직접 또는 법 제132조의2[1172]를 위반하여 관리 · 감독 등 필요한 조치를 하지 아니한 경우로서 용역업체의 임직원(건설업자가 고용한 개인을 포함한다. 이하 같다)이 법 제132조[1173]를 위반하여 시공자 계약체결과 관련하여 금품 등 이익을 제공하거나 제공을 약속하는 행위 등을 한 경우에, 사업시행자에게 건설업자의 해당 정비사업에 대한 시공자 선정을 취소할 것을 명하거나, 그 건설업자에게 사업시행자와 시공자 사이의 계약서상 공사비의 100분의 20 이하에 해당하는 금액의 범위에서 과징금을 부과할 수 있다. 이 경우 시공자 선정 취소의 명을 받은 사업시행자는 시공자 선정을 취소하여야 한다.[1174]

(2) 시 · 도지사가 시공자 선정 취소 또는 과징금 부과처분을 하려는 경우에는 청문을 실시하여야 한다.[1175]

(3) 시 · 도지사는 시공자 선정을 취소할 것을 명하거나 과징금을 부과하려는 경우에는 그 위반행위, 처분의 종류 및 과징금의 금액(과징금을 부과하는 경우만 해당한다)을 적어 서면으로 통지하여야 한다.[1176]

1172) 법 제132조의2(건설업자의 관리 · 감독 의무)
건설업자는 시공자 선정과 관련하여 홍보 등을 위하여 계약한 용역업체의 임직원이 제132조를 위반하지 아니하도록 교육, 용역비 집행 점검, 용역업체 관리 · 감독 등 필요한 조치를 하여야 한다.

1173) 법 제132조(조합임원 등의 선임 · 선정 시 행위제한)
누구든지 추진위원, 조합임원의 선임 또는 제29조에 따른 계약 체결과 관련하여 다음 각 호의 행위를 하여서는 아니 된다. 〈개정 2017.8.9〉
1. 금품, 향응 또는 그 밖의 재산상 이익을 제공하거나 제공의사를 표시하거나 제공을 약속하는 행위
2. 금품, 향응 또는 그 밖의 재산상 이익을 제공받거나 제공의사 표시를 승낙하는 행위
3. 제3자를 통하여 제1호 또는 제2호에 해당하는 행위를 하는 행위

1174) 법 제113조의2 제1항.

1175) 법 제121조 제3호.

1176) 시행령 제89조의2 제2항.

3. 과징금 부과의 기준 및 징수

(1) 법 제132조를 위반하여 금품, 향응 또는 그 밖의 재산상 이익을 제공하거나 제공의 의사를 표시하거나 제공을 약속(이하 '부정제공'이라 한다)한 가액의 합이 ① 3천만원 이상인 경우에는 공사비의 20%, ② 1천만원 이상 3천만원 미만인 경우에는 공사비의 15%, ③ 500만원 이상 1천만원 미만인 경우에는 공사비의 10%, ④ 500만원 미만인 경우에는 공사비의 5%를 과징금으로 부과한다.[1177]

(2) 과징금 부과 통지를 받은 자는 통지가 있은 날부터 20일 또는 시 · 도지사가 20일 이상의 범위에서 따로 정한 기간 이내에 시 · 도지사가 정하는 수납기관에 과징금을 납부하여야 한다. 다만, 천재지변이나 그 밖에 부득이한 사유로 그 기간에 과징금을 납부할 수 없는 경우에는 그 사유가 없어진 날부터 7일 이내에 납부하여야 하며, 과징금을 납부받은 수납기관은 그 납부자에게 영수증을 발급하여야 하고, 지체 없이 그 사실을 해당 시 · 도지사에게 통보하여야 한다.[1178]

(3) 시 · 도지사는 제1항에 따라 과징금의 부과처분을 받은 자가 납부기한까지 과징금을 내지 아니하면 「지방행정제재 부과금의 징수 등에 관한 법률」에 따라 징수한다.[1179]

Ⅴ. 건설업자의 입찰참가 제한(제113조의3)

도시정비법	도시정비법 시행령
제113조의3 (건설업자의 입찰참가 제한) ① 시 · 도지사는 제113조의2제1항 각 호의 어느 하나에 해당하는 건설업자에 대해서는 2년 이내의 범위에서 대통령령으로 정하는 기간 동안 정비사업의 입찰참가를 제한할 수 있다.	제89조의3 (정비사업의 입찰참가 제한) ① 법 제113조의3에 따른 정비사업의 입찰참가 제한기준은 별표 5의2와 같다. ② 시 · 도지사는 법 제113조의3제1항에 따라 정비사업의 입찰참가를 제한하려는 경우에는 다음 각 호의 사항을 지체

1177) 법 제113조의2 제2항 및 시행령 제89조의2 제1항과 [별표 5의2].
1178) 시행령 제89조의2 제3, 4항.
1179) 법 제113조의2 제3항.

② 시 · 도지사는 제1항에 따라 건설업자에 대한 정비사업의 입찰참가를 제한하려는 경우에는 대통령령으로 정하는 바에 따라 대상, 기간, 사유, 그 밖의 입찰참가 제한과 관련된 내용을 공개하고, 관할 구역의 시장, 군수 또는 구청장 및 사업시행자에게 통보하여야 한다. 이 경우 통보를 받은 사업시행자는 해당 건설업자의 입찰참가자격을 제한하여야 한다.
③ 사업시행자는 제2항에 따라 입찰참가를 제한받은 건설업자와 계약(수의계약을 포함한다)을 체결해서는 아니 된다.
[본조신설 2018. 6. 12.]

없이 해당 지방자치단체의 공보에 게재하고 일반인이 해당 내용을 열람할 수 있도록 인터넷 홈페이지에 입찰참가 제한기간 동안 게시하여야 한다.
1. 업체(상호)명 · 성명(법인인 경우 대표자의 성명) 및 사업자등록번호(법인인 경우 법인등록번호)
2. 입찰참가자격 제한기간
3. 입찰참가자격을 제한하는 구체적인 사유

③ 시 · 도지사는 제2항에 따른 정비사업의 입찰참가 제한의 집행이 정지되거나 그 집행정지가 해제된 경우에는 그 사실을 지체 없이 해당 지방자치단체의 공보에 게재하고 일반인이 해당 내용을 열람할 수 있도록 인터넷 홈페이지에 게시하여야 한다.
④ 시 · 도지사는 제2항 및 제3항에 따라 공개한 입찰제한과 관련된 내용을 지체 없이 관할 구역의 시장, 군수 또는 구청장 및 사업시행자에게 통보하여야 한다.
[본조신설 2018. 10. 2.]

1. 시공자 선정의 투명성 강화

본조도 시공자 선정의 투명성 강화를 위해 2018. 6. 12. 개정법에서 신설되었다.

2. 건설업자의 입찰참가 제한

(1) 시 · 도지사는 법 제113조의2 제1항 각 호의 어느 하나에 해당하는 부정제공의 행위를 한 건설업자에 대해서 2년 이내의 범위에서 대통령령으로 정하는 기간 동안 정비사업의 입찰참가를 제한할 수 있다.[1180]

1180) 법 제113조의3 제1항.

(2) 부정제공한 가액의 합이 1천만원 이상인 경우에는 2년, 1천만원 미만인 경우에는 1년간 입찰참가를 제한한다.[1181] 시 · 도지사가 건설업자에게 입찰참가 제한처분을 하려는 경우에는 청문을 실시하여야 한다.[1182]

(3) 시 · 도지사는 건설업자에 대한 정비사업의 입찰참가를 제한하려는 경우에는 ① 업체(상호)명 · 성명(법인인 경우 대표자의 성명) 및 사업자등록번호(법인인 경우 법인등록번호), ② 입찰참가자격 제한기간, ③ 입찰참가자격을 제한하는 구체적인 사유, ④ 그 밖의 입찰참가 제한과 관련된 내용을 지체 없이 해당 지방자치단체의 공보에 게재하고 일반인이 해당 내용을 열람할 수 있도록 인터넷 홈페이지에 입찰참가 제한기간 동안 게시하여야 하고, 관할 구역의 시장, 군수 또는 구청장 및 사업시행자에게 통보하여야 한다. 이 경우 통보를 받은 사업시행자는 해당 건설업자의 입찰 참가자격을 제한하여야 하며, 입찰참가를 제한받은 건설업자와 계약(수의계약을 포함한다)을 체결해서는 아니 된다.[1183]

(4) 시 · 도지사는 정비사업의 입찰참가 제한의 집행이 정지되거나 그 집행정지가 해제된 경우에는 그 사실을 지체 없이 해당 지방자치단체의 공보에 게재하고 일반인이 해당 내용을 열람할 수 있도록 인터넷 홈페이지에 게시하여야 하며, 관련된 내용을 지체 없이 관할 구역의 시장, 군수 또는 구청장 및 사업시행자에게 통보하여야 한다.[1184]

Ⅵ. 정비사업 지원기구(제114조)

도시정비법

제114조 (정비사업 지원기구)

국토교통부장관 또는 시 · 도지사는 다음 각 호의 업무를 수행하기 위하여 정비사업 지원기구를 설치할 수 있다. 이 경우 국토교통부장관은 「한국부동산원법」에 따라 설립된 한국부동산원 또는 「한국토지주택공사법」에 따라 설립된 한국토지주택공사에, 시 · 도지사는 「지방공기업법」에 따라 주택사업을 수행하기 위하여 설립된 지방공사에

1181) 시행령 제89조의3 제1항 및 [별표 5의2].
1182) 법 제121조 제4호.
1183) 법 제113조의3 제2, 3항 및 시행령 제89조의3 제2, 4항.
1184) 시행령 제89조의3 제3, 4항.

정비사업 지원기구의 업무를 대행하게 할 수 있다. 〈개정 2018. 1. 16., 2019. 4. 23., 2020. 6. 9., 2021. 4. 13.〉

1. 정비사업 상담지원업무
2. 정비사업전문관리제도의 지원
3. 전문조합관리인의 교육 및 운영지원
4. 소규모 영세사업장 등의 사업시행계획 및 관리처분계획 수립지원
5. 정비사업을 통한 공공지원민간임대주택 공급 업무 지원
6. 제29조의2에 따른 공사비 검증 업무
7. 공공재개발사업 및 공공재건축사업의 지원
8. 그 밖에 국토교통부장관이 정하는 업무

국토교통부장관 또는 시 · 도지사는 ① 정비사업 상담지원업무, ② 정비사업전문관리제도의 지원, ③ 전문조합관리인의 교육 및 운영지원, ④ 소규모 영세사업장 등의 사업시행계획 및 관리처분계획 수립지원, ⑤ 정비사업을 통한 공공지원민간임대주택 공급 업무 지원, ⑥ 법 제29조의2에 따른 공사비 검증 업무,[1185] ⑦ 공공재개발사업 및 공공재건축사업의 지원, ⑧ 그 밖에 국토교통부장관이 정하는 업무를 수행하기 위하여 정비사업 지원기구를 설치할 수 있다. 이 경우 국토교통부장관은 '한국감정원' 또는 '한국토지주택공사'에게 정비사업 지원기구의 업무를 대행하게 할 수 있고, 시 · 도지사는 「지방공기업법」에 따라 주택사업을 수행하기 위하여 설립된 지방공사에게 정비사업 지원기구의 업무를 대행하게 할 수 있다.

1185) 법 제29조의2(공사비 검증 요청 등)

① 재개발사업 · 재건축사업의 사업시행자(시장 · 군수등 또는 토지주택공사등이 단독 또는 공동으로 정비사업을 시행하는 경우는 제외한다)는 시공자와 계약 체결 후 다음 각 호의 어느 하나에 해당하는 때에는 제114조에 따른 정비사업 지원기구에 공사비 검증을 요청하여야 한다.

1. 토지등소유자 또는 조합원 5분의 1 이상이 사업시행자에게 검증 의뢰를 요청하는 경우
2. 공사비의 증액 비율(당초 계약금액 대비 누적 증액 규모의 비율로서 생산자물가상승률은 제외한다)이 다음 각 목의 어느 하나에 해당하는 경우
   가. 사업시행계획인가 이전에 시공자를 선정한 경우: 100분의 10 이상
   나. 사업시행계획인가 이후에 시공자를 선정한 경우: 100분의 5 이상
3. 제1호 또는 제2호에 따른 공사비 검증이 완료된 이후 공사비의 증액 비율(검증 당시 계약금액 대비 누적 증액 규모의 비율로서 생산자물가상승률은 제외한다)이 100분의 3 이상인 경우

Ⅶ. 교육의 실시(제115조)

도시정비법	도시정비법 시행령
제115조 (교육의 실시) 국토교통부장관, 시 · 도지사, 시장, 군수 또는 구청장은 추진위원장 및 감사, 조합임원, 전문조합관리인, 정비사업전문관리업자의 대표자 및 기술인력, 토지등소유자 등에 대하여 대통령령으로 정하는 바에 따라 교육을 실시할 수 있다.	제90조 (교육의 실시) 법 제115조에 따른 교육의 내용에는 다음 각 호의 사항이 포함되어야 한다. 1. 주택건설 제도 2. 도시 및 주택 정비사업 관련 제도 3. 정비사업 관련 회계 및 세무 관련 사항 4. 그 밖에 국토교통부장관이 정하는 사항

국토교통부장관, 시 · 도지사, 시장, 군수 또는 구청장은 추진위원장 및 감사, 조합임원, 전문조합관리인, 정비사업전문관리업자의 대표자 및 기술인력, 토지등소유자 등에 대하여 ① 주택건설 제도, ② 도시 및 주택 정비사업 관련 제도, ③ 정비사업 관련 회계 및 세무 관련 사항, ④ 그 밖에 국토교통부장관이 정하는 사항에 관하여 교육을 실시할 수 있다.[1186]

Ⅷ. 도시분쟁조정위원회

1. 도시분쟁조정위원회의 구성 등(제116조)

도시정비법
제116조 (도시분쟁조정위원회의 구성 등) ① 정비사업의 시행으로 발생한 분쟁을 조정하기 위하여 정비구역이 지정된 특별자치시, 특별자치도, 또는 시 · 군 · 구(자치구를 말한다. 이하 이 조에서 같다)에 도시분쟁조정위원회(이하 "조정위원회"라 한다)를 둔다. 다만, 시장 · 군수등을 당사자로 하여 발생한 정비사업의 시행과 관련된 분쟁 등의 조정을 위하여 필요한 경우에는 시 · 도에 조정위

1186) 법 제115조 및 시행령 제90조.

원회를 둘 수 있다.
② 조정위원회는 부시장 · 부지사 · 부구청장 또는 부군수를 위원장으로 한 10명 이내의 위원으로 구성한다.
③ 조정위원회 위원은 정비사업에 대한 학식과 경험이 풍부한 사람으로서 다음 각 호의 어느 하나에 해당하는 사람 중에서 시장 · 군수등이 임명 또는 위촉한다. 이 경우 제1호, 제3호 및 제4호에 해당하는 사람이 각 2명 이상 포함되어야 한다.
1. 해당 특별자치시, 특별자치도 또는 시 · 군 · 구에서 정비사업 관련 업무에 종사하는 5급 이상 공무원
2. 대학이나 연구기관에서 부교수 이상 또는 이에 상당하는 직에 재직하고 있는 사람
3. 판사, 검사 또는 변호사의 직에 5년 이상 재직한 사람
4. 건축사, 감정평가사, 공인회계사로서 5년 이상 종사한 사람
5. 그 밖에 정비사업에 전문적 지식을 갖춘 사람으로서 시 · 도조례로 정하는 자
④ 조정위원회에는 위원 3명으로 구성된 분과위원회(이하 "분과위원회"라 한다)를 두며, 분과위원회에는 제3항제1호 및 제3호에 해당하는 사람이 각 1명 이상 포함되어야 한다.

(1) 정비사업의 시행으로 발생한 분쟁을 조정하기 위하여 정비구역이 지정된 특별자치시, 특별자치도, 또는 시 · 군 · 구(자치구를 말한다. 이하 이 조에서 같다)에 도시분쟁조정위원회(이하 "조정위원회"라 한다)를 둔다. 다만, 시장 · 군수등을 당사자로 하여 발생한 정비사업의 시행과 관련된 분쟁 등의 조정을 위하여 필요한 경우에는 시 · 도에 조정위원회를 둘 수 있다.[1187)]

(2) 조정위원회는 부시장 · 부지사 · 부구청장 또는 부군수를 위원장으로 한 10명 이내의 위원으로 구성한다.[1188)]

(3) 조정위원회 위원은 정비사업에 대한 학식과 경험이 풍부한 사람으로서 ① 해당 특별자치시, 특별자치도 또는 시 · 군 · 구에서 정비사업 관련 업무에 종사하는 5급 이상 공무원, ② 대학이나 연구기관에서 부교수 이상 또는 이에 상당하는 직에 재직하고 있는 사람, ③ 판사, 검사 또는 변호사의 직에 5년 이상 재직한 사람, ④ 건축사, 감정평가사, 공인회계사로서 5년 이상 종사한 사람, ⑤. 그 밖에 정비사업에 전문적 지식을 갖춘 사람으로서 시 · 도조례로 정하는 자 중 어느 하나에 해당하는 사람 중에서 시장 · 군수등이 임명 또는 위촉한다. 이 경우 ①, ③, ④에 해당하는 사람이 각 2명 이상

1187) 법 제116조 제1항.
1188) 법 제116조 제2항.

포함되어야 한다.[1189]

(4) 조정위원회에는 위원 3명으로 구성된 분과위원회(이하 "분과위원회"라 한다)를 두며, 분과위원회에는 위 ①과 ③에 해당하는 사람이 각 1명 이상 포함되어야 한다.[1190]

2. 조정위원회의 조정 등(제117조)

도시정비법	도시정비법 시행령
제117조 (조정위원회의 조정 등) ① 조정위원회는 정비사업의 시행과 관련하여 다음 각 호의 어느 하나에 해당하는 분쟁 사항을 심사·조정한다. 다만, 「주택법」, 「공익사업을 위한 토지 등의 취득 및 보상에 관한 법률」, 그 밖의 관계 법률에 따라 설치된 위원회의 심사대상에 포함되는 사항은 제외할 수 있다. 1. 매도청구권 행사 시 감정가액에 대한 분쟁 2. 공동주택 평형 배정방법에 대한 분쟁 3. 그 밖에 대통령령으로 정하는 분쟁 ② 시장·군수등은 다음 각 호의 어느 하나에 해당하는 경우 조정위원회를 개최할 수 있으며, 조정위원회는 조정신청을 받은 날(제2호의 경우 조정위원회를 처음 개최한 날을 말한다)부터 60일 이내에 조정절차를 마쳐야 한다. 다만, 조정기간 내에 조정절차를 마칠 수 없는 정당한 사유가 있다고 판단되는 경우에는 조정위원회의 의결로 그 기간을 한 차례만 연장할 수 있으며 그 기간은 30일 이내로 한다. 〈개정 2017. 8. 9.〉 1. 분쟁당사자가 정비사업의 시행으로	제91조 (분쟁조정위원회의 조정 대상) 법 제117조제1항제3호에서 "대통령령으로 정하는 분쟁"이란 다음 각 호의 어느 하나에 해당하는 분쟁을 말한다. 1. 건축물 또는 토지 명도에 관한 분쟁 2. 손실보상 협의에서 발생하는 분쟁 3. 총회 의결사항에 대한 분쟁 4. 그 밖에 시·도조례로 정하는 사항에 대한 분쟁

1189) 법 제116조 제3항.
1190) 법 제116조 제4항.

인하여 발생한 분쟁의 조정을 신청하는 경우

2. 시장 · 군수등이 조정위원회의 조정이 필요하다고 인정하는 경우

③ 조정위원회의 위원장은 조정위원회의 심사에 앞서 분과위원회에서 사전 심사를 담당하게 할 수 있다. 다만, 분과위원회의 위원 전원이 일치된 의견으로 조정위원회의 심사가 필요없다고 인정하는 경우에는 조정위원회에 회부하지 아니하고 분과위원회의 심사로 조정절차를 마칠 수 있다.

④ 조정위원회 또는 분과위원회는 제2항 또는 제3항에 따른 조정절차를 마친 경우 조정안을 작성하여 지체 없이 각 당사자에게 제시하여야 한다. 이 경우 조정안을 제시받은 각 당사자는 제시받은 날부터 15일 이내에 수락 여부를 조정위원회 또는 분과위원회에 통보하여야 한다.

⑤ 당사자가 조정안을 수락한 경우 조정위원회는 즉시 조정서를 작성한 후, 위원장 및 각 당사자는 조정서에 서명 · 날인하여야 한다.

⑥ 제5항에 따라 당사자가 강제집행을 승낙하는 취지의 내용이 기재된 조정서에 서명 · 날인한 경우 조정서의 정본은 「민사집행법」 제56조에도 불구하고 집행력 있는 집행권원과 같은 효력을 가진다. 다만, 청구에 관한 이의의 주장에 대하여는 「민사집행법」 제44조제2항을 적용하지 아니한다.

⑦ 그 밖에 조정위원회의 구성 · 운영 및 비용의 부담, 조정기간 연장 등에 필요한 사항은 시 · 도조례로 정한다. 〈개정 2017. 8. 9.〉

가. 조정위원회의 조정대상

조정위원회는 정비사업의 시행과 관련하여, ① 매도청구권 행사 시 감정가액에 대한 분쟁, ② 공동주택 평형 배정방법에 대한 분쟁, ③ 건축물 또는 토지 명도에 관한 분쟁, ④ 손실보상 협의에서 발생하는 분쟁, ⑤ 총회 의결사항에 대한 분쟁, ⑥ 그 밖에 시·도조례로 정하는 사항에 대한 분쟁 사항을 심사·조정한다. 다만, 「주택법」, 「공익사업을 위한 토지 등의 취득 및 보상에 관한 법률」, 그 밖의 관계 법률에 따라 설치된 위원회의 심사대상에 포함되는 사항은 제외할 수 있다.[1191]

나. 조정위원회의 조정절차

(1) 시장·군수등은 분쟁당사자가 정비사업의 시행으로 인하여 발생한 분쟁의 조정을 신청하는 경우 또는 시장·군수등이 조정위원회의 조정이 필요하다고 인정하는 경우에 조정위원회를 개최할 수 있으며, 조정위원회는 조정신청을 받은 날(시장·군수등이 조정위원회의 조정이 필요하다고 인정하는 경우에 조정위원회를 처음 개최한 날을 말한다)부터 60일 이내에 조정절차를 마쳐야 한다. 다만, 조정기간 내에 조정절차를 마칠 수 없는 정당한 사유가 있다고 판단되는 경우에는 조정위원회의 의결로 그 기간을 한 차례만 연장할 수 있으며 그 기간은 30일 이내로 한다.[1192]

(2) 조정위원회의 위원장은 조정위원회의 심사에 앞서 분과위원회에서 사전 심사를 담당하게 할 수 있다. 다만, 분과위원회의 위원 전원이 일치된 의견으로 조정위원회의 심사가 필요없다고 인정하는 경우에는 조정위원회에 회부하시 아니하고 분과위원회의 심사로 조정절차를 마칠 수 있다.[1193]

(3) 조정위원회 또는 분과위원회는 조정절차를 마친 경우 조정안을 작성하여 지체 없이 각 당사자에게 제시하여야 한다. 이 경우 조정안을 제시받은 각 당사자는 제시받은 날부터 15일 이내에 수락 여부를 조정위원회 또는 분과위원회에 통보하여야 한다.[1194]

1191) 법 제117조 제1항 및 시행령 제91조.
1192) 법 제117조 제2항.
1193) 법 제117조 제3항.
1194) 법 제117조 제4항.

(4) 당사자가 조정안을 수락한 경우 조정위원회는 즉시 조정서를 작성한 후, 위원장 및 각 당사자는 조정서에 서명 · 날인하여야 한다.[1195]

(5) 당사자가 강제집행을 승낙하는 취지의 내용이 기재된 조정서에 서명 · 날인한 경우 조정서의 정본은 「민사집행법」 제56조[1196]에도 불구하고 집행력 있는 집행권원과 같은 효력을 가진다. 다만, 청구에 관한 이의의 주장에 대하여는 「민사집행법」 제44조 제2항[1197]을 적용하지 아니한다.[1198]

다. 분쟁조정에 관한 그 밖의 사항

그 밖에 조정위원회의 구성 · 운영 및 비용의 부담, 조정기간 연장 등에 필요한 사항은 시 · 도조례로 정한다.[1199]

Ⅸ. 정비사업의 공공지원(제118조)

도시정비법

제118조 (정비사업의 공공지원)

① 시장 · 군수등은 정비사업의 투명성 강화 및 효율성 제고를 위하여 시 · 도조례로 정하는 정비사업에 대하여 사업시행 과정을 지원(이하 "공공지원"이라 한다)하거나 토지주택공사등, 신탁업자, 「주택도시기금법」에 따른 주택도시보증공사 또는 이 법 제102

1195) 법 제117조 제5항.

1196) 민사집행법 제56조(그 밖의 집행권원) 강제집행은 다음 가운데 어느 하나에 기초하여서도 실시할 수 있다.

1. 항고로만 불복할 수 있는 재판
2. 가집행의 선고가 내려진 재판
3. 확정된 지급명령
4. 공증인이 일정한 금액의 지급이나 대체물 또는 유가증권의 일정한 수량의 급여를 목적으로 하는 청구에 관하여 작성한 공정증서로서 채무자가 강제집행을 승낙한 취지가 적혀 있는 것
5. 소송상 화해, 청구의 인낙(認諾) 등 그 밖에 확정판결과 같은 효력을 가지는 것

1197) 민사집행법 제44조(청구에 관한 이의의 소) ②제1항의 이의는 그 이유가 변론이 종결된 뒤(변론 없이 한 판결의 경우에는 판결이 선고된 뒤)에 생긴 것이어야 한다.

1198) 법 제117조 제6항.

1199) 법 제117조 제7항.

조제1항 각 호 외의 부분 단서에 따라 대통령령으로 정하는 기관에 공공지원을 위탁할 수 있다.
② 제1항에 따라 정비사업을 공공지원하는 시장 · 군수등 및 공공지원을 위탁받은 자(이하 "위탁지원자"라 한다)는 다음 각 호의 업무를 수행한다.
1. 추진위원회 또는 주민대표회의 구성
2. 정비사업전문관리업자의 선정(위탁지원자는 선정을 위한 지원으로 한정한다)
3. 설계자 및 시공자 선정 방법 등
4. 제52조제1항제4호에 따른 세입자의 주거 및 이주 대책(이주 거부에 따른 협의 대책을 포함한다) 수립
5. 관리처분계획 수립
6. 그 밖에 시 · 도조례로 정하는 사항
③ 시장 · 군수등은 위탁지원자의 공정한 업무수행을 위하여 관련 자료의 제출 및 조사, 현장점검 등 필요한 조치를 할 수 있다. 이 경우 위탁지원자의 행위에 대한 대외적인 책임은 시장 · 군수등에게 있다.
④ 공공지원에 필요한 비용은 시장 · 군수등이 부담하되, 특별시장, 광역시장 또는 도지사는 관할 구역의 시장, 군수 또는 구청장에게 특별시 · 광역시 또는 도의 조례로 정하는 바에 따라 그 비용의 일부를 지원할 수 있다.
⑤ 추진위원회가 제2항제2호에 따라 시장 · 군수등이 선정한 정비사업전문관리업자를 선정하는 경우에는 제32조제2항을 적용하지 아니한다.
⑥ 공공지원의 시행을 위한 방법과 절차, 기준 및 제126조에 따른 도시 · 주거환경정비기금의 지원, 시공자 선정 시기 등에 필요한 사항은 시 · 도조례로 정한다.
⑦ 제6항에도 불구하고 다음 각 호의 어느 하나에 해당하는 경우에는 토지등소유자(제35조에 따라 조합을 설립한 경우에는 조합원을 말한다)의 과반수 동의를 받아 제29조제4항에 따라 시공자를 선정할 수 있다. 다만, 제1호의 경우에는 해당 건설업자를 시공자로 본다. 〈개정 2017. 8. 9.〉
1. 조합이 제25조에 따라 건설업자와 공동으로 정비사업을 시행하는 경우로서 조합과 건설업자 사이에 협약을 체결하는 경우
2. 제28조제1항 및 제2항에 따라 사업대행자가 정비사업을 시행하는 경우
⑧ 제7항제1호의 협약사항에 관한 구체적인 내용은 시 · 도조례로 정할 수 있다.

1. 공공지원제도

(1) 시장 · 군수등은 정비사업의 투명성 강화 및 효율성 제고를 위하여 시 · 도조례로 정하는 정비사업에 대하여 사업시행 과정을 지원(이하 "공공지원"이라 한다)하거나 토지주

택공사등, 신탁업자, 「주택도시기금법」에 따른 주택도시보증공사 또는 한국감정원에 공공지원을 위탁할 수 있다.[1200] 시장 · 군수등으로부터 공공지원을 위탁받은 자를 '위탁지원자'라고 한다.

(2) 본조의 공공지원제도는 부칙 〈제14567호, 2017. 2. 8.〉 제23조에 따라 공공지원제도를 도입한 개정법률 시행일인 2016년 3월 2일 당시 총회에서 시공자를 선정하지 아니한 정비사업부터 적용한다.

2. 공공지원 업무

정비사업을 공공지원하는 시장 · 군수등 및 위탁지원자는 다음의 업무를 수행한다.[1201]

① 추진위원회 또는 주민대표회의 구성

② 정비사업전문관리업자의 선정(위탁지원자는 선정을 위한 지원으로 한정한다)

추진위원회가 정비사업전문관리업자를 선정하기 위해서는 법 제32조 제2항에 따라 법 제29조 제1항에 따른 경쟁입찰 또는 수의계약(2회 이상 경쟁입찰이 유찰된 경우로 한정한다)의 방법으로 선정하여야 하지만, 추진위원회가 시장 · 군수등이 선정한 정비사업전문관리업자를 선정하는 때에는 위와 같은 규정이 적용되지 않는다.[1202]

③ 설계자 및 시공자 선정 방법 등

④ 법 제52조 제1항 제4호에 따른 사업시행계획서상 세입자의 주거 및 이주 대책(이주 거부에 따른 협의 대책을 포함한다) 수립

⑤ 관리처분계획 수립

⑥ 그 밖에 시 · 도조례로 정하는 사항

3. 위탁지원자에 대한 감독

시장 · 군수등은 위탁지원자의 공정한 업무수행을 위하여 관련 자료의 제출 및 조사,

1200) 법 제118조 제1항.
1201) 법 제118조 제2항.
1202) 법 제118조 제5항.

현장점검 등 필요한 조치를 할 수 있고, 위탁지원자의 행위에 대한 대외적인 책임은 시장·군수등에게 있다.[1203]

4. 비용의 부담

공공지원에 필요한 비용은 시장·군수등이 부담하되, 특별시장, 광역시장 또는 도지사는 관할 구역의 시장, 군수 또는 구청장에게 특별시·광역시 또는 도의 조례로 정하는 바에 따라 그 비용의 일부를 지원할 수 있다.[1204]

5. 시·도조례 위임 및 시공자 선정시기

(1) 공공지원의 시행을 위한 방법과 절차, 기준 및 법 제126조에 따른 도시·주거환경정비기금의 지원, 시공자 선정 시기 등에 필요한 사항은 시·도조례로 정한다.[1205]

(2) 법 제29조 제4항은 시공자 선정 시기를 조합설립인가 후로 규정하고 있는데, 위와 같이 시공자 선정 시기를 시·도조례로 정할 수 있는바 서울시 조례 제77조 제1항은 시공자 선정 시기를 사업시행계획인가 후로 규정하여 인가된 사업시행계획서를 반영한 설계도서를 작성하여 내역입찰을 하도록 하였다. 이는 설계도서가 없이 시공자를 선정한 후 부당하게 공사비를 인상하는 부조리를 방지하고자 한 것이다.

(3) 다만, 시·도조례에 의한 시공자 선정 시기의 제한에도 불구하고 아래의 어느 하나에 해당하는 경우에는 토지등소유자(조합을 설립한 경우에는 조합원을 말한다)의 과반수 동의를 받아 조합설립인가 후에 시공자를 선정할 수 있다.[1206]

① 조합이 법 제25조에 따라 건설업자와 공동으로 정비사업을 시행하는 경우로서 조합과 건설업자 사이에 협약을 체결하는 경우(협약사항에 관한 구체적인 내용은 시·도조례로 정할 수 있다)[1207] 이 경우에는 공동시행자인 해당 건설업자를 시공자로 본다.

② 법 제28조 제1항 및 제2항에 따라 사업대행자(시장·군수등, 토지주택공사등 또는

1203) 법 제118조 제3항.
1204) 법 제118조 제4항.
1205) 법 제118조 제6항.
1206) 법 제118조 제7항.
1207) 법 제118조 제8항.

지정개발자)가 정비사업을 시행하는 경우

X. 정비사업관리시스템의 구축(제119조)

도시정비법

제119조 (정비사업관리시스템의 구축)

① 국토교통부장관 또는 시 · 도지사는 정비사업의 효율적이고 투명한 관리를 위하여 정비사업관리시스템을 구축하여 운영할 수 있다. 〈개정 2021. 8. 10.〉

② 국토교통부장관은 시 · 도지사에게 제1항에 따른 정비사업관리시스템의 구축 등에 필요한 자료의 제출 등 협조를 요청할 수 있다. 이 경우 자료의 제출 등 협조를 요청받은 시 · 도지사는 정당한 사유가 없으면 이에 따라야 한다. 〈신설 2021. 8. 10.〉

③ 제1항에 따른 정비사업관리시스템의 운영방법 등에 필요한 사항은 국토교통부령 또는 시 · 도조례로 정한다. 〈개정 2021. 8. 10.〉

(1) 국토교통부장관 또는 시 · 도지사는 정비사업의 효율적이고 투명한 관리를 위하여 정비사업관리시스템을 구축하여 운영할 수 있고, 국토교통부장관은 시 · 도지사에게 정비사업관리시스템의 구축 등에 필요한 자료의 제출 등 협조를 요청할 수 있으며 시 · 도지사는 정당한 사유가 없으면 이에 따라야 한다. 정비사업관리시스템의 운영방법 등에 필요한 사항은 국토교통부령 또는 시 · 도조례로 정한다.

(2) 법 제128조제2항 및 시행령 제96조제2항제1호에 따라 국토교통부장관은 정비사업전문관리업 정보종합체계의 구축·운영에 관한 사무를 한국부동산원에 위탁하는바, 한국부동산원은 시 · 도지사, 시장 · 군수 · 구청장 및 사업시행자에게 정비사업관리시스템의 구축 및 활용에 필요한 ① 법 제16조제3항에 따른 정비계획 관계 서류, ② 법 제52조제1항에 따른 사업시행계획서, ③ 법 제124조제1항제5호에 따른 관리처분계획서, ④ 정비구역의 지정, 사업시행자의 지정 또는 조합설립인가, 사업시행계획인가, 관리처분계획인가 및 정비사업완료의 실적에 관한 자료의 제출을 요청할 수 있다.[1208] 한국부동산원은 정비사업관리시스템 구축 · 운영을 위하여 ① 정비사업관리시스템의 구축 · 운영에 관한 각종 연구개발 및 기술 지원, ② 정비사업관리시스템의 구축을 위한

1208) 시행규칙 제21조의2 제1항.

관련 기관과의 공동사업 시행, ③ 정비사업관리시스템을 이용한 정보의 공동활용 촉진에 관한 업무를 수행할 수 있다.[1209]

XI. 정비사업의 정보공개(제120조)

도시정비법

제120조 (정비사업의 정보공개)

시장·군수등은 정비사업의 투명성 강화를 위하여 조합이 시행하는 정비사업에 관한 다음 각 호의 사항을 매년 1회 이상 인터넷과 그 밖의 방법을 병행하여 공개하여야 한다. 이 경우 공개의 방법 및 시기 등 필요한 사항은 시·도조례로 정한다. 〈개정 2017. 8. 9.〉

1. 제74조제1항에 따라 관리처분계획의 인가(변경인가를 포함한다. 이하 이 조에서 같다)를 받은 사항 중 제29조에 따른 계약금액
2. 제74조제1항에 따라 관리처분계획의 인가를 받은 사항 중 정비사업에서 발생한 이자
3. 그 밖에 시·도조례로 정하는 사항

시장·군수등은 정비사업의 투명성 강화를 위하여 조합이 시행하는 정비사업에 관하여 ① 관리처분계획의 인가(변경인가를 포함한다. 이하 같다)를 받은 사항 중 법 제29조에 따른 계약금액(2017. 8. 9. 개정 전에는 '시공자의 공사비'로 한정하였으나 개정법에서 확대하였다), ② 관리처분계획의 인가를 받은 사항 중 정비사업에서 발생한 이자, ③ 그밖에 시·도조례로 정하는 사항을 매년 1회 이상 인터넷과 그 밖의 방법을 병행하여 공개하여야 한다. 이 경우 공개의 방법 및 시기 등 필요한 사항은 시·도조례로 정한다.

1209) 시행규칙 제21조의2 제2항.

XII. 청문(제121조)

도시정비법

제121조(청문)

국토교통부장관, 시 · 도지사, 시장, 군수 또는 구청장은 다음 각 호의 어느 하나에 해당하는 처분을 하려는 경우에는 청문을 하여야 한다. 〈개정 2018. 6. 12.〉

1. 제106조제1항에 따른 정비사업전문관리업의 등록취소
2. 제113조제1항부터 제3항까지의 규정에 따른 추진위원회 승인의 취소, 조합설립인가의 취소, 사업시행계획인가의 취소 또는 관리처분계획인가의 취소
3. 제113조의2제1항에 따른 시공자 선정 취소 또는 과징금 부과
4. 제113조의3제1항에 따른 입찰참가 제한

국토교통부장관, 시 · 도지사, 시장, 군수 또는 구청장은 ① 법 제106조 제1항에 따른 정비사업전문관리업의 등록취소, ② 법 제113조 제1항부터 제3항까지의 규정에 따른 추진위원회 승인의 취소, 조합설립인가의 취소, 사업시행계획인가의 취소 또는 관리처분계획인가의 취소, ③ 법 제113조의2 제1항에 따른 시공자 선정 취소 또는 과징금 부과, ④ 법 제113조의3 제1항에 따른 입찰참가 제한에 해당하는 처분을 하려는 경우에는 청문을 하여야 한다.

제8장 보 칙

Ⅰ. 토지등소유자의 설명의무(제122조)

도시정비법	도시정비법 시행령
제122조(토지등소유자의 설명의무) ① 토지등소유자는 자신이 소유하는 정비구역 내 토지 또는 건축물에 대하여 매매·전세·임대차 또는 지상권 설정 등 부동산 거래를 위한 계약을 체결하는 경우 다음 각 호의 사항을 거래 상대방에게 설명·고지하고, 거래 계약서에 기재 후 서명·날인하여야 한다. 1. 해당 정비사업의 추진단계 2. 퇴거예정시기(건축물의 경우 철거예정시기를 포함한다) 3. 제19조에 따른 행위제한 4. 제39조에 따른 조합원의 자격 5. 제70조제5항에 따른 계약기간 6. 제77조에 따른 주택 등 건축물을 분양받을 권리의 산정 기준일 7. 그 밖에 거래 상대방의 권리·의무에 중대한 영향을 미치는 사항으로서 대통령령으로 정하는 사항 ② 제1항 각 호의 사항은 「공인중개사법」 제25조제1항제2호의 "법령의 규정에 의한 거래 또는 이용제한사항"으로 본다.	제92조(토지등소유자의 설명의무) 법 제122조제1항제7호에서 "대통령령으로 정하는 사항"이란 다음 각 호를 말한다. 1. 법 제72조제1항제2호에 따른 분양대상자별 분담금의 추산액 2. 법 제74조제1항제6호에 따른 정비사업비의 추산액(재건축사업의 경우에는 「재건축초과이익 환수에 관한 법률」에 따른 재건축부담금에 관한 사항을 포함한다) 및 그에 따른 조합원 분담규모 및 분담시기

1. 입법취지

(1) 정비구역 내 토지 또는 건축물을 소유한 토지등소유자는 정비구역 지정에 따른 행위제한, 정비사업의 시행에 따른 조합원으로서의 권리·의무의 부담 등 여러 법적 제한을 받게 되는바, 본조는 토지등소유자가 정비구역 내 토지 또는 건축물에 대하여 매매·전세·임대차 또는 지상권 설정 등 부동산 거래를 위한 계약을 체결하는 경우

에 거래 상대방에게 정비사업의 시행에 관한 정보를 설명 · 고지하고 거래 계약서에 이를 기재 후 서명 · 날인하도록 함으로써, 거래 상대방을 보호할 법적 의무를 부여한 것이다.

(2) 따라서 본조의 설명고지의무를 위반하여 거래 상대방이 계약의 중요부분에 착오가 있는 때에는 민법 제109조에 따라 계약을 취소할 수 있고, 거래 상대방이 손해를 입게 된 때에는 손해배상 청구권이 성립할 수도 있다.

2. 토지등소유자의 설명의무

(1) 토지등소유자는 자신이 소유하는 정비구역 내 토지 또는 건축물에 대하여 매매 · 전세 · 임대차 또는 지상권 설정 등 부동산 거래를 위한 계약을 체결하는 경우 다음 각 호의 사항을 거래 상대방에게 설명 · 고지하고, 거래 계약서에 기재 후 서명 · 날인하여야 한다.[1210]

① 해당 정비사업의 추진단계

② 퇴거예정시기(건축물의 경우 철거예정시기를 포함한다)

③ 법 제19조 정비구역 내 행위제한

④ 법 제39조에 따른 조합원의 자격

매매계약에 있어서 양수인의 조합원 자격 승계 여부는 매우 중요한 사항에 해당하므로, 양수인이 법 제39조에 따라 단독으로 조합원의 자격을 취득하게 되는지, 투기과열지구로서 조합원 자격을 취득할 수 없게 되는지 등에 관해 설명 · 고지하고 계약서에 기재하여야 한다. 이로 인한 매매계약 취소의 분쟁이 자주 발생한다.

⑤ 법 제70조 제5항에 따른 계약기간

지상권 · 전세권 또는 임대차의 계약을 체결할 때에는 관리처분계획인가 후 민법, 주택임대차보호법, 상가건물 임대차보호법상 계약기간이 보장되지 않는다는 점을 설명 · 고지하고 계약서에 기재하여야 한다.

⑥ 법 제77조에 따른 주택 등 건축물을 분양받을 권리의 산정 기준일

매매계약의 대상인 토지 또는 건축물이 법 제77조에 따라 분양받을 권리가 제한되는

1210) 법 제122조 제1항 및 시행령 제92조.

경우에는 거래 상대방인 양수인은 단독으로 분양받을 권리를 인정받지 못하고 다른 토지등소유자와 함께 분양을 받아야 하는 등 불측의 피해를 입게 되는바, 이를 설명·고지하고 계약서에 기재하여야 한다.

⑦ 법 제72조 제1항 제2호 분양신청 통지에 따른 분양대상자별 분담금의 추산액 매매계약에 따른 양수인이 조합원 지위를 승계하여 분담금을 납부할 주체가 되므로, 이를 설명·고지하고 계약서에 기재하여야 한다.

⑧ 법 제74조 제1항 제6호 관리처분계획에 따른 정비사업비의 추산액(재건축사업의 경우에는 「재건축초과이익 환수에 관한 법률」에 따른 재건축부담금에 관한 사항을 포함한다) 및 그에 따른 조합원 분담규모 및 분담시기

(2) 설명·고지하여야 하는 내용은 계약의 종류(매매, 전세, 임대차, 지상권)에 따라 또는 사업진행의 단계에 따라 달라질 수 있다.

3. 중개인의 설명의무

(1) 앞서 본 토지등소유자의 설명의무의 사항은 「공인중개사법」 제25조 제1항 제2호의 "법령의 규정에 의한 거래 또는 이용제한사항"으로 본다.[1211]

(2) 개업공인중개사는 중개를 의뢰받은 경우에는 중개가 완성되기 전에 "법령의 규정에 의한 거래 또는 이용제한사항"을 확인하여 이를 당해 중개대상물에 관한 권리를 취득하고자 하는 중개의뢰인에게 성실·정확하게 설명하고, 토지대장 등본 또는 부동산종합증명서, 등기사항증명서 등 설명의 근거자료를 제시하여야 하는바, 공인중개사도 토지등소유자의 설명의무와 동일한 의무를 부담하고 이를 위반하여 중개의뢰인인 양수인이 손해를 입은 때에는 손해배상 책임이 성립될 수 있다.

1211) 법 제122조 제2항.

Ⅱ. 재개발사업 등의 시행방식의 전환(제123조)

도시정비법	도시정비법 시행령
제123조 (재개발사업 등의 시행방식의 전환) ① 시장 · 군수등은 제28조제1항에 따라 사업대행자를 지정하거나 토지등소유자의 5분의 4 이상의 요구가 있어 제23조제2항에 따른 재개발사업의 시행방식의 전환이 필요하다고 인정하는 경우에는 정비사업이 완료되기 전이라도 대통령령으로 정하는 범위에서 정비구역의 전부 또는 일부에 대하여 시행방식의 전환을 승인할 수 있다. ② 사업시행자는 제1항에 따라 시행방식을 전환하기 위하여 관리처분계획을 변경하려는 경우 토지면적의 3분의 2 이상의 토지소유자의 동의와 토지등소유자의 5분의 4 이상의 동의를 받아야 하며, 변경절차에 관하여는 제74조제1항의 관리처분계획 변경에 관한 규정을 준용한다. ③ 사업시행자는 제1항에 따라 정비구역의 일부에 대하여 시행방식을 전환하려는 경우에 재개발사업이 완료된 부분은 제83조에 따라 준공인가를 거쳐 해당 지방자치단체의 공보에 공사완료의 고시를 하여야 하며, 전환하려는 부분은 이 법에서 정하고 있는 절차에 따라 시행방식을 전환하여야 한다. ④ 제3항에 따라 공사완료의 고시를 한 때에는 「공간정보의 구축 및 관리 등에 관한 법률」 제86조제3항에도 불구하고 관리처분계획의 내용에 따라 제86조에 따른 이전이 된 것으로 본다. ⑤ 사업시행자는 정비계획이 수립된 주	제93조 (사업시행방식의 전환) 법 제123조제1항에 따라 시장 · 군수등은 법 제69조제2항에 따라 환지로 공급하는 방법으로 실시하는 재개발사업을 위하여 정비구역의 전부 또는 일부를 법 제74조에 따라 인가받은 관리처분계획에 따라 건축물을 건설하여 공급하는 방법으로 전환하는 것을 승인할 수 있다.

거환경개선사업을 제23조제1항제4호의 시행방법으로 변경하려는 경우에는 토지등소유자의 3분의 2 이상의 동의를 받아야 한다.	

1. 입법취지 및 연혁

(1) 재개발사업은 법 제74조에 따른 인가받은 관리처분계획에 따라 주택 및 부대·복리시설을 건설하여 공급하거나(관리처분방법), 법 제69조 제2항에 따른 환지로 공급하고 환지를 공급받은 자가 스스로 환지 위에 건축물을 건축하는 방법(환지방법)이 있다.[1212)]

(2) 환지로 공급하는 방법은 주거환경의 질적 개선의 효과가 떨어지고, 건축비를 조달하는데 있어 토지등소유자의 재정적 문제가 발생하고, 조성 후의 주택(단독, 다가구, 다세대 등)의 가치가 아파트에 비해 떨어지는 등 효율성과 경제성에 문제가 있어 사업추진이 어렵게 되기도 하는바, 본조는 재개발사업의 시행방식을 관리처분계획에 따라 주택 및 부대·복리시설을 건설하여 공급하는 방식으로 전환하여 주거환경의 질적 개선을 높이고 일반분양을 통한 사업비 조달 등 경제성을 높여 사업을 활성화 할 수 있도록 규정한 것이다.

(3) 주거환경개선사업은 주택을 보전·정비·개량하는 방법(개량방법), 법 제63조에 따른 수용 후 주택을 건설하여 공급하거나 대지를 공급하는 방법(수용방법), 법 제69조 제2항에 따른 환지로 공급하는 방법(환지방법), 법 제74조에 따른 인가받은 관리처분계획에 따라 주택 및 부대·복리시설을 건설하여 공급하는 방식(제4호)이 있다.[1213)] 2017. 2. 8. 개정(시행일 2018. 2. 9.) 전 구법은 재개발사업만 사업시행방식을 전환할 수 있도록 규정하였으나, 개정법에서는 주거환경개선사업에서도 위와 같은 문제점을 개선하여 사업을 활성화하고자 법 제23조 제1항 제4호의 시행방법(관리처분계획에 따라 주택 및 부대·복리시설을 건설하여 공급하는 방식)으로 전환할 수 있도록 하였다.

1212) 법 제23조 제2항.
1213) 법 제23조 제1항.

2. 재개발사업의 시행방식전환

가. 시장·군수등의 승인

시장·군수등은 제28조 제1항에 따라 사업대행자를 지정하거나 토지등소유자의 5분의 4 이상의 요구가 있어 제23조 제2항에 따른 재개발사업의 시행방식의 전환이 필요하다고 인정하는 경우에는 정비사업이 완료되기 전이라도 정비구역의 전부 또는 일부에 대하여 환지방법을 관리처분방법으로 시행방식의 전환을 승인할 수 있다.[1214)]

나. 관리처분계획의 변경

사업시행자는 시행방식을 전환하기 위하여 관리처분계획을 변경하려는 경우 토지면적의 3분의 2 이상의 토지소유자의 동의와 토지등소유자의 5분의 4 이상의 동의를 받아야 하며, 변경절차에 관하여는 법 제74조 제1항의 관리처분계획 변경에 관한 규정을 준용하여 시장·군수등의 인가를 받아야 한다.[1215)]

다. 정비구역 일부의 전환에 따른 조치

(1) 사업시행자는 정비구역의 일부에 대하여 시행방식을 전환하려는 경우에 재개발사업이 완료된 부분은 법 제83조에 따라 준공인가를 거쳐 해당 지방자치단체의 공보에 공사완료의 고시를 하여야 하고,[1216)] 공사완료의 고시를 한 때에는 「공간정보의 구축 및 관리등에 관한 법률」 제86조 제3항[1217)]에도 불구하고 관리처분계획의 내용에 따라 법 제86조(이전고시)에 따른 이전이 된 것으로 본다.[1218)] 이전고시 없이 공사완료의 고

1214) 법 제123조 제1항 및 시행령 제93조.

1215) 법 제123조 제2항.

1216) 법 제123조 제3항 전단.

1217) 공간정보의 구축 및 관리등에 관한 법률 제86조(도시개발사업 등 시행지역의 토지이동 신청에 관한 특례)

① 「도시개발법」에 따른 도시개발사업, 「농어촌정비법」에 따른 농어촌정비사업, 그 밖에 대통령령으로 정하는 토지개발사업의 시행자는 대통령령으로 정하는 바에 따라 그 사업의 착수·변경 및 완료 사실을 지적소관청에 신고하여야 한다.

② 제1항에 따른 사업과 관련하여 토지의 이동이 필요한 경우에는 해당 사업의 시행자가 지적소관청에 토지의 이동을 신청하여야 한다.

③ 제2항에 따른 토지의 이동은 토지의 형질변경 등의 공사가 준공된 때에 이루어진 것으로 본다.

시만으로 소유권이 이전되는 것이다.

(2) 관리처분방식으로 전환하려는 부분은 이 법에서 정하고 있는 절차에 따라 시행방식을 전환하여야 하는바,[1219] 토지등소유자의 동의 등 요건을 갖추어 시장·군수등으로부터 시행방식전환 승인과 관리처분계획변경인가를 받아야 하고, 준공인가 후 이전고시에 의해 소유권을 이전한다.

라. 동의권자인 토지등소유자의 범위

(1) 보류지와 체비지를 지정받은 자

1) 법 제69조 제2항은 정비사업과 관련된 환지에 관해서는 도시개발법 제28조부터 제49조까지 준용하도록 규정하고 있고, 동법 제34조 제1항은 "시행자는 도시개발사업에 필요한 경비에 충당하거나 규약·정관·시행규정 또는 실시계획으로 정하는 목적을 위하여 일정한 토지를 환지로 정하지 아니하고 보류지로 정할 수 있으며, 그 중 일부를 체비지로 정하여 도시개발사업에 필요한 경비에 충당할 수 있다."고 규정하고 있는바, 토지등소유자가 아니면서 보류지와 체비지를 환지 예정지로 지정받은 자가 사업방식 전환 및 관리처분계획 변경의 동의권자인 토지등소유자에 포함되는지 살펴볼 필요가 있다.

2) 법 제74조 제6항은 관리처분계획의 내용, 방법 등에 필요한 사항은 대통령령으로 정하도록 규정하고 있고, 시행령 제63조 제1항 제4호는 주거환경개선사업과 재개발사업에 있어서 '기존 토지 및 건축물의 가격'의 비율에 따라 분양하도록 관리처분계획 수립기준을 정하면서, 본조에 따른 사업시행방식이 전환된 경우에는 환지예정지의 권리가액을 '기존 토지 및 건축물의 가격'으로 하여 관리처분계획을 수립하도록 규정하고 있는바, 종전 환지방식의 사업시행에서 환지예정지를 지정받은 자가 관리처분계획에 포함됨에도 불구하고 토지등소유자가 아니라는 이유만으로 아무런 동의권이 없다고 하는 것은 부당하므로, 토지등소유자에 포함된다고 해석해야 할 것이다.[1220]

1218) 법 제123조 제4항.
1219) 법 제123조 제3항 후단.
1220) 송현진·유동규 공저「재개발·재건축 이론과 실무」.

(2) 일부 전환의 동의권자

정비구역의 일부를 관리처분법으로 전환할 때에 전환되는 일부 구역을 기준으로 토지등소유자의 수, 동의자 수, 동의한 토지면적 등을 산정하는 것이 합리적인 해석이라고 할 것이다.

3. 주거환경개선사업의 시행방식전환

(1) 주거환경개선사업의 시행자는 정비계획이 수립된 주거환경개선사업에서 토지등소유자 2/3 이상의 동의를 받아 시행방법을 법 제74조에 따른 관리처분방법으로 변경할 수 있다[1221]

(2) 법 제123조 제5항은 주거환경개선사업의 시행방법 변경에 재개발사업에 관한 제1항 내지 제4항의 규정을 준용하고 있지 아니한바, 시행방법 변경에 시장·군수등의 승인을 요하지 않고, 제2항의 관리처분계획 변경에 관한 토지등소유자의 동의(토지면적 3분의 2 이상 및 토지등소유자 5분의 4 이상)도 요하지 않는다. 다만, 이 법에 따라 사업을 시행하여야 하므로 관리처분계획의 수립기준 및 인가, 준공인가, 이전고시 등에 관한 규정은 적용된다고 할 것이다.

Ⅲ. 관련 자료의 공개 등(제124조)

도시정비법	도시정비법 시행령
제124조(관련 자료의 공개 등) ① 추진위원장 또는 사업시행자(조합의 경우 청산인을 포함한 조합임원, 토지등소유자가 단독으로 시행하는 재개발사업의 경우에는 그 대표자를 말한다)는 정비사업의 시행에 관한 다음 각 호의 서류 및 관련 자료가 작성되거나 변경된 후 15일 이내에 이를 조합원, 토지등소유자 또는 세입자	제94조(자료의 공개 및 통지 등) ① 법 제124조제1항제11호에서 "대통령령으로 정하는 서류 및 관련 자료"란 다음 각 호의 자료를 말한다. 1. 법 제72조제1항에 따른 분양공고 및 분양신청에 관한 사항 2. 연간 자금운용 계획에 관한 사항 3. 정비사업의 월별 공사 진행에 관한

1221) 법 제123조 제5항.

가 알 수 있도록 인터넷과 그 밖의 방법을 병행하여 공개하여야 한다.

1. 제34조제1항에 따른 추진위원회 운영규정 및 정관등
2. 설계자·시공자·철거업자 및 정비사업전문관리업자 등 용역업체의 선정계약서
3. 추진위원회·주민총회·조합총회 및 조합의 이사회·대의원회의 의사록
4. 사업시행계획서
5. 관리처분계획서
6. 해당 정비사업의 시행에 관한 공문서
7. 회계감사보고서
8. 월별 자금의 입금·출금 세부내역
9. 결산보고서
10. 청산인의 업무 처리 현황
11. 그 밖에 정비사업 시행에 관하여 대통령령으로 정하는 서류 및 관련 자료

② 제1항에 따라 공개의 대상이 되는 서류 및 관련 자료의 경우 분기별로 공개대상의 목록, 개략적인 내용, 공개장소, 열람·복사 방법 등을 대통령령으로 정하는 방법과 절차에 따라 조합원 또는 토지등소유자에게 서면으로 통지하여야 한다.

③ 추진위원장 또는 사업시행자는 제1항 및 제4항에 따라 공개 및 열람·복사 등을 하는 경우에는 주민등록번호를 제외하고 국토교통부령으로 정하는 방법 및 절차에 따라 공개하여야 한다.

④ 조합원, 토지등소유자가 제1항에 따른 서류 및 다음 각 호를 포함하여 정비사업 시행에 관한 서류와 관련 자료에 대하여 열람·복사 요청을 한 경우 추진 사항

4. 설계자·시공자·정비사업전문관리업자 등 용역업체와의 세부 계약 변경에 관한 사항
5. 정비사업비 변경에 관한 사항

② 추진위원장 또는 사업시행자(조합의 경우 조합임원, 법 제25조제1항제2호에 따라 재개발사업을 토지등소유자가 시행하는 경우 그 대표자를 말한다)는 법 제124조제2항에 따라 매 분기가 끝나는 달의 다음 달 15일까지 다음 각 호의 사항을 조합원 또는 토지등소유자에게 서면으로 통지하여야 한다.

1. 공개 대상의 목록
2. 공개 자료의 개략적인 내용
3. 공개 장소
4. 대상자별 정보공개의 범위
5. 열람·복사 방법
6. 등사에 필요한 비용

위원장이나 사업시행자는 15일 이내에 그 요청에 따라야 한다. 1. 토지등소유자 명부 2. 조합원 명부 3. 그 밖에 대통령령으로 정하는 서류 및 관련 자료 ⑤ 제4항의 복사에 필요한 비용은 실비의 범위에서 청구인이 부담한다. 이 경우 비용납부의 방법, 시기 및 금액 등에 필요한 사항은 시·도조례로 정한다. ⑥ 제4항에 따라 열람·복사를 요청한 사람은 제공받은 서류와 자료를 사용목적 외의 용도로 이용·활용하여서는 아니 된다.	

1. 정보공개의무자

(1) 정비사업의 시행과 관련한 일정한 자료를 공개하여야 할 의무자는 '추진위원장'과 '사업시행자'이고, 사업시행자에는 공공시행자, 지정개발자, 조합, 법 제25조 제1항 제2호에 따라 토지등소유자가 재개발사업의 시행자인 경우[1222]가 포함된다.

(2) 조합의 경우에는 조합임원과 청산인이 정보공개의무자가 되고, 토지등소유자가 시행하는 재개발사업의 경우에는 그 대표자가 정보공개의무자가 되며, 공공시행자, 지정개발자 등의 경우에도 그 대표자가 정보공개의무자가 된다.

(3) 다만, 법 제137조 제12, 13호와 법 제138조 제1항 제7호는 정보공개의무자의 지위에 있는 자 중 일정한 자를 신분범으로 하여 정보공개의무 위반에 관하여 형사 처벌하는 규정을 두고 있는바, 위 정보공개의무자 모두가 정보공개의무 위반죄의 처벌대상자가 되는 것은 아니다. 이는 형사처벌과 관련하여 별도의 항으로 살펴보기로 한다.

1222) 법 제25조(재개발사업·재건축사업의 시행자)
① 재개발사업은 다음 각 호의 어느 하나에 해당하는 방법으로 시행할 수 있다.
2. 토지등소유자가 20인 미만인 경우에는 토지등소유자가 시행하거나 토지등소유자가 토지등소유자의 과반수의 동의를 받아 시장·군수등, 토지주택공사등, 건설업자, 등록사업자 또는 대통령령으로 정하는 요건을 갖춘 자와 공동으로 시행하는 방법

2. 인터넷 등을 통한 정보공개의무

(1) 추진위원장 또는 사업시행자는 정비사업의 시행에 관한 아래의 서류 및 그 관련 자료가 작성되거나 변경된 후 15일 이내에 이를 조합원, 토지등소유자 또는 세입자가 알 수 있도록 인터넷과 그 밖의 방법을 병행하여 공개하여야 한다.[1223]

① 추진위원회 운영규정 및 정관등

② 설계자 · 시공자 · 철거업자[1224] 및 정비사업전문관리업자 등 용역업체의 선정계약서 및 세부 계약 변경에 관한 사항[1225]

③ 추진위원회 · 주민총회 · 조합총회 및 조합의 이사회 · 대의원회의 의사록

④ 사업시행계획서, 관리처분계획서

⑤ 해당 정비사업의 시행에 관한 공문서

⑥ 회계감사보고서, 월별 자금의 입금 · 출금 세부내역, 결산보고서

⑦ 청산인의 업무 처리 현황

⑧ 법 제72조 제1항에 따른 분양공고 및 분양신청에 관한 사항

⑨ 연간 자금운용 계획에 관한 사항

⑩ 정비사업의 월별 공사 진행에 관한 사항

⑪ 정비사업비 변경에 관한 사항

(2) 추진위원장 또는 사업시행자는 공개의 대상이 되는 서류 및 관련 자료에 대해 분기별로 공개대상의 목록, 개략적인 내용, 공개장소, 대상자별 정보공개의 범위, 열람 · 복사 방법, 등사에 필요한 비용을 매 분기가 끝나는 달의 다음 달 15일까지 조합원 또는 토지등소유자에게 서면으로 통지하여야 한다.[1226] 세입자는 통지대상이 아니다.

1223) 법 제124조 제1항 및 시행령 제94조 제1항.

1224) 2010. 4. 15. 개정 이후 법 제29조 제9항은 시공사와의 계약에 철거공사를 포함하도록 의무화 한 바, 철거업자의 선정계약은 개정 전의 계약을 의미한다.

1225) 서울동부지방법원 2010. 9. 10. 선고 2010노838 판결「정비사사업 시행 및 주민들의 이해관계와 관련 있는 용역업체의 선정계약서라면 공개대상에 포함되는 것이라고 넓게 해석함이 상당하다.」

1226) 법 제124조 제2항 및 시행령 제94조 제2항.

3. 열람 · 복사의무

(1) 조합원, 토지등소유자는 앞서 본 인터넷 등에 공개해야 하는 서류와 토지등소유자 명부, 조합원 명부 및 그 관련 자료에 대하여 열람 · 복사 요청을 할 수 있고, 추진위원장이나 사업시행자는 열람 · 복사 요청을 받은 날로부터 15일 이내에 그 요청에 따라야 한다.[1227]

(2) 열람 · 복사 신청권자에 세입자는 포함되지 아니하며, 대법원은 현금청산자가 되어 조합원 지위를 상실하였더라도 아직 토지 등의 소유권을 상실하지 아니한 경우에는 토지등소유자에 해당하여 열람 · 등사를 요청할 권한이 있다고 판시하였다.[1228]

(3) 토지등소유자 또는 조합원의 열람 · 복사 요청은 사용목적 등을 기재한 서면(전자문서를 포함한다)으로 하여야 하며,[1229] 복사에 필요한 비용을 실비의 범위에서 청구인이 부담하고, 이 경우 비용납부의 방법, 시기 및 금액 등에 필요한 사항은 시 · 도조례로 정한다.[1230]

(4) 열람 · 복사를 요청한 사람은 제공받은 서류와 자료를 사용목적 외의 용도로 이용 · 활용하여서는 안 되고,[1231] 사용목적 외의 용도로 이용하거나 제3자에게 제공한 때에는 「개인정보 보호법」 제19조 및 제71조 제2호에 따라 5년 이하의 징역 또는 5천만원 이하의 벌금에 처한다.[1232]

1227) 법 제124조 제4항.

1228) 대법원 2012. 7. 26. 선고 2011도8267 판결 [도시및주거환경정비법위반].

1229) 시행규칙 제22조.

1230) 법 제124조 제5항.

1231) 법 제124조 제6항.

1232) 개인정보 보호법 제19조(개인정보를 제공받은 자의 이용 · 제공 제한)
개인정보처리자로부터 개인정보를 제공받은 자는 다음 각 호의 어느 하나에 해당하는 경우를 제외하고는 개인정보를 제공받은 목적 외의 용도로 이용하거나 이를 제3자에게 제공하여서는 아니 된다.
1. 정보주체로부터 별도의 동의를 받은 경우
2. 다른 법률에 특별한 규정이 있는 경우
제71조(벌칙) 다음 각 호의 어느 하나에 해당하는 자는 5년 이하의 징역 또는 5천만원 이하의 벌금에 처한다. 〈개정 2016. 3. 29.〉
2. 제18조제1항 · 제2항, 제19조, 제26조제5항 또는 제27조제3항을 위반하여 개인정보를 이용하거나 제3자에게 제공한 자 및 그 사정을 알면서도 영리 또는 부정한 목적으로 개인정보를 제공받은 자

(5) 대법원은 「구 도시정비법 시행령 제70조 제2항 제5호(현행 시행령 제94조 제2항 제5호)에서 조합임원은 조합원에게 열람·복사의 방법을 서면으로 통지하도록 규정하고 있는데, 조합에서 열람·복사의 방법을 특정하지 않았다면 현장교부 외에도 통상의 방법인 우편, 팩스 또는 정보통신망 중 어느 하나의 방법을 이용하여 열람·복사 요청에 응하여야 한다고 해석함이 타당하고, 열람·복사를 요청한 조합원이 복사에 필요한 비용을 부담한다는 규정만으로 현장에서만 열람 및 복사할 것이 요구된다고 해석할 수 없으므로 열람·복사를 신청한 조합원이 다시 조합사무실 등의 현장에 방문하여 열람·복사를 해야만 하는 것은 아닌데도, 이와 달리 열람·복사를 신청한 조합원이 15일 이내에 조합을 방문하였음을 인정할 증거가 없다는 이유로 피고인들에게 무죄를 선고한 원심판단에 구 도시정비법상의 열람·복사 요청에 응할 의무에 관한 법리를 오해하여 필요한 심리를 다하지 아니한 위법이 있다.」고 판시하였다.[1233]

4. 공개 및 열람·복사의 범위

가. 주민번호의 공개금지

추진위원장 또는 사업시행자는 인터넷 등에 공개하거나 열람·복사 등을 하는 경우에는 주민등록번호를 제외하여야 한다.[1234] 이는 개인정보의 불법 사용을 막고 보호하고자 하는 것이다.

나. 전화번호의 공개여부

법 제124조 제3항은 주민번호의 공개만을 금지하고 있고, 동조 제4항은 토지등소유자 명부와 조합원 명부를 열람·복사의 대상으로 규정하고 있는바, 토지등소유자 또는 조합원의 전화번호도 명부에 포함되므로 공개대상으로 보아야 한다는 하급심 판례[1235]와 개인정보로 보아 공개할 의무가 없다는 하급심 판례[1236]의 견해가 대립하였는데,

---

1233) 대법원 2018. 4. 26. 선고 2016도13811 판결 [도시및주거환경정비법위반].

1234) 법 제124조 제3항.

1235) 서울행정법원 2014. 8. 19. 선고 2013구합64844 판결, 광주지방법원 2015. 7. 9. 선고 2014구합11076 판결.

1236) 서울동부지방법원 2013. 12. 19. 선고 2013카합1863 판결, 수원지방법원 안양지원 2014. 7. 15.자 2014카합51 결정.

최근 대법원 2021. 2. 10. 선고 2019도18700 판결에서는 조합원의 전화번호도 의무조항에 따른 열람·복사의 대상이며, 설령 조합원 명부에 조합원들의 전화번호가 기재되어 있지 않다고 하더라도 조합이 정비사업 시행을 위해 수집하여 관리하고 있다면 열람·복사의 대상이라고 판결하였다.

다. 신축건물 동호수 배정 결과

대법원 2021. 2. 10. 선고 2019도18700 판결은 '신축건물 동호 배정 결과'는 관리처분계획 및 이전고시를 통해 공개해야 할 정보이고 법 제124조 제1항 제11호 정비사업 시행에 관한 서류에 해당하므로 의무조항에 따른 열람·복사의 대상이라고 판시하였다.

라. 관련 자료의 범위(총회 참석자 명부 및 서면결의서 등)

(1) 본조 제1항과 제4항은 공개 및 열람 · 복사의 대상인 서류를 특정하면서 그 관련 자료도 공개대상에 포함하고 있다.

(2) 이에 대법원은 「구 도시정비법 제81조 제1항 본문에서 '다음 각 호의 서류 및 관련 자료'로 규정하고 제3호에서 의사록을 규정하고 있는바, 의사록이 진정하게 작성되었는지 여부, 의사정족수와 의결정족수가 충족되었는지 여부, 조합원 등의 의사결정 내용이 올바르게 반영되었는지 여부 등을 판단하기 위해서는 의사록 이외에 참석자명부와 서면결의서를 확인할 필요가 있으므로 참석자명부와 서면결의서를 의사록의 관련 자료로 볼 수 있고, 참석자명부와 서면결의서 중 개인정보를 제외하고 나머지 부분만 공개하는 것도 가능하고, 나머지 부분에 기재된 참석자 수, 찬성 반대 기권 등 의사결정 내용 등을 보고 의사록이 진정하게 작성되었는지 여부 등을 확인할 수 있으므로 나머지 부분에도 공개할 가치가 있는 자료가 포함되어 있는 점 등에 비추어 보면, 참석자명부와 서면결의서는 도시정비법 제81조 제1항 제3호 의사록의 관련 자료에 포함된다고 보는 것이 체계적이고 논리적인 해석이라 할 것이고, 그와 같은 해석이 죄형법정주의에 위배된다고 볼 수는 없다.」고 하여 참석자명부와 서면결의서의 열람 · 복사 거부에 대하여 유죄판결을 하였다.[1237)]

(3) 위와 같은 대법원 판례의 취지에 따르면, 투표용지도 의사록의 관련 자료로,[1238)]

1237) 대법원 2012. 2. 23. 선고 2010도8981 판결 [도시및주거환경정비법위반].

분양대상자별 종전 토지 또는 건축물의 명세와 감정평가액은 관리처분계획서의 관련 자료로, 통장내역과 영수증 등은 월별 자금의 입금 · 출금 세부내역 등의 관련 자료로 열람 · 복사의 대상이 된다고 볼 수 있다.

(4) 법 제138조 제7호는 법 제124조 제1항에 따른 인테넷 등 공개의무 위반과 제4항 열람 · 복사의무 위반을 처벌대상으로 하는데, 위 대법원 판례는 열람 · 복사의무를 위반한 사안으로 인터넷 등 공개의무 위반의 경우에 그대로 적용될 수 없다. 법 제124조 제2항은 제1항의 인터넷 등에 공개할 관련 자료의 경우 공개대상 목록 등을 분기별로 통지하도록 규정하여 관련 자료의 공개범위에 관해 일정한 재량권을 부여하고 있기 때문이다. 따라서 법 제124조 제1항 각호 및 시행령 제94조 제1항 각호의 서류가 아닌 관련 자료를 인터넷 등에 공개하지 아니한 것은 처벌대상이 아니라고 할 것이다.

5. 형사처벌 및 처벌대상자

가. 형사처벌규정

(1) 본조 제1항에 따른 서류 및 관련 자료를 거짓으로 공개하거나 본조 제4항에 따른 열람 · 복사 요청에 허위의 사실이 포함된 자료를 열람 · 복사해 준 '추진위원장' 또는

1238) 다만, 서울중앙지방법원 2015. 5. 21. 선고 2015노499 판결은 「조합 이사회의 의사록 및 관련 자료를 비롯해 위 구법 제81조 제1항(현행법 제124조 제1항) 제1호부터 제8호까지 열거된 서류 및 관련 자료는 정비사업시행에 관해 공개 대상이면서 동시에 열람 · 복사의 대상이 되는데, 같은 조 제2항(현행법 제125조 제1항)은 조합임원 등으로 하여금 제1항 및 법 제81조 제6항에 따라 공개 · 열람 · 복사의 대상이 되는 서류 및 관련 자료를 작성 · 보관하고, 분기별로 그 목록 등을 조합원 등에게 서면으로 통지하도록 하는 한편, 제1항에서 정한 서류 및 관련 자료 이외에 총회 등의 녹음자료 등을 별도로 거시하면서 이를 작성 · 보관하도록 규정하고 있다. 위 각 규정의 문리해석상 총회 등의 녹음자료 등은 위 법 제81조 제1항에서 정한 서류 및 관련 자료에 해당하지 않는다고 할 것이고, 이를 제1항에 따른 서류 및 관련 자료에 해당한다고 해석하는 것은 엄격하게 해석해야 하는 형벌법규 또는 형벌법규의 적용대상이 되는 사항을 규정하고 있는 행정법규의 의미를 피고인에게 불리한 방향으로 확장 또는 유추 해석하는 것이어서 허용될 수 없다. 따라서 이사회 녹취파일은 위 법 제81조 제1항에 따른 열람 · 복사의 대상이라고 할 수 없으므로, 이 사건 공소사실과 같이 피고인이 이사회 녹취파일에 대한 열람 · 복사 요청을 거부했다 하더라도 이는 죄가 되지 아니하는 경우에 해당해, 이 부분 공소사실에 대하여는 형사소송법 제327조 전단에 의하여 무죄가 선고되어야 한다.」고 판시하였고, 대법원 2015. 12. 23. 선고 2015도8361 판결은 원심판결이 정당하다고 판시하였는바, 이에 따르면 속기록, 녹취록, 영상자료는 법 제125조 제1항에 따른 보관의무만 있을 뿐 법 제124조 에 따른 열람·복사의 대상이 아니라고 할 것이다.

'조합임원(토지등소유자가 시행하는 재개발사업의 경우 그 대표자)'는 2년 이하의 징역 또는 2천만원 이하의 벌금에 처한다(법 제137조 제12, 13호).

(2) 본조 제1항을 위반하여 정비사업시행과 관련한 서류 및 자료를 인터넷과 그 밖의 방법을 병행하여 공개하지 아니하거나 본조 제4항을 위반하여 조합원 또는 토지등소유자의 열람 · 복사 요청에 응하지 아니하는 '추진위원장', '전문조합관리인' 또는 '조합임원(조합의 청산인 및 토지등소유자가 시행하는 재개발사업의 경우에는 그 대표자, 제27조에 따른 지정개발자가 사업시행자인 경우 그 대표자를 말한다)'은 1년 이하의 징역 또는 1천만원 이하의 벌금에 처한다(법 제138조 제1항 제7호).

(3) 본조 제2항에 따른 분기별 공개대상 목록 등의 통지를 위반한 행위는 처벌대상이 아니다.

나. 형사처벌의 대상자

(1) 법 제137조 및 제138조의 형사처벌 대상자

1) 앞서 본 바와 같이 본조의 정보공개의무자와 위반에 따른 형사처벌대상자는 구별되며, 법 제137조 제12, 13호와 법 제138조 제1항 제7호도 상호 형사처벌대상자를 달리 규정하고 있다.

2) 법 제137조 제12, 13호는 허위 공개에 따른 처벌대상자를 '추진위원장'과 '조합임원', '토지등소유자가 시행하는 재개발사업의 경우 그 대표자'로 규정하고 있을 뿐, '조합의 청산인', '전문조합관리인', '지정개발자의 대표자', '공공시행자의 대표자'를 처벌대상자로 규정하고 있지 않다.

3) 반면 법 제138조 제7호의 공개 거부에 따른 처벌대상자는 '추진위원장', '조합임원', '토지등소유자가 시행하는 재개발사업의 경우 그 대표자'는 물론이고, '조합의 청산인', '전문조합관리인', '지정개발자의 대표자'도 대상으로 규정하고 있고, 단지 '공공시행자의 대표자'를 처벌대상자로 규정하지 않았다.

4) 위와 같은 점을 종합하면, 본조의 정보공개의무자 중 '공공시행자의 대표자'는 처벌대상자가 될 수 없고, '조합의 청산인', '전문조합관리인' '지정개발자의 대표자'는 허위 공개에 따른 처벌대상자가 될 수는 없으나 공개 거부에 따른 처벌대상자에는 해당되는 것이다. 이러한 법규와 해석이 상식에 부합하는 것인지에 관해서는 반론이 있을

수 있으나, 죄형법정주의원칙상 엄격한 해석을 요하므로 위와 같이 법문에 충실히 해석하는 것이 타당하다고 할 것이다.

(2) 조합의 청산인

1) 2016. 1. 27. 개정 전에는 본조의 정보공개의무자에 '청산인'을 규정하지 아니하였고, 이에 대법원은 「구 도시정비법 제86조 제6호 위반죄의 범행주체 하나인 '추진위원회 위원장'이란 구 도정법 제13조 제2항, 제15조 제1항에 따라 정비사업조합을 설립하기 위하여 토지 등 소유자 과반수의 동의를 얻은 후 시장·군수의 승인을 얻어 구성된 조합설립추진위원회 위원장을 의미하고, 다른 하나인 '조합 임원'은 구 도정법 제21조, 제24조 제3항 제8호에 따라 정비사업조합 총회 의결에 의하여 선임된 조합장 1인, 이사, 감사를 의미하므로, 구 도정법 제27조에 의하여 준용되는 민법 중 사단법인에 관한 규정에 따라 해산된 정비사업조합의 청산사무를 집행하는 기관인 '청산인'을 구 도정법 제86조 제6호, 제81조 제1항에서 정한 '추진위원회 위원장 또는 조합 임원'에 해당한다고 해석하는 것은 형벌법규를 피고인에게 불리한 방향으로 지나치게 확장 해석하거나 유추 해석하는 것이어서 죄형법정주의 원칙에 어긋나 허용될 수 없다.」고 판시하였다.[1239]

2) 2016. 1. 27. 개정에서는 본조의 정보공개의무자에 청산인을 포함하고, 법 제138조 제1항 제7호의 공개 거부에 따른 처벌대상자에도 청산인을 포함하였으나, 법 제137조 제12, 13호 허위 공개에 따른 처벌대상자에는 청산인을 포함하지 않았다.

(3) 전문조합관리인

1) 2016. 1. 27. 개정 이후 현행법 제41조 제5항 단서는, 조합임원이 사임, 해임, 유고 등으로 6개월 이상 선임되지 아니한 경우 또는 총회에서 조합원 과반수의 출석과 출석 조합원 과반수의 동의로 전문조합관리인의 선정을 요청하는 경우에 시장·군수가 시·도조례로 정하는 바에 따라 변호사·회계사·기술사 등으로서 대통령령으로 정하는 요건을 갖춘 자를 전문조합관리인으로 선정하여 조합임원의 업무를 대행하도록 할 수 있도록 하였다.

1239) 대법원 2011. 5. 26. 선고 2010도17145 판결 [도시및주거환경정비법위반].

2) 법 제124조 제1항은 정보공개의무자에 전문조합관리인을 규정하고 있지 않으나, 전문관리인이 조합임원의 업무를 대행하는 것이므로, 본조의 정보공개의무자에 해당함은 당연하다고 할 것이다.

3) 그러나 정보공개위반에 따른 형사처벌은 죄형법정주의원칙상 유추 또는 확대 해석이 불가한바, 2016. 1. 27. 개정에서는 현행법 제138조 제1항 제7호의 공개 거부에 따른 처벌대상자에 전문조합관리인을 포함하였고, 현행법 제137조 제12, 13호의 허위공개에 따른 처벌대상자에는 전문조합관리인을 포함하지 않았다.

(4) 지정개발자의 대표자

1) 본조 제1항은 정보공개의무자를 "사업시행자(조합의 경우 청산인을 포함한 조합임원, 토지등소유자가 단독으로 시행하는 재개발사업의 경우에는 그 대표자를 말한다)"로 규정하고 있을 뿐 지정개발자의 대표자에 관해 규정하고 있지 않으나, 앞서 본 바와 같이 사업시행자에는 지정개발자도 당연히 포함된다고 보아야 한다.

2) 반면 위와 같은 해석에도 불구하고 2015. 9. 1. 개정 전 벌칙규정에서는 허위공개와 공개 거부에 따른 형사처벌대상자에 지정개발자의 대표자를 규정하지 아니하여 본조의 위반에도 불구하고 처벌대상자가 될 수 없었던바, 2015. 9. 1. 개정에서는 공개거부에 따른 처벌대상자에 포함하였고, 허위 공개에 따른 처벌대상자에는 포함하지 않았다.

(5) 추진위원장과 조합임원의 범위에 관한 대법원 판례

1) 정보공개의무자인 '추진위원장'의 범위에 대해 대법원은 「구 도시정비법 제86조 제6호와 제84조의3 제5호 위반죄의 범행주체인 '추진위원회 위원장'이란 같은 법 제13조 제2항, 제15조 제1항에 따라 정비사업조합을 설립하기 위하여 토지등소유자 과반수의 동의를 얻은 후 시장 · 군수의 승인을 얻어 구성된 조합설립추진위원회의 위원장을 의미하므로, 추진위원회의 부위원장이나 추진위원이였다가 추진위원회 위원장의 유고 등을 이유로 운영규정에 따라 연장자 순으로 추진위원회 위원장 직무대행자가 된 자를 구 도시정비법 제86조 제6호, 제81조 제1항, 제84조의3 제5호, 제14조 제2항에서 규정한 '추진위원회 위원장'에 해당하는 것으로 해석하는 것은 형벌법규를 피고인에게 불리

한 방향으로 지나치게 확장 해석하거나 유추 해석하는 것으로서 죄형법정주의의 원칙에 어긋나 허용될 수 없다.」고 판시하여 직무대행자를 의무자에서 제외하였다.[1240]

2) 반면 '조합임원'의 범위에 대해서는 대법원은 「구 도시정비법 제21조 제1항은 조합장 1인과 이사, 감사를 조합의 임원으로 규정하고 있는데, 제27조는 조합에 관하여는 위 법에 규정된 것을 제외하고는 민법 중 사단법인에 관한 규정을 준용하도록 하고 있으므로, 민법 제52조의2가 준용되어 법원은 가처분명령에 의하여 조합임원의 직무대행자를 선임할 수 있다. 그런데 민법 제60조의2 제1항은 "제52조의2의 직무대행자는 가처분명령에 다른 정함이 있는 경우 외에는 법인의 통상사무에 속하지 아니한 행위를 하지 못한다. 다만, 법원의 허가를 얻은 경우에는 그러하지 아니하다."라고 규정하고 있으므로, 법원의 가처분명령에 의하여 선임된 조합임원 직무대행자는 조합을 종전과 같이 그대로 유지하면서 관리하는 것과 같은 조합의 통상사무에 속하는 행위를 할 수 있다. 따라서 법원에 의하여 선임된 조합임원 직무대행자도 조합의 통상사무를 처리하는 범위 내에서는 원칙적으로 조합 총회의 의결을 거쳐 선임된 조합임원과 동일한 권한을 가진다. 이러한 점과 더불어 정비사업의 투명성·공공성을 확보하고 조합원 등의 알권리를 충족시키기 위하여 정비사업시행과 관련한 서류 및 자료를 공개하지 아니한 조합임원 등을 처벌하는 규정을 둔 구 도시정비법의 취지 등을 종합하면, 법원에 의하여 선임된 조합임원 직무대행자도 구 도시정비법 제86조 제6호, 제81조 제1항 위반죄의 범행주체인 조합임원에 해당한다.」고 판시하여 법원이 선임한 직무대행자도 의무자에 포함된다고 하였고,[1241] 또 다른 판례에는 법원이 민법 제63조에 따라 선임한 임시이사도 의무자에 포함된다고 판시하였다.[1242]

1240) 대법원 2015. 3. 12. 선고 2014도10612 판결 [도시및주거환경정비법위반].

1241) 대법원 2017. 6. 15. 선고 2017도2532 판결 [도시및주거환경정비법위반].

1242) 대법원 2016. 10. 27. 선고 2016도138 판결 [도시및주거환경정비법위반. 「도시 및 주거환경정비법(이하 '도시정비법'이라고 한다)은 조합장 1인과 이사, 감사를 조합의 임원으로 규정하고 있는데(제21조 제1항), 조합에 관하여는 도시정비법에 규정된 것을 제외하고는 민법 중 사단법인에 관한 규정을 준용하도록 하고 있으므로(제27조), 조합의 임원인 이사가 없거나 도시정비법과 정관이 정한 이사 수에 부족이 있는 때에는 민법 제63조의 규정이 준용되어 법원이 임시이사를 선임할 수 있다. 그런데 법원에 의하여 선임된 임시이사는 원칙적으로 정식이사와 동일한 권한을 가지고, 도시정비법이 조합 총회에서 선임된 이사와 임시이사의 권한을 특별히 달리 정한 규정을 두고 있지도 않다. 이러한 점과 더불어 총회의결사항에 관하여 의결을 거치지 아니하고 임의로 추진한 조합 임원을 처벌하는 규정을 둔 도시정비법의 취지를 함께 살펴보면, 법원이 선임한 임시이사도 도시정비법 제85조 제5호에서 규

3) 조합임원의 정보공개위반행위가 있었는데 조합설립이 무효라서 조합임원의 지위도 소급하여 소멸한 경우에 이를 처벌할 수 있는지에 관해서는, 대법원 2014. 5. 22. 선고 2012도7190 전원합의체 판결의 다수의견은 「행정청의 조합설립인가처분은 조합에 정비사업을 시행할 수 있는 권한을 갖는 행정주체(공법인)로서의 지위를 부여하는 일종의 설권적 처분의 성격을 가지므로, 토지등소유자로 구성되는 조합이 그 설립과정에서 조합설립인가처분을 받지 아니하였거나 설령 이를 받았다 하더라도 처음부터 조합설립인가처분으로서 효력이 없는 경우에는, 구 도시정비법 제13조에 의하여 정비사업을 시행할 수 있는 권한을 가지는 행정주체인 공법인으로서의 조합이 성립되었다 할 수 없고, 또한 이러한 조합의 조합장, 이사, 감사로 선임된 자 역시 구 도시정비법에서 정한 조합의 임원이라 할 수 없다. 이러한 법률 규정과 법리에 비추어 보면, 정비사업을 시행하려는 어떤 조합이 조합설립인가처분을 받았다 하더라도 그 조합설립인가처분이 무효여서 처음부터 구 도시정비법 제13조에서 정한 조합이 성립되었다고 할 수 없는 경우에, 그 성립되지 아니한 조합의 조합장, 이사 또는 감사로 선임된 자는 구 도시정비법 제85조 제5호 위반죄 또는 제86조 제6호 위반죄의 주체인 '조합의 임원' 또는 '조합임원'에 해당하지 아니한다고 해석함이 타당하며, 따라서 그러한 자의 행위에 대하여는 구 도시정비법 제85조 제5호 위반죄 또는 제86조 제6호 위반죄로 처벌할 수 없다.」고 판시하였다.[1243]

정한 '조합의 임원'에 해당한다.」

1243) [대법관 신영철, 대법관 고영한, 대법관 김창석, 대법관 김신의 반대의견] 「조합원 등과 조합의 법적 이익이 정당하게 보호될 수 있기 위해서는 조합의 최종적인 운명에 관계없이 조합설립인가의 시점부터 조합이 공법상의 지위를 상실하는 확정적인 판단을 받는 시점까지, 또는 목적달성으로 그 지위가 소멸되는 시점까지 조합임원에 대한 법적 명령이나 금지가 유효하게 존재한다고 보아야 한다. 왜냐하면, 위 규정들은 조합설립인가처분에 의하여 법적 실체를 갖게 된 조합이 투명하고 공정하게 운영되도록 하기 위한 목적에서 생겨난 것이기 때문이다. 조합임원이 총회의 의결을 거쳐야 하는 사항임에도 총회의 의결을 거치지 아니하고 그에 관한 사업을 임의로 추진하였다면 그 시점에서 범죄가 성립된다. 그리고 조합임원이 정비사업 시행과 관련한 서류 및 자료를 인터넷과 그 밖의 방법을 병행하여 공개하지 아니하거나 조합원 또는 토지등소유자의 열람·등사 요청에 응하지 아니하였다면 그 시점에서 범죄가 성립된다. 또한, 조합임원이 시공자 등으로부터 금품을 수수하였다면 그 시점에서 범죄가 성립된다. 위 각 행위 시점에서 그 행위자가 객관적으로 조합임원이었고 자신이 조합임원이라는 사실을 분명하게 인식한 상태에서 조합임원에게 주어진 법적 명령이나 금지를 위반한 이상 그 행위 당시의 형벌규정에 의하여 처벌되는 것은 당연하다. 이 점은 범죄가 성립된 시점 이후에 조합설립인가처분 무효확인 또는 취소의 판결이 확정되었다 하

Ⅳ. 관련 자료의 보관 및 인계(제125조)

도시정비법	도시정비법 시행령
제125조 (관련 자료의 보관 및 인계) ① 추진위원장 · 정비사업전문관리업자 또는 사업시행자(조합의 경우 청산인을 포함한 조합임원, 토지등소유자가 단독으로 시행하는 재개발사업의 경우에는 그 대표자를 말한다)는 제124조제1항에 따른 서류 및 관련 자료와 총회 또는 중요한 회의(조합원 또는 토지등소유자의 비용부담을 수반하거나 권리 · 의무의 변동을 발생시키는 경우로서 대통령령으로 정하는 회의를 말한다)가 있은 때에는 속기록 · 녹음 또는 영상자료를 만들어 청산 시까지 보관하여야 한다. ② 시장 · 군수등 또는 토지주택공사등이 아닌 사업시행자는 정비사업을 완료하거나 폐지한 때에는 시 · 도조례로 정하는 바에 따라 관계 서류를 시장 · 군수등에게 인계하여야 한다. ③ 시장 · 군수등 또는 토지주택공사등인 사업시행자와 제2항에 따라 관계 서류를 인계받은 시장 · 군수등은 해당 정비사업의 관계 서류를 5년간 보관하여야 한다.	제94조 (자료의 공개 및 통지 등) ③ 법 제125조제1항에서 "대통령령으로 정하는 회의"란 다음 각 호를 말한다. 1. 용역 계약(변경계약을 포함한다) 및 업체 선정과 관련된 대의원회 · 이사회 2. 조합임원 · 대의원의 선임 · 해임 · 징계 및 토지등소유자(조합이 설립된 경우에는 조합원을 말한다) 자격에 관한 대의원회 · 이사회

1. 관련 자료의 보관의무 및 의무자

(1) 추진위원장 · 정비사업전문관리업자 또는 사업시행자(조합의 경우 청산인을 포함한

더라도 마찬가지이다. 그리고 이러한 결과는 죄형법정주의를 위반하는 것이라고 할 수도 없다. 범죄행위가 기수에 이른 시점 이후에 생겨난 조합설립인가처분 무효 또는 취소라는 사정을 반영하여 이미 성립된 범죄를 그에 관한 재판의 시점에서 달리 평가할 수 있느냐 하는 문제는 죄형법정주의와는 차원을 달리하는 별개의 문제이기 때문이다.」

조합임원, 토지등소유자가 단독으로 시행하는 재개발사업의 경우에는 그 대표자를 말한다)는 정비사업의 시행에 관한 서류 및 관련 자료 등을 청산 시까지 보관하여야 한다.[1244] 다만, 추진위원장은 조합설립인가 후 조합임원에게 관련 자료를 인계함으로써 청산시까지 보관할 의무가 없다고 보아야 한다.

(2) 본조에 따른 보관의무자는 추진위원장, 정비사업전문관리업자 또는 사업시행자이고, 사업시행자에는 공공시행자, 지정개발자, 조합, 법 제25조 제1항 제2호에 따라 토지등소유자가 재개발사업의 시행자인 경우가 포함된다.

(3) 조합의 경우에는 조합임원과 청산인이 보관의무자가 되고, 토지등소유자가 시행하는 재개발사업의 경우에는 그 대표자가 보관의무자가 되며, 공공시행자, 지정개발자 등의 경우에도 그 대표자가 보관의무자가 된다.

(4) 법 제138조 제1항 제8호는 본조의 보관의무자 중 일정한 자를 신분범으로 하여 보관의무 위반에 관하여 형사 처벌하는 규정을 두고 있는바, 위 보관의무자 모두가 보관의무 위반죄의 처벌대상자가 되는 것은 아니다. 이는 형사처벌과 관련하여 별도의 항으로 살펴보기로 한다.

2. 보관의무가 있는 자료

가. 법 제124조 제1항에 따른 서류 및 관련 자료

법 제124조 제1항에 따라 인터넷 등에 공개해야 하는 모든 서류와 관련 자료는 보관 및 인계 대상의 자료에 해당한다.[1245] 법 제124조 제4항의 토지등소유자 명부와 조합원 명부는 본조의 보관대상에 포함되지 않으나, 조합의 청산인도 법 제124조 제4항의 열람·복사 의무가 있고 거부 시에 처벌대상이 되므로 보관할 필요가 있다.

나. 총회 또는 중요회의의 속기록·녹음 또는 영상자료

(1) 총회 또는 중요한 회의(조합원 또는 토지등소유자의 비용부담을 수반하거나 권리·의무의 변동을 발생시키는 경우로서 대통령령으로 정하는 회의를 말한다)가 있은 때에는 속기록·녹

1244) 법 제125조 제1항.
1245) 법 제125조 제1항.

음 또는 영상자료를 만들어 청산 시까지 보관하여야 한다.[1246)]

(2) 대통령령으로 정하는 중요한 회의란, ① 용역 계약(변경계약을 포함한다) 및 업체 선정과 관련된 대의원회 · 이사회, ② 조합임원 · 대의원의 선임 · 해임 · 징계 및 토지등소유자(조합이 설립된 경우에는 조합원을 말한다) 자격에 관한 대의원회 · 이사회를 말한다.[1247)]

3. 사업시행자의 인계의무

(1) 시장 · 군수등 또는 토지주택공사등이 아닌 사업시행자는 정비사업을 완료하거나 폐지한 때에는 시 · 도조례로 정하는 바에 따라 관계 서류를 시장 · 군수등에게 인계하여야 한다.[1248)]

(2) 본조 제1항에 따라 청산시까지 보관할 의무가 있는 서류 전부가 인계대상이 되는 것은 아니고, 시 · 도조례로 정하는 관계 서류가 인계대상이 되는 것이며, 서울시 조례 제88조 제1항은 인계대상 서류를 별도로 규정하고 있다.

4. 시장 · 군수등 또는 토지주택공사등의 보관의무

'시장 · 군수등 또는 토지주택공사등인 사업시행자'와 '그 외의 사업시행자로부터 관계 서류를 인계받은 시장 · 군수등'은 해당 정비사업의 관계 서류를 5년간 보관하여야 한다.

5. 형사처벌 및 처벌대상자

가. 형사처벌규정

(1) 본조 제1항을 위반하여 속기록 등을 만들지 아니하거나 관련 자료를 청산 시까지 보관하지 아니한 '추진위원장', '전문조합관리인' 또는 '조합임원(조합의 청산인 및 토지등소유자가 시행하는 재개발사업의 경우에는 그 대표자, 제27조에 따른 지정개발자가 사업시행자인 경우

1246) 법 제125조 제1항.
1247) 시행령 제94조 제3항.
1248) 법 제125조 제2항.

그 대표자를 말한다)'은 1년 이하의 징역 또는 1천만원 이하의 벌금에 처한다.[1249)]

(2) 본조 제2항 인계의무의 위반과 본조 제3항 시장 · 군수등 또는 토지주택공사등의 보관의무 위반은 처벌대상이 아니다.

나. 형사처벌대상자

(1) '추진위원장', '전문조합관리인', '조합임원', '조합의 청산인', '토지등소유자가 시행하는 재개발사업의 경우에는 그 대표자', '지정개발자가 사업시행자인 경우 그 대표자'가 처벌대상자에 해당하고, '공공시행자의 대표자'는 처벌대상자에 포함되지 않는다.

(2) 본조 제1항의 보관의무자에 포함되는 정비사업전문관리업자는 처벌대상에 포함되지 않는다.

V. 도시 · 주거환경정비기금의 설치 등(제126조)

도시정비법	도시정비법 시행령
제126조(도시 · 주거환경정비기금의 설치 등) ① 제4조 및 제7조에 따라 기본계획을 수립하거나 승인하는 특별시장 · 광역시장 · 특별자치시장 · 도지사 · 특별자치도지사 또는 시장은 정비사업의 원활한 수행을 위하여 도시 · 주거환경정비기금(이하 "정비기금"이라 한다)을 설치하여야 한다. 다만, 기본계획을 수립하지 아니하는 시장 및 군수도 필요한 경우에는 정비기금을 설치할 수 있다. ② 정비기금은 다음 각 호의 어느 하나에 해당하는 금액을 재원으로 조성한다. 〈개정 2018. 6. 12., 2021. 4. 13.〉 1. 제17조제4항에 따라 사업시행자가 현금으로 납부한 금액	제95조(도시 · 주거환경정비기금) ① 법 제126조제2항제4호에서 "대통령령으로 정하는 일정 비율"이란 국유지의 경우에는 20퍼센트, 공유지의 경우에는 30퍼센트를 말한다. 다만, 국유지의 경우에는 「국유재산법」 제2조제11호에 따른 중앙관서의 장과 협의하여야 한다. ② 법 제126조제2항제6호에서 "대통령령으로 정하는 일정 비율"이란 다음 각 호의 비율을 말한다. 다만, 해당 지방자치단체의 조례로 다음 각 호의 비율 이상의 범위에서 달리 정하는 경우에는 그 비율을 말한다. 1. 「지방세법」에 따라 부과 · 징수되는 지방소비세의 경우 : 3퍼센트

1249) 법 제138조 제1항 제8호.

2. 제55조제1항, 제101조의5제2항 및 제101조의6제2항에 따라 시 · 도지사, 시장, 군수 또는 구청장에게 공급된 주택의 임대보증금 및 임대료
3. 제94조에 따른 부담금 및 정비사업으로 발생한 「개발이익 환수에 관한 법률」에 따른 개발부담금 중 지방자치단체 귀속분의 일부
4. 제98조에 따른 정비구역(재건축구역은 제외한다) 안의 국 · 공유지 매각대금 중 대통령령으로 정하는 일정 비율 이상의 금액

4의 2. 제113조의2에 따른 과징금

5. 「재건축초과이익 환수에 관한 법률」에 따른 재건축부담금 중 같은 법 제4조제3항 및 제4항에 따른 지방자치단체 귀속분
6. 「지방세법」 제69조에 따라 부과 · 징수되는 지방소비세 또는 같은 법 제112조(같은 조 제1항제1호는 제외한다)에 따라 부과 · 징수되는 재산세 중 대통령령으로 정하는 일정 비율 이상의 금액
7. 그 밖에 시 · 도조례로 정하는 재원

③ 정비기금은 다음 각 호의 어느 하나의 용도 이외의 목적으로 사용하여서는 아니 된다. 〈개정 2017. 8. 9.〉

1. 이 법에 따른 정비사업으로서 다음 각 목의 어느 하나에 해당하는 사항
   가. 기본계획의 수립
   나. 안전진단 및 정비계획의 수립
   다. 추진위원회의 운영자금 대여
   라. 그 밖에 이 법과 시 · 도조례로 정하는 사항
2. 임대주택의 건설 · 관리

2. 「지방세법」에 따라 부과 · 징수되는 재산세의 경우 : 10퍼센트

3. 임차인의 주거안정 지원 4. 「재건축초과이익 환수에 관한 법률」에 따른 재건축부담금의 부과 · 징수 5. 주택개량의 지원 6. 정비구역등이 해제된 지역에서의 정비기반시설의 설치 지원 7. 「빈집 및 소규모주택 정비에 관한 특례법」 제44조에 따른 빈집정비사업 및 소규모주택정비사업에 대한 지원 8. 「주택법」 제68조에 따른 증축형 리모델링의 안전진단 지원 9. 제142조에 따른 신고포상금의 지급 ④ 정비기금의 관리 · 운용과 개발부담금의 지방자치단체의 귀속분 중 정비기금으로 적립되는 비율 등에 필요한 사항은 시 · 도조례로 정한다.	

1. 정비기금의 설치

기본계획을 수립하거나 승인하는 특별시장 · 광역시장 · 특별자치시장 · 도지사 · 특별자치도지사 또는 시장은 정비사업의 원활한 수행을 위하여 도시 · 주거환경정비기금(이하 "정비기금"이라 한다)을 설치하여야 한다. 다만, 기본계획을 수립하지 아니하는 시장 및 군수도 필요한 경우에는 정비기금을 설치할 수 있다.[1250)]

2. 정비기금의 재원조성

정비기금은 다음 어느 하나에 해당하는 금액을 재원으로 조성한다.[1251)]

① 법 제17조 제4항에 따라 사업시행자가 기반시설 등의 설치에 갈음하여 현금으로 납부한 금액

② 법 제55조 제1항, 제101조의5제2항 및 제101조의6제2항에 따라 시 · 도지사, 시

1250) 법 제126조 제1항.
1251) 법 제126조 제2항.

장, 군수 또는 구청장에게 공급된 주택의 임대보증금 및 임대료

③ 법 제94조에 따른 정비기반시설 관리자가 부담하는 부담금 및 정비사업으로 발생한 「개발이익 환수에 관한 법률」에 따른 개발부담금 중 지방자치단체 귀속분의 일부

④ 법 제98조에 따른 정비구역(재건축구역은 제외한다) 안의 국 · 공유지 매각대금 중 대통령령으로 정하는 일정 비율 이상의 금액(국유지의 경우에는 20%, 공유지의 경우에는 30%를 말하며, 국유지의 경우에는 국유재산법 제2조 제11호에 따른 중앙관서의 장과 협의하여야 한다)1252)

⑤ 법 제113조의2에 따라 시공자 선정과 관련하여 이익공여 등을 한 건설업자에게 부과되는 과징금

⑥ 「재건축초과이익 환수에 관한 법률」에 따른 재건축부담금 중 같은 법 제4조 제3항 및 제4항에 따른 지방자치단체 귀속분1253)

1252) 시행령 제95조 제1항.

1253) 재건축초과이익 환수에 관한 법률 제4조(징수금의 배분)

① 제3조에 따라 징수된 재건축부담금은 국가에 100분의 50이, 해당 특별시 · 광역시 · 도에 100분의 30이, 해당 특별자치시 · 특별자치도에 100분의 50이, 해당 시 · 군 · 구(자치구를 말한다. 이하 같다)에 100분의 20이 각각 귀속된다. 〈개정 2012. 12. 18., 2020. 6. 9., 2020. 8. 18.〉

② 제1항에 따른 재건축부담금의 국가 귀속분은 「주택도시기금법」에 따른 주택도시기금(이하 "주택도시기금"이라 한다)의 재원으로 귀속된다. 〈개정 2015. 1. 6., 2020. 6. 9.〉

③ 제1항에 따른 재건축부담금의 지방자치단체 귀속분은 「도시 및 주거환경정비법」 제126조에 따라 설치되는 도시 · 주거환경정비기금(이하 "도시 · 주거환경정비기금"이라 한다) 또는 「도시재정비 촉진을 위한 특별법」 제24조에 따라 설치되는 재정비촉진특별회계(이하 "재정비촉진특별회계"라 한다) 또는 「주택법」 제84조에 따라 설치되는 국민주택사업특별회계(이하 "국민주택사업특별회계"라 한다) 또는 「도시재생 활성화 및 지원에 관한 특별법」 제28조에 따라 설치되는 도시재생특별회계(이하 "도시재생특별회계"라 한다)의 재원으로 귀속된다. 〈개정 2016. 1. 19., 2017. 2. 8., 2020.6.9., 2020. 8. 18.〉

④ 국토교통부장관은 제2항에 따라 주택도시기금에 귀속되는 재원을 다음 각 호의 사항을 고려하여 지방자치단체가 운용하는 도시 · 주거환경정비기금 또는 재정비촉진특별회계 또는 국민주택사업특별회계 또는 도시재생특별회계의 재원으로 특별시 · 광역시 · 특별자치시 · 도 · 특별자치도와 시 · 군 · 구에 각각 100분의 50을 지원하여야 하며, 구체적인 지원기준 · 절차 그 밖에 필요한 사항은 대통령령으로 정한다. 〈개정 2008. 2. 29., 2012. 12. 18., 2013. 3. 23., 2015. 1. 6., 2020. 6. 9., 2020. 8. 18.〉

1. 지방자치단체별 주거기반시설의 설치 수준
2. 지방자치단체별 주거복지실태 평가결과 및 주거복지 증진 노력 등
3. 그 밖에 대통령령이 정하는 사항

⑦ 「지방세법」 제69조에 따라 부과 · 징수되는 지방소비세의 3% 이상 또는 같은 법 제112조(같은 조 제1항 제1호는 제외한다)에 따라 부과 · 징수되는 재산세의 10% 이상의 금액[1254)]

⑧ 그 밖에 시 · 도조례로 정하는 재원

3. 정비기금의 사용용도

정비기금은 다음 어느 하나의 용도 이외의 목적으로 사용하여서는 아니 된다.[1255)]

① 이 법에 따른 정비사업으로서 기본계획의 수립, 안전진단 및 정비계획의 수립, 추진위원회의 운영자금 대여, 그밖에 이 법과 시 · 도조례로 정하는 사항

② 임대주택의 건설 · 관리 및 임차인의 주거안정 지원

③ 「재건축초과이익 환수에 관한 법률」에 따른 재건축부담금의 부과 · 징수

④ 주택개량의 지원 및 정비구역등이 해제된 지역에서의 정비기반시설의 설치 지원

⑤ 「빈집 및 소규모주택 정비에 관한 특례법」 제44조에 따른 빈집정비사업 및 소규모주택정비사업에 대한 지원

⑥ 「주택법」 제68조에 따른 증축형 리모델링의 안전진단 지원

⑦ 법 제142조에 따른 조합임원의 선임이나 계약체결과 관련한 금품제공 행위의 신고포상금의 지급

4. 정비기금의 관리 · 운용 등

정비기금의 관리 · 운용과 본조 제2항 제3호 '개발부담금의 지방자치단체의 귀속분 중 정비기금으로 적립되는 비율' 등에 필요한 사항은 시 · 도조례로 정한다.[1256)]

1254) 시행령 제95조 제2항.
1255) 법 제126조 제3항.
1256) 법 제126조 제4항.

Ⅵ. 노후 · 불량주거지 개선계획의 수립(제127조)

도시정비법
제127조 (노후 · 불량주거지 개선계획의 수립) 국토교통부장관은 주택 또는 기반시설이 열악한 주거지의 주거환경개선을 위하여 5년마다 개선대상지역을 조사하고 연차별 재정지원계획 등을 포함한 노후 · 불량주거지 개선계획을 수립하여야 한다.

국토교통부장관은 주택 또는 기반시설이 열악한 주거지의 주거환경개선을 위하여 5년마다 개선대상지역을 조사하고 연차별 재정지원계획 등을 포함한 노후 · 불량주거지 개선계획을 수립하여야 한다.

Ⅶ. 권한의 위임 등(제128조)

도시정비법	도시정비법 시행령
제128조 (권한의 위임 등) ① 국토교통부장관은 이 법에 따른 권한의 일부를 대통령령으로 정하는 바에 따라 시 · 도지사, 시장, 군수 또는 구청장에게 위임할 수 있다. ② 국토교통부장관, 시 · 도지사, 시장, 군수 또는 구청장은 이 법의 효율적인 집행을 위하여 필요한 경우에는 대통령령으로 정하는 바에 따라 다음 각 호의 어느 하나에 해당하는 사무를 정비사업 지원기구, 협회 등 대통령령으로 정하는 기관 또는 단체에 위탁할 수 있다. 〈개정 2021. 8. 10.〉 1. 제108조에 따른 정비사업전문관리업 정보종합체계의 구축 · 운영 2. 제115조에 따른 교육의 실시	제96조 (권한의 위임 등) ① 국토교통부장관은 법 제128조제1항에 따라 법 제107조에 따른 정비사업전문관리업자에 대한 조사 등의 권한을 시 · 도지사에게 위임한다. ② 국토교통부장관은 법 제128조제2항에 따라 같은 항 제1호, 제2호 및 제2호의2의 사무를 다음 각 호의 구분에 따른 기관에 위탁한다. 〈개정 2020. 12. 8., 2021. 11. 11.〉 1. 법 제108조에 따른 정비사업전문관리업 정보종합체계의 구축 · 운영에 관한 사무 : 한국부동산원 2. 법 제115조에 따른 교육의 실시에 관한 사무 : 협회 3. 법 제119조에 따른 정비사업관리시스

2의2. 제119조에 따른 정비사업관리시스템의 구축·운영 3. 그 밖에 대통령령으로 정하는 사무	템의 구축·운영에 관한 사무: 한국부동산원 ③ 제2항에 따라 법 제115조에 따른 교육의 실시에 관한 사무를 위탁받은 협회는 같은 조에 따른 교육을 실시하기 전에 교육과정, 교육 대상자, 교육시간 및 교육비 등 교육실시에 필요한 세부 사항을 정하여 국토교통부장관의 승인을 받아야 한다.

(1) 국토교통부장관은 법 제107조에 따른 정비사업전문관리업자에 대한 조사 등의 권한을 시·도지사에게 위임한다.[1257]

(2) 국토교통부장관, 시·도지사, 시장, 군수 또는 구청장은 이 법의 효율적인 집행을 위하여, 법 제108조에 따른 정비사업전문관리업 정보종합체계의 구축·운영에 관한 사무와 법 제119조에 따른 정비사업관리시스템의 구축·운영에 관한 사무는 한국부동산원에, 법 제115조에 따른 교육의 실시에 관한 사무를 협회에 각 위탁한다.[1258]

(3) 법 제115조에 따른 교육의 실시에 관한 사무를 위탁받은 협회는 같은 조에 따른 교육을 실시하기 전에 교육과정, 교육 대상자, 교육시간 및 교육비 등 교육실시에 필요한 세부 사항을 정하여 국토교통부장관의 승인을 받아야 한다.[1259]

Ⅷ. 사업시행자 등의 권리·의무의 승계(제129조)

도시정비법

제129조(사업시행자 등의 권리·의무의 승계)
사업시행자와 정비사업과 관련하여 권리를 갖는 자(이하 "권리자"라 한다)의 변동이 있은 때에는 종전의 사업시행자와 권리자의 권리·의무는 새로 사업시행자와 권리자로 된 자가 승계한다.

1257) 법 제128조 제1항 및 시행령 제96조 제1항.
1258) 법 제128조 제2항 및 시행령 제96조 제2항.
1259) 시행령 제96조 제3항.

1. 권리 · 의무 승계의 의의

(1) 본조는 사업시행자와 정비사업과 관련한 권리자의 변동시 권리 · 의무의 승계에 관하여 규정하여, 종전 사업시행자와 권리자의 권리 · 의무가 새로운 사업시행자와 권리자에게 그대로 승계된다는 점을 명확히 하고 있다. 이는 구 도시재개발법에 규정되었던 것을 도시정비법이 도입한 것으로 주거환경개선사업, 재개발사업, 재건축사업에 모두 적용된다.

(2) 이처럼 사업시행자와 권리자의 변동에 따라 새로운 법률행위를 하지 않아도 승계되도록 한 것은 대인이 아닌 대물을 목적으로 하는 정비사업의 성질에서 나온 것으로 정비사업의 연속성을 유지하기 위한 것이다.[1260]

2. 사업시행자의 변동과 권리 · 의무의 승계

가. 사업시행자 변동의 적용범위

(1) 2017. 2. 8. 개정 전 구법은 본조와 동일한 규정을 제10조에 두고 있었고, 제7조 내지 제9조는 정비사업의 시행자(조합, 공공시행자, 지정개발자, 사업대행자)에 관해 규정하고 있었는바, 법제처는 유권해석(05-0060)에서 「도시정비법상 정비사업의 시행에 관한 시행자의 지위는 그 성격상 공법상의 권리 · 의무를 내용으로 하는 것이어서 당사자가 임의로 사법상의 계약에 의하여 양도 · 양수할 수는 없다고 할 것이고, 사업시행자를 변경하는 것이 가능한 경우는 제8조 제4항 또는 제9조의 규정에 의한 요건에 해당하는 경우에 한한다 할 것이므로, 결국 동법 제10조의 규정에 의한 시행자의 변동에 따른 권리 · 의무의 승계규정은 동법 제8조 제4항 또는 제9조에 규정된 시행자의 변동에 의한 권리관계를 규율하기 위한 것으로 보아야 할 것이다.」라고 하였다.

(2) 위와 같은 점을 고려하면, 본조에서 사업시행자의 변동은 법 제24조 내지 제28조에 따라 사업시행자가 변동된 경우를 말하는 것이므로, 주거환경정비사업은 법 제24조에 따라 공공시행자를 변경하여 지정고시한 경우에, 재개발 · 재건축사업은 법 제25조 내지 제28조에 따라 조합이 단독으로 시행하다가 공동시행으로 변경하거나 공공시행

1260) 송현진 · 유동규 공저 「재개발 · 재건축 이론과 실무」.

자, 지정개발자 또는 사업대행자를 지정하게 된 경우에, 본조가 적용되어 종전 사업시행자의 권리 · 의무는 새로운 사업시행자 또는 사업대행자에게 새로운 법률행위 없이 당연히 승계되는 것이다.

나. 권리 · 의무 승계의 범위

(1) 종전 사업시행자와 토지등소유자의 관계에서 종전 사업시행자의 권리 · 의무가 새로운 사업시행자에게 승계되는 것은 당연한 것이고, 따라서 토지등소유자가 종전 사업시행자에게 한 분양신청 등의 효력도 새로운 사업시행자에게 승계되고, 토지등소유자가 다시 분양신청을 해야 하는 것은 아니다. 나아가 종전 사업시행자가 사업시행계획인가 등 적법한 절차에 따라 행한 행정처분 등의 효력도 새로운 사업시행자에게 승계되고 새로운 사업시행자가 처음부터 다시 절차를 진행해야 하는 것은 아니다.

(2) 종전 사업시행자가 사업시행을 위해 체결한 공사계약 등 기타 용역계약도 새로운 사업시행자에게 승계된다. 대법원도 「구 도시재개발법 제6조, 도시정비법 제10조에 의하면, 사업시행자 또는 토지 등 소유자의 변동이 있은 때에는 종전의 사업시행자와 종전의 토지 등 소유자 사이의 권리의무관계는 새로운 사업시행자 또는 새로운 토지등소유자에 대한 관계에서는 승계된 것으로 볼 수 있으므로, 종전 토지등소유자와 종전 사업시행자 사이에 재개발사업의 시행을 위하여 수용 또는 사용절차에 갈음하여 토지등에 대한 사용대차 계약을 체결한 경우 특별한 사정이 없는 한 그 사용대차는 새로운 사업시행자 또는 새로운 토지 등 소유자에 대한 관계에서 승계된다고 볼 수 있다.」고 판시하였는바,[1261] 비록 토지등소유자와의 관계이기는 하는 공법적 관계가 아닌 사법적 계약의 승계를 인정한 것이므로, 당해 대법원 판례는 공사계약 등 기타 용역계약에도 그대로 적용될 수 있다.

(3) 따라서 새로운 사업시행자는 종전 분양신청 등의 공법적 관계나 사법적 계약의 승계를 거부할 수는 없고, 다만 재분양신청 등 공법적 관계의 변경절차를 진행하거나 사법적 계약을 해지 · 해제하고 이에 따른 법적 책임을 부담하여야 한다.[1262]

1261) 대법원 2009. 7. 9. 선고 2007다83649 판결 [건물철거등].

1262) 위 대법원 2009. 7. 9. 선고 2007다83649 판결도 「그러나 민법 제613조 제2항에 의하면, 사용대차에 있어서 그 존속기간을 정하지 아니한 경우, 차주는 계약 또는 목적물의 성질에 의한 사용 · 수익이 종료한 때에는 목적물을 반환하여야 하고, 비록 현실로 사용 · 수익이 종료

다. 관련 문제

(1) 정비사업의 동일성 문제

1) 서울북부지방법원 2007. 6. 21. 선고 2006가합3886, 8522 판결은 「구 도시재개발법(1997. 1. 13. 법률 제5288호로 개정되기 전의 것) 제6조 제2항이 "시행자와 권리자의 변동이 있을 때에는 이 법 또는 이 법에 의한 명령이나 규약 · 정관 또는 시행규정이 정하는 바에 의하여 종전의 시행자와 권리자가 행하거나 시행자와 권리자에 대하여 행한 처분 · 절차 기타의 행위는 새로이 시행자와 권리자로 된 자가 행하거나 새로이 시행자와 권리자로 된 자에 대하여 행한 것으로 본다."고 하여 권리의무승계를 규정하고 있으나, 자력재개발방식은 지방자치단체가 시행자가 되어 공공시설 설치 및 행정지원 등을 담당하고 주택은 주민이 건립하는 형태인 반면, 합동재개발방식은 사업지역의 권리자인 가옥 및 토지의 소유자가 조합을 구성하여 법정 시행자의 자격을 갖추어 자율적으로 주택재개발을 시행하는 방식으로서 위 양자의 개발방식이 완전히 상이한 점, 또한 지방자치단체의 고시에 의하여 자력재개발사업의 시행이 폐지된 점에 비추어 볼 때, 사업시행방식이 자력재개발방식에서 합동재개발방식으로 변경된 재개발사업에 있어서는 위 권리의무승계 조항은 적용될 여지가 없고, 따라서 새로운 사업시행자인 재개발조합은 종전 사업시행자인 지방자치단체의 권리 · 의무를 승계하지 않는다.」고 판시하였다.

2) 구 도시재개발법과 달리 현행 도시정비법 제123조는 재개발사업 등의 시행방식 전환을 규정하고 있어서 위 판례가 현행 도시정비법에서도 그대로 적용될 수 있을지는 의문이나, 위 판례가 정비사업의 동일성이 없는 경우에는 본조의 권리 · 의무 승계가

하지 아니한 경우라도 사용 · 수익에 충분한 기간이 경과한 때에는 대주는 언제든지 계약을 해지하고 그 차용물의 반환을 청구할 수 있는바, 토지 등 소유자가 종전 사업시행자에 대하여 위와 같은 사유로 사용대차를 적법하게 해지한 경우에는 새로운 사업시행자가 승계받을 수 있는 토지 등에 대한 사용대차는 이미 소멸하여 존재하지 아니하므로, 그 새로운 사업시행자가 관리처분계획의 인가 · 고시 전까지 그 토지 등을 적법하게 점유 · 사용하기 위해서는 수용 또는 사용절차 등을 거치거나 토지 등 소유자로부터 사용승낙을 받는 등 새로운 점유권원을 취득하여야 할 것이다. 여기서, 토지 등 소유자가 종전 사업시행자에 대하여 사용 · 수익에 충분한 기간이 경과하였음을 이유로 사용대차를 적법하게 해지할 수 있는지 여부는, 사용대차 계약 당시의 사정, 차주의 사용기간 및 이용상황, 대주가 반환을 필요로 하는 사정 등을 종합적으로 고려하여 공평의 입장에서 토지 등 소유자에게 해지권을 인정하는 것이 타당한가의 여부에 의하여 판단하여야 한다(대법원 2001. 7. 24. 선고 2001다23669 판결, 대법원 1993. 11. 26. 선고 93다36806 판결 등 참조).」고 판시하였다.

적용되지 않는다고 판시한 점에서 비추어, 현행 도시정비법상으로도 정비구역의 현저한 변경, 시행방식 전환이 아닌 정비사업 유형의 변경 등 정비사업의 동일성에 변경이 있을 경우에 본조의 권리 · 의무 승계의 적용이 제한될 여지가 있다.

(2) 조합설립인가가 하자로 인해 취소 또는 무효로 된 경우

1) 법 제26조 제3항 및 법 제27조 제5항은 공공시행자 또는 지정개발자의 지정고시가 있으면 종전의 조합설립인가가 취소된 것으로 본다고 규정하고 있는바, 이 경우 본조가 적용되어 종전 조합의 권리 · 의무가 공공시행자 또는 지정개발자에게 승계된다는 점에는 이견이 없다고 본다.

2) 그러나, 종전의 조합설립인가에 하자가 있어서 조합설립인가의 취소 또는 무효가 확정되고 새로운 조합설립인가를 받거나 하자를 보완하는 새로운 조합설립에 준하는 조합설립변경인가를 받은 경우에는, 새로운 조합설립인가나 조합설립변경인가가 소급하여 종전 조합설립인가처분을 적법하게 하는 것은 아니므로, 종전의 조합설립인가에 기초하여 체결한 계약 등은 본조에 의해 승계된다고 할 수 없다. 본조는 사업시행자가 변동되는 것을 요건으로 하므로 종전 사업시행자의 지위가 적법한 것을 전제로 적용되는 것이지, 종전 사업시행자의 사업시행자 지위가 부정되는 경우에는 적용될 수 없기 때문이다.

(3) 기존 조합의 해산과 새로운 조합의 설립

1) 동일한 정비구역에서 기존 조합이 사업을 중단하고 해산한 후 다시 사업을 재개하고자 새로운 조합을 설립하는 경우가 있을 수 있고, 정비구역의 변경으로 인해 종전에 설립인가를 받은 조합이 해산하고 새로운 조합설립인가를 받는 경우가 있을 수 있다.

2) 위와 같은 경우에 종전 조합의 권리 · 의무가 새로운 조합에 승계되는지에 관하여는 견해대립이 있을 수 있으나, 본조는 사업의 연속성을 유지하기 위한 것으로 동일성이 인정되는 정비사업의 사업시행자 변동에 관해 적용되는 것이므로, 새로운 조합에 승계되지 않는다고 본다.

(4) 추진위원회 승인 후 공공시행자 · 지정개발자 등의 지정

1) 법 제26조 및 제27조는 추진위원회 승인 후 조합설립인가 전에 공공시행자 또는

지정개발자를 지정할 수 있고, 이 경우에 종전 추진위원회는 지정고시일 다음날에 승인이 취소된 것으로 간주한다.

2) 추진위원회는 사업시행자의 지위를 갖는 조합을 설립할 목적으로 한시적으로 존재하는 비법인 사단으로 사업시행자의 지위에 있지는 않다. 조합을 설립하기 전에 공공시행자 또는 지정개발자가 지정된 경우에 추진위원회도 사업시행자에 준하는 지위에 있다고 보아 추진위원회가 체결한 용역계약 등이 공공시행자 또는 지정개발자에게 승계된다고 보는 견해가 있을 수 있으나, 사업시행자의 지위가 없는 추진위원회의 권리 · 의무가 공공시행자 또는 지정개발자에게 승계되지 않는다고 본다.

3. 권리자의 변동과 권리 · 의무의 승계

가. 권리자의 의의 및 범위

(1) 대법원은 「구 도시정비법 제10조는 "사업시행자와 정비사업과 관련하여 권리를 갖는 자의 변동이 있은 때에는 종전의 사업시행자와 권리자의 권리 · 의무는 새로이 사업시행자와 권리자로 된 자가 이를 승계한다."라고 정하고 있다. 여기에서 '정비사업과 관련하여 권리를 갖는 자'는 조합원 등을 가리키는 것이고, 사업시행자로부터 매도청구를 받은 토지 또는 건축물 소유자는 이에 포함되지 않는다. 따라서 매도청구권이 행사된 다음에 토지 또는 건물의 특정승계인이 이 조항에 따라 매매계약상의 권리 · 의무를 승계한다고 볼 수도 없다.」고 판시하였는바,[1263] 이는 권리자의 의의와 범위를 정하는 중요한 기준이 된다.

(2) 매도청구권은 행사한 때에 매매계약의 성립이 의제되므로 판례 사안과 같이 사업시행자가 소제기로 매도청구권이 행사되면 사업시행자와 토지등소유자 사이에서는

1263) 대법원 2019. 2. 28. 선고 2016다255613 판결 [소유권이전등기등] 「민사소송법 제82조 제1항은 '승계인의 소송인수'에 관하여 "소송이 법원에 계속되어 있는 동안에 제3자가 소송목적인 권리 또는 의무의 전부나 일부를 승계한 때에는 법원은 당사자의 신청에 따라 그 제3자로 하여금 소송을 인수하게 할 수 있다."라고 정하고 있다. 토지 또는 건축물에 관한 특정승계를 한 것이 토지 또는 건축물에 관한 소유권이전등기의무를 승계하는 것은 아니다. 따라서 사업시행자가 조합 설립에 동의하지 않은 토지 또는 건축물 소유자를 상대로 매도청구의 소를 제기하여 매도청구권을 행사한 이후에 제3자가 매도청구 대상인 토지 또는 건축물을 특정승계하였다고 하더라도, 특별한 사정이 없는 한 사업시행자는 민사소송법 제82조 제1항에 따라 제3자로 하여금 매도청구소송을 인수하도록 신청할 수 없다.」

매매계약이 성립되고 토지등소유자는 사업시행자에 대하여 매매계약에 따른 사법상 권리 · 의무를 갖게 되는데, 위 대법원 판례는 사업시행자에 대해 사법상 권리를 가지는 토지등소유자를 본조의 권리자에 포함되지 않는다고 본 것이다.

(3) 따라서 위 대법원 판례는 본조의 '권리자'를 정비사업의 시행에 관한 '공법상 권리'를 가진 자로 한정하여 해석한 것이고, '조합원 등'이란 공법상 권리를 취득한 조합원, 사업시행자가 조합이 아닌 공공시행자 또는 지정개발자인 경우에는 공법상 권리를 취득한 토지등소유자(재건축의 경우에는 사업시행 또는 사업시행자 지정에 동의한 자로 제한된다), 법 제73조에 따라 조합원 등의 지위를 상실한 현금청산자[1264]를 설시한 것으로 보인다.

(4) 나아가 정비사업의 시행자와 사법적 계약을 체결한 시공자, 용역업체 등도 본조의 '권리자'에는 포함되지 않으며,[1265] 권리자의 범위와 승계는 사업시행자의 승계와 구별해야 한다. 즉, 사업시행자가 변동된 때에는 매매계약, 용역계약 등의 사법상 권리 · 의무도 새로운 사업시행자에게 승계된다.

나. 권리 · 의무의 승계

(1) 조합원 지위의 승계

1) 앞서 본 바와 본조에 따라 권리자의 변동이 있는 경우에 권리 · 의무가 승계되는 대표적인 것이 바로 조합원 지위의 승계이다. 즉 본조의 권리자인 조합원이 자신이 소유한 토지 등의 소유권을 양도한 때에는 권리자의 변동이 발생한 것이고 양수인은 종전 조합원의 지위, 이에 따른 권리 · 의무를 승계하게 되는 것이다.

2) 구 도시재개발법상 재개발사업의 사안에서 대법원은 「도시재개발법 제7조 제2항에 의하면 시행자나 재개발구역 안의 토지 또는 건축물 등에 관하여 권리를 가진 자의 변동이 있을 때에는 종전의 시행자와 권리자가 행하거나 시행자와 권리자에 대하여 행한 처분 · 절차 기타의 행위는 새로이 시행자와 권리자로 된 자가 행하거나 새로이 시행자와 권리자로 된 자에 대하여 행한 것으로 본다고 규정하고 있고, 토지 또는 건축

1264) 이런 점에서 법 제73조에 따라 현금청산자를 상대로 한 매도청구의 경우에는 민사소송법 제82조 제1항에 따른 인수참가신청이 가능하다고 볼 수도 있다.

1265) 법 제29조는 사업시행자의 계약체결의 방법을 규정하고 있는바, 이에 따라 경쟁입찰 등의 방법으로 선정된 시공자, 용역업체 등이 계약상 권리를 제3자에게 양도하고 본조에 따라 양수인이 조합에 대해 계약상 권리를 주장할 수 없음은 당연한 것이다.

물의 소유자가 하는 분양신청은 도시재개발법에 의한 "절차 기타의 행위"에 해당한다할 것이므로, 도시재개발구역 안의 토지 및 건물의 전 소유자가 이미 분양신청을 하였고 그 후 새로운 권리자가 전 소유자의 권리를 취득하였다면, 구 권리자의 재개발조합원으로서의 지위는 새로운 권리자에게 승계 · 이전되고 구 권리자가 한 분양신청의 효력도 새로운 권리자에게 미쳐, 새로운 권리자가 다시 분양신청을 하여야만 재개발사업에 의하여 조성되거나 축조되는 대지 또는 건축 시설을 분양받을 수 있게 되는 것은 아니다.」라고 판시하였고,[1266] 나아가 「재개발조합이 전 소유자에 대하여 아파트를 분양하지 아니하고 현금 청산을 하기로 하는 관리처분계획을 정하여 인가를 받은 것의 효력도 현 소유자에게 미친다 할 것이고, 전 소유자가 분양신청을 한 것과 별도로 현 소유자가 다시 분양신청을 하여야만 재개발사업에 의하여 조성되거나 축조되는 대지 또는 건축 시설을 분양받을 수 있게 되는 것은 아니므로 현 소유자는 스스로 분양신청을 한 바 없다 하더라도 위 재개발조합이 전 소유자에 대하여 한 분양거부처분에 대하여 취소를 구할 수 있다.」고 판시하기도 하였는데,[1267] 이는 현행 도시정비법에서도 그대로 적용될 수 있다고 할 것이다.

(2) 조합원 지위 승계금지의 특칙

본조에도 불구하고 법 제39조 제2항은 투기과열지구에서 토지 등 소유권 양도에 의한 조합원 지위의 승계를 금지하고 법 제73조에 따라 현금으로 청산하도록 규정하고 있는바, 법 제39조 제2항은 본조에 우선하여 적용된다. 다만, 법 제39조 제2항이 본조를 배제하는 것이 아니라 승계되는 권리 · 의무가 분양신청권 또는 분양받을 권리에서 현금청산을 받을 권리로 전환되어 승계되는 것이라고 해석할 수도 있다. 양수인이 현금청산을 받을 수 있는 공법상 지위를 취득하고 사업시행자는 양수인에게 청산금을 지급할 의무를 부담하기 때문이다.

1266) 대법원 1995. 6. 30. 선고 95다10570 판결 [소유권이전등기등].
1267) 대법원 1999. 4. 13. 선고 98두19230 판결 [분양거부처분취소].

Ⅸ. 정비구역의 범죄 등의 예방(제130조)

도시정비법

제130조(정비구역의 범죄 등의 예방)

① 시장·군수등은 제50조제1항에 따른 사업시행계획인가를 한 경우 그 사실을 관할 경찰서장 및 관할 소방서장에게 통보하여야 한다. 〈개정 2021. 8. 10.〉

② 시장·군수등은 사업시행계획인가를 한 경우 정비구역 내 주민 안전 등을 위하여 다음 각 호의 사항을 관할 시·도경찰청장 또는 경찰서장에게 요청할 수 있다. 〈개정 2020. 12. 22.〉

1. 순찰 강화
2. 순찰초소의 설치 등 범죄 예방을 위하여 필요한 시설의 설치 및 관리
3. 그 밖에 주민의 안전을 위하여 필요하다고 인정하는 사항

③ 시장·군수등은 사업시행계획인가를 한 경우 정비구역 내 주민 안전 등을 위하여 관할 시·도 소방본부장 또는 소방서장에게 화재예방 순찰을 강화하도록 요청할 수 있다. 〈신설 2021. 8. 10.〉

[제목개정 2021. 8. 10.]

(1) 시장·군수등은 사업시행계획인가를 한 경우, 그 사실을 관할 경찰서장 및 관할 소방서장에게 통보하여야 하고, 정비구역 내 주민 안전 등을 위하여 순찰 강화, 순찰초소의 설치 등 범죄 예방을 위하여 필요한 시설의 설치 및 관리, 그 밖에 주민의 안전을 위하여 필요하다고 인정하는 사항을 관할 시·도경찰청장 또는 경찰서장에게 요청할 수 있으며, 관할 시·도 소방본부장 또는 소방서장에게 화재예방 순찰을 강화하도록 요청할 수 있다.

(2) 법 제52조 제1항 제5호는 '사업시행기간 동안 정비구역 내 가로등 설치, 폐쇄회로 텔레비전 설치 등 범죄예방대책'을 사업시행계획에 포함하도록 규정하고 있는바, 1차적으로는 사업시행자가 범죄예방 업무를 담당하지만, 본조에 따라 시·도경찰청장 또는 경찰서장이 범죄예방 업무를 지원할 수 있도록 하였다.

X. 재건축사업의 안전진단 재실시(제131조)

도시정비법

제131조(재건축사업의 안전진단 재실시)

시장·군수등은 제16조제2항 전단에 따라 정비구역이 지정·고시된 날부터 10년이 되는 날까지 제50조에 따른 사업시행계획인가를 받지 아니하고 다음 각 호의 어느 하나에 해당하는 경우에는 안전진단을 다시 실시하여야 한다. 〈개정 2018. 6. 12.〉

1. 「재난 및 안전관리 기본법」 제27조제1항에 따라 재난이 발생할 위험이 높거나 재난 예방을 위하여 계속적으로 관리할 필요가 있다고 인정하여 특정관리대상지역으로 지정하는 경우
2. 「시설물의 안전 및 유지관리에 관한 특별법」 제12조제2항에 따라 재해 및 재난 예방과 시설물의 안전성 확보 등을 위하여 정밀안전진단을 실시하는 경우
3. 「공동주택관리법」 제37조제3항에 따라 공동주택의 구조안전에 중대한 하자가 있다고 인정하여 안전진단을 실시하는 경우

(1) 시장·군수등은 정비구역이 지정·고시된 날부터 10년이 되는 날까지 사업시행계획인가를 받지 아니하고 다음의 어느 하나에 해당하는 경우에는 안전진단을 다시 실시하여야 한다.

① 「재난 및 안전관리 기본법」 제27조 제1항에 따라 재난이 발생할 위험이 높거나 재난예방을 위하여 계속적으로 관리할 필요가 있다고 인정하여 특정관리대상지역으로 지정하는 경우

② 「시설물의 안전 및 유지관리에 관한 특별법」 제12조 제2항에 따라 재해 및 재난 예방과 시설물의 안전성 확보 등을 위하여 정밀안전진단을 실시하는 경우

③ 「공동주택관리법」 제37조 제3항에 따라 공동주택의 구조안전에 중대한 하자가 있다고 인정하여 안전진단을 실시하는 경우

(2) 이는 재건축사업의 지연에 따라 종전 공동주택의 안전성이 저하됨으로써 재난이나 위험이 발생하는 것을 방지하고 주민의 생명과 신체의 안정을 보장하기 위한 조치이다.

XI. 조합임원 등의 선임 · 선정 시 행위제한(제132조)

도시정비법

제132조(조합임원 등의 선임 · 선정 시 행위제한)
누구든지 추진위원, 조합임원의 선임 또는 제29조에 따른 계약 체결과 관련하여 다음 각 호의 행위를 하여서는 아니 된다. 〈개정 2017. 8. 9.〉
1. 금품, 향응 또는 그 밖의 재산상 이익을 제공하거나 제공의사를 표시하거나 제공을 약속하는 행위
2. 금품, 향응 또는 그 밖의 재산상 이익을 제공받거나 제공의사 표시를 승낙하는 행위
3. 제3자를 통하여 제1호 또는 제2호에 해당하는 행위를 하는 행위

1. 의의 및 연혁

(1) 본조는 조합임원 등의 선임과 시공자, 용역업체 등의 선정계약에 있어서 투명성과 공정성을 확보함으로써 정비사업의 비리를 예방하고 사업비를 절감하고자 하는데 의의가 있다.

(2) 2017. 2. 8. 전면 개정 이전에는 구법 제11조에서 시공자, 설계자, 정비사업전문관리업자의 선정과 관련한 이익공여 등을 금지하였고, 구법 제21조에서 조합임원 등의 선출과 관련한 이익공여 등을 금지하였는데, 개정 후 현행법에서는 제29조에서 모든 용역업체의 선정에 관해 원칙적으로 일반경쟁입찰을 실시하도록 하고, 이에 따라 본조에서 조합임원 등의 선임과 모든 계약체결에 있어서 이익공여 등을 금지하였다.

2. 이익공여 등의 금지

(1) 누구든지 추진위원, 조합임원의 선임 또는 제29조에 따른 계약 체결과 관련하여 다음 각 호의 행위를 하여서는 아니 된다.[1268]

① 금품, 향응 또는 그 밖의 재산상 이익을 제공하거나 제공의사를 표시하거나 제공을 약속하는 행위

1268) 법 제132조.

② 금품, 향응 또는 그 밖의 재산상 이익을 제공받거나 제공의사 표시를 승낙하는 행위

③ 제3자를 통하여 ① 또는 ②에 해당하는 행위를 하는 행위

(2) 대법원은 본조의 추진위원에 추진위원장, 부위원장, 감사도 포함된다고 판시하였다.1269)

3. 건설업자의 관리·감독 의무(제132조의2)

도시정비법

제132조의2 (건설업자의 관리·감독 의무)
건설업자는 시공자 선정과 관련하여 홍보 등을 위하여 계약한 용역업체의 임직원이 제132조를 위반하지 아니하도록 교육, 용역비 집행 점검, 용역업체 관리·감독 등 필요한 조치를 하여야 한다.

(1) 건설업자는 시공자 선정과 관련하여 홍보 등을 위하여 계약한 용역업체의 임직원이 법 제132조 이익공여 등 금지를 위반하지 아니하도록 교육, 용역비 집행 점검, 용역업체 관리·감독 등 필요한 조치를 하여야 한다.

(2) 정비사업비의 가장 큰 비중을 차지하는 것이 공사비이므로 시공자 선정의 투명성과 공정성을 확보하고 비리를 예방하는 것은 정비사업비 절감과 사업의 성패에 매우

1269) 대법원 2019. 2. 14. 선고 2016도6497 판결 [도시및주거환경정비법위반] 「구 도시정비법 제21조 제4항은 '누구든지 추진위원회 위원의 선출과 관련하여 금품, 향응 또는 그 밖의 재산상 이익을 제공하거나 제공의사를 표시하거나 제공을 약속하는 행위, 이를 제공받거나 제공의사 표시를 승낙하는 행위를 할 수 없다'라고 규정하고, 제84조의2 제3호는 '제21조 제4항 각호의 어느 하나를 위반하여 금품이나 그 밖의 재산상의 이익을 제공하거나 제공의사를 표시하거나 제공을 약속하는 행위를 하거나, 제공을 받거나 제공의사 표시를 승낙한 자'를 처벌하고 있다. 구 도시정비법 제21조 제4항 및 벌칙 조항인 제84조의2 제3호는 2012. 2. 1. 법률 개정으로 도입된 것으로서, 정비사업의 투명성 제고 등을 통한 정비사업의 원활한 추진 등을 입법 목적으로 하고 있다. 구 도시정비법 및 정비사업 조합설립추진위원회 운영규정의 내용을 법률의 전반적인 체계와 취지·입법 목적과 함께 유기적, 체계적으로 해석하여 보면, 구 도시정비법 제21조 제4항에서 말하는 '추진위원회 위원의 선출'에는 추진위원회의 일반 위원인 추진위원의 선출뿐만 아니라 위원장을 포함한 임원인 위원의 선출도 당연히 포함된다고 보는 것이 타당하고, 그와 같이 볼 수 있는 이상 피고인이 추진위원회 위원장 선출 당시에 추진위원회의 추진위원 등의 지위에 있다고 하더라도 위 조항에 해당하는지 여부의 판단에 관하여 달리 볼 것이 아니다.」

중요한 영향을 미치고, 실무적으로 건설업자가 시공자 선정과정에서 수주대행사 또는 홍보대행사와 용역계약을 체결하여 홍보업무 등을 대행하게 하고 있는바, 본조는 건설업자에게 용역업체의 관리 · 감독 의무를 부여하고, 용역업체의 위반행위에 대해 건설업자에게 책임을 물어 행정처분 또는 형사처벌을 할 수 있는 근거를 마련하고자 하는데 목적이 있다.

4. 행정처분 및 형사처벌

(1) 국토교통부 등 행정관청은 이 법에 위반된다고 인정되는 때에 임원의 개선권고, 그 밖의 필요한 조치를 취할 수 있는바,[1270] 추진위원이나 조합임원의 선임, 용역업체 등의 선정 및 계약체결과 관련하여 법 제132조의 위반이 있을 때에는 임원의 개선권고, 용역업체 선정취소 명령 등 필요한 행정처분을 할 수 있다.

(2) 건설업자가 직접 또는 건설업자가 법 제132조의2의 관리 · 감독 등 필요한 조치를 하지 아니한 경우로서 용역업체의 임직원(건설업자가 고용한 개인을 포함한다)이 법 제132조를 위반한 경우, 시 · 도지사는 사업시행자에게 시공자 선정을 취소할 것을 명하거나 건설업자에게 과징금을 부과할 수 있고,[1271] 해당 건설업자에 대해 2년 이내의 범위에서 정비사업의 입찰참가를 제한하는 처분을 할 수 있다.[1272]

(3) 법 제113조에 위반하여 금품, 향응 또는 그 밖의 재산상 이익을 제공하거나 제공의사를 표시하거나 제공을 약속하는 행위를 하거나 제공을 받거나 제공의사 표시를 승낙한 자는 5년 이하의 징역 또는 5천만원 이하의 벌금에 처하며,[1273] 자수하였을 때에는 그 형벌을 감경 또는 면제한다.[1274]

(4) 건설업자가 법 제132조의2에 따른 관리 · 감독 등 필요한 조치를 소홀히 하여 용역업체의 임직원이 법 제132조를 위반한 경우 그 건설업자도 5천만원 이하의 벌금에 처한다.[1275]

1270) 법 제113조 제1항.
1271) 법 제113조의2.
1272) 법 제113조의3.
1273) 법 제135조 제2호.
1274) 법 제141조.
1275) 법 제138조 제2항.

5. 입법론적 문제점과 합헌적 해석

(1) 법 제132조는 행위의 주체를 '누구든지'로 규정하면서 범죄의 구성요건은 선임 또는 계약과 '관련'하여 '이익'을 제공하는 것으로 규정하고 있는바, 죄형법정주의의 명확성의 원칙에 위반될 소지 있다고 본다.

(2) 조합임원의 선출 또는 시공자 등의 선정을 위한 총회에 필요한 장소대여, 속기 등 용역에 따른 용역비의 지급과 수령, 공사도급계약 등의 계약체결과 관련하여 공사비 적산, 법률자문 등에 따른 용역비의 지급과 수령 등 정당한 대가가 본조에 위반된다고 해석할 위험이 있기 때문이다.

(3) 따라서 본조는 선임, 선정, 계약과 관련하여 '부정한 목적'으로 '부정한 이익'을 제공한 경우에 한정하여 적용하는 것이 헌법에 합치되는 해석이라고 할 것이다.

(4) 나아가 국토부 고시「정비사업 계약업무 처리기준」제4조 제3항은 법 제132조의 이익공여 금지와 동일한 규정을 두면서도, 이와 별도로 제30조에서는 시공자 선정에 한해 "건설업자등은 입찰서 작성시 이사비, 이주비, 이주촉진비,「재건축초과이익 환수에 관한 법률」제2조 제3호에 따른 재건축부담금, 그밖에 시공과 관련이 없는 사항에 대한 금전이나 재산상 이익을 제공하는 제안을 하여서는 아니 된다."고 규정하고 있는데, 제30조는 입찰참여제안의 기준을 정한 것일 뿐이고, 공식적으로 접수한 입찰참여제안서에 이를 위반한 금전이나 재산상 이익의 제공이 포함되어 있더라도 '부정한 이익'에 해당한다고 볼 수는 없으므로 법 제132조 위반죄로 처벌할 수는 없다고 본다.

XIII. 조합설립인가 등의 취소에 따른 채권의 손해액 산입(제133조)

도시정비법

제133조 (조합설립인가 등의 취소에 따른 채권의 손해액 산입)

시공자 · 설계자 또는 정비사업전문관리업자 등(이하 이 조에서 "시공자등"이라 한다)은 해당 추진위원회 또는 조합(연대보증인을 포함하며, 이하 이 조에서 "조합등"이라 한다)에 대한 채권(조합등이 시공자등과 합의하여 이미 상환하였거나 상환할 예정인 채권은 제외한다. 이하 이 조에서 같다)의 전부 또는 일부를 포기하고 이를「조세특례제한법」제104조의 26에 따라 손금에 산입하려면 해당 조합등과 합의하여 다음 각 호의 사항을 포함한 채권확인서를 시장 · 군수등에게 제출하여야 한다.
1. 채권의 금액 및 그 증빙 자료
2. 채권의 포기에 관한 합의서 및 이후의 처리 계획
3. 그 밖에 채권의 포기 등에 관하여 시 · 도조례로 정하는 사항

1. 의의와 연혁

(1) 추진위원회와 조합은 정비사업의 시행과정에서 시공자, 설계자, 정비사업전문관리업자 등 각종 용역업체를 선정하여 계약을 체결하고, 계약체결에 필요할 경우에 추진위원, 조합임원 등이 연대보증을 하는 경우도 있는데, 정비사업을 완료하지 못하고 추진위원회승인 또는 조합설립인가가 취소되어 해산될 때에는 책임재산이 없는 조합의 실정상 용역업체가 피해를 입게 되거나, 연대보증인인 추진위원이나 조합임원 등이 피해를 입게 된다.

(2) 법 제20조는 정비구역의 기속적 해제를 규정하고 있고 법 제21조는 정비구역의 직권해제를 규정하면서, 법 제21조 제3항은 직권해제의 경우에 한하여 피해를 최소화하기 위해 시 · 도지사 또는 시장 · 군수가 추진위원회 또는 조합이 사용한 비용의 일부를 보조할 수 있도록 하였는데, 보조금만으로는 문제를 해소하기에 부족하자 2014. 1. 14. 개정에서는 시공자 등에게 채권의 포기를 유도하고자 채권의 포기 시에 조세제한특례법에 따른 손금산입으로 세제혜택을 받을 수 있도록 하였다.

(3) 본조는 위와 같은 연혁에 따라 규정된 것으로 세제혜택을 통한 시공자 등의 채권포기를 유도하고자 하는데 의의가 있으며, 2017. 2. 8. 개정(2018. 2. 9. 시행) 전에는 본조의 세제혜택도 정비구역의 직권해제에 한하여 적용하였다가, 개정 후에는 법 제113조 시장 · 군수등의 감독권에 기한 추진위원회 승인취소 또는 조합설립 인가취소에 폭 넓게 적용하였다.

2. 포기 채권의 손금 산입의 방법

가. 채권의 전부 또는 일부 포기 및 한시적 적용

(1) 시공자 · 설계자 또는 정비사업전문관리업자 등(이하 이 조에서 "시공자등"이라 한다)

은 해당 추진위원회 또는 조합(연대보증인을 포함하며, 이하 이 조에서 "조합등"이라 한다)에 대한 채권(조합등이 시공자등과 합의하여 이미 상환하였거나 상환할 예정인 채권은 제외한다. 이하 이 조에서 같다)의 전부 또는 일부를 포기하여야 한다.

(2) 「조세특례제한법」 제104조의26 제1항은 "2024년 12월 31일까지 추진위원회 또는 조합(연대보증인을 포함한다. 이하 이 조에서 "조합등"이라 한다)에 대한 채권을 포기하는 경우"에는 손금에 산입할 수 있다고 규정하고 있는바, 본조는 위 기한까지 채권을 포기한 경우에 한시적으로 적용된다.

나. 시장 · 군수등에 대한 채권확인서의 제출

시공자등이 포기한 채권을 「조세특례제한법」 제104조의26에 따라 손금에 산입하려면 해당 조합등과 합의하여 ① 채권의 금액 및 그 증빙 자료, ② 채권의 포기에 관한 합의서 및 이후의 처리 계획, ③ 그 밖에 채권의 포기 등에 관하여 시 · 도조례로 정하는 사항을 포함한 채권확인서를 시장 · 군수등에게 제출하여야 한다.

다. 전부 포기 시 관할 세무서장에 대한 과세표준신고

시공자등이 조합등에 대한 채권을 전부 포기하는 경우에는 과세표준신고와 함께 ① 채권의 금액 및 그 증빙 자료, ② 채권의 포기에 관한 내용, ③ 그 밖에 채권의 포기 등에 관하여 시 · 도조례로 정하는 사항을 포함하는 채권의 포기에 관한 확인서를 납세지 관할 세무서장에게 직접 제출하여 손금에 산입할 수 있다. 이 경우 시공자등은 조합등에게 채무를 면제하는 의사를 표시한 것으로 보며, 확인서를 접수한 관할 세무서장은 즉시 해당 확인서 사본을 시장 · 군수 · 구청장에게 송부하여야 한다.[1276]

3. 증여 등의 적용제외

시공자등이 채권을 포기함에 따라 조합등이 얻는 이익에 대해서는 「상속세 및 증여세법」에 따른 증여 또는 「법인세법」에 따른 익금으로 보지 아니한다.

1276) 조세특례제한법 제104조의26 제1항 제2호 및 시행령 제104조의23.

XIII. 벌칙 적용에서 공무원 의제(제134조)

도시정비법

제134조(벌칙 적용에서 공무원 의제)
추진위원장 · 조합임원 · 청산인 · 전문조합관리인 및 정비사업전문관리업자의 대표자(법인인 경우에는 임원을 말한다) · 직원 및 위탁지원자는 「형법」 제129조부터 제132조까지의 규정을 적용할 때에는 공무원으로 본다.

추진위원장 · 조합임원 · 청산인 · 전문조합관리인 및 정비사업전문관리업자의 대표자(법인인 경우에는 임원을 말한다) · 직원 및 위탁지원자는 「형법」 제129조(수뢰, 사전수뢰), 제130조(제삼자뇌물제공), 제131조(수뢰후부정처사, 사후수뢰), 제132조(알선수뢰)의 규정을 적용할 때에는 공무원으로 본다.[1277]

1277) 형법 제129조(수뢰, 사전수뢰)
① 공무원 또는 중재인이 그 직무에 관하여 뇌물을 수수, 요구 또는 약속한 때에는 5년 이하의 징역 또는 10년 이하의 자격정지에 처한다.
② 공무원 또는 중재인이 될 자가 그 담당할 직무에 관하여 청탁을 받고 뇌물을 수수, 요구 또는 약속한 후 공무원 또는 중재인이 된 때에는 3년 이하의 징역 또는 7년 이하의 자격정지에 처한다.
형법 제130조(제삼자뇌물제공)
공무원 또는 중재인이 그 직무에 관하여 부정한 청탁을 받고 제3자에게 뇌물을 공여하게 하거나 공여를 요구 또는 약속한 때에는 5년 이하의 징역 또는 10년 이하의 자격정지에 처한다.
형법 제131조(수뢰후부정처사, 사후수뢰)
① 공무원 또는 중재인이 전2조의 죄를 범하여 부정한 행위를 한 때에는 1년 이상의 유기징역에 처한다.
② 공무원 또는 중재인이 그 직무상 부정한 행위를 한 후 뇌물을 수수, 요구 또는 약속하거나 제삼자에게 이를 공여하게 하거나 공여를 요구 또는 약속한 때에도 전항의 형과 같다.
③ 공무원 또는 중재인이었던 자가 그 재직 중에 청탁을 받고 직무상 부정한 행위를 한 후 뇌물을 수수, 요구 또는 약속한 때에는 5년 이하의 징역 또는 10년 이하의 자격정지에 처한다.
④ 전3항의 경우에는 10년 이하의 자격정지를 병과할 수 있다.
형법 제132조(알선수뢰)
공무원이 그 지위를 이용하여 다른 공무원의 직무에 속한 사항의 알선에 관하여 뇌물을 수수, 요구 또는 약속한 때에는 3년 이하의 징역 또는 7년 이하의 자격정지에 처한다.

XIV. 고유식별정보의 처리(시행령 제97조)

도시정비법

제97조 (고유식별정보의 처리)

시·도지사, 시장·군수·구청장(해당 권한이 위임·위탁된 경우에는 그 권한을 위임·위탁받은 자를 포함한다) 또는 사업시행자는 다음 각 호의 사무를 수행하기 위하여 불가피한 경우 「개인정보 보호법 시행령」 제19조에 따른 주민등록번호 또는 외국인등록번호가 포함된 자료를 처리할 수 있다.

1. 법 제31조에 따른 추진위원회 구성 승인에 관한 사무
2. 법 제36조에 따른 토지등소유자의 동의방법 등의 업무를 위한 토지등소유자의 자격 확인에 관한 사무
3. 법 제39조에 따른 조합원의 자격 확인에 관한 사무
4. 법 제42조에 따른 조합임원의 겸임 확인을 위한 사무
5. 법 제43조에 따른 조합임원의 결격사유 확인에 관한 사무
6. 법 제52조에 따른 세입자의 주거 및 이주 대책에 관한 사무
7. 법 제74조에 따른 관리처분계획의 수립 및 인가에 관한 사무
8. 법 제86조에 따른 대지 또는 건축물의 소유권 이전에 관한 사무
9. 법 제102조에 따른 정비사업전문관리업 등록에 관한 사무
10. 법 제105조에 따른 정비사업전문관리업자의 결격사유 확인에 관한 사무
11. 법 제106조에 따른 정비사업전문관리업의 등록취소 등에 관한 사무
12. 법 제107조에 따른 정비사업전문관리업자에 대한 조사 등에 관한 사무

(1) 2017. 3. 27. 개정에서 신설된 규정으로, 공공기관의 개인정부처리 오·남용 방지 등을 위하여 개인정보처리자가 업무를 목적으로 주민등록번호를 처리하는 경우 법률·대통령령·국회규칙·대법원규칙·헌법재판소규칙·중앙선거관리위원회규칙 및 감사원규칙에 근거를 두도록 하는 등의 내용으로 「개인정보 보호법」이 개정(법률 제14107호, 2016. 3. 29. 공포, 2017. 3. 30. 시행)됨에 따라, 그동안 총리령 또는 부령에 근거를 두고 주민등록번호를 처리한 업무 중 반드시 주민등록번호 처리가 필요한 경우에 한정하여 대통령령에 그 근거를 마련하고, 그 밖에 업무 특성상 주민등록번호와 함께 유전정보 및 범죄경력자료 등 민감정보나 여권번호 및 운전면허의 면허번호 등 고유식별정보의 처리가 필요한 경우에 그 처리 근거를 총리령 또는 부령에서 대통령령으로 상향 조정하기 위하여 「세무사법 시행령」 등 87개 대통령령을 일괄개정한 것이다.[1278]

(2) 「개인정보 보호법 시행령」 제19조에 따른 주민등록번호 또는 외국인등록번호가 포함된 자료를 처리할 수 있는 자는, 시 · 도지사, 시장 · 군수 · 구청장(해당 권한이 위임 · 위탁된 경우에는 그 권한을 위임 · 위탁받은 자를 포함한다) 또는 사업시행자에 한한다.

(3) 주민등록번호 또는 외국인등록번호가 포함된 자료를 처리할 수 있는 경우는, ① 추진위원회 구성 승인에 관한 사무, ② 토지등소유자의 동의방법 등의 업무를 위한 토지등소유자의 자격 확인에 관한 사무, ③ 조합원의 자격 확인에 관한 사무, ④ 조합임원의 겸임 확인을 위한 사무, ⑤ 조합임원의 결격사유 확인에 관한 사무, ⑥ 세입자의 주거 및 이주 대책에 관한 사무, ⑦ 관리처분계획의 수립 및 인가에 관한 사무, ⑧ 대지 또는 건축물의 소유권 이전에 관한 사무, ⑨ 정비사업전문관리업 등록에 관한 사무, ⑩ 정비사업전문관리업자의 결격사유 확인에 관한 사무, ⑪ 정비사업전문관리업의 등록취소 등에 관한 사무, ⑫ 정비사업전문관리업자에 대한 조사 등에 관한 사무를 수행하기 위하여 불가피한 경우에 한한다.

XV. 규제의 재검토(시행령 제98조)

도시정비법 시행령

제98조 (규제의 재검토)

국토교통부장관은 다음 각 호의 사항에 대하여 2017년 1월 1일을 기준으로 3년마다(매 3년이 되는 해의 기준일과 같은 날 전까지를 말한다) 그 타당성을 검토하여 개선 등의 조치를 하여야 한다.

1. 제7조 및 별표 1에 따른 정비계획의 입안대상지역
2. 제19조 및 제21조에 따른 공동시행자 및 지정개발자의 요건
3. 제59조에 따른 분양신청의 절차 등
4. 제81조 및 별표 4에 따른 정비사업전문관리업의 등록기준
5. 제84조 및 별표 5에 따른 정비사업전문관리업자의 등록취소 및 업무정지처분의 기준
6. 제88조에 따른 회계감사

1278) 개정이유문.

(1) 규제심사를 내실화하기 위하여 기존 규제에 대하여 존속기한 또는 재검토기한을 설정하여 법령에 규정하도록 하는 내용으로 「행정규제기본법」이 개정됨에 따라, 「주택법 시행령」 등 259개의 대통령령에 규정되어 있는 주택거래신고지역의 지정 등의 규제에 대하여 3년 또는 5년 주기의 규제 재검토기한을 설정하고 기한 도래 시마다 해당 규제의 타당성을 검토하여 개선 등의 조치를 하도록 하고자, 2013. 12. 30. 개정에서 신설하여 2014. 1. 1.을 기준으로 3년마다 개선 조치를 하도록 하였다.[1279)]

(2) 국토교통부장관은 ① 정비계획의 입안대상지역, ② 공동시행자 및 지정개발자의 요건, ③ 분양신청의 절차 등, ④ 정비사업전문관리업의 등록기준, ⑤ 정비사업전문관리업자의 등록취소 및 업무정지처분의 기준, ⑥ 회계감사에 대하여 그 타당성을 검토하여 개선 등의 조치를 하여야 한다.

1279) 개정이유문.

제9장 벌 칙

Ⅰ. 5년 이하의 징역 또는 5천만원 이하의 벌금(제135조)

도시정비법

제135조 (벌칙)

다음 각 호의 어느 하나에 해당하는 자는 5년 이하의 징역 또는 5천만원 이하의 벌금에 처한다.

1. 제36조에 따른 토지등소유자의 서면동의서를 위조한 자
2. 제132조 각 호의 어느 하나를 위반하여 금품, 향응 또는 그 밖의 재산상 이익을 제공하거나 제공의사를 표시하거나 제공을 약속하는 행위를 하거나 제공을 받거나 제공의사 표시를 승낙한 자

1. 토지등소유자의 서면동의서를 위조한 자

(1) 법 제36조 제1항 각 호에 해당하는 토지등소유자의 서면동의서를 위조한 자는 5년 이하의 징역 또는 5천만원 이하의 벌금에 처한다.

(2) 죄형법정주의에 따라 총회 서면결의서 등 법 제36조 제1항 각 호에 해당하지 아니하는 문서의 위조는 본조의 적용을 받지 아니하고, 형법 제231조 사문서위조에 해당할 뿐이다.

2. 법 제132조에 위반하여 금품 등을 수수한 자

(1) 법 제132조는 누구든지 추진위원, 조합임원의 선임 또는 제29조에 따른 계약 체결과 관련하여 금품, 향응 또는 그 밖의 재산산 이익을 제공하거나 제공의사를 표시하거나 제공을 약속하는 행위를 하거나 제공을 받거나 제공의사표시를 승낙하는 행위를 금지하고 있고, 본조는 이를 위반한 자를 5년 이하의 징역 또는 5천만원 이하의 벌금에 처한다.

(2) 대법원은 본조의 추진위원에 추진위원장, 부위원장, 감사도 포함된다고 판시하였다.[1280]

1280) 대법원 2019. 2. 14. 선고 2016도6497 판결 [도시및주거환경정비법위반] 「구 도시정비법 제

(3) 법 제134조는 추진위원장, 조합임원, 청산인, 전문조합관리인 및 정비사업전문관리업자의 대표자 · 임직원 및 위탁지원자를 형법상 뇌물죄의 적용에서 공무원으로 본다고 규정하고 있으므로, 이와 같이 공무원으로 의제되는 자가 금품 등을 수수한 경우에 본조와 형법상 뇌물죄의 적용관계가 문제되는데, 대법원은 「정비사업을 시행하는 조합의 임원은 수뢰죄 등 형법 제129조를 적용할 때는 공무원으로 의제되므로(구 도시정비법 제84조), 수뢰액이 일정 금액 이상이면 특정범죄 가중처벌 등에 관한 법률 제2조에 따라 가중 처벌된다. 한편 누구든지 재개발사업 등의 시공자, 설계자 또는 정비사업전문관리업자의 선정과 관련하여 금품을 수수하는 등의 행위를 하면 구 도시정비법 제84조의2에 의한 처벌대상이 된다. 이 처벌규정은 조합 임원에 대한 공무원 의제 규정인 도시정비법 제84조가 이미 존재하는 상태에서 2012. 2. 1. 법률이 개정되어 신설된 것으로서, 기존 도시정비법 제84조의 입법 취지, 적용대상, 법정형 등과 비교해 보면 시공자의 선정 등과 관련한 부정행위에 대하여 조합 임원이 아닌 사람에 대해서까지 처벌 범위를 확장한 것일 뿐 조합 임원을 형법상의 수뢰죄 또는 특정범죄가중법 위반죄로 처벌하는 것이 너무 과중하여 부당하다는 반성적 고려에서 형을 가볍게 한 것이라고는 인정되지 아니한다.」고 판시하였는바,[1281] 본조의 위반죄와 형법상 뇌물죄는 형법 제40조의 상상적 경합범으로 중한 죄에 정한 형으로 처벌한다.

21조 제4항은 '누구든지 추진위원회 위원의 선출과 관련하여 금품, 향응 또는 그 밖의 재산상 이익을 제공하거나 제공의사를 표시하거나 제공을 약속하는 행위, 이를 제공받거나 제공의사 표시를 승낙하는 행위를 할 수 없다'라고 규정하고, 제84조의2 제3호는 '제21조 제4항 각호의 어느 하나를 위반하여 금품이나 그 밖의 재산상의 이익을 제공하거나 제공의사를 표시하거나 제공을 약속하는 행위를 하거나, 제공을 받거나 제공의사 표시를 승낙한 자'를 처벌하고 있다. 구 도시정비법 제21조 제4항 및 벌칙 조항인 제84조의2 제3호는 2012. 2. 1. 법률 개정으로 도입된 것으로서, 정비사업의 투명성 제고 등을 통한 정비사업의 원활한 추진 등을 입법 목적으로 하고 있다. 구 도시정비법 및 정비사업 조합설립추진위원회 운영규정의 내용을 법률의 전반적인 체계와 취지 · 입법 목적과 함께 유기적, 체계적으로 해석하여 보면, 구 도시정비법 제21조 제4항에서 말하는 '추진위원회 위원의 선출'에는 추진위원회의 일반 위원인 추진위원의 선출뿐만 아니라 위원장을 포함한 임원인 위원의 선출도 당연히 포함된다고 보는 것이 타당하고, 그와 같이 볼 수 있는 이상 피고인이 추진위원회 위원장 선출 당시에 추진위원회의 추진위원 등의 지위에 있다고 하더라도 위 조항에 해당하는지 여부의 판단에 관하여 달리 볼 것이 아니다.」

1281) 대법원 2016. 10. 27. 선고 2016도9954 판결 [특정범죄가중처벌등에관한법률위반(뇌물)].

Ⅱ. 3년 이하의 징역 또는 3천만원 이하의 벌금(제136조)

도시정비법

제136조 (벌칙)

다음 각 호의 어느 하나에 해당하는 자는 3년 이하의 징역 또는 3천만원 이하의 벌금에 처한다. 〈개정 2017. 8. 9., 2019. 4. 23.〉

1. 제29조제1항에 따른 계약의 방법을 위반하여 계약을 체결한 추진위원장, 전문조합관리인 또는 조합임원(조합의 청산인 및 토지등소유자가 시행하는 재개발사업의 경우에는 그 대표자, 지정개발자가 사업시행자인 경우 그 대표자를 말한다)
2. 제29조제4항부터 제8항까지의 규정을 위반하여 시공자를 선정한 자 및 시공자로 선정된 자

2의 2. 제29조제9항을 위반하여 시공자와 공사에 관한 계약을 체결한 자

3. 제31조제1항에 따른 시장 · 군수등의 추진위원회 승인을 받지 아니하고 정비사업전문관리업자를 선정한 자
4. 제32조제2항에 따른 계약의 방법을 위반하여 정비사업전문관리업자를 선정한 추진위원장(전문조합관리인을 포함한다)
5. 제36조에 따른 토지등소유자의 서면동의서를 매도하거나 매수한 자
6. 거짓 또는 부정한 방법으로 제39조제2항을 위반하여 조합원 자격을 취득한 자와 조합원 자격을 취득하게 하여준 토지등소유자 및 조합의 임직원(전문조합관리인을 포함한다)
7. 제39조제2항을 회피하여 제72조에 따른 분양주택을 이전 또는 공급받을 목적으로 건축물 또는 토지의 양도 · 양수 사실을 은폐한 자
8. 제76조제1항제7호라목 단서를 위반하여 주택을 전매하거나 전매를 알선한 자

1. 법 제29조 제1항에 따른 계약의 방법을 위반한 조합임원 등 (제1호)

(1) 법 제29조 제1항은 계약체결의 방법으로 일반경쟁입찰을 원칙으로 규정하고, 예외적으로 시행령 제24조 제1항에 따른 일정한 요건에서 지명경쟁입찰 또는 수의계약이 가능하도록 규정하고 있는바, 이러한 일반경쟁입찰, 지명경쟁입찰, 수의계약의 요건을 위반하여 임의로 계약을 체결한 추진위원장, 전문조합관리인, 청산인, 토지등소유자의 대표자(토지등소유자가 재개발사업의 시행자인 경우), 지정개발자의 대표자는 3년 이하의

징역 또는 3천만원 이하의 벌금에 처한다.

(2) 법 제29조 제3항의 위반은 처벌대상에 포함되지 아니하므로, 동조항의 위임에 따라 제정된 국토부 고시「정비사업 계약업무 처리기준」의 입찰절차 등의 위반행위는 죄형법정주의상 처벌대상이 아니라고 보는 것이 타당하다고 본다.

2. 법 제29조 제4항 내지 제8항에 위반하여 시공자를 선정한 자 및 시공자로 선정된 자(제2호)

(1) 본조에서 "시공자를 선정한 자"라 함은 제1호와의 법익균형성, 형벌권 남용의 방지 등을 고려할 때, 제1호에서 규정한 추진위원장, 전문조합관리인, 청산인, 토지등소유자의 대표자(토지등소유자가 재개발사업의 시행자인 경우), 지정개발자의 대표자와 시공자를 선정한 공공시행자의 대표자로 한정하여 해석하여야 하고, 총회 등에서 의결권을 행사한 토지등소유자 또는 조합원 등은 제외된다고 보아야 한다.

(2) 법 제29조 제4항은 조합은 조합설립인가를 받은 후 조합총회에서 동조 제1항의 경쟁입찰 또는 수의계약(2회 이상 경쟁입찰이 유찰된 경우로 한정된다)의 방법으로 시공자를 선정하여야 하고, 예외적으로 시행령 제24조 제3항으로 정한 규모 이하(조합원이 100인 이하)의 정비사업의 경우에는 정관이 정하는 바에 따라 선정할 수 있도록 규정하고 있는 바, ① 조합설립인가 전에 시공자를 선정한 자, ② 조합원 총회의 의결을 거치지 아니하고 시공자를 선정한 자, ③ 경쟁입찰 또는 수의계약의 요건에 위반하여 시공자를 임의로 선정한 자는 3년 이하의 징역 또는 3천만원 이하의 벌금에 처한다.

(3) 다만, 조합원 100인 이하의 정비사업조합은 법 제29조 제4항 단서에 따라 정관으로 자유롭게 시공자 선정방법을 정할 수 있는데, 정관이 정하는 방법을 위반하여 시공자를 선정한 경우도 본조의 처벌대상이 되는지 문제되는데, 죄형법정주의에 따라 처벌대상의 구성요건은 법률에 규정되어야 하는 점에서 본조의 처벌대상이 아니라고 보는 것이 타당하다.

(4) 법 제137조 제6호는 총회의 의결을 거치지 아니하고 사업을 임의로 추진한 조합임원을 2년 이하의 징역 또는 2천만원 이하의 벌금에 처하고 있는데 총회의 의결 없이 시공자를 선정한 때에는 본조와 법 제137조 제6호는 형법 제40조에 따른 상상적 경합

범이 성립하고 중한 죄인 본조에 따라 처벌된다.

(5) 법 제29조 제5항은 토지등소유자가 재개발사업을 시행하는 경우에 사업시행계획인가를 받은 후 규약에 따라 시공자를 선정하여야 한다고 규정하고 있는바, 사업시행계획인가 전에 시공자를 선정한 자는 3년 이하의 징역 또는 3천만원 이하의 벌금에 처한다. 앞서 본 바와 같이 규약에서 정한 방법을 위반하여 시공자를 선정한 것은 처벌대상이 아니라고 보아야 한다.

(6) 법 제29조 제6항은 공공시행자(시장 · 군수등이 포함된다) 또는 지정개발자가 재개발 · 재건축사업을 시행하는 경우 사업시행자 지정 · 고시 후 제1항에 따른 경쟁입찰 또는 수의계약의 방법으로 시공자를 선정하도록 규정하고 있는바, 사업시행자 지정 · 고시 전에 시공자를 선정하거나 경쟁입찰 등의 방법을 위반하여 시공자를 선정한 자는 3년 이하의 징역 또는 3천만원 이하의 벌금에 처한다.

(7) 법 제29조 제7항 및 제8항은 공공시행자 또는 지정개발자가 재개발 · 재건축사업의 시공자를 선정하거나 관리처분방식으로 시행하는 주거환경개선사업의 공공시행자가 시공자를 선정하는 경우에 법 제47조에 따른 주민대표회의 또는 법 제48조에 따른 토지등소유자 전체회의에서 대통령령이 정하는 경쟁입찰(일반, 제한, 지명경쟁입찰 중 하나일 것) 또는 수의계약(2회 이상 경쟁입찰 유찰된 경우로 한정한다)의 방법으로 시공자를 추천할 수 있고, 사업시행자는 추천받은 자를 시공자로 선정하여야 한다고 규정하고 있는바, 이에 위반하여 시공자를 선정한 시행자도 3년 이하의 징역 또는 3천만원 이하의 벌금에 처한다.

(8) 위와 같이 법 제29조 제4항 내지 제8항에 위반하여 시공자로 선정된 자도 3년 이하의 징역 또는 3천만원 이하의 벌금에 처한다. 법인인 건설회사가 시공자로 선정된 경우 법인에 대하여 벌금형만 선고가 가능하고, 법인의 대표자, 임 · 직원은 '시공자로 선정된 자'에 포함되지 아니하여 처벌대상이 아니라고 본다.[1282)]

1282) 이에 대해 법 제139조가 "법인의 대표자나 법인 또는 개인의 대리인, 사용인, 그 밖의 종업원이 그 법인 또는 개인의 업무에 관하여 제135조부터 제138조까지의 어느 하나에 해당하는 위반행위를 하면 그 행위자를 벌하는 외에 그 법인 또는 개인에게도 해당 조문의 벌금에 처한다. 다만, 법인 또는 개인이 그 위반행위를 방지하기 위하여 해당 업무에 관하여 상당한 주의와 감독을 게을리하지 아니한 경우에는 그러하지 아니하다."라고 규정하고 있는바, 시공자로 선정된 법인의 임직원 중 시공자 선정에 참여한 행위자가 처벌대상이 될 수 있다는 견해가 있을 수 있으나, '선정된 자'를 '선정에 참여한 행위자'라고 확대해석하는 것

3. 법 제29조 제9항을 위반하여 시공자와 계약을 체결한 자 (제2의2호)

(1) 법 제29조 제9항에 따라 사업시행자(사업대행자를 포함한다)는 시공자와 공사에 관한 계약을 체결할 때에는 기존 건축물의 철거 공사(「석면안전관리법」에 따른 석면 조사·해체·제거를 포함한다)에 관한 사항을 포함시켜야 하는바, 이를 위반하여 계약을 체결한 자는 3년 이하의 징역 또는 3천만원 이하의 벌금에 처한다.

(2) 본조의 처벌대상자도 제1호의 규정에 비추어 계약서에 날인한 사업시행자의 대표 또는 사업대행자의 대표에 한정된다고 보아야 하며, 공사도급계약 체결에 대한 조합원총회, 대의원회 등에서 의결권을 행사한 토지등소유자, 조합원 또는 대의원 등은 제외된다고 보아야 한다.

4. 추진위원회 승인을 받지 아니하고 정비사업전문관리업자를 선정한 자(제3호)

법 제31조 제1항에 따른 추진위원회 승인을 받지 아니하고 정비사업전문관리업자를 선정한 자는 3년 이하의 징역 또는 3천만원 이하의 벌금에 처한다.

5. 법 제32조 제2항에 위반하여 정비사업전문관리업자를 선정한 추진위원장(제4호)

(1) 법 제32조 제2항에 따라 추진위원회가 정비사업전문관리업자를 선정하려는 경우에는 추진위원회 승인을 받은 후 법 제29조 제1항에 따른 경쟁입찰 또는 수의계약(2회 이상 경쟁입찰이 유찰된 경우로 한정한다)의 방법으로 선정하여야 하는바, 이를 위반한 추진위원장은 3년 이하의 징역 또는 3천만원 이하의 벌금에 처한다.

(2) 추진위원회 승인 전 정비사업전문관리업자를 선정하면 제3호가 적용되어 처벌되고, 추진위원회 승인 전에는 추진위원장의 지위가 인정될 수 없으므로 제4호가 적용될 여지가 없으며, 법 제29조 제1항에 따른 경쟁입찰 또는 수의계약의 방법을 위반한

은 죄형법정주의에 반한다고 본다.

행위는 제1호와 구성요건 및 법정형이 동일한 것으로 제4호는 중복규정에 불과하다. 따라서 입법론적으로 제4호를 삭제하는 것이 타당하다고 본다.

6. 법 제36조에 따른 토지등소유자의 서면동의서를 매도하거나 매수한 자(제5호)

(1) 법 제36조 제1항 각 호에 규정된 토지등소유자의 서면동의서를 매도하거나 매수한 자는 3년 이하의 징역 또는 3천만원 이하의 벌금에 처한다.

(2) 실무적으로 보면 조합설립인가 후 토지등소유권을 조합이 매수하기로 합의하고 토지등소유자가 조합설립동의서를 제출하는 경우가 있는데, 이는 조합설립동의의 조건으로 부동산 매매에 합의한 것일 뿐 서면동의서를 매도 또는 매수한 것이라고 볼 수 없다. 제5호는 금품 등을 제공하여 토지등소유자의 정당한 동의권 행사가 침해되는 것을 방지하고자 하는데 입법목적이 있으므로, 이러한 입법목적을 고려하여 제한적으로 적용하여야 할 것이다.

7. 법 제39조 제2항을 위반하여 투기과열지구 내 조합원 자격을 취득한 자 등(제6호 및 제7호)

(1) 법 제39조 제2항에 따라 투기과열지구(이하 "투기과열지구"라 한다)로 지정된 지역에서 재건축사업을 시행하는 경우에는 조합설립인가 후, 재개발사업을 시행하는 경우에는 제74조에 따른 관리처분계획의 인가 후 해당 정비사업의 건축물 또는 토지를 양수(매매 · 증여, 그 밖의 권리의 변동을 수반하는 일체의 행위를 포함하되, 상속 · 이혼으로 인한 양도 · 양수의 경우는 제외한다. 이하 이 조에서 같다)한 자는 특별히 예외규정의 요건에 해당하지 않는 한 조합원이 될 수 없는바,[1283] 거짓 또는 부정한 방법으로 이에 위반하여 조합원

1283) 법 제39조(조합원의 자격 등)

②「주택법」 제63조제1항에 따른 투기과열지구(이하 "투기과열지구"라 한다)로 지정된 지역에서 재건축사업을 시행하는 경우에는 조합설립인가 후, 재개발사업을 시행하는 경우에는 제74조에 따른 관리처분계획의 인가 후 해당 정비사업의 건축물 또는 토지를 양수(매매 · 증여, 그 밖의 권리의 변동을 수반하는 모든 행위를 포함하되, 상속 · 이혼으로 인한 양도 · 양수의 경우는 제외한다. 이하 이 조에서 같다)한 자는 제1항에도 불구하고 조합원이 될 수 없다. 다만, 양도인이 다음 각 호의 어느 하나에 해당하는 경우 그 양도인으로부터 그 건축

자격을 취득한 자와 조합원 자격을 취득하게 하여준 토지등소유자 및 조합의 임직원(전문조합관리인을 포함한다)은 3년 이하의 징역 또는 3천만원 이하의 벌금에 처한다.

(2) 법 제39조 제2항을 회피하여 법 제72조 조합원 분양신청에 따른 분양주택을 이전 또는 공급받을 목적으로 건축물 또는 토지의 양도 · 양수 사실을 은폐한 자도 3년 이하의 징역 또는 3천만원 이하의 벌금에 처한다.

8. 법 제76조 제1항 제7호 라목 단서 전매금지에 위반한 자 등 (제8호)

법 제76조 제1항 제7호 라목에 따라 종전 자산의 가격의 범위 또는 종전 주택의 주거전용면적의 범위에서 2주택을 공급할 수 있고, 이 경우 1주택은 주거전용면적을 60㎡이하로 하고 3년간 전매가 금지되는데, 전매금지에 위반하여 전매하거나 전매를 알선한 자는 3년 이하의 징역 또는 3천만원 이하의 벌금에 처한다.

물 또는 토지를 양수한 자는 그러하지 아니하다. 〈개정 2017.10.24, 2020.6.9, 2021.4.13〉

1. 세대원(세대주가 포함된 세대의 구성원을 말한다. 이하 이 조에서 같다)의 근무상 또는 생업상의 사정이나 질병치료(「의료법」 제3조에 따른 의료기관의 장이 1년 이상의 치료나 요양이 필요하다고 인정하는 경우로 한정한다) · 취학 · 결혼으로 세대원이 모두 해당 사업구역에 위치하지 아니한 특별시 · 광역시 · 특별자치시 · 특별자치도 · 시 또는 군으로 이전하는 경우
2. 상속으로 취득한 주택으로 세대원 모두 이전하는 경우
3. 세대원 모두 해외로 이주하거나 세대원 모두 2년 이상 해외에 체류하려는 경우
4. 1세대(제1항제2호에 따라 1세대에 속하는 때를 말한다) 1주택자로서 양도하는 주택에 대한 소유기간 및 거주기간이 대통령령으로 정하는 기간 이상인 경우
5. 제80조에 따른 지분형주택을 공급받기 위하여 건축물 또는 토지를 토지주택공사등과 공유하려는 경우
6. 공공임대주택, 「공공주택 특별법」에 따른 공공분양주택의 공급 및 대통령령으로 정하는 사업을 목적으로 건축물 또는 토지를 양수하려는 공공재개발사업 시행자에게 양도하려는 경우
7. 그 밖에 불가피한 사정으로 양도하는 경우로서 대통령령으로 정하는 경우

Ⅲ. 2년 이하의 징역 또는 2천만원 이하의 벌금(제137조)

도시정비법

제137조(벌칙)

다음 각 호의 어느 하나에 해당하는 자는 2년 이하의 징역 또는 2천만원 이하의 벌금에 처한다. 〈개정 2020. 6. 9.〉

1. 제12조제5항에 따른 안전진단 결과보고서를 거짓으로 작성한 자
2. 제19조제1항을 위반하여 허가 또는 변경허가를 받지 아니하거나 거짓, 그 밖의 부정한 방법으로 허가 또는 변경허가를 받아 행위를 한 자
3. 제31조제1항 또는 제47조제3항을 위반하여 추진위원회 또는 주민대표회의의 승인을 받지 아니하고 제32조제1항 각 호의 업무를 수행하거나 주민대표회의를 구성·운영한 자
4. 제31조제1항 또는 제47조제3항에 따라 승인받은 추진위원회 또는 주민대표회의가 구성되어 있음에도 불구하고 임의로 추진위원회 또는 주민대표회의를 구성하여 이 법에 따른 정비사업을 추진한 자
5. 제35조에 따라 조합이 설립되었는데도 불구하고 추진위원회를 계속 운영한 자
6. 제45조에 따른 총회의 의결을 거치지 아니하고 같은 조 제1항 각 호의 사업(같은 항 제13호 중 정관으로 정하는 사항은 제외한다)을 임의로 추진한 조합임원(전문조합관리인을 포함한다)
7. 제50조에 따른 사업시행계획인가를 받지 아니하고 정비사업을 시행한 자와 같은 사업시행계획서를 위반하여 건축물을 건축한 자
8. 제74조에 따른 관리처분계획인가를 받지 아니하고 제86조에 따른 이전을 한 자
9. 제102조제1항을 위반하여 등록을 하지 아니하고 이 법에 따른 정비사업을 위탁받은 자 또는 거짓, 그 밖의 부정한 방법으로 등록을 한 정비사업전문관리업자
10. 제106조제1항 각 호 외의 부분 단서에 따라 등록이 취소되었음에도 불구하고 영업을 하는 자
11. 제113조제1항부터 제3항까지의 규정에 따른 처분의 취소·변경 또는 정지, 그 공사의 중지 및 변경에 관한 명령을 받고도 이에 따르지 아니한 추진위원회, 사업시행자, 주민대표회의 및 정비사업전문관리업자
12. 제124조제1항에 따른 서류 및 관련 자료를 거짓으로 공개한 추진위원장 또는 조합임원(토지등소유자가 시행하는 재개발사업의 경우 그 대표자)
13. 제124조제4항에 따른 열람·복사 요청에 허위의 사실이 포함된 자료를 열람·복사해 준 추진위원장 또는 조합임원(토지등소유자가 시행하는 재개발사업의 경우 그 대표자)

1. 안전진단 결과보고서를 거짓으로 작성한 자(제1호)

법 제12조 제5항에 따른 재건축사업 정비계획 입안을 위한 안전진단 결과보고서를 거짓으로 작성한 자는 2년 이하의 징역 또는 2천만원 이하의 벌금에 처한다.

2. 법 제19조 제1항 정비구역 내 행위제한에 위반한 자(제2호)

법 제19조 제1항에 따라 정비구역에서 건축물의 건축, 공작물의 설치, 토지의 형질 변경, 토석의 채취, 토지분할, 물건을 쌓아 놓는 행위, 그 밖에 대통령령으로 정하는 행위를 하려는 자는 시장 · 군수등의 허가 또는 변경허가를 받아야 하는데, 이에 위반하여 허가 또는 변경허가를 받지 아니하거나 거짓, 그 밖의 부정한 방법으로 허가 또는 변경허가를 받아 행위를 한자는 2년 이하의 징역 또는 2천만원 이하의 벌금에 처한다.

3. 추진위원회 또는 주민대표회의의 승인을 받지 아니하고 업무를 수행한 자 등(제3, 4, 5호)

(1) 법 제31조 제1항 또는 법 제47조 제3항을 위반하여 추진위원회 또는 주민대표회의의 승인을 받지 아니하고 법 제32조 제1항 각 호의 추진위원회 업무를 수행하거나 주민대표회의를 구성 · 운영한 자는 2년 이하의 징역 또는 2천만원 이하의 벌금에 처한다.

(2) 법 제31조 제1항 또는 법 제47조 제3항에 따라 승인받은 추진위원회 또는 주민대표회의가 구성되어 있음에도 불구하고 임의로 추진위원회 또는 주민대표회의를 구성하여 이 법에 따른 정비사업을 추진한 자는 2년 이하의 징역 또는 2천만원 이하의 벌금에 처한다.

(3) 법 제35조에 따라 조합이 설립되었는데도 불구하고 추진위원회를 계속 운영한 자는 2년 이하의 징역 또는 2천만원 이하의 벌금에 처한다.

4. 조합원총회의 의결을 거치지 아니하고 사업을 임의로 추진한 조합임원 등(제6호)

(1) 법 제45조 제1항에 따라 다음과 같은 사항은 조합원총회의 의결을 거쳐야 한다.

① 정관의 변경(제40조 제4항에 따른 경미한 사항의 변경은 이 법 또는 정관에서 총회의결사항으로 정한 경우로 한정한다)

② 자금의 차입과 그 방법·이자율 및 상환방법

③ 정비사업비의 세부 항목별 사용계획이 포함된 예산안 및 예산의 사용내역

④ 예산으로 정한 사항 외에 조합원에게 부담이 되는 계약

⑤ 시공자·설계자 또는 감정평가업자(제74조 제4항에 따라 시장·군수등이 선정·계약하는 감정평가업자는 제외한다)의 선정 및 변경. 다만, 감정평가업자 선정 및 변경은 총회의 의결을 거쳐 시장·군수등에게 위탁할 수 있다.

⑥ 정비사업전문관리업자의 선정 및 변경

⑦ 조합임원의 선임 및 해임

⑧ 정비사업비의 조합원별 분담내역

⑨ 제52조에 따른 사업시행계획서의 작성 및 변경(제50조 제1항 본문에 따른 정비사업의 중지 또는 폐지에 관한 사항을 포함하며, 같은 항 단서에 따른 경미한 변경은 제외한다)

⑩ 제74조에 따른 관리처분계획의 수립 및 변경(제74조 제1항 각 호 외의 부분 단서에 따른 경미한 변경은 제외한다)

⑪ 제89조에 따른 청산금의 징수·지급(분할징수·분할지급을 포함한다)과 조합 해산 시의 회계보고

⑫ 제93조에 따른 비용의 금액 및 징수방법

⑬ 그 밖에 조합원에게 경제적 부담을 주는 사항 등 주요한 사항을 결정하기 위하여 대통령령[1284] 또는 정관으로 정하는 사항

(2) 위와 같은 조합원총회 의결사항(법 제45조 1항 제13호 중 정관으로 정하는 사항은 제외한다)에 대하여 총회의 의결을 거치지 아니하고 사업을 임의로 추진한 조합임원과 전문조합관리인은 2년 이하의 징역 또는 2천만원 이하의 벌금에 처한다.

1284) 시행령 제42조(총회의 의결사항)

① 법 제45조제1항제13호에 따라 총회의 의결을 거쳐야 하는 사항은 다음 각 호와 같다.

1. 조합의 합병 또는 해산에 관한 사항
2. 대의원의 선임 및 해임에 관한 사항
3. 건설되는 건축물의 설계 개요의 변경
4. 정비사업비의 변경

(3) 법 제46조 제4항 및 시행령 제43조는 위와 같은 조합원총회 의결사항 중 대의원회가 대행할 수 있는 사항과 대행할 수 없는 사항을 구분하고 있는바, 대의원회가 대행할 수 있는 사항은 대의원회의 의결을 거쳤다면 처벌대상이 되지 아니하고, 대의원회와 총회의 의결을 모두 거치지 않았을 때는 처벌대상이 된다고 본다.

(4) 법 제45조 제1항 제13호는 '정관으로 정한 사항'을 총회의결사항으로 규정하고 있는데, 단지 정관에서만 총회의결사항으로 규정하였다는 것만으로 이를 위반한 행위를 처벌하는 것은 범죄의 구성요건은 법률로 정한다는 죄형법정주의에 위반되므로 처벌대상에서 제외하였다.

(5) 대법원은 「'예산으로 정한 사항 외에 조합원의 부담이 될 계약'을 총회의 의결사항으로 규정한 취지는 조합원들의 권리 · 의무에 직접적인 영향을 미치는 사항에 조합원들의 의사가 반영될 수 있도록 절차적으로 보장하려는 것이므로, 조합의 임원이 사전 의결 없이 조합원의 부담이 될 계약을 체결하였다면 이로써 구 도시정비법 제85조 제5호를 위반한 범행이 성립되지만, 정비사업의 성격상 조합이 추진하는 모든 업무의 구체적 내용을 총회에서 사전에 의결하기는 어려우므로, 위 구 도시정비법 규정 취지에 비추어 사전에 총회에서 추진하려는 계약의 목적과 내용, 그로 인하여 조합원들이 부담하게 될 부담의 정도를 개략적으로 밝히고 그에 관하여 총회의 의결을 거쳤다면 사전 의결을 거친 것으로 보아 정비사업의 원활한 추진에 지장이 없도록 조화롭게 해석할 필요가 있다.」고 판시하였다.[1285]

5. 사업시행계획인가를 받지 아니하고 정비사업을 시행한 자 등 (제7호)

법 제50조에 따른 사업시행계획인가를 받지 아니하고 정비사업을 시행한 자와 사업시행계획서를 위반하여 건축물을 건축한 자는 2년 이하의 징역 또는 2천만원 이하의 벌금에 처한다.

1285) 대법원 2018. 6. 15. 선고 2018도1202 판결 [도시및주거환경정비법위반].

6. 관리처분계획인가를 받지 아니하고 이전고시를 한 자(제8호)

법 제74조에 따른 관리처분계획인가를 받지 아니하고 법 제86조(이전고시 등)에 따른 소유권 이전을 한 자는 2년 이하의 징역 또는 2천만원 이하의 벌금에 처한다.

7. 정비사업전문관리업 등록을 하지 아니하고 정비사업을 위탁받은 자 등(제9, 10호)

(1) 법 제102조 제1항에 따라 ① 조합설립의 동의 및 정비사업의 동의에 관한 업무의 대행, ② 조합설립인가의 신청에 관한 업무의 대행, ③ 사업성 검토 및 정비사업의 시행계획서의 작성, ④ 설계자 및 시공자 선정에 관한 업무의 지원, ⑤ 사업시행계획인가의 신청에 관한 업무의 대행, ⑥ 관리처분계획의 수립에 관한 업무의 대행 등은 시·도지사에게 등록한 정비사업전문관리업자만 위탁받을 수 있는 고유업무에 해당한다.

(2) 정비사업전문관리업 등록을 하지 아니하고 위와 같은 고유업무를 위탁받은 자 또는 거짓, 그 밖의 부정한 방법으로 등록을 한 정비사업전문관리업자는 2년 이하의 징역 또는 2천만원 이하의 벌금에 처한다.

(3) 법 제106조 제1항 각 호 외의 부분 단서에 따라 등록이 취소되었음에도 불구하고 영업을 하는 자도 2년 이하의 징역 또는 2천만원 이하의 벌금에 처한다.

(4) 대법원은 「조합원 등의 권리의무와 법적 지위에 중대한 영향을 미치는 관리처분계획을 최초로 수립하는 경우에는 전문성과 공공성을 갖춘 정비사업전문관리업자에게만 위탁을 할 수 있지만, 그 후 경미한 사항이 아닌 관리처분계획의 주요 부분을 실질적으로 변경하는 경우에는 무자격자의 관여가 허용된다고 해석하는 것은 법령의 취지와 목적에 부합하지 아니한다.」고 판시하였다.[1286]

8. 국토부장관 등의 명령에 응하지 아니한 추진위원회, 사업시행자, 주민대표회의 및 정비사업전문관리업자(제11호)

(1) 법 제113조 감독권한에 따라 국토교통부장관, 시·도지사, 시장, 군수, 구청장은

1286) 대법원 2019. 9. 25. 선고 2016도1306 판결 [업무상배임·도시및주거환경정비법위반].

추진위원회, 주민대표회의, 사업시행자 또는 정비사업전문관리업자에게 처분의 취소·변경 또는 정지, 공사의 중지·변경, 임원의 개선 권고, 그 밖의 필요한 조치를 취할 수 있다.

(2) 위와 같은 조치 중 처분의 취소·변경 또는 정지, 공사의 중지 및 변경에 관한 명령을 받고도 이에 응하지 아니한 추진위원회, 사업시행자, 주민대표회의 및 정비사업전문관리업자는 2년 이하의 징역 또는 2천만원 이하의 벌금에 처한다. 임원의 개선 권고 그 밖의 필요한 조치에 응하지 아니한 것은 처벌대상이 아니다.

(3) 대법원은 「처분의 취소·변경 또는 정지, 그 공사의 중지 및 변경에 관한 명령을 받은 사업시행자 및 정비사업전문관리업자가 이를 위반한 경우, 그로 인하여 법 제85조 제12호에 정한 처벌을 하기 위하여는 그 명령이 적법한 것이어야 하고, 그 처분이 당연 무효가 아니라 하더라도 그것이 위법한 처분으로 인정되는 한 같은 법 제85조 제12호 위반죄가 성립할 수 없다.」고 전제하고, 「시장·군수가 사업시행자가 아닌 정비사업전문관리업자를 상대로 '처분의 취소·변경 또는 정지, 그 공사의 중지 및 변경에 관한 명령'을 할 수 있는 것은 그 명령이 해당 정비사업전문관리업자가 추진위원회 또는 조합으로부터 위탁받은 사항에 관련된 경우에 한정되고, 이와는 달리 그 명령이 해당 정비사업전문관리업자가 수행할 수 없는 업무, 예컨대 건축물의 철거에 관련된 것인 경우에는 정비사업전문관리업자를 상대로 '그 공사의 중지 및 변경'에 관한 명령을 할 수 없으므로, 처벌할 수 없다.」고 판시하였다.[1287)]

9. 법 제124조 정보공개 또는 열람·복사의 자료를 허위로 한 조합임원 등(제12, 13호)

(1) 법 제124조 제1항 및 제4항에 따라 추진위원장 또는 사업시행자(조합의 경우 청산인을 포함한 조합임원, 토지등소유자가 단독으로 시행하는 재개발사업의 경우에는 그 대표자를 말한다)는 정비사업의 시행에 관한 서류 및 관련자료를 인터넷 등에 공개하고, 조합원 또는 토지등소유자의 열람·복사에 응할 의무가 있다.[1288)]

1287) 대법원 2008. 2. 29. 선고 2006도7689 판결 [도시및주거환경정비법위반].

1288) 법 제124조(관련 자료의 공개 등)

① 추진위원장 또는 사업시행자(조합의 경우 청산인을 포함한 조합임원, 토지등소유자가 단독으로 시행하는 재개발사업의 경우에는 그 대표자를 말한다)는 정비사업의 시행에 관한

(2) 위와 같은 서류 및 관련자료를 거짓으로 공개하거나 열람 · 복사 요청에 허위의 사실이 포함된 자료를 열람 · 복사해 준 추진위원장 또는 조합임원, 토지등소유자가 시행하는 재개발사업의 경우 그 대표자는 2년 이하의 징역 또는 2천만원 이하의 벌금에 처한다.

(3) 조합의 청산인, 공공시행자 또는 지정개발자의 대표자는 법 제124조에 따른 공개의무 및 열람 · 복사의무가 있음에도 처벌대상자가 아니며, 다만, 조합의 청산인 또는 지정개발자의 대표자가 거짓으로 공개하거나 허위의 사실이 포함된 자료를 열람 · 복사해 준 경우 법 제138조 제7호 "공개하지 아니하거나 열람 · 복사에 응하지 아니한 경우"에 해당하여 처벌대상자가 될 수 있다.

Ⅳ. 1년 이하의 징역 또는 1천만원 이하의 벌금 등(제138조)

도시정비법

제138조 (벌칙)
① 다음 각 호의 어느 하나에 해당하는 자는 1년 이하의 징역 또는 1천만원 이하의

다음 각 호의 서류 및 관련 자료가 작성되거나 변경된 후 15일 이내에 이를 조합원, 토지등소유자 또는 세입자가 알 수 있도록 인터넷과 그 밖의 방법을 병행하여 공개하여야 한다.
1. 제34조제1항에 따른 추진위원회 운영규정 및 정관등
2. 설계자 · 시공자 · 철거업자 및 정비사업전문관리업자 등 용역업체의 선정계약서
3. 추진위원회 · 주민총회 · 조합총회 및 조합의 이사회 · 대의원회의 의사록
4. 사업시행계획서
5. 관리처분계획서
6. 해당 정비사업의 시행에 관한 공문서
7. 회계감사보고서
8. 월별 자금의 입금 · 출금 세부내역
9. 결산보고서
10. 청산인의 업무 처리 현황
11. 그 밖에 정비사업 시행에 관하여 대통령령으로 정하는 서류 및 관련 자료
④ 조합원, 토지등소유자가 제1항에 따른 서류 및 다음 각 호를 포함하여 정비사업 시행에 관한 서류와 관련 자료에 대하여 열람 · 복사 요청을 한 경우 추진위원장이나 사업시행자는 15일 이내에 그 요청에 따라야 한다.
1. 토지등소유자 명부
2. 조합원 명부
3. 그 밖에 대통령령으로 정하는 서류 및 관련 자료

벌금에 처한다. 〈개정 2018. 6. 12., 2020. 6. 9., 2021. 1. 5.〉

1. 제19조제8항을 위반하여「주택법」제2조제11호가목에 따른 지역주택조합의 조합원을 모집한 자
2. 제34조제4항을 위반하여 추진위원회의 회계장부 및 관계 서류를 조합에 인계하지 아니한 추진위원장(전문조합관리인을 포함한다)
3. 제83조제1항에 따른 준공인가를 받지 아니하고 건축물 등을 사용한 자와 같은 조 제5항 본문에 따라 시장·군수등의 사용허가를 받지 아니하고 건축물을 사용한 자
4. 다른 사람에게 자기의 성명 또는 상호를 사용하여 이 법에서 정한 업무를 수행하게 하거나 등록증을 대여한 정비사업전문관리업자
5. 제102조제1항 각 호에 따른 업무를 다른 용역업체 및 그 직원에게 수행하도록 한 정비사업전문관리업자
6. 제112조제1항에 따른 회계감사를 요청하지 아니한 추진위원장, 전문조합관리인 또는 조합임원(토지등소유자가 시행하는 재개발사업 또는 제27조에 따라 지정개발자가 시행하는 정비사업의 경우에는 그 대표자를 말한다)
7. 제124조제1항을 위반하여 정비사업시행과 관련한 서류 및 자료를 인터넷과 그 밖의 방법을 병행하여 공개하지 아니하거나 같은 조 제4항을 위반하여 조합원 또는 토지등소유자의 열람·복사 요청을 따르지 아니하는 추진위원장, 전문조합관리인 또는 조합임원(조합의 청산인 및 토지등소유자가 시행하는 재개발사업의 경우에는 그 대표자, 제27조에 따른 지정개발자가 사업시행자인 경우 그 대표자를 말한다)
8. 제125조제1항을 위반하여 속기록 등을 만들지 아니하거나 관련 자료를 청산 시까지 보관하지 아니한 추진위원장, 전문조합관리인 또는 조합임원(조합의 청산인 및 토지등소유자가 시행하는 재개발사업의 경우에는 그 대표자, 제27조에 따른 지정개발자가 사업시행자인 경우 그 대표자를 말한다)

② 건설업자가 제132조의2에 따른 조치를 소홀히 하여 용역업체의 임직원이 제132조 각 호의 어느 하나를 위반한 경우 그 건설업자는 5천만원 이하의 벌금에 처한다. 〈신설 2018. 6. 12.〉

1. 1년 이하의 징역 또는 1천만원 이하의 벌금(제1항)

가. 정비구역 등에서 지역주택조합의 조합원을 모집한 자(제1호)

법 제19조 제8항에 따라 정비예정구역 또는 정비구역(이하 "정비구역등"이라 한다)에서는「주택법」제2조 제11호 가목에 따른 지역주택조합의 조합원을 모집하는 행위가 금지되는바, 이를 위반하여 모집한 자는 1년 이하의 징역 또는 1천만원 이하의 벌금에

처한다.

나. 추진위원회의 회계장부 및 관계서류를 조합에 인계하지 아니한 추진위원장 등(제2호)

법 제34조 제4항에 따라 추진위원회는 사용경비를 기재한 회계장부 및 관계 서류를 조합설립인가일부터 30일 이내에 조합에 인계하여야 하는바, 이에 위반하여 조합에 인계하지 아니한 추진위원장과 전문조합관리인은 1년 이하의 징역 또는 1천만원 이하의 벌금에 처한다.

다. 준공인가 등을 받지 아니하고 건축물을 사용한 자(제3호)

제83조 제1항에 따른 준공인가를 받지 아니하고 건축물 등을 사용한 자와 같은 조 제5항 본문에 따라 시장·군수등의 사용허가를 받지 아니하고 건축물을 사용한 자는 1년 이하의 징역 또는 1천만원 이하의 벌금에 처한다.

라. 등록증 등을 대여한 정비사업전문관리업자(제4, 5호)

(1) 다른 사람에게 자기의 성명 또는 상호를 사용하여 이 법에서 정한 업무를 수행하게 하거나 등록증을 대여한 정비사업전문관리업자는 1년 이하의 징역 또는 1천만원 이하의 벌금에 처한다. 법 제106조 제1항 단서 및 제9호에 따라 필요적 등록취소 사유에도 해당한다.

(2) 법 제102조 제1항 각 호에 따른 정비사업전문관리업자의 업무[1289]를 다른 용역

1289) 법 제102조(정비사업전문관리업의 등록)

① 다음 각 호의 사항을 추진위원회 또는 사업시행자로부터 위탁받거나 이와 관련한 자문을 하려는 자는 대통령령으로 정하는 자본·기술인력 등의 기준을 갖춰 시·도지사에게 등록 또는 변경(대통령령으로 정하는 경미한 사항의 변경은 제외한다)등록하여야 한다. 다만, 주택의 건설 등 정비사업 관련 업무를 하는 공공기관 등으로 대통령령으로 정하는 기관의 경우에는 그러하지 아니하다.

1. 조합설립의 동의 및 정비사업의 동의에 관한 업무의 대행
2. 조합설립인가의 신청에 관한 업무의 대행
3. 사업성 검토 및 정비사업의 시행계획서의 작성
4. 설계자 및 시공자 선정에 관한 업무의 지원
5. 사업시행계획인가의 신청에 관한 업무의 대행

업체 및 그 직원에게 수행하도록 한 정비사업전문관리업자도 1년 이하의 징역 또는 1천만원 이하의 벌금에 처한다.

마. 법 제112조에 따른 회계감사를 받지 아니한 자(제6호)

(1) 법 제112조 제1항 및 시행령 제88조에 따라 공공시행자가 아닌 사업시행자 또는 추진위원회는 ① 추진위원회에서 조합으로 인계 전까지 납부 또는 지출된 금액과 계약 등으로 지출될 것이 확정된 금액의 합이 3억5천만원 이상인 경우에는 법 제34조 제4항에 따라 조합으로 인계되기 전 7일 이내,[1290] ② 사업시행인가 고시일 전까지 납부 또는 지출된 금액이 7억원 이상인 경우에는 사업시행계획인가의 고시일로부터 20일 이내, ③ 준공인가 신청일까지 납부 또는 지출된 금액이 14억원 이상인 경우에는 준공인가의 신청일부터 7일 이내, ④ 토지등소유자 또는 조합원 5분의 1 이상이 사업시행자에게 회계감사를 요청하는 경우에는 비용예치 등 절차를 고려한 상당한 기간 이내에 각 「주식회사 등의 외부감사에 관한 법률」 제2조 제7호 및 제9조에 따른 감사인의 회계감사를 받기 위하여 시장 · 군수등에게 회계감사기관의 선정 · 계약을 요청하여야 한다.

(2) 이를 위반하여 회계감사를 받지 아니한 자는 1년 이하의 징역 또는 1천만원 이하의 벌금에 처한다. 처벌대상자는 추진위원장, 전문조합관리인, 조합임원, 토지등소유자가 시행하는 재개발사업 또는 법 제27조에 따라 지정개발자가 시행하는 정비사업의 경우에는 그 대표자이다.

바. 법 제124조 정보공개 또는 열람 · 복사 의무를 위반한 조합임원 등(제7호)

(1) 법 제124조 제1항 및 제4항에 따라 추진위원장 또는 사업시행자(조합의 경우 청산인을 포함한 조합임원, 토지등소유자가 단독으로 시행하는 재개발사업의 경우에는 그 대표자를 말한

---

6. 관리처분계획의 수립에 관한 업무의 대행
7. 제118조제2항제2호에 따라 시장 · 군수등이 정비사업전문관리업자를 선정한 경우에는 추진위원회 설립에 필요한 다음 각 목의 업무
   가. 동의서 제출의 접수
   나. 운영규정 작성 지원
   다. 그 밖에 시 · 도조례로 정하는 사항

1290) 법 제34조 제4항은 조합설립인가일로부터 30일 이내에 인계하도록 규정하고 있는바, 30일의 만료일 전 7일 이내를 의미한다.

다)는 정비사업의 시행에 관한 서류 및 관련자료를 작성되거나 변경된 후 15일 이내에 인터넷과 그 밖의 방법을 병행하여 공개하여야 하고, 조합원 또는 토지등소유자가 열람 · 복사 요청을 한 경우 15일 이내에 응할 의무가 있다.[1291]

(2) 이에 위반하여 정비사업시행과 관련한 서류 및 자료를 인터넷과 그 밖의 방법을 병행하여 공개하지 아니하거나, 같은 조 제4항을 위반하여 조합원 또는 토지등소유자의 열람 · 복사 요청에 응하지 아니하는 추진위원장, 전문조합관리인, 조합임원, 조합의 청산인, 토지등소유자가 시행하는 재개발사업의 경우 그 대표자, 법 제27조에 따른 지정개발자가 사업시행자인 경우 그 대표자는 1년 이하의 징역 또는 1천만원 이하의 벌금에 처한다.

(3) 공공시행자의 대표자는 법 제124조에 따른 공개의무 및 열람 · 복사의무가 있지만 위반 시 처벌대상자에는 포함되지 않는다.

(4) 법 제137조 제12, 13호는 허위 공개 또는 열람 · 복사의 처벌대상자에서 조합의 청산인과 지정개발자의 대표자를 제외하고 있으나, 본조에서는 처벌대상자에 포함하고

1291) 법 제124조(관련 자료의 공개 등)

① 추진위원장 또는 사업시행자(조합의 경우 청산인을 포함한 조합임원, 토지등소유자가 단독으로 시행하는 재개발사업의 경우에는 그 대표자를 말한다)는 정비사업의 시행에 관한 다음 각 호의 서류 및 관련 자료가 작성되거나 변경된 후 15일 이내에 이를 조합원, 토지등소유자 또는 세입자가 알 수 있도록 인터넷과 그 밖의 방법을 병행하여 공개하여야 한다.

1. 제34조제1항에 따른 추진위원회 운영규정 및 정관등
2. 설계자 · 시공자 · 철거업자 및 정비사업전문관리업자 등 용역업체의 선정계약서
3. 추진위원회 · 주민총회 · 조합총회 및 조합의 이사회 · 대의원회의 의사록
4. 사업시행계획서
5. 관리처분계획서
6. 해당 정비사업의 시행에 관한 공문서
7. 회계감사보고서
8. 월별 자금의 입금 · 출금 세부내역
9. 결산보고서
10. 청산인의 업무 처리 현황
11. 그 밖에 정비사업 시행에 관하여 대통령령으로 정하는 서류 및 관련 자료

④ 조합원, 토지등소유자가 제1항에 따른 서류 및 다음 각 호를 포함하여 정비사업 시행에 관한 서류와 관련 자료에 대하여 열람 · 복사 요청을 한 경우 추진위원장이나 사업시행자는 15일 이내에 그 요청에 따라야 한다.

1. 토지등소유자 명부
2. 조합원 명부
3. 그 밖에 대통령령으로 정하는 서류 및 관련 자료

있으므로 조합의 청산인과 지정개발자의 대표자가 거짓으로 공개하거나 허위사실이 포함된 자료를 열람·복사해 준 경우에는 이를 공개하지 아니하거나 열람·복사 요청에 응하지 아니한 것으로 보아 본조에 따라 처벌될 수 있다고 본다.

(5) 대법원은 추진위원장의 범위에 대하여 「추진위원회의 부위원장이나 추진위원이었다가 추진위원회 위원장의 유고 등을 이유로 운영규정에 따라 연장자 순으로 추진위원회 위원장 직무대행자가 된 자를 '추진위원회 위원장'에 해당하는 것으로 해석하는 것은 형벌법규를 피고인에게 불리한 방향으로 지나치게 확장 해석하거나 유추 해석하는 것으로서 죄형법정주의의 원칙에 어긋나 허용될 수 없다.」고 하여 추진위원장 직무대행자는 처벌대상자 아니라고 판시하였다.[1292)]

(6) 반면 대법원은 조합임원의 범위에 대해서는 「구 도시정비법 제21조 제1항은 조합장 1인과 이사, 감사를 조합의 임원으로 규정하고 있는데, 제27조는 조합에 관하여는 위 법에 규정된 것을 제외하고는 민법 중 사단법인에 관한 규정을 준용하도록 하고 있으므로, 민법 제52조의2가 준용되어 법원은 가처분명령에 의하여 조합임원의 직무대행자를 선임할 수 있다. 그런데 민법 제60조의2 제1항은 "제52조의2의 직무대행자는 가처분명령에 다른 정함이 있는 경우 외에는 법인의 통상사무에 속하지 아니한 행위를 하지 못한다. 다만, 법원의 허가를 얻은 경우에는 그러하지 아니하다."라고 규정하고 있으므로, 법원의 가처분명령에 의하여 선임된 조합임원 직무대행자는 조합을 종전과 같이 그대로 유지하면서 관리하는 것과 같은 조합의 통상사무에 속하는 행위를 할 수 있다. 따라서 법원에 의하여 선임된 조합임원 직무대행자도 조합의 통상사무를 처리하는 범위 내에서는 원칙적으로 조합 총회의 의결을 거쳐 선임된 조합임원과 동일한 권한을 가진다. 이러한 점과 더불어 정비사업의 투명성·공공성을 확보하고 조합원 등의 알권리를 충족시키기 위하여 정비사업시행과 관련한 서류 및 자료를 공개하지 아니한 조합임원 등을 처벌하는 규정을 둔 구 도시정비법의 취지 등을 종합하면, 법원에 의하여 선임된 조합임원 직무대행자도 구 도시정비법 제86조 제6호, 제81조 제1항 위반죄의 범행주체인 조합임원에 해당한다.」고 판시하여 법원이 선임한 직무대행자도 의무자에 포함된다고 하였고,[1293)] 또 다른 판례에는 법원이 민법 제63조에 따라 선임한 임시

1292) 대법원 2015. 3. 12. 선고 2014도10612 판결 [도시및주거환경정비법위반].
1293) 대법원 2017. 6. 15. 선고 2017도2532 판결 [도시및주거환경정비법위반].

이사도 의무자에 포함된다고 판시하였다.[1294)]

(7) 대법원은 「구 도시정비법 시행령 제70조 제2항 제5호(현행 시행령 제94조 제2항 제5호)는 열람 · 복사의 방법을 서면을 통지하도록 규정하고 있는데, 조합에서 열람 · 복사의 방법을 특정하지 않았다면 현장교부 외에도 통상의 방법인 우편, 팩스 또는 정보통신망 중 어느 하나의 방법을 이용하여 열람 · 복사 요청에 응하여야 한다고 해석함이 타당하므로, 열람 · 복사를 신청한 조합원이 다시 조합사무실 등의 현장에 방문하여 열람 · 복사를 해야만 하는 것은 아닌데도, 이와 달리 열람 · 복사를 신청한 조합원이 15일 이내에 조합을 방문하였음을 인정할 증거가 없다는 이유로 피고인들에게 무죄를 선고한 원심판단에 구 도시정비법상의 열람 · 복사 요청에 응할 의무에 관한 법리를 오해하여 필요한 심리를 다하지 아니한 위법이 있다.」고 판시하였다.[1295)]

사. 법 제125조 제1항을 위반하여 관련자료를 보관하지 아니한 조합임원 등 (제8호)

(1) 법 제125조 제1항에 따라 추진위원장 · 정비사업전문관리업자 또는 사업시행자(조합의 경우 청산인을 포함한 조합임원, 토지등소유자가 단독으로 시행하는 재개발사업의 경우에는 그 대표자를 말한다)는 법 제124조 제1항에 따른 서류 및 관련 자료와 총회 또는 중요한 회의(조합원 또는 토지등소유자의 비용부담을 수반하거나 권리 · 의무의 변동을 발생시키는 경우로서 대통령령으로 정하는 회의를 말한다)[1296)]가 있은 때에는 속기록 · 녹음 또는 영상자료를

1294) 대법원 2016. 10. 27. 선고 2016도138 판결 [도시및주거환경정비법위반]. 「도시 및 주거환경정비법(이하 '도시정비법'이라고 한다)은 조합장 1인과 이사, 감사를 조합의 임원으로 규정하고 있는데(제21조 제1항), 조합에 관하여는 도시정비법에 규정된 것을 제외하고는 민법 중 사단법인에 관한 규정을 준용하도록 하고 있으므로(제27조), 조합의 임원인 이사가 없거나 도시정비법과 정관이 정한 이사 수에 부족이 있는 때에는 민법 제63조의 규정이 준용되어 법원이 임시이사를 선임할 수 있다. 그런데 법원에 의하여 선임된 임시이사는 원칙적으로 정식이사와 동일한 권한을 가지고, 도시정비법이 조합 총회에서 선임된 이사와 임시이사의 권한을 특별히 달리 정한 규정을 두고 있지도 않다. 이러한 점과 더불어 총회의결사항에 관하여 의결을 거치지 아니하고 임의로 추진한 조합 임원을 처벌하는 규정을 둔 도시정비법의 취지를 함께 살펴보면, 법원이 선임한 임시이사도 도시정비법 제85조 제5호에서 규정한 '조합의 임원'에 해당한다.」

1295) 대법원 2018. 4. 26. 선고 2016도13811 판결 [도시및주거환경정비법위반].

1296) 시행령 제94조(자료의 공개 및 통지 등)
③ 법 제125조제1항에서 "대통령령으로 정하는 회의"란 다음 각 호를 말한다.
1. 용역 계약(변경계약을 포함한다) 및 업체 선정과 관련된 대의원회 · 이사회

만들어 청산 시까지 보관하여야 한다.

(2) 이에 위반하여 속기록 등을 만들지 아니하거나 관련 자료를 청산 시까지 보관하지 아니한 추진위원장, 전문조합관리인, 조합임원, 조합의 청산인, 토지등소유자가 시행하는 재개발사업의 경우 그 대표자, 법 제27조에 따른 지정개발자가 사업시행자인 경우 그 대표자는 1년 이하의 징역 또는 1천만원 이하의 벌금에 처한다.

(3) 정비사업전문관리업자와 공공시행자도 법 제125조 제1항에 따른 보관의무 등이 있으나, 위반 시 처벌대상자에는 포함되지 않는다.

2. 5천만원 이하의 벌금(제2항)

(1) 법 제132조에 따라 누구든지 시공자 선정 및 계약체결과 관련하여 금품, 향응 또는 그밖의 재산상 이익을 제공하거나 제공의사를 표시하거나 제공을 약속하는 행위, 제공을 받거나 제공의사 표시를 승낙하는 행위, 제3자를 통한 위와 같은 행위를 하여서는 안 되고, 법 제132조의2에 따라 건설업자는 시공자 선정과 관련하여 홍보 등을 위하여 계약한 용역업체의 임직원이 법 제132조를 위반하지 아니하도록 교육, 용역비 집행 점검, 용역업체 관리 · 감독 등 필요한 조치를 하여야 한다.

(2) 건설업자가 법 제132조의2에 따른 조치를 소홀히 하여 용역업체의 임직원이 법 제132조 각 호의 어느 하나를 위반한 경우 그 건설업자는 5천만원 이하의 벌금에 처한다.

V. 양벌규정(제139조)

도시정비법

제139조 (양벌규정)

법인의 대표자나 법인 또는 개인의 대리인, 사용인, 그 밖의 종업원이 그 법인 또는 개인의 업무에 관하여 제135조부터 제138조까지의 어느 하나에 해당하는 위반행위를

2. 조합임원 · 대의원의 선임 · 해임 · 징계 및 토지등소유자(조합이 설립된 경우에는 조합원을 말한다) 자격에 관한 대의원회 · 이사회

하면 그 행위자를 벌하는 외에 그 법인 또는 개인에게도 해당 조문의 벌금에 처한다. 다만, 법인 또는 개인이 그 위반행위를 방지하기 위하여 해당 업무에 관하여 상당한 주의와 감독을 게을리하지 아니한 경우에는 그러하지 아니하다.

법인의 대표자나 법인 또는 개인의 대리인, 사용인, 그 밖의 종업원이 그 법인 또는 개인의 업무에 관하여 제135조부터 제138조까지의 어느 하나에 해당하는 위반행위를 하면 그 행위자를 벌하는 외에 그 법인 또는 개인에게도 해당 조문의 벌금에 처한다. 다만, 법인 또는 개인이 그 위반행위를 방지하기 위하여 해당 업무에 관하여 상당한 주의와 감독을 게을리하지 아니한 경우에는 그러하지 아니하다.

Ⅵ. 과태료(제140조)

도시정비법	도시정비법 시행령
제140조 (과태료) ① 제113조제2항에 따른 점검반의 현장조사를 거부·기피 또는 방해한 자에게는 1천만원의 과태료를 부과한다. ② 다음 각 호의 어느 하나에 해당하는 자에게는 500만원 이하의 과태료를 부과한다. 〈개정 2017. 8. 9., 2020. 6. 9.〉 1. 제29조제2항을 위반하여 전자조달시스템을 이용하지 아니하고 계약을 체결한 자 2. 제78조제5항 또는 제86조제1항에 따른 통지를 게을리한 자 3. 제107조제1항 및 제111조제2항에 따른 보고 또는 자료의 제출을 게을리한 자 4. 제125조제2항에 따른 관계 서류의 인계를 게을리한 자 ③ 제1항 및 제2항에 따른 과태료는 대통령령으로 정하는 방법 및 절차에 따라	제99조 (과태료의 부과) 법 제140조제3항에 따른 과태료의 부과기준은 별표 6과 같다.

국토교통부장관, 시·도지사, 시장, 군수 또는 구청장이 부과·징수한다.	

1. 1천만원의 과태료 부과

법 제113조 제2항에 따른 국토교통부장관, 시·도지사, 시장, 군수 또는 구청장은 이 법에 따른 정비사업의 원활한 시행을 위하여 관계 공무원 및 전문가로 구성된 점검반을 구성하여 정비사업 현장조사를 할 수 있는데, 점검반의 현장조사를 거부·기피 또는 방해한 자에게는 1천만원의 과태료를 부과한다.

2. 500만원 이하의 과태료 부과

① 법 제29조 제2항[1297]을 위반하여 전자조달시스템을 이용하지 아니하고 계약을 체결한 자, ② 법 제78조 제5항[1298] 또는 제86조 제1항[1299]에 따른 통지를 게을리한 자, ③ 법 제107조 제1항[1300] 및 제111조 제2항[1301]에 따른 보고 또는 자료의 제출을

1297) 법 제29조(계약의 방법 및 시공자 선정 등)
② 제1항 본문에 따라 일반경쟁의 방법으로 계약을 체결하는 경우로서 대통령령으로 정하는 규모를 초과하는 계약은 「전자조달의 이용 및 촉진에 관한 법률」 제2조제4호의 국가종합전자조달시스템(이하 "전자조달시스템"이라 한다)을 이용하여야 한다. 〈신설 2017.8.9〉

1298) 법 제78조(관리처분계획의 공람 및 인가절차 등)
⑤ 사업시행자는 제1항에 따라 공람을 실시하려거나 제4항에 따른 시장·군수등의 고시가 있은 때에는 대통령령으로 정하는 방법과 절차에 따라 토지등소유자에게는 공람계획을 통지하고, 분양신청을 한 자에게는 관리처분계획인가의 내용 등을 통지하여야 한다. 〈개정 2017.8.9〉

1299) 법 제86조(이전고시 등)
① 사업시행자는 제83조제3항 및 제4항에 따른 고시가 있은 때에는 지체 없이 대지확정측량을 하고 토지의 분할절차를 거쳐 관리처분계획에서 정한 사항을 분양받을 자에게 통지하고 대지 또는 건축물의 소유권을 이전하여야 한다. 다만, 정비사업의 효율적인 추진을 위하여 필요한 경우에는 해당 정비사업에 관한 공사가 전부 완료되기 전이라도 완공된 부분은 준공인가를 받아 대지 또는 건축물별로 분양받을 자에게 소유권을 이전할 수 있다.

1300) 법 제107조(정비사업전문관리업자에 대한 조사 등)
① 국토교통부장관 또는 시·도지사는 다음 각 호의 어느 하나에 해당하는 경우 정비사업전문관리업자에 대하여 그 업무에 관한 사항을 보고하게 하거나 자료의 제출, 그 밖의 필요한 명령을 할 수 있으며, 소속 공무원에게 영업소 등에 출입하여 장부·서류 등을 조사 또는 검사하게 할 수 있다. 〈개정 2019.8.20〉

게을리한 추진위원회, 사업시행자, 정비사업전문관리업자, ④ 제125조 제2항[1302]에 따른 관계 서류의 인계를 게을리한 자는 500만원 이하의 과태료를 부과한다.

3. 과태료 부과의 기준

제1항 및 제2항에 따른 과태료는 대통령령으로 정하는 방법 및 절차에 따라 국토교통부장관, 시 · 도지사, 시장, 군수 또는 구청장이 부과 · 징수한다.

〈시행령 [별표 6] 과태료의 부과기준〉

1. 일반기준
   가. 제2호에 따른 지연기간에는 다음의 사유로 지연된 기간은 산입하지 않는다.
      1) 천재지변 등 불가항력적인 경우
      2) 소송 등의 사유로 의무의 불이행에 상당한 사유가 있다고 인정되는 경우
   나. 부과권자는 다음의 어느 하나에 해당하는 경우에는 제2호가목부터 다목까지 및

---

1. 등록요건 또는 결격사유 등 이 법에서 정한 사항의 위반 여부를 확인할 필요가 있는 경우
2. 정비사업전문관리업자와 토지등소유자, 조합원, 그 밖에 정비사업과 관련한 이해관계인 사이에 분쟁이 발생한 경우
3. 그 밖에 시 · 도조례로 정하는 경우

③ 국토교통부장관 또는 시 · 도지사가 정비사업전문관리업자에게 제1항에 따른 업무에 관한 사항의 보고, 자료의 제출을 하게 하거나, 소속 공무원에게 조사 또는 검사하게 하려는 경우에는 「행정조사기본법」 제17조에 따라 사전통지를 하여야 한다. 〈신설 2019.8.20〉

1301) 법 제111조(자료의 제출 등)

② 국토교통부장관, 시 · 도지사, 시장, 군수 또는 구청장은 정비사업의 원활한 시행을 위하여 감독상 필요한 경우로서 다음 각 호의 어느 하나에 해당하는 때에는 추진위원회 · 사업시행자 · 정비사업전문관리업자 · 설계자 및 시공자 등 이 법에 따른 업무를 하는 자에게 그 업무에 관한 사항을 보고하게 하거나 자료의 제출, 그 밖의 필요한 명령을 할 수 있으며, 소속 공무원에게 영업소 등에 출입하여 장부 · 서류 등을 조사 또는 검사하게 할 수 있다. 〈개정 2019.8.20〉

1. 이 법의 위반 여부를 확인할 필요가 있는 경우
2. 토지등소유자, 조합원, 그 밖에 정비사업과 관련한 이해관계인 사이에 분쟁이 발생된 경우
3. 그 밖에 시 · 도조례로 정하는 경우

1302) 법 제125조(관련 자료의 보관 및 인계)

② 시장 · 군수등 또는 토지주택공사등이 아닌 사업시행자는 정비사업을 완료하거나 폐지한 때에는 시 · 도조례로 정하는 바에 따라 관계 서류를 시장 · 군수등에게 인계하여야 한다.

마목의 규정에 따른 과태료 금액의 2분의 1 범위에서 그 금액을 줄일 수 있다. 다만, 과태료를 체납하고 있는 위반행위자의 경우에는 그러하지 아니하다.

1) 위반행위자가 「질서위반행위규제법 시행령」 제2조의2제1항 각 호의 어느 하나에 해당하는 경우

2) 위반행위가 사소한 부주의나 오류로 인한 것으로 인정되는 경우

3) 위반행위자가 법 위반상태를 시정하거나 해소하기 위하여 노력한 사실이 인정되는 경우

4) 그 밖에 위반행위의 정도 · 동기 및 그 결과 등을 고려하여 과태료를 줄일 필요가 있다고 인정되는 경우

다. 부과권자는 다음의 어느 하나에 해당하는 경우에는 제2호가목부터 다목까지 및 마목의 규정에 따른 과태료 금액의 2분의 1 범위에서 그 금액을 늘릴 수 있다. 다만, 늘리는 경우에도 법 제140조제2항에서 규정한 과태료의 상한을 넘을 수 없다.

1) 위반의 내용 · 정도가 중대하여 이해관계인 등에게 미치는 피해가 크다고 인정되는 경우

2) 법 위반상태의 기간이 6개월 이상인 경우

3) 그 밖에 위반행위의 정도 · 동기 및 그 결과 등을 고려하여 과태료를 늘릴 필요가 있다고 인정되는 경우

2. 개별기준

(단위 : 만원)

위반행위	근거 법조문	과태료 금액
가. 법 제29조제2항을 위반하여 전자조달시스템을 이용하지 않고 계약을 체결한 경우	법 제140조제2항제1호	500
나. 법 제78조제5항 및 제86조제1항을 위반하여 관리처분계획의 인가 내용 통지를 태만히 한 경우	법 제140조제2항제2호	
1) 관리처분계획을 인가한 날부터 1개월 이상 2개월 미만 지연한 경우		50
2) 관리처분계획을 인가한 날부터 2개월 이상 3개월 미만 지연한 경우		100
3) 관리처분계획을 인가한 날부터 3개월 이상 4개월 미만 지연한 경우		150
4) 관리처분계획을 인가한 날부터 4개월		200

이상 지연하거나 통지를 하지 않은 경우		
다. 법 제107조제1항 또는 제111조제2항을 위반하여 보고 또는 자료의 제출을 태만히 한 경우		
1) 보고 또는 자료의 제출 기일을 경과한 날부터 1개월 이상 2개월 미만 지연한 경우	법 제140조제2항제3호	100
2) 보고 또는 자료의 제출 기일을 경과한 날부터 2개월 이상 3개월 미만 지연한 경우		200
3) 보고 또는 자료의 제출 기일을 경과한 날부터 3개월 이상 4개월 미만 지연한 경우		300
4) 보고 또는 자료의 제출 기일을 경과한 날부터 4개월 이상 지연하거나 보고 또는 자료 제출을 하지 않은 경우		400
라. 법 제113조제2항에 따른 점검반의 현장조사를 거부 · 기피 또는 방해한 경우	법 제140조제1항	1,000
마. 법 제125조제2항을 위반하여 관계 서류의 인계를 태만히 한 경우		
1) 시 · 도조례로 정하는 인계기간을 경과한 날부터 1개월 이상 2개월 미만 지연한 경우	법 제140조제2항제4호	100
2) 시 · 도조례로 정하는 인계기간을 경과한 날부터 2개월 이상 3개월 미만 지연한 경우		200
3) 시 · 도조례로 정하는 인계기간을 경과한 날부터 3개월 이상 4개월 미만 지연한 경우		300
4) 시 · 도조례로 정하는 인계기간을 경과한 날부터 4개월 이상 지연하거나 인계하지 않은 경우		400

Ⅶ. 자수자에 대한 특례(제141조)

도시정비법

제141조 (자수자에 대한 특례)
제132조 각 호의 어느 하나를 위반하여 금품, 향응 또는 그 밖의 재산상 이익을 제공하거나 제공의사를 표시하거나 제공을 약속하는 행위를 하거나 제공을 받거나 제공의사 표시를 승낙한 자가 자수하였을 때에는 그 형벌을 감경 또는 면제한다.
[본조신설 2017. 8. 9.]

법 제132조를 위반하여 추진위원, 조합임원의 선임 또는 법 제29조에 따른 계약 체결과 관련하여 금품, 향응 또는 그 밖의 재산상 이익을 제공하거나 제공의사를 표시하거나 제공을 약속하는 행위를 하거나 제공을 받거나 제공의사 표시를 승낙한 자가 자수하였을 때에는 그 형벌을 감경 또는 면제한다. 형법 제55조에 따라 유기징역형을 감경할 때에는 그 형기의 1/2로 하며, 벌금을 감경할 때에는 그 다액의 1/2로 한다.

Ⅷ. 금품 · 향응 수수행위 등에 대한 신고포상금(제142조)

도시정비법

제142조 (금품 · 향응 수수행위 등에 대한 신고포상금)
시 · 도지사 또는 대도시의 시장은 제132조 각 호의 행위사실을 신고한 자에게 시 · 도조례로 정하는 바에 따라 포상금을 지급할 수 있다.
[본조신설 2017. 8. 9.]

시 · 도지사 또는 대도시의 시장은 법 제132조 각 호의 금품 · 향응 수수행위 등에 대해 신고한 자에게 시 · 도조례로 정하는 바에 따라 포상금을 지급할 수 있다.

참고문헌

- 송현진 · 유동규 공저, 「재개발 · 재건축 이론과 실무」, 진원사, 2013

- 부장판사 이우재 저, 「도시 및 주거환경정비법」, 진원사, 2009

- 변호사 맹신균 저, 「도시 및 주거환경정비법 해설」, 법률&출판, 2018

- 유삼술 · 이종만 공저, 「재개발 · 재건축의 입문」, 하우징헤럴드, 2011

- 박균성 저, 「행정법론」(제15판), 박영사, 2016

- 편집대표: 김용덕, 「주석 민법」(제5판), 한국사법행정학회, 2019.06

판례색인

[대법원 결정]

[대법원 판결]

[서울고등법원]

저 자 약 력

❖ 안 광 순

- 보성고등학교 졸업
- 성균관대학교 법학과 졸업
- 건국대학교 행정대학원 도시 및 지역계획학과 수료
- 제45회 사법시험 합격, 제35기 사법연수원 수료
- 대한변호사협회 재개발 · 재건축 / 건설 전문 변호사 등록
- 국토교통부 자문
- 한국부동산원 관리처분계획 타당성검증 자문위원
- 강남구청 추정분담금 검증위원
- 한국도시정비협회 자문위원

현재〉 법무법인(유한) 현 파트너 변호사 (건설부동산팀)

저서〉 정비사업 실무의 법률쟁점 (2017)

제2판 2022 **도시정비법 해설(하권)** [법령 · 판례 · 실무]

저 자 안 광 순 2020년 9월 25일 초 판 발행
발행인 양 진 수 2022년 4월 18일 제2판 인쇄
발행처 진 원 사 2022년 5월 9일 제2판 발행

서울시 송파구 법원로 9길 26, C동 1107호 (문정동, H비즈니스파크)
전화 : 02) 916 - 1850 / 팩스 : 02) 916 - 3442
신고번호 제 2018 - 000026호
http://www.jinwonsa.co.kr
http://www.lawbookstore.co.kr
e-mail : hhansin@hanmail.net

저자와의 협의하에 인지생략

ISBN : 978-89-6346-611-8 93360 **정가 50,000 원**